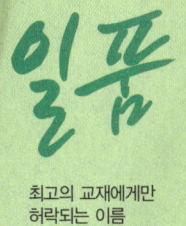

최고의 교재에게만
허락되는 이름

「일품」합격수험서로 녹색자격증 취득한다!
자격증 취득은 원리에 충실해야 합니다. 최적의 길잡이가 되어드리겠습니다.

「일품」합격수험서로 녹색직업 부자된다!
다른 수험서와 차별화된 차이점은 조그마한 부분에서부터 시작됩니다.

365일 저자상담직통전화
010-7209-6627

JN378816

지난 40여 년 동안 수많은 수험생들이 세화출판사의 안전수험서로 합격의 기쁨을 누렸습니다.

많은 독자들의 추천과 선택으로 대한민국 안전수험서 분야 1위 석권을 꾸준히 지키고 있는 도서출판 세화는 항상 수험생들의 안전한 합격을 위해 최신기출문제를 백과사전식 해설과 함께 빠르게 증보하고 있습니다.
저희 세화는 독자 여러분의 안전한 합격을 응원합니다.

40년의 열정, 40년의 노력, 40년의 경험

정부가 위촉한 대한민국 산업현장 교수!

안전수험서 판매량 1위 교재 집필자인

정재수 안전공학박사가 제안하는

과목별 **321** 공부법!!

[되고 법칙]

돈이 없으면 벌면 되고 잘못이 있으면 고치면 되고 안되는 것은 되게 하면 되고, 모르면 배우면 되고, 부족하면 메우면 되고, 잘 안되면 될때까지 하면 되고, 길이 안보이면 길을 찾을때까지 찾으면 되고, 길이 없으면 길을 만들면 되고, 기술이 없으면 연구하면 되고, 생각이 부족하면 생각을 하면 된다.

*수험정보나 일정에 대하여 궁금하시면 세화홈페이지(www.sehwapub.co.kr)에 접속하여 내려받으시고 게시판에 질문을 남기시거나 궁금한 점이 있으시면 언제든지 아래의 번호로 전화하세요.

3단계 대비학습 | 365일 합격상담직통전화 **010-7209-6627**

---

1 필기 합격

3단계 | 합격단계 · 합격날개 · 과목별 필수요점 및 문제

⬇

2단계 | 기본단계 · 필수문제 · 최근 3개년 3단계 과년도

⬇

1단계 | 만점단계 · 알짬QR · 1주일에 끝나는 합격요점

2 필기 과년도 **33년치 3주 합격**

3단계 | 합격단계
· 기사─공개문제 22개년도 (2003~2024년)기출문제
· 산업기사─공개문제 23개년도 (2002~2024년)기출문제

2단계 | 기본단계
· 기사─미공개문제 11개년도 (1992~2002년)기출문제
· 산업기사─미공개문제 10개년도 (1992~2001년)기출문제

1단계 | 만점단계
· 알짬QR ·
· 1주일에 끝나는 계산문제총정리
· 미공개 문제 및 지난과년도

산업안전 우수 숙련 기술자 (숙련 기술장려법 제10조)

정/직한 수험서!
재/수있는 수험서!
수/석예감 수험서!

• 특허 제 10-2687805호 •

아래와 같은 방법으로 공부하시면 반드시 합격합니다.

자격증 취득은 기초부터 차근차근 다져나가는 것이 중요합니다. 필기에서는 과목별 요점정리와 출제예상문제를, 과년도에서는 최근 기출문제와 계산문제 총정리를, 실기 필답형에서는 합격예상작전과 과년도 기출문제를, 실기 작업형에서는 최근 기출문제 풀이 중심으로 공부하시면 됩니다.

필기시험 합격자에게는 2년간 실기시험 수험의 응시가 주어지고, 최종 실기시험 합격자는 21C 유망 녹색자격증 취득의 기쁨이 주어지게 됩니다.

일품 필기 일품 필기 과년도 일품 실기 필답형 일품 실기 작업형

---

3 실기 필답형 4주 합격

3단계 | 합격단계: 과목별 필수요점 및 출제예상문제

⇩

2단계 | 기본단계:
• 기본 : 과년도 출제문제 (1991~2000년)
• 필수 : 과년도 출제문제 (2001~2024년)

1단계 | 만점단계:
• 알짬QR •
• 실기필답형 1주일 최종정리
• 1991~2010년 기출문제

4 실기 작업형 1주 합격

3단계 | 합격단계: 과년도 출제문제 (2017~2024년)

⇩

2단계 | 기본단계: 각 과목별 필수 요점 및 문제

⇩

1단계 | 만점단계:
• 알짬QR •
• 2000~2016년 기출문제

*산재사고로 피해를 입으신 근로자 및 유가족들에게 심심한 조의와 유감을 표합니다.

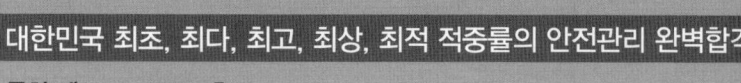

2025년 NCS 자격검정 활용

가. 자격종목

1) 개념
자격종목은 국가기술자격의 등급을 직종별로 구분한 것으로 국가기술자격 취득의 기본단위를 말함(국가기술자격별 2조). 자격종목 개편은 국가기술자격종목 신설의 필요성, 기존 자격종목의 직무내용, 범위 및 난이도, 산업현장 적합도 등을 고려하여 새로운 국가기술자격을 신설하거나 기존의 국가기술자격을 통합, 폐지하는 것을 의미함

2) 구성요소
자격종목 개편은 ① 자격종목, ② 직무내용, ③ 검토대상 능력군, ④ 검정필요여부, ⑤ 출제기준과 비교, ⑥ 검토의견, ⑦ 추가·삭제가 포함되어야 함

구성요소	세부 내용
자격종목	검토대상 국가기술자격종목 제시
직무내용	자격종목의 직무내용 제시
검토대상 능력군	검토대상 능력군의 능력단위, 능력단위요소, 수행준거 제시
검정필요여부	수행준거 중 자격검정에 필요한 부분 제시
출제기준과 비교	검정이 필요한 수행준거와 출제기준을 비교
검토의견	비교를 통해 현행 국가기술자격의 출제기준 검토
추가·삭제	출제기준 검토를 통해 추가나 삭제가 필요한 부분 제시

나. 출제기준

1) 개념
출제기준은 자격검정의 대상이 되는 종목의 과목별 출제의 대상범위를 나타낸 것으로 출제문제 작성방법과 시험내용범위의 기준을 의미함(국가기술자격법 시행규칙 제38조)

2) 구성요소
출제기준은
① 직무분야, ② 자격종목, ③ 적용기간, ④ 직무내용, ⑤ 필기검정방법, ⑥ 문제수, ⑦ 시험기간, ⑧ 필기과목명, ⑨ 필기과목 출제 문제수, ⑩ 실기검정방법, ⑪ 시험기간, ⑫ 실기과목명, ⑬ 필기, 실기과목별 주요항목, ⑭ 세부항목, ⑮ 세세항목이 포함되어야 함

구성요소		세부내용
직무분야		해당 자격이 활용되는 직무분야
자격종목		국가기술자격의 등급을 직종별로 구분한 것, 국가기술자격 취득의 기본단위
적용기간		작성된 출제기준이 개정되기 전까지 실제 자격검정에 적용되는 기간
직무내용		자격을 부여하기 위하여 개인의 능력의 정도를 평가해야 할 내용
필기과목	필기검정방법	필기시험의 검정방법, 현행 국가기술자격에서는 객관식, 단답형 또는 주관식 논문형이 있음
	문제수	필기시험의 전체 문제수 제시
	시험기간	필기시험 시간
	필기과목명	기술자격의 종목별 필기시험과목
	출제 문제수	필기시험의 문제수

머리말

  2022년 1월 27일 중대재해처벌 등에 관한 법률이 시행되면서 이러한 시기에 건설안전산업기사 합격을 목표로 공부하고자 하는 수험생들에게 그 결단과 노력에 먼저 감사를 드립니다.

  특히 2018년 4월 27일 남북정상회담 및 시장개방으로 인한 국내외 무제한 경쟁력에 맞부딪치고, 우리의 목표인 최상의 품질 달성 등 우리의 당면한 문제를 우리 스스로 해결하기 위해서는 모든 안전인들이 끝없이 연구하는 노력이 계속 이어져야 하고 이렇게 하기 위한 뚜렷한 동기부여를 위해서는 안전관리자에 대한 활용 영역 확대, 안전기사에 대한 Incentive 부여 등이 시급히 마련되어야 한다고 봅니다.

  안전관리자 모두에게 정부에서도 특별한 혜택을 주기 위하여 새로운 정책을 마련하고 있는 것으로 알고 있습니다.

  본서는 개편된 출제기준과 **2025년** 개정법 및 NCS 기준에 맞추어 건설안전산업기사 실기 합격을 위하여 필요한 수험 자료들로만 구성하였습니다.

  본서는 100[%] 건설안전산업기사 자격취득을 대비해 이렇게 구성하였습니다.

❶ 본서의 요점정리는 **2025년 개정법과 개정된 출제기준**으로 간단하고 명료하게 백과사전식 해설로 구체적인 표현을 했다.
❷ 본문의 요점에서 이해하지 못했다면 예상문제 합격작전에서 반드시 이해할 수 있도록 요약하였다.
❸ 한 문제(1항목)를 이해하면 열문제(10항목)를 해결할 수 있도록 구성하였다.
❹ 참고 및 고시 등을 수록하여 단원마다 중요점을 재강조하였다.
❺ 본서는 최근 심도있게 거론이 되고 출제가 예상되는 모든 문제를 빠짐없이 수록하여 타교재와 차별화가 되도록 구성하였다.
❻ 건설안전산업기사 자격 취득의 결론은 본서의 요점과 예상문제 합격 작전이 합격을 보장한다.
❼ 본서의 가장 중요점은 각 편마다 대한민국에서 제일가는 공학박사, 기술사, 안전전공교수가 집필하였다.

  본 건설안전산업기사 실기 필답형+작업형이 세상에 출간되기까지 밤잠을 설쳐가며 인고의 고통을 함께 한 세화출판사의 임직원께 감사드리고, 오늘이 있기까지 변함없이 은혜와 사랑을 주시는 나의 하나님께 진정으로 감사드립니다.

저자 씀

2025년 합격대비 실기출제기준

1. 출제 기준

자격종목 : 건설안전	합격 POINT	직무분야 : 안전관리
검정방법 : 실기	도서출판 세화 실기=필답형+작업형	적용시기 : 2025년

시험과목	주요항목	세부출제항목
건설안전 실무 ① 필답형 : 60점 ② 작업형 : 40점	1편 안전·보건관리	① 안전관리조직 ② 안전보건관리 계획수립 및 운용 ③ 산업재해발생 및 재해조사 분석 ④ 보호구 및 안전표지 ⑤ 안전보건교육
	2편 건설공사안전	① 가설공사 ② 토공사 ③ 구조물 공사 ④ 마감공사 ⑤ 건설기계, 기구 ⑥ 사고형태별 안전
	3편 안전기준	① 건설안전 관련법규 ② 안전보건기준에 관한 규칙

2. 단원 비중도

| 필답형 60[%] | 시공 및 상식 10[%] | 안전기준 20[%] | 건설공사안전 10[%] | 안전관리 20[%] |

| 작업형 40[%] | 60[점] = 100[점] 합격 |

3. 합격 결론

① 본서 기출문제를 쓰고, 읽고 외우세요.(실기는 손으로 공부해야 합니다.)
② 안전보건관리, 안전보건교육 등은 완전히 독파하십시오.
③ 도서출판 세화 안전교재로 공부한 수험생은 100[%] 합격합니다.
④ 본서는 수험생이 말했고 적중도 했습니다.
⑤ 합격의 결론 = 필답형(60점) + 작업형(40점) = 자격증취득

2025년 실기 상세 출제기준

직무분야	안전관리	자격종목	건설안전기사(산업기사)	적용기간	2022.1.1 ~ 2025.12.31

직무내용: 건설현장의 생산성 향상과 인적·물적 손실을 최소화하기 위한 안전계획을 수립하고, 그에 따른 작업환경의 점검 및 개선, 현장 근로자의 교육계획 수립 및 실시, 작업환경 순회감독 등 안전관리 업무를 통해 인명과 재산을 보호하고, 사고 발생시 효과적이며 신속한 처리 및 재발 방지를 위한 대책 안을 수립, 이행하는 등 안전에 관한 기술적인 관리와 교육 등의 업무를 수행하는 직무이다.

수행준거:
1. 안전관리에 관한 이론적 지식을 바탕으로 안전관리 계획을 수립하고, 재해조사 분석을 하며 안전교육을 실시할 수 있다.
2. 각종 건설공사 현장에서 발생할 수 있는 유해·위험요소를 인지하고 이를 예방 조치를 할 수 있다.
3. 안전에 관련한 규정사항을 인지하고, 이를 현장에 적용할 수 있다.

실기검정 방법	복합형 : • 필답형 (문제 수 : 10~14) • 작업형 (문제 수 : 8)	시험시간	• 필답형 : 1시간 30분(기사), 1시간(산업기사) • 작업형 : 50분

실기과목명	주요항목	세부항목	세세항목
건설안전 실무	1. 안전관리	1. 안전관리 조직 이해하기	1. 안전보건관리조직의 유형을 이해할 수 있어야 한다. 2. 안전책임과 직무 및 안전보건관리 규정을 알고 적용할 수 있어야 한다.
		2. 안전관리계획 수립하기	1. 공사에 필요한 안전관리 계획을 수립하기 위하여 건설안전 관련법령에서 정하는 사항을 확인할 수 있다. 2. 공종별 안전 시공계획, 안전 시공절차, 주의사항에 대하여 구체적으로 제시할 수 있다. 3. 안전점검계획은 공신력 있는 재해예방지도기관, 안전진단기관과 장기적인 계약을 체결하여 공사기간 중 지속적이고 일관적인 안전점검이 이루어지도록 계획할 수 있다. 4. 각종 관련서식, 안전점검표를 건설안전 관련법령을 참조하여 작성하고, 현장의 특수성을 검토하여 계획 확인 단계까지 보완할 수 있다. 5. 건설안전법령외의 안전관리사항을 안전관리계획서에 반영할 수 있다. 6. 안전관리계획 수립에 있어서 중대사고 예방에 관한 사항을 우선으로 고려하여 계획에 반영할 수 있다.
		3. 산업재해발생 및 재해 조사 분석하기	1. 재해발생모델을 알고 이해할 수 있어야 한다. 2. 사고예방원리를 이해할 수 있어야 한다. 3. 재해조사를 실시할 수 있어야 한다. 4. 재해발생의 구조를 이해할 수 있어야 한다. 5. 재해분석을 실시할 수 있어야 한다. 6. 재해율을 분석할 수 있어야 한다.
		4. 재해 예방대책 수립하기	1. 사고장소에 대한 증거물과 관련자와의 면담 등을 통하여 사고와 관련된 기인물과 가해물을 규명할 수 있다. 2. 사고조사를 통해 근본적인 사고원인을 규명하여 개선대책을 제시할 수 있다.
		5. 개인보호구 선정하기	1. 산업안전보건법령에 의해 안전인증 받은 보호구를 선정하고, 성능 시험의 적합 여부를 확인할 수 있다. 2. 개인보호구를 근로자가 적정하게 착용하고 있는지를 확인할 수 있다.

실기과목명	주요항목	세부항목	세세항목
건설안전 실무	1. 안전관리	6. 안전 시설물 설치하기	1. 건설공사의 기획, 설계, 구매, 시공, 유지관리 등 모든 단계에서 건설안전 관련자료를 수집하고, 세부공정에 맞게 위험요인에 따른 안전 시설물 설치계획을 수립할 수 있다. 2. 산업안전보건법령에 기준하여 안전인증을 취득한 자재를 사용할 수 있다.
		7. 안전보건교육 계획하기	1. 안전교육에 관련한 법령을 검토할 수 있다. 2. 교육종류에 따른 교육 대상자를 선정할 수 있다.
		8. 안전보건교육 실시하기	1. 안전보건교육의 연간 일정계획에 따라 교육을 실시할 수 있다. 2. 작업 상황사진, 동영상을 참고하여 불안전한 행동, 상태를 예방하기 위한 안전기술과 시공을 교육프로그램에 반영할 수 있다. 3. 관련 법령에 따라 교육일지를 작성하고 피교육자의 서명과 사진을 부착하여 교육 실시 여부를 기록할 수 있다. 4. 법적자료를 고려하여 교육대상자, 적정 시간과 횟수를 제대로 준수하고 있는지를 확인할 수 있다. 5. 작업공종을 기준으로 해당 안전담당자를 지정하고, 교육대상자가 의식과 행동의 변화를 가져올 때까지 교육을 실시할 수 있다.
	2. 건설공사안전	1. 건설공사 특수성 분석하기	1. 설계도서에서 요구하는 특수성을 확인하여 안전관리계획 시 반영할 수 있다. 2. 공정관리계획수립시 해당 공사의 특수성에 따라 세부적인 안전지침을 검토 할 수 있다. 3. 공사장 주변 작업환경이나 공법에 따라 안전관리에 적용해야 하는 특수성을 도출할 수 있다. 4. 공사의 계약조건, 발주처 요청 등에 따라 안전관리상의 특수성을 도출할 수 있다.
		2. 가설공사 안전을 이해하기	1. 가설공사 안전에 관한 일반을 이해할 수 있어야 한다. 2. 통로의 안전에 관한 사항을 이해할 수 있어야 한다. 3. 비계공사의 안전에 관한 사항을 이해할 수 있어야 한다.
		3. 토공사 안전을 이해하기	1. 사전점검 사항을 알고 적용할 수 있어야 한다. 2. 굴착작업의 안전조치 사항을 적용할 수 있어야 한다. 3. 붕괴재해 예방대책을 수립할 수 있어야 한다.
		4. 구조물공사 안전을 이해하기	1. 철근공사의 안전에 관한 사항을 이해할 수 있어야 한다. 2. 거푸집공사의 안전에 관한 사항을 이해할 수 있어야 한다. 3. 콘크리트공사의 안전에 관한 사항을 이해할 수 있어야 한다. 4. 철골공사의 안전에 관한 사항을 이해할 수 있어야 한다.
		5. 마감공사 안전을 이해하기	1. 마감공사의 안전에 관한 사항을 이해할 수 있어야 한다.
		6. 건설기계, 기구 안전을 이해하기	1. 굴착기계에 관한 안전을 이해할 수 있어야 한다. 2. 토공기계에 관한 안전을 이해할 수 있어야 한다. 3. 차량계 하역운반기계에 관한 안전을 이해할 수 있어야 한다. 4. 양중기에 관한 안전을 이해할 수 있어야 한다.
		7. 사고형태별 안전을 이해하기	1. 추락재해에 관한 안전을 이해할 수 있어야 한다. 2. 낙하물 재해에 관한 안전을 이해할 수 있어야 한다. 3. 토사붕괴 재해에 관한 안전을 이해할 수 있어야 한다. 4. 감전재해에 관한 안전을 이해할 수 있어야 한다. 5. 건설 기타 재해에 관한 안전을 이해할 수 있어야 한다. 6. 사고조사 후 도출된 각각의 사고원인들에 대하여 사고 가능성 및 예상 피해를 감소시키기 위해 필요한 사항들을 검토할 수 있다. 7. 사고조사를 통해 근본적인 사고원인을 규명하여 개선대책을 제시할 수 있다.

실기과목명	주요항목	세부항목	세세항목
건설안전 실무	3. 안전기준	1. 건설안전 관련법규 적용하기	1. 산업안전보건법을 적용할 수 있어야 한다. 2. 산업안전보건법 시행령을 적용할 수 있어야 한다. 3. 산업안전보건법 시행규칙을 적용할 수 있어야 한다.
		2. 안전기준에 관한 규칙 및 기술지침 적용하기	1. 작업장의 안전기준을 적용할 수 있어야 한다. 2. 기계기구 설비에 의한 위험예방에 관한 안전기준 및 기술 지침을 적용할 수 있어야 한다. 3. 양중기에 관한 안전기준 및 기술 지침을 적용할 수 있어야 한다. 4. 차량계 하역운반 기계에 관한 안전기준 및 기술 지침을 적용할 수 있어야 한다. 5. 콘베이어에 관한 안전기준 및 기술 지침을 적용할 수 있어야 한다. 6. 차량계 건설기계 등에 관한 안전기준 및 기술 지침을 적용할 수 있어야 한다. 7. 전기로 인한 위험 방지에 관한 안전기준 및 기술 지침을 적용할 수 있어야 한다. 8. 건설작업에 의한 위험예방에 관한 안전기준 및 기술 지침을 적용할 수 있어야 한다. 9. 중량물 취급시 위험방지에 관한 안전기준 및 기술 지침을 적용할 수 있어야 한다. 10. 하역작업 등에 의한 위험방지에 관한 안전기준 및 기술 지침을 적용할 수 있어야 한다. 11. 기타 기술 지침을 적용할 수 있어야 한다.

2025년 기사 및 산업기사 시험일정

회별	필기시험			응시자격 서류제출 (필기합격자 결정)	응시자격 심사기준일	실기(면접)시험		
	원서접수 (휴일제외)	시험시행	합격(예정)자 발표			원서접수 (휴일제외)	시험시행	합격자 발표
제1회	1. 13(월) ~ 1. 16(목)	2. 7(금) ~ 3. 4(화)	3. 12(수)	2. 7(금) ~ 3. 21(금)	3. 4(화)	3. 24(월) ~ 3. 27(목)	4. 19(토) ~ 5. 9(금)	1차 6. 5(목) 2차 6. 13(금)
제2회	4. 14(월) ~ 4. 17(목)	5. 10(토) ~ 5. 30(금)	6. 11(수)	5. 12(월) ~ 6. 20(금)	5. 30(금)	6. 23(월) ~ 6. 26(목)	7. 19(토) ~ 8. 6(수)	1차 9. 5(금) 2차 9. 12(금)
제3회	7. 21(월) ~ 7. 24(목)	8. 9(토) ~ 9. 1(월)	9. 10(수)	8. 11(월) ~ 9. 19(금)	9. 1(월)	9. 22(월) ~ 9. 25(목)	11. 1(토) ~ 11. 21(금)	1차 12. 5(금) 2차 12. 24(수)

2025년 만점 답안 작성 시 유의사항

■ 실기 시험 방법

종목명	실기시험 방법	시험시간		배점		채점 방법		합격방법
		작업형	필답형	작업형	필답형	작업형	필답형	도서출판 세화교재
안전관리	기사, 산업기사	복합형	50분	1시간 30분 (산업기사 1시간)	40	60	중앙	중앙	필기·실기·작업

■ 답안 작성 시 유의사항

1. 시험문제지를 받는 즉시 응시하고자 하는 종목의 문제지가 맞는지를 확인하여야 합니다.

2. 시험문제지 총 면수·문제번호 순서·인쇄상태 등을 확인하고, 수험번호 및 성명을 답안지에 기재하여야 합니다.

3. 수험자 인적사항 및 답안지 등 작성은 반드시 검은색 필기구만을 계속 사용하여야 합니다.(그 외 연필류, 유색필기구, 지워지는 펜 등으로 작성한 답항은 0점 처리됩니다.)

4. 답란에는 문제와 관련 없는 불필요한 낙서나 특이한 기록사항 등을 기재하여서는 안되며 부정의 목적으로 특이한 표식을 하였다고 판단될 경우에는 모든 문항이 0점 처리됩니다.

5. 답안 정정 시에는 두 줄(=)로 긋고 다시 기재 또는 수정테이프 사용이 가능하며, 수정액을 사용할 경우 채점상의 불이익을 받을 수 있으므로 사용하지 마시기 바랍니다.

6. 계산문제는 반드시 「계산과정」과 「답」란에 계산과정과 답을 정확히 기재하여야 하며 계산과정을 틀리거나 없는 경우 0점 처리됩니다.(단, 계산연습이 필요한 경우는 각 페이지 연습란을 사용하시기 바라며, 연습란은 채점대상이 아닙니다.)

7. 계산문제는 최종 결과 값(답)에서 소수 셋째자리에서 반올림하여 둘째자리까지 구하여야하나 개별문제에서 소수 처리에 대한 요구사항이 있을 경우 그 요구사항에 따라야 합니다.(단, 문제의 특수한 성격에 따라 정수로 표기하는 문제도 있으며, 반올림한 값이 0이 되는 경우에는 첫 유효숫자까지 기재하되 반올림하여 기재하여야 합니다.)

8. 답에 단위가 없으면 오답으로 처리됩니다.(단, 문제의 요구사항에 단위가 주어졌을 경우는 생략되어도 무방합니다.)

9. 문제에서 요구한 가지 수(항수)이상을 답란에 표기한 경우에는 답란기재 순으로 요구한 가지 수(항수)만 채점하여 한 항에 여러 가지를 기재하더라도 한 가지로 보며 그 중 정답과 오답이 함께 기재되어 있을 경우 오답으로 처리됩니다.

10. 한 문제에서 소문제로 파생되는 문제나, 가지수를 요구하는 문제는 대부분의 경우 부분배점을 적용합니다.

11. 부정 또는 불공정한 방법(시험문제 내용과 관련된 메모지사용 등)으로 시험을 치른 자는 부정행위자로 처리되어 당해 시험을 중지 또는 무효로 하고, 3년간 국가기술자격검정의 응시자격이 정지됩니다.

12. 복합형 시험의 경우 시험의 전 과정(필답형, 작업형)을 응시하지 않은 경우 채점대상에서 제외합니다.

13. 저장용량이 큰 전자계산기 및 유사 전자제품 사용시에는 반드시 저장된 메모리를 초기화한 후 사용하여야 하며, 시험위원이 초기화 여부를 확인할시 협조하여야 합니다. 초기화되지 않은 전자계산기 및 유사 전자제품을 사용하여 적발시에는 부정행위로 간주합니다.

14. 시험위원이 시험 중 신분확인을 위하여 신분증과 수험표를 요구할 경우 반드시 제시하여야 합니다.

15. 시험 중에는 통신기기 및 전자기기(휴대용 전화기 등)를 지참하거나 사용할 수 없습니다.

16. 문제 및 답안(지), 채점기준은 일체 공개하지 않습니다.

17. 국가기술자격 시험문제는 일부 또는 전부가 저작권법상 보호되는 저작물이고, 저작권자는 한국산업인력공단입니다. 문제의 일부 또는 전부를 무단 복제, 배포, 출판, 전자출판 하는 등 저작권을 침해하는 일체의 행위를 금합니다.

※ 수험자 유의사항 미준수로 인한 채점상의 불이익은 수험자 본인에게 책임이 있음.

18. 의문사항은 각 과목별 저자가 365일 상담하오니 010-7209-6627로 전화하세요.

19. 합격만을 생각하면서 혼을 바쳐 교재를 집필하였습니다.

20. 오로지 2025년 합격을 위한 교재입니다.

차례

제1편 산업안전관리론(안전보건관리)

Chapter 01 안전보건관리 조직

1. 안전보건관리 조직의 기본 유형 3가지 종류 · · · · · 1-2
2. Line형(直系형, 系線형) 조직의 특징 · · · · · 1-2
3. Staff형(참모식) 조직 · · · · · 1-3
4. Line-Staff 혼형(직계·참모식) 조직 · · · · · 1-4
5. 안전보건관리의 4-cycle(pdca) · · · · · 1-5
6. 안전 조직의 책임 및 업무 내용 · · · · · 1-6
7. 안전 조직을 구성할 때 고려해야 하는 사항 중 가장 중요한 것 4가지 · · · · · 1-9
8. 안전 조직을 유효하게 활용하기 위한 안전 평가 시에 활용되는 분석 방법의 3가지 기본 유형 · · · · · 1-10
9. 안전보건 진단을 받아 안전보건 개선계획 수립·시행명령을 할 수 있는 사업장 · · · · · 1-10
10. 안전 관리자 등의 증원·교체 임명 명령 · · · · · 1-10
- 출제예상문제 · · · · · 1-11

Chapter 02 안전보건관리 계획수립 및 운용

1. 사고 예방 원리 · · · · · 1-18
2. 안전의 정의 · · · · · 1-19
3. 사고와 재해 · · · · · 1-20
4. 안전의 의의 · · · · · 1-21
5. 산업 재해 발생 과정 · · · · · 1-21
- 출제예상문제 · · · · · 1-27

Chapter 03 산업재해 발생 및 재해 조사분석

1. 재해 조사의 목적 · · · · · 1-31
2. 재해 조사 방법 · · · · · 1-31
3. 재해 조사 시의 유의 사항 · · · · · 1-32
4. 재해 발생 시 처리 순서 7단계 · · · · · 1-32
5. 재해발생 시 긴급처리내용 5가지 · · · · · 1-32
6. 재해 조사 시 잠재 재해 요인 적출요령 7가지 · · · · · 1-32

7. 재해 사례 연구 순서(Accident Analysis and Control)   1-33
8. 직접 원인   1-33
9. 관리적 원인   1-35
10. 재해 분석 모델   1-36
11. 재해 발생의 일반적인 경향   1-37
12. 재해 원인 분석 방법   1-37
13. 재해 손실비(Accident Cost)   1-38
14. 연천인율   1-40
15. 빈도율(F.R. = Frequency Rate of Injury)   1-40
16. 강도율(Severity Rate of Injury)   1-41
17. 종합 재해 지수(F.S.I = Frequency Severity Indicator)   1-42
18. Safe-T-Score   1-42
19. 재해 발생률의 국제 비교   1-43
20. 안전활동률   1-45
- 출제예상문제   **1-46**

Chapter 04   안전 점검·인증 및 진단

1. 안전 점검의 정의   1-53
2. 안전 점검의 의의(목적)   1-53
3. 안전 점검의 종류   1-54
4. 안전 점검의 대상   1-54
5. 안전 점검 및 진단의 순서   1-55
6. 안전 점검 시 유의사항 6가지   1-55
7. 점검 방법에 의한 점검   1-55
8. 체크리스트 작성 시 유의 사항   1-56
9. 체크리스트에 포함하여야 하는 사항   1-56
10. 점검시의 재해 방지 대책(안전 대책)   1-56
11. 안전인증 대상기계 또는 설비   1-57
12. 자율안전확인 대상기계 또는 설비   1-58
13. 산업안전보건법상 안전인증이 면제되는 대상   1-59
14. 안전인증 제품에 표시해야 할 사항   1-59
15. 자율안전 확인 제품에 표시해야 할 사항   1-59
- 출제예상문제   **1-60**

제2편 안전보건교육 및 산업심리

Chapter 01 안전보건교육

1. 인간에 대한 기본적 안전 대책	2-2
2. 교육의 3요소(형식적 교육의 3요소)	2-2
3. 안전교육의 기본 방향	2-2
4. 안전교육의 3단계	2-3
5. 교육 추진 순서(안전교육 추진 순서 5단계)	2-3
6. 학습성과 설정시 유의하여야 할 사항	2-4
7. 강의계획의 4단계	2-4
8. 학습목적의 포함 사항	2-4
9. 학습전개 과정의 4가지 사항	2-5
10. 학습지도의 원리(학습지도 이론)	2-5
11. 안전보건교육 교육대상별 교육내용	2-5
12. 지도 교육의 8원칙(교육지도 8원칙)	2-8
13. 하버드학파의 5단계 교수법	2-8
14. 듀이의 사고 과정의 5단계	2-8
15. 교시법의 4단계	2-8
16. 의사전달 방법의 2가지	2-9
17. 강의법(Lecture Method)	2-9
18. 토의법(Group Discussion Method)	2-9
19. TWI(Training Within Industry, 산업 내 초급 관리자 훈련)교육내용	2-10
20. MTP(Management Training Program)	2-10
21. ATT(American Telephone & Telegraph Company)	2-11
22. CCS(Civil Communication Section)	2-11
23. OJT와 OffJT	2-11
24. 수업방법	2-12
25. 단계법에 의한 교육의 4단계	2-13
26. 안전태도교육의 기본과정	2-13
27. 교육계획	2-13
28. 교육효과	2-14
29. 학습평가 방법	2-14
30. 학습평가의 기본적인 기준 4가지	2-15
31. 안전교육 추진 시 유의사항	2-15
32. 무재해 운동	2-16
• 출제예상문제	2-25

Chapter 02 산업심리

1. 인간의 행동법칙	2-36
2. 인간의 심리 특성과 안전	2-37
3. 안전사고의 요인	2-39
4. 주의력과 부주의	2-40
5. 착시	2-42
6. 안전심리	2-44
7. 동기이론	2-46
8. 집단기능과 인간관계	2-47
9. 직업적성 및 적성의 분류(적성 요인)	2-49
10. 피로의 증상 및 대책	2-51
• 출제예상문제	2-55

제3편 보호구 및 안전보건표지

Chapter 01 안전 보호구

1. 보호구의 특성	3-2
2. 보호구를 사용할 때의 유의사항	3-3
3. 안전 보호구를 선택할 때의 유의사항	3-3
4. 보호구의 구비 조건 및 보관 방법	3-4
5. 안전인증 기관의 확인사항	3-4

Chapter 02 보호구의 종류와 용도

1. 안전모	3-5
2. 보호안경	3-7
3. 안면보호구	3-9
4. 안전화	3-11
5. 안전대	3-13
6. 호흡용 보호구	3-15
7. 손보호장갑	3-16
8. 작업 복장	3-16
9. 방음 보호구의 종류 및 등급	3-17
10. 안전인증 및 자율안전확인 안전검사	3-18

contents

Chapter 03 안전보건표지

1. 목적	3-19
2. 색채가 재해에 미치는 영향	3-20
3. 색채의 이용	3-20
4. 안전보건표지의 종류	3-21
5. 인정 요건	3-23
• 출제예상문제	3-24

제4편 건설안전(건설안전 일반)관리

Chapter 01 토질시험	4-2
Chapter 02 지반의 이상 현상	4-5
Chapter 03 유해위험방지계획서	4-7
Chapter 04 건설업 산업안전보건관리비	4-9
Chapter 05 셔블계 굴착기계	4-12
Chapter 06 토공기계	4-15
Chapter 07 운반기계	4-21
Chapter 08 건설용 양중기	4-26
Chapter 09 항타기·항발기	4-34
Chapter 10 추락재해 위험성 및 안전조치	4-37
Chapter 11 추락재해 발생형태 및 발생원인	4-40
Chapter 12 추락재해 방호설비	4-41
Chapter 13 추락방지용 방호망의 구조 및 안전기준	4-44
Chapter 14 낙하·비래위험방지 및 안전조치	4-48
Chapter 15 낙하·비래재해의 발생원인	4-50
Chapter 16 낙하·비래재해의 방호설비	4-51
Chapter 17 토사붕괴 위험성 및 안전조치	4-53
Chapter 18 토사붕괴 재해의 형태 및 발생원인	4-54
Chapter 19 토사붕괴 시 조치사항	4-56
Chapter 20 경사로	4-58
Chapter 21 가설계단	4-60

Chapter 22	사다리식 통로	4-62
Chapter 23	사다리	4-63
Chapter 24	통로발판	4-65
Chapter 25	비계의 종류 및 설치기준	4-67
	• 출제예상문제	4-76

제5편 산업안전보건법

Chapter 01 산업안전관계법규

1. 산업안전보건법   5-2

    제1장. 총칙   5-2
    제2장. 안전보건관리체제 등   5-3
    제3장. 안전보건교육   5-4
    제4장. 유해·위험 방지 조치   5-5
    제5장. 도급 시 산업재해 예방   5-5
    제6장. 유해·위험 기계 등에 대한 조치   5-7
    제7장. 유해·위험물질에 대한 조치   5-9
    제8장. 근로자 보건관리   5-10
    제9장. 산업안전지도사 및 산업보건지도사   5-11
    제10장. 근로감독관 등   5-11
    제11장. 보칙   5-12
    제12장. 벌칙   5-13

2. 산업안전보건법 시행령   5-14

    제1장. 총칙   5-14
    제2장. 안전보건관리체제 등   5-15
    제3장. 안전보건교육   5-19
    제4장. 유해·위험 방지 조치   5-20
    제5장. 도급 시 산업재해 예방   5-24
    제6장. 유해·위험 기계 등에 대한 조치   5-28
    제7장. 유해·위험물질에 대한 조치   5-30
    제8장. 근로자 보건관리   5-31
    제9장. 산업안전지도사 및 산업보건지도사   5-32
    제10장. 보칙   5-32
    제11장. 벌칙   5-33

산업안전보건법 영·규칙 별표 5-34
　[별표2] 안전보건관리책임자를 두어야 할 사업의 종류 및 사업장의 상시근로자 수 5-34
　[별표3] 안전관리자를 두어야 할 사업의 종류, 사업장의 상시근로자 수,
　　　　안전관리자의 수 및 선임방법 5-35
　[별표4] 안전관리자의 자격 5-40
　[별표9] 산업안전보건위원회를 구성해야 할 사업의 종류 및 사업장의 상시근로자 수 5-41
　[별표13] 유해·위험물질 규정량 5-42
　[별표20] 유해·위험 방지를 위하여 방호조치가 필요한 기계·기구 5-44

3. 산업안전보건법 시행규칙　5-45
　제1장. 총칙 5-45
　제2장. 안전보건관리체제 등 5-46
　제3장. 안전보건교육 5-47
　제4장. 유해·위험 방지조치 5-48
　제5장. 도급 시 산업재해 예방 5-53
　제6장. 유해·위험 기계 등에 대한 조치 5-56
　제7장. 유해·위험 물질에 대한 조치 5-58
　제8장. 근로자 보건관리 5-60
　제9장. 산업안전지도사 및 산업보건지도사 5-63
　제10장. 근로감독관 5-63
　제11장. 보칙 5-64
　　[별표1] 건설업체 산업재해발생률 및 산업재해 발생 보고의무
　　　　　　위반건수의 산정 기준과 방법 5-64
　　[별표2] 안전보건관리규정을 작성하여야 할 사업의 종류 및 상시근로자 수 5-66
　　[별표3] 안전보건관리규정의 세부 내용 5-67
　　[별표5] 안전보건교육 교육대상별 교육내용 5-68
　　[별표12] 안전 및 보건에 관한 평가의 내용 5-83
　　[별표13] 안전인증을 위한 심사종류별 제출서류 5-84
　　[별표14] 안전인증 및 자율안전확인의 표시 및 표시방법 5-85
　　[별표15] 안전인증대상기계등이 아닌 유해·위험기계등의
　　　　　　안전인증의 표시 및 표시방법 5-86
　　[별표16] 안전검사 합격표시 및 표시방법 5-86
　　[별표17] 유해·위험기계등 제조사업 등의 지원 및 등록 요건 5-88
　　[별표18] 유해인자의 유해성·위험성 분류기준 5-89
　　[별표19] 유해인자별 노출 농도의 허용기준 5-92

Chapter 02 산업안전보건기준에 관한 규칙 (약칭 안전보건규칙)

1. 총칙	5-104
2. 통로 안전보건규칙	5-104
3. 계단의 안전보건규칙	5-106
4. 양중기 안전보건규칙	5-107
5. 크레인 안전보건규칙	5-109
6. 이동식 크레인 안전보건규칙	5-112
7. 리프트 안전보건규칙	5-113
8. 곤돌라 안전보건규칙	5-115
9. 승강기 안전보건규칙	5-115
10. 양중기의 와이어로프 등의 안전보건규칙	5-116
11. 차량계 하역운반기계의 안전보건규칙	5-118
12. 지게차 안전보건규칙	5-120
13. 차량계 건설기계 안전보건규칙	5-121
14. 항타기 및 항발기 안전보건규칙	5-123
15. 위험물 등의 취급 등의 안전보건규칙	5-126
16. 아세틸렌 용접장치 및 가스집합 용접장치의 안전보건규칙	5-130
17. 전기기계·기구 등의 위험방지 안전보건규칙	5-133
18. 배선 및 이동전선으로 인한 위험방지 안전보건규칙	5-138
19. 전기작업에 대한 위험방지 안전보건규칙	5-140
20. 정전기 및 전자파로 인한 재해 예방 안전보건규칙	5-144
21. 거푸집 및 동바리 안전보건규칙	5-145
22. 비계 안전보건규칙	5-150
23. 말비계 및 이동식비계 안전보건규칙	5-152
24. 굴착작업 등의 위험방지 안전보건규칙	5-153
25. 추락 또는 붕괴에 의한 위험방지 안전보건규칙	5-157
26. 철골작업 및 해체작업 안전보건규칙	5-160
27. 중량물 취급 시의 위험방지 안전보건규칙	5-161
[별표 1] 위험물질의 종류	5-162
[별표 2] 관리감독자의 유해·위험방지	5-164
[별표 3] 작업시작 전 점검사항	5-170
[별표 4] 사전조사 및 작업계획서 내용	5-172
[별표 5] 강관비계의 조립간격	5-175
[별표 6] 차량계 건설기계	5-175
[별표 7] 화학설비 및 그 부속설비의 종류	5-176
[별표 8] 안전거리	5-176
[별표 11] 굴착면의 기울기 기준	5-177
[별표 13] 관리대상 유해물질 관련 국소배기장치 후드의 제어풍속	5-177

contents

	[별표 16] 분진작업의 종류	5-178
	[별표 17] 분진작업장소에 설치하는 국소배기장치의 제어풍속	5-179
	[별표 18] 밀폐공간	5-180

Chapter 03 건설공사 표준안전작업지침

1. 추락재해방지 표준안전작업지침	5-186
2. 건설업 산업안전보건관리비 계상 및 사용기준	5-201
3. 가설공사 표준안전작업지침	5-210
4. 굴착공사 표준안전작업지침	5-219
5. 콘크리트공사 표준안전작업지침	5-233
6. 철골공사 표준안전작업지침	5-240
7. 해체공사 표준안전작업지침	5-251
8. 벌목공사 표준안전작업지침	5-259
9. 터널공사 표준안전작업지침-NATM 공법	5-269
10. 운반하역 표준안전작업지침	5-284
11. 크레인작업 표준신호지침	5-308
12. 발파 표준안전 작업지침	5-312

부록1 필답형 과년도 출제문제

2018년도 정기검정 과년도 문제해설

2018년도 건설안전산업기사 (2018년 04월 15일 시행)	4
2018년도 건설안전산업기사 (2018년 06월 30일 시행)	7
2018년도 건설안전산업기사 (2018년 11월 10일 시행)	10

2019년도 정기검정 과년도 문제해설

2019년도 건설안전산업기사 (2019년 04월 14일 시행)	14
2019년도 건설안전산업기사 (2019년 06월 29일 시행)	17
2019년도 건설안전산업기사 (2019년 11월 09일 시행)	20

2020년도 정기검정 과년도 문제해설

2020년도 건설안전산업기사 (2020년 05월 24일 시행)	24
2020년도 건설안전산업기사 (2020년 07월 26일 시행)	27
2020년도 건설안전산업기사 (2020년 10월 18일 시행)	30
2020년도 건설안전산업기사 (2020년 11월 29일 시행)	33

2021 정기검정 과년도 문제해설

- 2021년도 건설안전산업기사 (2021년 04월 24일 시행) ... 38
- 2021년도 건설안전산업기사 (2021년 07월 10일 시행) ... 41
- 2021년도 건설안전산업기사 (2021년 11월 14일 시행) ... 44

2022 정기검정 과년도 문제해설

- 2022년도 건설안전산업기사 (2022년 05월 07일 시행) ... 48
- 2022년도 건설안전산업기사 (2022년 07월 24일 시행) ... 51
- 2022년도 건설안전산업기사 (2022년 11월 19일 시행) ... 54

2023년도 정기검정 과년도 문제해설

- 2023년도 건설안전산업기사 (2023년 04월 23일 시행) ... 58
- 2023년도 건설안전산업기사 (2023년 07월 22일 시행) ... 61
- 2023년도 건설안전산업기사 (2023년 11월 05일 시행) ... 65

2024년도 정기검정 과년도 문제해설

- 2024년도 건설안전산업기사 (2024년 04월 27일 시행) ... 70
- 2024년도 건설안전산업기사 (2024년 07월 28일 시행) ... 73
- 2024년도 건설안전산업기사 (2024년 11월 02일 시행) ... 76

부록2 작업형 과년도 출제문제

2018년도 정기검정 과년도 문제해설 ... 4

2019년도 정기검정 과년도 문제해설 ... 14

2020년도 정기검정 과년도 문제해설 ... 24

2021년도 정기검정 과년도 문제해설 ... 34

contents

부록3 α3 작업형 과년도 출제문제

2022년도 정기검정 과년도 문제해설

- 건설안전산업기사(2022년 05월 10일 제1회 1부 시행) ... 44
- 건설안전산업기사(2022년 05월 10일 제1회 2부 시행) ... 52
- 건설안전산업기사(2022년 07월 26일 제2회 1부 시행) ... 60
- 건설안전산업기사(2022년 07월 26일 제2회 2부 시행) ... 68
- 건설안전산업기사(2022년 11월 23일 제4회 1부 시행) ... 76
- 건설안전산업기사(2022년 11월 23일 제4회 2부 시행) ... 84

2023년도 정기검정 과년도 문제해설

- 건설안전산업기사(2023년 04월 25일 제1회 1부 시행) ... 94
- 건설안전산업기사(2023년 07월 26일 제2회 1부 시행) ... 102
- 건설안전산업기사(2023년 11월 10일 제4회 1부 시행) ... 110

2024년도 정기검정 과년도 문제해설

- 건설안전산업기사(2024년 05월 03일 제1회 1부 시행) ... 120
- 건설안전산업기사(2024년 08월 04일 제2회 1부 시행) ... 128
- 건설안전산업기사(2024년 10월 19일 제3회 1부 시행) ... 136

미국 버클리대학 공부 지침서

나도 이렇게 공부하면 **건설안전산업기사자격증(건강·장수·부자)** 을 취득할 수 있다.

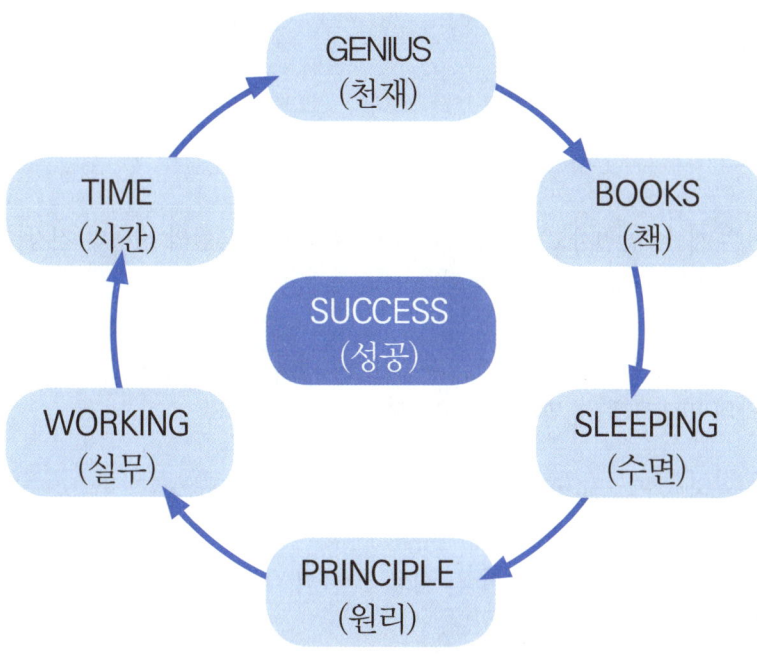

1 ST. 나는 천재라는 自負心(自信感)을 가지고 공부 – 天才
2 ND. 책은 항상 소지하고 1PAGE라도 읽어라 – 冊
3 RD. 잠은 충분히 잔다 – 睡眠
4 TH. 원리에 충실 – 원리를 확실하게 파악 – 原理
5 TH. 실무에 접하는 기회 – 實務
6 TH. 시간은 자신이 만들어라 – 時間

안전관리헌장

개정:안전행정부고시 제2014-7호

재난 및 안전관리기본법 제7조에 의하여 안전관리헌장을 다음과 같이 개정 고시합니다.

2014년 1월 29일
안전행정부장관

안전은 재난, 안전사고, 범죄 등의 각종 위험에서 국민의 생명과 건강 그리고 재산을 지키는 가장 중요한 근본이다.

모든 국민은 안전할 권리가 있으며, 안전문화를 정착시키는 일은 국민의 행복과 국가의 미래를 위해 반드시 필요하다.

이에 우리는 다음과 같이 다짐한다.

Ⅰ. 모든 국민은 가정, 마을, 학교, 직장 등 사회 각 분야에서 안전수칙을 준수하고 안전 생활을 적극 실천한다.

Ⅰ. 국가와 지방자치단체는 국민의 안전기본권을 보장하는 안전종합대책을 수립하고, 안전을 위한 투자에 최우선의 노력을 하며, 어린이, 장애인, 노약자는 특별히 배려한다.

Ⅰ. 자원봉사기관, 시민단체, 전문가들은 사고 예방 및 구조 활동, 안전 관련 연구 등에 적극 참여하고 협력한다.

Ⅰ. 유치원, 학교 등 교육 기관은 국민이 바른 안전 의식을 갖도록 교육하고, 특히 어릴 때부터 안전 습관을 들이도록 지도한다.

Ⅰ. 기업은 안전제일 경영을 실천하고, 위험 요인을 없애 사고가 발생하지 않도록 적극 노력한다.

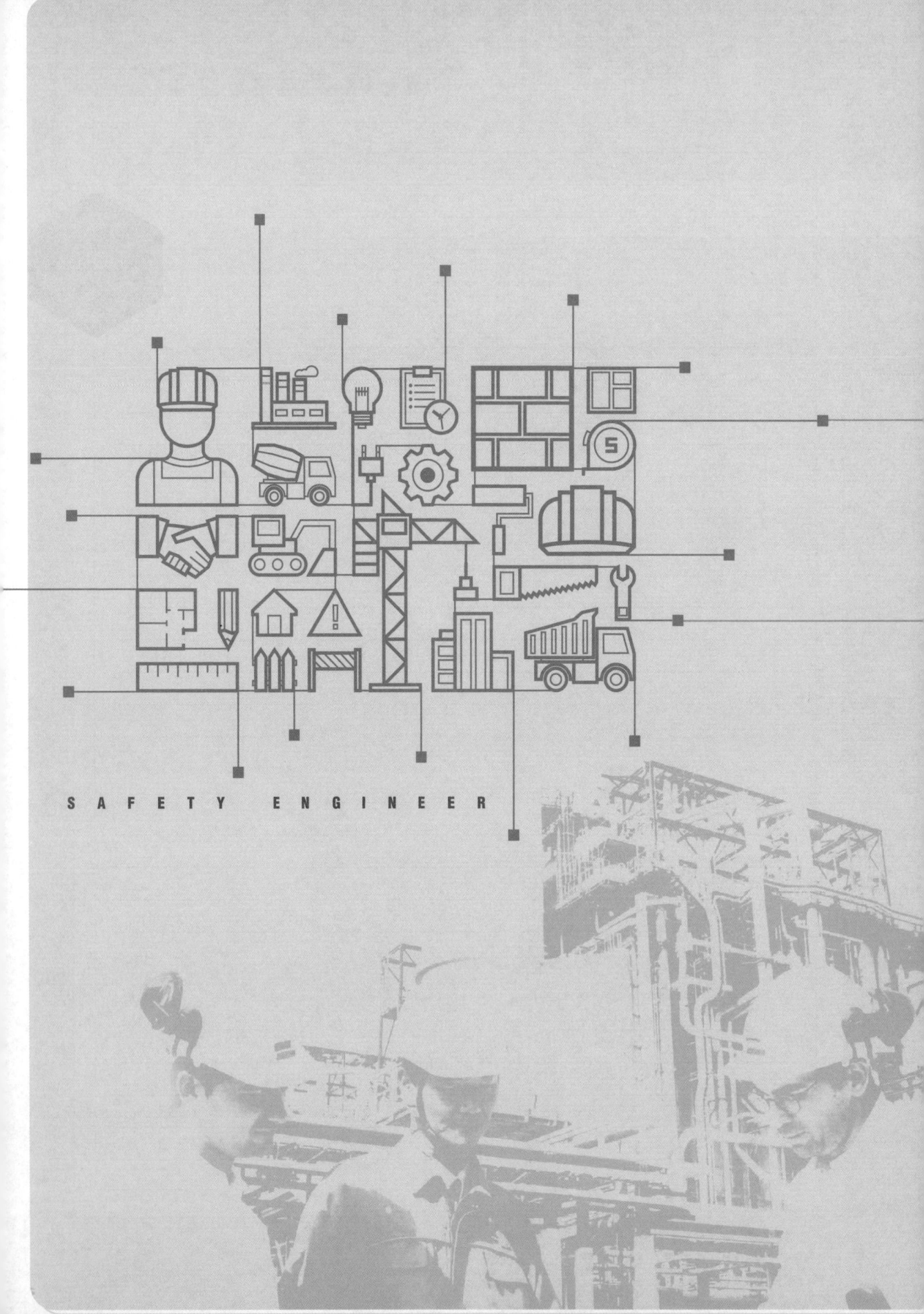
SAFETY ENGINEER

ONLY ONE 합격교재

건설안전산업기사

필답형 실기

SAFETY ENGINEER

산업안전관리론(안전보건관리)

안전보건관리 조직　**Chapter 01**
출제예상문제

안전보건관리 계획수립 및 운용　**Chapter 02**
출제예상문제

산업재해 발생 및 재해 조사분석　**Chapter 03**
출제예상문제

안전 점검·인증 및 진단　**Chapter 04**
출제예상문제

Chapter 01 안전보건관리 조직

중점 학습내용

인류의 문명은 지금으로부터 약 75만년 전 유인원이 출현하여 시작되었다고 보고 있는데 고대를 거쳐 중세에 이르기까지 문명의 발달은 아주 완만히 진행되고 있었으며 1711년 영국의 산업혁명을 시작으로 하여 세계대전을 치르면서 급격한 발전을 하여 이제는 대량 생산체제에서 자동화·정보화 사회로 진입하고 있다. 본 장의 내용을 요약하여 안전관리를 하는 목적, 중요성, 역사 등에 관련된 기본적인 기초 지식을 학습하도록 하였으며 이번 실기 필답형 시험에 출제되는 그 중심적인 내용은 다음(❶~❿)과 같다.

❶ 안전보건관리 조직의 기본 유형 3가지 종류
❷ Line형 조직의 특징
❸ Staff형(참모식) 조직
❹ Line-Staff 혼형
❺ 안전보건관리의 4cycle
❻ 안전 조직의 책임 및 업무 내용
❼ 안전 조직을 구성할 때 고려해야 하는 사항 중 가장 중요한 것 4가지
❽ 안전 조직을 유효하게 활용하기 위한 안전 평가시에 활용되는 분석 방법의 3가지 기본 유형
❾ 안전보건 진단을 받아 개선 계획 수립·시행명령을 할 수 있는 사업장
❿ 안전관리자 등의 증원·교체 임명 명령

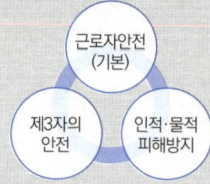

[그림] 산업 안전보건관리의 범위

1 안전보건관리 조직의 기본 유형 3가지 종류

합격예측

안전보건관리 조직 3가지
① 직계식
② 참모식
③ 직계·참모식

① 직계식 조직(Line형)
② 참모식 조직(Staff형)
③ 직계·참모식 조직(Line & Staff형)

2 Line형(直系形, 系線形) 조직의 특징

합격예측

직계식 도해

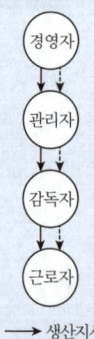

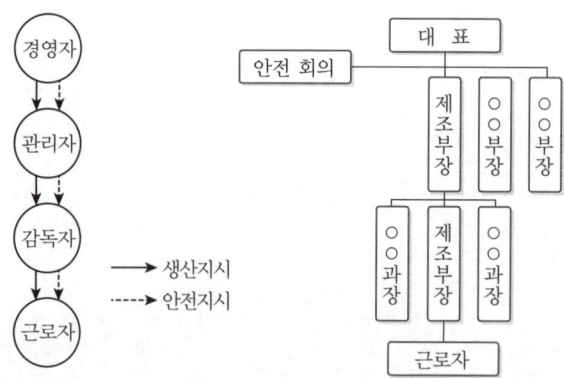

[그림] 라인형 안전 조직

특징

라인형 조직은 안전보건관리에 관한 계획에서 실시, 평가에 이르기까지의 모든 권한이 포괄적이고 직선적으로 행사되고, 조직의 안전을 전문으로 분담하는 부문이 없으므로 고도의 관리를 기대할 수 없다. 이 조직은 100인 미만의 중·소 사업장에 적합한 안전 조직이다.

① 안전에 관한 명령이나 지시가 각 부문의 직제를 통하여 생산 업무와 함께 시행되므로, 지시나 조치가 철저하며 그 실시도 빠르다.
② 명령과 보고가 상, 하 관계이므로 간단 명료하고 직선적이다.
③ 생산 Line의 각급 관리·감독자는 일상의 생산 업무에 쫓겨 안전에 대한 전문 지식이나 정보를 몸에 익힐 수가 없다.
④ 라인에 과중한 책임이 발생한다.

합격예측

라인형(직계식)조직의 장·단점
① 장점
　㉮ 안전에 관한 지시나 명령계통이 철저하다.
　㉯ 명령과 보고가 상하관계이므로 간단 명료하다.
　㉰ 안전대책의 실시가 신속하다.
② 단점
　㉮ 안전에 관한 전문지식이 부족하며, 정보가 불충분하다.
　㉯ 라인에 과중한 책임을 지우기가 쉽다.
　㉰ 생산라인의 업무에 중점을 두어 안전보건관리가 소홀해질 수 있다.

3 Staff형(참모식) 조직

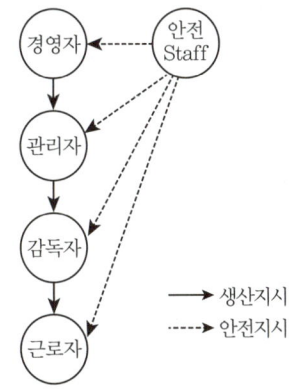

[그림] 스태프형 안전 조직

특징 21. 11. 14 기

스태프형 조직은 안전보건관리를 관장하는 Staff를 두고 안전보건관리에 관한 계획, 조사, 검토, 권고, 보고 등을 하도록 하는 안전 조직이다.

Staff의 성격상 어디까지나 계획안의 작성, 조사, 점검 결과에 따른 조언, 보고에 머무는 것이며, 스스로 생산 라인의 안전 업무를 행하는 것은 아니다. 스태프형 조직은 F.W. Taylor가 제창한 것으로 분업의 원칙을 이용하려는 것이며, 책임 및 권한이 직능적으로 분담되어 있는 안전 조직이다.

① 전문 Staff의 지도에 의해서 고도의 안전 활동이 진행되게 되며 라인의 관리 감독자가 안전에 관하여 미숙하더라도 이들을 육성하면서 안전을 추진시킬 수

합격예측

스태프(참모식)조직의 장·단점
① 장점
　㉮ 안전전문가가 안전계획을 세워 안전에 관한 전문적인 문제해결 방안을 모색하고 조치한다.
　㉯ 경영자에게 조언과 자문역할을 할 수 있다.
　㉰ 안전 정보 수집이 빠르다.
② 단점
　㉮ 안전지시나 명령이 작업자에게까지 신속 정확하게 하달되지 못한다.
　㉯ 생산부분은 안전에 대한 책임과 권한이 없다.
　㉰ 권한다툼이나 조정 때문에 시간과 노력이 소모된다.

F.W. Taylor
(1856~1915)

있고, 점차 안전 업무가 표준화되어 직장에 정착하게 된다.
② 스태프 조직은 작업자 입장에서 보면, 생산 및 안전에 관한 명령이 각각 별개의 두 계통에서 일어나는 결함이 생겨 직장의 질서 유지에 혼란을 가져올 우려가 있고 응급 조치가 곤란해지며, 통계 수단이 복잡한 결점이 있다.
③ 스태프형은 분야의 직능에 대하여 기인하는 조직을 합리적으로 확립하고 운영하는 데에는 곤란이 많다.
④ 경영자에게 지도와 조언·자문 역할을 하는 안전 조직이다.

4 Line-Staff 혼형(직계·참모식) 조직

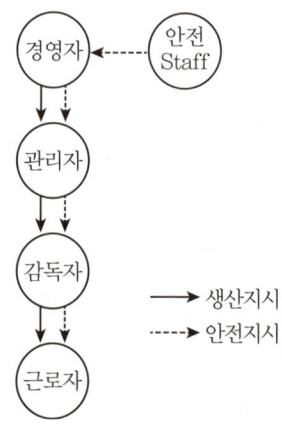

[그림] 라인·스태프혼형의 안전 조직

> **특징**

직계·참모식 조직은 Line형 조직과 Staff형 조직의 장점을 절충식 조직으로 대규모 사업장에서 채용하고 있는 안전보건관리 조직이다. 안전 업무를 전문으로 관장하는 Staff 부문을 두는 한편, 생산 Line의 각 층에서도 겸임 또는 전임의 관리 감독자를 두고 안전 대책은 Staff 부문에서 기획되고, Line에서는 업무만 실시하도록 하는 안전 조직이다.

① 안전 Staff는 안전 보건 관리 책임자 아래에 설치되어 전문적으로 안전 업무를 보좌한다.
② 안전 staff는 안전에 관한 기획, 조사, 검토 및 연구를 실시한다.
③ Line의 관리 감독자에게 안전에 관한 책임과 권한이 부여되나 전문 사항에 대해서는 안전 스태프의 지식이나 기술 등을 활용하고 Line은 생산 활동에만 전념하면 된다.
④ 안전 Staff의 힘이 강해지면 그 권한을 넘어서 Line에게 간섭하게 되므로

합격예측

라인-스태프 혼합형(1,000명 이상) 조직의 장·단점
① 장점
  ㉮ 안전활동이 생산과 잘 협조가 된다.
  ㉯ 생산라인의 각 계층에서도 안전업무를 겸임하여 할 수 있다.
  ㉰ 안전대책은 스태프부문에서 기획조사, 입안, 검토 연구하고 라인을 통하여 실시하도록 한다.
  ㉱ 전 근로자가 안전활동에 참여할 기회가 부여된다.
② 단점
  ㉮ 라인과 스태프간에 협조가 안될 경우 업무의 원활한 추진이 불가능하다.
  ㉯ 스태프의 기능이 너무 강하면 권한의 남용으로 라인에 간섭 → 라인의 권한 약화 → 라인의 유명무실이 되기 쉽다.
  ㉰ 명령계통과 조언, 권고적 참여가 혼돈될 가능성이 있다.

Line의 권한이 약해져 그 Line은 유명무실해질 우려가 있다.
⑤ 안전 활동이 생산과 혼돈될 우려가 없기 때문에 운용이 적절하며 매우 이상적 안전 조직이라 할 수 있다.
⑥ 우리나라 산업 안전 보건법에서도 권장하는 안전 조직 형태이다.

[표] 안전보건관리 조직의 장단점

조직 유형	장 점	단 점
Line형 안전보건관리조직	① 안전에 대한 지시 및 전달이 신속·정확하다. ② 명령계통이 간단·명료하다.	① 안전에 대한 전문적인 지식 및 기술축적이 미흡하다. ② 안전정보 및 신기술개발이 어렵다.
Staff형 안전보건관리조직	① 안전에 대한 지식 및 기술축적이 용이하다. ② 신속한 안전정보의 입수가 가능하고 안전에 대한 신기술개발이 가능하다. ③ 경영자에게 지도와 조언, 자문을 할 수 있다. ④ 사업장 실정에 맞게 안전의 표준화를 달성할 수 있다.	① 생산부서와 유기적인 협조가 없으면 안전에 대한 지시나 전달이 어렵다. ② 생산부서와 마찰이 일어나기 쉽다. ③ 생산부서에는 안전에 대한 책임과 권한이 없다.
Line & Staff (혼합형) 안전보건관리조직	① 안전에 대한 지식 및 기술의 축적이 가능하고 안전지시 및 전달이 신속 정확하다. ② 안전에 대한 신기술의 개발 및 보급이 용이하고 안전활동이 생산과 분리되지 않으므로 운용이 쉽다.	① 명령계통과 지도·조언 및 권고적 참여가 혼동되기 쉽다. ② 스태프의 힘이 커지면 라인이 무력해진다.

5 안전보건관리의 4-cycle(pdca)

① 계획(plan) – 실시(do) – 검토(check) – 조치(action)
② 계획(plan) – 실시(do) – 평가(see)

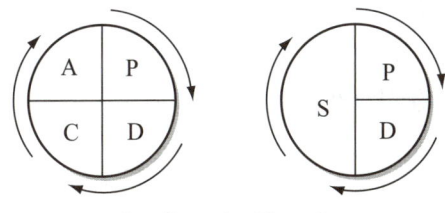

[그림] PDCA와 PDS

합격예측

안전보건관리 조직의 유형 3가지
① 라인형
② 스태프형
③ 라인 – 스태프 혼합형

합격예측

안전보건관리 4-cycle
① plan(계획)
② do(실시)
③ check(검토)
④ action(조치)

합격예측

안전보건관리의 사이클에 해당하는 안전보건관리의 4단계
① 계획을 세운다.
② 계획대로 실시한다.
③ 결과를 검토한다.
④ 검토결과에 의해 조치를 한다.

1. 안전 업무의 체계화(안전업무의 5step)

안전 업무는 인적, 물적, 관리적인 면의 모든 재해의 예방 및 재해의 처리 대책을 행하는 작업으로 다음과 같이 체계화하여 구분할 수 있다.

① 1step : 예방 대책
② 2step : 재해를 국한(局限)하는 대책
③ 3step : 재해 처리 대책
④ 4step : 비상 조치 대책
⑤ 5step : 개선을 위한 피드백(feed back) 대책

합격예측

안전업무의 5step
① 1step : 예방 대책
② 2step : 재해를 국한(局限)하는 대책
③ 3step : 재해 처리 대책
④ 4step : 비상 조치 대책
⑤ 5step : 개선을 위한 피드백(feed back) 대책

2. 안전보건관리 조직의 기본적 방향

① 조직의 구성원을 전원 참여시킬 수 있어야 한다.
② 안전 계층간에 종적, 횡적, 기능적으로 유대가 이루어져야 한다.
③ 안전 조직의 기능을 충분히 발휘할 수 있어야 한다.

합격예측

안전보건관리책임자의 직무
① 사업장의 산업재해 예방계획의 수립에 관한 사항
② 안전보건관리규정의 작성 및 변경에 관한 사항
③ 안전보건교육에 관한 사항
④ 작업환경측정 등 작업환경의 점검 및 개선에 관한 사항
⑤ 근로자의 건강진단 등 건강관리에 관한 사항
⑥ 산업재해의 원인 조사 및 재발 방지대책 수립에 관한 사항
⑦ 산업재해에 관한 통계의 기록 및 유지에 관한 사항
⑧ 안전장치 및 보호구 구입 시의 적격품 여부 확인에 관한 사항
⑨ 그 밖에 근로자의 유해·위험 예방조치에 관한 사항으로서 고용노동부령으로 정하는 사항

6 안전 조직의 책임 및 업무 내용

1. 안전 책임의 원칙

① 경영자 : 안전한 작업 환경, 기계 설비, 공구, 원재료 등을 작업자에게 공급하여 생산을 달성할 책임이 있다.
② 관리 감독자 : 경영자의 방침을 실현하기 위하여 작업자를 안전하고 쾌적한 환경에서 생산에 종사하도록 할 책임이 있다.
③ 작업자 : 관리, 감독자의 계획 실시에 협력하고, 생산을 실행하되 스스로 안전한 작업을 행할 책임이 있다.

2. 안전 조직의 업무 내용

(1) 경영자(사업주)

① 안전 조직 편성(원활한 안전 조직의 확립)
② 안전 예산의 책정
③ 안전한 기계 설비 및 작업 환경의 유지
④ 기본 방침 및 안전 시책의 시달(示達)

합격예측

안전조직의 목적
① 모든 위험요소의 제거
② 위험요소제거의 기술수준 향상
③ 재해예방대책의 향상
④ 단위당 예방비용의 절감

(2) 안전 보건 관리자

① 구체적인 안전 관리 규정 및 기준의 작성
② 설비 공정, 작업 방침 등의 안전 검토
③ 위험시 응급 조치
④ 재해 조사
⑤ 안전 활동의 평가

(3) 관리 감독자(현장 안전 관리의 핵심)

① 안전한 작업 방법의 교육 훈련
② 작업 감독 및 지시
③ 사업장의 안전 점검
④ 안전 회의 개최
⑤ 재해 보고서 작성
⑥ 개선에 관한 의견 상신

[그림] 안전피라미드
(안전작업 / TBM / 안전교육 / 작업표준화, 방법개선 / 설비환경의 안전화, 점검보수 / 생산, 작업계획)

(4) 작업자(근로자)

① 작업 전후 안전 점검 실시
② 안전 작업의 이행(안전 작업의 생활화)
③ 보고, 신호, 안전수칙 준수
④ 개선 필요시 적극적 의견 제안

3. 안전 스태프(Staff)의 기능 및 업무

(1) 스태프의 기능

① 안전 관리의 중점 항목의 실시 상황을 파악, 평가, 통제함으로써 안전 수준을 향상시킨다.
② 라인(line)의 안전관리를 시효 적절하게 진행시켜 목표를 달성시키도록 지원한다.

(2) 스태프의 업무 내용

① 안전관리 계획의 수립
② 안전 관계 자료의 수집 정리
③ 라인에 협력 및 지원
④ 각 부분의 공통 교육 훈련 실시
⑤ 대외 활동 협조

합격예측

안전보건관리 조직의 3대 기능
① 위험제거
② 생산관리
③ 손실방지

합격예측

안전관리자의 업무
① 산업안전보건위원회 또는 안전보건에 관한 노사협의체에서 심의·의결한 업무와 해당 사업장의 안전보건관리규정 및 취업규칙에서 정한 업무
② 위험성평가에 관한 보좌 및 지도·조언
③ 안전인증대상 기계 등과 자율안전확인대상 기계 등 구입시 적격품의 선정에 관한 보좌 및 지도·조언
④ 해당 사업장 안전교육계획의 수립 및 안전교육 실시에 관한 보좌 및 지도·조언
⑤ 사업장 순회점검·지도 및 조치의 건의
⑥ 산업재해 발생의 원인조사·분석 및 재발방지를 위한 기술적 보좌 및 지도·조언
⑦ 산업재해에 관한 통계의 유지·관리·분석을 위한 보좌 및 지도·조언
⑧ 법 또는 법에 따른 명령으로 정한 안전에 관한 사항의 이행에 관한 보좌 및 지도·조언
⑨ 업무수행 내용의 기록·유지
⑩ 그 밖에 안전에 관한 사항으로서 고용노동부장관이 정하는 사항

4. 안전보건관리 규정

(1) 안전보건관리 규정 작성상의 유의 사항

① 규정된 안전 기준은 법정 기준을 상회하도록 작성한다.
② 관리자층의 직무와 권한 근로자에게 강제 또는 요청할 부분을 명확히 삽입한다.
③ 관계 법령의 제정, 개정에 따라 즉시 같이 개정한다.
④ 작성 또는 개정시에 현장의 의견을 충분히 반영한다.
⑤ 규정 내용을 정상시는 물론 이상시 사고 및 재해 발생시의 조치에 관하여도 규정한다.

(2) 안전보건관리 규정에 포함하여야 할 중요 내용(작성내용)

① 안전 및 보건에 관한 관리조직과 그 직무에 관한 사항
② 안전보건교육에 관한 사항
③ 작업장의 안전 및 보건관리에 관한 사항
④ 사고 조사 및 대책 수립에 관한 사항
⑤ 그 밖에 안전 및 보건에 관한 사항

(3) 안전 규정의 활용

관계자에 대하여 규정, 기준의 필요성과 중요성을 충분히 이해시키고, 교육 훈련을 하고, 이행 상황을 체크하여 직장에 안전 문화를 정착시키도록 한다.

5. 안전관리 계획

(1) 계획 수립시의 유의 사항(기본방향)

① 사업장의 실태에 맞도록 독자적으로 수립하되, 실현 가능성이 있도록 할 것
② 직장 단위로 구체적 계획을 작성할 것
③ 계획의 목표는 점진적으로 하여, 점차 높은 수준으로 할 것

(2) 실시상의 유의 사항

① 연차 계획을 월별로 나누어 실시한다.
② 실시 결과는 안전 위원회에서 검토한 후 실시한다.
③ 실시 상황 확인을 위해 Staff와 Line 관리자는 직장 순찰을 한다.

(3) 평가

① 재해 건수, 재해율 등의 목표값과 안전 활동 자체 평가를 포함할 것

합격예측

안전보건관리규정 작성상의 유의사항
① 규정된 기준은 법정기준을 상회하도록 하여야 한다.
② 관리자층의 직무와 권한 근로자에게 강제 또는 요청한 부분을 명확히 해야 한다.
③ 관계 법령의 제정 및 개정에 따라 즉시 개정해야 한다.
④ 작성 또는 개정시에는 현장의 의견을 충분히 반영하여야 한다.
⑤ 규정내용은 정상시는 물론 이상발생시 사고 및 재해 발생시의 조치에 관해서도 규정하여야 한다.

합격예측

안전보건 개선계획서 검토 승인 기준 4가지
① 개선계획에 지시된 내용의 준수여부
② 개선지시내용의 세부시행 계획수립 여부
③ 개선계획의 실현 가능성 여부
④ 개선기일의 고의적 지연 여부

② 몇가지 평가를 병행, 다면적(多面的) 평가를 시행할 것
③ 평가 결과에 따라 개선 결과 도출할 것
④ 주요 평가 척도
  ㉮ 절대척도(재해건수 등 수치)
  ㉯ 상대척도(도수율, 강도율)
  ㉰ 평정(評定)척도(양적으로 나타내는 것, 양호, 보통, 불가 등 단계로 평정)
  ㉱ 도수(度數)척도(중앙값, % 등)

합격예측
주요 평가척도의 종류
① 절대척도(재해건수 등의 수치)
② 상대척도(도수율, 강도율 등)
③ 평정척도
  ㉮ 표준평정척도
  ㉯ 도식평정척도
  ㉰ 숫자평정척도
  ㉱ 기술평정척도 등
④ 도수척도(중앙값, % 등)

6. 안전보건 개선계획

(1) 목적
① 생산성과 안전성을 고려하는 데 목적이 있다.
② 생산성이 향상되는 개선 계획을 실시하는 데 목적이 있다.

(2) 개선계획 수립시 유의 사항
① 경영층이 안전 보건에 지대한 관심을 가진다.
② 무리, 불균형, 낭비적인 요소를 대폭 개선한다.
③ 종전에 비해 작업 능률이 향상되고 제품이 개선되도록 한다.

(3) 시설, 체계, 교육 등 개선 대상에 대하여 명확히 하여야 할 사항
① 개선 계획 사항 등이 산재 예방에 기여하는 이유
② 자산 계획
③ 개선 사항 등의 계획 완료 예정일 등

합격예측
안전보건 개선계획의 작성내용
① 작업공정별 유해위험분포도(작업공정, 주요설비 및 기계명, 유해위험요소, 근로자수, 재해발생현황)
② 재해발생 현황
③ 재해다발 원인 및 유형분석 (관리적 원인, 직접원인, 발생형태, 기인물)
④ 교육 및 점검계획
⑤ 유해위험 작업부서 및 근로자수
⑥ 개선계획㉮ 공통사항 : 안전보건관리조직, 안전표지 부착, 보호구 착용, 건강진단 실시 ㉯ 중점 개선 계획 : 시설, 기계장치, 원료 재료, 작업방법, 작업환경
⑦ 산업안전보건 관리예산

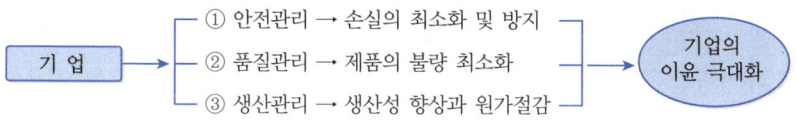

[그림] 안전·품질·생산

합격예측
안전보건 개선계획에 포함되어야 할 사항(내용)
① 시설
② 안전보건관리체제
③ 안전보건교육
④ 산업재해예방 및 작업환경 개선을 위하여 필요한 사항

7 안전 조직을 구성할 때 고려해야 하는 사항 중 가장 중요한 것 4가지

① 조직 구성원의 책임과 권한을 명확하게 할 것
② 생산 조직과 밀착된 조직이 되도록 할 것
③ 회사의 특성과 규모에 부합되게 조직되어야 할 것
④ 조직의 기능이 충분히 발휘될 수 있는 제도적 체계가 갖추어져 있을 것

보충학습

산업재해보상보험법 시행규칙 제21조(요양급여의 결정 등)

① 공단은 법 제41조에 따른 요양급여의 신청을 받으면 그 신청을 받은 날부터 7일 이내에 요양급여를 지급할지를 결정하여 신청인(법 제41조제2항에 따라 산재보험 의료기관이 요양급여의 신청을 대행한 경우에는 산재보험 의료기관을 포함한다) 및 보험가입자에게 알려야 한다.

② 제1항에 따른 처리기간 7일에는 다음 각 호의 어느 하나에 해당하는 기간은 산입하지 않는다.
 1. 판정위원회의 심의에 걸리는 기간
 2. 법 제117조 및 법 제118조에 따른 조사에 걸리는 기간
 3. 법 제119조에 따른 진찰에 걸리는 기간
 4. 제20조에 따른 요양급여 신청과 관련된 서류의 보완에 걸리는 기간
 5. 제20조제3항에 따른 보험가입자에 대한 통지 및 의견 제출에 걸리는 기간
 6. 업무상 재해의 인정 여부를 판단하기 위한 역학조사나 그 밖에 필요한 조사에 걸리는 기간

③ 공단은 제1항에 따른 요양급여에 관한 결정을 할 때 필요하면 영 제42조제1항에 따른 자문의사(이하 "자문의사"라 한다)에게 자문하거나 영 제43조에 따른 자문의사회의(이하 "자문의사회의"라 한다)의 심의를 거칠 수 있다.

---

8 | 안전 조직을 유효하게 활용하기 위한 안전 평가 시에 활용되는 분석 방법의 3가지 기본 유형

① 안전 활동 분석(직무 분석)
② 권한 분석(계층별 책임 분석)
③ 관계 분석(부서간 연락 조정 분석)

9 | 안전보건진단을 받아 안전보건 개선계획 수립·시행명령을 할 수 있는 사업장

① 산업재해율이 같은 업종 평균 산업재해율의 2배 이상인 사업장
② 사업주가 필요한 안전조치 또는 보건조치를 이행하지 아니하여 중대재해가 발생한 사업장(법 제49조 제1항 제2호 대용)
③ 직업성 질병자가 연간 2명 이상(상시근로자 1천명 이상 사업장의 경우 3명 이상) 발생한 사업장
④ 그 밖에 작업환경 불량, 화재·폭발 또는 누출 사고 등으로 사업장 주변까지 피해가 확산된 사업장으로서 고용노동부령으로 정하는 사업장

> 합격정보) 산업안전보건법 시행령 제49조

10 | 안전 관리자 등의 증원·교체 임명 명령

① 해당 사업장의 연간재해율이 같은 업종의 평균재해율의 2배 이상인 경우
② 중대재해가 연간 2건 이상 발생한 경우. 다만, 해당 사업장의 전년도 사망만인율이 같은 업종의 평균 사망만인율 이하인 경우는 제외한다.
③ 관리자가 질병이나 그 밖의 사유로 3개월 이상 직무를 수행할 수 없게 된 경우
④ 화학적 인자로 인해 직업성 질병자가 연간 3명 이상 발생한 경우. 이 경우 직업성 질병자의 발생일은 「산업재해보상보험법 시행규칙」 시행규칙 제21조 제1항에 따른 요양급여의 결정일로 한다.

> 합격정보) 산업안전보건법 시행규칙 제12조

Chapter 01 안전보건관리 조직
출제예상문제

01 안전 조직의 3종류를 쓰시오.

해답
① Line형 조직
② Staff형 조직
③ Line & Staff 혼형 조직

02 라인식, 참모식, 혼합식의 3가지 안전 조직의 특징을 쓰시오.

해답
(1) 라인식 : 100명 이하에 적합
　① 모든 명령은 생산 계통을 따라 이루어진다.
　② 참모식보다 경제적 조직이다.
　③ 규모가 적은 사업장에 적용된다.
　④ 라인형 장점 : 안전 명령 및 지시가 용이
　⑤ 라인형 단점 : 안전 지식과 기술 축적 불가
(2) 참모식 : 100명 이상, 1,000명 이하에 적합
　① 생산 계통과 견해 차이로 마찰이 일어난다.
　② 전담 기능에 의거 수행되므로 발전적이다.
　③ 참모형 장점 : 안전 지식과 기술 축적 용이
　④ 참모형 단점 : 안전 지시가 용이치 못함
(3) 혼합식 : 1,000명 이상 사업장에 적합
　① 생산 기능과 협조가 잘 이루어진다.
　② 전 근로자가 안전 활동에 참여할 기회가 부여된다.
　③ 라인 각 계층에 안전 업무를 겸임할 수 있다.

03 라인식 안전 조직의 형태를 도해로 그리고 안전지시, 생산지시 방법을 표시하시오.

해답
(1) 도해
(2) 안전, 생산 지시 방법

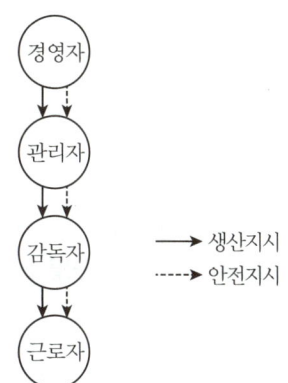

04 라인형 안전 조직 장점 2가지와 단점 2가지를 쓰시오.

해답
(1) 장점
　① 안전에 대한 지시 및 전달이 신속 정확하다.
　② 명령 계통이 간단·명료하다.
(2) 단점
　① 안전에 대한 전문적인 지식 및 기술 축적이 미흡하다.
　② 안전 정보 및 신기술 개발이 어렵다.

05 안전보건관리 조직에서 스태프형(참모형) 안전 조직의 장단점을 쓰시오.

해답
① 참모형 장점 : 안전 지식과 기술 축적 용이
② 참모형 단점 : 안전지시가 용이치 못함

06 근로자가 2,000명인 사업장의 안전 조직은 어떤 형태를 갖는 것이 적합한지를 쓰고 그 장점을 4가지만 쓰시오.

해답

(1) 안전 조직 형태 : 라인 스태프혼형 안전조직(직계 및 참모 조직)
(2) 장점
① 안전 활동이 생산과 협조가 잘 된다.
② 생산 라인의 각 계층에도 안전 업무를 겸임하게 할 수 있다.
③ 안전 대책은 스태프 부문에서 기획 조사, 입안, 검토, 연구하고 라인을 통하여 실시하도록 한다.
④ 전 근로자가 안전 활동에 참여할 기회가 부여된다.

07 안전보건진단을 받아 안전보건개선계획을 수립·제출하도록 명할 수 있는 사업장 4곳을 쓰시오.(4점)

해답

① 산업재해율이 같은 업종 평균 산업재해율의 2배 이상인 사업장
② 사업주가 필요한 안전조치 또는 보건조치를 이행하지 아니하여 중대재해가 발생한 사업장
③ 직업성 질병자가 연간 2명 이상(상시근로자 1천명 이상 사업장의 경우 3명 이상) 발생한 사업장
④ 그 밖에 작업환경 불량, 화재·폭발 또는 누출사고 등으로 사업장 주변까지 피해가 확산된 사업장으로서 고용노동부령으로 정하는 사업장

참고 산업안전보건법 시행령 제49조

KEY ① 2016년 6월 26일(문제 6번) 출제
② 2016년 10월 9일(문제 11번) 출제

08 산업보건의의 직무를 3가지 쓰시오.

해답

① 건강 진단 결과의 검토 및 그 결과에 따른 작업 배치, 작업 전환, 근로 시간 단축 등 근로자의 건강 보호 조치
② 근로자의 건강 장해의 원인 조사와 재발 방지를 위한 의학적 조치
③ 그 밖에 근로자의 건강 유지와 증진을 위하여 필요한 의학적 조치에 관하여 고용노동부장관이 정하는 사항

참고 산업안전보건법 시행령 제31조(산업보건의의 직무)

09 안전에서 중요한 평가 척도 4가지를 쓰시오.

해답

① 절대 척도
② 상대 척도
③ 평정 척도
④ 도수 척도

10 안전보건관리의 4-cycle과 안전 관리의 3단계를 쓰시오.

해답

(1) 4-cycle
① 계획(Plan)
② 실시(Do)
③ 검토(Check)
④ 조치(Action)
(2) 관리의 3단계
① 계획(Plan)
② 실시(Do)
③ 평가(See)

11 안전보건총괄책임자의 직무 4가지를 쓰시오.

해답

① 위험성 평가의 실시에 관한 사항
② 작업의 중지
③ 도급 시 산업재해예방 조치
④ 산업안전보건 관리비의 관계 수급인 간의 사용에 관한 협의 조정 및 그 집행의 감독
④ 안전인증대상 기계 등과 자율안전확인대상 기계 등의 사용 여부 확인

참고 산업안전보건법 시행령 제53조(안전보건총괄책임자의 직무 등)

12 프레스 작업 관리감독자의 직무를 쓰시오.

해답

① 프레스등 및 그 방호 장치를 점검하는 일
② 프레스등 및 그 방호 장치에 이상이 발견된 때 즉시 필요한 조치를 하는 일
③ 프레스 등 그 방호 장치에 전환 스위치를 설치한 때 해당 전환 스위치의 열쇠를 관리하는 일
④ 금형의 부착·해체 또는 조정 작업을 직접 지휘하는 일

13 목재 가공용 기계 취급 작업 관리감독자의 직무를 쓰시오.

해답

① 목재 가공용 기계를 취급하는 작업을 지휘하는 일
② 목재 가공용 기계 및 그 방호 장치를 점검하는 일
③ 목재 가공용 기계 및 그 방호 장치에 이상이 발견된 즉시 필요한 조치를 하는 일
④ 작업 중 지그 및 공구 등의 사용 상황을 감독하는 일

14 위험물을 제조하거나 취급하는 작업 관리감독자의 직무를 쓰시오.

해답

① 작업을 지휘하는 일
② 위험물을 제조하거나 취급하는 설비 및 해당 설비의 부속 설비가 있는 장소의 온도·습도·차광 및 환기 상태 등을 수시로 점검하고 이상을 발견하였을 때에는 즉시 필요한 조치를 하는 일
③ ②목에 따라 한 조치를 기록하고 보관하는 일

15 건조 설비에 의한 물건의 가열·건조 작업 관리감독자의 직무를 쓰시오.

해답

① 건조 설비를 처음으로 사용하거나 건조 방법 또는 건조물의 종류를 변경할 때에는 근로자에게 미리 그 작업 방법을 교육하고 작업을 직접 지휘하는 일
② 건조 설비가 있는 장소를 항상 정리 정돈하고 그 장소에 가연성 물질을 두지 않도록 하는 일

16 안전 조직 형태에서 라인 스태프형(복합형)의 직계 참모 조직에 대하여 간단히 설명하시오.

해답

① 직계식 조직과 참모식 조직의 장점을 취한 절충식 조직으로 많은 사업장에서 채용하고 있는 안전 관리 조직이다.
② 안전 업무를 전문으로 관할하는 스태프 부문을 두는 한편 생산 라인의 각 층에는 겸임 또는 전임의 관리 감독자를 두고 안전 대책은 스태프 부문에서 기획되고, 이것을 라인을 통해서 실시하도록 하는 조직을 말한다.

17 현장의 안전 보건에 대한 근본적인 책임을 갖고 있는 사람은 누구인가?

해답

관리감독자

18 안전보건 관리 책임자가 실질적으로 총괄 관리해야 할 업무를 쓰시오.

해답

① 사업장의 산업 재해 예방 계획의 수립에 관한 사항
② 안전보건관리 규정의 작성 및 변경에 관한 사항
③ 안전 보건 교육에 관한 사항
④ 작업 환경 측정 등 작업 환경의 점검 및 개선에 관한 사항
⑤ 근로자의 건강 진단 등 건강관리에 관한 사항
⑥ 산업 재해의 원인 조사 및 재발 방지 대책 수립에 관한 사항
⑦ 산업 재해에 관한 통계의 기록, 유지에 관한 사항
⑧ 안전 장치 및 보호구 구입시의 적격품 여부 확인에 관한 사항
⑨ 그 밖에 근로자의 유해·위험 방지 조치에 관한 사항으로서 고용노동부령으로 정하는 사항

참고 산업안전보건법 제15조(안전보건관리책임자)

19 S.H기업의 안전 관리자는 생산부 소속의 P씨이다. P씨가 해야 할 업무를 7가지 쓰시오. 22. 10. 16 산 21. 4. 25 기산

해답

① 산업안전보건위원회 또는 안전보건에 관한 노사협의체에서 심의·의결한 업무와 해당 사업장의 안전보건관리규정 및 취업 규칙에서 정한 업무
② 위험성평가에 관한 보좌 및 지도·조언
③ 안전인증대상 기계 등과 자율안전확인대상 기계 등 구입시 적격품의 선정에 관한 보좌 및 지도·조언
④ 해당 사업장 안전교육계획의 수립 및 안전교육실시에 관한 보좌 및 지도·조언
⑤ 사업장 순회점검·지도 및 조치의 건의
⑥ 산업재해발생의 원인 조사·분석 및 재발방지를 위한 기술적 보좌 및 지도·조언
⑦ 산업재해에 관한 통계의 유지·관리·분석을 위한 보좌 및 지도·조언
⑧ 법 또는 법에 따른 명령으로 정한 안전에 관한 사항의 이행에 관한 보좌 및 지도·조언
⑨ 업무수행 내용의 기록·유지
⑩ 그 밖에 안전에 관한 사항으로서 고용노동부장관이 정하는 사항

참고 산업안전보건법 시행령 제18조(안전관리자의 업무 등)

20 안전관리자를 증원 및 교체할 수 있는 경우 3가지를 쓰시오.

> **해답**
> ① 해당 사업장의 연간재해율이 같은 업종의 평균재해율의 2배 이상인 경우
> ② 중대재해가 연간 2건 이상 발생한 경우
> ③ 관리자가 질병이나 그 밖의 사유로 3개월 이상 직무를 수행할 수 없게 된 경우
>
> **참고** 산업안전보건법 시행규칙 제12조(안전관리자 등의 증원·교체임명 명령)

21 다음 안전 보건 관리 체제의 □ 안을 채워 넣으시오.

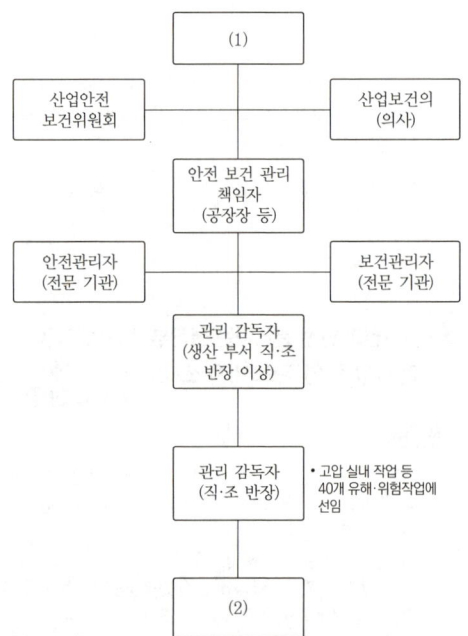

> **해답**
> (1) 사업주
> (2) 근로자

22 관리감독자를 지정하여 안전 관리자를 보조해야 할 유해 위험 작업의 종류를 4가지 쓰시오.

> **해답**
> ① 고압 실내 작업
> ② 화학 설비의 탱크 내 작업
> ③ 특정 화학 물질을 이용한 세척 작업
> ④ 밀폐된 장소에서 행하는 용접 작업 또는 습한 장소에서 행하는 전기 용접 작업

23 총공사 금액이 800억원 이상 1,500억원 미만인 건설업의 경우 안전관리자를 몇 명 두어야 하는가?

> **해답**
> 2명 이상

24 산업안전보건위원회를 설치, 운영하여야 할 사업규모를 쓰시오.(단, 상시근로자 50명 이상)

> **해답**
> ① 토사석 광업
> ② 목재 및 나무제품 제조업 : 가구제외
> ③ 화학물질 및 화학제품 제조업 : 의약품 제외(세제, 화장품 및 광택제 제조업과 화학섬유 제조업은 제외한다)
> ④ 비금속 광물제품 제조업
> ⑤ 1차 금속 제조업
> ⑥ 금속가공제품 제조업 : 기계 및 가구 제외
> ⑦ 자동차 및 트레일러 제조업
> ⑧ 기타 기계 및 장비 제조업(사무용 기계 및 장비 제조업은 제외한다)
> ⑨ 기타 운송장비 제조업(전투용 차량 제조업은 제외한다)
>
> **참고** 산업안전보건법 시행령 제35조(산업안전보건위원회 설치대상)및 [별표 9]

25 산업 안전 보건법상 도급사업에 있어서 안전 보건 총괄 책임자를 선임하여야 할 사업을 쓰시오.(단, 상시 근로자 50인 이상 사업장)

> **해답**
> ① 선박 및 보트 건조업
> ② 1차 금속제조업
> ③ 토사석 광업
>
> **참고** 산업안전보건법 시행령 제52조(안전보건총괄책임자 지정대상사업)

26 산업안전보건위원회를 설치·운영해야 할 규모에 맞는 사업의 종류를 각각 3가지씩 쓰시오.

> **해답**
> (1) 상시 근로자 50명 이상
> ① 토사석 광업
> ② 목재 및 나무제품 제조업
> ③ 화학물질 및 화학제품 제조업
> ④ 비금속 광물제품 제조업
> ⑤ 1차 금속 제조업
> ⑥ 금속가공제품 제조업
> ⑦ 자동차 및 트레일러 제조업
> (2) 상시 근로자 300명 이상
> ① 농업
> ② 어업
> ③ 임대업 : 부동산 제외
> ④ 정보서비스업
> ⑤ 금융 및 보험업
> ⑥ 소프트웨어 개발 및 공급업
> ⑦ 컴퓨터프로그래밍, 시스템 통합 및 관리업
>
> **참고** 산업안전보건법 시행령 [별표 9] 산업안전보건위원회를 설치·운영하여야 할 사업의 종류 및 규모

27 전담 안전관리자를 두어야 할 사업의 종류와 규모를 쓰시오.

> **해답**
> ① 상시 근로자 300명 이상을 사용하는 사업장
> ② 건설업의 경우 공사 금액 120억원 이상
> ③ 토목공사업에 속하는 공사는 150억원 이상
>
> **참고** 산업안전보건법 시행령 제16조(안전관리자 선임 등)

28 다음은 사업장 내 안전 보건 관리 책임자와 안전 관리자의 업무 내용이다. 안전관리자의 업무 내용이 아닌 것의 번호를 쓰시오.

① 근로자의 보건 교육에 관한 사항
② 재해 조사 및 대책 수립에 관한 내용
③ 근로자의 안전에 관한 사항
④ 안전에 관한 주요 사항의 기록 및 보존
⑤ 근로자의 건강 진단 등 건강관리에 관한 사항
⑥ 작업 환경 점검 및 개선에 관한 사항

> **해답**
> ①, ⑤, ⑥

29 상시 50인 이상 500인 미만의 근로자를 이용하는 사업장으로 안전 관리자를 두어야 하는 사업장의 종류를 5가지 쓰시오.

> **해답**
> ① 토사업 광업
> ② 식료품 제조업, 음료 제조업
> ③ 목재 및 나무제품 제조 : 가구제외
> ④ 펄프, 종이 및 종이제품 제조업
> ⑤ 코크스, 연탄 및 석유정제품 제조업
>
> **참고** 산업안전보건법 시행령 [별표 3]

30 거푸집 지보공을 고정하거나 조립 또는 해체 작업 관리감독자의 직무를 쓰시오.

> **해답**
> ① 안전한 작업 방법을 결정하고 작업을 지휘하는 일
> ② 재료·기구의 결함 유무를 점검하고 불량품을 제거하는 일
> ③ 작업 중 안전대 및 안전모 등 보호구 착용 상황을 감시하는 일
>
> **참고** 지반의 굴착 작업, 흙막이 지보공의 고정·조립 또는 해체 작업도 이를 준용한다.

31 높이 5[m] 이상의 비계를 조립·해체하거나 변경 작업 시 관리감독자의 직무를 쓰시오. 20. 11. 29 기

> **해답**
> ① 재료의 결함 유무를 점검하고 불량품을 제거하는 일
> ② 기구·공구·안전대 및 안전모 등의 기능을 점검하고 불량품을 제거하는 일
> ③ 작업 방법 및 근로자의 배치를 결정하고 작업 진행 상태를 감시하는 일
> ④ 안전대와 안전모 등의 착용 상황을 감시하는 일

32 채석을 위한 굴착 작업 관리감독자의 직무를 쓰시오.

해답
① 대피 방법을 미리 교육하는 일
② 작업을 시작하기 전 또는 폭우가 내린 후에는 암석·토사의 낙하·균열의 유무 또는 함수·용수 및 동결 상태를 점검하는 일
③ 발파한 후에는 발파 장소 및 그 주변의 암석·토사의 낙하·균열의 유무를 점검하는 일

33 발파 작업 관리감독자의 직무를 쓰시오.

해답
① 점화 전에 점화 작업에 종사하는 근로자가 아닌 사람에게 대피를 지시하는 일
② 점화 작업에 종사하는 근로자에 대하여 대피 장소 및 경로를 지시하는 일
③ 점화 전에 위험 구역 내에서 근로자가 대피한 것을 확인하는 일
④ 점화 순서 및 방법에 대해서 지시하는 일
⑤ 점화 신호를 하는 일
⑥ 점화 작업에 종사하는 근로자에 대하여 대피 신호를 하는 일
⑦ 발파 후 터지지 않은 장약이나 남은 장약의 유무, 용수의 유무 및 암석·토사의 낙하여부 등을 점검하는 일
⑧ 점화를 하는 사람을 정하는 일
⑨ 공기 압축기의 안전 밸브 작동 유무를 점검하는 일
⑩ 안전모 등 보호구의 착용 상황을 감시하는 일

34 사업장의 안전보건을 유지하기 위하여 안전보건관리 규정을 작성하여 사업장에 비치하고 근로자에게 알려야 할 사항을 쓰시오.

해답
① 안전 및 보건에 관한 관리조직과 그 직무에 관한 사항
② 안전보건교육에 관한 사항
③ 작업장의 안전 및 보건 관리에 관한 사항
④ 사고조사 및 대책수립에 관한 사항
⑤ 그 밖에 안전 및 보건에 관한 사항

참고 산업안전보건법 제25조(안전보건관리규정의 작성)

35 사업을 행함에 있어 발생되는 위험을 예방하기 위하여 안전상의 조치 내용을 쓰시오.

해답
① 기계·기구 그 밖의 설비에 의한 위험
② 폭발성, 발화성 및 인화성 물질등에 의한 위험
③ 전기, 열 그 밖의 에너지에 의한 위험

참고 산업안전보건법 제38조(안전조치)

36 산업안전보건 관리비의 사용방법, 재해예방조치 등 전문기관의 지도를 받지 않아도 되는 공사의 종류를 쓰시오.

해답
① 공사기간이 1개월 미만인 공사
② 육지와 연결되지 아니한 섬지역(제주특별자치도를 제외한다)에서 이루어지는 공사
③ 안전관리자의 자격을 가진자를 선임하여 안전관리자의 업무만을 전담하도록 하는 공사
④ 유해위험방지 계획서를 제출하여야 하는 공사

참고 산업안전보건법 시행령 제59조(건설예방지도대상 건설공사 도급인)

37 안전보건 개선계획에 포함사항 4가지를 쓰시오.

해답
① 시설
② 안전보건 관리 체제
③ 안전보건교육
④ 산업재해예방 및 작업환경의 개선을 위하여 필요한 사항

참고 산업안전보건법 시행 규칙 제61조(안전보건 개선계획 제출 등)

38 관리감독자의 업무내용을 쓰시오.

해답
① 사업장 내 관리감독자가 지휘·감독하는 작업과 관련된 기계·기구 또는 설비의 안전보건 점검 및 이상 유무의 확인
② 관리감독자에게 소속된 근로자의 작업복·보호구 및 방호장치의 점검과 그 착용·사용에 관한 교육·지도
③ 해당 작업에서 발생한 산업재해에 관한 보고 및 이에 대한 응급조치
④ 해당 작업의 작업장 정리·정돈 및 통로확보에 대한 확인·감독
⑤ 사업장의 다음 각 목의 어느 하나에 해당하는 사람의 지도·조언에 대한 협조

㉮ 안전관리자 또는 안전관리자의 업무를 같은 항에 따른 안전관리전문기관에 위탁한 사업장의 경우에는 그 안전관리전문기관의 해당 사업장 담당자
㉯ 보건관리자 또는 보건관리자의 업무를 같은 항에 따른 보건관리전문기관에 위탁한 사업장의 경우에는 그 보건관리전문기관의 해당 사업장 담당자
㉰ 안전보건관리담당자 또는 안전보건관리담당자의 업무를 안전관리전문기관 또는 보건관리전문기관에 위탁한 사업장의 경우에는 그 안전관리전문기관 또는 보건관리전문기관의 해당 사업장 담당자
㉱ 산업보건의
⑥ 위험성평가에 관한 다음 각 목의 업무
 ㉮ 유해·위험요인의 파악에 대한 참여
 ㉯ 개선조치의 시행에 대한 참여
⑦ 그 밖에 해당 작업의 안전 및 보건에 관한 사항으로서 고용노동부령으로 정하는 사항

[합격정보]
① 산업안전보건법 시행령 제15조(관리감독자의 업무 등)
② 2022년 8월 18일 개정법 적용

39 안전보건 총괄책임자의 직무 5가지를 쓰시오.

[해답]
① 위험성 평가의 실시에 관한 사항
② 작업의 중지
③ 도급 시 산업재해예방 조치
④ 산업안전보건 관리비의 관계 수급인 간의 사용에 관한 협의 조정 및 그 집행의 감독
⑤ 안전인증대상 기계 등과 자율안전확인대상 기계 등의 사용여부 확인

[참고] 산업안전보건법 시행령 제53조(안전보건총괄책임자의 직무 등)

40 상시 근로자 20명 이상 50명 미만인 사업장에 안전보건관리담당자를 1명 이상 선임해야하는 사업의 종류를 5가지 쓰시오.

[해답]
① 제조업
② 임업
③ 하수, 폐수 및 분뇨 처리업
④ 폐기물 수집, 운반, 처리 및 원료 재생업
⑤ 환경 정화 및 복원업

[참고] 산업안전보건법 시행령 제24조(안전보건관리 담당자 선임 등)

41 안전보건관리담당자의 업무 6가지를 쓰시오.

[해답]
① 안전보건교육 실시에 관한 보좌 및 지도·조언
② 위험성 평가에 관한 보좌 및 지도·조언
③ 작업환경측정 및 개선에 관한 보좌 및 지도·조언
④ 각종 건강진단에 관한 보좌 및 지도·조언
⑤ 산업재해 발생의 원인 조사, 산업재해 통계의 기록 및 유지를 위한 보좌 및 지도·조언
⑥ 산업 안전·보건과 관련된 안전장치 및 보호구 구입 시 적격품 선정에 관한 보좌 및 지도·조언

[참고] 산업안전보건법 시행령 제25조(안전보건관리담당자의 업무)

녹색직업 녹색자격증 코너

전문가라 불리게 되려면
전문가란 특정분야,
자기 주제에 관해서 저지를 수 있는
모든 잘못을 이미 저지른 사람이다.
　　　　　　　　　　- N.보르

특정분야에서 실수와 잘못이 충분히 쌓이면
언젠가는 그 분야의 전문가로 불리게 될 것입니다.
전문가가 되고 싶다면,
더 열심히 찾아서 더 열심히 실수하세요.
더 이상 실수할게 없어질 때
모든 사람들로부터
그 분야의 진정한 전문가로 인정받게 될 것입니다.

안전보건관리 계획수립 및 운용

중점 학습내용

안전관리 계획수립 및 운용에 관련된 기본적인 기초 지식을 학습하도록 하였으며 이번 실기 필답형 시험에 출제되는 그 중심적인 내용은 다음과 같다.
❶ 사고 예방 원리
❷ 안전의 정의
❸ 사고와 재해
❹ 안전의 의의
❺ 산업 재해 발생 과정

[광의의 안전] 사회적 안전을 의미하며 공중시설이나 공중의 시설물을 이용하는 시민이 사고로 인한 인명피해 및 재산상의 손실을 예방하고 이들의 위험으로부터 벗어나 국민을 안전한 상태로 유지하려는 사회적공감과 국민적 안전의식을 포함한다.

[협의의 안전] 산업안전을 말할 수 있으며, 근로자가 생산활동을 하는 산업현장에서 구체적으로 위험이나 잠재적 위험성이 없는 상태와 생산 현장의 재료, 설비 및 제품의 손상이 없는 상태를 말한다.

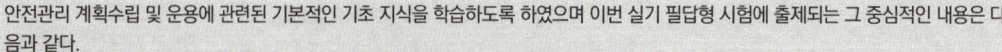

> **합격예측**
>
> 하인리히 사고예방대책의 기본원리 5단계
> ① 제1단계 : 안전조직
> ② 제2단계 : 사실의 발견
> ③ 제3단계 : 분석평가
> ④ 제4단계 : 시정방법 (시정책)의 선정
> ⑤ 제5단계 : 시정책의 적용
>
> **합격예측**
>
> 노사협의체의 설치 대상 기업
> ① 공사금액이 120억원(토목 공사업은 150억원)이상인 건설업
> ② 정기회의 개최주기 : 2개월
> ③ 임시회의 : 위원장이 필요 시 소집
>
> **합격정보**
>
> 산업안전보건법 시행령 제63조(노사협의체의 설치 대상)
> 산업안전보건법 시행령 65조(노사협의체의 운영 등)

1 사고 예방 원리

1. 사고 방지 5단계

(1) 제1단계 : 안전관리조직

① Staff 조직
② Line 조직
③ 지휘, 조치 및 후원
④ 규정, 안전 방침 및 계획 수립

(2) 제2단계 : 사실의 발견(불안전요소 발견단계) 22. 5. 7 기

① 재해 조사
② 안전 점검
③ 과거의 기록 검토
④ 제안
⑤ 건의 내용
⑥ 회의

(3) 제3단계 : 평가 및 분석

① 원인 분석
② 경향성 분석
③ 재해 통계 분석
④ 재해 코스트 분석
⑤ 위험 요인 분석

(4) 제4단계 : 시정책의 선정

① 교육 훈련
② 설득 호소
③ 기술적 조치
④ 인사조정
⑤ 단속

(5) 제5단계 : 시정책의 적용

3E의 적용 및 후속조치 내용 20. 7. 25 기

① 기술(Engineering)적 대책(공학적 대책) : 개선, 안전 기준의 설정, 환경 설비의 개선, 점검 보존의 확립 등을 행한다.
② 교육(Education)적 대책 : 안전 교육 및 훈련을 실시한다.
③ 규제(Enforcement)적 대책(관리적 대책) : 관리적 대책은 엄격한 규칙에 의해 제도적으로 시행되어야 하므로 다음의 조건이 충족되어야 한다.
　㉮ 적합한 기준 설정
　㉯ 각종 규정 및 수칙의 준수
　㉰ 전 종업원의 기준 이해
　㉱ 경영자 및 관리자의 솔선 수범
　㉲ 부단한 동기 부여와 사기 향상

2. 3S란?

― 표준화(Standardization)
― 전문화(Specialization)
― 단순화(Simplification)

3. 4S란 3S에 총합화(Synthesization) 추가

2 안전의 정의

1. Webster 사전의 정의

① 안전은 상해 loss, 감전, 유해 또는 위험에 노출되는 것으로부터의 자유
② 안전은 자유를 위한 보관, 보호 또는 guard와 시건 장치(locking system), 질병의 방지에 필요한 기술 및 지식

2. H.W. Heinrich의 정의

① 안전(safety)＝사고 방지(accident prevention)
② 사고 방지는 물리적 환경과 인간 및 기계의 performance를 통제하는 과학인 동시에 기술(art)이다. 즉, 하인리히는 과학과 기술의 체계를 안전에 도입했다.

합격예측

시정책의 적용에 사용되는 3E와 3S
① 3E 22. 5. 7 기
　㉮ Engineering(기술)
　㉯ Education(교육)
　㉰ Enforcement(규제, 감독, 독려)
② 3S
　㉮ Standardization(표준화)
　㉯ Specialization(전문화)
　㉰ Simplification(단순화)

합격예측

산업안전 보건위원회 구성
① 근로자 위원
　㉮ 근로자 대표
　㉯ 명예산업안전감독관이 위촉되어 있는 사업장의 경우 근로자대표가 지명하는 1명 이상의 명예산업안전감독관
　㉰ 근로자 대표가 지명하는 9명 이내의 해당 사업장의 근로자
② 사용자 위원
　㉮ 해당 사업의 대표자
　㉯ 안전관리자 1명
　㉰ 보건 관리자 1명
　㉱ 산업보건의
　㉲ 해당사업의 대표자가 지명하는 9명 이내의 해당 사업장 부서의 장
③ 회의 : 산업안전보건위원회 회의는 정기회의와 임시회의로 구분하되, 정기회의는 분기 마다 위원장이 소집하며, 임시회의는 위원장이 필요하다고 인정할 때에 소집한다.
④ 회의는 근로자위원 및 사용자위원 각 과반수의 출석으로 시작하고 출석위원 과반수의 찬성으로 의결한다.

합격정보

산업안전보건법 시행령 제35조(산업안전보건위원회의 구성)

3. H.O. Berckhofs의 정의

① 안전 과학 : 인간 에너지 시스템의 주체인 인간이 외적 조건인 위치, 전기, 열, 화학 등 여러 가지 시스템과 결부되는 방법에 관한 인간 행동 과학
② 인간 에너지 시스템에 관련된 시스템 계열상에서 인간 자신의 예측 또는 전망을 뒤엎고 돌발하는 사건을 인간 형태학적 견지에서 과학적으로 통제하는 것
③ 사고의 시간성 및 에너지의 사고 관련성 규명

4. J.H. Harvey의 3E(three E's of safety)

사고를 방지하고 안전을 도모하기 위하여

3E ┌ safety Education(교육)
   ├ safety Engineering(기술)
   └ safety Enforcement(규제, 단속, 독려, 감독 …)의 조치가 균형을 이루어야 한다고 주장하여 안전에 크게 기여했다.

5. 4E란 3E에 환경(Environment) 추가

3 사고와 재해

1. 사고(accident)

Accident(cido : 낙하, 전도)
Unfall(fall : 낙상, 전도)
① undesired event(원하지 않은 사상)
② unefficient event : 1950. N.Y대학의 Cutter 안전 과학장(비효율적 사상)
③ strained event : stress의 한계를 넘어선 strained event는 모두 사고다(변형된 사상).

2. 사고에는 인적 사고와 물적 사고가 있다.

인적 사고라 함은 사고 발생이 직접 사람에게 상해를 주는 것으로서
① 사람의 동작에 의한 사고
② 물건의 운동에 의한 사고
③ 접촉·흡수에 의한 사고 등의 3종으로 구분된다.
물적 사고라 함은 상해는 발생되지 않았더라도 경제적 손실을 초래한 사고를 뜻한다.

[합격예측]

안전보건에 관한 노사협의체의 구성에 있어 근로자위원과 사용자위원

① 근로자 위원
  ㉮ 도급 또는 하도급 사업을 포함한 전체 사업의 근로자 대표
  ㉯ 근로자 대표가 지명하는 명예감독관 1명, 다만, 명예감독관이 위촉되어 있지 아니한 경우에는 근로자대표가 지명하는 해당 사업장 근로자 1명
  ㉰ 공사금액이 20억원 이상인 도급 또는 하도급 사업의 근로자대표
② 사용자 위원
  ㉮ 해당 사업의 대표자
  ㉯ 안전관리자 1명
  ㉰ 보건관리자 1명
  ㉱ 공사금액이 20억원 이상인 공사의 관계수급인

[합격정보]
산업안전보건법 시행령 제64조(노사협의체의 구성)

[합격예측]

재해(사고)의 본질적 특성
① 사고의 시간성
② 우연성 중의 법칙성
③ 필연성 중의 우연성
④ 사고의 재현 불가능성

4 안전의 의의

1. 안전 제일(safety first)

Gary(U.S. Steel Co.)가 1906년 안전 투자는 경영 회계상 유리한 결과를 초래한다는 사실을 발견

2. 안전의 의의

① 인도주의
② 기업의 경제적 손실 방지(재해로 인한 물적, 인적, 생산 손실 방지)
③ 생산 능률의 향상(사기 진작, 안전 동기 부여)
④ 대외 여론 개선

3. 재해 발생이 노동력 손실에 주는 영향

① 교육 훈련 등 여분의 경비와 시간 손실
② 유경험자의 노동력 상실
③ 불안감에 의한 작업 능률 저하

엘버트 헨리 게리
(Elbert Henry Gary,
1903~1911)

5 산업 재해 발생 과정

1. 하인리히의 산업 안전의 공리(公理 : Industrial Safety Axiom)

① 재해의 발생은 언제나 사고 요인의 연쇄 반응(sequence)의 결과로서 초래되며, 사고의 발생은 항상 불안전한 행동 또는 불안전한 상태에 기인된다.
② 대부분의 사고 책임은 불안전한 인간의 행동에 기인된다.
③ 불안전한 행동에 기인된 노동 불능 상해(disabling injury) 사고로 고통을 받는 사람은 대개의 경우 300번 이상 불안전한 행동을 하여 중, 경상 재해를 가까스로 면한 사고의 반복자들이다.(1 : 29 : 300의 법칙)
④ 상해의 정도는 우연성이 크다. 그러나 재해를 수반하는 사고의 대부분은 방지할 수 있다.

2. 사고 발생 연쇄성 이론

(1) 하인리히(H.W. Heinrich)의 사고 발생 연쇄성 이론(Domino's theory)

① 제1단계 : 유전적 요인 및 사회적 환경(ancestry and social environment)

합격예측

용어정의
① 위험 : 물(物) 또는 환경에 의한 부상 등의 발생가능성을 가지고 있는 경우
② 유해 : 물(物) 또는 환경에 의한 질병의 발생이 필연적으로 나타나는 경우
③ 재해예방 : 소극적 개념(재해의 가능성이 있을 경우 그것을 피해 가는 경우)
④ 위험방지 : 적극적 개념(재해의 원인을 제거하고 안전한 작업을 하는 경우)

합격예측

아담스의 사고 발생 이론
① 관리구조
② 작전적 에러
③ 전술적 에러
④ 사고
⑤ 상해

합격예측

자베타키스의 사고연쇄성 이론
① 개인과 환경
② 불안전한 행동 + 불안전한 상태
③ 물질에너지의 기준이탈
④ 사고
⑤ 구호

합격예측

산업안전보건법상의 산업재해의 정의
노무를 제공하는 사람이 업무에 관계되는 건설물·설비·원재료·가스·분진 등에 의하거나 작업 그 밖의 업무로 인하여 사망 또는 부상하거나 질병에 걸리는 것을 말한다.

합격정보
산업안전보건법 제2조(정의)

② 제2단계 : 개인적 결함(personal faults)
③ 제3단계 : 불안전한 행동 및 불안전한 상태(unsafe act or unsafe condition)
④ 제4단계 : 사고(accident)
⑤ 제5단계 : 상해(injury)

(2) 버드(F.E. Bird Jr)의 최신의 재해 연쇄성(도미노) 이론

① 제1단계 : 통제의 부족(관리)
② 제2단계 : 기본 원인(기원)
③ 제3단계 : 직접 원인(징후)
④ 제4단계 : 사고(접촉)
⑤ 제5단계 : 상해(손실)

(3) 재해예방 4원칙

① 손실우연의 원칙
② 원인계기의 원칙
③ 예방가능의 원칙
④ 대책선정의 원칙

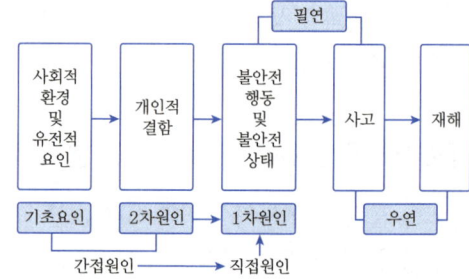

[그림] 하인리히 도미노 이론

3. 재해발생의 주요 원인

(1) 사회적 환경과 유전적 요소

인간 성격의 내적 요소는 유전과 환경의 영향에 의해 형성되며, 유전과 환경은 인간 결함의 원인이 된다.

(2) 개인적 결함

후천적인 결함으로 불안전한 행동을 유발시키고 기계적, 물리적인 위험 존재의 원인이 되기도 한다.
① 부적절한 태도
② 전문 지식의 결여 및 기술, 숙련도 부족
③ 신체적 부적격
④ 부적절한 기계적, 물리적 환경
⑤ 정신적, 성격적 결함(무모, 신경질, 흥분, 과격한 기질, 동기 부여 실패)

(3) 불안전한 행동

직접적으로 사고를 일으키는 원인이 된다(인적 원인).
① 권한없이 행한 조작

② 불안전한 속도 조작 및 위험 경고없이 조작
③ 안전장치를 고장내거나 기능 제거
④ 결함있는 장비, 공구, 차량 등 운전 시설의 불안전한 사용
⑤ 보호구 미착용 및 위험한 장비에서 작업
⑥ 필요 장비를 사용하지 않거나 불안전한 기구를 대신 사용
⑦ 불안전한 적재, 배치, 결함, 정리 정돈하지 않음
⑧ 불안전한 인양, 운반
⑨ 불안전한 자세 및 위치
⑩ 당황, 놀람, 잡담, 장난 등

(4) 불안전 상태

사고 발생의 직접적인 원인이 되는 것으로 기계적, 물리적인 위험 요소를 말한다.(물적 원인).
① guard 미비, 불완전한 guard(부적절한 설치)
② 결함있는 기계 설비 및 장비
③ 불안전한 설계, 위험한 배열 및 공정
④ 부적절한 조명, 환기, 복장, 보호구 등
⑤ 불량한 정리 정돈
⑥ 불량 상태(미끄러움, 날카로움, 거침, 깨짐, 부식됨 등)

4. 재해 원인의 연쇄 관계

재해 원인은 직접 원인과 간접 원인으로 나누어지며, 재해의 과정은 다음과 같은 연쇄 관계를 거쳐 진행한다. 따라서 연쇄를 절단하여 하나의 원인을 제거하면 사고의 발생을 방지할 수 있다.

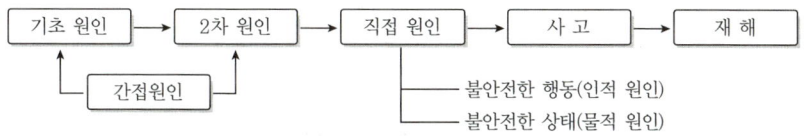

(1) 간접 원인 : 재해의 가장 깊은 곳에 존재하는 기본 원인이다.
① 기초 원인 : 학교 교육적 원인, 관리적 원인
② 2차 원인 : 신체적 원인, 정신적 원인, 안전 교육적 원인, 기술적 원인

(2) 직접원인 : 시간적으로 사고 발생에 가장 가까운 원인이다.
① 물적 원인 : 불안전한 상태(설비 및 환경 등의 불량)
② 인적 원인 : 불안전한 행동

합격예측

직접원인에 해당하는 불안전한 행동과 불안전한 상태
① 불안전한 행동
　㉮ 위험장소의 접근
　㉯ 안전방호장치의 기능제거
　㉰ 복장·보호구의 잘못 사용
　㉱ 기계·기구의 잘못 사용
　㉲ 운전중인 기계장치의 손질
② 불안전한 상태
　㉮ 물 자체의 결함
　㉯ 안전방호장치의 결함
　㉰ 복장·보호구의 결함
　㉱ 물의 배치 및 작업장소 불량
　㉲ 작업환경의 결함

합격예측

관리적 원인에 대한 사항

(1) 기술적 원인
  ① 건물 기계장치 설계불량
  ② 구조재료의 부적합
  ③ 생산방법의 부적당
  ④ 점검 정비보존 불량

(2) 작업 관리상의 원인
  ① 안전관리 조직결함
  ② 안전수칙 미제정
  ③ 작업준비 불충분
  ④ 인원배치 부적당
  ⑤ 작업지시 부적당

(3) 교육적 원인
  ① 안전의식의 부족
  ② 안전수칙의 오해
  ③ 경험훈련의 미숙
  ④ 작업방법의 교육 불충분
  ⑤ 유해·위험작업의 교육 불충분

합격예측

산업재해의 발생형태(등치성 이론)
① 단순자극형(집중형)
② 연쇄형
③ 복합형

합격예측 15. 4. 19 기

① 기인물 : 재해발생의 주원인이며 재해를 가져오게 한 근원이 되는 기계, 장치, 물(物) 또는 환경등(불안전 상태)
② 가해물 : 직접 사업에게 접촉하여 피해를 주는 기계, 장치, 물(物) 또는 환경 등

---

(3) 직접 원인과 간접 원인과의 상호 관계

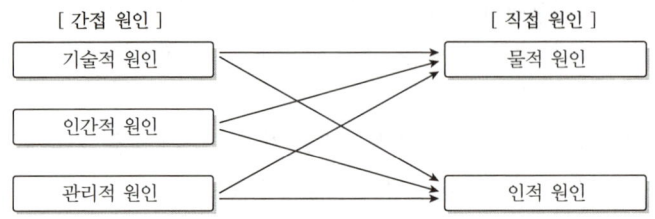

[그림] 직접 원인·간접 원인 관계

5. 산업재해의 발생형태(등치성 이론)

일반적으로 재해 발생의 메커니즘(mechanism)은 다음 3가지의 구조적 요소를 갖고 있다.

① 단순자극형 : 상호 자극에 의하여 순간적으로 재해가 발생하는 유형으로 재해가 일어난 장소에, 그 시기에 일시적으로 요인이 집중한다고 하여 집중형이라고도 한다.
② 연쇄형 : 하나의 사고 요인이 또 다른 요인을 발생시키면서 재해를 발생시키는 유형이다. 단순 연쇄형과 복합 연쇄형이 있다.
③ 복합형 : 단순 자극형과 연쇄형의 복합적인 발생 유형이다.

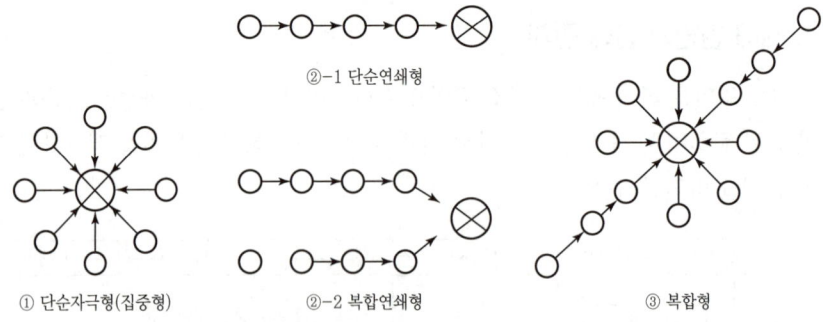

[그림] 재해(⊗)의 발생 형태 3가지

6. 하인리히의 재해 구성 비율(하인리히의 법칙)

(1) 1 : 29 : 300의 법칙

330회의 사고 가운데 중상 또는 사망 1회, 경상 29회, 무상해 사고 300회의 비율로 사고가 발생한다는 것을 나타낸다.

(2) 재해의 발생

= 물적 불안전 상태+인적 불안전 행위+α
= 설비적 결함+관리적 결함+α

$$\therefore \alpha = \frac{300}{1+29+300}$$

여기서 α : 잠재된 위험의 상태(potential) = 재해

사고 ┌ 중상(휴업 8일 이상~사망) − 0.3[%] → 1
     ├ 경상(휴업 1일 이상~휴업 7일 미만) − 8.8[%] → 29
     └ 무상해 사고(휴업 1일 미만) − 90.0[%] → 300

(3) 재해 구성 비율 모델

① 하인리히의 재해 구성 비율

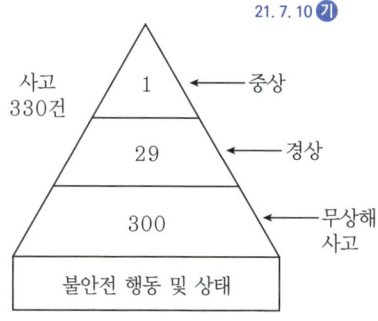

[그림] 하인리히 1:29:300

② I.L.O.의 재해 구성 비율

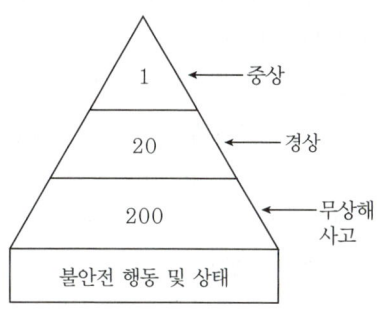

[그림] I.L.O 1:20:200

③ 버드의 재해 구성 비율

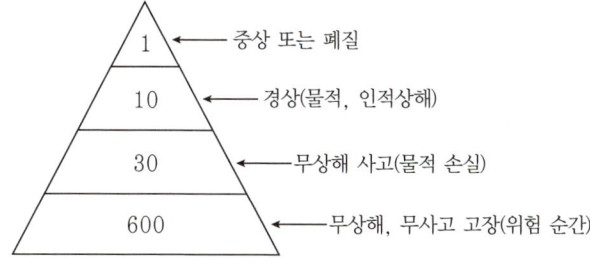

[그림] 버드 1:10:30:600

합격예측

(1) 동작경제의 3원칙
   (길브레드)
   ① 동능력활용의 원칙
   ② 작업량 절약의 원칙
   ③ 동작개선의 원칙

(2) 동작경제의 3원칙
   (Barnes)
   ① 신체의 사용에 관한 원칙
   ② 작업장의 배치에 관한 원칙
   ③ 공구 및 설비디자인에 관한 원칙

합격예측

작업표준의 목적
① 위험요인 제거
② 손실요인 제거
③ 작업의 효율화

참조

하인리히의 법칙

1920년대에 미국 한 여행 보험회사의 관리자였던 허버트 W. 하인리히(Herbert W. Heinrich)는 7만 5,000건의 산업재해를 분석한 결과 아주 흥미로운 법칙 하나를 발견했다. 그는 조사 결과를 토대로 1931년 「산업재해예방(Industrial Accident Prevention)」이라는 책을 발간하면서 산업 안전에 대한 1 : 29 : 300법칙을 주장했다. 이 법칙은 산업재해 중에서도 큰 재해가 발생했다면 그전에 같은 원인으로 29번의 작은 재해가 발생했고, 또 운 좋게 재난은 피했지만 같은 원인으로 부상을 당할 뻔한 사건이 300번 있었을 것이라는 사실을 밝혀냈다. 이를 확률로 환산하면, 재해가 발생하지 않은 사고(No-Injury Accident)의 발생 확률은 90.9[%], 경미한 재해(Minor Injury)의 발생 확률은 8.8[%], 큰 재해(Major Injury)의 발생 확률은 0.3[%]=$\frac{1}{330}$라는 것이다.

7. 재해 빈발자

(1) 한번 재해를 일으킨 사람이 다음의 재해를 일으킬 가능성은 처음으로 재해를 일으킬 가능성보다 높다. 그 이유에 대한 세 가지의 설은 다음과 같다.

① 기회설 : 재해가 다발하는 것은 개인의 영향이 아니라 그 사람이 종사하는 작업에 위험성이 많기 때문이다.
② 암시설 : 사람은 한번 재해를 당하면 겁쟁이가 되거나 신경과민이 되어 그 사람이 갖는 대응 능력이 열화되기 때문에 재해를 빈발하게 된다.
③ 재해 빈발 경향자설 : 근로자 가운데에 재해를 빈발하는 소질적 결함자가 있다.

(2) 재해 누발자의 유형

① 미숙성 누발자
  ㉮ 기능미숙 때문에
  ㉯ 환경에 익숙하지 못하기 때문에
② 상황성 누발자
  ㉮ 작업이 어렵기 때문에
  ㉯ 기계 설비에 결함이 있기 때문에
  ㉰ 환경상 주의력의 집중이 혼란되기 때문에
  ㉱ 심신에 근심이 있기 때문에
③ 습관성 누발자
  ㉮ 재해의 경험에 의해 겁쟁이가 되거나 신경과민이 되기 때문에
  ㉯ 일종의 슬럼프 상태에 빠져 있기 때문에
④ 소질성 누발자
  ㉮ 개인적 소질 가운데에 재해 원인의 요소를 가지고 있는 자
  ㉯ 개인의 특수 성격 소유자

합격예측

재해빈발성 종류
① 기회설 : 개인의 문제가 아니라 작업자체에 위험성이 많기 때문 → 교육훈련실시 및 작업환경개선대책
② 암시설 : 재해를 한번 경험한 사람은 정신적으로나 심리적으로 압박을 받게 되어 상황에 대한 대응능력이 떨어져 재해가 빈발
③ 빈발 경향자설 : 재해를 자주 일으키는 소질적 결함요소를 가진 근로자가 있다는 설

합격예측

재해 누발자의 유형
① 미숙성 누발자
② 상황성 누발자
③ 습관성 누발자
④ 소질성 누발자

Chapter 02 안전보건관리 계획수립 및 운용 출제예상문제

01 산업재해 발생형태 3가지를 쓰시오.

해답
① 집중형
② 연쇄형
③ 복합형

02 하인리히의 사고방지 5단계 중에서 제5단계인 시정책 적용에서 3E와 3S란 무엇을 말하는가?

해답
① 3E : 교육(Education), 기술(Engineering), 독려(Enforcement)
② 3S : 표준화(Standardization), 단순화(Simplification), 전문화(Specialization)

03 산업재해의 뜻을 쓰시오.

해답
산업재해라 함은 노무를 제공하는 사람이 업무에 관계되는 건설물 설비, 원재료, 가스, 증기, 분진 등에 의하거나 작업 그 밖의 업무로 인하여 사망 또는 부상하거나 질병에 걸리는 것을 말한다.
참고 산업안전보건법 제2조(정의)

04 안전 보건 진단을 간략하게 쓰시오.

해답
산업재해를 예방하기 위하여, 잠재적 위험성을 발견하고 그 개선대책의 수립을 목적으로 조사·평가하는 것을 말한다.
합격정보 산업안전보건법 제2조(정의)

05 재해 발생 5단계(DOMINO 이론)를 순서대로 쓰시오.

해답
① 제1단계 : 사회적 환경 및 유전적 요인
② 제2단계 : 개인의 결함(개성)
③ 제3단계 : 불안전 행동 및 불안전 상태
④ 제4단계 : 사고
⑤ 제5단계 : 재해

06 재해(사고) 예방 5단계를 순서대로 쓰시오.

해답
① 제1단계 : 조직
② 제2단계 : 사실의 발견
③ 제3단계 : 분석
④ 제4단계 : 시정책의 선정
⑤ 제5단계 : 시정책의 적용

07 시정책 선정시 고려 사항을 4가지 쓰시오.

해답
① 기술적 개선
② 교육 및 훈련의 개선
③ 배치 조정
④ 규정 및 수칙의 개선

08 사실의 발견시 확인 사항을 쓰시오.

> **해답**
> ① 사고 및 활동 기록의 검토
> ② 사고 조사
> ③ 작업분석
> ④ 각종 안전 회의 및 토의
> ⑤ 점검 및 검사

09 시정책 적용시 3E란 무엇인지 쓰시오.

> **해답**
> ① 교육
> ② 기술
> ③ 규제(독려)

10 재해예방 기본원칙(재해예방 4원칙)을 쓰시오.

> **해답**
> ① 예방가능의 원칙
> ② 원인연계의 원칙
> ③ 손실우연의 원칙
> ④ 대책선정의 원칙

11 중대 재해를 3가지 쓰고 고용노동부 지방 관서장에게 보고 사항, 보고 기간을 쓰시오.

> **해답**
> (1) 중대 재해
>   ① 사망자가 1명 이상 발생한 재해
>   ② 3개월 이상의 요양이 필요한 부상자가 동시에 2명 이상 발생한 재해
>   ③ 부상자 또는 직업성 질병자가 동시에 10명 이상 발생한 재해
> (2) 보고 사항
>   ① 발생 개요 및 피해 상황
>   ② 조치 및 전망
>   ③ 그 밖의 중요한 사항
> (3) 보고 기간 : 지체 없이
>
> **합격정보**
> 산업안전보건법 시행규칙 제3조 및 제67조(중대재해 발생시 보고)

12 재해 발생 형태 중 전도와 낙하·비래 및 협착을 간단히 설명하시오.

> **해답**
> ① 전도 : 사람이 평면상으로 넘어졌을 때를 말함(과속, 미끄러짐 포함)
> ② 낙하, 비래 : 물건이 주체가 되어 사람이 맞는 경우
> ③ 협착 : 물건에 끼워진 상태, 말려든 상태

13 상해의 종류 중 자상, 좌상, 절상 및 부종을 간단히 설명하시오.

> **해답**
> ① 자상(찔림) : 칼날 등 날카로운 물건에 찔린 상해
> ② 좌상(타박상) : 타박, 충돌, 추락물 등으로 피부 표면보다는 피하 조직 또는 근육부를 다친 상해(벤 것 포함)
> ③ 절상 : 신체 부위가 절단된 상해
> ④ 부종 : 국부 혈액 순환의 이상으로 몸이 퉁퉁 부어오르는 상해

14 Heinrich의 재해 발생 빈도 법칙을 간단히 설명하고 이 법칙에 의할 경우 사망자가 5명 발생시 무상해 사고는 몇 건 발생했는지 계산하시오.

> **해답**
> ① 반복 사고 중 무상해가 300회, 경상해가 29회, 중상해가 1회의 비율로 발생한다는 것. 즉, 1:29:300의 법칙이다.
> 여기서, 재해 발생=물적 불안정 상태+인적 불안전 행동 $+\alpha=$설비적 결함+관리적 결함+α
> $$\alpha = \frac{300}{1+29+300} = 재해$$
> ② $1 : 300 = 5 : x$에서
> $$x = \frac{300 \times 5}{1} = 1,500회$$

15 재해 원인을 직접 원인과 간접 원인으로 나눌 경우 직접 원인 2가지와 간접 원인 5가지를 쓰시오.

> **해답**
> (1) 직접 원인
>   ① 인적 원인(불안전 행동)
>   ② 물적 원인(불안전 상태)

(2) 간접 원인
  ① 관리적 원인
  ② 신체적 원인
  ③ 기술적 원인
  ④ 정신적 원인
  ⑤ 교육적 원인

16 재해 발생에 따른 손실비 산출시 Heinrich 이론을 적용할 경우, 산재 보험료가 5,000만원 지급되는 경우, 간접 손실비 및 총재해 손실비를 구하시오.

해답

① 간접 손실비 : 간접 손실비는 직접 손실비의 4배이므로
   5,000만원×4=2억원
② 총재해 손실비 : 직접 손실비+간접 손실비의 합이므로
   5,000만원+2억원=2억 5,000만원

17 재해의 원인 중 기술적 원인과 교육적 원인의 세부 항목을 각각 4가지씩 쓰시오.

해답

(1) 기술적 원인
  ① 건물, 기계 장치 설계 불량
  ② 생산 방법의 부적당
  ③ 구조, 재료의 부적합
  ④ 점검, 정비, 보존 불량

(2) 교육적 원인
  ① 안전 지식의 부족
  ② 경험, 훈련의 미숙
  ③ 안전 수칙의 오해
  ④ 작업 방법의 교육 불충분

18 불안전한 상태 중 생산 공정의 결함 사항을 5가지 쓰시오.

해답

① 위험 작업임에도 조치 불비
② 부적당한 기계 장치, 공구, 용구의 사용
③ 위험 공정임에도 조치 불비
④ 작업 순서의 잘못
⑤ 위험한 상황에 대비한 안전 장치 불안전

19 위험방지가 특히 필요한 작업의 종류를 쓰시오.

해답

① 고압실내 작업
② 아세틸렌 또는 가스집합 용접장치를 사용하는 금속의 용접·용단 또는 가열 작업
③ 밀폐된 장소에서의 용접 작업 또는 습한 장소에서의 전기 용접 작업
④ 폭발성·물반응성·자기반응성·자기발열성 물질, 자연발화성 액체·고체 및 인화성 액체의 제조 또는 취급작업 발화성 및 인화성 물질의 제조 또는 취급 작업
⑤ 액화석유가스(LPG)·수소가스 등 인화성 가스 또는 폭발성 물질 중 가스의 발생장치 취급 작업
⑥ 화학 설비 중 반응기·교반기·추출기의 사용 및 세척 작업
⑦ 화학설비의 탱크 내 작업
⑧ 분말·원재료 등을 담은 호퍼·사일로 등 저장탱크의 내부 작업
⑨ 전압이 75[V] 이상인 정전 및 활선작업
⑩ 주물 및 단조작업
⑪ 거푸집 동바리의 조립 또는 해체작업
⑫ 맨홀작업
⑬ 고용노동부령으로 정하는 밀폐공간에서의 작업
⑭ 로봇작업
⑮ 고용노동부령으로 정하는 강렬한 소음작업

20 산업재해를 예방하기 위해 사업장의 산업재해 발생건수, 재해율 또는 그 순위를 공표할 수 있는 사업장의 종류를 쓰시오.

해답

① 산업재해로 인한 사망자(이하 "사망재해자"라 한다)가 연간 2명 이상 발생한 사업장
② 사망만인율(死亡萬人率 : 연간 상시근로자 1만명당 발생하는 사망재해자 수로 환산한 것을 말한다)이 규모별 같은 업종의 평균 사망만인율 이상인 사업장
③ 중대산업사고가 발생한 사업장
④ 산업재해 발생 사실을 은폐한 사업장
⑤ 산업재해의 발생에 관한 보고를 최근 3년 이내 2회 이상 하지 않은 사업장

합격정보
산업안전보건법 시행령 제10조(공표대상 사업장)

21. 재해발생 이론 3가지를 단계별로 쓰시오.

해답

구분단계	하인리히 도미노 이론	프랑크 버드의 신 도미노 이론	아담스의 이론
제1단계	사회적 환경과 유전적인 요소	통제부족(관리)	관리구조
제2단계	개인적 결함 (성격·개성 결함)	기본원인(기원)	작전적 에러
제3단계	불안전한 행동 및 상태 (제거 가능한 요인)	직접원인(징후)	전술적 에러
제4단계	사고	사고	사고
제5단계	상해(재해)	상해(손해, 손실)	상해 또는 손해

22. 불안전한 행동의 직접원인 4가지를 쓰시오.

해답

① 지식의 부족
② 기능의 미숙
③ 태도의 불량
④ 인적실수

23. 인간의 불안전 행동은 여러 가지 형태가 있다. 그러나 안전관리를 실제로 추진하는 입장에서는 불안전 행동을 4가지 종류로 구분한다. 4가지 종류의 불안전 행동을 적으시오.

해답

① 생리적 원인
② 심리적 원인
③ 교육적 원인
④ 환경적 원인

24. 재해예방의 4원칙을 쓰시오.

해답

① 예방가능의 원칙 : 천재지변을 제외한 모든 인재는 예방이 가능하다.
② 손실우연의 원칙 : 사고의 결과 손실의 유무 또는 대소는 사고 당시의 조건에 따라 우연적으로 발생한다.
③ 원인연계의 원칙 : 사고에는 반드시 원인이 있고 원인은 대부분 복합적 연계원인이다.
④ 대책선정의 원칙 : 사고의 원인이나 불안전 요소가 발견되면 반드시 대책은 선정 실시되어야 하며 대책선정이 가능하다.

25. 사고예방대책의 기본원리 5단계(하인리히의 재해 예방 원리)를 쓰시오. 15. 4. 19 기

해답

① 제1단계 : 안전관리조직
② 제2단계 : 사실의 발견
③ 제3단계 : 분석(분석평가)
④ 제4단계 : 시정방법(시정책)의 선정
⑤ 제5단계 : 시정책의 적용(3S와 3E 활용)

26. 3S와 3E를 쓰시오.

해답

3E : ① 기술(Engineering)
　　② 교육(Education)
　　③ 규제(Enforcement)
　　　+ 환경(Environment)을 추가하면 4E
3S : ① 표준화(Standardization)
　　② 전문화(Specialization)
　　③ 단순화(Simplification)
　　　+ 총합화(Synthesization)을 추가하면 4S

녹색직업 녹색자격증 코너

성장에는 시간이 걸린다.
호박과 토마토는 몇 주 만에 자라 며칠, 몇 주 동안 열매가 열리지만, 첫서리가 내리면 이내 죽어버린다.
반면 나무는 서서히 몇 년, 몇 십 년, 몇 백 년까지 자라고 열매도 수 십 년 동안 맺는다.
건강하기만 하면 서리나 태풍, 가뭄에도 끄떡없다.
　　　　　　　　　　－ 존 맥스웰, '사람은 무엇으로 성장하는가'에서

빨리 자라면, 빨리 생을 마감하게 되는 것이 자연 법칙입니다.
인생에서 중요한 일은 대개 예상보다 시간도 많이 걸리고 비용도 많이 듭니다.
일이 생각만큼 잘 안된다면 천천히 자랄수록 더 튼튼하게 자라는 거라 믿고 낙심하는 대신 기다릴 줄 아는 지혜가 필요합니다.

산업재해 발생 및 재해 조사분석

중점 학습내용

산업재해 발생 및 재해조사 분석에 관련된 기본적인 기초 지식을 학습하도록 하였으며 이번 실기 필답형 시험에 출제되는 그 중심적인 내용은 다음과 같다.

❶ 재해 조사의 목적
❷ 재해 조사 방법
❸ 재해 조사시의 유의 사항
❹ 재해 발생시 처리 순서 7단계
❺ 재해발생시 긴급처리내용 5가지
❻ 재해 조사시 잠재 재해 요인 적출요령 7가지
❼ 재해 사례 연구 순서
❽ 직접 원인
❾ 관리적 원인
❿ 재해 분석 모델
⓫ 재해 발생의 일반적인 경향
⓬ 재해 원인 분석 방법
⓭ 재해 손실비
⓮ 연천인율
⓯ 빈도율
⓰ 강도율
⓱ 종합 재해 지수
⓲ Safe-T-Score
⓳ 재해 발생률의 국제 비교
⓴ 안전활동률

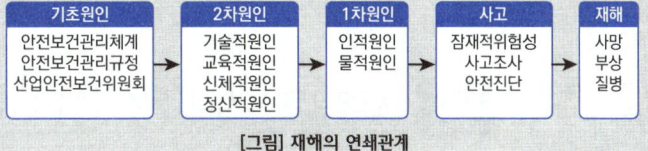

[그림] 재해의 연쇄관계

1 재해 조사의 목적

재해 원인과 결함을 규명하여 동종 재해 및 유사 재해의 재발 방지 대책 강구

2 재해 조사 방법

① 재해 발생 직후에 행한다.
② 현장의 물리적 흔적(물적 증거)을 수집한다.
③ 재해 현장은 사진을 촬영하여 보관하고, 기록한다.
④ 목격자, 현장 책임자 등 많은 사람들에게 사고시의 상황을 듣는다.
⑤ 재해 피해자로부터 재해 직전의 상황을 듣는다.
⑥ 판단하기 어려운 특수 재해나 중대 재해는 전문가에게 조사를 의뢰한다.

재해 조사 과정의 3단계

① 현장 보존
② 사실의 수집
③ 목격자, 감독자, 피재자 등의 진술

[그림] 재해원인구조

합격예측

재해 조사시의 유의해야 할 사항
① 사실을 수집한다. 이유는 뒤에 확인한다.
② 목격자 등이 증언하는 사실 이외의 추측의 말은 참고로만 한다.
③ 객관적인 입장에서 공정하게 조사하며, 조사는 2명 이상이 한다.
④ 책임추궁보다 재발방지를 우선하는 기본태도를 갖는다.
⑤ 피해자에 대한 구급조치를 우선한다.

합격예측

재해발생시의 긴급처리내용
① 피재기계의 정지
② 피해자의 구출 및 응급조치
③ 관계자에게 통보
④ 2차 재해방지
⑤ 현장보존

3 재해 조사 시의 유의 사항

① 사실을 수집한다. 이유는 뒤에 확인한다.
② 목격자 등이 증언하는 사실 이외의 추측의 말은 참고로만 한다.
③ 조사는 신속하게 하고 긴급 조치하여, 2차 재해의 방지를 도모한다.
④ 사람, 기계 설비 양면의 재해 요인을 모두 도출한다.
⑤ 객관적인 입장에서 공정하게 조사하며, 조사는 2인 이상이 한다.
⑥ 책임 추궁보다 재발 방지를 우선하는 기본 태도를 갖는다.
⑦ 피해자에 대한 구급 조치를 우선한다.
⑧ 2차 재해의 예방과 위험성에 대한 보호구를 착용한다.

4 재해발생 시 처리 순서 7단계

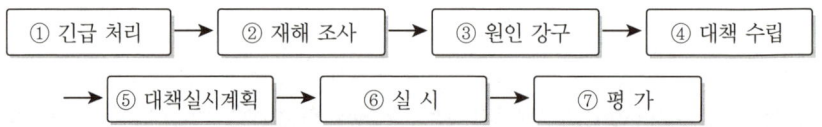

5 재해발생 시 긴급처리내용 5가지

① 피재기계의 정지
② 피해자의 구출 및 응급조치
③ 관계자에게 통보
④ 2차 재해 방지
⑤ 현장보존

6 재해 조사 시 잠재 재해 요인 적출요령 7가지

① 조사
② 언제
③ 어떠한 장소에서
④ 어떠한 작업을 하고 있을 때

⑤ 어떠한 물 또는 환경에
⑥ 어떠한 불안전한 상태 또는 행동이 있었기에
⑦ 어떻게 하여 재해가 발생하였나

7 재해 사례 연구 순서(Accident Analysis and Control)

① 전제 조건 : 재해 상황의 파악(상해 부위, 상해 정도, 상해의 성질)
② 제1단계 : 사실의 확인(사람, 물건, 관리, 재해 발생 경과)
③ 제2단계 : 문제점의 발견
④ 제3단계 : 근본 문제점의 결정
⑤ 제4단계 : 대책 수립

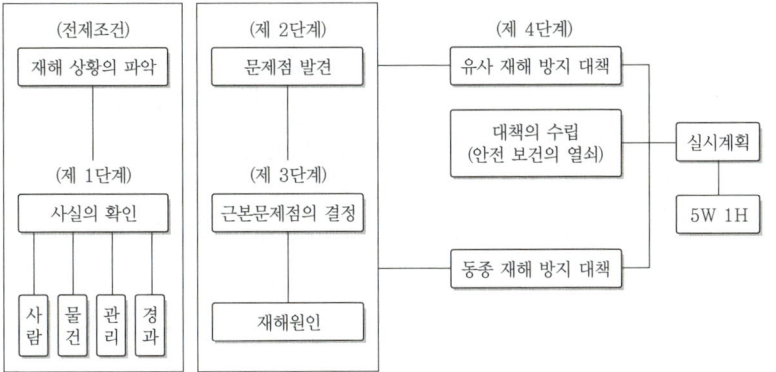

[그림] 재해 사례 연구 순서

> **합격예측**
>
> **재해 사례 연구 순서**
> ① 전제조건 : 재해상황의 파악
> ② 제1단계 : 사실의 확인
> ③ 제2단계 : 문제점 발견
> ④ 제3단계 : 근본적 문제점 결정
> ⑤ 제4단계 : 대책수립

> **합격예측**
>
> **(1) 하인리히의 재해 구성 비율** 21. 7. 10 기 22. 10. 16 산
> 1 : 29 : 300의 법칙
> (330회의 사고 비율)
> ① 중상 또는 사망 1회
> ② 경상 29회
> ③ 무상해사고 300회
>
> **(2) 버드의 재해 구성 비율**
> 1 : 10 : 30 : 600
> ① 중상 또는 폐질 1회
> ② 경상(물적, 인적상해) 10회
> ③ 무상해 사고(물적손실) 30회
> ④ 무상해 무사고 고장(위험순간) 600회

> **합격예측**
>
> **하인리히가 제시한 재해예방 대책 4원칙** 22. 7. 24 기
> ① 예방가능의 원칙
> ② 손실우연의 원칙
> ③ 원인연계의 원칙
> ④ 대책선정의 원칙

8 직접 원인

1. 불안전한 상태(물적 원인)

① 물 자체 결함
② 안전 방호 장치 결함
③ 복장, 보호구의 결함
④ 기계의 배치 및 작업 장소의 결함
⑤ 작업 환경의 결함
⑥ 생산 공정의 결함
⑦ 경계 표시, 설비의 결함

> **합격예측**
>
> **재해발생시의 조치사항**
> ① 긴급처리
> ② 재해조사
> ③ 원인규명
> ④ 대책수립
> ⑤ 대책실시계획
> ⑥ 실시
> ⑦ 평가

2. 불안전한 행동(인적 원인)

① 위험 장소 접근
② 안전 장치의 기능 제어
③ 복장, 보호구의 잘못 사용
④ 기계 기구 잘못 사용
⑤ 운전중인 기계장치의 손질
⑥ 불안전한 속도 조작
⑦ 위험물 취급 부주의
⑧ 불안전한 상태 방치
⑨ 불안전한 자세 동작
⑩ 감독 및 연락 불충분

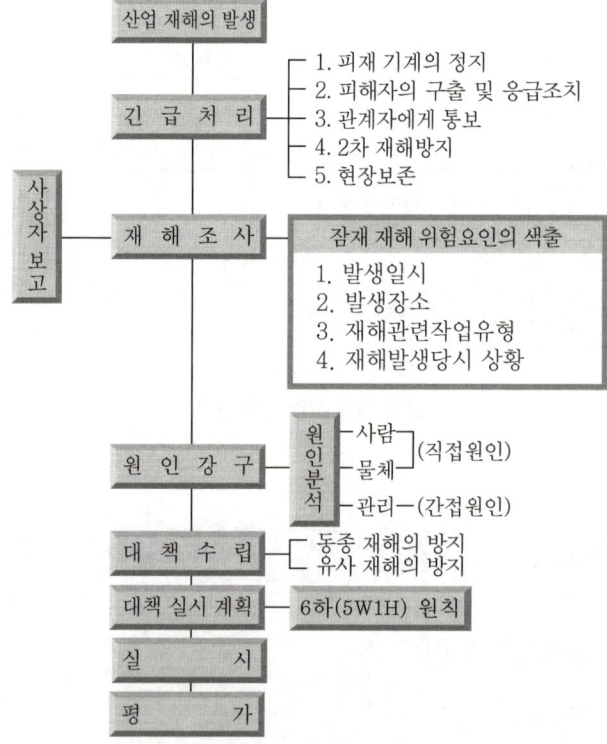

[그림] 재해 발생 처리 순서

9 관리적 원인

(1) 기술적 원인
① 건물·기계 장치 설계 불량
② 구조·재료의 부적합
③ 생산 공정의 부적당
④ 점검 및 보존 불량

(2) 교육적 원인
① 안전 지식의 부족
② 안전 수칙의 오해
③ 경험 훈련의 미숙
④ 작업 방법의 교육 불충분
⑤ 유해 위험 작업의 교육 불충분

(3) 작업 관리상의 원인
① 안전 관리 조직 결함
② 안전 수칙 미제정
③ 작업 준비 불충분
④ 인원 배치 부적당
⑤ 작업 지시 부적당

(4) 재해의 간접 원인
① 기술적 원인
② 교육적 원인
③ 신체적 원인
④ 정신적 원인
⑤ 관리적 원인

(5) 불안전한 행동의 원인
① 생리적 원인
② 심리적 원인
③ 교육적 원인
④ 환경적 원인

> **합격예측**
>
> **재해의 발생 형태**
> ① 떨어짐(추락) : 사람이 건축물, 비계, 기계, 사다리, 계단, 경사면, 나무 등에서 떨어지는 것
> ② 넘어짐(전도) : 사람이 평면상으로 넘어졌을 때를 말함.
> ③ 부딪힘·접촉(충돌) : 사람이 정지물에 부딪힌 경우
> ④ 맞음(낙하·비래) : 물건이 주체가 되어 사람이 맞는 경우
> ⑤ 끼임(협착) : 물건에 끼워진 상태, 말려든 상태

유형	A	B	C	D
도해	物, 제3자, 근로자 ← E	사람 ← E	사람=物 ↔ E	사람 E
정의	에너지의 광란 사고의 결과로 발생	에너지 활동구역에 사람이 침입	인체가 에너지체로 타에 충돌	대기중의 유해 유독물
재해 형태	폭발, 내압용기파열, 붕괴, 낙하비래등	동력운전기계에 의한 재해, 감전, 화상 등	추락, 충돌 등	산소결핍, 질식 등

[그림] 사람과 에너지의 관계로 분류한 산업재해

> **합격예측**
>
> **상해의 종류**
> ① 부종 : 국부의 혈액순환의 이상으로 몸이 퉁퉁 부어오르는 상해
> ② 찔림(자상) : 칼날 등 날카로운 물건에 찔린 상해
> ③ 좌상(타박상) : 타박, 충돌, 추락 등으로 피부표면보다는 피하조직 또는 근육부를 다친 상해
> ④ 베임(창상) : 창, 칼 등에 베인 상해

(6) 불안전한 행동별 원인

① 안전 작업 표준 미작성 : 무단 작업 실시로 재해가 발생한다.
② 작업과 안전 작업 표준의 상이 : 설비, 작업의 수시변경으로 재해가 발생한다.
③ 안전 작업 표준에 결함 : 작업 분석의 불완전으로 일어난다.
④ 안전 작업 표준의 몰이해 : 안전 교육에 결함이 있다.
⑤ 안전 작업 표준의 불이행 : 안전 태도에 문제가 있다.

10 재해 분석 모델

(1) 재해모델(재해발생구조)

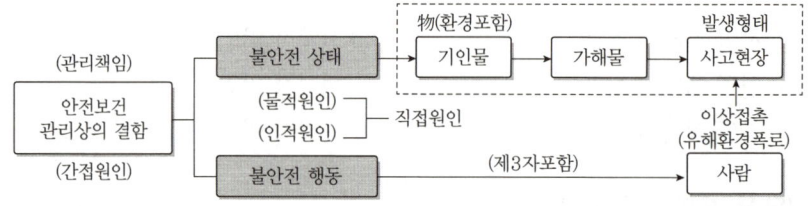

(2) 재해 분석(예)

분석 1 미끄러운 기름이 흩어져 있는 복도 위를 걷다가 넘어져 선반에 머리를 다쳤다. 재해 분석을 하시오. 20. 7. 25 ⑦

해답
① 사고 유형 : 넘어짐(전도)
② 가해물 : 선반
③ 기인물 : 기름

분석 2 운전중 롤러의 청소 작업중 걸레를 쥔 손이 롤러에 말려들어가 손에 부상을 당하였다. 재해를 분석하시오. 20. 5. 24 ⑦

해답
① 사고 유형 : 끼임(협착)
② 가해물 : 롤러
③ 기인물 : 롤러기
④ 불안전한 행동 : 운전중 청소
⑤ 불안전한 상태 : 방호 장치 미부착

11 재해 발생의 일반적인 경향

(1) 작업 시간

재해 발생은 작업 밀도에 비례하며, 작업 밀도가 높은 10시~11시경 및 14~15시경에 가장 많이 발생한다.
① 작업 밀도가 높고 정신적·육체적 피로가 축적되어 오조작 또는 오동작이 많아지기 때문에 재해가 많이 발생한다.
② 작업 시간이 길어지면 후반으로 갈수록 피로가 증가되어 재해 발생의 기회가 많아진다.

(2) 작업 숙련도에 의한 재해 발생

① 작업의 숙련 과정(1~2년)에서 재해 발생률이 많다.
② 연령은 기능 숙련 과정인 20~25세에 오동작에 의한 재해가 많이 발생한다.
③ 고령층에 있어서는 위험 작업에 종사하는 반면 신체의 운동 신경 둔화로 중대 재해가 발생한다.

(3) 작업 강도

작업 강도가 높을수록 R.M.R(에너지 대사율)이 높아 산소가 부족하여지고, 이러한 상태가 지속되면 판단이 잘못되어 오동작이나 실수를 하여 재해가 발생하게 된다.

합격예측

근로불능 상해의 종류
① 영구전노동불능 상해
② 영구일부노동불능 상해
③ 일시전노동불능 상해
④ 일시일부노동불능상해

12 재해 원인 분석 방법

(1) 개별적 원인 분석

① 개개의 재해를 하나하나 분석하는 것으로 상세하게 그 원인을 규명하는 것이다.
② 특수 재해나 중대 재해 및 건수가 적은 사업장 또는 개별 재해 특유의 조사 항목을 사용할 필요성이 있을 때 사용한다.

(2) 통계적 원인 분석 24. 7. 28 기

각 요인의 상호 관계와 분포 상태 등을 거시적(macro)으로 분석하는 방법이다.
① 파레토도 : 사고의 유형, 기인물 등 분류 항목을 큰 순서대로 도표화한다.(문제나 목표의 이해에 편리)

합격예측

재해코스트 산출방식에 있어 시몬즈와 하인리히 방식

① 시몬즈는 보험 cost와 비보험 cost로, 하인리히는 직접비와 간접비로 구분
② 산재보험료와 보상금의 차이 : 시몬즈는 보험 cost에 가산, 하인리히는 가산하지 않음
③ 간접비와 비보험 cost는 같은 개념이나 구성 항목에 차이
④ 시몬즈는 하인리히의 1:4 방식 전면 부정하고 새로운 산정방식인 평균치법 채택

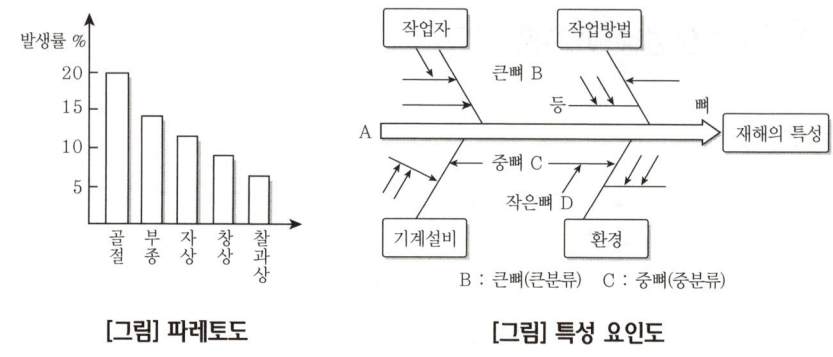

[그림] 파레토도　　　　[그림] 특성 요인도

② 특성 요인도 : 특성과 요인 관계를 도표로 하여 어골상(魚骨狀)으로 세분한다.
③ 크로스 분석 : 2개 이상의 문제 관계를 분석하는 데 사용하는 것으로, 데이터(data)를 집계하고 표로 표시하여 요인별 결과 내역을 교차한 크로스 그림을 작성하여 분석한다.
④ 관리도 : 재해 발생 건수 등의 추이를 파악하여 목표 관리를 행하는 데 필요한 월별 재해 발생수를 그래프(graph)화하여 관리선을 설정 관리하는 방법이다. 관리선은 상방 관리 한계(UCL : upper control limit), 중심선(CL), 하방 관리선(LCL : low control limit)으로 표시한다.

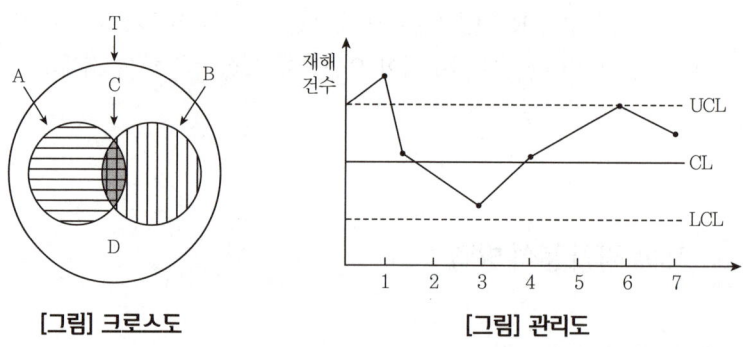

[그림] 크로스도　　　　[그림] 관리도

13　재해 손실비(Accident Cost)

(1) 하인리히(H.W. Heinrich) 방법

① 총재해 코스트＝직접비＋간접비
② 직접비(direct cost) : 산재 보상비
③ 간접비(indirect cost) : 생산 손실, 물적 손실, 인적 손실(임금 손실)
④ 직접비 : 간접비＝1 : 4

(2) 시몬즈(Simonds) 방식

① 총재해 코스트 = 보험 코스트+비보험 코스트 = 보험 코스트+(A×휴업 상해 건수+B×통원 상해 건수+C×구급 조치 건수+D×무상해 사고 건수)
② 시몬즈 방식에서 별도로 계산 삽입하여야 하는 재해 : 사망, 영구전노동 불능 재해

> **합격예측**
> **버드의 방식**
> 총재해 코스트
> = 직접비(1)+간접비(1)

> **합격예측**
> **콤패스방식**
> 전체재해손실
> = 공동비용(불변)+개별비용 (변수)

참고

(1) 2010년 한해의 산재보상비의 총액은 2,000만원이었다면 이 사업장의 재해 손실비는 얼마인가?

해답

2,000만원×5=1억

(2) 재해 손실비 중 간접비의 내역을 3가지로 분류하여 열거하시오.

해답

① 생산 손실
② 물적 손실
③ 인적 손실(또는 임금 손실)

(3) Simonds의 Accident cost 산출방식 중 비보험코스트의 산정 기준이 되는 재해 사고의 종류 4가지를 쓰시오.

해답

① 휴업 상해
② 통원 상해
③ 구급 조치
④ 무상해 사고

[표] 버드(F. E. Bird's Jr)의 방식(간접비의 빙산원리 : 1976년 발표)

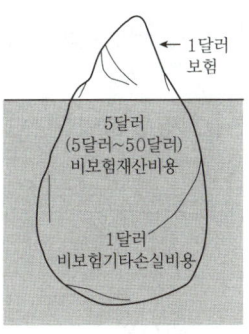

직접비(1)	간접비(5)	
보험비	비보험재산손실비용	비보험기타손실비용
상해사고와 관련되는 의료비 또는 보상비	쉽게 측정 (보험미가입) ① 건물 손실 ② 기구 및 장비손실 ③ 제품 및 재료손실 ④ 조업중단 및 지연	양 측정 곤란 (보험 미가입) ① 시간조사 ② 교육 ③ 임대 등
1	5~50	1~3

용어정의

1. 재해율=(재해자수/산재보험적용임금근로자수)×100
- "재해자수"는 근로복지공단의 유족급여가 지급된 사망자 및 근로복지공단에 최초 요양신청서(재진 요양신청서이나 전원요양신청서는 제외한다)를 제출한 재해자 중 요양승인을 받은자(지방고용노동관서의 산재 미보고 적발 사망자 수를 포함한다)를 말함. 다만, 통상의 출퇴근으로 발생한 재해는 제외함.
- "산재보험적용근로자수"는 「산업재해보상보험법」이 적용되는 근로자수를 말함. 이하 같음.

2. 사망만인율=(사망자수/임금근로자수)×10,000
- "사망자수"는 근로복지공단의 유족급여가 지급된 사망자(지방고용노동관서의 산재미보고 적발 사망자를 포함한다)수를 말함. 다만, 사업장 밖의 교통사고(운수업, 음식숙박업은 사업장 밖의 교통사고도 포함)·체육행사·폭력행위·통상의 출퇴근에 의한 사망, 사고발생일로부터 1년을 경과하여 사망한 경우는 제외함.

3. 휴업재해율=(휴업재해자수/임금근로자수)×100
- "휴업재해자수"란 근로복지공단의 휴업급여를 지급받은 재해자를 말함. 다만, 질병에 의한 재해와 사업장 밖의 교통사고(운수업, 음식숙박업은 사업장 밖의 교통사고도 포함)·체육행사·폭력행위·통상의 출퇴근으로 발생한 재해는 제외함.
- "임금근로자수"는 통계청의 경제활동인구조사상 임금근로자수를 말함.

4. 도수율(빈도율)=(재해건수/연근로시간수)×1,000,000

5. 강도율=(총요양근로손실수/연근로시간수)×1,000
- "총요양근로손실일수"는 재해자의 총 요양기간을 합산하여 산출하되, 사망, 부상 또는 질병이나 장해자의 등급별 요양근로손실일수는 별표 1과 같음

[참고] 산업재해통계업무처리규정 제3조(산업재해통계의 산출방법) (2022. 1. 11 개정)

14 연천인율 23. 7. 22 산

① 연천인율이란 근로자 1,000명을 기준으로 한 재해 발생자수의 비율이다.
② 계산 공식

$$연천인율 = \frac{연간\ 재해자수}{연평균\ 근로자수} \times 1,000$$

③ 1년간 평균 500명의 상시 근로자를 두고 있는 기업체 내에 연간 25명의 재해가 발생하였다면 연천인율은?

계산식 : $\frac{25}{500} \times 1,000$

답 : 50

④ 연천인율이 50이란, 그 작업장의 수준으로 연간 1,000명이 작업한다면 50명의 재해가 발생된다는 뜻이다.

15 빈도율(F.R. = Frequency Rate of Injury)

① 도수율(빈도율)이란 1,000,000 근로시간당 재해발생 건수를 말하며, 다음 계산식에 따라 산출한다.
② 계산공식

$$빈도율(도수율) = \frac{재해건수}{연근로시간수} \times 1,000,000$$

③ 연근로시간수 = 평균 근로자수×1인당 근로 시간수(연간)
④ 500인의 근로자를 채용하고 있는 사업장에서 연간 25건의 재해가 발생하였다면 빈도율은?

계산식 : $\frac{25}{500 \times 8(시간) \times 300(일)} \times 1,000,000$

답 : 20.83

⑤ 빈도율이 20.83이라는 뜻은 1,000,000인시 작업하는 동안에 20.83건의 재해가 발생된다는 뜻이다.
⑥ 빈도율 20.83인 사업장에서 한 사람의 근로자가 일평생 작업한다면 몇 건의 재해를 당하겠는가의 환산 빈도율은?

계산식 : $20.83 \times \frac{100,000}{1,000,000} = 20.83 \times 0.1$

답 : 약 2건

⑦ 연천인율과 빈도율의 상관 관계 : 연천인율=2.4×빈도율

16 강도율(Severity Rate of Injury) 21. 4. 25. 기 22. 7. 22. 산

① 강도율이란 근로시간 합계 1,000시간당 요양재해로 인한 근로손실일수를 말하며, 다음 계산식에 따라 산출한다. 15. 4. 19. 기 21. 4. 25 기 24. 11. 2 산

② 계산 공식

$$강도율 = \frac{총요양근로손실일수}{연근로시간수} \times 1,000$$

③ 총요양근로손실일수
= (재해의) 장해 등급별 근로 손실일수 + 비장해 등급 손실일수 × 300/365

[표] 등급별 근로 손실일수 22. 10. 16 기

신체장해등급	1~3	4	5	6	7	8	9	10	11	12	13	14
근로손실일수	7,500	5,500	4,000	3,000	2,200	1,500	1,000	600	400	200	100	50

참고

- 사망에 의한 손실일수 7,500일 산출 근거
  ㉠ 사망자의 평균 연령 : 30세
  ㉡ 근로 가능 연령 : 55세
  ㉢ 근로 손실연수 : 55−30=25년
  ㉣ 연간 근로일수 : 300일
  ㉤ 사망으로 인한 근로 손실일수 : 300×25=7,500일

④ 연평균 100인의 근로자를 가진 사업장에서 연간 5건의 재해가 발생하였는데 그 중 사망 1명, 14급 2명, 1명은 30일 가료, 다른 1명은 7일 가료하였다. 강도율은?

$$계산식 : \frac{7{,}500+(50\times 2)+\dfrac{37\times 300}{365}}{100\times 2{,}400} \times 1{,}000$$

답 : 31.79

⑤ 강도율 31.79란 뜻은 1,000인시 작업하는 동안에 산업 재해가 발생하여 31.79일의 요양근로손실이 발생하였다는 뜻이다.

⑥ 강도율 31.79인 사업장에서 한 작업자가 평생 작업한다면 산재로 인하여 며칠의 근로 손실을 당하겠는가의 환산 강도율은?

$$계산식 : 31.79 \times \frac{100{,}000}{1{,}000}$$

답 : 3,179[일]

합격예측

환산강도율
= 강도율 × 100

합격예측

평균강도율
= $\dfrac{강도율}{도수율} \times 1{,}000$

합격예측

환산도수율
= $\dfrac{도수율}{10}$ = 도수율 × 0.1

합격예측

그 밖의 근로손실일수 계산
㉮ 병원에 입원 가료(加療)시는
  입원일수 × $\dfrac{300}{365}$
㉯ 휴업일수(요양일수) × $\dfrac{300}{365}$

> **합격예측**
>
> 과거의 안전성적과 현재의 안전성적을 비교 평가하는 방식인 Safe-T-Score의 공식
>
> $$\text{Safe-T-Score} = \frac{\text{F.R(현재)} - \text{F.R(과거)}}{\sqrt{\frac{\text{F.R 과거}}{\text{현재 근로총시간수(현재)}} \times 1{,}000{,}000}}$$

17 종합 재해 지수(F.S.I = Frequency Severity Indicator)

20. 10. 17 기 22. 7. 24 기 23. 4. 23 기

$$\text{F.S.I} = \sqrt{\text{빈도율} \times \text{강도율}}$$

18 Safe-T-Score

21. 7. 10 기 23. 11. 5 기

(1) 안전성적비교

$$\text{Safe-T-Score} = \frac{\text{현재빈도율} - \text{과거빈도율}}{\sqrt{\frac{\text{과거 빈도율}}{\text{현재 근로총시간수}} \times 1{,}000{,}000}}$$

단위가 없으며, 계산 결과가 +이면 나쁜 결과이고, -이면 과거에 비해 좋은 기록이다.

① +2.00 이상인 경우 : 과거보다 심각하게 나빠졌다.
② +2.00에서 -2.00 사이 : 과거에 비해 심각한 차이가 없다.
③ -2.00 이하인 경우 : 과거보다 좋아졌다.

(2) 안전성적 평가(예)

① 어떤 사업장의 X부서와 Y부서의 재해율은 아래 표와 같다. 각 부서의 Safe-T-Score를 계산하고, 안전 관리 측면에서의 심각성 여부에 관하여 간단하게 서술하시오.

> **해답**

연도	구 분	X부서	Y부서
2010년	사고	10건	1,000건
	근로 총시간수	10,000인시	1,000,000인시
	빈도율	1,000	1,000
2011년	사고	15건	1,100건
	근로 총시간수	10,000인시	1,000,000인시
	빈도율	1,500	1,100

① X 부서의 Safe-T-Score $\dfrac{1{,}500 - 1{,}000}{\sqrt{\dfrac{1{,}000}{10{,}000} \times 1{,}000{,}000}} = 1.58$

② Y부서의 Safe-T-Score $\dfrac{1{,}100 - 1{,}000}{\sqrt{\dfrac{1{,}000}{1{,}000{,}000} \times 1{,}000{,}000}} = 3.16$

X부서는 1.58이고 재해도는 50[%] 증가하여 과거보다 심각하게 나빠졌다. Y부서는 +3.16이므로 재해는 10[%]밖에 증가하지 않았으나 안전 문제가 심각하다. 안전 대책이 시급히 요망된다.

19 재해 발생률의 국제 비교

1. 재해 통계의 국제적 통일 권고

1949년 제6회 국제 노동 통계 회의에서 채택된 결의 사항
① 국가별, 시기별, 산업별 비교를 위해 산업 사상 통계를 도수율이나 강도율의 양쪽의 율로 나타낸다.
② 도수율은 재해의 수량(100만배 한다)을 연근로시간수로 나누어 산정한다.

$$도수율 = \frac{재해건수(N)}{연근로시간수(H)} \times 1,000,000(10^6) 시간$$

③ 강도율은 총요양근로손실일수(1,000배한다)를 연근로시간수로 나누어 산정한다.

$$강도율 = \frac{총요양근로손실일수(N)}{연근로시간수(H)} \times 1,000(10^3) 시간$$

2. 국제적 구분에 의한 산업재해의 정도(불능상해의 종류)

① 사망
② 영구 전노동불능 상해(영구 전노동불능 재해)
③ 영구 부분노동불능 상해(영구 일부노동불능 재해)
④ 일시 전노동 불능 상해(일시 전노동불능 재해)
⑤ 일시 부분노동불능 상해(일시 일부노동불능 재해)
⑥ 구급 처치 상해

3. 재해 발생률의 국제적 비교

도수율과 강도율의 정의는 1949년 제6회 국제 노동 통계 회의에서 정해진 것이나 그 방식을 채용하는 나라는 그다지 많지 않다.
예를 들어 미국의 NSC의 통계를 보아도 강도율은 100만 시간당의 수치이므로 우리나라의 수치를 1,000배하여 비교할 필요가 있다.

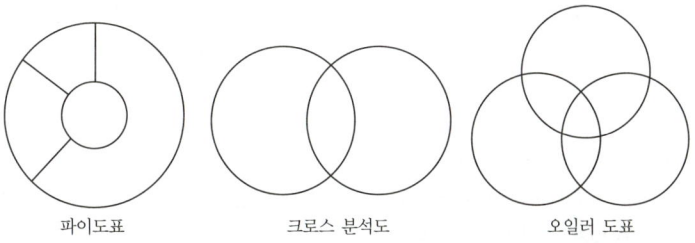

[그림] 통계 도표의 종류

합격예측

노동불능 상해 (상해정도별 구분)의 종류
① 영구 전노동불능 상해
② 영구 일부노동불능 상해
③ 일시 전노동불능 상해
④ 일시 일부노동불능 상해

또한 강도율의 계산에 사용되는 장해 등급별 근로 손실일수도 일정하지 않으며, 장해등급의 제1급에서 제14급까지의 구분이 세계적으로 공통된 것은 아니다. 따라서, 휴업도수율, 사망천인율 등의 수치는 그대로 비교하여도 거의 틀림없으나 강도율의 정확한 국제 비교는 현재의 입장에서는 불가능하다.

> **합격예측**
>
> 재해사례연구순서 제1단계
> (사실의 확인) 사항 4가지
> ① 사람
> ② 물건
> ③ 관리
> ④ 재해발생까지의 경과

(1) 가중 평균값을 이용하는 방법에 의하여 2017년도의 천인율을 예측하시오.
(단, 가중치는 연도별로 0.1, 0.2, 0.3, 0.4를 부여할 것)

연 도	2013	2014	2015	2016
천인율	39.77	39.83	35.99	31.55

해답

$39.77 \times 0.1 + 39.83 \times 0.2 + 35.99 \times 0.3 + 31.55 \times 0.4 = 35.36$

(2) 1/4분기 500인, 2/4분기 450인, 3/4분기 500인, 4/4분기 450인의 근로자가 작업한 사업장에서 연간 25명의 재해가 발생하였다면 천인율은 얼마인가?

해답

$$\frac{25}{\frac{500+450+500+450}{4}} \times 1,000 = 52.63$$

(3) 500명의 근로자를 채용하고 있는 사업장에서 연간 25건의 재해가 발생하였다면 빈도율은 얼마인가? 단, 연간의 결근율은 5[%]였다.

해답

$$\frac{25}{500 \times 2,400 \times 95/100} \times 1,000,000 = 21.93$$

(4) 상시근로자 1,500명이 근로하는 H기업의 재해건수는 45건이며, 지난해에 납부한 산재보험료는 25,000,000원, 산재보상금은 15,800,000원을 받았다. H기업의 재해건수 중 휴업상해(A)건수는 12건, 통원상해(B)건수는 10건, 구급처치(C)건수는 8건, 무상해사고(D)건수는 15건 발생하였다면 Heinrich 방식과 Simonds 방식에 의한 재해손실비용을 각각 계산하시오. (단, A : 850,000원, B : 320,000원, C : 220,000원, D : 120,000원)

해답

① Heinrich 방식(1:4의 원칙)
∴ $15,800,000 + (15,800,000 \times 4) = 79,000,000$(원)
② Simonds(시몬즈) 방식
재해코스트 = 보험 cost + 비보험 cost

$$= 산재보험\ cost + (A \times 휴업상해\ 건수) + (B \times 통원상해\ 건수)$$
$$+ (C \times 구급상해\ 건수) + (D \times 무상해사고\ 건수)$$
$$\therefore\ 25,000,000 + \{(850,000 \times 12) + (320,000 \times 10) + (220,000 \times 8) + (120,000 \times 15)\}$$
$$= 41,960,000(원)$$

20 안전활동률 16. 4. 17 기

(1) 1,000,000시간당 안전활동 건수(안전활동의 결과를 정량적으로 표시하는 기준)

(2) 구하는 식

$$안전활동률 = \frac{안전\ 활동\ 건수}{근로\ 시간수 \times 평균근로자수} \times 10^6$$

(3) 안전활동건수에 포함되어야 할 항목
① 실시한 안전개선 권고수
② 안전 조치한 불안전 작업수
③ 불안전 행동 적발수
④ 불안전 물리적 지적 건수
⑤ 안전회의 건수
⑥ 안전 홍보 건수

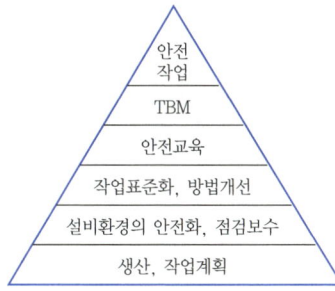
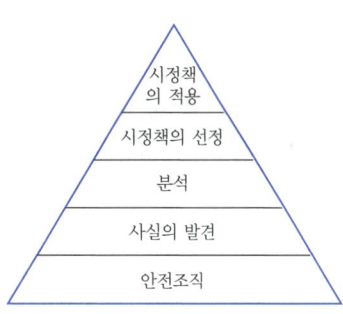

[그림] 재해원인 구조   [그림] 하인리히의 재해예방 5원리

합격예측

작업위험 분석
① 설비, 환경, 인간의 위험 분석
② 과업에 절차를 포함
③ 안전 작업 표준화가 목적
④ 비정규 작업에는 적용 곤란

작업위험 분석 방법 종류
① 면접
② 관찰
③ 설문방법
④ 혼합방식

작업 분석 방법(E.C.R.S)
① 제거(Eliminate)
② 결합(Combine)
③ 재조정(Rearrange)
④ 단순화(Simplify)

Chapter 03 산업재해 발생 및 재해 조사분석 출제예상문제

01 산업재해 발생시 조치해야 할 순서를 쓰고 제 1 단계인 긴급 처리 사항을 순서대로 5가지 쓰시오.

해답

(1) 산재 발생 조치 순서
  ① 긴급 처리
  ② 재해 조사
  ③ 원인 강구
  ④ 대책 수립
  ⑤ 대책 실시 계획
  ⑥ 실시
  ⑦ 평가

(2) 긴급 처리 사항
  ① 피재 기계의 정지(피해 확산 방지)
  ② 피해자의 구출 및 응급조치
  ③ 관계자에게 통보
  ④ 2차 재해 방지
  ⑤ 현장 보존

02 재해 사례의 연구 순서를 4단계 쓰고, 제 1 단계에서 확인해야 할 사항을 4가지 쓰시오.

해답

(1) 재해 사례 연구 순서 4단계
  ① 사실의 확인
  ② 문제점의 발견
  ③ 근본 문제점의 결정
  ④ 대책 수립

(2) 제1단계 확인 사항 4가지
  ① 사람
  ② 관리
  ③ 물건(물체)
  ④ 재해 발생 경과

03 재해 사례 연구의 제 1 단계인 사실의 확인에서 물건 및 관리에 대해서 파악해야 할 사항을 쓰시오.

해답

(1) 물건에 관한 사항
  ① 복장, 보호구
  ② 물질, 재료, 적재물
  ③ 기상, 환경
  ④ 유해물 억제 장치

(2) 관리에 관한 사항
  ① 안전 보건 규정, 작업 표준의 유무와 내용
  ② 관리, 감독 사항
  ③ 동종 재해, 유사 재해의 유무와 대책

04 산업재해 조사 규정에서 관리적 원인 중 기술적 원인을 4가지 쓰시오.

해답

① 건물, 기계 장치의 설계 불량
② 생산 공정의 부적당
③ 구조, 재료의 부적합
④ 점검 정비, 보존 불량

05 재해 사례의 연구 순서 5가지를 쓰고 표를 구성하시오.

해답

① 전제 조건 – 재해 상황의 파악
② 제1단계 – 사실의 확인
③ 제2단계 – 문제점의 발견
④ 제3단계 – 근본적 문제점의 결정
⑤ 제4단계 – 대책수립

② ~ ⑤ 연구 순서 4가지

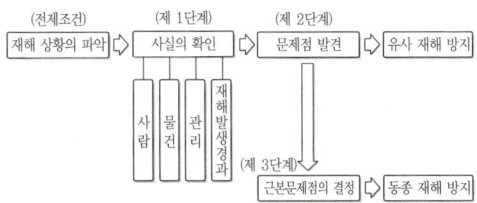

10 사고 조사시의 요령을 쓰시오.

해답

① 사고 현장은 변경되고 은닉되기 쉬우므로 사고 발생 직후부터 진행한다.
② 물적 증거의 수집 보관을 한다.
③ 현장의 목격자와 현장 감독의 협조를 받아 자료를 수집한다.
④ 피해자 증언은 귀중한 자료이며 특수 사고는 전문가에 조사 의뢰한다.

06 사실의 확인 사항에서 관리에 관한 사항을 쓰시오.

해답

① 안전 보건 규정, 작업 표준의 유무와 내용
② 동종 재해, 유사 재해의 유무와 대책
③ 관리, 감독 상황

11 사고 조사시의 유의 사항을 쓰시오.

해답

① Why에 대한 것보다 How에 대한 사실을 수집한다.
② 목격자의 표현이나 추측을 사실과 구별해 참고 자료로 기록해 둔다.
③ 책임을 추궁하는 태도는 나타내지 않도록 한다.
④ 조사는 가능한 짧은 시간 내에 정확한 증거를 수집하고 끝내도록 한다.
⑤ 부주의, 교육 부족 등 인적 요인 외의 물적 요인도 수집하며 최소한 2인 이상이 진행해 편견이나 주관을 배제한다.

07 재해 조사 방법을 쓰시오.

해답

① 재해 발생 직후에 행한다.
② 현장의 물리적 흔적을 수집한다.
③ 현장의 사진 및 기록을 보존한다.
④ 목격자, 현장 감독자 등 많은 사람으로부터 사고시의 상황을 듣는다.
⑤ 피해자로부터 재해 상황 직전의 상황을 듣는다.

12 재해 다발 원인 및 유형 분석시 세부 항목을 쓰시오.

해답

① 관리적 원인 : 기술적, 교육적, 작업 관리상 원인
② 직접 원인 : 불안전한 행동 및 상태(인적 원인 및 물적 원인)
③ 발생 형태(사고 유형) : 전도, 추락, 비래 등
④ 기인물 : 사고를 가져오게 한 물건이나 물체

08 재해 발생시 원인 강구를 위해 원인 분석을 해야 하는 3가지를 쓰시오.

해답

① 사람
② 물체
③ 관리

13 재해 사례 연구 순서 중 제 1 단계에서 (사실확인) 파악 사항 4가지를 쓰시오.

해답

① 재해 발생 경과
② 사람
③ 물체
④ 관리

09 집단에 의한 재해 사례 연구 순서를 쓰시오.

해답

① 개별 연구
② 반별 연구
③ 전체 회의

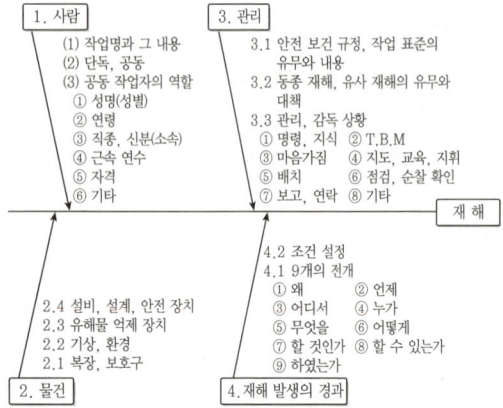

14 사고의 배후 요인 4M을 쓰시오.

해답

① Man(인간)
② Machine(기계 설비)
③ Media(인간-기계 관계)
④ Management(관리)

15 유해 위험 작업 부서를 쓰시오.

해답

① 고온 물체 취급 부서
② 저온 물체 취급 부서
③ 소음·진동 작업 부서
④ 이상 기압하의 작업부서
⑤ 중량물 취급 작업 부서
⑥ 유기용제 업무부서
⑦ 분진 작업 부서
⑧ 초음파를 수반하는 작업부서
⑨ 특정 화학 물질의 제조 또는 취급 부서
⑩ 납, 사알킬납의 제조 또는 취급 부서
⑪ 연삭 숫돌의 대체 또는 대체시 시운전 작업 부서

16 개선 계획의 공통, 중점 개선 사항 항목을 쓰시오.

해답

(1) 공통 사항
 ① 안전 보건 관리 조직 : 책임자 임명, 산업 보건의, 안전 관리자, 보건 관리자, 관리 감독자 임명
 ② 안전 표지 부착 : 금지, 경고, 지시, 안내 표지
 ③ 보호구 착용
 ④ 건강 진단 실시 : 정기, 특수, 임시 채용시 및 작업 내용 변경시

(2) 중점 개선 사항
 ① 시설
 ② 기계 장치
 ③ 원료·재료
 ④ 작업 방법
 ⑤ 작업 환경

17 작업 환경(유해 작업장) 개선 사항을 쓰시오.

해답

① 작업 공정의 변경
② 작업 방법 개선
③ 원자재 대체 작업
④ 근로자 보호 대책
⑤ 설비 안전화
⑥ 국소배기 및 환기 장치
⑦ 유해물 발산, 비산의 억제

18 안전 보건 개선 계획의 수립 대상 사업장을 4가지 쓰시오.

해답

① 산업재해율이 같은 업종 평균 산업재해율의 2배 이상인 사업장
② 사업주가 필요한 안전조치 또는 보건조치를 이행하지 아니하여 중대재해가 발생한 사업장
③ 직업성 질병자가 연간 2명 이상(상시근로자 1천명 이상 사업장의 경우 3명 이상) 발생한 사업장
④ 작업환경 불량, 화재·폭발 또는 누출사고 등으로 사회적 물의를 일으킨 사업장

참고 산업안전보건법 시행령 제49조(안전보건진단을 받아 안전보건개선계획 수립·시행명령을 할 수 있는 사업장)

19 안전보건진단 기관을 평가하는 기준 3가지를 쓰시오.

해답
① 인력·시설 및 장비의 보유 수준과 그에 대한 관리 능력
② 유해위험요인의 평가·분석 충실성 등 안전보건진단 업무 수행 능력
③ 안전보건진단 대상 사업장의 만족도

참고) 산업안전보건법 시행규칙 제58조(안전보건진단기관의 평가 등)

20 안전보건 개선 계획에 반드시 포함되어야 할 사항을 4가지 쓰시오.

해답
① 시설
② 안전 보건 관리 체제
③ 안전보건 교육
④ 산업재해 예방 및 작업 환경 개선을 위하여 필요한 사항

합격정보) 산업안전보건법 시행규칙 제61조(안전보건개선계획제출 등)

21 안전 보건 개선 계획의 공통 사항 및 중점 개선 계획 사항을 각각 쓰시오.

해답
(1) 공통 사항
 ① 안전 보건 관리 조직
 ② 보호구 착용
 ③ 안전보건표지 부착
 ④ 건강 진단 실시
(2) 중점 개선 계획 사항
 ① 시설
 ② 원료·재료
 ③ 기계 장치
 ④ 작업 방법
 ⑤ 작업 환경

22 안전 보건 개선 계획서 중 재해 다발 원인 및 유형 분석에서 포함하여야 하는 원인 항목 4가지를 쓰시오.

해답
① 관리적 원인
② 발생형태
③ 직접 원인
④ 기인물

23 안전 보건 개선 계획서상의 산업 안전 보건 관리 예산 항목을 4가지만 쓰시오.

해답
① 안전 보건 교육비
② 건강 관리비
③ 보호구 구입비
④ 안전보건 시설비

24 안전 보건 개선 계획 수립시 사업주가 의견을 청취해야 할 사람을 3사람 쓰시오.

해답
① 안전 관리자
② 보건 관리자
③ 근로자 대표

25 개선 계획서상의 중점 개선 계획에서 작업 방법에 대한 항목을 4가지 쓰시오.

해답
① 안전 기준
② 보호구
③ 작업 표준
④ 관리 상태

26 산업 재해 통계의 목적 및 연천인율에 관해서 설명하시오.

해답
(1) 목적 : 재해 정보를 통해서 동종 재해 및 유사 재해의 재발 방지가 목적이다.

(2) 연천인율
① 근로자 1,000명을 기준으로 한 재해 발생 비율(재해자수 비율)
② 계산 공식
$$연천인율 = \frac{연간\ 재해자수}{연평균\ 근로자수} \times 1,000$$
③ 연천인율이 10이란 뜻은 그 작업장의 수준으로 연간 1,000명이 작업한다면 10명의 재해가 발생한다는 뜻이다.

27 빈도율(도수율) F.R.(Frequency Rate of Injury)에 대해서 설명하시오.

해답

① 1,000,000인시당 재해 발생건수의 비율
② 계산 공식
$$빈도율 = \frac{재해건수}{연근로시간수} \times 1,000,000$$
(연근로시간수 = 평균 근로자수 × 1인당 근로 시간)
③ 빈도율이 20.89라는 뜻은 1,000,000인시당 20.89건의 재해가 발생한다는 뜻이다.
④ 빈도율 20.89인 사업장에서 한 사람의 작업자가 평생 작업시 몇 건의 재해를 당하겠는가의 환산 빈도율 계산
계산식 : $20.89 \times \frac{100,000}{1,000,000} = 2$
∴ 약 2건(한 사람의 평생 근로 시간은 100,000시간을 기준으로 환산)

28 천인율, 도수율, 강도율, 종합 재해 지수를 간단히 설명하고 식을 쓰시오.

해답

① 천인율 : 근로자 1,000명당 재해 발생자수
$$천인율 = \frac{연간재해자수}{연평균근로자수} \times 1,000$$
② 도수율 : 연 100만 근로 시간당의 재해건수(재해의 발생 빈도를 나타냄)
$$도수율 = \frac{재해건수}{연근로시간수} \times 1,000,000$$
③ 강도율 : 연 1,000 근로 시간당 총요양근로손실일수(재해의 경중 정도를 나타냄)
$$강도율 = \frac{총요양근로손실일수}{연근로시간수} \times 1,000$$
④ 종합 재해 지수 : 위험도 비교 수단으로 사용된다.
$$종합\ 재해\ 지수(F.S.I) = \sqrt{도수율 \times 강도율}$$

29 근로자수가 300명인 사업장에서 3건의 재해로 인해 사망이 2명, 신체 장애등급 4급 1명, 11급 3명, 그 밖에 1,000일의 휴업일수가 발생하였다. 천인율, 도수율 및 강도율을 구하고 각각의 수치가 무엇을 의미하는지를 간단히 설명하시오(단, 천인율 계산시 재해자는 3명).

해답

① 천인율
$$천인율 = \frac{연간재해자수}{연평균근로자수} \times 1,000$$
$$= \frac{3}{300} \times 1,000 = 10$$
천인율이 10이란 의미는 연 1,000명의 근로자가 작업할 경우 10명의 재해가 발생한다는 것이다.

② 도수율
$$도수율 = \frac{재해건수}{연근로시간수} \times 1,000,000$$
$$= \frac{3}{300 \times 2,400} \times 1,000,000 = 4.166 ≒ 4.17$$
4.17 : 100만인시당 작업시 4.17건의 재해 발생

③ 강도율
$$강도율 = \frac{총요양근로손실일수}{연근로시간수} \times 1,000$$
$$= \frac{(7,500 \times 2) + (5,500 \times 1) + (400 \times 3) + (1,000 \times \frac{300}{365})}{300 \times 2,400} \times 1,000$$
$$= 31.28$$
1,000인시당 근로손실이 31.28일

30 근로자 400명인 어떤 작업장에서 연간 재해 건수는 14건이었고 그로 인해 2명이 사망, 신체 장애 등급 12급 1명, 휴업일수가 1,000일 발생하였다. 또한 재해로 인해 지출된 보험료가 3,000만원이었다(단, 재해자수 : 14명). 이 사업장의 천인율, 도수율, 강도율 및 간접 손실비와 총손실비를 각각 구하시오.

해답

① 천인율
$$천인율 = \frac{연간재해자수}{연평균근로자수} \times 1,000$$
$$= \frac{14}{400} \times 1,000 = 35$$

② 도수율
$$도수율 = \frac{재해건수}{연근로시간수} \times 1,000,000$$
$$= \frac{14}{400 \times 2,400} \times 1,000,000 = 14.58$$

③ 강도율
$$강도율 = \frac{총요양근로손실일수}{연근로시간수} \times 1,000$$

$$= \frac{(7,500 \times 2)+(200 \times 1)+(1,000 \times \frac{300}{365})}{400 \times 2,400} \times 1,000$$
$$= 16.69$$
④ 간접 손실비
  직접손실비 × 4 = 3,000만원 × 4 = 1억 2,000만원
⑤ 총손실액
  직접 손실비 + 간접 손실비 = 3,000만원 + 1억 2,000만원
  = 1억 5,000만원

31 평균 근로자수가 1,000명인 어떤 사업장의 재해 빈도율은 10.55이고 강도율이 7.2이었다면 이 사업장의 종합 재해 지수, 재해 건수, 근로 손실 일수 및 천인율은 각각 얼마인가?

해답

① 종합 재해 지수(F.S.I) = $\sqrt{도수율 \times 강도율}$
  = $\sqrt{10.55 \times 7.2}$ = 8.715 ≒ 8.72

② 빈도율 = $\frac{재해건수}{연근로시간수} \times 1,000,000$ 에서

  재해 건수 = $\frac{빈도율 \times 연근로시간수}{1,000,000}$
  = $\frac{10.55 \times 1,000 \times 2,400}{1,000,000}$ = 25.32건

③ 근로손실일수
  강도율 = $\frac{총요양근로손실일수}{연근로시간수} \times 1,000$ 에서
  근로 손실일수 = $\frac{강도율 \times 연근로시간수}{1,000}$
  = $\frac{7.2 \times 1,000 \times 2,400}{1,000}$ = 17,280

④ 천인율 = $\frac{연간재해자수}{연평균근로자수} \times 1,000$
  = $\frac{25.32}{1,000} \times 1,000$ = 25.32
  또는 천인율 = 도수율 × 2.4 = 10.55 × 2.4 = 25.32

32 근로자 800명인 사업장에서 연간 48시간×50주의 작업으로 5건의 재해가 발생하였다. 결근율이 7[%]이고 재해로 인해 신체 장애 9급이 4명, 1,200일의 휴업일수가 발생하였다. 강도율을 구하고 이 사업장에서 한 근로자가 일평생 작업을 한다면 재해로 인해 잃게 되는 근로 손실일수 및 재해 건수를 구하시오.

해답

① 강도율 = $\frac{총요양근로손실일수}{연근로시간수} \times 1,000$

$$= \frac{1,000 \times 4 + 1,200 \times \frac{300}{365}}{800 \times 48 \times 50 \times 0.93} \times 1,000 = 2.79$$

② 일평생 작업시 근로손실일수
  = $\frac{총요양근로손실일수}{연근로시간수} \times 일평생 근로시간수$
  = $\frac{1,000 \times 4 + 1,200 \times \frac{300}{365}}{800 \times 0.93 \times 48 \times 50} \times 100,000 = 279$

③ 일평생 작업시 재해 건수
  = $\frac{재해건수}{연근로시간수} \times 일평생 근로시간$
  = $\frac{5}{800 \times 0.93 \times 48 \times 50} \times 100,000 = 0.28$

33 연천인율과 도수율과의 관계를 간단히 설명하시오.

해답

① 천인율 = 도수율 × 2.4
② 도수율 = 천인율 ÷ 2.4

34 440명의 근로자를 가진 어느 사업장에서 출근율이 95[%], 지각 및 조퇴가 500시간이고 1일 7시간 30분 작업한다. 10건의 재해로 인해 사망 1명, 근로 손실일수가 700일일 경우 도수율 및 강도율을 구하고 종합 재해 지수를 계산하시오. 또, 근로자 한 명이 일평생 작업할 경우 재해로 인해 잃게 되는 근로 손실일수를 계산하시오.

해답

① 도수율 = $\frac{재해건수}{연근로시간수} \times 1,000,000$
  = $\frac{10}{440 \times 0.95 \times 300 \times 7.5 - 500} \times 1,000,000$
  = 10.638 ≒ 10.64

② 강도율 = $\frac{총요양근로손실일수}{연근로시간수} \times 1,000$
  = $\frac{7,500 + 700}{440 \times 0.95 \times 300 \times 7.5 - 500} \times 1,000$ = 8.72

③ 종합 재해 지수 = $\sqrt{도수율 \times 강도율}$
  = $\sqrt{10.64 \times 8.72}$ = 9.63

④ 일평생 작업시 근로 손실일수
  = $\frac{총요양근로손실일수}{연근로시간수} \times 일평생 근로시간수$
  = $\frac{7,500 + 700}{440 \times 0.95 \times 300 \times 7.5 - 500} \times 100,000$
  = 872

35 근로자 1명당 평생 근로가능 시간수를 계산하시오.

해답

평생 근로가능 시간
= (8시간×25일×12월×40년)+(100시간×40년)
= 100,000시간

참고

평생 근로가능 시간 10만 시간의 산출 근거 : 1명의 근로 년수를 40년간으로 하고 1일 8시간, 1개월 25일, 1년 12개월의 근로와 과외 시간 근로를 연간 100시간으로 정할 경우 근로 시간을 계산하면 10만시간이 된다.

36 평균 강도율을 설명하시오.

해답

① 평균 강도율 : 재해 1건당 평균 손실 일수를 나타낸다.
② 평균 강도율 = $\dfrac{강도율}{도수율} \times 1,000$

37 어느 공장의 도수율이 13이고 강도율이 1.2일 때 이 공장에 근무하는 근로자는 입사부터 정년퇴직까지 몇 회의 부상과 얼마의 근로 손실 일수를 갖는 상태가 되는가?

해답

① 환산 도수율(F) = $\dfrac{도수율}{10}$ = 13/10 = 1.3회
② 환산 강도율(S) = 강도율×100 = 1.2×100 = 120일
③ 평균 1.3회의 부상과 120일의 근로 손실 일수를 갖는 상태이다.

녹색직업 녹색자격증 코너

무엇이 성공인가?
자주 그리고 많이 웃는 것,
현명한 이에게 존경을 받고, 아이들에게서 사랑을 받는 것,
정직한 비평가의 찬사를 듣고 친구의 배반을 참아내는 것,
아름다움을 식별할 줄 알며
다른 사람에게서 최선의 것을 발견하는 것,
건강한 아이를 낳든, 한 뙈기의 정원을 가꾸든,
사회환경을 개선하든 자기가 태어나기 전보다,
세상을 조금이라도 살기 좋은 곳으로 만들어놓고 떠나는 것,
자신이 한때 이곳에서 살았음으로 해서
단 한사람의 인생이라도 행복해지는 것,
이것이 진정한 성공이다.

—랠프 월도 에머슨(Ralph Waldo Emerson)

누구나 성공을 꿈꿉니다.
그러나 진정한 성공은 출세, 막대한 부를 이루는 것,
혹은 권력을 얻는 것과는 큰 관련이 없습니다.
사람은 태어날 때부터 이 세상으로부터 많은 도움을 받고,
또 이 세상을 위한 여러 가지 기여를 하게 됩니다.
내가 받는 것보다 남에게 주는 것이 크면 클수록
진정한 성공에 가깝다 할 수 있습니다.

Chapter 04 안전 점검·인증 및 진단

중점 학습내용

안전점검 및 진단 등에 관련된 기본적인 기초 지식을 학습하도록 하였으며 이번 실기 필답형 시험에 출제되는 그 중심적인 내용은 다음과 같다.
❶ 안전 점검의 목적
❷ 안전 점검의 의의
❸ 안전 점검의 종류
❹ 안전 점검의 대상
❺ 안전 점검 및 진단의 순서
❻ 안전 점검시 유의사항 6가지
❼ 점검 방법에 의한 점검
❽ 체크 리스트 작성시 유의 사항
❾ 체크 리스트에 포함하여야 하는 사항
❿ 점검시의 재해 방지 대책
⓫ 안전인증 대상기계 및 설비
⓬ 자율안전확인 대상기계 및 설비
⓭ 산업안전보건법상 안전인증이 면제되는 대상
⓮ 안전인증제품에 표시해야 할 사항
⓯ 자율안전 확인제품에 표시해야 할 사항

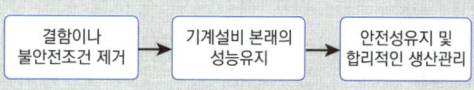

[그림] 안전점검의 목적

1 안전 점검의 정의

1. 정 의

안전 점검은 안전 확보를 위해 실태를 파악하여 설비의 불안전한 상태나 인간의 불안전한 행동에서 생기는 결함을 발견하고, 안전 대책의 이상 상태를 확인하는 행동이다.
① 기계 설비의 설계, 제조, 운전, 보전, 수리 등의 각 과정에서 인간의 착오 등에 의한 위험 요인의 잠재성을 제거하는 데 목적이 있다.
② 운전중인 기계 설비나 작업 환경도 수시로 변화함으로써 위험 요인을 제거하는 것이 목적이다.

합격예측

작업표준의 4가지 조건
① 안전
② 능률
③ 원가
④ 품질

합격예측

작업표준이란 표준화 생산 혹은 생산의 표준화를 말하며, 생산 관리의 기본 원칙이다. 즉, 생산에 필요한 인(人), 물, 방법, 관리의 기준을 규정한 것이다.

작업표준의 목적
① 위험 요인의 제거
② 손실 요인의 제거
③ 작업의 효율화

2 안전 점검의 의의(목적)

① 설비의 안전 확보
② 설비의 안전 상태 유지
③ 인적인 안전 행동 상태의 유지
④ 합리적인 생산관리

합격예측

안전 점검의 종류
① 정기점검 : 매주, 매월, 매년 등 일정한 기간을 정하여 정기적으로 점검 실시
② 수시점검 : 작업전, 중, 후에 점검 실시
③ 특별점검 : 기계 기구, 설비의 신설, 변경, 고장, 수리 시 점검 실시
④ 임시점검 : 기계설비의 이상 발견시 점검 실시

합격예측

안전검사 대상 기계의 종류
① 프레스
② 전단기
③ 크레인(정격하중 2톤 미만인 것은 제외한다)
④ 리프트
⑤ 압력용기
⑥ 곤돌라
⑦ 국소배기장치(이동식은 제외한다.)
⑧ 원심기(산업용만 해당된다.)
⑨ 롤러기(밀폐형 구조는 제외한다.)
⑩ 사출성형기[형 체결력 294 킬로뉴튼(KN) 미만은 제외한다.]
⑪ 고소작업대 [「자동차관리법」 제3조 제3호 또는 제4호에 따른 화물자동차 또는 특수자동차에 탑재한 고소작업대(高所作業臺)로 한정한다.]
⑫ 컨베이어
⑬ 산업용 로봇

합격정보
산업안전보건법 시행령 제78조 (안전검사대상기계 등)

3 안전 점검의 종류

1. 일상 점검(수시 점검)

현장 감독자, 작업 주임이 자기가 맡고 있는 공정의 설비, 기계, 공구 등을 매일 일의 시작이나 종료시 또는 작업중에 계속해서 시설과 사람의 작업 동작에 대하여 점검한다.

2. 정기 점검(계획 점검)

일정 기간마다 정기적으로 점검하는 것을 말하며, 일반적으로 매주 또는 매월 1회씩 담당 분야별로 해당 분야의 작업 책임자가 기계 설비의 안전상의 중요 부분의 피로, 마모, 손상, 부식 등 장치의 변화 유무 등을 점검한다.

3. 특별 점검

기계, 기구 또는 설비를 신설하거나 변경 내지는 고장 수리 등을 할 경우에 행하는 부정기 특별 점검을 말하며, 산업 안전 보건 강조 기간 및 천재지변의 발생 후 점검도 이에 해당된다.

4. 임시 점검

정기 점검 실시 후 다음 점검 기일 이전에 실시하는 점검이며 유사 기계의 돌발 사태시에도 적용된다.

4 안전 점검의 대상

1. 전반적 또는 작업 방법에 관한 것

① 안전 관리 조직 및 체계
② 안전 활동
③ 안전 교육
④ 안전 점검

2. 설비에 관한 것

① 작업 환경
② 안전 장치
③ 보호구

④ 정리 정돈
⑤ 운반 설비
⑥ 위험물 방화 관리

5 안전 점검 및 진단의 순서

① 실태의 파악
② 결함의 발견
③ 대책의 결정
④ 대책의 실시

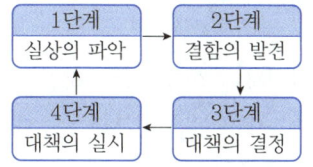

[그림] 안전점검 순환체계

6 안전 점검 시 유의사항 6가지

① 여러 가지 점검 방법을 병용한다.
② 점검자의 능력에 상응하는 점검을 실시한다.
③ 과거의 재해 발생 부분은 그 원인이 배제되었는지 확인한다.
④ 불량한 부분이 발견된 경우에는 다른 동종 설비도 점검한다.
⑤ 발견된 불량 부분은 원인을 조사하고 필요한 대책을 강구한다.
⑥ 안전 점검은 안전 수준의 향상을 목적으로 하는 것임을 염두에 두어야 한다.

7 점검 방법에 의한 점검

1. 외관 점검

기기의 적정한 배치, 설치 상태, 변형, 균열, 손상, 부식, 볼트의 풀림 등의 유무를 외관에서 시각 및 촉감 등에 의해 조사하고, 점검 기준에 의해 양부를 확인하는 것이다.

2. 기능 점검

간단한 조작을 행하여 대상 기기의 기능의 양부를 확인하는 것이다.

3. 작동점검

안전 장치나 누전 차단 장치 등을 정해진 순서에 의해 작동시켜 상황의 양부를 확인하는 것이다.

합격예측

산업안전보건법에서 정하고 있는 안전검사의 주기

① 크레인(이동식 크레인은 제외한다), 리프트(이삿짐운반용 리프트는 제외한다) 및 곤돌라 : 사업장에 설치가 끝난 날부터 3년 이내에 최초 안전검사를 실시하되, 그 이후부터 2년마다(건설현장에서 사용하는 것은 최초로 설치한 날부터 6개월마다)
② 이동식 크레인, 이삿짐 운반용 리프트 및 고소작업대 : 「자동차관리법」 제8조에 따른 신규등록 이후 3년 이내에 최초 안전검사를 실시하되, 그 이후부터 2년마다
③ 프레스, 전단기, 압력용기, 국소 배기장치, 원심기, 롤러기, 사출성형기, 컨베이어 및 산업용 로봇 : 사업장에 설치가 끝난 날부터 3년 이내에 최초 안전검사를 실시하되, 그 이후부터 2년마다(공정안전보고서를 제출하여 확인을 받은 압력용기는 4년마다)

합격정보

산업안전보건법 시행규칙 제126조(안전검사주기와 합격표시 및 표시방법)

합격예측

작업표준이 갖춰야 할 조건
① 안전
② 능률
③ 원가
④ 품질

작업표준의 작성 요령
① 작업의 표준 설정은 실정에 적합할 것
② 좋은 작업의 표준일 것
③ 표현은 구체적으로 나타낼 것
④ 생산성과 품질의 특성에 적합할 것
⑤ 이상시 조치 기준이 설정되어 있을 것
⑥ 다른 규정에 위배되지 않을 것

합격날개

합격예측

안전점검표(체크리스트)에 포함되어야 할 사항
① 점검대상
② 점검부분
③ 점검항목
④ 점검주기 또는 기간
⑤ 점검방법
⑥ 판정기준
⑦ 조치사항

합격예측

안전인증 기준
① 기계·기구 등에 관한 안전인증 필수 기술기준, 공통 기술기준 및 제품별 기술기준
② KS(한국산업표준)에 따른 기준
③ 그 밖에 다른 법령에 의하여 제정 공표된 안전 및 품질에 관한 기준

합격예측

작업환경 개선 4단계
① 제1단계 : 작업분해
② 제2단계 : (요소작업의) 세부 내용 검토
③ 제3단계 : 작업 분석(새로운 방법 전개)
④ 제4단계 : 새로운 방법의 적용

합격예측

안전인증 대상기계 또는 설비
① 프레스
② 전단기 및 절곡기
③ 크레인
④ 리프트
⑤ 압력용기
⑥ 롤러기
⑦ 사출성형기
⑧ 고소작업대
⑨ 곤돌라

합격정보
산업안전보건법 시행령 제74조(안전인증대상기계 등)

4. 종합 점검

정해진 점검 기준에 의해 측정, 검사를 하고 또 일정한 조건하에서 운전 시험을 하여 그 기계 설비의 종합적인 기능을 확인하는 것이다.

8 체크리스트 작성 시 유의 사항

① 사업장에 적합한 독자적인 내용일 것
② 중점도가 높은 것부터 순서대로 작성할 것(위험성이 높은 순이나 긴급을 요하는 순으로 작성)
③ 정기적으로 검토하여 재해 방지에 실효성 있게 개조된 내용일 것(관계자 의견 청취)
④ 일정 양식을 정하여 점검 대상을 정할 것
⑤ 점검표의 내용은 이해하기 쉽도록 표현하고 구체적일 것

9 체크리스트에 포함하여야 하는 사항

① 점검대상
② 점검부분
③ 점검항목
④ 점검주기 또는 기간
⑤ 점검방법
⑥ 판정기준
⑦ 조치사항

10 점검시의 재해 방지 대책(안전 대책)

① 자동 점검 시스템화, 페일 세이프(fail safe)화, 부품의 유닛(unit)화 등을 채택할 것(점검의 간소화)
② 보호구를 착용하고 점검에 필요한 안전 장치, 안전망, 덮개, 승강 설비, 개폐기 등의 시설을 구비할 것
③ 점검 작업을 표준화(standardization)할 것
④ 작업자의 자격 요건을 정비하여 교육을 실시하고 점검 작업에 적합한 지휘 감독자를 배치할 것

11 안전인증대상기계 또는 설비

구분	내용
기계 또는 설비	① 프레스 ③ 크레인 ⑤ 압력용기 ⑦ 사출성형기 ⑨ 곤돌라 ② 전단기 및 절곡기 ④ 리프트 ⑥ 롤러기 ⑧ 고소작업대
방호장치	① 프레스 및 전단기 방호장치 ② 양중기용 과부하방지장치 ③ 보일러 압력방출용 안전밸브 ④ 압력용기 압력방출용 안전밸브 ⑤ 압력용기 압력방출용 파열판 ⑥ 절연용 방호구 및 활선작업용 기구 ⑦ 방폭구조 전기기계·기구 및 부품 ⑧ 추락·낙하 및 붕괴 등의 위험방호에 필요한 가설기자재로서 고용노동부장관이 정하여 고시하는 것
보호구	① 추락 및 감전 위험방지용 안전모 22. 10. 16 ⑦ ② 안전화 ③ 안전장갑 ④ 방진마스크 ⑤ 방독마스크 ⑥ 송기마스크 ⑦ 전동식 호흡보호구 ⑧ 보호복 ⑨ 안전대 ⑩ 차광 및 비산물 위험방지용 보안경 ⑪ 용접용 보안면 ⑫ 방음용 귀마개 또는 귀덮개

합격예측

안전인증대상 기계 중 방호장치의 종류
① 프레스 및 전단기 방호장치
② 양중기용 과부하방지장치
③ 보일러 압력방출용 안전밸브
④ 압력용기 압력방출용 안전밸브
⑤ 압력용기 압력방출용 파열판
⑥ 절연용 방호구 및 활선작업용 기구
⑦ 방폭구조 전기기계·기구 및 부품
⑧ 추락·낙하 및 붕괴 등의 위험방호에 필요한 가설기자재로서 고용노동부장관이 정하여 고시하는 것

합격예측

안전인증 심사의 종류
① 예비심사
② 서면심사
③ 기술능력 및 생산체계 심사
④ 제품심사(개별제품심사, 형식별 제품심사)

[표] 안전보건진단의 종류 및 진단내용

종류	진단내용
종합진단	1. 경영·관리적 사항에 대한 평가 　가. 산업재해예방계획의 적정성 　나. 안전보건관리조직과 그 직무의 적정성 　다. 산업안전보건위원회 설치·운영, 명예감독관의 역할 등 근로자의 참여 정도 　라. 안전보건관리규정 내용의 적정성 2. 산업재해 또는 사고의 발생원인(산업재해 또는 사고가 발생한 경우에 한한다) 3. 작업조건 및 작업방법에 대한 평가 4. 유해·위험요인에 대한 측정 및 분석 　가. 기계·기구 그 밖의 설비에 의한 위험성 　나. 폭발성·물반응성·자기반응성·자기발열성 물질, 자연발화성 액체·고체 및 인화성 액체 등에 의한 위험성 　다. 전기·열 그 밖의 에너지에 의한 위험성

합격예측

안전인증대상 보호구의 종류
① 추락 및 감전 위험장지용 안전모
② 안전화
③ 안전장갑
④ 방진마스크
⑤ 방독마스크
⑥ 송기마스크
⑦ 전동식 호흡보호구
⑧ 보호복
⑨ 안전대
⑩ 차광 및 비산물 위험방지용 보안경
⑪ 용접용 보안면
⑫ 방음용 귀마개 또는 귀덮개

합격예측

자율안전확인대상기계
① 연삭기 또는 연마기. 이 경우 휴대형은 제외한다.
② 산업용 로봇
③ 혼합기
④ 파쇄기 또는 분쇄기
⑤ 식품가공용기계(파쇄·절단·혼합·제면기만 해당한다)
⑥ 컨베이어
⑦ 자동차정비용 리프트
⑧ 공작기계(선반, 드릴기, 평삭·형삭기, 밀링만 해당한다)
⑨ 고정형 목재가공용기계(둥근톱, 대패, 루타기, 띠톱, 모떼기 기계만 해당한다)
⑩ 인쇄기

합격정보

산업안전보건법 시행령 제77조(자율안전확인대상기계등)

종류	진단내용
종합진단	라. 추락·붕괴·낙하·비래 등으로 인한 위험성 마. 그 밖에 기계·기구·설비·장치·구축물·시설물·원재료 및 공정 등의 위험성 바. 제30조의 규정에 의한 허가대상 유해물질, 고용노동부령이 정하는 관리대상 유해물질 및 온도·습도·환기·소음·진동·분진, 유해광선 등의 유해 또는 위험성 5. 보호구·안전보건장비 및 작업환경개선시설의 적정성 6. 유해물질의 사용·보관·저장, 물질안전보건자료의 작성·근로자 교육 및 경고표시 부착의 적정성 7. 그 밖에 작업환경 및 근로자 건강유지·증진 등 보건관리의 개선을 위하여 필요한 사항
안전기술진단	종합진단 내용 중 제2호·제3호의 사항, 제4호 중 가목 내지 마목의 사항 및 제5호 중 안전관련 사항
보건기술진단	종합진단 내용 중 제2호·제3호의 사항, 제4호 중 바목의 사항, 제5호 중 보건관련 사항, 제6호 및 제7호의 사항

> **참고**

작업표준의 작성 절차
① 작업을 분류 정리한다.
② 작업을 세분화한다.
③ 검토에 의해 동작의 순서와 급소를 정한다.(검토시 작업자 참여)
④ 작업 표준안을 작성한다.
⑤ 작업 표준을 제정한다.
⑥ 지도(교육)한다.

12 자율안전확인대상기계 또는 설비

기계 또는 설비	① 연삭기 또는 연마기. 이 경우 휴대형은 제외한다. ② 산업용 로봇　　　　　③ 혼합기 ④ 파쇄기 또는 분쇄기 ⑤ 식품가공용기계(파쇄·절단·혼합·제면기만 해당한다) ⑥ 컨베이어　　　　　⑦ 자동차정비용 리프트 ⑧ 공작기계(선반, 드릴기, 평삭·형삭기, 밀링만 해당한다) ⑨ 고정형 목재가공용기계(둥근톱, 대패, 루타기, 띠톱, 모떼기 기계만 해당한다) ⑩ 인쇄기

방호장치	① 아세틸렌 용접장치용 또는 가스집합 용접장치용 안전기 ② 교류아크 용접기용 자동전격 방지기 ③ 롤러기 급정지장치 ④ 연삭기 덮개 ⑤ 목재가공용 둥근톱 반발예방장치 및 날접촉 예방장치 ⑥ 동력식 수동대패용 칼날 접촉방지장치 ⑦ 추락·낙하 및 붕괴 등의 위험방호에 필요한 가설기자재(안전인증대상기계에 해당되는 사항 제외)로서 고용노동부장관이 정하여 고시하는 것
보호구	① 안전모(안전인증대상기계에 해당되는 사항은 제외한다.) ② 보안경(안전인증대상기계에 해당되는 사항은 제외한다.) ③ 보안면(안전인증대상기계에 해당되는 사항은 제외한다.)

합격예측

자율안전확인대상 보호구
① 안전모(안전인증대상기계에 해당되는 사항 제외)
② 보안경(안전인증대상기계에 해당되는 사항 제외)
③ 보안면(안전인증대상기계에 해당되는 사항 제외)

13 산업안전보건법상 안전인증이 면제되는 대상

① 연구개발을 목적으로 제조 수입하거나 수출을 목적으로 제조하는 경우
② 고용노동부장관이 정하여 고시하는 외국의 안전인증기관에서 인정을 받은 경우
③ 다른 법령에서 안전성에 관한 검사나 인증을 받은 경우

14 안전인증 제품에 표시해야 할 사항

① 형식 또는 모델명
② 규격 또는 등급 등
③ 제조자명
④ 제조번호 및 제조연월
⑤ 안전인증 번호

15 자율안전 확인 제품에 표시해야 할 사항

① 형식 또는 모델명
② 규격 또는 등급 등
③ 제조자명
④ 제조번호 및 제조연월
⑤ 자율안전확인 번호

Chapter 04 안전 점검·인증 및 진단 출제예상문제

01 곤돌라의 작업 시작 전 점검 사항을 쓰시오.

해답
① 방호 장치·브레이크의 기능
② 와이어 로프·슬링 와이어 등의 상태

02 지게차의 작업 시작 전 점검 사항을 4가지 쓰시오.

해답
① 제동 장치 및 조종 장치 기능의 이상 유무
② 하역 장치 및 유압 장치 기능의 이상 유무
③ 바퀴의 이상 유무
④ 전조등·후미등·방향 지시기 및 경보 장치 기능의 이상 유무

03 화물 자동차의 작업시작 전 점검 사항을 쓰시오.

해답
① 제동 장치 및 조종 장치 기능
② 하역 장치 및 유압 장치 기능
③ 바퀴의 이상 유무

04 컨베이어의 작업시작 전 점검 사항을 4가지 쓰시오.

해답
① 원동기 및 풀리 기능의 이상 유무
② 이탈 등의 방지 장치 기능의 이상 유무
③ 비상 정지 장치 기능의 이상 유무
④ 원동기·회전축·기어 및 풀리 등의 덮개 또는 울 등의 이상 유무

05 차량계 건설 기계의 작업시작전 점검사항을 쓰시오.

해답
브레이크 및 클러치등의 기능

06 슬링 등을 사용하여 작업을 할 때 작업시작전 점검사항 2가지를 쓰시오.

해답
① 훅이 붙어있는 슬링·와이어슬링 등의 매달린 상태
② 슬링·와이어슬링 등의 상태(작업시작전 및 작업 중 수시로 점검)

07 차량계 하역 운반 기계(지게차) 및 크레인의 작업 시작 전 점검 사항을 각각 구분해서 쓰시오.

해답
(1) 차량계 하역 운반 기계 점검 항목
　① 제동 장치 및 조종 장치 기능의 이상 유무
　② 하역 장치 및 유압 장치 기능의 이상 유무
　③ 바퀴의 이상 유무
(2) 크레인의 점검 항목
　① 권과 방지 장치·브레이크·클러치 및 운전 장치의 기능
　② 주행로의 상측 및 트롤리(trolley)가 횡행하는 레일의 상태
　③ 와이어 로프가 통하고 있는 곳의 상태

참고 산업안전보건기준에 관한 규칙 별표3(작업시작 전 점검 사항)

08 양화장치를 사용하여 화물을 싣고 내리는 작업을 할 때 작업시작 전 점검사항 2가지를 쓰시오.

> **해답**
> ① 양화장치(揚貨裝置)의 작동상태
> ② 양화장치에 제한하중을 초과하는 하중을 실었는지 여부

09 근로자가 반복하여 계속적으로 중량물을 취급하는 작업을 할 때 작업시작 전 점검사항 4가지를 쓰시오.

> **해답**
> ① 중량물 취급의 올바른 자세 및 복장
> ② 위험물이 날아 흩어짐에 따른 보호구의 착용
> ③ 카바이드·생석회(산화칼슘) 등과 같이 온도상승이나 습기에 의하여 위험성이 존재하는 중량물의 취급방법
> ④ 그 밖에 하역운반기계 등의 적절한 사용방법

10 리프트를 이용하여 작업을 할 때 작업시작 전 점검사항 2가지를 쓰시오.

> **해답**
> ① 방호장치·브레이크 및 클러치의 기능
> ② 와이어로프가 통하고 있는 곳의 상태

11 프레스기의 작업시작 전 점검 사항을 쓰시오.

> **해답**
> ① 클러치 및 브레이크의 기능
> ② 크랭크축·플라이휠·슬라이드·연결봉 및 연결 나사의 풀림 유무
> ③ 1행정 1정지 기구, 급정지 장치 및 비상 정지 장치의 기능
> ④ 슬라이드 또는 칼날에 의한 위험 방지 기구의 기능
> ⑤ 프레스의 금형 및 고정 볼트 상태
> ⑥ 방호 장치의 기능
> ⑦ 전단기의 칼날 및 테이블의 상태

12 산업용 로봇의 작업시작 전 점검 사항을 쓰시오.

> **해답**
> ① 외부전선의 피복 또는 외장의 손상 유무
> ② 매니퓰레이터 작동의 이상 유무
> ③ 제동 장치 및 비상 정지 장치의 기능

13 공기압축기의 작업 시작전 점검 사항을 쓰시오.

> **해답**
> ① 공기 저장 압력 용기 외관 상태
> ② 드레인 밸브의 조작 및 배수
> ③ 압력 방출 장치의 기능
> ④ 언로드 밸브의 기능
> ⑤ 윤활유의 상태
> ⑥ 회전부의 덮개 또는 울
> ⑦ 그밖의 연결 부위의 이상 유무

14 안전 점검의 목적을 간단히 설명하고 점검표(check list)에 기록해야 할 사항을 7가지 쓰시오.

> **해답**
> (1) 목적 : 불안전 상태를 사전에 발견해 개선 조치함으로써 재해를 감소하고자 함
> (2) 기록 사항
>   ① 점검대상
>   ② 점검부분
>   ③ 점검항목
>   ④ 점검주기 또는 기간
>   ⑤ 점검방법
>   ⑥ 판정기준
>   ⑦ 조치사항

15 안전 점검의 종류를 4가지 쓰고 간단히 설명하시오.

> **해답**
> ① 일상(수시) 점검 : 작업 전·중·후에 실시
> ② 정기 점검 : 매주·매월·매년 등 일정한 기간을 정하여 정기적으로 점검 실시
> ③ 특별 점검 : 기계·기구·설비의 신설, 변경, 고장 수리시 점검 실시
> ④ 임시 점검 : 이상 발견시 점검 실시

16 작업시작 전 반드시 점검 후 작업을 실시해야 하는 대상 기계, 기구를 6가지 쓰시오.

> **해답**
> ① 프레스
> ② 크레인
> ③ 공기압축기
> ④ 이동식 크레인
> ⑤ 컨베이어
> ⑥ 지게차

17 작업 계획을 작성한 후 작업을 해야 할 대상 작업을 3가지만 쓰시오.

> **해답**
> ① 차량계 건설 기계를 사용하는 작업
> ② 차량계 하역 운반 기계를 사용하는 작업
> ③ 채석 작업

18 차량계 건설 기계 및 하역 운반 기계의 작업 계획에 포함되어야 할 사항을 쓰시오.

> **해답**
> (1) 차량계 건설 기계
>   ① 차량계 건설 기계의 종류 및 성능
>   ② 차량계 건설 기계의 운행 경로
>   ③ 차량계 건설 기계에 의한 작업 방법
> (2) 차량계 하역 운반 기계
>   ① 해당 작업에 따른 추락·낙하·전도·협착 및 붕괴 등의 위험 예방 대책
>   ② 차량계 하역 운반 기계 등의 운행경로 및 작업방법
>
> **참고** 산업안전보건기준에 관한 규칙 [별표4] 사전조사 및 작업계획서의 내용

19 비파괴 시험이란?

> **해답**
> 비파괴 시험이란 시험 대상물인 재료, 부품, 구조물 등을 상처나 분해, 파괴하지 않고 상태나 내부 구조를 알기 위해 하는 시험 전체를 말한다.
> 비파괴 시험의 종류에는 표면 결함 검출을 위한 것으로는 외관 검사, 침투 탐상 시험, 자분 탐상 시험, 맴돌이 전류 탐상법 등이 있고 내부 결함 검출을 위한 것으로는 초음파탐상 시험, 방사선 투과 시험 등이 있으며 그 밖에 비파괴 시험 방법으로는 적외선 시험, 내압 시험, 누출 시험 등이 있다.

20 비파괴 검사의 종류를 6가지만 쓰시오.

> **해답**
> ① 육안 검사
> ② 자기 검사
> ③ 누설 검사
> ④ 와류 검사
> ⑤ 초음파 검사
> ⑥ 방사선 투과 검사

21 비파괴 검사 중 자기 검사의 종류를 5가지 쓰시오.

> **해답**
> ① 축 통전법
> ② 코일법
> ③ 관통법
> ④ 극간법
> ⑤ 직각 통전법

22 이동식 크레인을 사용하여 작업을 할 때 작업시작전 점검사항 3가지를 쓰시오.

> **해답**
> ① 권과방지장치 그 밖의 경보장치의 기능
> ② 브레이크·클러치 및 조정장치의 기능
> ③ 와이어로프가 통하고 있는 곳 및 작업장소의 지반상태

MEMO

PART 2

안전보건교육 및 산업심리

안전보건교육 Chapter 01
출제예상문제

산업심리 Chapter 02
출제예상문제

Chapter 01 안전보건교육

중점 학습내용

안전보건교육에 관련된 기본적인 기초 지식을 학습하도록 하였으며 이번 실기 필답형 시험에 출제되는 그 중심적인 내용은 다음과 같다.

❶ 인간에 대한 기본적 안전 대책
❷ 교육의 3요소(형식적 교육의 3요소)
❸ 안전교육의 기본 방향
❹ 안전교육의 3단계
❺ 교육 추진 순서(안전교육 추진 순서 5단계)
❻ 학습성과 설정시 유의하여야 할 사항
❼ 강의계획의 4단계
❽ 학습목적의 포함 사항
❾ 전개 과정의 4가지 사항
❿ 학습지도의 원리(학습지도 이론)
⓫ 안전보건교육 교육대상별 교육내용
⓬ 지도 교육의 8원칙(교육지도 8원칙)
⓭ 하버드학파의 5단계 교수법
⓮ 듀이의 사고 과정의 5단계
⓯ 교시법의 4단계
⓰ 의사전달 방법의 2가지
⓱ 강의법(Lecture Method)
⓲ 토의법(Group Discussion Method)
⓳ TWI(Training Within Industry, 산업 내 초급 관리자 훈련)교육내용
⓴ MTP
㉑ ATT
㉒ CCS
㉓ OJT와 OffJT
㉔ 수업방법
㉕ 단계법에 의한 교육의 4단계
㉖ 안전태도교육의 기본과정
㉗ 교육계획
㉘ 교육효과
㉙ 학습평가 방법
㉚ 학습평가의 기본적인 기준 4가지
㉛ 안전교육 추진시 유의사항
㉜ 무재해 운동

합격예측

교육의 3요소
① 교육의 주체 : 강사
② 교육의 객체 : 학습자
③ 교육의 매개체 : 교재 (교육내용)

합격예측

안전교육의 기본방향 3가지
① 사고사례 중심의 안전교육
② 표준작업을 위한 안전교육
③ 안전의식 향상을 위한 안전교육

1 인간에 대한 기본적 안전 대책

① 안전관리 체제 확립
② 안전관리 규정, 표준 작업 작성, 안전 규칙 제정
③ 안전교육 훈련 실시
④ 안전 활동 전개, 의식 제고

2 교육의 3요소(형식적 교육의 3요소)

① 교육의 주체(subject of education) : 강사
② 교육의 객체(object of education) : 수강자
③ 교육의 매개체(educational of materials) : 교육 내용(학습 내용 또는 교재)

3 안전교육의 기본 방향

안전교육은 인간 측면에 대한 사고 예방 수단의 하나인 동시에 안전 인간 형성을 위한 항구적인 목표라고도 할 수 있다. 기업의 규모나 특성에 따라 안전교육 방향을 설정하는 데는 차이가 있으나 원칙적으로 다음과 같이 3가지로 기본방향을 정하고 있다.

① 사고 사례 중심의 안전교육
② 안전 작업(표준 작업)을 위한 안전교육
③ 안전 의식 향상을 위한 안전교육

4 안전교육의 3단계 23. 11. 5 산

① 지식교육(제1단계) : 강의, 시청각 교육을 통한 지식의 전달과 이해
② 기능교육(제2단계) : 시범, 견학, 실습, 현장 실습 교육을 통한 경험 체득과 이해
③ 태도교육(제3단계) : 작업 동작 지도, 생활 지도 등을 통한 안전의 습관화

[표] 안전보건교육의 종류와 내용

종류	교육 내용	생각의 포인트
제1단계 지식교육	○ 취급 기계와 설비의 구조, 기능, 성능의 개념을 이해시킨다. ○ 재해 발생의 원리를 이해시킨다. ○ 작업에 필요한 법규, 규정, 기준을 습득시킨다.	알고 싶은 것의 개념을 주지시킨다.
제2단계 기능교육	(실기 교육) ○ 작업방법, 기계장치, 계기류의 조작 행위를 몸으로 습득시킨다.	협력 대응 능력의 육성, 실기를 주체로 행한다.
	(문제 해결의 종류) ○ 과거, 현재의 문제를 대상으로 하여 사실의 확인과 문제점의 발견, 원인과 탐구로부터 대책을 세우는 순서를 알고, 문제 해결의 능력을 향상시킨다.	
제3단계 태도교육	○ 안전작업에 임하는 자세와 동작을 습득시킨다. ○ 직장규칙, 안전규칙을 몸으로 습득시킨다. ○ 의욕을 가지고 행한다.	가치관 형성 교육을 한다.

5 교육 추진 순서(안전교육 추진 순서 5단계)

① 교육의 필요점을 발견한다.
② 교육 대상, 교육 내용, 교육 방법을 결정한다.
③ 교육을 준비한다.
④ 교육을 실시한다.
⑤ 교육의 성과를 평가한다.

합격예측

안전교육의 3단계
① 지식교육
② 기능교육
③ 태도교육

합격예측

안전교육 추진서
① 교육의 필요점을 발견한다.
② 교육 대상, 교육 내용, 교육 방법을 결정한다.
③ 교육을 준비한다.
④ 교육을 실시한다.
⑤ 교육의 성과를 평가한다.

합격예측

교육훈련 평가의 4단계
① 제1단계 : 반응단계
② 제2단계 : 학습단계
③ 제3단계 : 행동단계
④ 제4단계 : 결과단계

합격예측

학습의 목적에서 구성 3요소와 학습정도 4단계
① 구성 3요소
　㉮ 목표
　㉯ 주제
　㉰ 학습정도
② 학습정도 4단계
　㉮ 인지 → ㉯ 지각 →
　㉰ 이해 → ㉱ 적용

합격예측

안전관리계획의 작성절차 5단계
① 1단계 : 준비단계
② 2단계 : 자료분석단계
③ 3단계 : 기본방침과 목표의 설정
④ 4단계 : 종합평가의 실시
⑤ 5단계 : 경영수뇌부의 최종 결정

6 학습성과 설정시 유의하여야 할 사항

① 반드시 주제와 학습 정도가 포함되어야 한다.
② 학습목적에 적합하고 타당해야 한다.
③ 구체적으로 서술해야 한다.
④ 수강자의 입장에서 기술해야 한다.

7 강의계획의 4단계

강의성과는 강의계획의 준비 정도에 의해 결정된다. 강의계획의 4단계는 다음과 같다.
① 학습목적과 학습성과의 설정
② 학습자료의 수집 및 체계화
③ 교수방법의 선정
④ 강의안 작성

8 학습목적의 포함 사항

① 목표
② 주제
③ 학습정도
　㉮ 인지(to acquaint)
　㉯ 지각(to know)
　㉰ 이해(to understand)
　㉱ 적용(to apply)

참고

학습목적 : 「안전의 기본지식을 습득하기 위하여 하인리히의 도미노 이론을 이해한다.」
① 학습목표 : 안전의 기본지식 습득
② 주제 : 하인리히의 도미노 이론
③ 학습정도 : 이해한다.

9 학습전개 과정의 4가지 사항

안전 학습 과정은 도입·전개·종결의 3단계로 나누어 체계화하는 것이 가장 이상적인 방법으로 알려져 있다. 이 중 전개 과정은 학습의 본론 부분으로서 가장 중요한 부분이다. 이 전개 과정의 4가지 사항은 다음과 같다.
① 주제를 과거의 것으로부터 현재의 것으로 배열하거나, 또는 현재의 것으로부터 과거의 것으로 배열할 것
② 주제를 간단한 것으로부터 시작하여 점차 복잡한 것으로 배열한다.
③ 주제를 미리 알려져 있는 것으로부터 점차 미지의 것으로 배열한다.
④ 가장 많이 사용되는 것으로부터 시작하여 가장 적게 사용되는 것으로 배열한다.

10 학습지도의 원리(학습지도 이론)

① 자기 활동의 원리(자발성의 원리) : 학습자 자신이 자발적으로 학습에 참여하는 데 중점을 둔 원리이다.
② 개별화의 원리 : 학습자가 지니고 있는 각자의 요구와 능력 등에 알맞은 학습활동의 기회를 마련해 주어야 한다는 원리이다.
③ 사회화의 원리 : 학습내용을 현실 사회의 사상과 문제를 기반으로 하여 학교에서 경험한 것을 교류시키고 공동 학습을 통해서 협력적이고 우호적인 학습을 진행하는 원리이다.
④ 통합의 원리 : 학습을 총합적인 전체로서 지도하자는 원리로, 동시 학습원리와 같다.
⑤ 직관의 원리 : 구체적인 사물을 직접 제시하거나 경험시킴으로써 큰 효과를 볼 수 있다는 원리이다.

11 안전보건교육 교육과정별 교육시간 및 교육내용

산업안전보건법상 규정된 일정한 시간 이상 안전보건교육을 시행하도록 되어 있다.

합격예측

강의식 교육 방법의 장점
① 많은 사람에게 일시에 지식 제공이 가능하다.
② 준비가 간단하고 어디에서도 가능하다.
③ 시간과 노력이 거의 들지 않는다.
④ 새로운 것의 체계적인 교육이 가능하다.

합격예측

학습지도의 원리 5가지
① 자발성의 원리
② 개별화의 원리
③ 사회화의 원리
④ 통합의 원리
⑤ 직관의 원리

합격예측

안전보건교육 교육과정별 교육의 종류
① 정기교육
② 채용시 교육
③ 작업내용 변경시의 교육
④ 특별교육
⑤ 건설업 기초안전보건교육

> **합격예측**
>
> **밀폐공간에서 작업할 경우 실시해야 할 특별안전보건교육**
> ① 산소농도 측정 및 작업환경에 관한 사항
> ② 사고시의 응급처치 및 비상시 구출에 관한 사항
> ③ 보호구 착용 및 보호 장비 사용에 관한 사항
> ④ 작업내용·안전작업방법 및 절차에 관한 사항
> ⑤ 장비·설비 및 시설 등의 안전점검에 관한 사항
> ⑥ 그 밖에 안전·보건관리에 필요한 사항

[표] 안전보건교육 교육과정별 교육시간 21.4.25 기 22.7.24 기 23.4.23 기

교육과정	교육대상		교육시간
가. 정기교육	1) 사무직 종사 근로자		매반기 6시간 이상
	2) 그 밖의 근로자	가) 판매업무에 직접 종사하는 근로자	매반기 6시간 이상
		나) 판매업무에 직접 종사하는 근로자 외의 근로자	매반기 12시간 이상
나. 채용 시 교육	1) 일용근로자 및 근로계약기간이 1주일 이하인 기간제근로자		1시간 이상
	2) 근로계약기간이 1주일 초과 1개월 이하인 기간제근로자		4시간 이상
	3) 그 밖의 근로자		8시간 이상
다. 작업내용 변경 시 교육	1) 일용근로자 및 근로계약기간이 1주일 이하인 기간제근로자		1시간 이상
	2) 그 밖의 근로자		2시간 이상
라. 특별교육	1) 일용근로자 및 근로계약기간이 1주일 이하인 기간제근로자 : 별표 5 제1호라목(제39호는 제외한다)에 해당하는 작업에 종사하는 근로자에 한정한다.		2시간 이상
	2) 일용근로자 및 근로계약기간이 1주일 이하인 기간제근로자 : 별표 5 제1호라목제39호에 해당하는 작업에 종사하는 근로자에 한정한다.		8시간 이상
	3) 일용근로자 및 근로계약기간이 1주일 이하인 기간제근로자를 제외한 근로자 : 별표 5 제1호라목에 해당하는 작업에 종사하는 근로자에 한정한다.		가) 16시간 이상(최초 작업에 종사하기 전 4시간 이상 실시하고 12시간은 3개월 이내에서 분할하여 실시 가능) 나) 단기간 작업 또는 간헐적 작업인 경우에는 2시간 이상
마. 건설업 기초 안전보건교육	건설 일용근로자		4시간 이상

1. 채용 시 교육 및 작업내용 변경 시 교육

① 산업안전 및 사고 예방에 관한 사항
② 산업보건 및 직업병 예방에 관한 사항
③ 위험성 평가에 관한 사항
④ 산업안전보건법령 및 산업재해보상보험 제도에 관한 사항
⑤ 직무스트레스 예방 및 관리에 관한 사항
⑥ 직장 내 괴롭힘, 고객의 폭언 등으로 인한 건강장해 예방 및 관리에 관한 사항
⑦ 기계·기구의 위험성과 작업의 순서 및 동선에 관한 사항
⑧ 작업 개시 전 점검에 관한 사항

⑨ 정리정돈 및 청소에 관한 사항
⑩ 사고 발생 시 긴급조치에 관한 사항
⑪ 물질안전보건자료에 관한 사항

2. 근로자 정기안전보건교육 21. 11. 14 기 22. 10. 16 기

① 산업안전 및 사고예방에 관한 사항
② 산업보건 및 직업병예방에 관한 사항
③ 위험성 평가에 관한 사항
④ 건강증진 및 질병예방에 관한 사항
⑤ 유해·위험 작업환경 관리에 관한 사항
⑥ 산업안전보건법령 및 산업재해보상보험 제도에 관한 사항
⑦ 직무스트레스 예방 및 관리에 관한 사항
⑧ 직장 내 괴롭힘, 고객의 폭언 등으로 인한 건강장해 예방 및 관리에 관한 사항

3. 관리감독자 정기안전보건교육

① 산업안전 및 사고 예방에 관한 사항
② 산업보건 및 직업병 예방에 관한 사항
③ 위험성 평가에 관한 사항
④ 유해·위험 작업환경 관리에 관한 사항
⑤ 산업안전보건법령 및 산업재해보상보험 제도에 관한 사항
⑥ 직무스트레스 예방 및 관리에 관한 사항
⑦ 직장 내 괴롭힘, 고객의 폭언 등으로 인한 건강장해 예방 및 관리에 관한 사항
⑧ 작업공정의 유해·위험과 재해 예방대책에 관한 사항
⑨ 사업장 내 안전보건관리체제 및 안전·보건조치 현황에 관한 사항
⑩ 표준안전 작업방법 및 지도·감독 요령 요령에 관한 사항
⑪ 현장근로자와의 의사소통능력 및 강의능력 등 안전보건교육 능력 배양에 관한 사항
⑫ 비상시 또는 재해 발생 시 긴급조치에 관한 사항
⑬ 그 밖의 관리감독자의 직무에 관한 사항

[표] 관리감독자 안전보건교육(제26조 제1항 관련)

교육과정	교육시간
가. 정기교육	연간 16시간 이상
나. 채용 시 교육	8시간 이상
다. 작업내용 변경 시 교육	2시간 이상
라. 특별교육	16시간 이상(최초 작업에 종사하기 전 4시간 이상 실시하고 12시간은 3개월 이내에서 분할하여 실시 가능) 단기간 작업 또는 간헐적 작업인 경우에는 2시간 이상

관리감독자 채용 시 교육 및 작업내용 변경 시 교육
① 산업안전 및 사고 예방에 관한 사항
② 산업보건 및 직업병 예방에 관한 사항
③ 위험성평가에 관한 사항
④ 산업안전보건법령 및 산업재해보상보험 제도에 관한 사항
⑤ 직무스트레스 예방 및 관리에 관한 사항
⑥ 직장 내 괴롭힘, 고객의 폭언 등으로 인한 건강장해 예방 및 관리에 관한 사항
⑦ 기계·기구의 위험성과 작업의 순서 및 동선에 관한 사항
⑧ 작업 개시 전 점검에 관한 사항
⑨ 물질안전보건자료에 관한 사항
⑩ 사업장 내 안전보건관리체제 및 안전·보건조치 현황에 관한 사항
⑪ 표준안전 작업방법 결정 및 지도·감독 요령에 관한 사항
⑫ 비상시 또는 재해 발생 시 긴급조치에 관한 사항
⑬ 그 밖의 관리감독자의 직무에 관한 사항

> **합격예측**
>
> **지도교육의 8원칙**
> ① 상대의 입장에서 지도 교육한다.(피교육자 중심교육)
> ② 동기 부여를 충실히 한다.(동기부여)
> ③ 쉬운 것에서 어려운 것으로 지도한다.(level up)
> ④ 반복해서 교육한다.(반복)
> ⑤ 한 번에 하나씩을 가르친다.(step by step)
> ⑥ 5감을 활용한다.
> ⑦ 인상의 강화를 한다.
> ⑧ 기능적인 이해를 돕는다.

12 지도 교육의 8원칙(교육지도 8원칙)

① 상대의 입장에서 지도 교육한다.(피교육자 중심교육)
② 동기 부여를 충실히 한다.(동기부여)
③ 쉬운 것에서 어려운 것으로 지도한다.(level up)
④ 반복해서 교육한다.(반복)
⑤ 한 번에 하나씩을 가르친다.(step by step)
⑥ 5감을 활용한다.
⑦ 인상의 강화를 한다.
⑧ 기능적인 이해를 돕는다.

> **합격예측**
>
> **하버드학파의 5단계 교수법**
> ① 준비시킨다.
> ② 교시한다.
> ③ 연합한다.
> ④ 총괄한다.
> ⑤ 응용시킨다.

13 하버드학파의 5단계 교수법

① 제1단계 : 준비시킨다(preparation).
② 제2단계 : 교시한다(presentation).
③ 제3단계 : 연합한다(association).
④ 제4단계 : 총괄시킨다(generalization).
⑤ 제5단계 : 응용시킨다(application).

> **합격예측**
>
> **교시법의 4단계**
> ① 준비단계
> ② 일을 하여 보이는 단계
> ③ 일을 시켜 보이는 단계
> ④ 보습지도의 단계

14 듀이의 사고 과정의 5단계

① 제1단계 : 시사를 받는다(suggestion).
② 제2단계 : 머리로 생각한다.
③ 제3단계 : 가설을 설정한다.
④ 제4단계 : 추론한다(reasoning).
⑤ 제5단계 : 행동에 의하여 가설을 검토한다.

15 교시법의 4단계

① 제1단계 : 준비단계(preparation)
② 제2단계 : 일을 하여 보이는 단계(presentation)

③ 제3단계 : 일을 시켜 보이는 단계(performance)
④ 제4단계 : 보습지도의 단계(follow-up)

16 의사전달 방법의 2가지

안전관리 및 교육에 있어 의사 전달은 중요한 의미를 갖는다. 의사전달 방법의 2가지는 다음과 같다.
① 일방적 의사 전달방법 : 전달자가 수의자(受意者)에게 의사를 일방적으로 전하는 방법
② 쌍방적 의사전달 방법 : 전달자가 수의자에게 의사를 전하고 수의자가 그 내용을 이해함으로써 완성되는 의사전달 방법

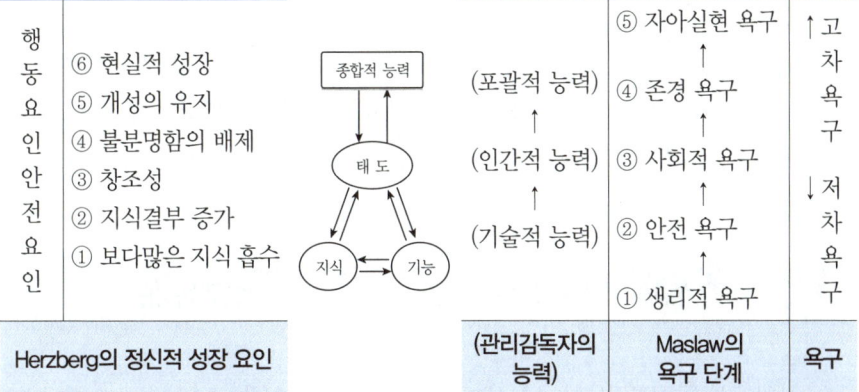

> **합격예측**
>
> **매슬로우의 욕구 5단계**
> ① 제1단계 : 생리적 욕구
> ② 제2단계 : 안전의 욕구
> ③ 제3단계 : 사회적 욕구
> ④ 제4단계 : 인정받으려는 욕구
> ⑤ 제5단계 : 자아실현의 욕구

> **합격예측**
>
> **관리감독자 교육의 종류**
> ① TWI (Training Within Industry)
> ② MTP (Management Training Program)
> ③ ATT (American Telephone-Telegram)
> ④ CCS (Civil Communication Section)

17 강의법(Lecture Method)

많은 인원의 수강자(최적 인원 : 40~50명)를 단기간의 교육 기간에 비교적 많은 내용의 교육내용을 전수하기 위한 방법이다.

18 토의법(Group Discussion Method)

쌍방적 의사전달방식에 의한 교육(최적 인원 : 10~20명)으로 적극성, 지도성, 협동성을 기르는 데 유효하다.

합격예측

T.W.I방식의 교육훈련내용
① 작업지도기법(JIT)
② 작업개선기법(JMT)
③ 인간관계관리기법(JRT)
④ 작업안전기법(JST)

합격예측

적응과 역할에 관한 슈우퍼의 역할이론
① 역할연기
② 역할기대
③ 역할조성
④ 역할갈등

① 문제법(problem method) : 문제법의 단계는 첫째 문제의 인식, 둘째 해결 방법의 연구 계획, 셋째 자료의 수집, 넷째 해결 방법의 실시, 다섯째 정리와 결과의 검토 단계를 거친다.
② case study(case method) : 먼저 사례를 제시하고 문제적 사실들과 그의 상호 관계에 대해서 검토하고 대책을 토의한다.
③ forum : 새로운 자료나 교재를 제시하고 거기서의 문제점을 피교육자로 하여금 제기하게 하거나 의견을 여러 가지 방법으로 발표하게 하고 다시 깊이 파고들어 토의를 행하는 방법이다.
④ symposium : 몇사람의 전문가에 의하여 과제에 관한 견해를 발표하게 한 뒤 참가자로 하여금 의견이나 질문을 하게 하여 토의하는 방법이다(각 주제 발표 후 토론).
⑤ panel discussion : 패널 멤버(교육 과제에 정통한 전문가 4~5명)가 피교육자 앞에서 자유로이 토의를 하고 뒤에 피교육자 전원이 참가하여 사회자의 사회에 따라 토의하는 방법이다.
⑥ buzz session : 6-6회의라고도 하며, 먼저 사회자와 기록계를 선출한 후 나머지 사람은 6명씩의 소집단으로 구분하고, 소집단별로 각각 사회자를 선발하여 6분간씩 자유 토의를 하여 의견을 종합하는 방법이다.

19 TWI (Training Within Industry, 산업 내 초급 관리자 훈련) 교육내용

① 작업개선방법 훈련(Job Method Training : JMT)
② 작업지도 훈련(Job Instruction Training : JIT)
③ 인간관계 훈련(Job Relations Training : JRT)
④ 작업안전 훈련(Job Safety Training : JST)

20 MTP(Management Training Program)

① FEAF라고도 하며, 대상은 TWI보다 약간 높은 계층을 목표로 하고, TWI와는 달리 관리 문제에 보다 치중하고 있다.
② 교육내용 : 관리의 기능, 조직의 원칙, 조직의 운영, 시간 관리, 학습의 원칙과 부하 지도법, 훈련의 관리, 신인을 맞이하는 방법과 대행자를 육성하는 요령, 회의의 주관, 작업의 개선, 안전한 작업, 과업 관리, 사기 양양 등
③ 한 클래스는 10~15명 2시간씩 20회에 걸쳐 40시간 훈련하도록 되어 있다.

21 ATT(American Telephone & Telegraph Company)

① 중요 특징 : 대상 계층이 한정되어 있지 않고 또 한번 훈련을 받은 관리자는 그 부하인 감독자에 대해 지도원이 될 수 있다.
② 교육내용 : 계획적 감독, 작업의 계획 및 인원 배치, 작업의 감독, 공구 및 자료 보고 및 기록, 개인 작업의 개선, 종업원의 향상, 인사 관계, 훈련, 고객 관계, 안전 부대 군인의 복무 조정 등 12가지로 되어 있다.
③ 코스는 1차 훈련(1일 8시간씩 2주간), 2차 과정에서는 문제가 발생할 때마다 하도록 되어 있으며, 진행 방법은 통상 토의식에 의하여 지도자의 유도로 과제에 대한 의견을 제시하게 하여 결론을 내려가는 방식을 취한다.

합격예측
조건반사설 (S-R이론, 파블로프)
① 일관성의 원리
② 계속성의 원리
③ 강도의 원리
④ 시간의 원리

합격예측
시행 착오설(손다이크)
학습이란 맹목적인 시행을 되풀이 하는 가운데 자극과 반응이 결합되는 과정
① 연습의 원칙(반복의 원칙)
② 준비성의 원칙
③ 효과의 원칙

22 CCS(Civil Communication Section)

① ATP라고도 하며, 당초에는 일부 회사의 톱 매니지먼트에 대해서만 행하여졌던 것이 널리 보급된 것이라고 한다.
② 교육내용 : 정책의 수립, 조직(경영 부분, 조직 형태, 구조 등), 통계(조직 통계의 적응, 품질 관리, 원가 통제의 적용 등) 및 운영(운영 조직, 협조에 의한 회사 운영) 등
③ 방법은 주로 강의법에 토의법이 가미된 것으로 매주 4일, 4시간씩으로 8주간(합계 128시간)에 걸쳐 실시하도록 되어 있다.

합격예측
O.J.T교육의 특징
① 직장의 현장실정에 맞는 구체적이고 실질적인 교육이 가능하다.
② 교육의 효과가 업무에 신속하게 반영된다.
③ 교육의 이해도가 빠르고 동기부여가 쉽다.
④ 개인의 능력과 적성에 알맞은 맞춤교육이 가능하다.
⑤ 교육으로 인해 업무가 중단되는 업무손실이 적다.
⑥ 교육경비의 절감효과가 있다.
⑦ 상사와의 의사소통 및 신뢰도 향상에 도움이 된다.

23 OJT와 OffJT 20. 5. 24 기

1. OJT

① 개개인에게 적절한 지도훈련이 가능하다.
② 직장의 실정에 맞는 실제적 훈련이 가능하다.
③ 즉시 업무에 연결되는 몸과 관계가 있다.
④ 훈련에 필요한 계속성이 끊어지지 않는다.
⑤ 효과가 곧 업무에 나타나며 결과에 따른 개선이 쉽다.
⑥ 훈련 효과를 보고 상호 신뢰 이해도가 높아지는 것이 가능하다.

2. OffJT

① 다수의 근로자에게 조직적 훈련 시행 가능
② 훈련에만 전념하게 된다.
③ 전문가를 강사로 초빙하는 것이 가능하다.
④ 특별한 설비나 기구를 이용하는 것이 가능하다.
⑤ 각 직장의 근로자가 많은 지식이나 경험을 교류할 수 있다.
⑥ 교육훈련목표에 대하여 집단적 노력이 흐트러질 수도 있다.

> **합격예측**
>
> **Off.J.T교육의 특징**
> ① 한번에 다수의 대상자를 일괄적, 조직적으로 교육할 수 있다.
> ② 전문분야의 우수한 강사진을 초빙할 수 있다.
> ③ 교육기자재 및 특별교재 또는 시설을 유효하게 활용할 수 있다.
> ④ 다른 분야 및 타 직장의 사람들과 지식이나 경험의 교환이 가능하다.
> ⑤ 업무와 분리되어 면학에 전념하는 것이 가능하다.
> ⑥ 교육목표를 위하여 집단적으로 협조와 협력이 가능하다.
> ⑦ 법규, 원리, 원칙, 개념, 이론 등의 교육에 적합하다.

24 수업방법

① 도입 : 강의, 시범
② 전개, 정리 : 반복, 토의, 실연
③ 도입, 전개, 정리 : 프로그램 학습법, 모의 학습법

> **합격예측**
>
> **학습 전이의 조건**
> ① 학습 내용
> ② 학습 방법
> ③ 학습 태도

[표] 건설업 기초안전보건교육에 대한 내용 및 시간 16. 11. 12 기

교육 내용	교육시간
건설공사의 종류(건축·토목 등) 및 시공절차	1시간
산업재해 유형별 위험요인 및 안전보건조치	2시간
안전보건관리체제 현황 및 산업안전보건 관련 근로자 권리·의무	1시간

[표] 효과적 수업방법의 선택

수업방법 \ 수업단계	도 입	전 개	정 리
강 의 법	○		
시 범	○		
반 복 법		○	○
토 의 법		○	○
실 연 법		○	○
자율학습법			○
프로그램학습법	○	○	○
학생상호학습법		○	○
모의학습법	○	○	○

25 단계법에 의한 교육의 4단계

① 제1단계 : 도입
② 제2단계 : 제시
③ 제3단계 : 적용
④ 제4단계 : 확인

> **합격예측**
>
> **교육방법의 4단계**
> ① 제1단계 : 도입
> ② 제2단계 : 제시
> ③ 제3단계 : 적용
> ④ 제4단계 : 확인

26 안전태도교육의 기본과정

① 제1단계 : 청취한다(hearing)
② 제2단계 : 이해 납득시킨다(understand)
③ 제3단계 : 모범을 보인다(example)
④ 제4단계 : 평가한다(evaluation) – praise, punish

> **합격예측**
>
> **안전태도교육의 4단계**
> ① 청취한다.
> ② 이해, 납득시킨다.
> ③ 모범을 보인다.
> ④ 평가(권장)한다.

> **합격예측**
>
> **지식교육의 4단계**
> ① 도입(준비)
> ② 제시(설명)
> ③ 적용(응용)
> ④ 확인(종합)

[표] 안전보건관리책임자 등에 대한 교육시간 20. 7. 25 기

교육대상	교육시간	
	신규교육	보수교육
• 안전보건관리책임자	6시간 이상	6시간 이상
• 안전관리자, 안전관리전문기관의 종사자	34시간 이상	24시간 이상
• 보건관리자, 보건관리전문기관의 종사자	34시간 이상	24시간 이상
• 재해예방전문지도기관 종사자	34시간 이상	24시간 이상
• 석면조사기관의 종사자	34시간 이상	24시간 이상
• 안전검사기관, 자율안전검사기관의 종사자	34시간 이상	24시간 이상
• 안전보건관리담당자	—	8시간 이상

27 교육계획

1. 준비계획

① 교육 목표 결정
② 교육 대상자의 범위 결정
③ 교육 과정, 과목 및 내용의 결정
④ 교육 시기, 시간 및 장소 결정
⑤ 교육 방법 결정
⑥ 강사 선정 및 담당자 결정
⑦ 소요 예산 산정

> **합격예측**
>
> **학습평가의 기본적인 기준 4가지**
> ① 타당도(妥當度)
> ② 신뢰도(信賴度)
> ③ 객관도(客觀度)
> ④ 실용도(實用度)

> **합격예측**
>
> **안전교육의 지도원칙**
> ① 상대방의 입장에서
> ② 동기부여를 중요하게
> ③ 쉬운 것에서 어려운 것으로
> ④ 반복
> ⑤ 한번에 한가지씩을
> ⑥ 인상의 강화
> ⑦ 5관의 활용
> ⑧ 기능적인 이해

2. 실시 계획

① 그룹편정 및 강사, 지도원 등 소요인원 파악
② 보조재료 등 교육기자재
③ 교육 환경 및 장소 선정
④ 시범 및 실습 계획
⑤ 현장 답사 및 견학 계획
⑥ 협조해야 할 기관 및 부서
⑦ 그룹 및 부서별 토의 진행계획
⑧ 교육 평가 계획
⑨ 필요한 소요 예산 책정
⑩ 일정표 작성

28 교육효과

1. 이해도

① 귀 : 20[%]
② 눈 : 40[%]
③ 귀+눈 : 50[%]
④ 입 : 80[%](귀+눈+입)
⑤ 머리+손·발 : 90[%]

2. 감지효과

① 시각 : 60[%]　　② 청각 : 30[%]
③ 촉각 : 5[%]　　 ④ 후각 : 3[%]
⑤ 미각 : 2[%]

29 학습평가 방법

교육 구분	우수	보통	불량
지식교육	평가시험, 테스트	관찰, 면접, 질문	
기능교육	노트, 테스트	관찰	테스트
태도교육	관찰, 면접	질문, 평가시험	

30 학습평가의 기본적인 기준 4가지

① 타당도(妥當度) ② 신뢰도(信賴度)
③ 객관도(客觀度) ④ 실용도(實用度)

31 안전교육 추진 시 유의사항

1. 교육 대상자의 지식이나 기능 정도에 따라 교재를 준비한다.

기초적인 지식교육이 필요한 대상은 신입 작업자인 경우이며 기초 지식보다 현장 실무에 필요한 기능교육, 또는 모두가 안전에 대한 정신적인 안전의식을 높이는 홍보 활동을 위한 경우도 있을 것이다. 또 문제 의식을 검토하여 정보 자료가 필요한 경우도 있다.

2. 계속적이고 반복적으로 끈기있게 교육한다.

피교육자 입장에서는 건성으로 듣고 흘려 보내는 경우가 있다. 따라서 몇 번이고 되풀이하여 반복적인 강의와 시청각 자료를 활용하여 꾸준히 교육한다. 한 번의 강의만으로 듣는 효과는 1시간 후에 44[%]가 남아 있으며 한달이 지나면 20[%]밖에 기억에 남지 않으므로 실행에 옮기지 않을 때도 있다.

3. 상상력있는 구체적인 내용으로 실시한다.

안전교육은 태도교육으로 탈바꿈시킴으로써 효과를 얻을 수 있다. 듣고 몸에 익히도록 구체적인 것이어야 한다. 생산계획에 따른 안전방법을 생각하도록 신경을 써야 한다. 오관을 통하여 지식을 계속해서 몸에 익히도록 노력한다.

4. 실제 사례 중심으로 자신의 행동과 비교할 수 있는 계기를 만들어 준다.

사고나 재해가 발생했을 때에 사례를 모조지에 그려서 교육시에는 모두가 보고 듣게 하여 실감하도록 함으로써 자기 태도에 반성의 계기를 줄 수 있도록 산교육을 유도시킨다.

5. 교육을 실시한 후에 그 효과를 파악할 수 있는 평가를 한다.

안전교육은 지도한 것이 확실하게 피교육자에게 이해되면 행동으로 옮기는 데 효과가 있다. 가르친 내용에 대한 이해 정도를 파악할 수 있는 간단한 평가는 교육을

합격예측

무재해
"무재해"란 무재해 운동 시행 사업장에서 근로자가 업무에 기인하여 사망 또는 4일 이상의 요양을 요하는 부상 또는 질병에 이환되지 않는 것을 말한다.

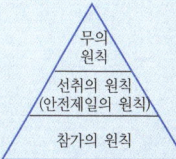

[그림] 무재해 운동의 기본이념

합격예측

무재해 운동 추진의 3요소 (3기둥)
① 최고경영자의 엄격한 안전 경영자세
② 안전활동의 라인화
③ 직장 자주 안전활동의 활성화

합격예측
무재해 운동의 근본 이념 인간존중

진지하게 받는 태도에 도움이 된다. 만약에 가르친 것을 평가하여 이해도가 부족할 때는 재교육을 시키는 계획이 필요하다. 이해했으면 행동에 옮길 수 있는지 교육한 대로 시켜보고 시정해 주어야 한다.

무조건 강요한다는 것은 오히려 역효과를 나타내므로 다시 잘 설명하여 납득시키고, 지도자는 말과 행동이 일치하도록 노력하지 않으면 안 된다. 특히 안전교육을 보다 효과적으로 실시하기 위해서 항상 최근의 정보를 제시하여 모든 근로자들의 수준을 향상시키며, 또 사내 회보를 발행하여 사고 사례 분석을 통한 식견을 높이도록 하고, 모두가 참여할 수 있는 표어, 포스터 모집이나 안전 경진 대회를 개최하여 의욕을 향상시켜 주고, 정기적으로 집단 안전 교육을 실시하며, 현장에서는 안전 회합을 매일 실시하여 안전 태도를 길러준다.

32 무재해 운동

1. 무재해 운동의 개요

- 1979. 9. 1 부터 시행
- 2019. 1. 25(규칙 제862호) 기록인증제 폐지, 사업장자율운동 전환

무재해란 근로자가 상해를 입지 않을 뿐만 아니라 상해를 입을 수 있는 위험 요소가 없는 상태를 말하는 것이다. 여기서부터 무재해 운동이 출발하지 않으면 무재해 운동은 일시적인 것에 불과하다.

근로자가 상해를 입지 않는다는 말과 상해를 입을 수 있는 위험 요소 없는 상태라는 말은 근로자가 작업으로 인해 재해를 입어서는 안 되며 본래의 건강이 보장되어야 한다는 뜻이다. 그렇게 될 때 기업이 요구하는 생산성을 최대한으로 보장할 수 있는 것이다.

사업장의 무재해 운동의 의의는 바로 인간 존중에 있으며 합리적인 기업경영에 있다고 볼 수 있다. 따라서 무재해 운동은 인간존중의 이념을 바탕으로 경영자, 관리 감독자, 작업자 등 사업장의 전원이 적극적으로 참가하여 직장의 안전과 보건을 선취하며 일체의 산업재해를 근절하여 인간 중심의 밝고 활기찬 직장 풍토를 조성하는 것을 목적으로 한다.

(1) 무재해의 본질

무재해란 직장에서 중증 장해나 상해만 없으면 된다는 뜻이 아니라 잠재하고 있는 모든 위험을 발견하여 사전에 예방 대책을 수립함으로써 산업재해를 근절하자는 것이다. 어느 한 사람도 다치지 않는 무재해뿐만 아니라 어느 한 사람도 질병에 걸리지 않는 무질병, 이것은 인간의 가장 궁극적이며 기본 욕구인 것이다.

(2) 무재해 운동의 이념

무재해 운동은 인간존중의 이념에서 출발한다. 그러므로 경영주는 먼저 인간존중의 경영철학을 기반으로 해서 자신이 고용한 근로자가 단 한 사람도 재해를 당하는 일이 있어서는 안 된다는 기본이념을 가져야 하며, 관리감독자는 자신의 노력에 의하여 한 사람의 근로자도 불행한 일을 당하지 않도록 한다는 숭고한 인간애적 사상을 갖지 않으면 안 된다.

즉, 인간존중이라는 기본이념을 경영지표로 삼고 무재해 운동의 기법을 도입하여 실천할 때 근로자에게까지 그 사상이 깊이 침투하여 안전과 보건을 확보하고 직장을 활성화시키며 생산성을 높이게 되는 것이다.

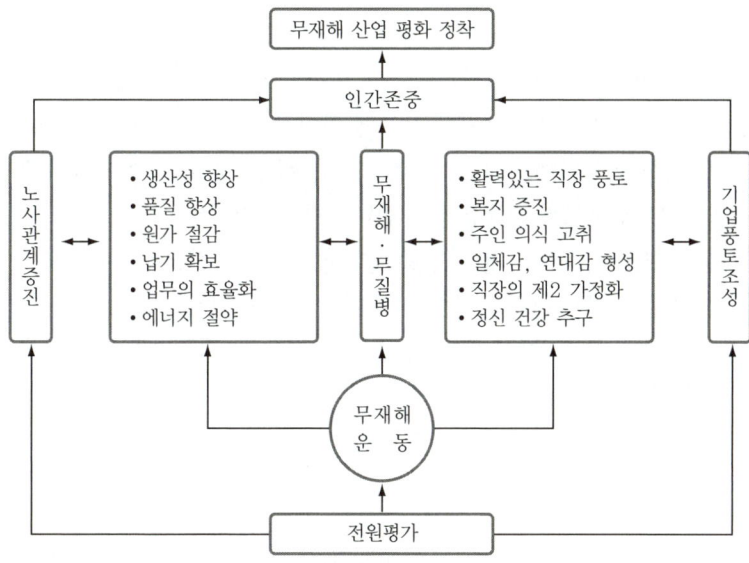

[그림] 무재해 운동의 지향 목표

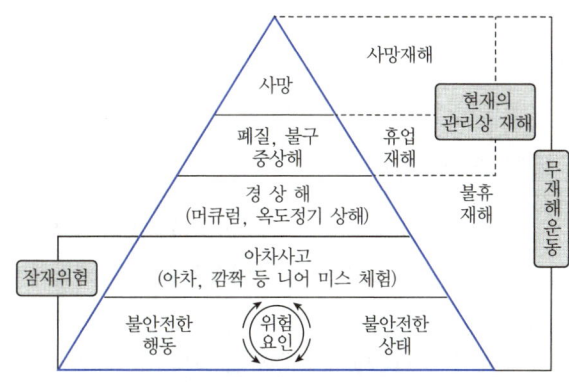

[그림] 무재해의 본질

> **합격예측**
>
> **무재해 운동에서 무재해 시간을 산출하는 방법**
> ① 산출공식 : (무재해 운동 개시일로부터 재해발생 전일까지의 실근무자수)×(실근로시간수)
> ② 사무직 근로자 등 실근로시간의 산정이 곤란한 근로자의 경우 : 제조업은 1일 8시간(건설업은 1일 10시간 근로한 것으로 산정)

> **합격예측**
>
> **무재해 운동의 이념 3원칙**
> ① 무의 원칙   23. 11. 5 기
> ② 참가의 원칙
> ③ 안전제일(선취해결)의 원칙

① 인간존중의 철학

인간존중이란 한 사람 한 사람의 인간을 너나 할 것 없이 차별하지 않고 소중히 하는 것을 말한다. 직장에 있는 한 사람 한 사람은 그 무엇과도 바꿀 수 없는 소중한 인격자들이다. 누구 하나 다쳐도 죽어서도 안 된다. 이것이 무재해의 기본이념이며 전원 참가로 안전과 건강을 선취하는 출발점이 되어야 한다. 이 이념은 정신 운동의 기법으로 끝날 것이 아니라 실제 행동에 의한 실천운동으로 추진되어야 효과를 얻을 수 있다.

② 무재해 운동의 기본이념

무재해 운동에는 무(無), 선취(先取), 참가(參加)의 3대 원칙이 있다.

㉮ 무(無)의 원칙 : 무재해란 단순히 사망 재해, 휴업 재해만 없으면 된다는 소극적인 사고가 아니라, 불휴 재해는 물론 직장의 일체 잠재 위험 요인까지도 사전에 발견하여 뿌리가 되는 요인까지 모두 제거한다는 뜻이다.

㉯ 선취(先取)의 원칙 : 무재해 운동에 있어서 선취란 무재해, 무질병의 직장을 실현하기 위하여 직장의 위험요인을 행동하기 전에 예지하여 발견, 파악, 해결함으로써 재해발생을 예방하거나 방지하는 것을 말한다.

㉰ 참가(參加)의 원칙 : 「없앨 무를 지향하고 안전과 건강을 선취하자」고 할 때 꼭 필요한 것은 전원 참가이다. 참가란 작업에 따르는 위험을 해결하기 위하여 각자의 처지에서 하겠다는 의욕을 갖고 문제나 위험을 해결하는 것을 뜻한다.

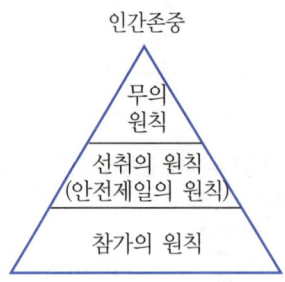

[그림] 무재해 운동 3원칙

2. 무재해 운동의 추진 기법

무재해 운동 추진 기법이란 재해를 예방하고자 하는 안전보건활동 수단으로서 특별히 표준이 있다고 말할 수는 없지만 각 사업장의 특성과 조건에 따라 매우 다양하다고 하겠다.

현재 사업장에서 일반적으로 많이 활용하고 있는 재해예방 기법으로서 위험예지 훈련 기법을 들 수 있으나 각 사업장에서는 자체 실정에 맞는 추진 기법들을 도입, 보완하여 시행하여야 할 것이다.

(1) 지적 확인

우리가 무재해 운동을 추진하는 데 꼭 필요한 기법 중의 하나로 지적 확인을 들 수 있다. 이 기법은 안전의식을 높여주는 수단적 기법이긴 하지만 인간존중의 무재해 기본 이념을 실현하기 위해서는 꼭 실시하도록 하여 무재해 사업장을 확산하는 데 적극 활용하여야 할 것이다.

지적 확인이란 작업을 오조작 없이 안전하게 하기 위하여 작업 공정의 요소요소에서 자신의 행동을 "ㅇㅇ 좋아!" 하고 대상을 지적하면서 큰 소리로 확인하는 것을 말한다.

다시 말해서 사람의 눈이나 귀 등 오관의 감각 기관을 총동원해서 작업의 정확성과 안전을 확인하는 것을 말한다.

공동 작업자와의 연락, 신호를 위한 동작이나 지적도 포함해서 지적 확인이라고 총칭하고 있다. 지적 확인은 위험예지훈련과 터치 앤드 콜에서 뗄래야 뗄 수 없는 복합적 무재해 추진 기법이다.

> **합격예측**
>
> **위험예지의 3가지 훈련**
> ① 감수성 훈련
> ② 단시간 미팅 훈련
> ③ 문제해결 훈련

(2) 위험예지훈련

① 위험예지훈련의 추진 요령

위험예지훈련은 직장 단위로 소집단을 편성하여 활동을 추진하게 된다. 소집단을 편성할 경우 직제상 상하 계열의 제일선 감독자(직장, 조장, 반장, 주임)가 지휘 감독하는 직장 단위로 하는 것이 자연스러운데 이는 정보를 공유할 수 있고 공유의 현장 의식이나 문제 의식 위에 서서 동일의 목표에 도달할 수 있다는 점에서 소집단 조직을 만드는 조성의 조건이 되기 때문이다. 그러기 위하여는 같은 직장에서 같은 일을 하고 있는 작업자의 단위로 편성하는 것이 효율적이다. 위험예지훈련은 본심으로 대화할 수 있는 인원수로 편성하여야 하는데 소집단의 인원수는 5~6인이 좋다.

직장 단위는 동종 작업 단위로 편성하는 경우에 통상 그 집단의 제일선 감독자가 지도 감독하는 단위로 하는 것이 바람직하며 리더는 당연히 그 감독자가 된다. 활동은 근무시간 내에 전개할 수 있어야 한다. 무재해 소집단 활동 중에 그룹 미팅도 취업 시간 내에 실시하도록 하여야 한다. 업무 개시시, 현장 도착시, 작업중, 작업 후 등의 위험 예지 활동은 본래 작업과 일체의 것으로 또는 작업 그 자체로서 실시되어야 한다.

② 위험예지훈련 진행요령

㉮ 위험예지훈련의 진행

㉠ 직장이나 작업의 상황 속에 숨은 위험 요인과 그것이 초래하는 현상을

㉡ 직장이나 작업의 상황을 묘사한 그림을 사용하여

㉢ 또는 직장의 현물로 작업을 시키거나 해보이면서

> **합격예측**
>
> **브레인 스토밍**
> 잠재의식을 일깨워 자유로이 아이디어를 개발하자는 것
> ① 비판금지
> ② 자유분방
> ③ 대량발언
> ④ 수정발언

> **합격예측**
>
> **위험예지훈련의 진행방법 (문제해결의 4단계)**
> 15. 10. 4 산 19. 6. 29 기
> 20. 5. 24 산 22. 10. 16 산
> ① 제1단계 : 현상파악
> ② 제2단계 : 본질추구
> ③ 제3단계 : 대책수립
> ④ 제4단계 : 목표설정

ㄹ 직장 소집단에서 다함께 대화하고 생각하며 합의한 뒤
ㅁ 위험의 포인트나 중점 실시 항목을 지적 확인(제창)하여
ㅂ 행동하기 전에 해결하기 위한 훈련으로서
ㅅ 이것을 습관화하기 위하여 매일 훈련 실시하여야 한다.

⑭ 위험예지훈련의 4단계
안전을 선취하고 전원 일치의 마음가짐을 길러주는 훈련으로 다음 4단계를 활용한다.
㉠ 제1단계 [현상파악] : 어떤 위험이 잠재하고 있는가?
  전원이 토론으로 도해의 상황 속에 잠재한 위험 요인을 발견한다.
㉡ 제2단계 [본질추구] : 이것이 위험의 포인트이다.
㉢ 제3단계 [대책수립] : 당신이라면 어떻게 할 것인가?
  ◎표를 한 중요 위험을 해결하기 위해서는 어떻게 하면 좋은가를 생각하여 구체적인 대책을 세운다.
㉣ 제4단계 [목표설정] : 우리들은 이렇게 하자.
  대책 중 중점적인 실시 사항에 ※표를 붙여 그것을 실천하기 위한 팀의 행동목표를 설정한다.

[표] 위험예지훈련 4라운드법의 진행 방법

단계별	진행내용	진행요령
준비	멤버가 많을 때에는 서브팀 편성	멤버 4~6명 역할분담(리더, 서기, 발표자, 코멘트, 보고서 담당), 용지 배포
도입	〈전원기립〉 리더(서브리더)인사	정렬, 구령, 건강확인 등
1R	〈현상파악〉 어떤 위험이 잠재하고 있는가?	(도해의 배포) 위험요인과 초래되는 현상(5~7항목 정도) 「~해서 ~다」「~때문에 ~다」
2R	〈본질추구〉 이것이 위험의 포인트이다!	(1) 문제라고 생각되는 항목 ○ (2) ◎표 2항목 정도(합의 요약), 밑줄 위험의 포인트(지적확인 제창)
3R	〈대책수립〉 당신이라면 어떻게 하겠는가!	◎표 항목에 대한 구체적이고 실천 가능한 대책 →3항목 정도→전체로 5~7항목 정도
4R	〈목표설정〉 우리들은 이렇게 하자!	4R-(1) 중점실시 항목(합의요약)-(1~2항목) 밑줄 4R-(2) 팀의 행동목표→지적확인 제창「을 ~하여 ~하자. 좋아!」

단계별	진행내용	진행요령
확인발표 & 코멘트	〈원 포인트〉	원 포인트 지적확인 연습(3회) 「○○좋아!」
	〈터치 앤드 콜〉	「무재해로 나가자. 좋아!」
	〈발표 및 코멘트〉	(1) 발표자 1R~4R 순서대로 읽어 나간다. (2) 상대팀의 발표 – 코멘트

(소요 시간) 실시 : 1R, 2R…15분, 3R, 4R…15분 합계 30분 이내
　　　　　 보고서 : 위험 예지 훈련 보고서 사용

3. 원 포인트(one point) 위험예지훈련

(1) 원 포인트 위험예지훈련이란?

위험예지훈련 4라운드 중 2R, 3R, 4R을 모두 원 포인트로 요약하여 실시하는 TBM(Tool Box Meeting) 위험 예지이다.

흑판이나 용지를 사용하지 않고 또한 삼각 위험 예지 훈련과 같이 기초나 메모를 사용하지 않고 구두로 실시한다. 선 채로 2분간이면 할 수 있으므로 누구든지, 언제든지, 어디서나 할 수 있다.

(2) 훈련의 진행 방법

① 서브팀(sub-team)의 편성
　먼저 팀을 3명(또는 2명)씩의 서브팀으로 나눈다. 인원수를 3명으로 하는 것은
　㉮ 대화에 참가도를 높이고
　㉯ 단시간에 할 수 있도록 하고
　㉰ 훈련의 회전을 빠르게 한다.
　등의 이유 때문이다. 멤버 중 1명이 서브리더(sub-leader)가 된다.

② 사용할 도해
　도해는 가급적 포인트를 하나로 요약할 수 있고 쉽고 단순한 도해를 준비한다. 가급적 회사에서 손수 만든 도해가 좋다.

③ 관찰 방식의 활용
　처음 2~3회는 서브팀이 동시에 훈련해서 위밍업한 뒤 관찰 방식으로 진지하게 역할연기하여 서로 강평하는 것이 좋다. 실시 시간을 4분으로 계산하고 있으나 통상 2~3분으로 완료하고 있다.

참고

TBM 유래

직장의 소인(小人)수의 작업자가, 작업 개시 전에, 직장이나 감독자를 중심으로, 작업 현장 근처에서 대화하는 것을 약칭해서 TBM(도구상자집회)이라 한다. TBM이라는 용어는, 원래 미국의 건설업에서 사용되고 있었던 말을 수입했던 것인데, 직장이 작업 전에 작업자에게 그 날의 일을 할당하여, 그 순서나 마음의 준비를 가르치고, 지시사항이나 연락사항을 전달하는 등, 일방적인 흐름으로 행해지는 것이 보통이다. 그러나, 일방적인 흐름만으로는 「대화」라고는 할 수 없고 미팅이라고는 말할 수 없다. 작업 전 TBM 외에, 점심 후나 쉬는 시간에 하는 대화, 작업종료 후에 하는 대화, 월 1회나 2회 근무시간 중에 30분이나 60분 시간을 잡아, 정기적 또는 임시적으로 하는 안전미팅 등, 직장에는 여러 가지 미팅이 있다.

합격예측

TBM 방법 23. 4. 23 기
① 통상 작업시작전 5~15분, 작업 종료전 3~5분 정도 행해지며,
② 직장, 현장, 공구상자 등에서 5~7명이 작은 원을 만들어
③ 작업의 상황에 잠재된 위험을 모두 말을 하는 가운데 스스로 생각하고 납득하고 합의하는 것이다.

> 합격예측
>
> **T.B.M(Tool Box Meeting) 위험예지훈련의 정의**
> ① 즉시즉응법이라고도 하며 현장에서 그때그때 주어진 상황에 즉응하여 실시하는 위험예지활동이다.
> ② 단시간 미팅훈련이다.

> 합격예측
>
> **단시간 미팅 즉시즉응훈련 (TBM) 5단계**
> ① 1단계 : 도입
> ② 2단계 : 점검정비
> ③ 3단계 : 작업지시
> ④ 4단계 : 위험예지훈련
> ⑤ 5단계 : 확인

> 합격예측
>
> **TBM 5단계 진행요령(작업 시작 전 실시의 예)**
> ① 1단계 : 도입
>   직장체조, 상호인사, 목표 제창
> ② 2단계 : 점검정비
>   건강, 복장, 공구, 보호구, 안전장치, 사용기기 등 점검정비
> ③ 3단계 : 작업지시
>   당일 작업에 대한 설명 및 지시를 받고 복창하여 확인
> ④ 4단계 : 위험예측
>   당일 작업의 위험을 예측하고 대책 토의, 원포인트 위험예지훈련
> ⑤ 5단계 : 확인
>   대책을 수립하고 팀의 목표 확인, 원포인트 지적확인, 터치 앤 콜

4. TBM-위험예지훈련

(1) TBM – 위험예지(즉시 즉응법)란?

TBM으로 실시하는 위험 예지 활동을 말한다. 이는 현장에서 그때 그 장소의 상황에 즉응하여 실시하는 위험 예지 활동으로서 즉시 즉응법이라고도 한다.

(2) TBM – 위험예지 진행방법(요약)

① 미팅의 형식
  ㉮ 조회, 아침, 점심, 저녁 교체하여 시행한다.
  ㉯ 토의는 소수인(10명 이하)이 좋다.
  ㉰ 10분 정도가 바람직하다.
② 사전준비
  ㉮ 주제를 정하고 자료 등을 준비한다.
  ㉯ 흑판이나 차트 등을 활용한다.
  ㉰ 리더는 주제의 주안점에 대해서 연구해 둔다.
  ㉱ 예정표를 작성해 둔다.
③ 진행방법
  ㉮ 계획적으로「도입」,「의견을 끌어내고」,「종합」의 3단계로 진행한다.
  ㉯ 주제는 적절한 것으로 하며 자료를 활용한다.
  ㉰ 리더는 열의를 표시한다.
  ㉱ 토의는 한 사람 한 사람 발언시키며 목적 이외의 토의는 피하도록 한다.
  ㉲ 리더는 아는 체하지 말고 또 자기의 의견을 고집하지 말며 결론을 확실하게 말한다.
  ㉳ 질문은 참가자의 능력에 따라서 하고 말재주 없는 사람에게는 무리한 발언을 요구하지 않는다.
  ㉴ 결론이 아닌 것도 있으므로 결론을 서두르지 않는다. 이 경우에는 기록을 보존하여 다음 기회로 하고 새로운 자료를 작성한다.
  ㉵ 모두가 미팅 방법을 검토하여 즐겁고 효과적인 운영을 연구한다.

5. 1인 위험예지훈련

(1) 1인 위험예지훈련이란?

한 사람 한 사람의 위험에 대한 감수성 향상을 도모하기 위하여 삼각 및 원 포인트 위험 예지 훈련을 통합한 활용 기법의 하나이다.

한 사람 한 사람(리더 제외)이 동시에 공통의 도해로 4라운드까지의 1인 위험 예

지를 지적 확인하면서 단시간에 실시한 뒤 그 결과를 리더의 사회로 서로서로 발표하고 강평함으로써 자기 개발의 도모를 겨냥하고 있다.

(2) 1인 위험예지훈련의 진행방법(1분 30초 ~ 2분 이내)

① 팀의 편성
  ㉮ 3~4인의 팀으로 실시한다. 팀 인원수가 많은 경우에는 세분한다.
  ㉯ 팀에 감독역으로 리더를 둔다(리더는 도해마다 교대로 훈련한다).
② 1인 위험예지훈련의 실천
  ㉮ 리더는 도해를 각자에게 배포하고 상황을 읽어준다. 리더는 사회 진행역이 되어 시간 관리에 임한다.
  ㉯ 각자(리더 제외)는 도해에 자신이 알게 된 위험요인 개소에 △(삼각)표를 한다(1R). 삼각 위험예지훈련의 요령으로 3~5항목 정도 원인이나 현상에 대해서 메모를 기입한다.
  ㉰ 특히 위험의 포인트라고 생각되는 항목(가급적 원 포인트로 합의 요약한다)을 ◎표로 하여 「위험의 포인트, ~해서 ~다!」라고 혼자서 지적 확인한다(2R). 이때 절도있는 태도로 실시해야 한다.

[표] 안전확인 5지 운동

모지	마음의 준비	하나, 부상을 당하거나 당하게 하지 말자!
인지	복장의 준비	둘, 복장을 단정히 하여 위험을 예방하자!
중지	규정과 기준	셋, 안전수칙을 철저히 준수하자!
약지	점검장비	넷, 철저한 점검정비로 안전사고 예방!
소지	안전확인	다섯, 확인하고 또 확인하자!

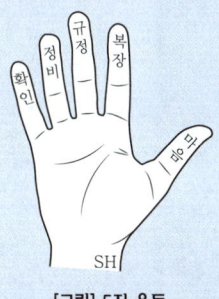

[그림] 5지 운동

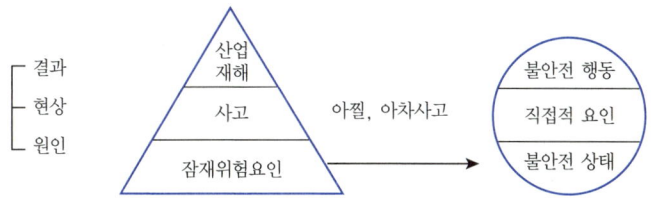

[그림] 1인 위험예지훈련

아차사고에 대한 브레인스토밍(BS) 미팅 진행 방법은 다음과 같다.
  ㉠ 직장의 아차 사고 체험은 선취를 위하여 가치있는 정보이다. 그러나 일반적으로 아차사고 체험은 은폐하기 쉽다. 아차 사고 메모도 잘 제출하지 않고 선취에 활용되지 못하는 실정이다.

> **합격예측**
>
> **지적확인**
> 작업을 안전하게 오조작 없이 하기 위하여 작업 공정의 요소요소에서 자신의 행동을 「…좋아」하고 대상을 지적하여 큰 소리로 확인하는 것

> **합격예측**
>
> **안전운동 안전행동 5C**
> ① 복장단정(Correctness)
> ② 정리정돈(Clearance)
> ③ 청소청결(Cleaning)
> ④ 점검확인(Checking)
> ⑤ 전심전력(Concentration)

    ⓒ 작업자의 아차사고 체험을 어떻게 발굴하고 어떻게 살리는가는 무재해 운동의 중요한 과제라 할 수 있다.
    ⓒ 무재해 운동에서 실시하고 있는 아차사고 브레인스토밍법은 문제 해결의 「제1단계→ 문제 제기」를 응용하여 브레인스토밍으로 아차 사고 체험을 제출하게 하여 테마를 정해서 재해 사례 검토 4R법에 의하여 문제 해결을 실행한다.
    ⓔ 안전 미팅에서 브레인스토밍뿐이라면 30분 정도로 실시할 수 있다. 사전준비로서는 미리 안전 미팅에서 팀 멤버에게 아차사고 체험에 대해서 대화하는 것을 예고해 둔다(각자 1건 이상 자신의 아차사고 체험을 생각하게 하고 메모해 두게 하는 것이 좋다).
    ㉑ ◎표 항목에 대한 대책을 생각하여(3R), 특히 중점 실시 항목 ※표를 하나로 하여 도해에 메모한 뒤 「나의 행동 목표, ~을 ~하여 ~하자, 좋아!」라고 혼자 큰소리로 지적 확인한다.
    ㉒ 원 포인트 지적 확인 항목을 정하여 3회 큰소리로 복창하고 도해에 메모한다.
    ㉓ 도해의 메모를 근거로 하여 2R 이하를 「1인 위험 예지 카드」 양식에 보고서를 작성한다.

6. 아차사고 사례 기법

 산업현장에는 수많은 잠재 위험요인이 산재하고 있다. 이 위험요인이 직접적인 원인(불안전한 행동 및 불안전한 상태)에 의하여 형상화될 때 사고가 발생하고 이러한 사고가 곧 산업재해로 이어지는 것이다.
 이 과정에서 비록 재해로 이어지지는 않았지만 하마터면 재해가 발생할 뻔한 깜짝 놀랐던 경험을 아차사고라 한다.

Chapter 01 안전보건교육 출제예상문제

01 안전교육이란 무엇인지 간략하게 설명하시오.

해답
피교육자를 자연적 상태(잠재 가능성)로부터 어떤 이상적인 상태(바람직한 상태)로 이끌어가는 것을 안전 교육이라 한다.

02 산업안전보건법상 실시할 교육과정(대상)별 교육의 종류를 쓰시오.

해답
① 채용시 교육
② 정기교육
③ 작업내용 변경시 교육
④ 특별교육

03 안전교육의 종류를 교육훈련단계에 따라 3가지 쓰시오.

해답
① 지식교육
② 기능교육
③ 태도교육

04 산업안전법상 해당 기계 기구 작업시작 전에 반드시 실시해야 하는 교육을 3가지 쓰시오.

해답
① 신규채용시 교육
② 특별안전교육
③ 작업내용 변경시 교육

05 산업안전보건교육훈련의 실시방법을 쓰시오.

해답
① 강의법
② 시청각교육
③ 토의법
④ 실습
⑤ 사례연구법
⑥ 포럼
⑦ 역할연기법

06 이론 학과 및 실기에 의한 교육훈련법의 4단계를 순서대로 쓰시오.

해답
① 제1단계 : 도입(준비)
② 제2단계 : 제시(설명 및 실현)
③ 제3단계 : 적용(응용 및 실습)
④ 제4단계 : 확인(총괄)

07 안전교육은 인간 측면에 대한 사고예방 수단의 하나인 동시에 안전 인간 형성을 위한 목표이기도 하다. 안전교육의 3가지 기본방향을 쓰시오.

해답
① 사고 사례 중심의 안전교육
② 안전의식 향상을 위한 교육
③ 안전작업을 위한 태도 교육

08 안전교육의 효율적인 지도를 위한 교육지도의 8원칙을 쓰시오.

> **해답**

① 상대방의 입장에서
② 한 번에 한 가지씩을
③ 동기부여를 중요하게
④ 인상의 강화
⑤ 쉬운 것에서 어려운 것으로
⑥ 5관의 활용
⑦ 반복한다.
⑧ 기능적인 이해

09 아세틸렌 용접 장치를 이용한 용접 용단 작업시의 특별안전보건교육의 내용을 3가지 쓰고 교육 시간 및 교육방법을 쓰시오.

> **해답**

(1) 교육 내용
  ① 용접흄·분진 및 유해광선 등의 유해성에 관한 사항
  ② 가스용접·압력조정기·호스 및 취관두 등의 기기 점검에 관한 사항
  ③ 작업방법·작업순서 및 응급처치에 관한 사항
  ④ 안전기 및 보호구 취급에 관한 사항
  ⑤ 화재예방 및 초기대응에 관한 사항
  ⑥ 그 밖에 안전보건관리에 필요한 사항
(2) 교육 시간 : 연 16시간 이상
(3) 교육 방법 : 실기 및 시청각 교육 병행

10 근로자에 대한 정기교육의 교육내용을 5가지 쓰시오.

> **해답**

① 산업안전 및 사고예방에 관한 사항
② 산업보건 및 직업병예방에 관한 사항
③ 위험성 평가에 관한 사항
④ 건강증진 및 질병예방에 관한 사항
⑤ 유해·위험 작업환경 관리에 관한 사항
⑥ 산업안전보건법령 및 일반관리에 관한 사항
⑦ 직무스트레스 예방 및 관리에 관한 사항
⑧ 산업재해보상보험 제도에 관한 사항

11 강의식 교육의 장·단점을 구분해서 4가지씩 쓰시오.

> **해답**

(1) 장점
  ① 많은 사람에게 일시에 지식제공이 가능하다.
  ② 준비가 간단하고 어디에서도 가능하다.
  ③ 시간과 노력이 거의 들지 않는다.
  ④ 새로운 것의 체계적인 교육이 가능하다.
(2) 단점
  ① 가르치는 방법이 일방적, 기계적, 획일적이다.
  ② 참가자는 대개 수동적 입장에 놓이게 된다.
  ③ 암기에 빠지기 쉽고, 직장에서 필요한 개념 형성이 되기 어렵다.
  ④ 실행, 활동에 연계되지 않는다.

12 특별안전보건교육을 실시해야 할 대상작업 8가지 및 교육시간, 교육방법을 쓰시오.

> **해답**

(1) 대상작업
  ① 고압실 내 작업(잠함공법 그 밖의 압기공법에 의하여 대기압을 넘는 기압하의 작업실 또는 수갱 내부에 있어서 행하는 작업에 한한다)
  ② 아세틸렌 용접장치 또는 가스집합용접장치를 사용하여 행하는 금속의 용접·용단 또는 가열작업(발생기·도관 등에 의하여 구성되는 용접장치에 한한다)
  ③ 밀폐된 장소(탱크 내 또는 환기가 극히 불량한 좁은 장소를 말한다)에서 행하는 용접작업 또는 습한 장소에서 행하는 전기 용접작업
  ④ 폭발성·발화성 및 인화성 물질의 제조 또는 취급작업(시험연구를 위한 취급작업을 제외한다)
  ⑤ LPG·수소가스 등 가연성·폭발성 가스의 발생장치 취급작업
  ⑥ 화학설비 중 반응기·교반기·추출기의 사용 및 세척작업
  ⑦ 화학설비의 탱크 내 작업
  ⑧ 분말·원재료 등을 담은 호퍼·사일로 등 저장탱크의 내부작업
(2) 교육시간 : 16시간 이상(일용직근로자 2시간 이상)
(3) 교육방법 : 적합한 교육 교재 및 교육 장비를 갖추고 실기 또는 시청각 교육

13 작업 표준의 목적을 쓰시오.

> **해답**

① 위험요인 제거
② 손실요인 제거
③ 작업의 효율화

14 안전교육의 목적을 쓰시오.

> **해답**

① 인간 정신의 안전화
② 행동의 안전화
③ 환경의 안전화
④ 설비와 물자의 안전화

15 기능교육의 3원칙을 쓰시오.

해답

① 준비(readiness) 철저
② 위험 작업의 규제
③ 안전 작업 표준화

16 교시법의 4단계를 순서대로 쓰시오.

해답

① 제1단계 : 준비단계
② 제2단계 : 일을 하여 보이는 단계
③ 제3단계 : 일을 시켜 보이는 단계
④ 제4단계 : 보습지도의 단계

17 TWI의 교육에서 JI의 이론 4단계를 쓰시오.

해답

① 제1단계 : 작업 분해
② 제2단계 : 요소 작업의 세부 내용 검토
③ 제3단계 : 작업 분석으로 새로운 방법 전개
④ 제4단계 : 새로운 방법의 적용

18 기억의 작용은 심리적 3단계를 거쳐 기억하게 된다. 내용을 쓰시오.

해답

① 제1단계 : 인상(impression)
② 제2단계 : 정리, 집적(retention)
③ 제3단계 : 회상(recall)

19 관리감독자 훈련(TWI : Training Within Industry)의 교육내용을 4가지 쓰시오.

해답

① 작업지도기법(JIT)
② 작업개선기법(JMT)
③ 인간관계관리기법(JRT)
④ 작업안전기법(JST)

20 TWI의 JIT 과정 실습 4단계를 쓰시오.

해답

① 제1단계 : 학습할 준비를 시킨다.
② 제2단계 : 작업을 설명한다.
③ 제3단계 : 작업을 시켜본다.
④ 제4단계 : 가르친 뒤를 살펴본다.

21 교육 진행의 4단계를 쓰시오.

해답

① 제1단계 : 도입
② 제2단계 : 제시
③ 제3단계 : 적용
④ 제4단계 : 확인

22 안전교육의 종류를 3가지 쓰시오.

해답

① 지식교육
② 기능교육
③ 태도교육

23 목재가공용 기계의 특별안전보건교육의 교육 내용과 교육시간, 교육방법을 쓰시오.

해답

(1) 교육내용
  ① 목재가공용 기계의 특성과 위험성에 관한 사항
  ② 방호장치 종류와 구조 및 취급에 관한 사항
  ③ 안전기준에 관한 사항
  ④ 안전작업 방법 및 목재 취급에 관한 사항
(2) 교육시간 : 16시간 이상
(3) 교육방법 : 적합한 교육 교재 및 교육 장비를 갖추고 실기 또는 시청각 교육을 병행하여 실시

24 크레인을 사용하여 작업할 때 작업시작 전 점검사항 3가지를 쓰시오.

해답
① 권과방지장치·브레이크·클러치 및 운전장치의 기능
② 주행로의 상측 및 트롤리가 횡행(橫行)하는 레일의 상태
③ 와이어로프가 통하고 있는 곳의 상태

25 안전보건개선 계획서상의 유해위험 작업의 종류 10가지를 쓰시오.

해답
① 연삭숫돌의 대체 및 대체시 시운전 작업
② 동력 프레스의 금형, 전단기의 칼날, 프레스 및 전단기의 안전장치의 부착, 해체, 조정작업
③ 아크 용접기를 이용한 용접, 용단 작업
④ 고온 물체 작업
⑤ 저온 물체 작업
⑥ 소음 진동 작업
⑦ 분진 작업
⑧ 특정화학 물질의 제조 취급 작업
⑨ 납, 4알킬납의 제조 취급 작업
⑩ 초음파를 수반하는 작업

26 차량계 하역 운반 기계(지게차) 운전위치 이탈시 운전자 준수 사항 2가지를 쓰시오.

해답
① 포크 및 버킷 등의 하역 장치를 가장 낮은 위치에 둘 것
② 원동기를 정지시키고 브레이크를 확실히 거는 등 갑작스런 주행을 방지하기 위한 조치를 할 것

참고
산업안전보건기준에 관한 규칙 제99조(운전위치 이탈시의 조치)

27 단계식 교육을 1시간 단위로 한다면 강의식과 토의식 시간 배분을 하시오.

해답

단계	강 의 식	토 의 식
① 도입	5분	5분
② 제시	40분	10분
③ 적용	10분	40분
④ 확인	5분	5분

28 안전 지식의 매체로 활용할 수 있는 방법으로 적합한 교육 방법을 쓰시오.

해답
① 강의법
② 토의법
③ 시청각 교육
④ 교재 사용
⑤ 실습
⑥ 역할 연기법
⑦ 게시판 활용
⑧ 감수성 훈련
⑨ 간행물 발간
⑩ 비즈니스 게임

29 산업안전보건법상 안전보건관리 체제이다. 빈 칸을 채우시오.

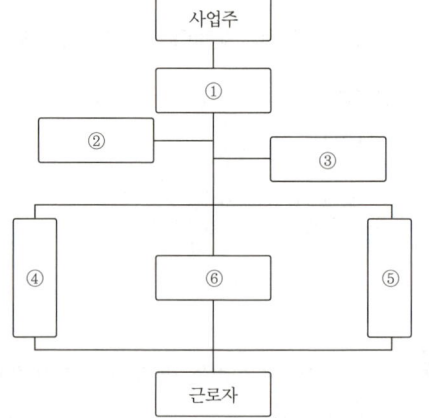

해답
① 안전보건관리책임자
② 산업안전보건위원회
③ 산업보건의
④ 안전관리자
⑤ 보건관리자
⑥ 관리감독자

30 집단 토의법인 워크 샵(work shop)에 대해서 간단히 설명하시오.

해답
대집단을 몇 개의 집단으로 나누고 그 소집단별로 리더(leader)를 정하여 토의를 하고 결론을 내는 방법이다.

31 로시(C.H. Lawshe)에 의한 교육 훈련 평가 기준 항목을 쓰시오.

> **해답**
> ① 생산량
> ② 단위 생산 소요 시간
> ③ 훈련 실시 기간
> ④ 불량 및 파손 자재 소모
> ⑤ 품질
> ⑥ 사기
> ⑦ 결근, 고정, 퇴직, 재해율
> ⑧ 일반 관리 및 관리자 부담

32 안전태도교육의 기본과정을 단계별로 쓰시오.

> **해답**
> ① 제1단계 : 청취한다.
> ② 제2단계 : 이해, 납득시킨다.
> ③ 제3단계 : 모범을 보인다.
> ④ 제4단계 : 평가한다.

33 교육 담당자가 교육 결과에 따라 유의해야 할 사항을 쓰시오.

> **해답**
> ① 교육에 의한 문제점의 해결
> ② 피교육자의 교육 습득 정도
> ③ 목표의 달성과 미달 사유
> ④ 다음 교육에 반성해야 될 점과 대책
> ⑤ 예상외의 상황

34 전압이 75[V] 이상인 정전 및 활선 작업을 하는 근로자에 대한 특별안전보건교육의 교육내용을 쓰시오.

> **해답**
> ① 전기의 위험성 및 전격 방지에 관한 사항
> ② 해당 설비의 보수 및 점검에 관한 사항
> ③ 정전 작업·활선 작업시의 안전 작업 방법 및 순서에 관한 사항
> ④ 절연용 보호구 및 활선 작업용 기구 등의 사용에 관한 사항

35 안전 학습 과정 중 종결 과정은 강의의 결론 부분으로 5분 정도가 적합하다. 종결시에 있어서의 유의 사항을 쓰시오.

> **해답**
> ① 학습시 중요한 요소를 힘있게 요약하여 재강조한다.
> ② 학습의 중요한 요소를 소기의 학습성과와 결부시켜야 한다.
> ③ 새로운 사상이나 사실은 말하지 말아야 한다.

36 안전교육을 위한 카운슬링의 방법을 쓰시오.

> **해답**
> ① 설득적 방법
> ② 설명적 방법
> ③ 직접 충고 방법

37 성취 동기가 높은 사람이 가지고 있는 행동 특성을 쓰시오.

> **해답**
> ① 과업 지향성
> ② 적절한 모험성
> ③ 자신감
> ④ 정열적이고 혁신적 활동성
> ⑤ 자기 책임감
> ⑥ 결과에 대한 지식 이용성
> ⑦ 미래 지향성

38 산업안전보건관련교육 과정별 교육시간에 대한 표를 보고 빈 칸을 메우시오.

교육과정	교육대상	교육 시간	
		신규교육	보수교육
관리책임자 등 직무교육	관리책임자	6시간 이상	6시간 이상
	안전관리자	34시간 이상	(①)
	보건관리자	(②)	24시간 이상

해답
① 24시간 이상
② 34시간 이상

39 「안전의식을 높이기 위하여 베르크호프의 재해 정의를 이해한다」라는 학습목적을 ① 목표(goal) ② 주제(subject) ③ 학습정도(level of learning)로 구분하여 서술하시오.

해답
① 목표 : 안전의식의 고양
② 주제 : 베르크호프의 재해 정의
③ 학습정도 : 이해한다.

40 수업의 도입, 전개, 정리의 전과정에서 가장 효과적인 수업 방법을 쓰시오.

해답
① 모의 학습법
② 프로그램 학습법
③ 학생 상호 학습법

41 안전 학습 과정은 도입, 전개, 종결의 3단계로 나누어 체계화하는 것이 가장 이상적인 방법으로 알려져 있다. 이 중 전개 과정은 학습의 본론 부분으로서 가장 중요한 부분이다. 이 전개 과정에서 주제를 논리적으로 체계화하기 위하여는 4가지 사항을 고려하여야 한다. 이 사항을 쓰시오.

해답
① 주제를 과거의 것으로부터 현재의 것으로 배열하거나 또는 현재의 것으로부터 과거의 것으로 나열한다.
② 주제를 간단한 것으로부터 시작하여 점차 복잡한 것으로 배열한다.
③ 주제는 미리 알려져 있는 것으로부터 점차로 미지의 것으로 배열한다.
④ 가장 많이 사용되는 것으로부터 시작하여 가장 적게 사용되는 것으로 배열한다.

42 학습 이해의 방법으로는 표준화 검사(검사법)에 의한 방법과 임상적 방법이 있다. 임상적 방법을 쓰시오.

해답
① 관찰에 의한 방법
② 면접에 의한 방법
③ 사례 연구에 의한 방법
④ 투사법에 의한 방법

43 자격 또는 면허를 갖지 아니한 자를 취업하도록 하여서는 안 되는 작업을 쓰시오.

해답
① 압력 용기 등을 취급하는 업무
② 전기 사용 설비 등을 취급하는 업무
③ 보일러를 취급하는 업무
④ 증기를 사용하여 행하는 업무
⑤ 방사선 취급 업무
⑥ 정전 및 활선 업무
⑦ 크레인 작업
⑧ 리프트 작업
⑨ 항타기 또는 항발기 작업
⑩ 승강기 점검 및 보수 작업

44 강의의 성과는 계획의 준비 정도에 의해 결정되는데, 강의계획 4단계를 쓰시오.

해답
① 학습목적과 학습성과의 설정
② 학습자료의 수집 및 체계화
③ 교수방법의 선정
④ 강의지도안 작성

45 동력에 의하여 작동되는 프레스 기계를 5대 보유한 사업장에서 해당 기계에 의한 작업을 하는 근로자의 특별안전보건교육내용을 쓰시오.

해답
① 프레스의 특성과 위험성에 관한 사항
② 방호 장치 종류와 구조 및 취급에 관한 사항
③ 안전작업방법에 관한 사항
④ 프레스 안전기준에 관한 사항

46 근로자 안전보건교육의 종류와 교육시간을 쓰시오.

해답

① 사무직종사 근로자 정기교육 : 매반기 6시간 이상
② 관리감독자 정기교육 : 연간 16시간 이상
③ 채용시 교육 : 8시간 이상(일용직근로자는 1시간 이상)
④ 작업내용 변경시 교육 : 2시간 이상(일용직근로자는 1시간 이상)
⑤ 특별안전보건교육 : 16시간 이상(일용직근로자는 2시간 이상)

47 학습 경험 선정의 원리를 쓰시오.

해답

① 동기 유발의 원리
② 기회의 원리
③ 가능성의 원리
④ 다목적 달성의 원리
⑤ 전이 가능성의 원리

48 학습목적의 3요소(목표, 주제, 학습 정도) 중 학습 정도는 주제를 학습시킬 범위와 내용의 정도를 말한다. 학습정도를 이루기 위한 단계를 쓰시오.

해답

① 인지(to aquaint) : ~을 인지하여야 한다.
② 지각(to know) : ~을 알아야 한다.
③ 이해(to understand) : ~을 이해하여야 한다.
④ 적용(to apply) : ~을 ~에 적용할 줄 알아야 한다.

49 "무재해"의 뜻을 간단히 쓰시오.

해답

근로자가 업무에 기인하여 사망 또는 4일 이상의 요양을 요하는 부상 또는 질병에 이환되지 않는 것을 말한다.

합격정보
① 사업장 무재해운동 추진 및 운영에 관한 규칙 제817호(2018. 3.15 개정)
② 2019년 1월 25일(규칙 제862호) 기록인증제 폐지, 사업장 자율운동 전환

50 무재해 운동의 3원칙을 쓰시오.

해답

① 무의 원칙
② 선취(해결)의 원칙
③ 참가의 원칙

51 무재해 운동의 추진 3기둥을 쓰시오.

해답

① 최고 경영자의 엄격한 경영 자세
② 안전 관리의 라인(Line)화
③ 직장 소집단 자주 활동의 활발화

52 지적확인이란?

해답

작업을 안전하게 오조작 없이 하기 위하여 작업 공정의 요소요소에서 자신의 행동을 「…좋아!」하고 대상을 지적하여 큰소리로 확인하는 것

53 무재해 운동에서 말하는 재해의 범위를 3가지 쓰시오.

해답

① 근로자가 업무에 기인하여 사망 또는 4일 이상의 요양을 요하는 부상 또는 질병에 이환된 경우(인적 재해)
② 500만원 이상의 물적 손실이 발생한 경우(물적 손실)
③ 소음성 난청으로 판명된 직업병의 경우(인적 재해)

54 무재해 시간 산정 기준을 쓰시오.

해답

① 무재해 운동 개시 보고 후 재해 발생 전일까지의 실근무자수에 실근로 시간수를 곱한 시간수를 말하며 사무직 또는 생산직의 경우 과장급 이상은 1일 8시간으로 산정한다.
② 휴업일수는 무재해 시간 산정에서 제외한다.
③ 공휴일 등 휴일에 1명이라도 근로한 사실이 있으면 무재해 기간 산정 기간에 삽입한다.

55 위험예지훈련 4단계(문제해결 4단계)를 쓰시오.

해답
① 제1단계 : 현상파악
② 제2단계 : 본질추구
③ 제3단계 : 대책수립
④ 제4단계 : 목표설정

56 브레인스토밍이란?

해답
잠재 의식을 일깨워 자유로이 아이디어를 개발하자는 것이다.

57 Brain Storming의 4원칙을 쓰시오.

해답
① 비판금지
② 자유분방
③ 대량발언
④ 수정발언

58 근로자 300명인 사업장에서 무재해 운동 개시 보고 후 재해발생 전일까지의 근로일수가 200일이었다. 근로자 300명 중 사무직이 135명이고 과장이 15명, 부장이 5명이며 모든 근로자가 1일 9시간 30분 근무한다. 결근율 5[%]이고 조퇴 및 지각이 300시간, 휴업일수가 10일인 경우 무재해 시간을 구하시오.

해답
① 사무직 이상을 먼저 계산
  155×190×8×0.95 = 223,820시간
② 근로직 시간수 계산
  145×190×9.5×0.95 = 248,638.7시간
  ∴ ①+② - 300 = 472,158시간

59 무재해 운동이란 무엇인가 간략하게 쓰시오.

해답
"인본주의 실천 운동"이며 "생산성 향상 운동"이다.

60 무재해 운동의 성과를 쓰시오.

해답
① 무재해 운동을 실시하면 산재보상금 및 간접비용의 손실을 막을 수 있고 생산성 저하도 막을 수 있으므로 기업에 경제적 이익을 준다.
② 무재해 운동은 자율적 문제 해결 운동으로서 생산, 품질의 문제 해결 능력이 향상된다.
③ 무재해 운동은 명랑하고 참가적이며 창조적인 직장 풍토로 만들어간다.
④ 무재해 운동으로 노사간 화합 분위기 조성으로 노사 신뢰가 두터워진다.

61 무재해 운동의 실례를 들어 설명하시오.

해답
종업원수가 1,000명인 사업장에서 매일 8시간씩 근무하고 그 중 10명이 2시간씩 잔업을 한다고 가정하면 하루분 무재해 시간은 1,000명×8시간/일 + 잔업 시간(10명×2시간)으로서 8,020시간이 되어 그 누계가 목표 시간에 이르면 달성이 되는 것이다.

구분	산정방법	비 고
무재해 시간	실근무시간× 실근로자수	• 사무직은 1일 8시간으로 선정 • 생산직 과장급 이상은 사무직으로 간주
무재해 일수	휴업한 일수를 제외한 실근로 일수	• 공휴일 등 휴일에 단 1명의 근로자라도 근무한 사실이 있으면 기간에 산정 • 하루 3교대 작업시라도 1일로 계산

62 위험예지훈련이란 무엇인지 6가지로 쓰시오.

해답
① 직장이나 작업의 상황 속에 숨은 위험 요인과 그것이 초래하는 현상을
② 직장이나 작업의 상황을 묘사한 도해(圖解)를 사용하여
③ 직장에서 현물(現物)로 작업을 시키거나 해 보이면서
④ 직장 소집단에서 다함께 대화하고 생각하며 합의한 뒤
⑤ 위험의 포인트나 중점 실시 항목을 지적 확인(제창)하여
⑥ 행동하기 전에 해결하는 훈련이며, 이것을 습관화하기 위하여 매일 훈련한다.

63 위험요인을 간략하게 쓰시오.

해답

산업재해나 사고의 원인이 될 가능성이 있는 불안전 행동과 불안전 상태(유해 위험물을 포함)를 뜻한다.

64 위험예지훈련을 3가지 훈련으로 요약 정리하시오.

해답

① 감수성 훈련
② 집중력 훈련
③ 문제 해결 훈련

65 TBM – 위험예지훈련(즉시즉응법)이란?

해답

TBM(Tool Box Meeting)으로 실시하는 위험예지 활동을 말한다. 이 현장에서 그 때 그 장소의 상황에 즉응하여 실시하는 위험예지 활동으로서 즉시즉응법이라고도 한다.

66 피트의 뚜껑을 열고 내부 점검을 하고자 한다. 위험요인 및 안전대책을 각각 6가지 쓰시오.

해답

(1) 위험요인
  ① 뚜껑을 들어올릴 때 허리를 다친다.
  ② 발이 미끄러져 피트 속으로 떨어진다.
  ③ 뚜껑과 함께 넘어져 뚜껑과 바닥 사이에 손이 끼인다.
  ④ 피트를 열어 놓은 채로 있다가 통행인이 피트에 빠진다.
  ⑤ 피트에 들어가면 산소가 결핍된다.
  ⑥ 뚜껑을 닫을 때 바닥 사이에 손이 끼인다.
(2) 안전대책
  ① 뚜껑을 떼고 작업하든지 타인이 잡아주어야 한다.
  ② 발이 떨어지지 않도록 몸의 균형을 바로잡고 작업한다.
  ③ 협착 방지를 위하여 타인이 잡아준다.
  ④ 출입금지표지 및 울을 치고 작업한다.
  ⑤ 산소 호스 마스크를 착용하고 작업한다.
  ⑥ 뚜껑을 닫을 때 기구를 이용한다.

67 셰이퍼에 전용 그라인더를 설치하고 커터의 날을 연삭 중 그라인더에 이송을 걸고 있다. 위험요인 및 안전대책을 5가지 쓰시오.

해답

(1) 위험요인
  ① 연삭 분진이 눈에 들어간다.
  ② 장갑이 그라인더에 말려든다.
  ③ 사이드 핸들 조작 중 회전이 가하여져 숫돌에 무리가 가서 숫돌이 파괴된다.
  ④ 커터의 날을 해체·부착할 때 손을 베인다.
  ⑤ 연삭 분진이 통행하는 사람의 몸에 닿아 화상을 입는다.
(2) 안전대책
  ① 반드시 보안경을 착용한다.
  ② 장갑을 벗고 작업한다.
  ③ 숫돌 작업시 무리한 힘을 가하지 않는다.
  ④ 커터 해체·부착시 스위치를 OFF시킨다.
  ⑤ 출입금지 표지판 및 울을 설치하고 작업한다.

68 전기 플러그를 콘센트에 꽂은 채 드릴의 날을 교환하고 있다. 위험요인 및 안전대책을 4가지 쓰시오.

해답

(1) 위험요인
  ① 전원 스위치가 접촉으로 인하여 ON의 상태가 되어 드릴이 회전하여 다친다.

② 드릴의 날부분이 갑자기 빠져 발등을 다친다.
③ 흩어져 있는 드릴 날에 발을 베인다.
④ 드릴 날 조임이 풀어져 작업중 날이 빠져나와 발에 맞는다.
(2) 안전대책
① 전원 스위치를 OFF시킨 뒤 작업한다.
② 드릴 교환시 드릴 몸체를 고정시킨 다음 교환한다.
③ 드릴을 반드시 드릴 고정구에 보관한다.
④ 드릴날이 풀어지지 않도록 확실히 고정한다.

④ 바닥에 흘린 기름에 미끄러져 드럼통을 발 위에 떨어뜨려 다친다.
(2) 안전대책
① 기구 기계를 사용하든지 두 사람 이상 공동 작업한다.
② 드럼통이 미끄러지 않도록 미끄럼방지 장갑을 낀다.
③ 안전화를 착용할 것이며 발등을 찧지 않도록 주의한다.
④ 바닥 주위의 기름을 닦고 작업한다.

69 드럼통을 일으켜서 저울에 무게를 달고자 한다. 위험요인 및 안전대책을 3가지 쓰시오.

해답

(1) 위험요인
① 저울에 드럼통을 올려놓다가 잘못하여 드럼통을 떨어뜨려 발을 다친다.
② 드럼통을 들어올리다가 허리를 다친다.
③ 드럼통을 올려놓을 때 저울이 움직여 균형을 잃고 넘어진다.
(2) 안전대책
① 저울에 드럼통 작업시 두 사람이 올리든지 기구를 사용한다.
② 허리를 꼿꼿이 세우고 작업한다.
③ 저울 자체가 움직이지 않도록 고정시키고 작업한다.

71 스팀 누출 장소를 확인하기 위해 보온 커버를 벗기고 있다. 위험요인 및 안전대책을 3가지 쓰시오.

해답

(1) 위험요인
① 보안경을 쓰고 있지 않아 보온재 가루가 눈에 들어간다.
② 장갑을 끼고 있지 않아 쇠에 손을 덴다.
③ 스팀을 계속 보내기 때문에 화상을 입는다.
(2) 안전대책
① 보안경을 쓰고 작업한다.
② 방열장갑을 끼고 작업한다.
③ 보안면을 착용하고 작업한다.

70 기름 약 100[ℓ]가 들어 있는 드럼통을 일으키려고 하고 있다. 위험요인 및 안전대책을 4가지 쓰시오.

해답

(1) 위험요인
① 혼자서 드럼통을 세우다 허리를 다친다.
② 장갑을 착용하지 않아 손을 다친다.
③ 손이 미끄러져 드럼통이 발 위에 떨어져 발을 다친다.

72 안전 시험에 사용할 기구를 제작하기 위하여 작업대 위에서 두께 30[mm]의 아크릴판을 전기실톱을 사용하여 원형으로 절단하고 있다. 위험요인 및 안전대책을 4가지 쓰시오.

해답

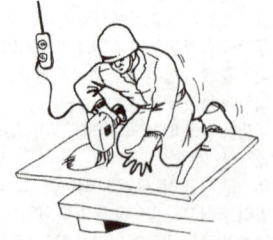

(1) 위험요인
　① 작업대와 아크릴판의 일부분이 겹쳐진 위에서 작업중이므로 중심이 이동되면서 균형을 잃어 전도한다.
　② 아크릴을 절단할 때 생기는 가루가 눈에 들어간다.
　③ 실톱이 코드에 걸려 부러진다.
　④ 아크릴판의 면이 미끄러워 다친다.
(2) 안전대책
　① 드릴 작업시 몸의 균형을 반드시 잡고 작업한다.
　② 보안경을 착용하고 작업한다.
　③ 코드 꼬인 부분을 펴고 작업한다.
　④ 아크릴판의 전위 방지 조치를 한다.

녹색직업 녹색자격증 코너

틀릴 수 있는 기회를 절대 포기하지 말라.
틀릴 수 있는 기회를 절대 포기하지 말라.
그러면 삶에서 새로운 것을 배워 전진할 수 있는 능력을 상실하게 되기 때문이다.
　　　　　　　　　　　　　　　　　　　－데이비드 M번스

나도 틀릴 수 있다고 생각하는 열린 마음,
내가 좀 틀려도 된다고 생각하는 마음의 여유,
내가 틀렸다고 흔쾌히 인정할 수 있는 너그러움,
이런 것들이 나를 성장시키는 자양분이 됩니다.
사람들은 틀리지 않는 완벽한(?) 사람보다 실수를 인정하고 책임을 지겠다는 사람을 더 좋아하고 따르게 됩니다.

Chapter 02 산업심리

중점 학습내용

산업심리 등에 관련된 기본적인 기초 지식을 학습하도록 하였으며 이번 실기 필답형 시험에 출제되는 그 중심적인 내용은 다음과 같다.
❶ 인간의 행동 법칙 ❷ 인간의 심리 특성과 안전 ❸ 안전사고의 요인
❹ 주의력과 부주의
❺ 착시
❻ 안전심리
❼ 동기이론
❽ 집단기능과 인간관계
❾ 직업 적성 및 적성의 분류(적성요인)
❿ 피로의 증상 및 대책

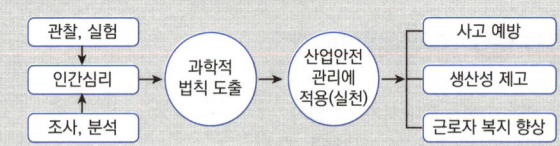

[그림] 산업심리 목적

합격날개

합격예측

쿠르트 레빈(Kurt Lewin, 1890~1947)

레빈의 법칙
B = f(P · E)
B : behavior(인간의 행동)
P : person(연령, 경험, 심신 상태, 성격, 지능, 기타)
E : environment(심리적 환경)
f : function(적성, 기타 P와 E에 영향을 주는 조건)

합격예측

인간의 안전심리 5대 요소
① 동기
② 기질
③ 감정
④ 습성
⑤ 습관

1 인간의 행동법칙

1. Lewin, R.의 법칙

① Lewin은 인간의 행동(B)은 그 사람이 가진 자질, 즉 개체(P)와 심리학적 환경(E)과의 상호 함수 관계에 있다고 하였다.

$$B = f(P \cdot E)$$

B : behavior(인간의 행동)
P : person(연령, 경험, 심신 상태, 성격, 지능, 기타)
E : environment(심리적 환경)
f : function(적성, 기타 P와 E에 영향을 주는 조건)

② 개체(P)와 심리학적 환경(E)과의 통합체를 심리학적 상태(S)라고 하여 인간의 행동은 심리학적 상태에 긴밀히 의존하고 또 규정받는다고 한다.

③ P와 E에 의해 성립되는 심리학적 상태 S를 심리학적 생활공간(LSP) 또는 간단히 생활공간이라고 한다.

$$B = f(LSP)$$

Lewin에 의하면 인간의 행동은 어떤 순간에 있어서 어떤 행동, 어떤 심리학적 장을 일으키느냐, 안 일으키느냐는 심리학적 생활공간의 구조에 따라 결정된다는 것이다.

2. 인간 동작의 특성

(1) 외적 조건

① 동적 조건(대상물의 동적 성질) – 최대 요인
② 정적 조건(높이, 크기, 깊이)
③ 환경 조건(기온, 습도, 소음 등)

(2) 내적 조건

① 생리적 조건(피로, 긴장)
② 경험 시간
③ 개인차

3. 실수 및 과오의 요인

① 능력부족 : 적성, 지식, 기술, 인간 관계
② 주의부족 : 개성, 감정의 불안정, 습관성
③ 환경조건 부적당 : 표준 불량, 규칙 불충분, 연락 및 의사 소통 불량, 작업 조건 불량

[표] 인간의식(주의력) 수준과 설비상태와의 관계

인간주의력 ≷ 설비상태	안전수준	대응 포인트
높은 수준 > 불안전상태	안전	인간측 고수준에 기대
높은 수준 ≦ 불안정상태	불안전	사고 재해 가능성
낮은 수준 > 본질적 안전화	안전	설비측 Fool-proof·Fail-safe 안전대책

2 인간의 심리 특성과 안전

1. 심리 특성

인간은 사고의 유발과 관계되는 몇가지 본성을 가지고 있다.

(1) 간결성의 원리

① 최소의 에너지로써 목표에까지 도달하려는 심리 특성을 의미한다.
② 그 결과 생략, 단축, 근도 반응 등의 불안전한 행동이 야기된다. 대응 조치로서 안전 수칙을 제정, 이행할 필요가 있다.

합격예측

인간 동작의 특성
① 외적 조건
  ㉮ 동적 조건(대상물의 동적 성질) – 최대 요인
  ㉯ 정적 조건(높이, 크기, 깊이)
  ㉰ 환경 조건(기온, 습도, 소음 등)
② 내적 조건
  ㉮ 생리적 조건(피로, 긴장)
  ㉯ 경험 시간
  ㉰ 개인차

합격예측

실수 및 과오의 원인
① 능력부족
② 주의부족
③ 환경조건 부적당

합격예측

재해누발자 유형
(1) 미숙성 누발자
  ① 기능미숙 때문에
  ② 환경에 익숙하지 못하기 때문에
(2) 상황성 누발자
  ① 작업자체가 어렵기 때문에
  ② 기계, 설비에 결함이 있기 때문에
  ③ 심신에 근심이 있기 때문에
  ④ 환경상 주의력 집중이 곤란하기 때문에
(3) 습관성 누발자
  재해의 경험으로 인해 겁쟁이가 되거나 신경과민 때문에
(4) 소질성 누발자
  ① 낮은 지능
  ② 비협조성
  ③ 도덕성의 결여
  ④ 소심한 성격
  ⑤ 정직하지 못함

합격예측

플리커(Flicker)법
융합한계빈도(crifical fusion frequency of flicker : CFF법)라고도 하며, 사이가 벌어진 회전하는 원판으로 들어오는 광원의 빛을 단속시켜 연속광으로 보이는지 단속광으로 보이는지 경계에서의 빛의 단속주기를 플리커 치라고 하여 피로도 검사에 이용

합격예측

일의 곤란도에 대응하는 정보 처리 채널
① 반사작업
② 주시하지 않아도 되는 작업
③ 루틴 작업
④ 동적 의지 결정
⑤ 문제 해결

합격예측

인간의 동작 실패를 초래하는 조건
① 기상 조건
② 피로도
③ 작업 강도
④ 자세의 불균형
⑤ 환경조건

(2) 주의의 일점 집중 현상

① 돌발 사태에 직면하면 공포를 느끼게 되고 주의가 일점(주시점)에 집중되어 판단 정지 및 멍청한 상태에 빠지게 되어 유효한 대응을 못하게 된다.
② 사전에 위험을 예상하고 대안을 미리 강구하는 심리적 훈련(mental practice)이 필요하다.

(3) 리스크 테이킹(risk taking)과 안전태도의 관계

① 리스크 테이킹 : 객관적인 위험을 자기 나름대로 판정해서 의지 결정을 하고 행동에 옮기는 것을 말한다.
② 안전태도가 양호한 자는 리스크 테이킹의 정도가 적고, 같은 수준의 안전태도에서도 작업의 달성 공기, 성격, 능률 등 각종 요인의 영향에 의해 리스크 테이킹의 정도가 변하게 된다.

2. 일의 곤란도에 대응하는 정보 처리 채널

① 반사 작업
② 주시하지 않아도 되는 작업
③ 루틴 작업
④ 동적 의지 결정
⑤ 문제 해결

3. 의식의 수준

의식 수준	주의 상태	신뢰도	비 고
phase 0	수면중	0	의식의 단절, 의식의 우회
phase Ⅰ	졸음상태	0.9 이하	의식수준의 저하
phase Ⅱ	일상생활	0.99~0.99999	정상 상태
phase Ⅲ	적극 활동시	0.999999 이상	주의집중상태, 15분 이상 지속 불가
phase Ⅳ	과긴장시	0.9 이하	주의의 일점집중, 의식의 과잉

3 안전사고의 요인

1. 안전사고의 경향성

① 안전사고의 원인과 개인의 관련성(심리학자 Greenwood) : 기업체에서 일어난 대부분의 사고는 소수의 근로자에 의해서 발생한다.
② 소심한 사람은 사고를 유발하기 쉬우며, 이런 성격의 소유자는 도전적이다.
③ 사고 경향성이 없는 사람은 침착 숙고형이다.

2. 소질적인 사고요인

지능, 성격, 감각운동기능 등이 있다.

(1) 지능(intelligence)

① 지능과 사고의 관계는 비례적 관계에 있지 않으며 그보다 높거나 낮으면 부적응을 초래한다.
② Chiselli와 Brown은 지능 단계가 낮을수록 또는 높을수록 이직률 및 사고 발생률이 높다고 지적하였다.
③ 개개의 직무가 요구되는 지적 수준이 어느 정도인가를 파악하고 거기에 적합한 사람을 배치하거나 부단한 지속적 반복 훈련을 통하여 적응력을 키워야 한다.

(2) 성격

사람은 그 성격이 작업에 적응되지 못할 경우 재해 사고를 발생한다.

(3) 시각 기능

① 재해와 시각 관계를 조사한 결과 Tiffin, J.는 시각 기능에 결함이 있는 자에게 재해가 많았고, Fletcher, E.D.는 두눈의 시력이 불균형인 자에게 재해가 많음을 지적하였다.
② 시각 기능과 재해 발생에 있어서는 반응 속도 자체보다 반응의 정확도에 더 관계가 깊다.

[표] 반응의 정확도(스즈키)

구 분	반 응 속 도	반응의 정확도(착오)
무사고자	0.177	1.9
1~2회 사고자	0.178	4.3
재해 빈발자	0.186	6.3

합격예측

소질적인 사고요인
① 지능
② 성격
③ 시각기능

합격예측

주의력의 특성
① 선택성 : 여러 종류의 자극을 지각할 때 소수의 특정한 것에 한하여 선택하는 기능
② 변동성(단속성) : 주의에는 주기적으로 부주의적 리듬이 존재한다.
③ 방향성 : 주시점만 인지하는 기능

합격예측

부주의 현상(부주의 심리 특징)
① 의식의 단절
② 의식의 우회
③ 의식 수준 저하
④ 의식 수준 과잉

3. 미확인

미확인이란 인간이 행위를 진행하는 경우 일반적으로 block diagram으로 진행되며, 다음과 같은 경우가 있다.

① 단락에 의하는 경우
② 별도의 아웃풋 영역에 지령이 나가 버리는 경우
③ 피드백이 행해지지 않고 통제되지 않는 경우
④ 「…을 하지 않으면 안 된다」고 생각했을 뿐 실제로는 그것을 한 것으로 착각하는 경우

4. 착오

(1) 인지과정 착오

① 생리, 심리적 능력의 한계
② 정보량 저장의 한계
③ 감각 차단 현상
④ 정서 불안정 : 공포, 불안, 불만

(2) 판단과정 착오

① 능력 부족
② 정보 부족
③ 합리화
④ 환경 조건 불비

(3) 조치과정 착오

---

4 주의력과 부주의

1. 주의의 개념

(1) 주의와 부주의

① 주의란 행동의 목적에 의식 수준이 집중하는 심리 상태를 말한다.
② 부주의란 목적 수행을 위한 행동 전개 과정에서 목적에서 벗어나는 심리적, 신체적 변화의 현상을 말한다.

합격예측

착오
① 인지과정 착오
 ㉮ 생리, 심리적 능력의 한계
 ㉯ 정보량 저장의 한계
 ㉰ 감각 차단 현상
 ㉱ 정서 불안정 : 공포, 불안, 불만
② 판단과정 착오
 ㉮ 능력부족
 ㉯ 정보부족
 ㉰ 합리화
 ㉱ 환경조건 불비

합격예측

사고의 본질적 특성
① 사고의 시간성 : 사고의 본질은 공간적인 것이 아니라 시간적이다.
② 우연성 중의 법칙성 : 모든 사고는 우연처럼 보이지만 엄연한 법칙에 따라 발생되기도 하고 미연에 방지되기도 한다.
③ 필연성 중의 우연성 : 인간 시스템은 복잡하고 행동의 자유성이 있기 때문에 오히려 인간이 착오를 일으켜 사고의 기회를 조성한다고 보며, 외적 조건 의지를 가진 자일 경우에는 우연성은 복합 형태가 되어 기회는 더 많아진다.
④ 사고의 재현 불가능설 : 사고는 인간의 추이 속에서 돌연히 인간의 의지에 반하여 발생되는 사건이라고 할 수 있으며 지나가 버린 시간을 되돌려 상황을 원상태로 재현할 수는 없다.

(2) 주의의 특징 04. 9. 19 기 10. 7. 4 기

① 선택성 : 여러 종류의 자극을 자각할 때 소수의 특정한 것에 한하여 선택하는 기능
② 방향성 : 주시점만 인지하는 기능
③ 변동성 : 주의에는 주기적으로 부주의적 리듬이 존재(단속성)

(3) 주의의 특성

① 주의는 동시에 두 방향에 집중하지 못한다.
② 고도의 주의는 장시간 지속할 수 없다.
③ 한 지점에 주의를 집중하면 다른 곳의 주의는 약해진다.

2. 부주의 현상

① 의식의 단절
② 의식의 우회
③ 의식 수준의 저하
④ 의식의 과잉
⑤ 의식의 혼란

3. 부주의의 발생 원인과 대책

(1) 외적 원인 및 대책

① 작업 환경 조건 불량 : 환경 정비
② 작업 순서의 부적당 : 작업 순서 정비

(2) 내적 조건 및 대책

① 소질적 조건
② 의식의 우회 : 상담(counseling)
③ 경험, 미경험 : 교육

4. 주의력의 집중과 배분

① 주의의 집중과 주의의 확장을 잘 조화시키는 것은 인간 과오를 없애는 데 있어 매우 중요한 것이다.
② 인간은 주의를 하는 특성이 있으며, 주의를 집중하는 경우에는 주의의 범위가 좁게 되고 또 주의 범위를 확장하면 주의의 정도가 낮게 되는 것이다. 따라서 이 두 가지 요소를 적절히 사용해 나가는 것이 필요하다.

합격예측

주의의 특징
① 선택성
② 방향성
③ 변동성(단속성)

합격예측

부주의의 현상
① 의식의 단절
② 의식의 우회
③ 의식수준의 저하
④ 의식의 과잉
⑤ 의식의 혼란

합격예측

내적 조건 및 대책
① 소실적 조건
② 의식의 우회 : 상담(counseling)
③ 경험, 미경험 : 교육

> **합격예측**
>
> **운동의 시지각에 해당하는 착각 현상의 종류**
> ① 자동 운동 : 암실 내에서 정지된 소광점을 응시하고 있으면 그 광점이 움직이는 것처럼 느껴지는 현상
> ② 유도 운동 : 실제로는 움직이지 않는 것이 어느 기준의 이동에 유도되어 움직이는 것처럼 느껴지는 현상
> ③ 가현 운동 : 객관적으로 정지하고 있는 대상물이 급속히 나타난다든지 소멸하는 것으로 인하여 일어나는 운동으로 마치 대상물이 운동하는 것처럼 인식되는 현상

> **합격예측**
>
> **인간의 동작 실패를 막기 위한 조건**
> ① 착각을 일으킬 수 있는 외부 조건이 없을 것
> ② 감각기의 기능이 정상적일 것
> ③ 올바른 판단을 내리기 위해 필요한 지식을 갖고 있을 것
> ④ 시간적, 수량적으로 능력을 발휘할 수 있는 체력이 있을 것
> ⑤ 의식 동작을 필요로 할 때 무의식 동작을 행하지 않을 것

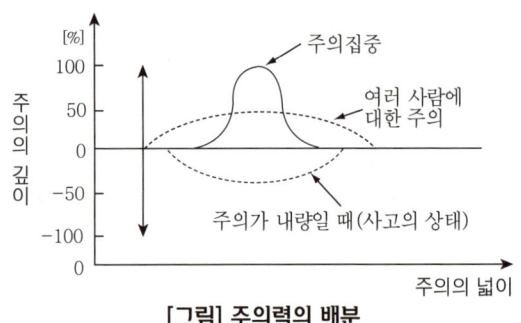

[그림] 주의력의 배분

5 착시

1. 운동의 시지각(착각 현상)

(1) 자동 운동

암실 내에서 정지된 소광점을 응시하고 있으면 그 광점이 움직이는 것을 볼 수 있는데 이것을 자동 운동이라 한다. 자동 운동이 생기기 쉬운 조건은 다음과 같다.
① 광점이 작을 것
② 시야의 다른 부분이 어두울 것
③ 광의 강도가 작을 것
④ 대상이 단순할 것

(2) 유도 운동

실제로는 움직이지 않는 것이 어느 기준의 이동에 유도되어 움직이는 것처럼 느껴지는 현상을 말한다.

(3) 가현 운동(β운동)

객관적으로 정지하고 있는 대상물이 급속히 나타나든가 소멸하는 것으로 인하여 일어나는 운동으로 마치 대상물이 운동하는 것처럼 인식되는 현상을 말한다(영화 영상의 방법).

2. 착시 현상

(1) Müler-Lyer의 착시

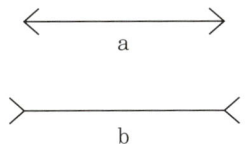

b가 a보다 길게 보인다.
(동화착오 a=b)

(2) Helmholtz의 착시

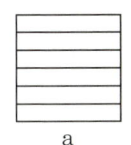 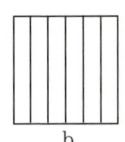

b는 세로로 길고
a는 가로로 길어 보인다.

(3) Hering의 착시

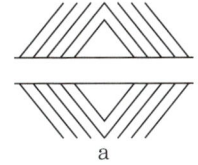 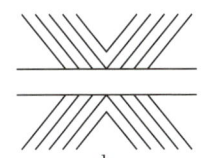

b는 양단이 벌어져 보이고
a는 중앙이 벌어져 보인다.

[그림] 분할착오

(4) Köhler의 착시

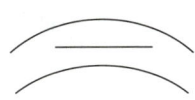

우선 평행의 호를 보고 이어 직선을 본 경우에
직선은 호의 반대방향으로 굽어 보인다.

[그림] 윤곽착오

(5) Poggendorf의 착시

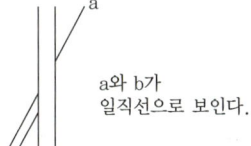

a와 b가 일직선으로 보인다.

(6) Zöfler의 착시

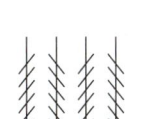

세로의 선이 굽어보인다.

합격예측

착시현상 6가지

① Müler-Lyer의 착시

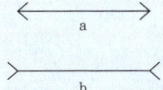

b가 a보다 길게 보인다.
(동화착오 a=b)

② Helmholtz의 착시

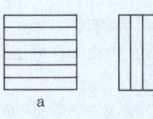

b는 세로로 길고
a는 가로로 길어 보인다.

③ Hering의 착시

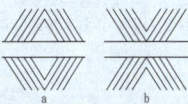

b는 양단이 벌어져 보이고
a는 중앙이 벌어져 보인다.

④ Köhler의 착시

우선 평행의 호를 보고 이어
직선을 본 경우에 직선은 호의
반대방향으로 굽어 보인다.

⑤ Poggendorf의 착시

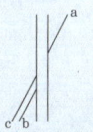

a와 b가 일직선으로 보인다.

⑥ Zöfler의 착시

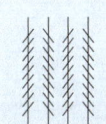

세로의 선이 굽어 보인다.

6 안전심리

1. 안전심리의 5요소

① 개인이 갖는 습관은 동기, 기질, 감정 및 습성의 차이에 큰 영향을 준다.
② 동기, 기질, 감정, 습성, 습관의 5대 요소는 안전과 직접 관련되어 있으며, 안전 사고를 막는 방법은 이 5대 요소를 통제하는 것이다.
③ 동기 유발 : 동기 부여 또는 동기 조성이라고도 하며, 동기를 유발시키는 일, 즉 동기를 불러일으키게 하고, 일어난 행동을 유지시키고, 나아가서는 이것을 일정한 목표로 방향지어 이끌어 나가게 하는 과정을 말한다.

2. 안전동기의 유발방법(동기부여요인)

① 안전의 근본이념을 인식시킬 것
② 안전목표를 명확히 설정할 것
③ 결과를 알려줄 것(K. R법 : knowledge results)
④ 상과 벌을 줄 것
⑤ 경쟁과 협동을 유도할 것
⑥ 동기유발 수준을 유지할 것

3. 모랄 서베이의 주요 방법

① 통계에 의한 방법 : 사고 상해율, 생산고, 결근, 지각, 조퇴, 이직 등을 분석하여 파악하는 방법
② 사례 연구법 : 경영 관리상의 여러 가지 지도에 나타나는 사례에 대해 케이스 스터디로서 현상을 파악하는 방법
③ 관찰법 : 종업원의 근무 실태를 계속 관찰함으로써 문제점을 찾아내는 방법
④ 실험 연구법 : 실험 그룹과 통제 그룹으로 나누고, 정황, 자극을 주어 태도 변화 여부를 조사하는 방법
⑤ 태도 조사법(의견 조사) : 질문지법, 면접법, 집단 토의법, 투시법 등에 의해 의견을 조사하는 방법

4. 카운슬링(Counseling)

(1) 개인적 카운슬링 방법

① 직접 충고(수칙 불이행시 적합)
② 설득적 방법

합격예측

안전심리의 5대 요소
① 동기
② 기질
③ 감정
④ 습성
⑤ 습관

합격예측

안전동기 유발방법
① 안전의 근본이념을 인식시킬 것
② 안전목표를 명확히 설정할 것
③ 결과를 알려줄 것
④ 상과 벌을 줄 것
⑤ 경쟁과 협동을 유도할 것
⑥ 동기유발의 최적수준을 유지토록 할 것

③ 설명적 방법

(2) 카운슬링의 순서

장면 구성 – 내담자 대화 – 의견 재분석 – 감정 표출 – 감정의 명확화

(3) 색과 심도에 대한 지각, 지각적 항구성, 공간적 식별, 반사 작용 시간, 근육 활동 및 특히 이와 유사한 정신 물리학적 현상은 위험을 피하는 데 직접적으로 관련을 갖는 인체의 내적 현상이다.

(4) 인간의 발전, 성장, 성숙 과정 및 연령은 안전 사고를 유발하는 원인을 분석하는데 필요한 요건이다.

5. 연령에 따른 근로자의 성장(성장 과정)

(1) 탐색의 단계(10~25세) : 청년기

① 자기의 적성, 흥미, 개성(personality) 등에 알맞은 역할을 탐색한다.
② 규율, 근면, 시간 엄수, 책임감, 신뢰성 등의 태도를 습득한다.
③ 모험심, 시행 착오의 단계이다.

(2) 확립의 단계(25~40세)

영속적인 직업을 얻어 안정을 도모한다.

(3) 유지의 단계(45세 전후)

직업상의 안정을 얻어 자기 실현의 만족을 누리는 시기이다.

(4) 하강의 단계(50세 이후)

신체적으로나 정신적으로 능력이 저하하고 인내력, 기억력, 사고력 등이 감퇴하는 시기이다.

6. 인사 관리의 중요한 기능

① 조직과 리더십
② 선발
③ 배치
④ 작업 분석
⑤ 업무 평가
⑥ 상담 및 노사간의 이해

합격예측

카운슬링의 효과
① 정신적 스트레스 해소 효과
② 동기부여
③ 안전태도형성

합격예측

카운슬링의 순서
장면 구성 – 내담자 대화 – 의견 재분석 – 감정 표출 – 감정의 명확화

7. 심리적 전염

유행과 비슷하면서 행동 양식이 이상적이며, 비합리성이 강한 것으로, 어떤 사상이 상당한 기간을 걸쳐 광범위하게 논리적, 사고적 근거 없이 무비판하게 받아들여지는 것을 의미한다.

7 동기이론

1. Maslow의 욕구단계이론

① 제1단계 : 생리적 욕구-기아, 갈증, 호흡, 배설, 성욕 등 인간의 가장 기본적인 욕구(종족 보존)
② 제2단계 : 안전욕구-안전을 구하려는 욕구
③ 제3단계 : 사회적 욕구-애정, 소속에 대한 욕구(친화 욕구)
④ 제4단계 : 인정받으려는 욕구-자기 존경의 욕구로 자존심, 명예, 성취 지위에 대한 욕구(승인의 욕구)
⑤ 제5단계 : 자아실현의 욕구-잠재적인 능력을 실현하고자 하는 욕구(성취 욕구)

2. Alderfer의 ERG이론

① 생존욕구(E) : 신체적인 차원에서 유기체의 생존과 유지에 관련된 욕구
② 관계욕구(R) : 타인과의 상호 작용을 통해 만족되는 대인 욕구
③ 성장욕구(G) : 개인적인 발전과 증진에 관한 욕구

[표] 동기부여에 관한 이론 비교 16. 4. 19 산 16. 6. 26 기 23. 7. 22 산

구 분	Maslow의 욕구단계이론	Herzberg의 2요인	Alderfer의 ERG이론
제1단계	생리적 욕구	위생 요인	생존욕구(Existence)
제2단계	안전 욕구		
제3단계	사회적 욕구	동기 요인	관계욕구(Relation)
제4단계	인정받으려는 욕구		
제5단계	자아실현의 욕구		성장 욕구(Growth)

합격예측

Maslow의 욕구단계이론
① 제1단계 : 생리적 욕구-기아, 갈증, 호흡, 배설, 성욕 등 인간의 가장 기본적인 욕구(종족 보존)
② 제2단계 : 안전욕구-안전을 구하려는 욕구
③ 제3단계 : 사회적 욕구-애정, 소속에 대한 욕구(친화 욕구)
④ 제4단계 : 인정받으려는 욕구-자기 존경의 욕구로 자존심, 명예, 성취 지위에 대한 욕구(승인의 욕구)
⑤ 제5단계 : 자아실현의 욕구-잠재적인 능력을 실현하고자 하는 욕구(성취욕구)

합격예측

알더퍼의 ERG이론
① 생존욕구
② 관계욕구
③ 성장욕구

3. McGregor의 X, Y이론

X 이론	Y 이론
① 인간 불신감	① 상호 신뢰감
② 성악설	② 성선설
③ 인간은 원래 게으르고 태만하여 남의 지배받기를 즐긴다.	③ 인간은 부지런하고, 근면, 적극적이며, 자주적이다.
④ 물질욕구(저차적 욕구)	④ 정신욕구(고차적 욕구)
⑤ 명령 통제에 의한 관리	⑤ 목표 통합과 자기 통제에 의한 자율 관리
⑥ 저개발국형	⑥ 선진국형

4. Herzberg의 동기 – 위생이론

(1) 위생요인(또는 유지욕구)

인간의 동물적인 욕구를 반영하는 것으로서 Maslow의 욕구 단계에서 생리적, 안전, 사회적 욕구와 비슷하다.

(2) 동기요인(또는 만족욕구)

자아실현을 하려는 인간의 독특한 경향을 반영한 것으로 Maslow의 자아 실현 욕구와 비슷한 개념이다.

(3) 동기부여요인은 만족요인이고, 위생요인은 불만족요인이다.

(4) 작업만족도(job satisfaction)

① 작업확대(job enlargement)
② 작업 윤택화(job enrichment)
③ 작업 순환(job rotation)

8 집단기능과 인간관계

1. 사회 행동의 기본 형태

(1) 협력(cooperation) : 조력, 분업

(2) 대립(opposition) : 공격, 경쟁

(3) 도피(escape) : 고립, 정신병, 자살

(4) 융합(accommodation) : 강제, 타협, 통합

합격예측

맥그리거의 X이론과 Y이론
① X이론
  ㉮ 인간 불신감
  ㉯ 성악설
  ㉰ 물질욕구
  ㉱ 명령통제에 의한 관리
  ㉲ 저개발국형
② Y이론
  ㉮ 상호 신뢰감
  ㉯ 성선설
  ㉰ 정신욕구
  ㉱ 목표통합과 자기통제에 의한 자율관리
  ㉲ 선진국형

합격예측

허즈버그의 2요인
① 위생요인 : 낮은 단계의 욕구로 금전, 안전, 작업조건, 대인관계, 직위, 정책, 관리, 감독 등 환경적 요인을 의미한다.
② 동기부여요인 : 높은 단계의 욕구로 성취, 책임과 승진 등 작업자에게 만족감을 주는 요인을 의미한다.

합격예측

집단의 응집력 결정요소
① 참여와 분배
② 문제 해결 과정
③ 갈등 해소
④ 영향력과 동조
⑤ 의사결정 과정
⑥ 리더십
⑦ 의사소통
⑧ 지지도 및 신뢰도

합격예측

인간관계의 메커니즘현상
① 동일화
② 투사
③ 커뮤니케이션
④ 모방
⑤ 암시

합격예측

집단 효과
① 동조(同調) 효과
② Synergy 효과
③ 견물 효과

보충학습

적응기재 3가지 15. 7. 12 기
① 도피기제(Escape 24. 4. 27 기 Mechanism) : 갈등을 해결하지 않고 도망감

구분	특징
억압	무의식으로 쑤셔넣기
퇴행	유아시절로 돌아가 유치해짐
백일몽	공상의 나래를 펼침
고립 (거부)	외부와의 접촉을 끊음

② 방어기제(Defense Mechanism) : 갈등을 이겨내려는 능동성과 적극성

구분	특징
보상	열등감을 다른 곳에서 강점으로 발휘함
합리화	자기변명, 자기실패의 합리화, 자기미화
승화	열등감과 욕구불만을 사회적으로 바람직한 가치로 나타내는 것
동일시	힘 있고 능력 있는 사람을 통해 자기만족을 얻으려 함
투사	자신의 열등감을 다른 것에 던져 그것들도 결점이 있음을 발견해서 열등감에서 벗어나려 함

③ 공격기제(Aggressive Mechanism) : 직접적, 간접적

---

(5) 사회행동의 기초

① 요구
② 개성(personality)
③ 인지
④ 신념, 태도

2. 인간관계의 메커니즘

① 동일화(identification) : 다른 사람의 행동 양식이나 태도를 투입시키거나 다른 사람 가운데서 자기와 비슷한 것을 발견하는 것을 말한다.
② 투사(投射 : projection) : 자기 속의 억압된 것을 다른 사람의 것으로 생각하는 것을 투사(또는 투출)라고 한다.
③ 커뮤니케이션(communication) : 갖가지 행동 양식이 기호를 매개로 하여 어떤 사람으로부터 다른 사람에게 전달되는 과정을 말한다.
④ 모방(imitation) : 남의 행동이나 판단을 표본으로 하여 그것과 같거나 또는 그것에 가까운 행동 또는 판단을 취하려는 것이다.
⑤ 암시(suggestion) : 다른 사람으로부터의 판단이나 행동을 무비판적으로 논리적, 사실적 근거없이 받아들이는 것을 말한다.
⑥ 호돈(Hawthorne) 실험 : 메이오(G.E. Mayo)에 의한 실험으로, 작업자의 작업 능률(생산성 향상)은 물리적인 작업 조건보다는 사람의 심리적인 태도, 감정을 규제하고 있는 인간 관계에 의하여 결정됨을 밝혔다.

3. 집단 효과

① 동조(同調) 효과
② Synergy 효과
③ 견물 효과

4. 집단의 기능

① 응집력 : 집단의 내부로부터 생기는 힘을 말한다.
② 행동의 규범 : 집단 규범은 집단을 유지하고 집단의 목표를 달성하기 위한 것으로, 집단에 의해 지지되며 통제가 행하여진다.
③ 집단목표 : 집단이 하나의 집단으로서의 역할을 다하기 위해서는 집단목표가 있어야 한다.

5. 적응과 역할(Super, D.E의 역할 이론)

① 역할연기(role playing) : 자아탐색(self-exploration)인 동시에 자아 실현의 수단이다.
② 역할기대(role expectation) : 자기의 역할을 기대하고 감수하는 사람은 그 직업에 충실한 것이다.
③ 역할조성(role shaping) : 개인에게 여러개의 역할 기대가 있을 경우 그 중의 어떤 역할 기대는 불응, 거부하는 수도 있으며, 혹은 다른 역할을 해내기 위해 다른 일을 구할 때도 있다.
④ 역할갈등(role conflict) : 직업중에는 상반된 역할이 기대되는 경우가 있으며 그럴 때 갈등이 생기게 된다.

9 직업적성 및 적성의 분류(적성 요인)

1. 직업적성

(1) 기계적 적성

기계 작업에 성공하기 쉬운 특성으로 기계 작업에서의 성공에 관계되는 요인으로서는 다음과 같은 것이 있다.
① 손과 팔의 솜씨 : 빨리 그리고 정확히 잔일이나 큰일을 해내는 능력
② 공간 시각화 : 형상이나 크기의 관계를 확실히 판단하여 각 부분을 뜯어서 다시 맞추어 통일된 형태가 되도록 손으로 조작하는 과정
③ 기계적 이해 : 공간 시각화, 지각 속도, 추리, 기술적 지식, 기술적 경험 등의 복합적 인자가 합쳐져서 만들어진 적성

(2) 사무적(서기적) 적성

사무적 일에는 지능도 중요하지만 그와 함께 손과 팔의 솜씨나 지각의 속도 및 정확도 등이 특히 중요하다.

2. 지능(Intelligence)

① 지능은 학습 능력, 추상적 사고 능력, 환경 적응 능력 등으로 간주되는데, 일반적으로 지능이란 새로운 문제 같은 것을 효과적으로 처리해 가는 능력을 말한다.

합격예측

역할이론 4가지
① 역할연기
② 역할기대
③ 역할조성
④ 역할갈등

합격예측

기계적 적성 3가지
① 손과 팔의 솜씨
② 공간 시각화
③ 기계적 이해

합격예측

직업 적성 요인
① 지능
② 직업 적성
③ 흥미
④ 인간성(성격)

> **합격예측**
>
> IQ= $\dfrac{\text{지능 연령}}{\text{생활 연령}} \times 100$

② 지능의 척도는 지능 지수(Intelligence Quotient : IQ)로 표시하며 그 식은 다음과 같다.

$$IQ = \frac{\text{지능 연령}}{\text{생활 연령}} \times 100$$

> **합격예측**
>
> **부적응의 원인**
> ① 개인의 소질
> ② 경험
> ③ 신체적 조건
> ④ 정신적 조건
> ⑤ 환경적 조건

3. 흥미(Interest)

① 흥미는 직무 선택, 직업의 성공, 만족 등 직무적 행동의 동기를 조성한다.
② 직무에 대한 흥미는 그 직무에 전념하는 태도에 큰 영향을 미친다.

4. 인간성(Personality)

① 개인의 인간성은 직장에의 적응에 중요한 역할을 한다.
② 안정성을 성공의 지표로 할 경우 비이동적 인간은 이동적 인간보다 사회적으로 인격이 통합되어 있다고 할 수 있다.

5. 적성 발견의 방법

① 자기이해 : 인간은 제각기 뛰어난 면, 즉 적성을 가지고 있으며 그것을 자신이 자기의 것으로 이해하고 인지하는 것을 자기 이해라 한다.
② 계발적 경험 : 직장 경험, 교육 활동이나 단체 활동의 경험, 여가 활동의 경험 등 자기의 경험을 통하여 내적인 능력을 탐색하는 것을 계발적 경험이라 한다.
③ 적성검사
  ㉮ 특수작업 적성검사 : 어느 특정의 직무에서 요구되는 능력을 가졌는가의 여부를 검사하는 것이다.
  ㉯ 일반직업 적성검사 : 어느 직업 분야에서 발전할 수 있겠느냐 하는 가능성을 알기 위한 검사이다.
  ㉰ 적성요인이 아닌 것 – 연령, 개인차
  ㉱ 적성요인 : 지능, 직업 적성, 흥미, 인간성

[표] 심리검사의 구비조건(기준)

구분	특 징
표준화	검사관리를 위한 절차가 동일하고 검사조건이 같아야 한다.
객관성	검사결과의 채점에 있어 공정한 평가가 이루어져야 한다.
규준	검사결과의 해석에 있어 상대적 위치를 결정하기 위한 척도이다.
신뢰성	검사 결과의 일관성을 의미하는 것으로 동일한 문항을 재측정할 경우 오차값이 적어야 한다.
타당성	검사에 있어 가장 중요한 요소로 측정하고자 하는 것을 실제로 측정하고 있는가를 나타내야하는 것이다.

[표] Y-K(Yutaka-Kohata) 성격 검사

작업성격 유형	작업성격 인자	적성직종의 일반적 경향
C, C'형	1. 운동, 결단, 기민, 빠르다. 2. 적응 빠르다. 3. 세심하지 않다. 4. 내구력, 집념 부족 5. 담력, 자신감 강함	1. 대인적(對人的) 직업 2. 창조적, 관리자적 직업 3. 변화있는 기술적, 가공작업 4. 변화있는 물품을 대상으로 하는 불연속 작업
M, M'형 (신경질형)	1. 운동성 느리고 지속성 풍부 2. 적응 느리다. 3. 세심, 억제, 정확하다. 4. 내구성, 집념, 지속성 5. 담력, 자신감 강하다.	1. 연속적, 신중적, 인내적 작업 2. 연구개발적, 과학적 작업 3. 정밀, 복잡성 작업
S, S'형, 다혈질 (운동성형)	1, 2, 3, 4 : C, C'형과 동일 5. 담력, 자신감 약하다.	1. 변화하는 불연속 작업 2. 사람상대 상업적 작업 3. 기민한 동작을 요하는 작업
P, P' (평범 수동성형)	1, 2, 3, 4 : C, C'형과 동일 5. 약하다.	1. 경리사무, 흐름작업 2. 계기관리, 연속작업 3. 지속적 단순작업
Am형 (비정상질)	1. 극도로 나쁘다. 2. 극도로 느리다. 3. 극도로 나쁘다. 4. 극도로 결핍	1. 위험을 수반하지 않은 단순한 기술적 작업 2. 직업상 부적응적 성격자는 정신위생적 치료 요함

④ Y-G(矢田部-Guilford) 성격검사
  ㉮ A형(평균형) : 조화적, 적응적
  ㉯ B형(우편형) : 정서 불안정, 활동적, 외향적(불안정, 부적응, 적극형)
  ㉰ C형(좌편형) : 안정 소극형(온순, 소극적, 안정, 비활동, 내향적)
  ㉱ D형(우하형) : 안정 적응 적극형(정서 안정, 사회 적응, 활동적, 대인 관계 양호)
  ㉲ E형(좌하형) : 불안정, 부적응 수동형(D형과 반대)

10 피로의 증상 및 대책

1. 피로(Fatigue)

피로란 어느 정도 일정한 시간 작업 활동을 계속하면 객관적으로 작업 능률의 감퇴 및 저하, 착오의 증가, 주관적으로는 주의력의 감소, 흥미의 상실, 권태 등으로 일종의 복잡한 심리적 불쾌감을 일으키는 현상을 말한다.

합격예측

Y-G(矢田部-Guilford) 성격 검사
① A형(평균형)
② B형(우편형)
③ C형(좌편형)
④ D형(우하형)
⑤ E형(좌하형)

합격예측

피로의 3대 특징
① 능률의 저하
② 생체의 다각적인 기능의 변화
③ 피로의 지각 등의 변화

합격예측

피로의 3증상(피로의 표지)
① 주관적 피로
② 객관적 피로
③ 생리적(기능적) 피로

합격예측

피로의 측정 방법
① 생리적 방법
② 심리학적 방법
③ 생화학적 방법

합격예측

휴식시간 산출하는 공식

$R = \dfrac{60(E-4)}{E-1.5}$

R : 휴식시간(분)
E : 작업시 평균 에너지 소비량(kcal/분)
60분 : 총작업시간,
1.5kcal/분 : 휴식시간 중의 에너지 소비량

2. 피로의 분류

(1) 정신피로와 육체피로

① 정신 피로 : 정신적 긴장에 의해서 일어나는 중추 신경계의 피로를 말한다.
② 육체 피로 : 육체적으로 근육에서 일어나는 피로를 말한다(신체 피로).

(2) 급성피로와 만성피로

① 급성피로 : 보통의 휴식에 의해서 회복되는 것으로서 정상 피로 또는 건강피로라고도 한다.
② 만성피로 : 오랜 기간에 걸쳐 축적되어 일어나는 피로로서 휴식에 의해서 회복되지 않으며, 축적피로라고도 한다.

3. 작업 강도에 따른 에너지 소비량

① 1일 보통 사람의 소비 에너지는 약 4,300[kcal/day] 정도이며, 여기서 기초대사와 여가에 필요한 에너지 2,300[kcal]를 빼면 나머지 2,000[kcal/day] 정도가 작업시의 소비 에너지가 된다. 이것을 480분(8시간)으로 나누면 약 4[kcal/분]이 된다(기초대사를 포함한 상한은 약 5[kcal/분]이다).

② 휴식시간 산출 : 작업에 대한 평균 에너지값을 4[kcal/분]이라 할 때 어떤 활동이 이 한계를 넘는다면 휴식 시간을 삽입하여 초과분을 보상해 주어야 하며, 휴식 시간 산출식은 다음과 같다.

$$R = \dfrac{60(E-4)}{E-1.5}$$

여기서 R : 휴식시간[분]
E : 작업시 평균 에너지 소비량[kcal/분]
총작업시간 : 60[분]
휴식시간 중의 에너지 소비량 : 1.5[kcal/분]

참고

1분당 4.5[kcal]의 열량을 소모하는 작업시의 시간당 휴식시간은?

해답

$R = \dfrac{60(E-4)}{E-1.5} = \dfrac{60(4.5-4)}{4.5-1.5} = 10분$

4. 생체리듬(Biorhythm)

① 혈액의 수분, 염분량 : 주간에 감소, 야간에 상승
② 체온, 혈압, 맥박 : 주간에 상승, 야간에 감소
③ 야간에는 체중 감소, 소화 분비액 불량
④ 야간에는 말초 운동 기능 저하, 피로의 자각 증상 증대

5. 생체 단일리듬을 읽는 법

리듬의 종류		신체리듬	감정리듬	지성리듬
내용		체력·내구력·저항력·스태미나·에너지·공격력·신체적 자신감·용기	감정·기분·신경·직관·분위기·감수성·반사력·창조력·공동의식	지력·사고력·기억력·분석력·판단력·집중력
리듬의 상태	고조기 (+)	체력상승 체력에 따르는 일, 여행, 스포츠 강화 훈련에 적당. 단, 체력 과신과 폭주에 조심. 회복력이 빠르므로 외과수술에 적기	기력충실 활력이 넘치며 적극적으로 일을 처리한다. 공동작업·구매·데이트	지력활동 두뇌회전이 빠르고 지적활동이 높다. 계획의 입안·검토, 중대사의 판단·결정에 적합. 자신없는 어려운 과목의 암기에 최적
	저조기 (−)	체력저조 피로하기 쉬우며, 과로·폭음·과식을 삼가고 체력의 축적을 위한 휴식이 필요함. 규칙적인 가벼운 연습은 잠재능력을 키운다.	기력침체 모든 일에 소극적이다. 인내나 창조력을 요하는 일을 피한다. 대인관계와 게임에 깊이 개입하지 말고 안정을 취할 것	지력감퇴 지적활동이 비교적 저조. 두뇌의 혹사를 피하고 자료의 정리, 자신있는 과목의 공부·복습·노트·카드정리
	위험일 (C)	신체불안정 발열·지병의 발작·감기·두통을 얻기 쉽다. 운전 및 안전사고에 각별히 주의할 것.	정서불안정 감정이나 신경이 동요하기 쉽다. 분노·실언·구설수·병세의 악화	지력불안정 주의력, 집중력의 결여·실수·착오. 중요한 결정사항이나 계약체결은 보류. 운전에 주의한다.

6. 생체 복합리듬을 읽는 법

① 리듬 곡선이 제로(0)선을 지날 때를 C, 제로선 위에 있으면 +, 제로선 아래에 있을 때를 −라 표시하면 이 부호들은 다음과 같은 의미를 갖는다.

C : 위험기(Critical)
+ : 고조기(High or Strong)
− : 저조기(Low or Weak)

합격예측

에너지 대사율(R.MR.R)을 산출하는 공식

RMR= $\dfrac{\text{작업시 소비에너지} - \text{안정시 소비에너지}}{\text{기초대사시 소비에너지}}$

= $\dfrac{\text{작업대사량}}{\text{기초대사량}}$

합격예측

바이오(생체)리듬의 종류
① 신체(육체적)리듬
② 감정적 리듬
③ 지성적 리듬

합격예측

위험일
생체리듬은 안정기와 불안정기를 반복 교대하면서 sin 곡선을 그려나가는데 +에서 −로, −에서 +로 교차되는 점(zero)을 위험일이라 하며, 뇌졸중은 5.4배, 자살은 6.8배나 증가한다.

> 합격예측

안전심리의 5요소
① 동기
② 기질
③ 감정
④ 습성
⑤ 습관

> 합격예측

컬러테라피(색채심리)
① 빨간색 : 공포, 열정, 애정, 활기, 용기
② 노란색 : 주의, 조심, 희망, 광명, 향상
③ 파란색 : 진정, 냉담, 소극, 소원
④ 녹색 : 안전, 안식, 평화, 위안
⑤ 보라색 : 우미, 고취, 불안, 영원

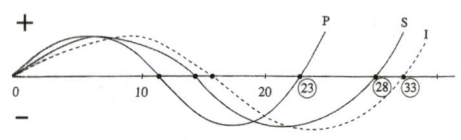

[그림] Biorhythm

[표] 바이오리듬의 표시방법

방법 리듬	색으로 표시	선으로 표시
육체적(P)	청색	실선(----)
감성적(S)	적색	점선(·····)
지성적(I)	녹색	실선과 점선(-·-·-·-)
위험일		점(·), 하트형, 크로바형 등

② 인간의 오류유형

구 분	특 징
착오(Mistake)	상황에 대한 해석을 잘못하거나 목표에 대한 잘못된 이해로 착각하여 행하는 경우(주어진 정보가 불완전하거나 오해하는 경우에 발생하며 틀린 줄 모르고 행하는 오류)
실수(Slip)	상황이나 목표에 대한 해석은 제대로 하였으나 의도와는 다른 행동을 하는 경우(주의산만이나 주의력결핍에 의해 발생)
건망증(Lapse)	여러 과정이 연계적으로 계속하여 일어나는 행동 중에서 일부를 잊어버리고 하지 않거나 또는 기억의 실패에 의해 발생
위반(Violation)	정해져 있는 규칙을 알고 있으면서 고의로 따르지 않거나 무시하는 행위
착각(Illusion)	감각적으로 물리 현상을 왜곡하는 지각 오류

③ 피로의 측정방법
  ㉮ 생리학적 방법(인지식역치, 반사역치, 대뇌피질 활동, 호흡순환기능)
  ㉯ 생화학적 방법(혈색소농도, 혈액수분, 응혈 시간)
  ㉰ 심리학적 방법(변별식역치, 동작분석, 정신작업)

④ 피로의 판정방법
  ㉮ 생화학적 검사   ㉯ 근기능 검사
  ㉰ 호흡기능 검사   ㉱ 순환기능 검사
  ㉲ 자율신경기능 검사 ㉳ 감각기능 검사
  ㉴ 심적기능 검사

⑤ 피로의 예방대책(피로의 회복대책)
  ㉮ 충분한 수면   ㉯ 충분한 영양섭취
  ㉰ 산책 및 가벼운 운동 ㉱ 음악감상 및 오락
  ㉲ 목욕, 마사지 등 물리적 요법

Chapter 02 산업심리 출제예상문제

01 주의력의 특징 3가지를 쓰시오.

해답
① 주의는 장시간 지속될 수 없다.
② 고도로 집중적인 주의는 그 지속 시간이 짧다.
③ 주의는 동시에 두 곳에 집중할 수 없다.

참고
① 주의력과 주의는 다릅니다.
② 문제 43번 확인

02 사고와 관련성 있는 기능 3가지를 쓰시오.

해답
① 지능
② 성격
③ 감각 운동 기능

03 재해 빈발설(Accident Proneness) 이론 3가지를 쓰시오.

해답
① 기회설
② 암시설
③ 재해 빈발 경향자설

04 동기부여에 관한 이론 중 데이비스(K.Davis)의 경영의 성과를 나타내는 등식을 쓰시오.

해답
① 경영의 성과 = 인간의 성과 × 물질의 성과
② 인간의 성과 = 능력 × 동기 유발
③ 능력 = 지식 × 기능
④ 동기 유발 = 상황 × 태도

05 Maslow의 욕구 5단계를 순서대로 쓰시오.

해답
① 제1단계 : 생리적 욕구
② 제2단계 : 안전, 안정의 욕구
③ 제3단계 : 사회적 욕구
④ 제4단계 : 인정받으려는 욕구
⑤ 제5단계 : 자아실현의 욕구

06 인간-기계 체계(Man-Machine System)의 기능을 4가지 쓰시오.

해답
① 감지 기능
② 정보저장 기능
③ 정보처리 및 결정 기능
④ 행동 기능

07 재해 누발자 유형 4가지를 쓰시오.

해답
① 미숙성 누발자
② 상황성 누발자
③ 습관성 누발자
④ 소질성 누발자

08 직업적성의 함수관계를 광의의 개념 4가지로 쓰시오.

해답
① 지능
② 직업적성
③ 흥미
④ 성격

09 적성 발견 방법 3가지를 쓰시오.

해답
① 자기이해
② 계발적 경험
③ 적성 검사

10 신뢰도를 결정하는 요인 중에서 기계의 신뢰도를 결정하는 요인을 3가지 쓰시오.

해답
① 재질
② 기능
③ 작동 방법

11 허즈버그(Frederick Herzberg)의 일을 통한 동기 부여 이론은 관리 기능을 통한 동기 부여 이론의 하나로 X 이론 Y이론과 더불어서 알려진 이론이다. 동기 부여 원칙을 7가지 쓰시오.

해답
① 작업자에게 완전하고 자연스러운 단위의 도급 작업을 부여할 수 있도록 일을 조정한다.
② 작업자에게 보다 새롭고 힘든 과업을 부여한다.
③ 작업자에게 독특한 기여를 할 수 있도록 특정 과업을 수행할 기회를 부여한다.
④ 작업자에게 자기 과업의 책임감을 증대시킨다.
⑤ 작업자가 책임을 다하고 있는 동안에는 작업자에게 불필요한 통제를 배제한다.
⑥ 작업자에게 자기 과업의 권위 의식을 증대시킨다.
⑦ 작업자에게 정기 보고서를 통하여 직접적인 정보를 제공한다.

12 근로자들에게 안전에 대한 동기부여를 유발하는 방법을 6가지만 쓰시오.

해답
① 안전의 근본이념을 인식시킬 것
② 안전목표를 명확히 설정할 것
③ 결과의 지식을 알려줄 것
④ 상과 벌을 줄 것
⑤ 경쟁과 협동심을 유발시킬 것
⑥ 동기유발의 최적수준을 유지하도록 한다.

13 심리검사방법 5가지를 쓰시오.

해답
① 표준화
② 객관적
③ 충분한 규준
④ 신뢰성
⑤ 타당성

14 직무분석방법 6가지를 쓰시오.

해답
① 면접법
② 질문지법
③ 직접 관찰법
④ 일지 작성법
⑤ 결정 사건 기법
⑥ 혼합 방식법

15 맥그리거(D. McGregor)의 Y이론에서 관리자가 종업원에 대하여 선봉하고 있는 내용을 쓰시오.

해답
① 종업원은 일하기를 원하고 또 자기 자신은 동기 유발자가 되도록 한다.
② 종업원은 회사의 목적을 위한 하나의 수단으로서 자발적으로 받아들인다.
③ 목표 설정에 참가함으로써 회사 목표에 적합한 개인의 목표를 설정할 수 있다.

16 맥그리거의 동기 이론 중 X이론과 Y이론에서 특징을 각각 5가지씩 쓰시오.

해답

(1) X이론의 특징
① 인간 불신감
② 성악설
③ 인간은 본래 게으르고, 수동적이며, 남의 지배받기를 즐긴다.
④ 물질욕구(저차적 욕구)
⑤ 명령 통제에 의한 관리

(2) Y이론의 특징
① 상호 신뢰감
② 성선설
③ 인간은 본래 부지런하고 근면, 적극적, 스스로 일을 자기 책임하에 자주적으로 처리한다.
④ 정신욕구(고차적 욕구)
⑤ 목표 통합과 자기 통제에 의한 관리

17 피로의 판정 검사법을 쓰시오.

해답

① 생화학적 검사
② 근기능 검사
③ 호흡 기능 검사
④ 순환 기능 검사
⑤ 감각 기능 검사
⑥ 자율 신경 기능 검사
⑦ 심적 기능 검사

18 피로의 변화를 쓰시오.

해답

① 생화학적 변화
② 심리적 변화
③ 작업면 변화

19 피로 현상을 3가지 쓰시오.

해답

① 피로감
② 생산성의 양적, 질적 저하
③ 작업 능력, 생리적 기능의 저하

20 지성적 리듬, 감정적 리듬, 육체적 리듬은 무슨 색으로 표시하는가?

해답

① 지성적 리듬 : 녹색
② 감성적 리듬 : 적색
③ 육체적 리듬 : 청색

21 바이오리듬상 위험일(critical day)의 정의를 쓰시오.

해답

육체적 리듬(physical cycle), 감정적 리듬(sensitivity cycle), 지성적 리듬(intellectual cycle) 등 3개의 서로 다른 리듬은 안정기(positive phase(+))와 불안정기(negative phase(-))를 반복 교대하면서 사인 곡선을 그려 나가는데 (+)리듬은 (-)리듬으로, (-)리듬은 (+)리듬으로 변화하는 점이다.

22 허즈버그(F. Herzberg)의 일을 통한 동기 부여 원칙을 6가지 쓰시오.

해답

① 작업자에게 보다 새롭고 힘든 과업을 부여한다.
② 작업자에게 불필요한 통제를 배제한다.
③ 작업자에게 완전하고 자연스러운 단위의 도급 작업을 부여할 수 있도록 일을 조정한다.
④ 자기 과업을 위한 작업자의 책임감을 증대시킨다.
⑤ 작업자에게 특정 작업을 수행할 기회를 부여한다.
⑥ 작업자에게 정기 보고서를 통하여 직접적인 정보를 제공한다.

23 작업상 실수 및 과오의 원인 3가지를 쓰시오.

해답

① 능력부족
② 주의부족
③ 환경조건 부적당

24 안전심리의 기본요인 4가지를 쓰시오.

해답
① 욕구와 동기
② 사고 및 개성 기질
③ 감정, 정서
④ 정신 동태 및 태도

25 인간행동 특성의 Risk taking에 대해서 간단히 설명하시오.

해답
객관적인 위험을 자기 나름대로 판정해서 의지 결정을 하고 행동에 옮기는 것을 말한다.

26 가현 운동에 대해서 간단히 설명하시오.

해답
객관적으로 정지하고 있는 대상물이 급속히 나타나든가 소멸하는 것으로 인하여 일어나는 운동으로 마치 대상물이 운동하는 것처럼 인식되는 현상을 말한다.

27 인사 관리의 중요 기능 6가지를 쓰시오.

해답
① 조직과 리더십
② 선발(적성 및 심리 검사)
③ 적성 배치
④ 직무 및 작업 분석
⑤ 업무 평가
⑥ 상담 및 노사간의 이해

28 부주의 현상 4가지를 쓰시오.

해답
① 의식의 우회
② 의식 수준의 저하
③ 의식의 단절
④ 의식의 과잉

29 동기의 3가지 구성 요소를 쓰시오.

해답
① 에너지를 공급하는 요소이다. 즉, 행동을 유발시킨다.
② 행동을 특별한 방향으로 이끄는 방향을 짓는 요소이다.
③ 일단 발생한 행동을 유지시키는 요소이다.

30 작업동기의 정의를 내리시오.

해답
작업환경에 관련된 행동을 유발시키고, 방향을 키우며, 유지시키는 데 영향을 미치는 요인을 말한다.

31 파슨즈(T. Parsons)의 집단 기능을 쓰시오.

해답
① 적응 기능(adaptation)
② 목표 달성 기능(goal gratification)
③ 통합 기능(integration)

32 리더십(leadership)은 집단 관리상 멤버를 응집시키는 기능과 집단을 바람직한 방향으로 지향하게 하는 기능을 가진다. 헤이어(Haire, M)에 의한 리더십의 기법을 6가지만 쓰시오.

해답
① 지식의 부여
② 관대한 분위기 유지
③ 일관된 규율 유지
④ 향상의 기회 부여
⑤ 참가의 기회 보장
⑥ 호소하는 권리 부여

33 듀빈(K. R. Dubin) 및 로스(M. Ross)와 같은 학자들이 연구한 구체적인 동기유발 요인을 10가지 쓰시오.

해답

① 안정　② 기회
③ 참여　④ 인정
⑤ 경제　⑥ 성과
⑦ 권력　⑧ 적응도
⑨ 독자성　⑩ 의사 소통

34 집단 역할(group dynamics)에서 사용되는 개념을 쓰시오.

해답

① 집단 목표(group goal)
② 집단 표준(group standard)
③ 집단의 응집력(cohesiveness of group)
④ 집단 결정(group decision)

35 안전대책을 세울 때는 직장의 실태나 종업원들의 안전 태도, 시설 등의 문제를 미리 조사한다. 안전 태도 조사방법을 3가지 쓰시오.

해답

① 질문지법
② 투영적(投影的) 검사법
③ 면접법

36 대표적인 동기부여이론을 3가지 쓰시오.

해답

① 매슬로우의 욕구의 5단계
② 허즈버그의 위생요인과 동기부여요인
③ 맥그리거의 X이론과 Y이론

37 방어기제의 행동 3가지를 쓰시오.

해답

① 공격적 행동(aggressive behavior)
② 도피적 행동(withdrawal behavior)
③ 절충적 행동(compromised behavior)

38 사고의 발생과 관련이 있는 인간의 행동 특성을 쓰시오.

해답

① 간결성의 원리
② 주의의 일점 집중 현상
③ 순간적인 경우의 대피 방향은 왼쪽
④ 동조 행동
⑤ Risk Taking(리스크 테이킹)

39 작업장에서 근로자에게 안전의식을 고취시키는 방법을 6가지만 쓰시오.

해답

① 안전보건 제안 제도 활용
② 포스터, 표어 등에 의한 홍보
③ 안전 당번 활용
④ 안전 일직 활용
⑤ 안전 수첩 활용
⑥ TBM의 활용

40 슈퍼(D.E. Super)의 역할 이론 4가지를 쓰시오.

해답

① 역할연기
② 역할기대
③ 역할형성
④ 역할갈등

41 허즈버그(F.Herzberg)의 위생요인과 동기부여 요인을 간단히 설명하시오.

해답

① 위생요인 : 낮은 단계의 욕구로 금전, 안전, 대인 관계, 작업 조건 등 환경적 요인을 의미한다.
② 동기부여요인 : 높은 단계의 욕구로 성취, 책임과 승진 등 작업자에게 만족감을 주는 요인을 의미한다.

42 안전사고는 인간의 정신 상태의 불량과 밀접하게 관련이 있다. 사고의 요인이 되는 정신적인 요소를 6가지만 쓰시오.

해답
① 주의력의 부족
② 판단력의 부족 및 그릇된 판단
③ 안전 의식의 부족
④ 방심 및 공상
⑤ 정신력과 관계되는 생리적 현상
⑥ 개성적 결함 요소

43 주의의 3특징을 쓰시오.

해답
① 변동성(단속성)
② 방향성
③ 선택성

44 피로의 종류를 3가지 쓰시오.

해답
① 주관적 피로
② 객관적 피로
③ 생리적 피로

45 1분에 8[kcal]를 소비하는 작업을 할 경우 1시간 작업하는 동안 몇 분의 휴식을 취하여야 하는가? 단, 작업에 대한 평균 에너지의 상한은 4[kcal/분]이다.

해답
휴식시간 $(R) = \dfrac{60(E-4)}{E-1.5}$ [분]에서
E는 작업시 소비 에너지이므로 E = 8[kcal/분]이다.
∴ 휴식시간 $(R) = \dfrac{60(8-4)}{8-1.5} = 37$ [분]

46 집단 인간 관계를 분류하여 간략하게 쓰시오.

해답
(1) 결합 관계
　① 협력(cooperation)
　② 융합(accommodation)
(2) 반대 관계
　① 공격(aggression)
　② 경쟁(competition)
(3) 도피(escape)
(4) 고립(isolation)

47 작업에 수반되는 피로의 예방과 회복 대책을 6가지 쓰시오.

해답
① 작업 부하를 작게 할 것
② 정적 동작을 피할 것
③ 작업 속도를 적절하게 할 것
④ 근로 시간과 휴식을 적정하게 할 것
⑤ 목욕이나 가벼운 체조를 할 것
⑥ 수면을 충분히 취할 것

48 인간의 신뢰도 결정요인을 쓰시오.

해답
① 주의력
② 긴장 수준
③ 의식 수준

49 리더십의 특성을 3가지 쓰시오.

해답
① 특성이론
② 행동이론
③ 상황이론

50 안전심리의 5대 요소를 쓰시오.

해답

① 동기
② 기질
③ 감정
④ 습성
⑤ 습관

51 인간관계의 메커니즘(mechanism)을 쓰시오.

해답

① 동일화(Identification)
② 투사(Projection)
③ 커뮤니케이션(Communication)
④ 모방(Imitation)
⑤ 암시(Suggestion)

52 인간이 착오를 일으키는 요인 3가지를 쓰시오.

해답

① 인지 과정의 착오
② 판단 과정의 착오
③ 조치 과정의 착오

53 알더퍼(Alderfer)의 ERG이론이란 구체적으로 무엇을 말하는 것인가?

해답

① 생존욕구
② 관계욕구
③ 성장욕구

54 직무 만족도를 높이는 방법을 쓰시오.

해답

① 직무 확대(Job Enlargement)
② 직무 충실(Job Enrichment)
③ 직무 전환(Job Rotation)
④ 자기 통제 제도 도입
⑤ 자율 관리 제도 도입

55 허즈버그의 동기유발이론을 2가지 쓰시오.

해답

① 위생요인
② 동기요인

56 구체적인 동기유발방법 6가지를 쓰시오.

해답

① 안전 가치관 제고
② 안전목표 설정
③ K.R.법 활용
④ 상벌 제도 활용
⑤ 경쟁심과 협동심 활용
⑥ 동기유발 최적 수준 유지

57 간결성의 원리를 4가지 쓰시오.

해답

① 근접의 요인 : 근접된 물건끼리 정리
② 동류의 요인 : 상호 비슷한 물건끼리 정리
③ 폐합의 요인 : 밀폐형으로 가지런히 정리
④ 연속의 요인 : 연속을 가지런히 정리

녹색직업 녹색자격증 코너

남과의 경쟁이 아닌 어제와의 경쟁이 성공의 비결

성공한 상인과 그렇지 못한 상인의 차이점이 있다.
성공한 상인은 어제보다 지혜롭고, 어제보다 너그러우며, 어제보다 삶을 잘 알고, 어제보다 잘 베풀며, 어제보다 여유롭다는 것이다.

－리카싱 청쿵그룹 회장

상인에 국한되지 않고 성공한 모든 사람의 공통점일 것입니다. 남과의 경쟁이 아닌, 어제의 나 보다 조금이라도 더 좋아지려는 지난한 노력, 나 혼자만이 아닌 세상과 더불어 잘 살아가려는 노력이 우리에게 행복한 성공을 가져다주는 토대가 된다는 말씀, 잘 새겨봅니다.

SAFETY ENGINEER

PART 3

보호구 및 안전보건 표지

안전 보호구　Chapter 01
보호구의 종류와 용도　Chapter 02
안전보건 표지　Chapter 03
출제예상문제

Chapter 01 안전 보호구

중점 학습내용

안전 보호구 등에 관련된 기본적인 기초 지식을 학습하도록 하였으며 이번 실기 필답형 시험에 출제되는 그 중심적인 내용은 다음과 같다.
❶ 보호구의 특성
❷ 보호구를 사용할 때의 유의사항
❸ 안전 보호구를 선택할 때의 유의사항
❹ 보호구의 구비 조건 및 보관 방법
❺ 안전인증 기관의 확인 사항

보호구의 정의

보호구란 근로자가 신체의 일부에 직접 착용하여 각종 물리적·화학적 위험 요소로부터 신체를 보호하기 위한 것으로 보조기구라고 정의할 수 있다. 2차적 안전 대책이며 소극적이다.

합격예측

안전인증대상 보호구 종류 12가지
① 추락 및 감전 위험방지용 안전모
② 안전화
③ 안전장갑
④ 방진마스크
⑤ 방독마스크
⑥ 송기마스크
⑦ 전동식 호흡보호구
⑧ 보호복
⑨ 안전대
⑩ 차광 및 비산물 위험방지용 보안경
⑪ 용접용 보안면
⑫ 방음용 귀마개 또는 귀덮개

1 보호구의 특성

인간의 생산 활동에는 항상 기계 장치가 동반된다고 할 수 없으며 그 기계 장치를 안전하게 하는 것만으로 안전이 충분히 유지된다고 할 수는 없다. 이와 같이 인간의 외적인 조건을 완전하게 안전화(安全化)할 수 없는 경우에는 어떻게 하면 좋을 것인가? 안전한 작업을 할 수 있도록 하기 위해서는 원칙적으로 기계에 안전 장치를 하거나, 작업 환경을 쾌적하게 하여야 할 것이다.

그러나 그와 같은 원칙을 적용하기 어려울 때에는 작업하는 사람을 방호하기 위한 수단이 강구되어야 할 것이다. 이 때문에 사용되는 것이 보호구이다. 재해를 막는 데 있어서 보호구를 사용한다는 것은 재해 예방의 적극적인 대책으로서 진행시켜야 할 수단은 아니지만, 현실적으로 볼 때에 예상되는 위험성으로부터 작업자를 보호하기 위해서는 부득이한 수단이라고 할 수 있다.

회사에서는 위험한 기계설비에서 작업하거나 유해한 물질을 취급할 때는 우선적으로 필요한 안전 조치를 취하고 각종 보호구를 지급해야 하며, 작업자들도 반드시 안전 수칙들을 준수해야 하며, 보호구를 착용해야 할 의무가 있다.

안전인증대상 보호구와 자율안전확인대상 보호구는 다음과 같다.

1. 안전인증대상 보호구

① 추락 및 감전 위험방지용 안전모
② 안전화
③ 안전장갑
④ 방진마스크

⑤ 방독마스크
⑥ 송기마스크
⑦ 전동식 호흡보호구
⑧ 보호복
⑨ 안전대
⑩ 차광 및 비산물 위험방지용 보안경
⑪ 용접용 보안면
⑫ 방음용 귀마개 또는 귀덮개

2. 자율안전확인대상 보호구

① 안전모(안전인증 대상기계·기구에 해당되는 사항 제외)
② 보안경(안전인증 대상기계·기구에 해당되는 사항 제외)
③ 보안면(안전인증 대상기계·기구에 해당되는 사항 제외)

2 보호구를 사용할 때의 유의사항

올바른 보호구를 선정한 것만으로 문제는 해결되지 않는다. 그것을 어떻게 사용할 것인가가 문제이다.

보호구는 비치하는 데 의의가 있는 것이 아니고 그것을 올바르게 사용함으로써 그 목적을 달성할 수가 있는 것이다. 보호구를 효과있게 사용하기 위해서는 다음의 기본적인 사항을 지키는 것이 필요하다.

① 작업에 적절한 보호구를 선정한다.
② 작업장에는 필요한 수량의 보호구를 비치한다.
③ 작업자에게 올바른 사용 방법을 빠짐없이 가르친다.
④ 보호구는 사용하는 데 불편이 없도록 관리를 철저히 한다.
⑤ 작업을 할 때에 필요한 보호구는 반드시 사용하도록 한다.

3 안전 보호구를 선택할 때의 유의사항

① 작업중 언제나 사용하는 것(예 : 안전모, 안전화), 작업중 필요한 때에 사용하는 것(예 : 보호 안경), 위급한 때에 임시로 사용하는 것(예 : 방독 마스크) 등 사용목적에 적합하여야 한다.
② 공업 규격에 합격된 품질이 좋은 것이어야 한다.
③ 사용하는 방법이 간편하고 손질하기가 쉬워야 한다.
④ 무게가 가볍고 크기가 사용자에게 알맞아야 한다.

합격예측

① 재해방지를 대상으로 하는 안전보호구
 ㉮ 안전대
 ㉯ 안전모
 ㉰ 안전화
 ㉱ 안전장갑
② 건강장해 방지를 목적으로 사용하는 위생보호구
 ㉮ 각종 마스크
 ㉯ 보호의
 ㉰ 보안경
 ㉱ 방음보호구
 ㉲ 특수복

합격예측

보호구의 선정조건 5가지
① 종류
② 형상
③ 성능
④ 수량
⑤ 강도

합격예측

보호구 선택시 유의사항
① 사용목적 또는 작업에 적합한 보호구일 것
② 검정기관의 검정에 합격한 것으로 방호성능이 보장되는 것일 것
③ 작업에 방해되지 않을 것
④ 착용하기 쉽고 크기 등이 사용자에게 적합할 것

합격예측

보호구의 구비조건
① 착용시 작업이 용이할 것(간편한 착용)
② 유해 위험물에 대한 방호성능이 충분할 것(대상물에 대한 방호가 완전)
③ 작업에 방해요소가 되지 않도록 할 것
④ 재료의 품질이 우수할 것(특히 피부접촉에 무해할 것)
⑤ 구조와 끝마무리가 양호할 것(충분한 강도와 내구성 및 표면 가공이 우수)
⑥ 외관 및 전체적인 디자인이 양호할 것

4 보호구의 구비 조건 및 보관 방법

보호장구는 인명과 직결되므로 여러 가지 제약 조건이 있다. 신체에 직접적으로 미치는 위험 유해 사항을 통제하기 위해서는 다음 사항이 필요하다.
① 착용이 간편할 것
② 작업에 방해가 안 되도록 할 것
③ 유해 위험 요소에 대한 방호 성능이 충분히 있을 것
④ 보호 장구의 원재료 품질이 양호한 것일 것
⑤ 구조와 끝마무리가 양호할 것
⑥ 겉모양과 표면이 섬세하고 외관상 좋을 것

보호 장구는 필요할 때 어느 때라도 착용할 수 있도록 청결하고 성능이 유지된 상태에서 보관되어야 한다. 각종 재료의 부식, 변질이 발생하지 않도록 보관해야 한다.
① 광선을 피하고 통풍이 잘되는 장소에 보관할 것
② 부식성, 유해성, 인화성 액체, 기름, 산 등과 혼합하여 보관하지 말 것
③ 발열성 물질을 보관하는 주변에 가까이 두지 말 것
④ 땀으로 오염된 경우에 세척하고 건조하여 변형되지 않도록 할 것
⑤ 모래, 진흙 등이 묻은 경우는 깨끗이 씻고 그늘에서 건조할 것

5 안전인증 기관의 확인사항

① 안전인증서에 적힌 제조 사업장에서 해당 안전인증 대상기계 등을 생산하고 있는지 여부
② 안전인증을 받은 안전인증 대상기계 등이 안전인증기준에 적합한지 여부
③ 제조자가 안전인증을 받을 당시의 기술능력·생산체계를 지속적으로 유지하고 있는지 여부
④ 안전인증 대상기계 등이 서면심사 내용과 같은 수준 이상의 재료 및 부품을 사용하고 있는지 여부

합격예측

안전인증 대상기계 등의 안전인증 및 자율안전 확인의 표시 방법
① 표시의 크기는 대상기계·기구 등의 크기에 따라 조정할 수 있으나 인증마크의 세로(높이)를 5[mm] 미만으로 사용할 수 없다.
② 국가통합인증마크의 기본모형의 색상 명칭을 "KC Dark Blue"로 하고, 별색으로 인쇄할 경우에는 PANTONE 288C 색상을 사용하며, 4원색으로 인쇄할 경우에는 C : 100[%], M : 80[%], Y : 0[%], K : 30[%]로 인쇄한다.
③ 특수한 효과를 위하여 금색과 은색을 사용할 수 있으며 색상을 사용할 수 없는 경우는 검은색을 사용할 수 있다. 별색으로 인쇄할 경우에는 주어진 색상별 PANTONE 색상을 사용할 수 있다.

보호구의 종류와 용도

중점 학습내용

보호구의 종류와 용도 등에 관련된 기본적인 기초 지식을 학습하도록 하였으며 이번 실기 필답형 시험에 출제되는 그 중심적인 내용은 다음과 같다.
1. 안전모
2. 보호안경
3. 안면보호구
4. 안전화
5. 안전대
6. 호흡용 보호장구
7. 손보호장갑
8. 작업복장
9. 방음보호구의 종류 및 등급
10. 안전인증 및 자율안전확인, 안전검사

1 안전모

인체 중에서도 머리의 보호는 가장 중요하다. 전선 작업, 보수 작업 등에서 물체가 떨어지거나 튈 염려가 있는 작업과, 물건을 싣고 내리는 작업 등에서 떨어지거나 넘어져 머리를 다칠 우려가 있는 작업에는 반드시 안전모를 착용하여야 한다.

1. 안전모의 종류 16. 4. 17 산 17. 11. 7 기 20. 11. 29 기

종류기호	사 용 구 분	모체의 재질	내전압성
AB	물체낙하, 날아옴, 추락에 의한 위험을 방지, 경감시키는 것	합성수지	비내전압성
AE	물체낙하, 날아옴에 의한 위험을 방지 또는 경감하고 머리부위 감전에 의한 위험을 방지하기 위한 것	합성수지 (FRP)	내전압성
ABE	물체의 낙하 또는 날아옴 및 추락에 의한 위험 및 감전을 방지하기 위한 것	합성수지 (FRP)	내전압성

(주) 내전압성이란 7,000[V] 이하의 전압에 견디는 것을 말한다.
　　FRP : Fiber Glass Reinforced Plastic(유리섬유 강화 플라스틱)

안전모는 사용 목적에 따라 일반용 안전모, 승차용 안전모, 전기작업용 안전모 및 하역작업용 안전모 등이 있으므로 작업 내용에 따라 선정되어야 한다. 또 안전모를 착용하였을 때의 효과를 높이기 위해서는 사용시에 벗겨지는 일이 없도록 턱끈을 확실히 조이는 등 올바른 착용 방법에 대해 작업자에게 지도하는 것이 중요하다.

합격예측

안전모의 종류별 사용기준
① AB : 물체의 낙하 또는 비래 및 추락에 의한 위험을 방지 또는 경감시키기 위한 것
② AE : 물체의 낙하 또는 비래에 의한 위험을 방지 또는 경감하고, 머리부위 감전에 의한 위험을 방지하기 위한 것
③ ABE : 물체의 낙하 또는 비래 및 추락에 의한 위험을 방지 또는 경감하고, 머리부위 감전에 의한 위험을 방지하기 위한 것

> **합격예측**
>
> **안전모의 시험성능기준**
> ① 내관통성
> ② 충격흡수성
> ③ 내전압성
> ④ 내수성
> ⑤ 난연성
> ⑥ 턱끈풀림

> **합격예측**
>
> **안전모 형태별 분류**
> ① 캡형 : 공작기계의 조작이나 기계의 조립작업
> ② 전부위 차양형 : 토사의 채취 현장
> ③ MP형 : 건설 현장

> **합격예측**
>
> **안전모의 내관통성 시험의 성능기준(안전인증)**
> ① AE, ABE종 안전모 : 관통거리가 9.5[mm] 이하
> ② AB종 안전모 : 관통거리가 11.1[mm] 이하

> **합격예측**
>
> **안전모의 내전압성 시험의 성능 기준**
> AE, ABE종 안전모는 교류 20[kV]에서 1분간 절연파괴 없이 견뎌야 하고, 이때 누설되는 충전전류는 10[mA] 이내이어야 한다.

산업 현장에서 사용되는 안전모의 각 부품 명칭은 그림과 같다. 모체는 합성수지 또는 강화 플라스틱제이며 착장체 및 턱끈은 합성 면포 또는 가죽이고 충격 흡수용으로 발포성 스티로폴을 사용하며, 두께가 10[mm] 이상이어야 한다. 안전모의 무게는 착장체, 턱끈 등의 부속품을 제외한 무게가 440[g]을 초과해서는 안 된다. 안전모의 성능 기준에는 내관통성 시험, 내전압성 시험, 내수성 시험, 난연성 시험, 충격 흡수성 시험, 턱끈풀림 등이 있다.

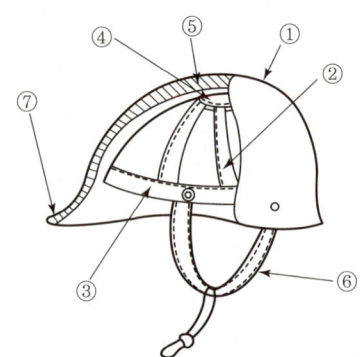

번 호	명 칭	
①	모 체	
②	착장체	머리 받침끈
③		머리 고정대
④		머리 받침 고리
⑤	충격흡수재	
⑥	턱끈	
⑦	챙(차양)	

[그림] 안전모의 명칭

2. 안전모의 선택 방법

① 작업 성질에 따라 머리에 가해지는 각종 위험으로부터 보호할 수 있는 종류의 안전모를 선택해야 한다.
② 규격에 알맞고 성능 검사에 합격품이어야 한다(성능 검사는 한국산업안전공단에서 실시하는 성능 시험에 합격한 제품을 말한다).
③ 가볍고 성능이 우수하며 머리에 꼭 맞고 충격 흡수성이 좋아야 한다.

3. 사용방법 및 보관 방법

① 바르게 착용하고 사용해야 한다.
② 큰 충격을 받은 것과 외관에 손상이 있는 것은 사용을 피해야 한다.

③ 통풍을 목적으로 모체에 구멍을 뚫어서는 안 된다.
④ 착장체는 최소한 1개월에 한번 60[℃]의 물에 비누나 세척제로 세탁해야 하며, 합성수지의 안전모는 스팀과 뜨거운 물을 사용해서는 안 된다.
⑤ 휴식을 취할 때는 안전모를 지상에서 조금 떨어진 곳에 걸어두며, 모체에 흠집이 나지 않도록 하고 통풍이 잘되도록 해야 한다.
⑥ 안전모를 차에 싣고 다닐 때는 뒷창 밑에 두어서는 안 된다. 햇볕의 열과 자외선으로 변형되기 쉽다.
⑦ 사용하던 안전모를 제3자에게 지급할 때는 깨끗이 세탁하고 소독한 후에 지급해야 한다.
⑧ 모체에 페인트, 기름 등으로 오염된 경우는 유기 용제를 사용해야 하지만 강도에 영향이 없어야 한다.
⑨ 착장체는 충격을 흡수하는 역할을 하므로 헐거워지거나 찢어져서는 안 된다.
⑩ 플라스틱제의 안전모는 자외선에 의하여 열화되므로 교환해 주어야 한다.

[표] 플라스틱제 안전모의 내용년수

안전모의 종류	내용기간	비 고
열가소성 수지(폴리에틸렌, ABS, 폴리카보네이트)	약 2년	
열경화성 수지(FRP)	3~4년	

2 보호안경

1. 보호안경의 선택

눈은 신체 중에서 특히 중요한 부위이므로 눈의 부상은 재해발생시에는 대수롭지 않은 것 같아도 의외로 후유증을 남기는 경우가 있으므로 주의를 하지 않으면 안 된다. 눈의 사고에는 여러 종류가 있고 또한 작업에 따라 여러 종류의 보호안경이 필요한데 크게 나누면 방진안경과 차광용(遮光用) 안경의 두 가지가 있다.

방진안경은 절단을 하거나 깎는 작업을 할 때에 칩가루 등이 눈에 들어갈 우려가 있을 때 눈을 보호하기 위해 사용된다. 차광용 안경은 자외선(아크 용접 등), 가시광선(可視光線), 적외선(가스 용접, 용광로 작업)으로부터 눈의 장해를 방지하기 위한 것이다.

보호안경은 사용함에 따라 분진 등으로 흠이 생기기 쉬우므로 늘 점검을 하고 불량한 것은 즉시 관리하는 등 관리면에 관심을 가져야 한다.

합격예측

안전모의 부가성능 기준 항목
① 측면변형 방호
② 금속용융물 분사방호

합격예측

자율안전확인 보안경
16. 4. 17
① 유리보안경 : 비산물로 부터 눈을 보호하기 위한 것으로 렌즈의 재질이 유리인 것
② 플라스틱보안경 : 비산물로부터 눈을 보호하기위한 것으로 렌즈의 재질이 플라스틱인 것
③ 도수렌즈보안경 : 비산물로부터 눈을 보호하기 위한 것으로 도수가 있는 것

합격예측

안전인증 보안경(차광보안경) 사용 구분
① 자외선용 : 자외선이 발생하는 장소
② 적외선용 : 적외선이 발생하는 장소
③ 복합용 : 자외선 및 적외선이 발생하는 장소
④ 용접용 : 산소용접작업 등과 같이 자외선, 적외선 및 강렬한 가시광선이 발생하는 장소

합격예측

차광보안경의 성능기준 항목
① 시야범위
② 표면
③ 내노후성
④ 내충격성
⑤ 굴절력
⑥ 차광능력
⑦ 시감투과율 차이
⑧ 내식성

합격예측

안전인증대상 보호구에 대한 안전인증의 확인주기
매년 확인(다만, 안전인증을 신청하여 안전인증을 받은 경우는 2년마다)

[표] 보호안경의 선택

작업의 종류	위험의 종류
산소 아세틸렌 예열 용접 용단	스파크, 유해광선, 용융금속, 비산 입자
화공 약품취급	비산산에 의한 화상
절삭	비산 입자
전기(아크)용접	스파크, 강한 광선, 용융금속
주물작업(노작업)	눈부심, 열, 용융금속
그라인딩 작업(경중)	비산 입자
실험실	화공약품의 비산, 유리 파편
기계가공	비산 입자
용융금속	열, 눈부심, 스파크, 쇳물튀김

2. 도수렌즈 보호안경

도수렌즈 보호안경은 적당한 도수가 있는 보호 렌즈를 가진 고글이나 스펙터클로 구성되며, 시력 교정용 안경 위에 아무 불편없이 착용 가능한 고글이어야 한다.

3. 유지 관리, 사용 및 소독

① 유지 관리
　㉮ 렌즈는 매일 깨끗이 닦아야 한다.
　㉯ 흠집이 생긴 보호구는 교환해 주어야 한다.
　㉰ 교환 렌즈는 전면으로 빠지도록 해야 한다.
　㉱ 성능이 떨어진 헤드 밴드는 교환해 주어야 한다.
　㉲ 적절한 케이스와 통 등에 보관해야 한다.
② 지급 및 사용
　사용자가 바뀔 때는 깨끗이 세척하고 소독한 후에 지급되어야 한다.
③ 소독
　정기적으로 세척, 소독해야 하며 사용자가 바뀔 때는 필히 소독 후에 사용해야 한다. 비누나 세제로 따뜻한 물로 깨끗이 씻어야 하며, 소독제(페놀, 차아염소산염, 4차 암모늄 화합물 등)에 10분간 담근 후, 바람에 건조시키고 자외선 소독 기구로 소독한다. 보관은 건조한 상태로 깨끗하고 먼지가 없는 용기에 보관해야 한다.

3. 안면보호구

안면보호구는 유해 광선으로부터 눈을 보호하고 파편에 의한 화상이나 안면부를 보호하기 위하여 착용하는 보호구이며, 사용 구분과 렌즈 재질은 다음과 같다.

종류	사용 구분	렌즈 재질
용접용 보안면 (인증)	아크용접, 가스용접, 절단작업시 발생하는 유해한 자외선, 가시광선 및 적외선으로부터 눈을 보호하고, 용접광 및 열에 의한 화상, 가열된 용재 등의 파편에 의한 화상의 위험에서 용접자의 안면, 머리부분, 목부분을 보호하기 위한 것이다.	벌카나이즈드 파이버 FRP
일반 보안면 (자율)	일반작업 및 점용접 작업시 발생하는 각종 비산물과 유해한 액체로부터 얼굴을 보호하기 위하여 착용한다.	플라스틱

1. 용접용 보안면의 구조

용접용 보안면의 질량은 필터 플레이트 및 커버 플레이트를 제외하고 헬멧형은 560[g] 이하, 핸드실드형은 500[g] 이하이어야 한다.

① 헬멧형

㉮ 면체는 안면, 머리 및 목을 방사선, 복사열 및 불꽃으로부터 방호해야 하며, 내면은 광선이 반사하지 않도록 하고 절연 처리를 해야 한다.

㉯ 창은 시야를 방해해서는 안 되며 필터 플레이트(filter plate) 및 커버 플레이트(cover plate)가 교환되고 방사선이 새어나오지 않도록 누름쇠로 견고하게 억제할 수 있는 구조이어야 한다.

㉰ 헤드 밴드는 면체가 착용자의 머리에 접촉하지 않도록 고정시킬 수 있어야 하고 면체를 올리고 내리기가 용이하고 흔들리지 않아야 한다. 그리고 공구를 사용하지 않고 머리 주위 500[mm] ~650[mm]의 범위를 쉽게 조절할 수 있고 땀받이를 부착시키는 것이 바람직하다.

㉱ 턱걸이는 착용자의 얼굴이 면체에 접촉되지 않도록 하고 떼어내기가 가능해야 한다.

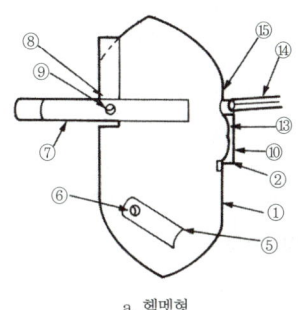

a. 헬멧형

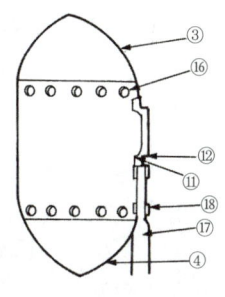

b. 핸드실드형

합격예측

용접용 보안면의 형태 및 구조

형태	구조
헬멧형	안전모나 착용자의 머리에 지지대나 헤드밴드 등을 이용하여 적정위치에 고정, 사용하는 형태(자동 용접필터형, 일반용접필터형)
핸드실드형	손에 들고 이용하는 보안면으로 적절한 필터를 장착하여 눈 및 안면을 보호하는 형태

합격예측

보안면 성능 기준

난연성	1분간 76[mm] 이상 연소되지 않을 것
전기 절연성	500[kΩ] 이상
가열후 인장강도	3.0[kgf/mm²] 이상
내열 비틀림	변형률 2[%] 이하
금속부품 내식성	스프링을 제외한 금속 부품에 부식이 생기지 않을 것

합격예측

보안면의 종류

① 일반 보안면(자율) : 작업시 발생하는 각종 비산물과 유해한 액체로부터 얼굴(머리의 전면, 이마, 턱, 목 앞부분, 코, 입)을 보호하기 위해 착용하는 것

② 용접용 보안면(인증) : 용접작업시 머리와 안면을 보호하기 위한 것으로 통상적으로 지지대를 이용하여 고정하며 적합한 필터를 통해서 눈과 안면을 보호하는 보호구

합격예측

일반 보안면의 용도
① 점용접 작업
② 비산물이 발생하는 철물 기계 작업
③ 연마, 광택, 철사의 손질, 그라인딩 작업
④ 가루나 분진이 발생하는 목재 가공 작업
⑤ 고열체 및 부식성 물질의 조작 및 취급 작업

합격예측

일반 보안면 재료조건
① 구조적으로 충분한 강도를 가지며 가벼울 것
② 착용시 피부에 해가 없을 것
③ 수시로 세척 소독이 가능한 것
④ 금속을 사용할 시에는 녹슬지 않는 것
⑤ 플라스틱을 사용할 시에는 난연성의 것
⑥ 투시부의 플라스틱은 광학적 성능을 가질 것

번호	구 분	번호	구 분
①	면체	⑩	플레이트 누름쇠
②	창	⑪	고리철물(플레이트 누름쇠용)
③	면체 상부	⑫	패킹
④	면체 하부	⑬	필터 플레이트 및 커버 플레이트
⑤	턱걸이	⑭	바깥쪽 창틀
⑥	턱걸이의 조입부착철물	⑮	바깥쪽 창틀 당김 코일
⑦	머리띠	⑯	리벳
⑧	머리띠의 결합철물	⑰	핸드그립
⑨	스프링	⑱	핸드그립 고정철물

[그림] 용접용 보안면의 각 부분 명칭

② 핸드실드(handshield)형

핸드 그립은 흔들리지 않도록 면체에 견고하게 부착되고 턱걸이가 없어야 하며 뾰족한 모서리나 요철이 없어야 한다. 성능은 면체의 경우에는 내열성, 전기절연성, 가열 후 3.0[kgf/mm²] 이상의 인장강도, 내열 비틀림 변형률 2[%] 이내를 갖추어야 하고, 금속 부품은 내식성이어야 한다.

2. 일반 보안면

일반 보안면은 작업시에 눈, 안면, 머리 및 목을 보호하기 위하여 사용하며 용도는 다음과 같다.
① 점용접 작업
② 비산물이 발생하는 철물 기계 작업
③ 연마, 광택, 철사의 손질, 그라인딩 작업
④ 가루나 분진이 발생하는 목재 가공 작업
⑤ 고열체 및 부식성 물질의 조작 및 취급 작업

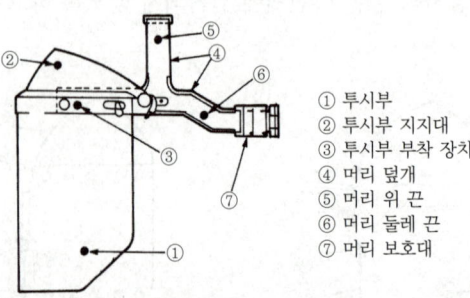

① 투시부
② 투시부 지지대
③ 투시부 부착 장치
④ 머리 덮개
⑤ 머리 위 끈
⑥ 머리 둘레 끈
⑦ 머리 보호대

[그림] 일반 보안면 명칭

4 안전화

안전화는 발에 무거운 물건을 떨어뜨리거나 튀어나온 못을 밟거나 하는 재해로부터 작업자를 보호하는 데 사용되고 있으며 이와 같은 재해는 각 산업에서 많이 발생되고 있다. 이런 종류의 재해를 막는 데는 작업 방법의 개선, 직장 내의 정리·정돈 등이 필요하나 안전화의 착용으로 어느 정도 방지하는 것이 가능하다. 안전화는 발등의 보호, 찔리거나 미끄러짐을 방지하는 데 중요한 역할을 하고 있으며 때로는 특수 안전화가 필요하기도 하다. 예를 들면 전기 공사를 할 때에는 징을 박지 않은 안전화를 신어야 하고, 폭발성 물질을 취급하는 경우에는 스파크를 일으키지 않는 안전화를 신어야 한다. 안전화를 선정할 때에는 직장환경, 작업내용, 착용자의 성별(性別), 근로 시간 등을 감안하여 필요없이 해당되지 않는 것을 선정하거나, 효과가 없는 것을 사용하도록 하는 일이 없도록 하여야 한다.

합격예측
발등 안전화의 종류
① 고정식 : 안전화에 방호대를 고정한 것
② 탈착식 : 안전화의 끈 등을 이용하여 안전화에 방호대를 결합한 것으로 그 탈착이 가능한 것

합격예측
고무제 안전화 성능시험 방법
① 인장강도
② 내유성시험
③ 내화학성시험
④ 완성품의 내화학성시험
⑤ 과열강도시험
⑥ 선심 및 내답판의 내부식 성시험
⑦ 누출방지시험

합격예측
안전화의 등급에 따른 작업을 구분
① 중작업용
② 보통작업용
③ 경작업용

1. 안전화의 일반 구조

① 제조하는 과정에서 앞발가락 끝부분에 선심을 넣어 압박 및 충격에 대하여 착용자의 발가락을 보호할 수 있는 구조일 것
② 착용감이 좋고 작업에 편리할 것
③ 견고하게 제작하여 부분품의 마무리가 확실하며 형상은 균형있어야 한다.
④ 선심의 내측은 헝겊, 가죽, 고무 또는 플라스틱 등으로 감싸고 특히 후단부의 내측은 보강되어야 한다.

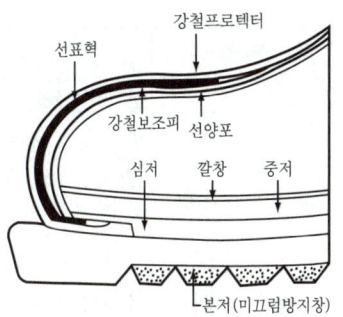

[그림] 안전화의 재료 및 구조

⑤ 정전화는 인체에 대전된 정전기를 구두 바닥을 통하여 땅으로 누전시키는 전기 회로가 형성될 수 있는 재료를 사용해야 한다.

[표] 절연 장화의 종류 및 용도

종류	용 도
A 종	주로 300[V]를 초과 교류 600[V], 직류 750[V] 이하의 작업에 사용하는 것
B 종	주로 교류 600[V], 직류 750[V] 초과 3,500[V] 이하의 작업에 사용
C 종	주로 3,500[V] 초과 7,000[V] 이하 작업에 사용

참고
작업 조건에 따른 착용 보호구
① 물체의 추락, 비래 또는 근로자가 감전되거나 추락할 위험이 있는 작업 : 안전모

> **합격예측**
>
> **안전화의 종류**
> ① 가죽제 안전화
> ② 고무제 안전화
> ③ 정전기 안전화
> ④ 발등 안전화
> ⑤ 절연화
> ⑥ 절연장화

> **합격예측**
>
> **가죽제 안전화의 성능시험의 종류**
> ① 내압박성 시험
> ② 내충격성 시험
> ③ 박리저항 시험
> ④ 내답발성 시험
> ⑤ 은면결렬 시험
> ⑥ 인열강도 시험
> ⑦ 6가크롬 함량 시험
> ⑧ 내부식성 시험
> ⑨ 인장강도 시험
> ⑩ 내유성 시험

② 높이 또는 깊이 2[m] 이상의 추락할 위험이 있는 장소에서의 작업 : 안전대
③ 물체의 낙하·충격, 물체에의 끼임, 감전 또는 정전기의 대전에 의한 위험이 있는 작업 : 안전화
④ 물체가 날아 흩어질 위험이 있는 작업 : 보안경
⑤ 용접시 불꽃 또는 물체가 날아 흩어질 위험이 있는 작업 : 보안면
⑥ 감전의 위험이 있는 작업 : 절연용보호구
⑦ 고열에 의한 화상 등의 위험이 있는 작업 : 방열복
⑧ 선창 등에서 분진(粉塵)이 심하게 발생하는 하역작업 : 방진마스크
⑨ 섭씨 영하 18도 이하인 급냉동어창에서 하는 하역작업 : 방한모·방한복·방한화·방한장갑
⑩ 물건을 운반하거나 수거·배달하기 위하여「자동차관리법」제3조제1항제5호에 따른 이륜자동차(이하 "이륜자동차"라 한다)를 운행하는 작업 : 「도로교통법 시행규칙」제32조제1항 각 호의 기준에 적합한 승차용 안전모

2. 적용 안전화의 종류

종 류	사 용 구 분
가죽제 안전화	물체의 낙하, 충격 및 날카로운 물체에 의한 바닥으로부터의 찔림에 의한 위험으로부터 발을 보호하기 위한 것
고무제 안전화	물체의 낙하, 충격에 의한 위험으로부터 발을 보호하고 아울러 방수를 겸한 것
정전기 안전화	정전기의 인체 대전을 방지하기 위한 것
발등 안전화	물체의 낙하 및 충격으로부터 발 및 발등을 보호하기 위한 것
절연화	저압의 전기에 의한 감전을 방지하기 위한 것(직류 750[V], 교류 600[V] 이하)
절연장화	저압 및 고압에 의한 감전을 방지하기 위한 것

3. 가죽제 안전화 구비 조건

가죽제 안전화는 용도와 종류에 따라서 여러 가지가 있으므로 작업 특성에 알맞은 것을 선택해야 하며 그 구비 조건은 다음과 같다.
① 신는 기분이 좋고 작업이 쉬울 것
② 사이즈가 맞고 선심에 발가락이 닿지 않을 것
③ 잘 구부러지고 신축성이 있을 것
④ 가능한 한 가벼울 것
⑤ 디자인, 색상 등 외관이 좋을 것

5 안전대

추락에 의한 재해는 모든 산업에서 많이 발생하고 있다. 이것을 막기 위해서는 설비의 개선, 발판의 설치, 작업 방법의 개선 등을 꾀하는 것이 필요하나 안전대의 사용으로 어느 정도는 방지가 가능하다. 안전대에는 전기 공사, 통신 선로 공사, 그 밖에 높은 곳에서 작업을 할 때에 추락하는 것을 방지하는 것과 광산, 채석장, 토목공사와 같은 높은 곳에서의 작업과 경사면에서의 작업에 사용되는 것 등이 있다.

1. 안전대 선택시 유의 사항

① 벨트, 로프, 버클 등을 함부로 바꾸어서는 안 된다.
② 클립이나 신축 조절기(伸縮調節器)는 바른 방향에 달도록 한다.
③ 각 부품의 상태를 점검하고 결점이 있는 것은 교환한다.
④ 한 번 충격을 받은 안전대는 사용하지 않는다.

2. 안전대 용어 정의

① "벨트"란 신체지지의 목적으로 허리에 착용하는 띠 모양의 부품을 말한다.
② "안전그네"란 신체지지의 목적으로 전신에 착용하는 띠 모양의 것으로서 상체 등 신체 일부분만 지지하는 것은 제외한다.
③ "지탱벨트"란 U자걸이 사용 시 벨트와 겹쳐서 몸체에 대는 역할을 하는 띠 모양의 부품을 말한다.
④ "죔줄"이란 벨트 또는 안전그네를 구명줄 또는 구조물 등 그 밖의 걸이설비와 연결하기 위한 줄모양의 부품을 말한다.
⑤ "D링"이란 벨트 또는 안전그네와 죔줄을 연결하기 위한 D자형의 금속 고리를 말한다.
⑥ "각링"이란 벨트 또는 안전그네와 신축조절기를 연결하기 위한 사각형의 금속 고리를 말한다.
⑦ "버클"이란 벨트 또는 안전그네를 신체에 착용하기 위해 그 끝에 부착한 금속 장치를 말한다.
⑧ "추락방지대"란 신체의 추락을 방지하기 위해 자동잠김 장치를 갖추고 죔줄과 수직구명줄에 연결된 금속장치를 말한다.
⑨ "훅 및 카라비너"란 죔줄과 걸이설비 등 또는 D링과 연결하기 위한 금속장치를 말한다.
⑩ "보조훅"이란 U자걸이를 위해 훅 또는 카라비너를 지탱벨트의 D링에 걸거나 떼어낼 때 추락을 방지하기 위한 훅을 말한다.

합격예측

산업안전보건법상 안전대의 종류

종류	사용구분
벨트식 안전그네식	1개 걸이용
	U자 걸이용
안전그네식	추락방지대
	안전블록

합격예측

안전대 최하사점 공식
$H > h =$ 로프길이$(l) +$ 로프의 신장(률)길이$(l \times a) +$ 작업자의 키 $\times \dfrac{1}{2}$

h : 추락시 로프지지 위치에서 신체 최하사점까지의 거리(최하사점)
H : 로프지지 위치에서 바닥면까지의 거리

합격예측

방독마스크 등급 및 사용장소

등급	사용장소
고농도	가스 또는 증기의 농도가 100분의 2(암모니아에 있어서는 100분의 3) 이하의 대기 중에서 사용하는 것
중농도	가스 또는 증기의 농도가 100분의 1(암모니아에 있어서는 100분의 1.5) 이하의 대기 중에서 사용하는 것
저농도 및 최저농도	가스 또는 증기의 농도가 100분의 0.1 이하의 대기 중에서 사용하는 것으로서 긴급용이 아닌 것

비고: 방독마스크는 산소농도가 18[%] 이상인 장소에서 사용하여야 하고, 고농도와 중농도에서 사용하는 방독마스크는 전면형(격리식, 직결식)을 사용해야 한다.

합격예측

안전인증 방독마스크에 안전인증의 표시에 따른 표시 외에 추가로 표시해야 할 사항
① 파과곡선도
② 사용시간 기록카드
③ 정화통의 외부측면의 표시색
④ 사용상의 주의사항

합격예측

방독마스크의 등급별 유해물질의 종류

종류	정화통외부 측면 표시색
유기화합물용	갈색
할로겐용	회색
황화수소용	회색
시안화수소용	회색
아황산용	노란색
암모니아용	녹색

---

⑪ "신축조절기"란 죔줄의 길이를 조절하기 위해 죔줄에 부착된 금속의 조절장치를 말한다.
⑫ "8자형 링"이란 안전대를 1개걸이로 사용할 때 훅 또는 카라비너를 죔줄에 연결하기 위한 8자형의 금속고리를 말한다.
⑬ "안전블록"이란 안전그네와 연결하여 추락발생시 추락을 억제할 수 있는 자동잠김장치가 갖추어져 있고 죔줄이 자동적으로 수축되는 장치를 말한다.
⑭ "보조죔줄"이란 안전대를 U자걸이로 사용할 때 U자걸이를 위해 훅 또는 카라비너를 지탱벨트의 D링에 걸거나 떼어낼 때 잘못하여 추락하는 것을 방지하기 위한 링과 걸이설비연결에 사용하는 훅 또는 카라비너를 갖춘 줄모양의 부품을 말한다.
⑮ "수직구명줄"이란 로프 또는 레일 등과 같은 유연하거나 단단한 고정줄로서 추락발생시 추락을 저지시키는 추락방지대를 지탱해 주는 줄모양의 부품을 말한다.
⑯ "충격흡수장치"란 추락 시 신체에 가해지는 충격하중을 완화시키는 기능을 갖는 죔줄에 연결되는 부품을 말한다.
⑰ 이 장에서 사용되는 낙하거리의 용어는 다음 각 목과 같다.
　가. "억제거리"란 감속거리를 포함한 거리로서 추락을 억제하기 위하여 요구되는 총 거리를 말한다.
　나. "감속거리"란 추락하는 동안 전달충격력이 생기는 지점에서의 착용자의 D링 등 체결지점과 완전히 정지에 도달하였을 때의 D링 등 체결지점과의 수직거리를 말한다.
⑱ "최대전달충격력"이란 동하중시험 시 시험몸통 또는 시험추가 추락하였을 때 로드셀에 의해 측정된 최고 하중을 말한다.
⑲ "U자걸이"란 안전대의 죔줄을 구조물 등에 U자 모양으로 돌린 뒤 훅 또는 카라비너를 D링에, 신축조절기를 각링 등에 연결하는 걸이 방법을 말한다.
⑳ "1개걸이"란 죔줄의 한쪽 끝을 D링에 고정시키고 훅 또는 카라비너를 구조물 또는 구명줄에 고정시키는 걸이 방법을 말한다.

3. 안전대의 종류 23. 4. 23 기

종류	사용구분
벨트식, 안전그네식	1개 걸이용
	U자 걸이용
안전그네식	안전블록
	추락방지대

합격정보 보호구 안전인증 고시 제2020-35호(20. 1. 15)

6 호흡용 보호구

유해 물질이 인체에 침투되는 경로 중에서 호흡기를 통하여서도 체내로 침투되므로 이를 차단시켜 주는 보호구 또한 중요하다. 그 용도나 종류는 여러 가지가 있다. 먼지가 많이 나는 곳에서 사용하는 방진마스크, 산소 결핍 장소에서 사용하는 공기 공급식과 공기 정화식이 있다. 공기 공급식에는 자급식과 송풍기 부착 호스마스크가 있으며 독성 오염을 방지하는 방독마스크, 가스마스크가 있다.

1. 용어정의

① "분진등"이란 분진, 미스트 및 흄을 총칭하는 것으로 물리적 작용 및 화학적 반응에 의해 생성된 고체 또는 액체입자를 말한다.
② "전면형 방진마스크"란 분진등으로부터 안면부 전체(입, 코, 눈)를 덮을 수 있는 구조의 방진마스크를 말한다.
③ "반면형 방진마스크"란 분진등으로부터 안면부의 입과 코를 덮을 수 있는 구조의 방진마스크를 말한다.
④ "신장률"이란 시편에 인장하중을 가하고 난 후 인장을 받아 생기는 방향으로의 변형을 말하며 원래 길이에 대한 늘어난 길이의 비를 백분율로 나타낸 것을 말한다.
⑤ "영구 변형률"이란 시편에 일정시간동안 인장하중을 가하고 난 후 원상태로 되돌아오지 않고 남아 있는 변형을 말하며 원래 길이에 대한 늘어난 길이의 비를 백분율로 나타낸 것을 말한다.

[표] 방진마스크 등급 및 사용장소

등급	특급	1급	2급
사용 장소	① 베릴륨 등과 같이 독성이 강한 물질들을 함유한 분진 등 발생장소 ② 석면 취급장소	① 특급 마스크 착용 장소를 제외한 분진 등 발생장소 ② 금속흄 등과 같이 열적으로 생기는 분진 등 발생장소 ③ 기계적으로 생기는 분진 등 발생장소 (규소 등과 같이 2급 마스크를 착용하여도 무방한 경우는 제외)	특급 및 1급 마스크 착용장소를 제외한 분진 등 발생장소

※ 단, 배기밸브가 없는 안면부 여과식 마스크는 특급 및 1급 장소에서 사용금지

합격예측

[표] 방진마스크의 성능

종류		등급	염화나트륨(NaCl) 및 파라핀 오일(Paraffin oil) 시험(%)
여과재 분진 등 포집효율	분리식	특급	99.95 이상
		1급	94.0 이상
		2급	80.0 이상
	안면부 여과식	특급	99.0 이상
		1급	94.0 이상
		2급	80.0 이상

여과재 질량	종류	등급	질량(g)
	분리식	전면형	500 이하
		반면형	300 이하

안면부 누설률	형태	등급	누설률(%)
	분리식	전면형	0.05 이하
		반면형	5 이하
	안면부 여과식	특급	5 이하
		1급	11 이하
		2급	25 이하

합격예측

방진마스크의 구비조건
① 여과 효율이 좋을 것
② 흡배기 저항이 낮을 것
③ 중량이 가벼울 것
④ 시야가 넓을 것
⑤ 사용적이 적을 것
⑥ 안면 밀착성이 좋을 것
⑦ 피부 접촉 부위의 고무질이 좋을 것

합격예측

송기마스크의 종류
① 호스마스크
② 에어라인마스크
③ 복합식 에어라인마스크

합격예측

안전인증 전동식 호흡보호구에 안전인증의 표시에 따른 표시 외에 추가로 표시해야 할 사항
① 전동기 등이 본질안전 방폭구조로 설계된 경우 해당내용 표시
② 사용범위, 사용상 주의사항, 파과곡선도(정화통에 부착)
③ 정화통의 외부측면의 표시 색

합격예측

내전압용 절연장갑의 등급별 색상

등급	색상
00	갈색
0	빨간색
1	흰색
2	노란색
3	녹색
4	등색

합격예측

장갑의 최대사용전압

등급	최대사용전압	
	교류(V, 실효값)	직류(V)
00	500	750
0	1,000	1,500
1	7,500	11,250
2	17,000	25,500
3	26,500	39,750
4	36,000	54,000

합격예측

유기화합물용 안전장갑에 표시해야 할 사항
① 안전장갑의 치수
② 보관·사용 및 세척상의 주의사항
③ 안전장갑을 표시하는 화학물질 보호성능 표시 및 제품 사용에 대한 설명

7 손보호장갑

손을 많이 사용하여 각종 위험 요소로부터 손이 부상당하기 쉬우므로 작업 종류에 따라 장갑을 착용하여 손의 부상을 극소화시켜야 한다. 유기 용제를 취급하는 작업장에서도 장갑을 착용하여 피부염 등의 장해를 제거해야 한다.

1. 보호장갑의 종류

① **일반 작업용** : 천연 합성 섬유(면, 나일론, 비닐), 소가죽(크롬 무두질), 고무
② **용접용** : 소가죽(크롬 무두질), 석면용
③ **내열, 내화 작용** : 석면, 알루미늄으로 표면 처리한 석면, 고무, 합성 고무, 플라스틱
④ **방전용** : 고무, 플라스틱
⑤ **절삭 방지용** : 금속, 특수 섬유
⑥ **전기용 절연장갑**은 300[V]~7,000[V]의 전기 작업에 사용되는 장갑이다.
   ㉮ A종 : 주로 300[V]를 초과 교류 600[V] 또는 750[V] 이하 작업에 사용하는 것
   ㉯ B종 : 주로 교류 600[V] 또는 직류 750 초과 3,500[V] 이하 작업에 사용하는 것
   ㉰ C종 : 주로 3,500[V] 초과 7,000[V] 이하 작업에 사용하는 것
   따라서 고전압을 취급할 시에는 알맞은 절연 장갑을 반드시 착용해야 한다

8 작업 복장

1. 작업복

작업장에서는 그 작업에 적합한 복장을 단정히 하고 작업을 함으로써 일하기도 수월하고 재해로부터 몸을 지킬 수 있는 것이다. 여름철에 작업복을 입지 않은 채로 작업을 하면 옥외에서는 태양의 방사 때문에 오히려 덥고, 옥내에서도 현장에 있는 쇠부스러기, 기름, 고열물 등에 맞아 재해를 당하게 되므로 작업복을 착용하는 것이 필요하다. 깔끔한 복장은 마음도 긴장시켜서 안전 작업을 할 수 있어 재해도 줄어든다.

안전한 작업을 하기 위해 작업 복장을 선정할 때에는 다음의 사항에 유의하여야 한다.

① 작업복은 몸에 맞고 동작이 편하며, 상의의 끝이나 바지자락, 또는 단추가 기

계에 말려 들어갈 위험이 없도록 한다.
② 작업복은 항상 깨끗이 하여야 하며 특히 기름이 묻은 작업복은 불이 붙기 쉬우므로 위험하기 때문에 세탁하여 사용하도록 한다.
③ 화기 사용 직장에서는 방염성(防炎性), 불연성(不燃性)의 것을 사용하도록 한다.
④ 착용자의 연령, 성별 등을 감안하여 적절한 스타일을 선정하는 것이 바람직하다.

2. 작업모

① 기계 주위에서 작업을 할 때에는 반드시 모자를 쓰도록 한다.
② 여자나 머리가 긴 사람의 경우에는 모자 또는 수건으로 머리카락을 완전히 감싸도록 한다.
③ 여자의 경우에는 일부러 앞머리카락을 내놓고 모자를 착용하는 경우가 많으므로 착용 방법에 대하여 철저히 지도한다.

3. 신발

① 신발은 작업 내용에 맞는 것을 선정하여 사용하는 것이 필요하다.
② 굽이 높은 구두나 운동화를 구부려 신는 것은 걸음걸이가 불안정해 넘어지거나 관절을 삘 우려가 있으므로 착용하지 않도록 한다.
③ 맨발은 부상당하기 쉽고 고열 물체에 닿을 때에는 화상을 입는 등 위험하므로 절대로 금지시킨다.

9 방음 보호구의 종류 및 등급

종류	등급	기호	성능
귀마개	1종	EP-1	저음부터 고음까지 차음하는 것
	2종	EP-2	주로 고음을 차음하고, 저음(회화음 영역)은 차음하지 않는 것
귀덮개	-	EM	

합격예측

방열복의 종류
① 방열상의
② 방열하의
③ 방열일체복
④ 방열장갑
⑤ 방열두건

합격예측

유기화합물용 보호복의 종류 및 형식
(1) 전신보호복
  ① 액체방호형(3형식)
  ② 분무방호형(4형식)
(2) 부분보호복
  ① 액체방호형(3형식)
  ② 분무방호형(4형식)

합격예측

자율안전확인대상 기계 중에서 방호장치
① 아세틸렌 용접장치용 또는 가스집합 용접장치용 안전기
② 교류아크 용접기용 자동전격 방지기
③ 롤러기 급정지장치
④ 연삭기 덮개
⑤ 목재가공용 둥근톱 반발예방장치와 날접촉예방장치
⑥ 동력식 수동대패용 칼날접촉방지장치
⑦ 추락·낙하 및 붕괴 등의 위험방지 및 보호에 필요한 가설기자재(안전인증 대상 기계·기구에 해당되는 사항 제외)로서 고용노동부장관이 정하여 고시하는 것

10 안전인증 및 자율안전확인, 안전검사

합격예측
스크레이퍼의 용도
① 채굴(digging)
② 성토적재(loading)
③ 운반(hauling)
④ 하역(dumping)

합격예측 및 관련법규
산업안전보건기준에 관한 규칙 제32조(보호구의 지급 등)
① 사업주는 다음 각 호의 어느 하나에 해당하는 작업을 하는 근로자에 대해서는 다음 각 호의 구분에 따라 그 작업조건에 맞는 보호구를 작업하는 근로자 수 이상으로 지급하고 착용하도록 하여야 한다.
〈개정 2017. 3. 3.〉 22. 5. 7 기
1. 물체가 떨어지거나 날아올 위험 또는 근로자가 추락할 위험이 있는 작업: 안전모
2. 높이 또는 깊이 2미터 이상의 추락할 위험이 있는 장소에서 하는 작업: 안전대(安全帶)
3. 물체의 낙하·충격, 물체에의 끼임, 감전 또는 정전기의 대전(帶電)에 의한 위험이 있는 작업: 안전화
4. 물체가 흩날릴 위험이 있는 작업: 보안경
5. 용접 시 불꽃이나 물체가 흩날릴 위험이 있는 작업: 보안면
6. 감전의 위험이 있는 작업: 절연용 보호구
7. 고열에 의한 화상 등의 위험이 있는 작업: 방열복
8. 선창 등에서 분진(粉塵)이 심하게 발생하는 하역작업: 방진마스크
9. 섭씨 영하 18도 이하인 급냉동어창에서 하는 하역작업: 방한모·방한복·방한화·방한장갑
10. 물건을 운반하거나 수거·배달하기 위하여 「자동차관리법」 제3조제1항제5호에 따른 이륜자동차(이하 "이륜자동차"라 한다)를 운행하는 작업: 「도로교통법 시행규칙」 제32조제1항 각 호의 기준에 적합한 승차용 안전모
② 사업주로부터 제1항에 따른 보호구를 받거나 착용지시를 받은 근로자는 그 보호구를 착용하여야 한다.

	안전인증	자율안전확인
기계 또는 기구	① 프레스 ② 전단기 및 절곡기 ③ 크레인 ④ 리프트 ⑤ 압력용기 ⑥ 롤러기 ⑦ 사출성형기 ⑧ 고소작업대 ⑨ 곤돌라	① 연삭기 또는 연마기. 이 경우 휴대형은 제외한다. ② 산업용 로봇 ③ 혼합기 ④ 파쇄기 또는 분쇄기 ⑤ 식품가공용기계(파쇄·절단·혼합·제면기만 해당한다) ⑥ 컨베이어 ⑦ 자동차정비용 리프트 ⑧ 공작기계(선반, 드릴기, 평삭·형삭기, 밀링만 해당한다) ⑨ 고정형 목재가공용기계(둥근톱, 대패, 루타기, 띠톱, 모떼기 기계만 해당한다) ⑩ 인쇄기
방호장치 22. 10. 16 기	① 프레스 및 전단기 방호장치 ② 양중기용 과부하방지장치 ③ 보일러 압력방출용 안전밸브 ④ 압력용기 압력방출용 안전밸브 ⑤ 압력용기 압력방출용 파열판 ⑥ 절연용 방호구 및 활선작업용 기구 ⑦ 방폭구조 전기기계·기구 및 부품 ⑧ 추락·낙하 및 붕괴 등의 위험방호에 필요한 가설기자재로서 고용노동부 장관이 정하여 고시하는 것 ⑨ 충돌·협착 등의 위험방지에 필요한 산업용로봇방호장치로서 고용노동부 장관이 정하여 고시하는 것	① 아세틸렌 또는 가스집합 용접장치용 안전기 ② 교류아크용접기용 자동전격방지기 ③ 롤러기 급정지장치 ④ 연삭기 덮개 ⑤ 목재가공용 둥근톱 반발예방장치와 날접촉예방장치 ⑥ 동력식 수동대패용 칼날 접촉방지장치 ⑦ 추락·낙하 및 붕괴 등의 위험방호에 필요한 가설기자재(안전인증에 해당되는 사항제외)
보호구	① 추락 및 감전 위험방지용 안전모 ② 안전화 ③ 안전장갑 ④ 방진마스크 ⑤ 방독마스크 ⑥ 송기마스크 ⑦ 전동식 호흡보호구 ⑧ 보호복 ⑨ 안전대 ⑩ 차광 및 비산물 위험방지용 보안경 ⑪ 용접용 보안면 ⑫ 방음용 귀마개 또는 귀덮개	① 안전모 ② 보안경 ③ 보안면 ※안전인증대상 보호구는 제외한다.
제품의 표시	① 형식 또는 모델명 ② 규격 또는 등급 등 ③ 제조자 명 ④ 제조번호 및 제조연월 ⑤ 안전인증 번호	① 형식 또는 모델명 ② 규격 또는 등급 등 ③ 제조자 명 ④ 제조번호 및 제조연월 ⑤ 자율안전확인 번호
안전인증 면제대상	① 연구개발을 목적으로 제조·수입하거나 수출을 목적으로 제조하는 경우 ② 고용노동부장관이 고시하는 외국의 안전인증기관에서 인증을 받은 경우 ③ 다른 법령에서 안전성에 관한 검사나 인증을 받은 경우	

	구 분	검사주기
안전검사	크레인(이동식 크레인은 제외한다) 리프트(이삿짐운반용 리프트는 제외한다) 및 곤돌라	사업장에서 설치가 끝난 날부터 3년 이내에 최초 안전검사를 실시하되, 그 이후부터 매 2년(건설현장에서 사용하는 것은 최초로 설치한 날부터 매 6개월마다)
	이동식 크레인, 이삿짐 운반용리프트 및 고소작업대	'자동차관리법' 제8조에 따른 신규등록 이후 3년 이내에 최초 안전검사를 실시하되, 그 이후부터 2년마다
	프레스, 전단기, 압력용기, 국소배기장치, 원심기, 롤러기, 사출성형기, 컨베이어 및 산업용 로봇 15. 11. 7 기	사업장에 설치가 끝난 날부터 3년 이내에 최초 안전검사를 실시하되, 그 이후부터 2년마다(공정안전보고서를 제출하여 확인을 받은 압력용기는 4년마다)

Chapter 03 안전보건표지

중점 학습내용

안전보건표지 등에 관련된 기본적인 기초 지식을 학습하도록 하였으며 이번 실기 필답형 시험에 출제되는 그 중심적인 내용은 다음과 같다.
❶ 색채가 재해에 미치는 영향
❷ 색채의 이용
❸ 안전보건표지의 종류
❹ 인정 요건

- 유해행위의 금지
- 위험장소에 대한 경고
- 위험물질에 대한 경고
- 비상시 대처하기 위한 지시 및 안내
- 금지/경고/지시/안내/관계자외 출입금지

→ 안전보건표지
그림, 기호 및 글자로 표시

→ 근로자의 판단이나 행동의 착오로 재해를 일으킬 우려가 있는 작업장의 특정 장소, 시설, 물체에 설치 부착

↓ 근로자의 안전보건 의식 고취

1 목적

안전보건표지는 산업 현장에서 산업재해를 예방하기 위하여 위험이 잠재한 곳이나 현존하는 위험이 있는 곳에 모든 근로자들이 보고 인식하여 스스로의 행동을 안전하게 취하도록 주의를 나타내 주기 위한 것이다. 즉, 생활 환경을 색채를 이용하여 효과적이고 안락하며 쾌적하게 만들어 주려고 노력하는 것이다. 산업 현장에서의 작업 환경은 근로자들에게 정서적 안정을 주어 생산 능률을 향상시키기 위함이다. 따라서 작업장의 시각을 피로하지 않게 색채 조합을 만들어 주는 것이 효과적이다. 또 위험한 곳이나 위험 요소가 있는 부분에 색채로 표시하여 누구나 쉽게 구분하도록 하여 사고나 재해를 미연에 방지할 수 있다.

그리고 외국어 안전보건표지는 「산업안전보건법 시행규칙」에 따라 「산업표준화법」에 따른 한국산업표준(KS S ISO 7010)의 안전표지로 대체할 수 있다.

합격예측

안전보건표지의 색채, 색도

색채	색도
빨간색	7.5R 4/14
노란색	5Y 8.5/12
파란색	2.5PB 4/10
녹색	2.5G 4/10
흰색	N9.5
검은색	N0.5

보충학습

외국어의 정의

"외국어"란 사업장에서 근로하는 외국인 중 다수가 사용하는 언어로서 한국어를 제외한 별표에 나타난 언어를 말한다. 다만, 그 언어가 별표에 없는 경우에는 별표의 언어 중 그 사업장에서 근로하는 외국인의 이해를 도울 수 있는 임의의 언어를 외국어로 본다.

합격예측

안전보건표지의 색채별 용도
① 빨간색 : 금지, 경고
② 노란색 : 경고
③ 파란색 : 지시
④ 녹색 : 안내

합격예측

실효온도(감각온도)에 영향을 미치는 인자
① 온도
② 습도
③ 기류(공기의 유동)

2 색채가 재해에 미치는 영향

위험물을 표시하는 색을 교통 신호의 위험을 나타낸 색채와 같은 빨강으로 나타냈다면 붉은색은 피의 색과 같아 공포감을 연상하게 된다. 이와 같이 색채는 인간의 감각을 여러 가지로 변화시켜 일의 능률이나 휴식의 정도를 좌우하게 된다.

따라서 여러 가지 색을 조사하여 색채 계획이 잘못되지 않았는가를 확인하지 않으면 안 된다. 우리들이 눈으로 느끼는 색은 황색을 경계로 하여 녹색이나 청색은 침착감을 주어 안정하게 만든다.

반대로 빨간색은 자극을 주어 흥분하게 만들므로 조급하게 서둘러 불안감을 조성한다. 현장에서 너무 침착하여 졸음이 온다면 또 불행을 초래할 수도 있다. 그러므로 색채의 조화로 침착하면서도 능률을 높이는 색채 배합이 요구된다.

인간은 너무 차분한 색에 젖어들면 폐쇄감이 있으므로 작업 능률이 떨어지고, 산업현장에서는 생산성에 영향을 미치게 된다. 산업 현장에 사용되고 있는 버튼 스위치의 색깔이 일정한 표준에 따라 파란색과 빨간색으로 통일되어 있을 때는 문제가 없으나 색깔의 위치가 뒤바뀌어 있을 때는 항상 사용하던 작업자가 기계를 조작할 때 표준만 생각하여 뒤바뀐 색채에 미숙하기 때문에 실수를 하여 재해를 일으키게 된다. 따라서 색채는 통일성있게 표시되어야 한다.

색채가 통일되면 눈의 피로를 적게 하고 주의력을 환기시키며 쾌적한 작업 환경이 유지되고 작업 능률을 향상시킬 수 있다. 색채는 눈의 피로와 긴장을 증감시키며 정서적 감정에 영향을 끼친다. 일반적으로 색채는 인간의 심리적인 반응에 영향을 주고 있으며 조명의 밝기에도 영향을 준다. 색채는 또 둔함과 경쾌감에도 영향을 주며 원근 크기에도 영향을 준다.

3 색채의 이용

작업 현장에서 많이 사용되는 안전 표지의 색채에는 다음과 같은 것이 있다.
① **빨간색** : 화재의 방지에 관계되는 물건에 나타내는 색으로 방화표시, 소화전, 소화기, 화재경보기 등이 있으며 정지시 표지로 긴급정지버튼, 정지신호, 통행금지, 출입금지 등이 있다.
② **주황색** : 재해나 상해가 발생하는 장소에 위험 표지로 사용되며, 뚜껑없는 스위치, 스위치 박스, 뚜껑의 내면, 기계 안전커버의 내면, 노출 톱니바퀴의 내면, 항공·선박의 시설 등에 사용된다.
③ **노란색** : 충돌·추락 주의표시, 크레인의 훅, 낮은 보, 충돌의 위험이 있는 기둥, 피트의 끝, 바닥의 돌출물, 계단의 디딤면 등에 사용된다.

④ 파란색 : 함부로 조작하면 안 되는 곳, 수리중의 운휴 정지 장소를 표시하는 표지, 전기스위치의 외부 표시 등에 사용된다.
⑤ 초록(녹)색 : 위험, 구급 장소를 나타낸다. 대피 장소 또는 방향을 표시하는 표지, 비상구, 안전 위생 지도 표지, 진행 등에 사용된다.
⑥ 흰색 : 통로의 표지, 방향 지시, 통로의 구획선, 물품 두는 장소, 보조색으로서 방화 등에 사용된다.
⑦ 검은색 : 주의, 위험 표지의 글자, 보조색(빨강이나 노랑에 대한) 등에 사용된다.
⑧ 보라색 : 방사능 등의 표지에 사용된다.

이들 안전 색채에 유의할 점은 용이하게 파손되거나 변질되지 않는 재료로 제작하여야 하며 색채 고정 원료를 배합하여 변질되지 아니한 것을 사용한다. 또 크기는 근로자가 쉽게 알아볼 수 있는 크기로 제작되어야 한다. 또 야간에는 표지에 조명등을 설치하거나 야광색으로 제작하여 빨리 알아볼 수 있도록 해야 한다.

> **합격예측**
>
> **안전보건총괄 책임자의 직무**
> ① 작업의 중지 및 재개
> ② 도급사업시의 안전보건조치
> ③ 수급인의 산업안전보건관리비의 집행감독 및 그 사용에 관한 수급인 간의 협의·조정
> ③ 안전인증대상 기계 등과 자율안전확인대상 기계 등의 사용 여부 확인

> **합격예측**
>
> **안전보건표지의 종류**
> ① 금지표지
> ② 경고표지
> ③ 지시표지
> ④ 안내표지
> ⑤ 관계자 외 출입금지표지

4 안전보건표지의 종류

안전보건표지는 산업 현장, 공장, 광산, 건설 현장, 차량, 선박 등의 안전을 유지하기 위하여 사용한다.

① 금지표지 : 출입금지, 보행금지, 차량통행금지, 사용금지, 탑승금지, 금연, 환기금지, 물체이동금지 등으로 흰색 바탕에 기본 모형은 빨강, 관련 부호 및 그림은 검은색이다.

② 경고표지 : 인화성물질 경고, 산화성물질 경고, 폭발성물질 경고, 급성독성물질 경고, 부식성물질 경고 등은 금지표지에 준하며, 방사성물질 경고, 고압전기 경고, 매달린 물체 경고, 낙하물 경고, 고온 경고, 저온 경고, 몸균형 상실 경고, 레이저광선 경고, 위험장소 경고 등으로 바탕은 노란색 기본 모형, 관련 부호 및 그림은 검은색이다.

③ 지시표지 : 보안경 착용, 방독마스크 착용, 방진마스크 착용, 보안면 착용, 안전 모자 착용, 귀마개 착용, 안전화 착용, 안전장갑 착용, 안전복 착용으로 바탕은 파란색이고 그 관련 그림은 흰색으로 나타낸다.

④ 안내표지 : 녹십자표지, 응급구호표지, 들것, 세안장치, 비상구, 좌측비상구, 우측비상구가 있는데 바탕은 흰색, 기본 모형 및 관련 부호는 녹색, 또는 바탕은 녹색, 관련 부호 및 그림은 흰색으로 나타낸다.

⑤ 관계자 외 출입금지표지 : 허가대상 유해물질취급, 석면취급 및 해체제거, 금지유해물질취급 등이 있으면 글자는 흰색바탕에 흑색 다음 글자는 적색으로 나타낸다.

합격예측

경고표지 중 바탕은 무색, 기본모형은 빨간색(검은색도 가능)의 마름모 모양의 표지로 나타내는 종류
① 인화성물질 경고
② 산화성물질 경고
③ 폭발성물질 경고
④ 급성독성물질 경고
⑤ 부식성물질 경고 등

합격예측

안전인증기준을 지키고 있는지의 여부를 확인하기 위한 확인주기
3년 이하의 범위

[표] 산업안전보건표지 15. 4. 19 기 21. 11. 14 기 23. 4. 23 기

① 금지표지 18. 4. 28 기 18. 9. 15 산	101 출입금지	102 보행금지	103 차량통행금지	104 사용금지	105 탑승금지	106 금연	107 화기금지
108 물체이동금지	② 경고표지 17. 9. 23 기 18. 3. 4 기 19. 4. 27 산	201 인화성 물질경고	202 산화성 물질경고	203 폭발성 물질경고	204 급성독성 물질경고	205 부식성 물질경고	206 방사성 물질경고
207 고압전기 경고	208 매달린 물체경고	209 낙하물 경고	210 고온 경고	211 저온 경고	212 몸균형 상실경고	213 레이저 광선경고	214 발암성·변이원성·생식독성·전신독성·호흡기과민성 물질 경고
215 위험장소 경고	③ 지시표지	301 보안경 착용	302 방독마스크 착용	303 방진마스크 착용	304 보안면 착용	305 안전모 착용	306 귀마개 착용
307 안전화 착용	308 안전장갑 착용	309 안전복 착용	④ 안내표지	401 녹십자 표지	402 응급구호 표지	403 들것	404 세안장치
405 비상용기구	406 비상구	407 좌측비상구	408 우측비상구	⑤ 관계자외 출입금지	501 허가대상물질 작업장  관계자외 출입금지 (허가물질 명칭) 제조/사용/보관 중 보호구/보호복 착용 흡연 및 음식물 섭취 금지	502 석면취급/해체작업장  관계자외 출입금지 석면 취급/해체 중 보호구/보호복 착용 흡연 및 음식물 섭취 금지	503 금지대상물질의 취급 실험실 등  관계자외 출입금지 발암물질 취급 중 보호구/보호복 착용 흡연 및 음식물 섭취 금지

| ⑥ 문자 추가시 예시문 |  휘발유화기엄금 | ▶내자신의 건강과 복지를 위하여 안전을 늘 생각한다.
▶내가정의 행복과 화목을 위하여 안전을 늘 생각한다.
▶내자신의 실수로 동료를 해치지 않도록 하기 위하여 안전을 늘 생각한다.
▶내자신이 일으킨 사고로 오는 회사의 재산과 과실을 방지하기 위하여 안전을 늘 생각한다.
▶내자신의 방심과 불안전한 행동이 조국의 번영에 장애가 되지 않도록 하기 위하여 안전을 늘 생각한다. |

[표] 안전보건표지의 색채, 색도기준 및 용도 16. 4. 17 기

색채	색도기준	용도	사용예
빨간색	7.5R 4/14	금지	정지신호, 소화설비 및 그 장소, 유해행위의 금지
		경고	화학물질 취급장소에서의 유해·위험 경고
노란색	5Y 8.5/12	경고	화학물질 취급장소에서의 유해·위험 경고, 이외의 위험 경고, 주의표지 또는 기계방호물
파란색	2.5PB 4/10	지시	특정 행위의 지시 및 사실의 고지
녹색	2.5G 4/10	안내	비상구 및 피난소, 사람 또는 차량의 통행표지
흰색	N9.5		파란색 또는 녹색에 대한 보조색
검은색	N0.5		문자 및 빨간색 또는 노란색에 대한 보조색

> **합격예측**
> 자율검사 프로그램에 따른 안전검사의 유효기간
> 2년

> **합격예측**
> 산소 결핍장소 착용 보호구
> ① 호스 마스크
> ② 에어라인 마스크
> ③ 안전대
> ④ 자가휴대용 호흡장비 (SCBA)
> ⑤ 복합식 에어라인 마스크

5 인정 요건

1. 자율안전 프로그램의 인정 요건

① 자격을 갖춘 검사원을 고용하고 있을 것
② 검사를 실시할 수 있는 장비를 갖추고 이를 유지·관리할 수 있을 것
③ 안전검사 주기에 따른 검사주기의 2분의 1에 해당하는 주기(크레인 중 건설현장에서 사용하는 크레인의 경우에는 6개월)마다 검사를 실시할 것
④ 자율검사 프로그램의 검사 기준이 안전검사기준을 충족할 것

2. 안전인증기관의 확인사항

① 안전인증서에 적힌 제조 사업장에서 해당 안전인증대상기계·기구 등을 생산하고 있는지 여부
② 안전인증을 받은 안전인증대상기계·기구 등이 안전인증기준에 적합한지 여부
③ 제조자가 안전인증을 받을 당시의 기술능력·생산체계를 지속적으로 유지하고 있는지 여부
④ 안전인증대상기계·기구 등이 서면심사 내용과 같은 수준 이상의 재료 및 부품을 사용하고 있는지 여부

PART 03 보호구 및 안전보건표지 출제예상문제

01 보호구를 간단하게 정의하시오.

해답

보호구란 근로자가 신체의 일부에 직접 착용하여 각종 물리적·화학적 위험 요소로부터 신체를 보호하기 위한 것으로 보조 기구라고 정의할 수 있다. 2차적 안전 대책이며 소극적이다.

02 보호구의 일반적인 구비 요건을 6가지 쓰시오.

해답

① 착용이 간편할 것
② 작업에 방해가 안 되도록 할 것
③ 위험 유해 요소에 대한 방호 성능이 충분할 것
④ 재료의 품질이 양호할 것
⑤ 구조와 끝마무리가 양호할 것
⑥ 겉모양과 보기가 좋을 것

03 보호구의 보관 방법을 5가지 쓰시오(관리방법).

해답

① 햇빛이 들지 않고 통풍이 잘되는 장소에 보관할 것
② 발열체가 주변에 없을 것
③ 부식성 액체, 유기 용제, 기름, 화장품, 산 등과 혼합하여 보관하지 않을 것
④ 모래, 진흙 등이 묻은 경우는 세척하고 그늘에 말려 보관할 것
⑤ 땀 등으로 오염된 경우는 세척하고 건조시킨 후 보관할 것

04 안전인증대상 보호구의 종류를 12가지 쓰시오.

해답

① 추락 및 감전 위험방지용 안전모
② 안전화
③ 안전장갑
④ 방진마스크
⑤ 방독마스크
⑥ 송기마스크
⑦ 전동식 호흡보호구
⑧ 보호복
⑨ 안전대
⑩ 차광 및 비산물 위험방지용 보안경
⑪ 용접용 보안면
⑫ 방음용 귀마개 또는 귀덮개

05 안전모의 선택방법을 4가지 쓰시오.

해답

① 작업 성질에 따라서 두부에 가해지는 각종 위험으로부터 보호할 수 있는 종류의 안전모를 선택해야 한다.
② 규격에 맞아야 하며 성능 검정에 합격한 제품(KS 또는 한국산업안전보건공단 검정필)의 안전모를 선택해야 한다.
③ 머리에 꼭 맞아야 한다.
④ 가볍고 성능이 좋아야 한다.

06 플라스틱 안전모의 종류와 내용년수를 구분해서 쓰시오.

해답

안전모의 종류	내용년수
열가소성수지(폴리에틸렌, ABS, 폴리카보네이트)	약 2년
열경화성 수지(FRP)	약 3~4년

07 안전모의 종류, 시험 성능 기준의 종류를 쓰고 안전모의 재료 및 구조가 갖추어야 할 조건을 5가지 쓰시오.

> **해답**

(1) 종류
  ① AB종 : 낙하, 비래, 추락의 경감을 위한 것
  ② AE종 : 낙하, 비래, 감전의 경감을 위한 것
  ③ ABE종 : 낙하, 비래, 추락, 감전의 경감을 위한 것
(2) 시험 성능 기준
  ① 내관통성 시험
  ② 내수성 시험
  ③ 충격 흡수성 시험
  ④ 난연성 시험
  ⑤ 내전압성 시험
  ⑥ 턱끈풀림
(3) 재료 및 구조가 갖추어야 할 조건
  ① 쉽게 부식하지 않는 것
  ② 피부에 해로운 영향을 주지 않는 것
  ③ 사용 목적에 따라 내열성, 내한성, 내수성을 보유한 것
  ④ 모체의 표면을 밝고 선명한 색채로 할 것
  ⑤ 안전모의 착장체, 턱끈 등의 부속품을 제외한 무게가 0.44[kg]을 초과하지 않을 것

> **참고**

① 모체의 재질은 합성수지
② 추락은 높이 2[m] 이상의 고소 작업이나 굴착 작업 및 하역 작업 등에 있어서의 추락을 의미한다.
③ 내전압성이란 7,000[V] 이하의 전압에 견디는 것을 말한다.

08 안전모의 시험 성능기준과 부가성능기준을 설명하시오.

> **해답**

구분	항목	시 험 성 능 기 준
시험성능 기준	내관통성	AE, ABE종 안전모는 관통거리가 9.5[mm] 이하이고, AB종 안전모는 관통거리가 11.1[mm] 이하이어야 한다.(자율안전확인에서는 관통거리가 11.1[mm] 이하)
	충격 흡수성	최고전달충격력이 4,450[N]을 초과해서는 안되며, 모체와 착장체의 기능이 상실되지 않아야 한다.
	내전압성	AE, ABE종 안전모는 교류 20[kW]에서 1분간 절연파괴 없이 견뎌야 하고, 이때 누설되는 충전전류는 10[mA] 이하이어야 한다.(자율안전확인에서는 제외)
	내수성	AE, ABE종 안전모는 질량증가율이 1[%] 미만이어야 한다.(자율안전확인에서는 제외)
	난연성	모체가 불꽃을 내며 5초 이상 연소되지 않아야 한다.
	턱끈풀림	150[N] 이상 250[N] 이하에서 턱끈이 풀려야 한다.
부가성능 기준	측면 변형 방호	최대 측면변형은 40[mm], 잔여변형은 15[mm] 이내이어야 한다.
	금속 용융물 분사방호	– 용융물에 의해 10[mm] 이상의 변형이 없고 관통되지 않아야 한다. – 금속 용융물의 방출을 정지한 후 5초 이상 불꽃을 내며 연소되지 않을 것(자율안전확인에서는 제외)

09 보호구 선정시 유의 사항 4가지를 쓰시오.

> **해답**

① 사용 목적에 적합한 것
② 검정에 합격하고 성능이 보장되는 것
③ 작업에 방해가 되지 않는 것
④ 착용이 쉽고 크기 등 사용자에게 편리한 것

10 안전대의 사용구분을 4가지 쓰고 U자 걸이와 1개 걸이 안전대의 착용 요령을 간단히 쓰시오.

> **해답**

(1) 사용구분
  ① U자 걸이 전용
  ② 1개 걸이 전용
  ③ 안전블록
  ④ 추락방지대
(2) 착용 요령
  ① U자 걸이 : 안전대의 로프를 구조물 등에 U자 모양으로 돌린 뒤 훅을 D링에, 신축조절기를 각링에 연결하여 신체의 안전을 꾀하는 방법을 말한다.
  ② 1개 걸이 : 로프의 한쪽 끝을 D링에 고정시키고 훅을 구조물에 걸거나 로프를 구조물 등에 한 번 돌린 후 다시 훅을 로프에 거는 등에 의해 추락에 의한 위험을 방지하기 위한 방법을 말한다.

11 안전인증 기관의 확인사항을 쓰시오.

> **해답**

① 안전인증서에 적힌 제조 사업장에서 해당 안전인증 대상기계 등을 생산하고 있는지 여부
② 안전인증을 받은 안전인증 대상기계 등이 안전인증기준에 적합한지 여부
③ 제조자가 안전인증을 받을 당시의 기술능력·생산체계를 지속적으로 유지하고 있는지 여부

④ 안전인증 대상기계 등이 서면심사 내용과 같은 수준 이상의 재료 및 부품을 사용하고 있는지 여부

③ 복합용
④ 용접용

12 AE종 안전모의 모체를 20~25[℃]의 수중에 24시간 담가 놓은 후 무게를 측정해 본 결과 300[g]이었다. 무게 증가율[%]을 구하시오.(단, 담그기 전 무게는 250[g]이다.)

> **해답**
>
> 무게 증가율 $= \dfrac{\text{담근 후의 무게} - \text{담그기 전 무게}}{\text{담그기 전 무게}} \times 100$
>
> $= \dfrac{300-250}{250} \times 100$
>
> $= \dfrac{50}{250} \times 100 = 20[\%]$

16 차광 보안경의 재료가 갖추어야 할 조건을 쓰시오.

> **해답**
>
> ① 강도 및 탄성 등이 용도에 적절할 것
> ② 피부 접촉부는 피부에 해로운 영향을 주지 않을 것
> ③ 금속부에는 적절한 방청 처리를 하고 내식성이 있을 것
> ④ 내습성, 내열성 및 난연성일 것

13 보안경 재료의 구비 조건을 4가지 쓰시오.

> **해답**
>
> ① 강도 및 탄성 등이 용도에 적절할 것
> ② 피부 접촉부는 피부에 해가 없을 것
> ③ 금속부에는 적절한 방청 처리를 하고 내식성일 것
> ④ 내습성, 내열성 및 난연성일 것

17 자율안전확인 보안경의 종류를 3가지 쓰고 구비 조건을 5가지 쓰시오.

> **해답**
>
> (1) 종류
>   ① 플라스틱 보호안경
>   ② 유리 보호안경
>   ③ 도수렌즈 보호안경
> (2) 구비 조건
>   ① 착용했을 때 편안할 것
>   ② 내구성이 있을 것
>   ③ 충분히 소독되어 있을 것
>   ④ 견고하게 고정되어 착용자가 움직이더라도 쉽게 탈락 또는 움직이지 않을 것
>   ⑤ 그 모양에 따라 특정한 위험에 대해서 적절한 보호를 할 수 있을 것

14 보안경의 일반 구조를 2가지 쓰시오.

> **해답**
>
> ① 보안경에는 돌출 부분, 날카로운 모서리 혹은 사용 도중 불편하거나 상해를 줄 수 있는 결함이 없을 것
> ② 착용자와 접촉하는 보안경의 모든 부분에는 피부 자극을 유발하지 않는 재질을 사용할 것
> ③ 머리띠를 착용하는 경우, 착용자의 머리와 접촉하는 모든 부분의 폭이 최소한 10[mm] 이상 되어야 하며, 머리띠는 조절이 가능할 것

18 방진마스크의 종류 및 등급, 성능 시험, 재료 시험, 선택시 착안 사항을 쓰시오.

> **해답**
>
> (1) 종류 및 등급
>   ① 직결식
>   ② 격리식
> (2) 성능 시험
>   ① 흡기 저항 시험
>   ② 흡기 저항 상승 시험
>   ③ 분진 포집 효율 시험
>   ④ 배기 밸브의 작동 기밀 시험
>   ⑤ 배기 저항 시험
> (3) 재료 시험
>   ① 금속 부식 시험
>   ② 고무 재료의 내한 시험

15 차광 보안경의 종류를 4가지 쓰시오.(안전인증 보안경)

> **해답**
>
> ① 자외선용
> ② 적외선용

③ 고무의 비중 시험
④ 합성 수지의 내열 시험
⑤ 고무의 노화 시험
⑥ 합성 수지의 내한 시험
(4) 선택시 착안 사항(구비 조건)
① 분진 포집 효율(여과 효율)이 좋을 것
② 흡·배기 저항이 낮을 것
③ 사용적(유효 공간)이 작을 것
④ 시야가 넓을 것
⑤ 안면 밀착성이 좋을 것
⑥ 피부 접촉 부위의 고무질이 좋을 것
⑦ 중량이 가벼울 것

19 방진마스크의 합성수지의 가열 감량 시험에서 가열 전 중량이 260[g]이었고 70[℃]로 72시간 가열한 후 중량을 측정한 결과 255[g]이었다. 가열 감량률을 구하고 합격 여부를 판정하시오.

해답

가열 감량률
$$= \frac{\text{가열 전 중량[g]} - \text{가열 후 중량[g]}}{\text{가열 전 중량[g]}} \times 100[\%]$$
$$= \frac{260 - 255}{260} \times 100[\%]$$
$$= \frac{5}{260} \times 100 = 1.92[\%]$$
∴ 1.92[%], 합격(가열 감량률이 3[%] 이하이면 합격이다)

20 보안면 재료의 구비 조건을 6가지 쓰시오.

해답

① 구조적으로 충분한 강도가 있고 가벼울 것
② 착용시 피부에 해가 없을 것
③ 수시로 세탁, 소독이 가능할 것
④ 금속은 방청 처리를 할 것
⑤ 플라스틱은 난연성일 것
⑥ 투시부의 플라스틱은 광학적 성능을 가질 것

21 안전보건표지의 종류를 4가지 쓰고 각 표지의 명칭을 5가지씩 쓰시오.

해답

(1) 금지표지(빨간색)
① 출입금지
② 보행금지
③ 차량통행금지
(2) 경고표지(빨간색)
① 인화성물질 경고
② 폭발성물질 경고
③ 급성독성물질 경고
④ 부식성물질 경고
⑤ 산화성물질 경고
(3) 지시표지(파란색)
① 보안경 착용
② 보안면 착용
③ 안전모 착용
④ 방독마스크 착용
⑤ 안전복 착용
(4) 안내표지(녹색)
① 녹십자표지
② 들것
③ 세안장치
④ 응급구호표지
⑤ 비상구

22 다음 보기의 안전보건표지 종류와 명칭을 각각 쓰시오.

(1) ① ② ③

(2) ① ② ③

(3) ① ② ③
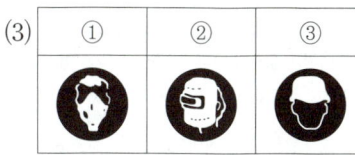

(4) ① ② ③
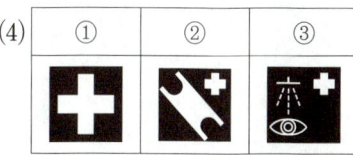

해답

종류 \ 명칭	①	②	③
(1) 금지표지	사용금지	탑승금지	화기엄금
(2) 경고표지	유해물질경고	위험장소경고	방사성 물질 경고
(3) 지시표지	방진마스크 착용	보안면 착용	안전모 착용
(4) 안내표지	응급구호표지	들것	세안장치

23 가죽제 및 고무제 안전화의 성능 시험을 3가지씩 쓰시오.

해답

(1) 가죽제 안전화
  ① 내압박성 시험
  ② 내답발성 시험
  ③ 내충격성 시험
  ④ 박리저항 시험
(2) 고무제 안전화
  ① 내유성 시험
  ② 내화학성 시험
  ③ 누출방지 시험

24 방진마스크의 고무 시험편을 Yong 비중계에 매달고 공기중과 수중에서의 중량을 측정함으로써 고무 비중 시험을 한 결과 공기중에서 중량이 4[g]이었다. 고무의 비중을 산출하고 재료 시험의 합격 여부를 판단하시오.(단, 수중에서의 시험편의 중량 1.2[g])

해답

비중
$$= \frac{공기중의\ 시험편의\ 중량}{공기중의\ 시험편의\ 중량 - 수중에서의\ 시험편의\ 중량}$$
$$= \frac{4}{4-1.2} = 1.42$$

∴ 답은 비중 : 1.42, 불합격(비중이 1.4 이하이어야 합격이다)

25 표준 머리 모형에 착용시킨 방진마스크에 석영 분진 함유 공기를 매분 30[l]의 유량으로 통과시켜 통과 전후의 석영 분진의 농도를 산란광 방식에 의해 측정하여 분진포집효율을 산출했다. 통과 전 석영 분진의 농도가 250[mg/m²]이고 통과 후 석영 분진의 농도가 15[mg/m²]이었다. 분진 포집 효율을 구하고 등급을 정하시오.

해답

분진포집효율시험
$$= \frac{통과\ 전\ 석영\ 분진\ 농도 - 통과\ 후\ 석영\ 분진\ 농도}{통과전\ 석영\ 분진\ 농도} \times 100$$
$$= \frac{250-15}{250} \times 100 = 94[\%]$$

∴ 94[%] : 1급

보충학습

특급 : 99.95[%] 이상, 1급 : 94[%] 이상, 2급 : 80[%] 이상이어야 한다.

26 표준 머리 모형에 장치한 방진마스크에 공기를 매분 30[l]의 유량으로 통과시킬 때의 마스크 내외의 압력 값을 측정한 결과 200[mmH₂O]이었고 다음에 석영 분진 함유 공기를 매분 30[l]의 유량으로 100분간 통과시킨 다음 마스크 내외의 압력값을 측정한 결과 600[mmH₂O]이었다. 이때 흡기 저항 상승을 구하고 합격 여부를 판정하시오.

해답

흡기 저항 상승 시험
$$= \frac{석영\ 분진\ 함유공기를\ 100분간\ 통과시킨\ 후\ 내외의\ 압력차 - 공기\ 통과시의\ 내외의\ 압력차}{공기\ 통과시의\ 내외의\ 압력차} \times 100[\%]$$
$$= \frac{600-200}{200} \times 100 = 200[\%]$$

∴ 200[%], 합격(흡기 저항 상승률이 200[%] 이하 이면 합격이다)

27 안전화 종류 6가지를 쓰시오.

해답

① 가죽제 안전화
② 절연화
③ 고무제 안전화
④ 절연장화
⑤ 발등 안전화
⑥ 정전기 안전화

28 고무제 안전화의 일반 구조를 3가지 쓰시오.

해답

① 신었을 때 편안하고 활동하기에 편리할 것
② 안쪽의 골씌움이 완전할 것
③ 부속품의 부착이 견고할 것

29 안전모 착용 대상 사업장 8곳을 쓰시오.

해답

① 최대적재량이 5[t] 이상인 화물 자동차에 화물을 싣는 작업 및 내리는 작업
② 굴착 작업시
③ 채석 작업시
④ 해체 작업시
⑤ 바닥으로부터 높이가 2[m] 이상인 하적단 위에서 작업시
⑥ 항만 하역 작업시
⑦ 벌목, 집재, 운재 작업시
⑧ 동력으로 작동되는 기계에 근로자의 두발 또는 피복이 말려들어갈 위험이 있을 때

30 근로자 탑승 금지 기계·기구를 쓰시오.

해답

① 운전중인 평삭기 테이블
② 수직 선반의 테이블
③ 크레인
　㉠ 이동식 크레인
　㉡ 건설용 리프트
④ 곤돌라
⑤ 화물자동차의 적재함
⑥ 화물용 승강기
⑦ 컨베이어
⑧ 차량계 하역 운반기계
⑨ 차량계 건설 기계

31 방음 보호구(귀마개 및 귀덮개)의 구비 조건 5가지를 쓰시오.

해답

① 귀에 잘 맞을 것
② 사용중에 현저한 불쾌감이 없을 것
③ 사용중에 쉽게 탈락되지 않을 것
④ 분실하지 않도록 적당한 곳에 끈으로 연결시킬 것
⑤ 캡은 귀 전체를 덮어야 하며, 발포플라스틱 등 흡음재로 감쌀 것(귀덮개는 귀 전체를 덮어서 차음시킬 수 있어야 한다).

32 방음 보호구 재료의 만족 사항(구비 조건)을 쓰시오.

해답

① 강도, 경도, 탄성 등이 용도에 적합해야 한다.
② 피부에 해로운 영향을 주지 않아야 하고 소독이 가능해야 한다.
③ 금속은 방청 처리를 해야 하며 소독할 수 있어야 한다.
④ 플라스틱 재료는 내열성, 내한성, 내유성이어야 하며, 고무 재료는 비중이 1.4 이하, 인장, 신장, 경도 시험 및 노화성 시험에 합격해야 하며 내열성, 내한성 및 내유성이어야 한다.
⑤ 금속 재료는 내식 처리를 해야 하며 KS 공업 규격 제품을 사용해야 한다.

33 귀마개와 귀덮개의 선택 방법을 쓰시오.

해답

① 소음 수준 및 작업 내용에 알맞은 종류와 구조를 선택할 것
② 사용시 불쾌감과 압박감을 주지 않을 것
③ 사용하는 재료는 ① ②의 요건을 만족시킬 것
④ 귀마개의 감음률은 고주파수에서 25~30[dB]이고 귀덮개는 35~45[dB]이므로 귀마개는 115~120[dB]에서, 귀덮개는 130~150[dB]에서의 작업이 가능하다. 또한 귀마개와 귀덮개를 동시에 착용하면 추가로 3~5[dB]까지 감음시킬 수 있으나 어떠한 경우에도 50[dB]를 감음시킬 수 없음
⑤ 사용중에 귀마개가 탈락되어서는 안 됨
⑥ 귀덮개는 밀착이 잘되어야 함

34 발등 보호를 위한 안전화의 종류를 2가지 쓰시오.

해답

① 고정식
② 탈착식

35 절연화의 내전압 성능을 간략하게 설명하시오.

해답

60[Hz], 14,000[V]의 전압에 1분간 견디고, 충전 전류가 0.5[mA] 이하이어야 한다.

36 안전장갑의 종류를 2가지 쓰시오.

해답

① 전기용 고무장갑
② 용접용 가죽제 보호장갑

37 안전보건표지의 사용 목적을 쓰시오.

해답

사업장의 유해 또는 위험한 시설 및 장소에 대한 경고, 비상 조치의 안내, 그 밖에 안전 의식의 고취를 위하여 필요한 개소에 부착하도록 산업 안전 보건법에 규정하고 있다.

38 안전보건표지의 종류 및 색채를 쓰시오.

해답

① 금지표지 : 빨간색(7.5R 4/14)
② 경고표지 : 노란색(5Y 8.5/12)
③ 지시표지 : 파란색(2.5PB 4/10)
④ 안내표지 : 녹색(2.5G 4/10)

39 안전보건표지의 각 종류를 분류하고 관련 항목을 각각 쓰시오.

해답

① 금지표지 : 출입금지, 보행금지, 사용금지, 차량통행금지, 금연
② 경고표지 : 인화성물질 경고, 산화성물질 경고, 폭발물 경고, 독극물 경고, 고온 경고, 저온 경고
③ 지시표지 : 보안경 착용, 보안면 착용, 안전모 착용, 안전화 착용
④ 안내표지 : 녹십자표지, 들것, 응급구호표지, 세안장치, 비상구, 좌측비상구, 우측비상구

40 녹십자 표시로 된 안전 표찰의 부착 위치를 쓰시오.

해답

① 작업복 또는 보호의 우측 어깨
② 안전모의 좌우면
③ 안전 완장

41 자율안전확인대상 보호구의 종류 3가지를 쓰시오.

해답

① 안전모(안전인증 대상기계·기구에 해당되는 사항 제외)
② 보안경(안전인증 대상기계·기구에 해당되는 사항 제외)
③ 보안면(안전인증 대상기계·기구에 해당되는 사항 제외)

42 방독마스크의 종류, 시험가스, 외부측면 표시색을 쓰시오.

해답

종류	시험가스	정화통외측면 표시색
유기화합물용	시클로헥산(C_6H_{12}), 디메틸에테르(CH_3OCH_3) 이소부탄(C_4H_{10})	갈색
할로겐용	염소가스 또는 증기(Cl_2)	회색
황화수소용	황화수소가스(H_2S)	회색
시안화수소용	시안화수소가스(HCN)	회색
아황산용	아황산가스(SO_2)	노란색
암모니아용	암모니아가스(NH_3)	녹색

참고

복합용 및 겸용의 정화통
① 복합용[해당가스 모두 표시(2층분리)]
② 겸용[백색과 해당가스 모두 표시(2층분리)]

43 방진마스크 성능시험 방법 6가지를 쓰시오.

해답
① 안면부 흡기 저항
② 여과재 분진 포집 효율
③ 안면부 배기 저항
④ 안면부 누설률
⑤ 배기 밸브 작동
⑥ 여과재 호흡 저항 등

44 방진마스크의 구비 조건 및 선택시 고려사항을 쓰시오.

해답
① 여과 효율이 좋을 것
② 흡·배기 저항이 낮을 것
③ 사용적이 적을 것
④ 중량이 가벼울 것
⑤ 시야가 넓을 것
⑥ 안면 밀착성이 좋을 것
⑦ 피부 접촉 부위의 고무질이 좋을 것

45 방독마스크 안전인증 표시외에 표시사항을 쓰시오.

해답
① 파과곡선도
② 사용시간 기록카드
③ 정화통의 외부측면의 표시색
④ 사용상 주의사항

46 방독마스크 성능시험 항목 6가지를 쓰시오.

해답
① 기밀 시험
② 흡기 저항 시험
③ 배기 저항 시험
④ 자동 기밀 시험
⑤ 통기 저항 시험
⑥ 제독 능력 시험

47 다음 방진마스크의 명칭을 쓰시오. 22. 10. 16

해답

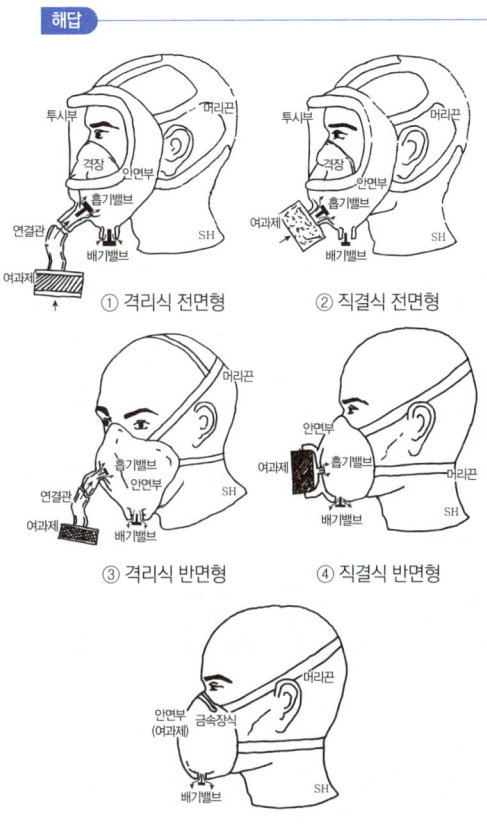

① 격리식 전면형
② 직결식 전면형
③ 격리식 반면형
④ 직결식 반면형
⑤ 안면부 여과식

녹색직업 녹색자격증 코너

성공은 위험하다.
성공과 함께 다른 사람을 모방하기 보다 자기 모방이 시작된다.
그리고 마침내 불모의 상태에 이르게 된다.
— 파블로 피카소(Pablo Picaso)

성공은 오만과 현실 안주를 불러옵니다.
오만은 전략상의 실책보다 더 많은 기업을 매장시켰다고 합니다.
자신과 회사에 대해 자신감을 갖는 것은 성공의 필수요건이지만,
지나친 자신감은 반드시 화를 부릅니다.
오만과 자신감은 종이 한 장의 차이에 불과합니다.
잘나갈 때 스스로 경계할 줄 아는 올바른 성품을 미리 갖추는 것이 매우 중요합니다.

건설안전(건설안전 일반)관리

토질시험	Chapter 01	낙하·비래위험방지 및 안전조치	Chapter 14
지반의 이상 현상	Chapter 02	낙하·비래재해의 발생원인	Chapter 15
유해위험방지계획서	Chapter 03	낙하·비래재해의 방호설비	Chapter 16
건설업 산업안전보건관리비	Chapter 04	토사붕괴 위험성 및 안전조치	Chapter 17
셔블계 굴착기계	Chapter 05	토사붕괴 재해의 형태 및 발생원인	Chapter 18
토공기계	Chapter 06	토사붕괴 시 조치사항	Chapter 19
운반기계	Chapter 07	경사로	Chapter 20
건설용 양중기	Chapter 08	가설계단	Chapter 21
항타기·항발기	Chapter 09	사다리식 통로	Chapter 22
추락재해 위험성 및 안전조치	Chapter 10	사다리	Chapter 23
추락재해 발생형태 및 발생원인	Chapter 11	통로발판	Chapter 24
추락재해 방호설비	Chapter 12	비계의 종류 및 설치기준	Chapter 25
추락방지용 방호망의 구조 및 안전기준	Chapter 13	출제예상문제●	

Chapter 01 토질시험

중점 학습내용

출제기준 변경 및 NCS(국가직무능력표준) 적용에 따라 이번 시험합격을 대비하여 중점적으로 준비하여야 할 내용은 다음과 같다.
1. 토질시험 개요
2. 토질시험 종류
3. 지반조사 토질시험

흙의 연경도(Consistency)
함수량의 변화에 의해 점착성이 있는 흙의 상태가 변해 가는 성질을 연경도라고 하며, 각각의 변화한계를 atterberg한계라고 한다.

1. 행복한 가정은 미리 누리는 천국이다.
2. 영원히 살 것처럼 꿈을 꾸고, 오늘 죽을 것처럼 살아라.

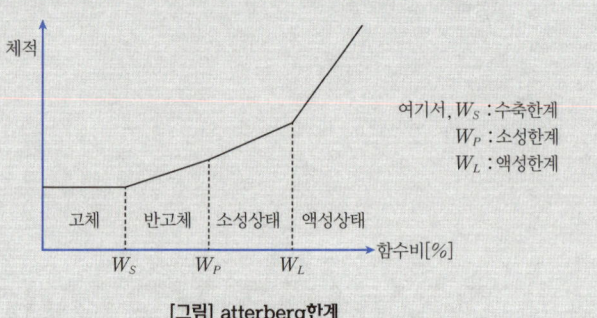

여기서, W_S : 수축한계
W_P : 소성한계
W_L : 액성한계

[그림] atterberg한계

합격예측

물리적 시험
① 비중시험 : 흙입자의 비중 측정
② 함수량시험 : 흙에 포함되어 있는 수분의 양을 측정
③ 입도시험 : 흙입자의 혼합 상태를 파악
④ 액성·소성·수축 한계시험 : 함수비 변화에 따른 흙의 공학적 성질을 측정
⑤ 밀도시험 : 지반의 다짐도 판정

1 개요

흙의 물리적 성질과 역학적 성질을 판별하기 위하여 주로 실내에서 행하는 토질시험

2 종류

(1) 물리적 시험

① 비중시험 : 흙입자의 비중 측정
② 함수량시험 : 흙에 포함되어 있는 수분의 양을 측정
③ 입도시험 : 흙입자의 혼합상태를 파악
④ 액성·소성·수축 한계시험 : 함수비 변화에 따른 흙의 공학적 성질을 측정
⑤ 밀도시험 : 지반의 다짐도 판정

(2) 역학적 시험

① 투수시험 : 지하수위, 투수계수 측정
② 압밀시험 : 점성토의 침하량 및 침하속도 계산
③ 전단시험 : 직접전단시험, 간접전단시험, 흙의 전단저항 측정

④ 표준관입시험 : 흙의 지내력 판단, 사질토 적용
⑤ 다짐시험 : 공학적 목적으로 흙의 성질을 개선하는 방법(흙의 단위중량, 전단강도 증가)
⑥ 지반 지지력(지내력)시험 : 평판재하시험, 말뚝박기시험, 말뚝재하시험

3 지반조사 토질시험

(1) 표준관입시험(Standard penetration test)

① 사질지반의 상대밀도 등 토질 조사시 신뢰성이 높다.
② (타격횟수)값이 클수록 밀실한 토질이다.
③ 표준관입시험용 샘플러(레이먼드 샘플러)를 중량 63.5[kg]의 추를 75[cm] 높이에서 낙하시켜 충격에 의해 30[cm] 관입시키는데 필요한 타격 횟수 값을 구한다.
④ 사질 지반의 다짐 상태를 판정하는데 적합하며(값은 10 전후), 값 30 이상의 자갈층의 성질을 알기 위해 이용한다.

[표] 표준관입시험의 N값과 상대밀도

모래 지반의 N값	점토질 지반의 N값	상대밀도(g/cm²)
0~4	0~2	매우 느슨하다.
4~10	2~4	느슨하다.
10~30	4~8	보통이다.
30~50	8~15	단단하다.
50 이상	15~30	매우 다진상태이다.
~	30 이상	경질(hard)

(2) 베인시험(Vane test)

연한 점토질 시험에 주로 쓰이는 방법으로 4개의 날개가 달린 베인 테스터를 지반에 박고 회전시켜 저항 모멘트를 측정, 전단강도를 산출한다.

(3) 평판재하시험(Plate bearing test)

지반의 지지력을 알아보기 위한 방법으로 기초저면의 위치까지 굴착하고, 지반면에 평판을 놓고 직접 하중을 가하여 하중과 침하를 측정한다.

지반조사 토질시험의 종류
① 표준관입시험
② 베인시험
③ 평판재하시험

공극비(e)
흙 속에서 공기와 물에 의해 차지되고 있는 입자간의 간격 (흙 입자의 체적에 대한 간극의 체적의 비)

$$e = \frac{V_v}{V_s}$$

V_v : 공극의 체적,
V_s : 흙입자의 체적

공극률(n)
흙 전체의 체적에 대한 공극의 체적을 백분율로 표시

$$n = \frac{V_v}{V} \times 100[\%]$$

함수비(w)
흙만의 중량에 대한 물의 중량을 백분율로 표시

$$w = \frac{W_w}{W_s} \times 100[\%]$$

W_w : 물의 중량,
W_s : 흙입자의 중량

함수율(w')
흙 전체의 중량에 대한 물의 중량을 백분율로 표시

$$w' = \frac{W_w}{W} \times 100[\%]$$

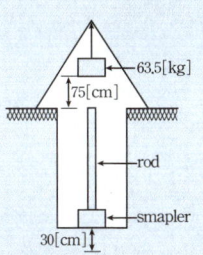

[그림] 레이먼드 샘플러

합격예측

흙막이 공사 후 계측기 및 계측채점
① 수위계 : 토류벽 배면 지반
② 경사계 : 인접구조물의 골조 또는 벽체
③ 하중계 : 흙막이 지보공 버팀대
④ 침하계 : 토류벽 배면
⑤ 응력계 : 토류벽 심재

[표] 보링(Boring)의 종류 및 특징

종류	특징	적용토질
오거(Auger)보링	연약점성토 및 중간정도의 점성토, 깊이 10[m] 이내	공벽 붕괴 없는 지반
수세식 보링	충격을 가하며, 펌프로 압송한 물의 수압에 의해 물과 함께 배출, 깊이 30[m] 내외	매우 연약한 점토
충격식 보링	Bit 끝에 천공구를 부착하여 상하 충격에 의해 천공, 토사암반에도 가능	거의 모든 지층
회전식 보링	Bit를 회전시켜 천공하며, 비교적 자연상태 그대로 채취가능	토사 및 암반

보충학습

1. 흙의 동상방지 대책 13. 11. 9 ⑦ 21. 7. 10 ⑦ 21. 11. 14 ⑦

① 단열 재료의 삽입
② 지표의 흙을 (동결이 잘 되지 않는) 화학약품으로 처리
③ 지하수위 저하
④ 동결심도 아래에 배수층 설치
⑤ 동결깊이 상부의 흙에 동결이 잘 되지 않는 재료를 삽입
⑥ 모관수 상승을 방지하는 층을 두어 동상 방지

2. 흙의 연화현상(Frost Boil) 방지 대책 98. 4. 26 ⑦ 10. 10. 31 ⑤ 13. 7. 14 ⑦

① 구조물의 강성 확보
② 지반 개량공법 또는 고결 안정공법의 적용으로 지반의 안정화 도모
③ Drain공법(Sand Drain, Paper Drain, 생석회 공법)의 채용
④ Sheet Pile이나 지중 연속벽을 설치하여 전단 변형을 억제
⑤ 지하수 처리(배수구 설치)
⑥ 배수층을 동결깊이 하부에 설치

3. 록볼트(Rockbolt)의 설치시 작용효과 09. 4. 25 ⑦ 13. 4. 28 ⑤ 14. 4. 27 ⑦ 16. 11. 20 ⑦ 18. 4. 22 ⑤ 19. 7. 7 ⑦

① 암괴의 지보기능 : 낙반방지 가능
② Beem(보)형성효과(작용) : 층상의 암반
③ Arch형성 효과 : 일체작용 가능
④ 지반의 봉합효과(작용)
⑤ 내압효과(작용)

Chapter 02 지반의 이상 현상

중점 학습내용

출제기준 변경 및 NCS(국가직무능력표준) 적용에 따라 이번 시험합격을 대비하여 중점적으로 준비하여야 할 내용은 다음과 같다.
❶ 보일링 지반조건, 현상, 안전대책
❷ 히빙 지반조건, 현상, 안전대책
❸ 연약지반 개량공법의 종류

[표] 히빙 · 보일링 · 파이핑 · 액상화

구분	방지대책		
히빙(Heaving)현상	① 흙막이 근입깊이를 깊게 ④ 굴착면 하중증가	② 표토제거 하중감소 ⑤ 어스앵커설치 등 24. 11. 2 기	③ 지반개량
보일링(Boiling)현상 파이핑(Piping)현상	① Filter 및 차수벽설치 ③ 약액주입 등의 굴착면 고결	② 흙막이 근입깊이를 깊게(불투수층까지) 24. 11. 2 기 ④ 지하수위저하	⑤ 압성토 공법 등
액화 또는 액상화 (Liquefaction) 현상	① 간극수압제거 ③ 치환 및 다짐공법	② Well point 등의 배수공법 ④ 지중연속벽 설치 등	

1 보일링(Boiling) 23. 4. 23 기

(1) 지반 조건

지하수위가 높은 사질토와 같은 투수성이 좋은 지반

(2) 현상

① 저면에 액상화 현상(Quick Sand)이 일어난다.
② 굴착면과 배면토의 수두차에 의한 침투압이 발생한다.

(3) 안전(방지)대책

① 주변 수위를 저하시킨다.(가장 좋은 방법)
② 흙막이 벽을 깊이 설치하여 지하수의 흐름을 막는다.
③ 굴착토를 즉시 원상 매립한다.
④ 작업을 중지시킨다.

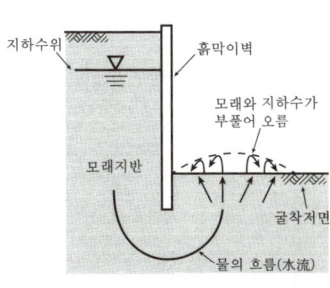

[그림] 보일링

합격예측

보일링 지반 조건 21. 4. 25 기
지하수위가 높은 사질토와 같은 투수성이 좋은 지반

보일링 현상 15. 7. 12 기
① 저면에 액상화 현상(Quick Sand)이 일어난다.
② 굴착면과 배면토의 수두차에 의한 침투압이 발생한다.

보일링 안전(방지)대책
15. 11. 7 기 16. 4. 17 기
21. 11. 14 기
① 주변 수위를 저하시킨다.
(가장 좋은 방법)
② 흙막이 벽을 깊이 설치하여 지하수의 흐름을 막는다.
③ 굴착토를 즉시 원상 매립한다.
④ 작업을 중지시킨다.

파이핑 현상
보일링 현상으로 인하여 지반 내에서 물의 통로가 생기면서 흙이 세굴되는 현상

> **합격예측**
>
> **히빙(Heaving) 원인** 22. 7. 24 기
> ① 연약성 점토 지반
> ② 흙막이 내외면의 중량 차이
> ③ 흙막이 벽의 근압장 부족
>
> **히빙 안전(방지)대책**
> ① 시트파일(Sheet Pile) 등의 근입심도를 깊게 한다.
> ② 1.3[m] 이하 굴착시 버팀대 설치한다.
> ③ 굴착 주변 웰포인트(Well Point) 공법 병행한다.
> ④ 버팀대, 브래킷, 흙막이판을 점검한다.
> ⑤ 굴착방식을 아일랜드 컷(Island cut) 방식으로 개선한다.
> ⑥ 굴착 주변의 상재하중을 제거한다.

> **합격예측**
>
> **사질토 개량공법**
> ① 진동 다짐 공법 (vibro floatation)
> ② 다짐 모래 말뚝 공법 (vibro composer, sand compaction pile)
> ③ 폭파 다짐 공법
> ④ 전기 충격 공법
> ⑤ 약액 주입 공법
> ⑥ 동다짐 공법

> **합격예측**
>
> **흙막이공의 계측계(정보화 시공)**
> ① 토압계
> ② 간극 수압계
> ③ 지하수위계
> ④ 경사계(수평변위측정)
> ⑤ 지반수직 변위계
> ⑥ 변형률(응력)계 등

2 히빙(Heaving)

(1) 지반 조건

연약성 점토지반인 경우

(2) 현상

① 지보공 파괴
② 배면 토사 붕괴
③ 굴착 저면의 솟아오름

(3) 안전(방지)대책 21. 11. 19 기 22. 5. 7 기

① 시트파일(Sheet Pile) 등의 근입심도를 깊게
② 1.3[m] 이하 굴착시 버팀대 설치
③ 굴착 주변 웰포인트(Well Point) 공법 병행
④ 버팀대, 브래킷, 흙막이판을 점검
⑤ 굴착방식을 아일랜드 컷(Island cut) 방식으로 개선
⑥ 굴착 주변의 상재하중을 제거

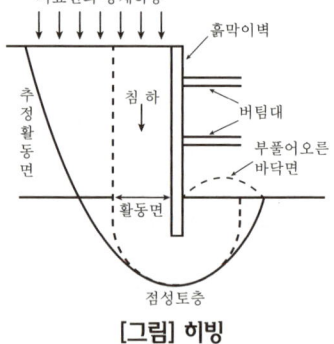

[그림] 히빙

3 연약지반의 개량공법

(1) 개요

① 점토나 실트와 같은 미세한 입자의 흙이나 간극이 큰 유기질토 또는 이탄토, 느슨한 모래 등으로 이루어진 토층
② 지하수위가 높은 제체 및 구조물의 안정과 침하문제가 발생되는 지반

[표] 사질토 및 점성토 개량공법의 종류 23. 7. 22 기 23. 11. 5 기

사질토 개량공법		점성토 개량공법	
진동 다짐 공법 (vibro floatation)		치환 공법	굴착 치환공법
			미끄럼 치환공법
			폭파 치환공법
다짐 모래 말뚝 공법 (vibro composer, sand compaction pile)		압밀(재하) 공법	Preloading 공법
			사면선단 재하공법
			압성토 공법 (sur charge)
폭파 다짐 공법		탈수 공법	sand drain 공법
전기 충격 공법			paper drain 공법
약액 주입 공법			pack drain 공법
동다짐 공법		배수 공법	Deep well 공법
			Well point 공법

Chapter 03 유해위험방지계획서

중점 학습내용

출제기준 변경 및 NCS(국가직무능력표준) 적용에 따라 이번 시험합격을 대비하여 중점적으로 준비하여야 할 내용은 다음과 같다.
❶ 유해위험방지계획서 목적
❷ 유해위험방지계획서 제출시기
❸ 유해위험방지계획서 제출서류

• 인생의 가장 큰 여정은 넘어지지 않는데 있는 것이 아니라 넘어질 때마다 일어서는데 있다.

1 목적

건설공사 시공 중에 나타날 수 있는 추락, 낙하, 감전 등 재해위험에 대해 공사 착공 전에 설계도, 안전조치계획 등을 검토하여 유해 · 위험요소에 대한 안전 및 보건상의 조치를 강구하여 근로자의 안전 · 보건을 확보하기 위함

2 제출시기

유해위험방지계획서 작성 대상공사를 착공하려고 하는 사업주는 일정한 자격을 갖춘 자의 의견을 들은 후 동 계획서를 작성하여 공사착공 전일까지 한국산업안전보건공단 관할 지역본부 및 지도원에 2부를 제출하여야 한다.

(1) 유해위험방지계획서 제출 대상 건설업 종류

① 건축물 또는 시설 등의 건설 · 개조 또는 해체 공사
    가. 지상높이가 31미터 이상인 건축물 또는 인공구조물
    나. 연면적 3만제곱미터 이상인 건축물
    다. 연면적 5천제곱미터 이상인 시설로서 다음의 어느 하나에 해당하는 시설
        ⓐ 문화 및 집회시설(전시장 및 동물원 · 식물원은 제외한다)
        ⓑ 판매시설, 운수시설(고속철도의 역사 및 집배송시설은 제외한다)
        ⓒ 종교시설
        ⓓ 의료시설 중 종합병원

합격예측

유해위험방지계획서 제출 대상 건설업 종류
(1) 건축물 또는 시설 등의 건설 · 개조 또는 해체 공사
   가. 지상높이가 31미터 이상인 건축물 또는 인공구조물
   나. 연면적 3만제곱미터 이상인 건축물
   다. 연면적 5천제곱미터 이상인 시설로서 다음의 어느 하나에 해당하는 시설
     ① 문화 및 집회시설(전시장 및 동물원 · 식물원은 제외한다)
     ② 판매시설, 운수시설(고속철도의 역사 및 집배송시설은 제외한다)
     ③ 종교시설
     ④ 의료시설 중 종합병원
     ⑤ 숙박시설 중 관광숙박시설
     ⑥ 지하도상가
     ⑦ 냉동 · 냉장 창고시설
(2) 연면적 5,000[m²] 이상의 냉동·냉장창고시설의 설비공사 및 단열공사
(3) 최대 지간길이가 50[m]이상인 교량 건설 등 공사
(4) 터널 건설 등의 공사
(5) 다목적댐, 발전용댐 및 저수용량 2천만[t] 이상의 용수 전용 댐, 지방상수도 전용댐 건설 등의 공사
(6) 깊이 10[m] 이상인 굴착공사

ⓔ 숙박시설 중 관광숙박시설
ⓕ 지하도상가
ⓖ 냉동 · 냉장 창고시설
② 연면적 5,000[m²] 이상의 냉동 · 냉장창고시설의 설비공사 및 단열공사
③ 최대 지간길이가 50[m] 이상인 교량 건설 등 공사
④ 터널 건설 등의 공사
⑤ 다목적댐, 발전용댐 및 저수용량 2천만[t] 이상의 용수 전용 댐, 지방상수도 전용댐 건설 등의 공사
⑥ 깊이 10[m] 이상인 굴착공사

(2) 유해위험방지계획서 제출서류

① 건축물 각 층의 평면도
② 기계 · 설비의 개요를 나타내는 서류
③ 기계 · 설비의 배치도면
④ 원재료 및 제품의 취급, 제조 등의 작업방법의 개요
⑤ 그 밖에 고용노동부장관이 정하는 도면 및 서류

[표] 작업공사 종류별 유해 · 위험방지계획

대상공사	작업공종
건축물 또는 시설 등의 건설·개조 또는 해체 (이하 "건설 등"이라 한다) 공사	① 가설공사 ② 구조물공사 ③ 마감공사 ④ 기계설비공사 ⑤ 해체공사
냉동·냉장창고시설의 설비공사 및 단열공사	① 가설공사 ② 단열공사 ③ 기계 설비공사
다리 건설 등의 공사	① 가설공사 ② 다리 하부(하부공) 공사 ③ 다리 상부(상부공) 공사
터널 건설 등의 공사	① 가설공사 ② 굴착 및 발파공사 ③ 구조물공사
댐 건설 등의 공사	① 가설공사 ② 굴착 및 발파공사 ③ 댐 축조공사
굴착공사	① 가설공사 ② 굴착 및 발파공사 ③ 흙막이 지보공(支保工) 공사

Chapter 04 건설업 산업안전보건관리비

중점 학습내용

출제기준 변경 및 NCS(국가직무능력표준) 적용에 따라 이번 시험합격을 대비하여 중점적으로 준비하여야 할 내용은 다음과 같다.
❶ 건설업 산업안전보건관리비 적용기준
❷ 계상기준 및 계상시기
❸ 건설재해예방 기술지도
❹ 건설재해예방 지도대상 건설공사 도급인

• 결혼은 작은 이야기들이 계속되는 기나긴 이야기다.(피천득)

1 건설업 산업안전보건관리비 적용기준

> **합격예측**
>
> **건설업 산업안전보건관리비**
> 산업재해 예방을 위하여 건설공사 현장에서 직접 사용되거나 해당 건설업체의 본점 또는 주사무소에 설치된 안전전담부서에서 법령에 규정된 사항을 이행하는 데 소요되는 비용

(1) 정의

① "건설업 산업안전보건관리비"(이하 "산업안전보건관리비"라 한다)란 산업재해 예방을 위하여 건설공사 현장에서 직접 사용되거나 해당 건설업체의 본점 또는 주사무소(이하 "본사"라 한다)에 설치된 안전전담부서에서 법령에 규정된 사항을 이행하는 데 소요되는 비용을 말한다.

② "산업안전관리비 대상액"(이하 "대상액"이라 한다)이란 「예정가격 작성기준」 (기획재정부 계약예규) 「지방자치단체 입찰 및 계약집행기준」(행정안전부 예규) 등 관련규정에 정하는 공사원가계산서 구성항목 중 직접재료비, 간접재료비와 직접 노무비를 합한 금액(발주자가 재료를 제공할 경우에는 해당재료비를 포함한 금액)을 말한다.

③ "자기공사자"란 건설공사의 시공을 주도하여 총괄·관리하는 자(건설공사발주자로부터 건설공사를 최초로 도급받은 수급인은 제외한다)를 말한다. 24. 11. 2 기

(2) 적용범위

이 고시는 법 제2조제11호의 건설공사 중 총공사금액 2천만원 이상인 공사에 적용한다. 다만, 단가계약에 의하여 행하는 공사에 대하여는 총계약금액을 기준으로 적용한다.

> **합격예측**
>
> **산업안전보건관리비의 계상기준**
> ① 대상액이 5억원 미만 또는 50억원 이상일 경우 : 대상액×계상기준표의 비율(%)
> ② 대상액이 5억원 이상 50억원 미만일 경우 : 대상액×계상기준표의 비율(X)+기초액(C)
> ③ 대상액이 구분되어 있지 않은 경우 : 도급계약 또는 자체사업계획상의 총공사금액의 70[%]를 대상액으로 하여 안전관리비를 계상
> ④ 발주자(도급하는 자)가 재료를 제공할 경우 : 당해금액을 대상액에 포함시킬 때 안전관리비/당해금액을 포함하지 않은 대상액을 기준으로 계상한 안전관리비×1.2배

2 계상의무 및 기준

발주자가 도급계약 체결을 위한 원가계산에 의한 예정가격을 작성하거나, 자기공사자가 건설공사 사업 계획을 수립할 때에는 다음 각 호와 같이 산업안전보건관리비를 계상하여야 한다. 다만, 발주자가 재료를 제공하거나 일부 물품이 완제품의 형태로 제작·납품되는 경우에는 해당 재료비 또는 완제품 가액을 대상액에 포함하여 산출한 산업안전보건관리비와 해당 재료비 또는 완제품 가액을 대상액에서 제외하고 산출한 산업안전보건관리비의 1.2배에 해당하는 값을 비교하여 그 중 작은 값 이상의 금액으로 계상한다.

① 대상액이 5억 원 미만 또는 50억 원 이상인 경우 : 대상액에 별표 1에서 정한 비율을 곱한 금액
② 대상액이 5억 원 이상 50억 원 미만인 경우 : 대상액에 별표 1에서 정한 비율을 곱한 금액에 기초액을 합한 금액
③ 대상액이 명확하지 않은 경우 : 제4조제1항의 도급계약 또는 자체사업계획상 책정된 총공사금액의 10분의 7에 해당하는 금액을 대상액으로 하고 제1호 및 제2호에서 정한 기준에 따라 계상

[표] 공사종류 및 규모별 산업안전보건관리비 계상기준표

구분 공사종류	대상액 5억원 미만인 경우 적용 비율(%)	대상액 5억원 이상 50억원 미만인 경우		대상액 50억원 이상인 경우 적용 비율(%)	영 별표5에 따른 보건관리자 선임대상 건설공사의 적용비율(%)
		적용비율(%)	기초액		
건축공사	3.11[%]	2.28[%]	4,325,000원	2.37[%]	2.64[%]
토목공사	3.15[%]	2.53[%]	3,300,000원	2.60[%]	2.73[%]
중건설공사	3.64[%]	3.05[%]	2,975,000원	3.11[%]	3.39[%]
특수건설공사	2.07[%]	1.59[%]	2,450,000원	1.64[%]	1.78[%]

안전관리비 대상액=(공사원가 계산서 구성항목 중) 직접 재료비 + 간접 재료비 + 직접노무비

3 건설재해예방 기술지도

안전보건관리비는 표와 같이 공사 진척에 따라 사용하여야 한다.

[표] 공사진척에 따른 안전관리비 사용기준

공정률	50[%] 이상 70[%] 미만	70[%] 이상 90[%] 미만	90[%] 이상
사용기준	50[%] 이상	70[%] 이상	90[%] 이상

4 기술지도계약 체결 대상 건설공사 및 체결 시기

① 산업안전보건법 제73조제1항에서 "대통령령으로 정하는 건설공사"란 공사금액 1억원 이상 120억원(「건설산업기본법 시행령」 별표 1의 종합공사를 시공하는 업종의 건설업종란 제1호의 토목공사업에 속하는 공사는 150억원) 미만인 공사와 「건축법」 제11조에 따른 건축허가의 대상이 되는 공사를 말한다. 다만, 다음 각 호의 어느 하나에 해당하는 공사는 제외한다.
  1. 공사기간이 1개월 미만인 공사
  2. 육지와 연결되지 아니한 섬지역(제주특별자치도는 제외한다)에서 이루어지는 공사
  3. 사업주가 별표 4에 따른 안전관리자의 자격을 가진 사람을 선임(같은 광역자치단체의 지역 내에서 같은 사업주가 경영하는 셋 이하의 공사에 대하여 공동으로 안전관리자 자격을 가진 사람 1명을 선임한 경우를 포함한다)하여 제18조제1항 각 호에 따른 안전관리자의 업무만을 전담하도록 하는 공사
  4. 법 제42조제1항에 따라 유해위험방지계획서를 제출해야 하는 공사

② 제1항에 따른 건설공사의 건설공사발주자 또는 건설공사도급인(건설공사도급인은 건설공사발주자로부터 건설공사를 최초로 도급받은 수급인은 제외한다)은 법 제73조제1항의 건설 산업재해 예방을 위한 지도계약(이하 "기술지도계약"이라 한다)을 해당 건설공사 착공일의 전날까지 체결해야 한다.

합격예측

관리감독자 안전보건업무 수행 시 수당지급 작업
1. 건설용 리프트·곤돌라를 이용한 작업
2. 콘크리트 파쇄기를 사용하여 행하는 파쇄작업(2[m] 이상인 구축물 파쇄에 한정한다.)
3. 굴착 깊이가 2[m] 이상인 지반의 굴착작업
4. 흙막이지보공의 보강, 동바리 설치 또는 해체작업
5. 터널 안에서의 굴착작업, 터널거푸집의 조립 또는 콘크리트작업
6. 굴착면의 깊이가 2[m] 이상인 암석 굴착작업
7. 거푸집지보공의 조립 또는 해체작업
8. 비계의 조립, 해체 또는 변경작업
9. 건축물의 골조, 교량의 상부구조 또는 탑의 금속제의 부재에 의하여 구성되는 것(5[m] 이상에 한정한다)의 조립, 해체 또는 변경작업
10. 콘크리트 공작물(높이 2[m] 이상에 한정한다)의 해체 또는 파괴작업
11. 전압이 75[V] 이상인 정전 및 활선작업
12. 맨홀작업, 산소결핍장소에서의 작업
13. 도로에 인접하여 관로, 케이블 등을 매설하거나 철거하는 작업
14. 전주 또는 통신주에서의 케이블 공중가설작업

Chapter 05 셔블계 굴착기계

중점 학습내용

출제기준 변경 및 NCS(국가직무능력표준) 적용에 따라 이번 시험합격을 대비하여 중점적으로 준비하여야 할 내용은 다음과 같다.
❶ 파워셔블의 특징
❷ 백호의 특징
❸ 드래그라인의 특징
❹ 클램쉘의 특징
❺ 말뚝 및 피어 기초

• 동등하지 않은 관계를 동등하게 만드는 것은 사랑밖에 없다.(케테르 케고르)

1 파워셔블(power shovel)[dipper shovel : 동력삽]

합격예측

파워셔블의 특징
① 굳은 점토 등 지반면보다 높은 곳의 땅파기에 적합하다. 16. 11. 12
② 앞으로 흙을 긁어서 굴착하는 방식이다.
③ 셔블계 굴착기 중에서 가장 기본적인 것으로서 기계가 서 있는 지면보다 높은 곳을 파는 데 가장 좋으므로 산의 절삭 등에도 적합하고, 붐(boom)이 단단하여 굳은 지반의 굴착에도 사용된다.

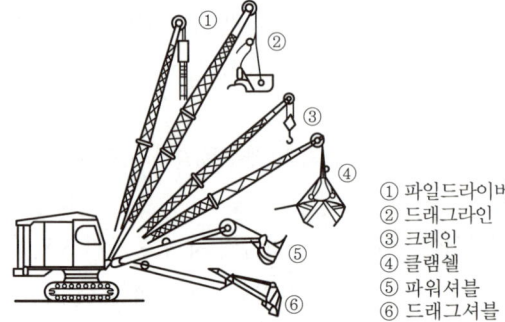

① 파일드라이버
② 드래그라인
③ 크레인
④ 클램쉘
⑤ 파워셔블
⑥ 드래그셔블

[그림] 굴착기의 앞부속장치

① 굳은 점토 등 지반면보다 높은 곳의 땅파기에 적합하다.
② 앞으로 흙을 긁어서 굴착하는 방식이다.
③ 셔블계 굴착기 중에서 가장 기본적인 것으로서 기계가 서 있는 지면보다 높은 곳을 파는 데 가장 좋으므로 산의 절삭 등에도 적합하고, 붐(boom)이 단단하여 굳은 지반의 굴착에도 사용된다.

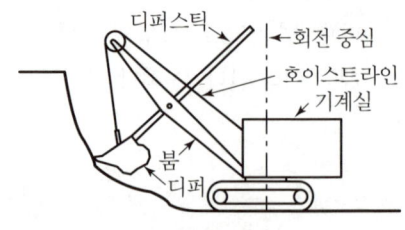

[그림] 파워셔블

2 백호(back hoe)[드래그셔블(drag shovel)]

① 토목공사나 수중굴착에 많이 사용된다.
② 지하층이나 기초의 굴착에 사용된다.
③ 기계가 서 있는 지면보다 낮은 장소의 굴착에도 적당하고 수중굴착도 가능하다.
④ 파워셔블과 같이 굳은 지반의 토질에서도 정확한 굴착이 된다.

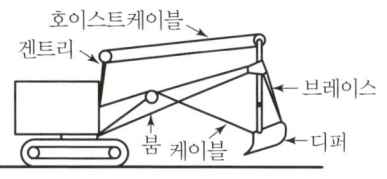

[그림] 백호

합격예측
백호의 특징
① 토목공사나 수중굴착에 많이 사용된다.
② 지하층이나 기초의 굴착에 사용된다.
③ 기계가 서 있는 지면보다 낮은 장소의 굴착에도 적당하고 수중굴착도 가능하다.
④ 파워셔블과 같이 굳은 지반의 토질에서도 정확한 굴착이 된다.

3 드래그라인(drag line)

① 작업 범위가 광범위하고 수중굴착 및 연약한 지반의 굴착에 적합하다.
② 기체는 높은 위치에서 깊은 곳을 굴착하는 데 적합하다.
③ 기계가 서 있는 위치보다 낮은 장소의 굴착에 적당하고 백호만큼 굳은 토질에서의 굴착은 되지 않지만 굴착 반지름이 크다.

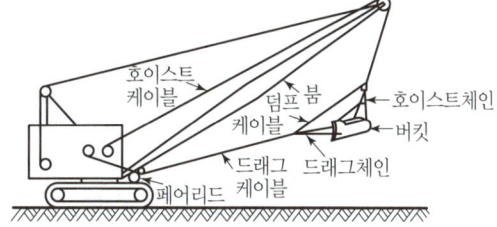

[그림] 드래그라인

합격예측
드래그라인의 특징
① 작업 범위가 광범위하고 수중굴착 및 연약한 지반의 굴착에 적합하다.
② 기체는 높은 위치에서 깊은 곳을 굴착하는 데 적합하다.
③ 기계가 서 있는 위치보다 낮은 장소의 굴착에 적당하고 백호만큼 굳은 토질에서의 굴착은 되지 않지만 굴착 반지름이 크다.

4 클램쉘(clamshell) 23. 11. 11 기잠

① 연약지반이나 수중굴착 및 자갈 등을 싣는 데 적합하다.
② 깊은 땅파기 공사와 흙막이 버팀대를 설치하는 데 사용한다.
③ 수중굴착 및 수조물의 기초바닥 등과 같은 협소하고 상당히 깊은 범위의 굴착과 호퍼(hopper)에 적당하다.

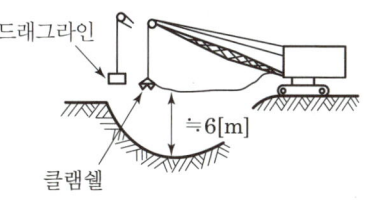

[그림] 드래그라인과 클램쉘의 작업

합격예측
클램쉘의 특징
① 연약지반이나 수중굴착 및 자갈 등을 싣는 데 적합하다.
② 깊은 땅파기 공사와 흙막이 버팀대를 설치하는 데 사용한다.
③ 수중굴착 및 수조물의 기초바닥 등과 같은 협소하고 상당히 깊은 범위의 굴착과 호퍼(hopper)에 적당하다.

[표] 작업종류에 따른 건설기계의 분류

작업종류	해당기계
굴착·운반	불도저, 레이크도저
굴착	셔블, 백호, 클램쉘, 불도저, 리퍼, 버킷휠, 드래그라인
싣기	로더, 셔블, 백호, 클램쉘
굴착·싣기	셔블, 백호, 클램쉘, 드래저
굴착·운반	불도저, 스크레이퍼 도저, 스크레이퍼, 트랙터 셔블, 드래저
운반	불도저, 덤프트럭, 벨트 컨베이어, 웨곤, 토운차, 트레일러, 덤프 트레일러, 덤프터, 가공색도, 기관차
함수비 조절	스태빌라이저, 파라우, 할로우, 브로우, 살수차
정지	모터그레이더, 골재 살포기
도랑파기	트렌처, 백호
다짐	로드 롤러, 타이어 롤러, 탬핑 롤러, 진동롤러, 플레이트 콤팩터, 래머, 탬퍼
기초공사	디젤 해머, 진동파일 드라이버, 보링기, 어스드릴, 어스오거, 그라우팅 기계
기중기류	트럭/휠/무한궤도식/케이블/데릭/지브/탑형 크레인, 엘리베이터, 호이스트, 윈치
터널공사	착암기, 브레이커, 점보드릴, 크롤러드릴, T.B.M, 실드, 로드헤더
골재생산	쇄석기, 골재선별기, 골재공급기
콘크리트 타설	콘크리트 배처플랜트, 믹서기, 트럭믹서, 아지테이터 트럭, 펌프, 진동기
포장	믹싱 플랜트, 피니셔, 살포기, 포장 정리기, 포설기, 페이버, 스크리드, 커터
도로유지·제설	도로청소차, 라인마커, 리프트카, 스노우플로우, 노면파쇄기
공기압축	공기압축기, 송풍기, 펌프
해상공사	각종 준설선, 기중기선, 쇄암선, 항타선, 토운선, 콘크리트 플랜트선, 앵커바지선

5 말뚝 및 피어 기초

(1) 말뚝기초

① 지지방법에 따른 분류
  ㉠ 선단지지말뚝   ㉡ 마찰말뚝   ㉢ 하부지반지지말뚝

② 사용목적에 따른 분류
  ㉠ 다짐말뚝   ㉡ 활동방지말뚝   ㉢ 수평저항말뚝   ㉣ 인장말뚝

③ 현장콘크리트 말뚝
  ㉠ Franky 말뚝   ㉡ Pedestal 말뚝   ㉢ Raymond 말뚝

(2) 피어기초

① Chicago공법   ② Gow공법   ③ Benoto공법   ④ Earth-drill공법

토공기계

중점 학습내용

출제기준 변경 및 NCS(국가직무능력표준) 적용에 따라 이번 시험합격을 대비하여 중점적으로 준비하여야 할 내용은 다음과 같다.
❶ 불도저의 종류 및 특징
❷ 스크레이퍼의 기능 및 특징
❸ 모터그레이더의 구성 및 용도
❹ 다짐기계의 종류 및 특징

- 모든 일에 예방이 최선의 방책이다.
  없앨 것은 작을 때 미리 없애고, 버릴 물건은 무거워지기 전에 빨리 버려라 (노자)

1 불도저(bulldozer)

1. 개요

불도저는 트랙터에 배토판을 장착한 것으로 굴착, 운반, 절토, 집토, 정지작업이 가능한 만능 토공기계

2. 회전장치에 의한 분류

(1) 크롤러형(crawler type)

① 연약한 지역이나 습지 지역의 작업에 용이하며, 암석지에서도 마모에 강하고 등판 능력과 견인력이 크다(무한궤도식).
② 트랙슈(track shoe : 履板)를 연속하여 조립한 트랙(track : 履帶)으로 주행하는 것으로서 변화하는 지세에 대하여 넓은 적용성을 지니고 있다.
③ 중작업과의 연결에 적당하고 강한 견인력을 갖는 장점이 있다.
④ 돌기(grouser)가 있는 보통 불도저와 습지용의 삼각형 트랙을 가진 습지 불도저가 있다.

(2) 타이어형(휠형)

① 고무타이어식은 크롤러식에 비하여 기동성과 이동성이 양호하며 평탄한 지면이나 포장도로에서 작업하기 좋다(휠식).

> **합격날개**
>
> **합격예측**
>
> **크롤러형 불도저의 특징**
> ① 연약한 지역이나 습지 지역의 작업에 용이하며, 암석지에서도 마모에 강하고 등판 능력과 견인력이 크다(무한궤도식).
> ② 트랙슈(track shoe : 履板)를 연속하여 조립한 트랙(track : 履帶)으로 주행하는 것으로서 변화하는 지세에 대하여 넓은 적용성을 지니고 있다.
> ③ 중작업과의 연결에 적당하고 강한 견인력을 갖는 장점이 있다.
> ④ 돌기(grouser)가 있는 보통 불도저와 습지용의 삼각형 트랙을 가진 습지 불도저가 있다.

합격예측

블레이드 각도에 의한 분류
① 스트레이트도저 : 블레이드가 수평이고, 또 불도저의 진행 방향에 직각으로 블레이드면을 부착한 것으로서 주로 중굴착 작업에 사용된다.
② 앵글도저 : 블레이드면의 방향이 진행 방향의 중심선에 대하여 20~30[°]의 경사가 진 것으로서 이것은 사면굴착·정지·흙메우기 등으로 차체의 진행에 따라 흙을 측면으로 보내는 작업에 적당하다.
③ 틸트도저 : 블레이드면 좌우의 높이를 변경할 수 있는 것으로서 단단한 흙의 도랑파기 절삭에 적당하다.(좌우 상하 25~30[°]까지 조절가능)

② 트랙터에 4개의 저압타이어를 부착한 것으로서 타이어 도저(tire dozer)라고도 한다.
③ 크롤러식에 비하여 작업속도는 빠르지만, 부정지나 연약지의 작업에서는 크롤러식보다 뒤진다.

3. 블레이드의 조작방식에 의한 분류

① 블레이드의 조작방식에는 와이어로프식과 유압식이 있다.
② 유압 기술의 향상에 의하여 최근에는 유압식이 많이 사용된다.

[그림] 불도저의 각 부 명칭

4. 블레이드 각도에 의한 분류

① 스트레이트도저 : 블레이드가 수평이고, 또 불도저의 진행 방향에 직각으로 블레이드면을 부착한 것으로서 주로 중굴착 작업에 사용된다.
② 앵글도저 : 블레이드면의 방향이 진행 방향의 중심선에 대하여 20~30[°]의 경사가 진 것으로서 이것은 사면굴착 · 정지 · 흙메우기 등으로 차체의 진행에 따라 흙을 측면으로 보내는 작업에 적당하다. 21. 7. 10 ⑦
③ 틸트도저 : 블레이드면 좌우의 높이를 변경할 수 있는 것으로서 단단한 흙의 도랑파기 절삭에 적당하다.(좌우 상하 25~30[°]까지 조절가능) 21. 7. 10 ⑦

[그림] 불도저의 종류 및 특성

분류	종류	특성
주행방식	무한궤도식	접지압이 0.4~1[kgf/cm²]로 일반토사 작업에 가장 많이 쓰임
	타이어식	무한궤도식에 비해 기동성이 양호하나 취약지에서 작업불리
배토판의 각도	스트레이트도저	배토판을 직각방향으로 설치, 수직굴착압토에 유리
	앵글도저	배토판을 진행방향에 따라 20~30[°] 좌우이동 가능, 사면굴착, 도랑파기, 정지작업 등에 유리
	틸트도저	배토판의 단을 좌, 우 밑으로 10~40[cm] 기울여서 작업가능, 도랑파기 및 경사토굴착에 유리

용도	레이크도저	배토판 대신 레이크를 장착한 것으로 나무뿌리나 큰 돌을 굴착
	리퍼도저	연암이나 풍화암 굴착에 이용
	U도저	U자 배토판을 장착한 것으로 운반거리 및 운반량이 클 경우 사용
	V도저	V자형 배토판을 장착한 것으로 지표면의 장애물을 제거하는데 사용
	습지용도저	접지압이 0.2[kgf/cm²] 정도로 연약한 습지의 굴착이나 압토에 사용
	수중도저	수상에서 원격조정이나 수중 다이버에 의해서 작업

합격예측

불도저의 종류
① 스트레이트도저
② 앵글도저
③ 버킷도저
④ 틸트도저
⑤ 레이크도저
⑥ U도저

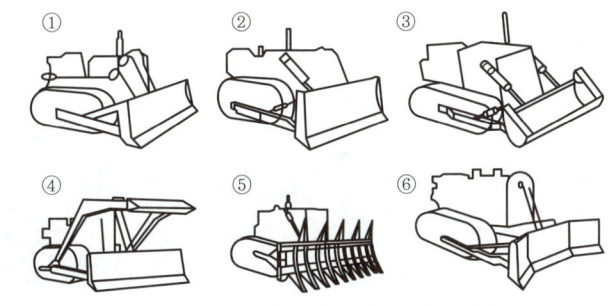

①스트레이트도저 ②앵글도저 ③버킷도저 ④틸트도저 ⑤레이크도저 ⑥U도저

[그림] 불도저의 작업장치

2 스크레이퍼(scraper)

(1) 기능

① 무른 토사나 토괴로 된 평탄한 지형의 지표면을 얇게 깎거나 일정한 두께로 흙 쌓기할 경우에 사용한다.
② 불도저보다 운반거리가 크다.
③ 스크레이퍼 구동륜은 2륜과 4륜 구동식이 있으며, 2륜 구동식은 신뢰성이 좋고 어떠한 곳에서도 통과성이 좋으며, 4륜 구동식은 안정성이 좋고, 장거리와 고속도로 건설작업에 적합하다.
④ 용도는 굴착·적재·운반·성토·흙깔기·흙다지기 등의 작업을 하나의 기계로 시공할 수 있는 기계로서 트랙터로 견인하는 피견인식 트랙터스크레이퍼와 자주식 모터스크레이퍼가 있다.
⑤ 스크레이퍼는 암석이 많은 산지의 토공관계에는 부적당하지만 저목장의 정지·부지의 조성 등에는 가장 적당하다.

합격예측

스크레이퍼의 용도
① 채굴(digging)
② 성토적재(loading)
③ 운반(hauling)
④ 하역(dumping)

⑥ 얇은 수평층으로 토사를 이동시켜 광범위한 성토와 정지작업에 가장 적당하다.
⑦ 일반적으로 도로·주택지의 조성, 공장용지의 조성 등에 널리 사용된다.
⑧ 피견인식 스크레이퍼의 운반거리는 200~1,000[m], 자주식 모터스크레이퍼의 운반거리는 400~2,000[m]까지 가능하다.

(2) 작업량 증대 방법

① 1회 작업량을 크게 한다.
② 주행속도를 빠르게 한다.
③ 운반거리를 짧게 한다.

(3) 용도

① 채굴(digging)
② 성토적재(loading)
③ 운반(hauling)
④ 하역(dumping)

[그림] 스크레이퍼

3 모터그레이더(Motor grader)

(1) 구성

앞, 뒷바퀴의 중앙부에 흙을 깎고 미는 배토판을 장착한 것

(2) 용도

운동장 및 광장의 정지작업, 도로변의 끝손질, 옆도랑 파기, 사면 끝손질, 잔디 벗기기 등에 사용

[그림] 모터그레이더

4 다짐기계

(1) 개요

흙에 외력을 가하여 공극을 최소화하고 소요강도를 얻는 기계로 작업방식에 따라 전압식, 충격식, 진동식으로 구분

(2) 전압식 다짐기계

① 로드 롤러(Road roller) : 모든 흙에 사용이 가능하고 전압효과를 증가시키기 위해서 블라스트(Ballast)를 설치하기도 한다.

  ㉮ 머캐덤 롤러(Macadam roller) : 3륜 형식으로 쇄석, 자갈 등의 전압에 사용

  ㉯ 탠덤 롤러(Tandem roller) : 2륜 형식으로 주로 머캐덤 롤러의 작업후 마무리 다짐 또는 아스팔트 포장의 끝마무리에 사용

② 탬핑 롤러(Tamping roller) : 철륜 표면에 다수의 돌기를 붙여 접지압을 증가시킨 것이다. 16. 6. 26 ㉠ 20. 10. 17 ㉠

  ㉮ 깊은 다짐이나 고함수비 지반, 점성토 지반에 적합하며, 두터운 성토 전압 작업에 이용

  ㉯ 돌기형태에 따라 Sheeps foot roller, Grid roller, Tapper foot roller, Turn foot roller로 구분

③ 타이어 롤러(Tire roller) : 접지압을 공기압으로 조절하여 접지압이 크면 깊은 다짐을 하고 접지압이 작으면 표면다짐을 한다.

  ㉮ 기층이나 노반의 표면다짐, 사질토나 사질 점성토의 다짐 등

  ㉯ 도로 토공에 많이 이용됨

① 머캐덤 롤러   ② 탠덤 롤러   ③ 탬핑 롤러   ④ 타이어 롤러

[그림] 전압식 다짐기계

합격예측

전압식 다짐기계의 종류
① 머캐덤 롤러
② 탠덤 롤러
③ 탬핑 롤러
④ 타이어 롤러

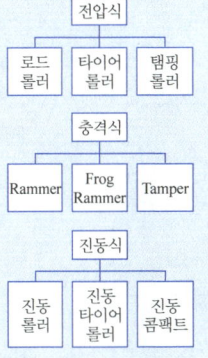

합격예측

준설기계의 종류
① 그래브 준설선
　(Grab Dredger)
② 디퍼 준설선
　(Dipper Dredger)
③ 버킷 준설선
　(Bucket Dredger)
④ 펌프 준설선
　(Pump Dredger)

(3) 충격식 다짐기계

① 래머 : 내연기관의 폭발로 인한 반력과 낙하하는 충격으로 다짐. 댐 코어 다짐과 같은 국부적인 다짐에 양호함
② 프로그 래머 : 대형 래머로 점성토 지반 및 어스댐 공사에 많이 사용
③ 탬퍼 : 전압판의 연속적인 충격으로 전압하는 기계로 갓길 및 소규모 도로 토공에 쓰임

(4) 진동식 다짐기계

① 바이브레이팅 롤러 : 가진기에 의하여 다짐차륜을 진동시켜 다짐, 사질토나 자갈질토에 적합함, 주로 도로 보수에 이용
② 바이브로 콤팩터 롤러 : 기계를 진동시켜 차륜의 진동 및 자중에 의하여 다짐, 갓길이나 사면, 구조물 주변, 도로노반의 다짐
③ 바이브레이터리 플레이트 콤팩터 : 내마모성의 두꺼운 강판 또는 진동판에 장착한 가진기로 진동시켜 다짐효과를 높임

[그림] 래머

[표] 준설기계의 종류 및 특징

종류	특징
그래브 준설선(Grab Dredger)	소규모 협소한 곳에 적합하며 단단한 땅에는 부적당하다.
디퍼 준설선(Dipper Dredger)	굴착량이 그래브 준설선보다 크며 굳은 토질에 적합하다.
버킷 준설선(Bucket Dredger)	준설 능력이 크고 풍랑이 강한 곳에서 작업이 용이하다.
펌프 준설선(Pump Dredger)	준설 매립을 동시에 할 수 있으며 파도의 영향을 받기 쉽다.

Chapter 07 운반기계

중점 학습내용

출제기준 변경 및 NCS(국가직무능력표준) 적용에 따라 이번 시험합격을 대비하여 중점적으로 준비하여야 할 내용은 다음과 같다.
❶ 지게차의 정의 및 구비조건
❷ 차량계 건설기계의 안전수칙
❸ 기본안전사항

• 사람들은 자신이 하고 싶은 일을 할 수 없는 수천가지 이유를 찾고 있는데,
  정작 그들에게는 할 수 있는 한 가지 이유만 있으면 된다. (휘트니)

1 지게차(fork lift)

(1) 정의

① 앞바퀴 구동에 뒷바퀴로 환향하고 최소회전반경이 작으며, 전면에 적재용 포크와 안내 레일의 역할을 하는 승강용 마스터를 갖추고 있다.
② 마스터의 경사각은 전경각 5~6[°], 후경각 10~12[°] 범위이다.
③ 경화물의 적재, 운반에 이용하며, 원동기식(engine type)과 전동식(battery type)이 있다.

[표] 전경각, 후경각

구 분	범 위
전경사각	마스터의 수직 위치에서 앞으로 기울인 경우의 최대경사각을 말하며 5~6[°] 범위이다.
후경사각	마스터의 수직 위치에서 뒤로 기울인 경우의 최대경사각을 말하며 10~12[°] 범위이다.

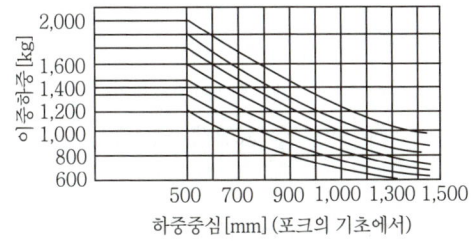

[그림] 포크리프트의 인양 높이와 허용하중과의 관계

합격예측

지게차의 헤드가드(headguard) 구비조건

① 강도는 지게차의 최대하중의 2배 값(4[t]을 넘는 값에 대해서는 4[t]으로 한다)의 등분포정하중(等分布靜荷重)에 견딜 수 있을 것
② 상부틀의 각 개구의 폭 또는 길이가 16[cm] 미만일 것
③ 운전자가 앉아서 조작하거나 서서 조작하는 지게차의 헤드가드는 「산업표준화법」 제12조에 따른 한국산업표준에서 정하는 높이 기준 이상일 것(입식 : 1.88[m], 좌식 : 0.903[m] 이상)

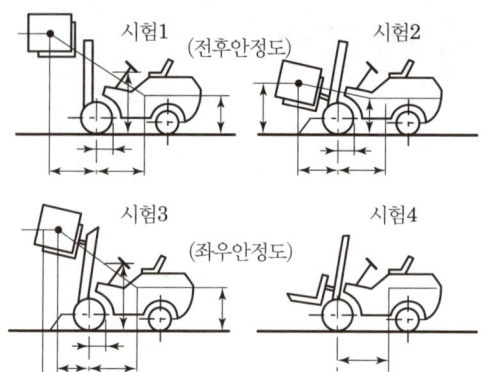

[그림] 포크리프트(fork lift)의 안정도

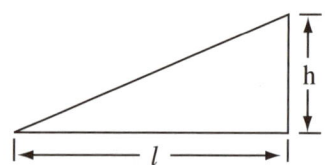

[그림] 포크리프트의 안정도값(안정도=$h/l \times 100$[%])

[표] 포크리프트의 안정도값

시험의 종류	바퀴의 상태	밑바닥 기울기[%]
전후안정도	기준 하중 상태에서 포크리프트를 최고로 올린 상태	4(최대하중 5[t] 미만) 3.5(최대하중 5[t] 이상)
전후안정도	주행 시의 기준 부하 상태	18
좌우안정도	기준 부하 상태에서 포크를 최고로 올리고, 마스트를 최대 후경(後傾)한 상태	6
좌우안정도	주행 시의 기준 부하 상태	15+1.1V

※ V=최고속도[km/h]

(2) 지게차의 헤드가드(head guard) 구비조건

① 강도는 지게차의 최대하중의 2배 값(4[t]을 넘는 값에 대해서는 4[t]으로 한다)의 등분포정하중(等分布靜荷重)에 견딜 수 있을 것
② 상부틀의 각 개구의 폭 또는 길이가 16[cm] 미만일 것
③ 운전자가 앉아서 조작하거나 서서 조작하는 지게차의 헤드가드는 한국산업표준에서 정하는 높이 기준 이상일 것(입식 : 1.88[m], 좌식 : 0.903[m] 이상)

[그림] 포크리프트 헤드가드

2 차량계 건설기계의 안전수칙

1. 차량계 건설기계의 종류

(1) 정의

차량계 건설기계란 동력원을 사용하여 특정되지 아니한 장소로 스스로 이동이 가능한 건설기계

(2) 종류

① 도저형 건설기계(불도저, 스트레이트도저, 틸트도저, 앵글도저, 버킷도저 등)
② 모터그레이더
③ 로더(포크 등 부착물 종류에 따른 용도 변경 형식을 포함한다)
④ 스크레이퍼
⑤ 크레인형 굴착기계(클램쉘, 드래그라인 등)
⑥ 굴삭기(브레이커, 크러셔, 드릴 등 부착물 종류에 따른 용도 변경형식을 포함한다)
⑦ 항타기 및 항발기
⑧ 천공용 건설기계(어스드릴, 어스오거, 크롤러드릴, 점보드릴 등)
⑨ 지반압밀침하용 건설기계(샌드드레인머신, 페이퍼드레인머신, 팩드레인머신 등)
⑩ 지반다짐용 건설기계(타이어롤러, 머캐덤롤러, 탠덤롤러 등)
⑪ 준설용 건설기계(버킷준설선, 그래브준설선, 펌프준설선 등)
⑫ 콘크리트 펌프카
⑬ 덤프트럭
⑭ 콘크리트 믹서 트럭
⑮ 도로포장용 건설기계(아스팔트 살포기, 콘크리트 살포기, 아스팔트 피니셔, 콘크리트 피니셔 등)

> **합격예측**
>
> **차량계 건설기계의 종류**
> ① 도저형 건설기계(불도저, 스트레이트도저, 틸트도저, 앵글도저, 버킷도저 등)
> ② 모터그레이더
> ③ 로더(포크 등 부착물 종류에 따른 용도 변경 형식을 포함한다)
> ④ 스크레이퍼
> ⑤ 크레인형 굴착기계(클램쉘, 드래그라인 등)
> ⑥ 굴삭기(브레이커, 크러셔, 드릴 등 부착물 종류에 따른 용도 변경형식을 포함한다)
> ⑦ 항타기 및 항발기
> ⑧ 천공용 건설기계(어스드릴, 어스오거, 크롤러드릴, 점보드릴 등)
> ⑨ 지반압밀침하용 건설기계(샌드드레인머신, 페이퍼드레인머신, 팩드레인머신 등)
> ⑩ 지반다짐용 건설기계(타이어롤러, 머캐덤롤러, 탠덤롤러 등)
> ⑪ 준설용 건설기계(버킷준설선, 그래브준설선, 펌프준설선 등)
> ⑫ 콘크리트 펌프카
> ⑬ 덤프트럭
> ⑭ 콘크리트 믹서 트럭
> ⑮ 도로포장용 건설기계(아스팔트 살포기, 콘크리트 살포기, 아스팔트 피니셔, 콘크리트 피니셔 등)
> ⑯ 골재 채취 및 살포용 건설기계(쇄석기, 자갈채취기, 골재살포기 등)
> ⑰ 제①호부터 제⑯호까지와 유사한 구조 또는 기능을 갖는 건설기계로서 건설작업에 사용하는 것

합격예측

차량계 건설기계의 작업계획서 내용
① 사용하는 차량계 건설기계의 종류 및 성능
② 차량계 건설기계의 운행경로
③ 차량계 건설기계에 의한 작업방법

⑯ 골재 채취 및 살포용 건설기계(쇄석기, 자갈채취기, 골재살포기 등)
⑰ 제①호부터 제⑯호까지와 유사한 구조 또는 기능을 갖는 건설기계로서 건설작업에 사용하는 것

2. 차량계 건설기계의 작업계획서 내용

① 사용하는 차량계 건설기계의 종류 및 성능
② 차량계 건설기계의 운행경로
③ 차량계 건설기계에 의한 작업방법

3. 차량계 건설기계의 안전수칙

① 미리 작업장소의 지형 및 지반상태 등에 적합한 제한속도를 정하고(최고속도가 10[km/h] 이하인 것을 제외) 운전자로 하여금 이를 준수하도록 하여야 한다.
② 차량계 건설기계가 넘어지거나 굴러 떨어짐으로써 근로자에게 위험을 미칠 우려가 있는 경우에는 유도하는 자를 배치하고 지반의 부동침하방지, 갓길의 붕괴방지 및 도로 폭의 유지 등 필요한 조치를 하여야 한다.
③ 운전 중인 해당 차량계 건설기계에 접촉되어 근로자에게 위험을 미칠 우려가 있는 장소에 근로자를 출입시켜서는 아니 된다.
④ 유도자를 배치한 경우에는 일정한 신호방법을 정하여 신호하도록 하여야 하며, 차량계 건설기계의 운전자는 그 신호에 따라야 한다.
⑤ 운전자가 운전위치를 이탈하는 경우에는 해당 운전자로 하여금 버킷·디퍼 등 작업장치를 지면에 내려두고 원동기를 정지시키고 브레이크를 거는 등 이탈을 방지하기 위한 조치를 하여야 한다.
⑥ 차량계 건설기계가 넘어지거나 붕괴될 위험 또는 붐(Boom)·암 등 작업장치가 파괴될 위험을 방지하기 위하여 해당 기계에 대한 구조 및 사용상의 안전도 및 최대사용하중을 준수하여야 한다.
⑦ 차량계 건설기계의 붐·암 등을 올리고 그 밑에서 수리·점검작업 등을 하는 경우에는 붐·암 등이 갑자기 하강함으로써 발생하는 위험을 방지하기 위하여 해당 작업에 종사하는 근로자에게 안전지주 또는 안전블록 등을 사용하도록 하여야 한다.

4. 낙하물 보호 구조

(1) 낙하물 보호 구조 구비 작업장소

암석의 낙하 등에 의하여 근로자가 위험에 처할 우려가 있는 장소

(2) 낙하물 보호 구조를 갖추어야 하는 차량계 건설기계의 종류

① 불도저
② 트랙터
③ 굴착기
④ 로더(loader) : 흙 따위를 퍼올리는 데 쓰는 기계
⑤ 스크레이퍼(scraper) : 흙을 절삭·운반하거나 펴 고르는 등의 작업을 하는 토공기계
⑥ 덤프트럭
⑦ 모터그레이더(motor grader) : 땅 고르는 기계
⑧ 롤러(roller) : 지반 다짐용 건설기계
⑨ 천공기
⑩ 항타기 및 항발기

3 기본안전사항

(1) 화물적재시 조치사항 24. 4. 27 기

① 하중이 한쪽으로 치우치지 않도록 적재할 것
② 구내 운반차 또는 화물자동차의 경우 화물의 붕괴 또는 낙하에 의한 위험을 방지하기 위하여 화물에 로프를 거는 등 필요한 조치를 할 것
③ 운전자의 시야를 가리지 않도록 화물을 적재할 것

(2) 운전 위치 이탈시 조치사항 16. 6. 26 기 21. 4. 25 기 20. 7. 25 기

① 포크, 버킷, 디퍼 등의 장치를 가장 낮은 위치 또는 지면에 내려 둘 것
② 원동기를 정지시키고 브레이크를 확실히 거는 등 갑작스러운 주행이나 이탈을 방지하기 위한 조치를 할 것
③ 운전석을 이탈하는 경우에는 시동키를 운전대에서 분리시킬 것. 다만, 운전석에 잠금장치를 하는 등 운전자가 아닌 사람이 운전하지 못하도록 조치한 경우에는 그러하지 아니하다.

(3) 100[kg] 이상의 화물을 싣거나 내리는 작업시 작업 지휘자의 준수사항

① 작업 순서 및 그 순서마다의 작업 방법을 정하고 작업을 지휘할 것
② 기구 및 공구를 점검하고 불량품을 제거할 것
③ 해당 작업을 하는 장소에 관계 근로자가 아닌 사람이 출입하는 것을 금지할 것
④ 로프 풀기 작업 또는 덮개 벗기기 작업은 적재함의 화물이 떨어질 위험이 없음을 확인한 후에 하도록 할 것

합격예측

화물적재시 조치사항
① 하중이 한쪽으로 치우치지 않도록 적재할 것
② 구내 운반차 또는 화물 자동차의 경우 화물의 붕괴 또는 낙하에 의한 위험을 방지하기 위하여 화물에 로프를 거는 등 필요한 조치를 할 것
③ 운전자의 시야를 가리지 않도록 화물을 적재할 것

합격예측

운전 위치 이탈시 조치사항 (하역운반기계동일)
① 포크, 버킷, 디퍼 등의 장치를 가장 낮은 위치 또는 지면에 내려 둘 것
② 원동기를 정지시키고 브레이크를 확실히 거는 등 갑작스러운 주행이나 이탈을 방지하기 위한 조치를 할 것
③ 운전석을 이탈하는 경우에는 시동키를 운전대에서 분리시킬 것. 다만, 운전석에 잠금장치를 하는 등 운전자가 아닌 사람이 운전하지 못하도록 조치한 경우에는 그러하지 아니하다.

Chapter 08 건설용 양중기

중점 학습내용

출제기준 변경 및 NCS(국가직무능력표준) 적용에 따라 이번 시험합격을 대비하여 중점적으로 준비하여야 할 내용은 다음과 같다.
❶ 양중기의 개요 및 종류
❷ 양중기의 구분
❸ 양중기의 안전검사
❹ 양중기의 안전기준
❺ 크레인의 조립·해체 시 준수사항
❻ 이동식 크레인 작업의 안전기준
❼ 크레인의 방호장치
❽ 양중기의 와이어로프
❾ 작업시작 전 점검

- 아무도 보지 않는다 생각하고 춤을 추어라. 누구에게도 상처받지 않은 것처럼 사랑하라.
  아무도 듣지 않는다 생각하고 노래를 불러라. 마치 지상이 천국인 것처럼 살아라. (퍼지)

합격날개

합격예측

양중기 종류
① 크레인(호이스트 포함)
② 이동식 크레인
③ 리프트(이삿짐운반용 리프트의 경우에는 적재하중이 0.1[t] 이상인 것)
④ 곤돌라
⑤ 승강기

합격예측

크레인 정의
정의 : "크레인"이란 동력을 사용하여 중량물을 매달아 상하 및 좌우[수평 또는 선회(旋回)를 말한다]로 운반하는 것을 목적으로 하는 기계 또는 기계장치를 말하며, "호이스트"란 훅이나 그 밖의 달기구 등을 사용하여 화물을 권상 및 횡행 또는 권상동작만을 하여 양중하는 것을 말한다.

1 개요

(1) 정의

양중기란 동력을 사용하여 화물, 사람 등을 운반하는 기계·설비

(2) 종류

① 크레인[호이스트(hoist)를 포함한다.]
② 이동식 크레인
③ 리프트(이삿짐운반용 리프트의 경우에는 적재하중이 0.1[t] 이상인 것으로 한정한다.)
④ 곤돌라
⑤ 승강기

2 양중기의 구분

(1) 크레인

① 정의 : "크레인"이란 동력을 사용하여 중량물을 매달아 상하 및 좌우[수평 또는 선회(旋回)를 말한다]로 운반하는 것을 목적으로 하는 기계 또는 기계장치를 말하며, "호이스트"란 훅이나 그 밖의 달기구 등을 사용하여 화물을 권상 및 횡행 또는 권상동작만을 하여 양중하는 것을 말한다. 23. 11. 5

② 크레인의 종류
  ㉮ 고정식 크레인
    ⓐ 타워크레인 : 높이 들어올리는 것이 가능, 작업범위 넓음
    ⓑ 지브크레인 : 주행식, 고정식이 있으며 조립 해체가 용이
    ⓒ 호이스트 크레인 : 건물의 길이방향으로 2개의 주행레일을 설치하여 화물운반
  ㉯ 이동식 크레인
    ⓐ 정의 : "이동식 크레인"이란 원동기를 내장하고 있는 것으로서 불특정 장소에 스스로 이동할 수 있는 크레인으로 동력을 사용하여 중량물을 매달아 상하 및 좌우(수평 또는 선회를 말한다)로 운반하는 설비로서 「건설기계관리법」을 적용받는 기중기 또는 「자동차관리법」 제3조에 따른 화물·특수자동차의 작업부에 탑재하여 화물운반 등에 사용하는 기계 또는 기계장치를 말한다.
    ⓑ 트럭크레인 : 기동성이 우수, 안정확보를 위해 아웃트리거 설치
    ⓒ 크롤러크레인 : 연약지반 위에서 주행성능이 좋으나 기동성은 저조
    ⓓ 유압 크레인 : 이동속도가 빠르고 안정을 확보하기 위해 아웃트리거 설치
③ 타워크레인 선정 시 사전 검토사항
  ㉮ 작업반경
  ㉯ 입지조건
  ㉰ 건립기계의 소음영향
  ㉱ 건물형태
  ㉲ 인양능력

(2) 리프트

① 정의 : "리프트"란 동력을 사용하여 사람이나 화물을 운반하는 것을 목적으로 하는 기계설비를 말한다. 23. 11. 5 산
② 종류
  ㉮ 건설용 리프트 : 동력을 사용하여 가이드레일을 따라 상하로 움직이는 운반구를 매달아 사람이나 화물을 운반할 수 있는 설비 또는 이와 유사한 구조 및 성능을 가진 것으로 건설현장에서 사용하는 것
  ㉯ 산업용 리프트 : 동력을 사용하여 가이드레일을 따라 상하로 움직이는 운반구를 매달아 화물을 운반할 수 있는 설비 또는 이와 유사한 구조 및 성능을 가진 것으로 건설현장 외의 장소에서 사용하는 것
  ㉰ 자동차정비용 리프트 : 동력을 사용하여 가이드레일을 따라 움직이는 지지대로 자동차 등을 일정한 높이로 올리거나 내리는 구조의 리프트로서 자동차 정비에 사용하는 것

합격예측

이동식 크레인

정의 : "이동식 크레인"이란 원동기를 내장하고 있는 것으로서 불특정 장소에 스스로 이동할 수 있는 크레인으로 동력을 사용하여 중량물을 매달아 상하 및 좌우(수평 또는 선회를 말한다)로 운반하는 설비로서 「건설기계관리법」을 적용받는 기중기 또는 「자동차관리법」 제3조에 따른 화물·특수자동차의 작업부에 탑재하여 화물운반 등에 사용하는 기계 또는 기계장치를 말한다.

합격예측

리프트

① 건설용 리프트 : 동력을 사용하여 가이드레일을 따라 상하로 움직이는 운반구를 매달아 사람이나 화물을 운반할 수 있는 설비 또는 이와 유사한 구조 및 성능을 가진 것으로 건설현장에서 사용하는 것
② 산업용 리프트 : 동력을 사용하여 가이드레일을 따라 상하로 움직이는 운반구를 매달아 화물을 운반할 수 있는 설비 또는 이와 유사한 구조 및 성능을 가진 것으로 건설현장 외의 장소에서 사용하는 것
③ 자동차정비용 리프트 : 동력을 사용하여 가이드레일을 따라 움직이는 지지대로 자동차 등을 일정한 높이로 올리거나 내리는 구조의 리프트로서 자동차 정비에 사용하는 것
④ 이삿짐운반용 리프트 : 연장 및 축소가 가능하고 끝단을 건축물 등에 지지하는 구조의 사다리형 붐에 따라 동력을 사용하여 움직이는 운반구를 매달아 화물을 운반하는 설비로서 화물자동차 등 차량 위에 탑재하여 이삿짐운반 등에 사용하는 것

합격예측

① 승강기 : 건축물이나 고정된 시설물에 설치되어 일정한 경로에 따라 사람이나 화물을 승강장으로 옮기는 데에 사용되는 설비를 말한다.
② 곤돌라 : 달기발판 또는 운반구, 승강장치, 그 밖의 장치 및 이들에 부속된 기계부품에 의하여 구성되고, 와이어로프 또는 달기강선에 의하여 달기발판 또는 운반구가 전용 승강장치에 의하여 오르내리는 설비를 말한다.

합격예측

승강기의 방호장치
① 과부하방지장치
② 파이널 리밋 스위치(Final Limit Switch)
③ 비상정지장치
④ 속도조절기
⑤ 출입문 인터록(interlock)

㉱ 이삿짐운반용 리프트 : 연장 및 축소가 가능하고 끝단을 건축물 등에 지지하는 구조의 사다리형 붐에 따라 동력을 사용하여 움직이는 운반구를 매달아 화물을 운반하는 설비로서 화물자동차 등 차량 위에 탑재하여 이삿짐운반 등에 사용하는 것

(3) 곤돌라

"곤돌라"란 달기발판 또는 운반구, 승강장치, 그 밖의 장치 및 이들에 부속된 기계부품에 의하여 구성되고, 와이어로프 또는 달기강선에 의하여 달기발판 또는 운반구가 전용 승강장치에 의하여 오르내리는 설비를 말한다.

(4) 승강기

① 정의 : "승강기"란 건축물이나 고정된 시설물에 설치되어 일정한 경로에 따라 사람이나 화물을 승강장으로 옮기는 데에 사용되는 설비를 말한다. 23. 11. 5 ⓒ
② 종류
㉮ 승객용 엘리베이터 : 사람의 운송에 적합하게 제조·설치된 엘리베이터
㉯ 승객화물용 엘리베이터 : 사람의 운송과 화물 운반을 겸용하는데 적합하게 제조·설치된 엘리베이터
㉰ 화물용 엘리베이터 : 화물 운반에 적합하게 제조·설치된 엘리베이터로서 조작자 또는 화물취급자 1명은 탑승할 수 있는 것(적재용량이 300[kg] 미만인 것은 제외한다)
㉱ 소형화물용 엘리베이터 : 음식물이나 서적 등 소형 화물의 운반에 적합하게 제조·설치된 엘리베이터로서 사람의 탑승이 금지된 것
㉲ 에스컬레이터 : 일정한 경사로 또는 수평로를 따라 위·아래 또는 옆으로 움직이는 디딤판을 통해 사람이나 화물을 승강장으로 운송시키는 설비
③ 승강기의 방호장치
㉮ 과부하방지장치
㉯ 파이널 리밋 스위치(Final Limit Switch)
㉰ 비상정지장치
㉱ 속도조절기
㉲ 출입문 인터록(interlock)

3. 안전검사

(1) 검사주기

크레인, 리프트 및 곤돌라는 사업장에 설치가 끝난 날부터 3년 이내에 최초 안전검사를 실시하되, 그 이후부터 매 2년(건설현장에서 사용하는 것은 최초로 설치한 날부터 매 6개월)

(2) 안전검사내용

① 과부하방지장치, 권과방지장치, 그 밖의 안전장치의 이상 유무
② 브레이크와 클러치의 이상 유무
③ 와이어로프와 달기체인의 이상 유무
④ 훅 등 달기기구의 손상 유무
⑤ 배선, 집진장치, 배전반, 개폐기, 콘트롤러의 이상 유무

4. 양중기의 안전 기준

(1) 정격하중 등의 표시사항

사업주는 양중기(승강기는 제외한다) 및 달기구를 사용하여 작업하는 운전자 또는 작업자가 보기 쉬운 곳에 해당 기계의 정격하중, 운전속도, 경고표시 등을 부착하여야 한다. 다만, 달기구는 정격하중만 표시한다.

(2) 신호

(3) 운전위치로부터의 이탈금지

(4) 폭풍에 의한 이탈방지

순간풍속 30[m/sec]를 초과하는 바람이 불어올 우려가 있는 경우에는 옥외에 설치되어 있는 주행크레인에 대하여 이탈방지장치를 작동시키는 등 그 이탈을 방지하기 위한 조치를 하여야 한다.

합격예측

안전검사내용
① 과부하방지장치, 권과방지장치, 그 밖의 안전장치의 이상 유무
② 브레이크와 클러치의 이상 유무
③ 와이어로프와 달기체인의 이상 유무
④ 훅 등 달기기구의 손상 유무
⑤ 배선, 집진장치, 배전반, 개폐기, 콘트롤러의 이상 유무

> **합격예측**
>
> **타워크레인 작업계획서의 내용**
> ① 타워크레인의 종류 및 형식
> ② 설치·조립 및 해체순서
> ③ 작업도구·장비·가설설비 및 방호설비
> ④ 작업인원의 구성 및 작업근로자의 역할범위
> ⑤ 타워크레인의 지지방법

5 크레인의 조립·해체 시 준수사항

(1) 크레인의 설치·조립·수리·점검·해체작업 시 조치사항

① 작업순서를 정하고 그 순서에 따라 작업을 할 것
② 작업을 할 구역에 관계 근로자가 아닌 사람의 출입을 금지하고 그 취지를 보기 쉬운 곳에 표시할 것
③ 비, 눈 그 밖에 기상상태의 불안정으로 날씨가 몹시 나쁜 경우에는 그 작업을 중지시킬 것
④ 작업장소는 안전한 작업이 이루어질 수 있도록 충분한 공간을 확보하고 장애물이 없도록 할 것
⑤ 들어올리거나 내리는 기자재는 균형을 유지하면서 작업을 하도록 할 것
⑥ 크레인의 성능, 사용조건 등에 따라 충분한 응력(應力)을 갖는 구조로 기초를 설치하고 침하 등이 일어나지 않도록 할 것
⑦ 규격품인 조립용 볼트를 사용하고 대칭되는 곳을 차례로 결합하고 분해할 것

(2) 타워크레인의 작업계획서 내용

① 타워크레인의 종류 및 형식
② 설치·조립 및 해체순서
③ 작업도구·장비·가설설비 및 방호설비
④ 작업인원의 구성 및 작업근로자의 역할범위
⑤ 타워크레인의 지지방법

(3) 타워크레인의 지지 시 준수사항

① 벽체에 지지하는 경우 준수사항
　㉮ 「산업안전보건법」 시행규칙 제110조제1항제2호에 따른 서면심사에 관한 서류(「건설기계관리법」 제18조에 따른 형식승인서류를 포함한다) 또는 제조사의 설치작업설명서 등에 따라 설치할 것
　㉯ 제㉮호의 서면심사 서류 등이 없거나 명확하지 아니한 경우에는 「국가기술자격법」에 의한 건축구조·건설기계·기계안전·건설안전기술사 또는 건설안전분야 산업안전지도사의 확인을 받아 설치하거나 기종별모델별 공인된 표준방법으로 설치할 것
　㉰ 콘크리트구조물에 고정시키는 경우에는 매립이나 관통 또는 이와 동등 이상의 방법으로 충분히 지지되도록 할 것
　㉱ 건축 중인 시설물에 지지하는 경우에는 그 시설물의 구조적 안정성에 영향이 없도록 할 것

② 와이어로프로 지지하는 경우 준수사항
- ㉮ 벽체에 지지하는 경우의 제 ①의 ㉮호 또는 제①의 ㉯호의 조치를 취할 것
- ㉯ 와이어로프를 고정하기 위한 전용 지지프레임을 사용할 것
- ㉰ 와이어로프 설치각도는 수평면에서 60[°] 이내로 할 것
- ㉱ 와이어로프의 고정부위는 충분한 강도와 장력을 갖도록 설치하고, 와이어로프를 클립·샤클 등의 고정기구를 사용하여 견고하게 고정시켜 풀리지 않도록 할 것
- ㉲ 와이어로프가 가공전선(架空電線)에 근접하지 않도록 할 것

(4) 강풍 시 타워크레인의 작업중지

순간풍속이 초당 10[m]를 초과하는 경우에는 타워크레인의 설치·수리·점검 또는 해체작업을 중지하여야 하며, 순간풍속이 초당 15[m]를 초과하는 경우에는 타워크레인의 운전작업을 중지하여야 한다.

6. 이동식 크레인 작업의 안전기준

① 방호장치의 조정
② 안전밸브의 조정
③ 해지장치의 사용 : 하물을 운반하는 경우에는 해지장치를 사용
④ 과부하의 제한 : 적재하중을 초과하는 하중을 걸어서 사용금지
⑤ 출입의 금지

7. 크레인의 방호장치

① 권과방지장치 : 권과를 방지하기 위하여 자동적으로 동력을 차단하고 작동을 제동하는 장치 20. 11. 29 ㉮
② 과부하방지장치 : 크레인에 있어서 정격하중 이상의 하중이 부하되었을 때 자동적으로 상승이 정지되면서 경보음 발생
③ 비상정지장치 : 이동 중 이상상태 발생시 급정지시킬 수 있는 장치
④ 제동장치 : 운동체를 감속하거나 정지상태로 유지하는 기능을 가진 장치
⑤ 훅해지장치 : 훅에서 와이어로프가 이탈하는 것을 방지하는 장치

합격예측

크레인의 방호장치
① 권과방지장치 : 권과를 방지하기 위하여 자동적으로 동력을 차단하고 작동을 제동하는 장치
② 과부하방지장치 : 크레인에 있어서 정격하중 이상의 하중이 부하되었을 때 자동적으로 상승이 정지되면서 경보음 발생
③ 비상정지장치 : 이동 중 이상상태 발생시 급정지시킬 수 있는 장치
④ 제동장치 : 운동체를 감속하거나 정지상태로 유지하는 기능을 가진 장치
⑤ 훅해지장치 : 훅에서 와이어로프가 이탈하는 것을 방지하는 장치

> **합격예측**
>
> **안전계수의 구분**
>
> | 구분 | 안전계수 |
> |---|---|
> | 근로자가 탑승하는 운반구를 지지하는 경우 | 10 이상 |
> | 화물의 하중을 직접 지지하는 경우 | 5 이상 |
> | 훅, 샤클, 클램프, 리프팅 빔의 경우 | 3 이상 |
> | 그 밖의 경우 | 4 이상 |

> **합격예측**
>
> **부적격한 와이어로프의 사용금지 기준**
> ① 이음매가 있는 것
> ② 와이어로프의 한 꼬임(스트랜드)에서 끊어진 소선[素線, 필러(pillar)선을 제외한다]의 수가 10[%] 이상(비자전로프의 경우에는 끊어진 소선의 수가 와이어로프 호칭지름의 6배 길이 이내에서 4개 이상이거나 호칭지름 30배 길이 이내에서 8개 이상인 것)인 것
> ③ 지름의 감소가 공칭지름의 7[%]를 초과하는 것
> ④ 꼬인 것
> ⑤ 심하게 변형 또는 부식된 것
> ⑥ 열과 전기충격에 의해 손상된 것

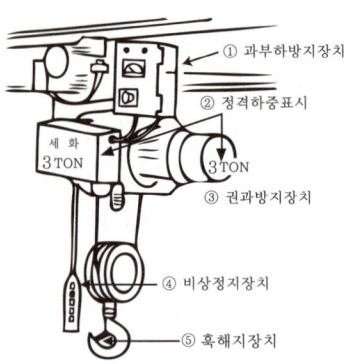

[그림] 크레인의 방호장치

8 양중기의 와이어로프

① 정의 : "와이어로프"란 양질의 고탄소강에서 인발한 소선(Wire)을 꼬아서 가닥(Strand)으로 만들고 이 가닥을 심(Core) 주위에 일정한 피치(Pitch)로 감아서 제작한 로프

② 안전계수 = $\dfrac{\text{절단하중}}{\text{최대사용하중}}$

[표] 안전계수의 구분

구분	안전계수
근로자가 탑승하는 운반구를 지지하는 경우	10 이상
화물의 하중을 직접 지지하는 경우	5 이상
훅, 샤클, 클램프, 리프팅 빔의 경우	3 이상
그 밖의 경우	4 이상

③ 부적격한 와이어로프의 사용금지 기준
  ㉮ 이음매가 있는 것
  ㉯ 와이어로프의 한 꼬임(스트랜드)에서 끊어진 소선[素線, 필러(pillar)선을 제외한다]의 수가 10[%] 이상(비자전로프의 경우에는 끊어진 소선의 수가 와이어로프 호칭지름의 6배 길이 이내에서 4개 이상이거나 호칭지름 30배 길이 이내에서 8개 이상인 것)인 것
  ㉰ 지름의 감소가 공칭지름의 7[%]를 초과하는 것

㉣ 꼬인 것
㉤ 심하게 변형 또는 부식된 것
㉥ 열과 전기충격에 의해 손상된 것

9 작업시작 전 점검

(1) 개요
① 크레인, 리프트, 곤돌라 등을 사용하는 작업시작 전에 필요한 사항을 점검
② 점검결과 이상이 발견된 경우에는 즉시 보수 그 밖에 필요한 조치 실시

(2) 작업시작 전 점검내용
① 크레인
　㉮ 권과방지장치·브레이크·클러치 및 운전장치의 기능
　㉯ 주행로의 상측 및 트롤리(trolley)가 횡행(橫行)하는 레일의 상태
　㉰ 와이어로프가 통하고 있는 곳의 상태
② 이동식 크레인
　㉮ 권과방지장치나 그 밖의 경보장치의 기능
　㉯ 브레이크·클러치 및 조정장치의 기능
　㉰ 와이어로프가 통하고 있는 곳 및 작업장소의 지반상태
③ 리프트(간이리프트 포함)
　㉮ 방호장치·브레이크 및 클러치의 기능
　㉯ 와이어로프가 통하고 있는 곳의 상태
④ 곤돌라
　㉮ 방호장치·브레이크의 기능
　㉯ 와이어로프·슬링와이어(sling wire) 등의 상태
⑤ 양중기의 와이어로프·달기체인·섬유로프·섬유벨트 또는 훅·샤클·링 등의 철구(이하 "와이어로프 등"이라 한다)를 사용하여 고리걸이작업을 할 때 : 와이어로프 등의 이상유무

Chapter 09 항타기·항발기

중점 학습내용

출제기준 변경 및 NCS(국가직무능력표준) 적용에 따라 이번 시험합격을 대비하여 중점적으로 준비하여야 할 내용은 다음과 같다.
1. 무너짐 등의 방지준수사항
2. 권상용 와이어로프 사용기준
3. 그 밖의 항타기, 항발기 안전기준
4. 자율안전확인 가설기자재

```
항타기 ─┬─ 타입식 ─┬─ 낙추(drop hammer)
        │          ├─ 증기 해머(steam hammer)
        │          └─ 디젤 해머(diesel hammer)
        ├─ 진동식(vibro hammer)
        ├─ 압입식(N=30까지 가능)
        └─ 사수식(점성토에는 불가)
```

합격날개

합격예측

권상용 와이어로프 사용금지기준
① 이음매가 있는 것
② 와이어로프의 한 꼬임(스트랜드)에서 끊어진 소선[素線, 필러(pillar)선을 제외한다]의 수가 10[%] 이상(비자전로프의 경우에는 끊어진 소선의 수가 와이어로프 호칭지름의 6배 길이 이내에서 4개 이상이거나 호칭지름 30배 길이 이내에서 8개 이상인 것)인 것
③ 지름의 감소가 공칭지름의 7[%]를 초과하는 것
④ 꼬인 것
⑤ 심하게 변형 또는 부식된 것
⑥ 열과 전기충격에 의해 손상된 것

1 무너짐(도괴) 등의 방지준수사항

① 연약한 지반에 설치하는 경우에는 아웃트리거·받침 등 지지구조물의 침하를 방지하기 위하여 깔판·받침목 등을 사용할 것
② 시설 또는 가설물 등에 설치하는 경우에는 그 내력을 확인하고 내력이 부족하면 그 내력을 보강할 것
③ 아웃트리거·받침 등 지지구조물이 미끄러질 우려가 있는 경우에는 말뚝 또는 쐐기 등을 사용하여 해당 지지구조물을 고정시킬 것
④ 궤도 또는 차로 이동하는 항타기 또는 항발기에 대하여는 불시에 이동하는 것을 방지하기 위하여 레일클램프(rail clamp) 및 쐐기 등으로 고정시킬 것
⑤ 상단 부분은 버팀대·버팀줄로 고정하여 안정시키고, 그 하단 부분은 견고한 버팀·말뚝 또는 철골 등으로 고정시킬 것

2 권상용 와이어로프

(1) 사용금지기준 15. 7. 12 기 16. 6. 26 기 20. 11. 29 기

① 이음매가 있는 것
② 와이어로프의 한 꼬임(스트랜드)에서 끊어진 소선[素線, 필러(pillar)선은 제

외한다]의 수가 10[%] 이상(비자전로프의 경우에는 끊어진 소선의 수가 와이어로프 호칭지름의 6배 길이 이내에서 4개 이상이거나 호칭지름 30배 길이 이내에서 8개 이상인 것)인 것

③ 지름의 감소가 공칭지름의 7[%]를 초과하는 것
④ 꼬인 것
⑤ 심하게 변형 또는 부식된 것
⑥ 열과 전기충격에 의해 손상된 것

(2) 안전계수

와이어로프의 안전계수가 5 이상이 아니면 이를 사용하여서는 아니 된다.

(3) 사용 시 준수사항

① 권상용 와이어로프는 추 또는 해머가 최저의 위치에 있는 경우 또는 널말뚝을 빼어내기 시작한 경우를 기준으로 하여 권상장치의 드럼에 적어도 2회 감기고 남을 수 있는 충분한 길이일 것
② 권상용 와이어로프는 권상장치의 드럼에 클램프·클립 등을 사용하여 견고하게 고정할 것
③ 항타기의 관상용 와이어로프에 있어서 추·해머 등과의 연결은 클램프·클립 등을 사용하여 견고하게 할 것

> **합격예측**
>
> **도르래의 부착**
>
> ① 사업주는 항타기나 항발기에 도르래나 도르래뭉치를 부착하는 경우에는 부착부가 받는 하중에 의하여 파괴될 우려가 없는 브래킷·샤클 및 와이어로프 등으로 견고하게 부착하여야 한다.
> ② 사업주는 항타기 또는 항발기의 권상장치의 드럼축과 권상장치로부터 첫 번째 도르래의 축과의 거리를 권상장치의 드럼폭의 15배 이상으로 하여야 한다.
> ③ 도르래는 권상장치의 드럼의 중심을 지나야 하며 축과 수직면상에 있어야 한다.
> ④ 항타기나 항발기의 구조상 권상용 와이어로프가 꼬일 우려가 없는 경우에는 제②항과 제③항을 적용하지 아니한다.

3 그 밖의 안전기준

(1) 도르래의 부착

① 사업주는 항타기나 항발기에 도르래나 도르래뭉치를 부착하는 경우에는 부착부가 받는 하중에 의하여 파괴될 우려가 없는 브래킷·샤클 및 와이어로프 등으로 견고하게 부착하여야 한다.
② 사업주는 항타기 또는 항발기의 권상장치의 드럼축과 권상장치로부터 첫 번째 도르래의 축과의 거리를 권상장치의 드럼폭의 15배 이상으로 하여야 한다.
③ 도르래는 권상장치의 드럼의 중심을 지나야 하며 축과 수직면상에 있어야 한다.
④ 항타기나 항발기의 구조상 권상용 와이어로프가 꼬일 우려가 없는 경우에는 제②항과 제③항을 적용하지 아니한다.

(2) 증기나 압축공기를 동력원으로 사용 시 준수사항

① 해머의 운동에 의하여 증기호스 또는 공기호스와 해머의 접속부가 파손되거나 벗겨지는 것을 방지하기 위하여 그 접속부가 아닌 부위를 선정하여 증기호스 또는 공기호스를 해머에 고정시킬 것
② 증기나 공기를 차단하는 장치를 해머의 운전자가 쉽게 조작할 수 있는 위치에 설치할 것

[표] 해머의 특징

구분	특징
드롭해머	① 해머를 와이어로프로 인장대까지 인상하여 낙하한다. ② 낙하고 조절이 가능하나 타격속도가 느리다.
증기해머	① 타격 횟수가 많으므로 투입능률이 좋고 낙하에 의한 위험이 적다. ② 소규모 현장에 부적합하고 연속타격이므로 소음이 크다.

4 자율안전확인 가설기자재

(1) 종류

① 선반지주 ② 단관비계용 강관 ③ 고정형 받침철물 ④ 달기체인
⑤ 달기틀 ⑥ 방호선반 ⑦ 엘리베이터 개구부용 난간틀 ⑧ 측벽용 브래킷

(2) 성능기준

① 달기체인 : 인장강도는 16,000[N] 이상
② 달기틀
　㉮ 처짐량(30[mm] 이하)　　㉯ 휨강도(10,000[N] 이상)
　㉰ 수평이동량(100[mm] 이하)
③ 방호선반(바닥판)
　㉮ 수직처짐량(11[mm] 이하)　㉯ 휨강도 [나비[mm]×7[N] 이상]
④ 엘리베이터 개구부용 난간틀
　㉮ 처짐량(50[mm] 이하)　　㉯ 휨강도(파괴되지 않을 것)
⑤ 측벽용 브래킷
　㉮ 수직처짐량(10[mm] 이하)　㉯ 최대하중(52,800[N] 이상)

Chapter 10 추락재해 위험성 및 안전조치

중점 학습내용

출제기준 변경 및 NCS(국가직무능력표준) 적용에 따라 이번 시험합격을 대비하여 중점적으로 준비하여야 할 내용은 다음과 같다.
① 추락의 정의
② 추락의 안전대책
③ 추락재해 위험성 및 안전조치

• 가장 큰 실수는 포기해버리는 것
  가장 어리석은 일은 남의 결점만 찾아내는 것
  가장 심각한 파산은 의욕을 상실한 텅 빈 영혼
  가장 나쁜 감정은 질투
  그리고 가장 좋은 선물은 용서 (프랭크 크레인)

1 정의

① 추락(墜落)이란 사람이나 물체가 중간 단계의 접촉 없이 낙하(자유낙하)하는 것이고 전락(轉落)이란 계단이나 경사면에서 굴러 떨어지는 것을 말한다.
② 동일하게 떨어지는 것이라도 물체의 경우는 낙하(落下)라고 하여 그 어휘를 구분하고 있다.

2 안전대책

(1) 물적 측면에 대한 안전대책

① 추락이 일어나지 않도록 한다.(추락방지)
   ㉮ 발판, 작업대 등은 파괴 및 동요하지 않도록 견고하고 안정된 구조여야 한다.
   ㉯ 작업대와 통로는 미끄러지거나, 발에 걸려 넘어지지 않게 평탄하고 미끄럼 방지성이 뛰어난 것으로 한다.
   ㉰ 작업대와 통로 주변에는 난간이나 보호대를 설치하고 수평개구부에는 발판 등의 보호물을 설치한다.
② 만일 추락해도 재해가 일어나지 않도록 한다.(추락방호)
   작업 사정에 따라 추락방지가 곤란한 경우에는 안전대를 착용하거나 안전네트 등의 방호설비를 설치한다.

합격예측

추락의 정의
① 추락(墜落)이란 사람이나 물체가 중간 단계의 접촉 없이 낙하(자유낙하)하는 것이고 전락(轉落)이란 계단이나 경사면에서 굴러 떨어지는 것을 말한다.
② 동일하게 떨어지는 것이라도 물체의 경우는 낙하(落下)라고 하여 그 어휘를 구분하고 있다.

합격예측

개구부 등의 방호조치
① 안전난간, 울타리, 수직형 추락방망 또는 덮개 등 설치
② 충분한 강도를 가진 구조로 튼튼하게 설치, 덮개의 경우 뒤집히거나 떨어지지 않게 설치, 어두운 장소에서도 알아볼 수 있도록 개구부임을 표시
③ ①항이 매우 곤란하거나 작업의 필요상 임시로 난간 등을 해체하여야 하는 경우 안전방망 설치
④ 안전방망 설치 곤란 시 안전대 착용

합격예측

산업안전보건기준에 관한 규칙 제13조(안전난간의 구조 및 설치요건) 23. 7. 22 ⓟ

사업주는 근로자의 추락 등의 위험을 방지하기 위하여 안전난간을 설치하는 경우 다음 각 호의 기준에 맞는 구조로 설치하여야 한다.〈개정 2015. 12. 31.〉
1. 상부 난간대, 중간 난간대, 발끝막이판 및 난간기둥으로 구성할 것. 다만, 중간 난간대, 발끝막이판 및 난간기둥은 이와 비슷한 구조와 성능을 가진 것으로 대체할 수 있다.
2. 상부 난간대는 바닥면·발판 또는 경사로의 표면(이하 "바닥면등"이라 한다)으로부터 90센티미터 이상 지점에 설치하고, 상부 난간대를 120센티미터 이하에 설치하는 경우에는 중간 난간대는 상부 난간대와 바닥면등의 중간에 설치하여야 하며, 120센티미터 이상 지점에 설치하는 경우에는 중간 난간대를 2단 이상으로 균등하게 설치하고 난간의 상하 간격은 60센티미터 이하가 되도록 할 것. 다만, 계단의 개방된 측면에 설치된 난간기둥 간의 간격이 25센티미터 이하인 경우에는 중간 난간대를 설치하지 아니할 수 있다.

---

(2) 인적 측면에 대한 안전대책

① 작업의 방법과 순서를 명확히 하여 작업자에게 주지시킨다.
② 작업자의 능력과 체력을 감안하여 적정한 배치를 꾀한다.
③ 안전교육훈련을 통해 작업자에게 추락의 위험을 인식시킴과 동시에 자율적 규제를 촉구한다.
④ 작업지휘자를 지명하여 집단작업을 통제한다.

3 추락재해의 위험성 및 안전조치

(1) 추락의 방지

① 비계를 조립하는 등의 방법에 의하여 작업발판을 설치하여야 한다.
② (작업발판 설치 곤란할 때) 추락방호망을 치거나 안전대를 착용하여야 한다.
③ 추락방호망 설치 안전기준
　㉮ 추락방호망의 설치위치는 가능하면 작업면으로부터 가까운 지점에 설치하여야 하며, 작업면으로부터 망의 설치지점까지의 수직거리는 10[m]를 초과하지 아니할 것
　㉯ 추락방호망은 수평으로 설치하고, 추락방호망의 처짐은 짧은 변 길이의 12[%] 이상이 되도록 할 것
　㉰ 건축물 등의 바깥쪽으로 설치하는 경우 추락방호망의 내민 길이는 벽면으로부터 3[m] 이상 되도록 할 것. 다만, 그물코가 20[mm] 이하인 추락방호망을 사용한 경우에는 낙하물방지망을 설치한 것으로 본다.

(2) 개구부 등의 방호조치

① 안전난간, 울타리, 수직형 추락방망 또는 덮개 등 설치한다.
② 충분한 강도를 가진 구조로 튼튼하게 설치, 덮개의 경우 뒤집히거나 떨어지지 않게 설치, 어두운 장소에서도 알아볼 수 있도록 개구부임을 표시한다.
③ ①항이 매우 곤란하거나 작업의 필요상 임시로 난간 등을 해체하여야 하는 경우 추락방호망을 설치한다.
④ 추락방호망 설치 곤란 시 안전대를 착용한다.

(3) 안전대의 부착설비

① 사업주는 추락할 위험이 있는 높이 2[m] 이상의 장소에서 근로자에게 안전대를 착용시킨 경우 안전대를 안전하게 걸어 사용할 수 있는 설비 등을 설치하여야 한다. 이러한 안전대 부착설비로 지지로프 등을 설치하는 경우에는 처짐

거나 풀리는 것을 방지하기 위하여 필요한 조치를 하여야 한다.
② 사업주는 제①항에 따른 안전대 및 부속설비의 이상 유무를 작업을 시작하기 전에 점검하여야 한다.

(4) 슬레이트 및 선라이트(sunlight) 지붕 위에서의 위험방지

① 사업주는 근로자가 지붕 위에서 작업을 할 때에 추락하거나 넘어질 위험이 있는 경우에는 다음 각 호의 조치를 해야 한다. 23. 7. 22
  ㉮ 지붕의 가장자리에 제13조에 따른 안전난간을 설치할 것
  ㉯ 채광창(skylight)에는 견고한 구조의 덮개를 설치할 것
  ㉰ 슬레이트 등 강도가 약한 재료로 덮은 지붕에는 폭 30센티미터 이상의 발판을 설치할 것
② 사업주는 작업 환경 등을 고려할 때 제1항제1호에 따른 조치를 하기 곤란한 경우에는 제42조제2항 각 호의 기준을 갖춘 추락방호망을 설치해야 한다. 다만, 사업주는 작업 환경 등을 고려할 때 추락방호망을 설치하기 곤란한 경우에는 근로자에게 안전대를 착용하도록 하는 등 추락 위험을 방지하기 위하여 필요한 조치를 해야 한다.

> **보충학습**
>
> **산업안전보건기준에 관한 규칙 제42조(추락의 방지)**
> ① 사업주는 근로자가 추락하거나 넘어질 위험이 있는 장소[작업발판의 끝·개구부(開口部) 등을 제외한다]또는 기계·설비·선박블록 등에서 작업을 할 때에 근로자가 위험해질 우려가 있는 경우 비계(飛階)를 조립하는 등의 방법으로 작업발판을 설치하여야 한다.
> ② 사업주는 제1항에 따른 작업발판을 설치하기 곤란한 경우 다음 각 호의 기준에 맞는 추락방호망을 설치해야 한다. 다만, 추락방호망을 설치하기 곤란한 경우에는 근로자에게 안전대를 착용하도록 하는 등 추락위험을 방지하기 위해 필요한 조치를 해야 한다. 〈개정 2017. 12. 28., 2021. 5. 28.〉
>   1. 추락방호망의 설치위치는 가능하면 작업면으로부터 가까운 지점에 설치하여야 하며, 작업면으로부터 망의 설치지점까지의 수직거리는 10미터를 초과하지 아니할 것
>   2. 추락방호망은 수평으로 설치하고, 망의 처짐은 짧은 변 길이의 12퍼센트 이상이 되도록 할 것
>   3. 건축물 등의 바깥쪽으로 설치하는 경우 추락방호망의 내민 길이는 벽면으로부터 3미터 이상 되도록 할 것. 다만, 그물코가 20밀리미터 이하인 추락방호망을 사용한 경우에는 제14조제3항에 따른 낙하물 방지망을 설치한 것으로 본다.
> ③ 사업주는 추락방호망을 설치하는 경우에는 한국산업표준에서 정하는 성능기준에 적합한 추락방호망을 사용하여야 한다.

합격날개

3. 발끝막이판은 바닥면등으로부터 10센티미터 이상의 높이를 유지할 것. 다만, 물체가 떨어지거나 날아올 위험이 없거나 그 위험을 방지할 수 있는 망을 설치하는 등 필요한 예방 조치를 한 장소는 제외한다.
4. 난간기둥은 상부 난간대와 중간 난간대를 견고하게 떠받칠 수 있도록 적정한 간격을 유지할 것
5. 상부 난간대와 중간 난간대는 난간 길이 전체에 걸쳐 바닥면등과 평행을 유지할 것
6. 난간대는 지름 2.7센티미터 이상의 금속제 파이프나 그 이상의 강도가 있는 재료일 것
7. 안전난간은 구조적으로 가장 취약한 지점에서 가장 취약한 방향으로 작용하는 100킬로그램 이상의 하중에 견딜 수 있는 튼튼한 구조일 것

Chapter 11 추락재해 발생형태 및 발생원인

중점 학습내용

출제기준 변경 및 NCS(국가직무능력표준) 적용에 따라 이번 시험합격을 대비하여 중점적으로 준비하여야 할 내용은 다음과 같다.
① 추락재해 발생형태
② 추락재해의 종류

• 정직한 사람은 모욕을 주는 결과가 되더라도 진실을 말하며, 잘난 체 하는 자는 모욕을 주기 위해 진실을 말한다.(W. 헤즐리트)

합격날개

합격예측

추락재해의 종류
① 비계로부터의 추락
② 사다리로부터의 추락
③ 경사지붕 및 철골작업 시 추락
④ 경사로, 계단에서의 추락
⑤ 개구부(바닥, 엘리베이터 Pit, 파이프 샤프트 등)에서의 추락
⑥ 철골, 비계 등 조립작업 중 추락용

1 발생형태

① 추락은 사람이 건축물이나 비계, 기계, 사다리, 계단, 경사면, 나무 등 높은 곳에서 떨어지는 것을 말하며 추락재해는 건설재해의 발생형태 중 가장 많이 발생되는 재해형태이며 중대재해로 이어지는 경우가 많으므로 추락방지시설이 반드시 필요하다.
② 추락재해를 예방하기 위한 기본적인 대책은 고소의 작업을 되도록 줄이는 동시에 울, 난간 등의 방호조치로 안전한 작업발판 위에서 작업하는 것이다.
③ 안전보건규칙에서는 근로자가 추락하거나 넘어질 위험이 있는 장소에서 작업을 할 때는 비계를 조립하는 방법으로 작업발판을 설치하거나, 작업발판을 설치하기 곤란한 경우 안전방망을 설치, 안전방망을 설치하기 곤란한 경우에는 근로자에게 안전대를 착용하도록 하는 등 추락위험을 방지하기 위한 조치를 규정하고 있다.

2 추락재해의 종류

① 비계로부터의 추락
② 사다리로부터의 추락
③ 경사지붕 및 철골작업 시 추락
④ 경사로, 계단에서의 추락
⑤ 개구부(바닥, 엘리베이터 Pit, 파이프 샤프트 등)에서의 추락
⑥ 철골, 비계 등 조립작업 중 추락

Chapter 12 추락재해 방호설비

중점 학습내용

출제기준 변경 및 NCS(국가직무능력표준) 적용에 따라 이번 시험합격을 대비하여 중점적으로 준비하여야 할 내용은 다음과 같다.
❶ 안전난간 정의 ❷ 작업발판 설치기준 ❸ 개구부 등의 방호조치

• 녹은 쇠에서 생겨나지만 차차 그 쇠를 먹어버린다.
 이는 마찬가지로 마음이 옳지 못하면 그 마음이 사람을 먹어버린다.(법화경)

1 안전난간

(1) 정의

안전난간이란 개구부, 작업발판, 가설계단의 통로 등에서의 추락사고를 방지하기 위해 설치하는 것으로 상부난간, 중간난간, 난간기둥 및 발끝막이판으로 구성된다.

(2) 안전난간의 구성 및 설치요건

① 상부 난간대, 중간 난간대, 발끝막이판 및 난간기둥으로 구성할 것. 다만, 중간 난간대, 발끝막이판 및 난간기둥은 이와 비슷한 구조와 성능을 가진 것으로 대체할 수 있다.
② 상부 난간대는 바닥면·발판 또는 경사로의 표면(이하 "바닥면 등"이라 한다)으로부터 90[cm] 이상 지점에 설치하고, 상부 난간대를 120[cm] 이하에 설치하는 경우에는 중간 난간대는 상부 난간대와 바닥면 등의 중간에 설치하여야 하며, 120[cm] 이상 지점에 설치하는 경우에는 중간 난간대를 2단 이상으로 균등하게 설치하고 난간의 상하 간격은 60[cm] 이하가 되도록 하여야 한다.
③ 발끝막이판은 바닥면 등으로부터 10[cm] 이상의 높이를 유지할 것. 다만, 물체가 떨어지거나 날아올 위험이 없거나 그 위험을 방지할 수 있는 망을 설치하는 등 필요한 예방조치를 한 장소는 제외한다.
④ 난간기둥은 상부 난간대와 중간 난간대를 견고하게 떠받칠 수 있도록 적정한 간격을 유지하여야 한다.
⑤ 상부 난간대와 중간 난간대는 난간길이 전체에 걸쳐 바닥면 등과 평행을 유지하여야 한다.

합격예측

안전난간 정의
안전난간이란 개구부, 작업발판, 가설계단의 통로 등에서의 추락사고를 방지하기 위해 설치하는 것으로 상부난간, 중간난간, 난간기둥 및 발끝막이판으로 구성된다.

> 합격예측
>
> **작업발판 설치기준**
>
> 높이가 2[m] 이상인 작업장소에는 다음 기준에 적합한 작업발판을 설치하여야 한다.
> ① 발판재료는 작업할 때의 하중을 견딜 수 있도록 견고한 것으로 할 것
> ② 작업발판의 폭은 40[cm] 이상으로 하고, 발판재료 간의 틈은 3[cm] 이하로 할 것. 다만, 외줄비계의 경우에는 고용노동부장관이 별도로 정하는 기준에 따른다.
> ③ 추락의 위험이 있는 장소에는 안전난간을 설치할 것. 다만, 작업의 성질상 안전난간을 설치하는 것이 곤란한 경우, 작업의 필요상 임시로 안전난간을 해체할 때에 안전방망을 설치하거나 근로자로 하여금 안전대를 사용하도록 하는 등 추락위험 방지 조치를 한 경우에는 그러하지 아니하다.
> ④ 작업발판의 지지물은 하중에 의하여 파괴될 우려가 없는 것을 사용할 것
> ⑤ 작업발판재료는 뒤집히거나 떨어지지 않도록 둘 이상의 지지물에 연결하거나 고정시킬 것
> ⑥ 작업발판을 작업에 따라 이동시킬 경우에는 위험방지에 필요한 조치를 할 것

⑥ 난간대는 지름 2.7[cm] 이상의 금속제 파이프나 그 이상의 강도가 있는 재료이어야 한다.
⑦ 안전난간은 구조적으로 가장 취약한 지점에서 가장 취약한 방향으로 작용하는 100[kg] 이상의 하중에 견딜 수 있는 튼튼한 구조이어야 한다.

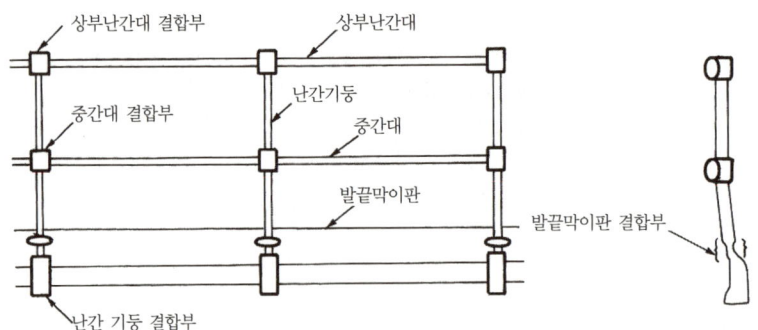

[그림] 안전난간의 구조 및 설치기준

2 작업발판 설치기준

높이가 2[m] 이상인 작업장소에는 다음 기준에 적합한 작업발판을 설치하여야 한다.
① 발판재료는 작업할 때의 하중을 견딜 수 있도록 견고한 것으로 할 것
② 작업발판의 폭은 40[cm] 이상으로 하고, 발판재료 간의 틈은 3[cm] 이하로 할 것. 다만, 외줄비계의 경우에는 고용노동부장관이 별도로 정하는 기준에 따른다.
③ 추락의 위험이 있는 장소에는 안전난간을 설치할 것. 다만, 작업의 성질상 안전난간을 설치하는 것이 곤란한 경우, 작업의 필요상 임시로 안전난간을 해체할 때에 안전방망을 설치하거나 근로자로 하여금 안전대를 사용하도록 하는 등 추락위험 방지 조치를 한 경우에는 그러하지 아니하다.
④ 작업발판의 지지물은 하중에 의하여 파괴될 우려가 없는 것을 사용할 것
⑤ 작업발판재료는 뒤집히거나 떨어지지 않도록 둘 이상의 지지물에 연결하거나 고정시킬 것
⑥ 작업발판을 작업에 따라 이동시킬 경우에는 위험방지에 필요한 조치를 할 것

3 개구부 등의 방호조치

(1) 개요
건설현장에는 추락위험이 있는 중·소형 개구부가 많이 발생되므로 개구부로 근로자가 추락하지 않도록 안전난간, 수직방망, 덮개 등으로 방호조치를 하여야 한다.

(2) 개구부의 분류 및 방호조치
① 바닥 개구부
  ㉮ 소형 바닥 개구부 : 안전한 구조의 덮개 설치 및 표면에는 개구부임을 표시, 덮개의 재료는 손상·변형·부식이 없는 것, 덮개의 크기는 개구부보다 10[cm] 정도 여유 있게 설치하고 유동이 없도록 스토퍼를 설치
  ㉯ 대형 바닥 개구부 : 안전난간 설치(상부 90~120[cm]), 하부에는 발끝막이판 설치(10[cm] 이상)

② 벽면 개구부
  ㉮ 슬래브 단부 개구부 : 안전난간은 강관파이프를 설치하고 수평력 100[kg] 이상 확보
  ㉯ 엘리베이터 개구부 : 기성제품의 안전난간을 사용하여 설치, 엘리베이터 시공 시 방호막 설치
  ㉰ 발코니 개구부 : 기성제품 난간기둥을 발코니틱에 체결, 난간은 강관파이프 사용
  ㉱ 계단실 개구부 : 안전난간은 기성 조립식 제품 사용
  ㉲ 흙막이(굴착선단) 단부 개구부 : 안전난간 2단 설치 및 추락방지망을 수직으로 설치, 난간 하부에 발끝막이판(높이 10[cm] 이상) 설치

Chapter 13 추락방지용 방호망의 구조 및 안전기준

중점 학습내용

출제기준 변경 및 NCS(국가직무능력표준) 적용에 따라 이번 시험합격을 대비하여 중점적으로 준비하여야 할 내용은 다음과 같다.
❶ 추락방호망의 정의 및 안전기준
❷ 추락방지용 방호망의 설치기준

• 인생의 가장 큰 고백은 아는 것과 행동하는 것 사이에 있다.(덕빅스)

합격날개

합격예측

추락방지용 방호망(net)의 구조 등 안전기준

① 구조 : 방망(net), 망테두리, 재봉사, 매다는 망으로 구성된 것이어야 한다.
② 재료 : 방망의 재료는 합성섬유 또는 그 이상의 재질을 보유한 것이어야 한다.
③ 그물코 : 그물코는 가로, 세로가 10[cm] 이하이어야 한다.
④ 그물바닥 : 뒤틀리거나 어긋나지 않는 구조이어야 한다.
⑤ 재봉 : 망테두리는 주변의 그물코를 통한 후 어긋나는 일이 없도록 재봉실과 망사와 연결한 것이어야 한다.
⑥ 망테두리와 매다는 망의 접속 : 망테두리와 매다는 망과의 연결은 3회 이상을 엮어 묶는 방법 또는 이와 동등 이상의 확실한 방법으로 묶은 것이어야 한다.

1 정의

추락방호망이란 고소작업 시 추락방지를 위해 추락의 위험이 있는 장소에 설치하는 방망을 말하며 추락방호망은 낙하높이에 따른 충격을 견딜 수 있어야 한다.

2 안전기준

(1) 추락방지용 방호망(net)의 구조 등 안전기준

① 구조 : 방망(net), 망테두리, 재봉사, 매다는 망으로 구성된 것이어야 한다.
② 재료 : 방망의 재료는 합성섬유 또는 그 이상의 재질을 보유한 것이어야 한다.
③ 그물코 : 그물코는 가로, 세로가 10[cm] 이하이어야 한다. 16. 11. 12 기
④ 그물바닥 : 뒤틀리거나 어긋나지 않는 구조이어야 한다.
⑤ 재봉 : 망테두리는 주변의 그물코를 통한 후 어긋나는 일이 없도록 재봉실과 망사와 연결한 것이어야 한다.
⑥ 망테두리와 매다는 망의 접속 : 망테두리와 매다는 망과의 연결은 3회 이상을 엮어 묶는 방법 또는 이와 동등 이상의 확실한 방법으로 묶은 것이어야 한다.

[표] 그물코 인장강도

그물코의 종류	인장강도
10[cm]	120[kg]
5[cm]	50[kg]

(2) 추락방지용 방호망의 설치기준

① 방망사의 시험방망사는 시험용사로부터 채취한 시험편의 양단을 인장시험기로 시험하거나 또는 이와 유사한 방법으로 등속인장시험을 한다. 등속인장시험은 한국공업규격(KS)에 적합하도록 한다.

[표] 방망사의 신품에 대한 인장강도

그물코의 크기	방망의 종류	
	매듭 없는 방망	매듭 방망
10[cm]	240[kg]	200[kg]
5[cm]		110[kg]

[표] 방망사의 폐기 시 인장강도

그물코의 크기	방망의 종류	
	매듭 없는 방망	매듭 방망
10[cm]	150[kg]	135[kg]
5[cm]		60[kg]

② 설치 간격
  ㉮ 3층 이내마다 1개씩 설치할 것
  ㉯ 망은 이음을 철저히 하고 빈틈이 없도록 할 것
③ 지지점의 강도 : 600[kg]의 외력에 견딜 것
④ 방망의 처짐 : 낙하물이 방망에 도달시 망 밑부분이 바닥이나 기계설비 등에 충돌되지 않도록 할 것
  ㉮ 10[cm] 그물코의 경우
  ㉠ L < A일 때 $H_2 = \dfrac{0.85}{4}(L+3A)$
  ㉡ L ≥ A일 때 $H_2 = 0.85L$
  ㉯ 5[cm] 그물코의 경우
  ㉠ L < A일 때 $H_2 = \dfrac{0.95}{4}(L+3A)$
  ㉡ L ≥ A일 때 $H_2 = 0.95L$
⑤ 방망의 표시사항
  ㉮ 제조자명   ㉯ 제조연월
  ㉰ 재봉치수   ㉱ 그물코
  ㉲ 신품인 때의 방망의 강도
⑥ 방망의 사용제한

합격예측

방망사의 신품에 대한 인장강도

그물코의 크기	방망의 종류	
	매듭 없는 방망	매듭 방망
10[cm]	240[kg]	200[kg]
5[cm]		110[kg]

방망사의 폐기 시 인장강도

그물코의 크기	방망의 종류	
	매듭 없는 방망	매듭 방망
10[cm]	150[kg]	135[kg]
5[cm]		60[kg]

㉮ 방망사가 규정한 강도 이하인 방망
㉯ 인체 또는 이와 동등 이상의 무게를 갖는 낙하물에 대해 충격을 받은 방망
㉰ 파손한 부분을 보수하지 않은 방망
㉱ 강도가 명확하지 않은 방망

⑦ 낙하높이 : 작업면과 방망이 부착된 위치와의 수직거리(낙하높이)는 다음과 같이 산술하고 얻는 값 이하일 것
㉮ 하나의 방망(net)일 경우
ㄱ. $L < A$일 때 $H_1 = 0.25(L+2A)$
ㄴ. $L \geq A$일 때 $H_1 = 0.75L$
㉯ 두 개의 방망(net)일 경우
ㄱ. $L < A$일 때 $H_1 = 0.20(L+2A)$
ㄴ. $L \geq A$일 때 $H_1 = 0.60L$

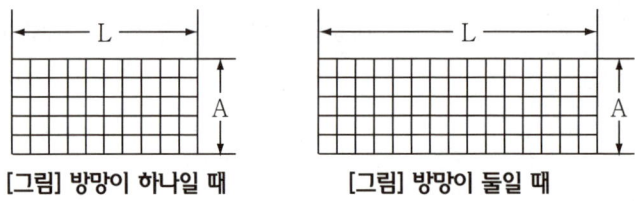

[그림] 방망이 하나일 때   [그림] 방망이 둘일 때

⑧ 방망의 처짐 : 방망의 늘어뜨리는 길이는 다음 식에 따라 산술한 값 이하로 할 것
㉮ $L < A$일 때 $S = 0.25(L+2A) \times 1/3$
㉯ $L \geq A$일 때 $S = 0.75L \times 1/3$

⑨ 방망과 바닥면과의 높이 : 방망을 설치한 위치에서 망 밑부분에 충돌 위험이 있는 바닥면 또는 기계설비와의 수직거리(이하 '방망 하부와의 간격'이라 한다)는 다음에 계산하는 값 이상일 것

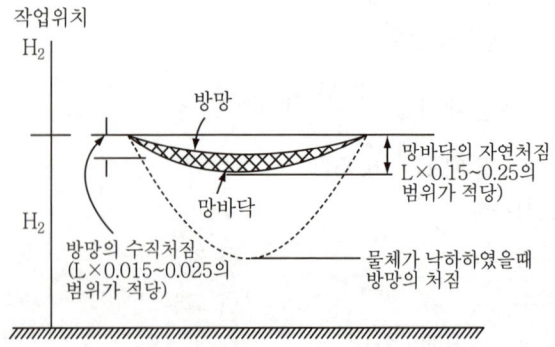

[그림] 방망과 바닥높이

[합격예측]

방망의 사용제한
① 방망사가 규정한 강도 이하인 방망
② 인체 또는 이와 동등 이상의 무게를 갖는 낙하물에 대해 충격을 받은 방망
③ 파손한 부분을 보수하지 않은 방망
④ 강도가 명확하지 않은 방망

[표] 허용낙하높이

높이 종류 조건	낙하높이(H_1)		방망과 바닥면 높이(H_2)		방망의 처짐길이 (S)
	단일방망	복합방망	10[cm] 그물코	5[cm] 그물코	
L < A	$\frac{1}{4}(L+2A)$	$\frac{1}{5}$	$\frac{0.85}{4}(L+3A)$	$\frac{0.95}{4}(L+3A)$	$\frac{1}{4}(L+2A) \times \frac{1}{3}$
L ≥ A	$\frac{3}{4}L$	$\frac{3}{5}L$	0.85L	0.95L	$\frac{3}{4}L \times \frac{1}{3}$

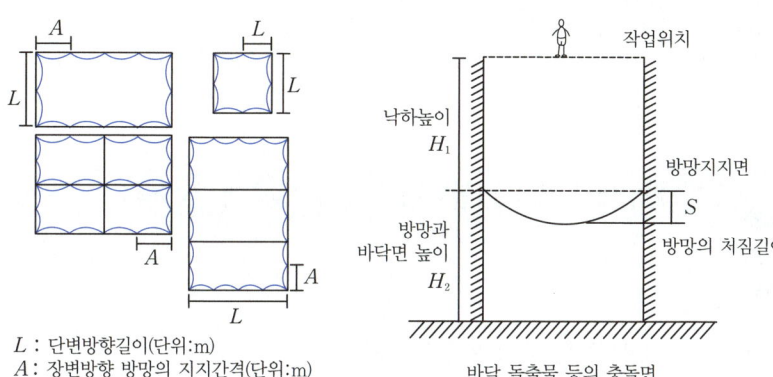

L : 단변방향길이(단위:m)
A : 장변방향 방망의 지지간격(단위:m)

[그림] L과 A의 관계

Chapter 14 낙하·비래위험방지 및 안전조치

중점 학습내용

출제기준 변경 및 NCS(국가직무능력표준) 적용에 따라 이번 시험합격을 대비하여 중점적으로 준비하여야 할 내용은 다음과 같다.
❶ 물체낙하에 의한 위험방지
❷ 낙하물 방지망 설치기준

• 미련한 자는 자기의 경험을 통해서만 알려고 하나
  지혜로운 자는 남의 경험을 자기의 경험으로 여긴다.(프루트)

합격예측

물체낙하에 의한 위험방지 대상 20. 7. 25 기
높이 3[m] 이상인 장소에서 물체 투하시

물체낙하에 의한 위험방지 조치사항
① 투하설비설치
② 감시인배치

1 물체낙하에 의한 위험방지

(1) 대상
높이 3[m] 이상인 장소에서 물체 투하시

(2) 조치사항
① 투하설비 설치
② 감시인 배치

2 낙하·비래재해의 예방대책에 관한 사항 22. 7. 24 기

① 낙하방지망의 규격은 그물코 가로, 세로가 각각 10[cm] 이하이어야 한다.
② 낙하방지망 설치는 지상에서 10[m] 이내에 첫 번째 방망을 설치하고, 매 10[m] 이내마다 반복하여 설치하며, 설치각도는 20~30[°] 이하를 유지한다.
③ 겹치는 부분의 연결은 틈이 없도록 하며 겹친 폭은 15[cm] 이상으로 한다.
④ 낙하방지망의 돌출길이는 수평으로 2[m] 이상이 되도록 설치한다.
⑤ 건축물과 비계 사이 공간을 낙하방지망으로 방호한다.
⑥ 구조물 전체 높이가 20[m] 이하인 경우 1단 이상, 20[m] 이상인 경우 2단 이상 설치한다.
⑦ 최하단의 방호 선반은 지상에서 10[m] 이내에 설치하되 보통 5[m] 정도 높이에 설치하는 것이 적당하다.

⑧ 건물 외부 비계 방호시트에서 2[m] 이상(수평거리) 돌출하고 수평면과 20[°] 이상 30[°] 이하의 각도를 유지한다.
⑨ 선반을 목재로 구성할 경우 두께 1.5[cm] 이상, 금속판을 이용할 경우는 목재와 동등 이상의 내력을 보유한다.

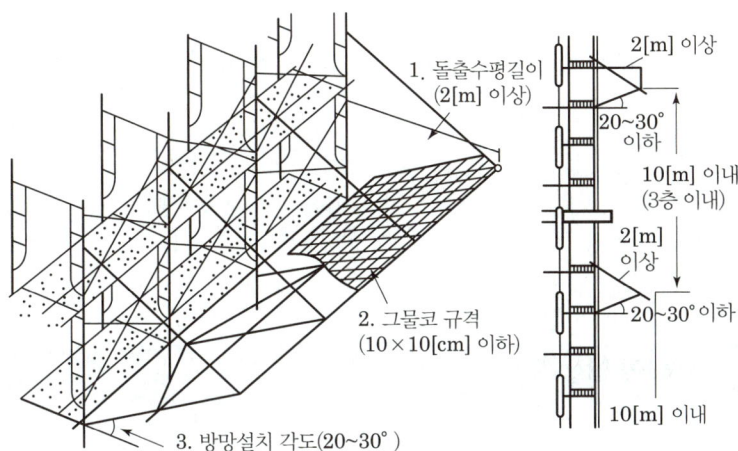

[그림] 낙하물방지망(방호선반)

Chapter 15 낙하·비래재해의 발생원인

중점 학습내용

출제기준 변경 및 NCS(국가직무능력표준) 적용에 따라 이번 시험합격을 대비하여 중점적으로 준비하여야 할 내용은 다음과 같다.
❶ 낙하·비래재해의 원인
❷ 낙하·비래재해의 안전대책

• 사람들과 함께 있을 때 당신이 그들과 전적으로 함께 있다는 느낌을 전하라.
  절반은 그들과 함께 있고, 나머지 절반은 다음 약속을 미리 생각하고 있다는 인상을 주어서는 안 된다.(조지 와인버그)

합격예측

재해방지대책
① 고소작업장에서는 작업 공간과 자재를 적치할 장소를 충분히 확보해야 한다.
② 낙하·비래물에 대한 방호시설을 설치한다.
③ 안전한 작업 방법, 자재의 취급 및 저장 취급방법 등에 대한 교육을 실시한다.

1 재해의 발생원인

① 고소에 자재 및 잔재, 공구 등의 정리정돈이 되지 않는다.
② 작업 바닥의 구조(폭 및 간격 등)가 불량하다.
③ 고소에서 투하설비 없이 물체를 던져 내린다.
④ 위험장소에 출입금지 및 감시원 배치 등의 조치를 취하지 않는다.
⑤ 작업원이 재료·공구 등을 함부로 취급한다.
⑥ 안전모를 착용하지 않는다.
⑦ 낙하·비래 위험장소에 이를 방지하기 위한 시설이 없다.
⑧ 동일 직선상에 동시작업을 한다.
⑨ 자재 운반시 운반기계의 회전반경 내에 작업자가 출입한다.

2 재해방지대책

① 고소작업장에서는 작업 공간과 자재를 적치할 장소를 충분히 확보해야 한다.
② 낙하·비래물에 대한 방호시설을 설치한다.
③ 안전한 작업 방법, 자재의 취급 및 저장 취급방법 등에 대한 교육을 실시한다.

Chapter 16 낙하·비래재해의 방호설비

중점 학습내용

출제기준 변경 및 NCS(국가직무능력표준) 적용에 따라 이번 시험합격을 대비하여 중점적으로 준비하여야 할 내용은 다음과 같다.
❶ 수직 보호망 설치방법
❷ 낙하물 방호선반 설치기준

- 어리석은 자의 특징은 나의 결점을 드러내고 자신의 약점을 잊어버리는 것이다.(키케로)

1 수직 보호망

① 현장에서 비계 등 가설구조물 외 측면에 수직으로 설치하여 외부로 물체가 낙하하는 것을 방지하기 위한 설비
② 설치방법

구분	설치기준
강관비계	비계기둥과 띠장 간격에 맞추어 제작 설치
강관틀비계	수평 지지대 설치간격을 5.5[m] 이하로 설치
철골구조물	수직 지지대 설치간격을 4[m] 이하로 설치

합격예측

수직 보호망 설치방법

구분	설치기준
강관비계	비계기둥과 띠장 간격에 맞추어 제작 설치
강관틀비계	수평 지지대 설치간격을 5.5[m] 이하로 설치
철골구조물	수직 지지대 설치간격을 4[m] 이하로 설치

2 낙하물 방호선반

① 작업 중 재료나 공구 등 낙하물의 위험이 있는 장소에서 근로자 통행인 및 통행차량 등에 낙하물로 인한 재해를 예방하기 위해 설치하는 설비
② 설치기준
㉮ 풍압, 진동, 충격 등으로 탈락하지 않도록 견고하게 설치
㉯ 방호선반의 바닥판은 틈새가 없도록 설치
㉰ 내민 길이는 비계의 외측으로부터 수평거리 2[m] 이상 돌출되도록 설치
㉱ 수평으로 설치하는 방호선반의 끝단에는 수평면으로부터 높이 60[cm] 이상의 난간설치(낙하한 낙하물이 외부로 튕겨 나감을 방지)

㉮ 수평면과 이루는 각도는 방호선반의 최외측이 구조물 쪽보다 20[°] 이상 30[°] 이내
㉯ 설치 높이는 근로자를 낙하물에 의한 위험으로부터 방호할 수 있도록 가능한 낮은 위치에 설치하여야 하며 8[m]를 초과하여 설치할 수 없다.

Chapter 17 토사붕괴 위험성 및 안전조치

중점 학습내용

출제기준 변경 및 NCS(국가직무능력표준) 적용에 따라 이번 시험합격을 대비하여 중점적으로 준비하여야 할 내용은 다음과 같다.
❶ 사면의 붕괴형태
❷ 토석붕괴 작업시 3대 만족 조건

1 토석붕괴 위험성

(1) 토석붕괴의 위험방지

① 개요

굴착작업을 하는 경우에는 지반의 붕괴 또는 토석의 낙하에 의한 근로자의 위험을 방지하기 위하여 관리감독자로 하여금 작업시작 전에 작업장소 및 그 주변의 부석·균열의 유무, 함수·용수 및 동결상태의 변화를 점검하도록 하여야 한다.

(2) 사면의 붕괴형태

① 사면 선단 붕괴(Toe Failure)
② 사면 내 붕괴(Slope Failure)
③ 사면 저부 붕괴(Base Failure)

(3) 토석붕괴 작업시 3대 만족 조건

① 안전성
② 경제성
③ 공기 적정

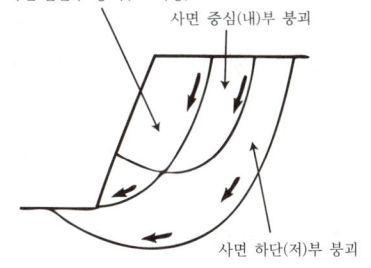

[그림] 붕괴 형태

합격예측

사면의 붕괴형태
① 사면 선단 붕괴 (Toe Failure)
② 사면 내 붕괴 (Slope Failure)
③ 사면 저부 붕괴 (Base Failure)

용어정의
① 법면 : 둑의 경사면 또는 호안, 땅깎기 등으로 인하여 생기는 경사면
② 사면 : 경사가 진 평면이나 지면을 수평면에 상대하여 이르는 말
③ 자연사면 : 무한사면
④ 인공사면 : 유한사면(단순사면), 직립사면(암반사면)

Chapter 18 토사붕괴 재해의 형태 및 발생원인

중점 학습내용

출제기준 변경 및 NCS(국가직무능력표준) 적용에 따라 이번 시험합격을 대비하여 중점적으로 준비하여야 할 내용은 다음과 같다.
❶ 토석붕괴 재해의 형태
❷ 토석붕괴 재해의 내적 및 외적 원인(발생원인)

• 구원의 길은 오른쪽으로도 왼쪽으로도 통해 있지 않다.
  그것은 자기 자신의 마음으로 통한다. 거기에만 신이 있고, 거기에만 평화가 있다.(헤르만헤세)

합격예측

붕괴재해의 형태
① 미끄러져 내림(sliding)
② 절토면의 붕괴
③ 얕은 표층의 붕괴
④ 성토법면의 붕괴

1 붕괴재해의 형태

(1) 미끄러져 내림(sliding)

광범위한 붕괴 현상으로 일반적으로 완만한 경사에서 완만한 속도로 붕괴된다.

(2) 절토면의 붕괴

비교적 소규모의 급경사면에 발생되는 붕괴로서 미끄러져 내리는 토석의 두께는 2[m] 이하가 많다. 폭우와 지진에 의하여 발생된다.

(3) 얕은 표층의 붕괴

법면이 침식되기 쉬운 토사로 구성된 경우 지표수와 지하수가 침투하여 법면이 부분적으로 붕괴된다. 절토 법면이 암반인 경우에도 파쇄가 진행됨에 따라서 틈이 많이 발생되고, 풍화하기 쉬운 암반의 경우에는 표층부가 탈락되어 붕괴가 발생되었다면 법면의 심층부에서 붕괴될 가능성이 높다.

(4) 성토 법면의 붕괴

성토의 직후에 붕괴가 발생되기 쉽다. 다지기가 덜 된 상태에서 빗물이나 지표수, 지하수 등이 침투되어 공극수압이 증가되어 양옆에 붕괴가 발생된다. 성토 자체에 결함이 없어도 지반이 약한 경우는 붕괴된다. 풍화가 심한 급경사면과 미끄러져 내리기 쉬운 지층 구조의 경사면에서 일어나는 성토붕괴의 경우에는 성토된 흙의 중량이 지반에 부가되어 붕괴된다.

2 토석붕괴의 발생원인

(1) 외적 원인 21. 11. 29
① 사면, 법면의 경사 및 기울기의 증가
② 절토 및 성토 높이의 증가
③ 공사에 의한 진동 및 반복하중의 증가
④ 지표수 및 지하수의 침투에 의한 토사 중량의 증가
⑤ 지진, 차량, 구조물의 하중작업
⑥ 토사 및 암석의 혼합층 두께

(2) 내적 원인
① 절토 사면의 토질, 암질
② 성토 사면의 토질구성 및 분포
③ 토석의 강도 저하

[표] 비탈면 보호공법 16. 4. 17 24. 4. 27

구분	공법	특징
식생 공법	떼붙임공	떼를 일정한 간격으로 심어서 비탈면을 보호하는 공법(평떼, 줄떼)
	식생공	법면에 식물을 번식시켜 법면의 침식과 표면활동 방지
	식수공	떼붙임공, 식생공으로 부족할 경우 나무를 심어서 사면보호
	파종공	종자, 비료, 안정제, 양성재, 흙 등을 혼합하여 압력으로 비탈면에 뿜어 붙이는 공법
구조물 보호공	블록(돌)붙임공	법면의 풍화, 침식방지를 목적으로 완구배의 점착력이 없는 토사 및 비탈면 보호에 사용
	블록(돌)쌓기공	비교적 급구배의 높은 비탈면 보호에 사용(메쌓기, 찰쌓기)
	콘크리트블록 격자공	점착력이 없고 용수가 있는 붕괴하기 쉬운 비탈면에 채택하는 공법
	뿜어붙이기공	비탈면에 용수가 없고 큰 위험은 없으나 풍화되기 쉬운 암 토사 등에서 식생이 곤란할 때 사용
응급 대책	배수공	사면내의 물은 지반의 강도를 저하시켜 사면의 활동을 촉진시키므로 지표수 배제공 또는 지하수 배제공으로 배수시키는 공법
	배토공	활동예상 토사를 제거하여 활동 모멘트를 경감시켜 안정화시키는 공법
	압성토공	자연사면의 선단부에 압성토하여 활동에 대한 저항력을 증가시키는 공법
항구 대책	옹벽공	지표면에서 사면의 활동 토괴를 관통하여 부동지반까지 말뚝을 박는 공법
	soil nailing 공법	비탈면에 강철봉을 타입해서 전단력과 인장력에 저항하도록 하는 공법
	earth anchor 공법	고강도 강재를 비탈면에 삽입하고 그라우팅을 하여 지반에 정착시킨 후 Anchor에 인장력을 가하여 주는 공법

합격예측

(1) 토석붕괴 발생의 외적 원인
① 사면, 법면의 경사 및 기울기의 증가
② 절토 및 성토 높이의 증가
③ 공사에 의한 진동 및 반복하중의 증가
④ 지표수 및 지하수의 침투에 의한 토사 중량의 증가
⑤ 지진, 차량, 구조물의 하중작업
⑥ 토사 및 암석의 혼합층 두께

(2) 토석붕괴 발생의 내적 원인
① 절토 사면의 토질, 암질
② 성토 사면의 토질구성 및 분포
③ 토석의 강도 저하

(3) 토사붕괴 발생을 예방하기 위하여 점검할 시기
① 작업 전
② 작업 중
③ 작업 후
④ 비온 후 인접작업구역에서 발파한 경우

합격예측 및 관련법규

산업안전보건기준에 관한 규칙 제340조(지반의 붕괴 등에 의한 위험방지) ① 사업주는 굴착작업에 있어서 지반의 붕괴 또는 토석의 낙하에 의하여 근로자에게 위험을 미칠 우려가 있는 경우에는 미리 흙막이 지보공의 설치, 방호망의 설치 및 근로자의 출입 금지 등 그 위험을 방지하기 위하여 필요한 조치를 하여야 한다.
② 사업주는 비가 올 경우를 대비하여 측구(側溝)를 설치하거나 굴착경사면에 비닐을 덮는 등 빗물 등의 침투에 의한 붕괴재해를 예방하기 위하여 필요한 조치를 하여야 한다. 〈개정 2019. 10. 15.〉
22. 7. 24

토사붕괴 시 조치사항

중점 학습내용

출제기준 변경 및 NCS(국가직무능력표준) 적용에 따라 이번 시험합격을 대비하여 중점적으로 준비하여야 할 내용은 다음과 같다.
❶ 토석붕괴 시 조치사항
❷ 굴착면의 기울기 기준
❸ 붕괴활동 방지공법

• 지극한 즐거움 중에서 책을 읽는 것에 비할 것이 없고, 지극히 필요한 것 중 지식을 가르치는 일 만한 것이 없다.(병사보고)

합격예측

토석붕괴 시 조치사항
① 동시작업의 금지
② 대피 통로 및 공간의 확보 등
③ 2차 재해의 방지

1 토석붕괴 시 조치사항

① **동시작업의 금지** : 붕괴 토석의 최고 도달거리는 경사 비탈면 높이의 약 2배에 달하므로 이 범위 내에서는 굴착공사, 배수관의 매설, 콘크리트 타설작업 등을 해서는 안 된다.
② **대피 통로 및 공간의 확보 등** : 붕괴의 범위에 따라 다르지만, 일반적으로 발생되는 붕괴는 높이에 비례하고 그 폭(수평방향)은 작으므로 작업장 좌우에 피난 통로 등을 확보하여야 한다.
③ **2차 재해의 방지** : 일반적으로 작은 규모의 붕괴가 발생하여 인명 구출 등 구조작업에서 대형 붕괴가 재차 발생할 가능성이 많으므로 붕괴면의 주변상황을 충분히 확인하고 안전하다고 판단되었을 경우에 복구 작업에 임하여야 한다.

2 점성토 공사 안전대책(굴착면의 기울기 및 높이)

① 토사붕괴를 예방하기 위하여 지반의 종류에 따라서 안전기준을 준수하여야 한다.
② 암반은 굴착면의 높이가 5[m] 미만시 굴착면의 기울기를 90[°] 이하로 하고, 5[m] 이상시에는 기울기를 75[°] 이하로 한다.
③ 사질의 지반(점토질을 포함하지 않은 것)은 굴착면의 기울기를 35[°] 이하로 하고, 높이는 5[m] 미만으로 한다.
④ 발파 등에 의해서 붕괴하기 쉬운 상태의 지반 및 다시 매립하거나 반출시켜야 할 지반의 굴착면의 기울기는 45[°] 이하 또는 높이 2[m] 미만으로 한다.

⑤ 그 밖에 지반의 경우 굴착면의 높이가 2[m] 미만일 경우 기울기를 90[°] 이하, 2[m] 이상 5[m] 미만일 경우 기울기를 70[°] 이하, 굴착면의 높이가 5[m] 이상일 경우 60[°] 이하로 한다.
⑥ 굴착면의 끝단을 파는 것은 엄금하여야 하며 부득이한 경우 안전상의 조치를 한다.

[표] 굴착면의 기울기 기준

지반의 종류	굴착면의 기울기
모래	1 : 1.8
연암 및 풍화암	1 : 1.0
경암	1 : 0.5
그 밖의 흙	1 : 1.2

> **합격예측**
> 굴착면의 기울기 기준
>
> | 지반의 종류 | 굴착면의 기울기 |
> |---|---|
> | 모래 | 1:1.8 |
> | 연암 및 풍화암 | 1:1.0 |
> | 경암 | 1:0.5 |
> | 그 밖의 흙 | 1:1.2 |

3 붕괴방지공법

① 활동할 가능성이 있는 토사는 제거하여야 한다.
② 비탈면 또는 법면의 하단을 다져서 활동이 안 되도록 저항을 만들어야 한다.
③ 지표수가 침투되지 않도록 배수를 시키고 지하수위를 낮추기 위하여 수평 보링(Boring)을 하여 배수시켜야 한다.
④ 말뚝(강관, H형강, 철근 콘크리트)을 박아 지반을 강화시킨다.

[표] 계측장치의 종류 및 용도

구분	용도
건물 경사계(tilt meter)	지상 인접구조물의 기울기를 측정하는 기기
지표면 침하계(lever and staff)	주위 지반에 대한 지표면의 침하량을 측정하는 기기
지중경사계(inclinometer)	지중수평변위를 측정하여 흙막이의 기울어진 정도를 파악하는 기기
지중 침하계(extension meter)	지중수직변위를 측정하여 지반의 침하정도를 파악하는 기기
변형계(strain gauge)	흙막이 버팀대의 변형 정도를 파악하는 기기
하중계(load cell)	흙막이 버팀대에 작용하는 토압, 어스 앵커의 인장력 등을 측정하는 기기
토압계(earth pressure meter)	흙막이에 작용하는 토압의 변화를 파악하는 기기
간극 수압계(piezo meter)	굴착으로 인한 지하의 간극수압을 측정하는 기기
지하수위계(water level meter)	지하수의 수위변화를 측정하는 기기

Chapter 20 경사로

중점 학습내용

출제기준 변경 및 NCS(국가직무능력표준) 적용에 따라 이번 시험합격을 대비하여 중점적으로 준비하여야 할 내용은 다음과 같다.
❶ 경사로의 정의
❷ 가설공사 표준안전작업 지침

• 설탕물 한잔을 마시고 싶을 때 내가 서둘러야 소용이 없다. 설탕이 녹기까지 기다려야 한다. 이 조그마한 사실은 큰 교훈을 지니고 있다. 왜냐하면 내가 기다려야 하는 시간은 마음대로 더 늘릴 수 없는 상대적이 아닌 절대적인 것이 까닭이다.

합격예측

경사로의 정의
경사로란 건설현장에서 상부 또는 하부로 재료운반이나 작업원이 이동할 수 있도록 설치된 통로로 경사가 30[°] 이내일 때 사용한다.

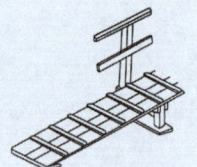

[그림] 목재경사로

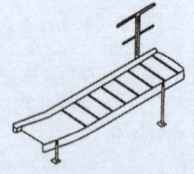

[그림] 철재경사로

1 정의

경사로란 건설현장에서 상부 또는 하부로 재료운반이나 작업원이 이동할 수 있도록 설치된 통로로 경사가 30[°] 이내일 때 사용한다.

2 사용 시 준수사항(가설공사 표준안전작업지침)

① 시공하중 또는 폭풍, 진동 등 외력에 대하여 안전하도록 설계하여야 한다.
② 경사로는 항상 정비하고 안전통로를 확보하여야 한다.
③ 비탈면의 경사각은 30[°] 이내로 한다.

[표] 미끄럼막이 간격

경사각	미끄럼막이 간격	경사각	미끄럼막이 간격
30[°] 이내	30[cm]	22[°]	40[cm]
29[°]	33[cm]	19[°] 20[°]	43[cm]
27[°]	35[cm]	17[°]	45[cm]
24[°] 15[°]	37[cm]	14[°] 초과	47[cm]

④ 경사로의 폭은 최소 90[cm] 이상이어야 한다.
⑤ 높이 7[m] 이내마다 계단참을 설치하여야 한다.
⑥ 추락방지용 안전난간을 설치하여야 한다.
⑦ 목재는 미송, 육송 또는 그 이상의 재질을 가진 것이어야 한다.

⑧ 경사로 지지기둥은 3[m] 이내마다 설치하여야 한다.
⑨ 발판은 폭 40[cm] 이상으로 하고, 틈은 3[cm] 이내로 설치하여야 한다.
⑩ 발판이 이탈하거나 한쪽 끝을 밟으면 다른 쪽이 들리지 않게 장선에 결속하여야 한다.
⑪ 결속용 못이나 철선이 발에 걸리지 않아야 한다.

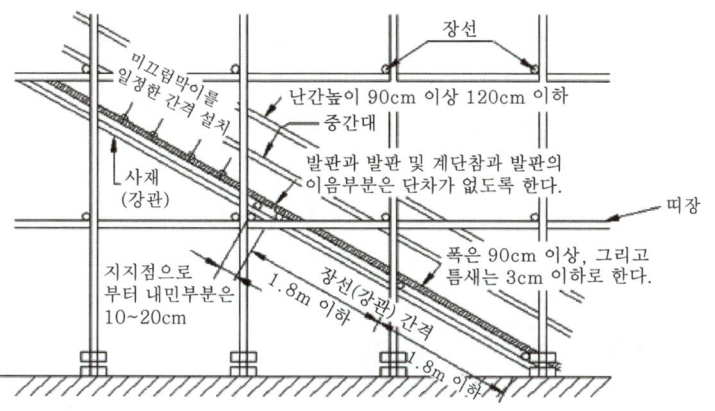

[그림] 미끄럼막이 설치

[표] Open-cut 흙막이 공법

구분		특징
경사면 Open cut 공법		① 지반의 자립성에 의존하는 공법 ② 토질이 양호하고 부지에 여유가 충분할 경우 ③ 굴착 단면을 안정경사각으로 하며 지하수가 낮아야 함 ④ 지보공 불필요
흙막이 Open cut 공법	자립식	① 흙막이 벽체의 강성에만 의존 ② 근입 깊이가 충분해야 하며 얕은 굴착에 가능
	타이로드 앵커식	① 어스앵커를 설치하여 일반저항에 의해 지지 ② 굴착 면적이 넓고 굴착깊이를 깊게 해야 할 경우
	버팀대식	① 띠장, 버팀대, 지지말뚝을 설치하여 토압, 수압에 저항 ② 지반 종류에 무관하나 지보공에 의한 작업에 제약

[표] 부분 굴착 흙막이 공법

구분	특징
아일랜드 (Island)공법	① 흙막이 open cut공법과 경사면 open cut 공법의 절충 ② 1단계 중앙부를 굴착하여 기초를 구축한 후 주변부로 굴착해 나가는 공법
트랜치 컷 (Trench Cut)공법	아일랜드 공법과 반대로 주변부를 먼저 시공한 후 나중에 중앙부를 굴착하는 공법

합격예측

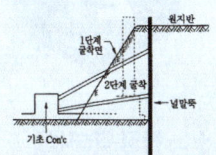

[그림] 아일랜드 공법

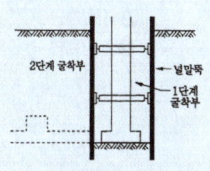

[그림] 트랜치 컷 공법

은행문제

흙막이 공법의 종류를 다음과 같이 구분하여 각각 3가지씩 쓰시오.(6점) 24. 4. 27 기산

정답

(1) 흙막이 지지 방식에 의한 분류
 ① 자립 공법
 ② 버팀대 공법
  -경사 버팀대식 흙막이
  -버팀대식 흙막이
 ③ 어스앵커 공법
 ④ 타이로드 공법
(2) 구조 방식에 의한 분류
 ① H-PILE 공법
 ② 널말뚝 공법
 ③ 지하연속법 공법
 ④ 탑다운 공법

Chapter 21 가설계단

중점 학습내용

출제기준 변경 및 NCS(국가직무능력표준) 적용에 따라 이번 시험합격을 대비하여 중점적으로 준비하여야 할 내용은 다음과 같다.
❶ 가설계단
❷ 승강트랩

합격예측

가설계단의 정의
작업장에서 근로자가 사용하기 위한 계단식 통로로 경사는 35[°]가 적정

1 가설계단

(1) 정의

작업장에서 근로자가 사용하기 위한 계단식 통로로 경사는 35[°]가 적정

(2) 설치기준

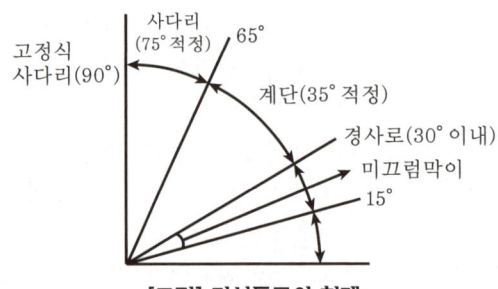

[그림] 가설통로의 형태

[표] 가설계단의 설치기준

구분	설치기준
강도	① 계단 및 계단참을 설치하는 경우에는 500[kg/m²] 이상의 하중에 견딜 수 있는 강도를 가진 구조 ② 안전율 4 이상(안전율 = $\dfrac{재료의 파괴응력도}{재료의 허용응력도} \geq 4$) ③ 계단 및 승강구바닥을 구멍이 있는 재료로 만들 경우에는 렌치 그 밖에 공구 등이 낙하할 위험이 없는 구조
폭	① 계단설치 시 폭은 1[m] 이상 ② 계단에는 손잡이 외의 다른 물건 등을 설치 또는 적재금지

계단참의 높이	높이가 3[m]를 초과하는 계단에는 높이 3[m] 이내마다 너비 1.2[m] 이상의 계단참을 설치
천장의 높이	바닥면으로부터 높이 2[m] 이내의 공간에 장애물이 없도록 할 것
계단의 난간	높이 1[m] 이상인 계단의 개방된 측면에 안전난간을 설치

2 승강트랩

수직방향으로 이동하기 위해 설치하는 가설통로로 주로 철골부재에 설치

[표] 그 밖의 흙막이 공법

구분	특징
역타공법 (Top-Down)	지하연속법과 기둥을 시공한 후 영구바닥 슬래브를 형성시켜 벽체를 지지하면서 위에서 지하로 굴착해 가면서 지상층을 동시에 시공하는 공법
엄지말뚝식 흙막이 공법	천공하여 H형강을 박고 굴착을 진행하면서 토류판을 엄지말뚝사이에 끼워넣어 벽체를 형성하는 공법
널말뚝 (Sheet pile)식 흙막이 공법	① 연약지반이나 모래지반에 적합한 공법 ② 일반적으로 U형 강 널말뚝을 타입하여 흙막이 형성
강관 널말뚝 (Pipe Pile)공법	① 강 널말뚝의 강성부족을 보완할 수 있는 공법 ② 수중의 물막이 공사, 토압이 큰 연약지반 등에 적합한 공법
주열식 흙막이 공법	① PIP공법 ② CIP공법 ③ MIP공법 ④ S.C.W공법
지중 연속벽 (Slurry wall)공법	① 굴착면의 붕괴를 막고 지하수의 침입 차단을 위해 벤토나이트 현탁액주입 ② 지중에 연속된 철근 콘크리트 벽체를 형성하는 공법 ③ 진동과 소음이 적어서 도심지 공사에 적합 ④ 대부분의 지반조건에 적용가능하며, 높은 차수성 및 벽체의 강성이 큼 ⑤ 영구구조물로 이용가능하며, 임의의 형상이나 치수의 시공가능
Earth anchor식	① 버팀대를 대신하여 지중에 anchor체를 설치하여 인장력을 주어 지지하는 공법 ② 버팀대가 없어 굴착공간 확보가 용이 ③ 인접한 구조물의 기초나 매설물이 있는 경우 부적합 ④ 사질토 지반과 굴착심도가 깊을 경우 부적합

[그림] earth anchor 공법

Chapter 22 사다리식 통로

중점 학습내용

출제기준 변경 및 NCS(국가직무능력표준) 적용에 따라 이번 시험합격을 대비하여 중점적으로 준비하여야 할 내용은 다음과 같다.
❶ 사다리식 통로의 정의 ❷ 사다리식 통로의 설치기준

• 우리는 흔히 삶의 소중함을 잊고 산다.
  삶이 더없이 소중하고 대단한 선물이라는 것을 깨닫지 못한다.
  그래서 생일선물에는 고마워 하면서도 삶 자체는 고마워 할 줄 모른다.

합격예측

사다리식 통로의 정의
사다리식 통로란 경사도 60[°] 이상의 통로 형태를 말하며, 75[°]가 가장 적정하며 움직임이 없이 견고하게 설치하여 사용해야 한다.

1 정의

사다리식 통로란 경사도 60[°] 이상의 통로 형태를 말하며, 75[°]가 가장 적정하며 움직임이 없이 견고하게 설치하여 사용해야 한다.

2 사다리식 통로 등의 설치기준 23. 11. 11 기사

① 견고한 구조로 할 것
② 심한 손상·부식 등이 없는 재료를 사용할 것
③ 발판의 간격은 일정하게 할 것
④ 발판과 벽과의 사이는 15[cm] 이상의 간격을 유지할 것
⑤ 폭은 30[cm] 이상으로 할 것
⑥ 사다리가 넘어지거나 미끄러지는 것을 방지하기 위한 조치를 할 것
⑦ 사다리의 상단은 걸쳐놓은 지점으로부터 60[cm] 이상 올라가도록 할 것
⑧ 사다리식 통로의 길이가 10[m] 이상인 경우에는 5[m] 이내마다 계단참을 설치할 것
⑨ 사다리식 통로의 기울기는 75[°] 이하로 할 것. 다만, 고정식 사다리식 통로의 기울기는 90[°] 이하로 하고, 그 높이가 7[m] 이상인 경우에는 바닥으로부터 높이가 2.5[m] 되는 지점부터 등받이울을 설치할 것
⑩ 접이식 사다리 기둥은 사용 시 접혀지거나 펼쳐지지 않도록 철물 등을 사용하여 견고하게 조치할 것

사다리

중점 학습내용

출제기준 변경 및 NCS(국가직무능력표준) 적용에 따라 이번 시험합격을 대비하여 중점적으로 준비하여야 할 내용은 다음과 같다.
❶ 사다리의 종류 및 설치기준
❷ 가설통로 설치기준

1 종류 및 설치기준

종류	설치기준
고정 사다리	① 90[°] 수직이 가장 적합 ② 경사를 둘 필요가 있는 경우 수직면으로부터 15[°] 초과하지 말 것
옥외용 사다리	① 철재를 원칙으로 함 ② 길이가 10[m] 이상인 경우에는 5[m] 이내의 간격으로 계단참 설치 ③ 사다리 전면의 사방 75[cm] 이내에는 장애물이 없을 것
목재 사다리	① 재질은 건조된 것으로 옹이, 갈라짐, 흠 등의 결함이 없고 곧은 것 ② 수직재와 발 받침대는 장부촉 맞춤으로 하고 사개를 파서 제작 ③ 발 받침대의 간격은 25~35[cm] ④ 이음 또는 맞춤부분은 보강 ⑤ 벽면과의 이격거리는 20[cm] 이상
철재 사다리	① 수직재와 발 받침대는 횡좌굴을 일으키지 않도록 충분한 강도를 가진 것 ② 발 받침대는 미끄러짐을 방지하기 위한 미끄럼방지장치 ③ 받침대의 간격은 25~35[cm] ④ 사다리 몸체 또는 전면에 기름 등과 같은 미끄러운 물질이 없도록
기계 사다리	① 추락방지용 보호손잡이 및 발판 구비 ② 작업자는 안전대를 착용 ③ 사다리가 움직이는 동안에는 작업자가 움직이지 않도록 사전에 충분한 교육을 실시
연장 사다리	① 총 길이는 15[m] 초과금지 ② 사다리의 길이를 고정시킬 수 있는 잠금쇠와 브래킷을 구비 ③ 도르래 및 로프는 충분한 강도를 가진 것

합격예측

사다리의 종류
① 고정 사다리
② 옥외용 사다리
③ 목재 사다리
④ 철재 사다리
⑤ 기계 사다리
⑥ 연장 사다리
⑦ 이동식 사다리

합격예측

가설통로 설치기준
① 견고한 구조로 할 것
② 경사는 30[°] 이하로 할 것. 다만, 계단을 설치하거나 높이 2[m] 미만의 가설통로로서 튼튼한 손잡이를 설치한 경우에는 그러하지 아니하다.
③ 경사가 15[°]를 초과하는 경우에는 미끄러지지 아니하는 구조로 할 것
④ 추락할 위험이 있는 장소에는 안전난간을 설치할 것. 다만, 작업상 부득이한 경우에는 필요한 부분만 임시로 해체할 수 있다.
⑤ 수직갱에 가설된 통로의 길이가 15[m] 이상인 경우에는 10[m] 이내마다 계단참을 설치할 것
⑥ 건설공사에 사용하는 높이 8[m] 이상인 비계다리에는 7[m] 이내마다 계단참을 설치할 것

이동식 사다리	① 길이 6[m] 초과금지 ② 다리의 벌림은 벽 높이의 1/4 정도가 적당 ③ 벽면 상부로부터 최소한 60[cm] 이상의 연장길이 확보

2 가설통로 설치기준 23. 11. 10 산장 23. 11. 11 기장

① 견고한 구조로 할 것
② 경사는 30[°] 이하로 할 것. 다만, 계단을 설치하거나 높이 2[m] 미만의 가설통로로서 튼튼한 손잡이를 설치한 경우에는 그러하지 아니하다.
③ 경사가 15[°]를 초과하는 경우에는 미끄러지지 아니하는 구조로 할 것
④ 추락할 위험이 있는 장소에는 안전난간을 설치할 것. 다만, 작업상 부득이한 경우에는 필요한 부분만 임시로 해체할 수 있다.
⑤ 수직갱에 가설된 통로의 길이가 15[m] 이상인 경우에는 10[m] 이내마다 계단참을 설치할 것
⑥ 건설공사에 사용하는 높이 8[m] 이상인 비계다리에는 7[m] 이내마다 계단참을 설치할 것

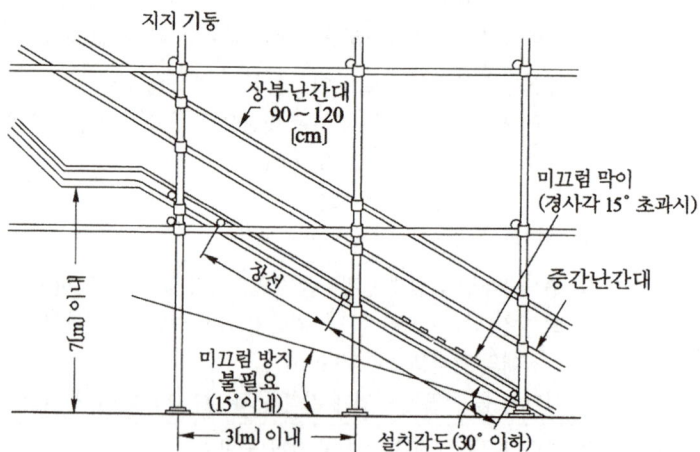

[그림] 가설통로(경사로)

Chapter 24 통로발판

중점 학습내용

출제기준 변경 및 NCS(국가직무능력표준) 적용에 따라 이번 시험합격을 대비하여 중점적으로 준비하여야 할 내용은 다음과 같다.
❶ 작업통로의 정의　　　　　　　　　　❷ 가설발판의 지지력 계산
❷ 언더피닝 공법

- 손이 두 개인것은 한손은 본인을 위해 쓰라는 것이고
  또 한손은 타인을 위해서 남을 돕는 손으로 쓰라는 것이다.

1 작업통로

(1) 정의

① 작업통로란 작업장으로 통하는 장소 또는 작업장 내에 근로자가 사용하기 위한 통로이다.
② 작업통로는 항상 사용가능한 상태로 유지하여야 하며, 통로의 주요한 부분에는 통로표시를 하고, 근로자가 안전하게 통행할 수 있도록 하여야 한다.
③ 통로에 대하여는 통로면으로부터 높이 2[m] 이내에는 장애물이 없도록 하여야 한다.

(2) 조명의 유지

① 안전하게 통행할 수 있도록 통로에 75[lux] 이상의 채광 또는 조명시설을 할 것
② 다만, 갱도 또는 상시통행을 하지 아니하는 지하실 등을 통행하는 근로자에게 휴대용 조명기구를 사용하도록 한 경우에는 예외로 한다.
③ 높이 2[m] 이상인 장소에서 작업을 하는 경우에는 해당 작업을 안전하게 하는 데 필요한 조명을 유지하여야 한다.

2 가설발판의 지지력 계산

(1) 휨응력의 정의

수평의 부재에 연직방향의 하중(P)이 작용하면 휨 모멘트에 의해 부재의 중심축

> **합격예측**
>
> **작업통로의 정의**
> ① 작업통로란 작업장으로 통하는 장소 또는 작업장 내에 근로자가 사용하기 위한 통로이다.
> ② 작업통로는 항상 사용가능한 상태로 유지하여야 하며, 통로의 주요한 부분에는 통로표시를 하고, 근로자가 안전하게 통행할 수 있도록 하여야 한다.
> ③ 통로에 대하여는 통로면으로부터 높이 2[m] 이내에는 장애물이 없도록 하여야 한다.

이 줄어들려는 압축력을 받고 하부에는 늘어나려는 인장력을 받는데, 이러한 힘에 저항하기 위해 생기는 응력을 휨응력이라 한다.

(2) 휨응력의 산정

$$\sigma = \pm \frac{M}{I} \cdot y$$

여기서, M : 휨모멘트(kg·cm), I : 단면2차 모멘트(cm⁴)
y : 중립축으로부터 거리(cm), σ : 휨응력(kg/cm²)

(3) 최대 휨응력(σ_{max}) : 단순보

$$\sigma_{max} = \frac{M_{max}}{Z}, \quad Z = \frac{bh^2}{6}$$

여기서, b : 폭, Z : 단면계수, h : 높이

등분포하중 $M_{max} = \frac{wl^2}{8}$, 집중하중 $M_{max} = \frac{pl}{4}$

3 언더피닝(Underpinning)공법

(1) 정의

기존 구조물의 지지력이 부족하여 기초를 보강하거나 새로운 기초를 설치하여 기존의 건물을 보호하기 위해 실시하는 공법이다.

(2) 공법의 종류

① 이중널말뚝공법　　② 차단벽공법
③ well point 공법　　④ pit 공법
⑤ 현장 콘크리트말뚝공법　⑥ 강재 pile공법
⑦ 약액주입공법

(3) 공법의 적용

① 구조물의 침하로 인한 복원공사
② 구조물을 이동할 경우
③ 기존구조물의 지지력이 부족한 경우
④ 기존구조물 아래에 새로운 구조물을 설치할 경우
⑤ 새로운 구조물을 만들기 위하여 기존 기초에 접근하여 굴착하는 경우

Chapter 25 비계의 종류 및 설치기준

중점 학습내용

출제기준 변경 및 NCS(국가직무능력표준) 적용에 따라 이번 시험합격을 대비하여 중점적으로 준비하여야 할 내용은 다음과 같다.
① 비계의 개요
② 비계에 의한 재해발생 원인
③ 비계의 설치기준
④ 강관비계 및 강관틀비계
⑤ 달비계
⑥ 달대비계
⑦ 말비계
⑧ 이동식 비계
⑨ 시스템비계
⑩ 걸침비계의 구조

1 비계의 개요

(1) 정의

비계란 고소 구간에 부재를 설치하거나 해체·도장·미장 등의 작업을 위해 설치하는 가설구조물이다.

(2) 가설재의 3요소(비계의 구비요건)

① 안전성 ② 작업성(시공성) ③ 경제성

> **합격예측**
>
> **가설재의 3요소(비계의 구비요건)** 21. 11. 19
> ① 안전성
> ② 작업성(시공성)
> ③ 경제성

2 비계에 의한 재해발생 원인(비계의 무너짐 및 파괴)

① 비계, 발판 또는 지지대의 파괴
② 비계, 발판의 탈락 또는 그 지지대의 변위, 변형
③ 풍압
④ 지주의 좌굴(Buckling) : 기둥의 길이가 그 횡단면의 치수에 비해 클 때, 기둥의 양단에 압축하중이 가해졌을 경우 하중방향과 직각방향으로 변위가 생기는 현상
⑤ 오일러의 좌굴하중(P_{cr})

$$P_{cr} = \frac{n\pi^2 EI}{l^2} = \frac{\pi^2 EI}{(kl)^2}$$

여기서, n : 지지상태에 따른 좌굴계수, E : 탄성계수, I : 단면 2차모멘트
l : 기둥길이, kl : 유효길이

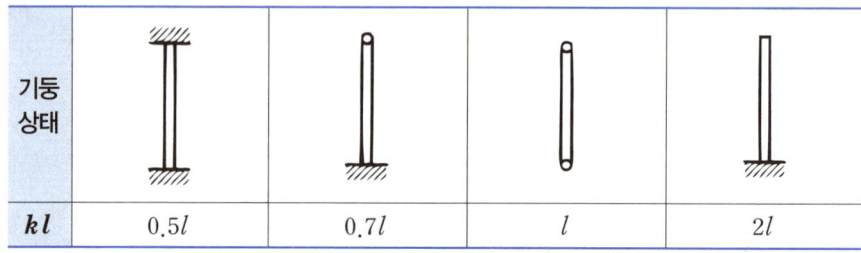

[그림] 기둥상태에 따른 유효길이

> **합격예측**
>
> 외줄비계·쌍줄비계 또는 돌출비계에 대하여는 다음에 따른 벽이음 및 버팀을 설치할 것
> ① 간격은 수직방향에서 5.5[m] 이하, 수평방향에서는 7.5[m] 이하로 할 것
> ② 강관·통나무 등의 재료를 사용하여 견고한 것으로 할 것
> ③ 인장재와 압축재로 구성되어 있는 경우에는 인장재와 압축재의 간격은 1[m] 이내로 할 것

3 가설구조물의 좌굴현상

① 단면적에 비해 상대적으로 길이가 긴 부재가 압축력에 의해 하중방향과 직각방향으로 변위가 생기는 현상(가늘고 긴 기둥 등이 압축력에 의해 휘어지는 현상)
② 좌굴을 일으키기 시작하는 한계의 압력을 좌굴하중이라하며, 좌굴하중을 물체의 단면적으로 나눈 값을 좌굴응력이라 한다.
③ 좌굴발생 요인
  • 압축력
  • 단면보다 상대적으로 긴 부재
④ 좌굴방지 : 부재의 끝을 회전하지 않도록 구속하거나, 중간에 보를 연결하는 등 부재에 작용하는 하중을 경감시켜야 한다.

4 강관비계 및 강관틀비계

(1) 정의
고소작업을 위해 구조물의 외벽을 따라 설치한 가설물로 강관($\phi 48.6$[mm])을 현장에서 연결철물이나 이음철물을 이용하여 조립한 비계이다.

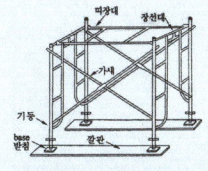

[그림] 강관틀 비계

(2) 강관비계의 분류
① 단관비계 : 비계용 강관과 전용 부속철물을 이용하여 조립
② 강관틀비계 : 비계의 구성부재를 미리 공장에서 생산하여 현장에서 조립

(3) 조립 시 준수사항
① 비계기둥에는 미끄러지거나 침하하는 것을 방지하기 위하여 밑받침철물을 사용하거나 깔판·깔목 등을 사용하여 밑둥잡이를 설치하는 등의 조치를 할 것
② 강관의 접속부 또는 교차부는 적합한 부속철물을 사용하여 접속하거나 단단히 묶을 것
③ 교차가새로 보강할 것
④ 외줄비계·쌍줄비계 또는 돌출비계에 대하여는 다음에 정하는 바에 따라 벽이음 및 버팀을 설치할 것. 다만, 창틀의 부착 또는 벽면의 완성 등의 작업을 위하여 벽이음 또는 버팀을 제거하는 경우, 그 밖에 작업의 필요상 부득이한 경우로서 해당 벽이음 또는 버팀 대신 비계기둥 또는 띠장에 사재를 설치하는 등 해당 비계의 도괴방지를 위한 조치를 한 경우에는 그러하지 아니하다.

[표] 강관비계의 조립간격

강관비계의 종류	조립간격(단위 : m)	
	수직방향	수평방향
단관비계	5	5
틀비계(높이가 5[m] 미만의 것을 제외한다)	6	8

㉮ 강관·통나무 등의 재료를 사용하여 견고한 것으로 할 것
㉯ 인장재와 압축재로 구성되어 있는 경우에는 인장재와 압축재의 간격을 1[m] 이내로 할 것
⑤ 가공전로에 근접하여 비계를 설치하는 경우에는 가공전로를 이설하거나 가공전로에 절연용 방호구를 장착하는 등 가공전로와의 접촉을 방지하기 위한 조치를 할 것

[표] 강관비계의 구조

구분	준수사항
비계기둥의 간격	① 띠장 방향에서 1.85[m] 이하 ② 장선 방향에서는 1.5[m] 이하(선박 및 보트건조 : 2.7[m] 이하)
띠장간격	① 2.0[m] 이하 ② 지상에서 첫 번째 띠장은 2[m] 이하의 위치에 설치
강관보강	비계기둥의 최고부로부터 31[m] 되는 지점 밑부분의 비계기둥은 2본의 강관으로 묶어 세울 것
적재하중	비계기둥 간 적재하중 : 400[kg] 초과하지 않도록 할 것
벽연결	① 수직 방향에서 5[m] 이하 ② 수평 방향에서 5[m] 이하
비계기둥 이음	① 겹침이음하는 경우 1[m] 이상 겹쳐대고 2개소 이상 결속 ② 맞댄이음을 하는 경우 쌍기둥틀로 하거나 1.8[m] 이상의 덧댐목을 대고 4개소 이상 결속
장선간격	1.5[m] 이하
가새	① 기둥간격 10[m] 이내마다 45[°] 각도의 처마 방향으로 비계기둥 및 띠장에 결속 ② 모든 비계기둥은 가새에 결속
작업대	작업대에는 안전난간을 설치
작업대 위의 공구, 재료 등	낙하물 방지조치

[표] 강관틀비계의 구조

구분	준수사항
비계기둥의 밑둥	① 밑받침 철물을 사용 ② 고저차가 있는 경우에는 조절형 밑받침 철물을 사용하여 수평 및 수직유지
주틀 간 간격	높이가 20[m]를 초과하거나 중량물의 적재를 수반하는 작업을 할 경우에는 주틀 간의 간격 1.8[m] 이하
가새 및 수평재	주틀 간에 교차가새를 설치하고 최상층 및 5층 이내마다 수평재를 설치할 것
벽이음	① 수직 방향에서 6[m] 이내 ② 수평 방향에서 8[m] 이내
버팀기둥	길이가 띠장 방향에서 4[m] 이하이고 높이가 10[m]를 초과하는 경우에는 10[m] 이내마다 띠장 방향으로 버팀기둥을 설치할 것
적재하중	비계기둥 간 적재하중 : 400[kg] 초과하지 않도록 할 것
높이 제한	40[m] 이하

5 달비계

(1) 정의

달비계란 와이어로프, 체인, 강재, 철선 등의 재료로 상부지점에서 작업용 널판을 매다는 형식의 비계이다.

[표] 사용금지 조건

구분	사용금지 조건
달비계의 와이어로프 23. 4. 23 기	① 이음매가 있는 것 ② 와이어로프의 한 꼬임(스트랜드)에서 끊어진 소선의 수가 10[%] 이상(비자전로프의 경우에는 끊어진 소선의 수가 와이어로프 호칭지름의 6배 길이 이내에서 4개 이상이거나 호칭지름 30배 길이 이내에서 8개 이상)인 것 ③ 지름의 감소가 공칭지름의 7[%]를 초과하는 것 ④ 꼬인 것 ⑤ 심하게 변형 또는 부식된 것 ⑥ 열과 전기충격에 의해 손상된 것
달비계의 달기체인 20. 10. 17 기	① 달기체인의 길이의 증가가 그 달기체인이 제조된 때의 길이의 5[%]를 초과한 것 ② 링의 단면지름의 감소가 그 달기체인이 제조된 때의 해당 링의 지름의 10[%]를 초과한 것 ③ 균열이 있거나 심하게 변형된 것
달기강선 및 달기강대	심하게 손상·변형 또는 부식된 것을 사용하지 아니하도록 할 것
달기섬유로프 또는 안전대의 섬유벨트 22. 11. 19 기	① 꼬임이 끊어진 것 ② 심하게 손상 또는 부식된 것 ③ 2개 이상의 작업용 섬유로프 또는 섬유벨트를 연결한 것 ④ 작업높이보다 길이가 짧은 것

> **합격예측**
>
> **달비계의 와이어로프 사용금지 조건**
> ① 이음매가 있는 것
> ② 와이어로프의 한 꼬임(스트랜드)에서 끊어진 소선의 수가 10[%] 이상(비자전로프의 경우에는 끊어진 소선의 수가 와이어로프 호칭지름의 6배 길이 이내에서 4개 이상이거나 호칭지름 30배 길이 이내에서 8개 이상)인 것
> ③ 지름의 감소가 공칭지름의 7[%]를 초과하는 것
> ④ 꼬인 것
> ⑤ 심하게 변형 또는 부식된 것
> ⑥ 열과 전기충격에 의해 손상된 것

(2) 달비계의 구조

① 달기와이어로프·달기체인·달기강선·달기강대 또는 달기섬유로프는 한쪽 끝을 비계의 보 등에, 다른 쪽 끝을 내민 보·앵커볼트 또는 건축물의 보 등에 각각 풀리지 않도록 설치할 것
② 작업발판은 폭을 40[cm] 이상으로 하고 틈새가 없도록 할 것
③ 작업발판의 재료는 뒤집히거나 떨어지지 않도록 비계의 보 등에 연결하거나 고

정시킬 것
④ 비계가 흔들리거나 뒤집히는 것을 방지하기 위하여 비계의 보·작업발판 등에 버팀을 설치하는 등 필요한 조치를 할 것
⑤ 선반비계에 있어서는 보의 접속부 및 교차부를 철선·이음철물 등을 사용하여 확실하게 접속시키거나 단단하게 연결시킬 것
⑥ 근로자의 추락 위험을 방지하기 위하여 달비계에 안전대 및 구명줄을 설치하고, 안전난간의 설치가 가능한 구조인 경우에는 안전난간을 설치할 것

6 달대비계

(1) 정의

달대비계란 철골에 달아매어 작업발판을 만드는 형태의 비계로 상하로 이동시킬 수 없으며 철골공사에서 많이 사용된다.

(2) 종류

① 전면형
② 통로형
③ 상자형 달대비계

(3) 사용 시 준수사항

① 달대비계를 매다는 철선은 #8 소성철선을 사용하며 4가닥 정도로 꼬아서 하중에 대한 안전계수가 8 이상 확보되어야 한다.
② 철근을 사용할 경우에는 19[mm] 이상을 쓰며 근로자는 반드시 안전모와 안전대를 착용하여야 한다.

7 말비계

(1) 정의

비교적 천장높이가 낮은 실내에서 보통 마무리 작업에 사용되는 것으로 종류에는 각립비계와 안장비계가 있다.

(2) 조립 시 준수사항 23. 7. 22 23. 11. 10

합격예측

달대비계의 정의

달대비계란 철골에 달아매어 작업발판을 만드는 형태의 비계로 상하로 이동시킬 수 없으며 철골공사에서 많이 사용된다.

합격예측

달대비계의 사용 시 준수사항

① 달대비계를 매다는 철선은 #8 소성철선을 사용하며 4가닥 정도로 꼬아서 하중에 대한 안전계수가 8 이상 확보되어야 한다.
② 철근을 사용할 경우에는 19[mm] 이상을 쓰며 근로자는 반드시 안전모와 안전대를 착용하여야 한다.

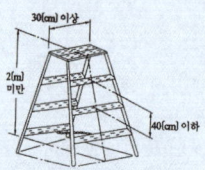

[그림] 말비계 설치

① 지주부재의 하단에는 미끄럼 방지장치를 하고, 근로자가 양측 끝부분에 올라서서 작업하지 않도록 할 것
② 지주부재와 수평면과의 기울기를 75[°] 이하로 하고, 지주부재와 지주부재 사이를 고정시키는 보조부재를 설치할 것
③ 말비계의 높이가 2[m]를 초과할 경우에는 작업발판의 폭을 40[cm] 이상으로 할 것

8 이동식 비계

(1) 정의

옥외의 낮은 장소 또는 실내의 부분적인 장소에서 작업할 때 이용하며 탑 형식의 비계를 조립하여 기둥 밑에 바퀴를 부착하여 이동하면서 작업할 수 있는 비계이다.

(2) 조립 시 준수사항 23. 11. 10 산 23. 11. 11 기

① 이동식 비계의 바퀴에는 뜻밖의 갑작스러운 이동 또는 전도를 방지하기 위하여 브레이크·쐐기 등으로 바퀴를 고정시킨 다음 비계의 일부를 견고한 시설물에 고정하거나 아우트리거(Outrigger)를 설치하는 등 필요한 조치를 할 것 19. 4. 14 기
② 승강용 사다리는 견고하게 설치할 것
③ 비계의 최상부에서 작업을 할 경우에는 안전난간을 설치할 것
④ 작업발판은 항상 수평을 유지하고 작업발판 위에서 안전난간을 딛고 작업을 하거나 받침대 또는 사다리를 사용하여 작업하지 않도록 할 것
⑤ 작업발판의 최대 적재하중은 250[kg]을 초과하지 않도록 할 것

(3) 사용 시 준수사항

① 관리감독자의 지휘하에 작업을 실시
② 비계의 최대높이는 밑변 최소폭의 4배 이하
③ 작업대의 발판은 전면에 걸쳐 빈틈없이 깔 것
④ 비계의 일부를 건물에 체결하여 이동, 전도 등을 방지
⑤ 승강용 사다리는 견고하게 부착
⑥ 최대적재하중을 표시
⑦ 부재의 접속부, 교차부는 확실하게 연결
⑧ 작업대에는 안전난간을 설치하여야 하며 낙하물 방지조치를 설치
⑨ 불의의 이동을 방지하기 위한 제동장치를 반드시 갖출 것

[그림] 이동식 비계 설치

합격예측

이동식 비계의 조립 시 준수사항
① 이동식 비계의 바퀴에는 뜻밖의 갑작스러운 이동 또는 전도를 방지하기 위하여 브레이크·쐐기 등으로 바퀴를 고정시킨 다음 비계의 일부를 견고한 시설물에 고정하거나 아우트리거(Outrigger)를 설치하는 등 필요한 조치를 할 것
② 승강용 사다리는 견고하게 설치할 것
③ 비계의 최상부에서 작업을 할 경우에는 안전난간을 설치할 것
④ 작업발판은 항상 수평을 유지하고 작업발판 위에서 안전난간을 딛고 작업을 하거나 받침대 또는 사다리를 사용하여 작업하지 않도록 할 것
⑤ 작업발판의 최대 적재하중은 250[kg]을 초과하지 않도록 할 것

⑩ 이동할 경우에는 작업원이 없는 상태에서 할 것
⑪ 비계의 이동에는 충분한 인원 배치
⑫ 안전모를 착용하여야 하며 지지로프를 설치
⑬ 재료, 공구의 오르내리기에는 포대, 로프 등을 이용
⑭ 작업장 부근에 고압선 등이 있는가를 확인하고 적절한 방호조치

(4) 이동식 비계의 적재하중

① 작업장의 바닥면적 $A(m^2) \geq 2$인 경우 적재하중 $W=250[kgf]$ 이하
② 작업장의 바닥면적 $A(m^2) < 2$인 경우 적재하중 $W=50+100A[kgf]$ 이하

9 시스템비계

(1) 정의

수직재, 수평재, 가새재 등 각각의 부재를 공장에서 제작하고 현장에서 조립하여 사용하는 조립형 비계로 고소구간에서 작업할 수 있도록 설치한 가설구조물이다.

(2) 시스템비계의 구조(구성하는 경우 준수사항) 21. 7. 10

① 수직재 · 수평재 · 가새재를 견고하게 연결하는 구조가 되도록 할 것
② 비계 밑단의 수직재와 받침철물은 밀착되도록 설치하고 수직재와 받침철물의 연결부의 겹침길이는 받침철물 전체길이의 1/3 이상이 되도록 할 것
③ 수평재는 수직재와 직각으로 설치하여야 하며, 체결 후 흔들림이 없도록 견고하게 설치할 것
④ 수직재와 수직재의 연결철물은 이탈되지 않도록 견고한 구조로 할 것
⑤ 벽 연결재의 설치간격은 제조사가 정한 기준에 따라 설치할 것

(3) 조립 작업 시 준수사항

① 비계기둥의 밑둥에는 밑받침철물을 사용하여야 하며, 밑받침에 고저차가 있는 경우에는 조절형 밑받침철물을 사용하여 시스템비계가 항상 수평 및 수직을 유지하도록 할 것
② 경사진 바닥에 설치하는 경우에는 피벗형 받침철물 또는 쐐기 등을 사용하여 밑받침철물의 바닥면이 수평을 유지하도록 할 것
③ 가공전로에 근접하여 비계를 설치하는 경우에는 가공전로를 이설하거나 가공전로에 절연용 방호구를 설치하는 등 가공전로와의 접촉을 방지하기 위하여 필

요한 조치를 할 것
④ 비계 내에서 근로자가 상하 또는 좌우로 이동하는 경우에는 반드시 지정된 통로를 이용하도록 주지시킬 것
⑤ 비계 작업 근로자는 같은 수직면상의 위와 아래 동시 작업을 금지할 것
⑥ 작업발판에는 제조사가 정한 최대적재하중을 초과하여 적재하여서는 아니 되며, 최대적재하중이 표기된 표지판을 부착하고 근로자에게 주지시키도록 할 것

10 걸침비계의 구조

사업주는 선박 및 보트 건조작업에서 걸침비계를 설치하는 경우에는 다음 각 호의 사항을 준수하여야 한다.
① 지지점이 되는 매달림부재의 고정부는 구조물로부터 이탈되지 않도록 견고히 고정할 것
② 비계재료 간에는 서로 움직임, 뒤집힘 등이 없어야 하고, 재료가 분리되지 않도록 철물 또는 철선으로 충분히 결속할 것. 다만, 작업발판 밑 부분에 띠장 및 장선으로 사용되는 수평부재 간의 결속은 철선을 사용하지 않을 것
③ 매달림부재의 안전율은 4 이상일 것
④ 작업발판에는 구조검토에 따라 설계한 최대적재하중을 초과하여 적재하여서는 아니 되며, 그 작업에 종사하는 근로자에게 최대적재하중을 충분히 알릴 것

PART 04 건설안전(건설안전 일반)관리 출제예상문제

01 양중기에서 다음 기계 기구의 제한 하중은 각각 얼마인가?
① 훅(Hook)만을 사용할 경우
② 클램쉘 버킷을 사용할 경우
③ 리프팅 마그넷을 사용할 경우

해답
① 안전 한계 총하중의 78[%]
② 안전 한계 총하중의 70[%]
③ 안전 한계 총하중의 70[%]

02 다음 용어를 설명하시오.

해답
① 평균 윤거 : 전후륜의 윤거가 틀릴 경우 산술 평균한 값
② 축거 : 전축 중심에서 후축 또는 목축 중심까지의 거리

03 차량계 하역운반기계의 작업 계획에 포함하는 사항을 2가지 쓰시오.

해답
① 해당 작업에 따른 추락·낙하·전도·협착 및 붕괴 등의 위험 예방대책
② 차량계 하역운반기계 등의 운행 경로 및 작업 방법

참고
산업안전보건기준에 관한 규칙 [별표 4] 사전조사 및 작업계획서 내용

04 해체 작업시 해체 계획에 반드시 포함되어야 할 사항을 쓰시오.

해답
① 해체물의 처분 계획
② 해체 방법 및 해체 순서 도면
③ 사업장 내 연락 방법
④ 해체 작업용 기계·기구의 작업계획서
⑤ 해체 작업용 화약류의 사용계획서

05 이동 전선에 접속하여 임시로 사용하는 전등 등에 보호망을 설치할 때 준수할 사항을 쓰시오.

해답
① 전구에 노출된 금속 부분에 근로자가 쉽게 접촉되지 아니하는 구조로 할 것
② 재료는 쉽게 파손되거나 변형되지 아니하는 것으로 할 것

06 건설 재료로 목재를 사용할 경우 장점, 단점을 구분해서 5가지 쓰시오.

해답
(1) 장점
① 경량이다.
② 열전도율이 작다.
③ 무게에 비해 강도가 크다.
④ 외관이 아름답다.
⑤ 가공이 용이하다.
(2) 단점
① 변형되기 쉽다.
② 부식이 잘된다.
③ 내구성이 약하다.
④ 착화점이 낮다.
⑤ 내화재가 되지 못한다.

07 안전 운동 안전 행동 5C를 쓰시오.

해답

① 복장 단정(Correctness)
② 정리 정돈(Clearance)
③ 청소 청결(Cleaning)
④ 점검 확인(Checking)
⑤ 전심 전력(Concentration)

08 철근을 인력으로 운반할 경우 안전 조치 사항을 5가지 쓰시오.

해답

① 긴 철근을 2인이 1조가 되어 어깨메기로 하여 운반하는 등 안전성을 도모한다.
② 긴 철근을 부득이 한 사람이 운반할 때는 한 곳을 드는 것보다 한쪽을 어깨에 메고 한쪽 끝을 땅에 끌면서 운반한다.
③ 운반시에는 항상 양끝을 묶어 운반한다.
④ 1회 운반시 1인당 무게는 25[kg] 정도가 적절하며, 무리한 운반은 삼간다.
⑤ 공동 작업시는 신호에 따라 작업을 행한다.

09 콘크리트 양생시 유의할 사항을 5가지 쓰시오.

해답

① 콘크리트와 온도는 항상 2[℃] 이상으로 유지하여야 한다.
② 콘크리트 타설 후 수화 작용을 돕기 위하여 최소 5일간은 수분을 보존한다.
③ 일광의 직사, 급격한 건조 및 한랭에 대하여 보호한다.
④ 콘크리트가 충분히 경화될 때까지는 충격 및 하중을 가하지 않게 주의한다.
⑤ 콘크리트 타설 후 1일간은 그 위를 보행하거나 공기구 등 그 밖에 중량물을 올려놓아서는 안 된다.

10 지반의 이상 현상인 보일링(boiling)에 대하여 다음 사항을 쓰시오.

(1) 지반 조건
(2) 현상
(3) 대책

해답

(1) 지반 조건 : 지하 수위가 높은 사질토
(2) 현상
  ① 저면에 액상화 현상(Quick Sand) 발생
  ② 굴착면과 배면토의 수두차에 의한 침투압이 발생
(3) 대책
  ① 주변 수위를 저하시킨다.
  ② 흙막이벽 근입도를 증가하여 동수 구배를 저하시킨다.
  ③ 굴착토를 즉시 원상 매립한다.
  ④ 작업을 중지시킨다.

11 운반작업시 요통방지대책을 6가지 쓰시오.

해답

① 작업 자세의 안전화를 도모한다.
② 단위 시간당 작업량을 적절히 한다.
③ 휴식의 부여 및 작업 전 체조를 한다.
④ 운반 방법을 기계화한다.
⑤ 취급 중량을 적절히 한다.
⑥ 적정 배치 및 교육 훈련을 실시한다.

12 선박 내에서 하역 작업을 할 경우 근로자의 안전한 승강을 위하여 현문 사다리 및 안전망을 설치해야 할 선박은 몇 톤급 이상인가?

해답

300톤급 이상

13 열경화성 수지, 열가소성 수지 종류를 쓰시오.

해답

(1) 열경화성 수지
  ① 페놀 수지
  ② 요소 수지
  ③ 멜라민 수지
  ④ 규소 수지
(2) 열가소성 수지
  ① 스티렌 수지
  ② 염화비닐 수지
  ③ 폴리에틸렌 수지
  ④ 아세트산비닐 수지
  ⑤ 아크릴 수지

14 콘크리트 사용시 장점, 단점을 3가지씩 쓰시오.

해답

(1) 장점
① 내화성, 내구성, 내수성이 있다.
② 압축 강도가 크다.
③ 강재와의 접착성이 좋고 방청력이 크다.
(2) 단점
① 인장 강도가 작다.
② 무게가 크다.
③ 경화시 수축에 의한 균열이 발생한다.

15 운반 재해의 원인을 쓰시오.

해답

① 기구 및 공구를 적절하게 사용하지 않는다.
② 작업 장소의 정리 정돈이 불량하고 좁다.
③ 바닥면 및 발밑이 고르지 않다.
④ 작업자가 기본 동작을 지키지 않는다.
⑤ 공동 작업에서 호흡이 맞지 않는다.
⑥ 잡기가 힘든 것을 무리하게 취급한다.
⑦ 작업자의 체력이 부족하다.
⑧ 취급물의 위험성, 유해성에 대한 지식이 부족하다.
⑨ 취급 운반 작업에 대한 훈련이 부족하다.

16 하역 운반 작업시 고려 사항을 쓰시오.

해답

① 운반 목표를 분명히 설정해야 한다.
② 운반 설비의 배치를 검토하여 시정해야 한다.
③ 운반 능력의 균형을 검토한다.
④ 최소 작업 단위로 작업 동작을 통합해야 한다.
⑤ 연락의 조직화, 합리화를 도모한다.

17 인력 운반에서 중량물을 혼자서 들어올릴 경우, 취해야 하는 자세를 순서대로 설명하시오.

해답

① 신체의 평형을 유지하기 위해 양쪽 발을 벌리고 물건과 신체와의 거리는 물건의 크기에 따라 다르나 몸을 짐에 가까이 대어 물건을 수직으로 들어올릴 수 있는 위치로 자세를 취한다.
② 물건을 들어올리는 자세는 허리를 충분히 낮추되 등을 똑바로 펴서 손을 물건에 깊이 건다.
③ 다리와 어깨에 근육의 힘을 주고 등만을 똑바로 펴면서 천천히 물건을 들어올린다.

18 유해·위험 방지계획서 심사 결과 고용노동부장관이 조치할 수 있는 사항을 쓰시오.

해답

① 공사 착수 허가
② 공사 계획 변경
③ 공사 착수 중지

19 중량물 취급 작업시 작업 계획서에 포함 사항 4가지를 쓰시오.

해답

① 추락위험을 예방할 수 있는 안전대책
② 낙하위험을 예방할 수 있는 안전대책
③ 전도위험을 예방할 수 있는 안전대책
④ 협착위험을 예방할 수 있는 안전대책
⑤ 붕괴위험을 예방할 수 있는 안전대책

20 근로자가 반복하여 계속적으로 중량물 취급시 작업 시작 전 점검 사항을 쓰시오.

해답

① 중량물 취급의 올바른 자세 및 복장
② 위험물의 날아 흩어짐에 따른 보호구의 착용
③ 카바이드·생석회 등과 같이 온도 상승이나 습기에 의하여 위험성이 존재하는 중량물의 취급 방법
④ 그 밖에 하역 운반 기계 등의 적절한 사용 방법

21 부적합한 섬유 로프(안전대의 섬유벨트)의 사용 금지 사항을 쓰시오.

해답

① 꼬임이 끊어진 것
② 심하게 손상되거나 부식된 것
③ 2개 이상의 작업용 섬유 로프 또는 섬유벨트를 연결한 것
④ 작업높이보다 길이가 짧은 것

22 화물 취급 작업시 관리감독자 직무를 쓰시오.

해답

① 작업 방법 및 순서를 결정하고 작업을 지휘하는 일
② 기구 및 공구를 점검하고 불량품을 제거하는 일
③ 그 작업 장소에는 관계 근로자가 아닌 사람의 출입을 금지시키는 일
④ 로프 등의 해체 작업을 할 때에는 하대 위 화물의 낙하 위험 유무를 확인하고 해당 작업의 착수를 지시하는 일

23 부두, 안벽 등의 하역 작업시 안전 조치 사항을 쓰시오.

해답

① 작업장 및 통로의 위험한 부분에는 안전하게 작업할 수 있는 조명을 유지할 것
② 부두 또는 안벽의 선을 따라 통로를 설치할 때에는 폭을 90[cm] 이상으로 할 것
③ 육상에서의 통로 및 작업 장소로서 다리 또는 선거의 갑문을 넘는 보도 등의 위험한 부분에는 적당한 울 등을 설치할 것

24 화물 적재시 준수 사항을 쓰시오.

해답

① 침하의 우려가 없는 튼튼한 기반 위에 적재할 것
② 건물의 칸막이나 벽 등이 화물의 압력에 견딜 만큼의 강도를 지니지 아니한 경우에는 칸막이나 벽에 기대어 적재하지 않도록 할 것
③ 불안정할 정도로 높이 쌓아 올리지 말 것
④ 하중이 한쪽으로 치우치지 않도록 적재할 것

25 부두와 선박에서 하역 작업시 관리감독자 직무를 쓰시오.

해답

① 작업 방법을 결정하고 작업을 지휘하는 일
② 통행 설비·하역 기계·보호구 및 기구·공구를 점검·정비하고 이들의 사용 사항을 감시하는 일
③ 주변 작업자간의 연락 조정을 행하는 일

26 달비계의 최대 적재 하중을 정함에 있어서 각각의 종류와 안전 계수는?

해답

① 달기 와이어로프 및 달기 강선의 안전 계수 : 10 이상
② 달기 체인 및 달기 훅의 안전 계수 : 5 이상
③ 달기 강대와 달비계의 하부 및 상부 지점의 안전 계수 : 강재의 경우 2.5 이상, 목재의 경우 5 이상
④ 안전 계수는 해당 와이어로프 등의 절대 하중의 값을 해당 와이어로프 등에 걸리는 하중의 최대값으로 나눈 값을 말한다.

27 비계의 높이가 2[m] 이상인 작업 장소에서 작업 발판의 구조를 쓰시오.

해답

① 발판재료는 작업할 때의 하중을 견딜 수 있도록 견고한 것으로 할 것
② 작업발판의 폭은 40[cm] 이상으로 하고, 발판재료간의 틈은 3[cm] 이하로 할 것. 다만, 외줄비계의 경우에는 고용노동부 장관이 별도로 정하는 기준에 따른다.
③ 추락의 위험이 있는 장소에는 안전난간을 설치할 것. 다만, 작업의 성질상 안전난간을 설치하는 것이 곤란한 경우, 작업의 필요상 임시로 안전난간을 해체할 때에 안전방망을 설치하거나 근로자로 하여금 안전대를 사용하도록 하는 등 추락위험 방지조치를 한 경우에는 그러하지 아니하다.
④ 작업발판의 지지물은 하중에 의하여 파괴될 우려가 없는 것을 사용할 것
⑤ 작업발판 재료는 뒤집히거나 떨어지지 않도록 둘 이상의 지지물에 연결하거나 고정시킬 것
⑥ 작업발판을 작업에 따라 이동시킬 경우에는 위험방지에 필요한 조치를 할 것

28 높이 5[m] 이상의 달비계의 조립·해체시 준수 사항을 쓰시오.

해답
① 근로자가 관리감독자의 지휘에 따라 작업하도록 할 것
② 조립·해체 또는 변경의 시기·범위 및 절차를 그 작업에 종사하는 근로자에게 주지시킬 것
③ 조립·해체 또는 변경 작업구역에는 해당 작업에 종사하는 근로자가 아닌 사람의 출입을 금지하고 그 내용을 보기 쉬운 장소에 게시할 것
④ 비, 눈, 그 밖의 기상상태의 불안정으로 날씨가 몹시 나쁜 경우에는 그 작업을 중지시킬 것
⑤ 비계재료의 연결·해체작업을 하는 경우에는 폭 20[cm] 이상의 발판을 설치하고 근로자로 하여금 안전대를 사용하도록 하는 등 추락을 방지하기 위한 조치를 할 것
⑥ 재료·기구 또는 공구 등을 올리거나 내리는 경우에는 근로자가 달줄 또는 달포대 등을 사용하게 할 것

29 달비계의 조립·해체·변경시 관리감독자 직무를 쓰시오.

해답
① 재료의 결함 유무를 점검하고 불량품을 제거하는 일
② 기구·공구·안전대 및 안전모 등의 기능을 점검하고 불량품을 제거하는 일
③ 작업 방법 및 근로자의 배치를 결정하고 작업 진행 상태를 감시하는 일
④ 안전대와 안전모 등의 착용 상황을 감시하는 일

30 비계 작업시 작업 시작 전 점검 사항을 쓰시오.

해답
① 발판 재료의 손상 여부 및 부착 또는 걸림 상태
② 해당 비계의 연결부 또는 접속부의 풀림 상태
③ 연결 재료 및 연결 철물의 손상 또는 부식 상태
④ 손잡이의 탈락 여부
⑤ 기둥의 침하·변형·변위 또는 흔들림 상태
⑥ 로프의 부착 상태 및 매단 장치의 흔들림 상태

31 통나무비계 조립시 준수 사항을 쓰시오.

해답
① 비계기둥의 간격은 2.5[m] 이하로 하고 지상으로부터 첫번째 띠장은 3[m] 이하의 위치에 설치할 것
② 비계기둥이 미끄러지거나 침하하는 것을 방지하기 위하여 비계 기둥의 하단부를 묻고, 밑둥잡이를 설치하거나 깔판을 사용하는 등의 조치를 할 것
③ 비계기둥의 이음이 겹침이음인 경우에는 이음 부분에서 1[m] 이상을 서로 겹쳐서 두 군데 이상을 묶고 비계기둥의 이음이 맞댄 이음인 경우에는 비계기둥을 쌍기둥틀로 하거나 1.8[m] 이상의 덧댐목을 사용하여 네 군데 이상을 묶을 것
④ 비계기둥·띠장·장선 등의 접속부 및 교차부는 철선이나 그 밖의 튼튼한 재료로 견고하게 묶을 것
⑤ 교차 가새로 보강할 것
⑥ 외줄비계·쌍줄비계 또는 돌출비계에 대하여는 다음 각 목에 따른 벽이음 및 버팀을 설치할 것
  ㉮ 간격은 수직 방향에서는 5.5[m] 이하, 수평 방향에서는 7.5[m] 이하로 할 것
  ㉯ 강관·통나무 등의 재료를 사용하여 견고한 것으로 할 것
  ㉰ 인장재와 압축재로 구성되어 있는 경우에는 인장재와 압축재의 간격은 1[m] 이내로 할 것

32 강관 비계의 조립시 준수사항을 쓰시오.

해답
① 비계기둥에는 미끄러지거나 침하하는 것을 방지하기 위하여 밑받침 철물을 사용하거나 깔판·깔목 등을 사용하여 밑둥잡이를 설치하는 등의 조치를 할 것
② 강관의 접속부 또는 교차부(交叉部)는 적합한 부속철물을 사용하여 접속하거나 단단히 묶을 것
③ 교차 가새로 보강할 것
④ 외줄비계·쌍줄비계 또는 돌출비계에 대해서는 다음 각 목에서 정하는 바에 따라 벽이음 및 버팀을 설치할 것. 다만, 창틀의 부착 또는 벽면의 완성 등의 작업을 위하여 벽이음 또는 버팀을 제거하는 경우. 그 밖에 작업의 필요상 부득이한 경우로서 해당 벽이음 또는 버팀 대신 비계기둥 또는 띠장에 사재(斜材)를 설치하는 등 비계가 넘어지는 것을 방지하기 위한 조치를 한 경우에는 그러하지 아니하다.
  ㉮ 강관비계의 조립 간격은 별표 5의 기준에 적합하도록 할 것
  ㉯ 강관·통나무 등의 재료를 사용하여 견고한 것으로 할 것
  ㉰ 인장재(引張材)와 압축재로 구성된 경우에는 인장재와 압축재의 간격을 1[m] 이내로 할 것
⑤ 가공전로(架空電路)에 근접하여 비계를 설치하는 경우에는 가공전로를 이설(移設)하거나 가공전로에 절연용 방호구를 장착하는 등 가공전로와의 접촉을 방지하기 위한 조치를 할 것

33 달비계의 설치 준수시 조치 사항을 쓰시오.

해답
① 달기 강선 및 달기 강대는 심하게 손상·변형 또는 부식된 것을 사용하지 않도록 할 것
② 달기 와이어로프, 달기 체인, 달기 강선, 달기 강대 또는 달기 섬유로프는 한쪽 끝을 비계의 보 등에, 다른 쪽 끝을 내민 보, 앵커볼트 또는 건축물의 보 등에 각각 풀리지 않도록 설치할 것
③ 작업 발판은 폭을 40[cm] 이상으로 하고 틈새가 없도록 할 것
④ 작업 발판의 재료는 뒤집히거나 떨어지지 않도록 비계의 보 등에 연결하거나 고정시킬 것
⑤ 비계가 흔들리거나 뒤집히는 것을 방지하기 위하여 비계의 보·작업발판 등에 버팀을 설치하는 등 필요한 조치를 할 것
⑥ 선반비계에서는 보의 접속부 및 교차부를 철선·이음철물 등을 사용하여 확실하게 접속시키거나 단단하게 연결시킬 것
⑦ 근로자의 추락 위험을 방지하기 위하여 달비계에 안전대 및 구명줄을 설치하고, 안전난간을 설치할 수 있는 구조인 경우에는 안전난간을 설치할 것

34 다음 강재의 사용 기준 중 신장률[%]을 쓰시오. 20. 11. 29 기

강재의 종류	인장강도[kg/mm²]	신장률[%]
강 관	34 이상 41 미만	(①)
	41 이상 50 미만	(②)
	50 이상	(③)
강판, 형강, 평강, 경량 형강	34 이상 41 미만	(④)
	41 이상 50 미만	(⑤)
	50 이상 60 미만	(⑥)
	60 이상	(⑦)
봉 강	34 이상 41 미만	(⑧)
	41 이상 50 미만	(⑨)
	50 이상	(⑩)

해답
① 25 이상
② 20 이상
③ 10 이상
④ 21 이상
⑤ 16 이상
⑥ 12 이상
⑦ 8 이상
⑧ 25 이상
⑨ 20 이상
⑩ 18 이상

35 안전대를 보관할 수 있는 장소 4곳만 쓰시오.

해답
① 직사 광선이 닿지 않는 곳
② 통풍이 잘되며 습기가 없는 곳
③ 부식성 물질이 없는 곳
④ 화기 등이 근처에 없는 곳

36 굴착면의 기울기 기준에서 ( ) 안의 기울기를 쓰시오.

지반의 종류	굴착면의 기울기
모래	(①)
연암 및 풍화암	(②)
경암	(③)
그 밖의 흙	(④)

해답
① 1 : 1.8
② 1 : 1.0
③ 1 : 0.5
④ 1 : 1.2

37 강관비계의 종류에서 수직방향, 수평방향의 간격은 몇 [m]인가?

강관비계의 종류	조립 간격(단위 : m)	
	수직방향	수평방향
단관비계	①	②
틀비계(높이가 5[m] 미만의 것을 제외한다.)	③	④

해답
① 5
② 5
③ 6
④ 8

38 안전대의 로프, 벨트, D링, 훅, 버클 등의 각 부분별 파

기 기준을 쓰시오.

> **해답**

(1) 로프 부분 파기 기준
  ① 소선에 손상이 있는 것
  ② 페인트, 기름, 약품, 오물 등에 의해 변화된 것
  ③ 비틀림(kink)이 있는 것
  ④ 횡마로 된 부분이 헐거워진 것
(2) 벨트 부분 파기 기준
  ① 끝 또는 폭에 1[mm] 이상인 손상, 소손 등이 있는 것
  ② 양끝의 헤짐이 심한 것
(3) 재봉 부분 파기 기준
  ① 재봉 부분의 이완이 있는 것
  ② 재봉실이 1개소 이상 절단되어 있는 것
  ③ 재봉실의 마모가 심한 것
(4) D링 부분 파기 기준
  ① 깊이 1[mm] 이상 손상이 있는 것(특히 그림 x부분)
  ② 눈에 보일 정도로 변형이 심한 것
  ③ 전체적으로 녹이 슬어 있는 것
(5) 훅, 버클부분 파기 기준
  ① 훅 외측에 깊이 1[mm] 이상의 손상
  ② 이탈방지장치의 작동이 나쁜 것
  ③ 전체적으로 녹이 슬어 있는 것
  ④ 변형되어 있는 것
  ⑤ 버클의 체결 상태가 나쁜 것

[그림] D링

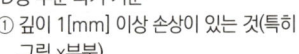
[그림] 훅

39 거푸집 지보공 조립시 일반적인 안전 기준을 쓰시오.

> **해답**

① 깔목의 사용, 콘크리트 타설, 말뚝박기 등 동바리의 침하를 방지하기 위한 조치를 할 것
② 개구부 상부에 동바리를 설치하는 경우에는 상부하중을 견딜 수 있는 견고한 받침대를 설치할 것
③ 동바리의 상하 고정 및 미끄러짐 방지 조치를 하고, 하중의 지지상태를 유지할 것
④ 동바리의 이음은 맞댄이음이나 장부이음으로 하고 같은 품질의 재료를 사용할 것
⑤ 강재와 강재의 접속부 및 교차부는 볼트·클램프 등 전용 철물을 사용하여 단단히 연결할 것
⑥ 거푸집이 곡면인 경우에는 버팀대의 부착 등 그 거푸집의 부상(浮上)을 방지하기 위한 조치를 할 것
⑦ 동바리로 사용하는 강관[파이프 서포트(pipe surport)는 제외한다]에 대해서는 다음 각 목의 사항을 따를 것
  ㉮ 높이 2[m] 이내마다 수평연결재를 2개 방향으로 만들고 수평연결재의 변위를 방지할 것
  ㉯ 멍에 등을 상단에 올릴 경우에는 해당 상단에 강재의 단판을 붙여 멍에 등을 고정시킬 것

40 계단형상으로 조립하는 거푸집 지보공의 깔판, 깔목 사용시 준수 사항을 쓰시오.

> **해답**

① 거푸집의 형상에 따른 부득이한 경우를 제외하고는 깔판·깔목 등을 2단 이상 끼우지 않도록 할 것
② 깔판·깔목 등을 이어서 사용하는 경우에는 그 깔판·깔목 등을 단단히 연결할 것
③ 동바리는 상·하부의 동바리가 동일 수직선상에 위치하도록 하여 깔판·깔목 등에 고정시킬 것

41 콘크리트 타설 작업시 준수 사항을 쓰시오.

> **해답**

① 당일의 작업을 시작하기 전에 해당 작업에 관한 거푸집 동바리 등의 변형·변위 및 지반의 침하 유무 등을 점검하고 이상이 있으면 보수할 것
② 작업 중에는 거푸집 동바리 등의 변형·변위 및 침하 유무 등을 감시할 수 있는 감시자를 배치하여 이상이 있으면 작업을 중지하고 근로자를 대피시킬 것
③ 콘크리트 타설작업 시 거푸집 붕괴의 위험이 발생할 우려가 있으면 충분한 보강조치를 할 것
④ 설계도서상의 콘크리트 양생기간을 준수하여 거푸집 동바리 등을 해체할 것
⑤ 콘크리트를 타설하는 경우에는 편심이 발생하지 않도록 골고루 분산하여 타설할 것

42 거푸집 동바리 등의 조립, 해체 작업시 준수 사항을 쓰시오.

> **해답**

① 해당 작업을 하는 구역에는 관계 근로자가 아닌 사람의 출입을 금지시킬 것
② 비, 눈, 그 밖의 기상상태의 불안정으로 날씨가 몹시 나쁜 경우에는 그 작업을 중지할 것
③ 재료, 기구 또는 공구 등을 올리거나 내리는 경우에는 근로자로 하여금 달줄·달포대 등을 사용하도록 할 것

43 거푸집 동바리의 고정 조립 해체시 관리감독자 직무를 쓰시오.

해답
① 안전한 작업 방법을 결정하고 작업을 지휘하는 일
② 재료·기구의 결함 유무를 점검하고 불량품을 제거하는 일
③ 작업중 안전대 및 안전모 등 보호구 착용 상황을 감시하는 일

44 공기압축기의 작업시작 전 점검내용을 쓰시오.

해답
① 공기저장 압력용기의 외관상태
② 드레인밸브의 조작 및 배수
③ 압력방출장치의 기능
④ 언로드밸브의 기능
⑤ 윤활유의 상태
⑥ 회전부의 덮개 또는 울
⑦ 그 밖의 연결부위의 이상유무

45 양중기 탑승 설비에 대하여 근로자의 추락 예방 조치를 쓰시오.

해답
① 탑승설비의 전위 및 탈락을 방지하는 조치를 할 것
② 근로자로 하여금 안전대 또는 구명대를 사용하도록 할 것
③ 탑승 설비를 하강시키는 때에는 동력 하강 방법에 의할 것

46 크레인 작업시 작업시작 전 점검사항을 쓰시오.

해답
① 권과방지장치·브레이크·클러치 및 운전장치의 기능
② 주행로의 상측 및 트롤리가 횡행하는 레일의 상태
③ 와이어로프가 통하고 있는 곳의 상태

47 건설용 리프트 조립 해체 작업시 조치 사항을 쓰시오.

해답
① 작업을 지휘하는 자를 선임하여 그 자의 지휘하에 작업을 실시할 것
② 작업을 할 구역에 관계 근로자가 아닌 사람의 출입을 금지하고 그 취지를 보기 쉬운 장소에 표시할 것
③ 폭풍·폭우 및 폭설 등의 악천후 작업에 있어서 근로자에게 위험을 미칠 우려가 있는 때에는 해당 작업을 중지시킬 것

48 강관비계를 구성하는 경우 준수사항 4가지를 쓰시오.

해답
① 비계기둥의 간격은 띠장 방향에서는 1.85[m] 이하, 장선(長線) 방향에서는 1.5[m] 이하로 할 것
② 띠장 간격은 2.0[m] 이하로 설치하되, 첫 번째 띠장은 지상으로부터 2[m] 이하의 위치에 설치할 것. 다만, 작업의 성질상 이를 준수하기가 곤란하여 쌍기둥틀 등에 의하여 해당 부분을 보강한 경우에는 그러하지 아니한다.
③ 비계기둥의 제일 윗부분으로부터 31[m]되는 지점 밑부분의 비계기둥은 2개의 강관으로 묶어 세울 것. 다만, 브래킷(braket) 등으로 보강하여 2개의 강간으로 묶을 경우 이상의 강도가 유지되는 경우에는 그러하지 아니한다.
④ 비계기둥 간의 적재하중은 400[kg]을 초과하지 않도록 할 것

49 로봇의 작업시작 전 점검사항 3가지를 쓰시오.

해답
① 외부전선의 피복 또는 외장의 손상유무
② 매니퓰레이터(manipulator)작동의 이상유무
③ 제동장치 및 비상정지장치의 기능

50 크레인과 이동식 크레인의 로프 사용 금지 사항을 쓰시오.

해답
① 이음매가 있는 것
② 와이어로프의 한 꼬임[스트랜드(strand)를 말한다. 이하 같다]에서 끊어진 소선(素線)[필러(pillar)선은 제외한다]의 수가 10[%] 이상(비자전로프의 경우에는 끊어진 소선의 수가 와이어로프 호칭지름의 6배 길이 이내에서 4개 이상이거나 호칭지름 30배 길이 이내에서 8개 이상)인 것
③ 지름의 감소가 공칭지름의 7[%]를 초과하는 것
④ 꼬인 것
⑤ 심하게 변형되거나 부식된 것
⑥ 열과 전기충격에 의해 손상된 것

51 단위 화물의 중량이 100[kg] 이상의 물건을 내리거나 싣는 작업시 작업 지휘자의 준수 사항을 쓰시오.

> **해답**
> ① 작업 순서 및 그 순서마다의 작업방법을 정하고 작업을 지휘할 것
> ② 기구와 공구를 점검하고 불량품을 제거할 것
> ③ 해당 작업을 하는 장소에 관계 근로자가 아닌 사람이 출입하는 것을 금지할 것
> ④ 로프 풀기 작업 또는 덮개 벗기기 작업은 적재함의 화물이 떨어질 위험이 없음을 확인한 후에 하도록 할 것

52 지게차의 작업시작 전 점검사항을 쓰시오.

> **해답**
> ① 제동장치 및 조종장치 기능의 이상유무
> ② 하역장치 및 유압장치 기능의 이상유무
> ③ 바퀴의 이상유무
> ④ 전조등·후미등·방향지시기 및 경보장치 기능의 이상유무

53 구내 운반차 사용시 준수 사항을 쓰시오.

> **해답**
> ① 주행을 제동하거나 정지상태를 유지하기 위하여 유효한 제동장치를 갖출 것
> ② 경음기를 갖출 것
> ③ 핸들의 중심에서 차체 바깥 측까지의 거리가 65[cm] 이상일 것
> ④ 운전석이 차 실내에 있는 것은 좌우에 한개씩 방향 지시기를 갖출 것
> ⑤ 전조등과 후미등을 갖출 것. 다만, 작업을 안전하게 하기 위하여 필요한 조명이 있는 장소에서 사용하는 구내운반차에 대해서는 그러하지 아니하다.

54 구내 운반차 사용시 작업시작 전 점검사항을 쓰시오.

> **해답**
> ① 제동장치 및 조종장치 기능의 이상유무
> ② 하역장치 및 유압장치 기능의 이상유무
> ③ 바퀴의 이상유무
> ④ 전조등·후미등·방향지시기 및 경음기 기능의 이상유무

55 화물 자동차의 짐걸이에 사용하는 섬유로프의 작업시작 전 점검사항을 쓰시오.

> **해답**
> 와이어로프 등의 이상유무

56 화물 자동차의 작업시작 전 점검사항을 쓰시오.

> **해답**
> ① 제동장치 및 조종장치의 기능
> ② 하역장치 및 유압장치의 기능
> ③ 바퀴의 이상 유무

57 컨베이어의 작업시작 전 점검사항을 쓰시오.

> **해답**
> ① 원동기 및 풀리기능의 이상유무
> ② 이탈 등의 방지장치 기능의 이상유무
> ③ 비상정지장치 기능의 이상유무
> ④ 원동기·회전축·치차 및 풀리 등의 덮개 또는 울 등의 이상유무

58 차량계 건설 기계의 종류를 쓰시오.

> **해답**
> ① 도저형 건설기계(불도저, 스트레이트도저, 틸트도저, 앵글도저, 버킷도저 등)
> ② 모터그레이더
> ③ 로더(포크 등 부착물 종류에 따른 용도 변경 형식을 포함한다)
> ④ 스크레이퍼
> ⑤ 크레인형 굴착기계(클램쉘, 드래그라인 등)
> ⑥ 굴삭기(브레이커, 크러셔, 드릴 등 부착물 종류에 따른 용도 변경형식을 포함한다)
> ⑦ 항타기 및 항발기
> ⑧ 천공용 건설기계(어스드릴, 어스오거, 크롤러드릴, 점보드릴 등)
> ⑨ 지반압밀침하용 건설기계(샌드드레인머신, 페이퍼드레인머신, 팩드레인머신 등)
> ⑩ 지반다짐용 건설기계(타이어롤러, 머캐덤롤러, 탠덤롤러 등)
> ⑪ 준설용 건설기계(버킷준설선, 그래브준설선, 펌프준설선 등)
> ⑫ 콘크리트 펌프카
> ⑬ 덤프트럭
> ⑭ 콘크리트 믹서 트럭
> ⑮ 도로포장용 건설기계(아스팔트 살포기, 콘크리트 살포기, 아스팔트 피니셔, 콘크리트 피니셔 등)

⑯ 제①호부터 제⑮호까지와 유사한 구조 또는 기능을 갖는 건설기계로서 건설작업에 사용하는 것

59 차량계 건설 기계 사용시 작업 계획에 포함 사항을 쓰시오.

해답

① 사용하는 차량계 건설 기계의 종류 및 성능
② 차량계 건설 기계의 운행경로
③ 차량계 건설 기계에 의한 작업 방법

참고

산업안전보건기준에 관한 규칙 [별표 4] 사전조사 및 작업계획서 내용

60 차량계 건설 기계 운전자가 운전 위치 이탈시 조치 사항을 쓰시오.

해답

① 포크, 버킷, 디퍼 등의 장치를 가장 낮은 위치 또는 지면에 내려둘 것
② 원동기를 정지시키고 브레이크를 확실히 거는 등 갑작스러운 주행이나 이탈을 방지하기 위한 조치를 할 것
③ 운전석을 이탈하는 경우에는 시동키를 운전대에서 분리시킬 것. 다만, 운전석에 잠금장치를 하는 등 운전자가 아닌 사람이 운전하지 못하도록 조치한 경우에는 그러하지 아니하다.

61 항타기 및 항발기 사용시 무너짐 방지 준수 사항을 쓰시오.

해답

① 연약한 지반에 설치하는 경우에는 아웃트리거·받침 등 지지구조물의 침하를 방지하기 위하여 깔판·받침목 등을 사용할 것
② 시설 또는 가설물 등에 설치하는 경우에는 그 내력을 확인하고 내력이 부족하면 그 내력을 보강할 것
③ 아웃트리거·받침 등 지지구조물이 미끄러질 우려가 있는 경우에는 말뚝 또는 쐐기 등을 사용하여 해당 지지구조물을 고정시킬 것
④ 궤도 또는 차로 이동하는 항타기 또는 항발기에 대하여는 불시에 이동하는 것을 방지하기 위하여 레일클램프(rail clamp) 및 쐐기 등으로 고정시킬 것
⑤ 상단 부분은 버팀대·버팀줄로 고정하여 안정시키고, 그 하단 부분은 견고한 버팀·말뚝 또는 철골 등으로 고정시킬 것

62 레버풀러(lever puller) 또는 체인블록(chainblock)을 사용하는 경우 준수사항을 쓰시오.

해답

① 정격하중을 초과하여 사용하지 말 것
② 레버풀러 작업 중 혹이 빠져 튕길 우려가 있을 경우에는 혹을 대상물에 직접 걸지 말고 피벗 클램프(pivot clamp)나 러그(lug)를 연결하여 사용할 것
③ 레버풀러의 레버에 파이프 등을 끼워서 사용하지 말 것
④ 체인블록의 상부 혹(top hook)은 인양하중에 충분히 견디는 강도를 갖고, 정확히 지탱될 수 있는 곳에 걸어서 사용할 것
⑤ 혹의 입구(hook mouth) 간격이 제조자가 제공하는 제품사양서 기준으로 10[%] 이상 벌어진 것은 폐기할 것
⑥ 체인블록은 체인의 꼬임과 헝클어지지 않도록 할 것
⑦ 체인과 혹은 변형, 파손, 부식, 마모(磨耗)되거나 균열된 것을 사용하지 않도록 조치할 것

63 다음 설명의 이음 철물 형식은 어느 것인가?

형식	구조	성능	
		인장시험의 최대하중 [kg]	굴곡시험(벤딩)의 최대하중 [kg]
①	관의 단면에 밀접하여 지지하는 수압부와 관의 내부에 삽입되는 부분을 가진 것으로 삽입부 단면적의 80[%] 이상이고, 유효장은 75[mm] 이상의 길이가 각각 관에 삽입되는 구조이어야 한다.	500 이상	270 이상
②	상기 외관의 단부를 웜(worm) 또는 핀(pin) 그 밖의 결합방법으로 결합하는 것. 착탈에 있어서 관을 회전하는 것은 적어도 60[°]이상 회전하지 않으면 착탈이 되지 않는 구조이어야 한다.	1,500 이상	270 이상

해답

① 마찰형
② 전단형

64 항타기, 항발기 조립시 점검사항을 쓰시오.

해답

① 본체 연결부의 풀림 또는 손상의 유무
② 권상용 와이어로프·드럼 및 도르래의 부착 상태의 이상유무
③ 권상장치의 브레이크 및 쐐기 장치 기능의 이상유무
④ 권상기의 설치 상태의 이상유무
⑤ 버팀의 방법 및 고정 상태의 이상유무

65 다음 ( ) 안에 알맞은 말을 넣으시오.

> 일반적으로 사용하는 철선은 지름 (①)[mm]의 #10선과 직경 (②)mm의 #8선이며, 안전강도는 #10선이 410[kg/cm], #8선이 485[kg/cm]이다. 단, 부러지기 쉬운 철선이나 산화, 부식된 것을 사용해서는 안 된다.

해답

① 3.2
② 3.85

66 벌목 작업시 준수 사항을 쓰시오.

해답

① 벌목하려는 경우에는 미리 대피로 및 대피장소를 정해둘 것
② 벌목하려는 나무의 가슴높이 지름이 40[cm] 이상인 경우에는 뿌리부분 지름의 4분의 1 이상 깊이의 수구를 만들 것

67 통나무 비계의 조립시 재료와 조립시 안전 기준을 쓰시오.

해답

(1) 재료
 ① 나뭇결이 바르며, 균열, 충해, 부식, 옹이 등 결점이 없는 것으로 곧은 것을 사용하여야 한다.
 ② 통나무의 굵기는 1[m]당 0.5~0.7[cm] 정도로 가늘어져야 한다.
 ③ 비계 결속용 철선은 #8선 또는 #10선 소성 철선을 사용하여야 한다.
 ④ 비계 발판은 폭 40[cm] 이상, 두께 3.5[cm] 이상, 길이 3.6[m] 이내의 것을 사용하여야 한다.
(2) 조립시 안전 기준
 ① 비계기둥의 간격은 2.5[m] 이하로 하고 지상으로부터 첫 번째 띠장은 3[m] 이하의 위치에 설치할 것. 다만, 작업의 성질상 이를 준수하기 곤란하여 쌍기둥 등에 의하여 해당 부분을 보강한 경우에는 그러하지 아니하다.
 ② 비계기둥이 미끄러지거나 침하하는 것을 방지하기 위하여 비계기둥의 하단부를 묻고, 밑둥잡이를 설치하거나 깔판을 사용하는 등의 조치를 할 것
 ③ 비계기둥의 이음이 겹침이음인 경우에는 이음부분에서 1[m] 이상을 서로 겹쳐서 두 군데 이상을 묶고, 비계기둥의 이음이 맞댄이음인 경우에는 비계기둥을 쌍기둥틀로 하거나 1.8[m] 이상의 덧댐목을 사용하여 네 군데 이상을 묶을 것
 ④ 비계기둥·띠장·장선 등의 접속부 및 교차부는 철선 그 밖의 튼튼한 재료로 견고하게 묶을 것
 ⑤ 교차가새로 보강할 것
 ⑥ 외줄비계·쌍줄비계 또는 돌출비계에 대하여는 다음 각 목에 따른 벽이음 및 버팀을 설치할 것. 다만, 창틀의 부착 또는 벽면의 완성 등의 작업을 위하여 벽이음 또는 버팀을 제거하는 경우, 그 밖에 작업의 필요상 부득이한 경우로서 해당 벽이음 또는 버팀 대신 비계기둥 또는 띠장에 사재를 설치하는 등 해당 비계의 도괴방지를 위한 조치를 한 경우에는 그러하지 아니하다.
  ㉮ 간격은 수직방향에서 5.5[m] 이하, 수평방향에서는 7.5[m] 이하로 할 것
  ㉯ 강관·통나무 등의 재료를 사용하여 견고한 것으로 할 것
  ㉰ 인장재와 압축재로 구성되어 있는 때에는 인장재와 압축재의 간격은 1[m] 이내로 할 것

68 강관 틀비계 작업시 재료와 조립 시 안전 지침을 쓰시오.

해답

(1) 재료
 ① 틀비계는 한국공업규격에 합당한 것이어야 한다.
 ② 부재는 외력에 의한 변형 또는 불량품이 없는 것이어야 한다.
(2) 조립시 안전 지침
 ① 비계기둥의 밑둥에는 밑받침철물을 사용하여야 하며 밑받침에 고저차(高低差)가 있는 경우에는 조절형 밑받침철물을 사용하여 각각의 강관틀 비계가 항상 수평 및 수직을 유지하도록 할 것
 ② 높이가 20[m]를 초과하거나 중량물의 적재를 수반하는 작업을 할 경우에는 주틀 간의 간격이 1.8[m] 이하로 할 것
 ③ 주틀 간에 교차 가새를 설치하고 최상층 및 5층 이내마다 수평재를 설치할 것
 ④ 수직방향으로 6[m], 수평방향으로 8[m] 이내마다 벽이음을 할 것
 ⑤ 길이가 띠장 방향으로 4[m] 이하이고 높이가 10[m]를 초과하는 경우에는 10[m] 이내마다 띠장 방향으로 버팀 기둥을 설치할 것

69 강관 비계의 조립시 재료와 조립시 안전 기준을 각각 쓰시오.

해답

(1) 재료
  ① 강관 및 부속 철물은 한국공업규격에 합당한 것이어야 한다.
  ② 강관은 외력에 의한 균열, 뒤틀림 등의 변형이 없어야 하며, 부식되지 않은 것이어야 한다.
(2) 조립시 안전 기준
  ① 비계기둥에는 미끄러지거나 침하하는 것을 방지하기 위하여 밑받침 철물을 사용하거나 깔판·깔목 등을 사용하여 밑둥잡이를 설치하는 등의 조치를 할 것
  ② 강관의 접속부 또는 교차부(交叉部)는 적합한 부속철물을 사용하여 접속하거나 단단히 묶을 것
  ③ 교차 가새로 보강할 것
  ④ 외줄비계·쌍줄비계 또는 돌출비계에 대해서는 다음 각 목에서 정하는 바에 따라 벽이음 및 버팀을 설치할 것. 다만, 창틀의 부착 또는 벽면의 완성 등의 작업을 위하여 벽이음 또는 버팀을 제거하는 경우, 그 밖에 작업의 필요상 부득이한 경우로서 해당 벽이음 또는 버팀 대신 비계기둥 또는 띠장에 사재(斜材)를 설치하는 등 비계가 넘어지는 것을 방지하기 위한 조치를 한 경우에는 그러하지 아니하다.
    ㉮ 강관비계의 조립 간격은 별표 5의 기준에 적합하도록 할 것
    ㉯ 강관·통나무 등의 재료를 사용하여 견고한 것으로 할 것
    ㉰ 인장재(引張材)와 압축재로 구성된 경우에는 인장재와 압축재의 간격을 1[m] 이내로 할 것
  ⑤ 가공전로(架空電路)에 근접하여 비계를 설치하는 경우에는 가공전로를 이설(移設)하거나 가공전로에 절연용 방호구를 장착하는 등 가공전로와의 접촉을 방지하기 위한 조치를 할 것

70 말비계 조립 시 준수사항을 쓰시오.

해답

① 지주부재의 하단에는 미끄럼 방지장치를 하고, 근로자가 양측 끝부분에 올라서서 작업하지 않도록 할 것
② 지주부재와 수평면과의 기울기를 75[°] 이하로 하고, 지주부재와 지주부재 사이를 고정시키는 보조부재를 설치할 것
③ 말비계의 높이가 2[m]를 초과할 경우에는 작업발판의 폭을 40[cm] 이상으로 할 것

71 간이 달비계의 조립 시 재료의 안전 기준과 조립시 준수 사항을 쓰시오.

해답

(1) 재료의 안전 기준
  ① 작업 발판의 재료는 곧고 줄이 바른 것으로 균열, 충해, 부식, 큰 옹이 등이 없는 것을 사용하여야 한다.
  ② 발판은 폭 40[cm] 이상, 두께 3.5[cm] 이상, 깊이 3.6[m] 이내의 것을 사용하여야 한다.
  ③ 결속선은 #8선 또는 #10선으로 소성 철선 새것을 사용하여야 한다.
  ④ 와이어로프는 한 가닥에서 소선(필러선을 제외한다)의 수가 10[%] 이상 절단되지 않은 것이어야 한다. 또한 부식되거나 현저히 변형되지 않은 것으로 지름의 감소가 공칭 지름의 7[%] 이내이어야 한다.
  ⑤ 체인은 길이가 제조 당시보다 5[%] 이상 늘어난 것을 사용해서는 아니 되며 고리의 단면 지름이 제조 당시보다 10[%] 이상 감소되지 아니한 것을 사용해야 한다.
(2) 조립시 준수 사항
  ① 와이어로프 및 강선의 안전 계수는 10 이상이어야 한다.
  ② 와이어로프의 말단은 권상기에 확실히 감겨져 있어야 한다.
  ③ 작업발판은 20[cm] 이상의 폭이어야 하며, 움직이지 않게 고정하여야 한다.
  ④ 발판 위 약 10[cm] 까지 낙하물 방지 조치를 하여야 한다.
  ⑤ 높이 90[cm] 이상의 추락 방지용 손잡이를 설치하여야 한다. 다만, 작업 성질상 손잡이를 설치하는 것이 곤란하거나 작업 필요상 임의로 손잡이를 해체해야 하는 경우에는 방망을 치거나 안전대를 사용하여야 한다.
  ⑥ 권상기에는 제동장치를 설치하여야 한다.
  ⑦ 달비계의 동요 또는 전도를 방지할 수 있는 장치를 취하여야 한다.

72 공사용 가설 도로에서 우회로 공사의 안전 기준을 쓰시오.

해답

① 교통량을 유지시킬 수 있도록 계획되어야 한다.
② 현재 시공중에 있는 교량이나 높은 구조물의 밑을 통과해서는 안 된다(특수 경우엔 제외).
③ 모든 Staging이나 보조 Staging은 작업 착수 전 감독관의 승인을 얻도록 하여야 한다.
④ 모든 교통 통제나 신호 등은 교통 법규에 적합하도록 하여야 한다.
⑤ 우회로는 항상 보수 유지되도록 확실히 점검을 실시하여야 한다.
⑥ 필요한 경우에는 가설등을 설치하여야 한다.
⑦ 우회로의 사용이 완료되면 감독 승인하에 모든 것을 원상 복구하여야 한다.

73 이동식 비계의 안전 지침에서 재료, 조립·작업시의 안전 기준을 쓰시오.

해답

(1) 재료
   ① 비계에 사용된 강관은 한국공업규격에 합당한 것이어야 하며, 부식, 균열, 변형 등이 없는 것이어야 한다.
   ② 재료는 곧고 줄이 바르며, 균열, 부식, 충해, 큰 옹이 등이 없는 양호한 것을 사용하여야 한다.
   ③ 비계의 발판은 폭 40[cm], 두께 3.5[cm] 이상의 것을 사용하여야 한다.
(2) 조립시의 안전 기준
   ① 이동식비계의 바퀴에는 뜻밖의 갑작스러운 이동 또는 전도를 방지하기 위하여 브레이크·쐐기 등으로 바퀴를 고정시킨 다음 비계의 일부를 견고한 시설물에 고정하거나 아우트리거(outrigger)를 설치하는 등 필요한 조치를 할 것
   ② 승강용사다리는 견고하게 설치할 것
   ③ 비계의 최상부에서 작업을 하는 경우에는 안전난간을 설치할 것
   ④ 작업발판은 항상 수평을 유지하고 작업발판 위에서 안전난간을 딛고 작업을 하거나 받침대 또는 사다리를 사용하여 작업하지 않도록 할 것
   ⑤ 작업발판의 최대적재하중은 250[kg]을 초과하지 않도록 할 것
(3) 작업시의 안전 기준
   ① 작업감독자의 지휘하에 작업을 행하여야 한다.
   ② 절대로 작업원이 탄 채로 이동해서는 안 된다.
   ③ 비계의 이동에는 충분한 인원 배치를 하여야 한다.
   ④ 안전모를 착용하여야 하며 구명 로프 등을 소지하여야 한다.
   ⑤ 재료, 공구의 오르내리기에는 포대, 로프 등을 사용하여야 한다.
   ⑥ 작업장 부근에 고압 전선 등이 있는가를 확인하고 적절한 방호 조치를 취하여야 한다.
   ⑦ 상하에서 동시에 작업을 할 때에는 충분한 연락을 취하면서 작업을 하여야 한다.

74 공사용 가설 도로 설치 시 준수사항을 쓰시오.
22. 11. 19 기

해답

① 도로는 장비와 차량이 안전하게 운행할 수 있도록 견고하게 설치할 것
② 도로와 작업장이 접하여 있을 경우에는 방책 등을 설치할 것
③ 도로는 배수를 위하여 경사지게 설치하거나 배수시설을 설치할 것
④ 차량의 속도제한 표지를 부착할 것

녹색직업 녹색자격증 코너

기한 없는 목표는 총알없는 총이다.
기한 없는 목표는 탁상공론이다.
기한이 없으면
일을 진행시켜주는 에너지도 발생하지 않는다.
당신의 삶을 불발탄으로 만들지 않으려면 분명한 기한을 정하라.
기한을 정하지 않는 목표는 총알 없는 총이다.

― 브라이언 트레이시

목표라는 단어 자체에 기한이 포함되어 있는 것입니다.
다시 말해 기한이 있어야만 목표라 할 수 있습니다.
기한이 있어야 목표가 뚜렷해져 에너지가 생기고
몰입하게 되며 그 결과로 성과가 나오는 것입니다.
기한 없는 목표는 아무런 쓸모가 없는 펑크난 타이어와 같습니다.

MEMO

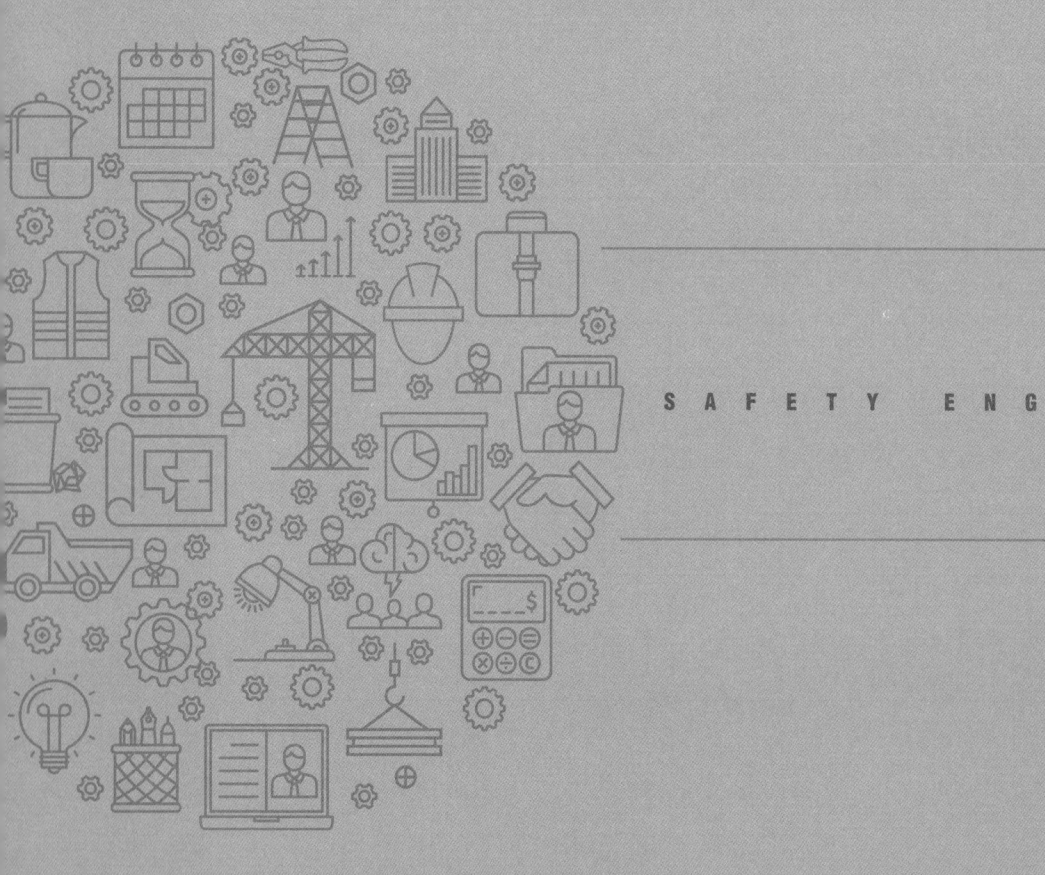

SAFETY ENGINEER

PART 5

산업안전보건법

Chapter 01 산업안전관계법규
1. 산업안전보건법
2. 산업안전보건법 시행령
3. 산업안전보건법 시행규칙

Chapter 02 산업안전보건기준에 관한 규칙(약칭 안전보건규칙)
1. 총칙
2. 통로 안전보건규칙
3. 계단의 안전보건규칙
4. 양중기 안전보건규칙
5. 크레인 안전보건규칙
6. 이동식 크레인 안전보건규칙
7. 리프트 안전보건규칙
8. 곤돌라 안전보건규칙
9. 승강기 안전보건규칙
10. 양중기의 와이어로프 등의 안전보건규칙
11. 차량계 하역운반기계의 안전보건규칙
12. 지게차 안전보건규칙
13. 차량계 건설기계 안전보건규칙
14. 항타기 및 항발기 안전보건규칙
15. 위험물 등의 취급 등의 안전보건규칙
16. 아세틸렌 용접장치 및 가스집합 용접장치의 안전보건규칙
17. 전기기계·기구 등의 위험방지 안전보건규칙
18. 배선 및 이동전선으로 인한 위험방지 안전보건규칙
19. 전기작업에 대한 위험방지 안전보건규칙
20. 정전기 및 전자파로 인한 재해 예방 안전보건규칙
21. 거푸집 및 동바리 안전보건규칙
22. 비계 안전보건규칙
23. 말비계 및 이동식비계 안전보건규칙
24. 굴착작업 등의 위험방지 안전보건규칙
25. 추락 또는 붕괴에 의한 위험방지 안전보건규칙
26. 철골작업 및 해체작업 안전보건규칙
27. 중량물 취급 시의 위험방지 안전보건규칙
[별표]

Chapter 03 건설공사 표준안전작업지침

# Chapter 01 산업안전관계법규

중점 학습내용

대한민국의 산업안전보건법에 관한 법은 근로기준법으로부터 태동되었다.
본 장의 내용은 다음과 같이 구성하여 이번 시험 합격에 대비하였다.
1. 산업안전보건법
2. 산업안전보건법 시행령
3. 산업안전보건법 시행규칙

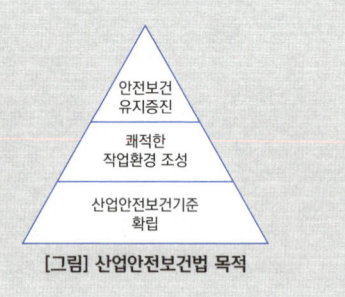

[그림] 산업안전보건법 목적

합격예측 및 관련법규

「근로기준법」
제2조(정의) ① 이 법에서 사용하는 용어의 뜻은 다음과 같다.
1. "근로자"란 직업의 종류와 관계없이 임금을 목적으로 사업이나 사업장에 근로를 제공하는 자를 말한다.
2. "사용자"란 사업주 또는 사업 경영 담당자, 그 밖에 근로자에 관한 사항에 대하여 사업주를 위하여 행위하는 자를 말한다.
3. "근로"란 정신노동과 육체노동을 말한다.
4. "근로계약"이란 근로자가 사용자에게 근로를 제공하고 사용자는 이에 대하여 임금을 지급하는 것을 목적으로 체결된 계약을 말한다.
5. "임금"이란 사용자가 근로의 대가로 근로자에게 임금, 봉급, 그 밖에 어떠한 명칭으로든지 지급하는 일체의 금품을 말한다.
6. "평균임금"이란 이를 산정하여야 할 사유가 발생한 날 이전 3개월 동안에 그 근로자에게 지급된 임금의 총액을 그 기간의 총일수로 나눈 금액을 말한다. 근로

1 산업안전보건법

[시행 2024. 5. 17.] [법률 제19591호, 2023. 08. 08., 일부개정]
[시행 2025. 6. 01.] [법률 제20522호, 2024. 10. 22., 일부개정]

제1장 총칙

제1조(목적) 이 법은 산업 안전 및 보건에 관한 기준을 확립하고 그 책임의 소재를 명확하게 하여 산업재해를 예방하고 쾌적한 작업환경을 조성함으로써 노무를 제공하는 사람의 안전 및 보건을 유지·증진함을 목적으로 한다.

제2조(정의) 이 법에서 사용하는 용어의 뜻은 다음과 같다.
1. "산업재해"란 노무를 제공하는 사람이 업무에 관계되는 건설물·설비·원재료·가스·증기·분진 등에 의하거나 작업 또는 그 밖의 업무로 인하여 사망 또는 부상하거나 질병에 걸리는 것을 말한다.
2. "중대재해"란 산업재해 중 사망 등 재해 정도가 심하거나 다수의 재해자가 발생한 경우로서 고용노동부령으로 정하는 재해를 말한다.
3. "근로자"란 「근로기준법」제2조제1항제1호에 따른 근로자를 말한다.
4. "사업주"란 근로자를 사용하여 사업을 하는 자를 말한다.
5. "근로자대표"란 근로자의 과반수로 조직된 노동조합이 있는 경우에는 그 노동조합을, 근로자의 과반수로 조직된 노동조합이 없는 경우에는 근로자의 과반수를 대표하는 자를 말한다.

6. "도급"이란 명칭에 관계없이 물건의 제조·건설·수리 또는 서비스의 제공, 그 밖의 업무를 타인에게 맡기는 계약을 말한다.
7. "도급인"이란 물건의 제조·건설·수리 또는 서비스의 제공, 그밖의 업무를 도급하는 사업주를 말한다. 다만, 건설공사발주자는 제외한다.
8. "수급인"이란 도급인으로부터 물건의 제조·건설·수리 또는 서비스의 제공, 그 밖의 업무를 도급받은 사업주를 말한다.
9. "관계수급인"이란 도급이 여러 단계에 걸쳐 체결된 경우에 각 단계별로 도급받은 사업주 전부를 말한다.
10. "건설공사발주자"란 건설공사를 도급하는 자로서 건설공사의 시공을 주도하여 총괄·관리하지 아니하는 자를 말한다. 다만, 도급받은 건설공사를 다시 도급하는 자는 제외한다.
11. "건설공사"란 다음 각 목의 어느 하나에 해당하는 공사를 말한다.
    가. 「건설산업기본법」제2조제4호에 따른 건설공사
    나. 「전기공사업법」제2조제1호에 따른 전기공사
    다. 「정보통신공사업법」제2조제2호에 따른 정보통신공사
    라. 「소방시설공사업법」에 따른 소방시설공사
    마. 「국가유산수리 등에 관한 법률」에 따른 국가유산 수리공사
12. "안전보건진단"이란 산업재해를 예방하기 위하여 잠재적 위험성을 발견하고 그 개선대책을 수립할 목적으로 조사·평가하는 것을 말한다.
13. "작업환경측정"이란 작업환경 실태를 파악하기 위하여 해당 근로자 또는 작업장에 대하여 사업주가 유해인자에 대한 측정계획을 수립한 후 시료(試料)를 채취하고 분석·평가하는 것을 말한다.

제2장 안전보건관리체제 등

제1절 안전보건관리체제

제14조(이사회 보고 및 승인 등) ① 「상법」제170조에 따른 주식회사 중 대통령령으로 정하는 회사의 대표이사는 대통령령으로 정하는 바에 따라 매년 회사의 안전 및 보건에 관한 계획을 수립하여 이사회에 보고하고 승인을 받아야 한다.
② 제1항에 따른 대표이사는 제1항에 따른 안전 및 보건에 관한 계획을 성실하게 이행하여야 한다.
③ 제1항에 따른 안전 및 보건에 관한 계획에는 안전 및 보건에 관한 비용, 시설, 인원 등의 사항을 포함하여야 한다. 24. 10. 20 ⑦

대상 ① 상시근로자 500명 이상인 회사
② 전년도 시공능력평가액(토목·건축공사업에 한함)순위 상위 1,000위 이내의 건설회사

자가 취업한 후 3개월 미만인 경우도 이에 준한다.
7. "1주"란 휴일을 포함한 7일을 말한다.
8. "소정(所定)근로시간"이란 제50조, 제69조 본문 또는 「산업안전보건법」제46조에 따른 근로시간의 범위에서 근로자와 사용자 사이에 정한 근로시간을 말한다.
9. "단시간근로자"란 1주 동안의 소정근로시간이 그 사업장에서 같은 종류의 업무에 종사하는 통상 근로자의 1주 동안의 소정근로시간에 비하여 짧은 근로자를 말한다.
② 제1항제6호에 따라 산출된 금액이 그 근로자의 통상임금보다 적으면 그 통상임금액을 평균임금으로 한다.

합격예측 및 관련법규

「건설산업기본법」제2조제4호
4. "건설공사"란 토목공사, 건축공사, 산업설비공사, 조경공사, 환경시설공사, 그 밖에 명칭에 관계없이 시설물을 설치·유지·보수하는 공사(시설물을 설치하기 위한 부지조성공사를 포함한다) 및 기계설비나 그 밖의 구조물의 설치 및 해체공사 등을 말한다. 다만, 다음 각 목의 어느 하나에 해당하는 공사는 포함하지 아니한다.
  가. 「전기공사업법」에 따른 전기공사
  나. 「정보통신공사업법」에 따른 정보통신공사
  다. 「소방시설공사업법」에 따른 소방시설공사
  라. 「문화재 수리 등에 관한 법률」에 따른 문화재 수리공사

대상 ① 전년도 안전보건활동실적
② 안전보건경영방침 및 안전보건활동 계획
③ 안전보건관리 체계·인원 및 역할
④ 안전 및 보건에 관한 시설 및 비용

제2절 안전보건관리규정

제25조(안전보건관리규정의 작성) ① 사업주는 사업장의 안전 및 보건을 유지하기 위하여 다음 각 호의 사항이 포함된 안전보건관리규정을 작성하여야 한다.
 1. 안전 및 보건에 관한 관리조직과 그 직무에 관한 사항
 2. 안전보건교육에 관한 사항
 3. 작업장의 안전 및 보건 관리에 관한 사항
 4. 사고 조사 및 대책 수립에 관한 사항
 5. 그 밖에 안전 및 보건에 관한 사항

② 제1항에 따른 안전보건관리규정(이하 "안전보건관리규정"이라 한다)은 단체협약 또는 취업규칙에 반할 수 없다. 이 경우 안전보건관리규정 중 단체협약 또는 취업규칙에 반하는 부분에 관하여는 그 단체협약 또는 취업규칙으로 정한 기준에 따른다.

③ 안전보건관리규정을 작성하여야 할 사업의 종류, 사업장의 상시 근로자 수 및 안전보건관리규정에 포함되어야 할 세부적인 내용, 그 밖에 필요한 사항은 고용노동부령으로 정한다.

제3장 안전보건교육

제29조(근로자에 대한 안전보건교육) ① 사업주는 소속 근로자에게 고용노동부령으로 정하는 바에 따라 정기적으로 안전보건교육을 하여야 한다.

② 사업주는 근로자를 채용할 때와 작업내용을 변경할 때에는 그 근로자에게 고용노동부령으로 정하는 바에 따라 해당 작업에 필요한 안전보건교육을 하여야 한다. 다만, 제31조제1항에 따른 안전보건교육을 이수한 건설 일용근로자를 채용하는 경우에는 그러하지 아니하다.

③ 사업주는 근로자를 유해하거나 위험한 작업에 채용하거나 그 작업으로 작업내용을 변경할 때에는 제2항에 따른 안전보건교육 외에 고용노동부령으로 정하는 바에 따라 유해하거나 위험한 작업에 필요한 안전보건교육을 추가로 하여야 한다.

④ 사업주는 제1항부터 제3항까지의 규정에 따른 안전보건교육을 제33조에 따라 고용노동부장관에게 등록한 안전보건교육기관에 위탁할 수 있다.

합격예측 및 관련법규

「전기공사업법」제2조제1호
1. "전기공사"란 다음 각 목의 어느 하나에 해당하는 설비 등을 설치·유지·보수하는 공사 및 이에 따른 부대공사로서 대통령령으로 정하는 것을 말한다.
 가. 「전기사업법」 제2조제16호에 따른 전기설비
 나. 전력 사용 장소에서 전력을 이용하기 위한 전기계장설비(電氣計裝設備)
 다. 전기에 의한 신호표지
 라. 「신에너지 및 재생에너지 개발·이용·보급 촉진법」 제2조제3호에 따른 신·재생에너지 설비 중 전기를 생산하는 설비
 마. 「지능형전력망의 구축 및 이용촉진에 관한 법률」 제2조제2호에 따른 지능형전력망 중 전기설비

「정보통신공사업법」제2조제2호
2. "정보통신공사"란 정보통신설비의 설치 및 유지·보수에 관한 공사와 이에 따르는 부대공사(附帶工事)로서 대통령령으로 정하는 공사를 말한다.

「상법」
제170조(회사의 종류) 회사는 합명회사, 합자회사, 유한책임회사, 주식회사와 유한회사의 5종으로 한다.

제4장 유해·위험 방지 조치

제34조(법령 요지 등의 게시 등) 사업주는 이 법과 이 법에 따른 명령의 요지 및 안전보건관리규정을 각 사업장의 근로자가 쉽게 볼 수 있는 장소에 게시하거나 갖추어 두어 근로자에게 널리 알려야 한다.

제5장 도급 시 산업재해 예방

제1절 도급의 제한

제58조(유해한 작업의 도급금지) ① 사업주는 근로자의 안전 및 보건에 유해하거나 위험한 작업으로서 다음 각 호의 어느 하나에 해당하는 작업을 도급하여 자신의 사업장에서 수급인의 근로자가 그 작업을 하도록 해서는 아니 된다.
    1. 도금작업
    2. 수은, 납 또는 카드뮴을 제련, 주입, 가공 및 가열하는 작업
    3. 제118조제1항에 따른 허가대상물질을 제조하거나 사용하는 작업
② 사업주는 제1항에도 불구하고 다음 각 호의 어느 하나에 해당하는 경우에는 제1항 각 호에 따른 작업을 도급하여 자신의 사업장에서 수급인의 근로자가 그 작업을 하도록 할 수 있다.
    1. 일시·간헐적으로 하는 작업을 도급하는 경우
    2. 수급인이 보유한 기술이 전문적이고 사업주(수급인에게 도급을 한 도급인으로서의 사업주를 말한다)의 사업 운영에 필수 불가결한 경우로서 고용노동부장관의 승인을 받은 경우
③ 사업주는 제2항제2호에 따라 고용노동부장관의 승인을 받으려는 경우에는 고용노동부령으로 정하는 바에 따라 고용노동부장관이 실시하는 안전 및 보건에 관한 평가를 받아야 한다.
④ 제2항제2호에 따른 승인의 유효기간은 3년의 범위에서 정한다.
⑤ 고용노동부장관은 제4항에 따른 유효기간이 만료되는 경우에 사업주가 유효기간의 연장을 신청하면 승인의 유효기간이 만료되는 날의 다음 날부터 3년의 범위에서 고용노동부령으로 정하는 바에 따라 그 기간의 연장을 승인할 수 있다. 이 경우 사업주는 제3항에 따른 안전 및 보건에 관한 평가를 받아야 한다.
⑥ 사업주는 제2항제2호 또는 제5항에 따라 승인을 받은 사항 중 고용노동부령으로 정하는 사항을 변경하려는 경우에는 고용노동부령으로 정하는 바에 따라 변경에 대한 승인을 받아야 한다.
⑦ 고용노동부장관은 제2항제2호, 제5항 또는 제6항에 따라 승인, 연장승인 또는 변경승인을 받은 자가 제8항에 따른 기준에 미달하게 된 경우에는 승인, 연장승인 또는 변경승인을 취소하여야 한다.

합격예측 및 관련법규

제64조(도급에 따른 산업재해 예방조치) ① 도급인은 관계수급인 근로자가 도급인의 사업장에서 작업을 하는 경우 다음 각 호의 사항을 이행하여야 한다. 〈개정 2021. 5. 18.〉
15. 7. 12 기 20. 10. 17 기

1. 도급인과 수급인을 구성원으로 하는 안전 및 보건에 관한 협의체의 구성 및 운영
2. 작업장 순회점검
3. 관계수급인이 근로자에게 하는 제29조제1항부터 제3항까지의 규정에 따른 안전보건교육을 위한 장소 및 자료의 제공 등 지원
4. 관계수급인이 근로자에게 하는 제29조제3항에 따른 안전보건교육의 실시 확인
5. 다음 각 목의 어느 하나의 경우에 대비한 경보체계 운영과 대피방법 등 훈련
  가. 작업 장소에서 발파작업을 하는 경우
  나. 작업 장소에서 화재·폭발, 토사·구축물 등의 붕괴 또는 지진 등이 발생한 경우
6. 위생시설 등 고용노동부령으로 정하는 시설의 설치 등을 위하여 필요한 장소의 제공 또는 도급인이 설치한 위생시설 이용의 협조
7. 같은 장소에서 이루어지는 도급인과 관계수급인 등의 작업에 있어서 관계수급인 등의 작업시기·내용, 안전조치 및 보건조치 등의 확인
8. 제7호에 따른 확인 결과 관계수급인 등의 작업 혼재로 인하여 화재·폭발 등 대통령령으로 정하는 위험이 발생할 우려가 있는 경우 관계수급인 등의 작업시기·내용 등의 조정

② 제1항에 따른 도급인은 고용노동부령으로 정하는 바에 따라 자신의 근로자 및 관계수급인 근로자와 함께 정기적으로 또는 수시로 작업장의 안전 및 보건에 관한 점검을 하여야 한다.

③ 제1항에 따른 안전 및 보건에 관한 협의체 구성 및 운영, 작업장 순회점검, 안전보건교육 지원, 그 밖에 필요한 사항은 고용노동부령으로 정한다.

합격예측 및 관련법규

(1) 대통령령으로 정하는 건설공사
총 공사금액 50억원 이상 건설공사의 발주자에게 공사 계획·설계·시공 등 전 과정에서 조치 의무를 부여

(2) 특수형태근로종사자
① 보험설계사·우체국보험모집원 ② 건설기계 직접 운전자(27종) ③ 학습지교사 ④ 골프장 캐디 ⑤ 택배기사 ⑥ 퀵서비스기사 ⑦ 대출모집인 ⑧ 신용카드회원 모집인 ⑨ 대리운전기사
주 산업안전보건법 = 산업재해보상보험법

(3) 특수형태근로종사자 : 건설기계 운전자(27종)
① 불도저 ② 굴착기 ③ 로더 ④ 지게차 ⑤ 스크레이퍼 ⑥ 덤프트럭 ⑦ 기중기 ⑧ 모터그레이더 ⑨ 롤러 ⑩ 노상안정기 ⑪ 콘크리트뱃칭플랜트 ⑫ 콘크리트피니셔 ⑬ 콘크리트살포기 ⑭ 콘크리트믹서트럭 ⑮ 콘크리트펌프 ⑯ 아스팔트믹싱플랜트 ⑰ 아스팔트피니셔 ⑱ 아스팔트살포기 ⑲ 골재살포기 ⑳ 쇄석기 ㉑ 공기압축기 ㉒ 천공기 ㉓ 항타 및 항발기 ㉔ 자갈채취기 ㉕ 준설선 ㉖ 특수건설기계 ㉗ 타워크레인

⑧ 제2항제2호, 제5항 또는 제6항에 따른 승인, 연장승인 또는 변경승인의 기준·절차 및 방법, 그 밖에 필요한 사항은 고용노동부령으로 정한다.

제2절 도급인의 안전조치 및 보건조치

제62조(안전보건총괄책임자) ① 도급인은 관계수급인 근로자가 도급인의 사업장에서 작업을 하는 경우에는 그 사업장의 안전보건관리책임자를 도급인의 근로자와 관계수급인 근로자의 산업재해를 예방하기 위한 업무를 총괄하여 관리하는 안전보건총괄책임자로 지정하여야 한다. 이 경우 안전보건관리책임자를 두지 아니하여도 되는 사업장에서는 그 사업장에서 사업을 총괄하여 관리하는 사람을 안전보건총괄책임자로 지정하여야 한다.
② 제1항에 따라 안전보건총괄책임자를 지정한 경우에는 「건설기술 진흥법」제64조제1항제1호에 따른 안전총괄책임자를 둔 것으로 본다.
③ 제1항에 따라 안전보건총괄책임자를 지정하여야 하는 사업의 종류와 사업장의 상시근로자 수, 안전보건총괄책임자의 직무·권한, 그 밖에 필요한 사항은 대통령령으로 정한다.

제3절 건설업 등의 산업재해 예방

제67조(건설공사발주자의 산업재해 예방 조치) ① 대통령령으로 정하는 건설공사의 건설공사발주자는 산업재해 예방을 위하여 건설공사의 계획, 설계 및 시공 단계에서 다음 각 호의 구분에 따른 조치를 하여야 한다.
1. 건설공사 계획단계 : 해당 건설공사에서 중점적으로 관리하여야할 유해·위험요인과 이의 감소방안을 포함한 기본안전보건대장을 작성할 것
2. 건설공사 설계단계 : 제1호에 따른 기본안전보건대장을 설계자에게 제공하고, 설계자로 하여금 유해·위험요인의 감소방안을 포함한 설계안전보건대장을 작성하게 하고 이를 확인할 것
3. 건설공사 시공단계 : 건설공사발주자로부터 건설공사를 최초로 도급받은 수급인에게 제2호에 따른 설계안전보건대장을 제공하고, 그 수급인에게 이를 반영하여 안전한 작업을 위한 공사안전보건대장을 작성하게 하고 그 이행 여부를 확인할 것

② 제1항 각 호에 따른 대장에 포함되어야 할 구체적인 내용은 고용노동부령으로 정한다.

제4절 그 밖의 고용형태에서의 산업재해 예방

제77조(특수형태근로종사자에 대한 안전조치 및 보건조치 등) ① 계약의 형식에 관계없이 근로자와 유사하게 노무를 제공하여 업무상의 재해로부터 보호할 필요가 있음에도 「근로기준법」등이 적용되지 아니하는 사람으로서 다음 각 호의 요건을 모

두 충족하는 사람(이하 "특수형태근로종사자"라 한다)의 노무를 제공받는 자는 특수형태근로종사자의 산업재해 예방을 위하여 필요한 안전조치 및 보건조치를 하여야 한다.
　　1. 대통령령으로 정하는 직종에 종사할 것
　　2. 주로 하나의 사업에 노무를 상시적으로 제공하고 보수를 받아 생활할 것
　　3. 노무를 제공할 때 타인을 사용하지 아니할 것
② 대통령령으로 정하는 특수형태근로종사자로부터 노무를 제공받는 자는 고용노동부령으로 정하는 바에 따라 안전 및 보건에 관한 교육을 실시하여야 한다.
③ 정부는 특수형태근로종사자의 안전 및 보건의 유지·증진에 사용하는 비용의 일부 또는 전부를 지원할 수 있다.

제6장 유해·위험 기계 등에 대한 조치

제1절 유해하거나 위험한 기계 등에 대한 방호조치 등

제80조(유해하거나 위험한 기계·기구에 대한 방호조치) ① 누구든지 동력(動力)으로 작동하는 기계·기구로서 대통령령으로 정하는 것은 고용노동부령으로 정하는 유해·위험 방지를 위한 방호조치를 하지 아니하고는 양도, 대여, 설치 또는 사용에 제공하거나 양도·대여의 목적으로 진열해서는 아니 된다.
② 누구든지 동력으로 작동하는 기계·기구로서 다음 각 호의 어느 하나에 해당하는 것은 고용노동부령으로 정하는 방호조치를 하지 아니하고는 양도, 대여, 설치 또는 사용에 제공하거나 양도·대여의 목적으로 진열해서는 아니 된다.
　　1. 작동 부분에 돌기 부분이 있는 것
　　2. 동력전달 부분 또는 속도조절 부분이 있는 것
　　3. 회전기계에 물체 등이 말려 들어갈 부분이 있는 것
③ 사업주는 제1항 및 제2항에 따른 방호조치가 정상적인 기능을 발휘할 수 있도록 방호조치와 관련되는 장치를 상시적으로 점검하고 정비하여야 한다.
④ 사업주와 근로자는 제1항 및 제2항에 따른 방호조치를 해체하려는 경우 등 고용노동부령으로 정하는 경우에는 필요한 안전조치 및 보건조치를 하여야 한다.

제2절 안전인증

제83조(안전인증기준) ① 고용노동부장관은 유해하거나 위험한 기계·기구·설비 및 방호장치·보호구(이하 "유해·위험기계등"이라 한다)의 안전성을 평가하기 위하여 그 안전에 관한 성능과 제조자의 기술 능력 및 생산 체계 등에 관한 기준(이하 "안전인증기준"이라한다)을 정하여 고시하여야 한다.
② 안전인증기준은 유해·위험기계등의 종류별, 규격 및 형식별로 정할 수 있다.

합격예측 및 관련법규

제64조(도급에 따른 산업재해 예방조치) ① 도급인은 관계수급인 근로자가 도급인의 사업장에서 작업을 하는 경우 다음 각 호의 사항을 이행하여야 한다.
1. 도급인과 수급인을 구성원으로 하는 안전 및 보건에 관한 협의체의 구성 및 운영
2. 작업장 순회점검
3. 관계수급인이 근로자에게 하는 제29조제1항부터 제3항까지의 규정에 따른 안전보건교육을 위한 장소 및 자료의 제공 등 지원
4. 관계수급인이 근로자에게 하는 제29조제3항에 따른 안전보건교육의 실시 확인
5. 다음 각 목의 어느 하나의 경우에 대비한 경보체계 운영과 대피방법 등 훈련
　가. 작업장소에서 발파작업을 하는 경우
　나. 작업 장소에서 화재·폭발, 토사·구축물 등의 붕괴 또는 지진 등이 발생한 경우
6. 위생시설 등 고용노동부령으로 정하는 시설의 설치 등을 위하여 필요한 장소의 제공 또는 도급인이 설치한 위생시설 이용의 협조
7. 같은 장소에서 이루어지는 도급인과 관계수급인 등의 작업에 있어서 관계수급인 등의 작업시기·내용, 안전조치 및 보건조치 등의 확인
8. 제7호에 따른 확인 결과 관계수급인 등의 작업 혼재로 인하여 화재·폭발 등 대통령령으로 정하는 위험이 발생할 우려가 있는 경우 관계수급인 등의 작업시기·내용 등의 조정
② 제1항에 따른 도급인은 고용노동부령으로 정하는 바에 따라 자신의 근로자 및 관계수급인 근로자와 함께 정기적으로 또는 수시로 작업장의 안전 및 보건에 관한 점검을 하여야 한다.
③ 제1항에 따른 안전 및 보건에 관한 협의체 구성 및 운영, 작업장 순회점검, 안전보건교육 지원, 그 밖에 필요한 사항은 고용노동부령으로 정한다.

제3절 자율안전확인의 신고

제89조(자율안전확인의 신고) ① 안전인증대상기계등이 아닌 유해·위험기계등으로서 대통령령으로 정하는 것(이하 "자율안전확인대상기계등"이라 한다)을 제조하거나 수입하는 자는 자율안전확인대상기계등의 안전에 관한 성능이 고용노동부장관이 정하여 고시하는 안전기준(이하 "자율안전기준"이라 한다)에 맞는지 확인(이하 "자율안전확인"이라 한다)하여 고용노동부장관에게 신고(신고한 사항을 변경하는 경우를 포함한다)하여야 한다. 다만, 다음 각 호의 어느 하나에 해당하는 경우에는 신고를 면제할 수 있다.
1. 연구·개발을 목적으로 제조·수입하거나 수출을 목적으로 제조하는 경우
2. 제84조제3항에 따른 안전인증을 받은 경우(제86조제1항에 따라 안전인증이 취소되거나 안전인증표시의 사용 금지 명령을 받은 경우는 제외한다)
3. 다른 법령에 따라 안전성에 관한 검사나 인증을 받은 경우로서 고용노동부령으로 정하는 경우

② 고용노동부장관은 제1항 각 호 외의 부분 본문에 따른 신고를 받은 경우 그 내용을 검토하여 이 법에 적합하면 신고를 수리하여야 한다.
③ 제1항 각 호 외의 부분 본문에 따라 신고를 한 자는 자율안전확인대상기계등이 자율안전기준에 맞는 것임을 증명하는 서류를 보존하여야 한다.
④ 제1항 각 호 외의 부분 본문에 따른 신고의 방법 및 절차, 그 밖에 필요한 사항은 고용노동부령으로 정한다.

제4절 안전검사

제93조(안전검사) ① 유해하거나 위험한 기계·기구·설비로서 대통령령으로 정하는 것(이하 "안전검사대상기계등"이라 한다)을 사용하는 사업주(근로자를 사용하지 아니하고 사업을 하는 자를 포함한다. 이하 이 조, 제94조, 제95조 및 제98조에서 같다)는 안전검사대상기계등의 안전에 관한 성능이 고용노동부장관이 정하여 고시하는 검사기준에 맞는지에 대하여 고용노동부장관이 실시하는 검사(이하 "안전검사"라 한다)를 받아야 한다. 이 경우 안전검사대상기계등을 사용하는 사업주와 소유자가 다른 경우에는 안전검사대상기계등의 소유자가 안전검사를 받아야 한다.
② 제1항에도 불구하고 안전검사대상기계등이 다른 법령에 따라 안전성에 관한 검사나 인증을 받은 경우로서 고용노동부령으로 정하는 경우에는 안전검사를 면제할 수 있다.
③ 안전검사의 신청, 검사 주기 및 검사합격 표시방법, 그 밖에 필요한 사항은 고용노동부령으로 정한다. 이 경우 검사 주기는 안전검사대상기계등의 종류, 사용연한(使用年限) 및 위험성을 고려하여 정한다.

제5절 유해·위험기계등의 조사 및 지원 등

제101조(성능시험 등) 고용노동부장관은 안전인증대상기계등 또는 자율안전확인대상기계등의 안전성능의 저하 등으로 근로자에게 피해를 주거나 줄 우려가 크다고 인정하는 경우에는 대통령령으로 정하는 바에 따라 유해·위험기계등을 제조하는 사업장에서 제품 제조과정을 조사할 수 있으며, 제조·수입·양도·대여하거나 양도·대여의 목적으로 진열된 유해·위험기계등을 수거하여 안전인증기준 또는 자율안전기준에 적합한지에 대한 성능시험을 할 수 있다.

제7장 유해·위험물질에 대한 조치

제1절 유해·위험물질의 분류 및 관리

제104조(유해인자의 분류기준) 고용노동부장관은 고용노동부령으로 정하는 바에 따라 근로자에게 건강장해를 일으키는 화학물질 및 물리적 인자 등(이하 "유해인자"라 한다)의 유해성·위험성 분류기준을 마련하여야 한다.

제2절 석면에 대한 조치

제119조(석면조사) ① 건축물이나 설비를 철거하거나 해체하려는 경우에 해당 건축물이나 설비의 소유주 또는 임차인 등(이하 "건축물·설비소유주등"이라 한다)은 다음 각 호의 사항을 고용노동부령으로 정하는 바에 따라 조사(이하 "일반석면조사"라 한다)한 후 그 결과를 기록하여 보존하여야 한다.
  1. 해당 건축물이나 설비에 석면이 포함되어 있는지 여부
  2. 해당 건축물이나 설비 중 석면이 포함된 자재의 종류, 위치 및 면적

② 제1항에 따른 건축물이나 설비 중 대통령령으로 정하는 규모 이상의 건축물·설비소유주등은 제120조에 따라 지정받은 기관(이하 "석면조사기관"이라 한다)에 다음 각 호의 사항을 조사(이하 "기관석면조사"라 한다)하도록 한 후 그 결과를 기록하여 보존하여야 한다. 다만, 석면함유 여부가 명백한 경우 등 대통령령으로 정하는 사유에 해당하여 고용노동부령으로 정하는 절차에 따라 확인을 받은 경우에는 기관석면조사를 생략할 수 있다.
  1. 제1항 각 호의 사항
  2. 해당 건축물이나 설비에 포함된 석면의 종류 및 함유량

③ 건축물·설비소유주등이 「석면안전관리법」등 다른 법률에 따라 건축물이나 설비에 대하여 석면조사를 실시한 경우에는 고용노동부령으로 정하는 바에 따라 일반석면조사 또는 기관석면조사를 실시한 것으로 본다.

④ 고용노동부장관은 건축물·설비소유주등이 일반석면조사 또는 기관석면조사를 하지 아니하고 건축물이나 설비를 철거하거나 해체하는 경우에는 다음 각 호

의 조치를 명할 수 있다.
1. 해당 건축물·설비소유주등에 대한 일반석면조사 또는 기관석면조사의 이행 명령
2. 해당 건축물이나 설비를 철거하거나 해체하는 자에 대하여 제1호에 따른 이행 명령의 결과를 보고받을 때까지의 작업중지 명령

제8장 근로자 보건관리

제1절 근로환경의 개선

제125조(작업환경측정) ① 사업주는 유해인자로부터 근로자의 건강을 보호하고 쾌적한 작업환경을 조성하기 위하여 인체에 해로운 작업을 하는 작업장으로서 고용노동부령으로 정하는 작업장에 대하여 고용노동부령으로 정하는 자격을 가진 자로 하여금 작업환경측정을 하도록 하여야 한다.

② 제1항에도 불구하고 도급인의 사업장에서 관계수급인 또는 관계수급인의 근로자가 작업을 하는 경우에는 도급인이 제1항에 따른 자격을 가진 자로 하여금 작업환경측정을 하도록 하여야 한다.

③ 사업주(제2항에 따른 도급인을 포함한다. 이하 이 조 및 제127조에서 같다)는 제1항에 따른 작업환경측정을 제126조에 따라 지정받은 기관(이하 "작업환경측정기관"이라 한다)에 위탁할 수 있다. 이 경우 필요한 때에는 작업환경측정 중 시료의 분석만을 위탁할 수 있다.

④ 사업주는 근로자대표(관계수급인의 근로자대표를 포함한다. 이하 이 조에서 같다)가 요구하면 작업환경측정 시 근로자대표를 참석시켜야 한다.

⑤ 사업주는 작업환경측정 결과를 기록하여 보존하고 고용노동부령으로 정하는 바에 따라 고용노동부장관에게 보고하여야 한다. 다만, 제3항에 따라 사업주로부터 작업환경측정을 위탁받은 작업환경측정기관이 작업환경측정을 한 후 그 결과를 고용노동부령으로 정하는 바에 따라 고용노동부장관에게 제출한 경우에는 작업환경측정 결과를 보고한 것으로 본다.

⑥ 사업주는 작업환경측정 결과를 해당 작업장의 근로자(관계수급인 및 관계수급인 근로자를 포함한다. 이하 이 항, 제127조 및 제175조제5항제15호에서 같다)에게 알려야 하며, 그 결과에 따라 근로자의건강을 보호하기 위하여 해당 시설·설비의 설치·개선 또는 건강진단의 실시 등의 조치를 하여야 한다.

⑦ 사업주는 산업안전보건위원회 또는 근로자대표가 요구하면 작업환경측정 결과에 대한 설명회 등을 개최하여야 한다. 이 경우 제3항에 따라 작업환경측정을 위탁하여 실시한 경우에는 작업환경측정기관에 작업환경측정 결과에 대하여 설명하도록 할 수 있다.

⑧ 제1항 및 제2항에 따른 작업환경측정의 방법·횟수, 그 밖에 필요한 사항은 고용노동부령으로 정한다.

제2절 건강진단 및 건강관리

제129조(일반건강진단) ① 사업주는 상시 사용하는 근로자의 건강관리를 위하여 건강진단(이하 "일반건강진단"이라 한다)을 실시하여야 한다. 다만, 사업주가 고용노동부령으로 정하는 건강진단을 실시한 경우에는 그 건강진단을 받은 근로자에 대하여 일반건강진단을 실시한 것으로 본다.

② 사업주는 제135조제1항에 따른 특수건강진단기관 또는 「건강검진기본법」제3조제2호에 따른 건강검진기관(이하 "건강진단기관"이라 한다)에서 일반건강진단을 실시하여야 한다.

③ 일반건강진단의 주기·항목·방법 및 비용, 그 밖에 필요한 사항은 고용노동부령으로 정한다.

제9장 산업안전지도사 및 산업보건지도사

제142조(산업안전지도사 등의 직무) ① 산업안전지도사는 다음 각 호의 직무를 수행한다.
1. 공정상의 안전에 관한 평가·지도
2. 유해·위험의 방지대책에 관한 평가·지도
3. 제1호 및 제2호의 사항과 관련된 계획서 및 보고서의 작성
4. 그 밖에 산업안전에 관한 사항으로서 대통령령으로 정하는 사항

② 산업보건지도사는 다음 각 호의 직무를 수행한다.
1. 작업환경의 평가 및 개선 지도
2. 작업환경 개선과 관련된 계획서 및 보고서의 작성
3. 근로자 건강진단에 따른 사후관리 지도
4. 직업성 질병 진단(「의료법」제2조에 따른 의사인 산업보건지도사만 해당한다) 및 예방 지도
5. 산업보건에 관한 조사·연구
6. 그 밖에 산업보건에 관한 사항으로서 대통령령으로 정하는 사항

③ 산업안전지도사 또는 산업보건지도사(이하 "지도사"라 한다)의 업무 영역별 종류 및 업무 범위, 그 밖에 필요한 사항은 대통령령으로 정한다.

제10장 근로감독관 등

제155조(근로감독관의 권한) ① 「근로기준법」제101조에 따른 근로감독관(이하 "근로감독관"이라 한다)은 이 법 또는 이 법에 따른 명령을 시행하기 위하여 필요한

합격예측 및 관련법규

「건강검진기본법」

제3조(정의) 이 법에서 사용하는 용어의 정의는 다음과 같다.
1. "건강검진"이란 건강상태 확인과 질병의 예방 및 조기발견을 목적으로 제2호에 따른 건강검진기관을 통하여 진찰 및 상담, 이학적 검사, 진단검사, 병리검사, 영상의학 검사 등 의학적 검진을 시행하는 것을 말한다.
2. "건강검진기관(이하 "검진기관"이라 한다)"이란 국가건강검진을 실시하기 위하여 제14조에 따라 지정을 받아 건강검진을 시행하는 기관을 말한다.

「의료법」

제2조(의료인) ① 이 법에서 "의료인"이란 보건복지부장관의 면허를 받은 의사·치과의사·한의사·조산사 및 간호사를 말한다.

② 의료인은 종별에 따라 다음 각 호의 임무를 수행하여 국민보건 향상을 이루고 국민의 건강한 생활 확보에 이바지할 사명을 가진다.
1. 의사는 의료와 보건지도를 임무로 한다.
2. 치과의사는 치과 의료와 구강 보건지도를 임무로 한다.
3. 한의사는 한방 의료와 한방 보건지도를 임무로 한다.
4. 조산사는 조산(助産)과 임산부 및 신생아에 대한 보건과 양호지도를 임무로 한다.
5. 간호사는 다음 각 목의 업무를 임무로 한다.
  가. 환자의 간호요구에 대한 관찰, 자료수집, 간호판단 및 요양을 위한 간호
  나. 의사, 치과의사, 한의사의 지도하에 시행하는 진료의 보조
  다. 간호 요구자에 대한 교육·상담 및 건강증진을 위한 활동의 기획과 수행, 그 밖의 대통령령으로 정하는 보건활동
  라. 제80조에 따른 간호조무사가 수행하는 가목부터 다목까지의 업무보조에 대한 지도

경우 다음 각 호의 장소에 출입하여 사업주, 근로자 또는 안전보건관리책임자 등 (이하 "관계인"이라 한다)에게 질문을 하고, 장부, 서류, 그 밖의 물건의 검사 및 안전보건점검을 하며, 관계 서류의 제출을 요구할 수 있다.
1. 사업장
2. 제21조제1항, 제33조제1항, 제48조제1항, 제74조제1항, 제88조제1항, 제96조제1항, 제100조제1항, 제120조제1항, 제126조제1항 및 제129조제2항에 따른 기관의 사무소
3. 석면해체·제거업자의 사무소
4. 제145조제1항에 따라 등록한 지도사의 사무소

② 근로감독관은 기계·설비등에 대한 검사를 할 수 있으며, 검사에 필요한 한도에서 무상으로 제품·원재료 또는 기구를 수거할 수 있다. 이 경우 근로감독관은 해당 사업주 등에게 그 결과를 서면으로 알려야 한다.

③ 근로감독관은 이 법 또는 이 법에 따른 명령의 시행을 위하여 관계인에게 보고 또는 출석을 명할 수 있다.

④ 근로감독관은 이 법 또는 이 법에 따른 명령을 시행하기 위하여 제1항 각 호의 어느 하나에 해당하는 장소에 출입하는 경우에 그 신분을 나타내는 증표를 지니고 관계인에게 보여 주어야 하며, 출입시 성명, 출입시간, 출입 목적 등이 표시된 문서를 관계인에게 내주어야 한다.

제11장 보칙

제158조(산업재해 예방활동의 보조·지원) ① 정부는 사업주, 사업주단체, 근로자단체, 산업재해 예방 관련 전문단체, 연구기관 등이 하는 산업재해 예방사업 중 대통령령으로 정하는 사업에 드는 경비의 전부 또는 일부를 예산의 범위에서 보조하거나 그 밖에 필요한 지원(이하 "보조·지원"이라 한다)을 할 수 있다. 이 경우 고용노동부장관은 보조·지원이 산업재해 예방사업의 목적에 맞게 효율적으로 사용되도록 관리·감독하여야 한다.

② 고용노동부장관은 보조·지원을 받은 자가 다음 각 호의 어느 하나에 해당하는 경우 보조·지원의 전부 또는 일부를 취소하여야 한다. 다만, 제1호 및 제2호의 경우에는 보조·지원의 전부를 취소 하여야 한다.
1. 거짓이나 그 밖의 부정한 방법으로 보조·지원을 받은 경우
2. 보조·지원 대상자가 폐업하거나 파산한 경우
3. 보조·지원 대상을 임의매각·훼손·분실하는 등 지원 목적에 적합하게 유지·관리·사용하지 아니한 경우
4. 제1항에 따른 산업재해 예방사업의 목적에 맞게 사용되지 아니한 경우
5. 보조·지원 대상 기간이 끝나기 전에 보조·지원 대상 시설 및 장비를 국

합격예측 및 관련법규

「근로기준법」
제101조(감독 기관) ① 근로조건의 기준을 확보하기 위하여 고용노동부와 그 소속 기관에 근로감독관을 둔다.
② 근로감독관의 자격, 임면(任免), 직무 배치에 관한 사항은 대통령령으로 정한다.

합격예측 및 관련법규

제38조(안전조치) ① 사업주는 다음 각 호의 어느 하나에 해당하는 위험으로 인한 산업재해를 예방하기 위하여 필요한 조치를 하여야 한다.
1. 기계·기구, 그 밖의 설비에 의한 위험
2. 폭발성, 발화성 및 인화성 물질 등에 의한 위험
3. 전기, 열, 그 밖의 에너지에 의한 위험

② 사업주는 굴착, 채석, 하역, 벌목, 운송, 조작, 운반, 해체, 중량물 취급, 그 밖의 작업을 할 때 불량한 작업방법 등에 의한 위험으로 인한 산업재해를 예방하기 위하여 필요한 조치를 하여야 한다.

③ 사업주는 근로자가 다음 각 호의 어느 하나에 해당하는 장소에서 작업을 할 때 발생할 수 있는 산업재해를 예방하기 위하여 필요한 조치를 하여야 한다.
1. 근로자가 추락할 위험이 있는 장소
2. 토사·구축물 등이 붕괴할 우려가 있는 장소
3. 물체가 떨어지거나 날아올 위험이 있는 장소
4. 천재지변으로 인한 위험이 발생할 우려가 있는 장소

제39조(보건조치) ① 사업주는 다음 각 호의 어느 하나에 해당하는 건강장해를 예방하기 위하여 필요한 조치(이하 "보건조치"라 한다)를 하여야 한다.
1. 원재료·가스·증기·분진·흄(fume, 열이나 화학반응에 의하여 형성된 고체증기가 응축되어 생긴 미세입자를 말한다)·미스트(mist, 공기 중에 떠다니는 작은 액체방

외로 이전한 경우
6. 보조·지원을 받은 사업주가 필요한 안전조치 및 보건조치 의무를 위반하여 산업재해를 발생시킨 경우로서 고용노동부령으로 정하는 경우

③ 고용노동부장관은 제2항에 따라 보조·지원의 전부 또는 일부를 취소한 경우에는 해당 금액 또는 지원에 상응하는 금액을 환수하되, 같은 항 제1호의 경우에는 지급받은 금액에 상당하는 액수 이하의 금액을 추가로 환수할 수 있다. 다만, 제2항제2호 중 보조·지원 대상자가 파산한 경우에 해당하여 취소한 경우는 환수하지 아니한다.

④ 제2항에 따라 보조·지원의 전부 또는 일부가 취소된 자에 대해서는 고용노동부령으로 정하는 바에 따라 취소된 날부터 3년 이내의 기간을 정하여 보조·지원을 하지 아니할 수 있다.

⑤ 보조·지원의 대상·방법·절차, 관리 및 감독, 제2항 및 제3항에 따른 취소 및 환수 방법, 그 밖에 필요한 사항은 고용노동부장관이 정하여 고시한다.

제12장 벌칙

제167조(벌칙) ① 제38조제1항부터 제3항까지, 제39조제1항 또는 제63조를 위반하여 근로자를 사망에 이르게 한 자는 7년 이하의 징역 또는 1억원 이하의 벌금에 처한다.

② 제1항의 죄로 형을 선고받고 그 형이 확정된 후 5년 이내에 다시 제1항의 죄를 범한 자는 그 형의 2분의 1까지 가중한다.

울을 말한다)·산소결핍·병원체 등에 의한 건강장해
2. 방사선·유해광선·고온·저온·초음파·소음·진동·이상기압등에 의한 건강장해
3. 사업장에서 배출되는 기체·액체 또는 찌꺼기 등에 의한 건강장해
4. 계측감시(計測監視), 컴퓨터 단말기 조작, 정밀공작(精密工作) 등의 작업에 의한 건강장해
5. 단순반복작업 또는 인체에 과도한 부담을 주는 작업에 의한 건강장해
6. 환기·채광·조명·보온·방습·청결 등의 적정기준을 유지하지 아니하여 발생하는 건강장해

제63조(도급인의 안전조치 및 보건조치) 도급인은 관계수급인 근로자가 도급인의 사업장에서 작업을 하는 경우에 자신의 근로자와 관계수급인 근로자의 산업재해를 예방하기 위하여 안전 및 보건 시설의 설치 등 필요한 안전조치 및 보건조치를 하여야 한다. 다만, 보호구 착용의 지시 등 관계수급인 근로자의 작업행동에 관한 직접적인 조치는 제외한다.

2 산업안전보건법 시행령

[시행 2025. 1. 1.] [대통령령 제34603호, 2024. 6. 25., 일부개정]

제1장 총칙

제1조(목적) 이 영은 「산업안전보건법」에서 위임된 사항과 그 시행에 필요한 사항을 규정함을 목적으로 한다.

제5조(산업 안전 및 보건 의식을 북돋우기 위한 시책 마련) 고용노동부장관은 법 제4조제1항제5호에 따라 산업 안전 및 보건에 관한 의식을 북돋우기 위하여 다음 각 호와 관련된 시책을 마련해야 한다.
1. 산업 안전 및 보건 교육의 진흥 및 홍보의 활성화
2. 산업 안전 및 보건과 관련된 국민의 건전하고 자주적인 활동의 촉진
3. 산업 안전 및 보건 강조 기간의 설정 및 그 시행

제10조(공표대상 사업장) ① 법 제10조제1항에서 "대통령령으로 정하는 사업장"이란 다음 각 호의 어느 하나에 해당하는 사업장을 말한다.
1. 산업재해로 인한 사망자(이하 "사망재해자"라 한다)가 연간 2명 이상 발생한 사업장
2. 사망만인율(死亡萬人率 : 연간 상시근로자 1만명당 발생하는 사망재해자 수의 비율을 말한다)이 규모별 같은 업종의 평균 사망만인율 이상인 사업장
3. 법 제44조제1항 전단에 따른 중대산업사고가 발생한 사업장
4. 법 제57조제1항을 위반하여 산업재해 발생 사실을 은폐한 사업장
5. 법 제57조제3항에 따른 산업재해의 발생에 관한 보고를 최근 3년 이내 2회 이상 하지 않은 사업장

② 제1항제1호부터 제3호까지의 규정에 해당하는 사업장은 해당 사업장이 관계수급인의 사업장으로서 법 제63조에 따른 도급인이 관계수급인 근로자의 산업재해 예방을 위한 조치의무를 위반하여 관계수급인 근로자가 산업재해를 입은 경우에는 도급인의 사업장(도급인이 제공하거나 지정한 경우로서 도급인이 지배·관리하는 제11조 각 호에 해당하는 장소를 포함한다. 이하 같다)의 법 제10조제1항에 따른 산업재해발생건수등을 함께 공표한다.

제11조(도급인이 지배·관리하는 장소) 법 제10조제2항에서 "대통령령으로 정하는 장소"란 다음 각 호의 어느 하나에 해당하는 장소를 말한다.
1. 토사(土砂)·구축물·인공구조물 등이 붕괴될 우려가 있는 장소
2. 기계·기구 등이 넘어지거나 무너질 우려가 있는 장소
3. 안전난간의 설치가 필요한 장소

4. 비계(飛階) 또는 거푸집을 설치하거나 해체하는 장소
5. 건설용 리프트를 운행하는 장소
6. 지반(地盤)을 굴착하거나 발파작업을 하는 장소
7. 엘리베이터홀 등 근로자가 추락할 위험이 있는 장소
8. 석면이 붙어 있는 물질을 파쇄하거나 해체하는 작업을 하는 장소
9. 공중 전선에 가까운 장소로서 시설물의 설치·해체·점검 및 수리 등의 작업을 할 때 감전의 위험이 있는 장소
10. 물체가 떨어지거나 날아올 위험이 있는 장소
11. 프레스 또는 전단기(剪斷機)를 사용하여 작업을 하는 장소
12. 차량계(車輛系) 하역운반기계 또는 차량계 건설기계를 사용하여 작업하는 장소
13. 전기 기계·기구를 사용하여 감전의 위험이 있는 작업을 하는 장소
14. 「철도산업발전기본법」 제3조제4호에 따른 철도차량(「도시철도법」에 따른 도시철도차량을 포함한다)에 의한 충돌 또는 협착의 위험이 있는 작업을 하는 장소
15. 그 밖에 화재·폭발 등 사고발생 위험이 높은 장소로서 고용노동부령으로 정하는 장소

제12조(통합공표 대상 사업장 등) 법 제10조제2항에서 "대통령령으로 정하는 사업장"이란 다음 각 호의 어느 하나에 해당하는 사업이 이루어지는 사업장으로서 도급인이 사용하는 상시근로자 수가 500명 이상이고 도급인 사업장의 사고사망만인율(질병으로 인한 사망재해자를 제외하고 산출한 사망만인율을 말한다. 이하 같다)보다 관계수급인의 근로자를 포함하여 산출한 사고사망만인율이 높은 사업장을 말한다.
  1. 제조업
  2. 철도운송업
  3. 도시철도운송업
  4. 전기업

제2장 안전보건관리체제 등

제13조(이사회 보고·승인 대상 회사 등) ① 법 제14조제1항에서 "대통령령으로 정하는 회사"란 다음 각 호의 어느 하나에 해당하는 회사를 말한다.
  1. 상시근로자 500명 이상을 사용하는 회사
  2. 「건설산업기본법」 제23조에 따라 평가하여 공시된 시공능력(같은 법 시행령 별표 1의 종합공사를 시공하는 업종의 건설업종란 제3호에 따른 토목건축공사업에 대한 평가 및 공시로 한정한다)의 순위 상위 1천위 이내의 건설

> **합격예측 및 관련법규**
>
> 「철도산업발전기본법」 제3조 제4호
> 4. "철도차량"이라 함은 선로를 운행할 목적으로 제작된 동력차·객차·화차 및 특수차를 말한다.
>
> 「건설산업기본법」
> 제23조(시공능력의 평가 및 공시) ① 국토교통부장관은 발주자가 적정한 건설사업자를 선정할 수 있도록 하기 위하여 건설사업자의 신청이 있는 경우 그 건설사업자의 건설공사 실적, 자본금, 건설공사의 안전·환경 및 품질관리 수준 등에 따라 시공능력을 평가하여 공시하여야 한다.
> ② 삭제 〈1999. 4. 15.〉
> ③ 제1항에 따른 시공능력의 평가 및 공시를 받으려는 건설사업자는 국토교통부령으로 정하는 바에 따라 전년도 건설공사 실적, 기술자 보유현황, 재무상태, 그 밖에 국토교통부령으로 정하는 사항을 국토교통부장관에게 제출하여야 한다.
> ④ 제1항과 제3항에 따른 시공능력의 평가방법, 제출 자료의 구체적인 사항 및 공시 절차, 그 밖에 필요한 사항은 국토교통부령으로 정한다.

회사

② 법 제14조제1항에 따른 회사의 대표이사(「상법」 제408조의2제1항 후단에 따라 대표이사를 두지 못하는 회사의 경우에는 같은 법 제408조의5에 따른 대표집행임원을 말한다)는 회사의 정관에서 정하는 바에 따라 다음 각 호의 내용을 포함한 회사의 안전 및 보건에 관한 계획을 수립해야 한다.

1. 안전 및 보건에 관한 경영방침
2. 안전·보건관리 조직의 구성·인원 및 역할
3. 안전·보건 관련 예산 및 시설 현황
4. 안전 및 보건에 관한 전년도 활동실적 및 다음 연도 활동계획

[시행일 : 2021. 1. 1] 제13조

제24조(안전보건관리담당자의 선임 등)

① 다음 각 호의 어느 하나에 해당하는 사업의 사업주는 법 제19조제1항에 따라 상시근로자 20명 이상 50명 미만인 사업장에 안전보건관리담당자를 1명 이상 선임해야 한다.

1. 제조업
2. 임업
3. 하수, 폐수 및 분뇨 처리업
4. 폐기물 수집, 운반, 처리 및 원료 재생업
5. 환경 정화 및 복원업

② 안전보건관리담당자는 해당 사업장 소속 근로자로서 다음 각 호의 어느 하나에 해당하는 요건을 갖추어야 한다.

1. 제17조에 따른 안전관리자의 자격을 갖추었을 것
2. 제18조에 따른 보건관리자의 자격을 갖추었을 것
3. 고용노동부장관이 정하여 고시하는 안전보건교육을 이수했을 것

③ 안전보건관리담당자는 제25조 각 호에 따른 업무에 지장이 없는 범위에서 다른 업무를 겸할 수 있다.

④ 사업주는 제1항에 따라 안전보건관리담당자를 선임한 경우에는 그 선임 사실 및 제25조 각 호에 따른 업무를 수행했음을 증명할 수 있는 서류를 갖추어 두어야 한다.

제25조(안전보건관리담당자의 업무)

안전보건관리담당자의 업무는 다음 각 호와 같다. 22. 10. 16 기

1. 법 제29조에 따른 안전보건교육 실시에 관한 보좌 및 지도·조언
2. 법 제36조에 따른 위험성평가에 관한 보좌 및 지도·조언
3. 법 제125조에 따른 작업환경측정 및 개선에 관한 보좌 및 지도·조언
4. 법 제129조부터 제131조까지에 따른 건강진단에 관한 보좌 및 지도·조언
5. 산업재해 발생의 원인 조사, 산업재해 통계의 기록 및 유지를 위한 보좌 및

합격예측 및 관련법규

「상법」

제408조의2(집행임원 설치회사, 집행임원과 회사의 관계)
① 회사는 집행임원을 둘 수 있다. 이 경우 집행임원을 둔 회사(이하 "집행임원 설치회사"라 한다)는 대표이사를 두지 못한다.
② 집행임원 설치회사와 집행임원의 관계는 「민법」 중 위임에 관한 규정을 준용한다.
③ 집행임원 설치회사의 이사회는 다음의 권한을 갖는다.
1. 집행임원과 대표집행임원의 선임·해임
2. 집행임원의 업무집행 감독
3. 집행임원과 집행임원 설치회사의 소송에서 집행임원 설치회사를 대표할 자의 선임
4. 집행임원에게 업무집행에 관한 의사결정의 위임(이 법에서 이사회 권한사항으로 정한 경우는 제외한다)
5. 집행임원이 여러 명인 경우 집행임원의 직무 분담 및 지휘·명령관계, 그 밖에 집행임원의 상호관계에 관한 사항의 결정
6. 정관에 규정이 없거나 주주총회의 승인이 없는 경우 집행임원의 보수 결정
④ 집행임원 설치회사는 이사회의 회의를 주관하기 위하여 이사회 의장을 두어야 한다. 이 경우 이사회 의장은 정관의 규정이 없으면 이사회 결의로 선임한다.

제408조의5(대표집행임원)
① 2명 이상의 집행임원이 선임된 경우에는 이사회 결의로 집행임원 설치회사를 대표할 대표집행임원을 선임하여야 한다. 다만, 집행임원이 1명인 경우에는 그 집행임원이 대표집행임원이 된다.
② 대표집행임원에 관하여는 이 법에 다른 규정이 없으면 주식회사의 대표이사에 관한 규정을 준용한다.
③ 집행임원 설치회사에 대하여는 제395조를 준용한다.

지도 · 조언

6. 산업 안전 · 보건과 관련된 안전장치 및 보호구 구입 시 적격품 선정에 관한 보좌 및 지도 · 조언

제32조(명예산업안전감독관 위촉 등) ① 고용노동부장관은 다음 각 호의 어느 하나에 해당하는 사람 중에서 법 제23조제1항에 따른 명예산업안전감독관(이하 "명예산업안전감독관"이라 한다)을 위촉할 수 있다. 15. 11. 7

1. 산업안전보건위원회 구성 대상 사업의 근로자 또는 노사협의체 구성 · 운영 대상 건설공사의 근로자 중에서 근로자대표(해당 사업장에 단위 노동조합의 산하 노동단체가 그 사업장 근로자의 과반수로 조직되어 있는 경우에는 지부 · 분회 등 명칭이 무엇이든 관계없이 해당 노동단체의 대표자를 말한다. 이하 같다)가 사업주의 의견을 들어 추천하는 사람
2. 「노동조합 및 노동관계조정법」 제10조에 따른 연합단체인 노동조합 또는 그 지역 대표기구에 소속된 임직원 중에서 해당 연합단체인 노동조합 또는 그 지역 대표기구가 추천하는 사람
3. 전국 규모의 사업주단체 또는 그 산하조직에 소속된 임직원 중에서 해당 단체 또는 그 산하조직이 추천하는 사람
4. 산업재해 예방 관련 업무를 하는 단체 또는 그 산하조직에 소속된 임직원 중에서 해당 단체 또는 그 산하조직이 추천하는 사람

② 명예산업안전감독관의 업무는 다음 각 호와 같다. 이 경우 제1항제1호에 따라 위촉된 명예산업안전감독관의 업무 범위는 해당 사업장에서의 업무(제8호는 제외한다)로 한정하며, 제1항제2호부터 제4호까지의 규정에 따라 위촉된 명예산업안전감독관의 업무 범위는 제8호부터 제10호까지의 규정에 따른 업무로 한정한다. 21. 4. 25

1. 사업장에서 하는 자체점검 참여 및 「근로기준법」 제101조에 따른 근로감독관(이하 "근로감독관"이라 한다)이 하는 사업장 감독 참여
2. 사업장 산업재해 예방계획 수립 참여 및 사업장에서 하는 기계 · 기구 자체검사 참석
3. 법령을 위반한 사실이 있는 경우 사업주에 대한 개선 요청 및 감독기관에의 신고
4. 산업재해 발생의 급박한 위험이 있는 경우 사업주에 대한 작업중지 요청
5. 작업환경측정, 근로자 건강진단 시의 참석 및 그 결과에 대한 설명회 참여
6. 직업성 질환의 증상이 있거나 질병에 걸린 근로자가 여러 명 발생한 경우 사업주에 대한 임시건강진단 실시 요청
7. 근로자에 대한 안전수칙 준수 지도
8. 법령 및 산업재해 예방정책 개선 건의

합격예측 및 관련법규

「노동조합 및 노동관계조정법」(약칭:노동조합법)
제10조(설립의 신고) ①노동조합을 설립하고자 하는 자는 다음 각호의 사항을 기재한 신고서에 제11조의 규정에 의한 규약을 첨부하여 연합단체인 노동조합과 2 이상의 특별시·광역시·특별자치시·도·특별자치도에 걸치는 단위노동조합은 고용노동부장관에게, 2 이상의 시·군·구(자치구를 말한다)에 걸치는 단위노동조합은 특별시장·광역시장·도지사에게, 그 외의 노동조합은 특별자치시장·특별자치도지사·시장·군수·구청장(자치구의 구청장을 말한다. 이하 제12조제1항에서 같다)에게 제출하여야 한다. 〈개정 1998. 2. 20., 2006. 12. 30., 2010. 6. 4., 2014. 5. 20.〉
1. 명칭
2. 주된 사무소의 소재지
3. 조합원수
4. 임원의 성명과 주소
5. 소속된 연합단체가 있는 경우에는 그 명칭
6. 연합단체인 노동조합에 있어서는 그 구성노동단체의 명칭, 조합원수, 주된 사무소의 소재지 및 임원의 성명·주소
②제1항의 규정에 의한 연합단체인 노동조합은 동종산업의 단위노동조합을 구성원으로 하는 산업별 연합단체와 산업별 연합단체 또는 전국규모의 산업별 단위노동조합을 구성원으로 하는 총연합단체를 말한다.

9. 안전·보건 의식을 북돋우기 위한 활동 등에 대한 참여와 지원
10. 그 밖에 산업재해 예방에 대한 홍보 등 산업재해 예방업무와 관련하여 고용노동부장관이 정하는 업무

③ 명예산업안전감독관의 임기는 2년으로 하되, 연임할 수 있다.
④ 고용노동부장관은 명예산업안전감독관의 활동을 지원하기 위하여 수당 등을 지급할 수 있다.
⑤ 제1항부터 제4항까지에서 규정한 사항 외에 명예산업안전감독관의 위촉 및 운영 등에 필요한 사항은 고용노동부장관이 정한다.

제33조(명예산업안전감독관의 해촉) 고용노동부장관은 다음 각 호의 어느 하나에 해당하는 경우에는 명예산업안전감독관을 해촉(解囑)할 수 있다.

1. 근로자대표가 사업주의 의견을 들어 제32조제1항제1호에 따라 위촉된 명예산업안전감독관의 해촉을 요청한 경우
2. 제32조제1항제2호부터 제4호까지의 규정에 따라 위촉된 명예산업안전감독관이 해당 단체 또는 그 산하조직으로부터 퇴직하거나 해임된 경우
3. 명예산업안전감독관의 업무와 관련하여 부정한 행위를 한 경우
4. 질병이나 부상 등의 사유로 명예산업안전감독관의 업무 수행이 곤란하게 된 경우

제35조(산업안전보건위원회의 구성) ① 산업안전보건위원회의 근로자위원은 다음 각 호의 사람으로 구성한다. 20. 6. 7 기 24. 7. 28 기

1. 근로자대표
2. 명예산업안전감독관이 위촉되어 있는 사업장의 경우 근로자대표가 지명하는 1명 이상의 명예산업안전감독관
3. 근로자대표가 지명하는 9명(근로자인 제2호의 위원이 있는 경우에는 9명에서 그 위원의 수를 제외한 수를 말한다) 이내의 해당 사업장의 근로자

② 산업안전보건위원회의 사용자위원은 다음 각 호의 사람으로 구성한다. 다만, 상시근로자 50명 이상 100명 미만을 사용하는 사업장에서는 제5호에 해당하는 사람을 제외하고 구성할 수 있다.

1. 해당 사업의 대표자(같은 사업으로서 다른 지역에 사업장이 있는 경우에는 그 사업장의 안전보건관리책임자를 말한다. 이하 같다)
2. 안전관리자(제16조제1항에 따라 안전관리자를 두어야 하는 사업장으로 한정하되, 안전관리자의 업무를 안전관리전문기관에 위탁한 사업장의 경우에는 그 안전관리전문기관의 해당 사업장 담당자를 말한다) 1명
3. 보건관리자(제20조제1항에 따라 보건관리자를 두어야 하는 사업장으로 한정하되, 보건관리자의 업무를 보건관리전문기관에 위탁한 사업장의 경우에는 그 보건관리전문기관의 해당 사업장 담당자를 말한다) 1명

4. 산업보건의(해당 사업장에 선임되어 있는 경우로 한정한다)
　　5. 해당 사업의 대표자가 지명하는 9명 이내의 해당 사업장 부서의 장
③ 제1항 및 제2항에도 불구하고 법 제69조제1항에 따른 건설공사도급인(이하 "건설공사도급인"이라 한다)이 법 제64조제1항제1호에 따른 안전 및 보건에 관한 협의체를 구성한 경우에는 산업안전보건위원회의 위원을 다음 각 호의 사람을 포함하여 구성할 수 있다.
　　1. 근로자위원 : 도급 또는 하도급 사업을 포함한 전체 사업의 근로자대표, 명예산업안전감독관 및 근로자대표가 지명하는 해당 사업장의 근로자
　　2. 사용자위원 : 도급인 대표자, 관계수급인의 각 대표자 및 안전관리자

제36조(산업안전보건위원회의 위원장) 산업안전보건위원회의 위원장은 위원 중에서 호선(互選)한다. 이 경우 근로자위원과 사용자위원 중 각 1명을 공동위원장으로 선출할 수 있다.

제37조(산업안전보건위원회의 회의 등) ① 법 제24조제3항에 따라 산업안전보건위원회의 회의는 정기회의와 임시회의로 구분하되, 정기회의는 분기마다 산업안전보건위원회의 위원장이 소집하며, 임시회의는 위원장이 필요하다고 인정할 때에 소집한다.
② 회의는 근로자위원 및 사용자위원 각 과반수의 출석으로 개의(開議)하고 출석위원 과반수의 찬성으로 의결한다.
③ 근로자대표, 명예산업안전감독관, 해당 사업의 대표자, 안전관리자 또는 보건관리자는 회의에 출석할 수 없는 경우에는 해당 사업에 종사하는 사람 중에서 1명을 지정하여 위원으로서의 직무를 대리하게 할 수 있다.
④ 산업안전보건위원회는 다음 각 호의 사항을 기록한 회의록을 작성하여 갖추어 두어야 한다.
　　1. 개최 일시 및 장소
　　2. 출석위원
　　3. 심의 내용 및 의결·결정 사항
　　4. 그 밖의 토의사항

제3장 안전보건교육

제40조(안전보건교육기관의 등록 및 취소) ① 법 제33조제1항 전단에 따라 법 제29조제1항부터 제3항까지의 규정에 따른 안전보건교육에 대한 안전보건교육기관(이하 "근로자안전보건교육기관"이라 한다)으로 등록하려는 자는 법인 또는 산업안전·보건 관련 학과가 있는 「고등교육법」 제2조에 따른 학교로서 별표 10에 따른 인력·시설 및 장비 등을 갖추어야 한다.
② 법 제33조제1항 전단에 따라 법 제31조제1항 본문에 따른 안전보건교육에 대

> **합격예측 및 관련법규**
>
> **「고등교육법」**
> **제2조(학교의 종류)** 고등교육을 실시하기 위하여 다음 각 호의 학교를 둔다.
> 1. 대학
> 2. 산업대학
> 3. 교육대학
> 4. 전문대학
> 5. 방송대학·통신대학·방송통신대학 및 사이버대학(이하 "원격대학"이라 한다)
> 6. 기술대학
> 7. 각종학교
>
> **「근로기준법」**
> **제54조(휴게)** ① 사용자는 근로시간이 4시간인 경우에는 30분 이상, 8시간인 경우에는 1시간 이상의 휴게시간을 근로시간 도중에 주어야 한다.
> ② 휴게시간은 근로자가 자유롭게 이용할 수 있다

한 안전보건교육기관으로 등록하려는 자는 법인 또는 산업 안전·보건 관련 학과가 있는 「고등교육법」 제2조에 따른 학교로서 별표 11에 따른 인력·시설 및 장비를 갖추어야 한다.

③ 법 제33조제1항 전단에 따라 법 제32조제1항 각 호 외의 부분 본문에 따른 안전보건교육에 대한 안전보건교육기관(이하 "직무교육기관"이라 한다)으로 등록할 수 있는 자는 다음 각 호의 어느 하나에 해당하는 자로 한다.
  1. 「한국산업안전보건공단법」에 따른 한국산업안전보건공단(이하 "공단"이라 한다)
  2. 다음 각 목의 어느 하나에 해당하는 기관으로서 별표 12에 따른 인력·시설 및 장비를 갖춘 기관
     가. 산업 안전보건 관련 학과가 있는 「고등교육법」 제2조에 따른 학교
     나. 비영리법인

④ 법 제33조제1항 후단에서 "대통령령으로 정하는 중요한 사항"이란 다음 각 호의 사항을 말한다.
  1. 교육기관의 명칭(상호)
  2. 교육기관의 소재지
  3. 대표자의 성명

⑤ 제1항부터 제3항까지의 규정에 따른 안전보건교육기관에 관하여 법 제33조제4항에 따라 준용되는 법 제21조제4항제5호에서 "대통령령으로 정하는 사유에 해당하는 경우"란 다음 각 호의 경우를 말한다.
  1. 교육 관련 서류를 거짓으로 작성한 경우
  2. 정당한 사유 없이 교육 실시를 거부한 경우
  3. 교육을 실시하지 않고 수수료를 받은 경우
  4. 법 제29조제1항부터 제3항까지, 제31조제1항 본문 또는 제32조제1항 각 호 외의 부분 본문에 따른 교육의 내용 및 방법을 위반한 경우

제4장 유해·위험 방지 조치

제41조(제3자의 폭언등으로 인한 건강장해 발생 등에 대한 조치) 법 제41조제2항에서 "업무의 일시적 중단 또는 전환 등 대통령령으로 정하는 필요한 조치"란 다음 각 호의 조치 중 필요한 조치를 말한다.
  1. 업무의 일시적 중단 또는 전환
  2. 「근로기준법」 제54조제1항에 따른 휴게시간의 연장
  3. 법 제41조제2항에 따른 폭언등으로 인한 건강장해 관련 치료 및 상담 지원
  4. 관할 수사기관 또는 법원에 증거물·증거서류를 제출하는 등 법 제41조제2항에 따른 고객응대근로자 등이 같은 항에 따른 폭언등으로 인하여 고소,

고발 또는 손해배상 청구 등을 하는 데 필요한 지원

제42조(유해위험방지계획서 제출 대상) ① 법 제42조제1항제1호에서 "대통령령으로 정하는 사업의 종류 및 규모에 해당하는 사업"이란 다음 각 호의 어느 하나에 해당하는 사업으로서 전기 계약용량이 300킬로와트 이상인 경우를 말한다.

1. 금속가공제품 제조업 : 기계 및 가구 제외
2. 비금속 광물제품 제조업
3. 기타 기계 및 장비 제조업
4. 자동차 및 트레일러 제조업
5. 식료품 제조업
6. 고무제품 및 플라스틱제품 제조업
7. 목재 및 나무제품 제조업
8. 기타 제품 제조업
9. 1차 금속 제조업
10. 가구 제조업
11. 화학물질 및 화학제품 제조업
12. 반도체 제조업
13. 전자부품 제조업

② 법 제42조제1항제2호에서 "대통령령으로 정하는 기계·기구 및 설비"란 다음 각 호의 어느 하나에 해당하는 기계·기구 및 설비를 말한다. 이 경우 다음 각 호에 해당하는 기계·기구 및 설비의 구체적인 범위는 고용노동부장관이 정하여 고시한다.(개정 2021.11.19)

1. 금속이나 그 밖의 광물의 용해로
2. 화학설비
3. 건조설비
4. 가스집합 용접장치
5. 근로자의 건강에 상당한 장해를 일으킬 우려가 있는 물질로서 고용노동부령으로 정하는 물질의 밀폐·환기·배기를 위한 설비

③ 법 제42조제1항제3호에서 "대통령령으로 정하는 크기 높이 등에 해당하는 건설공사"란 다음 각 호의 어느 하나에 해당하는 공사를 말한다. 21. 7. 10 기

1. 다음 각 목의 어느 하나에 해당하는 건축물 또는 시설 등의 건설·개조 또는 해체(이하 "건설등"이라 한다) 공사
   가. 지상높이가 31미터 이상인 건축물 또는 인공구조물
   나. 연면적 3만제곱미터 이상인 건축물
   다. 연면적 5천제곱미터 이상인 시설로서 다음의 어느 하나에 해당하는 시설
      1) 문화 및 집회시설(전시장 및 동물원·식물원은 제외한다)

2) 판매시설, 운수시설(고속철도의 역사 및 집배송시설은 제외한다)
3) 종교시설
4) 의료시설 중 종합병원
5) 숙박시설 중 관광숙박시설
6) 지하도상가
7) 냉동 · 냉장 창고시설
2. 연면적 5천제곱미터 이상인 냉동 · 냉장 창고시설의 설비공사 및 단열공사
3. 최대 지간(支間)길이(다리의 기둥과 기둥의 중심사이의 거리)가 50미터 이상인 다리의 건설등 공사
4. 터널의 건설등 공사
5. 다목적댐, 발전용댐, 저수용량 2천만톤 이상의 용수 전용 댐 및 지방상수도 전용 댐의 건설등 공사
6. 깊이 10미터 이상인 굴착공사

제43조(공정안전보고서의 제출 대상) ① 법 제44조제1항 전단에서 "대통령령으로 정하는 유해하거나 위험한 설비"란 다음 각 호의 어느 하나에 해당하는 사업을 하는 사업장의 경우에는 그 보유설비를 말하고, 그 외의 사업을 하는 사업장의 경우에는 별표 13에 따른 유해 · 위험물질 중 하나 이상의 물질을 같은 표에 따른 규정량 이상 제조 · 취급 · 저장하는 설비 및 그 설비의 운영과 관련된 모든 공정 설비를 말한다. 20. 5. 24 기 23. 4. 23 산

1. 원유 정제처리업
2. 기타 석유정제물 재처리업
3. 석유화학계 기초화학물질 제조업 또는 합성수지 및 기타 플라스틱물질 제조업. 다만, 합성수지 및 기타 플라스틱물질 제조업은 별표 13 제1호 또는 제2호에 해당하는 경우로 한정한다.
4. 질소 화합물, 질소 · 인산 및 칼리질 화학비료 제조업 중 질소질 비료 제조
5. 복합비료 및 기타 화학비료 제조업 중 복합비료 제조(단순혼합 또는 배합에 의한 경우는 제외한다)
6. 화학 살균 · 살충제 및 농업용 약제 제조업[농약 원제(原劑) 제조만 해당한다]
7. 화약 및 불꽃제품 제조업

② 제1항에도 불구하고 다음 각 호의 설비는 유해하거나 위험한 설비로 보지 않는다.
1. 원자력 설비
2. 군사시설
3. 사업주가 해당 사업장 내에서 직접 사용하기 위한 난방용 연료의 저장설비

         및 사용설비
    4. 도매·소매시설
    5. 차량 등의 운송설비
    6. 「액화석유가스의 안전관리 및 사업법」에 따른 액화석유가스의 충전·저장 시설
    7. 「도시가스사업법」에 따른 가스공급시설
    8. 그 밖에 고용노동부장관이 누출·화재·폭발 등의 사고가 있더라도 그에 따른 피해의 정도가 크지 않다고 인정하여 고시하는 설비

③ 법 제44조제1항 전단에서 "대통령령으로 정하는 사고"란 다음 각 호의 어느 하나에 해당하는 사고를 말한다.
    1. 근로자가 사망하거나 부상을 입을 수 있는 제1항에 따른 설비(제2항에 따른 설비는 제외한다. 이하 제2호에서 같다)에서의 누출·화재·폭발 사고
    2. 인근 지역의 주민이 인적 피해를 입을 수 있는 제1항에 따른 설비에서의 누출·화재·폭발 사고

제44조(공정안전보고서의 내용) ① 법 제44조제1항 전단에 따른 공정안전보고서에는 다음 각 호의 사항이 포함되어야 한다. 21. 4. 25 기 21. 10. 16 산 22. 7. 24 기
    1. 공정안전자료
    2. 공정위험성 평가서
    3. 안전운전계획
    4. 비상조치계획
    5. 그 밖에 공정상의 안전과 관련하여 고용노동부장관이 필요하다고 인정하여 고시하는 사항

② 제1항제1호부터 제4호까지의 규정에 따른 사항에 관한 세부 내용은 고용노동부령으로 정한다.

제46조(안전보건진단의 종류 및 내용) ① 법 제47조제1항에 따른 안전보건진단(이하 "안전보건진단"이라 한다)의 종류 및 내용은 별표 14와 같다.
② 고용노동부장관은 법 제47조제1항에 따라 안전보건진단 명령을 할 경우 기계·화공·전기·건설 등 분야별로 한정하여 진단을 받을 것을 명할 수 있다.
③ 안전보건진단 결과보고서에는 산업재해 또는 사고의 발생원인, 작업조건·작업방법에 대한 평가 등의 사항이 포함되어야 한다.

제49조(안전보건진단을 받아 안전보건개선계획을 수립할 대상) 법 제49조제1항 각 호 외의 부분 후단에서 "대통령령으로 정하는 사업장"이란 다음 각 호의 사업장을 말한다. 18. 6. 30 산 22. 10. 16 산
    1. 산업재해율이 같은 업종 평균 산업재해율의 2배 이상인 사업장
    2. 법 제49조제1항제2호(사업주가 필요한 안전조치 또는 보건조치를 이행하

합격예측 및 관련법규

제53조의2(도급에 따른 산업재해 예방조치) 법 제64조제1항제8호에서 "화재·폭발 등 대통령령으로 정하는 위험이 발생할 우려가 있는 경우"란 다음 각 호의 경우를 말한다.
1. 화재·폭발이 발생할 우려가 있는 경우
2. 동력으로 작동하는 기계·설비 등에 끼일 우려가 있는 경우
3. 차량계 하역운반기계, 건설기계, 양중기(揚重機) 등 동력으로 작동하는 기계와 충돌할 우려가 있는 경우
4. 근로자가 추락할 우려가 있는 경우
5. 물체가 떨어지거나 날아올 우려가 있는 경우
6. 기계·기구 등이 넘어지거나 무너질 우려가 있는 경우
7. 토사·구축물·인공구조물 등이 붕괴될 우려가 있는 경우
8. 산소 결핍이나 유해가스로 질식이나 중독의 우려가 있는 경우
[본조신설 2021. 11. 19.]

제55조의2(안전보건전문가) 법 제67조제2항에서 "대통령령으로 정하는 안전보건 분야의 전문가"란 다음 각 호의 사람을 말한다.
1. 법 제143조제1항에 따른 건설안전 분야의 산업안전지도사 자격을 가진 사람
2. 「국가기술자격법」에 따른 건설안전기술사 자격을 가진 사람
3. 「국가기술자격법」에 따른 건설안전기사 자격을 취득한 후 건설안전 분야에서 3년 이상의 실무경력이 있는 사람
4. 「국가기술자격법」에 따른 건설안전산업기사 자격을 취득한 후 건설안전 분야에서 5년 이상의 실무경력이 있는 사람
[본조신설 2021. 11. 19.]

합격예측 및 관련법규

「**산업재해보상보험법**」(약칭: 산재보험법)
제8조(산업재해보상보험및예방심의위원회) ① 산업재해보상보험 및 예방에 관한 중요 사항을 심의하게 하기 위하여 고용노동부에 산업재해보상보험및예방심의위원회(이하 "위원회"라 한다)를 둔다.
② 위원회는 근로자를 대표하는 자, 사용자를 대표하는 자 및 공익을 대표하는 자로 구성하되, 그 수는 각각 같은 수로 한다.
③ 위원회는 그 심의 사항을 검토하고, 위원회의 심의를 보조하게 하기 위하여 위원회에 전문위원회를 둘 수 있다.

지 아니하여 중대재해가 발생한 사업장)에 해당하는 사업장
3. 직업성 질병자가 연간 2명 이상(상시근로자 1천명 이상 사업장의 경우 3명 이상) 발생한 사업장
4. 그 밖에 작업환경 불량, 화재·폭발 또는 누출 사고 등으로 사업장 주변까지 피해가 확산된 사업장으로서 고용노동부령으로 정하는 사업장

제5장 도급 시 산업재해 예방

제51조(도급승인 대상 작업) 법 제59조제1항 전단에서 "급성 독성, 피부 부식성 등이 있는 물질의 취급 등 대통령령으로 정하는 작업"이란 다음 각 호의 어느 하나에 해당하는 작업을 말한다.
1. 중량비율 1퍼센트 이상의 황산, 불화수소, 질산 또는 염화수소를 취급하는 설비를 개조·분해·해체·철거하는 작업 또는 해당 설비의 내부에서 이루어지는 작업. 다만, 도급인이 해당 화학물질을 모두 제거한 후 증명자료를 첨부하여 고용노동부장관에게 신고한 경우는 제외한다.
2. 그 밖에 「산업재해보상보험법」 제8조제1항에 따른 산업재해보상보험및예방심의위원회(이하 "산업재해보상보험및예방심의위원회"라 한다)의 심의를 거쳐 고용노동부장관이 정하는 작업

제52조(안전보건총괄책임자 지정 대상사업) 법 제62조제1항에 따른 안전보건총괄책임자(이하 "안전보건총괄책임자"라 한다)를 지정해야 하는 사업의 종류 및 사업장의 상시근로자 수는 관계수급인에게 고용된 근로자를 포함한 상시근로자가 100명(선박 및 보트 건조업, 1차 금속 제조업 및 토사석 광업의 경우에는 50명) 이상인 사업이나 관계수급인의 공사금액을 포함한 해당 공사의 총공사금액이 20억원 이상인 건설업으로 한다.

제53조(안전보건총괄책임자의 직무 등) ① 안전보건총괄책임자의 직무는 다음 각 호와 같다. 20.6.7
1. 법 제36조에 따른 위험성평가의 실시에 관한 사항
2. 법 제51조 및 제54조에 따른 작업의 중지
3. 법 제64조에 따른 도급 시 산업재해 예방조치
4. 법 제72조제1항에 따른 산업안전보건관리비의 관계수급인 간의 사용에 관한 협의·조정 및 그 집행의 감독
5. 안전인증대상기계등과 자율안전확인대상기계등의 사용 여부 확인

② 안전보건총괄책임자에 대한 지원에 관하여는 제14조제2항을 준용한다. 이 경우 "안전보건관리책임자"는 "안전보건총괄책임자"로, "법 제15조제1항"은 "제1항"으로 본다.
③ 사업주는 안전보건총괄책임자를 선임했을 때에는 그 선임 사실 및 제1항 각

호의 직무의 수행내용을 증명할 수 있는 서류를 갖추어 두어야 한다.

제55조(산업재해 예방 조치 대상 건설공사) 법 제67조제1항 각 호 외의 부분에서 "대통령령으로 정하는 건설공사"란 총공사금액이 50억원 이상인 공사를 말한다.

제56조(안전보건조정자의 선임 등) ① 법 제68조제1항에 따른 안전보건조정자(이하 "안전보건조정자"라 한다)를 두어야 하는 건설공사는 각 건설공사의 금액의 합이 50억원 이상인 경우를 말한다.

② 제1항에 따라 안전보건조정자를 두어야 하는 건설공사발주자는 제1호 또는 제4호부터 제7호까지에 해당하는 사람 중에서 안전보건조정자를 선임하거나 제2호 또는 제3호에 해당하는 사람 중에서 안전보건조정자를 지정해야 한다.

1. 법 제143조제1항에 따른 산업안전지도사 자격을 가진 사람
2. 「건설기술 진흥법」 제2조제6호에 따른 발주청이 발주하는 건설공사인 경우 발주청이 같은 법 제49조제1항에 따라 선임한 공사감독자
3. 다음 각 목의 어느 하나에 해당하는 사람으로서 해당 건설공사 중 주된 공사의 책임감리자
   가. 「건축법」 제25조에 따라 지정된 공사감리자
   나. 「건설기술 진흥법」 제2조제5호에 따른 감리 업무를 수행하는 자
   다. 「주택법」 제43조에 따라 지정된 감리자
   라. 「전력기술관리법」 제12조의2에 따라 배치된 감리원
   마. 「정보통신공사업법」 제8조제2항에 따라 해당 건설공사에 대하여 감리 업무를 수행하는 자
4. 「건설산업기본법」 제8조에 따른 종합공사에 해당하는 건설현장에서 안전보건관리책임자로서 3년 이상 재직한 사람
5. 「국가기술자격법」에 따른 건설안전기술사
6. 「국가기술자격법」에 따른 건설안전기사 자격을 취득한 후 건설안전 분야에서 5년 이상의 실무경력이 있는 사람
7. 「국가기술자격법」에 따른 건설안전산업기사 자격을 취득한 후 건설안전 분야에서 7년 이상의 실무경력이 있는 사람

③ 제1항에 따라 안전보건조정자를 두어야 하는 건설공사발주자는 분리하여 발주되는 공사의 착공일 전날까지 제2항에 따라 안전보건조정자를 선임하거나 지정하여 각각의 공사 도급인에게 그 사실을 알려야 한다.

제57조(안전보건조정자의 업무) ① 안건보건조정자의 업무는 다음 각 호와 같다.

1. 법 제68조제1항에 따라 같은 장소에서 이루어지는 각각의 공사 간에 혼재된 작업의 파악
2. 제1호에 따른 혼재된 작업으로 인한 산업재해 발생의 위험성 파악
3. 제1호에 따른 혼재된 작업으로 인한 산업재해를 예방하기 위한 작업의 시

합격예측 및 관련법규

「건설기술 진흥법」

제2조(정의) 이 법에서 사용하는 용어의 뜻은 다음과 같다.

5. "감리"란 건설공사가 관계 법령이나 기준, 설계도서 또는 그 밖의 관계 서류 등에 따라 적정하게 시행될 수 있도록 관리하거나 시공관리·품질관리·안전관리 등에 대한 기술지도를 하는 건설사업관리 업무를 말한다.
6. "발주청"이란 건설공사 또는 건설기술용역을 발주(發注)하는 국가, 지방자치단체, 「공공기관의 운영에 관한 법률」 제5조에 따른 공기업·준정부기관, 「지방공기업법」에 따른 지방공사·지방공단, 그 밖에 대통령령으로 정하는 기관의 장을 말한다.

「건축법」

제25조(건축물의 공사감리)
① 건축주는 대통령령으로 정하는 용도·규모 및 구조의 건축물을 건축하는 경우 건축사나 대통령령으로 정하는 자를 공사감리자(공사시공자 본인 및 「독점규제 및 공정거래에 관한 법률」 제2조에 따른 계열회사는 제외한다)로 지정하여 공사감리를 하게 하여야 한다.
② 제1항에도 불구하고 「건설산업기본법」 제41조제1항 각 호에 해당하지 아니하는 소규모 건축물로서 건축주가 직접 시공하는 건축물 및 주택으로 사용하는 건축물 중 대통령령으로 정하는 건축물의 경우에는 대통령령으로 정하는 바에 따라 허가권자가 해당 건축물의 설계에 참여하지 아니한 자 중에서 공사감리자를 지정하여야 한다. 다만, 다음 각 호의 어느 하나에 해당하는 건축물의 건축주가 국토교통부령으로 정하는 바에 따라 허가권자에게 신청하는 경우에는 해당 건축물을 설계한 자를 공사감리자로 지정할 수 있다.

1. 「건설기술 진흥법」 제14조에 따른 신기술을 적용하여 설계한 건축물
2. 「건축서비스산업 진흥법」 제13조제4항에 따른 역량 있는 건축사가 설계한 건축물
3. 설계공모를 통하여 설계한 건축물

③ 공사감리자는 공사감리를 할 때 이 법과 이 법에 따른 명령이나 처분, 그 밖의 관계 법령에 위반된 사항을 발견하거

기·내용 및 안전보건 조치 등의 조정
4. 각각의 공사 도급인의 안전보건관리책임자 간 작업 내용에 관한 정보 공유 여부의 확인

② 안전보건조정자는 제1항의 업무를 수행하기 위하여 필요한 경우 해당 공사의 도급인과 관계수급인에게 자료의 제출을 요구할 수 있다.

제63조(노사협의체의 설치 대상) 법 제75조제1항에서 "대통령령으로 정하는 규모의 건설공사"란 공사금액이 120억원(「건설산업기본법 시행령」 별표 1의 종합공사를 시공하는 업종의 건설업종란 제1호에 따른 토목공사업은 150억원) 이상인 건설공사를 말한다.

제64조(노사협의체의 구성) ① 노사협의체는 다음 각 호에 따라 근로자위원과 사용자위원으로 구성한다.
1. 근로자위원
   가. 도급 또는 하도급 사업을 포함한 전체 사업의 근로자대표
   나. 근로자대표가 지명하는 명예산업안전감독관 1명. 다만, 명예산업안전감독관이 위촉되어 있지 않은 경우에는 근로자대표가 지명하는 해당 사업장 근로자 1명
   다. 공사금액이 20억원 이상인 공사의 관계수급인의 각 근로자대표
2. 사용자위원
   가. 도급 또는 하도급 사업을 포함한 전체 사업의 대표자
   나. 안전관리자 1명
   다. 보건관리자 1명(별표 5 제44호에 따른 보건관리자 선임대상 건설업으로 한정한다)
   라. 공사금액이 20억원 이상인 공사의 관계수급인의 각 대표자

② 노사협의체의 근로자위원과 사용자위원은 합의하여 노사협의체에 공사금액이 20억원 미만인 공사의 관계수급인 및 관계수급인 근로자대표를 위원으로 위촉할 수 있다.

③ 노사협의체의 근로자위원과 사용자위원은 합의하여 제67조제2호에 따른 사람을 노사협의체에 참여하도록 할 수 있다.

제65조(노사협의체의 운영 등) ① 노사협의체의 회의는 정기회의와 임시회의로 구분하여 개최하되, 정기회의는 2개월마다 노사협의체의 위원장이 소집하며, 임시회의는 위원장이 필요하다고 인정할 때에 소집한다.

② 노사협의체 위원장의 선출, 노사협의체의 회의, 노사협의체에서 의결되지 않은 사항에 대한 처리방법 및 회의 결과 등의 공지에 관하여는 각각 제36조, 제37조제2항부터 제4항까지, 제38조 및 제39조를 준용한다. 이 경우 "산업안전보건위원회"는 "노사협의체"로 본다.

제66조(기계·기구 등) 법 제76조에서 "타워크레인 등 대통령령으로 정하는 기계·기구 또는 설비 등"이란 다음 각 호의 어느 하나에 해당하는 기계·기구 또는 설비를 말한다.
1. 타워크레인
2. 건설용 리프트
3. 항타기(해머나 동력을 사용하여 말뚝을 박는 기계) 및 항발기(박힌 말뚝을 빼내는 기계)

제67조(특수형태근로종사자의 범위 등) 법 제77조제1항제1호에 따른 요건을 충족하는 사람은 다음 각 호의 어느 하나에 해당하는 사람으로 한다. 〈개정 2021.11.19〉
1. 보험을 모집하는 사람으로서 다음 각 목의 어느 하나에 해당하는 사람
   가. 「보험업법」 제83조제1항제1호에 따른 보험설계사
   나. 「우체국예금·보험에 관한 법률」에 따른 우체국보험의 모집을 전업(專業)으로 하는 사람
2. 「건설기계관리법」 제3조제1항에 따라 등록된 건설기계를 직접 운전하는 사람
3. 「통계법」 제22조에 따라 통계청장이 고시하는 직업에 관한 표준분류(이하 "한국표준직업분류표"라 한다)의 세세분류에 따른 학습지 방문강사, 교육교구 방문강사, 그 밖에 회원의 가정 등을 직접 방문하여 아동이나 학생 등을 가르치는 사람
4. 「체육시설의 설치·이용에 관한 법률」 제7조에 따라 직장체육시설로 설치된 골프장 또는 같은 법 제19조에 따라 체육시설업의 등록을 한 골프장에서 골프경기를 보조하는 골프장 캐디
5. 한국표준직업분류표의 세분류에 따른 택배원으로서 택배사업(소화물을 집화·수송 과정을 거쳐 배송하는 사업을 말한다)에서 집화 또는 배송 업무를 하는 사람
6. 한국표준직업분류표의 세분류에 따른 택배원으로서 고용노동부장관이 정하는 기준에 따라 주로 하나의 퀵서비스업자로부터 업무를 의뢰받아 배송 업무를 하는 사람
7. 「대부업 등의 등록 및 금융이용자 보호에 관한 법률」 제3조제1항 단서에 따른 대출모집인
8. 「여신전문금융업법」 제14조의2제1항제2호에 따른 신용카드회원 모집인
9. 고용노동부장관이 정하는 기준에 따라 주로 하나의 대리운전업자로부터 업무를 의뢰받아 대리운전 업무를 하는 사람
10. 「방문판매 등에 관한 법률」 제2조제2호 또는 제8호의 방문판매원이나 후원방문판매원으로서 고용노동부장관이 정하는 기준에 따라 상시적으로 방문판매업무를 하는 사람

합격예측 및 관련법규

업계획 승인 대상과 「건설기술진흥법」 제39조제2항에 따라 건설사업관리를 하게 하는 건축물의 공사감리는 제1항부터 제9항까지 및 제11항부터 제14항까지의 규정에도 불구하고 각각 해당 법령으로 정하는 바에 따른다.

⑪ 제2항에 따라 허가권자가 공사감리자를 지정하는 건축물의 건축주는 제21조에 따른 착공신고를 하는 때에 감리비용이 명시된 감리 계약서를 허가권자에게 제출하여야 하고, 제22조에 따른 사용승인을 신청하는 때에는 감리용역 계약내용에 따라 감리비용을 지불하여야 한다. 이 경우 허가권자는 감리 계약서에 따라 감리비용이 지불되었는지를 확인한 후 사용승인을 하여야 한다.

⑫ 제2항에 따라 허가권자가 공사감리자를 지정하는 건축물의 건축주는 설계자의 설계의도가 구현되도록 해당 건축물의 설계자를 건축과정에 참여시켜야 한다. 이 경우 「건축서비스산업 진흥법」 제22조를 준용한다.

⑬ 제12항에 따라 설계자를 건축과정에 참여시켜야 하는 건축주는 제21조에 따른 착공신고를 하는 때에 해당 계약서 등 대통령령으로 정하는 서류를 허가권자에게 제출하여야 한다.

⑭ 허가권자는 제11항의 감리비용에 관한 기준을 해당 지방자치단체의 조례로 정할 수 있다.

「주택법」
제43조(주택의 감리자 지정 등) ① 사업계획승인권자가 제15조제1항 또는 제3항에 따른 주택건설사업계획을 승인하였을 때와 시장·군수·구청장이 제66조제1항 또는 제2항에 따른 리모델링의 허가를 하였을 때에는 「건축사법」 또는 「건설기술 진흥법」에 따른 감리자격이 있는 자를 대통령령으로 정하는 바에 따라 해당 주택건설공사의 감리자로 지정하여야 한다. 다만, 사업주체가 국가·지방자치단체·한국토지주택공사·지방공사 또는 대통령령으로 정하는 자인 경우와 「건축법」 제25조에 따라 공사감리를 하는 도시형 생활주택의 경우에는 그러하지 아니하다.

② 사업계획승인권자는 감리

합격예측 및 관련법규

자가 감리자의 지정에 관한 서류를 부정 또는 거짓으로 제출하거나, 업무 수행 중 위반 사항이 있음을 알고도 묵인하는 등 대통령령으로 정하는 사유에 해당하는 경우에는 감리자를 교체하고, 그 감리자에 대하여는 1년의 범위에서 감리업무의 지정을 제한할 수 있다.
③ 사업주체(제66조제1항 또는 제2항에 따른 리모델링의 허가만 받은 자도 포함한다. 이하 이 조, 제44조 및 제47조에서 같다)와 감리자 간의 책임 내용 및 범위는 이 법에서 규정한 것 외에는 당사자 간의 계약으로 정한다.
④ 국토교통부장관은 제3항에 따른 계약을 체결할 때 사업주체와 감리자 간에 공정하게 계약이 체결되도록 하기 위하여 감리용역표준계약서를 정하여 보급할 수 있다.

「전력기술관리법」
제12조의2(감리원의 배치 등)
① 다음 각 호의 어느 하나에 해당하는 자(이하 "감리업자 등"이라 한다)가 공사감리를 하려는 경우에는 산업통상자원부장관이 정하여 고시하는 감리원 배치 기준에 따라 소속 감리원을 공사 시작 전에 배치하여야 한다.
1. 감리업자
2. 제12조제2항제1호에 따라 소속 감리원에게 공사감리 업무를 수행하게 하는 자
② 감리업자등은 소속 감리원을 배치한 경우(변경 배치한 경우를 포함한다)에는 그 배치현황을 30일 이내에 시·도지사에게 신고하여야 한다. 이 경우 감리업자는 발주자의 확인을 받아야 한다.
③ 감리업자등은 그가 시행한 공사감리 용역이 끝났을 때에는 공사감리 완료보고서를 30일 이내에 시·도지사에게 제출하여야 한다. 이 경우 감리업자는 발주자의 확인을 받아야 한다.
④ 시·도지사는 제2항에 따른 감리원 배치 현황 신고서 또는 제3항에 따른 공사감리 완료보고서를 접수한 경우에는 그 사실을 기록하고 관리하여야 하며, 감리업자등이 신청하는 경우에는 감리원 배치확인서 또는 공사감리 완료증명서를 발급하여야 한다.
⑤ 제2항에 따른 감리원 배치 현황 신고서 및 제3항에 따른

11. 한국표준직업분류표의 세세분류에 따른 대여 제품 방문점검원
12. 한국표준직업분류표의 세분류에 따른 가전제품 설치 및 수리원으로서 가전제품을 배송, 설치 및 시운전하여 작동상태를 확인하는 사람

제6장 유해·위험 기계 등에 대한 조치

제70조(방호조치를 해야 하는 유해하거나 위험한 기계·기구) 법 제80조제1항에서 "대통령령으로 정하는 것"이란 별표 20에 따른 기계·기구를 말한다.

제72조(타워크레인 설치·해체업의 등록요건) ① 법 제82조제1항 전단에 따라 타워크레인을 설치하거나 해체하려는 자가 갖추어야 하는 인력·시설 및 장비의 기준은 별표 22와 같다.
② 법 제82조제1항 후단에서 "대통령령으로 정하는 중요한 사항"이란 다음 각 호의 사항을 말한다.
   1. 업체의 명칭(상호)
   2. 업체의 소재지
   3. 대표자의 성명

제74조(안전인증대상기계등) ① 법 제84조제1항에서 "대통령령으로 정하는 것"이란 다음 각 호의 어느 하나에 해당하는 것을 말한다.
   1. 다음 각 목의 어느 하나에 해당하는 기계 또는 설비
      가. 프레스
      나. 전단기 및 절곡기(折曲機)
      다. 크레인
      라. 리프트
      마. 압력용기
      바. 롤러기
      사. 사출성형기(射出成形機)
      아. 고소(高所) 작업대
      자. 곤돌라
   2. 다음 각 목의 어느 하나에 해당하는 방호장치
      가. 프레스 및 전단기 방호장치
      나. 양중기용(揚重機用) 과부하 방지장치
      다. 보일러 압력방출용 안전밸브
      라. 압력용기 압력방출용 안전밸브
      마. 압력용기 압력방출용 파열판
      바. 절연용 방호구 및 활선작업용(活線作業用) 기구
      사. 방폭구조(防爆構造) 전기기계·기구 및 부품

아. 추락·낙하 및 붕괴 등의 위험 방지 및 보호에 필요한 가설기자재로서 고용노동부장관이 정하여 고시하는 것

자. 충돌·협착 등의 위험 방지에 필요한 산업용 로봇 방호장치로서 고용노동부장관이 정하여 고시하는 것

3. 다음 각 목의 어느 하나에 해당하는 보호구 22. 10. 16

가. 추락 및 감전 위험방지용 안전모

나. 안전화

다. 안전장갑

라. 방진마스크

마. 방독마스크

바. 송기(送氣)마스크

사. 전동식 호흡보호구

아. 보호복

자. 안전대

차. 차광(遮光) 및 비산물(飛散物) 위험방지용 보안경

카. 용접용 보안면

타. 방음용 귀마개 또는 귀덮개

② 안전인증대상기계등의 세부적인 종류, 규격 및 형식은 고용노동부장관이 정하여 고시한다.

제77조(자율안전확인대상기계등) ① 법 제89조제1항 각 호 외의 부분 본문에서 "대통령령으로 정하는 것"이란 다음 각 호의 어느 하나에 해당하는 것을 말한다.

1. 다음 각 목의 어느 하나에 해당하는 기계 또는 설비

가. 연삭기(研削機) 또는 연마기. 이 경우 휴대형은 제외한다.

나. 산업용 로봇

다. 혼합기

라. 파쇄기 또는 분쇄기

마. 식품가공용 기계(파쇄·절단·혼합·제면기만 해당한다)

바. 컨베이어

사. 자동차정비용 리프트

아. 공작기계(선반, 드릴기, 평삭·형삭기, 밀링만 해당한다)

자. 고정형 목재가공용 기계(둥근톱, 대패, 루타기, 띠톱, 모떼기 기계만 해당한다)

차. 인쇄기

2. 다음 각 목의 어느 하나에 해당하는 방호장치

가. 아세틸렌 용접장치용 또는 가스집합 용접장치용 안전기

합격예측 및 관련법규

공사감리 완료보고서의 내용 및 제출 방법, 제4항에 따른 감리원 배치확인서 및 공사감리 완료증명서의 발급 등에 관하여 필요한 사항은 산업통상자원부령으로 정한다.

「정보통신공사업법」
제8조(건설업의 종류) ① 건설업의 종류는 종합공사를 시공하는 업종과 전문공사를 시공하는 업종으로 한다.
② 건설업의 구체적인 종류 및 업무범위 등에 관한 사항은 대통령령으로 정한다.

「보험업법」
제83조(모집할 수 있는 자) ① 모집을 할 수 있는 자는 다음 각 호의 어느 하나에 해당하는 자이어야 한다.
1. 보험설계사

「건설기계관리법」
제3조(등록 등) ① 건설기계의 소유자는 대통령령으로 정하는 바에 따라 건설기계를 등록하여야 한다.

「통계법」
제22조(표준분류) ①통계청장은 통계작성기관이 동일한 기준에 따라 통계를 작성할 수 있도록 국제표준분류를 기준으로 산업, 직업, 질병·사인(死因) 등에 관한 표준분류를 작성·고시하여야 한다. 이 경우 통계청장은 미리 관계 기관의 장과 협의하여야 한다.
②통계작성기관의 장은 통계를 작성하는 때에는 통계청장이 제1항에 따라 작성·고시하는 표준분류에 따라야 한다. 다만, 통계의 작성목적상 불가피하게 표준분류와 다른 기준을 적용하고자 하는 때에는 미리 통계청장의 동의를 받아야 한다.
③통계청장은 표준분류의 내용을 변경하거나 요약·발췌하여 발간함으로써 표준분류의 내용이 사실과 다르게 전달될 우려가 있다고 인정되는 경우에는 그 발간자에 대하여 시정을 명할 수 있다.

「체육시설의 설치·이용에 관한 법률」(약칭: 체육시설법)
제7조(직장체육시설) ①직장의 장은 직장인의 체육 활동에 필요한 체육시설을 설치·운영하여야 한다.

나. 교류 아크용접기용 자동전격방지기
다. 롤러기 급정지장치
라. 연삭기 덮개
마. 목재 가공용 둥근톱 반발 예방장치와 날 접촉 예방장치
바. 동력식 수동대패용 칼날 접촉 방지장치
사. 추락·낙하 및 붕괴 등의 위험 방지 및 보호에 필요한 가설기자재(제74조제1항제2호아목의 가설기자재는 제외한다)로서 고용노동부장관이 정하여 고시하는 것

3. 다음 각 목의 어느 하나에 해당하는 보호구
    가. 안전모(제74조제1항제3호가목의 안전모는 제외한다)
    나. 보안경(제74조제1항제3호차목의 보안경은 제외한다)
    다. 보안면(제74조제1항제3호카목의 보안면은 제외한다)

② 자율안전확인대상기계등의 세부적인 종류, 규격 및 형식은 고용노동부장관이 정하여 고시한다.

제7장 유해·위험물질에 대한 조치

제84조(유해인자 허용기준 이하 유지 대상 유해인자) 법 제107조제1항 각 호 외의 부분 본문에서 "대통령령으로 정하는 유해인자"란 별표 26 각 호에 따른 유해인자를 말한다.

제89조(기관석면조사 대상) ① 법 제119조제2항 각 호 외의 부분 본문에서 "대통령령으로 정하는 규모 이상"란 다음 각 호의 어느 하나에 해당하는 경우를 말한다.

1. 건축물(제2호에 따른 주택은 제외한다. 이하 이 호에서 같다)의 연면적 합계가 50제곱미터 이상이면서, 그 건축물의 철거·해체하려는 부분의 면적 합계가 50제곱미터 이상인 경우
2. 주택(「건축법 시행령」 제2조제12호에 따른 부속건축물을 포함한다. 이하 이 호에서 같다)의 연면적 합계가 200제곱미터 이상이면서, 그 주택의 철거·해체하려는 부분의 면적 합계가 200제곱미터 이상인 경우
3. 설비의 철거·해체하려는 부분에 다음 각 목의 어느 하나에 해당하는 자재(물질을 포함한다. 이하 같다)를 사용한 면적의 합이 15제곱미터 이상 또는 그 부피의 합이 1세제곱미터 이상인 경우
    가. 단열재
    나. 보온재
    다. 분무재
    라. 내화피복재(耐火被覆材)
    마. 개스킷(Gasket: 누설방지재)

바. 패킹재(Packing material : 틈박이재)
사. 실링재(Sealing material : 액상 메움재)
아. 그 밖에 가목부터 사목까지의 자재와 유사한 용도로 사용되는 자재로서 고용노동부장관이 정하여 고시하는 자재
4. 파이프 길이의 합이 80미터 이상이면서, 그 파이프의 철거·해체하려는 부분의 보온재로 사용된 길이의 합이 80미터 이상인 경우

② 법 제119조제2항 각 호 외의 부분 단서에서 "석면함유 여부가 명백한 경우 등 대통령령으로 정하는 사유"란 다음 각 호의 어느 하나에 해당하는 경우를 말한다.
1. 건축물이나 설비의 철거·해체 부분에 사용된 자재가 설계도서, 자재 이력 등 관련 자료를 통해 석면을 함유하고 있지 않음이 명백하다고 인정되는 경우
2. 건축물이나 설비의 철거·해체 부분에 석면이 중량비율 1퍼센트를 초과하여 함유된 자재를 사용하였음이 명백하다고 인정되는 경우

제8장 근로자 보건관리

제95조(작업환경측정기관의 지정 요건) 법 제126조제1항에 따라 작업환경측정기관으로 지정받을 수 있는 자는 다음 각 호의 어느 하나에 해당하는 자로서 작업환경측정기관의 유형별로 별표 29에 따른 인력·시설 및 장비를 갖추고 법 제126조제2항에 따라 고용노동부장관이 실시하는 작업환경측정기관의 측정·분석능력 확인에서 적합 판정을 받은 자로 한다.
1. 국가 또는 지방자치단체의 소속기관
2. 「의료법」에 따른 종합병원 또는 병원
3. 「고등교육법」 제2조제1호부터 제6호까지의 규정에 따른 대학 또는 그 부속기관
4. 작업환경측정 업무를 하려는 법인
5. 작업환경측정 대상 사업장의 부속기관(해당 부속기관이 소속된 사업장 등 고용노동부령으로 정하는 범위로 한정하여 지정받으려는 경우로 한정한다)

제99조(유해·위험작업에 대한 근로시간 제한 등) ① 법 제139조제1항에서 "높은 기압에서 하는 작업 등 대통령령으로 정하는 작업"이란 잠함(潛函) 또는 잠수 작업 등 높은 기압에서 하는 작업을 말한다.
② 제1항에 따른 작업에서 잠함·잠수 작업시간, 가압·감압방법 등 해당 근로자의 안전과 보건을 유지하기 위하여 필요한 사항은 고용노동부령으로 정한다.
③ 법 제139조제2항에서 "대통령령으로 정하는 유해하거나 위험한 작업"이란 다음 각 호의 어느 하나에 해당하는 작업을 말한다.
1. 갱(坑) 내에서 하는 작업
2. 다량의 고열물체를 취급하는 작업과 현저히 덥고 뜨거운 장소에서 하는 작업

합격예측 및 관련법규

제96조의2(휴게시설 설치·관리기준 준수 대상 사업장의 사업주) 법 제128조의2제2항에서 "사업의 종류 및 사업장의 상시 근로자 수 등 대통령령으로 정하는 기준에 해당하는 사업장"이란 다음 각 호의 어느 하나에 해당하는 사업장을 말한다.
1. 상시근로자(관계수급인의 근로자를 포함한다. 이하 제2호에서 같다) 20명 이상을 사용하는 사업장(건설업의 경우에는 관계수급인의 공사금액을 포함한 해당 공사의 총공사금액이 20억원 이상인 사업장으로 한정한다)
2. 다음 각 목의 어느 하나에 해당하는 직종(「통계법」 제22조제1항에 따라 통계청장이 고시하는 한국표준직업분류에 따른다)의 상시근로자가 2명 이상인 사업장으로서 상시근로자 10명 이상 20명 미만을 사용하는 사업장(건설업은 제외한다)
   가. 전화 상담원
   나. 돌봄 서비스 종사원
   다. 텔레마케터
   라. 배달원
   마. 청소원 및 환경미화원
   바. 아파트 경비원
   사. 건물 경비원

3. 다량의 저온물체를 취급하는 작업과 현저히 춥고 차가운 장소에서 하는 작업
4. 라듐방사선이나 엑스선, 그 밖의 유해 방사선을 취급하는 작업
5. 유리·흙·돌·광물의 먼지가 심하게 날리는 장소에서 하는 작업
6. 강렬한 소음이 발생하는 장소에서 하는 작업
7. 착암기(바위에 구멍을 뚫는 기계) 등에 의하여 신체에 강렬한 진동을 주는 작업
8. 인력(人力)으로 중량물을 취급하는 작업
9. 납·수은·크롬·망간·카드뮴 등의 중금속 또는 이황화탄소·유기용제, 그 밖에 고용노동부령으로 정하는 특정 화학물질의 먼지·증기 또는 가스가 많이 발생하는 장소에서 하는 작업

제9장 산업안전지도사 및 산업보건지도사

제101조(산업안전지도사 등의 직무) ① 법 제142조제1항제4호에서 "대통령령으로 정하는 사항"이란 다음 각 호의 사항을 말한다.
  1. 법 제36조에 따른 위험성평가의 지도
  2. 법 제49조에 따른 안전보건개선계획서의 작성
  3. 그 밖에 산업안전에 관한 사항의 자문에 대한 응답 및 조언
② 법 제142조제2항제6호에서 "대통령령으로 정하는 사항"이란 다음 각 호의 사항을 말한다.
  1. 법 제36조에 따른 위험성평가의 지도
  2. 법 제49조에 따른 안전보건개선계획서의 작성
  3. 그 밖에 산업보건에 관한 사항의 자문에 대한 응답 및 조언

제10장 보칙

제109조(산업재해 예방사업의 지원) 법 제158조제1항 전단에서 "대통령령으로 정하는 사업"이란 다음 각 호의 어느 하나에 해당하는 업무와 관련된 사업을 말한다.
  1. 산업재해 예방을 위한 방호장치, 보호구, 안전설비 및 작업환경개선 시설·장비 등의 제작, 구입, 보수, 시험, 연구, 홍보 및 정보제공 등의 업무
  2. 사업장 안전·보건관리에 대한 기술지원 업무
  3. 산업 안전·보건 관련 교육 및 전문인력 양성 업무
  4. 산업재해예방을 위한 연구 및 기술개발 업무
  5. 법 제11조제3호에 따른 노무를 제공하는 자의 건강을 유지·증진하기 위한 시설의 운영에 관한 지원 업무

6. 안전·보건의식의 고취 업무
7. 법 제36조에 따른 위험성평가에 관한 지원 업무
8. 안전검사 지원 업무
9. 유해인자의 노출 기준 및 유해성·위험성 조사·평가 등에 관한 업무
10. 직업성 질환의 발생 원인을 규명하기 위한 역학조사·연구 또는 직업성 질환 예방에 필요하다고 인정되는 시설·장비 등의 구입 업무
11. 작업환경측정 및 건강진단 지원 업무
12. 법 제126조제2항에 따른 작업환경측정기관의 측정·분석 능력의 확인 및 법 제135조제3항에 따른 특수건강진단기관의 진단·분석 능력의 확인에 필요한 시설·장비 등의 구입 업무
13. 산업의학 분야의 학술활동 및 인력 양성 지원에 관한 업무
14. 그 밖에 산업재해 예방을 위한 업무로서 산업재해보상보험및예방심의위원회의 심의를 거쳐 고용노동부장관이 정하는 업무

제11장 벌칙

제119조(과태료의 부과기준) 법 제175조제1항부터 제6항까지의 규정에 따른 과태료의 부과기준은 별표 35와 같다.

산업안전보건법, 영·규칙 별표

[별표2] 안전보건관리책임자를 두어야 할 사업의 종류 및 사업장의 상시근로자 수

사업의 종류	상시근로자 수
1. 토사석 광업 2. 식료품 제조업, 음료 제조업 3. 목재 및 나무제품 제조업; 가구 제외 4. 펄프, 종이 및 종이제품 제조업 5. 코크스, 연탄 및 석유정제품 제조업 6. 화학물질 및 화학제품 제조업; 의약품 제외 7. 의료용 물질 및 의약품 제조업 8. 고무 및 플라스틱제품 제조업 9. 비금속 광물제품 제조업 10. 1차 금속 제조업 11. 금속가공제품 제조업; 기계 및 가구 제외 12. 전자부품, 컴퓨터, 영상, 음향 및 통신장비 제조업 13. 의료, 정밀, 광학기기 및 시계 제조업 14. 전기장비 제조업 15. 기타 기계 및 장비 제조업 16. 자동차 및 트레일러 제조업 17. 기타 운송장비 제조업 18. 가구 제조업 19. 기타 제품 제조업 20. 서적, 잡지 및 기타 인쇄물 출판업 21. 해체, 선별 및 원료 재생업 22. 자동차 종합 수리업, 자동차 전문 수리업	상시 근로자 50명 이상
23. 농업 24. 어업 25. 소프트웨어 개발 및 공급업 26. 컴퓨터 프로그래밍, 시스템 통합 및 관리업 27. 정보서비스업 28. 금융 및 보험업 29. 임대업; 부동산 제외 30. 전문, 과학 및 기술 서비스업(연구개발업은 제외한다) 31. 사업지원 서비스업 32. 사회복지 서비스업	상시 근로자 300명 이상
33. 건설업	공사금액 20억원 이상
34. 제1호부터 제33호까지의 사업을 제외한 사업	상시 근로자 100명 이상

[별표3] 안전관리자를 두어야 하는 사업의 종류, 사업장의 상시근로자 수, 안전관리자의 수 및 선임방법

사업의 종류	상시근로자 수	안전관리자의 수	안전관리자의 선임방법
1. 토사석 광업 2. 식료품 제조업, 음료 제조업 3. 섬유제품 제조업 ; 의복 제외 4. 목재 및 나무제품 제조업 ; 가구 제외 5. 펄프, 종이 및 종이제품 제조업 6. 코크스, 연탄 및 석유정제품 제조업	상시근로자 50명 이상 500명 미만	1명 이상	별표 4 각 호의 어느 하나에 해당하는 사람(같은 표 제3호·제7호 및 제9호부터 제12호까지에 해당하는 사람은 제외한다)을 선임해야 한다.
7. 화학물질 및 화학제품 제조업 ; 의약품 제외 8. 의료용 물질 및 의약품 제조업 9. 고무 및 플라스틱제품 제조업 10. 비금속 광물제품 제조업 11. 1차 금속 제조업 12. 금속가공제품 제조업 ; 기계 및 가구 제외 13. 전자부품, 컴퓨터, 영상, 음향 및 통신장비 제조업 14. 의료, 정밀, 광학기기 및 시계 제조업 15. 전기장비 제조업 16. 기타 기계 및 장비 제조업 17. 자동차 및 트레일러 제조업 18. 기타 운송장비 제조업 19. 가구 제조업 20. 기타 제품 제조업 21. 산업용 기계 및 장비 수리업 22. 서적, 잡지 및 기타 인쇄물 출판업 23. 폐기물 수집, 운반, 처리 및 원료 재생업 24. 환경 정화 및 복원업 25. 자동차 종합 수리업, 자동차 전문 수리업 26. 발전업 27. 운수 및 창고업 16. 4. 17 기	상시근로자 500명 이상	2명 이상	별표 4 각 호의 어느 하나에 해당하는 사람(같은 표 제7호 및 제9호부터 제12호까지에 해당하는 사람은 제외한다)을 선임하되, 같은 표 제1호·제2호(「국가기술자격법」에 따른 산업안전산업기사의 자격을 취득한 사람은 제외한다) 또는 제4호에 해당하는 사람이 1명 이상 포함되어야 한다.

사업의 종류	상시근로자 수	안전관리자의 수	안전관리자의 선임방법
28. 농업, 임업 및 어업 29. 제2호부터 제21호까지의 사업을 제외한 제조업 30. 전기, 가스, 증기 및 공기조절 공급업(발전업은 제외한다) 31. 수도, 하수 및 폐기물 처리, 원료 재생업(제23호 및 제24호에 해당하는 사업은 제외한다) 32. 도매 및 소매업 33. 숙박 및 음식점업 34. 영상·오디오 기록물 제작 및 배급업 35. 방송업	상시근로자 50명 이상 1천명 미만. 다만, 제37호의 부동산업(부동산 관리업은 제외한다)과 제40호의 사업의 경우에는 상시근로자 100명 이상 1천명 미만으로 한다.	1명 이상	별표 4 각 호의 어느 하나에 해당하는 사람(같은 표 제3호 및 제9호부터 제12호까지에 해당하는 사람은 제외한다. 다만, 제28호 및 제30호부터 제46호까지의 사업의 경우 별표 4 제3호에 해당하는 사람에 대해서는 그렇지 않다)을 선임해야 한다.
36. 우편 및 통신업 37. 부동산업 38. 임대업 : 부동산 제외 39. 연구개발업 40. 사진처리업 41. 사업시설 관리 및 조경 서비스업 42. 청소년 수련시설 운영업 43. 보건업 44. 예술, 스포츠 및 여가 관련 서비스업 45. 개인 및 소비용품수리업(제25호에 해당하는 사업은 제외한다) 46. 기타 개인 서비스업 47. 공공행정(청소, 시설관리, 조리 등 현업업무에 종사하는 사람으로서 고용노동부장관이 정하여 고시하는 사람으로 한정한다) 48. 교육서비스업 중 초등·중등·고등 교육기관, 특수학교·외국인학교 및 대안학교(청소, 시설관리, 조리 등 현업업무에 종사하는 사람으로서 고용노동부장관이 정하여 고시하는 사람으로 한정한다)	상시근로자 1천명 이상	2명 이상	별표 4 각 호의 어느 하나에 해당하는 사람(같은 표 제7호·제11호 및 제12호에 해당하는 사람은 제외한다)을 선임하되, 같은 표 제1호·제2호·제4호 또는 제5호에 해당하는 사람이 1명 이상 포함되어야 한다.

사업의 종류	상시근로자 수	안전관리자의 수	안전관리자의 선임방법
46. 건설업	공사금액 50억원 이상(관계수급인은 100억원 이상) 120억원 미만(「건설산업기본법 시행령」 별표 1 제1호가목의 토목공사업의 경우에는 150억원 미만)	1명 이상	별표 4 제1호부터 제7호까지 및 제10호부터 제12호까지의 어느 하나에 해당하는 사람을 선임해야 한다.
	공사금액 120억원 이상(「건설산업기본법 시행령」 별표 1 제1호가목의 토목공사업의 경우에는 150억원 이상) 800억원 미만		별표 4 제1호부터 제7호까지 및 제10호의 어느 하나에 해당하는 사람을 선임해야 한다.
	공사금액 800억원 이상 1,500억원 미만 20. 10. 17 기 22. 7. 24 기	2명 이상. 다만, 전체 공사기간을 100으로 할 때 공사 시작에서 15에 해당하는 기간과 공사 종료 전의 15에 해당하는 기간(이하 "전체 공사기간 중 전·후 15에 해당하는 기간"이라 한다) 동안은 1명 이상으로 한다.	별표 4 제1호부터 제7호까지 및 제10호의 어느 하나에 해당하는 사람을 선임하되, 같은 표 제1호부터 제3호까지의 어느 하나에 해당하는 사람이 1명 이상 포함되어야 한다.
	공사금액 1,500억원 이상 2,200억원 미만 16. 4. 17 기	3명 이상. 다만, 전체 공사기간 중 전·후 15에 해당하는 기간은 2명 이상으로 한다.	별표 4 제1호부터 제7호까지 및 제12호의 어느 하나에 해당하는 사람을 선임하되, 같은 표 제12호에 해당하는 사람은 1명만 포함될 수 있고, 같은 표 제1호 또는 「국가

참고

건설업 년도별 선임 기준
① 공사금액 60억원 이상 80억원 미만 공사의 경우 : 2022년 7월 1일
② 공사금액 50억원 이상 60억원 미만 공사의 경우 : 2023년 7월 1일

사업의 종류	상시근로자 수	안전관리자의 수	안전관리자의 선임방법
46. 건설업 (계속)	공사금액 1,500억원 이상 2,200억원 미만 (계속) 20. 7. 25 기	3명 이상. 다만, 전체 공사기간 중 전·후 15에 해당하는 기간은 2명 이상으로 한다. (계속)	「기술자격법」에 따른 건설안전기술사(건설안전기사 또는 산업안전기사의 자격을 취득한 후 7년 이상 건설안전 업무를 수행한 사람이거나 건설안전산업기사 또는 산업안전산업기사의 자격을 취득한 후 10년 이상 건설안전 업무를 수행한 사람을 포함한다) 자격을 취득한 사람(이하 "산업안전지도사등"이라 한다)이 1명 이상 포함되어야 한다.
	공사금액 2,200억원 이상 3천억원 미만 20. 10. 17 기	4명 이상. 다만, 전체 공사기간 중 전·후 15에 해당하는 기간은 2명 이상으로 한다.	
	공사금액 3천억원 이상 3,900억원 미만	5명 이상. 다만, 전체 공사기간 중 전·후 15에 해당하는 기간은 3명 이상으로 한다.	별표 4 제1호부터 제7호까지 및 제12호의 어느 하나에 해당하는 사람을 선임하되, 같은 표 제12호에 해당하는 사람이 1명만 포함될 수 있고, 산업안전지도사등이 2명 이상 포함되어야 한다. 다만, 전체 공사기간 중 전·후 15에 해당하는 기간에는 산업안전지도사등이 1명 이상 포함되어야 한다.
	공사금액 3,900억원 이상 4,900억원 미만	6명 이상. 다만, 전체 공사기간 중 전·후 15에 해당하는 기간은 3명 이상으로 한다.	
	공사금액 4,900억원 이상 6천억원 미만	7명 이상. 다만, 전체 공사기간 중 전·후 15에 해당하는 기간은 4명 이상으로 한다.	별표 4 제1호부터 제7호까지 및 제12호의 어느 하나에 해당하는 사람을 선임하되, 같은 표 제12호에 해당하는 사람이 2명까지만 포함될 수 있고,

사업의 종류	상시근로자 수	안전관리자의 수	안전관리자의 선임방법
46. 건설업 (계속)	공사금액 6천억원 이상 7,200억원 미만	8명 이상. 다만, 전체 공사기간 중 전·후 15에 해당하는 기간은 4명 이상으로 한다.	산업안전지도사등이 2명 이상 포함되어야 한다. 다만, 전체 공사기간 중 전·후 15에 해당하는 기간에는 산업안전지도사등이 2명 이상 포함되어야 한다
	공사금액 7,200억원 이상 8,500억원 미만	9명 이상. 다만, 전체 공사기간 중 전·후 15에 해당하는 기간은 5명 이상으로 한다.	별표 4 제1호부터 제7호까지 및 제12호의 어느 하나에 해당하는 사람을 선임하되, 같은 표 제12호에 해당하는 사람은 2명까지만 포함될 수 있고, 산업안전지도사등이 3명 이상 포함되어야 한다. 다만, 전체 공사기간 중 전·후 15에 해당하는 기간에는 산업안전지도사등이 3명 이상 포함되어야 한다.
	공사금액 8,500억원 이상 1조원 미만	10명 이상. 다만, 전체 공사기간 중 전·후 15에 해당하는 기간은 5명 이상으로 한다.	
	1조원 이상	11명 이상[매 2천억원(2조원이상부터는 매 3천억원)마다 1명씩 추가한다]. 다만, 전체 공사기간 중 전·후 15에 해당하는 기간은 선임 대상 안전관리자 수의 2분의 1(소수점 이하는 올림한다) 이상으로 한다.	

비고 :
1. 철거공사가 포함된 건설공사의 경우 철거공사만 이루어지는 기간은 전체 공사기간에는 산입되나 전체 공사기간 중 전·후 15에 해당하는 기간에는 산입되지 않는다. 이 경우 전체 공사기간 중 전·후 15에 해당하는 기간은 철거공사만 이루어지는 기간을 제외한 공사기간을 기준으로 산정한다.
2. 철거공사만 이루어지는 기간에는 공사금액별로 선임해야 하는 최소 안전관리자 수 이상으로 안전관리자를 선임해야 한다.

[별표 4] 안전관리자의 자격

안전관리자는 다음 각 호의 어느 하나에 해당하는 사람으로 한다.
1. 법 제143조제1항에 따른 산업안전지도사 자격을 가진 사람
2. 「국가기술자격법」에 따른 산업안전산업기사 이상의 자격을 취득한 사람
3. 「국가기술자격법」에 따른 건설안전산업기사 이상의 자격을 취득한 사람
4. 「고등교육법」에 따른 4년제 대학 이상의 학교에서 산업안전 관련 학위를 취득한 사람 또는 이와 같은 수준 이상의 학력을 가진 사람
5. 「고등교육법」에 따른 전문대학 또는 이와 같은 수준 이상의 학교에서 산업안전 관련 학위를 취득한 사람
6. 「고등교육법」에 따른 이공계 전문대학 또는 이와 같은 수준 이상의 학교에서 학위를 취득하고, 해당 사업의 관리감독자로서의 업무(건설업의 경우는 시공실무경력)를 3년(4년제 이공계 대학 학위 취득자는 1년) 이상 담당한 후 고용노동부장관이 지정하는 기관이 실시하는 교육(1998년 12월 31일까지의 교육만 해당한다)을 받고 정해진 시험에 합격한 사람. 다만, 관리감독자로 종사한 사업과 같은 업종(한국표준산업분류에 따른 대분류를 기준으로 한다)의 사업장이면서, 건설업의 경우를 제외하고는 상시근로자 300명 미만인 사업장에서만 안전관리자가 될 수 있다.
7. 「초·중등교육법」에 따른 공업계 고등학교 또는 이와 같은 수준 이상의 학교를 졸업하고, 해당 사업의 관리감독자로서의 업무(건설업의 경우는 시공실무경력)를 5년 이상 담당한 후 고용노동부장관이 지정하는 기관이 실시하는 교육(1998년 12월 31일까지의 교육만 해당한다)을 받고 정해진 시험에 합격한 사람. 다만, 관리감독자로 종사한 사업과 같은 종류인 업종(한국표준산업분류에 따른 대분류를 기준으로 한다)의 사업장이면서, 건설업의 경우를 제외하고는 별표 3 제28호 또는 제33호의 사업을 하는 사업장(상시근로자 50명 이상 1천명 미만인 경우만 해당한다)에서만 안전관리자가 될 수 있다.
8. 다음 각 목의 어느 하나에 해당하는 사람. 다만, 해당 법령을 적용받은 사업에서만 선임될 수 있다.
    가. 「고압가스 안전관리법」 제4조 및 같은 법 시행령 제3조제1항에 따른 허가를 받은 사업자 중 고압가스를 제조·저장 또는 판매하는 사업에서 같은 법 제15조 및 같은 법 시행령 제12조에 따라 선임하는 안전관리 책임자
    나. 「액화석유가스의 안전관리 및 사업법」 제5조 및 같은 법 시행령 제3조에 따른 허가를 받은 사업자 중 액화석유가스 충전사업·액화석유가스 집단공급사업 또는 액화석유가스 판매사업에서 같은 법 제34조 및 같은 법 시행령 제15조에 따라 선임하는 안전관리책임자
    다. 「도시가스사업법」 제29조 및 같은 법 시행령 제15조에 따라 선임하는 안전관리 책임자

라. 「교통안전법」 제53조에 따라 교통안전관리자의 자격을 취득한 후 해당 분야에 채용된 교통안전관리자
마. 「총포·도검·화약류 등의 안전관리에 관한 법률」 제2조제3항에 따른 화약류를 제조·판매 또는 저장하는 사업에서 같은 법 제27조 및 같은 법 시행령 제54조·제55조에 따라 선임하는 화약류제조보안책임자 또는 화약류관리보안책임자
바. 「전기사업법」 제73조에 따라 전기사업자가 선임하는 전기안전관리자
9. 제16조제2항에 따라 전담 안전관리자를 두어야 하는 사업장(건설업은 제외한다)에서 안전 관련 업무를 10년 이상 담당한 사람
10. 「건설산업기본법」 제8조에 따른 종합공사를 시공하는 업종의 건설현장에서 안전보건관리책임자로 10년 이상 재직한 사람
11. 「건설기술 진흥법」에 따른 토목·건축 분야 건설기술인 중 등급이 중급 이상인 사람으로서 고용노동부장관이 지정하는 기관이 실시하는 산업안전교육(2023년 12월 31일까지의 교육만 해당한다)을 이수하고 정해진 시험에 합격한 사람
12. 「국가기술자격법」에 따른 토목산업기사 또는 건축산업기사 이상의 자격을 취득한 후 해당 분야에서의 실무경력이 다음 각 목의 구분에 따른 기간 이상인 사람으로서 고용노동부장관이 지정하는 기관이 실시하는 산업안전교육(2023년 12월 31일까지의 교육만 해당한다)을 이수하고 정해진 시험에 합격한 사람
    가. 토목기사 또는 건축기사 : 3년
    나. 토목산업기사 또는 건축산업기사 : 5년

[별표 9] 산업안전보건위원회를 구성해야 할 사업의 종류 및 사업장의 상시근로자 수

사업의 종류	상시근로자 수
1. 토사석 광업 2. 목재 및 나무제품 제조업;가구제외 3. 화학물질 및 화학제품 제조업;의약품 제외(세제, 화장품 및 광택제 제조업과 화학섬유 제조업은 제외한다) 4. 비금속 광물제품 제조업 5. 1차 금속 제조업 6. 금속가공제품 제조업;기계 및 가구 제외 7. 자동차 및 트레일러 제조업 8. 기타 기계 및 장비 제조업(사무용 기계 및 장비 제조업은 제외한다) 9. 기타 운송장비 제조업(전투용 차량 제조업은 제외한다)	상시 근로자 50명 이상

사업의 종류	상시근로자 수
10. 농업 11. 어업 12. 소프트웨어 개발 및 공급업 13. 컴퓨터 프로그래밍, 시스템 통합 및 관리업 14. 정보서비스업 15. 금융 및 보험업 16. 임대업;부동산 제외 17. 전문, 과학 및 기술 서비스업(연구개발업은 제외한다) 18. 사업지원 서비스업 19. 사회복지 서비스업	상시 근로자 300명 이상
20. 건설업	공사금액 120억원 이상 (『건설산업기본법 시행령』 별표 1에 따른 토목공사업에 해당하는 공사의 경우에는 150억원 이상)
21. 제1호부터 제20호까지의 사업을 제외한 사업	

[별표 13] 유해·위험물질 규정량 23. 4. 23 개

번호	유해·위험물질	CAS번호	규정량[kg]
1	인화성 가스	–	제조·취급 : 5,000 (저장: 200,000)
2	인화성 액체	–	제조·취급 : 5,000 (저장: 200,000)
3	메틸 이소시아네이트	624-83-9	제조·취급·저장 : 1,000
4	포스겐	75-44-5	제조·취급·저장 : 500
5	아크릴로니트릴	107-13-1	제조·취급·저장 : 10,000
6	암모니아	7664-41-7	제조·취급·저장 : 10,000
7	염소	7782-50-5	제조·취급·저장 : 1,500
8	이산화황	7446-09-5	제조·취급·저장 : 10,000
9	삼산화황	7446-11-9	제조·취급·저장 : 10,000
10	이황화탄소	75-15-0	제조·취급·저장 : 10,000
11	시안화수소	74-90-8	제조·취급·저장 : 500
12	불화수소(무수불산)	7664-39-3	제조·취급·저장 : 1,000
13	염화수소(무수염산)	7647-01-0	제조·취급·저장 : 10,000
14	황화수소	7783-06-4	제조·취급·저장 : 1,000
15	질산암모늄	6484-52-2	제조·취급·저장 : 500,000
16	니트로글리세린	55-63-0	제조·취급·저장 : 10,000
17	트리니트로톨루엔	118-96-7	제조·취급·저장 : 50,000
18	수소	1333-74-0	제조·취급·저장 : 5,000

번호	유해·위험물질	CAS번호	규정량[kg]
19	산화에틸렌	75-21-8	제조·취급·저장 : 1,000
20	포스핀	7803-51-2	제조·취급·저장 : 500
21	실란(Silane)	7803-62-5	제조·취급·저장 : 1,000
22	질산(중량 94.5% 이상)	7697-37-2	제조·취급·저장 : 50,000
23	발연황산(삼산화황 중량 65% 이상 80% 미만)	8014-95-7	제조·취급·저장 : 20,000
24	과산화수소(중량 52% 이상)	7722-84-1	제조·취급·저장 : 10,000
25	톨루엔 디이소시아네이트	91-08-7, 584-84-9, 26471-62-5	제조·취급·저장 : 2,000
26	클로로술폰산	7790-94-5	제조·취급·저장 : 10,000
27	브롬화수소	10035-10-6	제조·취급·저장 : 10,000
28	삼염화인	7719-12-2	제조·취급·저장 : 10,000
29	염화 벤질	100-44-7	제조·취급·저장 : 2,000
30	이산화염소	10049-04-4	제조·취급·저장 : 500
31	염화 티오닐	7719-09-7	제조·취급·저장 : 10,000
32	브롬	7726-95-6	제조·취급·저장 : 1,000
33	일산화질소	10102-43-9	제조·취급·저장 : 10,000
34	붕소 트리염화물	10294-34-5	제조·취급·저장 : 10,000
35	메틸에틸케톤과산화물	1338-23-4	제조·취급·저장 : 10,000
36	삼불화 붕소	7637-07-2	제조·취급·저장 : 1,000
37	니트로아닐린	88-74-4, 99-09-2, 100-01-6, 29757-24-2	제조·취급·저장 : 2,500
38	염소 트리플루오르화	7790-91-2	제조·취급·저장 : 1,000
39	불소	7782-41-4	제조·취급·저장 : 500
40	시아누르 플루오르화물	675-14-9	제조·취급·저장 : 2,000
41	질소 트리플루오르화물	7783-54-2	제조·취급·저장 : 20,000
42	니트로 셀롤로오스(질소 함유량 12.6% 이상)	9004-70-0	제조·취급·저장 : 100,000
43	과산화벤조일	94-36-0	제조·취급·저장 : 3,500
44	과염소산 암모늄	7790-98-9	제조·취급·저장 : 3,500
45	디클로로실란	4109-96-0	제조·취급·저장 : 1,000
46	디에틸 알루미늄 염화물	96-10-6	제조·취급·저장 : 10,000
47	디이소프로필 퍼옥시디카보네이트	105-64-6	제조·취급·저장 : 3,500
48	불산(중량 10% 이상)	7664-39-3	제조·취급·저장 : 10,000
49	염산(중량 20% 이상)	7647-01-0	제조·취급·저장 : 20,000
50	황산(중량 20% 이상)	7664-93-9	제조·취급·저장 : 20,000
51	암모니아수(중량 20% 이상)	1336-21-6	제조·취급·저장 : 50,000

비고
1. 인화성 가스란 인화한계 농도의 최저한도가 13[%] 이하 또는 최고한도와 최저한도의 차가 12[%] 이상인 것으로서 표준압력(101.3[kPa])하의 20[℃]에서 가스 상태인 물질을 말한다.
2. 인화성 가스 중 사업장 외부로부터 배관을 통해 공급받아 최초 압력조정기 후단 이후의 압력이 0.1[MPa](계기압력) 미만으로 취급되는 사업장의 연료용 도시가스(메탄 중량성분 85[%] 이상으로 이 표에 따른 유해·위험물질이 없는 설비에 공급되는 경우에 한정한다)는 취급 규정량을 50,000[kg]으로 한다.
3. 인화성 액체란 표준압력(101.3[kPa])에서 인화점이 60[℃] 이하이거나 고온·고압의 공정운전조건으로 인하여 화재·폭발위험이 있는 상태에서 취급되는 가연성 물질을 말한다.
4. 인화점의 수치는 태그밀폐식 또는 펜스키마르테르식 등의 밀폐식 인화점 측정기로 표준압력(101.3 [kPa])에서 측정한 수치 중 작은 수치를 말한다.
5. 유해·위험물질의 규정량이란 제조·취급·저장 설비에서 공정과정 중에 저장되는 양을 포함하여 하루 동안 최대로 제조·취급 또는 저장할 수 있는 양을 말한다.
6. 규정량은 화학물질의 순도 100[%]를 기준으로 산출하되, 농도가 규정되어 있는 화학물질은 그 규정된 농도를 기준으로 한다.
7. 사업장에서 다음 각 목의 구분에 따라 해당 유해·위험물질을 그 규정량 이상 제조·취급·저장하는 경우에는 유해·위험설비로 본다.
   가. 한 종류의 유해·위험물질을 제조·취급·저장하는 경우 : 해당 유해·위험물질의 규정량 대비 하루 동안 제조·취급 또는 저장할 수 있는 최대치 중 가장 큰 값($\frac{C}{T}$)이 1 이상인 경우
   나. 두 종류 이상의 유해·위험물질을 제조·취급·저장하는 경우 : 유해·위험물질별로 가 목에 따른 가장 큰 값($\frac{C}{T}$)을 각각 구하여 합산한 값(R)이 1 이상인 경우, 그 계산식은 다음과 같다.
   $$R = \frac{C_1}{T_1} + \frac{C_2}{T_2} + \cdots\cdots\cdots + \frac{C_n}{T_n}$$
   주) C_n : 유해·위험물질별(n) 규정량과 비교하여 하루 동안 제조·취급 또는 저장할 수 있는 최대치 중 가장 큰 값
   　　T_n : 유해·위험물질별(n) 규정량
8. 가스를 전문으로 저장·판매하는 시설 내의 가스는 이 표의 규정량 산정에서 제외한다.

[별표 20] 유해·위험 방지를 위한 방호조치가 필요한 기계·기구 20.9.27 기

1. 예초기
2. 원심기
3. 공기압축기
4. 금속절단기
5. 지게차
6. 포장기계(진공포장기, 랩핑기로 한정한다)

3. 산업안전보건법 시행규칙

[시행 2025. 1. 1.] [고용노동부령 제419호, 2024. 6. 28., 일부개정]

제1장 총칙

제1조(목적) 이 규칙은「산업안전보건법」및 같은 법 시행령에서 위임된 사항과 그 시행에 필요한 사항을 규정함을 목적으로 한다.

제3조(중대재해의 범위) 법 제2조제2호에서 "고용노동부령으로 정하는 재해"란 다음 각 호의 어느 하나에 해당하는 재해를 말한다.
1. 사망자가 1명 이상 발생한 재해
2. 3개월 이상의 요양이 필요한 부상자가 동시에 2명 이상 발생한 재해
3. 부상자 또는 직업성 질병자가 동시에 10명 이상 발생한 재해

제6조(도급인의 안전보건 조치 장소)「산업안전보건법 시행령」(이하 "영"이라 한다) 제11조제15호에서 "고용노동부령으로 정하는 장소"란 다음 각 호의 어느 하나에 해당하는 장소를 말한다.
1. 화재·폭발 우려가 있는 다음 각 목의 어느 하나에 해당하는 작업을 하는 장소
   가. 선박 내부에서의 용접·용단작업
   나. 안전보건규칙 제225조제4호에 따른 인화성 액체를 취급·저장하는 설비 및 용기에서의 용접·용단작업
   다. 안전보건규칙 제273조에 따른 특수화학설비에서의 용접·용단작업
   라. 가연물(可燃物)이 있는 곳에서의 용접·용단 및 금속의 가열 등 화기를 사용하는 작업이나 연삭숫돌에 의한 건식연마작업 등 불꽃이 발생할 우려가 있는 작업
2. 안전보건규칙 제132조에 따른 양중기(揚重機)에 의한 충돌 또는 협착(狹窄)의 위험이 있는 작업을 하는 장소
3. 안전보건규칙 제420조제7호에 따른 유기화합물 취급 특별장소
4. 안전보건규칙 제574조제1항 각 호에 따른 방사선 업무를 하는 장소
5. 안전보건규칙 제618조제1호에 따른 밀폐공간
6. 안전보건규칙 별표 1에 따른 위험물질을 제조하거나 취급하는 장소
7. 안전보건규칙 별표 7에 따른 화학설비 및 그 부속설비에 대한 정비·보수 작업이 이루어지는 장소

합격예측 및 관련법규

제11조(도급인이 지배·관리하는 장소) 법 제10조제2항에서 "대통령령으로 정하는 장소"란 다음 각 호의 어느 하나에 해당하는 장소를 말한다.
① 토사(土砂)·구축물·인공구조물 등이 붕괴될 우려가 있는 장소
② 기계·기구 등이 넘어지거나 무너질 우려가 있는 장소
③ 안전난간의 설치가 필요한 장소
④ 비계(飛階) 또는 거푸집을 설치하거나 해체하는 장소
⑤ 건설용 리프트를 운행하는 장소
⑥ 지반(地盤)을 굴착하거나 발파작업을 하는 장소
⑦ 엘리베이터홀 등 근로자가 추락할 위험이 있는 장소
⑧ 석면이 붙어 있는 물질을 파쇄하거나 해체하는 작업을 하는 장소
⑨ 공중 전선에 가까운 장소로서 시설물의 설치·해체·점검 및 수리 등의 작업을 할 때 감전의 위험이 있는 장소
⑩ 물체가 떨어지거나 날아올 위험이 있는 장소
⑪ 프레스 또는 전단기(剪斷機)를 사용하여 작업을 하는 장소
⑫ 차량계(車輛系) 하역운반 기계 또는 차량계 건설기계를 사용하여 작업하는 장소
⑬ 전기 기계·기구를 사용하여 감전의 위험이 있는 작업을 하는 장소
⑭「철도산업발전기본법」제3조제4호에 따른 철도차량(「도시철도법」에 따른 도시철도차량을 포함한다)에 의한 충돌 또는 협착의 위험이 있는 작업을 하는 장소
⑮ 그 밖에 화재·폭발 등 사고발생 위험이 높은 장소로서 고용노동부령으로 정하는 장소

제2장 안전보건관리체제 등

제1절 안전보건관리체제

제9조(안전보건관리책임자의 업무) 법 제15조제1항제9호에서 "고용노동부령으로 정하는 사항"이란 법 제36조에 따른 위험성평가의 실시에 관한 사항과 안전보건규칙에서 정하는 근로자의 위험 또는 건강장해의 방지에 관한 사항을 말한다.

제10조(도급사업의 안전관리자 등의 선임) 안전관리자 및 보건관리자를 두어야 할 수급인인 사업주는 영 제16조제5항 및 제20조제3항에 따라 도급인인 사업주가 다음 각 호의 요건을 모두 갖춘 경우에는 안전관리자 및 보건관리자를 선임하지 않을 수 있다.

1. 도급인인 사업주 자신이 선임해야 할 안전관리자 및 보건관리자를 둔 경우
2. 안전관리자 및 보건관리자를 두어야 할 수급인인 사업주의 사업의 종류별로 상시근로자 수(건설공사의 경우에는 건설공사 금액을 말한다. 이하 같다)를 합계하여 그 상시근로자 수에 해당하는 안전관리자 및 보건관리자를 추가로 선임한 경우

제12조(안전관리자 등의 증원·교체임명 명령) ① 지방고용노동관서의 장은 다음 각 호의 어느 하나에 해당하는 사유가 발생한 경우에는 법 제17조제4항·제18조제4항 또는 제19조제3항에 따라 사업주에게 안전관리자·보건관리자 또는 안전보건관리담당자(이하 이 조에서 "관리자"라 한다)를 정수 이상으로 증원하게 하거나 교체하여 임명할 것을 명할 수 있다. 다만, 제4호에 해당하는 경우로서 직업성 질병자 발생 당시 사업장에서 해당 화학적 인자(因子)를 사용하지 않은 경우에는 그렇지 않다. 21. 4. 25 기

1. 해당 사업장의 연간재해율이 같은 업종의 평균재해율의 2배 이상인 경우
2. 중대재해가 연간 2건 이상 발생한 경우. 다만, 해당 사업장의 전년도 사망만인율이 같은 업종의 평균 사망만인율 이하인 경우는 제외한다.
3. 관리자가 질병이나 그 밖의 사유로 3개월 이상 직무를 수행할 수 없게 된 경우
4. 별표 22 제1호에 따른 화학적 인자로 인한 직업성 질병자가 연간 3명 이상 발생한 경우. 이 경우 직업성 질병자의 발생일은 「산업재해보상보험법 시행규칙」 제21조제1항에 따른 요양급여의 결정일로 한다.

② 제1항에 따라 관리자를 정수 이상으로 증원하게 하거나 교체하여 임명할 것을 명하는 경우에는 미리 사업주 및 해당 관리자의 의견을 듣거나 소명자료를 제출받아야 한다. 다만, 정당한 사유 없이 의견진술 또는 소명자료의 제출을 게을리한 경우에는 그렇지 않다.

③ 제1항에 따른 관리자의 정수 이상 증원 및 교체임명 명령은 별지 제4호서식에 따른다.

제2절 안전보건관리규정

제25조(안전보건관리규정의 작성) ① 법 제25조제3항에 따라 안전보건관리규정을 작성해야 할 사업의 종류 및 상시근로자 수는 별표 2와 같다.

② 제1항에 따른 사업의 사업주는 안전보건관리규정을 작성해야 할 사유가 발생한 날부터 30일 이내에 별표 3의 내용을 포함한 안전보건관리규정을 작성해야 한다. 이를 변경할 사유가 발생한 경우에도 또한 같다.

③ 사업주가 제2항에 따라 안전보건관리규정을 작성할 때에는 소방·가스·전기·교통 분야 등의 다른 법령에서 정하는 안전관리에 관한 규정과 통합하여 작성할 수 있다.

제3장 안전보건교육

제26조(교육시간 및 교육내용) ① 법 제29조제1항부터 제3항까지의 규정에 따라 사업주가 근로자에게 실시해야 하는 안전보건교육의 교육시간은 별표 4와 같고, 교육내용은 별표 5와 같다. 이 경우 사업주가 법 제29조제3항에 따른 유해하거나 위험한 작업에 필요한 안전보건교육(이하 "특별교육"이라 한다)을 실시한 때에는 해당 근로자에 대하여 법 제29조제2항에 따라 채용할 때 해야 하는 교육(이하 "채용 시 교육"이라 한다) 및 작업내용을 변경할 때 해야 하는 교육(이하 "작업내용 변경 시 교육"이라 한다)을 실시한 것으로 본다.

② 제1항에 따른 교육을 실시하기 위한 교육방법과 그 밖에 교육에 필요한 사항은 고용노동부장관이 정하여 고시한다.

③ 사업주가 법 제29조제1항부터 제3항까지의 규정에 따른 안전보건교육을 자체적으로 실시하는 경우에 교육을 할 수 있는 사람은 다음 각 호의 어느 하나에 해당하는 사람으로 한다.

1. 다음 각 목의 어느 하나에 해당하는 사람
   가. 법 제15조제1항에 따른 안전보건관리책임자
   나. 법 제16조제1항에 따른 관리감독자
   다. 법 제17조제1항에 따른 안전관리자(안전관리전문기관에서 안전관리자의 위탁업무를 수행하는 사람을 포함한다)
   라. 법 제18조제1항에 따른 보건관리자(보건관리전문기관에서 보건관리자의 위탁업무를 수행하는 사람을 포함한다)
   마. 법 제19조제1항에 따른 안전보건관리담당자(안전관리전문기관 및 보건관리전문기관에서 안전보건관리담당자의 위탁업무를 수행하는 사람을 포함한다)
   바. 법 제22조제1항에 따른 산업보건의
2. 공단에서 실시하는 해당 분야의 강사요원 교육과정을 이수한 사람

3. 법 제142조에 따른 산업안전지도사 또는 산업보건지도사(이하 "지도사"라 한다)
4. 산업안전보건에 관하여 학식과 경험이 있는 사람으로서 고용노동부장관이 정하는 기준에 해당하는 사람

제4장 유해·위험 방지 조치

제37조(위험성평가 실시내용 및 결과의 기록·보존) ① 사업주가 법 제36조제3항에 따라 위험성평가의 결과와 조치사항을 기록·보존할 때에는 다음 각 호의 사항이 포함되어야 한다.
1. 위험성평가 대상의 유해·위험요인
2. 위험성 결정의 내용
3. 위험성 결정에 따른 조치의 내용
4. 그 밖에 위험성평가의 실시내용을 확인하기 위하여 필요한 사항으로서 고용노동부장관이 정하여 고시하는 사항

② 사업주는 제1항에 따른 자료를 3년간 보존해야 한다.

제38조(안전보건표지의 종류·형태·색채 및 용도 등) ① 법 제37조제2항에 따른 안전보건표지의 종류와 형태는 별표 6과 같고, 그 용도, 설치·부착 장소, 형태 및 색채는 별표 7과 같다.

② 안전보건표지의 표시를 명확히 하기 위하여 필요한 경우에는 그 안전보건표지의 주위에 표시사항을 글자로 덧붙여 적을 수 있다. 이 경우 글자는 흰색 바탕에 검은색 한글고딕체로 표기해야 한다.

③ 안전보건표지에 사용되는 색채의 색도기준 및 용도는 별표 8과 같고, 사업주는 사업장에 설치하거나 부착한 안전보건표지의 색도기준이 유지되도록 관리해야 한다.

④ 안전보건표지에 관하여 법 또는 법에 따른 명령에서 규정하지 않은 사항으로서 다른 법 또는 다른 법에 따른 명령에서 규정한 사항이 있으면 그 부분에 대해서는 그 법 또는 명령을 적용한다.

제40조(안전보건표지의 제작) ① 안전보건표지는 그 종류별로 별표 9에 따른 기본모형에 의하여 별표 7의 구분에 따라 제작해야 한다.

② 안전보건표지는 그 표시내용을 근로자가 빠르고 쉽게 알아볼 수 있는 크기로 제작해야 한다.

③ 안전보건표지 속의 그림 또는 부호의 크기는 안전보건표지의 크기와 비례해야 하며, 안전보건표지 전체 규격의 30퍼센트 이상이 되어야 한다.

④ 안전보건표지는 쉽게 파손되거나 변형되지 않는 재료로 제작해야 한다.

⑤ 야간에 필요한 안전보건표지는 야광물질을 사용하는 등 쉽게 알아볼 수 있도

록 제작해야 한다.

제41조(고객의 폭언등으로 인한 건강장해 예방조치) 사업주는 법 제41조제1항에 따라 건강장해를 예방하기 위하여 다음 각 호의 조치를 해야 한다.

1. 법 제41조제1항에 따른 폭언등을 하지 않도록 요청하는 문구 게시 또는 음성 안내
2. 고객과의 문제 상황 발생 시 대처방법 등을 포함하는 고객응대업무 매뉴얼 마련
3. 제2호에 따른 고객응대업무 매뉴얼의 내용 및 건강장해 예방 관련 교육 실시
4. 그 밖에 법 제41조제1항에 따른 고객응대근로자의 건강장해 예방을 위하여 필요한 조치

제42조(제출서류 등) ① 법 제42조제1항제1호에 해당하는 사업주가 유해위험방지계획서를 제출할 때에는 사업장별로 별지 제16호서식의 제조업 등 유해위험방지계획서에 다음 각 호의 서류를 첨부하여 해당 작업 시작 15일 전까지 공단에 2부를 제출해야 한다. 이 경우 유해위험방지계획서의 작성기준, 작성자, 심사기준, 그 밖에 심사에 필요한 사항은 고용노동부장관이 정하여 고시한다.

1. 건축물 각 층의 평면도
2. 기계·설비의 개요를 나타내는 서류
3. 기계·설비의 배치도면
4. 원재료 및 제품의 취급, 제조 등의 작업방법의 개요
5. 그 밖에 고용노동부장관이 정하는 도면 및 서류

② 법 제42조제1항제2호에 해당하는 사업주가 유해위험방지계획서를 제출할 때에는 사업장별로 별지 제16호서식의 제조업 등 유해위험방지계획서에 다음 각 호의 서류를 첨부하여 해당 작업 시작 15일 전까지 공단에 2부를 제출해야 한다.

1. 설치장소의 개요를 나타내는 서류
2. 설비의 도면
3. 그 밖에 고용노동부장관이 정하는 도면 및 서류

③ 법 제42조제1항제3호에 해당하는 사업주가 유해위험방지계획서를 제출할 때에는 별지 제17호서식의 건설공사 유해위험방지계획서에 별표 10의 서류를 첨부하여 해당 공사의 착공(유해위험방지계획서 작성 대상 시설물 또는 구조물의 공사를 시작하는 것을 말하며, 대지 정리 및 가설사무소 설치 등의 공사 준비기간은 착공으로 보지 않는다) 전날까지 공단에 2부를 제출해야 한다. 이 경우 해당 공사가 「건설기술 진흥법」 제62조에 따른 안전관리계획을 수립해야 하는 건설공사에 해당하는 경우에는 유해위험방지계획서와 안전관리계획서를 통합하여 작성한 서류를 제출할 수 있다.

④ 같은 사업장 내에서 영 제42조제3항 각 호에 따른 공사의 착공시기를 달리하

는 사업의 사업주는 해당 공사별 또는 해당 공사의 단위작업공사 종류별로 유해위험방지계획서를 분리하여 각각 제출할 수 있다. 이 경우 이미 제출한 유해위험방지계획서의 첨부서류와 중복되는 서류는 제출하지 않을 수 있다.

⑤ 법 제42조제1항 단서에서 "산업재해발생률 등을 고려하여 고용노동부령으로 정하는 기준에 해당하는 사업주"란 별표 11의 기준에 적합한 건설업체(이하 "자체심사 및 확인업체"라 한다)의 사업주를 말한다.

⑥ 자체심사 및 확인업체는 별표 11의 자체심사 및 확인방법에 따라 유해위험방지계획서를 스스로 심사하여 해당 공사의 착공 전날까지 별지 제18호서식의 유해위험방지계획서 자체심사서를 공단에 제출해야 한다. 이 경우 공단은 필요한 경우 자체심사 및 확인업체의 자체심사에 관하여 지도·조언할 수 있다.

제43조(유해위험방지계획서의 건설안전분야 자격 등) 법 제42조제2항에서 "건설안전 분야의 자격 등 고용노동부령으로 정하는 자격을 갖춘 자"란 다음 각 호의 어느 하나에 해당하는 사람을 말한다. 22.7.24 기

1. 건설안전 분야 산업안전지도사
2. 건설안전기술사 또는 토목·건축 분야 기술사
3. 건설안전산업기사 이상의 자격을 취득한 후 건설안전 관련 실무경력이 건설안전기사 이상의 자격은 5년, 건설안전산업기사 자격은 7년 이상인 사람

제45조(심사 결과의 구분) ① 공단은 유해위험방지계획서의 심사 결과를 다음 각 호와 같이 구분·판정한다.

1. 적정: 근로자의 안전과 보건을 위하여 필요한 조치가 구체적으로 확보되었다고 인정되는 경우
2. 조건부 적정: 근로자의 안전과 보건을 확보하기 위하여 일부 개선이 필요하다고 인정되는 경우
3. 부적정: 건설물·기계·기구 및 설비 또는 건설공사가 심사기준에 위반되어 공사착공 시 중대한 위험이 발생할 우려가 있거나 해당 계획에 근본적 결함이 있다고 인정되는 경우

② 공단은 심사 결과 적정판정 또는 조건부 적정판정을 한 경우에는 별지 제20호서식의 유해위험방지계획서 심사 결과 통지서에 보완사항을 포함(조건부 적정판정을 한 경우만 해당한다)하여 해당 사업주에게 발급하고 지방고용노동관서의 장에게 보고해야 한다.

③ 공단은 심사 결과 부적정판정을 한 경우에는 지체 없이 별지 제21호서식의 유해위험방지계획서 심사 결과(부적정) 통지서에 그 이유를 기재하여 지방고용노동관서의 장에게 통보하고 사업장 소재지 특별자치시장·특별자치도지사·시장·군수·구청장(구청장은 자치구의 구청장을 말한다. 이하 같다)에게 그 사실을 통보해야 한다.

④ 제3항에 따른 통보를 받은 지방고용노동관서의 장은 사실 여부를 확인한 후 공사착공중지명령, 계획변경명령 등 필요한 조치를 해야 한다.

⑤ 사업주는 지방고용노동관서의 장으로부터 공사착공중지명령 또는 계획변경명령을 받은 경우에는 유해위험방지계획서를 보완하거나 변경하여 공단에 제출해야 한다.

제51조(공정안전보고서의 제출 시기) 사업주는 영 제45조제1항에 따라 유해하거나 위험한 설비의 설치·이전 또는 주요 구조부분의 변경공사의 착공일(기존 설비의 제조·취급·저장 물질이 변경되거나 제조량·취급량·저장량이 증가하여 영 별표 13에 따른 유해·위험물질 규정량에 해당하게 된 경우에는 그 해당일을 말한다) 30일 전까지 공정안전보고서를 2부 작성하여 공단에 제출해야 한다. 20.6.7 기

제61조(안전보건개선계획의 제출 등) ① 법 제50조제1항에 따라 안전보건개선계획서를 제출해야 하는 사업주는 법 제49조제1항에 따른 안전보건개선계획서 수립·시행 명령을 받은 날부터 60일 이내에 관할 지방고용노동관서의 장에게 해당 계획서를 제출(전자문서로 제출하는 것을 포함한다)해야 한다. 20.11.29 기 22.7.24 기

② 제1항에 따른 안전보건개선계획서에는 시설, 안전보건관리체제, 안전보건교육, 산업재해 예방 및 작업환경의 개선을 위하여 필요한 사항이 포함되어야 한다.

제63조(기계·설비 등에 대한 안전 및 보건조치) 법 제53조제1항에서 "안전 및 보건에 관하여 고용노동부령으로 정하는 필요한 조치"란 다음 각 호의 어느 하나에 해당하는 조치를 말한다.

1. 안전보건규칙에서 건설물 또는 그 부속건설물·기계·기구·설비·원재료에 대하여 정하는 안전조치 또는 보건조치
2. 법 제87조에 따른 안전인증대상기계등의 사용금지
3. 법 제92조에 따른 자율안전확인대상기계등의 사용금지
4. 법 제95조에 따른 안전검사대상기계등의 사용금지
5. 법 제99조제2항에 따른 안전검사대상기계등의 사용금지
6. 법 제117조제1항에 따른 제조등금지물질의 사용금지
7. 법 제118조제1항에 따른 허가대상물질에 대한 허가의 취득

제67조(중대재해 발생 시 보고) 사업주는 중대재해가 발생한 사실을 알게 된 경우에는 법 제54조제2항에 따라 지체 없이 다음 각 호의 사항을 사업장 소재지를 관할하는 지방고용노동관서의 장에게 전화·팩스 또는 그 밖의 적절한 방법으로 보고해야 한다.

1. 발생 개요 및 피해 상황
2. 조치 및 전망
3. 그 밖의 중요한 사항

제72조(산업재해 기록 등) 사업주는 산업재해가 발생한 때에는 법 제57조제2항에 따라 다음 각 호의 사항을 기록·보존해야 한다. 다만, 제73조제1항에 따른 산업재해조사표의 사본을 보존하거나 제73조제5항에 따른 요양신청서의 사본에 재해 재발방지 계획을 첨부하여 보존한 경우에는 그렇지 않다. 20. 7. 25 산 22. 10. 16 산

1. 사업장의 개요 및 근로자의 인적사항
2. 재해 발생의 일시 및 장소
3. 재해 발생의 원인 및 과정
4. 재해 재발방지 계획

제73조(산업재해 발생 보고 등) ① 사업주는 산업재해로 사망자가 발생하거나 3일 이상의 휴업이 필요한 부상을 입거나 질병에 걸린 사람이 발생한 경우에는 법 제57조제3항에 따라 해당 산업재해가 발생한 날부터 1개월 이내에 별지 제30호서식의 산업재해조사표를 작성하여 관할 지방고용노동관서의 장에게 제출(전자문서로 제출하는 것을 포함한다)해야 한다. 16. 6. 26 기

② 제1항에도 불구하고 다음 각 호의 모두에 해당하지 않는 사업주가 법률 제11882호 산업안전보건법 일부개정법률 제10조제2항의 개정규정의 시행일인 2014년 7월 1일 이후 해당 사업장에서 처음 발생한 산업재해에 대하여 지방고용노동관서의 장으로부터 별지 제30호서식의 산업재해조사표를 작성하여 제출하도록 명령을 받은 경우 그 명령을 받은 날부터 15일 이내에 이를 이행한 때에는 제1항에 따른 보고를 한 것으로 본다. 제1항에 따른 보고기한이 지난 후에 자진하여 별지 제30호서식의 산업재해조사표를 작성·제출한 경우에도 또한 같다.

1. 안전관리자 또는 보건관리자를 두어야 하는 사업주
2. 법 제62조제1항에 따라 안전보건총괄책임자를 지정해야 하는 도급인
3. 법 제73조제2항에 따라 건설재해예방전문지도기관의 지도를 받아야 하는 건설공사도급인(법 제69조제1항의 건설공사도급인을 말한다. 이하 같다)
4. 산업재해 발생사실을 은폐하려고 한 사업주

③ 사업주는 제1항에 따른 산업재해조사표에 근로자대표의 확인을 받아야 하며, 그 기재 내용에 대하여 근로자대표의 이견이 있는 경우에는 그 내용을 첨부해야 한다. 다만, 근로자대표가 없는 경우에는 재해자 본인의 확인을 받아 산업재해조사표를 제출할 수 있다.

④ 제1항부터 제3항까지의 규정에서 정한 사항 외에 산업재해발생 보고에 필요한 사항은 고용노동부장관이 정한다.

⑤ 「산업재해보상보험법」 제41조에 따라 요양급여의 신청을 받은 근로복지공단은 지방고용노동관서의 장 또는 공단으로부터 요양신청서 사본, 요양업무 관련 전산입력자료, 그 밖에 산업재해예방업무 수행을 위하여 필요한 자료의 송부를 요청받은 경우에는 이에 협조해야 한다.

제5장 도급 시 산업재해 예방

제1절 도급의 제한

제74조(안전 및 보건에 관한 평가의 내용 등) ① 사업주는 법 제58조제2항제2호에 따른 승인 및 같은 조 제5항에 따른 연장승인을 받으려는 경우 법 제165조제2항, 영 제116조제2항에 따라 고용노동부장관이 고시하는 기관을 통하여 안전 및 보건에 관한 평가를 받아야 한다.
② 제1항의 안전 및 보건에 관한 평가에 대한 내용은 별표 12와 같다.

제2절 도급인의 안전조치 및 보건조치

제79조(협의체의 구성 및 운영) ① 법 제64조제1항제1호에 따른 안전 및 보건에 관한 협의체(이하 이 조에서 "협의체"라 한다)는 도급인 및 그의 수급인 전원으로 구성해야 한다.
② 협의체는 다음 각 호의 사항을 협의해야 한다.
   1. 작업의 시작 시간
   2. 작업 또는 작업장 간의 연락방법
   3. 재해발생 위험이 있는 경우 대피방법
   4. 작업장에서의 법 제36조에 따른 위험성평가의 실시에 관한 사항
   5. 사업주와 수급인 또는 수급인 상호 간의 연락 방법 및 작업공정의 조정
③ 협의체는 매월 1회 이상 정기적으로 회의를 개최하고 그 결과를 기록·보존해야 한다.

제80조(도급사업 시의 안전보건조치 등) ① 도급인은 법 제64조제1항제2호에 따른 작업장 순회점검을 다음 각 호의 구분에 따라 실시해야 한다.
   1. 다음 각 목의 사업 : 2일에 1회 이상
     가. 건설업
     나. 제조업
     다. 토사석 광업
     라. 서적, 잡지 및 기타 인쇄물 출판업
     마. 음악 및 기타 오디오물 출판업
     바. 금속 및 비금속 원료 재생업
   2. 제1호 각 목의 사업을 제외한 사업 : 1주일에 1회 이상
② 관계수급인은 제1항에 따라 도급인이 실시하는 순회점검을 거부·방해 또는 기피해서는 안 되며 점검 결과 도급인의 시정요구가 있으면 이에 따라야 한다.
③ 도급인은 법 제64조제1항제3호에 따라 관계수급인이 실시하는 근로자의 안전·보건교육에 필요한 장소 및 자료의 제공 등을 요청받은 경우 협조해야 한다.

제81조(위생시설의 설치 등 협조) ① 법 제64조제1항제6호에서 "위생시설 등 고용노동부령으로 정하는 시설"이란 다음 각 호의 시설을 말한다.
    1. 휴게시설
    2. 세면·목욕시설
    3. 세탁시설
    4. 탈의시설
    5. 수면시설
② 도급인이 제1항에 따른 시설을 설치할 때에는 해당 시설에 대해 안전보건규칙에서 정하고 있는 기준을 준수해야 한다.

제82조(도급사업의 합동 안전보건점검) ① 법 제64조제2항에 따라 도급인이 작업장의 안전 및 보건에 관한 점검을 할 때에는 다음 각 호의 사람으로 점검반을 구성해야 한다.
    1. 도급인(같은 사업 내에 지역을 달리하는 사업장이 있는 경우에는 그 사업장의 안전보건관리책임자)
    2. 관계수급인(같은 사업 내에 지역을 달리하는 사업장이 있는 경우에는 그 사업장의 안전보건관리책임자)
    3. 도급인 및 관계수급인의 근로자 각 1명(관계수급인의 근로자의 경우에는 해당 공정만 해당한다)
② 법 제64조제2항에 따른 정기 안전·보건점검의 실시 횟수는 다음 각 호의 구분에 따른다.
    1. 다음 각 목의 사업 : 2개월에 1회 이상
        가. 건설업
        나. 선박 및 보트 건조업
    2. 제1호의 사업을 제외한 사업 : 분기에 1회 이상

제3절 건설업 등의 산업재해 예방

제86조(기본안전보건대장 등) ① 법 제67조제1항제1호에 따른 기본안전보건대장에는 다음 각 호의 사항이 포함되어야 한다.
    1. 공사규모, 공사예산 및 공사기간 등 사업개요
    2. 공사현장 제반 정보
    3. 공사 시 유해·위험요인과 감소대책 수립을 위한 설계조건
② 법 제67조제1항제2호에 따른 설계안전보건대장에는 다음 각 호의 사항이 포함되어야 한다. 다만, 「건설기술진흥법 시행령」 제75조의2에 따른 설계안전검토보고서를 작성한 경우에는 제1호 및 제2호를 포함하지 않을 수 있다.
    1. 안전한 작업을 위한 적정 공사기간 및 공사금액 산출서

2. 제1항제3호의 설계조건을 반영하여 공사 중 발생할 수 있는 주요 유해·위험요인 및 감소대책에 대한 위험성평가 내용
3. 법 제42조제1항에 따른 유해위험방지계획서의 작성계획
4. 법 제68조제1항에 따른 안전보건조정자의 배치계획
5. 법 제72조제1항에 따른 산업안전보건관리비의 산출내역서
6. 법 제73조제1항에 따른 건설공사의 산업재해 예방 지도의 실시계획

③ 법 제67제1항제3호에 따른 공사안전보건대장에 포함하여 이행여부를 확인해야 할 사항은 다음 각 호와 같다.
1. 설계안전보건대장의 위험성평가 내용이 반영된 공사 중 안전보건 조치 이행계획
2. 법 제42조제1항에 따른 유해위험방지계획서의 심사 및 확인결과에 대한 조치내용
3. 법 제72조제1항에 따라 계상된 산업안전보건관리비의 사용계획 및 사용내역
4. 법 제73조제1항에 따른 건설공사의 산업재해 예방 지도를 위한 계약 여부, 지도결과 및 조치내용

④ 제1항부터 제3항까지의 규정에 따른 기본안전보건대장, 설계안전보건대장 및 공사안전보건대장의 작성과 공사안전보건대장의 이행여부 확인 방법 및 절차 등에 관하여 필요한 사항은 고용노동부장관이 정하여 고시한다.

제93조(노사협의체 협의사항 등) 법 제75조제5항에서 "고용노동부령으로 정하는 사항"이란 다음 각 호의 사항을 말한다.
1. 산업재해 예방방법 및 산업재해가 발생한 경우의 대피방법
2. 작업의 시작시간, 작업 및 작업장 간의 연락방법
3. 그 밖의 산업재해 예방과 관련된 사항

제4절 그 밖의 고용형태에서의 산업재해 예방

제95조(교육시간 및 교육내용 등) ① 특수형태근로종사자로부터 노무를 제공받는 자가 법 제77조제2항에 따라 특수형태근로종사자에 대하여 실시해야 하는 안전 및 보건에 관한 교육시간은 별표 4와 같고, 교육내용은 별표 5와 같다.
② 특수형태근로종사자로부터 노무를 제공받는 자가 제1항에 따른 교육을 자체적으로 실시하는 경우 교육을 할 수 있는 사람은 제26조제3항 각 호의 어느 하나에 해당하는 사람으로 한다.
③ 특수형태근로종사자로부터 노무를 제공받는 자는 제1항에 따른 교육을 안전보건교육기관에 위탁할 수 있다.
④ 제1항에 따른 교육을 실시하기 위한 교육방법과 그 밖에 교육에 필요한 사항은 고용노동부장관이 정하여 고시한다.

합격예측 및 관련법규

제87조(공사기간 연장 요청 등)
① 건설공사도급인은 법 제70조제1항에 따라 공사기간 연장을 요청하려면 같은 항 각 호의 사유가 종료된 날부터 10일이 되는 날까지 별지 제35호서식의 공사기간 연장 요청서에 다음 각 호의 서류를 첨부하여 건설공사발주자에게 제출해야 한다. 다만, 해당 공사기간의 연장 사유가 그 건설공사의 계약기간 만료 후에도 지속될 것으로 예상되는 경우에는 그 계약기간 만료 전에 건설공사발주자에게 공사기간 연장을 요청할 예정임을 통지하고, 그 사유가 종료된 날부터 10일이 되는 날까지 공사기간 연장을 요청할 수 있다.

⑤ 특수형태근로종사자의 교육면제에 대해서는 제27조제4항을 준용한다. 이 경우 "사업주"는 "특수형태근로종사자로부터 노무를 제공받는 자"로, "근로자"는 "특수형태근로종사자"로, "채용"은 "최초 노무제공"으로 본다.

제6장 유해·위험 기계 등에 대한 조치

제1절 유해하거나 위험한 기계 등에 대한 방호조치 등

제98조(방호조치) ① 법 제80조제1항에 따라 영 제70조 및 영 별표 20의 기계·기구에 설치해야 할 방호장치는 다음 각 호와 같다.
  1. 영 별표 20 제1호에 따른 예초기 : 날접촉 예방장치
  2. 영 별표 20 제2호에 따른 원심기 : 회전체 접촉 예방장치
  3. 영 별표 20 제3호에 따른 공기압축기 : 압력방출장치
  4. 영 별표 20 제4호에 따른 금속절단기 : 날접촉 예방장치
  5. 영 별표 20 제5호에 따른 지게차 : 헤드 가드, 백레스트(backrest), 전조등, 후미등, 안전벨트
  6. 영 별표 20 제6호에 따른 포장기계 : 구동부 방호 연동장치

② 법 제80조제2항에서 "고용노동부령으로 정하는 방호조치"란 다음 각 호의 방호조치를 말한다.
  1. 작동 부분의 돌기부분은 묻힘형으로 하거나 덮개를 부착할 것
  2. 동력전달부분 및 속도조절부분에는 덮개를 부착하거나 방호망을 설치할 것
  3. 회전기계의 물림점(롤러나 톱니바퀴 등 반대방향의 두 회전체에 물려 들어가는 위험점)에는 덮개 또는 울을 설치할 것

③ 제1항 및 제2항에 따른 방호조치에 필요한 사항은 고용노동부장관이 정하여 고시한다.

제2절 안전인증

제107조(안전인증대상기계등) 법 제84조제1항에서 "고용노동부령으로 정하는 안전인증대상기계등"이란 다음 각 호의 기계 및 설비를 말한다.
  1. 설치·이전하는 경우 안전인증을 받아야 하는 기계
      가. 크레인
      나. 리프트
      다. 곤돌라
  2. 주요 구조 부분을 변경하는 경우 안전인증을 받아야 하는 기계 및 설비
      가. 프레스
      나. 전단기 및 절곡기(折曲機)
      다. 크레인

라. 리프트

마. 압력용기

바. 롤러기

사. 사출성형기(射出成形機)

아. 고소(高所)작업대

자. 곤돌라

제114조(안전인증의 표시) ① 법 제85조제1항에 따른 안전인증의 표시 중 안전인증대상기계등의 안전인증의 표시 및 표시방법은 별표 14와 같다.

② 법 제85조제1항에 따른 안전인증의 표시 중 법 제84조제3항에 따른 안전인증대상기계등이 아닌 유해·위험기계등의 안전인증 표시 및 표시방법은 별표 15와 같다.

제3절 자율안전확인의 신고

제119조(신고의 면제) 법 제89조제1항제3호에서 "고용노동부령으로 정하는 경우"란 다음 각 호의 어느 하나에 해당하는 경우를 말한다.

1. 「농업기계화촉진법」 제9조에 따른 검정을 받은 경우
2. 「산업표준화법」 제15조에 따른 인증을 받은 경우
3. 「전기용품 및 생활용품 안전관리법」 제5조 및 제8조에 따른 안전인증 및 안전검사를 받은 경우
4. 국제전기기술위원회의 국제방폭전기기계·기구 상호인정제도에 따라 인증을 받은 경우

제4절 안전검사

제124조(안전검사의 신청 등) ① 법 제93조제1항에 따라 안전검사를 받아야 하는 자는 별지 제50호서식의 안전검사 신청서를 제126조에 따른 검사 주기 만료일 30일 전에 영 제116조제2항에 따라 안전검사 업무를 위탁받은 기관(이하 "안전검사기관"이라 한다)에 제출(전자문서로 제출하는 것을 포함한다)해야 한다.

② 제1항에 따른 안전검사 신청을 받은 안전검사기관은 검사 주기 만료일 전후 각각 30일 이내에 해당 기계·기구 및 설비별로 안전검사를 해야 한다. 이 경우 해당 검사기간 이내에 검사에 합격한 경우에는 검사 주기 만료일에 안전검사를 받은 것으로 본다.

제126조(안전검사의 주기와 합격표시 및 표시방법) ① 법 제93조제3항에 따른 안전검사대상기계등의 안전검사 주기는 다음 각 호와 같다.

1. 크레인(이동식 크레인은 제외한다), 리프트(이삿짐운반용 리프트는 제외한다) 및 곤돌라 : 사업장에 설치가 끝난 날부터 3년 이내에 최초 안전검사를

합격예측 및 관련법규

「농업기계화 촉진법」 (약칭 : 농업기계화법)

제9조(농업기계의 검정) ① 농업기계의 제조업자와 수입업자는 제조하거나 수입하는 농업용 트랙터, 콤바인 등 농림축산식품부령으로 정하는 농업기계에 대하여 농림축산식품부장관의 검정을 받아야 한다. 다만, 연구·개발 또는 수출을 목적으로 제조하거나 수입하는 경우에는 그러하지 아니하다.

② 누구든지 제1항에 따른 검정을 받지 아니하거나 검정에 부적합판정을 받은 농업기계를 판매·유통해서는 아니 된다.

③ 농림축산식품부장관은 제1항에 따른 검정에 적합판정을 받은 농업기계와 동일한 형식의 농업기계에 대하여 품질유지 등을 위하여 필요하다고 인정하면 그 농업기계에 대하여 사후검정을 할 수 있다.

④ 농업기계 제조업자나 수입업자는 제1항에 따른 검정이나 제3항에 따른 사후검정에 이의가 있으면 농림축산식품부령으로 정하는 바에 따라 이의신청을 할 수 있다.

⑤ 제1항에 따른 검정 및 제3항에 따른 사후검정의 종류·신청·기준·방법과 검정 용도의 제품 처리, 검정 결과의 공표 등에 필요한 사항은 농림축산식품부령으로 정한다.

⑥ 제1항에 따른 검정을 받으려는 자는 농림축산식품부장관이 정하는 바에 따라 수수료를 내야 한다.

「산업표준화법」

제15조(제품의 인증) ① 산업통상자원부장관이 필요하다고 인정하여 심의회의 심의를 거쳐 지정한 광공업품을 제조하는 자는 공장 또는 사업장마다 산업통상자원부령으로 정하는 바에 따라 인증기관으로부터 그 제품의 인증을 받을 수 있다.

② 제1항에 따라 제품의 인증을 받은 자는 그 제품·포장·용기·납품서 또는 보증서에 산업통상자원부령으로 정하는 바에 따라 그 제품이 한국산업표준에 적합한 것임을 나타내

실시하되, 그 이후부터 2년마다(건설현장에서 사용하는 것은 최초로 설치한 날부터 6개월마다)
2. 이동식 크레인, 이삿짐운반용 리프트 및 고소작업대 : 「자동차관리법」 제8조에 따른 신규등록 이후 3년 이내에 최초 안전검사를 실시하되, 그 이후부터 2년마다
3. 프레스, 전단기, 압력용기, 국소 배기장치, 원심기, 롤러기, 사출성형기, 컨베이어 및 산업용 로봇 : 사업장에 설치가 끝난 날부터 3년 이내에 최초 안전검사를 실시하되, 그 이후부터 2년마다(공정안전보고서를 제출하여 확인을 받은 압력용기는 4년마다)

② 법 제93조제3항에 따른 안전검사의 합격표시 및 표시방법은 별표 16과 같다

제5절 유해·위험기계등의 조사 및 지원 등

제136조(제조 과정 조사 등) 영 제83조에 따른 제조 과정 조사 및 성능시험의 절차 및 방법은 제110조, 제111조제1항 및 제120조의 규정을 준용한다.

제7장 유해·위험물질에 대한 조치

제1절 유해·위험물질의 분류 및 관리

제141조(유해인자의 분류기준) 법 제104조에 따른 근로자에게 건강장해를 일으키는 화학물질 및 물리적 인자 등(이하 "유해인자"라 한다)의 유해성·위험성 분류기준은 별표 18과 같다.

제156조(물질안전보건자료의 작성방법 및 기재사항) ① 법 제110조제1항에 따른 물질안전보건자료대상물질(이하 "물질안전보건자료대상물질"이라 한다)을 제조·수입하려는 자가 물질안전보건자료를 작성하는 경우에는 그 물질안전보건자료의 신뢰성이 확보될 수 있도록 인용된 자료의 출처를 함께 적어야 한다.

② 법 제110조제1항제5호에서 "물리·화학적 특성 등 고용노동부령으로 정하는 사항"이란 다음 각 호의 사항을 말한다.
1. 물리·화학적 특성
2. 독성에 관한 정보
3. 폭발·화재 시의 대처방법
4. 응급조치 요령
5. 그 밖에 고용노동부장관이 정하는 사항

③ 그 밖에 물질안전보건자료의 세부 작성방법, 용어 등 필요한 사항은 고용노동부장관이 정하여 고시한다.

[시행일 : 2021. 1. 16] 제156조

합격예측 및 관련법규

는 표시(이하 이 조에서 "제품인증표시"라 한다)를 하거나 이를 홍보할 수 있다.
③ 제1항에 따른 인증을 받은 자가 아니면 제품·포장·용기·납품서·보증서 또는 홍보물에 제품인증표시를 하거나 이와 유사한 표시를 하여서는 아니된다.
④ 제3항을 위반하여 제품인증표시를 하거나 이와 유사한 표시를 한 제품을 그 사실을 알고 판매·수입하거나 판매를 위하여 진열·보관 또는 운반하여서는 아니 된다.

전기용품 및 생활용품 안전관리법(약칭 : 전기생활용품안전법)

제5조(안전인증 등) ① 안전인증대상제품의 제조업자(외국에서 제조하여 대한민국으로 수출하는 자를 포함한다. 이하 같다) 또는 수입업자는 안전인증대상제품에 대하여 모델(산업통상자원부령으로 정하는 고유한 명칭을 붙인 제품의 형식을 말한다. 이하 같다)별로 산업통상자원부령으로 정하는 바에 따라 안전인증기관의 안전인증을 받아야 한다.
② 안전인증대상제품의 제조업자 또는 수입업자는 안전인증을 받은 사항을 변경하려는 경우에는 산업통상자원부령으로 정하는 바에 따라 안전인증기관으로부터 변경인증을 받아야 한다. 다만, 제품의 안전성과 관련이 없는 것으로서 산업통상자원부령으로 정하는 사항을 변경하는 경우에는 그러하지 아니하다.
③ 안전인증기관은 안전인증대상제품이 산업통상자원부장관이 정하여 고시하는 제품시험의 안전기준 및 공장심사 기준에 적합한 경우 안전인증을 하여야 한다. 다만, 안전기준이 고시되지 아니하거나 고시된 안전기준을 적용할 수 없는 경우의 안전인증대상제품에 대해서는 산업통상자원부령으로 정하는 바에 따라 안전인증을 할 수 있다.
④ 안전인증기관은 제3항에 따라 안전인증을 하는 경우 산업통상자원부령으로 정하는

제167조(물질안전보건자료를 게시하거나 갖추어 두는 방법) ① 법 제114조제1항에 따라 물질안전보건자료대상물질을 취급하는 사업주는 다음 각 호의 어느 하나에 해당하는 장소 또는 전산장비에 항상 물질안전보건자료를 게시하거나 갖추어 두어야 한다. 다만, 제3호에 따른 장비에 게시하거나 갖추어 두는 경우에는 고용노동부장관이 정하는 조치를 해야 한다.

1. 물질안전보건자료대상물질을 취급하는 작업공정이 있는 장소
2. 작업장 내 근로자가 가장 보기 쉬운 장소
3. 근로자가 작업 중 쉽게 접근할 수 있는 장소에 설치된 전산장비

② 제1항에도 불구하고 건설공사, 안전보건규칙 제420조제8호에 따른 임시 작업 또는 같은 조 제9호에 따른 단시간 작업에 대해서는 법 제114조제2항에 따른 물질안전보건자료대상물질의 관리 요령으로 대신 게시하거나 갖추어 둘 수 있다. 다만, 근로자가 물질안전보건자료의 게시를 요청하는 경우에는 제1항에 따라 게시해야 한다.

[시행일 : 2021. 1. 16] 제167조

제168조(물질안전보건자료대상물질의 관리 요령 게시) ① 법 제114조제2항에 따른 작업공정별 관리 요령에 포함되어야 할 사항은 다음 각 호와 같다.

1. 제품명
2. 건강 및 환경에 대한 유해성, 물리적 위험성
3. 안전 및 보건상의 취급주의 사항
4. 적절한 보호구
5. 응급조치 요령 및 사고 시 대처방법

② 작업공정별 관리 요령을 작성할 때에는 법 제114조제1항에 따른 물질안전보건자료에 적힌 내용을 참고해야 한다.
③ 작업공정별 관리 요령은 유해성·위험성이 유사한 물질안전보건자료대상물질의 그룹별로 작성하여 게시할 수 있다.

[시행일 : 2021. 1. 16] 제168조

제2절 석면에 대한 조치

제175조(석면조사의 생략 등 확인 절차) ① 법 제119조제2항 각 호 외의 부분 단서에 따라 건축물이나 설비의 소유주 또는 임차인 등(이하 이 조에서 "건축물·설비소유주등"이라 한다)이 영 제89조제2항 각 호에 따른 석면조사의 생략 대상 건축물이나 설비에 대하여 확인을 받으려는 경우에는 별지 제74호서식의 석면조사의 생략 등 확인신청서에 다음 각 호의 구분에 따른 서류를 첨부하여 관할 지방고용노동관서의 장에게 제출해야 한다. 이 경우 제2호에 따른 건축물대장 사본을 제출한 경우에는 제3항에 따른 확인 통지가 된 것으로 본다. 〈개정 2023. 9. 27.〉

> **합격예측 및 관련법규**
>
> 바에 따라 조건을 붙일 수 있다. 이 경우 그 조건은 해당 제조업자에게 부당한 의무를 부과하는 것이어서는 아니 된다.
>
> **제8조(안전인증대상 수입 중고 전기용품의 안전검사)** ① 중고 안전인증대상전기용품을 외국에서 수입하려는 자는 산업통상자원부령으로 정하는 바에 따라 해당 안전인증대상전기용품의 안전성을 확인하기 위한 안전검사를 받아야 한다. 다만, 제5조제1항에 따른 안전인증을 받거나 제6조 각 호에 따른 안전인증의 면제 사유에 해당하는 경우에는 그러하지 아니하다.
> ② 제1항에 따른 안전검사의 기준은 제5조제3항에 따른 안전기준을 준용한다.

1. 건축물이나 설비에 석면이 함유되어 있지 않은 경우 : 이를 증명할 수 있는 설계도서 사본, 건축자재의 목록·사진·성분분석표, 건축물 안팎의 사진 등의 서류. 이 경우 성분분석표는 건축자재 생산회사가 발급한 것으로 한다.
2. 건축물이 2017년 7월 1일 이후 「건축법」 제21조에 따른 착공신고를 한 신축 건축물인 경우 : 건축물대장 사본
3. 건축물이나 설비에 석면이 1퍼센트(무게 퍼센트) 초과하여 함유되어 있는 경우 : 공사계약서 사본(자체공사인 경우에는 공사계획서)

② 법 제119조제3항에 따라 건축물·설비소유주등이 「석면안전관리법」에 따른 석면조사를 실시한 경우에는 별지 제74호서식의 석면조사의 생략 등 확인신청서에 「석면안전관리법」에 따른 석면조사를 하였음을 표시하고 그 석면조사 결과서를 첨부하여 관할 지방고용노동관서의 장에게 제출해야 한다. 다만, 「석면안전관리법 시행규칙」 제26조에 따라 건축물석면조사 결과를 관계 행정기관의 장에게 제출한 경우에는 석면조사의 생략 등 확인신청서를 제출하지 않을 수 있다.

③ 지방고용노동관서의 장은 제1항 및 제2항에 따른 신청서가 제출되면 이를 확인한 후 접수된 날부터 20일 이내에 그 결과를 해당 신청인에게 통지해야 한다.

④ 지방고용노동관서의 장은 제3항에 따른 신청서의 내용을 확인하기 위하여 기술적인 사항에 대하여 공단에 검토를 요청할 수 있다

제185조(석면농도의 측정방법) ① 법 제124조제2항에 따른 석면농도의 측정방법은 다음 각 호와 같다.
1. 석면해체·제거작업장 내의 작업이 완료된 상태를 확인한 후 공기가 건조한 상태에서 측정할 것
2. 작업장 내에 침전된 분진을 흩날린 후 측정할 것
3. 시료채취기를 작업이 이루어진 장소에 고정하여 공기 중 입자상 물질을 채취하는 지역시료채취방법으로 측정할 것

② 제1항에 따른 측정방법의 구체적인 사항, 그 밖의 시료채취 수, 분석방법 등에 관하여 필요한 사항은 고용노동부장관이 정하여 고시한다.

제8장 근로자 보건관리

제1절 근로환경의 개선

제186조(작업환경측정 대상 작업장 등) ① 법 제125조제1항에서 "고용노동부령으로 정하는 작업장"이란 별표 21의 작업환경측정 대상 유해인자에 노출되는 근로자가 있는 작업장을 말한다. 다만, 다음 각 호의 어느 하나에 해당하는 경우에는 작업환경측정을 하지 않을 수 있다.
1. 안전보건규칙 제420조제1호에 따른 관리대상 유해물질의 허용소비량을 초과하지 않는 작업장(그 관리대상 유해물질에 관한 작업환경측정만 해당한다)

2. 안전보건규칙 제420조제8호에 따른 임시 작업 및 같은 조 제9호에 따른 단시간 작업을 하는 작업장(고용노동부장관이 정하여 고시하는 물질을 취급하는 작업을 하는 경우는 제외한다)
3. 안전보건규칙 제605조제2호에 따른 분진작업의 적용 제외 작업장(분진에 관한 작업환경측정만 해당한다)
4. 그 밖에 작업환경측정 대상 유해인자의 노출 수준이 노출기준에 비하여 현저히 낮은 경우로서 고용노동부장관이 정하여 고시하는 작업장

② 안전보건진단기관이 안전보건진단을 실시하는 경우에 제1항에 따른 작업장의 유해인자 전체에 대하여 고용노동부장관이 정하는 방법에 따라 작업환경을 측정하였을 때에는 사업주는 법 제125조에 따라 해당 측정주기에 실시해야 할 해당 작업장의 작업환경측정을 하지 않을 수 있다.

제2절 건강진단 및 건강관리

제195조(근로자 건강진단 실시에 대한 협력 등) ① 사업주는 법 제135조제1항에 따른 특수건강진단기관 또는 「건강검진기본법」 제3조제2호에 따른 건강검진기관(이하 "건강진단기관"이라 한다)이 근로자의 건강진단을 위하여 다음 각 호의 정보를 요청하는 경우 해당 정보를 제공하는 등 근로자의 건강진단이 원활히 실시될 수 있도록 적극 협조해야 한다.
1. 근로자의 작업장소, 근로시간, 작업내용, 작업방식 등 근무환경에 관한 정보
2. 건강진단 결과, 작업환경측정 결과, 화학물질 사용 실태, 물질안전보건자료 등 건강진단에 필요한 정보

② 근로자는 사업주가 실시하는 건강진단 및 의학적 조치에 적극 협조해야 한다.
③ 건강진단기관은 사업주가 법 제129조부터 제131조까지의 규정에 따라 건강진단을 실시하기 위하여 출장검진을 요청하는 경우에는 출장검진을 할 수 있다.

제197조(일반건강진단의 주기 등) ① 사업주는 상시 사용하는 근로자 중 사무직에 종사하는 근로자(공장 또는 공사현장과 같은 구역에 있지 않은 사무실에서 서무·인사·경리·판매·설계 등의 사무업무에 종사하는 근로자를 말하며, 판매업무 등에 직접 종사하는 근로자는 제외한다)에 대해서는 2년에 1회 이상, 그 밖의 근로자에 대해서는 1년에 1회 이상 일반건강진단을 실시해야 한다.
② 법 제129조에 따라 일반건강진단을 실시해야 할 사업주는 일반건강진단 실시시기를 안전보건관리규정 또는 취업규칙에 규정하는 등 일반건강진단이 정기적으로 실시되도록 노력해야 한다.

제198조(일반건강진단의 검사항목 및 실시방법 등) ① 일반건강진단의 제1차 검사항목은 다음 각 호와 같다.
1. 과거병력, 작업경력 및 자각·타각증상(시진·촉진·청진 및 문진)

> **합격예측 및 관련법규**
>
> **제194조의2(휴게시설의 설치·관리기준)** 법 제128조의2제2항에서 "크기, 위치, 온도, 조명 등 고용노동부령으로 정하는 설치·관리기준"이란 별표 21의2의 휴게시설 설치·관리기준을 말한다.

2. 혈압 · 혈당 · 요당 · 요단백 및 빈혈검사
3. 체중 · 시력 및 청력
4. 흉부방사선 촬영
5. AST(SGOT) 및 ALT(SGPT), γ-GTP 및 총콜레스테롤

② 제1항에 따른 제1차 검사항목 중 혈당 · γ-GTP 및 총콜레스테롤 검사는 고용노동부장관이 정하는 근로자에 대하여 실시한다.

③ 제1항에 따른 검사 결과 질병의 확진이 곤란한 경우에는 제2차 건강진단을 받아야 하며, 제2차 건강진단의 범위, 검사항목, 방법 및 시기 등은 고용노동부장관이 정하여 고시한다.

④ 제196조 각 호 및 제200조 각 호에 따른 법령과 그 밖에 다른 법령에 따라 제1항부터 제3항까지의 규정에서 정한 검사항목과 같은 항목의 건강진단을 실시한 경우에는 해당 항목에 한정하여 제1항부터 제3항에 따른 검사를 생략할 수 있다.

⑤ 제1항부터 제4항까지의 규정에서 정한 사항 외에 일반건강진단의 검사방법, 실시방법, 그 밖에 필요한 사항은 고용노동부장관이 정한다.

제220조(질병자의 근로금지) ① 법 제138조제1항에 따라 사업주는 다음 각 호의 어느 하나에 해당하는 사람에 대해서는 근로를 금지해야 한다.

1. 전염될 우려가 있는 질병에 걸린 사람. 다만, 전염을 예방하기 위한 조치를 한 경우는 제외한다.
2. 조현병, 마비성 치매에 걸린 사람
3. 심장 · 신장 · 폐 등의 질환이 있는 사람으로서 근로에 의하여 병세가 악화될 우려가 있는 사람
4. 제1호부터 제3호까지의 규정에 준하는 질병으로서 고용노동부장관이 정하는 질병에 걸린 사람

② 사업주는 제1항에 따라 근로를 금지하거나 근로를 다시 시작하도록 하는 경우에는 미리 보건관리자(의사인 보건관리자만 해당한다), 산업보건의 또는 건강진단을 실시한 의사의 의견을 들어야 한다.

제221조(질병자 등의 근로 제한) ① 사업주는 법 제129조부터 제130조에 따른 건강진단 결과 유기화합물 · 금속류 등의 유해물질에 중독된 사람, 해당 유해물질에 중독될 우려가 있다고 의사가 인정하는 사람, 진폐의 소견이 있는 사람 또는 방사선에 피폭된 사람을 해당 유해물질 또는 방사선을 취급하거나 해당 유해물질의 분진 · 증기 또는 가스가 발산되는 업무 또는 해당 업무로 인하여 근로자의 건강을 악화시킬 우려가 있는 업무에 종사하도록 해서는 안 된다.

② 사업주는 다음 각 호의 어느 하나에 해당하는 질병이 있는 근로자를 고기압 업무에 종사하도록 해서는 안 된다.

1. 감압증이나 그 밖에 고기압에 의한 장해 또는 그 후유증

2. 결핵, 급성상기도감염, 진폐, 폐기종, 그 밖의 호흡기계의 질병
3. 빈혈증, 심장판막증, 관상동맥경화증, 고혈압증, 그 밖의 혈액 또는 순환기계의 질병
4. 정신신경증, 알코올중독, 신경통, 그 밖의 정신신경계의 질병
5. 메니에르씨병, 중이염, 그 밖의 이관(耳管)협착을 수반하는 귀 질환
6. 관절염, 류마티스, 그 밖의 운동기계의 질병
7. 천식, 비만증, 바세도우씨병, 그 밖에 알레르기성·내분비계·물질대사 또는 영양장해 등과 관련된 질병

③ 사업주는 다음 각 호의 어느 하나에 해당하는 경우에는 미리 보건관리자(의사인 보건관리자만 해당한다), 산업보건의 또는 건강진단을 실시한 의사의 의견을 들어야 한다. 〈신설 2023. 9. 27.〉
1. 제1항 또는 제2항에 따라 근로를 제한하려는 경우
2. 제1항 또는 제2항에 따라 근로가 제한된 근로자 중 건강이 회복된 근로자를 다시 근로하게 하려는 경우

제9장 산업안전지도사 및 산업보건지도사

제225조(자격시험의 공고) 「한국산업인력공단법」에 따른 한국산업인력공단(이하 "한국산업인력공단"이라 한다)이 지도사 자격시험을 시행하려는 경우에는 시험 응시자격, 시험과목, 일시, 장소, 응시 절차, 그 밖에 자격시험 응시에 필요한 사항을 시험 실시 90일 전까지 일간신문 등에 공고해야 한다.

제10장 근로감독관 등

제235조(감독기준) 근로감독관은 다음 각 호의 어느 하나에 해당하는 경우 법 제155조제1항에 따라 질문·검사·점검하거나 관계 서류의 제출을 요구할 수 있다. 16. 11. 12 기 20. 7. 25 기
1. 산업재해가 발생하거나 산업재해 발생의 급박한 위험이 있는 경우
2. 근로자의 신고 또는 고소·고발 등에 대한 조사가 필요한 경우
3. 법 또는 법에 따른 명령을 위반한 범죄의 수사 등 사법경찰관리의 직무를 수행하기 위하여 필요한 경우
4. 그 밖에 고용노동부장관 또는 지방고용노동관서의 장이 법 또는 법에 따른 명령의 위반 여부를 조사하기 위하여 필요하다고 인정하는 경우

제236조(보고·출석기간) ① 지방고용노동관서의 장은 법 제155조제3항에 따라 보고 또는 출석의 명령을 하려는 경우에는 7일 이상의 기간을 주어야 한다. 다만, 긴급한 경우에는 그렇지 않다.
② 제1항에 따른 보고 또는 출석의 명령은 문서로 해야 한다.

합격예측 및 관련법규

제243조(규제의 재검토) ① 고용노동부장관은 별표 21의2에 따른 휴게시설 설치·관리기준에 대하여 2022년 8월 18일을 기준으로 4년마다(매 4년이 되는 해의 기준일과 같은 날 전까지를 말한다) 그 타당성을 검토하여 개선 등의 조치를 해야 한다. 〈신설 2022. 8. 18.〉
② 고용노동부장관은 다음 각 호의 사항에 대하여 다음 각 호의 기준일을 기준으로 3년마다(매 3년이 되는 해의 기준일과 같은 날 전까지를 말한다) 그 타당성을 검토하여 개선 등의 조치를 해야 한다. 〈개정 2022. 8. 18.〉

제11장 보칙

제237조(보조·지원의 환수와 제한) ① 법 제158조제2항제6호에서 "고용노동부령으로 정하는 경우"란 보조·지원을 받은 후 3년 이내에 해당 시설 및 장비의 중대한 결함이나 관리상 중대한 과실로 인하여 근로자가 사망한 경우를 말한다.
② 법 제158조제4항에 따라 보조·지원을 제한할 수 있는 기간은 다음 각 호와 같다.
1. 법 제158조제2항제1호의 경우 : 5년
2. 법 제158조제2항제2호부터 제6호까지의 어느 하나의 경우 : 3년
3. 법 제158조제2항제2호부터 제6호까지의 어느 하나를 위반한 후 5년 이내에 같은 항 제2호부터 제6호까지의 어느 하나를 위반한 경우 : 5년

[별표1] 건설업체 산업재해발생률 및 산업재해 발생 보고의무 위반건수의 산정 기준과 방법(제4조 관련)

1. 산업재해발생률 및 산업재해 발생 보고의무 위반에 따른 가감점 부여대상이 되는 건설업체는 매년 「건설산업기본법」 제23조에 따라 국토교통부장관이 시공능력을 고려하여 공시하는 건설업체 중 고용노동부장관이 정하는 업체로 한다.
2. 건설업체의 산업재해발생률은 다음의 계산식에 따른 업무상 사고사망만인율 (이하 "사고사망만인율"이라 한다)로 산출하되, 소수점 셋째 자리에서 반올림한다.

$$\text{사고사망만인율}[‰] = \frac{\text{사고사망자수}}{\text{상시근로자수}} \times 10,000$$

3. 제2호의 계산식에서 사고사망자 수는 다음과 같은 기준과 방법에 따라 산출한다.
   가. 사고사망자 수는 사고사망만인율 산정 대상 연도의 1월 1일부터 12월 31일까지의 기간 동안 해당 업체가 시공하는 국내의 건설 현장(자체사업의 건설 현장은 포함한다. 이하 같다)에서 사고사망재해를 입은 근로자 수를 합산하여 산출한다. 다만, 별표 18 제2호마목에 따른 이상기온에 기인한 질병사망자는 포함한다.
      1) 「건설산업기본법」 제8조에 따른 종합공사를 시공하는 업체의 경우에는 해당 업체의 소속 사고사망자 수에 그 업체가 시공하는 건설현장에서 그 업체로부터 도급을 받은 업체(그 도급을 받은 업체의 하수급인을 포함한다. 이하 같다)의 사고사망자 수를 합산하여 산출한다.
      2) 「건설산업기본법」 제29조제3항에 따라 종합공사를 시공하는 업체(A)가 발주자의 승인을 받아 종합공사를 시공하는 업체(B)에 도급을 준 경우에는 해당 도급을 받은 종합공사를 시공하는 업체(B)의 사고사망자 수와 그 업체로부터 도급을 받은 업체(C)의 사고사망자 수를 도급을 한 종합공사를 시공하는 업체(A)와 도급을 받은 종합공사를 시공하는 업체(B)에 반으로 나누어 각각 합산한다. 다만, 그 산업재해와 관련하여 법원의 판결이 있는 경우에는 산업재해에 책임이 있는 종합공사를 시공하는 업

체의 사고사망자 수에 합산한다.
    3) 제73조제1항에 따른 산업재해조사표를 제출하지 않아 고용노동부장관이 산업재해 발생연도 이후에 산업재해가 발생한 사실을 알게 된 경우에는 그 알게 된 연도의 사고사망자 수로 산정한다.
  나. 둘 이상의 업체가 「국가를 당사자로 하는 계약에 관한 법률」 제25조에 따라 공동계약을 체결하여 공사를 공동이행 방식으로 시행하는 경우 해당 현장에서 발생하는 사고사망자 수는 공동수급업체의 출자 비율에 따라 분배한다.
  다. 건설공사를 하는 자(도급인, 자체사업을 하는 자 및 그의 수급인을 포함한다)와 설치, 해체, 장비 임대 및 물품 납품 등에 관한 계약을 체결한 사업주의 소속 근로자가 그 건설공사와 관련된 업무를 수행하는 중 사고사망재해를 입은 경우에는 건설공사를 하는 자의 사고사망자 수로 산정한다.
  라. 사고사망자 중 다음의 어느 하나에 해당하는 경우로서 사업주의 법 위반으로 인한 것이 아니라고 인정되는 재해에 의한 사고사망자는 사고사망자 수 산정에서 제외한다.
    1) 방화, 근로자간 또는 타인간의 폭행에 의한 경우
    2) 「도로교통법」에 따라 도로에서 발생한 교통사고에 의한 경우(해당 공사의 공사용 차량·장비에 의한 사고는 제외한다)
    3) 태풍·홍수·지진·눈사태 등 천재지변에 의한 불가항력적인 재해의 경우
    4) 작업과 관련이 없는 제3자의 과실에 의한 경우(해당 목적물 완성을 위한 작업자간의 과실은 제외한다)
    5) 그 밖에 야유회, 체육행사, 취침·휴식 중의 사고 등 건설작업과 직접 관련이 없는 경우
  마. 재해 발생 시기와 사망 시기의 연도가 다른 경우에는 재해 발생 연도의 다음 연도 3월 31일 이전에 사망한 경우에만 산정 대상 연도의 사고사망자수로 산정한다.
4. 제2호의 계산식에서 상시근로자 수는 다음과 같이 산출한다.

$$\text{상시근로자 수} = \frac{\text{연간 국내공사 실적액} \times \text{노무비율}}{\text{건설업 월평균임금} \times 12}$$

  가. '연간 국내공사 실적액'은 「건설산업기본법」에 따라 설립된 건설업자의 단체, 「전기공사업법」에 따라 설립된 공사업자단체, 「정보통신공사업법」에 따라 설립된 정보통신공사협회, 「소방시설공사업법」에 따라 설립된 한국소방시설협회에서 산정한 업체별 실적액을 합산하여 산정한다.
  나. '노무비율'은 「고용보험 및 산업재해보상보험의 보험료징수 등에 관한 법률 시행령」 제11조제1항에 따라 고용노동부장관이 고시하는 일반 건설공사의 노무비율(하도급 노무비율은 제외한다)을 적용한다.
  다. '건설업 월평균임금'은 「고용보험 및 산업재해보상보험의 보험료징수 등에 관한 법률 시행령」 제2조제1항제3호가목에 따라 고용노동부장관이 고시하는 건설업 월평균임금을 적용한다.

5. 고용노동부장관은 제3호라목에 따른 사고사망자 수 산정 여부 등을 심사하기 위하여 다음 각 목의 어느 하나에 해당하는 사람 각 1명 이상으로 심사단을 구성·운영할 수 있다.
　가. 전문대학 이상의 학교에서 건설안전 관련 분야를 전공하는 조교수 이상인 사람
　나. 공단의 전문직 2급 이상 임직원
　다. 건설안전기술사 또는 산업안전지도사(건설안전 분야에만 해당한다) 등 건설안전 분야에 학식과 경험이 있는 사람
6. 산업재해 발생 보고의무 위반건수는 다음 각 목에서 정하는 바에 따라 산정한다.
　가. 건설업체의 산업재해 발생 보고의무 위반건수는 국내의 건설현장에서 발생한 산업재해의 경우 법 제57조제3항에 따른 보고의무를 위반(제73조제1항에 따른 보고기한을 넘겨 보고의무를 위반한 경우는 제외한다)하여 과태료 처분을 받은 경우만 해당한다.
　나. 「건설산업기본법」 제8조에 따른 종합공사를 시공하는 업체의 산업재해 발생 보고의무 위반건수에는 해당 업체로부터 도급받은 업체(그 도급을 받은 업체의 하수급인을 포함한다)의 산업재해 발생 보고의무 위반건수를 합산한다.
　다. 「건설산업기본법」 제29조제3항에 따라 종합공사를 시공하는 업체(A)가 발주자의 승인을 받아 종합공사를 시공하는 업체(B)에 도급을 준 경우에는 해당 도급을 받은 종합공사를 시공하는 업체(B)의 산업재해 발생 보고의무 위반건수와 그 업체로부터 도급을 받은 업체(C)의 산업재해 발생 보고의무 위반건수를 도급을 준 종합공사를 시공하는 업체(A)와 도급을 받은 종합공사를 시공하는 업체(B)에 반으로 나누어 각각 합산한다.
　라. 둘 이상의 건설업체가 「국가를 당사자로 하는 계약에 관한 법률」 제25조에 따라 공동계약을 체결하여 공사를 공동이행 방식으로 시행하는 경우 산업재해 발생 보고의무 위반건수는 공동수급업체의 출자비율에 따라 분배한다.

[별표2] 안전보건관리규정을 작성하여야 할 사업의 종류 및 상시 근로자수

사업의 종류	상시 근로자수
1. 농업 2. 어업 3. 소프트웨어 개발 및 공급업 4. 컴퓨터 프로그래밍, 시스템 통합 및 관리업 5. 정보서비스업 6. 금융 및 보험업 7. 임대업;부동산 제외 8. 전문, 과학 및 기술 서비스업(연구개발업은 제외한다) 9. 사업지원 서비스업 10. 사회복지 서비스업	상시 근로자 300명 이상을 사용하는 사업장 20. 6. 7 기 16. 4. 7 기
11. 제1호부터 제10호까지의 사업을 제외한 사업	상시 근로자 100명 이상을 사용하는 사업장

[별표3] 안전보건관리규정의 세부 내용

1. 총칙
   가. 안전보건관리규정 작성의 목적 및 적용 범위에 관한 사항
   나. 사업주 및 근로자의 재해 예방 책임 및 의무 등에 관한 사항
   다. 하도급 사업장에 대한 안전·보건관리에 관한 사항
2. 안전보건 관리조직과 그 직무
   가. 안전보건 관리조직의 구성방법, 소속, 업무 분장 등에 관한 사항
   나. 안전보건관리책임자(안전보건총괄책임자), 안전관리자, 보건관리자, 관리감독자의 직무 및 선임에 관한 사항
   다. 산업안전보건위원회의 설치·운영에 관한 사항
   라. 명예산업안전감독관의 직무 및 활동에 관한 사항
   마. 작업지휘자 배치 등에 관한 사항
3. 안전보건교육
   가. 근로자 및 관리감독자의 안전·보건교육에 관한 사항
   나. 교육계획의 수립 및 기록 등에 관한 사항
4. 작업장 안전관리
   가. 안전보건관리에 관한 계획의 수립 및 시행에 관한 사항
   나. 기계·기구 및 설비의 방호조치에 관한 사항
   다. 유해·위험기계등에 대한 자율검사프로그램에 의한 검사 또는 안전검사에 관한 사항
   라. 근로자의 안전수칙 준수에 관한 사항
   마. 위험물질의 보관 및 출입 제한에 관한 사항
   바. 중대재해 및 중대산업사고 발생, 급박한 산업재해 발생의 위험이 있는 경우 작업중지에 관한 사항
   사. 안전표지·안전수칙의 종류 및 게시에 관한 사항과 그 밖에 안전관리에 관한 사항
5. 작업장 보건관리
   가. 근로자 건강진단, 작업환경측정의 실시 및 조치절차 등에 관한 사항
   나. 유해물질의 취급에 관한 사항
   다. 보호구의 지급 등에 관한 사항
   라. 질병자의 근로 금지 및 취업 제한 등에 관한 사항
   마. 보건표지·보건수칙의 종류 및 게시에 관한 사항과 그 밖에 보건관리에 관한 사항
6. 사고 조사 및 대책 수립
   가. 산업재해 및 중대산업사고의 발생 시 처리 절차 및 긴급조치에 관한 사항
   나. 산업재해 및 중대산업사고의 발생원인에 대한 조사 및 분석, 대책 수립에 관한 사항
   다. 산업재해 및 중대산업사고 발생의 기록·관리 등에 관한 사항

7. 위험성평가에 관한 사항
   가. 위험성평가의 실시 시기 및 방법, 절차에 관한 사항
   나. 위험성 감소대책 수립 및 시행에 관한 사항
8. 보칙
   가. 무재해운동 참여, 안전·보건 관련 제안 및 포상·징계 등 산업재해 예방을 위하여 필요하다고 판단하는 사항
   나. 안전·보건 관련 문서의 보존에 관한 사항
   다. 그 밖의 사항
      사업장의 규모·업종 등에 적합하게 작성하며, 필요한 사항을 추가하거나 그 사업장에 관련되지 않는 사항은 제외할 수 있다.

[별표5] 안전보건교육 교육대상별 교육내용(제26조제1항 등 관련)

1. 근로자 안전보건교육(제26조제1항 관련)
   가. 정기교육

교육내용
• 산업안전 및 사고 예방에 관한 사항
• 산업보건 및 직업병 예방에 관한 사항
• 위험성 평가에 관한 사항
• 건강증진 및 질병 예방에 관한 사항
• 유해·위험 작업환경 관리에 관한 사항
• 산업안전보건법령 및 산업재해보상보험 제도에 관한 사항
• 직무스트레스 예방 및 관리에 관한 사항
• 직장 내 괴롭힘, 고객의 폭언 등으로 인한 건강장해 예방 및 관리에 관한 사항

   나. 삭제 〈2023. 9. 27.〉
   다. 채용 시 교육 및 작업내용 변경 시 교육

교육내용
• 산업안전 및 사고 예방에 관한 사항
• 산업보건 및 직업병 예방에 관한 사항
• 위험성 평가에 관한 사항
• 산업안전보건법령 및 산업재해보상보험 제도에 관한 사항
• 직무스트레스 예방 및 관리에 관한 사항
• 직장 내 괴롭힘, 고객의 폭언 등으로 인한 건강장해 예방 및 관리에 관한 사항
• 기계·기구의 위험성과 작업의 순서 및 동선에 관한 사항
• 작업 개시 전 점검에 관한 사항
• 정리정돈 및 청소에 관한 사항
• 사고 발생 시 긴급조치에 관한 사항
• 물질안전보건자료에 관한 사항

라. 특별교육 대상 작업별 교육

작업명	교육내용
〈공통내용〉 제1호부터 제39호까지의 작업	다목과 같은 내용
〈개별내용〉 1. 고압실 내 작업(잠함공법이나 그 밖의 압기공법으로 대기압을 넘는 기압인 작업실 또는 수갱 내부에서 하는 작업만 해당한다)	• 고기압 장해의 인체에 미치는 영향에 관한 사항 • 작업의 시간·작업 방법 및 절차에 관한 사항 • 압기공법에 관한 기초지식 및 보호구 착용에 관한 사항 • 이상 발생 시 응급조치에 관한 사항 • 그 밖에 안전·보건관리에 필요한 사항
2. 아세틸렌 용접장치 또는 가스집합 용접장치를 사용하는 금속의 용접·용단 또는 가열작업(발생기·도관 등에 의하여 구성되는 용접장치만 해당한다)	• 용접 흄, 분진 및 유해광선 등의 유해성에 관한 사항 • 가스용접기, 압력조정기, 호스 및 취관두(불꽃이 나오는 용접기의 앞부분) 등의 기기점검에 관한 사항 • 작업방법·순서 및 응급처치에 관한 사항 • 안전기 및 보호구 취급에 관한 사항 • 화재예방 및 초기대응에 관한사항 • 그 밖에 안전·보건관리에 필요한 사항
3. 밀폐된 장소(탱크 내 또는 환기가 극히 불량한 좁은 장소를 말한다)에서 하는 용접작업 또는 습한 장소에서 하는 전기용접 작업	• 작업순서, 안전작업방법 및 수칙에 관한 사항 • 환기설비에 관한 사항 • 전격 방지 및 보호구 착용에 관한 사항 • 질식 시 응급조치에 관한 사항 • 작업환경 점검에 관한 사항 • 그 밖에 안전·보건관리에 필요한 사항
4. 폭발성·물반응성·자기반응성·자기발열성 물질, 자연발화성 액체·고체 및 인화성 액체의 제조 또는 취급작업(시험연구를 위한 취급작업은 제외한다)	• 폭발성·물반응성·자기반응성·자기발열성 물질, 자연발화성 액체·고체 및 인화성 액체의 성질이나 상태에 관한 사항 • 폭발 한계점, 발화점 및 인화점 등에 관한 사항 • 취급방법 및 안전수칙에 관한 사항 • 이상 발견 시의 응급처치 및 대피 요령에 관한 사항 • 화기·정전기·충격 및 자연발화 등의 위험방지에 관한 사항 • 작업순서, 취급주의사항 및 방호거리 등에 관한 사항 • 그 밖에 안전·보건관리에 필요한 사항
5. 액화석유가스·수소가스 등 인화성 가스 또는 폭발성 물질 중 가스의 발생장치 취급 작업	• 취급가스의 상태 및 성질에 관한 사항 • 발생장치 등의 위험 방지에 관한 사항 • 고압가스 저장설비 및 안전취급방법에 관한 사항 • 설비 및 기구의 점검 요령 • 그 밖에 안전·보건관리에 필요한 사항

작업명	교육내용
6. 화학설비 중 반응기, 교반기·추출기의 사용 및 세척작업	• 각 계측장치의 취급 및 주의에 관한 사항 • 투시창·수위 및 유량계 등의 점검 및 밸브의 조작 주의에 관한 사항 • 세척액의 유해성 및 인체에 미치는 영향에 관한 사항 • 작업 절차에 관한 사항 • 그 밖에 안전·보건관리에 필요한 사항
7. 화학설비의 탱크 내 작업	• 차단장치·정지장치 및 밸브 개폐장치의 점검에 관한 사항 • 탱크 내의 산소농도 측정 및 작업환경에 관한 사항 • 안전보호구 및 이상 발생 시 응급조치에 관한 사항 • 작업절차·방법 및 유해·위험에 관한 사항 • 그 밖에 안전·보건관리에 필요한 사항
8. 분말·원재료 등을 담은 호퍼(하부가 깔대기 모양으로 된 저장통)·저장창고 등 저장탱크의 내부작업	• 분말·원재료의 인체에 미치는 영향에 관한 사항 • 저장탱크 내부작업 및 복장보호구 착용에 관한 사항 • 작업의 지정·방법·순서 및 작업환경 점검에 관한 사항 • 팬·풍기(風旗) 조작 및 취급에 관한 사항 • 분진 폭발에 관한 사항 • 그 밖에 안전·보건관리에 필요한 사항
9. 다음 각 목에 정하는 설비에 의한 물건의 가열·건조작업 가. 건조설비 중 위험물 등에 관계되는 설비로 속부피가 1세제곱미터 이상인 것 나. 건조설비 중 가목의 위험물 등 외의 물질에 관계되는 설비로서, 연료를 열원으로 사용하는 것(그 최대연소소비량이 매 시간당 10킬로그램 이상인 것만 해당한다) 또는 전력을 열원으로 사용하는 것(정격소비전력이 10킬로와트 이상인 경우만 해당한다)	• 건조설비 내외면 및 기기기능의 점검에 관한 사항 • 복장보호구 착용에 관한 사항 • 건조 시 유해가스 및 고열 등이 인체에 미치는 영향에 관한 사항 • 건조설비에 의한 화재·폭발 예방에 관한 사항
10. 다음 각 목에 해당하는 집재장치(집재기·가선·운반기구·지주 및 이들에 부속하는 물건으로 구성되고, 동력을 사용하여 원목 또는 장작과 숯을 담아 올리거나 공중에서	• 기계의 브레이크 비상정지장치 및 운반경로, 각종 기능 점검에 관한 사항 • 작업 시작 전 준비사항 및 작업방법에 관한 사항 • 취급물의 유해·위험에 관한 사항 • 구조상의 이상 시 응급처치에 관한 사항 • 그 밖에 안전·보건관리에 필요한 사항

작업명	교육내용
운반하는 설비를 말한다)의 조립, 해체, 변경 또는 수리작업 및 이들 설비에 의한 집재 또는 운반 작업 가. 원동기의 정격출력이 7.5킬로와트를 넘는 것 나. 지간의 경사거리 합계가 350미터 이상인 것 다. 최대사용하중이 200킬로그램 이상인 것	
11. 동력에 의하여 작동되는 프레스기계를 5대 이상 보유한 사업장에서 해당 기계로 하는 작업	• 프레스의 특성과 위험성에 관한 사항 • 방호장치 종류와 취급에 관한 사항 • 안전작업방법에 관한 사항 • 프레스 안전기준에 관한 사항 • 그 밖에 안전·보건관리에 필요한 사항
12. 목재가공용 기계[둥근톱기계, 띠톱기계, 대패기계, 모떼기 기계 및 라우터기(목재를 자르거나 홈을 파는 기계)만 해당하며, 휴대용은 제외한다]를 5대 이상 보유한 사업장에서 해당 기계로 하는 작업	• 목재가공용 기계의 특성과 위험성에 관한 사항 • 방호장치의 종류와 구조 및 취급에 관한 사항 • 안전기준에 관한 사항 • 안전작업방법 및 목재 취급에 관한 사항 • 그 밖에 안전·보건관리에 필요한 사항
13. 운반용 등 하역기계를 5대 이상 보유한 사업장에서의 해당 기계로 하는 작업	• 운반하역기계 및 부속설비의 점검에 관한 사항 • 작업순서와 방법에 관한 사항 • 안전운전방법에 관한 사항 • 화물의 취급 및 작업신호에 관한 사항 • 그 밖에 안전·보건관리에 필요한 사항
14. 1톤 이상의 크레인을 사용하는 작업 또는 1톤 미만의 크레인 또는 호이스트를 5대 이상 보유한 사업장에서 해당 기계로 하는 작업(제40호의 작업은 제외한다)	• 방호장치의 종류, 기능 및 취급에 관한 사항 • 걸고리·와이어로프 및 비상정지장치 등의 기계·기구 점검에 관한 사항 • 화물의 취급 및 안전작업방법에 관한 사항 • 신호방법 및 공동작업에 관한 사항 • 인양 물건의 위험성 및 낙하·비래(飛來)·충돌재해 예방에 관한 사항 • 인양물이 적재될 지반의 조건, 인양하중, 풍압 등이 인양물과 타워크레인에 미치는 영향 • 그 밖에 안전·보건관리에 필요한 사항
15. 건설용 리프트·곤돌라를 이용한 작업	• 방호장치의 기능 및 사용에 관한 사항 • 기계, 기구, 달기체인 및 와이어 등의 점검에 관한 사항

작업명	교육내용
	• 화물의 권상·권하 작업방법 및 안전작업 지도에 관한 사항 • 기계·기구에 특성 및 동작원리에 관한 사항 • 신호방법 및 공동작업에 관한 사항 • 그 밖에 안전·보건관리에 필요한 사항
16. 주물 및 단조(금속을 두들기거나 눌러서 형체를 만드는 일) 작업	• 고열물의 재료 및 작업환경에 관한 사항 • 출탕·주조 및 고열물의 취급과 안전작업방법에 관한 사항 • 고열작업의 유해·위험 및 보호구 착용에 관한 사항 • 안전기준 및 중량물 취급에 관한 사항 • 그 밖에 안전·보건관리에 필요한 사항
17. 전압이 75볼트 이상인 정전 및 활선작업	• 전기의 위험성 및 전격 방지에 관한 사항 • 해당 설비의 보수 및 점검에 관한 사항 • 정전작업·활선작업 시의 안전작업방법 및 순서에 관한 사항 • 절연용 보호구, 절연용 보호구 및 활선작업용 기구 등의 사용에 관한 사항 • 그 밖에 안전·보건관리에 필요한 사항
18. 콘크리트 파쇄기를 사용하여 하는 파쇄작업(2미터 이상인 구축물의 파쇄작업만 해당한다)	• 콘크리트 해체 요령과 방호거리에 관한 사항 • 작업안전조치 및 안전기준에 관한 사항 • 파쇄기의 조작 및 공통작업 신호에 관한 사항 • 보호구 및 방호장비 등에 관한 사항 • 그 밖에 안전·보건관리에 필요한 사항
19. 굴착면의 높이가 2미터 이상이 되는 지반 굴착(터널 및 수직갱 외의 갱 굴착은 제외한다)작업	• 지반의 형태·구조 및 굴착 요령에 관한 사항 • 지반의 붕괴재해 예방에 관한 사항 • 붕괴 방지용 구조물 설치 및 작업방법에 관한 사항 • 보호구의 종류 및 사용에 관한 사항 • 그 밖에 안전·보건관리에 필요한 사항
20. 흙막이 지보공의 보강 또는 동바리를 설치하거나 해체하는 작업	• 작업안전 점검 요령과 방법에 관한 사항 • 동바리의 운반·취급 및 설치 시 안전작업에 관한 사항 • 해체작업 순서와 안전기준에 관한 사항 • 보호구 취급 및 사용에 관한 사항 • 그 밖에 안전·보건관리에 필요한 사항
21. 터널 안에서의 굴착작업(굴착용 기계를 사용하여 하는 굴착작업 중 근로자가 칼날 밑에 접근하지 않고 하는 작업은 제외한다) 또는 같은 작	• 작업환경의 점검 요령과 방법에 관한 사항 • 붕괴 방지용 구조물 설치 및 안전작업 방법에 관한 사항 • 재료의 운반 및 취급·설치의 안전기준에 관한 사항 • 보호구의 종류 및 사용에 관한 사항

작업명	교육내용
업에서의 터널 거푸집 지보공의 조립 또는 콘크리트 작업	• 소화설비의 설치장소 및 사용방법에 관한 사항 • 그 밖에 안전·보건관리에 필요한 사항
22. 굴착면의 높이가 2미터 이상이 되는 암석의 굴착작업	• 폭발물 취급 요령과 대피 요령에 관한 사항 • 안전거리 및 안전기준에 관한 사항 • 방호물의 설치 및 기준에 관한 사항 • 보호구 및 신호방법 등에 관한 사항 • 그 밖에 안전·보건관리에 필요한 사항
23. 높이가 2미터 이상인 물건을 쌓거나 무너뜨리는 작업(하역기계로만 하는 작업은 제외한다)	• 원부재료의 취급 방법 및 요령에 관한 사항 • 물건의 위험성·낙하 및 붕괴재해 예방에 관한 사항 • 적재방법 및 전도 방지에 관한 사항 • 보호구 착용에 관한 사항 • 그 밖에 안전·보건관리에 필요한 사항
24. 선박에 짐을 쌓거나 부리거나 이동시키는 작업	• 하역 기계·기구의 운전방법에 관한 사항 • 운반·이송경로의 안전작업방법 및 기준에 관한 사항 • 중량물 취급 요령과 신호 요령에 관한 사항 • 작업안전 점검과 보호구 취급에 관한 사항 • 그 밖에 안전·보건관리에 필요한 사항
25. 거푸집 동바리의 조립 또는 해체작업	• 동바리의 조립방법 및 작업 절차에 관한 사항 • 조립재료의 취급방법 및 설치기준에 관한 사항 • 조립 해체 시의 사고 예방에 관한 사항 • 보호구 착용 및 점검에 관한 사항 • 그 밖에 안전·보건관리에 필요한 사항
26. 비계의 조립·해체 또는 변경작업	• 비계의 조립순서 및 방법에 관한 사항 • 비계작업의 재료 취급 및 설치에 관한 사항 • 추락재해 방지에 관한 사항 • 보호구 착용에 관한 사항 • 비계상부 작업 시 최대 적재하중에 관한 사항 • 그 밖에 안전·보건관리에 필요한 사항
27. 건축물의 골조, 다리의 상부 구조 또는 탑의 금속제의 부재로 구성되는 것(5미터 이상인 것만 해당한다)의 조립·해체 또는 변경작업	• 건립 및 버팀대의 설치순서에 관한 사항 • 조립 해체 시의 추락재해 및 위험요인에 관한 사항 • 건립용 기계의 조작 및 작업신호 방법에 관한 사항 • 안전장비 착용 및 해체순서에 관한 사항 • 그 밖에 안전·보건관리에 필요한 사항
28. 처마 높이가 5미터 이상인 목조건축물의 구조 부재의 조립이나 건축물의 지붕 또는 외벽 밑에서의 설치작업	• 붕괴·추락 및 재해 방지에 관한 사항 • 부재의 강도·재질 및 특성에 관한 사항 • 조립·설치 순서 및 안전작업방법에 관한 사항 • 보호구 착용 및 작업 점검에 관한 사항 • 그 밖에 안전·보건관리에 필요한 사항

작업명	교육내용
29. 콘크리트 인공구조물(그 높이가 2미터 이상인 것만 해당한다)의 해체 또는 파괴작업	• 콘크리트 해체기계의 점검에 관한 사항 • 파괴 시의 안전거리 및 대피 요령에 관한 사항 • 작업방법·순서 및 신호 방법 등에 관한 사항 • 해체·파괴 시의 작업안전기준 및 보호구에 관한 사항 • 그 밖에 안전·보건관리에 필요한 사항
30. 타워크레인을 설치(상승작업을 포함한다)·해체하는 작업	• 붕괴·추락 및 재해 방지에 관한 사항 • 설치·해체 순서 및 안전작업방법에 관한 사항 • 부재의 구조·재질 및 특성에 관한 사항 • 신호방법 및 요령에 관한 사항 • 이상 발생 시 응급조치에 관한 사항 • 그 밖에 안전·보건관리에 필요한 사항

31. 보일러(소형 보일러 및 다음 각 목에서 정하는 보일러는 제외한다)의 설치 및 취급 작업
  가. 몸통 반지름이 750밀리미터 이하이고 그 길이가 1,300밀리미터 이하인 증기보일러
  나. 전열면적이 3제곱미터 이하인 증기보일러
  다. 전열면적이 14제곱미터 이하인 온수보일러
  라. 전열면적이 30제곱미터 이하인 관류보일러(물관을 사용하여 가열시키는 방식의 보일러)
	• 기계 및 기기 점화장치 계측기의 점검에 관한 사항
	• 열관리 및 방호장치에 관한 사항
	• 작업순서 및 방법에 관한 사항
	• 그 밖에 안전·보건관리에 필요한 사항

32. 게이지 압력을 제곱센티미터당 1킬로그램 이상으로 사용하는 압력용기의 설치 및 취급작업	• 안전시설 및 안전기준에 관한 사항 • 압력용기의 위험성에 관한 사항 • 용기 취급 및 설치기준에 관한 사항 • 작업안전 점검 방법 및 요령에 관한 사항 • 그 밖에 안전·보건관리에 필요한 사항
33. 방사선 업무에 관계되는 작업(의료 및 실험용은 제외한다)	• 방사선의 유해·위험 및 인체에 미치는 영향 • 방사선의 측정기기 기능의 점검에 관한 사항 • 방호거리·방호벽 및 방사선물질의 취급 요령에 관한 사항 • 응급처치 및 보호구 착용에 관한 사항 • 그 밖에 안전·보건관리에 필요한 사항
34. 밀폐공간에서의 작업	• 산소농도 측정 및 작업환경에 관한 사항 • 사고 시의 응급처치 및 비상 시 구출에 관한 사항

작업명	교육내용
	• 보호구 착용 및 보호 장비 사용에 관한 사항 • 작업내용·안전작업방법 및 절차에 관한 사항 • 장비·설비 및 시설 등의 안전점검에 관한 사항 • 그 밖에 안전·보건관리에 필요한 사항
35. 허가 또는 관리 대상 유해물질의 제조 또는 취급작업	• 취급물질의 성질 및 상태에 관한 사항 • 유해물질이 인체에 미치는 영향 • 국소배기장치 및 안전설비에 관한 사항 • 안전작업방법 및 보호구 사용에 관한 사항 • 그 밖에 안전·보건관리에 필요한 사항
36. 로봇작업	• 로봇의 기본원리·구조 및 작업방법에 관한 사항 • 이상 발생 시 응급조치에 관한 사항 • 안전시설 및 안전기준에 관한 사항 • 조작방법 및 작업순서에 관한 사항
37. 석면해체·제거작업	• 석면의 특성과 위험성 • 석면해체·제거의 작업방법에 관한 사항 • 장비 및 보호구 사용에 관한 사항 • 그 밖에 안전·보건관리에 필요한 사항
38. 가연물이 있는 장소에서 하는 화재위험작업	• 작업준비 및 작업절차에 관한 사항 • 작업장 내 위험물, 가연물의 사용·보관·설치 현황에 관한 사항 • 화재위험작업에 따른 인근 인화성 액체에 대한 방호조치에 관한 사항 • 화재위험작업으로 인한 불꽃, 불티 등의 흩날림 방지 조치에 관한 사항 • 인화성 액체의 증기가 남아 있지 않도록 환기 등의 조치에 관한 사항 • 화재감시자의 직무 및 피난교육 등 비상조치에 관한 사항 • 그 밖에 안전·보건관리에 필요한 사항
39. 타워크레인을 사용하는 작업시 신호업무를 하는 작업	• 타워크레인의 기계적 특성 및 방호장치 등에 관한 사항 • 화물의 취급 및 안전작업방법에 관한 사항 • 신호방법 및 요령에 관한 사항 • 인양 물건의 위험성 및 낙하·비래·충돌재해 예방에 관한 사항 • 인양물이 적재될 지반의 조건, 인양하중, 풍압 등이 인양물과 타워크레인에 미치는 영향 • 그 밖에 안전·보건관리에 필요한 사항

1의2. 관리감독자 안전보건교육(제26조제1항 관련)
   가. 정기교육

교육내용
• 산업안전 및 사고 예방에 관한 사항
• 산업보건 및 직업병 예방에 관한 사항
• 위험성평가에 관한 사항
• 유해·위험 작업환경 관리에 관한 사항
• 산업안전보건법령 및 산업재해보상보험 제도에 관한 사항
• 직무스트레스 예방 및 관리에 관한 사항
• 직장 내 괴롭힘, 고객의 폭언 등으로 인한 건강장해 예방 및 관리에 관한 사항
• 작업공정의 유해·위험과 재해 예방대책에 관한 사항
• 사업장 내 안전보건관리체제 및 안전·보건조치 현황에 관한 사항
• 표준안전 작업방법 결정 및 지도·감독 요령에 관한 사항
• 현장근로자와의 의사소통능력 및 강의능력 등 안전보건교육 능력 배양에 관한 사항
• 비상시 또는 재해 발생 시 긴급조치에 관한 사항
• 그 밖의 관리감독자의 직무에 관한 사항

   나. 채용 시 교육 및 작업내용 변경 시 교육

교육내용
• 산업안전 및 사고 예방에 관한 사항
• 산업보건 및 직업병 예방에 관한 사항
• 위험성평가에 관한 사항
• 산업안전보건법령 및 산업재해보상보험 제도에 관한 사항
• 직무스트레스 예방 및 관리에 관한 사항
• 직장 내 괴롭힘, 고객의 폭언 등으로 인한 건강장해 예방 및 관리에 관한 사항
• 기계·기구의 위험성과 작업의 순서 및 동선에 관한 사항
• 작업 개시 전 점검에 관한 사항
• 물질안전보건자료에 관한 사항
• 사업장 내 안전보건관리체제 및 안전·보건조치 현황에 관한 사항
• 표준안전 작업방법 결정 및 지도·감독 요령에 관한 사항
• 비상시 또는 재해 발생 시 긴급조치에 관한 사항
• 그 밖의 관리감독자의 직무에 관한 사항

   다. 특별교육 대상 작업별 교육

작업명	교육내용
〈공통내용〉	나목과 같은 내용
〈개별내용〉	제1호라목에 따른 교육내용(공통내용은 제외한다)과 같음

2. 건설업 기초안전보건교육에 대한 내용 및 시간(제28조제1항 관련) 23. 10. 7 기

교육내용	시간
가. 건설공사의 종류(건축·토목 등) 및 시공 절차	1시간

교육내용	시간
나. 산업재해 유형별 위험요인 및 안전보건조치	2시간
다. 안전보건관리체제 현황 및 산업안전보건 관련 근로자 권리·의무	1시간

3. 안전보건관리책임자 등에 대한 교육(제29조제2항 관련)

| 교육대상 | 교육내용 ||
	신규과정	보수과정
가. 안전보건관리책임자	1) 관리책임자의 책임과 직무에 관한 사항 2) 산업안전보건법령 및 안전·보건조치에 관한 사항	1) 산업안전·보건정책에 관한 사항 2) 자율안전·보건관리에 관한 사항
나. 안전관리자 및 안전관리전문기관 종사자	1) 산업안전보건법령에 관한 사항 2) 산업안전보건개론에 관한 사항 3) 인간공학 및 산업심리에 관한 사항 4) 안전보건교육방법에 관한 사항 5) 재해 발생 시 응급처치에 관한 사항 6) 안전점검·평가 및 재해 분석기법에 관한 사항 7) 안전기준 및 개인보호구 등 분야별 재해예방 실무에 관한 사항 8) 산업안전보건관리비 계상 및 사용기준에 관한 사항 9) 작업환경 개선 등 산업위생 분야에 관한 사항 10) 무재해운동 추진기법 및 실무에 관한 사항 11) 위험성평가에 관한 사항 12) 그 밖에 안전관리자의 직무 향상을 위하여 필요한 사항	1) 산업안전보건법령 및 정책에 관한 사항 2) 안전관리계획 및 안전보건개선계획의 수립·평가·실무에 관한 사항 3) 안전보건교육 및 무재해운동 추진실무에 관한 사항 4) 산업안전보건관리비 사용기준 및 사용방법에 관한 사항 5) 분야별 재해 사례 및 개선 사례에 관한 연구와 실무에 관한 사항 6) 사업장 안전 개선기법에 관한 사항 7) 위험성평가에 관한 사항 8) 그 밖에 안전관리자 직무 향상을 위하여 필요한 사항
다. 보건관리자 및 보건관리전문기관 종사자	1) 산업안전보건법령 및 작업환경 측정에 관한 사항 2) 산업안전보건개론에 관한 사항 3) 안전보건교육방법에 관한 사항 4) 산업보건관리계획 수립·평가 및 산업역학에 관한 사항 5) 작업환경 및 직업병 예방에 관한 사항 6) 작업환경 개선에 관한 사항(소음·분진·관리대상 유해물질 및 유해광선 등)	1) 산업안전보건법령, 정책 및 작업환경 관리에 관한 사항 2) 산업보건관리계획 수립·평가 및 안전보건교육 추진 요령에 관한 사항 3) 근로자 건강 증진 및 구급환자 관리에 관한 사항 4) 산업위생 및 산업환기에 관한 사항 5) 직업병 사례 연구에 관한 사항 6) 유해물질별 작업환경 관리에 관한 사항

교육대상	신규과정	보수과정
	7) 산업역학 및 통계에 관한 사항 8) 산업환기에 관한 사항 9) 안전보건관리의 체제·규정 및 보건관리자 역할에 관한 사항 10) 보건관리계획 및 운용에 관한 사항 11) 근로자 건강관리 및 응급처치에 관한 사항 12) 위험성평가에 관한 사항 13) 감염병 예방에 관한 사항 14) 자살 예방에 관한 사항 15) 그 밖에 보건관리자의 직무 향상을 위하여 필요한 사항	7) 위험성평가에 관한 사항 8) 감염병 예방에 관한 사항 9) 자살 예방에 관한 사항 10) 그 밖에 보건관리자 직무 향상을 위하여 필요한 사항
라. 건설재해예방전문지도기관 종사자	1) 산업안전보건법령 및 정책에 관한 사항 2) 분야별 재해사례 연구에 관한 사항 3) 새로운 공법 소개에 관한 사항 4) 사업장 안전관리기법에 관한 사항 5) 위험성평가의 실시에 관한 사항 6) 그 밖에 직무 향상을 위하여 필요한 사항	1) 산업안전보건법령 및 정책에 관한 사항 2) 분야별 재해사례 연구에 관한 사항 3) 새로운 공법 소개에 관한 사항 4) 사업장 안전관리기법에 관한 사항 5) 위험성평가의 실시에 관한 사항 6) 그 밖에 직무 향상을 위하여 필요한 사항
마. 석면조사기관 종사자	1) 석면 제품의 종류 및 구별 방법에 관한 사항 2) 석면에 의한 건강유해성에 관한 사항 3) 석면 관련 법령 및 제도(법, 「석면안전관리법」 및 「건축법」 등)에 관한 사항 4) 법 및 산업안전보건 정책방향에 관한 사항 5) 석면 시료채취 및 분석 방법에 관한 사항 6) 보호구 착용 방법에 관한 사항 7) 석면조사결과서 및 석면지도 작성 방법에 관한 사항 8) 석면 조사 실습에 관한 사항	1) 석면 관련 법령 및 제도(법, 「석면안전관리법」 및 「건축법」 등)에 관한 사항 2) 실내공기오염 관리(또는 작업환경측정 및 관리)에 관한 사항 3) 산업안전보건 정책방향에 관한 사항 4) 건축물·설비 구조의 이해에 관한 사항 5) 건축물·설비 내 석면함유 자재 사용 및 시공·제거 방법에 관한 사항 6) 보호구 선택 및 관리방법에 관한 사항 7) 석면해체·제거작업 및 석면 흩날림 방지 계획 수립 및 평가에 관한 사항 8) 건축물 석면조사 시 위해도평가 및 석면지도 작성·관리 실무에 관한 사항

교육대상	신규과정	보수과정
		9) 건축 자재의 종류별 석면조사실무에 관한 사항
바. 안전보건관리담당자		1) 위험성평가에 관한 사항 2) 안전·보건교육방법에 관한 사항 3) 사업장 순회점검 및 지도에 관한 사항 4) 기계·기구의 적격품 선정에 관한 사항 5) 산업재해 통계의 유지·관리 및 조사에 관한 사항 6) 그 밖에 안전보건관리담당자 직무 향상을 위하여 필요한 사항
사. 안전검사기관 및 자율안전검사기관	1) 산업안전보건법령에 관한 사항 2) 기계, 장비의 주요장치에 관한 사항 3) 측정기기 작동 방법에 관한 사항 4) 공통점검 사항 및 주요 위험요인별 점검내용에 관한 사항 5) 기계, 장비의 주요안전장치에 관한 사항 6) 검사시 안전보건 유의사항 7) 기계·전기·화공 등 공학적 기초지식에 관한 사항 8) 검사원의 직무윤리에 관한 사항 9) 그 밖에 종사자의 직무 향상을 위하여 필요한 사항	1) 산업안전보건법령 및 정책에 관한 사항 2) 주요 위험요인별 점검내용에 관한 사항 3) 기계, 장비의 주요장치와 안전장치에 관한 심화과정 4) 검사시 안전보건 유의 사항 5) 구조해석, 용접, 피로, 파괴, 피해 예측, 작업환기, 위험성평가 등에 관한 사항 6) 검사대상 기계별 재해 사례 및 개선 사례에 관한 연구와 실무에 관한 사항 7) 검사원의 직무윤리에 관한 사항 8) 그 밖에 종사자의 직무 향상을 위하여 필요한 사항

4. 특수형태근로종사자에 대한 안전보건교육(제95조제1항 관련)
   가. 최초 노무제공 시 교육

교육내용
아래의 내용 중 특수형태근로종사자의 직무에 적합한 내용을 교육해야 한다. • 산업안전 및 사고 예방에 관한 사항 • 산업보건 및 직업병 예방에 관한 사항 • 건강증진 및 질병 예방에 관한 사항 • 유해·위험 작업환경 관리에 관한 사항 • 산업안전보건법령 및 산업재해보상보험 제도에 관한 사항 • 직무스트레스 예방 및 관리에 관한 사항

교육내용
• 직장 내 괴롭힘, 고객의 폭언 등으로 인한 건강장해 예방 및 관리에 관한 사항 • 기계·기구의 위험성과 작업의 순서 및 동선에 관한 사항 • 작업 개시 전 점검에 관한 사항 • 정리정돈 및 청소에 관한 사항 • 사고 발생 시 긴급조치에 관한 사항 • 물질안전보건자료에 관한 사항 • 교통안전 및 운전안전에 관한 사항 • 보호구 착용에 관한 사항

나. 특별교육 대상 작업별 교육 : 제1호 라목과 같다.

5. 검사원 성능검사 교육(제131조제2항 관련)

설비명	교육과정	교육내용
가. 프레스 및 전단기	성능검사 교육	• 관계 법령 • 프레스 및 전단기 개론 • 프레스 및 전단기 구조 및 특성 • 검사기준 • 방호장치 • 검사장비 용도 및 사용방법 • 검사실습 및 체크리스트 작성 요령 • 위험검출 훈련
나. 크레인	성능검사 교육	• 관계 법령 • 크레인 개론 • 크레인 구조 및 특성 • 검사기준 • 방호장치 • 검사장비 용도 및 사용방법 • 검사실습 및 체크리스트 작성 요령 • 위험검출 훈련 • 검사원 직무
다. 리프트	성능검사 교육	• 관계 법령 • 리프트 개론 • 리프트 구조 및 특성 • 검사기준 • 방호장치 • 검사장비 용도 및 사용방법 • 검사실습 및 체크리스트 작성 요령 • 위험검출 훈련 • 검사원 직무

설비명	교육과정	교육내용
라. 곤돌라	성능검사 교육	• 관계 법령 • 곤돌라 개론 • 곤돌라 구조 및 특성 • 검사기준 • 방호장치 • 검사장비 용도 및 사용방법 • 검사실습 및 체크리스트 작성 요령 • 위험검출 훈련 • 검사원 직무
마. 국소배기장치	성능검사 교육	• 관계 법령 • 산업보건 개요 • 산업환기의 기본원리 • 국소환기장치의 설계 및 실습 • 국소배기장치 및 제진장치 검사기준 • 검사실습 및 체크리스트 작성 요령 • 검사원 직무
바. 원심기	성능검사 교육	• 관계 법령 • 원심기 개론 • 원심기 종류 및 구조 • 검사기준 • 방호장치 • 검사장비 용도 및 사용방법 • 검사실습 및 체크리스트 작성 요령
사. 롤러기	성능검사 교육	• 관계 법령 • 롤러기 개론 • 롤러기 구조 및 특성 • 검사기준 • 방호장치 • 검사장비의 용도 및 사용방법 • 검사실습 및 체크리스트 작성 요령
아. 사출성형기	성능검사 교육	• 관계 법령 • 사출성형기 개론 • 사출성형기 구조 및 특성 • 검사기준 • 방호장치 • 검사장비 용도 및 사용방법 • 검사실습 및 체크리스트 작성 요령

설비명	교육과정	교육내용
자. 고소작업대	성능검사 교육	• 관계 법령 • 고소작업대 개론 • 고소작업대 구조 및 특성 • 검사기준 • 방호장치 • 검사장비의 용도 및 사용방법 • 검사실습 및 체크리스트 작성 요령
차. 컨베이어	성능검사 교육	• 관계 법령 • 컨베이어 개론 • 컨베이어 구조 및 특성 • 검사기준 • 방호장치 • 검사장비의 용도 및 사용방법 • 검사실습 및 체크리스트 작성 요령
카. 산업용 로봇	성능검사 교육	• 관계 법령 • 산업용 로봇 개론 • 산업용 로봇 구조 및 특성 • 검사기준 • 방호장치 • 검사장비 용도 및 사용방법 • 검사실습 및 체크리스트 작성 요령
타. 압력용기	성능검사 교육	• 관계 법령 • 압력용기 개론 • 압력용기의 종류, 구조 및 특성 • 검사기준 • 방호장치 • 검사장비 용도 및 사용방법 • 검사실습 및 체크리스트 작성 요령 • 이상 시 응급조치

6. 물질안전보건자료에 관한 교육(제169조제1항 관련)

교육내용
• 대상화학물질의 명칭(또는 제품명) • 물리적 위험성 및 건강 유해성 • 취급상의 주의사항 • 적절한 보호구 • 응급조치 요령 및 사고시 대처방법 • 물질안전보건자료 및 경고표지를 이해하는 방법

[별표12] 안전 및 보건에 관한 평가의 내용(제74조제2항 및 제78조제4항 관련)

종류	평가항목

종합평가	1. 작업조건 및 작업방법에 대한 평가
	2. 유해·위험요인에 대한 측정 및 분석
	   가. 기계·기구 또는 그 밖의 설비에 의한 위험성
	   나. 폭발성·물반응성·자기반응성·자기발열성 물질, 자연발화성 액체·고체 및 인화성 액체 등에 의한 위험성
	   다. 전기·열 또는 그 밖의 에너지에 의한 위험성
	   라. 추락, 붕괴, 낙하, 비래 등으로 인한 위험성
	   마. 그 밖에 기계·기구·설비·장치·구축물·시설물·원재료 및 공정 등에 의한 위험성
	   바. 영 제88조에 따른 허가 대상 유해물질, 고용노동부령으로 정하는 관리 대상 유해물질 및 온도·습도·환기·소음·진동·분진, 유해광선 등의 유해성 또는 위험성
	3. 보호구, 안전·보건장비 및 작업환경 개선시설의 적정성
	4. 유해물질의 사용·보관·저장, 물질안전보건자료의 작성, 근로자 교육 및 경고표시 부착의 적정성
	   가. 화학물질 안전보건 정보의 제공
	   나. 수급인 안전보건교육 지원에 관한 사항
	   다. 화학물질 경고표시 부착에 관한 사항 등
	5. 수급인의 안전보건관리 능력의 적정성
	   가. 안전보건관리체제(안전·보건관리자, 안전보건관리담당자, 관리감독자 선임관계 등)
	   나. 건강검진 현황(신규자는 배치전건강진단 실시여부 확인 등)
	   다. 특별안전보건교육 실시 여부 등
	6. 그 밖에 작업환경 및 근로자 건강 유지·증진 등 보건관리의 개선을 위하여 필요한 사항

안전평가	종합평가 항목 중 제1호의 사항, 제2호가목부터 마목까지의 사항, 제3호 중 안전 관련 사항, 제5호의 사항
보건평가	종합평가 항목 중 제1호의 사항, 제2호바목의 사항, 제3호 중 보건 관련 사항, 제4호·제5호 및 제6호의 사항

※ 비고 : 세부 평가항목별로 평가 내용을 작성하고, 최종 의견('적정', '조건부 적정', '부적정' 등)을 첨부해야 한다.

[별표 13] 안전인증을 위한 심사종류별 제출서류(제108조제1항 관련) 23. 10. 7 개정

심사종류	법 제84조제1항 및 제3항에 따른 기계·기구 및 설비	법 제84조제1항 및 제3항에 따른 방호장치·보호구
예비심사	1. 인증대상 제품의 용도·기능에 관한 자료 2. 제품설명서 3. 제품의 외관도 및 배치도	왼쪽란과 같음
서면심사	다음 각 호의 서류 각 2부 1. 사업자등록증 사본 2. 수입을 증명할 수 있는 서류(수입하는 경우로 한정한다) 3. 대리인임을 증명하는 서류(제108조제1항 후단에 해당하는 경우로 한정한다) 4. 기계·기구 및 설비의 명세서 및 사용방법설명서 5. 기계·기구 및 설비를 구성하는 부품 목록이 포함된 조립도 6. 기계·기구 및 설비에 포함된 방호장치 명세서 및 방호장치와 관련된 도면 7. 기계·기구 및 설비에 포함된 부품·재료 및 동체 등의 강도계산서와 관련된 도면(고용노동부장관이 정하여 고시하는 것만 해당한다)	다음 각 호의 서류 각 2부 1. 사업자등록증 사본 2. 수입을 증명할 수 있는 서류(수입하는 경우로 한정한다) 3. 대리인임을 증명하는 서류(제108조제1항 후단에 해당하는 경우로 한정한다) 4. 방호장치 및 보호구의 명세서 및 사용방법설명서 5. 방호장치 및 보호구의 조립도·부품도·회로도와 관련된 도면 6. 방호장치 및 보호구의 앞면·옆면 사진 및 주요 부품 사진
기술능력 및 생산체계 심사	다음 각 호의 내용을 포함한 서류 1부 1. 품질경영시스템의 수립 및 이행 방법 2. 구매한 제품의 안전성 확인 절차 및 내용 3. 공정 생산·관리 및 제품 출하 전후의 사후관리 절차 및 내용 4. 생산 및 서비스 제공에 대한 보완시스템 절차 5. 부품 및 제품의 식별관리체계 및 제품의 보존방법 6. 제품 생산 공정의 모니터링, 측정시험 장치 및 장비의 관리방법 7. 공정상의 데이터 분석방법 및 문제점 발생 시 시정 및 예방에 필요한 조치 방법 8. 부적합품 발생 시 처리 절차	왼쪽란과 같음

심사종류		법 제84조제1항 및 제3항에 따른 기계·기구 및 설비	법 제84조제1항 및 제3항에 따른 방호장치·보호구
제품심사	개별제품심사	다음 각 호의 서류 각 1부 1. 서면심사결과 통지서 2. 기계·기구 및 설비에 포함된 재료의 시험성적서 3. 기계·기구 및 설비의 배치도(설치되는 경우만 해당한다) 4. 크레인 지지용 구조물의 안전성을 증명할 수 있는 서류(구조물에 지지되는 경우만 해당하며, 정격하중 10톤 미만인 경우는 제외한다)	해당 없음
	형식별제품심사	다음 각 호의 서류 각 1부 1. 서면심사결과 통지서 2. 기술능력 및 생산체계 심사결과통지서 3. 기계·기구 및 설비에 포함된 재료의 시험성적서	다음 각 호의 서류 각 1부 1. 서면심사결과 통지서 2. 기술능력 및 생산체계 심사결과 통지서(제110조제1항제3호 각 목에 해당하는 경우는 제외한다) 3. 방호장치 및 보호구에 포함된 재료의 시험성적서

[별표14] 안전인증 및 자율안전확인의 표시 및 표시방법
(제114조제1항 및 제121조 관련)

1. 표시

 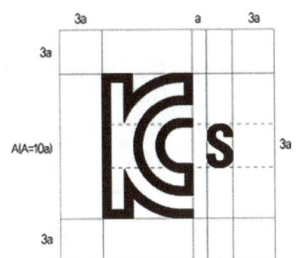

2. 표시방법
   가. 표시는 「국가표준기본법 시행령」 제15조의7제1항에 따른 표시기준 및 방법에 따른다.
   나. 표시를 하는 경우 인체에 상해를 입힐 우려가 있는 재질이나 표면이 거친 재질을 사용해서는 안 된다.

[별표15] 안전인증대상기계등이 아닌 유해·위험기계등의 안전인증의 표시 및 표시방법
(제114조제2항 관련)

1. 표시

 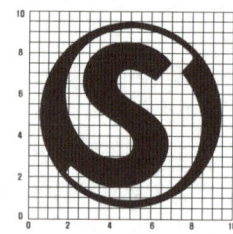

2. 표시방법
   가. 표시의 크기는 유해·위험기계등의 크기에 따라 조정할 수 있다.
   나. 표시의 표상을 명백히 하기 위하여 필요한 경우에는 표시 주위에 한글·영문 등의 글자로 필요한 사항을 덧붙여 적을 수 있다.
   다. 표시는 유해·위험기계등이나 이를 담은 용기 또는 포장지의 적당한 곳에 붙이거나 인쇄하거나 새기는 등의 방법으로 해야 한다.
   라. 표시는 테두리와 문자를 파란색, 그 밖의 부분을 흰색으로 표현하는 것을 원칙으로 하되, 안전인증표시의 바탕색 등을 고려하여 테두리와 문자를 흰색, 그 밖의 부분을 파란색으로 표현할 수 있다. 이 경우 파란색의 색도는 2.5PB 4/10으로, 흰색의 색도는 N9.5로 한다[색도기준은 한국산업표준(KS)에 따른 색의 3속성에 의한 표시방법(KS A 0062)에 따른다].
   마. 표시를 하는 경우에 인체에 상해를 입힐 우려가 있는 재질이나 표면이 거친 재질을 사용해서는 안 된다.

[별표16] 안전검사 합격표시 및 표시방법(제126조제2항 및 제127조 관련)

1. 합격표시

안전검사합격증명서	
① 안전검사대상기계명	
② 신청인	
③ 형식번(기)호(설치장소)	
④ 합격번호	
⑤ 검사유효기간	
⑥ 검사기관(실시기관)	○○○○○○ (직인) 검 사 원 : ○○○
	고 용 노 동 부 장 관　직인생략

2. 표시방법
　가. ② 신청인은 사용자의 명칭 등의 상호명을 기입한다.
　나. ③ 형식번호는 안전검사대상기계등을 특정 짓는 형식번호나 기호 등을 기입하며, 설치장소는 필요한 경우 기입한다.
　다. ④ 합격번호는 안전검사기관이 아래와 같이 부여한 번호를 적는다.

□□	-	□□	□□	-	□□	-	□□□□
㉠ 합격연도		㉡ 검사기관	㉢ 지역(시·도)		㉣ 안전검사대상품		㉤ 일련번호

　㉠ 합격연도 : 해당 연도의 끝 두 자리 수(예시: 2015 → 15, 2016 → 16)
　㉡ 검사기관별 구분(A, B, C, D ……)
　㉢ 지역(시·도)은 해당 번호를 적는다.

지역명	번호	지역명	번호	지역명	번호	지역명	번호
서울특별시	02	광주광역시	62	강원도	33	경상남도	55
부산광역시	51	대전광역시	42	충청북도	43	전라북도	63
대구광역시	53	울산광역시	52	충청남도	41	전라남도	61
인천광역시	32	세종시	44	경상북도	54	제주도	64
		경기도	31				

　㉣ 안전검사대상품 : 검사대상품의 종류 및 표시부호

번호	종류	표시부호
1	프레스	A
2	전단기	B
3	크레인	C
4	리프트	D
5	압력용기	E
6	곤돌라	F
7	국소배기장치	G
8	원심기	H
9	롤러기	I
10	사출성형기	J
11	화물자동차 또는 특수자동차에 탑재한 고소작업대	K
12	컨베이어	L
13	산업용 로봇	M

　㉤ 일련번호 : 각 실시기관별 합격 일련번호 4자리
　라. ⑤ 유효기간은 합격 연·월·일과 효력만료 연·월·일을 기입한다.
　마. 합격표시의 규격은 가로 90mm 이상, 세로 60mm 이상의 장방형 또는 직경

70mm 이상의 원형으로 하며, 필요 시 안전검사대상기계등에 따라 조정할 수 있다.
바. 합격표시는 안전검사대상기계등에 부착·인쇄 등의 방법으로 표시하며 쉽게 내용을 알아 볼 수 있으며 지워지거나 떨어지지 않도록 표시해야 한다.
사. 검사연도 등에 따라 색상을 다르게 할 수 있다.

[별표17] 유해·위험기계등 제조사업 등의 지원 및 등록 요건(제137조 관련)

1. 법 제84조제1항에 따른 안전인증대상기계등의 제조업체 또는 법 제89조제1항에 따른 자율안전확인대상기계등의 제조업체 또는 산업재해가 많이 발생하는 기계·기구 및 설비의 제조업체로서 자체적으로 생산체계 및 품질관리시스템을 갖추고 이를 준수하는 업체일 것. 다만, 다음 각 목의 어느 하나에 해당하는 업체는 제외한다.
   가. 지원신청일 직전 2년간 법 제86조제1항에 따라 안전인증이 취소된 사실이 있는 업체
   나. 지원신청일 직전 2년간 법 제87조제2항 또는 법 제92조제2항에 따라 수거·파기된 사실이 있는 업체
   다. 지원신청일 직전 2년간 법 제91조제1항에 따라 자율안전확인 표시 사용이 금지된 사실이 있는 업체
2. 국소배기장치 및 전체환기장치 시설업체

인력	시설 및 장비
가. 산업보건지도사·산업위생관리기술사·대기관리기술사 중 1명 이상 나. 산업위생관리기사·대기환경기사 중 1명 이상 다. 다음 1)부터 3)까지 중 2개 항목 이상 　1) 일반·정밀·건설기계 또는 공정설계기사 1명 이상 　2) 화공 또는 공업화학기사 1명 이상 　3) 전기·전기공사기사 또는 전기기기·전기공사기능장 1명 이상	가. 사무실 나. 산업환기시설 성능검사 장비 　1) 스모크테스터 　2) 정압 프로브가 달린 열선풍속계 　3) 청음기 또는 청음봉 　4) 절연저항계 　5) 표면온도계 　6) 회전계(R.P.M측정기)

※ 비고
가. 인력 중 가목의 산업보건지도사·산업위생관리기술사는 산업위생 전공 박사학위 소지자 또는 산업위생관리기사 자격을 취득한 후 그 전문기술 분야에서 5년 이상 실무경력이 있는 사람으로 대체할 수 있으며, 대기관리기술사는 화학장치설비기술사·화학공장설계기술사·유체기계기술사·공조냉동기계기술사 또는 환경공학 전공 박사학위 소지자로 대체하거나 대기환경기사 자격을 취득한 후 그 전문기술 분야에서 5년 이상 실무경력이 있는 사람으로 대체할 수 있다.
나. 인력 중 나목의 인력은 가목의 대기관리기술사 자격을 보유한 경우에는 산업위생관리기사 자격을 보유해야 한다.

다. 기사는 해당 분야 산업기사의 자격을 취득한 후 해당 분야에 4년 이상 종사한 사람으로 대체할 수 있다.

3. 소음·진동 방지장치 시설업체

인력	시설 및 장비

가. 산업보건지도사·산업위생관리기술사·소음진동기술사 중 1명 이상
나. 산업위생관리기사·소음진동기사 중 1명 이상
다. 다음 각 목 중 2개 항목 이상
  1) 일반기계기사 1명 이상
  2) 건축기사 1명 이상
  3) 토목기사 1명 이상
  4) 전기기사·전기공사기사·전기기기기능장 또는 전기공사기능장 1명 이상
	가. 사무실
	나. 장비
	  1) 소음측정기(주파수분석이 가능한 것이어야 한다)
	  2) 누적소음 폭로량측정기: 2대 이상

※ 비고
가. 인력 중 가목의 산업보건지도사·산업위생관리기술사는 산업위생전공 박사학위 소지자 또는 산업위생관리기사 자격을 취득한 후 그 전문기술 분야에서 5년 이상 실무경력이 있는 사람으로 대체할 수 있으며, 소음진동기술사는 기계제작기술사, 전자응용기술사, 환경공학 전공 박사학위 소지자 또는 소음진동기사 자격을 취득한 후 그 전문기술 분야에서 5년 이상 실무경력이 있는 사람으로 대체할 수 있다.
나. 인력 중 나목의 인력은 가목에서 소음진동기술사 자격을 보유한 경우에는 산업위생관리기사 자격을 보유해야 한다.
다. 기사는 해당 분야 산업기사의 자격을 취득한 후 해당 분야에 4년 이상 종사한 사람으로 대체할 수 있다.
라. 국소배기장치 및 전체환기장치 시설업체와 소음·진동방지장치 시설업체를 같이 경영하는 경우에는 공통되는 기술인력·시설 및 장비를 중복하여 갖추지 않을 수 있다.

[별표18] 유해인자의 유해성·위험성 분류기준(제141조 관련)

1. 화학물질의 분류기준
  가. 물리적 위험성 분류기준
    1) 폭발성 물질 : 자체의 화학반응에 따라 주위환경에 손상을 줄 수 있는 정도의 온도·압력 및 속도를 가진 가스를 발생시키는 고체·액체 또는 혼합물
    2) 인화성 가스 : 20℃, 표준압력(101.3㎪)에서 공기와 혼합하여 인화되는 범위에 있는 가스와 54℃ 이하 공기 중에서 자연발화하는 가스를 말한다.(혼합물을 포함한다)
    3) 인화성 액체 : 표준압력(101.3㎪)에서 인화점이 93℃ 이하인 액체
    4) 인화성 고체 : 쉽게 연소되거나 마찰에 의하여 화재를 일으키거나 촉진할 수 있는 물질
    5) 에어로졸 : 재충전이 불가능한 금속·유리 또는 플라스틱 용기에 압축가스·

액화가스 또는 용해가스를 충전하고 내용물을 가스에 현탁시킨 고체나 액상 입자로, 액상 또는 가스상에서 폼·페이스트·분말상으로 배출되는 분사장치를 갖춘 것

6) 물반응성 물질 : 물과 상호작용을 하여 자연발화되거나 인화성 가스를 발생시키는 고체·액체 또는 혼합물
7) 산화성 가스 : 일반적으로 산소를 공급함으로써 공기보다 다른 물질의 연소를 더 잘 일으키거나 촉진하는 가스
8) 산화성 액체 : 그 자체로는 연소하지 않더라도, 일반적으로 산소를 발생시켜 다른 물질을 연소시키거나 연소를 촉진하는 액체
9) 산화성 고체 : 그 자체로는 연소하지 않더라도 일반적으로 산소를 발생시켜 다른 물질을 연소시키거나 연소를 촉진하는 고체
10) 고압가스 : 20℃, 200킬로파스칼(kpa) 이상의 압력 하에서 용기에 충전되어 있는 가스 또는 냉동액화가스 형태로 용기에 충전되어 있는 가스(압축가스, 액화가스, 냉동액화가스, 용해가스로 구분한다)
11) 자기반응성 물질 : 열적(熱的)인 면에서 불안정하여 산소가 공급되지 않아도 강렬하게 발열·분해하기 쉬운 액체·고체 또는 혼합물
12) 자연발화성 액체 : 적은 양으로도 공기와 접촉하여 5분 안에 발화할 수 있는 액체
13) 자연발화성 고체 : 적은 양으로도 공기와 접촉하여 5분 안에 발화할 수 있는 고체
14) 자기발열성 물질 : 주위의 에너지 공급 없이 공기와 반응하여 스스로 발열하는 물질(자기발화성 물질은 제외한다)
15) 유기과산화물 : 2가의 -O-O- 구조를 가지고 1개 또는 2개의 수소 원자가 유기라디칼에 의하여 치환된 과산화수소의 유도체를 포함한 액체 또는 고체 유기물질
16) 금속 부식성 물질 : 화학적인 작용으로 금속에 손상 또는 부식을 일으키는 물질

나. 건강 및 환경 유해성 분류기준
1) 급성 독성 물질 : 입 또는 피부를 통하여 1회 투여 또는 24시간 이내에 여러 차례로 나누어 투여하거나 호흡기를 통하여 4시간 동안 흡입하는 경우 유해한 영향을 일으키는 물질
2) 피부 부식성 또는 자극성 물질 : 접촉 시 피부조직을 파괴하거나 자극을 일으키는 물질(피부 부식성 물질 및 피부 자극성 물질로 구분한다)
3) 심한 눈 손상성 또는 자극성 물질 : 접촉 시 눈 조직의 손상 또는 시력의 저하 등을 일으키는 물질(눈 손상성 물질 및 눈 자극성 물질로 구분한다)
4) 호흡기 과민성 물질 : 호흡기를 통하여 흡입되는 경우 기도에 과민반응을 일으키는 물질
5) 피부 과민성 물질 : 피부에 접촉되는 경우 피부 알레르기 반응을 일으키는 물질

6) 발암성 물질 : 암을 일으키거나 그 발생을 증가시키는 물질
7) 생식세포 변이원성 물질 : 자손에게 유전될 수 있는 사람의 생식세포에 돌연변이를 일으킬 수 있는 물질
8) 생식독성 물질 : 생식기능, 생식능력 또는 태아의 발생·발육에 유해한 영향을 주는 물질
9) 특정 표적장기 독성 물질(1회 노출) : 1회 노출로 특정 표적장기 또는 전신에 독성을 일으키는 물질
10) 특정 표적장기 독성 물질(반복 노출) : 반복적인 노출로 특정 표적장기 또는 전신에 독성을 일으키는 물질
11) 흡인 유해성 물질 : 액체 또는 고체 화학물질이 입이나 코를 통하여 직접적으로 또는 구토로 인하여 간접적으로, 기관 및 더 깊은 호흡기관으로 유입되어 화학적 폐렴, 다양한 폐 손상이나 사망과 같은 심각한 급성 영향을 일으키는 물질
12) 수생 환경 유해성 물질 : 단기간 또는 장기간의 노출로 수생생물에 유해한 영향을 일으키는 물질
13) 오존층 유해성 물질 :「오존층 보호를 위한 특정물질의 제조규제 등에 관한 법률」제2조제1호에 따른 특정물질

2. 물리적 인자의 분류기준
   가. 소음 : 소음성난청을 유발할 수 있는 85데시벨(A) 이상의 시끄러운 소리
   나. 진동 : 착암기, 손망치 등의 공구를 사용함으로써 발생되는 백랍병·레이노 현상·말초순환장애 등의 국소 진동 및 차량 등을 이용함으로써 발생되는 관절통·디스크·소화장애 등의 전신 진동
   다. 방사선 : 직접·간접으로 공기 또는 세포를 전리하는 능력을 가진 알파선·베타선·감마선·엑스선·중성자선 등의 전자선
   라. 이상기압 : 게이지 압력이 제곱센티미터당 1킬로그램 초과 또는 미만인 기압
   마. 이상기온 : 고열·한랭·다습으로 인하여 열사병·동상·피부질환 등을 일으킬 수 있는 기온

3. 생물학적 인자의 분류기준
   가. 혈액매개 감염인자 : 인간면역결핍바이러스, B형·C형간염바이러스, 매독바이러스 등 혈액을 매개로 다른 사람에게 전염되어 질병을 유발하는 인자
   나. 공기매개 감염인자 : 결핵·수두·홍역 등 공기 또는 비말감염 등을 매개로 호흡기를 통하여 전염되는 인자
   다. 곤충 및 동물매개 감염인자 : 쯔쯔가무시증, 렙토스피라증, 유행성출혈열 등 동물의 배설물 등에 의하여 전염되는 인자 및 탄저병, 브루셀라병 등 가축 또는 야생동물로부터 사람에게 감염되는 인자

※ 비고
제1호에 따른 화학물질의 분류기준 중 가목에 따른 물리적 위험성 분류기준별 세부 구분기준과 나목에 따른 건강 및 환경 유해성 분류기준의 단일물질 분류기준별 세부 구분기준 및 혼합물질의 분류기준은 고용노동부장관이 정하여 고시한다.

[별표19] 유해인자별 노출 농도의 허용기준(제145조제1항 관련)

유해인자		허용기준			
		시간가중평균값 (TWA)		단시간 노출값 (STEL)	
		ppm	mg/㎥	ppm	mg/㎥
1. 6가크롬[18540-29-9] 화합물(Chromium VI compounds)	불용성		0.01		
	수용성		0.05		
2. 납[7439-92-1] 및 그 무기화합물(Lead and its inorganic compounds)			0.05		
3. 니켈[7440-02-0] 화합물(불용성 무기화합물로 한정한다)(Nickel and its insoluble inorganic compounds)			0.2		
4. 니켈카르보닐(Nickel carbonyl ; 13463-39-3)		0.001			
5. 디메틸포름아미드(Dimethylformamide ; 68-12-2)		10			
6. 디클로로메탄(Dichloromethane ; 75-09-2)		50			
7. 1, 2-디클로로프로판(1, 2-Dichloro propane ; 78-87-5)		10	1	110	
8. 망간[7439-96-5] 및 그 무기화합물(Manganese and its inorganic compounds)					
9. 메탄올(Methanol; 67-56-1)		200		250	
10. 메틸렌 비스(페닐 이소시아네이트)[Methylene bis (phenyl isocya nate) ; 101-68-8 등]		0.005	0.002		
11. 베릴륨[7440-41-7] 및 그 화합물(Beryllium and its compounds)					0.01
12. 벤젠(Benzene ; 71-43-2)		0.5		2.5	
13. 1,3-부타디엔(1,3-Butadiene ; 106-99-0)		2		10	
14. 2-브로모프로판(2-Bromopropane ; 75-26-3)		1			
15. 브롬화 메틸(Methyl bromide ; 74-83-9)		1			
16. 산화에틸렌(Ethylene oxide ; 75-21-8)		1	0.1 개/㎤		
17. 석면(제조·사용하는 경우만 해당한다)(Asbestos ; 1332-21-4 등)			0.025		
18. 수은[7439-97-6] 및 그 무기화합물(Mercury and its inorganic compounds)					
19. 스티렌(Styrene ; 100-42-5)		20		40	
20. 시클로헥사논(Cyclohexanone ; 108-94-1)		25		50	
21. 아닐린(Aniline ; 62-53-3)		2			
22. 아크릴로니트릴(Acrylonitrile ; 107-13-1)		2			
23. 암모니아(Ammonia ; 7664-41-7 등)		25		35	

유해인자	허용기준			
	시간가중평균값 (TWA)		단시간 노출값 (STEL)	
	ppm	mg/m³	ppm	mg/m³
24. 염소(Chlorine ; 7782-50-5)	0.5		1	
25. 염화비닐(Vinyl chloride ; 75-01-4)	1			
26. 이황화탄소(Carbon disulfide ; 75-15-0)	1			
27. 일산화탄소(Carbon monoxide ; 630-08-0)	30	0.01	200	
28. 카드뮴[7440-43-9] 및 그 화합물(Cadmium and its compounds)		(호흡성 분진인 경우 0.002)		
29. 코발트[7440-48-4] 및 그 무기화합물(Cobalt and its inorganic compounds)		0.02		
30. 콜타르피치[65996-93-2] 휘발물(Coal tar pitch volatiles)		0.2		
31. 톨루엔(Toluene ; 108-88-3)	50		150	
32. 톨루엔-2,4-디이소시아네이트(Toluene-2,4-diisocyanate ; 584-84-9 등)	0.005		0.02	
33. 톨루엔-2,6-디이소시아네이트(Toluene-2,6-diisocyanate ; 91-08-7 등)	0.005		0.02	
34. 트리클로로메탄(Trichloromethane ; 67-66-3)	10			
35. 트리클로로에틸렌(Trichloroethylene ; 79-01-6)	10		25	
36. 포름알데히드(Formaldehyde ; 50-00-0)	0.3			
37. n-헥산(n-Hexane ; 110-54-3)	50			
38. 황산(Sulfuric acid ; 7664-93-9)		0.2		0.6

※ 비고

1. "시간가중평균값(TWA, Time-Weighted Average)"이란 1일 8시간 작업을 기준으로 한 평균노출농도로서 산출공식은 다음과 같다.
   주) C : 유해인자의 측정농도(단위 : ppm, mg/m³ 또는 개/cm³)
   　　T : 유해인자의 발생시간(단위 : 시간)
2. "단시간 노출값(STEL, Short-Term Exposure Limit)"이란 15분 간의 시간가중평균값으로서 노출 농도가 시간가중평균값을 초과하고 단시간 노출값 이하인 경우에는 ① 1회 노출 지속시간이 15분 미만이어야 하고, ② 이러한 상태가 1일 4회 이하로 발생해야 하며, ③ 각 회의 간격은 60분 이상이어야 한다.
3. "등"이란 해당 화학물질에 이성질체 등 동일 속성을 가지는 2개 이상의 화합물이 존재할 수 있는 경우를 말한다.

보충학습 시설물의 안전 및 유지관리에 관한 특별법

시설물의 안전 및 유지관리에 관한 특별법 (약칭 : 시설물안전법)
[시행 2021. 9. 17.] [법률 제17946호, 2021. 3. 16., 일부개정]

(1) 용어의 정의
① "시설물"이란 건설공사를 통하여 만들어진 교량·터널·항만·댐·건축물 등 구조물과 그 부대시설로서 제7조 각 호에 따른 제1종시설물, 제2종시설물 및 제3종시설물을 말한다.
② "관리주체"란 관계 법령에 따라 해당 시설물의 관리자로 규정된 자나 해당 시설물의 소유자를 말한다. 이 경우 해당 시설물의 소유자와의 관리계약 등에 따라 시설물의 관리책임을 진 자는 관리주체로 보며, 관리주체는 공공관리주체(公共管理主體)와 민간관리주체(民間管理主體)로 구분한다.
③ "공공관리주체"란 다음 각 목의 어느 하나에 해당하는 관리주체를 말한다.
  ㉮ 국가·지방자치단체
  ㉯ 「공공기관의 운영에 관한 법률」 제4조에 따른 공공기관
  ㉰ 「지방공기업법」에 따른 지방공기업
④ "민간관리주체"란 공공관리주체 외의 관리주체를 말한다.
⑤ "안전점검"이란 경험과 기술을 갖춘 자가 육안이나 점검기구 등으로 검사하여 시설물에 내재(內在)되어 있는 위험요인을 조사하는 행위를 말하며, 점검목적 및 점검수준을 고려하여 국토교통부령으로 정하는 바에 따라 정기안전 점검 및 정밀안전점검으로 구분한다.
⑥ "정밀안전진단"이란 시설물의 물리적·기능적 결함을 발견하고 그에 대한 신속하고 적절한 조치를 하기 위하여 구조적 안전성과 결함의 원인 등을 조사·측정·평가하여 보수·보강 등의 방법을 제시하는 행위를 말한다.
⑦ "긴급안전점검"이란 시설물의 붕괴·전도 등으로 인한 재난 또는 재해가 발생할 우려가 있는 경우에 시설물의 물리적·기능적 결함을 신속하게 발견하기 위하여 실시하는 점검을 말한다.
⑧ "내진성능평가(耐震性能評價)"란 지진으로부터 시설물의 안전성을 확보하고 기능을 유지하기 위하여 「지진·화산재해대책법」 제14조제1항에 따라 시설물별로 정하는 내진설계기준(耐震設計基準)에 따라 시설물이 지진에 견딜 수 있는 능력을 평가하는 것을 말한다.
⑨ "도급(都給)"이란 원도급·하도급·위탁, 그 밖에 명칭 여하에도 불구하고 안전점검·정밀안전진단이나 긴급안전점검, 유지관리 또는 성능평가를 완료하기로 약정하고, 상대방이 그 일의 결과에 대하여 대가를 지급하기로 한 계약을 말한다.
⑩ "하도급"이란 도급받은 안전점검·정밀안전진단이나 긴급안전점검, 유지관리 또는 성능평가 용역의 전부 또는 일부를 도급하기 위하여 수급인(受給人)이 제3자와 체결하는 계약을 말한다.

⑪ "유지관리"란 완공된 시설물의 기능을 보전하고 시설물이용자의 편의와 안전을 높이기 위하여 시설물을 일상적으로 점검·정비하고 손상된 부분을 원상복구하며 경과시간에 따라 요구되는 시설물의 개량·보수·보강에 필요한 활동을 하는 것을 말한다.
⑫ "성능평가"란 시설물의 기능을 유지하기 위하여 요구되는 시설물의 구조적 안전성, 내구성, 사용성 등의 성능을 종합적으로 평가하는 것을 말한다.
⑬ "하자담보책임기간"이란 「건설산업기본법」과 「공동주택관리법」 등 관계 법령에 따른 하자담보책임기간 또는 하자보수기간 등을 말한다.

(2) 시설물의 안전 및 유지관리 기본계획의 수립

① 국토교통부장관은 시설물이 안전하게 유지관리될 수 있도록 하기 위하여 5년마다 시설물의 안전 및 유지관리에 관한 기본계획을 수립·시행하고, 이를 관보에 고시하여야 한다. 기본계획을 변경하는 경우에도 또한 같다.(제5조)
② 기본계획에는 다음 각 호의 사항이 포함되어야 한다.
　㋐ 시설물의 안전 및 유지관리에 관한 기본목표 및 추진방향에 관한 사항
　㋑ 시설물의 안전 및 유지관리체계의 개발, 구축 및 운영에 관한 사항
　㋒ 시설물의 안전 및 유지관리에 관한 정보체계의 구축·운영에 관한 사항
　㋓ 시설물의 안전 및 유지관리에 필요한 기술의 연구·개발에 관한 사항
　㋔ 시설물의 안전 및 유지관리에 필요한 인력의 양성에 관한 사항
　㋕ 그 밖에 시설물의 안전 및 유지관리에 관하여 대통령령으로 정하는 사항

(3) 시설물의 안전 및 유지관리에 관한 특별법 시행규칙(약칭 : 시설물안전법 시행규칙)

[시행 2021. 8. 27.][국토교통부령 제882호, 2021. 8. 27., 타법개정]

제2조(안전점검의 종류) 「시설물의 안전 및 유지관리에 관한 특별법」(이하 "법"이라 한다) 제2조제5호에 따른 안전점검은 다음 각 호와 같이 구분한다.
1. 정기안전점검 : 시설물의 상태를 판단하고 시설물이 점검 당시의 사용요건을 만족시키고 있는지 확인할 수 있는 수준의 외관조사를 실시하는 안전점검
2. 정밀안전점검 : 시설물의 상태를 판단하고 시설물이 점검 당시의 사용요건을 만족시키고 있는지 확인하며 시설물 주요부재의 상태를 확인할 수 있는 수준의 외관조사 및 측정·시험장비를 이용한 조사를 실시하는 안전점검

시설물의 안전 및 유지관리에 관한 특별법 시행령 [별표 1] 〈개정 2021. 12. 30.〉

제1종시설물 및 제2종시설물의 종류(제4조 관련)

구분	제1종시설물	제2종시설물
1. 교량		
가. 도로교량	1) 상부구조형식이 현수교, 사장교, 아치교 및 트러스교인 교량 2) 최대 경간장 50미터 이상의 교량(한 경간 교량은 제외한다) 3) 연장 500미터 이상의 교량 4) 폭 12미터 이상이고 연장 500미터 이상인 복개구조물	1) 경간장 50미터 이상인 한 경간 교량 2) 제1종시설물에 해당하지 않는 교량으로서 연장 100미터 이상의 교량 3) 제1종시설물에 해당하지 않는 복개구조물로서 폭 6미터 이상이고 연장 100미터 이상인 복개구조물
나. 철도교량	1) 고속철도 교량 2) 도시철도의 교량 및 고가교 3) 상부구조형식이 트러스교 및 아치교인 교량 4) 연장 500미터 이상의 교량	제1종시설물에 해당하지 않는 교량으로서 연장 100미터 이상의 교량
2. 터널		
가. 도로터널	1) 연장 1천미터 이상의 터널 2) 3차로 이상의 터널 3) 터널구간의 연장이 500미터 이상인 지하차도	1) 제1종시설물에 해당하지 않는 터널로서 고속국도, 일반국도, 특별시도 및 광역시도의 터널 2) 제1종시설물에 해당하지 않는 터널로서 연장 300미터 이상의 지방도, 시도, 군도 및 구도의 터널 3) 제1종시설물에 해당하지 않는 지하차도로서 터널구간의 연장이 100미터 이상인 지하차도
나. 철도터널	1) 고속철도 터널 2) 도시철도 터널 3) 연장 1천미터 이상의 터널	제1종시설물에 해당하지 않는 터널로서 특별시 또는 광역시에 있는 터널
3. 항만		
가. 갑문	갑문시설	
나. 방파제, 파제제 및 호안	연장 1천미터 이상인 방파제	1) 제1종시설물에 해당하지 않는 방파제로서 연장 500미터 이상의 방파제 2) 연장 500미터 이상의 파제제 3) 방파제 기능을 하는 연장 500미터 이상의 호안

	다. 계류시설	1) 20만톤급 이상 선박의 하역시설로서 원유부이(BUOY)식 계류시설(부대시설인 해저송유관을 포함한다) 2) 말뚝구조의 계류시설(5만톤급 이상의 시설만 해당한다)	1) 제1종시설물에 해당하지 않는 원유부이식 계류시설로서 1만톤급 이상의 원유부이식 계류시설(부대시설인 해저송유관을 포함한다) 2) 제1종시설물에 해당하지 않는 말뚝구조의 계류시설로서 1만톤급 이상의 말뚝구조의 계류시설 3) 1만톤급 이상의 중력식 계류시설
4. 댐		다목적댐, 발전용댐, 홍수전용댐 및 총저수용량 1천만톤 이상의 용수전용댐	제1종시설물에 해당하지 않는 댐으로서 지방상수도전용댐 및 총저수용량 1백만톤 이상의 용수전용댐

5. 건축물
  가. 공동주택
  나. 공동주택외의 건축물
		
		1) 21층 이상 또는 연면적 5만제곱미터 이상의 건축물
		2) 연면적 3만제곱미터 이상의 철도역시설 및 관람장
		3) 연면적 1만제곱미터 이상의 지하도상가(지하보도면적을 포함한다)
			16층 이상의 공동주택
			1) 제1종시설물에 해당하지 않는 건축물로서 16층 이상 또는 연면적 3만제곱미터 이상의 건축물
			2) 제1종시설물에 해당하지 않는 건축물로서 연면적 5천제곱미터 이상(각 용도별 시설의 합계를 말한다)의 문화 및 집회시설, 종교시설, 판매시설, 운수시설 중 여객용 시설, 의료시설, 노유자시설, 수련시설, 운동시설, 숙박시설 중 관광숙박시설 및 관광 휴게시설
			3) 제1종시설물에 해당하지 않는 철도 역시설로서 고속철도, 도시철도 및 광역철도 역시설
			4) 제1종시설물에 해당하지 않는 지하도상가로서 연면적 5천제곱미터 이상의 지하도상가 (지하보도면적을 포함한다)

6. 하천 가. 하구둑		1) 하구둑	

		2) 포용조수량 8천만톤 이상의 방조제
나. 수문 및 통문	특별시 및 광역시에 있는 국가하천의 수문 및 통문(通門)	1) 제1종시설물에 해당하지 않는 수문 및 통문으로서 국가하천의 수문 및 통문 2) 특별시, 광역시, 특별자치시 및 시에 있는 지방하천의 수문 및 통문
다. 제방		국가하천의 제방[부속시설인 통관(通管) 및 호안(護岸)을 포함한다]
라. 보	국가하천에 설치된 높이 5미터 이상인 다기능 보	제1종시설물에 해당하지 않는 보로서 국가하천에 설치된 다기능 보
마. 배수펌프장	특별시 및 광역시에 있는 국가하천의 배수펌프장	1) 제1종시설물에 해당하지 않는 배수펌프장으로서 국가하천의 배수펌프장 2) 특별시, 광역시, 특별자치시 및 시에 있는 지방하천의 배수펌프장
7. 상하수도		
가. 상수도	1) 광역상수도 2) 공업용수도 3) 1일 공급능력 3만톤 이상의 지방상수도	제1종시설물에 해당하지 않는 지방상수도
나. 하수도		공공하수처리시설(1일 최대처리용량 500톤 이상인 시설만 해당한다)
8. 옹벽 및 절토 사면		1) 지면으로부터 노출된 높이가 5미터 이상인 부분의 합이 100미터 이상인 옹벽 2) 지면으로부터 연직(鉛直)높이 (옹벽이 있는 경우 옹벽 상단으로부터의 높이) 30미터 이상을 포함한 절토부(땅깎기를 한 부분을 말한다)로서 단일 수평연장 100미터 이상인 절토사면
9. 공동구		공동구

[비고]
1. "도로"란 「도로법」 제10조에 따른 도로를 말한다.
2. 교량의 "최대 경간장"이란 한 경간에서 상부구조의 교각과 교각의 중심선 간의 거리를 경간장으로 정의할 때, 교량의 경간장 중에서 최댓값을 말한다. 한 경간 교량에 대해서는 교량 양측 교대의 흉벽 사이를 교량 중심선에 따라 측정한 거리를 말한다.
3. 교량의 "연장"이란 교량 양측 교대의 흉벽 사이를 교량 중심선에 따라 측정한 거리를 말한다.
4. 도로교량의 "복개구조물"이란 하천 등을 복개하여 도로의 용도로 사용하는 모든 구조물을 말한다.
5. "갑문, 방파제, 파제제, 호안"이란 「항만법」 제2조제5호가목2)에 따른 외곽시설을 말한다.
6. "계류시설"이란 「항만법」 제2조제5호가목4)에 따른 계류시설을 말한다.
7. "댐"이란 「저수지·댐의 안전관리 및 재해예방에 관한 법률」 제2조제1호에 따른 저수지·댐을 말한다.
8. 위 표 제4호의 용수전용댐과 지방상수도전용댐이 위 표 제7호가목의 제1종시설물 중 광역상수도·공업용수도 또는 지방상수도의 수원지시설에 해당하는 경우에는 위 표 제7호의 상하수도시설로 본다.
9. 위 표의 건축물에는 그 부대시설인 옹벽과 절토사면을 포함하며, 건축설비, 소방설비, 승강기설비 및 전기설비는 포함하지 아니한다.
10. 건축물의 연면적은 지하층을 포함한 동별로 계산한다. 다만, 2동 이상의 건축물이 하나의 구조로 연결된 경우와 둘 이상의 지하도상가가 연속되어 있는 경우에는 연면적의 합계를 말한다.
10의2. 건축물의 층수에는 필로티나 그 밖에 이와 비슷한 구조로 된 층을 포함한다.
11. "공동주택 외의 건축물"은 「건축법 시행령」 별표 1에서 정한 용도별 분류를 따른다.
12. 건축물 중 주상복합건축물은 "공동주택 외의 건축물"로 본다.
13. "운수시설 중 여객용 시설"이란 「건축법 시행령」 별표 1 제8호에 따른 운수시설 중 여객자동차터미널, 일반철도역사, 공항청사, 항만여객터미널을 말한다.
14. "철도 역시설"이란 「철도의 건설 및 철도시설 유지관리에 관한 법률」 제2조제6호가목에 따른 역 시설(물류시설은 제외한다)을 말한다. 다만, 선하역사(시설이 선로 아래 설치되는 역사를 말한다)의 선로구간은 연속되는 교량시설물에 포함하고, 지하역사의 선로구간은 연속되는 터널시설물에 포함한다.
15. 하천시설물이 행정구역 경계에 있는 경우 상위 행정구역에 위치한 것으로 한다.
16. "포용조수량"이란 최고 만조(滿潮)시 간척지에 유입될 조수(潮水)의 양을 말한다.
17. "방조제"란 「공유수면 관리 및 매립에 관한 법률」 제37조, 「농어촌정비법」 제2조제6호, 「방조제 관리법」 제2조제1호 및 「산업입지 및 개발에 관한 법률」 제20조제1항에 따라 설치한 방조제를 말한다.

18. 하천의 "통문"이란 제방을 관통하여 설치한 사각형 단면의 문짝을 가진 구조물을 말하며, "통관"이란 제방을 관통하여 설치한 원형 단면의 문짝을 가진 구조물을 말한다.
19. 하천의 "다기능 보"란 용수 확보, 소수력 발전 및 도로(하천 횡단) 등 두 가지 이상의 기능을 갖는 보를 말한다.
20. "배수펌프장"이란 「하천법」 제2조제3호나목에 따른 배수펌프장과 「농어촌정비법」 제2조제6호에 따른 배수장을 말하며, 빗물펌프장을 포함한다.
21. 동일한 관리주체가 소관하는 배수펌프장과 연계되어 있는 수문 및 통문은 배수펌프장에 포함된다.
22. 위 표 제7호의 상하수도의 광역상수도, 공업용수도 및 지방상수도에는 수원지시설, 도수관로·송수관로(터널을 포함한다), 취수시설, 정수장, 취수·가압펌프장 및 배수지를 포함하고, 배수관로 및 급수시설은 제외한다.
23. "공동구"란 「국토의 계획 및 이용에 관한 법률」 제2조제9호에 따른 공동구를 말하며, 수용시설(전기, 통신, 상수도, 냉·난방 등)은 제외한다.

시설물의 안전 및 유지관리에 관한 특별법 시행령 [별표 3]

[표] 안전점검, 정밀안전진단 및 성능평가의 실시시기

안전등급	정기안전점검	정밀안전점검		정밀안전진단	성능평가
		건축물	건축물 외 시설물		
A등급	반기에 1회 이상	4년에 1회 이상	3년에 1회 이상	6년에 1회 이상	5년에 1회 이상
B·C등급		3년에 1회 이상	2년에 1회 이상	5년에 1회 이상	
D·E등급	1년에 3회 이상	2년에 1회 이상	1년에 1회 이상	4년에 1회 이상	

[비고]
1. "안전등급"이란 시설물의 안전등급을 말한다.
2. 준공 또는 사용승인 후부터 최초 안전등급이 지정되기 전까지의 기간에 실시하는 정기안전점검은 반기에 1회 이상 실시한다.
3. 제1종 및 제2종 시설물 중 D·E등급 시설물의 정기안전점검은 해빙기·우기·동절기 전 각각 1회 이상 실시한다. 이 경우 해빙기 전 점검시기는 2월·3월로, 우기 전 점검시기는 5월·6월로, 동절기 전 점검시기는 11월·12월로 한다.
4. 공동주택의 정기안전점검은 「공동주택관리법」 제33조에 따른 안전점검(지방자치단체의 장이 의무관리대상이 아닌 공동주택에 대하여 같은 법 제34조에 따라 안전점검을 실시한 경우에는 이를 포함한다)으로 갈음한다.
5. 최초로 실시하는 정밀안전점검은 시설물의 준공일 또는 사용승인일(구조형태의 변경으로 시설물로 된 경우에는 구조형태의 변경에 따른 준공일 또는 사용승인일을 말한다)을 기준으로 3년 이내(건축물은 4년 이내)에 실시한다. 다만, 임시 사용승인을 받은 경우에는 임시 사용승인일을 기준으로 한다.
6. 최초로 실시하는 정밀안전진단은 준공일 또는 사용승인일(준공 또는 사용승인 후에 구조형태의 변경으로 제1종시설물로 된 경우에는 최초 준공일 또는 사용

승인일을 말한다) 후 10년이 지난 때부터 1년 이내에 실시한다. 다만, 준공 및 사용승인 후 10년이 지난 후에 구조형태의 변경으로 인하여 제1종시설물로 된 경우에는 구조형태의 변경에 따른 준공일 또는 사용승인일부터 1년 이내에 실시한다.

7. 최초로 실시하는 성능평가는 성능평가대상시설물 중 제1종시설물의 경우에는 최초로 정밀안전진단을 실시하는 때, 제2종시설물의 경우에는 법 제11조제2항에 따른 하자담보책임기간이 끝나기 전에 마지막으로 실시하는 정밀안전점검을 실시하는 때에 실시한다. 다만, 준공 및 사용승인 후 구조형태의 변경으로 인하여 성능평가대상시설물로 된 경우에는 제5호 및 제6호에 따라 정밀안전점검 또는 정밀안전진단을 실시하는 때에 실시한다.
8. 정밀안전점검 및 정밀안전진단의 실시 주기는 이전 정밀안전점검 및 정밀안전진단을 완료한 날을 기준으로 한다. 다만, 정밀안전점검 실시 주기에 따라 정밀안전점검을 실시한 경우에도 법 제12조에 따라 정밀안전진단을 실시한 경우에는 그 정밀안전진단을 완료한 날을 기준으로 정밀안전점검의 실시 주기를 정한다.
9. 정밀안전점검, 긴급안전점검 및 정밀안전진단의 실시 완료일이 속한 반기에 실시하여야 하는 정기안전점검은 생략할 수 있다.
10. 정밀안전진단의 실시 완료일부터 6개월 전 이내에 그 실시 주기의 마지막 날이 속하는 정밀안전점검은 생략할 수 있다.
11. 성능평가 실시 주기는 이전 성능평가를 완료한 날을 기준으로 한다.
12. 증축, 개축 및 리모델링 등을 위하여 공사 중이거나 철거예정인 시설물로서, 사용되지 않는 시설물에 대해서는 국토교통부장관과 협의하여 안전점검, 정밀안전진단 및 성능평가의 실시를 생략하거나 그 시기를 조정할 수 있다.

○ 참고1

[표] 시설물의 안전등급 기준

안전등급	시설물의 상태
가. A(우수)	문제점이 없는 최상의 상태
나. B(양호)	보조부재에 경미한 결함이 발생하였으나 기능 발휘에는 지장이 없으며, 내구성 증진을 위하여 일부의 보수가 필요한 상태
다. C(보통)	주요부재에 경미한 결함 또는 보조부재에 광범위한 결함이 발생하였으나 전체적인 시설물의 안전에는 지장이 없으며, 주요부재에 내구성, 기능성 저하 방지를 위한 보수가 필요하거나 보조부재에 간단한 보강이 필요한 상태
라. D(미흡)	주요부재에 결함이 발생하여 긴급한 보수·보강이 필요하며 사용제한 여부를 결정하여야 하는 상태
마. E(불량)	주요부재에 발생한 심각한 결함으로 인하여 시설물의 안전에 위험이 있어 즉각 사용을 금지하고 보강 또는 개축을 하여야 하는 상태

> 참고2

건설기술 진흥법 시행령
[시행 2024. 1. 7.] [대통령령 제33212호, 2023. 1. 6.]

제98조(안전관리계획의 수립) ① 법 제62조제1항에 따른 안전관리계획(이하 "안전관리계획"이라 한다)을 수립하여야 하는 건설공사는 다음 각 호와 같다. 이 경우 원자력시설공사는 제외하며, 해당 건설공사가 「산업안전보건법」 제42조에 따른 유해위험방지계획을 수립해야 하는 건설공사에 해당하는 경우에는 해당 계획과 안전관리계획을 통합하여 작성할 수 있다.

1. 「시설물의 안전 및 유지관리에 관한 특별법」 제7조제1호 및 제2호에 따른 1종시설물 및 2종시설물의 건설공사(같은 법 제2조제11호에 따른 유지관리를 위한 건설공사는 제외한다)
2. 지하 10미터 이상을 굴착하는 건설공사. 이 경우 굴착 깊이 산정 시 집수정(물저장고), 엘리베이터 피트 및 정화조 등의 굴착 부분은 제외하며, 토지에 높낮이 차가 있는 경우 굴착 깊이의 산정방법은 「건축법 시행령」 제119조제2항을 따른다
3. 폭발물을 사용하는 건설공사로서 20미터 안에 시설물이 있거나 100미터 안에 사육하는 가축이 있어 해당 건설공사로 인한 영향을 받을 것이 예상되는 건설공사
4. 10층 이상 16층 미만인 건축물의 건설공사

4의2. 다음 각 목의 리모델링 또는 해체공사
   가. 10층 이상인 건축물의 리모델링 또는 해체공사
   나. 「주택법」 제2조제25호다목에 따른 수직증축형 리모델링

5. 「건설기계관리법」 제3조에 따라 등록된 다음 각 목의 어느 하나에 해당하는 건설기계가 사용되는 건설공사
   가. 천공기(높이가 10미터 이상인 것만 해당한다)
   나. 항타 및 항발기
   다. 타워크레인

5의2. 제101조의2제1항 각 호의 가설구조물을 사용하는 건설공사

6. 제1호부터 제4호까지, 제4호의2, 제5호 및 제5호의2의 건설공사 외의 건설공사로서 다음 각 목의 어느 하나에 해당하는 공사
   가. 발주자가 안전관리가 특히 필요하다고 인정하는 건설공사
   나. 해당 지방자치단체의 조례로 정하는 건설공사 중에서 인·허가기관의 장이 안전관리가 특히 필요하다고 인정하는 건설공사

② 건설업자와 주택건설등록업자는 법 제62조제1항에 따라 안전관리계획을 수립하여 발주청 또는 인·허가기관의 장에게 제출하는 경우에는 미리 공사감독자 또는 건설사업관리 기술자의 검토·확인을 받아야 하며, 건설공사를 착공하기 전에 발주청 또는 인·허가기관의 장에게 제출하여야 한다. 안전관리계획의 내용을 변경하는 경우에도 또한 같다.

③ 법 제62조제1항에 따라 안전관리계획을 제출받은 발주청 또는 인·허가기관의 장은 안전관리계획의 내용을 검토하여 안전관리계획을 제출받은 날부터 20일 이내에 건설사업자 또는 주택건설등록업자에게 그 결과를 통보해야 한다.

④ 발주청 또는 인·허가기관의 장이 제3항에 따라 안전관리계획의 내용을 심사하는 경우에는 제100조제2항에 따른 건설안전점검기관에 검토를 의뢰하여야 한다. 다만, 「시설물의 안전 및 유지관리에 관한 특별법」 제7조제1호 및 제2호에 따른 1종시설물 및 2종시설물의 건설공사의 경우에는 국토안전관리원에 안전관리계획의 검토를 의뢰하여야 한다.

⑤ 발주청 또는 인·허가기관의 장은 제3항에 따른 안전관리계획의 검토 결과를 다음 각 호의 구분에 따라 판정한 후 제1호 및 제2호의 경우에는 승인서(제2호의 경우에는 보완이 필요한 사유를 포함해야 한다)를 건설사업자 또는 주택건설등록업자에게 발급해야 한다.

1. 적정 : 안전에 필요한 조치가 구체적이고 명료하게 계획되어 건설공사의 시공상 안전성이 충분히 확보되어 있다고 인정될 때
2. 조건부 적정 : 안전성 확보에 치명적인 영향을 미치지는 아니하지만 일부 보완이 필요하다고 인정될 때
3. 부적정 : 시공 시 안전사고가 발생할 우려가 있거나 계획에 근본적인 결함이 있다고 인정될 때

⑥ 발주청 또는 인허가기관의 장은 건설업자 또는 주택건설등록업자가 제출한 안전관리계획서가 제5항제3호에 따른 부적정 판정을 받은 경우에는 안전관리계획의 변경 등 필요한 조치를 하여야 한다.

— 이하 생략 —

제106조(건설사고조사위원회의 구성·운영 등) ① 건설사고조사위원회는 위원장1명을 포함한 12명 이내의 위원으로 구성한다.

② 건설사고조사위원회의 위원은 다음 각 호의 어느 하나에 해당하는 사람 중에서 해당 건설사고조사위원회를 구성·운영하는 국토교통부장관, 발주청 또는 인·허가기관의 장이 임명하거나 위촉한다.

1. 건설공사 업무와 관련된 공무원
2. 건설공사 업무와 관련된 단체 및 연구기관 등의 임직원
3. 건설공사 업무에 관한 학식과 경험이 풍부한 사람

③ 제2항제2호 및 제3호에 따른 위원의 임기는 2년으로 하며, 위원의 사임 등으로 새로 위촉된 위원의 임기는 전임위원 임기의 남은 기간으로 한다.

④ 건설사고조사위원회 위원의 제척·기피·회피에 관하여는 제20조를 준용한다. 이 경우 "중앙심의위원회등"은 "건설사고조사위원회"로, "각 위원회의 심의·의결"은 "건설사고조사위원회의 심의·의결"로, "안건"은 "사고"로, "심의"는 "조사"로 본다.

⑤ 법 제68조제2항에 따른 건설사고조사위원회의 권고 또는 건의를 받은 국토교통부장관, 발주청 또는 인·허가기관의 장, 그 밖의 관계 행정기관의 장은 그 조치 결과를 국토교통부장관 및 건설사고조사위원회에 통보하여야 한다.

⑥ 건설사고조사위원회의 회의에 출석하는 위원에게는 예산의 범위에서 수당과 여비 등을 지급할 수 있다. 다만, 공무원인 위원이 그 소관 업무와 직접적으로 관련되어 출석하는 경우에는 그러하지 아니하다.

⑦ 제1항부터 제6항까지에서 규정한 사항 외에 건설사고조사위원회의 구성 및 운영 등에 필요한 사항은 국토교통부장관이 정하여 고시한다.

Chapter 02 산업안전보건기준에 관한 규칙(약칭: 안전보건규칙)

중점 학습내용

산업안전보건기준에 관한 규칙은 산업보건기준에 관한 규칙과 산업안전기준에 관한 규칙이 통합되어 산업안전보건기준에 관한 규칙으로 개정되었으며 중점학습내용은 다음과 같다.

- ❶ 총칙
- ❷ 통로 안전보건규칙
- ❸ 계단의 안전보건규칙
- ❹ 양중기 안전보건규칙
- ❺ 크레인 안전보건규칙
- ❻ 이동식 크레인 안전보건규칙
- ❼ 리프트 안전보건규칙
- ❽ 곤돌라 안전보건규칙
- ❾ 승강기 안전보건규칙
- ❿ 양중기의 와이어로프 등의 안전보건규칙
- ⓫ 차량계 하역운반기계의 안전보건규칙
- ⓬ 지게차 안전보건규칙
- ⓭ 차량계 건설기계 안전보건규칙
- ⓮ 항타기 및 항발기 안전보건규칙
- ⓯ 위험물 등의 취급 등의 안전보건규칙
- ⓰ 아세틸렌 용접장치 및 가스집합 용접장치의 안전보건규칙
- ⓱ 전기기계·기구 등의 위험방지 안전보건규칙
- ⓲ 배선 및 이동전선으로 인한 위험방지 안전보건규칙
- ⓳ 전기작업에 대한 위험방지 안전보건규칙
- ⓴ 정전기 및 전자파로 인한 재해 예방 안전보건규칙
- ㉑ 거푸집 및 동바리 안전보건규칙
- ㉒ 비계 안전보건규칙
- ㉓ 말비계 및 이동식비계 안전보건규칙
- ㉔ 굴착작업 등의 위험방지 안전보건규칙
- ㉕ 추락또는 붕괴에 의한 위험방지 안전보건규칙
- ㉖ 철골작업 및 해체작업 안전보건규칙
- ㉗ 중량물 취급 시의 위험방지 안전보건규칙

 합격날개

합격예측 및 관련법규

제8조(조도) 사업주는 근로자가 상시 작업하는 장소의 작업면 조도(照度)를 다음 각호의 기준에 맞도록 하여야 한다. 다만, 갱내(坑內) 작업장과 감광재료(感光材料)를 취급하는 작업장은 그러하지 아니하다.
1. 초정밀작업 : 750럭스(lux) 이상
2. 정밀작업 : 300럭스 이상
3. 보통작업 : 150럭스 이상
4. 그 밖의 작업 : 75럭스 이상

20. 5. 24 ㉑ 21. 4. 25 ㉑
22. 5. 7 ㉑ 22. 7. 24 ㉑
23. 4. 23 ㉑

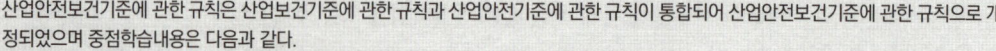

[시행 2024. 12. 29.] [고용노동부령 제417호, 2024. 6. 28., 일부개정]
[시행 2025. 6. 29.] [고용노동부령 제417호, 2024. 6. 28., 일부개정]

1 총칙

제1조(목적)
이 규칙은 「산업안전보건법」 등에서 위임한 산업안전보건기준에 관한 사항과 그 시행에 필요한 사항을 규정함을 목적으로 한다.

제2조(정의)
이 규칙에서 사용하는 용어의 뜻은 이 규칙에 특별한 규정이 없으면 「산업안전보건법」, 「산업안전보건법 시행령」 및 「산업안전보건법 시행규칙」에서 정하는 바에 따른다.

2 통로 안전보건규칙

제21조(통로의 조명)
사업주는 근로자가 안전하게 통행할 수 있도록 통로에 75럭스 이상의 채광 또는 조명시설을 하여야 한다. 다만, 갱도 또는 상시 통행을 하지 아니하는 지하실 등

을 통행하는 근로자에게 휴대용 조명기구를 사용하도록 한 경우에는 그러하지 아니하다.

제22조(통로의 설치)

① 사업주는 작업장으로 통하는 장소 또는 작업장 내에 근로자가 사용할 안전한 통로를 설치하고 항상 사용할 수 있는 상태로 유지하여야 한다.

② 사업주는 통로의 주요 부분에 통로표시를 하고, 근로자가 안전하게 통행할 수 있도록 하여야 한다.

③ 사업주는 통로면으로부터 높이 2미터 이내에는 장애물이 없도록 하여야 한다. 다만, 부득이하게 통로면으로부터 높이 2미터 이내에 장애물을 설치할 수밖에 없거나 통로면으로부터 높이 2미터 이내의 장애물을 제거하는 것이 곤란하다고 고용노동부장관이 인정하는 경우에는 근로자에게 발생할 수 있는 부상 등의 위험을 방지하기 위한 안전 조치를 하여야 한다.

제23조(가설통로의 구조) 15. 7. 12 기 20. 5. 24 기 22. 5. 7 기

사업주는 가설통로를 설치하는 경우 다음 각 호의 사항을 준수하여야 한다.
1. 견고한 구조로 할 것
2. 경사는 30도 이하로 할 것. 다만, 계단을 설치하거나 높이 2미터 미만의 가설통로로서 튼튼한 손잡이를 설치한 경우에는 그러하지 아니하다.
3. 경사가 15도를 초과하는 경우에는 미끄러지지 아니하는 구조로 할 것
4. 추락할 위험이 있는 장소에는 안전난간을 설치할 것. 다만, 작업상 부득이한 경우에는 필요한 부분만 임시로 해체할 수 있다.
5. 수직갱에 가설된 통로의 길이가 15미터 이상인 경우에는 10미터 이내마다 계단참을 설치할 것
6. 건설공사에 사용하는 높이 8미터 이상인 비계다리에는 7미터 이내마다 계단참을 설치할 것

제24조(사다리식 통로 등의 구조) 16. 6. 26 기 22. 5. 7 기

① 사업주는 사다리식 통로 등을 설치하는 경우 다음 각 호의 사항을 준수하여야 한다.
1. 견고한 구조로 할 것
2. 심한 손상·부식 등이 없는 재료를 사용할 것
3. 발판의 간격은 일정하게 할 것
4. 발판과 벽과의 사이는 15센티미터 이상의 간격을 유지할 것
5. 폭은 30센티미터 이상으로 할 것
6. 사다리가 넘어지거나 미끄러지는 것을 방지하기 위한 조치를 할 것

합격예측 및 관련법규

제32조(보호구의 지급 등)
① 사업주는 다음 각 호의 어느 하나에 해당하는 작업을 하는 근로자에 대해서는 다음 각 호의 구분에 따라 그 작업조건에 맞는 보호구를 작업하는 근로자 수 이상으로 지급하고 착용하도록 하여야 한다.〈개정 2017. 3. 3.〉 23. 4. 23 기
1. 물체가 떨어지거나 날아올 위험 또는 근로자가 추락할 위험이 있는 작업: 안전모
2. 높이 또는 깊이 2미터 이상의 추락할 위험이 있는 장소에서 하는 작업: 안전대(安全帶)
3. 물체의 낙하·충격, 물체에의 끼임, 감전 또는 정전기의 대전(帶電)에 의한 위험이 있는 작업: 안전화
4. 물체가 흩날릴 위험이 있는 작업: 보안경
5. 용접 시 불꽃이나 물체가 흩날릴 위험이 있는 작업: 보안면
6. 감전의 위험이 있는 작업: 절연용 보호구
7. 고열에 의한 화상 등의 위험이 있는 작업: 방열복
8. 선창 등에서 분진(粉塵)이 심하게 발생하는 하역작업: 방진마스크
9. 섭씨 영하 18도 이하인 급냉동어창에서 하는 하역작업: 방한모·방한복·방한화·방한장갑
10. 물건을 운반하거나 수거·배달하기 위하여 「자동차관리법」 제3조제1항제5호에 따른 이륜자동차(이하 "이륜자동차"라 한다)를 운행하는 작업: 「도로교통법 시행규칙」 제32조제1항 각 호의 기준에 적합한 승차용 안전모

② 사업주로부터 제1항에 따른 보호구를 받거나 착용 지시를 받은 근로자는 그 보호구를 착용하여야 한다.

---

7. 사다리의 상단은 걸쳐놓은 지점으로부터 60센티미터 이상 올라가도록 할 것
8. 사다리식 통로의 길이가 10미터 이상인 경우에는 5미터 이내마다 계단참을 설치할 것
9. 사다리식 통로의 기울기는 75도 이하로 할 것. 다만, 고정식 사다리식 통로의 기울기는 90도 이하로 하고, 그 높이가 7미터 이상인 경우에는 바닥으로부터 높이가 2.5미터 되는 지점부터 등받이울을 설치할 것
10. 접이식 사다리 기둥은 사용 시 접혀지거나 펼쳐지지 않도록 철물 등을 사용하여 견고하게 조치할 것

② 잠함(潛函) 내 사다리식 통로와 건조·수리 중인 선박의 구명줄이 설치된 사다리식 통로(건조·수리작업을 위하여 임시로 설치한 사다리식 통로는 제외한다)에 대해서는 제1항제5호부터 제10호까지의 규정을 적용하지 아니한다.

제25조(갱내통로 등의 위험방지)

사업주는 갱내에 설치한 통로 또는 사다리식 통로에 권상장치(卷上裝置)가 설치된 경우 권상장치와 근로자의 접촉에 의한 위험이 있는 장소에 판자벽이나 그 밖에 위험방지를 위한 격벽(隔壁)을 설치하여야 한다.

3 계단의 안전보건규칙 15. 11. 7 기 23. 4. 23 기 22. 7. 24 기

제26조(계단의 강도)

① 사업주는 계단 및 계단참을 설치하는 경우 매제곱미터당 500킬로그램 이상의 하중에 견딜 수 있는 강도를 가진 구조로 설치하여야 하며, 안전율[안전의 정도를 표시하는 것으로서 재료의 파괴응력도(破壞應力度)와 허용응력도(許容應力度)의 비율을 말한다]은 4 이상으로 하여야 한다.
② 사업주는 계단 및 승강구 바닥을 구멍이 있는 재료로 만드는 경우 렌치나 그 밖의 공구 등이 낙하할 위험이 없는 구조로 하여야 한다.

제27조(계단의 폭)

① 사업주는 계단을 설치하는 경우 그 폭을 1미터 이상으로 하여야 한다. 다만, 급유용·보수용·비상용 계단 및 나선형 계단인 경우에는 그러하지 아니하다.
② 사업주는 계단에 손잡이 외의 다른 물건 등을 설치하거나 쌓아 두어서는 아니 된다.

제28조(계단참의 높이)

사업주는 높이가 3미터를 초과하는 계단에 높이 3미터 이내마다 진행방향으로 길이 1.2미터 이상의 계단참을 설치하여야 한다.

제29조(천장의 높이)

사업주는 계단을 설치하는 경우 바닥면으로부터 높이 2미터 이내의 공간에 장애물이 없도록 하여야 한다. 다만, 급유용·보수용·비상용 계단 및 나선형 계단인 경우에는 그러하지 아니하다.

제30조(계단의 난간)

사업주는 높이 1미터 이상인 계단의 개방된 측면에 안전난간을 설치하여야 한다.

4 양중기 안전보건규칙

제132조(양중기)

① 양중기란 다음 각 호의 기계를 말한다.
  1. 크레인[호이스트(hoist)를 포함한다]
  2. 이동식 크레인
  3. 리프트(이삿짐운반용 리프트의 경우에는 적재하중이 0.1톤 이상인 것으로 한정한다)
  4. 곤돌라
  5. 승강기

② 제1항 각 호의 기계의 뜻은 다음 각 호와 같다.
  1. "크레인"이란 동력을 사용하여 중량물을 매달아 상하 및 좌우[수평 또는 선회(旋回)를 말한다]로 운반하는 것을 목적으로 하는 기계 또는 기계장치를 말하며, "호이스트"란 훅이나 그 밖의 달기구 등을 사용하여 화물을 권상 및 횡행 또는 권상동작만을 하여 양중하는 것을 말한다.
  2. "이동식 크레인"이란 원동기를 내장하고 있는 것으로서 불특정 장소에 스스로 이동할 수 있는 크레인으로 동력을 사용하여 중량물을 매달아 상하 및 좌우(수평 또는 선회를 말한다)로 운반하는 설비로서「건설기계관리법」을 적용 받는 기중기 또는「자동차관리법」제3조에 따른 화물·특수자동차의 작업부에 탑재하여 화물운반 등에 사용하는 기계 또는 기계장치를 말한다.
  3. "리프트"란 동력을 사용하여 사람이나 화물을 운반하는 것을 목적으로 하는 기계설비로서 다음 각 목의 것을 말한다. 16. 4. 17 기 21. 11. 14 기
      가. 건설용 리프트 : 동력을 사용하여 가이드레일을 따라 상하로 움직이는 운반구를 매달아 사람이나 화물을 운반할 수 있는 설비 또는 이와 유사한 구조 및 성능을 가진 것으로 건설현장에서 사용하는 것
      나. 산업용 리프트 : 동력을 사용하여 가이드레일을 따라 상하로 움직이는 운반구를 매달아 화물을 운반할 수 있는 설비 또는 이와 유사한 구조 및

성능을 가진 것으로 건설현장 외의 장소에서 사용하는 것
다. 자동차정비용 리프트 : 동력을 사용하여 가이드레일을 따라 움직이는 지지대로 자동차 등을 일정한 높이로 올리거나 내리는 구조의 리프트로서 자동차 정비에 사용하는 것
라. 이삿짐운반용 리프트 : 연장 및 축소가 가능하고 끝단을 건축물 등에 지지하는 구조의 사다리형 붐에 따라 동력을 사용하여 움직이는 운반구를 매달아 화물을 운반하는 설비로서 화물자동차 등 차량 위에 탑재하여 이삿짐 운반 등에 사용하는 것
4. "곤돌라"란 달기발판 또는 운반구, 승강장치, 그 밖의 장치 및 이들에 부속된 기계부품에 의하여 구성되고, 와이어로프 또는 달기강선에 의하여 달기발판 또는 운반구가 전용 승강장치에 의하여 오르내리는 설비를 말한다.
5. "승강기"란 건축물이나 고정된 시설물에 설치되어 일정한 경로에 따라 사람이나 화물을 승강장으로 옮기는 데에 사용되는 설비로서 다음 각 목의 것을 말한다.
   가. 승객용 엘리베이터 : 사람의 운송에 적합하게 제조·설치된 엘리베이터
   나. 승객화물용 엘리베이터 : 사람의 운송과 화물 운반을 겸용하는데 적합하게 제조·설치된 엘리베이터
   다. 화물용 엘리베이터 : 화물 운반에 적합하게 제조·설치된 엘리베이터로서 조작자 또는 화물취급자 1명은 탑승할 수 있는 것(적재용량이 300킬로그램 미만인 것은 제외한다)
   라. 소형화물용 엘리베이터 : 음식물이나 서적 등 소형 화물의 운반에 적합하게 제조·설치된 엘리베이터로서 사람의 탑승이 금지된 것
   마. 에스컬레이터 : 일정한 경사로 또는 수평로를 따라 위·아래 또는 옆으로 움직이는 디딤판을 통해 사람이나 화물을 승강장으로 운송시키는 설비

제133조(정격하중 등의 표시)

사업주는 양중기(승강기는 제외한다) 및 달기구를 사용하여 작업하는 운전자 또는 작업자가 보기 쉬운 곳에 해당 기계의 정격하중, 운전속도, 경고표시 등을 부착하여야 한다. 다만, 달기구는 정격하중만 표시한다.

제134조(방호장치의 조정)

① 사업주는 다음 각 호의 양중기에 과부하방지장치, 권과방지장치(捲過防止裝置), 비상정지장치 및 제동장치, 그 밖의 방호장치[승강기의 파이널 리밋 스위치(final limit switch), 속도조절기, 출입문 인터 록(inter lock) 등을 말한다]가 정상적으로 작동될 수 있도록 미리 조정해 두어야 한다. 22. 11. 19 기

1. 크레인
2. 이동식 크레인
3. 삭제〈2019. 4. 9.〉
4. 리프트
5. 곤돌라
6. 승강기

② 제1항제1호 및 제2호의 양중기에 대한 권과방지장치는 훅·버킷 등 달기구의 윗면(그 달기구에 권상용 도르래가 설치된 경우에는 권상용 도르래의 윗면)이 드럼, 상부 도르래, 트롤리프레임 등 권상장치의 아랫면과 접촉할 우려가 있는 경우에 그 간격이 0.25미터 이상[직동식(直動式) 권과방지장치는 0.05미터 이상으로 한다]이 되도록 조정하여야 한다.

③ 제2항의 권과방지장치를 설치하지 않은 크레인에 대해서는 권상용 와이어로프에 위험표시를 하고 경보장치를 설치하는 등 권상용 와이어로프가 지나치게 감겨서 근로자가 위험해질 상황을 방지하기 위한 조치를 하여야 한다.

제135조(과부하의 제한 등)

사업주는 제132조제1항 각 호의 양중기에 그 적재하중을 초과하는 하중을 걸어서 사용하도록 해서는 아니 된다.

5 크레인 안전보건규칙

제136조(안전밸브의 조정)

사업주는 유압을 동력으로 사용하는 크레인의 과도한 압력상승을 방지하기 위한 안전밸브에 대하여 정격하중(지브 크레인은 최대의 정격하중으로 한다)을 건 때의 압력 이하로 작동되도록 조정하여야 한다. 다만, 하중시험 또는 안전도시험을 하는 경우 그러하지 아니하다.

제137조(해지장치의 사용)

사업주는 훅걸이용 와이어로프 등이 훅으로부터 벗겨지는 것을 방지하기 위한 장치(이하 "해지장치"라 한다)를 구비한 크레인을 사용하여야 하며, 그 크레인을 사용하여 짐을 운반하는 경우에는 해지장치를 사용하여야 한다.

제138조(경사각의 제한)

사업주는 지브 크레인을 사용하여 작업을 하는 경우에 크레인 명세서에 적혀 있는 지브의 경사각(인양하중이 3톤 미만인 지브 크레인의 경우에는 제조한 자가 지정한 지브의 경사각)의 범위에서 사용하도록 하여야 한다.

제139조(크레인의 수리 등의 작업)

① 사업주는 같은 주행로에 병렬로 설치되어 있는 주행 크레인의 수리·조정 및

점검 등의 작업을 하는 경우, 주행로상이나 그 밖에 주행 크레인이 근로자와 접촉할 우려가 있는 장소에서 작업을 하는 경우 등에 주행 크레인끼리 충돌하거나 주행 크레인이 근로자와 접촉할 위험을 방지하기 위하여 감시인을 두고 주행로상에 스토퍼(stopper)를 설치하는 등 위험방지 조치를 하여야 한다.

② 사업주는 갠트리 크레인 등과 같이 작업장 바닥에 고정된 레일을 따라 주행하는 크레인의 새들(saddle) 돌출부와 주변 구조물 사이의 안전공간이 40센티미터 이상 되도록 바닥에 표시를 하는 등 안전공간을 확보하여야 한다.

제140조(폭풍에 의한 이탈 방지)

사업주는 순간풍속이 초당 30미터를 초과하는 바람이 불어올 우려가 있는 경우 옥외에 설치되어 있는 주행 크레인에 대하여 이탈방지장치를 작동시키는 등 이탈방지를 위한 조치를 하여야 한다.

제141조(조립 등의 작업 시 조치사항)

사업주는 크레인의 설치·조립·수리·점검 또는 해체 작업을 하는 경우 다음 각 호의 조치를 하여야 한다.

1. 작업순서를 정하고 그 순서에 따라 작업을 할 것
2. 작업을 할 구역에 관계 근로자가 아닌 사람의 출입을 금지하고 그 취지를 보기 쉬운 곳에 표시할 것
3. 비, 눈, 그 밖에 기상상태의 불안정으로 날씨가 몹시 나쁜 경우에는 그 작업을 중지시킬 것
4. 작업장소는 안전한 작업이 이루어질 수 있도록 충분한 공간을 확보하고 장애물이 없도록 할 것
5. 들어올리거나 내리는 기자재는 균형을 유지하면서 작업을 하도록 할 것
6. 크레인의 성능, 사용조건 등에 따라 충분한 응력(應力)을 갖는 구조로 기초를 설치하고 침하 등이 일어나지 않도록 할 것
7. 규격품인 조립용 볼트를 사용하고 대칭되는 곳을 차례로 결합하고 분해할 것

제142조(타워크레인의 지지)

① 사업주는 타워크레인을 자립고(自立高) 이상의 높이로 설치하는 경우 건축물 등의 벽체에 지지하도록 하여야 한다. 다만, 지지할 벽체가 없는 등 부득이한 경우에는 와이어로프에 의하여 지지할 수 있다.

② 사업주는 타워크레인을 벽체에 지지하는 경우 다음 각 호의 사항을 준수하여야 한다.
  1. 「산업안전보건법 시행규칙」 제110조제1항제2호에 따른 서면심사에 관한 서류(「건설기계관리법」 제18조에 따른 형식승인서류를 포함한다) 또는 제

합격예측

풍속에 따른 안전기준
20. 7. 25 기

① 순간풍속이 10[m/s] 초과 : 타워크레인 설치, 조립, 해체, 점검 작업 중지
② 순간풍속이 15[m/s] 초과 : 타워크레인 운전 작업 중지
③ 순간풍속이 30[m/s] 초과 : 옥외주행크레인 이탈방지 조치
④ 순간풍속이 30[m/s] 초과 하거나 중진 이상 진동의 지진이 있은 후 양중기의 이상유무 점검
⑤ 순간풍속이 35[m/s] 초과 : 옥외 승강기 및 건설 작업용 리프트의 붕괴방지 조치

조사의 설치작업설명서 등에 따라 설치할 것
2. 제1호의 서면심사 서류 등이 없거나 명확하지 아니한 경우에는 「국가기술자격법」에 따른 건축구조·건설기계·기계안전·건설안전기술사 또는 건설안전분야 산업안전지도사의 확인을 받아 설치하거나 기종별·모델별 공인된 표준방법으로 설치할 것
3. 콘크리트구조물에 고정시키는 경우에는 매립이나 관통 또는 이와 같은 수준 이상의 방법으로 충분히 지지되도록 할 것
4. 건축 중인 시설물에 지지하는 경우에는 그 시설물의 구조적 안정성에 영향이 없도록 할 것

③ 사업주는 타워크레인을 와이어로프로 지지하는 경우 다음 각 호의 사항을 준수해야 한다.
1. 제2항제1호 또는 제2호의 조치를 취할 것
2. 와이어로프를 고정하기 위한 전용 지지프레임을 사용할 것
3. 와이어로프 설치각도는 수평면에서 60도 이내로 하되, 지지점은 4개소 이상으로 하고, 같은 각도로 설치할 것
4. 와이어로프와 그 고정부위는 충분한 강도와 장력을 갖도록 설치하고, 와이어로프를 클립·샤클(shackle, 연결고리) 등의 고정기구를 사용하여 견고하게 고정시켜 풀리지 않도록 하며, 사용 중에는 충분한 강도와 장력을 유지하도록 할 것. 이 경우 클립·샤클 등의 고정기구는 한국산업표준 제품이거나 한국산업표준이 없는 제품의 경우에는 이에 준하는 규격을 갖춘 제품이어야 한다.
5. 와이어로프가 가공전선(架空電線)에 근접하지 않도록 할 것

제143조(폭풍 등으로 인한 이상 유무 점검)

사업주는 순간풍속이 초당 30미터를 초과하는 바람이 불거나 중진(中震) 이상 진도의 지진이 있은 후에 옥외에 설치되어 있는 양중기를 사용하여 작업을 하는 경우에는 미리 기계 각 부위에 이상이 있는지를 점검하여야 한다.

제144조(건설물 등과의 사이 통로)

① 사업주는 주행 크레인 또는 선회 크레인과 건설물 또는 설비와의 사이에 통로를 설치하는 경우 그 폭을 0.6미터 이상으로 하여야 한다. 다만, 그 통로 중 건설물의 기둥에 접촉하는 부분에 대해서는 0.4미터 이상으로 할 수 있다.
② 사업주는 제1항에 따른 통로 또는 주행궤도 상에서 정비·보수·점검 등의 작업을 하는 경우 그 작업에 종사하는 근로자가 주행하는 크레인에 접촉될 우려가 없도록 크레인의 운전을 정지시키는 등 필요한 안전 조치를 하여야 한다.

제145조(건설물 등의 벽체와 통로의 간격 등)

사업주는 다음 각 호의 간격을 0. 3미터 이하로 하여야 한다. 다만, 근로자가 추락할 위험이 없는 경우에는 그 간격을 0.3미터 이하로 유지하지 아니할 수 있다.
1. 크레인의 운전실 또는 운전대를 통하는 통로의 끝과 건설물 등의 벽체의 간격
2. 크레인 거더(girder)의 통로 끝과 크레인 거더의 간격
3. 크레인 거더의 통로로 통하는 통로의 끝과 건설물 등의 벽체의 간격

제146조(크레인 작업 시의 조치) 23. 7. 22 신

① 사업주는 크레인을 사용하여 작업을 하는 경우 다음 각 호의 조치를 준수하고, 그 작업에 종사하는 관계 근로자가 그 조치를 준수하도록 하여야 한다.
1. 인양할 하물(荷物)을 바닥에서 끌어당기거나 밀어내는 작업을 하지 아니할 것
2. 유류드럼이나 가스통 등 운반 도중에 떨어져 폭발하거나 누출될 가능성이 있는 위험물 용기는 보관함(또는 보관고)에 담아 안전하게 매달아 운반할 것
3. 고정된 물체를 직접 분리 · 제거하는 작업을 하지 아니할 것
4. 미리 근로자의 출입을 통제하여 인양 중인 하물이 작업자의 머리 위로 통과하지 않도록 할 것
5. 인양할 하물이 보이지 아니하는 경우에는 어떠한 동작도 하지 아니할 것(신호하는 사람에 의하여 작업을 하는 경우는 제외한다)

② 사업주는 조종석이 설치되지 아니한 크레인에 대하여 다음 각 호의 조치를 하여야 한다.
1. 고용노동부장관이 고시하는 크레인의 제작기준과 안전기준에 맞는 무선원격제어기 또는 펜던트 스위치를 설치 · 사용할 것
2. 무선원격제어기 또는 펜던트 스위치를 취급하는 근로자에게는 작동요령 등 안전조작에 관한 사항을 충분히 주지시킬 것

③ 사업주는 타워크레인을 사용하여 작업을 하는 경우 타워크레인마다 근로자와 조종하는 사람간에 신호업무를 담당하는 사람을 각각 두어야 한다.

6 이동식 크레인 안전보건규칙

제147조(설계기준 준수)

사업주는 이동식 크레인을 사용하는 경우에 그 이동식 크레인의 구조 부분을 구성하는 강재 등이 변형되거나 부러지는 일 등을 방지하기 위하여 해당 이동식 크레인의 설계기준(제조자가 제공하는 사용설명서)을 준수하여야 한다.

제148조(안전밸브의 조정)

사업주는 유압을 동력으로 사용하는 이동식 크레인의 과도한 압력상승을 방지하기 위한 안전밸브에 대하여 최대의 정격하중을 건 때의 압력 이하로 작동되도록 조정하여야 한다. 다만, 하중시험 또는 안전도시험을 실시할 때에 시험하중에 맞는 압력으로 작동될 수 있도록 조정한 경우에는 그러하지 아니하다.

제149조(해지장치의 사용)

사업주는 이동식 크레인을 사용하여 하물을 운반하는 경우에는 해지장치를 사용하여야 한다.

제150조(경사각의 제한)

사업주는 이동식 크레인을 사용하여 작업을 하는 경우 이동식 크레인 명세서에 적혀 있는 지브의 경사각(인양하중이 3톤 미만인 이동식 크레인의 경우에는 제조한 자가 지정한 지브의 경사각)의 범위에서 사용하도록 하여야 한다.

7 리프트 안전보건규칙

제151조(권과 방지 등)

사업주는 리프트(자동차정비용 리프트는 제외한다. 이하 이 관에서 같다)의 운반구 이탈 등의 위험을 방지하기 위하여 권과방지장치, 과부하방지장치, 비상정지장치 등을 설치하는 등 필요한 조치를 하여야 한다.

제152조(무인작동의 제한)

① 사업주는 운반구의 내부에만 탑승조작장치가 설치되어 있는 리프트를 사람이 탑승하지 아니한 상태로 작동하게 해서는 아니 된다.
② 사업주는 리프트 조작반(盤)에 잠금장치를 설치하는 등 관계 근로자가 아닌 사람이 리프트를 임의로 조작함으로써 발생하는 위험을 방지하기 위하여 필요한 조치를 하여야 한다.

제153조(피트 청소 시의 조치)

사업주는 리프트의 피트 등의 바닥을 청소하는 경우 운반구의 낙하에 의한 근로자의 위험을 방지하기 위하여 다음 각 호의 조치를 하여야 한다.
  1. 승강로에 각재 또는 원목 등을 걸칠 것
  2. 제1호에 따라 걸친 각재(角材) 또는 원목 위에 운반구를 놓고 역회전방지기가 붙은 브레이크를 사용하여 구동모터 또는 윈치(winch)를 확실하게 제동해 둘 것

제154조(붕괴 등의 방지)

① 사업주는 지반침하, 불량한 자재사용 또는 헐거운 결선(結線) 등으로 리프트가 붕괴되거나 넘어지지 않도록 필요한 조치를 하여야 한다.
② 사업주는 순간풍속이 초당 35미터를 초과하는 바람이 불어올 우려가 있는 경우 건설용 리프트(지하에 설치되어 있는 것은 제외한다)에 대하여 받침의 수를 증가시키는 등 그 붕괴 등을 방지하기 위한 조치를 하여야 한다.

제155조(운반구의 정지위치)

사업주는 리프트 운반구를 주행로 위에 달아 올린 상태로 정지시켜 두어서는 아니 된다.

제156조(조립 등의 작업)

① 사업주는 리프트의 설치·조립·수리·점검 또는 해체 작업을 하는 경우 다음 각 호의 조치를 하여야 한다.
  1. 작업을 지휘하는 사람을 선임하여 그 사람의 지휘하에 작업을 실시할 것
  2. 작업을 할 구역에 관계 근로자가 아닌 사람의 출입을 금지하고 그 취지를 보기 쉬운 장소에 표시할 것
  3. 비, 눈, 그 밖에 기상상태의 불안정으로 날씨가 몹시 나쁜 경우에는 그 작업을 중지시킬 것
② 사업주는 제1항제1호의 작업을 지휘하는 사람에게 다음 각 호의 사항을 이행하도록 하여야 한다.
  1. 작업방법과 근로자의 배치를 결정하고 해당 작업을 지휘하는 일
  2. 재료의 결함 유무 또는 기구 및 공구의 기능을 점검하고 불량품을 제거하는 일
  3. 작업 중 안전대 등 보호구의 착용 상황을 감시하는 일

제157조(이삿짐운반용 리프트 운전방법의 주지)

사업주는 이삿짐운반용 리프트를 사용하는 근로자에게 운전방법 및 고장이 났을 경우의 조치방법을 주지시켜야 한다.

제158조(이삿짐 운반용 리프트 전도의 방지)

사업주는 이삿짐 운반용 리프트를 사용하는 작업을 하는 경우 이삿짐 운반용 리프트의 전도를 방지하기 위하여 다음 각 호를 준수하여야 한다.
  1. 아웃트리거가 정해진 작동위치 또는 최대전개위치에 있지 않는 경우(아웃트리거 발이 닿지 않는 경우를 포함한다)에는 사다리 붐 조립체를 펼친 상태에서 화물 운반작업을 하지 않을 것
  2. 사다리 붐 조립체를 펼친 상태에서 이삿짐 운반용 리프트를 이동시키지 않

을 것
3. 지반의 부동침하 방지 조치를 할 것

제159조(화물의 낙하 방지)
사업주는 이삿짐 운반용 리프트 운반구로부터 화물이 빠지거나 떨어지지 않도록 다음 각 호의 낙하방지 조치를 하여야 한다.
1. 화물을 적재시 하중이 한쪽으로 치우치지 않도록 할 것
2. 적재화물이 떨어질 우려가 있는 경우에는 화물에 로프를 거는 등 낙하 방지 조치를 할 것

8 곤돌라 안전보건규칙

제160조(운전방법 등의 주지)
사업주는 곤돌라의 운전방법 또는 고장이 났을 때의 처치방법을 그 곤돌라를 사용하는 근로자에게 주지시켜야 한다.

9 승강기 안전보건규칙

제161조(폭풍에 의한 무너짐 방지)
사업주는 순간풍속이 초당 35미터를 초과하는 바람이 불어 올 우려가 있는 경우 옥외에 설치되어 있는 승강기에 대하여 받침의 수를 증가시키는 등 승강기가 무너지는 것을 방지하기 위한 조치를 해야 한다.

제162조(조립 등의 작업)
① 사업주는 사업장에 승강기의 설치·조립·수리·점검 또는 해체 작업을 하는 경우 다음 각 호의 조치를 해야 한다. 20. 10. 17 기
  1. 작업을 지휘하는 사람을 선임하여 그 사람의 지휘하에 작업을 실시할 것
  2. 작업을 할 구역에 관계 근로자가 아닌 사람의 출입을 금지하고 그 취지를 보기 쉬운 장소에 표시할 것
  3. 비, 눈, 그 밖에 기상상태의 불안정으로 날씨가 몹시 나쁜 경우에는 그 작업을 중지시킬 것
② 사업주는 제1항제1호의 작업을 지휘하는 사람에게 다음 각 호의 사항을 이행하도록 하여야 한다.
  1. 작업방법과 근로자의 배치를 결정하고 해당 작업을 지휘하는 일

> 합격예측
>
> **서류의 보존**
> ① 법 제64조 제1항 단서에 따라 제94조에 따른 작업환경측정 결과를 기록한 서류는 보존(전자적 방법으로 하는 보존을 포함한다)기간을 5년으로 한다. 다만, 고용노동부장관이 고시하는 발암성 확인물질에 대한 기록이 포함된 서류는 그 보존기간을 30년으로 한다.
> ② 지정측정기관은 작업환경측정을 한 경우에는 법 제64조 제2항에 따라 다음 각 호의 사항을 적은 서류를 보존하여야 한다.
> ㉮ 측정 대상 사업장의 명칭 및 소재지
> ㉯ 측정 연월일
> ㉰ 측정을 한 사람의 성명
> ㉱ 측정방법 및 측정 결과
> ㉲ 기기를 사용하여 분석한 경우에는 분석자·분석방법 및 분석자료 등 분석과 관련된 사항

2. 재료의 결함 유무 또는 기구 및 공구의 기능을 점검하고 불량품을 제거하는 일
3. 작업 중 안전대 등 보호구의 착용 상황을 감시하는 일

10 양중기의 와이어로프 등의 안전보건규칙

제163조(와이어로프 등 달기구의 안전계수) 15. 4. 19 기 16. 11. 12 기

① 사업주는 양중기의 와이어로프 등 달기구의 안전계수(달기구 절단하중의 값을 그 달기구에 걸리는 하중의 최대값으로 나눈 값을 말한다)가 다음 각 호의 구분에 따른 기준에 맞지 아니한 경우에는 이를 사용해서는 아니 된다.
 1. 근로자가 탑승하는 운반구를 지지하는 달기와이어로프 또는 달기체인의 경우: 10 이상
 2. 화물의 하중을 직접 지지하는 달기와이어로프 또는 달기체인의 경우 : 5 이상
 3. 훅, 샤클, 클램프, 리프팅 빔의 경우 : 3 이상
 4. 그 밖의 경우 : 4 이상

> 참고
>
> **건설기계안전기준에 관한 규칙** [시행 2021. 1. 1.] [국토교통부령 제751호]
>
> | 와이어로프의 종류 | 안전율 |
> |---|---|
> | 권상용 와이어로프, 지브의 기복용 와이어로프 및 호스트로프 | 4.5 |
> | 붐 신축용 또는 지지 로프, 지브의 지지용 와이어로프, 보조 로프 및 고정용 와이어로프 | 3.35 |

② 사업주는 달기구의 경우 최대허용하중 등의 표식이 견고하게 붙어 있는 것을 사용하여야 한다.

제164조(고리걸이 훅 등의 안전계수)

사업주는 양중기의 달기 와이어로프 또는 달기 체인과 일체형인 고리걸이 훅 또는 샤클의 안전계수(훅 또는 샤클의 절단하중 값을 각각 그 훅 또는 샤클에 걸리는 하중의 최대값으로 나눈 값을 말한다)가 사용되는 달기 와이어로프 또는 달기 체인의 안전계수와 같은 값 이상의 것을 사용하여야 한다.

제165조(와이어로프의 절단방법 등)

① 사업주는 와이어로프를 절단하여 양중(揚重)작업용구를 제작하는 경우 반드시 기계적인 방법으로 절단하여야 하며, 가스용단(溶斷) 등 열에 의한 방법으로 절단해서는 아니 된다.

> 합격예측 및 관련법규
>
> **제55조(작업발판의 최대적재하중)** ① 사업주는 비계의 구조 및 재료에 따라 작업발판의 최대적재하중을 정하고, 이를 초과하여 실어서는 아니 된다.
> ② 달비계(곤돌라의 달비계는 제외한다)의 최대 적재하중을 정하는 경우 그 안전계수는 다음 각 호와 같다.
> 1. 달기 와이어로프 및 달기 강선의 안전계수: 10 이상
> 2. 달기 체인 및 달기 훅의 안전계수: 5 이상
> 3. 달기 강대와 달비계의 하부 및 상부 지점의 안전계수: 강재(鋼材)의 경우 2.5 이상, 목재의 경우 5 이상
> ③ 제2항의 안전계수는 와이어로프 등의 절단하중 값을 그 와이어로프 등에 걸리는 하중의 최대값으로 나눈 값을 말한다.

② 사업주는 아크(arc), 화염, 고온부 접촉 등으로 인하여 열영향을 받은 와이어로프를 사용해서는 아니 된다.

제166조(이음매가 있는 와이어로프 등의 사용 금지)

와이어로프의 사용에 관하여는 제63조제1항제1호를 준용한다. 이 경우 "달비계"는 "양중기"로 본다.

제167조(늘어난 달기체인 등의 사용 금지)

달기 체인 사용에 관하여는 제63조제1항제2호를 준용한다. 이 경우 "달비계"는 "양중기"로 본다.

제168조(변형되어 있는 훅·샤클 등의 사용금지 등)

① 사업주는 훅·샤클·클램프 및 링 등의 철구로서 변형되어 있는 것 또는 균열이 있는 것을 크레인 또는 이동식 크레인의 고리걸이용구로 사용해서는 아니 된다.
② 사업주는 중량물을 운반하기 위해 제작하는 지그, 훅의 구조를 운반 중 주변 구조물과의 충돌로 슬링이 이탈되지 않도록 하여야 한다.
③ 사업주는 안전성 시험을 거쳐 안전율이 3 이상 확보된 중량물 취급용구를 구매하여 사용하거나 자체 제작한 중량물 취급용구에 대하여 비파괴시험을 하여야 한다.

제169조(꼬임이 끊어진 섬유로프 등의 사용금지)

섬유로프 사용에 관하여는 제63조제2항제9호를 준용한다. 이 경우 "달비계"는 "양중기"로 본다. 〈개정 2022. 10. 18〉

제170조(링 등의 구비)

① 사업주는 엔드리스(endless)가 아닌 와이어로프 또는 달기 체인에 대하여 그 양단에 훅·샤클·링 또는 고리를 구비한 것이 아니면 크레인 또는 이동식 크레인의 고리걸이용구로 사용해서는 아니 된다.
② 제1항에 따른 고리는 꼬아넣기[아이 스플라이스(eye splice)를 말한다. 이하 같다], 압축멈춤 또는 이러한 것과 같은 정도 이상의 힘을 유지하는 방법으로 제작된 것이어야 한다. 이 경우 꼬아넣기는 와이어로프의 모든 꼬임을 3회 이상 끼워 짠 후 각각의 꼬임의 소선 절반을 잘라내고 남은 소선을 다시 2회 이상(모든 꼬임을 4회 이상 끼워 짠 경우에는 1회 이상) 끼워 짜야 한다.

11 차량계 하역운반기계의 안전보건규칙

제171조(전도 등의 방지) 22. 5. 7 산

사업주는 차량계 하역운반기계 등을 사용하는 작업을 할 때에 그 기계가 넘어지거나 굴러떨어짐으로써 근로자에게 위험을 미칠 우려가 있는 경우에는 그 기계를 유도하는 사람(이하 "유도자"라 한다)을 배치하고 지반의 부동침하 및 갓길 붕괴를 방지하기 위한 조치를 해야 한다.

제172조(접촉의 방지)

① 사업주는 차량계 하역운반기계 등을 사용하여 작업을 하는 경우에 하역 또는 운반 중인 화물이나 그 차량계 하역운반기계 등에 접촉되어 근로자가 위험해질 우려가 있는 장소에는 근로자를 출입시켜서는 아니 된다. 다만, 제39조에 따른 작업지휘자 또는 유도자를 배치하고 그 차량계 하역운반기계 등을 유도하는 경우에는 그러하지 아니하다.
② 차량계 하역운반기계 등의 운전자는 제1항 단서의 작업지휘자 또는 유도자가 유도하는 대로 따라야 한다.

제173조(화물적재 시의 조치)

① 사업주는 차량계 하역운반기계 등에 화물을 적재하는 경우에 다음 각 호의 사항을 준수하여야 한다. 16. 11. 12 기
  1. 하중이 한쪽으로 치우치지 않도록 적재할 것
  2. 구내운반차 또는 화물자동차의 경우 화물의 붕괴 또는 낙하에 의한 위험을 방지하기 위하여 화물에 로프를 거는 등 필요한 조치를 할 것
  3. 운전자의 시야를 가리지 않도록 화물을 적재할 것
② 제1항의 화물을 적재하는 경우에는 최대적재량을 초과해서는 아니 된다.

제174조(차량계 하역운반기계 등의 이송)

사업주는 차량계 하역운반기계 등을 이송하기 위하여 자주(自走) 또는 견인에 의하여 화물자동차에 싣거나 내리는 작업을 할 때에 발판·성토 등을 사용하는 경우에는 해당 차량계 하역운반기계 등의 전도 또는 전락에 의한 위험을 방지하기 위하여 다음 각 호의 사항을 준수하여야 한다.
  1. 싣거나 내리는 작업은 평탄하고 견고한 장소에서 할 것
  2. 발판을 사용하는 경우에는 충분한 길이·폭 및 강도를 가진 것을 사용하고 적당한 경사를 유지하기 위하여 견고하게 설치할 것
  3. 가설대 등을 사용하는 경우에는 충분한 폭 및 강도와 적당한 경사를 확보할 것

4. 지정운전자의 성명·연락처 등을 보기 쉬운 곳에 표시하고 지정운전자 외에는 운전하지 않도록 할 것

제175조(주용도 외의 사용 제한)

사업주는 차량계 하역운반기계 등을 화물의 적재·하역 등 주된 용도에만 사용하여야 한다. 다만, 근로자가 위험해질 우려가 없는 경우에는 그러하지 아니하다.

제176조(수리 등의 작업 시 조치)

사업주는 차량계 하역운반기계 등의 수리 또는 부속장치의 장착 및 해체작업을 하는 경우 해당 작업의 지휘자를 지정하여 다음 각 호의 사항을 준수하도록 하여야 한다.
1. 작업순서를 결정하고 작업을 지휘할 것
2. 제20조 각 호 외의 부분 단서의 안전지주 또는 안전블록 등의 사용 상황 등을 점검할 것

제177조(싣거나 내리는 작업)

사업주는 차량계 하역운반기계 등에 단위화물의 무게가 100킬로그램 이상인 화물을 싣는 작업(로프 걸이 작업 및 덮개 덮기 작업을 포함한다. 이하 같다) 또는 내리는 작업(로프 풀기 작업 또는 덮개 벗기기 작업을 포함한다. 이하 같다)을 하는 경우에 해당 작업의 지휘자에게 다음 각 호의 사항을 준수하도록 하여야 한다.
1. 작업순서 및 그 순서마다의 작업방법을 정하고 작업을 지휘할 것
2. 기구와 공구를 점검하고 불량품을 제거할 것
3. 해당 작업을 하는 장소에 관계 근로자가 아닌 사람이 출입하는 것을 금지할 것
4. 로프 풀기 작업 또는 덮개 벗기기 작업은 적재함의 화물이 떨어질 위험이 없음을 확인한 후에 하도록 할 것

제178조(허용하중 초과 등의 제한)

① 사업주는 지게차의 허용하중(지게차의 구조, 재료 및 포크·램 등 화물을 적재하는 장치에 적재하는 화물의 중심위치에 따라 실을 수 있는 최대하중을 말한다)을 초과하여 사용해서는 아니 되며, 안전한 운행을 위한 유지·관리 및 그 밖의 사항에 대하여 해당 지게차를 제조한 자가 제공하는 제품설명서에서 정한 기준을 준수하여야 한다.

② 사업주는 구내운반차, 화물자동차를 사용할 때에는 그 최대적재량을 초과해서는 아니 된다.

합격예측 및 관련법규

제393조(화물의 적재) 사업주는 화물을 적재하는 경우에 다음 각 호의 사항을 준수하여야 한다. 23. 7. 22
1. 침하 우려가 없는 튼튼한 기반 위에 적재할 것
2. 건물의 칸막이나 벽 등이 화물의 압력에 견딜 만큼의 강도를 지니지 아니한 경우에는 칸막이나 벽에 기대어 적재하지 않도록 할 것
3. 불안정할 정도로 높이 쌓아 올리지 말 것
4. 하중이 한쪽으로 치우치지 않도록 쌓을 것

합격예측 및 관련법규

제184조(제동장치 등) 사업주는 구내운반차(작업장내 운반을 주목적으로 하는 차량으로 한정한다)를 사용하는 경우에 다음 각 호의 사항을 준수하여야 한다.
1. 주행을 제동하거나 정지상태를 유지하기 위하여 유효한 제동장치를 갖출 것
2. 경음기를 갖출 것
3. 핸들의 중심에서 차체 바깥 측까지의 거리가 65센티미터 이상일 것
4. 운전석이 차 실내에 있는 것은 좌우에 한개씩 방향지시기를 갖출 것
5. 전조등과 후미등을 갖출 것. 다만, 작업을 안전하게 하기 위하여 필요한 조명이 있는 장소에서 사용하는 구내운반차에 대해서는 그러하지 아니하다.

합격예측 및 관련법규

제186조(고소작업대 설치 등의 조치) ① 사업주는 고소작업대를 설치하는 경우에는 다음 각 호에 해당하는 것을 설치하여야 한다.
1. 작업대를 와이어로프 또는 체인으로 올리거나 내릴 경우에는 와이어로프 또는 체인이 끊어져 작업대가 떨어지지 아니하는 구조여야 하며, 와이어로프 또는 체인의 안전율은 5 이상일 것
2. 작업대를 유압에 의해 올리거나 내릴 경우에는 작업대를 일정한 위치에 유지할 수 있는 장치를 갖추고 압력의 이상저하를 방지할 수 있는 구조일 것
3. 권과방지장치를 갖추거나 압력의 이상상승을 방지할 수 있는 구조일 것
4. 붐의 최대 지면경사각을 초과 운전하여 전도되지 않도록 할 것
5. 작업대에 정격하중(안전율 5 이상)을 표시할 것
6. 작업대에 끼임·충돌 등 재해를 예방하기 위한 가드 또는 과상승방지장치를 설치할 것

12 지게차 안전보건규칙

제179조(전조등의 설치)

① 사업주는 전조등과 후미등을 갖추지 아니한 지게차를 사용해서는 아니 된다. 다만, 작업을 안전하게 수행하기 위하여 필요한 조명이 확보되어 있는 장소에서 사용하는 경우에는 그러하지 아니하다.

② 사업주는 지게차 작업 중 근로자와 충돌할 위험이 있는 경우에는 지게차에 후진경보기와 경광등을 설치하거나 후방감지기를 설치하는 등 후방을 확인할 수 있는 조치를 해야 한다.

제180조(헤드가드)

사업주는 다음 각 호에 따른 적합한 헤드가드(head guard)를 갖추지 아니한 지게차를 사용해서는 안 된다. 다만, 화물의 낙하에 의하여 지게차의 운전자에게 위험을 미칠 우려가 없는 경우에는 그렇지 않다.〈2022. 10. 18. 개정〉

1. 강도는 지게차의 최대하중의 2배 값(4톤을 넘는 값에 대해서는 4톤으로 한다)의 등분포정하중(等分布靜荷重)에 견딜 수 있을 것
2. 상부틀의 각 개구의 폭 또는 길이가 16센티미터 미만일 것
3. 운전자가 앉아서 조작하거나 서서 조작하는 지게차의 헤드가드는 한국산업표준에서 정하는 높이 기준 이상일 것

> **참고** 한국산업표준 ① 좌식 : 0.903[m] ② 입식 : 1.88[m] 이상

제181조(백레스트)

사업주는 백레스트(backrest)를 갖추지 아니한 지게차를 사용해서는 아니 된다. 다만, 마스트의 후방에서 화물이 낙하함으로써 근로자가 위험해질 우려가 없는 경우에는 그러하지 아니하다.

제182조(팔레트 등)

사업주는 지게차에 의한 하역운반작업에 사용하는 팔레트(pallet) 또는 스키드(skid)는 다음 각 호에 해당하는 것을 사용하여야 한다.
1. 적재하는 화물의 중량에 따른 충분한 강도를 가질 것
2. 심한 손상·변형 또는 부식이 없을 것

제183조(좌석 안전띠의 착용 등)

① 사업주는 앉아서 조작하는 방식의 지게차를 운전하는 근로자에게 좌석 안전띠를 착용하도록 하여야 한다.

② 제1항에 따른 지게차를 운전하는 근로자는 좌석 안전띠를 착용하여야 한다.

13 차량계 건설기계 안전보건규칙

제196조(차량계 건설기계의 정의)

"차량계 건설기계"란 동력원을 사용하여 특정되지 아니한 장소로 스스로 이동할 수 있는 건설기계로서 별표 6에서 정한 기계를 말한다.

제197조(전조등의 설치)

사업주는 차량계 건설기계에 전조등을 갖추어야 한다. 다만, 작업을 안전하게 수행하기 위하여 필요한 조명이 있는 장소에서 사용하는 경우에는 그러하지 아니하다.

제198조(낙하물 보호구조)

사업주는 암석이 떨어질 우려가 있는 등 위험한 장소에서 차량계 건설기계[불도저, 트랙터, 굴착기, 로더(loader : 흙 따위를 퍼올리는 데 쓰는 기계), 스크레이퍼(scraper : 흙을 절삭·운반하거나 펴 고르는 등의 작업을 하는 토공기계), 덤프트럭, 모터그레이더(motor grader : 땅 고르는 기계), 롤러(roller : 지반 다짐용 건설기계), 천공기, 항타기 및 항발기로 한정한다]를 사용하는 경우에는 해당 차량계 건설기계에 견고한 낙하물 보호구조를 갖춰야 한다. 〈개정 2021. 11. 19., 2022. 10. 18.〉
[제목개정 2022. 10. 18.]

제199조(전도 등의 방지) 20. 5. 24 기

사업주는 차량계 건설기계를 사용하는 작업할 때에 그 기계가 넘어지거나 굴러떨어짐으로써 근로자가 위험해질 우려가 있는 경우에는 유도하는 사람을 배치하고 지반의 부동침하 방지, 갓길의 붕괴 방지 및 도로 폭의 유지 등 필요한 조치를 하여야 한다.

제200조(접촉 방지)

① 사업주는 차량계 건설기계를 사용하여 작업을 하는 경우에는 운전 중인 해당 차량계 건설기계에 접촉되어 근로자가 부딪칠 위험이 있는 장소에 근로자를 출입시켜서는 아니 된다. 다만, 유도자를 배치하고 해당 차량계 건설기계를 유도하는 경우에는 그러하지 아니하다.

② 차량계 건설기계의 운전자는 제1항 단서의 유도자가 유도하는 대로 따라야 한다.

제201조(차량계 건설기계의 이송)

사업주는 차량계 건설기계를 이송하기 위하여 자주 또는 견인에 의하여 화물자동

합격예측 및 관련법규

7. 조작반의 스위치는 눈으로 확인할 수 있도록 명칭 및 방향표시를 유지할 것

② 사업주는 고소작업대를 설치하는 경우에는 다음 각 호의 사항을 준수하여야 한다.
1. 바닥과 고소작업대는 가능하면 수평을 유지하도록 할 것
2. 갑작스러운 이동을 방지하기 위하여 아웃트리거 또는 브레이크 등을 확실히 사용할 것

③ 사업주는 고소작업대를 이동하는 경우에는 다음 각 호의 사항을 준수해야 한다. 21. 4. 25 기
1. 작업대를 가장 낮게 내릴 것
2. 작업자를 태우고 이동하지 말 것. 다만, 이동 중 전도 등의 위험예방을 위하여 유도하는 사람을 배치하고 짧은 구간을 이동하는 경우에는 제1호에 따라 작업대를 가장 낮게 내린 상태에서 작업자를 태우고 이동할 수 있다
3. 이동통로의 요철상태 또는 장애물의 유무 등을 확인할 것

④ 사업주는 고소작업대를 사용하는 경우에는 다음 각 호의 사항을 준수하여야 한다. 20. 10. 17 기
1. 작업자가 안전모·안전대 등의 보호구를 착용하도록 할 것
2. 관계자가 아닌 사람이 작업구역에 들어오는 것을 방지하기 위하여 필요한 조치를 할 것
3. 안전한 작업을 위하여 적정수준의 조도를 유지할 것
4. 전로(電路)에 근접하여 작업을 하는 경우에는 작업감시자를 배치하는 등 감전사고를 방지하기 위하여 필요한 조치를 할 것
5. 작업대를 정기적으로 점검하고 붐·작업대 등 각 부위의 이상 유무를 확인할 것
6. 전환스위치는 다른 물체를 이용하여 고정하지 말 것
7. 작업대는 정격하중을 초과하여 물건을 싣거나 탑승하지 말 것

차 등에 싣거나 내리는 작업을 할 때에 발판·성토 등을 사용하는 경우에는 해당 차량계 건설기계의 전도 또는 전락에 의한 위험을 방지하기 위하여 다음 각 호의 사항을 준수하여야 한다.
1. 싣거나 내리는 작업은 평탄하고 견고한 장소에서 할 것
2. 발판을 사용하는 경우에는 충분한 길이·폭 및 강도를 가진 것을 사용하고 적당한 경사를 유지하기 위하여 견고하게 설치할 것
3. 마대·가설대 등을 사용하는 경우에는 충분한 폭 및 강도와 적당한 경사를 확보할 것

제202조(승차석 외의 탑승금지)

사업주는 차량계 건설기계를 사용하여 작업을 하는 경우 승차석이 아닌 위치에 근로자를 탑승시켜서는 아니 된다.

제203조(안전도 등의 준수)

사업주는 차량계 건설기계를 사용하여 작업을 하는 경우 그 차량계 건설기계가 넘어지거나 붕괴될 위험 또는 붐·암 등 작업장치가 파괴될 위험을 방지하기 위하여 그 기계의 구조 및 사용상 안전도 및 최대사용하중을 준수하여야 한다.

제204조(주용도 외의 사용 제한)

사업주는 차량계 건설기계를 그 기계의 주된 용도에만 사용하여야 한다. 다만, 근로자가 위험해질 우려가 없는 경우에는 그러하지 아니하다.

제205조(붐 등의 강하에 의한 위험방지)

사업주는 차량계 건설기계의 붐·암 등을 올리고 그 밑에서 수리·점검작업 등을 하는 경우 붐·암 등이 갑자기 내려옴으로써 발생하는 위험을 방지하기 위하여 해당 작업에 종사하는 근로자에게 안전지주 또는 안전블록 등을 사용하도록 하여야 한다.

제206조(수리 등의 작업 시 조치)

사업주는 차량계 건설기계의 수리나 부속장치의 장착 및 제거작업을 하는 경우 그 작업을 지휘하는 사람을 지정하여 다음 각 호의 사항을 준수하도록 하여야 한다.
1. 작업순서를 결정하고 작업을 지휘할 것
2. 제205조의 안전지주 또는 안전블록 등의 사용상황 등을 점검할 것

합격예측 및 관련법규

8. 작업대의 붐대를 상승시킨 상태에서 탑승자는 작업대를 벗어나지 말 것. 다만, 작업대에 안전대 부착설비를 설치하고 안전대를 연결하였을 때에는 그러하지 아니하다.

14 항타기 및 항발기 안전보건규칙

제207조(조립·해체 시 점검사항)

① 사업주는 항타기 또는 항발기를 조립하거나 해체하는 경우 다음 각 호의 사항을 준수해야 한다. 〈신설 2022. 10. 18.〉
  1. 항타기 또는 항발기에 사용하는 권상기에 쐐기장치 또는 역회전방지용 브레이크를 부착할 것
  2. 항타기 또는 항발기의 권상기가 들리거나 미끄러지거나 흔들리지 않도록 설치할 것
  3. 그 밖에 조립·해체에 필요한 사항은 제조사에서 정한 설치·해체 작업 설명서에 따를 것

② 사업주는 항타기 또는 항발기를 조립하거나 해체하는 경우 다음 각 호의 사항을 점검해야 한다. 〈개정 2022. 10. 18.〉 15. 4. 19 기 23. 4. 23 기
  1. 본체 연결부의 풀림 또는 손상의 유무
  2. 권상용 와이어로프·드럼 및 도르래의 부착상태의 이상 유무
  3. 권상장치의 브레이크 및 쐐기장치 기능의 이상 유무
  4. 권상기의 설치상태의 이상 유무
  5. 리더(leader)의 버팀 방법 및 고정상태의 이상 유무
  6. 본체·부속장치 및 부속품의 강도가 적합한지 여부
  7. 본체·부속장치 및 부속품에 심한 손상·마모·변형 또는 부식이 있는지 여부

[제목개정 2022. 10. 18.]

제209조(무너짐의 방지)

사업주는 동력을 사용하는 항타기 또는 항발기에 대하여 무너짐을 방지하기 위하여 다음 각 호의 사항을 준수해야 한다. 23. 4. 23 기 산
  1. 연약한 지반에 설치하는 경우에는 아웃트리거·받침 등 지지구조물의 침하를 방지하기 위하여 깔판·받침목 등을 사용할 것
  2. 시설 또는 가설물 등에 설치하는 경우에는 그 내력을 확인하고 내력이 부족하면 그 내력을 보강할 것
  3. 아웃트리거·받침 등 지지구조물이 미끄러질 우려가 있는 경우에는 말뚝 또는 쐐기 등을 사용하여 해당 지지구조물을 고정시킬 것
  4. 궤도 또는 차로 이동하는 항타기 또는 항발기에 대해서는 불시에 이동하는 것을 방지하기 위하여 레일 클램프(rail clamp) 및 쐐기 등으로 고정시킬 것

합격예측 및 관련법규

제86조(탑승의 제한) ① 사업주는 크레인을 사용하여 근로자를 운반하거나 근로자를 달아 올린 상태에서 작업에 종사시켜서는 아니 된다. 다만, 크레인에 전용 탑승설비를 설치하고 추락 위험을 방지하기 위하여 다음 각 호의 조치를 한 경우에는 그러하지 아니하다. 21. 7. 10 기 22. 11. 19 기 22. 5. 7 기
  1. 탑승설비가 뒤집히거나 떨어지지 않도록 필요한 조치를 할 것
  2. 안전대나 구명줄을 설치하고, 안전난간을 설치할 수 있는 구조인 경우에는 안전난간을 설치할 것
  3. 탑승설비를 하강시킬 때에는 동력하강방법으로 할 것

⑤ 사업주는 곤돌라의 운반구에 근로자를 탑승시켜서는 아니 된다. 다만, 추락 위험을 방지하기 위하여 다음 각 호의 조치를 한 경우에는 그러하지 아니하다.
  1. 운반구가 뒤집히거나 떨어지지 않도록 필요한 조치를 할 것
  2. 안전대나 구명줄을 설치하고, 안전난간을 설치할 수 있는 구조인 경우이면 안전난간을 설치할 것

5. 상단 부분은 버팀대·버팀줄로 고정하여 안정시키고, 그 하단 부분은 견고한 버팀·말뚝 또는 철골 등으로 고정시킬 것

제210조(이음매가 있는 권상용 와이어로프의 사용 금지)

사업주는 항타기 또는 항발기의 권상용 와이어로프로 제63조제1항제1호 각 목에 해당하는 것을 사용해서는 안 된다.

제211조(권상용 와이어로프의 안전계수)

사업주는 항타기 또는 항발기의 권상용 와이어로프의 안전계수가 5 이상이 아니면 이를 사용해서는 아니 된다.

제212조(권상용 와이어로프의 길이 등)

사업주는 항타기 또는 항발기에 권상용 와이어로프를 사용하는 경우에 다음 각 호의 사항을 준수해야 한다. 〈개정 2022. 10. 18.〉

1. 권상용 와이어로프는 추 또는 해머가 최저의 위치에 있을 때 또는 널말뚝을 빼내기 시작할 때를 기준으로 권상장치의 드럼에 적어도 2회 감기고 남을 수 있는 충분한 길이일 것
2. 권상용 와이어로프는 권상장치의 드럼에 클램프·클립 등을 사용하여 견고하게 고정할 것
3. 권상용 와이어로프에서 추·해머 등과의 연결은 클램프·클립 등을 사용하여 견고하게 할 것
4. 제2호 및 제3호의 클램프·클립 등은 한국산업표준 제품이거나 한국산업표준이 없는 제품의 경우에는 이에 준하는 규격을 갖춘 제품을 사용할 것

제213조(널말뚝 등과의 연결)

사업주는 항발기의 권상용 와이어로프·도르래 등은 충분한 강도가 있는 샤클·고정철물 등을 사용하여 말뚝·널말뚝 등과 연결시켜야 한다.

제214조 삭제 〈2022. 10. 18.〉

제215조 삭제 〈2022. 10. 18.〉

제216조(도르래의 부착 등)

① 사업주는 항타기나 항발기에 도르래나 도르래 뭉치를 부착하는 경우에는 부착부가 받는 하중에 의하여 파괴될 우려가 없는 브래킷·샤클 및 와이어로프 등으로 견고하게 부착하여야 한다.

② 사업주는 항타기 또는 항발기의 권상장치의 드럼축과 권상장치로부터 첫 번째 도르래의 축 간의 거리를 권상장치 드럼폭의 15배 이상으로 하여야 한다.

합격예측 및 관련법규

제221조의2(충돌위험 방지 조치) ① 사업주는 굴착기에 사람이 부딪히는 것을 방지하기 위해 후사경과 후방영상표시장치 등 굴착기를 운전하는 사람이 좌우 및 후방을 확인할 수 있는 장치를 굴착기에 갖춰야 한다.
② 사업주는 굴착기로 작업을 하기 전에 후사경과 후방영상표시장치 등의 부착 상태와 작동 여부를 확인해야 한다.
[본조신설 2022. 10. 18.]

제221조의3(좌석안전띠의 착용) ① 사업주는 굴착기를 운전하는 사람이 좌석안전띠를 착용하도록 해야 한다.
② 굴착기를 운전하는 사람은 좌석안전띠를 착용해야 한다.
[본조신설 2022. 10. 18.]

제221조의4(잠금장치의 체결) 사업주는 굴착기 퀵커플러(quick coupler)에 버킷, 브레이커(breaker), 크램셸(clamshell) 등 작업장치(이하 "작업장치"라 한다)를 장착 또는 교환하는 경우에는 안전핀 등 잠금장치를 체결하고 이를 확인해야 한다.
[본조신설 2022. 10. 18.]

③ 제2항의 도르래는 권상장치의 드럼 중심을 지나야 하며 축과 수직면상에 있어야 한다.

④ 항타기나 항발기의 구조상 권상용 와이어로프가 꼬일 우려가 없는 경우에는 제2항과 제3항을 적용하지 아니한다.

제217조(사용 시의 조치 등)

① 사업주는 압축공기를 동력원으로 하는 항타기나 항발기를 사용하는 경우에는 다음 각 호의 사항을 준수하여야 한다.

1. 해머의 운동에 의하여 증기호스 또는 공기호스와 해머의 접속부가 파손되거나 벗겨지는 것을 방지하기 위하여 그 접속부가 아닌 부위를 선정하여 증기호스 또는 공기호스를 해머에 고정시킬 것
2. 공기를 차단하는 장치를 해머의 운전자가 쉽게 조작할 수 있는 위치에 설치할 것

② 사업주는 항타기나 항발기의 권상장치의 드럼에 권상용 와이어로프가 꼬인 경우에는 와이어로프에 하중을 걸어서는 아니 된다.

③ 사업주는 항타기나 항발기의 권상장치에 하중을 건 상태로 정지하여 두는 경우에는 쐐기장치 또는 역회전방지용 브레이크를 사용하여 제동하는 등 확실하게 정지시켜 두어야 한다.

제218조(말뚝 등을 끌어올릴 경우의 조치)

① 사업주는 항타기를 사용하여 말뚝 및 널말뚝 등을 끌어올리는 경우에는 그 훅 부분이 드럼 또는 도르래의 바로 아래에 위치하도록 하여 끌어올려야 한다.

② 항타기에 체인블록 등의 장치를 부착하여 말뚝 또는 널말뚝 등을 끌어 올리는 경우에는 제1항을 준용한다.

제219조 삭제 〈2022. 10. 18.〉

제220조(항타기 등의 이동)

사업주는 두 개의 지주 등으로 지지하는 항타기 또는 항발기를 이동시키는 경우에는 이들 각 부위를 당김으로 인하여 항타기 또는 항발기가 넘어지는 것을 방지하기 위하여 반대측에서 윈치로 장력와이어로프를 사용하여 확실히 제동하여야 한다.

제221조(가스배관 등의 손상 방지)

사업주는 항타기를 사용하여 작업할 때에 가스배관, 지중전선로 및 그 밖의 지하공작물의 손상으로 근로자가 위험에 처할 우려가 있는 경우에는 미리 작업장소에 가스배관·지중전선로 등이 있는지를 조사하여 이전 설치나 매달기 보호 등의 조치를 하여야 한다.

합격예측 및 관련법규

제221조의5(인양작업 시 조치) ① 사업주는 다음 각 호의 사항을 모두 갖춘 굴착기의 경우에는 굴착기를 사용하여 화물 인양작업을 할 수 있다.
1. 굴착기의 퀵커플러 또는 작업장치에 달기구(훅, 걸쇠 등을 말한다)가 부착되어 있는 등 인양작업이 가능하도록 제작된 기계일 것
2. 굴착기 제조사에서 정한 정격하중이 확인되는 굴착기를 사용할 것
3. 달기구에 해지장치가 사용되는 등 작업 중 인양물의 낙하 우려가 없을 것

② 사업주는 굴착기를 사용하여 인양작업을 하는 경우에는 다음 각 호의 사항을 준수해야 한다.
1. 굴착기 제조사에서 정한 작업설명서에 따라 인양할 것
2. 사람을 지정하여 인양작업을 신호하게 할 것
3. 인양물과 근로자가 접촉할 우려가 있는 장소에 근로자의 출입을 금지시킬 것
4. 지반의 침하 우려가 없고 평평한 장소에서 작업할 것
5. 인양 대상 화물의 무게는 정격하중을 넘지 않을 것

③ 굴착기를 이용한 인양작업 시 와이어로프 등 달기구의 사용에 관해서는 제163조부터 제170조까지의 규정(제166조, 제167조 및 제169조에 따라 준용되는 경우를 포함한다)을 준용한다. 이 경우 "양중기" 또는 "크레인"은 "굴착기"로 본다.
[본조신설 2022. 10. 18.]

15 위험물 등의 취급 등의 안전보건규칙

제225조(위험물질 등의 제조 등 작업 시의 조치)

사업주는 별표 1의 위험물질(이하 "위험물"이라 한다)을 제조하거나 취급하는 경우에 폭발·화재 및 누출을 방지하기 위한 적절한 방호조치를 하지 아니하고 다음 각 호의 행위를 해서는 아니 된다.

1. 폭발성 물질, 유기과산화물을 화기나 그 밖에 점화원이 될 우려가 있는 것에 접근시키거나 가열하거나 마찰시키거나 충격을 가하는 행위
2. 물반응성 물질, 인화성 고체를 각각 그 특성에 따라 화기나 그 밖에 점화원이 될 우려가 있는 것에 접근시키거나 발화를 촉진하는 물질 또는 물에 접촉시키거나 가열하거나 마찰시키거나 충격을 가하는 행위
3. 산화성 액체·산화성 고체를 분해가 촉진될 우려가 있는 물질에 접촉시키거나 가열하거나 마찰시키거나 충격을 가하는 행위
4. 인화성 액체를 화기나 그 밖에 점화원이 될 우려가 있는 것에 접근시키거나 주입 또는 가열하거나 증발시키는 행위
5. 인화성 가스를 화기나 그 밖에 점화원이 될 우려가 있는 것에 접근시키거나 압축·가열 또는 주입하는 행위
6. 부식성 물질 또는 급성 독성물질을 누출시키는 등으로 인체에 접촉시키는 행위
7. 위험물을 제조하거나 취급하는 설비가 있는 장소에 인화성 가스 또는 산화성 액체 및 산화성 고체를 방치하는 행위

제226조(물과의 접촉 금지)

사업주는 별표 1 제2호의 물반응성 물질·인화성 고체를 취급하는 경우에는 물과의 접촉을 방지하기 위하여 완전 밀폐된 용기에 저장 또는 취급하거나 빗물 등이 스며들지 아니하는 건축물 내에 보관 또는 취급하여야 한다.

제227조(호스 등을 사용한 인화성 액체 등의 주입)

사업주는 위험물을 액체 상태에서 호스 또는 배관 등을 사용하여 별표 7의 화학설비, 탱크로리, 드럼 등에 주입하는 작업을 하는 경우에는 그 호스 또는 배관 등의 결합부를 확실히 연결하고 누출이 없는지를 확인한 후에 작업을 하여야 한다.

제228조(가솔린이 남아 있는 설비에 등유 등의 주입)

사업주는 별표 7의 화학설비로서 가솔린이 남아 있는 화학설비(위험물을 저장하는 것으로 한정한다. 이하 이 조와 제229조에서 같다), 탱크로리, 드럼 등에 등유나 경유를 주입하는 작업을 하는 경우에는 미리 그 내부를 깨끗하게 씻어내고 가

솔린의 증기를 불활성 가스로 바꾸는 등 안전한 상태로 되어 있는지를 확인한 후에 그 작업을 하여야 한다. 다만, 다음 각 호의 조치를 하는 경우에는 그러하지 아니하다.
   1. 등유나 경유를 주입하기 전에 탱크·드럼 등과 주입설비 사이에 접속선이나 접지선을 연결하여 전위차를 줄이도록 할 것
   2. 등유나 경유를 주입하는 경우에는 그 액표면의 높이가 주입관의 선단의 높이를 넘을 때까지 주입속도를 초당 1미터 이하로 할 것

제229조(산화에틸렌 등의 취급)
① 사업주는 산화에틸렌, 아세트알데히드 또는 산화프로필렌을 별표 7의 화학설비, 탱크로리, 드럼 등에 주입하는 작업을 하는 경우에는 미리 그 내부의 불활성가스가 아닌 가스나 증기를 불활성가스로 바꾸는 등 안전한 상태로 되어 있는 지를 확인한 후에 해당 작업을 하여야 한다.
② 사업주는 산화에틸렌, 아세트알데히드 또는 산화프로필렌을 별표 7의 화학설비, 탱크로리, 드럼 등에 저장하는 경우에는 항상 그 내부의 불활성가스가 아닌 가스나 증기를 불활성가스로 바꾸어 놓는 상태에서 저장하여야 한다.

제230조(폭발위험이 있는 장소의 설정 및 관리)
① 사업주는 다음 각 호의 장소에 대하여 폭발위험장소의 구분도(區分圖)를 작성하는 경우에는 한국산업표준으로 정하는 기준에 따라 가스폭발 위험장소 또는 분진폭발 위험장소로 설정하여 관리해야 한다. 〈개정 2022. 10. 18.〉
   1. 인화성 액체의 증기나 인화성 가스 등을 제조·취급 또는 사용하는 장소
   2. 인화성 고체를 제조·사용하는 장소
② 사업주는 제1항에 따른 폭발위험장소의 구분도를 작성·관리하여야 한다.

제231조(인화성 액체 등을 수시로 취급하는 장소)
① 사업주는 인화성 액체, 인화성 가스 등을 수시로 취급하는 장소에서는 환기가 충분하지 않은 상태에서 전기기계·기구를 작동시켜서는 아니 된다.
② 사업주는 수시로 밀폐된 공간에서 스프레이 건을 사용하여 인화성 액체로 세척·도장 등의 작업을 하는 경우에는 다음 각 호의 조치를 하고 전기기계·기구를 작동시켜야 한다.
   1. 인화성 액체, 인화성 가스 등으로 폭발위험 분위기가 조성되지 않도록 해당 물질의 공기 중 농도가 인화하한계값의 25퍼센트를 넘지 않도록 충분히 환기를 유지할 것
   2. 조명 등은 고무, 실리콘 등의 패킹이나 실링재료를 사용하여 완전히 밀봉할 것

3. 가열성 전기기계·기구를 사용하는 경우에는 세척 또는 도장용 스프레이 건과 동시에 작동되지 않도록 연동장치 등의 조치를 할 것
4. 방폭구조 외의 스위치와 콘센트 등의 전기기기는 밀폐 공간 외부에 설치되어 있을 것

③ 사업주는 제1항과 제2항에도 불구하고 방폭성능을 갖는 전기기계·기구에 대해서는 제1항의 상태 및 제2항 각 호의 조치를 하지 아니한 상태에서도 작동시킬 수 있다.

제232조(폭발 또는 화재 등의 예방)

① 사업주는 인화성 액체의 증기, 인화성 가스 또는 인화성 고체가 존재하여 폭발이나 화재가 발생할 우려가 있는 장소에서 해당 증기·가스 또는 분진에 의한 폭발 또는 화재를 예방하기 위해 환풍기, 배풍기(排風機) 등 환기장치를 적절하게 설치해야 한다.

② 사업주는 제1항에 따른 증기나 가스에 의한 폭발이나 화재를 미리 감지하기 위하여 가스 검지 및 경보 성능을 갖춘 가스 검지 및 경보 장치를 설치해야 한다. 다만, 한국산업표준에 따른 0종 또는 1종 폭발위험장소에 해당하는 경우로서 제311조에 따라 방폭구조 전기기계·기구를 설치한 경우에는 그렇지 않다.

제233조(가스용접 등의 작업)

사업주는 인화성 가스, 불활성 가스 및 산소(이하 "가스등"이라 한다)를 사용하여 금속의 용접·용단 또는 가열작업을 하는 경우에는 가스 등의 누출 또는 방출로 인한 폭발·화재 또는 화상을 예방하기 위하여 다음 각 호의 사항을 준수하여야 한다. 22. 11. 27 기정

1. 가스 등의 호스와 취관(吹管)은 손상·마모 등에 의하여 가스 등이 누출할 우려가 없는 것을 사용할 것
2. 가스 등의 취관 및 호스의 상호 접촉부분은 호스밴드, 호스클립 등 조임기구를 사용하여 가스 등이 누출되지 않도록 할 것
3. 가스 등의 호스에 가스 등을 공급하는 경우에는 미리 그 호스에서 가스 등이 방출되지 않도록 필요한 조치를 할 것
4. 사용 중인 가스 등을 공급하는 공급구의 밸브나 콕에는 그 밸브나 콕에 접속된 가스 등의 호스를 사용하는 사람의 명찰을 붙이는 등 가스 등의 공급에 대한 오조작을 방지하기 위한 표시를 할 것
5. 용단작업을 하는 경우에는 취관으로부터 산소의 과잉방출로 인한 화상을 예방하기 위하여 근로자가 조절밸브를 서서히 조작하도록 주지시킬 것
6. 작업을 중단하거나 마치고 작업장소를 떠날 경우에는 가스 등의 공급구의 밸브나 콕을 잠글 것

7. 가스 등의 분기관은 전용 접속기구를 사용하여 불량체결을 방지하여야 하며, 서로 이어지지 않는 구조의 접속기구 사용, 서로 다른 색상의 배관·호스의 사용 및 꼬리표 부착 등을 통하여 서로 다른 가스배관과의 불량체결을 방지할 것

제234조(가스 등의 용기)

사업주는 금속의 용접·용단 또는 가열에 사용되는 가스 등의 용기를 취급하는 경우에 다음 각 호의 사항을 준수하여야 한다.

1. 다음 각 목의 어느 하나에 해당하는 장소에서 사용하거나 해당 장소에 설치·저장 또는 방치하지 않도록 할 것
   가. 통풍이나 환기가 불충분한 장소
   나. 화기를 사용하는 장소 및 그 부근
   다. 위험물 또는 제236조에 따른 인화성 액체를 취급하는 장소 및 그 부근
2. 용기의 온도를 섭씨 40도 이하로 유지할 것
3. 전도의 위험이 없도록 할 것
4. 충격을 가하지 않도록 할 것
5. 운반하는 경우에는 캡을 씌울 것
6. 사용하는 경우에는 용기의 마개에 부착되어 있는 유류 및 먼지를 제거할 것
7. 밸브의 개폐는 서서히 할 것
8. 사용 전 또는 사용 중인 용기와 그 밖의 용기를 명확히 구별하여 보관할 것
9. 용해아세틸렌의 용기는 세워 둘 것
10. 용기의 부식·마모 또는 변형상태를 점검한 후 사용할 것

제235조(서로 다른 물질의 접촉에 의한 발화 등의 방지)

사업주는 서로 다른 물질끼리 접촉함으로 인하여 해당 물질이 발화하거나 폭발할 위험이 있는 경우에는 해당 물질을 가까이 저장하거나 동일한 운반기에 적재해서는 아니 된다. 다만, 접촉방지를 위한 조치를 한 경우에는 그러하지 아니하다.

제236조(화재 위험이 있는 작업의 장소 등)

① 사업주는 합성섬유·합성수지·면·양모·천조각·톱밥·짚·종이류 또는 인화성이 있는 액체(1기압에서 인화점이 섭씨 250도 미만의 액체를 말한다)를 다량으로 취급하는 작업을 하는 장소·설비 등은 화재예방을 위하여 적절한 배치 구조로 하여야 한다.

② 사업주는 근로자에게 용접·용단 및 금속의 가열 등 화기를 사용하는 작업이나 연삭숫돌에 의한 건식연마작업 등 그 밖에 불꽃이 발생될 우려가 있는 작업(이하 "화재위험작업"이라 한다)을 하도록 하는 경우 제1항에 따른 물질을

합격예측 및 관련법규

제263조(파열판 및 안전밸브의 직렬설치) 사업주는 급성 독성물질이 지속적으로 외부에 유출될 수 있는 화학설비 및 그 부속설비에 파열판과 안전밸브를 직렬로 설치하고 그 사이에는 압력지시계 또는 자동경보장치를 설치하여야 한다.

22. 10. 16

화재위험이 없는 장소에 별도로 보관·저장해야 하며, 작업장 내부에는 해당 작업에 필요한 양만 두어야 한다.

제237조(자연발화의 방지)

사업주는 질화면, 알킬알루미늄 등 자연발화의 위험이 있는 물질을 쌓아 두는 경우 위험한 온도로 상승하지 못하도록 화재예방을 위한 조치를 하여야 한다.

제238조(유류 등이 묻어 있는 걸레 등의 처리)

사업주는 기름 또는 인쇄용 잉크류 등이 묻은 천조각이나 휴지 등은 뚜껑이 있는 불연성 용기에 담아 두는 등 화재예방을 위한 조치를 하여야 한다.

16 아세틸렌 용접장치 및 가스집합 용접장치의 안전보건규칙

제1관 아세틸렌 용접장치

제285조(압력의 제한)

사업주는 아세틸렌 용접장치를 사용하여 금속의 용접·용단 또는 가열작업을 하는 경우에는 게이지 압력이 127킬로파스칼을 초과하는 압력의 아세틸렌을 발생시켜 사용해서는 아니 된다.

제286조(발생기실의 설치장소 등)

① 사업주는 아세틸렌 용접장치의 아세틸렌 발생기(이하 "발생기"라 한다)를 설치하는 경우에는 전용의 발생기실에 설치하여야 한다.
② 제1항의 발생기실은 건물의 최상층에 위치하여야 하며, 화기를 사용하는 설비로부터 3미터를 초과하는 장소에 설치하여야 한다.
③ 제1항의 발생기실을 옥외에 설치한 경우에는 그 개구부를 다른 건축물로부터 1.5미터 이상 떨어지도록 하여야 한다.

제287조(발생기실의 구조 등)

사업주는 발생기실을 설치하는 경우에 다음 각 호의 사항을 준수하여야 한다.
1. 벽은 불연성 재료로 하고 철근 콘크리트 또는 그 밖에 이와 같은 수준이거나 그 이상의 강도를 가진 구조로 할 것
2. 지붕과 천장에는 얇은 철판이나 가벼운 불연성 재료를 사용할 것
3. 바닥면적의 16분의 1 이상의 단면적을 가진 배기통을 옥상으로 돌출시키고 그 개구부를 창이나 출입구로부터 1.5미터 이상 떨어지도록 할 것
4. 출입구의 문은 불연성 재료로 하고 두께 1.5밀리미터 이상의 철판이나 그

밖에 그 이상의 강도를 가진 구조로 할 것
5. 벽과 발생기 사이에는 발생기의 조정 또는 카바이드 공급 등의 작업을 방해하지 않도록 간격을 확보할 것

제288조(격납실)

사업주는 사용하지 않고 있는 이동식 아세틸렌 용접장치를 보관하는 경우에는 전용의 격납실에 보관하여야 한다. 다만, 기종을 분리하고 발생기를 세척한 후 보관하는 경우에는 임의의 장소에 보관할 수 있다.

제289조(안전기의 설치)

① 사업주는 아세틸렌 용접장치의 취관마다 안전기를 설치하여야 한다. 다만, 주관 및 취관에 가장 가까운 분기관(分岐管)마다 안전기를 부착한 경우에는 그러하지 아니하다.
② 사업주는 가스용기가 발생기와 분리되어 있는 아세틸렌 용접장치에 대하여 발생기와 가스용기 사이에 안전기를 설치하여야 한다.

제290조(아세틸렌 용접장치의 관리 등)

사업주는 아세틸렌 용접장치를 사용하여 금속의 용접·용단(溶斷) 또는 가열작업을 하는 경우에 다음 각 호의 사항을 준수하여야 한다.
1. 발생기(이동식 아세틸렌 용접장치의 발생기는 제외한다)의 종류, 형식, 제작업체명, 매 시 평균 가스발생량 및 1회 카바이드 공급량을 발생기실 내의 보기 쉬운 장소에 게시할 것
2. 발생기실에는 관계 근로자가 아닌 사람이 출입하는 것을 금지할 것
3. 발생기에서 5미터 이내 또는 발생기실에서 3미터 이내의 장소에서는 흡연, 화기의 사용 또는 불꽃이 발생할 위험한 행위를 금지시킬 것
4. 도관에는 산소용과 아세틸렌용의 혼동을 방지하기 위한 조치를 할 것
5. 아세틸렌 용접장치의 설치장소에는 적당한 소화설비를 갖출 것
6. 이동식 아세틸렌 용접장치의 발생기는 고온의 장소, 통풍이나 환기가 불충분한 장소 또는 진동이 많은 장소 등에 설치하지 않도록 할 것

제2관 가스집합 용접장치

제291조(가스집합장치의 위험방지)

① 사업주는 가스집합장치에 대해서는 화기를 사용하는 설비로부터 5미터 이상 떨어진 장소에 설치하여야 한다.
② 사업주는 제1항의 가스집합장치를 설치하는 경우에는 전용의 방(이하 "가스장치실"이라 한다)에 설치하여야 한다. 다만, 이동하면서 사용하는 가스집합장치

합격예측 및 관련법규

제296조(지하작업장 등) 사업주는 인화성 가스가 발생할 우려가 있는 지하작업장에서 작업하는 경우(제350조에 따른 터널 등의 건설작업의 경우는 제외한다) 또는 가스도관에서 가스가 발산될 위험이 있는 장소에서 굴착작업(해당 작업이 이루어지는 장소 및 그와 근접한 장소에서 이루어지는 지반의 굴삭 또는 이에 수반한 토사등의 운반 등의 작업을 말한다)을 하는 경우에는 폭발이나 화재를 방지하기 위해 다음 각 호의 조치를 해야 한다. 23. 7. 24
1. 가스의 농도를 측정하는 사람을 지명하고 다음 각 목의 경우에 그로 하여금 해당 가스의 농도를 측정하도록 할 것
   가. 매일 작업을 시작하기 전
   나. 가스의 누출이 의심되는 경우
   다. 가스가 발생하거나 정체할 위험이 있는 장소가 있는 경우
   라. 장시간 작업을 계속하는 경우(이 경우 4시간마다 가스 농도를 측정하도록 하여야 한다)
2. 가스의 농도가 인화하한계 값의 25퍼센트 이상으로 밝혀진 경우에는 즉시 근로자를 안전한 장소에 대피시키고 화기나 그 밖에 점화원이 될 우려가 있는 기계·기구 등의 사용을 중지하며 통풍·환기 등을 할 것

의 경우에는 그러하지 아니하다.
③ 사업주는 가스장치실에서 가스집합장치의 가스용기를 교환하는 작업을 할 때 가스장치실의 부속설비 또는 다른 가스용기에 충격을 줄 우려가 있는 경우에는 고무판 등을 설치하는 등 충격방지 조치를 하여야 한다.

제292조(가스장치실의 구조 등)

사업주는 가스장치실을 설치하는 경우에 다음 각 호의 구조로 설치하여야 한다.
1. 가스가 누출된 경우에는 그 가스가 정체되지 않도록 할 것
2. 지붕과 천장에는 가벼운 불연성 재료를 사용할 것
3. 벽에는 불연성 재료를 사용할 것

제293조(가스집합 용접장치의 배관)

사업주는 가스집합 용접장치(이동식을 포함한다)의 배관을 하는 경우에는 다음 각 호의 사항을 준수하여야 한다.
1. 플랜지·밸브·콕 등의 접합부에는 개스킷을 사용하고 접합면을 상호 밀착시키는 등의 조치를 할 것
2. 주관 및 분기관에는 안전기를 설치할 것. 이 경우 하나의 취관에 2개 이상의 안전기를 설치하여야 한다.

제294조(구리의 사용 제한)

사업주는 용해아세틸렌의 가스집합용접장치의 배관 및 부속기구는 구리나 구리 함유량이 70퍼센트 이상인 합금을 사용해서는 아니 된다.

제295조(가스집합 용접장치의 관리 등)

사업주는 가스집합 용접장치를 사용하여 금속의 용접·용단 및 가열작업을 하는 경우에는 다음 각 호의 사항을 준수하여야 한다.
1. 사용하는 가스의 명칭 및 최대가스저장량을 가스장치실의 보기 쉬운 장소에 게시할 것
2. 가스용기를 교환하는 경우에는 관리감독자가 참여한 가운데 할 것
3. 밸브·콕 등의 조작 및 점검요령을 가스장치실의 보기 쉬운 장소에 게시할 것
4. 가스장치실에는 관계근로자가 아닌 사람의 출입을 금지할 것
5. 가스집합장치로부터 5미터 이내의 장소에서는 흡연, 화기의 사용 또는 불꽃을 발생할 우려가 있는 행위를 금지할 것
6. 도관에는 산소용과의 혼동을 방지하기 위한 조치를 할 것
7. 가스집합장치의 설치장소에는 적당한 소화설비를 설치할 것
8. 이동식 가스집합 용접장치의 가스집합장치는 고온의 장소, 통풍이나 환기가 불충분한 장소 또는 진동이 많은 장소에 설치하지 않도록 할 것

9. 해당 작업을 행하는 근로자에게 보안경과 안전장갑을 착용시킬 것

17 전기기계·기구 등의 위험방지 안전보건규칙

제301조(전기기계·기구 등의 충전부 방호)

① 사업주는 근로자가 작업이나 통행 등으로 인하여 전기기계, 기구[전동기·변압기·접속기·개폐기·분전반(分電盤)·배전반(配電盤) 등 전기를 통하는 기계·기구, 그 밖의 설비 중 배선 및 이동전선 외의 것을 말한다. 이하 같다] 또는 전로 등의 충전부분(전열기의 발열체 부분, 저항접속기의 전극 부분 등 전기기계·기구의 사용 목적에 따라 노출이 불가피한 충전부분은 제외한다. 이하 같다)에 접촉(충전부분과 연결된 도전체와의 접촉을 포함한다. 이하 이 장에서 같다)하거나 접근함으로써 감전 위험이 있는 충전부분에 대하여 감전을 방지하기 위하여 다음 각 호의 방법 중 하나 이상의 방법으로 방호하여야 한다. 19. 11. 9 기 20. 5. 24 기 20. 7. 25 기

1. 충전부가 노출되지 않도록 폐쇄형 외함(外函)이 있는 구조로 할 것
2. 충전부에 충분한 절연효과가 있는 방호망이나 절연덮개를 설치할 것
3. 충전부는 내구성이 있는 절연물로 완전히 덮어 감쌀 것
4. 발전소·변전소 및 개폐소 등 구획되어 있는 장소로서 관계 근로자가 아닌 사람의 출입이 금지되는 장소에 충전부를 설치하고, 위험표시 등의 방법으로 방호를 강화할 것
5. 전주 위 및 철탑 위 등 격리되어 있는 장소로서 관계 근로자가 아닌 사람이 접근할 우려가 없는 장소에 충전부를 설치할 것

② 사업주는 근로자가 노출 충전부가 있는 맨홀 또는 지하실 등의 밀폐공간에서 작업하는 경우에는 노출 충전부와의 접촉으로 인한 전기위험을 방지하기 위하여 덮개, 방책 또는 절연 칸막이 등을 설치하여야 한다.

③ 사업주는 근로자의 감전위험을 방지하기 위하여 개폐되는 문, 경첩이 있는 패널 등(분전반 또는 제어반 문)을 견고하게 고정시켜야 한다.

제302조(전기기계·기구의 접지)

① 사업주는 누전에 의한 감전의 위험을 방지하기 위하여 다음 각 호의 부분에 대하여 접지를 하여야 한다.
1. 전기기계·기구의 금속제 외함, 금속제 외피 및 철대
2. 고정 설치되거나 고정배선에 접속된 전기기계·기구의 노출된 비충전 금속체 중 충전될 우려가 있는 다음 각 목의 어느 하나에 해당하는 비충전 금속체

참고

국제기준(IEC60364) 전압기준

구분	교류(AC)	직류(DC)
저압	1,000[V] 이하	1,500[V] 이하
고압	저압을 초과하고 7,000[V] 이하	
특고압	7,000[V] 초과	

가. 지면이나 접지된 금속체로부터 수직거리 2.4미터, 수평거리 1.5미터 이내인 것
나. 물기 또는 습기가 있는 장소에 설치되어 있는 것
다. 금속으로 되어 있는 기기접지용 전선의 피복·외장 또는 배선관 등
라. 사용전압이 대지전압 150볼트를 넘는 것
3. 전기를 사용하지 아니하는 설비 중 다음 각 목의 어느 하나에 해당하는 금속체
가. 전동식 양중기의 프레임과 궤도
나. 전선이 붙어 있는 비전동식 양중기의 프레임
다. 고압(1,500볼트 초과 7천볼트 이하의 직류전압 또는 1,000볼트 초과 7천볼트 이하의 교류전압을 말한다. 이하 같다) 이상의 전기를 사용하는 전기기계·기구 주변의 금속제 칸막이·망 및 이와 유사한 장치
4. 코드와 플러그를 접속하여 사용하는 전기기계·기구 중 다음 각 목의 어느 하나에 해당하는 노출된 비충전 금속체
가. 사용전압이 대지전압 150볼트를 넘는 것
나. 냉장고·세탁기·컴퓨터 및 주변기기 등과 같은 고정형 전기기계·기구
다. 고정형·이동형 또는 휴대형 전동기계·기구
라. 물 또는 도전성(導電性)이 높은 곳에서 사용하는 전기기계·기구, 비접지형 콘센트
마. 휴대형 손전등
5. 수중펌프를 금속제 물탱크 등의 내부에 설치하여 사용하는 경우 그 탱크(이 경우 탱크를 수중펌프의 접지선과 접속하여야 한다)
② 사업주는 다음 각 호의 어느 하나에 해당하는 경우에는 제1항을 적용하지 아니할 수 있다.
1. 「전기용품 및 생활용품 안전관리법」에 따른 이중절연구조 또는 이와 같은 수준 이상으로 보호되는 전기기계·기구
2. 절연대 위 등과 같이 감전 위험이 없는 장소에서 사용하는 전기기계·기구
3. 비접지방식의 전로(그 전기기계·기구의 전원측의 전로에 설치한 절연변압기의 2차 전압이 300볼트 이하, 정격용량이 3킬로볼트암페어 이하이고 그 절연전압기의 부하측의 전로가 접지되어 있지 아니한 것으로 한정한다)에 접속하여 사용되는 전기기계·기구
③ 사업주는 특별고압(7천볼트를 초과하는 직교류전압을 말한다. 이하 같다)의 전기를 취급하는 변전소·개폐소, 그 밖에 이와 유사한 장소에서 지락(地絡) 사고가 발생하는 경우에는 접지극의 전위상승에 의한 감전위험을 줄이기 위한 조치를 하여야 한다.

④ 사업주는 제1항에 따라 설치된 접지설비에 대하여 항상 적정상태가 유지되는지를 점검하고 이상이 발견되면 즉시 보수하거나 재설치하여야 한다.

제303조(전기기계·기구의 적정설치 등)

① 사업주는 전기기계·기구를 설치하려는 경우에는 다음 각 호의 사항을 고려하여 적절하게 설치하여야 한다.
  1. 전기기계·기구의 충분한 전기적 용량 및 기계적 강도
  2. 습기·분진 등 사용장소의 주위 환경
  3. 전기적·기계적 방호수단의 적정성
② 사업주는 전기기계·기구를 사용하는 경우에는 국내외의 공인된 인증기관의 인증을 받은 제품을 사용하되, 제조자의 제품설명서 등에서 정하는 조건에 따라 설치하고 사용하여야 한다.

제304조(누전차단기에 의한 감전방지)

① 사업주는 다음 각 호의 전기기계·기구에 대하여 누전에 의한 감전위험을 방지하기 위하여 해당 전로의 정격에 적합하고 감도가 양호하며 확실하게 작동하는 감전방지용 누전차단기를 설치하여야 한다. 15.11.7 기
  1. 대지전압이 150볼트를 초과하는 이동형 또는 휴대형 전기기계·기구
  2. 물 등 도전성이 높은 액체가 있는 습윤장소에서 사용하는 저압(1,500볼트 이하 직류전압이나 1,000볼트 이하의 교류전압을 말한다)용 전기기계·기구
  3. 철판·철골 위 등 도전성이 높은 장소에서 사용하는 이동형 또는 휴대형 전기기계·기구
  4. 임시배선의 전로가 설치되는 장소에서 사용하는 이동형 또는 휴대형 전기기계·기구
② 사업주는 제1항에 따라 감전방지용 누전차단기를 설치하기 어려운 경우에는 작업시작 전에 접지선의 연결 및 접속부 상태 등이 적합한지 확실하게 점검하여야 한다.
③ 다음 각 호의 어느 하나에 해당하는 경우에는 제1항과 제2항을 적용하지 아니한다.
  1. 「전기용품 및 생활용품 안전관리법」에 따른 이중절연구조 또는 이와 같은 수준 이상으로 보호되는 전기기계·기구
  2. 절연대 위 등과 같이 감전위험이 없는 장소에서 사용하는 전기기계·기구
  3. 비접지방식의 전로
④ 사업주는 제1항에 따라 전기기계·기구를 사용하기 전에 해당 누전차단기의 작동상태를 점검하고 이상이 발견되면 즉시 보수하거나 교환하여야 한다.

⑤ 사업주는 제1항에 따라 설치한 누전차단기를 접속하는 경우에 다음 각 호의 사항을 준수하여야 한다.
1. 전기기계·기구에 설치되어 있는 누전차단기는 정격감도전류가 30밀리암페어 이하이고 작동시간은 0.03초 이내일 것. 다만, 정격전부하전류가 50암페어 이상인 전기기계·기구에 접속되는 누전차단기는 오작동을 방지하기 위하여 정격감도전류는 200밀리암페어 이하로, 작동시간은 0.1초 이내로 할 수 있다.
2. 분기회로 또는 전기기계·기구마다 누전차단기를 접속할 것. 다만, 평상시 누설전류가 매우 적은 소용량부하의 전로에는 분기회로에 일괄하여 접속할 수 있다.
3. 누전차단기는 배전반 또는 분전반 내에 접속하거나 꽂음접속기형 누전차단기를 콘센트에 접속하는 등 파손이나 감전사고를 방지할 수 있는 장소에 접속할 것
4. 지락보호전용 기능만 있는 누전차단기는 과전류를 차단하는 퓨즈나 차단기 등과 조합하여 접속할 것

제305조(과전류차단장치)

사업주는 과전류[정격전류를 초과하는 전류로서 단락(短絡)사고전류, 지락사고전류를 포함하는 것을 말한다. 이하 같다]로 인한 재해를 방지하기 위하여 다음 각 호의 방법으로 과전류차단장치[차단기·퓨즈 또는 보호계전기 등과 이에 수반되는 변성기(變成器)를 말한다. 이하 같다]를 설치하여야 한다.
1. 과전류차단장치는 반드시 접지선이 아닌 전로에 직렬로 연결하여 과전류 발생 시 전로를 자동으로 차단하도록 설치할 것
2. 차단기·퓨즈는 계통에서 발생하는 최대 과전류에 대하여 충분하게 차단할 수 있는 성능을 가질 것
3. 과전류차단장치가 전기계통상에서 상호 협조·보완되어 과전류를 효과적으로 차단하도록 할 것

제306조(교류아크용접기 등)

① 사업주는 아크용접 등(자동용접은 제외한다)의 작업에 사용하는 용접봉의 홀더에 대하여 한국산업표준에 적합하거나 그 이상의 절연내력 및 내열성을 갖춘 것을 사용하여야 한다.
② 사업주는 다음 각 호의 어느 하나에 해당하는 장소에서 교류아크용접기(자동으로 작동되는 것은 제외한다)를 사용하는 경우에는 교류아크용접기에 자동전격방지기를 설치하여야 한다.
1. 선박의 이중 선체 내부, 밸러스트(Ballast) 탱크, 보일러 내부 등 도전체에

둘러싸인 장소
2. 추락할 위험이 있는 높이 2미터 이상의 장소로 철골 등 도전성이 높은 물체에 근로자가 접촉할 우려가 있는 장소
3. 근로자가 물·땀 등으로 인하여 도전성이 높은 습윤 상태에서 작업하는 장소

제307조(단로기 등의 개폐)

사업주는 부하전류를 차단할 수 없는 고압 또는 특별고압의 단로기(斷路機) 또는 선로개폐기(이하 "단로기 등"이라 한다)를 개로(開路)·폐로(閉路)하는 경우에는 그 단로기 등의 오조작을 방지하기 위하여 근로자에게 해당 전로가 무부하(無負荷)임을 확인한 후에 조작하도록 주의 표지판 등을 설치하여야 한다. 다만, 그 단로기 등에 전로가 무부하로 되지 아니하면 개로·폐로할 수 없도록 하는 연동장치를 설치한 경우에는 그러하지 아니하다.

제308조(비상전원)

① 사업주는 정전에 의한 기계·설비의 갑작스러운 정지로 인하여 화재·폭발 등 재해가 발생할 우려가 있는 경우에는 해당 기계·설비에 비상발전기, 비상전원용 수전(受電)설비, 축전지 설비, 전기저장장치 등 비상전원을 접속하여 정전 시 비상전력이 공급되도록 하여야 한다.
② 비상전원의 용량은 연결된 부하를 각각의 필요에 따라 충분히 가동할 수 있어야 한다.

제309조(임시로 사용하는 전등 등의 위험방지)

① 사업주는 이동전선에 접속하여 임시로 사용하는 전등이나 가설의 배선 또는 이동전선에 접속하는 가공매달기식 전등 등을 접촉함으로 인한 감전 및 전구의 파손에 의한 위험을 방지하기 위하여 보호망을 부착하여야 한다.
② 제1항의 보호망을 설치하는 경우에는 다음 각 호의 사항을 준수하여야 한다.
1. 전구의 노출된 금속 부분에 근로자가 쉽게 접촉되지 아니하는 구조로 할 것
2. 재료는 쉽게 파손되거나 변형되지 아니하는 것으로 할 것

제310조(전기기계·기구의 조작 시 등의 안전조치)

① 사업주는 전기기계·기구의 조작부분을 점검하거나 보수하는 경우에는 근로자가 안전하게 작업할 수 있도록 전기기계·기구로부터 폭 70센티미터 이상의 작업공간을 확보하여야 한다. 다만, 작업공간을 확보하는 것이 곤란하여 근로자에게 절연용 보호구를 착용하도록 한 경우에는 그러하지 아니하다.
② 사업주는 전기적 불꽃 또는 아크에 의한 화상의 우려가 있는 고압 이상의 충전 전로 작업에 근로자를 종사시키는 경우에는 방염처리된 작업복 또는 난연(難燃)성능을 가진 작업복을 착용시켜야 한다.

제311조(폭발위험장소에서 사용하는 전기기계·기구의 선정 등)

① 사업주는 제230조제1항에 따른 가스폭발 위험장소 또는 분진폭발 위험장소에서 전기기계·기구를 사용하는 경우에는 한국산업표준에서 정하는 기준으로 그 증기, 가스 또는 분진에 대하여 적합한 방폭성능을 가진 방폭구조 전기기계·기구를 선정하여 사용하여야 한다.

② 사업주는 제1항의 방폭구조 전기기계·기구에 대하여 그 성능이 항상 정상적으로 작동될 수 있는 상태로 유지·관리되도록 하여야 한다.

제312조(변전실 등의 위치)

사업주는 제230조제1항에 따른 가스폭발 위험장소 또는 분진폭발 위험장소에는 변전실, 배전반실, 제어실, 그 밖에 이와 유사한 시설(이하 이 조에서 "변전실 등"이라 한다)을 설치해서는 아니 된다. 다만, 변전실 등의 실내기압이 항상 양압(25파스칼 이상의 압력을 말한다. 이하 같다)을 유지하도록 하고 다음 각 호의 조치를 하거나, 가스폭발 위험장소 또는 분진폭발 위험장소에 적합한 방폭성능을 갖는 전기기계·기구를 변전실 등에 설치·사용한 경우에는 그러하지 아니하다.

1. 양압을 유지하기 위한 환기설비의 고장 등으로 양압이 유지되지 아니한 경우 경보를 할 수 있는 조치
2. 환기설비가 정지된 후 재가동하는 경우 변전실 등에 가스 등이 있는지를 확인할 수 있는 가스검지기 등 장비의 비치
3. 환기설비에 의하여 변전실 등에 공급되는 공기는 제230조제1항에 따른 가스폭발 위험장소 또는 분진폭발 위험장소가 아닌 곳으로부터 공급되도록 하는 조치

18 배선 및 이동전선으로 인한 위험방지 안전보건규칙

제313조(배선 등의 절연피복 등)

① 사업주는 근로자가 작업 중에나 통행하면서 접촉하거나 접촉할 우려가 있는 배선 또는 이동전선에 대하여 절연피복이 손상되거나 노화됨으로 인한 감전의 위험을 방지하기 위하여 필요한 조치를 하여야 한다.

② 사업주는 전선을 서로 접속하는 경우에는 해당 전선의 절연성능 이상으로 절연될 수 있는 것으로 충분히 피복하거나 적합한 접속기구를 사용하여야 한다.

제314조(습윤한 장소의 이동전선 등)

사업주는 물 등의 도전성이 높은 액체가 있는 습윤한 장소에서 근로자가 작업 중에나 통행하면서 이동전선 및 이에 부속하는 접속기구(이하 이 조와 제315조에서

"이동전선 등"이라 한다)에 접촉할 우려가 있는 경우에는 충분한 절연효과가 있는 것을 사용하여야 한다.

제315조(통로바닥에서의 전선 등 사용 금지)

사업주는 통로바닥에 전선 또는 이동전선 등을 설치하여 사용해서는 아니 된다. 다만, 차량이나 그 밖의 물체의 통과 등으로 인하여 해당 전선의 절연피복이 손상될 우려가 없거나 손상되지 않도록 적절한 조치를 하여 사용하는 경우에는 그러하지 아니하다.

제316조(꽂음접속기의 설치·사용 시 준수사항)

사업주는 꽂음접속기를 설치하거나 사용하는 경우에는 다음 각 호의 사항을 준수하여야 한다. 20.5.24 기

1. 서로 다른 전압의 꽂음접속기는 서로 접속되지 아니한 구조의 것을 사용할 것
2. 습윤한 장소에 사용되는 꽂음접속기는 방수형 등 그 장소에 적합한 것을 사용할 것
3. 근로자가 해당 꽂음접속기를 접속시킬 경우에는 땀 등으로 젖은 손으로 취급하지 않도록 할 것
4. 해당 꽂음접속기에 잠금장치가 있는 경우에는 접속 후 잠그고 사용할 것

제317조(이동 및 휴대장비 등의 사용 전기 작업)

① 사업주는 이동중에나 휴대장비 등을 사용하는 작업에서 다음 각 호의 조치를 하여야 한다.
1. 근로자가 착용하거나 취급하고 있는 도전성 공구·장비 등이 노출 충전부에 닿지 않도록 할 것
2. 근로자가 사다리를 노출 충전부가 있는 곳에서 사용하는 경우에는 도전성 재질의 사다리를 사용하지 않도록 할 것
3. 근로자가 젖은 손으로 전기기계·기구의 플러그를 꽂거나 제거하지 않도록 할 것
4. 근로자가 전기회로를 개방, 변환 또는 투입하는 경우에는 전기 차단용으로 특별히 설계된 스위치, 차단기 등을 사용하도록 할 것
5. 차단기 등의 과전류 차단장치에 의하여 자동 차단된 후에는 전기회로 또는 전기기계·기구가 안전하다는 것이 증명되기 전까지는 과전류 차단장치를 재투입하지 않도록 할 것

② 제1항에 따라 사업주가 작업지시를 하면 근로자는 이행하여야 한다.

19 전기작업에 대한 위험방지 안전보건규칙

제318조(전기작업자의 제한)

사업주는 근로자가 감전위험이 있는 전기기계·기구 또는 전로(이하 이 조와 제319조에서 "전기기기 등"이라 한다)의 설치·해체·정비·점검(설비의 유효성을 장비, 도구를 이용하여 확인하는 점검으로 한정한다) 등의 작업(이하 "전기작업"이라 한다)을 하는 경우에는 「유해위험작업의 취업제한에 관한 규칙」 제3조에 따른 자격·면허·경험 또는 기능을 갖춘 사람(이하 "유자격자"라 한다)이 작업을 수행하도록 하여야 한다.

제319조(정전전로에서의 전기작업)

① 사업주는 근로자가 노출된 충전부 또는 그 부근에서 작업함으로써 감전될 우려가 있는 경우에는 작업에 들어가기 전에 해당 전로를 차단하여야 한다. 다만, 다음 각 호의 경우에는 그러하지 아니하다.
  1. 생명유지장치, 비상경보설비, 폭발위험장소의 환기설비, 비상조명설비 등의 장치·설비의 가동이 중지되어 사고의 위험이 증가되는 경우
  2. 기기의 설계상 또는 작동상 제한으로 전로차단이 불가능한 경우
  3. 감전, 아크 등으로 인한 화상, 화재·폭발의 위험이 없는 것으로 확인된 경우
② 제1항의 전로 차단은 다음 각 호의 절차에 따라 시행하여야 한다.
  1. 전기기기 등에 공급되는 모든 전원을 관련 도면, 배선도 등으로 확인할 것
  2. 전원을 차단한 후 각 단로기 등을 개방하고 확인할 것
  3. 차단장치나 단로기 등에 잠금장치 및 꼬리표를 부착할 것
  4. 개로된 전로에서 유도전압 또는 전기에너지가 축적되어 근로자에게 전기위험을 끼칠 수 있는 전기기기 등은 접촉하기 전에 잔류전하를 완전히 방전시킬 것
  5. 검전기를 이용하여 작업 대상 기기가 충전되었는지를 확인할 것
  6. 전기기기 등이 다른 노출 충전부와의 접촉, 유도 또는 예비동력원의 역송전 등으로 전압이 발생할 우려가 있는 경우에는 충분한 용량을 가진 단락 접지기구를 이용하여 접지할 것
③ 사업주는 제1항 각 호 외의 부분 본문에 따른 작업 중 또는 작업을 마친 후 전원을 공급하는 경우에는 작업에 종사하는 근로자 또는 그 인근에서 작업하거나 정전된 전기기기 등(고정 설치된 것으로 한정한다)과 접촉할 우려가 있는 근로자에게 감전의 위험이 없도록 다음 각 호의 사항을 준수하여야 한다.
  1. 작업기구, 단락 접지기구 등을 제거하고 전기기기 등이 안전하게 통전될 수 있는지를 확인할 것

2. 모든 작업자가 작업이 완료된 전기기기 등에서 떨어져 있는지를 확인할 것
3. 잠금장치와 꼬리표는 설치한 근로자가 직접 철거할 것
4. 모든 이상 유무를 확인한 후 전기기기 등의 전원을 투입할 것

제320조(정전전로 인근에서의 전기작업)

사업주는 근로자가 전기위험에 노출될 수 있는 정전전로 또는 그 인근에서 작업하거나 정전된 전기기기 등(고정 설치된 것으로 한정한다)과 접촉할 우려가 있는 경우에 작업 전에 제319조제2항제3호의 조치를 확인하여야 한다.

제321조(충전전로에서의 전기작업)

① 사업주는 근로자가 충전전로를 취급하거나 그 인근에서 작업하는 경우에는 다음 각 호의 조치를 하여야 한다.
1. 충전전로를 정전시키는 경우에는 제319조에 따른 조치를 할 것
2. 충전전로를 방호, 차폐하거나 절연 등의 조치를 하는 경우에는 근로자의 신체가 전로와 직접 접촉하거나 도전재료, 공구 또는 기기를 통하여 간접 접촉되지 않도록 할 것
3. 충전전로를 취급하는 근로자에게 그 작업에 적합한 절연용 보호구를 착용시킬 것
4. 충전전로에 근접한 장소에서 전기작업을 하는 경우에는 해당 전압에 적합한 절연용 방호구를 설치할 것. 다만, 저압인 경우에는 해당 전기작업자가 절연용 보호구를 착용하되, 충전전로에 접촉할 우려가 없는 경우에는 절연용 방호구를 설치하지 아니할 수 있다.
5. 고압 및 특별고압의 전로에서 전기작업을 하는 근로자에게 활선작업용 기구 및 장치를 사용하도록 할 것
6. 근로자가 절연용 방호구의 설치·해체작업을 하는 경우에는 절연용 보호구를 착용하거나 활선작업용 기구 및 장치를 사용하도록 할 것
7. 유자격자가 아닌 근로자가 충전전로 인근의 높은 곳에서 작업할 때에 근로자의 몸 또는 긴 도전성 물체가 방호되지 않은 충전전로에서 대지전압이 50킬로볼트 이하인 경우에는 300센티미터 이내로, 대지전압이 50킬로볼트를 넘는 경우에는 10킬로볼트당 10센티미터씩 더한 거리 이내로 각각 접근할 수 없도록 할 것
8. 유자격자가 충전전로 인근에서 작업하는 경우에는 다음 각 목의 경우를 제외하고는 노출 충전부에 다음 표에 제시된 접근한계거리 이내로 접근하거나 절연 손잡이가 없는 도전체에 접근할 수 없도록 할 것
   가. 근로자가 노출 충전부로부터 절연된 경우 또는 해당 전압에 적합한 절연장갑을 착용한 경우

나. 노출 충전부가 다른 전위를 갖는 도전체 또는 근로자와 절연된 경우
다. 근로자가 다른 전위를 갖는 모든 도전체로부터 절연된 경우

충전전로의 선간전압 (단위 : 킬로볼트)	충전전로에 대한 접근 한계거리 (단위 : 센티미터)
0.3 이하	접촉금지
0.3 초과 0.75 이하	30
0.75 초과 2 이하	45
2 초과 15 이하	60
15 초과 37 이하	90
37 초과 88 이하	110
88 초과 121 이하	130
121 초과 145 이하	150
145 초과 169 이하	170
169 초과 242 이하	230
242 초과 362 이하	380
362 초과 550 이하	550
550 초과 800 이하	790

② 사업주는 절연이 되지 않은 충전부나 그 인근에 근로자가 접근하는 것을 막거나 제한할 필요가 있는 경우에는 방책을 설치하고 근로자가 쉽게 알아볼 수 있도록 하여야 한다. 다만, 전기와 접촉할 위험이 있는 경우에는 도전성이 있는 금속제 방책을 사용하거나, 제1항의 표에 정한 접근 한계거리 이내에 설치해서는 아니 된다.

③ 사업주는 제2항의 조치가 곤란한 경우에는 근로자를 감전위험에서 보호하기 위하여 사전에 위험을 경고하는 감시인을 배치하여야 한다.

제322조(충전전로 인근에서의 차량·기계장치 작업)

① 사업주는 충전전로 인근에서 차량, 기계장치 등(이하 이 조에서 "차량 등"이라 한다)의 작업이 있는 경우에는 차량 등을 충전전로의 충전부로부터 300센티미터 이상 이격시켜 유지시키되, 대지전압이 50킬로볼트를 넘는 경우 이격시켜 유지하여야 하는 거리(이하 이 조에서 "이격거리"라 한다)는 10킬로볼트 증가할 때마다 10센티미터씩 증가시켜야 한다. 다만, 차량 등의 높이를 낮춘 상태에서 이동하는 경우에는 이격거리를 120센티미터 이상(대지전압이 50킬로볼트를 넘는 경우에는 10킬로볼트 증가할 때마다 이격거리를 10센티미터씩 증가)으로 할 수 있다.

② 제1항에도 불구하고 충전전로의 전압에 적합한 절연용 방호구 등을 설치한

경우에는 이격거리를 절연용 방호구 앞면까지로 할 수 있으며, 차량 등의 가공 붐대의 버킷이나 끝부분 등이 충전전로의 전압에 적합하게 절연되어 있고 유자격자가 작업을 수행하는 경우에는 붐대의 절연되지 않은 부분과 충전전로 간의 이격거리는 제321조제1항의 표에 따른 접근 한계거리까지로 할 수 있다.

③ 사업주는 다음 각 호의 경우를 제외하고는 근로자가 차량 등의 그 어느 부분과도 접촉하지 않도록 방책을 설치하거나 감시인 배치 등의 조치를 하여야 한다.
  1. 근로자가 해당 전압에 적합한 제323조제1항의 절연용 보호구 등을 착용하거나 사용하는 경우
  2. 차량 등의 절연되지 않은 부분이 제321조제1항의 표에 따른 접근 한계거리 이내로 접근하지 않도록 하는 경우

④ 사업주는 충전전로 인근에서 접지된 차량 등이 충전전로와 접촉할 우려가 있을 경우에는 지상의 근로자가 접지점에 접촉하지 않도록 조치하여야 한다.

제323조(절연용 보호구 등의 사용)

① 사업주는 다음 각 호의 작업에 사용하는 절연용 보호구, 절연용 방호구, 활선작업용 기구, 활선작업용 장치(이하 이 조에서 "절연용 보호구 등"이라 한다)에 대하여 각각의 사용목적에 적합한 종별·재질 및 치수의 것을 사용하여야 한다.
  1. 제301조제2항에 따른 밀폐공간에서의 전기작업
  2. 제317조에 따른 이동 및 휴대장비 등을 사용하는 전기작업
  3. 제319조 및 제320조에 따른 정전전로 또는 그 인근에서의 전기작업
  4. 제321조의 충전전로에서의 전기작업
  5. 제322조의 충전전로 인근에서의 차량·기계장치 등의 작업

② 사업주는 절연용 보호구 등이 안전한 성능을 유지하고 있는지를 정기적으로 확인하여야 한다.

③ 사업주는 근로자가 절연용 보호구 등을 사용하기 전에 흠·균열·파손, 그 밖의 손상 유무를 발견하여 정비 또는 교환을 요구하는 경우에는 즉시 조치하여야 한다.

제324조(적용 제외)

제38조제1항제5호, 제301조부터 제310조까지 및 제313조부터 제323조까지의 규정은 대지전압이 30볼트 이하인 전기기계·기구·배선 또는 이동전선에 대해서는 적용하지 아니한다.

20 정전기 및 전자파로 인한 재해 예방 안전보건규칙

제325조(정전기로 인한 화재 폭발 등 방지)

① 사업주는 다음 각 호의 설비를 사용할 때에 정전기에 의한 화재 또는 폭발 등의 위험이 발생할 우려가 있는 경우에는 해당 설비에 대하여 확실한 방법으로 접지를 하거나, 도전성 재료를 사용하거나 가습 및 점화원이 될 우려가 없는 제전(除電)장치를 사용하는 등 정전기의 발생을 억제하거나 제거하기 위하여 필요한 조치를 하여야 한다.
1. 위험물을 탱크로리·탱크차 및 드럼 등에 주입하는 설비
2. 탱크로리·탱크차 및 드럼 등 위험물저장설비
3. 인화성 액체를 함유하는 도료 및 접착제 등을 제조·저장·취급 또는 도포(塗布)하는 설비
4. 위험물 건조설비 또는 그 부속설비
5. 인화성 고체를 저장하거나 취급하는 설비
6. 드라이클리닝설비, 염색가공설비 또는 모피류 등을 씻는 설비 등 인화성유기용제를 사용하는 설비
7. 유압, 압축공기 또는 고전위정전기 등을 이용하여 인화성 액체나 인화성 고체를 분무하거나 이송하는 설비
8. 고압가스를 이송하거나 저장·취급하는 설비
9. 화약류 제조설비
10. 발파공에 장전된 화약류를 점화시키는 경우에 사용하는 발파기(발파공을 막는 재료로 물을 사용하거나 갱도발파를 하는 경우는 제외한다)

② 사업주는 인체에 대전된 정전기에 의한 화재 또는 폭발 위험이 있는 경우에는 정전기 대전방지용 안전화 착용, 제전복(除電服) 착용, 정전기 제전용구 사용 등의 조치를 하거나 작업장 바닥 등에 도전성을 갖추도록 하는 등 필요한 조치를 하여야 한다.

③ 생산공정상 정전기에 의한 감전 위험이 발생할 우려가 있는 경우의 조치에 관하여는 제1항과 제2항을 준용한다.

제326조(피뢰설비의 설치)

① 사업주는 화약류 또는 위험물을 저장하거나 취급하는 시설물에 낙뢰에 의한 산업재해를 예방하기 위하여 피뢰설비를 설치하여야 한다.

② 사업주는 제1항에 따라 피뢰설비를 설치하는 경우에는 한국산업표준에 적합한 피뢰설비를 사용하여야 한다.

제327조(전자파에 의한 기계·설비의 오작동 방지)

사업주는 전기기계·기구 사용에 의하여 발생하는 전자파로 인하여 기계·설비의 오작동을 초래함으로써 산업재해가 발생할 우려가 있는 경우에는 다음 각 호의 조치를 하여야 한다.

1. 전기기계·기구에서 발생하는 전자파의 크기가 다른 기계·설비가 원래 의도된 대로 작동하는 것을 방해하지 않도록 할 것
2. 기계·설비는 원래 의도된 대로 작동할 수 있도록 적절한 수준의 전자파 내성을 가지도록 하거나, 이에 준하는 전자파 차폐조치를 할 것

21 거푸집 및 동바리 안전보건규칙

제1관 재료 및 구조

제328조(재료)

사업주는 콘크리트 구조물이 일정 강도에 이르기까지 그 형상을 유지하기 위하여 설치하는 거푸집 및 동바리의 재료로 변형·부식 또는 심하게 손상된 것을 사용해서는 안 된다. 〈개정 2023. 11. 14.〉

제329조(부재의 재료 사용기준)

사업주는 거푸집 및 동바리에 사용하는 부재의 재료는 한국산업표준에서 정하는 기준 이상의 것을 사용해야 한다. [전문개정 2023. 11. 14.]

제330조(거푸집 및 동바리의 구조)

사업주는 거푸집 및 동바리를 사용하는 경우에는 거푸집의 형상 및 콘크리트 타설(打設)방법 등에 따른 견고한 구조의 것을 사용해야 한다. [제목개정 2023. 11. 14.]

제2관 조립 등

제331조(조립도) 〈개정 2023. 11. 14.〉

① 사업주는 거푸집 및 동바리를 조립하는 경우에는 그 구조를 검토한 후 조립도를 작성하고, 그 조립도에 따라 조립하도록 해야 한다.
② 제1항의 조립도에는 거푸집 및 동바리를 구성하는 부재의 재질·단면규격·설치간격 및 이음방법 등을 명시해야 한다.

제331조의2(거푸집 조립 시의 안전조치) [본조신설 2023. 11. 14.]

사업주는 거푸집을 조립하는 경우에는 다음 각 호의 사항을 준수해야 한다.

1. 거푸집을 조립하는 경우에는 거푸집이 콘크리트 하중이나 그 밖의 외력에 견딜 수 있거나, 넘어지지 않도록 견고한 구조의 긴결재(콘크리트를 타설할 때 거푸집이 변형되지 않게 연결하여 고정하는 재료를 말한다), 버팀대 또는 지지대를 설치하는 등 필요한 조치를 할 것
2. 거푸집이 곡면인 경우에는 버팀대의 부착 등 그 거푸집의 부상(浮上)을 방지하기 위한 조치를 할 것

제331조의3(작업발판 일체형 거푸집의 안전조치) [본조신설 2023. 11. 14.]

① "작업발판 일체형 거푸집"이란 거푸집의 설치·해체, 철근 조립, 콘크리트 타설, 콘크리트 면처리 작업 등을 위하여 거푸집을 작업발판과 일체로 제작하여 사용하는 거푸집으로서 다음 각 호의 거푸집을 말한다.

1. 갱 폼(gang form)
2. 슬립 폼(slip form)
3. 클라이밍 폼(climbing form)
4. 터널 라이닝 폼(tunnel lining form)
5. 그 밖에 거푸집과 작업발판이 일체로 제작된 거푸집 등

② 제1항제1호의 갱 폼의 조립·이동·양중·해체(이하 이 조에서 "조립등"이라 한다) 작업을 하는 경우에는 다음 각 호의 사항을 준수해야 한다.

1. 조립등의 범위 및 작업절차를 미리 그 작업에 종사하는 근로자에게 주지시킬 것
2. 근로자가 안전하게 구조물 내부에서 갱 폼의 작업발판으로 출입할 수 있는 이동통로를 설치할 것
3. 갱 폼의 지지 또는 고정철물의 이상 유무를 수시점검하고 이상이 발견된 경우에는 교체하도록 할 것
4. 갱 폼을 조립하거나 해체하는 경우에는 갱 폼을 인양장비에 매단 후에 작업을 실시하도록 하고, 인양장비에 매달기 전에 지지 또는 고정철물을 미리 해체하지 않도록 할 것
5. 갱 폼 인양 시 작업발판용 케이지에 근로자가 탑승한 상태에서 갱 폼의 인양작업을 하지 않을 것

③ 사업주는 제1항제2호부터 제5호까지의 조립등의 작업을 하는 경우에는 다음 각 호의 사항을 준수하여야 한다.

1. 조립등 작업 시 거푸집 부재의 변형 여부와 연결 및 지지재의 이상 유무를 확인할 것
2. 조립등 작업과 관련한 이동·양중·운반 장비의 고장·오조작 등으로 인해 근로자에게 위험을 미칠 우려가 있는 장소에는 근로자의 출입을 금지하는 등 위험 방지 조치를 할 것

3. 거푸집이 콘크리트면에 지지될 때에 콘크리트의 굳기정도와 거푸집의 무게, 풍압 등의 영향으로 거푸집의 갑작스런 이탈 또는 낙하로 인해 근로자가 위험해질 우려가 있는 경우에는 설계도서에서 정한 콘크리트의 양생기간을 준수하거나 콘크리트면에 견고하게 지지하는 등 필요한 조치를 할 것
4. 연결 또는 지지 형식으로 조립된 부재의 조립등 작업을 하는 경우에는 거푸집을 인양장비에 매단 후에 작업을 하도록 하는 등 낙하·붕괴·전도의 위험 방지를 위하여 필요한 조치를 할 것

제332조(동바리 조립 시의 안전조치) 20. 10. 17 기

사업주는 동바리를 조립하는 경우에는 하중의 지지상태를 유지할 수 있도록 다음 각 호의 사항을 준수해야 한다.

1. 받침목이나 깔판의 사용, 콘크리트 타설, 말뚝박기 등 동바리의 침하를 방지하기 위한 조치를 할 것
2. 동바리의 상하 고정 및 미끄러짐 방지 조치를 할 것
3. 상부·하부의 동바리가 동일 수직선상에 위치하도록 하여 깔판·받침목에 고정시킬 것
4. 개구부 상부에 동바리를 설치하는 경우에는 상부하중을 견딜 수 있는 견고한 받침대를 설치할 것
5. U헤드 등의 단판이 없는 동바리의 상단에 멍에 등을 올릴 경우에는 해당 상단에 U헤드 등의 단판을 설치하고, 멍에 등이 전도되거나 이탈되지 않도록 고정시킬 것
6. 동바리의 이음은 같은 품질의 재료를 사용할 것
7. 강재의 접속부 및 교차부는 볼트·클램프 등 전용철물을 사용하여 단단히 연결할 것
8. 거푸집의 형상에 따른 부득이한 경우를 제외하고는 깔판이나 받침목은 2단 이상 끼우지 않도록 할 것
9. 깔판이나 받침목을 이어서 사용하는 경우에는 그 깔판·받침목을 단단히 연결할 것

[전문개정 2023. 11. 14.]

제332조의2(동바리 유형에 따른 동바리 조립 시의 안전조치)

사업주는 동바리를 조립할 때 동바리의 유형별로 다음 각 호의 구분에 따른 각 목의 사항을 준수해야 한다.

1. 동바리로 사용하는 파이프 서포트의 경우
   가. 파이프 서포트를 3개 이상 이어서 사용하지 않도록 할 것
   나. 파이프 서포트를 이어서 사용하는 경우에는 4개 이상의 볼트 또는 전용

철물을 사용하여 이을 것
다. 높이가 3.5미터를 초과하는 경우에는 높이 2미터 이내마다 수평연결재를 2개 방향으로 만들고 수평연결재의 변위를 방지할 것
2. 동바리로 사용하는 강관틀의 경우
 가. 강관틀과 강관틀 사이에 교차가새를 설치할 것
 나. 최상단 및 5단 이내마다 동바리의 측면과 틀면의 방향 및 교차가새의 방향에서 5개 이내마다 수평연결재를 설치하고 수평연결재의 변위를 방지할 것
 다. 최상단 및 5단 이내마다 동바리의 틀면의 방향에서 양단 및 5개틀 이내마다 교차가새의 방향으로 띠장틀을 설치할 것
3. 동바리로 사용하는 조립강주의 경우 : 조립강주의 높이가 4미터를 초과하는 경우에는 높이 4미터 이내마다 수평연결재를 2개 방향으로 설치하고 수평연결재의 변위를 방지할 것
4. 시스템 동바리(규격화·부품화된 수직재, 수평재 및 가새재 등의 부재를 현장에서 조립하여 거푸집을 지지하는 지주 형식의 동바리를 말한다)의 경우
 가. 수평재는 수직재와 직각으로 설치해야 하며, 흔들리지 않도록 견고하게 설치할 것
 나. 연결철물을 사용하여 수직재를 견고하게 연결하고, 연결부위가 탈락 또는 꺾어지지 않도록 할 것
 다. 수직 및 수평하중에 대해 동바리의 구조적 안정성이 확보되도록 조립도에 따라 수직재 및 수평재에는 가새재를 견고하게 설치할 것
 라. 동바리 최상단과 최하단의 수직재와 받침철물은 서로 밀착되도록 설치하고 수직재와 받침철물의 연결부의 겹침길이는 받침철물 전체길이의 3분의 1 이상 되도록 할 것
5. 보 형식의 동바리[강제 갑판(steel deck), 철재트러스 조립 보 등 수평으로 설치하여 거푸집을 지지하는 동바리를 말한다]의 경우
 가. 접합부는 충분한 걸침 길이를 확보하고 못, 용접 등으로 양끝을 지지물에 고정시켜 미끄러짐 및 탈락을 방지할 것
 나. 양끝에 설치된 보 거푸집을 지지하는 동바리 사이에는 수평연결재를 설치하거나 동바리를 추가로 설치하는 등 보 거푸집이 옆으로 넘어지지 않도록 견고하게 할 것
 다. 설계도면, 시방서 등 설계도서를 준수하여 설치할 것

제333조(조립·해체 등 작업 시의 준수사항)

① 사업주는 기둥·보·벽체·슬래브 등의 거푸집 및 동바리를 조립하거나 해체하는 작업을 하는 경우에는 다음 각 호의 사항을 준수해야 한다.

1. 해당 작업을 하는 구역에는 관계 근로자가 아닌 사람의 출입을 금지할 것
2. 비, 눈, 그 밖의 기상상태의 불안정으로 날씨가 몹시 나쁜 경우에는 그 작업을 중지할 것
3. 재료, 기구 또는 공구 등을 올리거나 내리는 경우에는 근로자로 하여금 달줄·달포대 등을 사용하도록 할 것
4. 낙하·충격에 의한 돌발적 재해를 방지하기 위하여 버팀목을 설치하고 거푸집 및 동바리를 인양장비에 매단 후에 작업을 하도록 하는 등 필요한 조치를 할 것

② 사업주는 철근조립 등의 작업을 하는 경우에는 다음 각 호의 사항을 준수하여야 한다.
1. 양중기로 철근을 운반할 경우에는 두 군데 이상 묶어서 수평으로 운반할 것
2. 작업위치의 높이가 2미터 이상일 경우에는 작업발판을 설치하거나 안전대를 착용하게 하는 등 위험 방지를 위하여 필요한 조치를 할 것

[제336조에서 이동, 종전 제333조는 삭제 〈2023. 11. 14.〉]

제3관 콘크리트 타설 등

제334조(콘크리트의 타설작업) 〈개정 2023. 11. 14.〉

사업주는 콘크리트 타설작업을 하는 경우에는 다음 각 호의 사항을 준수해야 한다.
1. 당일의 작업을 시작하기 전에 해당 작업에 관한 거푸집 및 동바리의 변형·변위 및 지반의 침하 유무 등을 점검하고 이상이 있으면 보수할 것
2. 작업 중에는 감시자를 배치하는 등의 방법으로 거푸집 및 동바리의 변형·변위 및 침하 유무 등을 확인해야 하며, 이상이 있으면 작업을 중지하고 근로자를 대피시킬 것
3. 콘크리트 타설작업 시 거푸집 붕괴의 위험이 발생할 우려가 있으면 충분한 보강조치를 할 것
4. 설계도서상의 콘크리트 양생기간을 준수하여 거푸집 및 동바리를 해체할 것
5. 콘크리트를 타설하는 경우에는 편심이 발생하지 않도록 골고루 분산하여 타설할 것

제335조(콘크리트 타설장비 사용 시의 준수사항) 〈개정 2023. 11. 14.〉 22. 5. 7 산 16. 4. 17 기

사업주는 콘크리트 타설작업을 하기 위하여 콘크리트 플레이싱 붐(placing boom), 콘크리트 분배기, 콘크리트 펌프카 등(이하 이 조에서 "콘크리트타설장비"라 한다)을 사용하는 경우에는 다음 각 호의 사항을 준수해야 한다.
1. 작업을 시작하기 전에 콘크리트타설장비를 점검하고 이상을 발견하였으면 즉시 보수할 것

2. 건축물의 난간 등에서 작업하는 근로자가 호스의 요동·선회로 인하여 추락하는 위험을 방지하기 위하여 안전난간 설치 등 필요한 조치를 할 것
3. 콘크리트타설장비의 붐을 조정하는 경우에는 주변의 전선 등에 의한 위험을 예방하기 위한 적절한 조치를 할 것
4. 작업 중에 지반의 침하나 아웃트리거 등 콘크리트타설장비 지지구조물의 손상 등에 의하여 콘크리트타설장비가 넘어질 우려가 있는 경우에는 이를 방지하기 위한 적절한 조치를 할 것

22 비계 안전보건규칙

제1절 재료 및 구조 등

제54조(비계의 재료)

① 사업주는 비계의 재료로 변형·부식 또는 심하게 손상된 것을 사용해서는 아니 된다.
② 사업주는 강관비계(鋼管飛階)의 재료로「산업표준화법」에 따른 한국산업표준에서 정하는 기준 이상의 것을 사용하여야 한다.

제55조(작업발판의 최대적재하중)

① 사업주는 비계의 구조 및 재료에 따라 작업발판의 최대적재하중을 정하고, 이를 초과하여 실어서는 아니 된다.
② 달비계(곤돌라의 달비계는 제외한다)의 최대적재하중을 정하는 경우 그 안전계수는 다음 각 호와 같다. 22. 11. 19 기
 1. 달기 와이어로프 및 달기 강선의 안전계수 : 10 이상
 2. 달기 체인 및 달기 훅의 안전계수 : 5 이상
 3. 달기 강대와 달비계의 하부 및 상부 지점의 안전계수 : 강재(鋼材)의 경우 2.5 이상, 목재의 경우 5 이상
③ 제2항의 안전계수는 와이어로프 등의 절단하중 값을 그 와이어로프 등에 걸리는 하중의 최대값으로 나눈 값을 말한다.

제56조(작업발판의 구조)

사업주는 비계(달비계, 달대비계 및 말비계는 제외한다)의 높이가 2미터 이상인 작업장소에 다음 각 호의 기준에 맞는 작업발판을 설치하여야 한다. 21. 11. 14 기
 1. 발판재료는 작업할 때의 하중을 견딜 수 있도록 견고한 것으로 할 것
 2. 작업발판의 폭은 40센티미터 이상으로 하고, 발판재료 간의 틈은 3센티미터 이하로 할 것. 다만, 외줄비계의 경우에는 고용노동부장관이 별도로 정

하는 기준에 따른다.

3. 제2호에도 불구하고 선박 및 보트 건조작업의 경우 선박블록 또는 엔진실 등의 좁은 작업공간에 작업발판을 설치하기 위하여 필요하면 작업발판의 폭을 30센티미터 이상으로 할 수 있고, 걸침비계의 경우 강관기둥 때문에 발판재료 간의 틈을 3센티미터 이하로 유지하기 곤란하면 5센티미터 이하로 할 수 있다. 이 경우 그 틈 사이로 물체 등이 떨어질 우려가 있는 곳에는 출입금지 등의 조치를 하여야 한다.
4. 추락의 위험이 있는 장소에는 안전난간을 설치할 것. 다만, 작업의 성질상 안전난간을 설치하는 것이 곤란한 경우, 작업의 필요상 임시로 안전난간을 해체할 때에 안전방망을 설치하거나 근로자로 하여금 안전대를 사용하도록 하는 등 추락위험방지 조치를 한 경우에는 그러하지 아니하다.
5. 작업발판의 지지물은 하중에 의하여 파괴될 우려가 없는 것을 사용할 것
6. 작업발판재료는 뒤집히거나 떨어지지 않도록 둘 이상의 지지물에 연결하거나 고정시킬 것
7. 작업발판을 작업에 따라 이동시킬 경우에는 위험방지에 필요한 조치를 할 것

제2절 조립·해체 및 점검 등

제57조(비계 등의 조립·해체 및 변경)

① 사업주는 달비계 또는 높이 5미터 이상의 비계를 조립·해체하거나 변경하는 작업을 하는 경우 다음 각 호의 사항을 준수하여야 한다. 15. 4. 19 기 22. 5. 7 기 23. 11. 5 기
1. 근로자가 관리감독자의 지휘에 따라 작업하도록 할 것
2. 조립·해체 또는 변경의 시기·범위 및 절차를 그 작업에 종사하는 근로자에게 주지시킬 것
3. 조립·해체 또는 변경 작업구역에는 해당 작업에 종사하는 근로자가 아닌 사람의 출입을 금지하고 그 내용을 보기 쉬운 장소에 게시할 것
4. 비, 눈, 그 밖의 기상상태의 불안정으로 날씨가 몹시 나쁜 경우에는 그 작업을 중지시킬 것
5. 비계재료의 연결·해체작업을 하는 경우에는 폭 20센티미터 이상의 발판을 설치하고 근로자로 하여금 안전대를 사용하도록 하는 등 추락을 방지하기 위한 조치를 할 것
6. 재료·기구 또는 공구 등을 올리거나 내리는 경우에는 근로자가 달줄 또는 달포대 등을 사용하게 할 것

② 사업주는 강관비계 또는 통나무비계를 조립하는 경우 쌍줄로 하여야 한다. 다만, 별도의 작업발판을 설치할 수 있는 시설을 갖춘 경우에는 외줄로 할 수 있다.

합격예측 및 관련법규

제66조의2(걸침비계의 구조)
사업주는 선박 및 보트 건조작업에서 걸침비계를 설치하는 경우에는 다음 각 호의 사항을 준수하여야 한다.
1. 지지점이 되는 매달림부재의 고정부는 구조물로부터 이탈되지 않도록 견고히 고정할 것
2. 비계재료 간에는 서로 움직임, 뒤집힘 등이 없어야 하고, 재료가 분리되지 않도록 철물 또는 철선으로 충분히 결속할 것. 다만, 작업발판 밑부분에 띠장 및 장선으로 사용되는 수평부재 간의 결속은 철선을 사용하지 않을 것
3. 매달림부재의 안전율은 4 이상일 것
4. 작업발판에는 구조검토에 따라 설계한 최대적재하중을 초과하여 적재하여서는 아니 되며, 그 작업에 종사하는 근로자에게 최대적재하중을 충분히 알릴 것

제163조(와이어로프 등 달기구의 안전계수)
① 사업주는 양중기의 와이어로프 등 달기구의 안전계수(달기구 절단하중의 값을 그 달기구에 걸리는 하중의 최대값으로 나눈 값을 말한다)가 다음 각 호의 구분에 따른 기준에 맞지 아니한 경우에는 이를 사용해서는 아니 된다. 21. 11. 14 기
1. 근로자가 탑승하는 운반구를 지지하는 달기와이어로프 또는 달기체인의 경우: 10 이상
2. 화물의 하중을 직접 지지하는 달기와이어로프 또는 달기체인의 경우: 5 이상
3. 훅, 샤클, 클램프, 리프팅 빔의 경우: 3 이상
4. 그 밖의 경우: 4 이상

② 사업주는 달기구의 경우 최대허용하중 등의 표식이 견고하게 붙어 있는 것을 사용하여야 한다.

제58조(비계의 점검 및 보수)

사업주는 비, 눈, 그 밖의 기상상태의 악화로 작업을 중지시킨 후 또는 비계를 조립·해체하거나 변경한 후에 그 비계에서 작업을 하는 경우에는 해당 작업을 시작하기 전에 다음 각 호의 사항을 점검하고, 이상을 발견하면 즉시 보수하여야 한다. 22. 11. 19 기

1. 발판 재료의 손상 여부 및 부착 또는 걸림 상태
2. 해당 비계의 연결부 또는 접속부의 풀림 상태
3. 연결 재료 및 연결 철물의 손상 또는 부식 상태
4. 손잡이의 탈락 여부
5. 기둥의 침하, 변형, 변위(變位) 또는 흔들림 상태
6. 로프의 부착 상태 및 매단 장치의 흔들림 상태

23 말비계 및 이동식비계 안전보건규칙

제67조(말비계)

사업주는 말비계를 조립하여 사용하는 경우에 다음 각 호의 사항을 준수하여야 한다.

1. 지주부재(支柱部材)의 하단에는 미끄럼 방지장치를 하고, 근로자가 양측 끝부분에 올라서서 작업하지 않도록 할 것
2. 지주부재와 수평면의 기울기를 75도 이하로 하고, 지주부재와 지주부재 사이를 고정시키는 보조부재를 설치할 것
3. 말비계의 높이가 2미터를 초과하는 경우에는 작업발판의 폭을 40센티미터 이상으로 할 것

제68조(이동식비계)

사업주는 이동식비계를 조립하여 작업을 하는 경우에는 다음 각 호의 사항을 준수하여야 한다.

1. 이동식비계의 바퀴에는 뜻밖의 갑작스러운 이동 또는 전도를 방지하기 위하여 브레이크·쐐기 등으로 바퀴를 고정시킨 다음 비계의 일부를 견고한 시설물에 고정하거나 아우트리거(outrigger, 전도방지용 지지대)를 설치하는 등 필요한 조치를 할 것
2. 승강용사다리는 견고하게 설치할 것
3. 비계의 최상부에서 작업을 하는 경우에는 안전난간을 설치할 것
4. 작업발판은 항상 수평을 유지하고 작업발판 위에서 안전난간을 딛고 작업

을 하거나 받침대 또는 사다리를 사용하여 작업하지 않도록 할 것
5. 작업발판의 최대적재하중은 250킬로그램을 초과하지 않도록 할 것

24 굴착작업 등의 위험방지 안전보건규칙

제1관 노천굴착작업

제1속 굴착면의 기울기 등

제338조(굴착작업 사전조사 등) [전문개정 2023. 11. 14.]

사업주는 굴착작업을 할 때에 토사등의 붕괴 또는 낙하에 의한 위험을 미리 방지하기 위하여 다음 각 호의 사항을 점검해야 한다.
1. 작업장소 및 그 주변의 부석·균열의 유무
2. 함수(含水)·용수(湧水) 및 동결의 유무 또는 상태의 변화

제339조(굴착면의 붕괴 등에 의한 위험방지) [전문개정 2023. 11. 14.]

① 사업주는 지반 등을 굴착하는 경우 굴착면의 기울기를 별표 11의 기준에 맞도록 해야 한다. 다만, 「건설기술 진흥법」 제44조제1항에 따른 건설기준에 맞게 작성한 설계도서상의 굴착면의 기울기를 준수하거나 흙막이 등 기울기면의 붕괴 방지를 위하여 적절한 조치를 한 경우에는 그렇지 않다.

② 사업주는 비가 올 경우를 대비하여 측구(側溝)를 설치하거나 굴착경사면에 비닐을 덮는 등 빗물 등의 침투에 의한 붕괴재해를 예방하기 위하여 필요한 조치를 해야 한다.

제340조(굴착작업 시 위험방지) [전문개정 2023. 11. 14.]

사업주는 굴착작업 시 토사등의 붕괴 또는 낙하에 의하여 근로자에게 위험을 미칠 우려가 있는 경우에는 미리 흙막이 지보공의 설치, 방호망의 설치 및 근로자의 출입 금지 등 그 위험을 방지하기 위하여 필요한 조치를 해야 한다.

제341조(매설물 등 파손에 의한 위험방지)

① 사업주는 매설물·조적벽·콘크리트벽 또는 옹벽 등의 건설물에 근접한 장소에서 굴착작업을 할 때에 해당 가설물의 파손 등에 의하여 근로자가 위험해질 우려가 있는 경우에는 해당 건설물을 보강하거나 이설하는 등 해당 위험을 방지하기 위한 조치를 하여야 한다.

② 사업주는 굴착작업에 의하여 노출된 매설물 등이 파손됨으로써 근로자가 위험해질 우려가 있는 경우에는 해당 매설물 등에 대한 방호조치를 하거나 이설하

는 등 필요한 조치를 하여야 한다.
③ 사업주는 제2항의 매설물 등의 방호작업에 대하여 법 제14조제1항에 따른 관리감독자에게 해당 작업을 지휘하도록 하여야 한다.

제342조(굴착기계 등의 사용금지) [전문개정 2023. 11. 14.]

사업주는 굴착작업 시 굴착기계등을 사용하는 경우 다음 각 호의 조치를 해야 한다.
1. 굴착기계등의 사용으로 가스도관, 지중전선로, 그 밖에 지하에 위치한 공작물이 파손되어 그 결과 근로자가 위험해질 우려가 있는 경우에는 그 기계를 사용한 굴착작업을 중지할 것
2. 굴착기계등의 운행경로 및 토석(土石) 적재장소의 출입방법을 정하여 관계 근로자에게 주지시킬 것

제343조 삭제 [2023. 11. 14.]

제344조(굴착기계등의 유도) [제목개정 2023. 11. 14.]

① 사업주는 굴착작업을 할 때에 굴착기계등이 근로자의 작업장소로 후진하여 근로자에게 접근하거나 굴러 떨어질 우려가 있는 경우에는 유도자를 배치하여 굴착기계등을 유도하도록 해야 한다
② 운반기계등의 운전자는 유도자의 유도에 따라야 한다.

제2속 흙막이 지보공

제345조(흙막이 지보공의 재료)

사업주는 흙막이 지보공의 재료로 변형·부식되거나 심하게 손상된 것을 사용해서는 아니 된다.

제346조(조립도)

① 사업주는 흙막이 지보공을 조립하는 경우 미리 그 구조를 검토한 후 조립도를 작성하여 그 조립도에 따라 조립하도록 해야 한다. 〈개정 2023. 11. 14.〉
② 제1항의 조립도는 흙막이판·말뚝·버팀대 및 띠장 등 부재의 배치·치수·재질 및 설치방법과 순서가 명시되어야 한다.

제347조(붕괴 등의 위험방지)

① 사업주는 흙막이 지보공을 설치하였을 때에는 정기적으로 다음 각 호의 사항을 점검하고 이상을 발견하면 즉시 보수하여야 한다.
1. 부재의 손상·변형·부식·변위 및 탈락의 유무와 상태
2. 버팀대의 긴압(緊壓)의 정도

3. 부재의 접속부·부착부 및 교차부의 상태
4. 침하의 정도

② 사업주는 제1항의 점검 외에 설계도서에 따른 계측을 하고 계측 분석 결과 토압의 증가 등 이상한 점을 발견한 경우에는 즉시 보강조치를 하여야 한다.

제2관 발파작업의 위험방지

제348조(발파의 작업기준)

사업주는 발파작업에 종사하는 근로자에게 다음 각 호의 사항을 준수하도록 하여야 한다.

1. 얼어붙은 다이나마이트는 화기에 접근시키거나 그 밖의 고열물에 직접 접촉시키는 등 위험한 방법으로 융해되지 않도록 할 것
2. 화약이나 폭약을 장전하는 경우에는 그 부근에서 화기를 사용하거나 흡연을 하지 않도록 할 것
3. 장전구(裝塡具)는 마찰·충격·정전기 등에 의한 폭발의 위험이 없는 안전한 것을 사용할 것
4. 발파공의 충진재료는 점토·모래 등 발화성 또는 인화성의 위험이 없는 재료를 사용할 것
5. 점화 후 장전된 화약류가 폭발하지 아니한 경우 또는 장전된 화약류의 폭발 여부를 확인하기 곤란한 경우에는 다음 각 목의 사항을 따를 것
   가. 전기뇌관에 의한 경우에는 발파모선을 점화기에서 떼어 그 끝을 단락시켜 놓는 등 재점화되지 않도록 조치하고 그 때부터 5분 이상 경과한 후가 아니면 화약류의 장전장소에 접근시키지 않도록 할 것
   나. 전기뇌관 외의 것에 의한 경우에는 점화한 때부터 15분 이상 경과한 후가 아니면 화약류의 장전장소에 접근시키지 않도록 할 것
6. 전기뇌관에 의한 발파의 경우 점화하기 전에 화약류를 장전한 장소로부터 30미터 이상 떨어진 안전한 장소에서 전선에 대하여 저항측정 및 도통(導通)시험을 할 것

제349조(작업중지 및 피난)

① 사업주는 벼락이 떨어질 우려가 있는 경우에는 화약 또는 폭약의 장전 작업을 중지하고 근로자들을 안전한 장소로 대피시켜야 한다.
② 사업주는 발파작업 시 근로자가 안전한 거리로 피난할 수 없는 경우에는 앞면과 상부를 견고하게 방호한 피난장소를 설치하여야 한다.

합격예측 및 관련법규

제350조(인화성 가스의 농도 측정 등) ① 사업주는 터널공사 등의 건설작업을 할 때에 인화성 가스가 발생할 위험이 있는 경우에는 폭발이나 화재를 예방하기 위하여 인화성 가스의 농도를 측정할 담당자를 지명하고, 그 작업을 시작하기 전에 가스가 발생할 위험이 있는 장소에 대하여 그 인화성 가스의 농도를 측정하여야 한다.
② 사업주는 제1항에 따라 측정한 결과 인화성 가스가 존재하여 폭발이나 화재가 발생할 위험이 있는 경우에는 인화성 가스 농도의 이상 상승을 조기에 파악하기 위하여 그 장소에 자동경보장치를 설치하여야 한다.
③ 지하철도공사를 시행하는 사업주는 터널굴착(개착식(開鑿式)을 포함한다) 등으로 인하여 도시가스관이 노출된 경우에 접속부 등 필요한 장소에 자동경보장치를 설치하고, 「도시가스사업법」에 따른 해당 도시가스사업자와 합동으로 정기적 순회점검을 하여야 한다.
④ 사업주는 제2항 및 제3항에 따른 자동경보장치에 대하여 당일 작업 시작 전 다음 각 호의 사항을 점검하고 이상을 발견하면 즉시 보수하여야 한다.
1. 계기의 이상 유무
2. 검지부의 이상 유무
3. 경보장치의 작동상태

합격예측 및 관련법규

제353조(시계의 유지) 사업주는 터널건설작업을 할 때에 터널 내부의 시계(視界)가 배기가스나 분진 등에 의하여 현저하게 제한되는 경우에는 환기를 하거나 물을 뿌리는 등 시계를 유지하기 위하여 필요한 조치를 하여야 한다. 15. 4. 19 기

제377조(잠함 등 내부에서의 작업) ① 사업주는 잠함, 우물통, 수직갱, 그 밖에 이와 유사한 건설물 또는 설비(이하 "잠함등"이라 한다)의 내부에서 굴착작업을 하는 경우에 다음 각 호의 사항을 준수하여야 한다. 15. 4. 19 기
1. 산소 결핍 우려가 있는 경우에는 산소의 농도를 측정하는 사람을 지명하여 측정하도록 할 것
2. 근로자가 안전하게 오르내리기 위한 설비를 설치할 것
3. 굴착 깊이가 20미터를 초과하는 경우에는 해당 작업장소와 외부와의 연락을 위한 통신설비 등을 설치할 것

② 사업주는 제1항제1호에 따른 측정 결과 산소 결핍이 인정되거나 굴착 깊이가 20미터를 초과하는 경우에는 송기(送氣)를 위한 설비를 설치하여 필요한 양의 공기를 공급해야 한다.

제379조(가설도로) 사업주는 공사용 가설도로를 설치하는 경우에 다음 각 호의 사항을 준수하여야 한다.〈개정 2019. 10. 15.〉 20. 11. 29 기 22. 11. 19 기
1. 도로는 장비와 차량이 안전하게 운행할 수 있도록 견고하게 설치할 것
2. 도로와 작업장이 접하여 있을 경우에는 울타리 등을 설치할 것
3. 도로는 배수를 위하여 경사지게 설치하거나 배수시설을 설치할 것
4. 차량의 속도제한 표지를 부착할 것

제3속 터널 지보공

제364조(조립 또는 변경시의 조치)

사업주는 터널 지보공을 조립하거나 변경하는 경우에는 다음 각 호의 사항을 조치하여야 한다.
1. 주재(主材)를 구성하는 1세트의 부재는 동일 평면 내에 배치할 것
2. 목재의 터널 지보공은 그 터널 지보공의 각 부재의 긴압 정도가 균등하게 되도록 할 것
3. 기둥에는 침하를 방지하기 위하여 받침목을 사용하는 등의 조치를 할 것
4. 강(鋼)아치 지보공의 조립은 다음 각 목의 사항을 따를 것
    가. 조립간격은 조립도에 따를 것
    나. 주재가 아치작용을 충분히 할 수 있도록 쐐기를 박는 등 필요한 조치를 할 것
    다. 연결볼트 및 띠장 등을 사용하여 주재 상호간을 튼튼하게 연결할 것
    라. 터널 등의 출입구 부분에는 받침대를 설치할 것
    마. 낙하물이 근로자에게 위험을 미칠 우려가 있는 경우에는 널판 등을 설치할 것
5. 목재 지주식 지보공은 다음 각 목의 사항을 따를 것
    가. 주기둥은 변위를 방지하기 위하여 쐐기 등을 사용하여 지반에 고정시킬 것
    나. 양끝에는 받침대를 설치할 것
    다. 터널 등의 목재 지주식 지보공에 세로방향의 하중이 걸림으로써 넘어지거나 비틀어질 우려가 있는 경우에는 양끝 외의 부분에도 받침대를 설치할 것
    라. 부재의 접속부는 꺾쇠 등으로 고정시킬 것
6. 강아치 지보공 및 목재지주식 지보공 외의 터널 지보공에 대해서는 터널 등의 출입구 부분에 받침대를 설치할 것

제365조(부재의 해체)

사업주는 하중이 걸려 있는 터널 지보공의 부재를 해체하는 경우에는 해당 부재에 걸려있는 하중을 터널 거푸집 및 동바리가 받도록 조치를 한 후에 그 부재를 해체해야 한다.〈개정 2023. 11. 14.〉

제366조(붕괴 등의 방지)

사업주는 터널 지보공을 설치한 경우에 다음 각 호의 사항을 수시로 점검하여야 하며, 이상을 발견한 경우에는 즉시 보강하거나 보수하여야 한다. 23. 4. 23 기
1. 부재의 손상·변형·부식·변위 탈락의 유무 및 상태

2. 부재의 긴압 정도
3. 부재의 접속부 및 교차부의 상태
4. 기둥침하의 유무 및 상태

25 추락 또는 붕괴에 의한 위험방지 안전보건규칙

제1절 추락에 의한 위험방지

제42조(추락의 방지)

① 사업주는 근로자가 추락하거나 넘어질 위험이 있는 장소[작업발판의 끝·개구부(開口部) 등을 제외한다] 또는 기계·설비·선박블록 등에서 작업을 할 때에 근로자가 위험해질 우려가 있는 경우 비계(飛階)를 조립하는 등의 방법으로 작업발판을 설치하여야 한다.

② 사업주는 제1항에 따른 작업발판을 설치하기 곤란한 경우 다음 각 호의 기준에 맞는 추락방호망을 설치하여야 한다. 다만, 추락방호망을 설치하기 곤란한 경우에는 근로자에게 안전대를 착용하도록 하는 등 추락위험을 방지하기 위하여 필요한 조치를 해야 한다. 16. 11. 12 기

1. 추락방호망의 설치위치는 가능하면 작업면으로부터 가까운 지점에 설치하여야 하며, 작업면으로부터 망의 설치지점까지의 수직거리는 10미터를 초과하지 아니할 것
2. 추락방호망은 수평으로 설치하고, 망의 처짐은 짧은 변 길이의 12퍼센트 이상이 되도록 할 것
3. 건축물 등의 바깥쪽으로 설치하는 경우 추락방호망의 내민 길이는 벽면으로부터 3미터 이상 되도록 할 것. 다만, 그물코가 20밀리미터 이하인 추락방호망을 사용한 경우에는 제14조제3항에 따른 낙하물방지망을 설치한 것으로 본다.

③ 사업주는 추락방호망을 설치하는 경우에는 한국산업표준에서 정하는 성능기준에 적합한 추락방호망을 사용하여야 한다.

제43조(개구부 등의 방호조치) 15. 11. 7 기 19. 6. 29 기 19. 11. 9 산 20. 7. 25 기

① 사업주는 작업발판 및 통로의 끝이나 개구부로서 근로자가 추락할 위험이 있는 장소에는 안전난간, 울타리, 수직형 추락방망 또는 덮개 등(이하 이 조에서 "난간등"이라 한다)의 방호 조치를 충분한 강도를 가진 구조로 튼튼하게 설치하여야 하며, 덮개를 설치하는 경우에는 뒤집히거나 떨어지지 않도록 설치하여야 한다. 이 경우 어두운 장소에서도 알아볼 수 있도록 개구부임을 표시해야

합격예측 및 관련법규

제14조(낙하물에 의한 위험의 방지) ① 사업주는 작업장의 바닥, 도로 및 통로 등에서 낙하물이 근로자에게 위험을 미칠 우려가 있는 경우 보호망을 설치하는 등 필요한 조치를 하여야 한다. 16. 4. 17 기 22. 11. 19 기

② 사업주는 작업으로 인하여 물체가 떨어지거나 날아올 위험이 있는 경우 낙하물 방지망, 수직보호망 또는 방호선반의 설치, 출입금지구역의 설정, 보호구의 착용 등 위험을 방지하기 위하여 필요한 조치를 하여야 한다. 이 경우 낙하물 방지망 및 수직보호망은 「산업표준화법」 제12조에 따른 한국산업표준(이하 "한국산업표준"이라 한다)에서 정하는 성능기준에 적합한 것을 사용하여야 한다.〈개정 2017. 12. 28., 2022. 10. 18.〉 16. 6. 26 기

③ 제2항에 따라 낙하물 방지망 또는 방호선반을 설치하는 경우에는 다음 각 호의 사항을 준수하여야 한다.
1. 높이 10미터 이내마다 설치하고, 내민 길이는 벽면으로부터 2미터 이상으로 할 것
2. 수평면과의 각도는 20도 이상 30도 이하를 유지할 것

하며, 수직형 추락방망은 한국산업표준에서 정하는 성능기준에 적합한 것을 사용해야 한다.
② 사업주는 난간 등을 설치하는 것이 매우 곤란하거나 작업의 필요상 임시로 난간 등을 해체하여야 하는 경우 제42조제2항 각 호의 기준에 맞는 추락방호망을 설치하여야 한다. 다만, 추락방호망을 설치하기 곤란한 경우에는 근로자에게 안전대를 착용하도록 하는 등 추락할 위험을 방지하기 위하여 필요한 조치를 하여야 한다.

제44조(안전대의 부착설비 등)
① 사업주는 추락할 위험이 있는 높이 2미터 이상의 장소에서 근로자에게 안전대를 착용시킨 경우 안전대를 안전하게 걸어 사용할 수 있는 설비 등을 설치하여야 한다. 이러한 안전대 부착설비로 지지로프 등을 설치하는 경우에는 처지거나 풀리는 것을 방지하기 위하여 필요한 조치를 하여야 한다.
② 사업주는 제1항에 따른 안전대 및 부속설비의 이상 유무를 작업을 시작하기 전에 점검하여야 한다.

제45조(지붕 위에서의 위험방지) 23. 7. 22 산
① 사업주는 근로자가 지붕 위에서 작업을 할 때에 추락하거나 넘어질 위험이 있는 경우에는 다음 각 호의 조치를 해야 한다.
  1. 지붕의 가장자리에 제13조에 따른 안전난간을 설치할 것
  2. 채광창(skylight)에는 견고한 구조의 덮개를 설치할 것
  3. 슬레이트 등 강도가 약한 재료로 덮은 지붕에는 폭 30센티미터 이상의 발판을 설치할 것
② 사업주는 작업 환경 등을 고려할 때 제1항제1호에 따른 조치를 하기 곤란한 경우에는 제42조제2항 각 호의 기준을 갖춘 추락방호망을 설치해야 한다. 다만, 사업주는 작업 환경 등을 고려할 때 추락방호망을 설치하기 곤란한 경우에는 근로자에게 안전대를 착용하도록 하는 등 추락 위험을 방지하기 위하여 필요한 조치를 해야 한다. 〈전문개정 2021. 11. 19.〉

제46조(승강설비의 설치)
사업주는 높이 또는 깊이가 2미터를 초과하는 장소에서 작업하는 경우 해당 작업에 종사하는 근로자가 안전하게 승강하기 위한 건설용 리프트 등의 설비를 설치해야 한다. 다만, 승강설비를 설치하는 것이 작업의 성질상 곤란한 경우에는 그렇지 않다. 〈개정 2022. 10. 18.〉

제47조(구명구 등)
사업주는 수상 또는 선박건조 작업에 종사하는 근로자가 물에 빠지는 등 위험의

우려가 있는 경우 그 작업을 하는 장소에 구명을 위한 배 또는 구명장구(救命裝具)의 비치 등 구명을 위하여 필요한 조치를 하여야 한다.

제48조(울타리의 설치)

사업주는 근로자에게 작업 중 또는 통행 시 굴러 떨어짐으로 인하여 근로자가 화상·질식 등의 위험에 처할 우려가 있는 케틀(kettle, 가열 용기), 호퍼(hopper, 깔때기 모양의 출입구가 있는 큰 통), 피트(pit, 구덩이) 등이 있는 경우에 그 위험을 방지하기 위하여 필요한 장소에 높이 90센티미터 이상의 울타리를 설치하여야 한다.

제49조(조명의 유지)

사업주는 근로자가 높이 2미터 이상에서 작업을 하는 경우 그 작업을 안전하게 하는 데에 필요한 조명을 유지하여야 한다.

제2절 붕괴 등에 의한 위험방지

제50조(토사등에 의한 위험 방지) 〈개정 2023. 11. 14.〉

사업주는 토사등 또는 구축물의 붕괴 또는 낙하 등에 의하여 근로자가 위험해질 우려가 있는 경우 그 위험을 방지하기 위하여 다음 각 호의 조치를 해야 한다. 15.11.7 기

1. 지반은 안전한 경사로 하고 낙하의 위험이 있는 토석을 제거하거나 옹벽, 흙막이 지보공 등을 설치할 것
2. 지반의 붕괴 또는 토석의 낙하 원인이 되는 빗물이나 지하수 등을 배제할 것
3. 갱내의 낙반·측벽(側壁) 붕괴의 위험이 있는 경우에는 지보공을 설치하고 부석을 제거하는 등 필요한 조치를 할 것

제51조(구축물등의 안전 유지) 〈개정 2023. 11. 14.〉

사업주는 구축물등이 고정하중, 적재하중, 시공·해체 작업 중 발생하는 하중, 적설, 풍압(風壓), 지진이나 진동 및 충격 등에 의하여 전도·폭발하거나 무너지는 등의 위험을 예방하기 위하여 설계도면, 시방서(示方書), 「건축물의 구조기준 등에 관한 규칙」 제2조제15호에 따른 구조설계도서, 해체계획서 등 설계도서를 준수하여 필요한 조치를 해야 한다.

제52조(구축물등의 안전성 평가) 〈개정 2023. 11. 14.〉

사업주는 구축물등이 다음 각 호의 어느 하나에 해당하는 경우에는 구축물등에 대한 구조검토, 안전진단 등의 안전성 평가를 하여 근로자에게 미칠 위험성을 미리 제거해야 한다. 23.4.23 기 16.6.26 기

1. 구축물등의 인근에서 굴착·항타작업 등으로 침하·균열 등이 발생하여 붕

괴의 위험이 예상될 경우
2. 구축물등에 지진, 동해(凍害), 부동침하(不同沈下) 등으로 균열·비틀림 등이 발생했을 경우
3. 구축물등이 그 자체의 무게·적설·풍압 또는 그 밖에 부가되는 하중 등으로 붕괴 등의 위험이 있을 경우
4. 화재 등으로 구축물등의 내력(耐力)이 심하게 저하됐을 경우
5. 오랜 기간 사용하지 않던 구축물등을 재사용하게 되어 안전성을 검토해야 하는 경우
6. 구축물등의 주요구조부(「건축법」 제2조제1항제7호에 따른 주요구조부를 말한다. 이하 같다)에 대한 설계 및 시공 방법의 전부 또는 일부를 변경하는 경우
7. 그 밖의 잠재위험이 예상될 경우

제53조(계측장치의 설치 등)

사업주는 다음 각 호의 어느 하나에 해당하는 경우에는 그에 필요한 계측장치를 설치하여 계측결과를 확인하고 그 결과를 통하여 안전성을 검토하는 등 위험을 방지하기 위한 조치를 해야 한다.
1. 영 제42조제3항제1호 또는 제2호에 따른 건설공사에 대한 유해위험방지계획서 심사 시 계측시공을 지시받은 경우
2. 영 제42조제3항제3호부터 제6호까지의 규정에 따른 건설공사에서 토사나 구축물등의 붕괴로 근로자가 위험해질 우려가 있는 경우
3. 설계도서에서 계측장치를 설치하도록 하고 있는 경우

〈전문개정 2023. 11. 14.〉

26 철골작업 및 해체작업 안전보건규칙

제3절 철골작업 시의 위험방지

제380조(철골조립 시의 위험방지)

사업주는 철골을 조립하는 경우에 철골의 접합부가 충분히 지지되도록 볼트를 체결하거나 이와 같은 수준 이상의 견고한 구조가 되기 전에는 들어 올린 철골을 걸이로프 등으로부터 분리해서는 아니 된다.

제381조(승강로의 설치)

사업주는 근로자가 수직방향으로 이동하는 철골부재(鐵骨部材)에는 답단(踏段)

간격이 30센티미터 이내인 고정된 승강로를 설치하여야 하며, 수평방향 철골과 수직방향 철골이 연결되는 부분에는 연결작업을 위하여 작업발판 등을 설치하여야 한다.

제382조(가설통로의 설치)

사업주는 철골작업을 하는 경우에 근로자의 주요 이동통로에 고정된 가설통로를 설치하여야 한다. 다만, 제44조에 따른 안전대의 부착설비 등을 갖춘 경우에는 그러하지 아니하다.

제383조(작업의 제한)

사업주는 다음 각 호의 어느 하나에 해당하는 경우에 철골작업을 중지하여야 한다.
1. 풍속이 초당 10미터 이상인 경우
2. 강우량이 시간당 1밀리미터 이상인 경우
3. 강설량이 시간당 1센티미터 이상인 경우

제4절 해체작업시의 위험방지 〈개정 2023. 11. 14.〉

제384조(해체작업 시 준수사항)

① 사업주는 구축물등의 해체작업 시 구축물등을 무너뜨리는 작업을 하기 전에 구축물등이 넘어지는 위치, 파편의 비산거리 등을 고려하여 해당 작업 반경 내에 사람이 없는지 미리 확인한 후 작업을 실시해야 하고, 무너뜨리는 작업 중에는 해당 작업 반경 내에 관계 근로자가 아닌 사람의 출입을 금지해야 한다.

② 사업주는 건축물 해체공법 및 해체공사 구조 안전성을 검토한 결과 「건축물관리법」 제30조제3항에 따른 해체계획서대로 해체되지 못하고 건축물이 붕괴할 우려가 있는 경우에는 「건축물관리법 시행규칙」 제12조제3항 및 국토교통부장관이 정하여 고시하는 바에 따라 구조보강계획을 작성해야 한다.
[제목개정 2023. 11. 14.]

27 중량물 취급 시의 위험방지 안전보건규칙

제385조(중량물 취급)

사업주는 중량물을 운반하거나 취급하는 경우에 하역운반기계·운반용구(이하 "하역운반기계 등"이라 한다)를 사용하여야 한다. 다만, 작업의 성질상 하역운반기계 등을 사용하기 곤란한 경우에는 그러하지 아니하다.

합격예측 및 관련법규

제628조의2(이산화탄소를 사용하는 소화설비 및 소화용기에 대한 조치) 사업주는 이산화탄소를 사용한 소화설비를 설치한 지하실, 전기실, 옥내 위험물 저장창고 등 방호구역과 소화약제로 이산화탄소가 충전된 소화용기 보관장소(이하 이 조에서 "방호구역등"이라 한다)에 다음 각 호의 조치를 해야 한다.
1. 방호구역등에는 점검, 유지·보수 등(이하 이 조에서 "점검등"이라 한다)을 수행하는 관계 근로자가 아닌 사람의 출입을 금지할 것
2. 점검등을 수행하는 근로자를 사전에 지정하고, 출입일시, 점검기간 및 점검내용 등의 출입기록을 작성하여 관리하게 할 것. 다만, 다음 각 목의 어느 하나에 해당하는 경우는 제외한다.
    가. 「개인정보보호법」에 따른 영상정보처리기기를 활용하여 관리하는 경우
    나. 카드키 출입방식 등 구조적으로 지정된 사람만이 출입하도록 한 경우
3. 방호구역등에 점검등을 위해 출입하는 경우에는 미리 다음 각 목의 조치를 할 것
    가. 적정공기 상태가 유지되도록 환기할 것
    나. 소화설비의 수동밸브나 콕을 잠그거나 차단판을 설치하고 기동장치에 안전핀을 꽂아야 하며, 이를 임의로 개방하거나 안전핀을 제거하는 것을 금지한다는 내용을 보기 쉬운 장소에 게시할 것. 다만, 육안 점검만을 위하여 짧은 시간 출입하는 경우에는 그렇지 않다.
    다. 방호구역등에 출입하는 근로자를 대상으로 이산화탄소의 위험성, 소화설비의 작동 시 확인방법, 대피방법, 대피로 등을 주지시키기 위해 반기 1회 이상 교육을 실시할 것. 다만, 처음 출입하는 근로자에 대해서는 출입 전에 교육을 하여 그 내용을 주지시켜야 한다.

제386조(중량물의 구름 위험방지) 〈제목개정 2023. 11. 14.〉

사업주는 드럼통 등 구를 위험이 있는 중량물을 보관하거나 작업 중 구를 위험이 있는 중량물을 취급하는 경우에는 다음 각 호의 사항을 준수해야 한다
1. 구름멈춤대, 쐐기 등을 이용하여 중량물의 동요나 이동을 조절할 것
2. 중량물이 구를 위험이 있는 방향 앞의 일정거리 이내로는 근로자의 출입을 제한할 것. 다만, 중량물을 보관하거나 작업 중인 장소가 경사면인 경우에는 경사면 아래로는 근로자의 출입을 제한해야 한다.

[별표 1]

<u>위험물질의 종류</u>(제16조·제17조 및 제225조 관련)

1. 폭발성 물질 및 유기과산화물
    가. 질산에스테르류
    나. 니트로화합물
    다. 니트로소화합물
    라. 아조화합물
    마. 디아조화합물
    바. 하이드라진 유도체
    사. 유기과산화물
    아. 그 밖에 가목부터 사목까지의 물질과 같은 정도의 폭발 위험이 있는 물질
    자. 가목부터 아목까지의 물질을 함유한 물질
2. 물반응성 물질 및 인화성 고체
    가. 리튬
    나. 칼륨·나트륨
    다. 황
    라. 황린
    마. 황화인·적린
    바. 셀룰로이드류
    사. 알킬알루미늄·알킬리튬
    아. 마그네슘 분말
    자. 금속 분말(마그네슘 분말은 제외한다)
    차. 알칼리금속(리튬·칼륨 및 나트륨은 제외한다)
    카. 유기 금속화합물(알킬알루미늄 및 알킬리튬은 제외한다)
    타. 금속의 수소화물
    파. 금속의 인화물
    하. 칼슘 탄화물, 알루미늄 탄화물
    거. 그 밖에 가목부터 하목까지의 물질과 같은 정도의 발화성 또는 인화성이 있는 물질

너. 가목부터 거목까지의 물질을 함유한 물질
3. 산화성 액체 및 산화성 고체
    가. 차아염소산 및 그 염류
    나. 아염소산 및 그 염류
    다. 염소산 및 그 염류
    라. 과염소산 및 그 염류
    마. 브롬산 및 그 염류
    바. 요오드산 및 그 염류
    사. 과산화수소 및 무기과산화물
    아. 질산 및 그 염류
    자. 과망간산 및 그 염류
    차. 중크롬산 및 그 염류
    카. 그 밖에 가목부터 차목까지의 물질과 같은 정도의 산화성이 있는 물질
    타. 가목부터 카목까지의 물질을 함유한 물질
4. 인화성 액체
    가. 에틸에테르, 가솔린, 아세트알데히드, 산화프로필렌, 그 밖에 인화점이 섭씨 23도 미만이고 초기 끓는점이 섭씨 35도 이하인 물질
    나. 노르말헥산, 아세톤, 메틸에틸케톤, 메틸알코올, 에틸알코올, 이황화탄소, 그 밖에 인화점이 섭씨 23도 미만이고 초기 끓는점이 섭씨 35도를 초과하는 물질
    다. 크실렌, 아세트산아밀, 등유, 경유, 테레핀유, 이소아밀알코올, 아세트산, 하이드라진, 그 밖에 인화점이 섭씨 23도 이상 섭씨 60도 이하인 물질
5. 인화성 가스
    가. 수소
    나. 아세틸렌
    다. 에틸렌
    라. 메탄
    마. 에탄
    바. 프로판
    사. 부탄
    아. 영 별표 13에 따른 인화성 가스
6. 부식성 물질
    가. 부식성 산류
        (1) 농도가 20퍼센트 이상인 염산, 황산, 질산, 그 밖에 이와 같은 정도 이상의 부식성을 가지는 물질
        (2) 농도가 60퍼센트 이상인 인산, 아세트산, 불산, 그 밖에 이와 같은 정도 이상의 부식성을 가지는 물질
    나. 부식성 염기류
        농도가 40퍼센트 이상인 수산화나트륨, 수산화칼륨, 그 밖에 이와 같은 정도 이

합격예측 및 관련법규

라. 소화용기 보관장소에서 소화용기 및 배관·밸브 등의 교체 등의 작업을 하는 경우에는 작업자에게 공기호흡기 또는 송기마스크를 지급하고 착용하도록 할 것
마. 소화설비 작동과 관련된 전기, 배관 등에 관한 작업을 하는 경우에는 작업일정, 소화설비 설치 도면 검토, 작업방법, 소화설비 작동금지 조치, 출입금지 조치, 작업 근로자 교육 및 대피로 확보 등이 포함된 작업계획서를 작성하고 그 계획에 따라 작업을 하도록 할 것
4. 점검등을 완료한 후에는 방호구역등에 사람이 없는 것을 확인하고 소화설비를 작동할 수 있는 상태로 변경할 것
5. 소화를 위하여 작동하는 경우 외에는 소화설비를 임의로 작동하는 것을 금지하고, 그 내용을 방호구역등의 출입구와 수동조작반 등에 누구든지 볼 수 있도록 게시할 것
6. 출입구 또는 비상구까지의 이동거리가 10m 이상인 방호구역과 이산화탄소가 충전된 소화용기를 100개 이상(45kg 용기 기준) 보관하는 소화용기 보관장소에는 산소 또는 이산화탄소 감지 및 경보 장치를 설치하고 항상 유효한 상태로 유지할 것
7. 소화설비가 작동되거나 이산화탄소의 누출로 인한질식의 우려가 있는 경우에는 근로자가 질식 등 산업재해를 입을 우려가 없는 것으로 확인될 때까지 관계 근로자가 아닌 사람의 방호구역등 출입을 금지하고 그 내용을 방호구역등의 출입구에 누구든지 볼 수 있도록 게시할 것
[본조신설 2022. 10. 18.]

상의 부식성을 가지는 염기류
7. 급성 독성 물질
    가. 쥐에 대한 경구투입실험에 의하여 실험동물의 50퍼센트를 사망시킬 수 있는 물질의 양, 즉 LD50(경구, 쥐)이 킬로그램당 300밀리그램-(체중) 이하인 화학물질
    나. 쥐 또는 토끼에 대한 경피흡수실험에 의하여 실험동물의 50퍼센트를 사망시킬 수 있는 물질의 양, 즉 LD50(경피, 토끼 또는 쥐)이 킬로그램당 1000밀리그램 -(체중) 이하인 화학물질
    다. 쥐에 대한 4시간 동안의 흡입실험에 의하여 실험동물의 50퍼센트를 사망시킬 수 있는 물질의 농도, 즉 가스 LC50(쥐, 4시간 흡입)이 2500ppm 이하인 화학물질, 증기 LC50(쥐, 4시간 흡입)이 10mg/l 이하인 화학물질, 분진 또는 미스트 1mg/l 이하인 화학물질

[별표 2]

관리감독자의 유해·위험방지(제35조제1항 관련)〈개정 2023. 11. 14.〉

작업의 종류	직무수행 내용
1. 프레스 등을 사용하는 작업 (제2편제1장제3절)	가. 프레스 등 및 그 방호장치를 점검하는 일 나. 프레스 등 및 그 방호장치에 이상이 발견 되면 즉시 필요한 조치를 하는 일 다. 프레스 등 및 그 방호장치에 전환스위치를 설치했을 때 그 전환스위치의 열쇠를 관리하는 일 라. 금형의 부착·해체 또는 조정작업을 직접 지휘하는 일
2. 목재가공용 기계를 취급하는 작업(제2편제1장제4절)	가. 목재가공용 기계를 취급하는 작업을 지휘하는 일 나. 목재가공용 기계 및 그 방호장치를 점검하는 일 다. 목재가공용 기계 및 그 방호장치에 이상이 발견된 즉시 보고 및 필요한 조치를 하는 일 라. 작업 중 지그(jig) 및 공구 등의 사용 상황을 감독하는 일
3. 크레인을 사용하는 작업(제2편제1장제9절제2관·제3관) 22. 5. 7 산	가. 작업방법과 근로자 배치를 결정하고 그 작업을 지휘하는 일 나. 재료의 결함 유무 또는 기구 및 공구의 기능을 점검하고 불량품을 제거하는 일 다. 작업 중 안전대 또는 안전모의 착용 상황을 감시하는 일
4. 위험물을 제조하거나 취급하는 작업(제2편제2장제1절)	가. 작업을 지휘하는 일 나. 위험물을 제조하거나 취급하는 설비 및 그 설비의 부속설비가 있는 장소의 온도·습도·차광 및 환기 상태 등을 수시로 점검하고 이상을 발견하면 즉시 필요한 조치를 하는 일 다. 나목에 따라 한 조치를 기록하고 보관하는 일

5. 건조설비를 사용하는 작업 (제2편제2장제5절)	가. 건조설비를 처음으로 사용하거나 건조방법 또는 건조물의 종류를 변경했을 때에는 근로자에게 미리 그 작업방법을 교육하고 작업을 직접 지휘하는 일 나. 건조설비가 있는 장소를 항상 정리정돈하고 그 장소에 가연성 물질을 두지 않도록 하는 일

6. 아세틸렌 용접장치를 사용하는 금속의 용접·용단 또는 가열작업(제2편제2장제6절제1관)	가. 작업방법을 결정하고 작업을 지휘하는 일
	나. 아세틸렌 용접장치의 취급에 종사하는 근로자로 하여금 다음의 작업요령을 준수하도록 하는 일
	  (1) 사용 중인 발생기에 불꽃을 발생시킬 우려가 있는 공구를 사용하거나 그 발생기에 충격을 가하지 않도록 할 것
	  (2) 아세틸렌 용접장치의 가스누출을 점검할 때에는 비눗물을 사용하는 등 안전한 방법으로 할 것
	  (3) 발생기실의 출입구 문을 열어 두지 않도록 할 것
	  (4) 이동식 아세틸렌 용접장치의 발생기에 카바이드를 교환할 때에는 옥외의 안전한 장소에서 할 것
	다. 아세틸렌 용접작업을 시작할 때에는 아세틸렌 용접장치를 점검하고 발생기 내부로부터 공기와 아세틸렌의 혼합가스를 배제하는 일
	라. 안전기는 작업 중 그 수위를 쉽게 확인할 수 있는 장소에 놓고 1일 1회 이상 점검하는 일
	마. 아세틸렌 용접장치 내의 물이 동결되는 것을 방지하기 위하여 아세틸렌 용접장치를 보온하거나 가열할 때에는 온수나 증기를 사용하는 등 안전한 방법으로 하도록 하는 일
	바. 발생기 사용을 중지하였을 때에는 물과 잔류 카바이드가 접촉하지 않은 상태로 유지하는 일
	사. 발생기를 수리·가공·운반 또는 보관할 때에는 아세틸렌 및 카바이드에 접촉하지 않은 상태로 유지하는 일
	아. 작업에 종사하는 근로자의 보안경 및 안전장갑의 착용 상황을 감시하는 일

7. 가스집합 용접장치의 취급작업(제2편제2장제6절제2관)	가. 작업방법을 결정하고 작업을 직접 지휘하는 일
	나. 가스집합장치의 취급에 종사하는 근로자로 하여금 다음의 작업요령을 준수하도록 하는 일
	  (1) 부착할 가스용기의 마개 및 배관 연결부에 붙어 있는 유류·찌꺼기 등을 제거할 것
	  (2) 가스용기를 교환할 때에는 그 용기의 마개 및 배관 연결부 부분의 가스누출을 점검하고 배관 내의 가스가 공기와 혼합되지 않도록 할 것
	  (3) 가스누출 점검은 비눗물을 사용하는 등 안전한 방법으로 할 것
	  (4) 밸브 또는 콕은 서서히 열고 닫을 것

		다. 가스용기의 교환작업을 감시하는 일
		라. 작업을 시작할 때에는 호스·취관·호스밴드 등의 기구를 점검하고 손상·마모 등으로 인하여 가스나 산소가 누출될 우려가 있다고 인정할 때에는 보수하거나 교환하는 일
		마. 안전기는 작업 중 그 기능을 쉽게 확인할 수 있는 장소에 두고 1일 1회 이상 점검하는 일
		바. 작업에 종사하는 근로자의 보안경 및 안전장갑의 착용 상황을 감시하는 일
8. 거푸집 및 동바리의 고정·조립 또는 해체 작업/노천굴착작업/흙막이 지보공의 고정·조립 또는 해체 작업/터널의 굴착작업/구축물등의 해체작업(제2편제4장제1절제2관·제4장제2절제1관·제4장제2절제3관제1속·제4장제4절) 21. 11. 14 기		가. 안전한 작업방법을 결정하고 작업을 지휘하는 일 나. 재료·기구의 결함 유무를 점검하고 불량품을 제거하는 일 다. 작업 중 안전대 및 안전모 등 보호구 착용 상황을 감시하는 일
9. 높이 5미터 이상의 비계(飛階)를 조립·해체하거나 변경하는 작업(해체작업의 경우 가목은 적용 제외)(제1편제7장제2절) 15. 11. 7 기 20. 11. 29 기		가. 재료의 결함 유무를 점검하고 불량품을 제거하는 일 나. 기구·공구·안전대 및 안전모 등의 기능을 점검하고 불량품을 제거하는 일 다. 작업방법 및 근로자 배치를 결정하고 작업 진행 상태를 감시하는 일 라. 안전대와 안전모 등의 착용 상황을 감시하는 일
10. 달비계 작업(제1편제7장제4절)		가. 작업용 섬유로프, 작업용 섬유로프의 고정점, 구명줄의 조정점, 작업대, 고리걸이용 철구 및 안전대 등의 결손 여부를 확인하는 일 나. 작업용 섬유로프 및 안전대 부착설비용 로프가 고정점에 풀리지 않는 매듭방법으로 결속되었는지 확인하는 일 다. 근로자가 작업대에 탑승하기 전 안전모 및 안전대를 착용하고 안전대를 구명줄에 체결했는지 확인하는 일 라. 작업방법 및 근로자 배치를 결정하고 작업 진행 상태를 감시하는 일
11. 발파작업(제2편제4장제2절제2관) 22. 7. 24 기 22. 5. 7 기		가. 점화 전에 점화작업에 종사하는 근로자가 아닌 사람에게 대피를 지시하는 일 나. 점화작업에 종사하는 근로자에게 대피장소 및 경로를 지시하는 일 다. 점화 전에 위험구역 내에서 근로자가 대피한 것을 확인하는 일 라. 점화순서 및 방법에 대하여 지시하는 일 마. 점화신호를 하는 일

| | 바. 점화작업에 종사하는 근로자에게 대피신호를 하는 일
사. 발파 후 터지지 않은 장약이나 남은 장약의 유무, 용수(湧水)의 유무 및 토사등의 낙하 여부 등을 점검하는 일
아. 점화하는 사람을 정하는 일
자. 공기압축기의 안전밸브 작동 유무를 점검하는 일
차. 안전모 등 보호구 착용 상황을 감시하는 일 |
|---|---|
| 12. 채석을 위한 굴착작업(제2편제4장제2절제5관) | 가. 대피방법을 미리 교육하는 일
나. 작업을 시작하기 전 또는 폭우가 내린 후에는 토사등의 낙하·균열의 유무 또는 함수(含水)·용수(湧水) 및 동결의 상태를 점검하는 일
다. 발파한 후에는 발파장소 및 그 주변의 토사등의 낙하·균열의 유무를 점검하는 일 |
| 13. 화물취급작업(제2편제6장제1절) | 가. 작업방법 및 순서를 결정하고 작업을 지휘하는 일
나. 기구 및 공구를 점검하고 불량품을 제거하는 일
다. 그 작업장소에는 관계 근로자가 아닌 사람의 출입을 금지하는 일
라. 로프 등의 해체작업을 할 때에는 하대(荷臺) 위의 화물의 낙하위험 유무를 확인하고 작업의 착수를 지시하는 일 |
| 14. 부두와 선박에서의 하역작업(제2편제6장제2절) | 가. 작업방법을 결정하고 작업을 지휘하는 일
나. 통행설비·하역기계·보호구 및 기구·공구를 점검·정비하고 이들의 사용 상황을 감시하는 일
다. 주변 작업자간의 연락을 조정하는 일 |
| 15. 전로 등 전기작업 또는 그 지지물의 설치, 점검, 수리 및 도장 등의 작업(제2편제3장) | 가. 작업구간 내의 충전전로 등 모든 충전 시설을 점검하는 일
나. 작업방법 및 그 순서를 결정(근로자 교육 포함)하고 작업을 지휘하는 일
다. 작업근로자의 보호구 또는 절연용 보호구 착용 상황을 감시하고 감전재해 요소를 제거하는 일
라. 작업 공구, 절연용 방호구 등의 결함 여부와 기능을 점검하고 불량품을 제거하는 일
마. 작업장소에 관계 근로자 외에는 출입을 금지하고 주변 작업자와의 연락을 조정하며 도로작업 시 차량 및 통행인 등에 대한 교통통제 등 작업전반에 대해 지휘·감시하는 일
바. 활선작업용 기구를 사용하여 작업할 때 안전거리가 유지되는지 감시하는 일
사. 감전재해를 비롯한 각종 산업재해에 따른 신속한 응급처치를 할 수 있도록 근로자들을 교육하는 일 |

16. 관리대상 유해물질을 취급하는 작업(제3편제1장)	가. 관리대상 유해물질을 취급하는 근로자가 물질에 오염되지 않도록 작업방법을 결정하고 작업을 지휘하는 업무
	나. 관리대상 유해물질을 취급하는 장소나 설비를 매월 1회 이상 순회점검하고 국소배기장치 등 환기설비에 대해서는 다음 각 호의 사항을 점검하여 필요한 조치를 하는 업무. 단, 환기설비를 점검하는 경우에는 다음의 사항을 점검
	  (1) 후드(hood)나 덕트(duct)의 마모·부식, 그 밖의 손상여부 및 정도
	  (2) 송풍기와 배풍기의 주유 및 청결 상태
	  (3) 덕트 접속부가 헐거워졌는지 여부
	  (4) 전동기와 배풍기를 연결하는 벨트의 작동 상태
	  (5) 흡기 및 배기 능력 상태
	다. 보호구의 착용 상황을 감시하는 업무
	라. 근로자가 탱크 내부에서 관리대상 유해물질을 취급하는 경우에 다음의 조치를 했는지 확인하는 업무
	  (1) 관리대상 유해물질에 관하여 필요한 지식을 가진 사람이 해당 작업을 지휘
	  (2) 관리대상 유해물질이 들어올 우려가 없는 경우에는 작업을 하는 설비의 개구부를 모두 개방
	  (3) 근로자의 신체가 관리대상 유해물질에 의하여 오염되었거나 작업이 끝난 경우에는 즉시 몸을 씻는 조치
	  (4) 비상시에 작업설비 내부의 근로자를 즉시 대피시키거나 구조하기 위한 기구와 그 밖의 설비를 갖추는 조치
	  (5) 작업을 하는 설비의 내부에 대하여 작업 전에 관리대상 유해물질의 농도를 측정하거나 그 밖의 방법으로 근로자가 건강에 장해를 입을 우려가 있는지를 확인하는 조치
	  (6) 제(5)에 따른 설비 내부에 관리대상 유해물질이 있는 경우에는 설비 내부를 충분히 환기하는 조치
	  (7) 유기화합물을 넣었던 탱크에 대하여 제(1)부터 제(6)까지의 조치 외에 다음의 조치
	    (가) 유기화합물이 탱크로부터 배출된 후 탱크 내부에 재유입되지 않도록 조치
	    (나) 물이나 수증기 등으로 탱크 내부를 씻은 후 그 씻은 물이나 수증기 등을 탱크로부터 배출
	    (다) 탱크 용적의 3배 이상의 공기를 채웠다가 내보내거나 탱크에 물을 가득 채웠다가 내보내거나 탱크에 물을 가득 채웠다가 배출
	마. 나목에 따른 점검 및 조치 결과를 기록·관리하는 업무

17. 허가대상 유해물질 취급작업(제3편제2장)	가. 근로자가 허가대상 유해물질을 들이마시거나 허가대상 유해물질에 오염되지 않도록 작업수칙을 정하고 지휘하는 업무	
	나. 작업장에 설치되어 있는 국소배기장치나 그 밖에 근로자의 건강장해 예방을 위한 장치 등을 매월 1회 이상 점검하는 업무	
	다. 근로자의 보호구 착용 상황을 점검하는 업무	
18. 석면 해체·제거작업(제3편제2장제6절)	가. 근로자가 석면분진을 들이마시거나 석면분진에 오염되지 않도록 작업방법을 정하고 지휘하는 업무	
	나. 작업장에 설치되어 있는 석면분진 포집장치, 음압기 등의 장비의 이상 유무를 점검하고 필요한 조치를 하는 업무	
	다. 근로자의 보호구 착용 상황을 점검하는 업무	
19. 고압작업(제3편제5장)	가. 작업방법을 결정하여 고압작업자를 직접 지휘하는 업무	
	나. 유해가스의 농도를 측정하는 기구를 점검하는 업무	
	다. 고압작업자가 작업실에 입실하거나 퇴실하는 경우에 고압작업자의 수를 점검하는 업무	
	라. 작업실에서 공기조절을 하기 위한 밸브나 콕을 조작하는 사람과 연락하여 작업실 내부의 압력을 적정한 상태로 유지하도록 하는 업무	
	마. 공기를 기압조절실로 보내거나 기압조절실에서 내보내기 위한 밸브나 콕을 조작하는 사람과 연락하여 고압작업자에 대하여 가압이나 감압을 다음과 같이 따르도록 조치하는 업무 (1) 가압을 하는 경우 1분에 제곱센티미터당 0.8킬로그램 이하의 속도로 함 (2) 감압을 하는 경우에는 고용노동부장관이 정하여 고시하는 기준에 맞도록 함	
	바. 작업실 및 기압조절실 내 고압작업자의 건강에 이상이 발생한 경우 필요한 조치를 하는 업무	
20. 밀폐공간 작업(제3편제10장)	가. 산소가 결핍된 공기나 유해가스에 노출되지 않도록 작업 시작 전에 해당 근로자의 작업을 지휘하는 업무	
	나. 작업을 하는 장소의 공기가 적절한지를 작업 시작 전에 측정하는 업무	
	다. 측정장비·환기장치 또는 송기마스크 등을 작업 시작 전에 점검하는 업무	
	라. 근로자에게 송기마스크 등의 착용을 지도하고 착용 상황을 점검하는 업무	

[별표 3]

작업시작 전 점검사항(제35조제2항 관련)

작업의 종류	점검내용
1. 프레스 등을 사용하여 작업을 할 때 (제2편제1장제3절)	가. 클러치 및 브레이크의 기능 나. 크랭크축·플라이휠·슬라이드·연결봉 및 연결 나사의 풀림 여부 다. 1행정 1정지기구·급정지장치 및 비상정지장치의 기능 라. 슬라이드 또는 칼날에 의한 위험방지 기구의 기능 마. 프레스의 금형 및 고정볼트 상태 바. 방호장치의 기능 사. 전단기(剪斷機)의 칼날 및 테이블의 상태
2. 로봇의 작동 범위에서 그 로봇에 관하여 교시 등(로봇의 동력원을 차단하고 하는 것은 제외한다)의 작업을 할 때(제2편제1장제13절)	가. 외부 전선의 피복 또는 외장의 손상 유무 나. 매니퓰레이터(manipulator) 작동의 이상 유무 다. 제동장치 및 비상정지장치의 기능
3. 공기압축기를 가동할 때(제2편제1장제7절) 24. 11. 2 산	가. 공기저장 압력용기의 외관 상태 나. 드레인밸브(drain valve)의 조작 및 배수 다. 압력방출장치의 기능 라. 언로드밸브(unloading valve)의 기능 마. 윤활유의 상태 바. 회전부의 덮개 또는 울 사. 그 밖의 연결 부위의 이상 유무
4. 크레인을 사용하여 작업을 하는 때(제2편제1장제9절제2관) 15. 4. 19 기 20. 11. 29 기 21. 7. 10 기 23. 7. 22 기	가. 권과방지장치·브레이크·클러치 및 운전장치의 기능 나. 주행로의 상측 및 트롤리(trolley)가 횡행하는 레일의 상태 다. 와이어로프가 통하고 있는 곳의 상태
5. 이동식 크레인을 사용하여 작업을 할 때(제2편제1장제9절제3관) 22. 5. 7 기	가. 권과방지장치나 그 밖의 경보장치의 기능 나. 브레이크·클러치 및 조종장치의 기능 다. 와이어로프가 통하고 있는 곳 및 작업장소의 지반상태
6. 리프트(간이리프트를 포함한다)를 사용하여 작업을 할 때(제2편제1장제9절제4관) 15. 11. 7 기	가. 방호장치·브레이크 및 클러치의 기능 나. 와이어로프가 통하고 있는 곳의 상태
7. 곤돌라를 사용하여 작업을 할 때(제2편제1장제9절제5관)	가. 방호장치·브레이크의 기능 나. 와이어로프·슬링와이어(sling wire) 등의 상태
8. 양중기의 와이어로프·달기체인·섬유로프·섬유벨트 또는 훅·샤클·링	와이어로프 등의 이상 유무

등의 철구(이하 "와이어로프 등"이라 한다)를 사용하여 고리걸이작업을 할 때(제2편제1장제9절제7관)	
9. 지게차를 사용하여 작업을 하는 때 (제2편제1장제10절제2관) 22. 5. 7 기	가. 제동장치 및 조종장치 기능의 이상 유무 나. 하역장치 및 유압장치 기능의 이상 유무 다. 바퀴의 이상 유무 라. 전조등·후미등·방향지시기 및 경보장치 기능의 이상 유무
10. 구내운반차를 사용하여 작업을 할 때(제2편제1장제10절제3관)	가. 제동장치 및 조종장치 기능의 이상 유무 나. 하역장치 및 유압장치 기능의 이상 유무 다. 바퀴의 이상 유무 라. 전조등·후미등·방향지시기 및 경음기 기능의 이상 유무 마. 충전장치를 포함한 홀더 등의 결합상태의 이상 유무
11. 고소작업대를 사용하여 작업을 할 때(제2편제1장제10절제4관)	가. 비상정지장치 및 비상하강 방지장치 기능의 이상 유무 나. 과부하 방지장치의 작동 유무(와이어로프 또는 체인구동방식의 경우) 다. 아우트리거 또는 바퀴의 이상 유무 라. 작업면의 기울기 또는 요철 유무 마. 활선작업용 장치의 경우 홈·균열·파손 등 그 밖의 손상 유무
12. 화물자동차를 사용하는 작업을 하게 할 때(제2편제1장제10절제5관)	가. 제동장치 및 조종장치의 기능 나. 하역장치 및 유압장치의 기능 다. 바퀴의 이상 유무
13. 컨베이어 등을 사용하여 작업을 할 때(제2편제1장제11절) 22. 11. 14 기	가. 원동기 및 풀리(pulley) 기능의 이상 유무 나. 이탈 등의 방지장치 기능의 이상 유무 다. 비상정지장치 기능의 이상 유무 라. 원동기·회전축·기어 및 풀리 등의 덮개 또는 울 등의 이상 유무
14. 차량계 건설기계를 사용하여 작업을 할 때(제2편제1장제12절제1관)	브레이크 및 클러치 등의 기능
14의2. 용접·용단 작업 등의 화재위험 작업을 할 때 (제2편제2장제2절)	가. 작업 준비 및 작업 절차 수립 여부 나. 화기작업에 따른 인근 가연성물질에 대한 방호조치 및 소화기구 비치 여부 다. 용접불티 비산방지덮개 또는 용접방화포 등 불꽃·불티 등의 비산을 방지하기 위한 조치 여부 라. 인화성 액체의 증기 또는 인화성 가스가 남아 있지 않도록 하는 환기 조치 여부

		마. 작업근로자에 대한 화재예방 및 피난교육 등 비상조치 여부
15. 이동식 방폭구조(防爆構造) 전기기계·기구를 사용할 때(제2편제3장제1절)		전선 및 접속부 상태
16. 근로자가 반복하여 계속적으로 중량물을 취급하는 작업을 할 때(제2편제5장)		가. 중량물 취급의 올바른 자세 및 복장 나. 위험물이 날아 흩어짐에 따른 보호구의 착용 다. 카바이드·생석회(산화칼슘) 등과 같이 온도상승이나 습기에 의하여 위험성이 존재하는 중량물의 취급방법 라. 그 밖에 하역운반기계 등의 적절한 사용방법
17. 양화장치를 사용하여 화물을 싣고 내리는 작업을 할 때(제2편제6장제2절)		가. 양화장치(揚貨裝置)의 작동상태 나. 양화장치에 제한하중을 초과하는 하중을 실었는지 여부
18. 슬링 등을 사용하여 작업을 할 때(제2편제6장제2절)		가. 훅이 붙어 있는 슬링·와이어슬링 등이 매달린 상태 나. 슬링·와이어슬링 등의 상태(작업시작 전 및 작업 중 수시로 점검)

[별표 4]

사전조사 및 작업계획서 내용(제38조제1항관련)〈개정 2023. 11. 14.〉 20. 7. 25 기

작업명	사전조사 내용	작업계획서 내용
1. 타워크레인을 설치·조립·해체하는 작업 20. 5. 24 기		가. 타워크레인의 종류 및 형식 나. 설치·조립 및 해체순서 다. 작업도구·장비·가설설비(假設設備) 및 방호설비 라. 작업인원의 구성 및 작업근로자의 역할 범위 마. 제142조에 따른 지지 방법
2. 차량계 하역운반기계 등을 사용하는 작업		가. 해당 작업에 따른 추락·낙하·전도·협착 및 붕괴 등의 위험 예방대책 나. 차량계 하역운반기계 등의 운행경로 및 작업방법
3. 차량계 건설기계를 사용하는 작업 16. 11. 12 기 22. 5. 7 기	해당 기계의 전락(轉落), 지반의 붕괴 등으로 인한 근로자의 위험을 방지하기 위한 해당 작업장소의 지형 및 지반상태	가. 사용하는 차량계 건설기계의 종류 및 성능 나. 차량계 건설기계의 운행경로 다. 차량계 건설기계에 의한 작업방법
4. 화학설비와 그 부속설비 사용 작업		가. 밸브·콕 등의 조작(해당 화학설비에 원재료를 공급하거나 해당 화학설비에서 제품 등을 꺼내는 경우만 해당한다)

		나. 냉각장치·가열장치·교반장치(攪拌裝置) 및 압축장치의 조작 다. 계측장치 및 제어장치의 감시 및 조정 라. 안전밸브, 긴급차단장치, 그 밖의 방호장치 및 자동경보장치의 조정 마. 덮개판·플랜지(flange)·밸브·콕 등의 접합부에서 위험물 등의 누출여부에 대한 점검 바. 시료의 채취 사. 화학설비에서는 그 운전이 일시적 또는 부분적으로 중단된 경우의 작업방법 또는 운전 재개 시의 작업방법 아. 이상 상태가 발생한 경우의 응급조치 자. 위험물 누출 시의 조치 차. 그 밖에 폭발·화재를 방지하기 위하여 필요한 조치
5. 제318조에 따른 전기작업		가. 전기작업의 목적 및 내용 나. 전기작업 근로자의 자격 및 적정인원 다. 작업 범위, 작업책임자 임명, 전격·아크 섬광·아크 폭발 등 전기위험 요인 파악, 접근 한계거리, 활선접근 경보장치 휴대 등 작업 시작 전에 필요한 사항 라. 제328조의 전로차단에 관한 작업계획 및 전원(電源) 재투입 절차 등 작업 상황에 필요한 안전 작업요령 마. 절연용 보호구 및 방호구, 활선작업용 기구·장치 등의 준비·점검·착용·사용 등에 관한 사항 바. 점검·시운전을 위한 일시 운전, 작업 중단 등에 관한 사항 사. 교대 근무 시 근무 인계(引繼)에 관한 사항 아. 전기작업장소에 대한 관계 근로자가 아닌 사람의 출입금지에 관한 사항 자. 전기안전작업계획서를 해당 근로자에게 교육할 수 있는 방법과 작성된 전기안전작업계획서의 평가·관리계획 차. 전기 도면, 기기 세부 사항 등 작업과 관련되는 자료
6. 굴착작업	가. 형상·지질 및 지층의 상태 나. 균열·함수(含水)·용수 및 동결의 유무 또는 상태	가. 굴착방법 및 순서, 토사등 반출 방법 나. 필요한 인원 및 장비 사용계획 다. 매설물 등에 대한 이설·보호대책 라. 사업장 내 연락방법 및 신호방법 마. 흙막이 지보공 설치방법 및 계측계획

		다. 매설물 등의 유무 또는 상태 라. 지반의 지하수위 상태	바. 작업지휘자의 배치계획 사. 그 밖에 안전·보건에 관련된 사항
7.	터널굴착작업	보링(boring) 등 적절한 방법으로 낙반·출수(出水) 및 가스폭발 등으로 인한 근로자의 위험을 방지하기 위하여 미리 지형·지질 및 지층상태를 조사	가. 굴착의 방법 나. 터널지보공 및 복공(覆工)의 시공방법과 용수(湧水)의 처리방법 다. 환기 또는 조명시설을 설치할 때에는 그 방법
8.	교량작업 22. 5. 7 산		가. 작업 방법 및 순서 나. 부재(部材)의 낙하·전도 또는 붕괴를 방지하기 위한 방법 다. 작업에 종사하는 근로자의 추락 위험을 방지하기 위한 안전조치 방법 라. 공사에 사용되는 가설 철구조물 등의 설치·사용·해체 시 안전성 검토 방법 마. 사용하는 기계 등의 종류 및 성능, 작업방법 바. 작업지휘자 배치계획 사. 그 밖에 안전·보건에 관련된 사항
9.	채석작업	지반의 붕괴·굴착기계의 전락(轉落) 등에 의한 근로자에게 발생할 위험을 방지하기 위한 해당 작업장의 지형·지질 및 지층의 상태	가. 노천굴착과 갱내굴착의 구별 및 채석방법 나. 굴착면의 높이와 기울기 15. 7. 12 기 다. 굴착면 소단(小段)의 위치와 넓이 라. 갱내에서의 낙반 및 붕괴방지 방법 마. 발파방법 바. 암석의 분할방법 사. 암석의 가공장소 아. 사용하는 굴착기계·분할기계·적재기계 또는 운반기계(이하 "굴착기계 등"이라 한다)의 종류 및 성능 자. 토석 또는 암석의 적재 및 운반방법과 운반경로 차. 표토 또는 용수(湧水)의 처리방법
10.	건물 등의 해체작업 16. 6. 26 기	해체건물 등의 구조, 주변 상황 등	가. 해체의 방법 및 해체 순서도면 나. 가설설비·방호설비·환기설비 및 살수·방화설비 등의 방법 다. 사업장 내 연락방법 라. 해체물의 처분계획 마. 해체작업용 기계·기구 등의 작업계획서 바. 해체작업용 화약류 등의 사용계획서 사. 그 밖에 안전·보건에 관련된 사항

11. 중량물의 취급 작업 21.4.25 기		가. 추락위험을 예방할 수 있는 안전대책 나. 낙하위험을 예방할 수 있는 안전대책 다. 전도위험을 예방할 수 있는 안전대책 라. 협착위험을 예방할 수 있는 안전대책 마. 붕괴위험을 예방할 수 있는 안전대책
12. 궤도와 그 밖의 관련설비의 보수·점검작업		가. 적절한 작업 인원 나. 작업량 다. 작업순서 라. 작업방법 및 위험요인에 대한 안전 조치방법 등
13. 입환작업(入換作業)		

[별표 5]

강관비계의 조립간격(제59조제4호 관련) 21.7.10 기

강관비계의 종류	조립간격(단위: [m])	
	수직방향	수평방향
단관비계	5	5
틀비계(높이가 5[m] 미만인 것은 제외한다)	6	8

[별표 6]

차량계 건설기계(제196조 관련)

1. 도저형 건설기계(불도저, 스트레이트도저, 틸트도저, 앵글도저, 버킷도저 등)
2. 모터그레이더(motor grader, 땅 고르는 기계)
3. 로더(포크 등 부착물 종류에 따른 용도 변경 형식을 포함한다)
4. 스크레이퍼((scraper, 흙을 절삭·운반하거나 펴 고르는 등의 작업을 하는 토공기계)
5. 크레인형 굴착기계(클램쉘, 드래그라인 등)
6. 굴삭기(브레이커, 크러셔, 드릴 등 부착물 종류에 따른 용도 변경 형식을 포함한다)
7. 항타기 및 항발기
8. 천공용 건설기계(어스드릴, 어스오거, 크롤러드릴, 점보드릴 등) 24.11.2 기
9. 지반 압밀침하용 건설기계(샌드드레인머신, 페이퍼드레인머신, 팩드레인머신 등)
10. 지반 다짐용 건설기계(타이어롤러, 머캐덤롤러, 탠덤롤러 등)
11. 준설용 건설기계(버킷준설선, 그래브준설선, 펌프준설선 등)
12. 콘크리트 펌프카
13. 덤프트럭

14. 콘크리트 믹서 트럭
15. 도로포장용 건설기계(아스팔트 살포기, 콘크리트 살포기, 아스팔트 피니셔, 콘크리트 피니셔 등) 24. 11. 2 기
16. 골재 채취 및 살포용 건설기계(쇄석기, 자갈채취기, 골재살포기 등)
17. 제1호부터 제16호까지와 유사한 구조 또는 기능을 갖는 건설기계로서 건설작업에 사용하는 것

[별표 7]

화학설비 및 그 부속설비의 종류

(제227조부터 제229조까지, 제243조 및 제2편제2장제4절 관련)

1. 화학설비
   가. 반응기·혼합조 등 화학물질 반응 또는 혼합장치
   나. 증류탑·흡수탑·추출탑·감압탑 등 화학물질 분리장치
   다. 저장탱크·계량탱크·호퍼·사일로 등 화학물질 저장설비 또는 계량설비
   라. 응축기·냉각기·가열기·증발기 등 열교환기류
   마. 고로 등 점화기를 직접 사용하는 열교환기류
   바. 캘린더(calender)·혼합기·발포기·인쇄기·압출기 등 화학제품 가공설비
   사. 분쇄기·분체분리기·용융기 등 분체화학물질 취급장치
   아. 결정조·유동탑·탈습기·건조기 등 분체화학물질 분리장치
   자. 펌프류·압축기·이젝터(ejector) 등의 화학물질 이송 또는 압축설비
2. 화학설비의 부속설비
   가. 배관·밸브·관·부속류 등 화학물질 이송 관련 설비
   나. 온도·압력·유량 등을 지시·기록 등을 하는 자동제어 관련 설비
   다. 안전밸브·안전판·긴급차단 또는 방출밸브 등 비상조치 관련 설비
   라. 가스누출감지 및 경보 관련 설비
   마. 세정기, 응축기, 벤트스택(bent stack), 플레어스택(flare stack) 등 폐가스 처리설비
   바. 사이클론, 백필터(bag filter), 전기집진기 등 분진처리설비
   사. 가목부터 바목까지의 설비를 운전하기 위하여 부속된 전기 관련 설비
   아. 정전기 제거장치, 긴급 샤워설비 등 안전 관련 설비

[별표 8]

안전거리(제271조 관련) 22. 5. 7 기

구분	안전거리
1. 단위공정시설 및 설비로부터 다른 단위공정시설 및 설비의 사이	설비의 바깥 면으로부터 10미터 이상

2. 플레어스택으로부터 단위공정시설 및 설비, 위험물질 저장탱크 또는 위험물질 하역설비의 사이	플레어스택으로부터 반경 20미터 이상. 다만, 단위공정시설 등이 불연재로 시공된 지붕 아래에 설치된 경우에는 그러하지 아니하다.
3. 위험물질 저장탱크로부터 단위공정시설 및 설비, 보일러 또는 가열로의 사이	저장탱크의 바깥 면으로부터 20미터 이상. 다만, 저장탱크의 방호벽, 원격조종화설비 또는 살수설비를 설치한 경우에는 그러하지 아니하다.
4. 사무실·연구실·실험실·정비실 또는 식당으로부터 단위공정시설 및 설비, 위험물질 저장탱크, 위험물질 하역설비, 보일러 또는 가열로의 사이	사무실 등의 바깥 면으로부터 20미터 이상. 다만, 난방용 보일러인 경우 또는 사무실 등의 벽을 방호구조로 설치한 경우에는 그러하지 아니하다.

[별표 11]

굴착면의 기울기 기준(제339조제1항 관련) 〈개정 2023. 11. 14.〉 23. 4. 23 기

지반의 종류	굴착면의 기울기
모래	1 : 1.8
연암 및 풍화암	1 : 1.0
경암	1 : 0.5
그 밖의 흙	1 : 1.2

[별표 13]

관리대상 유해물질 관련 국소배기장치 후드의 제어풍속(제429조 관련)

물질의 상태	후드 형식	제어풍속(m/sec)
가스 상태	포위식 포위형	0.4
	외부식 측방흡인형	0.5
	외부식 하방흡인형	0.5
	외부식 상방흡인형	1.0
입자 상태	포위식 포위형	0.7
	외부식 측방흡인형	1.0
	외부식 하방흡인형	1.0
	외부식 상방흡인형	1.2

비고
1. "가스 상태"란 관리대상 유해물질이 후드로 빨아들여질 때의 상태가 가스 또는 증기인 경우를 말한다.
2. "입자 상태"란 관리대상 유해물질이 후드로 빨아들여질 때의 상태가 흄, 분진 또는 미스트인 경우를 말한다.
3. "제어풍속"이란 국소배기장치의 모든 후드를 개방한 경우의 제어풍속으로서 다음 각 목에 따른 위치에서의 풍속을 말한다.

가. 포위식 후드에서는 후드 개구면에서의 풍속
나. 외부식 후드에서는 해당 후드에 의하여 관리대상 유해물질을 빨아들이려는 범위 내에서 해당 후드 개구면으로부터 가장 먼 거리의 작업위치에서의 풍속

[별표 16]

분진작업의 종류(제605조제2호 관련)

1. 토석·광물·암석(이하 "암석 등"이라 하고, 습기가 있는 상태의 것은 제외한다. 이하 이 표에서 같다)을 파내는 장소에서의 작업. 다만, 다음 각 목의 어느 하나에서 정하는 작업은 제외한다.
    가. 갱 밖의 암석 등을 습식에 의하여 시추하는 장소에서의 작업
    나. 실외의 암석 등을 동력 또는 발파에 의하지 않고 파내는 장소에서의 작업
2. 암석 등을 싣거나 내리는 장소에서의 작업
3. 갱내에서 암석 등을 운반, 파쇄·분쇄하거나 체로 거르는 장소(수중작업은 제외한다) 또는 이들을 쌓거나 내리는 장소에서의 작업
4. 갱내의 제1호부터 제3호까지의 규정에 따른 장소와 근접하는 장소에서 분진이 붙어있거나 쌓여 있는 기계설비 또는 전기설비를 이설(移設)·철거·점검 또는 보수하는 작업
5. 암석 등을 재단·조각 또는 마무리하는 장소에서의 작업(제12호에 따른 작업과 화염을 이용하여 재단하거나 제작하는 장소에서의 작업은 제외한다)
6. 연마재의 분사에 의하여 연마하는 장소나 연마재 또는 동력을 사용하여 암석·광물 또는 금속을 연마·주물 또는 재단하는 장소에서의 작업(제5호에 따른 작업은 제외한다)
7. 갱내가 아닌 장소에서 암석 등·탄소원료 또는 알루미늄박을 파쇄·분쇄하거나 체로 거르는 장소에서의 작업
8. 시멘트·비산재·분말광석·탄소원료 또는 탄소제품을 건조하는 장소, 쌓거나 내리는 장소, 혼합·살포·포장하는 장소에서의 작업
9. 분말 상태의 알루미늄 또는 산화티타늄을 혼합·살포·포장하는 장소에서의 작업
10. 분말 상태의 광석 또는 탄소원료를 원료 또는 재료로 사용하는 물질을 제조·가공하는 공정에서 분말 상태의 광석, 탄소원료 또는 그 물질을 함유하는 물질을 혼합·혼입 또는 살포하는 장소에서의 작업(제11호부터 제13호까지의 규정에 따른 작업은 제외한다)
11. 유리 또는 법랑을 제조하는 공정에서 원료를 혼합하는 작업이나 원료 또는 혼합물을 용해로에 투입하는 작업(수중에서 원료를 혼합하는 장소에서의 작업은 제외한다)
12. 도자기, 내화물(耐火物), 형사토 제품 또는 연마재를 제조하는 공정에서 원료를 혼합 또는 성형하거나, 원료 또는 반제품을 건조하거나, 반제품을 차에 싣거나 쌓은 장소에서의 작업이나 가마 내부에서의 작업. 다만, 다음 각 목의 어느 하나에

정하는 작업은 제외한다.
　　가. 도자기를 제조하는 공정에서 원료를 투입하거나 성형하여 반제품을 완성하거나 제품을 내리고 쌓은 장소에서의 작업
　　나. 수중에서 원료를 혼합하는 장소에서의 작업
13. 탄소제품을 제조하는 공정에서 탄소원료를 혼합하거나 성형하여 반제품을 노(爐)에 넣거나 반제품 또는 제품을 노에서 꺼내거나 제작하는 장소에서의 작업
14. 주형을 사용하여 주물을 제조하는 공정에서 주형(鑄型)을 해체 또는 탈사(脫砂)하거나 주물모래를 재생하거나 혼련(混鍊)하거나 주조품 등을 절삭하는 장소에서의 작업(제6호에 따른 작업은 제외한다)
15. 암석 등을 운반하는 암석전용선의 선창(船艙) 내에서 암석 등을 빠뜨리거나 한군데로 모으는 작업
16. 금속 또는 그 밖의 무기물을 제련하거나 녹이는 공정에서 토석 또는 광물을 개방로에 투입·소결(燒結)·탕출(湯出) 또는 주입하는 장소에서의 작업(전기로에서 탕출하는 장소나 금형을 주입하는 장소에서의 작업은 제외한다)
17. 분말 상태의 광물을 연소하는 공정이나 금속 또는 그 밖의 무기물을 제련하거나 녹이는 공정에서 노(爐)·연도(煙道) 또는 연돌 등에 붙어 있거나 쌓여있는 광물찌꺼기 또는 재를 긁어내거나 한곳에 모으거나 용기에 넣는 장소에서의 작업
18. 내화물을 이용한 가마 또는 노 등을 축조 또는 수리하거나 내화물을 이용한 가마 또는 노 등을 해체하거나 파쇄하는 작업
19. 실내·갱내·탱크·선박·관 또는 차량 등의 내부에서 금속을 용접하거나 용단하는 작업
20. 금속을 녹여 뿌리는 장소에서의 작업
21. 동력을 이용하여 목재를 절단·연마 및 분쇄하는 장소에서의 작업
22. 면(綿)을 섞거나 두드리는 장소에서의 작업
23. 염료 및 안료를 분쇄하거나 분말 상태의 염료 및 안료를 계량·투입·포장하는 장소에서의 작업
24. 곡물을 분쇄하거나 분말 상태의 곡물을 계량·투입·포장하는 장소에서의 작업
25. 유리섬유 또는 암면(巖綿)을 재단·분쇄·연마하는 장소에서의 작업
26. 「기상법 시행령」 제8조제2항제8호에 따른 황사 경보 발령지역 또는 「대기환경보전법 시행령」 제2조제3항제1호 및 제2호에 따른 미세먼지(PM-10, PM-2.5) 경보 발령지역에서의 옥외 작업

[별표 17]
　　　분진작업장소에 설치하는 국소배기장치의 제어풍속(제609조 관련)

1. 제607조 및 제617조제1항 단서에 따라 설치하는 국소배기장치(연삭기, 드럼 샌더(drum sander) 등의 회전체를 가지는 기계에 관련되어 분진작업을 하는 장소에 설치하는 것은 제외한다)의 제어풍속

분진작업장소	제어풍속(미터/초)			
	포위식 후드의 경우	외부식 후드의 경우		
		측방 흡인형	하방 흡인형	상방 흡인형
암석 등 탄소원료 또는 알루미늄박을 체로 거르는 장소	0.7	—	—	—
주물모래를 재생하는 장소	0.7	—	—	—
주형을 부수고 모래를 터는 장소	0.7	1.3	1.3	—
그 밖의 분진작업장소	0.7	1.0	1.0	1.2

비고
1. 제어풍속이란 국소배기장치의 모든 후드를 개방한 경우의 제어풍속으로서 다음 각 목의 위치에서 측정한다.
   가. 포위식 후드에서는 후드 개구면
   나. 외부식 후드에서는 해당 후드에 의하여 분진을 빨아들이려는 범위에서 그 후드 개구면으로부터 가장 먼 거리의 작업위치

2. 제607조 및 제617조제1항 단서의 규정에 따라 설치하는 국소배기장치 중 연삭기, 드럼 샌더 등의 회전체를 가지는 기계에 관련되어 분진작업을 하는 장소에 설치된 국소배기장치의 후드의 설치방법에 따른 제어풍속

후드의 설치방법	제어풍속(미터/초)
회전체를 가지는 기계 전체를 포위하는 방법	0.5
회전체의 회전으로 발생하는 분진의 흩날림방향을 후드의 개구면으로 덮는 방법	5.0
회전체만을 포위하는 방법	5.0

비고
제어풍속이란 국소배기장치의 모든 후드를 개방한 경우의 제어풍속으로서, 회전체를 정지한 상태에서 후드의 개구면에서의 최소풍속을 말한다.

[별표 18]

밀폐공간(제618조제1호 관련) 〈개정 2023. 11. 14.〉

1. 다음의 지층에 접하거나 통하는 우물·수직갱·터널·잠함·피트 또는 그밖에 이와 유사한 것의 내부
   가. 상층에 물이 통과하지 않는 지층이 있는 역암층 중 함수 또는 용수가 없거나 적은 부분
   나. 제1철 염류 또는 제1망간 염류를 함유하는 지층
   다. 메탄·에탄 또는 부탄을 함유하는 지층
   라. 탄산수를 용출하고 있거나 용출할 우려가 있는 지층

2. 장기간 사용하지 않은 우물 등의 내부
3. 케이블·가스관 또는 지하에 부설되어 있는 매설물을 수용하기 위하여 지하에 부설한 암거·맨홀 또는 피트의 내부
4. 빗물·하천의 유수 또는 용수가 있거나 있었던 통·암거·맨홀 또는 피트의 내부
5. 바닷물이 있거나 있었던 열교환기·관·암거·맨홀·둑 또는 피트의 내부
6. 장기간 밀폐된 강재(鋼材)의 보일러·탱크·반응탑이나 그 밖에 그 내벽이 산화하기 쉬운 시설(그 내벽이 스테인리스강으로 된 것 또는 그 내벽의 산화를 방지하기 위하여 필요한 조치가 되어 있는 것은 제외한다)의 내부
7. 석탄·아탄·황화광·강재·원목·건성유(乾性油)·어유(魚油) 또는 그 밖의 공기 중의 산소를 흡수하는 물질이 들어 있는 탱크 또는 호퍼(hopper) 등의 저장시설이나 선창의 내부
8. 천장·바닥 또는 벽이 건성유를 함유하는 페인트로 도장되어 그 페인트가 건조되기 전에 밀폐된 지하실·창고 또는 탱크 등 통풍이 불충분한 시설의 내부
9. 곡물 또는 사료의 저장용 창고 또는 피트의 내부, 과일의 숙성용 창고 또는 피트의 내부, 종자의 발아용 창고 또는 피트의 내부, 버섯류의 재배를 위하여 사용하고 있는 사일로(silo), 그 밖에 곡물 또는 사료종자를 적재한 선창의 내부
10. 간장·주류·효모 그 밖에 발효하는 물품이 들어 있거나 들어 있었던 탱크·창고 또는 양조주의 내부
11. 분뇨, 오염된 흙, 썩은 물, 폐수, 오수, 그 밖에 부패하거나 분해되기 쉬운 물질이 들어있는 정화조·침전조·집수조·탱크·암거·맨홀·관 또는 피트의 내부
12. 드라이아이스를 사용하는 냉장고·냉동고·냉동화물자동차 또는 냉동컨테이너의 내부
13. 헬륨·아르곤·질소·프레온·이산화탄소 또는 그 밖의 불활성기체가 들어 있거나 있었던 보일러·탱크 또는 반응탑 등 시설의 내부
14. 산소농도가 18퍼센트 미만 23.5퍼센트 이상, 이산화탄소농도가 1.5퍼센트 이상, 일산화탄소의 농도가 30피피엠 이상 또는 황화수소농도가 10피피엠 이상인 장소의 내부
15. 갈탄·목탄·연탄난로를 사용하는 콘크리트 양생장소(養生場所) 및 가설숙소 내부
16. 화학물질이 들어있던 반응기 및 탱크의 내부
17. 유해가스가 들어있던 배관이나 집진기의 내부
18. 근로자가 상주(常住)하지 않는 공간으로서 출입이 제한되어 있는 장소의 내부

합격예측

경영의 3요소
① 자본 ② 기술 ③ 인간
전 cost 비용(T)
=재해예방비용(T_1)+재해비용(T_2)

용어정의

테일러(Taylor)의 과학적 관리방식
생산능률향상을 위해 능률의 논리를 경영관리의 방법으로 체계화한 방식

Q 은행문제

상해의 종류 중 압좌, 충돌, 추락 등으로 인하여 외부의 상처 없이 피하조직 또는 근육부 등 내부조직이나 장기가 손상받은 상해를 무엇이라 하는가?

① 부종
② 자상
③ 창상
④ 좌상

정답 ④

Q 은행문제

다음 중 칼날이나 뾰족한 물체 등 날카로운 물건에 찔린 상해를 무엇이라 하는가?

① 자상   ② 장상
③ 절상   ④ 찰과상

정답 ①

합격예측

일반적인 재해조사항목
① 사고의 형태
② 기인물 및 가해물
③ 불안전한 행동 및 상태

보충학습

■ 산업안전보건법 시행규칙 [별지 제30호서식]

산업재해 조사표

※ 뒤쪽의 작성 방법을 읽고 작성해 주시기 바라며, [ ]에는 해당하는 곳에 √표시를 합니다. (앞쪽)

I. 사업장 정보	① 산재관리번호 (사업개시번호)		사업자등록번호	
	② 사업장명		③ 근로자 수	
	④ 업종		소재지	(-)
	⑤ 재해자가 사내 수급인 소속인 경우(건설업 제외)	원도급인 사업장명	⑥ 재해자가 파견근로자인 경우	파견사업주 사업장명
		사업장 산재관리번호 (사업개시번호)		사업장 산재관리번호 (사업개시번호)
	건설업만 작성	발주자		[ ]민간 [ ]국가지방자치단체 [ ]공공기관
		⑦ 원수급 사업장명	공사현장 명	
		⑧ 원수급 사업장 산재관리번호(사업개시번호)		
		⑨ 공사종류	공정률 %	공사금액 백만원

※ 아래 항목은 재해자별로 각각 작성하되, 같은 재해로 재해자가 여러 명이 발생된 경우 별도 서식에 추가로 적습니다.

II. 재해 정보	성 명		주민등록번호 (외국인 등록번호)		성별	[ ]남 [ ]여
	국 적	[ ]내국인 [ ]외국인 [국적: ⑩ 체류자격:]			⑪ 직업	
	입사일	년 월 일	⑫같은 종류업무 근속기간		년 월	
	⑬ 고용형태	[ ]상용 [ ]임시 [ ]일용 [ ]무급가족종사자 [ ]자영업자 [ ]그 밖의 사항 [ ]				
	⑭ 근무형태	[ ]정상 [ ]2교대 [ ]3교대 [ ]4교대 [ ]시간제 [ ]그 밖의 사항 [ ]				
	⑮ 상해종류 (질병명)		⑯ 상해부위 (질병부위)		⑰ 휴업예상 일수	휴업 [ ]일
					사망 여부	[ ] 사망

III. 재해발생 개요 및 원인	⑱ 재해 발생 개요	발생일시	[ ]년 [ ]월 [ ]일 [ ]요일 [ ]시 [ ]분
		발생장소	
		재해관련 작업유형	
		재해발생 당시 상황	
	⑲ 재해발생 원인		

IV. ⑳ 재발 방지계획	

※ ⑳재발방지 계획 이행을 위한 안전보건교육 및 기술지도 등을 한국산업안전보건공단에서 무료로 제공하고 있으니 즉시 기술지원 서비스를 받고자 하는 경우 오른쪽에 √표시를 하시기 바랍니다. | 즉시 기술지원 서비스 요청 [ ]

※ 근로복지공단은 재해자의 개인정보를 활용하는 것에 동의하는 사람에 한정하여 해당 재해자에게 산재보험급여의 신청방법을 안내하고 있으니 관련 안내를 받으려는 재해자는 오른쪽에 √ 표시를 하시기 바랍니다. | 산재보험급여 신청방법 안내를 위한 재해자의 개인정보 활용 동의 [ ]

작성자 성명				
작성자 전화번호	작성일	년	월	일
	사업주			(서명 또는 인)
	근로자대표(재해자)			(서명 또는 인)

( )지방고용노동청장(지청장) 귀하

재해 분류자 기입란 (사업장에서는 적지 않습니다)	발생형태	□□□	기인물	□□□□□
	작업지역·공정	□□□	작업내용	□□□

210mm×297mm[백상지(80g/㎡) 또는 중질지(80g/㎡)]

합격예측

하인리히에 의한 사고원인의 분류

(1) 직접 원인 : 직접적으로 사고를 일으키는 불안전 행동이나 불안전한 상태를 말한다.
(2) 부원인(Subcause) : 불안전한 행동을 일으키는 이유(안전작업 규칙들이 위배되는 이유)
  ① 부적절한 태도
  ② 지식 또는 기능의 결여
  ③ 신체적 부적격
  ④ 부적절한 기계적, 물리적 환경
(3) 기초 원인 : 습관적, 사회적, 유전적, 관리감독적 특성

합격예측

작업개선 4단계
① 1단계 : 작업분해
② 2단계 : 세부내용 검토
③ 3단계 : 작업분석
④ 4단계 : 새로운 방법의 적용

참고

[그림] 낙하/비래
(Hit by falling/Flying object)

작성방법

I. 사업장 정보

① 산재관리번호(사업개시번호) : 근로복지공단에 산업재해보상보험 가입이 되어 있으면 그 가입번호를 적고 사업장등록번호 기입란에는 국세청의 사업자등록번호를 적습니다. 다만, 근로복지공단의 산업재해보상보험에 가입이 되어 있지 않은 경우 사업자등록번호만 적습니다.

※ 산재보험 일괄 적용 사업장은 산재관리번호와 사업개시번호를 모두 적습니다.

② 사업장명 : 재해자가 사업주와 근로계약을 체결하여 실제로 급여를 받는 사업장명을 적습니다. 파견근로자가 재해를 입은 경우에는 실제적으로 지휘·명령을 받는 사용사업주의 사업장명을 적습니다. [예 아파트를 건설하는 종합건설업의 하수급 사업장 소속 근로자가 작업 중 재해를 입은 경우 재해자가 실제로 하수급 사업장의 사업주와 근로계약을 체결하였다면 하수급 사업장명을 적습니다.]

③ 근로자 수 : 사업장의 최근 근로자 수를 적습니다(정규직, 일용직·임시직 근로자, 훈련생 등 포함).

④ 업종 : 통계청(www.kostat.go.kr)의 통계분류 항목에서 한국표준산업분류를 참조하여 세세분류(5자리)를 적습니다. 다만, 한국표준산업분류 세세분류를 알 수 없는 경우 아래와 같이 한국표준산업명과 주요 생산품을 추가로 적습니다. [예 제철업, 시멘트제조업, 아파트건설업, 공작기계도매업, 일반화물자동차 운송업, 중식음식점업, 건축물 일반청소업 등]

⑤ 재해자가 사내 수급인 소속인 경우(건설업 제외) : 원도급인 사업장명과 산재관리번호(사업개시번호)를 적습니다.

※ 원도급인 사업장이 산재보험 일괄 적용 사업장인 경우에는 원도급인 사업장 산재관리번호와 사업개시번호를 모두 적습니다.

⑥ 재해자가 파견근로자인 경우 : 파견사업주의 사업장명과 산재관리번호(사업개시번호)를 적습니다.

※ 파견사업주의 사업장이 산재보험 일괄 적용 사업장인 경우에는 파견사업주의 사업장 산재관리번호와 사업개시번호를 모두 적습니다.

⑦ 원수급 사업장명 : 재해자가 소속되거나 관리되고 있는 사업장이 하수급 사업장인 경우에만 적습니다.

합격예측

하인리히와 버드의 이론비교

하인리히	버드
1:29:300 법칙 [중상해:경상해:무상해 사고]	1:10:30:600 법칙 [중상:상해:물적만의 사고:상해도 손해도 없는 아차 사고]
재해발생 점유율	– a major or lost time injury – minor injuries – no-injury accidents	– serious or disabling ANSI Z16.1 – minor injuries – property damage accidents – incidents with no visible injury or damage
도미노 이론	5골패(고전이론) 1. 선천적 결함 2. 인간의 결함 3. 직접원인 (인적+물적 원인) 4. 사고 5. 상해	5골패(최신이론) 1. 제어의 부족 2. 기본원인 3. 직접원인 4. 사고 5. 상해

합격예측

재해코스트
노구찌의 방식
시몬즈의 평균치법을 근거로 일본의 상황에 맞는 방법을 제시

M = A 또는 (1.15 a + b) + B + C + D + E + F

여기서)
M : 재해 1건당 코스트
A : 법정보상비 (a : 정부보상비, b : 회사보상비)
B : 법정외 보상비
C : 인적손실비용
D : 물적손실비용
E : 생산손실비용
F : 특수손실비용
a : 하인리히의 직접비에 대응
1.15a : 시몬즈의 보험코스트에 대응

---

⑧ 원수급 사업장 산재관리번호(사업개시번호) : 원수급 사업장이 산재보험 일괄 적용 사업장인 경우에는 원수급 사업장 산재관리번호와 사업개시번호를 모두 적습니다.

⑨ 공사 종류, 공정률, 공사금액 : 수급 받은 단위공사에 대한 현황이 아닌 원수급 사업장의 공사 현황을 적습니다.

  가. 공사 종류 : 재해 당시 진행 중인 공사 종류를 말합니다. [예] 아파트, 연립주택, 상가, 도로, 공장, 댐, 플랜트시설, 전기공사 등]

  나. 공정률 : 재해 당시 건설 현장의 공사 진척도로 전체 공정률을 적습니다.(단위공정률이 아님)

II. 재해자 정보

⑩ 체류자격 : 「출입국관리법 시행령」 별표 1에 따른 체류자격(기호)을 적습니다. [예] E-1, E-7, E-9 등]

⑪ 직업 : 통계청(www.kostat.go.kr)의 통계분류 항목에서 한국표준직업분류를 참조하여 세세분류(5자리)를 적습니다. 다만, 한국표준직업분류 세세분류를 알 수 없는 경우 알고 있는 직업명을 적고, 재해자가 평소 수행하는 주요 업무내용 및 직위를 추가로 적습니다. [예] 토목감리기술자, 전문간호사, 인사 및 노무사무원, 한식조리사, 철근공, 미장공, 프레스조작원, 선반기조작원, 시내버스 운전원, 건물내부청소원 등]

⑫ 같은 종류 업무 근속기간 : 과거 다른 회사의 경력부터 현직 경력(동일·유사 업무 근무경력)까지 합하여 적습니다.(질병의 경우 관련 작업근무기간)

⑬ 고용형태 : 근로자가 사업장 또는 타인과 명시적 또는 내재적으로 체결한 고용계약 형태를 적습니다.

  가. 상용 : 고용계약기간을 정하지 않았거나 고용계약기간이 1년 이상인 사람
  나. 임시 : 고용계약기간을 정하여 고용된 사람으로서 고용계약기간이 1개월 이상 1년 미만인 사람
  다. 일용 : 고용계약기간이 1개월 미만인 사람 또는 매일 고용되어 근로의 대가로 일급 또는 일당제 급여를 받고 일하는 사람
  라. 자영업자 : 혼자 또는 그 동업자로서 근로자를 고용하지 않은 사람
  마. 무급가족종사자 : 사업주의 가족으로 임금을 받지 않는 사람
  바. 그 밖의 사항 : 교육·훈련생 등

⑭ 근무형태 : 평소 근로자의 작업 수행시간 등 업무를 수행하는 형태를 적습니다.

  가. 정상 : 사업장의 정규 업무 개시시각과 종료시각(통상 오전 9시 전후에 출근하여 오후 6시 전후에 퇴근하는 것) 사이에 업무수행하는 것을 말합니다.
  나. 2교대, 3교대, 4교대 : 격일제근무, 같은 작업에 2개조, 3개조, 4개조로 순환하면서 업무수행하는 것을 말합니다.
  다. 시간제 : 가목의 '정상' 근무형태에서 규정하고 있는 주당 근무시간보다 짧은 근로시간 동안 업무수행하는 것을 말합니다.
  라. 그 밖의 사항 : 고정적인 심야(야간)근무 등을 말합니다.

⑮ 상해종류(질병명) : 재해로 발생된 신체적 특성 또는 상해 형태를 적습니다. 19. 9. 21 산

  [예] 골절, 절단, 타박상, 찰과상, 중독·질식, 화상, 감전, 뇌진탕, 고혈압, 뇌졸중, 피부염, 진폐, 수근관증후군 등]

⑯ 상해부위(질병부위) : 재해로 피해가 발생된 신체 부위를 적습니다.

[예] 머리, 눈, 목, 어깨, 팔, 손, 손가락, 등, 척추, 몸통, 다리, 발, 발가락, 전신, 신체 내부기관(소화·신경·순환·호흡배설) 등]

※ 상해종류 및 상해부위가 둘 이상이면 상해 정도가 심한 것부터 적습니다.

⑰ 휴업예상일수 : 재해발생일을 제외한 3일 이상의 결근 등으로 회사에 출근하지 못한 일수를 적습니다.(추정 시 의사의 진단 소견을 참조)

Ⅲ. 재해발생정보

⑱ 재해발생개요 : 재해원인의 상세한 분석이 가능하도록 발생일시[년, 월, 일, 요일, 시(24시 기준), 분], 발생 장소(공정 포함), 재해관련 작업유형(누가 어떤 기계·설비를 다루면서 무슨 작업을 하고 있었는지), 재해발생 당시 상황[재해 발생 당시 기계·설비·구조물이나 작업환경 등의 불안전한 상태(예시 : 떨어짐, 무너짐 등)와 재해자나 동료 근로자가 어떠한 불안전한 행동(예시 : 넘어짐, 까임 등)을 했는지]을 상세히 적습니다.

[작성예시]

발생일시	2013년 5월 30일 금요일 14시 30분
발생장소	사출성형부 플라스틱 용기 생산 1팀 사출공정에서
재해관련 작업유형	재해자 000가 사출성형기 2호기에서 플라스틱 용기를 꺼낸 후 금형을 점검하던 중
재해발생 당시 상황	재해자가 점검중임을 모르던 동료근로자 000가 사출성형기 조작스위치를 가동하여 금형사이에 재해자가 끼어 사망하였음

⑲ 재해발생 원인 : 재해가 발생한 사업장에서 재해발생 원인을 인적 요인(무의식 행동, 착오, 피로, 연령, 커뮤니케이션 등), 설비적 요인(기계·설비의 설계상 결함, 방호장치의 불량, 작업표준화의 부족, 점검·정비의 부족 등), 작업·환경적 요인(작업정보의 부적절, 작업자세·동작의 결함, 작업방법의 부적절, 작업환경 조건의 불량 등), 관리적 요인(관리조직의 결함, 규정·매뉴얼의 불비·불철저, 안전교육의 부족, 지도감독의 부족 등)을 적습니다. 16.10.1 산

Ⅳ. 재발방지계획

⑳ "⑲ 재해발생 원인"을 토대로 재발방지 계획을 적습니다. 16.4.9 지

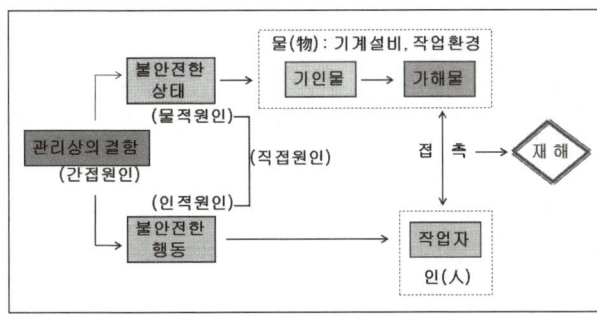

[그림] 재해발생의 메커니즘

합격예측

재해 발생 형태별 분류
① 추락(떨어짐) : 사람이 건축물, 비계, 기계, 사다리, 계단, 경사면, 나무 등에서 떨어지는 것
② 전도(넘어짐) : 사람이 평면상으로 넘어졌을 때를 말함(과속, 미끄러짐 포함)
③ 충돌(부딪힘) : 사람이 정지물에 부딪친 경우
④ 낙하, 비래(떨어짐) : 물건이 주체가 되어 사람이 맞은 경우
⑤ 붕괴, 도괴(무너짐) : 적재물, 비계, 건축물이 무너진 경우
⑥ 협착(끼임, 감김) : 물건에 끼인 상태, 말려든 상태
⑦ 감전 : 전기 접촉이나 방전에 의해 사람이 충격을 받은 경우
⑧ 폭발 : 압력의 급격한 발생 또는 개방으로 폭음을 수반한 팽창이 일어나는 경우
⑨ 파열 : 용기 또는 장치가 물리적인 압력에 의해 파열한 경우
⑩ 화재 : 화재로 인한 경우를 말하며 관련 물체는 발화물을 기재
⑪ 무리한 동작 : 무거운 물건을 들다 허리를 삐거나 부자연한 자세 또는 동작의 반동으로 상해를 입은 경우
⑫ 이상온도접촉 : 고온이나 저온에 접촉하는 경우
⑬ 유해물접촉 : 유해물 접촉으로 중독되거나 질식된 경우

합격예측

재해코스트
콤페스(P. C. Compas)의 방식
① 직접비용과 간접비용외에 기업의 활동능력이 상실되는 손실도 감안
② 전체재해손실 = 공동비용(불변) + 개별비용(변수)

구분	공동비용	개별비용
항목	① 보험료 ② 안전보건팀 유지비용 ③ 기타(기업의 명예, 안전성 등)	① 작업중단으로 인한 손실 비용 ② 수리대책에 필요한 비용 ③ 치료에 소요되는 비용 ④ 사고조사에 필요한 비용 등

Chapter 03 건설공사 표준안전작업지침

중점 학습내용

건설공사 표준안전작업지침에서 이번시험에 출제가 예상되는 중요항목은 다음과 같다.
1. 추락재해방지 표준안전작업지침
2. 건설업 산업안전보건관리 계상 및 사용기준
3. 가설공사 표준안전작업지침
4. 굴착공사 표준안전작업지침
5. 콘크리트공사 표준안전작업지침
6. 철골공사 표준안전작업지침
7. 해체공사 표준안전작업지침
8. 벌목공사 표준안전작업지침
9. 터널공사 표준안전작업지침
10. 운반하역 표준안전작업지침
11. 크레인작업 표준신호지침
12. 발파 표준안전작업지침

합격예측

① "방망"이라 함은 그물코가 다수 연속된 것을 말한다.
② "매듭"이라 함은 그물코의 정점을 만드는 방망사의 매듭을 말한다.
③ "테두리로프"라 함은 방망 주변을 형성하는 로프를 말한다.
④ "재봉사"라 함은 테두리로프와 방망을 일체화하기 위한 실을 말한다. 여기서 사는 방망사와 동일한 재질의 것을 말한다.
⑤ "달기로프"라 함은 방망을 지지점에 부착하기 위한 로프를 말한다.
⑥ "시험용사"라 함은 등속 인장 시험에 사용하기 위한 것으로서 방망사와 동일한 재질의 것을 말한다.

1 추락재해방지 표준안전작업지침

제정 1992. 12. 29 고시 제1992-50호
개정 2020. 1. 7 고용노동부 고시 제2020-8호

제1장 총 칙

제1조(목적) 이 지침은 산업안전보건법 제13조에 의하여 추락재해방지를 위하여 사용되는 방망, 안전대, 지지로프, 표준안전난간의 설치 및 관리에 관하여 사업주에게 지도 권고할 기술상의 지침을 규정함을 목적으로 한다.

제 2 조(정의) ① 이 지침에서 사용되는 용어의 정의는 다음 각 호와 같다.
1. "방망"이라 함은 그물코가 다수 연속된 것을 말한다.
2. "매듭"이라 함은 그물코의 정점을 만드는 방망사의 매듭을 말한다.
3. "테두리로프"라 함은 방망 주변을 형성하는 로프를 말한다.
4. "재봉사"라 함은 테두리로프와 방망을 일체화하기 위한 실을 말한다. 여기서 사는 방망사와 동일한 재질의 것을 말한다.
5. "달기로프"라 함은 방망을 지지점에 부착하기 위한 로프를 말한다.
6. "시험용사"라 함은 등속 인장 시험에 사용하기 위한 것으로서 방망사와 동일한 재질의 것을 말한다.

② 이 지침에서 정하는 것과 특별한 규정에 있는 경우를 제외하고 산업안전보건법(이하 "법"이라 한다), 동법 시행령(이하 "영"이라 한다), 동법 시행규칙(이하 "시행규칙"이라 한다) 및 산업안전보건기준에 관한 규칙(이하 "안전보건규칙"이라 한다)이 정하는 바에 의한다.

제2장 방망의 구조 등 안전기준

제1절 구조

제3조(구조 및 치수) 방망은 망, 테두리로프, 달기로프, 시험용사로 구성된 것으로서 각 부분은 다음 각 호의 정하는 바에 적합하여야 한다. ([그림 1] 참조) 21. 7. 10

1. 소재 : 합성섬유 또는 그 이상의 물리적 성질을 갖는 것이어야 한다.
2. 그물코 : 사각 또는 마름모로서 그 크기는 10[cm] 이하이어야 한다.
3. 방망의 종류 : 매듭방망으로서 매듭은 원칙적으로 단매듭으로 한다.
4. 테두리로프와 방망의 재봉 : 테두리로프는 각 그물코를 관통시키고 서로 중복됨이 없이 재봉사로 결속한다.
5. 테두리로프 상호의 접합 : 테두리로프를 중간에서 결속하는 경우는 충분한 강도를 갖도록 한다.
6. 달기로프의 결속 : 달기로프는 3회 이상 엮어 묶는 방법 또는 이와 동등 이상의 강도를 갖는 방법으로 테두리로프에 결속하여야 한다.
7. 시험용사는 방망 폐기시 방망사의 강도를 점검하기 위하여 테두리로프에 연하여 방망에 재봉한 방망사이다.

> **합격예측**
> ① 테두리로프 상호의 접합 : 테두리로프를 중간에서 결속하는 경우는 충분한 강도를 갖도록 한다.
> ② 달기로프의 결속 : 달기로프는 3회 이상 엮어 묶는 방법 또는 이와 동등 이상의 강도를 갖는 방법으로 테두리로프에 결속하여야 한다.

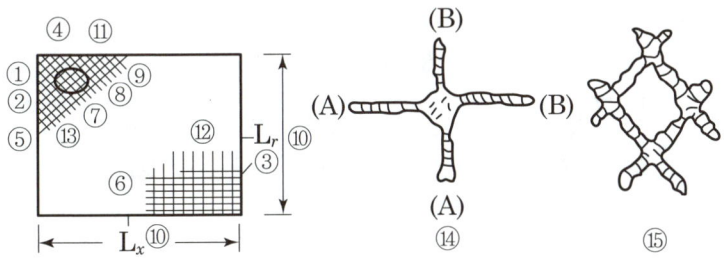

[그림 1] 방망의 구조 및 치수

[표 1] 네트 각 부의 명칭(그림 1 관련)

번호	명칭	번호	명칭
1	방망사	9	매듭
2	테두리로프	10	재봉 치수
3	재봉사	11	방망
4	달기로프	12	사각 그물코
5	중간 달기로프	13	마름모 그물코
6	시험용사	14	매듭방망
7	그물코	15	매듭 없는 방망
8	그물코 치수		

제2절 강도

제 4 조(테두리로프 및 달기로프의 강도) 테두리로프 및 달기로프의 강도는 다음 각 호에 정하는 바에 적합하여야 한다.

1. 테두리로프 및 달기로프는 방망에 사용되는 로프와 동일한 시험편의 양단을 인장 시험기로 체크하거나 또는 이와 유사한 방법으로 인장속도가 매분 20[cm] 이상 30[cm] 이하의 등속 인장 시험(이하 "등속 인장 시험"이라 한다)을 행한 경우 인장강도가 1,500[kg] 이상이어야 한다.
2. 제 1 호의 경우 시험편의 유효 길이는 로프 지름의 30배 이상으로 시험편 수는 5개 이상으로 하고, 산술 평균하여 로프의 인장강도를 산출한다.

[표 2] 방망사의 신품에 대한 인장강도

그물코의 크기 (단위 : [cm])	방망의 종류(단위 : [kg])	
	매듭없는 방망	매듭방망
10	240	200
5		110

[표 3] 방망사의 폐기시 인장강도

그물코의 크기 (단위 : [cm])	방망의 종류(단위 : [kg])	
	매듭없는 방망	매듭방망
10	150	135
5		60

제 5 조(방망사의 강도) 방망사는 시험용사로부터 채취한 시험편의 양단을 인장 시험기로 시험하거나 또는 이와 유사한 방법으로서 등속 인장 시험을 한 경우 그 강도는 [표 2] 및 [표 3]에 정한 값 이상이어야 한다.

제 6 조(시험) 등속 인장 시험은 한국공업규격(K.S)에 적합하도록 행하여야 한다.

제3절 방망의 사용 방법

제 7 조(허용 낙하높이) 작업발판과 방망 부착 위치의 수직 거리(이하 "낙하높이"라 한다)는 [표 4] 및 [그림 2], [그림 3]에 의해 계산된 값 이하로 한다.
또 L, A의 값은 [그림 2], [그림 3]에 의한다.

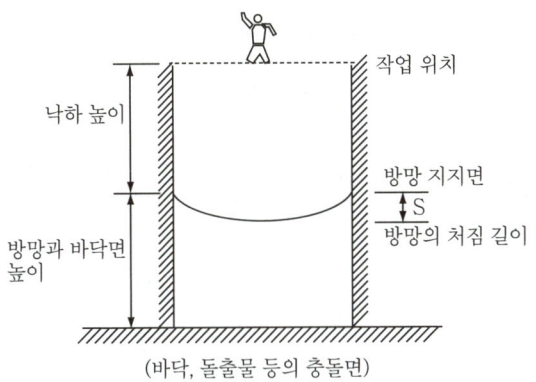

[그림 2] 허용 낙하높이

[표 4] 방망의 허용 낙하높이

높이 종류 조건	낙하 높이(H1)		방망과 바닥면 높이(H2)		방망의 처짐 길이(S)
	단일 방망	복합 방망	10[cm] 그물코	5[cm] 그물코	
L < A	$\frac{1}{4}(L+2A)$	$\frac{1}{5}(L+2A)$	$\frac{0.85}{4}(L+3A)$	$\frac{0.95}{4}(L+3A)$	$\frac{1}{4}(L+2A) \times \frac{1}{3}$
L ≥ A	$\frac{3}{4}L$	$\frac{3}{5}L$	$0.85L$	$0.95L$	$\frac{3}{4}L \times \frac{1}{3}$

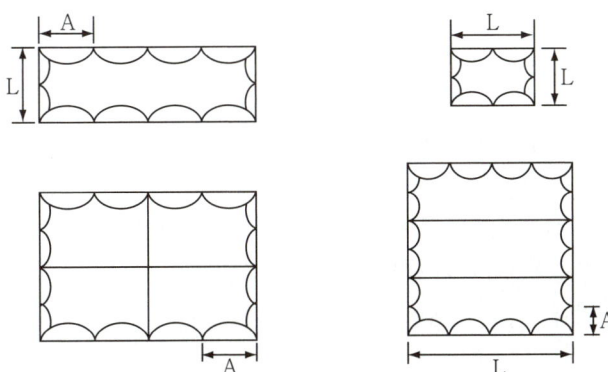

[그림 3] L과 A의 관계

합격예측

방망의 허용 낙하높이

높이 종류 조건	낙하높이(H1)	
	단일 방망	복합 방망
L < A	$\frac{1}{4}(L+2A)$	$\frac{1}{5}(L+2A)$
L ≥ A	$\frac{3}{4}L$	$\frac{3}{5}L$

높이 종류 조건	방망과 바닥면 높이(H2)	
	10[cm] 그물코	5[cm] 그물코
L < A	$\frac{0.85}{4}(L+3A)$	$\frac{0.95}{4}(L+3A)$
L ≥ A	$0.85L$	$0.95L$

높이 종류 조건	방망의 처짐길이(S)
L < A	$\frac{1}{4}(L+2A) \times \frac{1}{3}$
L ≥ A	$\frac{3}{4}L \times \frac{1}{3}$

> 합격날개

합격예측

방망 지지점은 600[kg]의 외력에 견딜 수 있는 강도를 보유하여야 한다(다만, 연속적인 구조물이 방망 지지점인 경우의 외력이 다음 식에 계산한 값에 견딜 수 있는 것은 제외한다).

$$F = 200B$$

여기에서 F는 외력(단위 : 킬로그램), B는 지지점 간격(단위 : 미터)이다.

합격예측

사용 제한

다음에 해당하는 방망은 사용하지 말아야 한다.
① 방망사가 규정한 강도 이하인 방망
② 인체 또는 이와 동등 이상의 무게를 갖는 낙하물에 대해 충격을 받은 방망
③ 파손한 부분을 보수하지 않은 방망
④ 강도가 명확하지 않은 방망

표시

방망에는 보기 쉬운 곳에 다음 사항을 표시하여야 한다.
① 제조자명
② 제조년월
③ 재봉 치수
④ 그물코
⑤ 신품인 때의 방망의 강도

제8조(지지점의 강도) 지지점의 강도는 다음 각 호에 의한 계산값 이상이어야 한다.

1. 방망 지지점은 600[kg]의 외력에 견딜 수 있는 강도를 보유하여야 한다(다만, 연속적인 구조물이 방망 지지점인 경우의 외력이 다음 식에 계산한 값에 견딜 수 있는 것은 제외한다).

$$F = 200B$$

   여기에서 F는 외력(단위 : [kg]), B는 지지점 간격(단위 : [m])이다.
2. 지지점의 응력은 다음 [표 5]에 따라 규정한 허용 응력값 이상이어야 한다.

[표 5] 지지 재료에 따른 허용응력

(단위 : [kg/cm²])

허용응력 지지재료	압축	인장	전단	휨	부착
일반 구조용 강재	2,400	2,400	1,350	2,400	
콘크리트	4주 압축강도의 2/3	4주 압축 강도의 1/15			14(경량골재를 사용하는 것은 12)

제9조(지지점의 간격) 방망 지지점의 간격은 방망 주변을 통해 추락할 위험이 없는 것이어야 한다.

제10조(정기 시험) 정기 시험 등은 다음 각 호에 정하는 바에 의하여 행한다.

1. 방망의 정기 시험은 사용 개시 후 1년 이내로 하고, 그 후 6개월마다 1회씩 정기적으로 시험용사에 대해서 등속 인장 시험을 하여야 한다. 다만, 사용 상태가 비슷한 다수의 방망의 시험용사에 대하여는 무작위 추출한 5개 이상을 인장 시험했을 경우 다른 방망에 대한 등속 인장 시험을 생략할 수 있다.
2. 방망의 마모가 현저한 경우나 방망이 유해 가스에 노출된 경우에는 사용 후 시험용사에 대해서 인장 시험을 하여야 한다.

제11조(보관) 방망을 보관할 때는 사전에 다음 각 호의 조치를 취하여야 한다.

1. 방망은 깨끗하게 보관하여야 한다.
2. 방망은 자외선, 기름, 유해 가스가 없는 건조한 장소에서 보관하여야 한다.

제12조(사용 제한) 다음 각 호의 1에 해당하는 방망은 사용하지 말아야 한다.

1. 방망사가 규정한 강도 이하인 방망
2. 인체 또는 이와 동등 이상의 무게를 갖는 낙하물에 대해 충격을 받은 방망
3. 파손한 부분을 보수하지 않은 방망
4. 강도가 명확하지 않은 방망

제13조(표시) 방망에는 보기 쉬운 곳에 다음 각 호의 사항을 표시하여야 한다.

1. 제조자명

2. 제조년월
3. 재봉 치수
4. 그물코
5. 신품인 때의 방망의 강도

제3장 안전대

제1절 안전대의 구조

제 14 조(구조) 안전대의 구조 및 규격은 고용노동부장관이 고시한 보호구 성능 검정에서 정하는 바에 의한다.

제2절 안전대의 선정

제 15 조(선정) 안전대의 선정은 다음 각 호의 사용 목적에 적합한 안전대를 선정하여야 한다.

1. U자걸이 안전대는 전주 위에서의 작업과 같이 발받침은 확보되어 있어도 불완전하여 체중의 일부를 U자 걸이로 하여 안전대에 지지하여야만 작업을 할 수 있으며, 1개 걸이의 상태로서는 사용하지 않는 경우에 선정해야 한다.
2. 1개걸이 안전대는 1개 걸이 전용으로서 작업을 할 경우, 안전대에 의지하지 않아도 작업할 수 있는 발판이 확보되었을 때 사용한다. 로프의 끝단에 훅이나 카라비너(karabiner)가 부착된 것은 구조물 또는 시설물 등에 지지할 수 있거나 클립부착 지지로프가 있는 경우에 사용한다. 또한 로프의 끝단에 클립이 부착된 것은 수직 지지 로프만으로 안전대를 설치하는 경우에 사용한다.
3. 겸용 안전대는 1개 걸이, U자 걸이 겸용으로 보조 훅이 부착되어 있어 U자 걸이 작업시 훅을 D링에 걸고 벗길 때 추락 위험이 많은 경우에 적합하다.

제3절 안전대의 사용 방법

제 16 조(착용) 안전대의 착용은 다음 각 호에 정하는 착용 방법에 따라야 한다.

1. 벨트는 추락시 작업자에게 충격을 최소한으로 하고 추락 저지시 발쪽으로 빠지지 않도록 요골 근처에 확실하게 착용하도록 하여야 한다.
2. 버클을 바르게 사용하고, 벨트 끝이 벨트 통로를 확실하게 통과하도록 하여야 한다.
3. 신축 조절기를 사용할 때 각링에 바르게 걸어야 하며, 벨트 끝이나 작업복이 말려 들어가지 않도록 주의하여야 한다.
4. U자 걸이 사용시 훅을 각링이나 D링 이외의 것에 잘못 거는 일이 없도록 벨트의 D링이나 각링부에는 훅이 걸릴 수 있는 물건은 부착하지 말아야 한다.
5. 착용 후 지상에서 각각의 사용 상태에서 체중을 걸고 각 부품의 이상 유무를 확인한 후 사용하도록 하여야 한다.
6. 안전대를 지지하는 대상물은 로프의 이동에 의해 로프가 벗겨지거나 빠질 우려가

없는 구조로 충격에 충분히 견딜 수 있어야 한다.
7. 안전대를 지지하는 대상물에 추락시 로프를 절단할 위험이 있는 예리한 각이 있는 경우에 로프가 예리한 각에 접촉하지 않도록 충분한 조치를 하여야 한다.

제 17 조(안전대의 사용) 안전대 사용은 다음 각 호에 정하는 사용 방법에 따라야 한다.
1. 1개 걸이 사용에는 다음 각 목에 정하는 사항을 준수하여야 한다.
   가. 로프 길이가 2.5[m] 이상인 1개 걸이 안전대는 반드시 2.5[m] 이내의 범위에서 사용하도록 하여야 한다.
   나. 안전대의 로프를 지지하는 구조물의 위치는 반드시 벨트의 위치보다 높아야 하며, 작업에 지장이 없는 경우 높은 위치의 것으로 선정하여야 한다.
   다. 신축 조절기를 사용하는 경우 작업에 지장이 없는 범위에서 로프의 길이를 짧게 조절하여 사용하여야 한다.
   라. 수직 구조물이나 경사면에서 작업을 하는 경우 미끄러지거나 마찰에 의한 위험이 발생할 우려가 있을 경우에는 설비를 보강하거나 지지 로프를 설치하여야 한다.
   마. 추락한 경우 진자 상태가 되었을 경우 물체에 충돌하지 않는 위치에 안전대를 설치하여야 한다.
   바. 바닥면으로부터 높이가 낮은 장소에서 사용하는 경우 바닥면으로부터 로프 길이의 2배 이상의 높이에 있는 구조물 등에 설치하도록 해야 한다. 로프의 길이 때문에 불가능한 경우에는 안전블록 또는 추락방지대 안전대를 사용하여 로프의 길이를 짧게 하여 사용하도록 한다.
   사. 추락시에 로프를 지지한 위치에서 신체의 최하사점까지의 거리를 h라 하면, h=로프의 길이+로프의 신장 길이 + 작업자 키의 1/2이 되고, 로프를 지지한 위치에서 바닥면까지의 거리를 H라 하면 H>h가 되어야만 한다.
2. U자 걸이 사용에는 다음 각 목에 정하는 사항을 준수하여야 한다.
   가. U자 걸이로 U자 걸이 또는 안전블록 안전대를 사용하여야 하며, 훅을 걸고 벗길 때 추락을 방지하기 위하여 U자걸이는 보조로프, 안전블록은 보조 훅을 사용하여야 한다.
   나. 훅이 확실하게 걸려 있는지 확인하고 체중을 옮길 때는 갑자기 손을 떼지 말고 서서히 체중을 옮겨 이상이 없는가를 확인한 후 손을 떼도록 하여야 한다.
   다. 전주나 구조물 등에 돌려진 로프의 위치는 허리에 착용한 벨트의 위치보다 낮아지지 않도록 주의하여야 한다.
   라. 로프의 길이는 작업상 필요한 최소한의 길이로 하여야 한다.
   마. 추락 저지시에 로프가 아래로 미끄러져 내려가지 않는 장소에 로프를 설치하여야 한다.
3. 안전블록 안전대 사용에는 다음 각 목에 정하는 사항을 준수하여야 한다.
   가. 안전블록 안전대는 통상 1개 걸이와 U자 걸이 겸용으로 특히 U자 걸이 사용시 훅을 D링에 걸고 벗길 때 미리 보조 훅을 구조물에 설치하여 추락을 방지

하도록 하여야 한다(보조 훅 사용시 로프의 길이는 1.5[m]의 범위 내에서 사용하여야 한다).

　나. 전주 등을 승강하는 경우 로프를 U자 걸이 상태로 승강하고 만일 장애물이 있을 때에는 보조 훅을 사용하여 장애물을 피하여야 한다.

4. 보조로프의 사용은 보조 로프의 한쪽을 D링 또는 각링에 설치하고 다른 한쪽은 구조물에 설치하는 것으로서 로프의 양단에 훅이 부착된 것은 구조물에 설치되는 훅이 2중 구조가 아니더라도 D링 또는 각링에 걸리는 훅은 반드시 2중 이탈 방지 구조의 훅으로 하여야 한다.

5. 클립 부착 안전대의 사용에는 다음 각 목에 정하는 사항을 준수하여야 한다.
　가. U자걸이 또는 1개걸이 전용 클립 부착 안전대는 로프 끝단의 클립을 합성수지로프의 수직지지로프에 설치해서 사용하여야 한다.
　나. 지지로프는 클립에 표시된 굵기로서 2,340[kg] 이상의 인장강도를 갖는 것을 사용하여야 한다.
　다. 클립을 지지로프에 설치할 경우 클립에 표시된 상하 방향이 틀리지 않도록 하고 이탈방지장치를 확실하게 조작하여야 한다.

6. 수직지지로프에 부착하여 사용하는 경우에는 다음 각 목에 정하는 사항을 준수하여야 한다.
　가. 합성섬유로프의 지지로프에 훅 또는 카라비너 부착 안전대를 설치하는 경우 지지로프에 부착된 클립에 훅 또는 카라비너를 걸어서 사용하여야 한다.
　나. 한 줄의 지지로프를 이용하는 작업자의 수는 1인으로 하여야 한다.
　다. 허리에 장착한 벨트의 위치는 지지로프에 부착된 클립의 위치보다 위에 있지 않도록 사용하여야 한다.
　라. 추락한 경우에 지지 상태에서 다른 물체에 충돌하지 않도록 사용하여야 한다.
　마. 긴 합성섬유로프로 된 지지로프를 사용하는 경우 추락 저지시에 아래 부분의 장애물에 접촉하지 않도록 사용하여야 한다.

7. 수평지지로프에 부착하여 사용하는 경우에는 다음 각 목에 정하는 사항을 준수하여야 한다.
　가. 수평지지로프는 안전대를 부착시킬 수 있는 구조물이 없고 작업 공정이 횡이동 또는 작업상 빈번히 횡방향으로 이동할 필요가 있는 경우에 벨트의 높이보다 높은 위치에 설치하고 수평지지로프에 안전대의 훅 또는 카라비너를 걸어 사용하여야 한다.
　나. 한 줄의 지지로프를 이용하는 작업자의 수는 1인으로 하여야 한다.
　다. 추락한 경우 진자 상태가 되어 물체에 충돌하지 않도록 사용하여야 한다.
　라. 합성섬유로프를 지지로프로 사용하는 경우 추락 저지시 아래 부분의 장애물에 접촉되지 않도록 사용하여야 한다.

합격예측
로프의 인장강도

지름 [mm]	인장강도[ton]	
	나일론 로프	비닐론 로프
10	1.85	0.95
11	2.21	1.13
12	2.80	1.37
14	3.73	1.83
16	4.78	2.34

제4절 안전대의 점검, 보수, 보관 및 폐기

제18조(점검) 안전대의 점검, 보수, 보관 및 폐기는 책임자를 정하여 정기 점검하고 관리 대장에 다음 각 호에 정하는 기준에 의하여 그 결과나 관리상의 필요한 사항을 기록하여야 한다.

[표 6] 벨트 및 로프에 사용되는 재료 특성

구분 재료	나일론	비닐론	폴리에스텔
비중	1.14	1.26~1.30	1.38
내열성	연화점 : 180[℃] 용융점 : 215~220[℃]	연화점 : 220~230[℃] 용융점 : 명료하지 않음	연화점 : 238~240[℃] 용융점 : 255~260[℃]
자연상태에서 강도와의 관계	강도가 저하된다.	강도가 거의 저하하지 않는다.	강도가 거의 저하하지 않는다.
내산성	강한 염산, 강한 황산, 강한 아세트산에 일부 분해하지만 7[%] 염산, 20[%] 아세트산에서 강도가 거의 저하하지 않는다.	강한 염산, 강한 황산, 강한 아세트산에서 늘어나거나 분해하지만, 10[%] 염산, 30[%] 황산에서는 거의 강도가 저하하지 않는다.	35[%] 염산, 75[%] 황산, 60[%] 아세트산에서 강도가 거의 저하하지 않는다.
내알칼리성	50[%] 가성소다 용액, 28[%] 암모니아 용액에서 강도가 거의 저하하지 않는다.	50[%] 가성소다 용액에서는 강도가 거의 저하하지 않는다.	10[%] 가성소다 용액, 28[%] 암모니아 용액에서는 강도가 거의 저하하지 않는다.

[표 7] 로프의 인장강도

지름 [mm]	인장강도[ton]	
	나일론 로프	비닐론 로프
10	1.85	0.95
11	2.21	1.13
12	2.80	1.37
14	3.73	1.83
16	4.78	2.34

1. 벨트의 마모, 홈, 비틀림, 약품류에 의한 변색
2. 재봉실의 마모, 절단, 풀림
3. 철물류의 마모, 균열, 변형, 전기 단락에 의한 용융, 리벳이나 스프링의 상태
4. 로프의 마모, 소선의 절단, 홈, 열에 의한 변형, 풀림 등의 변형, 약품류에 의한 변색
5. 각 부품의 손상 정도에 의한 사용 한계에 대해서는 부품의 재질, 치수, 구조 및 사용조건을 고려하여야 하며 벨트 및 로프에 사용되는 나일론, 비닐론, 폴리에스테르의 재료 특성 및 로프의 인장 강도는 [표 6] 및 [표 7]과 같다.

제 19 조(보수) 보수는 정기적으로 하여야 하며, 필요한 경우 다음 각 호에 정하는 사항에 따라 수시로 하여야 한다.

1. 벨트, 로프가 더러워지면 미지근한 물을 사용하여 씻거나 중성 세제를 사용하여 씻은 후 잘 헹구고 직사 광선을 피하여 통풍이 잘되는 곳에서 자연 건조시켜야 한다.
2. 벨트, 로프에 도료가 묻은 경우에는 용제를 사용해서는 안 되고, 헝겊 등으로 닦아 내어야 한다.
3. 철물류가 물에 젖은 경우에는 마른 헝겊으로 잘 닦아내고 녹방지 기름을 엷게 발라야 한다.
4. 철물류의 회전부는 정기적으로 주유하여야 한다.

제 20 조(보관) 안전대는 다음 각 호의 장소에 보관하여야 한다.

1. 직사 광선이 닿지 않는 곳
2. 통풍이 잘되며 습기가 없는 곳
3. 부식성 물질이 없는 곳
4. 화기 등이 근처에 없는 곳

제 21 조(폐기) 다음 각 호의 1의 규정에 해당되는 안전대는 폐기하여야 한다.

1. 다음 각 목의 1의 규정에 해당되는 로프는 폐기하여야 한다.
   가. 소선에 손상이 있는 것
   나. 페인트, 기름, 약품, 오물 등에 의해 변화된 것
   다. 비틀림이 있는 것
   라. 횡마로 된 부분이 헐거워진 것
2. 다음 각 목의 1의 규정에 해당되는 벨트는 폐기하여야 한다.
   가. 끝 또는 폭에 1[mm] 이상의 손상 또는 변형이 있는 것
   나. 양끝의 헤짐이 심한 것
3. 다음 각 목의 1의 규정에 해당되는 재봉 부분은 폐기하여야 한다.
   가. 재봉 부분의 이완이 있는 것
   나. 재봉실이 1개소 이상 절단되어 있는 것
   다. 재봉실의 마모가 심한 것
4. 다음 각 목의 1의 규정에 해당되는 D링 부분은 폐기하여야 한다.
   가. 깊이 1[mm] 이상 손상이 있는 것(특히 그림의 ×부분)
   나. 눈에 보일 정도로 변형이 심한 것
   다. 전체적으로 녹이 슬어 있는 것

[그림 4] D링

5. 다음 각 목의 규정에 해당되는 훅, 버클 부분은 폐기하여야 한다.
   가. 훅과 갈고리 부분의 안쪽에 손상이 있는 것
   나. 훅 외측에 깊이 1[mm] 이상의 손상이 있는 것
   다. 이탈 방지 장치의 작동이 나쁜 것
   라. 전체적으로 녹이 슬어 있는 것
   마. 변형되어 있거나 버클의 체결 상태가 나쁜 것

[그림 5] 훅

합격예측

안전대의 보관
① 직사 광선이 닿지 않는 곳
② 통풍이 잘되며 습기가 없는 곳
③ 부식성 물질이 없는 곳
④ 화기 등이 근처에 없는 곳

합격예측

훅, 버클의 폐기기준
① 훅과 갈고리 부분의 안쪽에 손상이 있는 것
② 훅 외측에 깊이 1[mm] 이상의 손상이 있는 것
③ 이탈 방지 장치의 작동이 나쁜 것
④ 전체적으로 녹이 슬어 있는 것
⑤ 변형되어 있거나 버클의 체결 상태가 나쁜 것

제5절 강관틀 비계의 조립, 해체시 안전대를 사용하는 경우의 수평지지로프와 지지로프 지주

제 22 조(재료) 지지로프의 재료는 다음 각 호에 규정된 적합한 것으로 하여야 한다.
1. 와이어로프 또는 합성섬유로프를 사용하여야 한다.
2. 와이어로프는 KSD3514에 규정된 4호(6×24)에 적합한 와이어로프로서 그 지름이 9[mm] ~10[mm]의 것으로 하여야 한다.
3. 합성섬유로프를 사용하는 경우는 KSK3717에 적합한 나일론로프, KSK3718에 적합한 비닐론로프 또는 그 이상의 물리적 성질을 갖는 로프로서 그 지름이 나일론로프의 경우 12, 14, 16[mm], 비닐론로프는 16[mm]로 하고, 그 밖의 경우는 2,340[kg] 이상의 인장강도를 갖는 직경으로 하여야 한다.
4. 지지로프 지주, 수평지지로프의 훅, 카라비너 및 결속재 등의 부속 철물이나 수평지지로프의 끝단의 가공 등에 관하여는 고용노동부장관이 정하는 규격 이상으로 하여야 한다.

제 23 조(설치) 지지로프를 설치하여 사용할 경우에는 다음 각 호에 정하는 바에 적합한 것이어야 한다.
1. 지지로프 지주는 강관틀 비계의 기둥재에 설치하고, 그 설치 간격은 [표 8]의 값 이하로 하여야 한다. 다만, 안전대의 로프 길이가 1.0[m] 이하인 것을 사용하는 경우는 예외로 한다.
2. 와이어로프는 잘 점검하여 사용하고 10[%] 이상의 소선이 파단되어 있는 것, 직경의 감소가 7[%] 이상인 것, 비틀린 것, 현저히 변형 또는 부식된 것은 사용하지 않아야 한다.
3. 합성섬유로프에 있어서도 사전에 잘 점검하고 스트랜드가 파단된 것, 현저히 손상 또는 부식된 것, 지지로프로서 사용중 충격을 받은 것은 사용하지 않아야 한다.
4. 지지로프의 지주간의 설치 높이는 비계 바닥면으로부터 0.9[m] 이상 2[m] 이하의 높이로 하여야 한다.

[표 8] 지지로프 지주의 설치 간격

지지로프의 종류	지지로프 지주를 설치한 비계발판의 지상으로부터의 높이(단위 : 층)	지지로프 지주의 설치 간격 (단위 : 스판)
와이어로프	2 3 이상	4 10
합성섬유로프	2 3 4 이상	1 5 8

5. 지지로프를 지주 사이에 설치할 경우 헐겁지 않도록 하여야 하며 필요한 경우 결

합격예측

지지로프 지주의 설치간격

지지로프의 종류	지지로프 지주를 설치한 비계발판의 지상으로부터의 높이(단위 : 층)	지지로프 지주의 설치간격 (단위 : 스판)
와이어로프	2 3 이상	4 10
합성섬유로프	2 3 4 이상	1 5 8

속재를 사용하여 지지로프를 결속하여야 한다. 결속 작업시 작업원은 안전한 위치에서 작업하고 안전대를 사용하는 경우에 결속 작업이 저해되지 않는 곳에 설치하여야 한다.

제 24 조(주의·점검) 지지로프를 사용하는 경우 다음 각 호에 정하는 기준에 따라야 한다.

1. 안전대는 로프의 길이가 1.5[m] 정도이고, 2종 또는 3종 안전대를 사용하여야 한다.
2. 안전대의 훅은 지지로프에 직접 걸리는 것으로 하여야 한다.
3. 와이어로프의 지지로프에 안전대를 설치할 경우는 안전대의 로프를 지지로프에 돌려서 걸지 않아야 한다.
4. 가. 지주의 비계에의 설치 부분
   나. 지지로프의 설치 상태
   다. 지지로프, 보조로프 설치부 및 유지부
5. 합성섬유로프의 지지로프는 사용중 충격을 받을 경우 즉시 교체하여야 한다.

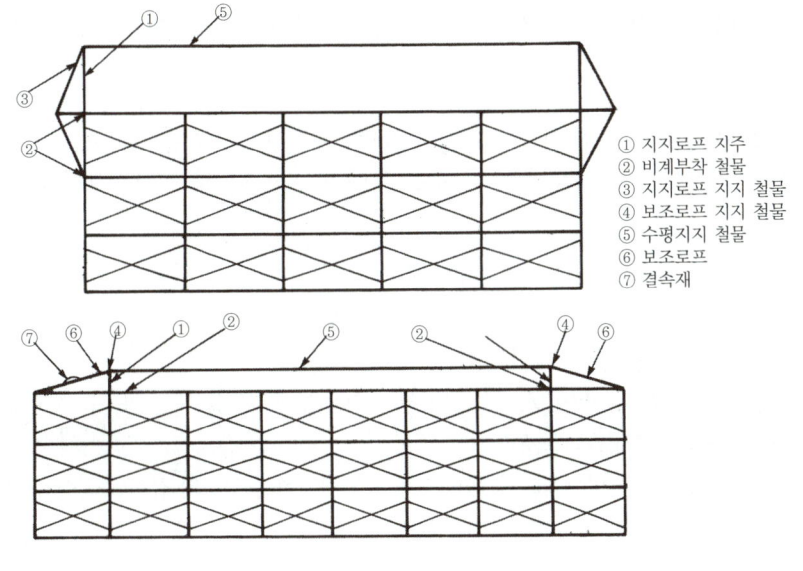

① 지지로프 지주
② 비계부착 철물
③ 지지로프 지지 철물
④ 보조로프 지지 철물
⑤ 수평지지 철물
⑥ 보조로프
⑦ 결속재

[그림 6] 로프 지주 설치 예

제4장 안전난간

제 25 조(설치 위치) 안전난간(이하 "안전 난간"이라 한다)의 설치 장소는 중량물 취급 개구부, 작업대, 가설 계단의 통로, 흙막이 지보공의 상부 등으로 한다.

제 26 조(명칭) 안전난간의 각 부 명칭은 [그림 7]에 나타낸 바와 같다.

> **합격예측**
>
> **안전난간 재료**
> ① 강재 : 상부 난간대, 중간대 등 주요 부분에 이용되는 강재는 [표 9]에 나타낸 것이거나 또는 그 이상의 기계적 성질을 갖는 것이어야 하며, 현저한 손상, 변형, 부식 등이 없는 것이어야 한다.
> ② 목재 : 강도상 현저한 결점이 되는 갈라짐, 충식, 마디, 부식, 휨, 섬유의 경사 등이 없고 나무 껍질을 완전히 제거한 것으로 한다.
> ③ 기타 : 와이어로프 등 상기 이외의 재료는 강도상 현저한 결점이 되는 손상이 없는 것으로 한다.

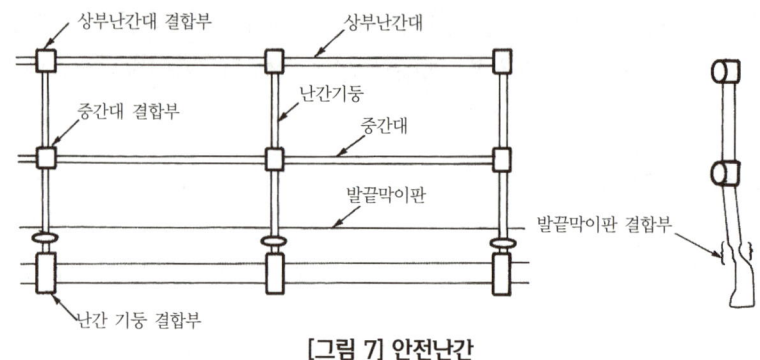

[그림 7] 안전난간

제 27 조(재료) 안전난간에 사용되는 재료는 다음 각 호에 정한 것과 같다.
1. 강재 : 상부난간대, 중간대 등 주요 부분에 이용되는 강재는 [표 9]에 나타낸 것이거나 또는 그 이상의 기계적 성질을 갖는 것이어야 하며, 현저한 손상, 변형, 부식 등이 없는 것이어야 한다.
2. 목재 : 강도상 현저한 결점이 되는 갈라짐, 충식, 마디, 부식, 휨, 섬유의 경사 등이 없고 나무 껍질을 완전히 제거한 것으로 한다.
3. 기타 : 와이어로프 등 상기 이외의 재료는 강도상 현저한 결점이 되는 손상이 없는 것으로 한다.

제 28 조(구조) 안전난간은 난간기둥, 상부난간대, 중간대 및 발끝막이판으로 구성되며, 각 부분의 접합부는 쉽게 변위, 변형을 일으키지 않는 구조로서 다음 각 호에 정한 것과 같다.
1. 달비계의 걸이재, 지주 비계 등을 난간기둥 대신 이용하는 경우 및 건축물의 기둥 간에 충분한 내력을 갖는 와이어로프로 상부난간대, 중간대 등을 설치하는 경우는 난간 기둥을 설치하지 않아도 된다.
2. 상부난간대와 작업발판 사이에 방망을 설치하거나 널판을 대는 경우는 중간대 및 폭목은 설치하지 않아도 된다.
3. 보에서의 추락을 방지하기 위해 안전난간을 설치하는 경우와 같이 충분한 통로 폭이 얻어지는 경우는 폭목을 설치하지 않는다.

제 29 조(치수) 안전난간의 치수는 다음 각 호에 정하는 것과 같다.
1. 높이 : 안전난간의 높이(작업 바닥면에서 상부난간의 끝단까지의 높이)는 90~120[cm] 이내로 한다.
2. 난간기둥의 중심 간격 : 난간기둥의 중심 간격은 2[m] 이하로 한다.
3. 중간대의 간격 : 폭목과 중간대, 중간대와 상부난간대 등의 내부 간격은 난간높이를 넘지 않도록 설치한다.
4. 발끝막이판의 높이 : 작업면에서 띠장목의 상면까지의 높이가 10[cm] 이상 되도록 설치한다. 다만, 합판 등을 겹쳐서 사용하는 등 작업 바닥면이 고르지 못한 경우에는 높은 것을 기준으로 한다.

5. 띠장목과 작업 바닥면 사이의 틈은 10[mm] 이하로 한다.

제 30 조(난간기둥 간격) 제2종 안전난간의 난간기둥 간격이 1.8[m] 이하인 경우에는 다음 각 호에 정하는 것과 같다.
1. 난간기둥 등에 사용하는 강관은 [표 9]에 나타낸 규격 이상의 규격을 갖는 것으로 한다.
2. 와이어로프를 사용하는 경우에는 그 직경이 9[mm] 이상이어야 한다.

[표 9] 부재의 단면 규격

(단위 : [mm])

강재의 종류	난 간 기 둥	상부난간대
강 관	⌀34.0×2.3	⌀27.2×2.3
각형강관	30×30×1.6	25×25×1.6
형 강	40×40×5	40×40×3

3. 난간기둥에 사용되는 목재는 [표 10]에 표시한 단면 이상의 규격을 갖는 것으로 한다.
4. 폭목으로 사용하는 목재는 폭은 10[cm] 이상으로 하고 두께는 1.5[cm] 이상으로 한다.

[표 10] 목재의 단면 규격

(단위 : [mm])

목재의 종류	난 간 기 둥	상부난간대
통 나 무	말구경 70	말구경 70
각 재	70×70	60×60

제 31 조(하중) 안전난간의 주요 부분은 종류에 따라서 [표 11]에 나타내는 하중에 대해 충분한 것으로 하며 이 경우 하중의 작용 방향은 상부난간대 직각인 면의 모든 방향을 말한다.

제 32 조(수평 최대 처짐) 제31조의 하중에 의한 수평 최대 처짐은 10[mm] 이하로 한다.

[표 11] 작용 위치 및 하중의 값

종 류	난 간 기 둥	작용위치	하 중
제 1 종	상부난간대	스판의 중앙점	120[kg]
	난간기둥, 난간기둥 결합부, 상부난간대 설치부	난간기둥과 상부난간대의 결정	100[kg]

제 33 조(허용응력) 계산에 의해 안전 난간의 강도를 검토하는 경우 허용응력은 재료의 종류에 따라 제1종 안전난간은 아래 [표 12], [표 13]에 나타낸 허용응력으로 한다. 단, 제2종 안전난간의 경우에는 상기 표에 나타낸 허용응력의 80[%] 이상의 값으로 한다.

[표 12] 강재의 허용응력도

(단위 : [kg/cm²])

재료 \ 허용응력도의 종류	인장	압축	휨	전단
SPS 41 SS 41	2,400			1,400
SPS 50 SS 50	3,300			1,900

[표 13] 목재의 허용응력도

(단위 : [kg/cm²])

재료 \ 허용응력도의 종류	인장	압축	휨
노 송 나 무	180	160	180
삼 목	140	120	140
졸 참 나 무	200	140	200
합 판	–	–	220
통 나 무	상기의 1.25배		

제 34 조(조립 또는 부착) 안전 난간의 결속 및 조립은 다음 각 호에 정한 바에 의한다.
1. 안전난간의 각 부재는 탈락, 미끄러짐 등이 발생하지 않도록 확실하게 설치하고, 상부 난간대는 용이하게 회전하지 않도록 한다.
2. 상부난간대, 중간대 또는 띠장목에 이음재를 사용할 때에는 그 이음 부분이 이탈되지 않도록 한다.
3. 난간기둥의 설치는 작업 바닥에 대해 수직으로 한다. 또한 작업 바닥의 바닥 재료에 직접 설치할 경우 작업 바닥은 비틀림, 전도, 부풀음 등이 없는 견고한 것으로 한다.

제 35 조(주의)
1. 안전난간은 함부로 제거해서는 안 된다. 단, 작업 형편상 부득이 제거할 경우에는 작업 종료 즉시 원상 복구하도록 한다.
2. 안전난간을 안전대의 로프, 지지로프, 서포트, 벽연결, 비계판 등의 지지점 또는 자재운반용 걸이로서 사용하면 안 된다.
3. 안전난간에 재료 등을 기대어 두어서는 안 된다.
4. 상부난간대 또는 중간대를 밟고 승강해서는 안 된다.

부 칙(2020. 1. 7.)

이 고시는 2020년 1월 16일 부터 시행한다.

2 건설업 산업안전보건관리비 계상 및 사용기준

개정 2024. 9. 19. 고시 제2024-53호

제1장 총칙

제 1 조(목적) 이 고시는 「산업안전보건법」 제72조, 같은 법 시행령 제59조 및 제60조와 같은 법 시행규칙 제89조에 따라 건설업의 산업안전보건관리비 계상 및 사용기준을 정함을 목적으로 한다.

제 2 조(정의) ① 이 고시에서 사용하는 용어의 뜻은 다음과 같다.
1. "건설업 산업안전보건관리비"(이하 "산업안전보건관리비"라 한다)란 산업재해 예방을 위하여 건설공사 현장에서 직접 사용되거나 해당 건설업체의 본점 또는 주사무소(이하 "본사"라 한다)에 설치된 안전전담부서에서 법령에 규정된 사항을 이행하는 데 소요되는 비용을 말한다.
2. "산업안전보건관리비 대상액"(이하 "대상액"이라 한다)이란 「예정가격 작성기준」(기획재정부 계약예규) 및 「지방자치단체 입찰 및 계약집행기준」(행정안전부 예규) 등 관련 규정에서 정하는 공사원가계산서 구성항목 중 직접재료비, 간접재료비와 직접노무비를 합한 금액(발주자가 재료를 제공할 경우에는 해당 재료비를 포함한다)을 말한다. 24. 11. 2. 기
3. "건설공사발주자"(이하 "발주자"라 한다)란 법 제2조제10호에 따른 건설공사발주자를 말한다.
4. "건설공사도급인"이란 발주자에게 건설공사를 도급받은 사업주로서 건설공사의 시공을 주도하여 총괄·관리하는 자를 말한다.
5. "자기공사자"란 건설공사의 시공을 주도하여 총괄·관리하는 자(건설공사발주자로부터 건설공사를 최초로 도급받은 수급인은 제외한다)를 말한다. 24. 11. 2. 기
6. "감리자"란 다음 각 목의 어느 하나에 해당하는 자를 말한다.
   가. 「건설기술진흥법」 제2조제5호에 따른 감리 업무를 수행하는 자
   나. 「건축법」 제2조제1항제15호의 공사감리자
   다. 「문화재수리 등에 관한 법률」 제2조제12호의 문화재감리원
   라. 「소방시설공사업법」 제2조제3호의 감리원
   마. 「전력기술관리법」 제2조제5호의 감리원
   바. 「정보통신공사업법」 제2조제10호의 감리원
   사. 그 밖에 관계 법률에 따라 감리 또는 공사감리 업무와 유사한 업무를 수행하는 자

② 그 밖에 이 고시에서 사용하는 용어의 정의는 이 고시에 특별한 규정이 없으면 「산업안전보건법」(이하 "법"이라 한다), 같은 법 시행령(이하 "영"이라 한다), 같은 법 시행규칙(이하 "규칙"이라 한다), 예산회계 및 건설관계법령에서 정하는 바에 따른다.

제 3조(적용범위) 이 고시는 법 제2조제11호의 건설공사 중 총공사금액 2천만 원 이상인 공사에 적용한다. 다만, 다음 각 호의 어느 하나에 해당되는 공사 중 단가계약에 의하여 행하는 공사에 대하여는 총계약금액을 기준으로 적용한다.

제2장 산업안전보건관리비의 계상 및 사용

제 4 조(계상의무 및 기준) ① 건설공사발주자(이하 "발주자"라 한다)가 도급계약 체결을 위한 원가계산에 의한 예정가격을 작성하거나, 자기공사자가 건설공사 사업 계획을 수립할 때에는 다음 각 호와 같이 안전보건관리비를 계상하여야 한다. 다만, 발주자가 재료를 제공하거나 일부 물품이 완제품의 형태로 제작·납품되는 경우에는 해당 재료비 또는 완제품 가액을 대상액에 포함하여 산출한 안전보건관리비와 해당 재료비 또는 완제품 가액을 대상액에서 제외하고 산출한 안전보건관리비의 1.2배에 해당하는 값을 비교하여 그 중 작은 값 이상의 금액으로 계상한다.

1. 대상액이 5억 원 미만 또는 50억 원 이상인 경우 : 대상액에 별표 1에서 정한 비율을 곱한 금액
2. 대상액이 5억 원 이상 50억 원 미만인 경우 : 대상액에 별표 1에서 정한 비율을 곱한 금액에 기초액을 합한 금액
3. 대상액이 명확하지 않은 경우 : 제4조제1항의 도급계약 또는 자체사업계획상 책정된 총공사금액의 10분의 7에 해당하는 금액을 대상액으로 하고 제1호 및 제2호에서 정한 기준에 따라 계상

② 발주자는 제1항에 따라 계상한 안전보건관리비를 입찰공고 등을 통해 입찰에 참가하려는 자에게 알려야 한다.
③ 발주자와 법 제69조에 따른 건설공사도급인 중 자기공사자를 제외하고 발주자로부터 해당 건설공사를 최초로 도급받은 수급인(이하 "도급인"이라 한다)은 공사계약을 체결할 경우 제1항에 따라 계상된 안전보건관리비를 공사도급계약서에 별도로 표시하여야 한다.
④ 별표 1의 공사의 종류는 별표 5의 건설공사의 종류 예시표에 따른다. 다만, 하나의 사업장 내에 건설공사 종류가 둘 이상인 경우(분리발주한 경우를 제외한다)에는 공사금액이 가장 큰 공사종류를 적용한다.
⑤ 발주자 또는 자기공사자는 설계변경 등으로 대상액의 변동이 있는 경우 별표 1의 3에 따라 지체 없이 안전보건관리비를 조정 계상하여야 한다. 다만, 설계변경으로 공사금액이 800억 원 이상으로 증액된 경우에는 증액된 대상액을 기준으로 제1항에 따라 재계상한다.

제 5 조(계상방법 및 계상시기 등) 〈삭제〉
제 6 조(수급인 등의 의무) 〈삭제〉
제 7 조(사용기준) ① 도급인과 자기공사자는 산업안전보건관리비를 산업재해예방 목

적으로 다음 각 호의 기준에 따라 사용하여야 한다.
1. 안전관리자·보건관리자의 임금 등
   가. 법 제17조제3항 및 법 제18조제3항에 따라 안전관리 또는 보건관리 업무만을 전담하는 안전관리자 또는 보건관리자의 임금과 출장비 전액
   나. 안전관리 또는 보건관리 업무를 전담하지 않는 안전관리자 또는 보건관리자의 임금과 출장비의 각각 2분의 1에 해당하는 비용
   다. 안전관리자를 선임한 건설공사 현장에서 산업재해 예방 업무만을 수행하는 작업지휘자, 유도자, 신호자 등의 임금 전액
   라. 별표 1의2에 해당하는 작업을 직접 지휘·감독하는 직·조·반장 등 관리감독자의 직위에 있는 자가 영 제15조제1항에서 정하는 업무를 수행하는 경우에 지급하는 업무수당(임금의 10분의 1 이내)
2. 안전시설비 등
   가. 산업재해 예방을 위한 안전난간, 추락방호망, 안전대 부착설비, 방호장치(기계·기구와 방호장치가 일체로 제작된 경우, 방호장치 부분의 가액에 한함) 등 안전시설의 구입·임대 및 설치를 위해 소요되는 비용
   나. 「산업재해예방시설자금 융자금 지원사업 및 보조금 지급사업 운영규정」(고용노동부고시) 제2조제12호에 따른 "스마트안전장비 지원사업" 및 「건설기술진흥법」 제62조의3에 따른 스마트 안전장비 구입·임대 비용의 다만, 제4조에 따라 계상된 산업안전보건관리비 총액의 10분의 1을 초과할 수 없다.
   다. 용접 작업 등 화재 위험작업 시 사용하는 소화기의 구입·임대비용
3. 보호구 등
   가. 영 제74조제1항제3호에 따른 보호구의 구입·수리·관리 등에 소요되는 비용
   나. 근로자가 가목에 따른 보호구를 직접 구매·사용하여 합리적인 범위 내에서 보전하는 비용
   다. 제1호가목부터 다목까지의 규정에 따른 안전관리자 등의 업무용 피복, 기기 등을 구입하기 위한 비용
   라. 제1호가목에 따른 안전관리자 및 보건관리자가 안전보건 점검 등을 목적으로 건설공사 현장에서 사용하는 차량의 유류비·수리비·보험료
4. 안전보건진단비 등
   가. 법 제42조에 따른 유해위험방지계획서의 작성 등에 소요되는 비용
   나. 법 제47조에 따른 안전보건진단에 소요되는 비용
   다. 법 제125조에 따른 작업환경 측정에 소요되는 비용
   라. 그 밖에 산업재해예방을 위해 법에서 지정한 전문기관 등에서 실시하는 진단, 검사, 지도 등에 소요되는 비용
5. 안전보건교육비 등
   가. 법 제29조부터 제32조까지의 규정에 따라 실시하는 의무교육이나 이에 준하여 실시하는 교육을 위해 건설공사 현장의 교육 장소 설치·운영 등에 소요되

용어정의

자동심장충격기(AED)
자동심장충격기(自動心臟衝擊機, automated external defibrillator) 또는 자동제세동기(自動除細動器)는 심실세동 또는 심실빈맥으로 인해 심장의 기능이 정지하거나 호흡이 멈추었을 때 사용하는 응급처치 기기이다.

는 비용
나. 가목 이외 산업재해 예방 목적을 가진 다른 법령상 의무교육을 실시하기 위해 소요되는 비용
다. 「응급의료에 관한 법률」 제14조제1항제5호에 따른 안전보건교육 대상자 등에게 구조 및 응급처치에 관한 교육을 실시하기 위해 소요되는 비용
라. 안전보건관리책임자, 안전관리자, 보건관리자가 업무수행을 위해 필요한 정보를 취득하기 위한 목적으로 도서, 정기간행물을 구입하는 데 소요되는 비용
마. 건설공사 현장에서 안전기원제 등 산업재해 예방을 기원하는 행사를 개최하기 위해 소요되는 비용. 다만, 행사의 방법, 소요된 비용 등을 고려하여 사회통념에 적합한 행사에 한한다.
바. 건설공사 현장의 유해·위험요인을 제보하거나 개선방안을 제안한 근로자를 격려하기 위해 지급하는 비용

6. 근로자 건강장해예방비 등
 가. 법·영·규칙에서 규정하거나 그에 준하여 필요로 하는 각종 근로자의 건강장해 예방에 필요한 비용
 나. 중대재해 목격으로 발생한 정신질환을 치료하기 위해 소요되는 비용
 다. 「감염병의 예방 및 관리에 관한 법률」 제2조제1호에 따른 감염병의 확산 방지를 위한 마스크, 손소독제, 체온계 구입비용 및 감염병병원체 검사를 위해 소요되는 비용
 라. 법 제128조의2 등에 따른 휴게시설을 갖춘 경우 온도, 조명 설치·관리기준을 준수하기 위해 소요되는 비용
 마. 건설공사 현장에서 근로자 심폐소생을 위해 사용되는 자동심장충격기(AED) 구입에 소요되는 비용

7. 법 제73조 및 제74조에 따른 건설재해예방전문지도기관의 지도에 대한 대가로 제2조제1항제5호의 자기공사자가 지급하는 비용

8. 「중대재해 처벌 등에 관한 법률」 시행령 제4조제2호나목에 해당하는 건설사업자가 아닌 자가 운영하는 사업에서 안전보건 업무를 총괄·관리하는 3명 이상으로 구성된 본사 전담조직에 소속된 근로자의 임금 및 업무수행 출장비 전액. 다만, 제4조에 따라 계상된 안전보건관리비 총액의 20분의 1을 초과할 수 없다.

9. 법 제36조에 따른 위험성평가 또는 「중대재해 처벌 등에 관한 법률 시행령」 제4조제3호에 따라 유해·위험요인 개선을 위해 필요하다고 판단하여 법 제24조의 산업안전보건위원회 또는 법 제75조의 노사협의체에서 사용하기로 결정한 사항을 이행하기 위한 비용. 다만, 제4조에 따라 계상된 안전보건관리비 총액의 10분의 1을 초과할 수 없다.

② 제1항에도 불구하고 도급인 및 자기공사자는 다음 각 호의 어느 하나에 해당하는 경우에는 안전보건관리비를 사용할 수 없다. 다만, 제1항제2호나목 및 다목, 제1항제6호나목부터 마목, 제1항제9호의 경우에는 그러하지 아니하다.
1. 「(계약예규)예정가격작성기준」 제19조제3항 중 각 호(단, 제14호는 제외한다)에 해

당되는 비용
2. 다른 법령에서 의무사항으로 규정한 사항을 이행하는 데 필요한 비용
3. 근로자 재해예방 외의 목적이 있는 시설·장비나 물건 등을 사용하기 위해 소요되는 비용
4. 환경관리, 민원 또는 수방대비 등 다른 목적이 포함된 경우

③ 도급인 및 자기공사자는 별표 3에서 정한 공사진척에 따른 안전보건관리비 사용기준을 준수하여야 한다. 다만, 건설공사발주자는 건설공사의 특성 등을 고려하여 사용기준을 달리 정할 수 있다.

④ 〈삭제〉

⑤ 도급인 및 자기공사자는 도급금액 또는 사업비에 계상된 산업안전보건관리비의 범위에서 그의 관계수급인에게 해당 사업의 위험도를 고려하여 적정하게 안전보건관리비를 지급하여 사용하게 할 수 있다.

제 8 조(사용금액의 감액·반환 등) 발주자는 도급인이 법 제72조제2항에 위반하여 다른 목적으로 사용하거나 사용하지 않은 산업안전보건관리비에 대하여 이를 계약금액에서 감액조정하거나 반환을 요구할 수 있다.

제 9 조(사용내역의 확인) ① 도급인은 산업안전보건관리비 사용내역에 대하여 공사 시작 후 6개월마다 1회 이상 발주자 또는 감리자의 확인을 받아야 한다. 다만, 6개월 이내에 공사가 종료되는 경우에는 종료 시 확인을 받아야 한다.

② 제1항에도 불구하고 발주자, 감리자 및 「근로기준법」 제101조에 따른 관계 근로감독관은 산업안전보건관리비 사용내역을 수시 확인할 수 있으며, 도급인 또는 자기공사자는 이에 따라야 한다.

③ 발주자 또는 감리자는 제1항 및 제2항에 따른 산업안전보건관리비 사용내역 확인 시 기술지도 계약 체결, 기술지도 실시 및 개선 여부 등을 확인하여야 한다.

제 10 조(실행예산의 작성 및 집행 등) ① 공사금액 4천만 원 이상의 도급인 및 자기공사자는 공사실행예산을 작성하는 경우에 해당 공사에 사용하여야 할 산업안전보건관리비의 실행예산을 계상된 산업안전보건관리비 총액 이상으로 별도 편성해야 하며, 이에 따라 산업안전보건관리비를 사용하고 별지 제1호서식의 산업안전보건관리비 사용내역서를 작성하여 해당 공사현장에 갖추어 두어야 한다.

② 도급인 및 자기공사자는 제1항에 따른 산업안전보건관리비 실행예산을 작성하고 집행하는 경우에 법 제17조와 영 제16조에 따라 선임된 해당 사업장의 안전관리자가 참여하도록 하여야 한다.

③ 〈삭제〉

제3장 보 칙

제 11 조(기술지도 횟수 등) 〈삭제〉

제 12 조(재검토기한) 고용노동부 장관은 이 고시에 대하여 2025년 1월 1일 기준으로 매 3년이 되는 시점(매 3년째의 12월 31일까지를 말한다)마다 그 타당성을 검토하여 개선 등의 조치를 하여야 한다.

부 칙

제 1 조(시행일) 이 고시는 2025년 1월 1일부터 시행한다.

제 2 조(단가계약 공사에 대한 적용례) 제3조의 개정규정은 2025년 1월 1일 이후 새로이 계약을 체결하는 건설공사부터 적용한다.

제 3 조(공사종류 및 규모별 산업안전보건관리비 계상기준표 적용례) 별표 1의 개정규정은 2025년 1월 1일 이후 새로이 계약을 체결하는 건설공사부터 적용한다.

제 4 조(스마트안전장비 구입·임대 비용에 관한 적용례) 제7조제1항제2호나목의 개정규정은 다음 각 호의 구분에 따른 날 부터 적용한다.

1. 스마트 안전장비 구입·임대 비용의 10분의 7에 해당하는 비용 : 2025년 1월 1일
2. 스마트 안전장비 구입·임대 비용 : 2026년 1월 1일

[별표 1] 공사종류 및 규모별 안전관리비 계상기준표 15.11.7 기 16.6.26 기 16.11.12 기 20.11.29 기 22.5.7 기 22.11.19 기

(단위 : 원)

구 분 공사종류	대상액 5억원 미만인 경우 적용 비율(%)	대상액 5억원 이상 50억원 미만인 경우 적용비율(%)		대상액 50억원 이상인 경우 적용 비율(%)	영 별표5에 따른 보건관리자 선임대상 건설공사의 적용비율(%)
		적용비율(%)	기초액		
건 축 공 사	3.11[%]	2.28[%]	4,325,000원	2.37[%]	2.64[%]
토 목 공 사	3.15[%]	2.53[%]	3,300,000원	2.60[%]	2.73[%]
중 건 설 공 사	3.64[%]	3.05[%]	2,975,000원	3.11[%]	3.39[%]
특수건설공사	2.07[%]	1.59[%]	2,450,000원	1.64[%]	1.78[%]

[별표 1의2] 관리감독자 안전보건업무 수행 시 수당지급 작업 15.11.7 기

1. 건설용 리프트 · 곤돌라를 이용한 작업
2. 콘크리트 파쇄기를 사용하여 행하는 파쇄작업 (2[m] 이상인 구축물 파쇄에 한정한다)
3. 굴착 깊이가 2[m] 이상인 지반의 굴착작업
4. 흙막이지보공의 보강, 동바리 설치 또는 해체작업
5. 터널 안에서의 굴착작업, 터널거푸집의 조립 또는 콘크리트 작업
6. 굴착면의 깊이가 2[m] 이상인 암석 굴착 작업
7. 거푸집지보공의 조립 또는 해체작업
8. 비계의 조립, 해체 또는 변경작업
9. 건축물의 골조, 교량의 상부구조 또는 탑의 금속제의 부재에 의하여 구성되는 것

(5[m] 이상에 한정한다)의 조립, 해체 또는 변경작업
10. 콘크리트 공작물(높이 2[m] 이상에 한정한다)의 해체 또는 파괴 작업
11. 전압이 75[V] 이상인 정전 및 활선작업
12. 맨홀작업, 산소결핍장소에서의 작업
13. 도로에 인접하여 관로, 케이블 등을 매설하거나 철거하는 작업
14. 전주 또는 통신주에서의 케이블 공중가설작업

[별표 1의3] 설계변경 시 안전관리비 조정·계상 방법

1. 설계변경에 따른 안전관리비는 다음 계산식에 따라 산정한다.
   ○ 설계변경에 따른 안전관리비 = 설계변경 전의 안전관리비 + 설계변경으로 인한 안전관리비 증감액
2. 제1호의 계산식에서 설계변경으로 인한 안전관리비 증감액은 다음 계산식에 따라 산정한다.
   ○ 설계변경으로 인한 안전관리비 증감액 = 설계변경 전의 안전관리비 × 대상액의 증감 비율
3. 제2호의 계산식에서 대상액의 증감 비율은 다음 계산식에 따라 산정한다. 이 경우, 대상액은 예정가격 작성시의 대상액이 아닌 설계변경 전·후의 도급계약서상의 대상액을 말한다.
   ○ 대상액의 증감 비율 = [(설계변경 후 대상액 - 설계변경 전 대상액) / 설계변경 전 대상액] × 100[%]

[별표 2] 안전관리비의 항목별사용 불가 내역 〈2022. 6. 2. 삭제〉

[별표 3] 공사진척에 따른 안전관리비 사용기준

공정률	50[%] 이상 70[%] 미만	70[%] 이상 90[%] 미만	90[%] 이상
사용기준	50[%] 이상	70[%] 이상	90[%] 이상

※ 공정률은 기성공정률을 기준으로 한다.

[별표 4] 삭제

[별표 5] 건설공사의 종류 예시표

공사종류	내 용 예 시
1. 건축공사	가. 「건설산업기본법 시행령」(별표 1) 제1호 '나'목 종합적인 계획, 관리 및 조정에 따라 토지에 정착 하는 공작물 중 지붕과 기둥(또는 벽)이 있는 것과 이에 부수되는 시설물을 건설하는 공사 및 이와 함께 부대하여 현장 내에서 행하는 공사 나. 「건설산업기본법 시행령」(별표 1) 제2호의 전문공사로서 건축물과 관련하여 분리하여 발주되었고 시간적·장소적으로도 독립하여 행하는 공사

공사종류	내 용 예 시
2. 토목공사	가. 「건설산업기본법 시행령」(별표 1) 제1호 '가'목 종합적인 계획·관리 및 조정에 따라 토목 공작물을 설치하거나 토지를 조성·개량하는 공사, '라'목 종합적인 계획, 관리 및 조정에 따라 산업의 생산시설, 환경 오염을 예방·제거 재활용하기 위한 시설, 에너지 등의 생산·저장·공급시설 등의 건설공사 및 이와 함께 부대하여 현장 내에서 행하는 공사 나. 「건설산업기본법 시행령」(별표 1) 제2호의 전문공사로서 같은 표 제1호 건축공사 외의 시설물과 관련하여 분리하여 발주되었고 시간적·장소적으로도 독립하여 행하는 공사

3. 중건설공사	■ 「건설산업기본법 시행령」(별표 1) 제1호 '가'목 및 '라'목에 해당 되는 공사 중 다음과 같은 공사 및 이와 함께 부대하여 현장 내에서 행하는 공사
	가. 고제방 댐 공사 등
	  댐 신설공사, 제방신설공사와 관련한 제반시설공사
	나. 화력, 수력, 원자력, 열병합 발전시설 등 설치공사
	  화력, 수력, 원자력, 열병합 발전시설과 관련된 신설공사 및 제반시설공사
	다. 터널신설공사 등
	  도로, 철도, 지하철 공사로서 터널, 교량, 토공사 등이 포함된 복합시설물로 구성된 공사에 있어 터널 공사비 비중이 가장 큰 비중을 차지하는 건설공사

4. 특수건설공사	■ 「건설산업기본법 시행령」(별표 1) 제1호 '마'목 종합적인 계획·관리 및 조정에 따라 수목원, 공원, 녹지, 숲의 조성 등 경관 및 환경을 조성·개량 등의 건설공사로서 같은 법 시행규칙(별표 3)에서 구분한 조경공사에 해당하는 공사와 아래 각목에 따른 건설공사 중 다른 공사와 분리하여 발주되었고 시간적·장소적으로도 독립하여 행하는 공사 가. 「전기공사업법」에 의한 공사 나. 「정보통신공사업법」에 의한 공사 다. 「소방공사업법」에 의한 공사 라. 「문화재수리공사업법」에 의한 공사

비고
1. 건축물과 관련하여 공사가 수행된다 하더라도 독립하여 행하는 공사가 토목공사, 중건설공사가 명백한 경우 해당 공사 종류로 분류한다.
2. 건축공사, 토목공사 및 중건설공사와 함께 부대하여 현장 내에서 이루어지는 공사는 개별 법령에 따라 수행되는 공사를 포함한다.

[별지 제1호 서식]

산업안전보건관리비 사용내역서

건 설 업 체 명		공 사 명	
소 재 지		대 표 자	
공 사 금 액	원	공 사 기 간	~
발 주 자		누 계 공 정 률	%
계 상 된 산업안전관리비	원		

사 용 금 액		
항 목	( )월 사용금액	누계 사용금액
계		
1. 안전·보건관리자 임금 등 22. 11. 15 기		
2. 안전시설비 등		
3. 보호구 등		
4. 안전보건진단비 등		
5. 안전보건교육비 등		
6. 근로자 건강장해예방비 등		
7. 건설재해예방전문지도기관 기술지도비		
8. 본사 전담조직 근로자 임금 등		
9. 위험성평가 등에 따른 소요비용		

「건설업 산업안전보건관리비 계상 및 사용기준」 제10조제1항에 따라 위와 같이 사용내역서를 작성하였습니다.

년   월   일

작 성 자   직책   성명   (서명 또는 인)
확 인 자   직책   성명   (서명 또는 인)

210㎜×297㎜(일반용지 60g/㎡(재활용품))

3 가설공사 표준안전작업지침

제정 1984. 12. 27 고시 제84-27호
개정 2020. 1. 7 고용노동부 고시 제2020-3호

제1장 총 칙

제 1 조(목적) 이 고시는 「산업안전보건법」 제13조에 따라 가설공사 재해방지를 위한 비계작업, 가설통로, 가설도로의 설치·관리에 있어서 재료와 작업상의 안전에 관하여 사업주에게 지도·권고할 기술상의 지침을 규정함을 목적으로 한다.

제 2 조(정의) 이 고시에서 사용하는 용어의 뜻은 이 고시에 특별한 규정이 없으면 「산업안전보건법」, 같은 법 시행령 및 시행규칙, 「산업안전보건기준에 관한 규칙」에서 정하는 바에 따른다.

제2장 비계 작업

제1절 비계 재료

제 3 조(비계발판) 비계발판의 재료는 다음 각 호에 규정된 규격에 적합한 것이어야 한다.
 1. 비계발판은 목재 또는 합판을 사용하여야 하며, 기타자재를 사용할 경우에는 별도의 안전조치를 하여야 한다
 2. 제재목인 경우에 있어서는 장섬유질의 경사가 [그림 1]과 같이 1 : 15 이하이어야 하고 충분히 건조된 것(함수율 15~20[%] 이내)을 사용하여야 하며 변형, 갈라짐, 부식 등이 있는 자재를 사용해서는 아니 된다.
 3. 재료의 강도상 결점은 다음 각 목에 따른 검사에 적합하여야 한다.
    가. 발판의 폭과 동일한 길이 내에 있는 결점 치수의 총합이 발판폭의 1/4을 초과하지 않을 것
    나. 결점 개개의 크기가 발판의 중앙부에 있는 경우 발판폭의 1/5, 발판의 갓부분에 있을 때는 발판 두께의 1/7을 초과하지 않을 것
    다. 발판의 갓면에 있을 때는 발판 두께의 1/2을 초과하지 않을 것
    라. 발판의 갈라짐은 발판폭의 1/2을 초과해서는 아니 되며 철선, 띠철로 감아서 보존할 것([그림 2])
 4. 비계발판의 치수는 폭이 두께의 5~6배 이상이어야 하며 발판폭은 40[cm] 이상, 두께는 3.5[cm] 이상, 길이는 3.6[m] 이내이어야 한다.
 5. 비계발판은 하중과 간격에 따라서 응력의 상태가 달라지므로 [표 1]에 의한 허용응력을 초과하지 않도록 설계하여야 한다.

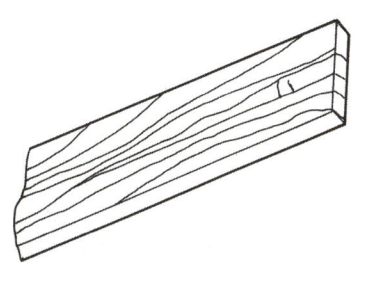

[그림 1] 장섬유질 경사

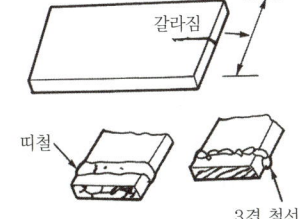

[그림 2] 발판균열

[표 1] 비계발판 작업으로서 목재의 허용응력(단위 : [kg/cm²])

목재의 종류 \ 허용응력도	압축	인장 또는 휨	전단
적송, 흑송, 회목	120	135	10.5
삼송, 전나무, 가문비나무	90	105	7.5

제 4 조(통나무) 비계용 통나무는 장선을 제외하고 서로 대체 활용할 수 있으므로 압축, 인장, 및 휨 등 외력이 작용하여도 충분히 견딜 수 있어야 하며 다음 각 호에 정하는 것에 적합한 것이어야 한다.

1. 형상이 곧고 나뭇결이 바르며 큰 옹이, 부식이나 갈라짐 등 흠이 없고 건조된 것으로 썩거나 다른 결점이 없어야 한다.
2. 통나무의 지름은 밑동에서 1.5[m] 되는 지점에서의 직경이 10[cm] 이상이고 끝마구리의 직경은 4.5[cm] 이상이어야 한다.
3. 휨 정도는 길이의 1.5[%] 이내이어야 한다.
4. 밑동에서 끝마무리까지의 직경의 감소는 1[m]당 0.5~0.7[cm]가 이상적이나 최대 1.5[cm]를 초과하지 않아야 한다.
5. 결손과 갈라진 길이는 전체 길이의 1/5 이내이고 깊이는 통나무 직경의 1/4을 넘지 않아야 한다.

제 5 조(강관 및 강관틀 비계) 비계용 강관 및 강관틀 비계의 재료는 노동부장관이 정하는 가설기자재 성능 검정규격에 합격한 것을 사용하여야 한다.

제 6 조(결속 재료) 통나무 비계의 결속 재료로 사용되는 철선은 직경 3.4[mm] #10 내지 직경 4.2[mm]의 #8의 소성 철선(철선길이 1개소 150[cm] 이상) 또는 #16 내지 #18의 아연 도금 철선(철선 길이 1개소 500[cm] 이상)을 사용하며, 결속 재료는 모두 새것을 사용하고 재사용은 하지 아니한다.

합격예측

결속재료

통나무 비계의 결속 재료로 사용되는 철선은 직경 3.4[mm] #10 내지 직경 4.2[mm]의 #8의 소성 철선(철선길이 1개소 150[cm] 이상) 또는 #16 내지 #18의 아연 도금 철선(철선 길이 1개소 500[cm] 이상)을 사용하며, 결속 재료는 모두 새것을 사용하고 재사용은 하지 아니한다.

제2절 비계 조립

제 7 조(통나무 비계) 사업주는 통나무 비계를 조립하여 사용함에 있어서 다음 각 호의 사항을 준수하여야 한다.

1. 비계 기둥의 밑둥은 호박돌, 잡석 또는 깔판 등으로 침하 방지 조치를 취하여야 하고 지반이 연약한 경우에는 땅에 매립하여 고정시켜야 한다.
2. 기둥 간격은 띠장 방향에서 1.5[m] 내지 1.8[m] 이하, 장선 방향에서는 1.5[m] 이하이어야 한다.
3. 띠장 방향에서 1.5[m] 이하로 할 때에는 통나무 지름이 10[cm] 이상이어야 하며, 띠장 간격은 1.5[m] 이하로 하여야 하고 지상에서 첫 번째 띠장은 3[m] 정도의 높이에 설치하여야 한다.
4. 비계 기둥의 간격은 1.8[m] 이하로 하고 인접한 비계 기둥의 이음은 동일 높이에 있지 않도록 하여야 한다.
5. 비계 기둥은 겹침 이음하는 경우 1[m] 이상 겹쳐 대고 2개소 이상 결속하여야 하며, 맞댄 이음을 하는 경우 쌍기둥틀로 하거나 1.8[m] 이상의 덧댐목을 대고 4개소 이상 결속하여야 한다.
6. 벽연결은 수직 방향에서는 5.5[m] 이하, 수평 방향에서는 7.5[m] 이하 간격으로 연결하여야 한다.
7. 기둥 간격 10[m] 이내마다 45[°] 각도의 처마 방향 가새를 비계 기둥 및 띠장에 결속하고, 모든 비계 기둥은 가새에 결속하여야 한다.
8. 작업대에는 안전난간을 설치하여야 한다.
9. 작업대 위의 공구, 재료 등에 대해서는 낙하물 방지 조치를 취해야 한다.

제 8 조(단관 비계) 사업주는 강관 비계를 조립하여 사용함에 있어서 다음 각 호의 사항을 준수하여야 한다.

1. 하단부에는 깔판(밑받침 철물), 받침목 등을 사용하고 밑둥잡이를 설치해야 한다.
2. 비계 기둥 간격은 띠장 방향에서는 1.85[m], 장선 방향에서는 1.5[m] 이하이어야 하며, 비계 기둥의 최고부로부터 아래 방향으로 31[m]를 넘는 비계 기둥은 2본의 강관으로 묶어 세워야 한다.
3. 띠장 간격은 2.0[m] 이하로 설치하여야 하며, 지상에서 첫번째 띠장은 높이 2[m] 이하의 위치에 설치하여야 한다.
4. 장선 간격은 2.0[m] 이하로 설치하고, 비계 기둥과 띠장의 교차부에서는 비계 기둥에 결속하고, 그 중간 부분에서는 띠장에 결속한다.
5. 비계 기둥간의 적재 하중은 400[kg]을 초과하지 아니하도록 하여야 한다.
6. 벽연결은 수직으로 5[m], 수평으로 5[m] 이내마다 연결하여야 한다.
7. 기둥간격 10[m]마다 45[°] 각도의 처마 방향 가새를 설치해야 하며, 모든 비계 기둥은 가새에 결속하여야 한다.
8. 작업대에는 안전난간을 설치하여야 한다.

9. 작업대의 구조는 추락 및 낙하물 방지 조치를 설치하여야 한다.
10. 작업발판 설치가 필요한 경우에는 쌍줄 비계이어야 하며, 연결 및 이음 철물은 가설 기자재 성능 검정 규격에 규정된 것을 사용하여야 한다.

제 9 조(강관틀 비계) 사업주는 강관틀 비계를 조립하여 사용함에 있어서 다음 각 호의 사항을 준수하여야 한다.

1. 비계 기둥의 밑둥에는 밑받침 철물을 사용하여야 하며 밑받침에 고저차가 있는 경우 조절형 밑받침 철물을 사용하여 각각의 강관틀 비계가 항상 수평·수직을 유지하여야 한다.
2. 전체 높이는 40[m]를 초과할 수 없으며, 20[m]를 초과할 경우 주틀의 높이를 2[m] 이내로 하고 주틀간의 간격은 1.8[m] 이하로 하여야 한다.
3. 주틀간에 교차가새를 설치하고 최상층 및 5층 이내마다 수평재를 설치하여야 한다.
4. 벽연결은 구조체와 수직방향으로 6[m], 수평방향으로 8[m] 이내마다 연결하여야 한다.
5. 띠장 방향으로 길이가 4[m] 이하이고 높이 10[m]를 초과하는 경우 높이 10[m] 이내마다 띠장 방향으로 버팀 기둥을 설치하여야 한다.
6. 그외의 다른 사항은 강관 비계에 준한다.

제 10 조(달비계) 사업주는 달비계를 조립하여 사용함에 있어서 다음 각 호의 사항을 준수하여야 한다.

1. 관리감독자의 지휘하에 작업을 진행하여야 한다.
2. 와이어로프 및 강선의 안전 계수는 10 이상이어야 한다.
3. 와이어로프의 일단은 권양기에 확실히 감겨져 있어야 한다.
4. 와이어로프를 사용함에 있어 다음 각 목에 정하는 것은 사용할 수 없다.
    가. 와이어로프 소선이 10[%] 이상 절단된 것
    나. 지름이 공칭지름의 7[%] 이상 감소된 것
    다. 몹시 변형되었거나 비틀어진 것
5. 승강하는 경우 작업대는 수평을 유지하도록 하여야 한다.
6. 허용 하중 이상의 작업원이 타지 않도록 하여야 한다.
7. 권양기에는 제동장치를 설치하여야 한다.
8. 작업발판은 20[cm] 이상의 폭이어야 하며, 움직이지 않게 고정하여야 한다.
9. 발판 위 약 10[cm] 위까지 폭목을 설치하여야 한다.
10. 난간은 안전난간을 설치해야 하며, 움직이지 않고 고정하여야 한다.
11. 작업 성질상 안전난간을 설치하는 것이 곤란하거나 임시로 안전난간을 해체하여야 하는 경우에는 방망을 치거나 안전대를 착용하여야 한다.
12. 안전모와 안전대를 착용하여야 한다.
13. 달비계 위에서는 각립 사다리 등을 사용해서는 안 된다.
14. 난간 밖에서 작업하지 않도록 하여야 한다.

> **합격예측**
>
> **달대 비계**
> ① 달대비계를 매다는 철선은 #8 소성철선을 사용하며 4가닥 정도로 꼬아서 하중에 대한 안전 계수가 8 이상 확보되어야 한다.
> ② 철근을 사용할 때에는 19[mm] 이상을 쓰며 근로자는 반드시 안전모와 안전대를 착용하여야 한다.

15. 달비계의 동요 또는 전도를 방지할 수 있는 장치를 하여야 한다.
16. 급작스런 행동으로 인한 비계의 동요, 전도 등을 방지하여야 한다.
17. 추락에 의한 근로자의 위험을 방지하기 위하여 달비계에 구명줄을 설치하여야 한다.

제 11 조(달대 비계) 사업주는 달대 비계를 조립하여 사용함에 있어서 다음 각 호의 사항을 준수하여야 한다.

1. 달대 비계를 매다는 철선은 #8 소성철선을 사용하며 4가닥 정도로 꼬아서 하중에 대한 안전 계수가 8 이상 확보되어야 한다.
2. 철근을 사용할 때에는 19[mm] 이상을 쓰며 근로자는 반드시 안전모와 안전대를 착용하여야 한다.

제 12 조(말비계) 사업주는 말비계를 조립하여 사용함에 있어서 다음 각 호의 사항을 준수하여야 한다.

1. 사다리의 각부는 수평하게 놓아서 상부가 한쪽으로 기울지 않도록 하여야 한다.
2. 각부에는 미끄럼 방지장치를 하여야 하며, 제일 상단에 올라서서 작업하지 말아야 한다.

제 13 조(이동식 비계) 사업주는 이동식 비계를 조립하여 사용함에 있어서 다음 각 호의 사항을 준수하여야 한다.

1. 관리감독자의 지휘하에 작업을 행하여야 한다.
2. 비계의 최대 높이는 밑변 최소폭의 4배 이하이어야 한다.
3. 작업대의 발판은 전면에 걸쳐 빈틈없이 깔아야 한다.
4. 비계의 일부를 건물에 체결하여 이동, 전도 등을 방지하여야 한다.
5. 승강용 사다리는 견고하게 부착하여야 한다.
6. 최대 적재 하중을 표시하여야 한다.
7. 부재의 접속부, 교차부는 확실하게 연결하여야 한다.
8. 작업대에는 안전난간을 설치하여야 하며, 낙하물 방지조치를 설치하여야 한다.
9. 불의의 이동을 방지하기 위한 제동장치를 반드시 갖추어야 한다.
10. 이동할 때에는 작업원이 없는 상태이어야 한다.
11. 비계의 이동에는 충분한 인원 배치를 하여야 한다.
12. 안전모를 착용하여야 하며 지지로프를 설치하여야 한다.
13. 재료, 공구의 오르내리기에는 포대, 로프 등을 이용하여야 한다.
14. 작업장 부근에 고압선 등이 있는가를 확인하고 적절한 방호조치를 취하여야 한다.
15. 상하에서 동시에 작업을 할 때에는 충분한 연락을 취하면서 작업을 하여야 한다.

제3장 가설 통로

제 14 조(경사로) 사업주는 경사로를 설치, 사용함에 있어서 다음 각 호의 사항을 준수하여야 한다.

1. 시공 하중 또는 폭풍, 진동 등 외력에 대하여 안전하도록 설계하여야 한다.([그림 3] 참조)

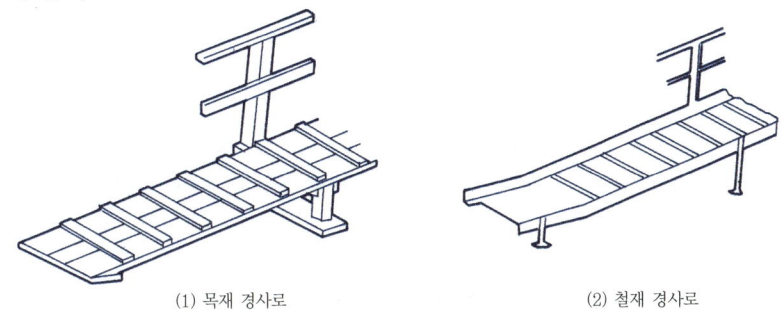

(1) 목재 경사로   (2) 철재 경사로

[그림 3] 목재 및 철재 경사로의 예

2. 경사로는 항상 정비하고 안전 통로를 확보하여야 한다.
3. 비탈면의 경사각은 30[°] 이내로 하고 미끄럼막이 간격은 다음 표에 의한다.

[표] 미끄럼막이 간격

경 사 각	미끄럼막이 간격	경 사 각	미끄럼막이 간격
30[°] 이내	30[cm]	22[°]	40[cm]
29[°]	33[cm]	19[°]20[″]	43[cm]
27[°]	35[cm]	17[°]	45[cm]
24[°]15[″]	37[cm]	15[°] 초과	47[cm]

4. 경사로의 폭은 최소 90[cm] 이상이어야 한다.
5. 높이 7[m] 이내마다 계단참을 설치하여야 한다.
6. 추락방지용 안전난간을 설치하여야 한다.
7. 목재는 미송, 육송 또는 그 이상의 재질을 가진 것이어야 한다.
8. 경사로 지지 기둥은 3[m] 이내마다 설치하여야 한다.
9. 발판은 폭 40[cm] 이상으로 하고, 틈은 3[cm] 이내로 설치하여야 한다.
10. 발판이 이탈하거나 한쪽 끝을 밟으면 다른 쪽이 들리지 않게 장선에 결속하여야 한다.
11. 결속용 못이나 철선이 발에 걸리지 않아야 한다.

제 15 조(통로 발판) 사업주는 통로 발판을 설치하여 사용함에 있어서 다음 각 호의 사항을 준수하여야 한다.

1. 근로자가 작업 및 이동하기에 충분한 넓이가 확보되어야 한다.
2. 추락의 위험이 있는 곳에는 안전난간이나 철책을 설치하여야 한다.
3. 발판을 겹쳐 이음하는 경우 장선 위에서 이음을 하고 겹침 길이는 20[cm] 이상으로 하여야 한다.
4. 발판 1개에 대한 지지물은 2개 이상이어야 한다.

합격예측

사다리식 통로의 기울기
사다리식 통로의 기울기는 이동식 75[°] 이하, 고정식 90[°] 이하로 하여야 한다(높이 2.5[m]를 초과하는 지점부터 등받이울을 설치하는 경우에는 그러하지 아니하다).

5. 작업발판의 최대폭은 1.6[m] 이내이어야 한다.
6. 작업발판 위에는 돌출된 못, 옹이, 철선 등이 없어야 한다.
7. 비계 발판의 구조에 따라 최대 적재 하중을 정하고 이를 초과하지 않도록 하여야 한다.

제 16 조(사다리식 통로의 기울기) 사다리식 통로의 기울기는 80[°] 이내로 하여야 한다(높이 2.5[m]를 초과하는 지점부터 등받이울을 설치하는 경우에는 그러하지 아니하다).

제 17 조(옥외용 사다리) 옥외용 사다리는 철재를 원칙으로 하며, 길이가 10[m] 이상인 때에는 5[m] 이내의 간격으로 계단참을 두어야 하고 사다리 전면의 사방 75[cm] 이내에는 장애물이 없어야 한다.

제 18 조(목재 사다리) 사업주는 목재 사다리를 설치하여 사용함에 있어서 다음 각 호의 사항을 준수하여야 한다.

1. 재질은 건조된 것으로 옹이, 갈라짐, 흠 등의 결함이 없고 곧은 것이어야 한다.
2. 수직재와 발받침대는 장부촉 맞춤으로 하고 사개를 파서 제작하여야 한다.
3. 발받침대의 간격은 25~35[cm]로 하여야 한다.
4. 이음 또는 맞춤 부분은 보강하여야 한다.
5. 벽면과의 이격 거리는 20[cm] 이상으로 하여야 한다.

제 19 조(철재 사다리) 사업주는 철재 사다리를 설치하여 사용함에 있어서 다음 각 호의 사항을 준수하여야 한다.

1. 수직재와 발받침대는 횡좌굴을 일으키지 않도록 충분한 강도를 가진 것으로 하여야 한다.
2. 발받침대는 미끄러짐을 방지하기 위한 미끄럼 방지장치를 하여야 한다.
3. 받침대의 간격은 25~35[cm]로 하여야 한다.
4. 사다리 몸체 또는 전면에 기름 등과 같은 미끄러운 물질이 묻어 있어서는 아니 된다.

제 20 조(이동식 사다리) 사업주는 이동식 사다리를 설치하여 사용함에 있어서 다음 각 호의 사항을 준수하여야 한다.

1. 길이가 6[m]를 초과해서는 안 된다.
2. 다리의 벌림은 벽 높이의 1/4 정도가 적당하다.
3. 벽면 상부로부터 최소한 60[cm] 이상의 연장 길이가 있어야 한다.

제 21 조(미끄럼 방지장치) 사업주는 사다리를 설치하여 사용함에 있어서 다음 각 호의 사항을 준수하여야 한다. 15. 4. 19 기

1. 사다리 지주의 끝에 고무, 코르크, 가죽, 강스파이크 등을 부착시켜 바닥과의 미끄럼을 방지하는 안전장치가 있어야 한다.

2. 쐐기형 강스파이크는 지반이 평탄한 맨땅 위에 세울 때 사용하여야 한다.
3. 미끄럼 방지 판자 및 미끄럼 방지 고정쇠는 돌마무릴 또는 인조석 깔기 마감한 바닥용으로 사용하여야 한다.
4. 미끄럼 방지 발판은 인조 고무 등으로 마감한 실내용을 사용하여야 한다.

제 22 조(기계 사다리) 사업주는 기계 사다리를 설치하여 사용함에 있어서 다음 각 호의 사항을 준수하여야 한다.
1. 추락방지용 보호 손잡이 및 발판이 구비되어야 한다.
2. 작업자는 안전대를 착용하여야 한다.
3. 사다리가 움직이는 동안에는 작업자가 움직이지 않도록 사전에 충분한 교육을 시켜야 한다.

제 23 조(연장 사다리) 사업주는 도르래와 당김줄에 의하여 임의의 길이로 연장 또는 축소시킬 수 있는 연장 사다리를 설치하여 사용함에 있어서 다음 각 호의 사항을 준수하여야 한다.
1. 총길이는 15[m]를 초과할 수 없다.
2. 사다리의 길이를 고정시킬 수 있는 잠금쇠와 브라켓을 구비하여야 한다.
3. 도르래 및 로프는 충분한 강도를 가진 것이어야 한다.

제 24 조(사다리 작업) 사업주는 사다리를 설치하여 사용함에 있어서 다음 각 호의 사항을 준수하여야 한다.
1. 안전하게 수리될 수 없는 사다리는 작업장 외로 반출시켜야 한다.
2. 사다리는 작업장에서 위로 60[cm] 이상 연장되어 있어야 한다.
3. 상부와 하부가 움직일 염려가 있을 때는 작업자 이외의 감시자가 있어야 한다.
4. 부서지기 쉬운 벽돌 등을 받침대로 사용하여서는 안된다.
5. 작업자는 복장을 단정히 하여야 하며, 미끄러운 장화나 신발을 신어서는 안 된다.
6. 지나치게 부피가 크거나 무거운 짐을 운반하는 것을 피하여야 한다.
7. 출입문 부근에 사다리를 설치할 경우에는 반드시 감시자가 있어야 한다.
8. 금속 사다리는 전기 설비가 있는 곳에서는 사용하지 말아야 한다.
9. 사다리를 다리처럼 사용하여서는 안 된다.

제4장 가설 도로

제 25 조(가설 도로) 사업주는 공사용 가설 도로를 설치하여 사용함에 있어서 다음 각 호의 사항을 준수하여야 한다.
1. 도로의 표면은 장비 및 차량이 안전운행할 수 있도록 유지·보수하여야 한다.
2. 장비 사용을 목적으로 하는 진입로, 경사로 등은 주행하는 차량 통행에 지장을 주지 않도록 만들어야 한다.

3. 도로와 작업장 높이에 차가 있을 때는 바리케이트 또는 연석 등을 설치하여 차량의 위험 및 사고를 방지하도록 하여야 한다.
4. 도로는 배수를 위해 도로 중앙부를 약간 높게 하거나 배수 시설을 하여야 한다.
5. 운반로는 장비의 안전운행에 적합한 도로의 폭을 유지하여야 하며, 또한 모든 커브는 통상적인 도로폭보다 좀더 넓게 만들고 시계에 장애가 없도록 만들어야 한다.
6. 커브 구간에서는 차량이 가시거리의 절반 이내에서 정지할 수 있도록 차량의 속도를 제한하여야 한다.
7. 최고 허용 경사도는 부득이한 경우를 제외하고는 10[%]를 넘어서는 안 된다.
8. 필요한 전기 시설(교통신호등 포함), 신호수, 표지판, 바리케이트, 노면표지 등을 교통안전운행을 위하여 제공하여야 한다.
9. 안전운행을 위하여 먼지가 일어나지 않도록 물을 뿌려주고 겨울철에는 눈이 쌓이지 않도록 조치하여야 한다.

제 26 조(우회로) 사업주는 우회로를 설치하여 사용함에 있어서 다음 각 호의 사항을 준수하여야 한다.
1. 교통량을 유지시킬 수 있도록 계획되어야 한다.
2. 시공중인 교량이나 높은 구조물의 밑을 통과해서는 안 되며 부득이 시공중인 교량이나 높은 구조물의 밑을 통과하여야 할 경우에는 필요한 안전조치를 하여야 한다.
3. 모든 교통 통제나 신호 등은 교통법규에 적합하도록 하여야 한다.
4. 우회로는 항시 유지 보수되도록 확실한 점검을 실시하여야 하며 필요한 경우에는 가설등을 설치하여야 한다.
5. 우회로의 사용이 완료되면 모든 것을 원상 복구하여야 한다.

제 27 조(표지 및 기구) 사업주는 안전표지 및 기구를 사용함에 있어서 다음 각 호에 적합한 것을 사용하여야 한다.
1. 교통안전 표지규칙
2. 방호장치(반사경, 보호책, 방호설비)

제 28 조(신호수) 신호수는 책임감 있고 임무 숙지는 물론 잘 훈련되고 경험있는 자로 하여야 한다.

제 29 조(재검토기한) 이 고시에 대하여 2016년 1월 1일 기준으로 매3년이 되는 시점(매 3년째의 12월 31일까지를 말한다)마다 그 타당성을 검토하여 개선 등의 조치를 하여야 한다.

부 칙

이 고시는 고시한 날부터 시행한다.

4 굴착공사 표준안전작업지침

제정 1994. 1. 25 고시 제1994-1호
[시행 2023. 7. 1.] [고용노동부고시 제2023-35호, 2023. 7. 1., 일부개정]

제1장 총 칙

제 1 조(목적) 이 고시는 「산업안전보건법」제13조에 따라 굴착공사 재해방지를 위한 작업상의 안전에 관하여 사업주에게 지도·권고할 기술상의 지침을 규정함을 목적으로 한다.

제 2 조(용어의 정의) 이 고시에서 사용하는 용어의 뜻은 이 고시에 특별한 규정이 없으면 「산업안전보건법」, 같은 법 시행령 및 시행규칙, 「산업안전보건기준에 관한 규칙」 (이하 "안전보건규칙"이라 한다)에서 정하는 바에 따른다.

제2장 지질 조사 등

제 3 조(사전 조사) ① 기본적인 토질에 관한 조사는 다음 각 호에 의한다. 23. 4. 23 ㉠
  1. 조사 대상은 지형, 지질, 지층, 지하수, 용수, 식생 등으로 한다.
  2. 조사 내용은 다음 각 목의 사항을 기준으로 한다.
     가. 주변에 기(旣) 절토된 경사면의 실태 조사
     나. 지표, 토질에 대한 답사 및 조사를 함으로써 토질구성(표토, 토질, 암질), 토질 구조(지층의 경사, 지층, 파쇄대의 분포, 변질대의 분포), 지하수 및 용수의 형상 등의 실태 조사
     다. 사운딩
     라. 시추
     마. 물리 탐사(탄성파 조사)
     바. 토질 시험 등
② 굴착 작업 전 가스관, 상하수도관, 지하 케이블, 건축물의 기초 등 지하 매설물에 대하여 조사하고 굴착시 이에 대한 안전조치를 해야 한다.

제 4 조(시공중의 조사) 공사 진행중 이미 조사된 결과와 상이한 상태가 발생한 경우 제3조의 조사를 보완(정밀 조사) 실시하여야 하며 결과에 따라 작업계획을 재검토하여야 할 경우에는 공법이 결정될 때까지 공사를 중지하여야 한다.

합격예측

사전조사
① 조사 대상은 지형, 지질, 지층, 지하수, 용수, 식생 등으로 한다.
② 조사 내용은 다음 사항을 기준으로 한다.
  ㉮ 주변에 기(旣) 절토된 경사면의 실태 조사
  ㉯ 지표, 토질에 대한 답사 및 조사를 함으로써 토질구성(표토, 토질, 암질), 토질 구조(지층의 경사, 지층, 파쇄대의 분포, 변질대의 분포), 지하수 및 용수의 형상 등의 실태 조사
  ㉰ 사운딩
  ㉱ 시추
  ㉲ 물리 탐사(탄성파 조사)
  ㉳ 토질 시험 등

제3장 굴착 작업
제1절 인력 굴착

제 5 조(준비) ① 공사 전 준비로서 다음 각 호의 사항을 준수하여야 한다.
1. 작업 계획, 작업 내용을 충분히 검토하고 이해하여야 한다.
2. 공사물량 및 공기에 따른 근로자의 소요 인원을 계획하여야 한다.
3. 굴착 예정지의 주변 상황을 조사하여 조사 결과 작업에 지장을 주는 장애물이 있는 경우 이설, 제거, 거치 보전계획을 수립하여야 한다.
4. 시가지 등에서 공중 재해에 대한 위험이 수반될 경우 예방대책을 수립하여야 하며, 가스관, 상하수도관, 지하 케이블 등의 지하 매설물에 대한 방호조치를 하여야 한다.
5. 작업에 필요한 기기, 공구 및 자재의 수량을 검토, 준비하고 반입 방법에 대하여 계획하여야 한다.
6. 예정된 굴착 방법에 적절한 토사 반출 방법을 계획하여야 한다.
7. 관련 작업(굴착 기계. 운반기계 등의 운전자, 흙막이공, 형틀공, 철근공, 배관공 등)의 책임자 상호간의 긴밀한 협조와 연락을 충분히 하여야 하며 수기 신호, 무선 통신, 유선 통신 등의 신호 체제를 확립한 후 작업을 진행시켜야 한다.
8. 지하수 유입에 대한 대책을 수립하여야 한다.

② 일일 준비로서 다음 각 호의 사항을 준수하여야 한다.
1. 작업 전에 반드시 작업 장소의 불안전한 상태 유무를 점검하고 미비점이 있을 경우 즉시 조치하여야 한다.
2. 근로자를 적절히 배치하여야 한다.
3. 사용하는 기기, 공구 등을 근로자에게 확인시켜야 한다.
4. 근로자의 안전모 착용 및 복장 상태, 또 추락의 위험이 있는 고소 작업자는 안전대를 착용하고 있는가 등을 확인하여야 한다.
5. 근로자에게 당일의 작업량, 작업 방법을 설명하고, 작업의 단계별 순서와 안전상의 문제점에 대하여 교육하여야 한다.
6. 작업 장소에 관계자 이외의 자가 출입하지 않도록 하고, 또 위험 장소에는 근로자가 접근하지 않도록 출입금지조치를 하여야 한다.
7. 굴착된 흙이 차량으로 운반될 경우 통로를 확보하고 굴착자와 차량 운전자가 상호 연락할 수 있도록 하되, 그 신호는 고용노동부장관이 고시한 크레인 표준안전작업 지침에서 정하는 바에 의한다.

제 6 조(작업) 굴착작업 시 다음 각 호에 정하는 사항을 준수하여야 한다.
1. 안전담당자의 지휘하에 작업하여야 한다.
2. 지반의 종류에 따라서 정해진 굴착면의 높이와 기울기로 진행시켜야 한다.
3. 굴착면 및 흙막이 지보공의 상태를 주의하여 작업을 진행시켜야 한다.
4. 굴착면 및 굴착심도 기준을 준수하여 작업중 붕괴를 예방하여야 한다.
5. 굴착 토사나 자재 등을 경사면 및 토류벽 천단부 주변에 쌓아두어서는 안 된다.

6. 매설물, 장애물 등에 항상 주의하고 대책을 강구한 후에 작업을 하여야 한다.
7. 용수 등의 유입수가 있는 경우 반드시 배수시설을 한 뒤에 작업을 하여야 한다.
8. 수중 펌프나 벨트 컨베이어 등 전동 기기를 사용할 경우는 누전차단기를 설치하고 작동 여부를 확인하여야 한다.
9. 산소 결핍의 우려가 있는 작업장은 산업안전보건기준에 관한 규칙 제618조 부터 제645조까지의 규정을 준수하여야 한다.
10. 도시가스의 누출, 메탄 가스 등의 발생이 우려되는 경우에는 화기를 사용하여서는 안 된다. 또한 이들 유해 가스에 대해서는 제9호를 참고한다.

제 7 조(절토) 절토시에는 다음 각 호의 사항을 준수하여야 한다.
1. 상부에서는 붕락 위험이 있는 장소에서의 작업은 금하여야 한다.
2. 상·하부 동시 작업은 금지하여야 하나 부득이한 경우 다음 각 목의 조치를 실시한 후 조치하여야 한다.
    가. 견고한 낙하물 방호 시설 설치
    나. 부석 제거
    다. 작업 장소에 불필요한 기계 등의 방치금지
    라. 신호수 및 담당자 배치
3. 굴착면이 높은 경우는 계단식으로 굴착하고 소단의 폭은 수평 거리 2[m] 정도로 하여야 한다.
4. 사면 경사 1 : 1 이하이며 굴착면이 2[m] 이상일 경우는 안전대 등을 착용하고 작업해야 하며 부석이나 붕괴하기 쉬운 지반은 적절한 보강을 하여야 한다.
5. 급경사에는 사다리 등을 설치하여 통로로 사용하여야 하며 도괴하지 않도록 상·하부를 지지물로 고정시키며 장기간 공사시에는 비계 등을 설치하여야 한다.
6. 용수가 발생하면 즉시 작업 책임자에게 보고하고 배수 및 작업 방법에 대해서 지시를 받아야 한다.
7. 우천 또는 해빙으로 토사 붕괴가 우려되는 경우에는 작업 전 점검을 실시하여야 하며, 특히 굴착면 천단부 주변에는 중량물의 방치를 금하며 대형 건설 기계 통과시에는 적절한 조치를 확인하여야 한다.
8. 절토면을 장기간 방치할 경우는 경사면을 가마니 쌓기, 비닐 덮기 등 적절한 보호 조치를 하여야 한다.
9. 발파 암반을 장기간 방치할 경우는 낙석방지용 방호망을 부착, 모르타르를 주입, 그라우팅, 록볼트 설치 등의 방호시설을 하여야 한다.
10. 암반이 아닌 경우는 경사면에 도수로, 산마루 측구 등 배수시설을 설치하여야 하며, 제3자가 근처를 통행할 가능성이 있는 경우는 가설 방책 등 안전시설과 안전표지판을 설치하여야 한다.
11. 벨트 컨베이어를 사용할 경우는 경사를 완만하게 하여 안정된 상태를 하도록 하여야 하며, 컨베이어 양단면에 스크린 등의 설치로 토사의 전락을 방지하여야 한다.

제 8 조(트렌치 굴착) 굴착시에는 다음 각 호의 사항을 준수하여야 한다.
1. 통행자가 많은 장소에서 굴착하는 경우 굴착 장소에 방호울 등을 사용하여 접근을 금지시키고, 안전표지판의 식별이 용이한 장소에 설치하여야 한다.
2. 야간에는 작업장에 충분한 조명시설을 하여야 하며 가시설물은 형광벨트의 설치, 경광등 등을 설치하여야 한다.
3. 굴착시는 원칙적으로 흙막이 지보공을 설치하여야 한다.
4. 흙막이 지보공을 설치하지 않는 경우 굴착깊이는 1.5[m] 이하로 하여야 한다.
5. 수분을 많이 포함한 지반의 경우나 뒤채움 지반인 경우 또는 차량이 통행하여 붕괴하기 쉬운 경우에는 반드시 흙막이 지보공을 설치하여야 한다.
6. 굴착폭은 작업 및 대피가 용이하도록 충분한 넓이를 확보하여야 하며, 굴착 깊이가 2[m] 이상일 경우에는 1[m] 이상의 폭으로 한다.
7. 흙막이 널판만을 사용할 경우는 널판 길이의 1/3 이상의 근입장을 확보하여야 한다.
8. 용수가 있는 경우는 펌프로 배수하여야 하며, 흙막이 지보공을 설치하여야 한다.
9. 굴착면 천단부에는 굴착 토사와 자재 등의 적재를 금하며 굴착 깊이 이상 떨어진 장소에 적재토록 하고, 건설 기계가 통행할 가능성이 있는 장소에는 별도의 장비 통로를 설치하여야 한다.
10. 브레이커 등을 이용하여 파쇄하거나 견고한 지반을 분쇄할 경우에는 진동을 방지할 수 있는 장갑을 착용하도록 하여야 한다.
11. 컴프레서는 작업이나 통행에 지장이 없는 장소에 설치하여야 한다.
12. 벨트 컨베이어를 이용하여 굴착토를 반출할 경우는 다음 각 목의 규정을 준수하여야 한다.
    가. 기울기가 완만하도록(표준 30[°] 이하) 하고 안전성이 있으며 비탈면이 붕괴되지 않도록 설치하고 가대 등을 이용하여 가능한 한 굴착면에 가깝도록 설치하며 작업 장소에 따라 조금씩 이동한다.
    나. 벨트 컨베이어를 이동할 경우는 작업 책임자를 선임하고 지시에 따라 이동해야 하며 전원 스위치, 내연 기관 등은 반드시 단락조치 후 이동한다.
    다. 회전 부분에 말려들지 않도록 방호조치를 하여야 하며, 비상정지장치가 있어야 한다.
    라. 큰 육석 등의 석괴는 적재시키지 않아야 하며 부득이할 경우는 운반중 낙석, 전락방지를 위한 컨베이어 양단부에 스크린 등의 방호조치를 하여야 한다.
13. 가스관, 상하수도관, 케이블 등의 지하 매설물이 발견되면 공사를 중지하고 작업 책임자의 지시에 따라 방호조치 후 굴착을 실시하며, 매설물을 손상시켜서는 안 된다.
14. 바닥면의 굴착 심도를 확인하면서 작업한다.
15. 굴착 깊이가 1.5[m] 이상인 경우는 사다리, 계단 등 승강설비를 설치하여야 한다.
16. 굴착된 도랑 내에서 휴식을 취하여서는 안 된다.
17. 매설물을 설치하고 뒤채움을 할 경우에는 30[cm] 이내마다 충분히 다지고 필요시 물다짐 등 시방을 준수하여야 한다.

18. 작업 도중 굴착된 상태로 작업을 종료할 경우는 방호울, 위험표지판을 설치하여 제3자의 출입을 금지시켜야 한다.

제 9 조(기초 굴착) 기초 굴착시에는 다음 각 호의 사항을 준수하여야 한다.

1. 사면 굴착 및 수직면 굴착 등 오픈컷 공법에 있어 흙막이벽 또는 지보공 관리감독자를 필히 선임하여 구조, 특징 및 작업 순서를 충분히 숙지한 후 순서에 의해 작업하여야 한다.
2. 버팀재를 설치하는 구조의 흙막이 지보공에서는 스트럿, 띠장, 사보강재 등을 설치하고 하부 작업을 하여야 한다.
3. 기계 굴착과 병행하여 인력 굴착 작업을 수행할 경우는 작업 분담 구역을 정하고 기계의 작업 반경 내에 근로자가 들어가지 않도록 해야 하며, 담당자 또는 기계 신호수를 배치하여야 한다.
4. 버팀재, 사보강재 위로 통행을 해서는 안 되며, 부득이 통행할 경우에는 폭 40[cm] 이상의 안전 통로를 설치하고 통로에는 표준 안전 난간을 설치하고 안전대를 사용하여야 한다.
5. 스트럿 위에는 중량물을 놓아서는 안 되며, 부득이한 경우는 지보공으로 충분히 보강하여야 한다.
6. 배수 펌프 등은 용수시 항상 사용할 수 있도록 정비하여 두고 이상 용출수가 발생할 경우 작업을 중단하고 즉시 작업 책임자의 지시를 받는다.
7. 지표수 등이 유입하지 않도록 차수시설을 하고 경사면에서의 추락이나 낙하물에 대한 방호조치를 하여야 한다.
8. 작업중에는 흙막이 지보공의 시방을 준수하고 스트럿 또는 흙막이벽의 이상 상태에 주의하며 이상 토압이 발생하여 지보공 또는 벽에 변형이 발생되면 즉시 작업 책임자에게 보고하고 지시를 받아야 한다.
9. 점토질 및 사질토의 경우에는 히빙 및 보일링 현상에 대비하여 사전 조치를 하여야 한다.

제2절 기계 굴착

제 10 조(준비) 기계에 의한 굴착 작업시에는 제1절의 사항 외에 다음 각 호의 사항을 준수하여야 한다.

1. 공사의 규모, 주변 환경, 토질, 공사 기간 등의 조건을 고려한 적절한 기계를 선정하여야 한다.
2. 작업 전에 기계의 정비 상태를 정비 기록표 등에 의해 확인하고 다음 각 목의 사항을 점검하여야 한다.
   가. 낙석, 낙하물 등의 위험이 예상되는 작업시 견고한 헤드 가드 설치 상태
   나. 브레이크 및 클러치의 작동 상태
   다. 타이어 및 궤도 차륜 상태
   라. 경보장치 작동 상태

마. 부속장치의 상태
3. 정비 상태가 불량한 기계는 투입해서는 안 된다.
4. 장비의 진입로와 작업장에서의 주행로를 확보하고, 다짐도, 노폭, 경사도 등의 상태를 점검하여야 한다.
5. 굴착된 토사의 운반 통로, 노면의 상태, 노폭, 기울기, 회전 반경 및 교차점, 장비의 운행시 근로자의 비상 대피처 등에 대해서 조사하여 대책을 강구하여야 한다.
6. 인력 굴착과 기계 굴착을 병행할 경우 각각의 작업 범위와 작업 추진 방향을 명확히 하고 기계의 작업 반경 내에 근로자가 출입하지 않도록 방호설비를 하거나 감시인을 배치한다.
7. 발파, 붕괴시 대피 장소가 확보되어야 한다.
8. 장비 연료 및 정비용 기구 공구 등의 보관 장소가 적절한지를 확인하여야 한다.
9. 운전자가 자격을 갖추었는지를 확인하여야 한다.
10. 굴착된 토사를 덤프 트럭 등을 이용하여 운반할 경우는 유도자와 교통 정리원을 배치하여야 한다.

제 11 조(작업) 기계 굴착 작업시에는 다음 각 호의 사항을 준수하여야 한다.
1. 운전자의 건강 상태를 확인하고 과로시키지 않아야 한다.
2. 운전자 및 근로자는 안전모를 착용시켜야 한다.
3. 운전자 외에는 승차를 금지시켜야 한다.
4. 운전석 승강장치를 부착하여 사용하여야 한다.
5. 운전을 시작하기 전에 제동장치 및 클러치 등의 작동 유무를 반드시 확인하여야 한다.
6. 통행인이나 근로자에게 위험이 미칠 우려가 있는 경우는 유도자의 신호에 의해서 운전하여야 한다.
7. 규정된 속도를 지켜 운전해야 한다.
8. 정격 용량을 초과하는 가동은 금지하여야 하며 연약지반의 노견, 경사면 등의 작업에서는 담당자를 배치시켜야 한다.
9. 기계의 주행로는 충분한 폭을 확보해야 하며 노면의 다짐도가 충분하게 하고 배수 조치를 하며 기존 도로를 이용할 경우 청소에 유의하고 필요한 장소에 담당자를 배치한다.
10. 시가지 등 인구 밀집 지역에서는 매설물 등을 확인하기 위하여 줄파기 등 인력 굴착을 선행한 후 기계 굴착을 실시하여야 한다. 또한 매설물이 손상을 입는 경우는 즉시 작업 책임자에게 보고하고 지시를 받아야 한다.
11. 갱이나 지하실 등 환기가 잘 안 되는 장소에서는 환기가 충분히 되도록 조치하여야 한다.
12. 전선이나 구조물 등에 인접하여 붐을 선회해야 될 작업에는 사전에 회전 반경, 높이 제한 등 방호조치를 강구하고 유도자의 신호에 의하여 작업을 하여야 한다.
13. 비탈면 천단부 주변에는 굴착된 흙이나 재료 등을 적재해서는 안 된다.

14. 위험 장소에는 장비 및 근로자, 통행인이 접근하지 못하도록 표지판을 설치하거나 감시인을 배치하여야 한다.
15. 장비를 차량으로 운반해야 될 경우에는 전용 트레일러를 사용하여야 하며, 널판지로 된 발판 등을 이용하여 적재할 경우에는 장비가 전도되지 않도록 안전한 기울기, 폭 및 두께를 확보해야 하며 발판 위에서 방향을 바꾸어서는 안 된다.
16. 작업의 종료나 중단시에는 장비를 평탄한 장소에 두고 버킷 등을 지면에 내려놓아야 하며 부득이한 경우에는 바퀴에 고임목 등으로 받쳐 전락 및 구동을 방지하여야 한다.
17. 장비는 해당 작업 목적 이외에는 사용하여서는 안 된다.
18. 장비에 이상이 발견되면 즉시 수리하고 부속장치를 교환하거나 수리할 때에는 관리감독자가 점검하여야 한다.
19. 부착물을 들어올리고 작업할 경우에는 안전지주, 안전블록 등을 사용하여야 한다.
20. 작업 종료시에는 장비 관리책임자가 열쇠를 보관하여야 한다.
21. 낙석 등의 위험이 있는 장소에서 작업할 경우는 장비에 헤드 가드 등 견고한 방호장치를 설치하여야 하며 전조등, 경보장치 등이 부착되지 않은 기계를 운전시켜서는 안 된다.
22. 흙막이 지보공을 설치할 경우는 지보공 부재의 설치 순서에 맞도록 굴착을 진행시켜야 한다.
23. 조립된 부재에 장비의 버킷 등이 닿지 않도록 신호자의 신호에 의해 운전하여야 한다.
24. 상·하 작업을 동시에 할 경우 다음 각 목에 유의하여야 한다.
    가. 상부로부터의 낙하물 방호설비를 한다.
    나. 굴착면 등에 있는 부석 등을 완전히 제거한 후 작업을 한다.
    다. 사용하지 않는 기계, 재료, 공구 등을 작업 장소에 방치하지 않는다.
    라. 작업은 책임자의 감독하에 진행한다.

제3절 발파에 의한 굴착

제 12 조(발파준비) 발파작업시에는 다음 각 호의 사항을 준수하여야 한다.
1. 발파작업은 설계 및 시방에서 정한 발파기준을 준수하여 실시하여야 한다.
2. 암질변화 구간의 발파는 반드시 시험발파를 선행하여 실시하고 암질에 따른 발파시방을 작성하여야 하며 진동치, 속도, 폭력 등 발파 영향력을 검토하여야 한다.
3. 암질변화 구간 및 이상암질의 출현시 반드시 암질판별을 실시하여야 한다.
4. 발파구간 인접구조물에 대한 피해 및 손상 등을 예방하기 위한 발파허용진동치를 준수하여야 한다.
5. 제3호의 암질판별 및 제4호의 발파허용진동치는「건설기술 진흥법」제44조에 따라 정한 건설공사 설계기준 및 표준시방서 등 관계 법령·규칙에서 정하는 기준에 따른다.

> **합격예측**
>
> 깊이 10.5[m] 이상의 굴착의 경우 아래 각 목의 계측기기의 설치에 의하여 흙막이 구조의 안전을 예측하여야 하며, 설치가 불가할 경우 트랜싯 및 레벨 측량기에 의해 수직, 수평 변위 측정을 실시하여야 한다.
> ① 수위계
> ② 경사계
> ③ 하중 및 침하계
> ④ 응력계

6. 발파시방을 변경하는 경우 반드시 시험발파를 실시하여야 하며 진동파속도, 폭력, 폭속 등의 조건에 의해 적정한 발파시방이어야 한다.

제13조(발파 작업) 발파작업에서의 재해예방을 위한 화약류의 취급, 운반, 사용 및 관리와 작업상의 안전에 관하여는 「발파 표준안전 작업지침」(고용노동부 고시)을 따른다.

제4절 옹벽 축조를 위한 굴착

제14조(옹벽 축조) 옹벽을 축조시에는 불안전한 급경사가 되게 하거나 좁은 장소에서 작업을 할 때에는 위험을 수반하게 되므로 다음 각 호의 사항을 준수하여야 한다.

1. 수평 방향의 연속 시공을 금하며, 블록으로 나누어 단위 시공 단면적을 최소화하여 분단 시공을 한다.
2. 하나의 구간을 굴착하면 방치하지 말고 즉시 버팀 콘크리트를 타설하고 기초 및 본체 구조물 축조를 마무리한다.
3. 절취 경사면에 전석, 낙석의 우려가 있고 혹은 장기간 방치할 경우에는 숏크리트, 록볼트, 네트, 캔버스 및 모르타르 등으로 방호한다.
4. 작업 위치의 좌우에 만일의 경우에 대비한 대피 통로를 확보하여 둔다.

제5절 깊은 굴착 작업

제15조(착공 전 조사) 깊은 굴착 작업시에는 착공 전 다음 각 호에 정하는 적합한 조사를 하여야 한다.

1. 지질의 상태에 대해 충분히 검토하고 작업 책임자와 굴착 공법 및 안전조치에 대하여 정밀한 계획을 수립하여야 한다.
2. 지질 조사 자료는 정밀하게 분석되어야 하며, 지하 수위, 토사 및 암반의 심도 및 층두께, 성질 등이 명확하게 표시되어야 한다.
3. 착공 지점의 매설물 여부를 확인하고 매설물이 있는 경우 이설 및 거치 보전 등 계획 변경을 한다.
4. 지하 수위가 높은 경우 차수벽 설치 계획을 수립하여야 하며, 차수벽 또는 지중 연속벽 등의 설치는 토압 계산에 의하여 실시되어야 한다.
5. 토사 반출 목적으로 복공 구조의 시설을 필요로 할 경우에는 반드시 적재 하중 조건을 고려하여 구조 계산에 의한 지보공 설치를 하여야 한다.
6. 깊이 10.5[m] 이상의 굴착의 경우 아래 각 목의 계측기기의 설치에 의하여 흙막이 구조의 안전을 예측하여야 하며, 설치가 불가할 경우 트랜싯 및 레벨 측량기에 의해 수직, 수평 변위 측정을 실시하여야 한다. 21. 7. 10 기
   가. 수위계
   나. 경사계
   다. 하중 및 침하계
   라. 응력계

7. 계측 기기 판독 및 측량 결과 수직, 수평 변위량이 허용 범위를 초과할 경우 즉시 작업을 중단하고, 장비 및 자재의 이동, 배면 토압의 경감조치, 가설 지보공 구조의 보완 등 긴급조치를 취하여야 한다.
8. 히빙 및 보일링에 대한 긴급대책을 사전에 강구하여야 하며, 흙막이 지보공 하단부 굴착시 이상 유무를 정밀하게 관측하여야 한다.
9. 깊은 굴착의 경우 경질 암반에 대한 발파는 반드시 시험 발파에 의한 발파 시방을 준수하여야 하며 엄지말뚝, 중간말뚝, 흙막이 지보공 벽체의 진동 영향력이 최소가 되게 하여야 한다. 경우에 따라 무진동 파쇄 방식의 계획을 수립하여 진동을 억제하여야 한다.
10. 배수 계획을 수립하고 배수 능력에 의한 배수 장비와 배수 경로를 설정하여야 한다.

제 16 조(지시 확인 등) 깊은 굴착 작업시에는 다음 각 호의 사항을 준수하여야 한다.
1. 신호수를 정하고 표준 신호 방법에 의해 신호하여야 한다.
2. 작업조는 가능한 한 숙련자로 하고, 반드시 작업 책임자를 배치하여야 한다.
3. 작업 전 점검은 책임자가 하고, 확인한 결과를 기록하여야 한다.
4. 산소 결핍의 위험이 있는 경우는 관리감독자를 배치하고 산소 농도 측정 및 기록을 하게 한다. 또 메탄 가스가 발생할 우려가 있는 경우는 가스 측정기에 의한 농도 기록을 하여야 한다.
5. 작업 장소의 조명 및 위험 개소의 유·무에 대하여 확인하여야 한다.

제 17 조(설비의 조립) 토사반출용 고정식 크레인 및 호이스트 등을 조립하여 사용할 경우에는 다음 각 호의 사항을 준수하여야 한다.
1. 토사 단위 운반 용량에 기준한 버킷이어야 하며, 기계의 제원은 안전율을 고려한 것이어야 한다.
2. 기초를 튼튼히 하고 각부는 파일에 고정하여야 한다.
3. 원치는 이동, 침하하지 않도록 설치하여야 하고 와이어로프는 설비 등에 접촉하여 마모하지 않도록 주의하여야 한다.
4. 잔토 반출용 개구부에는 견고한 철책, 난간 등을 설치하고 안전표지판을 설치하여야 한다.
5. 개구부는 버킷의 출입에 지장이 없는 가능한 한 작은 것으로 하고 또 버킷의 경로는 철근 등을 이용, 가이드를 설치하여야 한다.

제 18 조(굴착 작업) 굴착 작업시에는 다음 각 호의 사항을 준수하여야 한다.
1. 굴착은 계획된 순서에 의해 작업을 실시하여야 한다.
2. 작업 전에 산소 농도를 측정하고 산소량은 18[%] 이상이어야 하며, 발파 후 반드시 환기설비를 작동시켜 가스 배출을 한 후 작업을 하여야 한다.
3. 연결고리 구조의 시트 파일 또는 라이너 플레이트를 설치한 경우 틈새가 생기지 않도록 정확히 하여야 한다.

4. 시트 파일의 설치시 수직도는 1/100 이내이어야 한다.
5. 시트 파일의 설치는 양단의 요철 부분을 반듯이 겹치고 소정의 핀으로 지반에 고정하여야 한다.
6. 링은 시트 파일에 소정의 볼트를 긴결하여 확실하게 설치하여야 한다.
7. 토압이 커서 링이 변형될 우려가 있는 경우 스트럿 등으로 보강하여야 한다.
8. 라이너 플레이트의 이음에는 상·하 교합이 되도록 하여야 한다.
9. 굴착 및 링의 설치와 동시에 철사다리를 설치 연장하여야 한다. 철사다리는 굴착 바닥면과 1[m] 이내가 되게 하고 버킷의 경로, 전선, 덕트 등이 배치하지 않는 곳에 설치하여야 한다.
10. 용수가 발생할 때에는 신속하게 배수하여야 한다.
11. 수중 펌프에는 감전방지용 누전차단기를 설치하여야 한다.

제 19 조(자재의 반입 및 굴착 토사의 처리) 자재의 반입 및 굴착 토사의 처리시에는 다음 각 호의 사항을 준수하여야 한다.
1. 버킷은 훅에 정확히 걸고 상하 작업시 이탈되지 않도록 하여야 한다.
2. 버킷에 부착된 토사는 반드시 제거하고 상하작업을 하여야 한다.
3. 자재, 기구의 반입, 반출에는 낙하하지 않도록 확실하게 매달고 훅에는 해지장치 등을 이용, 이탈을 방지하여야 한다.
4. 아크 용접을 할 경우 반드시 자동전격방지장치와 누전차단기를 설치하고 접지를 하여야 한다.
5. 인양물의 하부에는 출입하지 않아야 한다.
6. 개구부에서 인양물을 확인할 경우 근로자는 반드시 안전대 등을 이용하여야 한다.

제4장 구조물 등의 인접 작업

제1절 지하 매설물이 있는 경우

제 20 조(사전 조사) 지하 매설물 인접 작업시 매설물 종류, 매설 깊이, 선형 기울기, 지지 방법 등에 대하여 굴착 작업을 착수하기 전에 사전 조사를 설치하여야 한다.

제 21 조(취급) ① 시가지 굴착 등을 할 경우에는 도면 및 관리자의 조언에 의하여 매설물의 위치를 파악한 후 줄파기 작업 등을 시작하여야 한다.
② 굴착에 의하여 매설물이 노출되면 반드시 관계 기관, 소유자 및 관리자에게 확인시키고 상호 협조하여 지주나 지보공 등을 이용하여 방호조치를 취하여야 한다.
③ 매설물의 이설 및 위치 변경, 교체 등은 관계 기관(者)과 협의하여 실시되어야 한다.
④ 최소 1일 1회 이상은 순회 점검하여야 하며 점검에는 와이어로프의 인장 상태, 거치 구조의 안전 상태, 특히 접합 부분을 중점적으로 확인하여야 한다.
⑤ 매설물에 인접하여 작업할 경우는 주변 지반의 지하 수위가 저하되어 압밀 침하될

가능성이 많고 매설물이 파손될 우려가 있으므로 곡관부의 보강, 매설물 벽체 누수 등 매설물의 관계 기관(者)과 충분히 협의하여 방지대책을 강구하여야 한다.

⑥ 가스관과 송유관 등이 매설된 경우는 화기 사용을 금하여야 하며 부득이 용접기 등을 사용해야 될 경우는 폭발방지조치를 취한 후 작업을 하여야 한다.

제 22 조(되메우기) 노출된 매설물을 되메우기할 경우는 매설물의 방호를 실시하고 양질의 토사를 이용하여 충분한 다짐을 하여야 한다.

제2절 기존 구조물이 인접하여 있는 경우

제 23 조(조사) 기존 구조물에 인접한 굴착 작업시에는 다음 각 호의 사항을 준수하여야 한다.

1. 기존 구조물의 기초 상태와 지질 조건 및 구조 형태 등에 대하여 조사하고 작업 방식, 공법 등 충분한 대책과 작업상의 안전계획을 확인한 후 작업하여야 한다.
2. 기존 구조물과 인접하여 굴착하거나 기존 구조물의 하부를 굴착하여야 할 경우에는 그 크기, 높이, 하중 등을 충분히 조사하고 굴착에 의한 진동, 침하, 전도 등 외력에 대해서 충분히 안전한가를 확인하여야 한다.

제 24 조(지지) 기존 구조물의 지지 방법에 있어서 다음 각 호의 사항을 준수하여야 한다.

1. 기존 구조물의 하부에 파일, 가설 슬래브 구조 및 언더피닝 공법 등의 대책을 강구하여야 한다.
2. 붕괴 방지 파일 등에 브래킷을 설치하여 기존 구조물을 방호하고 기존 구조물과의 사이에는 모래, 자갈, 콘크리트, 지반 보강 약액제 등을 충전하여 지반의 침하를 방지하여야 한다.
3. 기존 구조물의 침하가 예상되는 경우에는 토질, 토층 등을 정밀조사하고 유효한 혼합 시멘트, 약액 주입 공법, 수평, 수직 보강 말뚝 공법 등으로 대책을 강구하여야 한다.
4. 웰 포인트 공법 등이 행하여지는 경우 기존 구조물의 침하에 충분히 주의하고 침하가 될 경우에는 그라우팅, 화학적 고결 방법 등으로 대책을 강구하여야 한다.
5. 지속적으로 기존 구조물의 상태에 주의하고, 작업장 주위에는 비상 투입용 보강재 등을 준비하여 둔다.

제 25 조(소규모 구조물) 소규모 구조물의 방호에 있어서 다음 각 호의 사항을 준수하여야 한다.

1. 맨홀 등 소규모 구조물이 있는 경우에는 굴착 전에 파일 및 가설 가대 등을 설치한 후 매달아 보강하여야 한다.
2. 옹벽, 블록벽 등이 있는 경우에는 철거 또는 버팀목 등으로 보강한 후에 굴착 작업을 하여야 한다.

제5장 보 칙

제1절 안전 기준

제 26 조(기울기 및 높이의 기준) ① 굴착면의 기울기 및 높이의 기준은 안전보건규칙 제338조제1항의 별표 11에 따른다.

② 사질의 지반(점토질을 포함하지 않은 것)은 굴착면의 기울기를 1 : 1.5 이상으로 하고 높이는 5[m] 미만으로 하여야 한다.

③ 발파 등에 의해서 붕괴하기 쉬운 상태의 지반 및 매립하거나 반출시켜야 할 지반의 굴착면의 기울기는 1 : 1 이하 또는 높이는 2[m] 미만으로 하여야 한다.

제 27 조(대비) 인근 주민이나 제3자에게 피해를 주지 않도록 충분한 대비를 하여야 한다.

제2절 부석 등의 처리

제 28 조(토석 붕괴의 원인) ① 토석이 붕괴되는 외적 원인은 다음 각 호와 같으므로 굴착 작업시에 적절한 조치를 취하여야 한다. 15. 4. 19 기

1. 사면, 법면의 경사 및 기울기의 증가
2. 절토 및 성토 높이의 증가
3. 공사에 의한 진동 및 반복 하중의 증가
4. 지표수 및 지하수의 침투에 의한 토사 중량의 증가
5. 지진, 차량, 구조물의 하중 작업
6. 토사 및 암석의 혼합층 두께

② 토석이 붕괴되는 내적 원인은 다음 각 호와 같으므로 굴착 작업시에 적절한 조치를 취하여야 한다.

1. 절토 사면의 토질, 암면
2. 성토 사면의 토질 구성 및 분포
3. 토석의 강도 저하

제 29 조(붕괴의 형태) ① 토사의 미끄러져 내림(sliding)은 광범위한 붕괴 현상으로 일반적으로 완만한 경사에서 완만한 속도로 붕괴한다.

② 토사의 붕괴는 사면 천단부 붕괴, 사면 중심부 붕괴, 사면 하단부 붕괴의 형태이며 작업 위치와 붕괴 예상 지점의 사전 조사를 필요로 한다.

③ 얕은 표층의 붕괴는 경사면이 침식되기 쉬운 토사로 구성된 경우 지표수와 지하수가 침투하여 경사면이 부분적으로 붕괴된다. 절토 경사면이 암반인 경우에도 파쇄가 진행됨에 따라서 균열이 많이 발생되고, 풍화하기 쉬운 암반인 경우에는 표층부 침식 및 절리 발달에 의해 붕괴가 발생된다.

④ 깊은 절토 법면의 붕괴는 사질암과 전석토층으로 구성된 심층부의 단층이 경사면 방향으로 하중 응력이 발생하는 경우 전단력, 점착력 저하에 의해 경사면의 심층부에

서 붕괴될 수 있으며, 이러한 경우 대량의 붕괴재해가 발생된다.

⑤ 성토 경사면의 붕괴는 성토 직후에 붕괴 발생률이 높으며, 다짐 불충분 상태에서 빗물이나 지표수, 지하수 등이 침투되어 공극수압이 증가되어 단위 중량 증가에 의해 붕괴가 발생된다. 성토 자체에 결함이 없어도 지반이 약한 경우는 붕괴되며, 풍화가 심한 급경사면과 미끄러져 내리기 쉬운 지층 구조의 경사면에서 일어나는 성토 붕괴의 경우에는 성토된 흙의 중량이 지반에 부가되어 붕괴된다.

제 30 조(경사면의 안정성 검토) 경사면의 안정성은 다음 각 호의 사항을 검토하여야 한다.
1. 지질 조사 : 층별 또는 경사면의 구성 토질 구조
2. 토질 시험 : 최적 함수비, 3축 압축 강도, 전단 시험, 점착도 등의 시험
3. 사면 붕괴 이론적 분석 : 원호 활절법, 유한 요소법 해석
4. 과거의 붕괴된 사례 유무
5. 토층의 방향과 경사면의 상호 관련성
6. 단층, 파쇄대의 방향 및 폭
7. 풍화의 정도
8. 용수의 상황

제 31 조(예방) 토사 붕괴의 발생을 예방하기 위하여 다음 각 호의 조치를 취하여야 한다.
1. 적절한 경사면의 기울기를 계획하여야 한다.
2. 경사면의 기울기가 당초 계획과 차이가 발생되면 즉시 재검토하여 계획을 변경시켜야 한다.
3. 활동할 가능성이 있는 토석은 제거하여야 한다.
4. 경사면의 하단부에 압성토 등 보강 공법으로 활동에 대한 저항 대책을 강구하여야 한다.
5. 말뚝(강관, H형강, 철근 콘크리트)을 타입하여 지반을 강화시킨다.

제 32 조(점검) 토사 붕괴의 발생을 예방하기 위하여 다음 각 호의 사항을 점검하여야 한다.
1. 전 지표면의 답사
2. 경사면의 상황 변화의 확인
3. 부석의 상황 변화의 확인
4. 용수의 발생 유무 또는 용수량의 변화 확인
5. 결빙과 해빙에 대한 상황의 확인
6. 각종 경사면 보호공의 변위, 탈락 유무
7. 점검 시기는 작업전·중·후, 비온 후, 인접 작업 구역에서 발파한 경우에 실시한다.

제 33 조(동시 작업의 금지) 붕괴 토석의 최대 도달 거리 범위 내에서 굴착공사, 배수관의 매설, 콘크리트 타설작업 등을 할 경우에는 적절한 보강대책을 강구하여야 한다.

제 34 조(대피 공간의 확보 등) 붕괴의 속도는 높이에 비례하므로 수평방향의 활동에 대비하여 작업장 좌우에 피난통로 등을 확보하여야 한다.

제 35 조(2차 재해의 방지) 작은 규모의 붕괴가 발생되어 인명 구출 등 구조 작업 도중에 대형 붕괴의 재차 발생을 방지하기 위하여 붕괴면의 주변 상황을 충분히 확인하고 2중 안전조치를 강구한 후 복구 작업에 임하여야 한다.

제 36 조(재검토기한) 이 고시에 대하여 2016년 1월 1일 기준으로 매 3년이 되는 시점(매 3년째의 12월 31일까지를 말한다)마다 그 타당성을 검토하여 개선 등의 조치를 하여야 한다

부 칙〈제2023-35호, 2023.07.01.〉

이 고시는 발령한 날부터 시행한다.

5. 콘크리트공사 표준안전작업지침

제정1994. 1. 25 고시 제1994-2호
개정 2020. 1. 7 고용노동부 고시 제2020-9호

제1장 총 칙

제 1 조(목적) 이 고시는 「산업안전보건법」제13조에 따라 콘크리트 공사에 있어서의 작업상 안전에 관하여 사업주에게 지도·권고할 기술상의 지침을 규정함을 목적으로 한다.

제 2 조(용어의 정의) 이 고시에서 사용하는 용어의 뜻은 이 고시에 특별한 규정이 없으면 「산업안전보건법」, 같은 법 시행령 및 시행규칙, 「산업안전보건기준에 관한 규칙」에서 정하는 바에 따른다.

제2장 거푸집공사

제 3 조(일반) 거푸집 및 지보공(동바리)은 소정의 강도와 강성을 가지는 동시에 완성된 구조물의 위치, 형상, 치수가 정확하게 확보되어 목적 구조물 조건의 콘크리트가 되도록 설계도에 의해 시공하여야 한다.

제 4 조(하중) 거푸집 및 지보공(동바리)은 여러가지 시공조건을 고려하고 다음 각 호의 하중을 고려하여 설계하여야 한다. 20. 7. 25 기 20. 10. 17 기
  1. 연직방향 하중 : 거푸집, 지보공(동바리), 콘크리트, 철근, 작업원, 타설용 기계기구, 가설설비 등의 중량 및 충격하중
  2. 횡방향 하중 : 작업할 때의 진동, 충격, 시공오차 등에 기인되는 횡방향 하중 이외에 필요에 따라 풍압, 유수압, 지진 등
  3. 콘크리트의 측압 : 굳지 않은 콘크리트의 측압
  4. 특수하중 : 시공중에 예상되는 특수한 하중
  5. 상기 1~4호의 하중에 안전율을 고려한 하중

제 5 조(재료) 거푸집 및 지보공(동바리)에 사용할 재료는 강도, 강성, 내구성, 작업성, 타설콘크리트에 대한 영향력 및 경제성을 고려하여 선정하여야 하며, 다음 각 호의 사항에 주의하여야 한다.
  1. 목재 거푸집의 사용은 다음 각 목에 정하는 사항을 고려하여 선정하여야 한다.
    가. 흠집 및 옹이가 많은 거푸집과 합판의 접착부분이 떨어져 구조적으로 약한 것은 사용하여서는 아니 된다.

합격예측

하중
거푸집 및 지보공(동바리)은 여러가지 시공조건을 고려하고 다음 각 호의 하중을 고려하여 설계하여야 한다.
① 연직방향 하중 : 거푸집, 지보공(동바리), 콘크리트, 철근, 작업원, 타설용 기계기구, 가설설비 등의 중량 및 충격하중
② 횡방향 하중 : 작업할 때의 진동, 충격, 시공오차 등에 기인되는 횡방향 하중 이외에 필요에 따라 풍압, 유수압, 지진 등
③ 콘크리트의 측압 : 굳지 않은 콘크리트의 측압
④ 특수하중 : 시공중에 예상되는 특수한 하중
⑤ 상기 ①~④호의 하중에 안전율을 고려한 하중

합격예측

거푸집 조립순서

기둥철근 배근 → 기둥과 벽의 내측 거푸집 → 벽체 철근 배근 → 벽의 외측조립 → 보 및 바닥판 거푸집조립 → 보 철근 배근 → 바닥판철근 배근 → 콘크리트 타설
(기둥 → 보받이 내력벽 → 큰 보 → 작은보 → 바닥판 → 내벽 → 외벽)

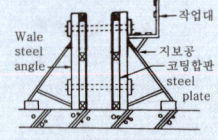

[그림] 벽 전용 거푸집(갱폼)

나. 거푸집의 띠장은 부러지거나 균열이 있는 것을 사용하여서는 아니 된다.

2. 강재 거푸집을 사용할 때에는 다음 각 목에 정하는 사항을 고려하여 선정하여야 한다.
   가. 형상이 찌그러지거나, 비틀림 등 변형이 있는 것은 교정한 다음 사용하여야 한다.
   나. 강재 거푸집의 표면에 녹이 많이 나 있는 것은 쇠솔(Wire Brush) 또는 샌드 페이퍼(Sand Paper) 등으로 닦아내고 박리제(Form pil)를 엷게 칠해 두어야 한다.

3. 지보공(동바리)재는 다음 각 목에 정하는 사항을 고려하여 선정하여야 한다.
   가. 현저한 손상, 변형, 부식이 있는 것과 옹이가 깊숙히 박혀 있는 것은 사용하지 말아야 한다.
   나. 각재 또는 강관 지주는 [그림 1]과 같이 양끝을 일직선으로 그은 선 안에 있어야 하고, 일직선 밖으로 굽어져 있는 것은 사용을 금하여야 한다.

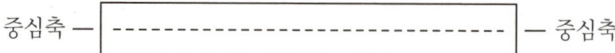

[그림 1] 지보공재로 사용되는 각재 또는 강관의 중심축 예

   다. 강관지주(동바리), 보 등을 조합한 구조는 최대허용하중을 초과하지 않는 범위에서 사용하여야 한다.

4. 연결재는 다음 각 목에 정하는 사항을 선정하여야 한다.
   가. 정확하고 충분한 강도가 있는 것이어야 한다.
   나. 회수, 해체하기가 쉬운 것이어야 한다.
   다. 조합 부품수가 적은 것이어야 한다.

제 6 조(조립) 사업주는 거푸집 등을 조립할 때 다음 각 호의 사항을 준수하여야 한다.

1. 조립 등의 작업을 할 때에는 다음 각 목에 정하는 사항을 준수하여야 한다.
   가. 거푸집 지보공을 조립할 때에는 관리감독자를 배치하여야 한다.
   나. 거푸집의 운반, 설치 작업에 필요한 작업장 내의 통로 및 비계가 충분한가를 확인하여야 한다.
   다. 재료, 기구, 공구를 올리거나 내릴 때에는 달줄, 달포대 등을 사용하여야 한다.
   라. 강풍, 폭우, 폭설 등의 악천후에는 작업을 중지시켜야 한다.
   마. 작업장 주위에는 작업원 이외의 통행을 제한하고 슬래브 거푸집을 조립할 때에는 많은 인원이 한곳에 집중되지 않도록 하여야 한다.
   바. 사다리 또는 이동식 틀비계를 사용하여 작업할 때에는 항상 보조원을 대기시켜야 한다.
   사. 거푸집을 현장에서 제작할 때는 별도의 작업장에서 제작하여야 한다.

2. 강관지주(동바리) 조립 등의 작업을 할 때에는 다음 각 목에 정하는 사항을 준수하여야 한다.
   가. 거푸집이 곡면일 경우에는 버팀대의 부착 등 해당 거푸집의 변형을 방지하기

위한 조치를 하여야 한다.
    나. 지주의 침하를 방지하고 각부가 활동하지 아니하도록 견고하게 하여야 한다.
    다. 강재와 강재와의 접속부 및 교차부는 볼트, 클램프 등의 철물로 정확하게 연결하여야 한다.
    라. 강관 지주는 3본 이상 이어서 사용하지 아니하여야 하며, 또 높이가 3.6[m] 이상의 경우에는 높이 1.8[m] 이내마다 수평 연결재를 2개 방향으로 설치하고 수평 연결재의 변위가 일어나지 아니하도록 이음 부분은 견고하게 연결하여 좌굴을 방지하여야 한다.
    마. 지보공 하부의 받침판 또는 받침목은 2단 이상 삽입하지 아니하도록 하고 작업인원의 보행에 지장이 없어야 하며, 이탈되지 않도록 고정시켜야 한다.
3. 강관틀비계를 지보공(동바리)으로 사용할 때에는 교차 가새를 설치하고 다음 각 목에 정하는 사항을 준수하여야 한다.
    가. 강관틀비계를 지보공(동바리)으로 사용할 때에는 교차 가새를 설치하고, 최상층 및 5층 이내마다 거푸집 지보공의 측면과 틀면방향 및 교차 가새의 방향에서 5개 틀 이내마다 수평연결재를 설치하고, 수평연결재의 변위를 방지하여야 한다.
    나. 강관틀비계를 지주(동바리)로 사용할 때에는 상단의 강재에 단판을 부착시켜 이것을 보 또는 작은 보에 고정시켜야 한다.
    다. 높이가 4[m]를 초과할 때에는 4[m] 이내마다 수평연결재를 2개 방향으로 설치하고 수평방향의 변위를 방지하여야 한다.
4. 목재를 지주(동바리)로 사용할 때에는 다음 각 목에 정하는 사항을 준수하여야 한다.
    가. 높이 2[m] 이내마다 수평연결재를 설치하고, 수평연결재의 변위를 방지하여야 한다.
    나. 목재를 이어서 사용할 때에는 2본 이상의 덧댐목을 사용하여 해당 상단을 보 또는 멍에에 고정시켜야 한다.
    다. 철선 사용을 가급적 피하여야 한다.

제 7 조(점검) 사업주는 거푸집공사에 있어서 다음 각 호의 사항을 반드시 점검하여야 한다.
1. 거푸집을 점검할 때에는 다음 각 목에 정하는 사항을 반드시 점검하여야 한다.
    가. 직접 거푸집을 제작, 조립한 책임자가 검사
    나. 기초 거푸집을 검사할 때에는 터파기 폭
    다. 거푸집의 형상 및 위치 등 정확한 조립상태
    라. 거푸집에 못이 돌출되어 있거나 날카로운 것이 돌출되어 있을 시에는 제거
2. 지주(동바리)를 점검할 때에는 다음 각 목에 정하는 사항을 반드시 점검하여야 한다.
    가. 지주를 지반에 설치할 때에는 받침철물 또는 받침목 등을 설치하여 부동침하 방지조치
    나. 강관지주(동바리) 사용시 접속부 나사 등의 손상상태

다. 이동식 틀비계를 지보공(동바리) 대용으로 사용할 때에는 바퀴의 제동장치
3. 콘크리트를 타설할 때에는 다음 각 목에 정하는 사항을 반드시 점검하여야 한다.
    가. 콘크리트를 타설할 때 거푸집의 부상 및 조치
    나. 건물의 보, 요철부분, 내민 부분의 조립상태 및 콘크리트 타설시 이탈방지장치
    다. 청소구의 유무 확인 및 콘크리트 타설시 청소구 폐쇄 조치
    라. 거푸집의 흔들림을 방지하기 위한 턴버클, 가새 등의 필요한 조치

제 8 조(존치기간) 거푸집의 존치기간은 건설부 제정 토목·건축 표준시방서에 지정된 기간으로 한다.

제 9 조(해체) 사업주는 거푸집의 해체작업을 하여야 할 때에는 다음 각 호의 사항을 준수 하여야 한다. 15. 4. 19 기
1. 거푸집 및 지보공(동바리)의 해체는 순서에 의하여 실시하여야 하며 안전담당자를 배치하여야 한다.
2. 거푸집 및 지보공(동바리)은 콘크리트 자중 및 시공중에 가해지는 그 밖에 하중에 충분히 견딜 만한 강도를 가질 때까지는 해체하지 아니하여야 한다.
3. 거푸집을 해체할 때에는 다음 각 목에 정하는 사항을 유념하여 작업하여야 한다.
    가. 해체작업을 할 때에는 안전모 등 안전 보호장구를 착용토록 하여야 한다.
    나. 거푸집 해체작업장 주위에는 관계자를 제외하고는 출입을 금지시켜야 한다.
    다. 상하 동시 작업은 원칙적으로 금지하며 부득이한 경우에는 긴밀히 연락을 취하며 작업을 하여야 한다.
    라. 거푸집 해체 때 구조체에 무리한 충격이나 큰 힘에 의한 지렛대 사용은 금지하여야 한다.
    마. 보 또는 슬래브 거푸집을 제거할 때에는 거푸집의 낙하 충격으로 인한 작업원의 돌발적 재해를 방지하여야 한다.
    바. 해체된 거푸집이나 각목 등에 박혀 있는 못 또는 날카로운 돌출물은 즉시 제거하여야 한다.
    사. 해체된 거푸집이나 각목은 재사용 가능한 것과 보수하여야 할 것을 선별, 분리 하여 적치하고 정리정돈을 하여야 한다.
4. 그 밖에 제3자의 보호조치에 대하여도 완전한 조치를 강구하여야 한다.

제 10 조(특수거푸집 및 동바리) 특수거푸집 및 동바리를 사용할 때에는 건설부제정 표준시방서에 규정된 사항을 따른다

제3장 철근공사

제 11 조(가공) 사업주는 철근가공 및 조립작업을 할 때에는 다음 각 호의 사항을 준수 하여야 한다.
1. 철근가공 작업장 주위는 작업책임자가 상주하여야 하고 정리정돈되어 있어야 하

며, 작업원 이외는 출입을 금지하여야 한다.
2. 가공 작업자는 안전모 및 안전보호장구를 착용하여야 한다.
3. 해머절단을 할 때에는 다음 각 목에 정하는 사항에 유념하여 작업하여야 한다.
   가. 해머자루는 금이 가거나 쪼개진 부분은 없는가 확인하고 사용중 해머가 빠지지 아니하도록 튼튼하게 조립되어야 한다.
   나. 해머부분이 마모되어 있거나, 훼손되어 있는 것을 사용하여서는 아니 된다.
   다. 무리한 자세로 절단을 하여서는 아니 된다.
   라. 절단기의 절단 날은 마모되어 미끄러질 우려가 있는 것을 사용하여서는 아니 된다.
4. 가스절단을 할 때에는 다음 각 목에 정하는 사항에 유념하여 작업하여야 한다.
   가. 가스절단 및 용접자는 해당자격 소지자라야 하며, 작업중에는 보호구를 착용하여야 한다.
   나. 가스절단 작업시 호스는 겹치거나 구부러지거나 또는 밟히지 않도록 하고 전선의 경우에는 피복이 손상되어 있는지를 확인하여야 한다.
   다. 호스, 전선 등은 다른 작업장을 거치지 않는 직선상의 배선이어야 하며, 길이가 짧아야 한다.
   라. 작업장에서 가연성 물질에 인접하여 용접작업할 때에는 소화기를 비치하여야 한다.
5. 철근을 가공할 때에는 가공작업 고정틀에 정확한 접합을 확인하여야 하며 탄성에 의한 스프링 작용으로 발생되는 재해를 막아야 한다.
6. 아크(Arc) 용접이음의 경우 배전판 또는 스위치는 용이하게 조작할 수 있는 곳에 설치하여야 하며, 접지상태를 항상 확인하여야 한다.

제 12 조(운반) 사업주는 철근을 인력 및 기계로 운반할 때 다음 각 호의 사항을 준수하여야 한다.
1. 인력으로 철근을 운반할 때에는 다음 각 목의 사항을 준수하여야 한다.
   가. 1인당 무게는 25[kg] 정도가 적절하며, 무리한 운반을 삼가야 한다.
   나. 2인 이상이 1조가 되어 어깨메기로 하여 운반하는 등 안전을 도모하여야 한다.
   다. 긴 철근을 부득이 한 사람이 운반할 때에는 한쪽을 어깨에 메고 한쪽 끝을 끌면서 운반하여야 한다.
   라. 운반할 때에는 양끝을 묶어 운반하여야 한다.
   마. 내려 놓을 때는 천천히 내려놓고 던지지 않아야 한다.
   바. 공동작업을 할 때에는 신호에 따라 작업을 하여야 한다.
2. 기계를 이용하여 철근을 운반할 때 다음 각 목의 사항을 준수하여야 한다.
   가. 운반작업시에는 작업책임자를 배치하여 수신호 또는 표준신호 방법에 의하여 시행한다.
   나. 달아올릴 때에는 다음 [그림 2]와 같은 요령으로 올리고 로프와 기구의 허용하중을 검토하여 과다하게 달아올리지 않아야 한다.

묶은 와이어를 겹치면 아래쪽 와이어가 조여지지 않는다(불량). (양호) 부득이 세로 달기를 할 경우 반드시 포대나 상자를 붙여서 철근이 빠져 나가지 않도록 한다(양호).

[그림 2] 묶은 와이어의 걸치기 예

다. 비계나 거푸집 등에 대량의 철근을 걸쳐 놓거나 얹어 놓아서는 안 된다.
라. 달아올리는 부근에는 관계근로자 이외 사람의 출입을 금지시켜야 한다.
마. 권양기의 운전자는 현장책임자가 지정하는 자가 하여야 한다.
3. 철근을 운반할 때 감전사고 등을 예방하기 위하여 다음 각 목의 사항을 준수하여야 한다.
가. 철근 운반작업을 하는 바닥 부근에는 전선이 배치되어 있지 않아야 한다.
나. 철근 운반작업을 하는 주변의 전선은 사용철근의 최대길이 이상의 높이에 배선되어야 하며 이격거리는 최소한 2[m] 이상이어야 한다.
다. 운반장비는 반드시 전선의 배선상태를 확인한 후 운행하여야 한다.

제4장 콘크리트공사

제 13 조(타설) 사업주는 콘크리트 타설시 다음 각 호에 정하는 안전수칙을 준수하여야 한다.

1. 타설순서는 계획에 의하여 실시하여야 한다.
2. 콘크리트를 치는 도중에는 거푸집, 지보공 등의 이상유무를 확인하여야 하고, 담당자를 배치하여 이상이 발생한 때에는 신속한 처리를 하여야 한다.
3. 타설속도는 국토해양부 제정 콘크리트 표준시방서에 의한다.
4. 손수레를 이용하여 콘크리트를 운반할 때에는 다음 각 목의 사항을 준수하여야 한다.
  가. 손수레를 타설하는 위치까지 천천히 운반하여 거푸집에 충격을 주지 아니하도록 타설하여야 한다.
  나. 손수레에 의하여 운반할 때에는 적당한 간격을 유지하여야 하고 뛰어서는 안 되며, 통로구분을 명확히 하여야 한다.
  다. 운반 통로에 방해가 되는 것은 즉시 제거하여야 한다.
5. 기자재 설치, 사용을 할 때에는 다음 각 목의 사항을 준수하여야 한다.
  가. 콘크리트의 운반, 타설기계를 설치하여 작업할 때에는 성능을 확인하여야 한다.
  나. 콘크리트의 운반, 타설기계는 사용 전, 사용 중, 사용 후 반드시 점검하여야 한다.

6. 콘크리트를 한 곳에만 치우쳐서 타설할 경우 거푸집의 변형 및 탈락에 의한 붕괴 사고가 발생되므로 타설순서를 준수하여야 한다.
7. 진동기는 적절히 사용되어야 하며, 지나친 진동은 거푸집 도괴의 원인이 될 수 있으므로 각별히 주의하여야 한다.

제 14 조(펌프카) 사업주는 펌프카에 의해 콘크리트를 타설할 때에는 제13조의 규정 외에 다음 각 호에 정하는 안전수칙을 준수하여야 한다.

1. 레디믹스트 콘크리트(이하 레미콘이라 함) 트럭과 펌프카를 적절히 유도하기 위하여 차량안내자를 배치하여야 한다.
2. 펌프배관용 비계를 사전점검하고 이상이 있을 때에는 보강 후 작업하여야 한다.
3. 펌프카의 배관상태를 확인하여야 하며, 레미콘 트럭과 펌프카와 호스 선단의 연결작업을 확인하여야 하며 장비사양의 적정호스 길이를 초과하여서는 아니 된다.
4. 호스선단이 요동하지 아니하도록 확실히 붙잡고 타설하여야 한다.
5. 공기압송 방법의 펌프카를 사용할 때에는 콘크리트가 비산하는 경우가 있으므로 주의하여 타설하여야 한다.
6. 펌프카의 붐대를 조정할 때에는 주변 전선 등 지장물을 확인하고 이격거리를 준수하여야 한다.
7. 아우트리거를 사용할 때 지반의 부동침하로 펌프카가 전도되지 아니하도록 하여야 한다.
8. 펌프카의 전후에는 식별이 용이한 안전표지판을 설치하여야 한다.

제 15 조(기타) 콘크리트 시공과 관련되는 안전수칙은 건설부 제정 콘크리트표준 시방서에 준한다.

제 16 조(재검토기한) 이 고시에 대하여 2016년 1월 1일 기준으로 매3년이 되는 시점(매 3년째의 12월 31일까지를 말한다)마다 그 타당성을 검토하여 개선 등의 조치를 하여야 한다.

부 칙(2020. 1. 7.)

이 고시는 2020년 1월 16일부터 시행한다.

합격예측

펌프카

사업주는 펌프카에 의해 콘크리트를 타설할 때에는 제13조의 규정 외에 다음 각 호에 정하는 안전수칙을 준수하여야 한다.
① 레디믹스트 콘크리트(이하 레미콘이라 함) 트럭과 펌프카를 적절히 유도하기 위하여 차량안내자를 배치하여야 한다.
② 펌프배관용 비계를 사전점검하고 이상이 있을 때에는 보강 후 작업하여야 한다.
③ 펌프카의 배관상태를 확인하여야 하며, 레미콘 트럭과 펌프카와 호스 선단의 연결작업을 확인하여야 하며 장비사양의 적정호스 길이를 초과하여서는 아니 된다.
④ 호스선단이 요동하지 아니하도록 확실히 붙잡고 타설하여야 한다.
⑤ 공기압송 방법의 펌프카를 사용할 때에는 콘크리트가 비산하는 경우가 있으므로 주의하여 타설하여야 한다.
⑥ 펌프카의 붐대를 조정할 때에는 주변 전선 등 지장물을 확인하고 이격거리를 준수하여야 한다.
⑦ 아우트리거를 사용할 때 지반의 부동침하로 펌프카가 전도되지 아니하도록 하여야 한다.
⑧ 펌프카의 전후에는 식별이 용이한 안전표지판을 설치하여야 한다.

6 철골공사 표준안전작업지침

제정 1994. 1. 25. 고시 제1994-3호
개정 2020. 1. 7. 고용노동부 고시 제2020-07호

제1장 총 칙

제 1 조(목적) 이 고시는 「산업안전보건법」 제13조에 따라 철골공사 재해방지를 위한 작업상의 안전에 관하여 사업주에게 지도·권고할 기술상의 지침을 규정함을 목적으로 한다.

제 2 조(용어의 정의) 이 고시에서 사용하는 용어의 뜻은 이 고시에 특별한 규정이 없으면 「산업안전보건법」, 같은 법 시행령 및 시행규칙, 「산업안전보건기준에 관한 규칙」에서 정하는 바에 따른다.

제2장 공사전 검토

제 3 조(설계도 및 공작도 확인) 철골공사전에 설계도 및 공작도에서 다음 각 호의 사항을 검토하여야 한다.
1. 부재의 형상 및 치수(길이, 폭 및 두께), 접합부의 위치, 브래킷의 내민 치수, 건물의 높이 등을 확인하여 철골의 건립형식이나 건립작업상의 문제점, 관련 가설설비 등을 검토하여야 한다.
2. 부재의 최대중량과 제1호의 검토결과에 따라 건립기계의 종류를 선정하고 부재 수량에 따라 건립공정을 검토하여 시공기간 및 건립기계의 대수를 결정하여야 한다.
3. 현장용접의 유무, 이음부의 시공난이도를 확인하고 건립작업방법을 결정하여야 한다.
4. 철골철근콘크리트조의 경우 철골계단이 있으면 작업이 편리하므로 건립순서 등을 검토하고 안전작업에 이용하여야 한다.
5. 한쪽만 많이 내민 보가 있는 기둥은 취급이 곤란하므로 보를 절단하거나 또는 무게중심의 위치를 명확히 하는 등의 필요한 조치를 해 두어야 한다. 또 폭이 좁고 길며 두께가 얇은 보나 기둥 등으로 가보강이 필요한 것은 이를 도면에 표시해 두어야 한다.
6. 건립 후에 가설부재나 부품을 부착하는 것은 위험한 작업(고소작업 등)이 예상되므로 다음 각 목의 사항을 사전에 계획하여 공작도에 포함시켜야 한다.
    가. 외부비계받이 및 화물승강설비용 브래킷
    나. 기둥 승강용 트랩
    다. 구명줄 설치용 고리
    라. 건립에 필요한 와이어 걸이용 고리

마. 난간 설치용 부재

바. 기둥 및 보 중앙의 안전대 설치용 고리

사. 방망 설치용 부재

아. 비계 연결용 부재

자. 방호선반 설치용 부재

차. 양중기 설치용 보강재

7. 구조안전의 위험이 큰 다음 각 목의 철골구조물은 건립중 강풍에 의한 풍압 등 외압에 대한 내력이 설계에 고려되었는지 확인하여야 한다. 15. 11. 7 기 16. 5. 7 기

가. 높이 20[m] 이상의 구조물

나. 구조물의 폭과 높이의 비가 1:4 이상인 구조물

다. 단면구조에 현저한 차이가 있는 구조물

라. 연면적당 철골량이 50[kg/m²] 이하인 구조물

마. 기둥이 타이 플레이트(tie plate)형인 구조물

바. 이음부가 현장용접인 구조물

제 4 조(건립계획) 철골건립계획수립에 있어서 다음 각 호의 사항을 검토하여야 한다.

1. 철골건립계획을 세우기 위하여 현지조사를 실시할 때는 다음 각 목의 사항을 조사·검토하여야 한다.

    가. 현장작업에서 발생되는 소음, 낙하물 등이 인근주민, 통행인, 가옥 등에 위해를 끼칠 우려가 있는지의 여부를 조사하고 대책을 수립하여야 한다.

    나. 차량통행이 인근가옥, 전주, 가로수, 가스, 수도관 및 케이블 등의 지하 매설물에 지장을 주는지의 여부, 통행인 또는 차량진행에 방해가 되는지의 여부, 자재적치장의 소요면적은 충분한지 등을 조사하여야 한다.

    다. 건립용 기계의 붐이 오르내리거나 선회하는 작업반경 내에 인접가옥 또는 전선 등 지장물이 없는지, 그 밖에 주변지형지물과의 간격과 높이 등을 조사하여야 한다.

2. 건립기계는 제3조 제2호 외에 다음 각 목의 사항을 검토하여 적절한 것을 선정하여야 한다.

    가. 건립기계의 출입로, 설치장소, 기계조립에 필요한 면적, 이동식 크레인은 건물 주위 주행통로의 유무, 타워크레인과 가이데릭 등 기초구조물을 필요로 하는 정치식 기계는 기초구조물을 설치할 수 있는 공간과 면적 등을 검토하여야 한다.

    나. 이동식 크레인의 엔진소음은 부근의 환경을 해칠 우려가 있으므로 학교, 병원, 주택 등이 근접되어 있는 경우에는 소음을 측정 조사하고 소음진동 허용치는 관계법에서 정하는 바에 따라 처리하여야 한다.

    다. 건물의 길이 또는 높이 등 건물의 형태에 적합한 건립기계를 선정하여야 한다.

    라. 타워크레인, 가이데릭, 삼각데릭 등 정치식 건립기계의 경우 그 기계의 작업반경이 건물전체를 수용할 수 있는지의 여부, 또 붐이 안전하게 인양할 수 있는 하중범위, 수평거리, 수직높이 등을 검토하여야 한다.

합격예측

구조안전의 위험이 큰 다음 각 목의 철골구조물은 건립중 강풍에 의한 풍압 등 외압에 대한 내력이 설계에 고려되었는지 확인하여야 한다.
① 높이 20[m] 이상의 구조물
② 구조물의 폭과 높이의 비가 1:4 이상인 구조물
③ 단면구조에 현저한 차이가 있는 구조물
④ 연면적당 철골량이 50[kg/m²] 이하인 구조물
⑤ 기둥이 타이 플레이트(tie plate)형인 구조물
⑥ 이음부가 현장용접인 구조물

> **합격예측**
>
> 강풍, 폭우 등과 같은 악천후 시에는 작업을 중지하여야 하며 특히 강풍시에는 높은 곳에 있는 부재나 공구류가 낙하비래하지 않도록 조치하여야 한다. 이때 작업을 중지해야 하는 악천후는 다음 각 목의 경우를 말한다.
> ① 풍속 : 10분간의 평균풍속이 1초당 10[m] 이상
> ② 강우량 : 1시간당 1[mm] 이상

3. 건립순서를 계획할 때는 다음 각 목의 사항을 검토하여야 한다.
   가. 철골건립에 있어서는 현장건립순서와 공장제작순서가 일치되도록 계획하고 제작검사의 사전실시, 현장운반계획 등을 확인하여야 한다.
   나. 어느 한 면만을 2절점 이상 동시에 세우는 것은 피해야 하며 1스팬 이상 수평방향으로도 조립이 진행되도록 계획하여 좌굴, 탈락에 의한 도괴를 방지하여야 한다.
   다. 건립기계의 작업반경과 진행방향을 고려하여 조립순서를 결정하고 조립 설치된 부재에 의해 후속작업이 지장을 받지 않도록 계획하여야 한다.
   라. 연속기둥 설치시 기둥을 2개 세우면 기둥 사이의 보를 동시에 설치하도록 하며 그 다음의 기둥을 세울 때에도 계속 보를 연결시킴으로써 좌굴 및 편심에 의한 탈락 방지 등의 안전성을 확보하면서 건립을 진행시켜야 한다.
   마. 건립중 도괴를 방지하기 위하여 가볼트 체결기간을 단축시킬 수 있도록 후속공사를 계획하여야 한다.
4. 운반로의 교통체계 또는 장애물에 의한 부재반입의 제약, 작업시간의 제약 등을 고려하여 1일 작업량을 결정하여야 한다.
5. 강풍, 폭우 등과 같은 악천후시에는 작업을 중지하여야 하며 특히 강풍시에는 높은 곳에 있는 부재나 공구류가 낙하비래하지 않도록 조치하여야 한다. 이때 작업을 중지해야 하는 악천후는 다음 각 목의 경우를 말한다.
   가. 풍속 : 10분간의 평균풍속이 1초당 10[m] 이상
   나. 강우량 : 1시간당 1[mm] 이상
6. 건립기계, 용접기 등의 사용에 필요한 전력과 기둥의 승강용 트랩, 구명줄, 추락방지용 방망, 비계, 방호철망, 통로 등의 배치 및 설치방법을 검토하여야 한다.
7. 지휘명령계통과 기계 공구류의 점검 및 취급방법, 신호방법, 악천후에 대비한 처리방법 등을 검토하여야 한다.

제3장 철골건립 전의 준비

제 5 조(앵커볼트의 매립) 사업주는 앵커볼트의 매립에 있어서 다음 각 호의 사항을 준수하여야 한다.
1. 앵커볼트는 매립 후에 수정하지 않도록 설치하여야 한다.
2. 앵커볼트를 매립하는 정밀도는 다음 각 목의 범위 내이어야 한다. 21. 11. 14 기
   가. 기둥중심은 [그림 1]과 같이 기준선 및 인접기둥의 중심에서 5[mm] 이상 벗어나지 않을 것

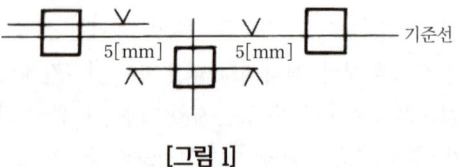

[그림 1]

나. 인접기둥간 중심거리의 오차는 [그림 2]와 같이 3[mm] 이하일 것

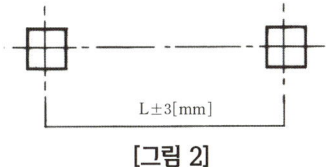

[그림 2]

다. 앵커볼트는 [그림 3]과 같이 기둥중심에서 2[mm] 이상 벗어나지 않을 것

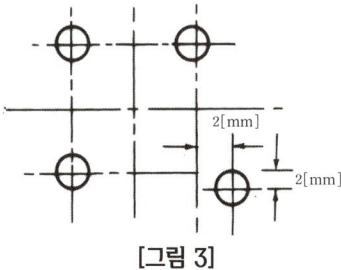

[그림 3]

라. 베이스 플레이트의 하단은 [그림 4]와 같이 기준높이 및 인접기둥의 높이에서 3[mm] 이상 벗어나지 않을 것

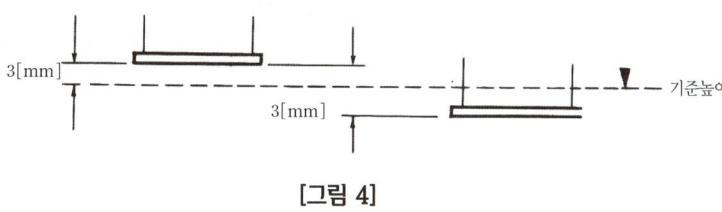

[그림 4]

3. 앵커볼트는 견고하게 고정시키고 이동, 변형이 발생하지 않도록 주의하면서 콘크리트를 타설해야 한다.

제 6 조(기본치수의 측정) 철골건립에 앞서 완성된 기초에 대하여는 다음 각 호의 사항을 확인하여야 한다.

1. 기둥간격, 수직, 수평도 등의 기본치수를 측정하여 확인해야 한다.
2. 부정확하게 설치된 앵커볼트는 수정하여야 한다.
3. 철골기초 콘크리트의 배합강도는 설계기준과 동일한지 확인하여야 한다.

제4장 철골건립작업

제1절 건립준비 및 철골반입

제 7 조(건립준비) 철골건립준비를 할 때 다음 각 호의 사항을 준수하여야 한다.

1. 지상 작업장에서 건립준비 및 기계기구를 배치할 경우에는 낙하물의 위험이 없는 평탄한 장소를 선정하여 정비하고 경사지에서는 작업대나 임시발판 등을 설치하는 등 안전하게 한 후 작업하여야 한다.

2. 건립작업에 지장이 되는 수목은 제거하거나 이설하여야 한다.
3. 인근에 건축물 또는 고압선 등이 있는 경우에는 이에 대한 방호조치 및 안전조치를 하여야 한다.
4. 사용 전에 기계기구에 대한 정비 및 보수를 철저히 실시하여야 한다.
5. 기계가 계획대로 배치되어 있는가, 윈치는 작업구역을 확인할 수 있는 곳에 위치하였는가, 기계에 부착된 앵커 등 고정장치와 기초구조 등을 확인하여야 한다.

제 8 조(철골반입) 철골반입시 다음 각 호의 사항을 준수하여야 한다.
1. 다른 작업에 장해가 되지 않는 곳에 철골을 적치하여야 한다.
2. 받침대는 적치될 부재의 중량을 고려 적당한 간격으로 안정성 있는 것을 사용하여야 한다.
3. 부재 반입시는 건립의 순서 등을 고려하여 반입하여야 하며 시공순서가 빠른 부재는 상단부에 위치하도록 한다.
4. 부재 하차시는 쌓여 있는 부재의 도괴에 대비하여야 한다.
5. 부재 하차시 트럭 위에서의 작업은 불안정하므로 인양시 부재가 무너지지 않도록 주의하여야 한다.
6. 부재에 로프를 체결하는 작업자는 경험이 풍부한 사람이 하도록 하여야 한다.
7. 인양시 기계의 운전자는 서서히 들어올려 일단 안정상태로 된 것을 확인한 다음 다시 서서히 들어올리며 트럭 적재함으로부터 2[m] 정도가 되었을 때 수평이동시켜야 한다.
8. 수평이동시는 다음 각 목의 사항을 준수하여야 한다.
   가. 전선 등 다른 장해물에 접촉할 우려는 없는지 확인하여야 한다.
   나. 유도로프를 끌거나 누르지 않도록 하여야 한다.
   다. 인양된 부재의 아래쪽에 작업자가 들어가지 않도록 하여야 한다.
   라. 내려야 할 지점에서 일단 정지시킨 후 흔들림을 정지시킨 다음 서서히 내리도록 하여야 한다.
9. 적치시는 너무 높게 쌓지 않도록 하며 체인 등으로 묶어두거나 버팀대를 대어 넘어가지 않도록 하여야 하며 적치높이는 적치 부재 하단폭의 1/3 이하이어야 한다.

제2절 기둥건립

제 9 조(기둥의 인양) 건립을 위하여 철골기둥을 인양할 때에는 다음 각 호의 사항을 준수하여야 한다.
1. 인양 와이어로프와 섀클, 받침대, 유도로프, 구명용 마닐라로프(기둥 승강용), 큰 지렛대, 드래프트 핀, 조임기구 등을 준비하여야 한다.
2. 발디딜 곳, 손잡을 곳, 안전대 설치장치 등을 확인하여야 한다.
3. 기둥 위쪽 끝의 볼트 구멍을 이용하여 인양용 장방형의 덧댐 철판을 부착하여야 한다. 이때 볼트는 무게를 충분히 견딜 수 있는 규격이어야 하며 덧댐 철판이 휘지 않도록 충분히 체결하여야 한다.

4. 덧댐 철판에 와이어로프를 설치할 때에는 섀클을 사용하여야 하며 섀클용 구멍이나 볼트 구멍에 와이어로프를 직접 걸어 사용해서는 안 된다.
5. 보의 브래킷 부재의 밑쪽에 와이어로프를 걸 경우는 밑에 보호용 굄재를 사용하여야 한다.
6. 훅에 인양 와이어로프를 걸 때에는 중심에 걸도록 하여야 하며 기둥건립 작업중 요동에 의한 탈락을 방지하기 위하여 해지판 설치 등 탈락방지기능이 있는 것을 사용하여야 한다.

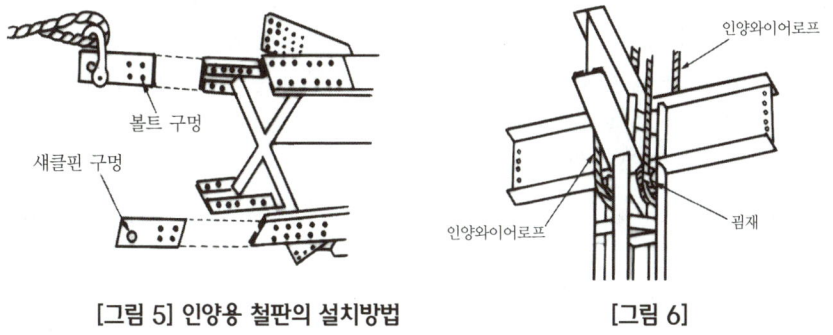

[그림 5] 인양용 철판의 설치방법   [그림 6]

7. 기둥을 일으켜 세울 때는 옆으로 미끄러지는 등의 위험을 방지하기 위하여 다음 각 목의 사항을 준수하여야 한다.
   가. 기둥을 일으켜 세우기 전에 기둥의 밑부분에 미끄럼방지를 위한 깔판을 삽입하여야 한다.
   나. 기둥을 일으켜 세울 때는 밑부분이 미끄러지지 않게 서서히 들어올려야 한다.
   다. 좌우회전시 급히 움직이면 회전운동이 발생하므로 서서히 실시해야 한다.
   라. 달아올린 기둥이 흔들릴 때는 일단 지면으로 내려 흔들림을 멈추게 한 다음 바로 잡아 다시 올려야 한다.
8. 권상, 수평이동 및 선회시에는 부재의 이동범위 안에 사람이 없는 것을 확인한 후 실시하여야 한다.
9. 인양 및 부재에 로프를 매는 작업은 경험이 충분한 자가 하도록 해야 한다.
10. 철골인양시 통신, 신호체계를 수립하고 충분한 사전 교육을 하여야 한다.
11. 철골인양 작업시 작업책임자는 건립기계와 인양작업자를 동시에 관찰할 수 있는 지점에 위치하여야 한다.

제 10 조(기둥의 고정) 사업주는 철골기둥을 앵커볼트 또는 다른 철골기둥에 접속시킬 때 다음 각 호의 사항을 준수하여야 한다.

1. 앵커볼트에 고정시키는 작업은 다음 각 목의 순서에 따라야 한다.
   가. 기둥의 인양은 고정시킬 바로 위에서 일단 멈춘 다음 손이 닿을 위치까지 내리도록 한다.
   나. 앵커볼트의 바로 위까지 흔들림이 없도록 유도하면서 방향을 확인하고 천천히 내려야 한다.

다. 기둥 베이스 구멍을 통해 앵커볼트를 보면서 정확히 유도하고, 볼트가 손상되지 않도록 조심스럽게 제자리에 위치시켜야 한다. 이때 손, 발이 끼이지 않도록 주의한다.
라. 바른 위치에 잘 들어갔는지 확인하고 앵커볼트 전체의 균형을 유지하면서 확실히 조여야 한다.
마. 인양 와이어로프를 제거하기 위하여 기둥 위로 올라갈 때 또는 기둥에서 내려올 때는 기둥의 트랩을 이용하여야 한다.
바. 인양 와이어로프를 풀어 제거할 때에는 안전대를 사용해야 하며 섀클핀이 빠져 떨어지는 일 등이 발생하지 않도록 주의해야 한다.

2. 다른 철골기둥에 접속시키는 작업은 다음의 각 목의 순서에 따라야 한다.
   가. 작업자는 2인 일조로 하여 기둥에 올라간 다음 안전대를 기둥의 위쪽부분에 설치한 후 인양되는 기둥을 기다리도록 한다.
   나. 기둥이 아래층 기둥의 윗부분까지 인양되면 일단 동작을 정지시켜야 한다.
   다. 인양된 기둥이 흔들리거나 기둥의 접속방향이 맞지 않을 때는 신호를 명확히 하여 유도하여야 한다.
   라. 기둥의 접속에 앞서 이음철판(splice plate)에 설치된 볼트를 느슨하게 풀어둔다.
   마. 아래층 기둥 윗부분 가까이 이동되면 작업자는 수공구 등을 이용하여 정확한 접속위치로 유도하여야 한다.
   바. 볼트를 필요한 수만큼 신속히 체결해야 한다.
   사. 작업자가 기둥을 오르내릴 때에는 기둥의 트랩을 이용하고 인양 와이어로프를 제거할 때는 안전대를 사용하여야 한다.

제3절 보의 조립

제 11 조(보의 인양) 철골보를 인양할 때 다음 각 호의 사항을 준수하여야 한다.

1. 인양 와이어로프의 매달기 각도는 양변 60[°]를 기준으로 2열로 매달고 와이어 체결지점은 수평부재의 1/3지점을 기준하여야 한다.
2. 조립되는 순서에 따라 사용될 부재가 하단부에 적치되어 있을 때에는 상단부의 부재를 무너뜨리는 일이 없도록 주의하여 옆으로 옮긴 후 부재를 인양하여야 한다.
3. 클램프로 부재를 체결할 때는 다음 각 목의 사항을 준수하여야 한다.
   가. 클램프는 부재를 수평으로 하는 두 곳의 위치에 사용하여야 하며 부재 양단방향은 등간격이어야 한다.
   나. 부득이 한 군데만을 사용할 때는 위험이 적은 장소로서 간단한 이동을 하는 경우에 한하여야 하며 부재길이의 1/3지점을 기준하여야 한다.
   다. 두 곳을 매어 인양시킬 때 와이어로프의 내각은 60[°] 이하이어야 한다.
   라. 클램프의 정격용량 이상 매달지 않아야 한다.
   마. 체결작업중 클램프 본체가 장애물에 부딪치지 않게 주의하여야 한다.

바. 클램프의 작동상태를 점검한 후 사용하여야 한다.
4. 유도로프는 확실히 매야 한다.
5. 인양할 때는 다음 각 목의 사항을 준수하여야 한다.
   가. 인양 와이어로프는 훅의 중심에 걸어야 하며 훅은 용접의 경우 용접장 등 용접 규격을 확인하여 인양시 취성파괴에 의한 탈락을 방지하여야 한다.
   나. 신호자는 운전자가 잘 보이는 곳에 신호하여야 한다.
   다. 불안정하거나 매단 부재가 경사지면 지상에 내려 다시 체결하여야 한다.
   라. 부재의 균형을 확인하면 서서히 인양하여야 한다.
   마. 흔들리거나 선회하지 않도록 유도 로프로 유도하며 장애물에 닿지 않도록 주의하여야 한다.

제 12 조(보의 설치) 철골보를 설치할 때는 다음 각 호의 사항을 준수하여야 한다.
1. 보의 설치작업에 있어 반드시 안전대를 기둥의 본체 부재 또는 기둥 승강용 트랩에 걸어 추락을 방지하여야 한다.
2. 작업자는 한 곳에 2인, 다른 곳에 1인 또는 2인 한 조가 되어 기둥에 올라가야 하며 기둥 상단부 및 보 연결부 등에 안전대 부착설비를 하여야 한다.
3. 작업자가 기둥과 연결된 브래킷에 올라 앉은 자세로 보를 설치할 수 있는 브래킷 형태의 보는 다음 각 목의 순서에 따라 조립하여야 한다.
   가. 보의 인양에 앞서 브래킷의 플랜지 상단에 가체결한 이음철판(splice plate)의 볼트를 풀고 이 이음철판을 브래킷의 플랜지 하단으로 옮겨 다시 볼트로 체결한다.
   나. 인양된 보가 브래킷 가까이까지 인양되었으면 일단 멈추도록 해야 한다.
   다. 인양된 보의 흔들림, 설치방향을 확인하고 신호를 명확히 하여 브래킷의 바로 윗부분으로 정확하게 유도시킨다.
   라. 보 양단의 작업자는 서로 협력하면서 수공구를 이용하여 볼트 구멍을 맞추도록 해야 된다.
   마. 볼트 구멍이 맞지 않을 경우는 신속히 지지용 드래프트 핀을 타입해야 하며 이 때 필요 이상 무리한 힘을 가하여 볼트 구멍이 손상되지 않도록 하여야 한다.
   바. 플랜지 상단, 웨브의 이음철판을 필요한 만큼의 볼트로 체결하여 이때 철판을 손에서 떨어뜨리지 않도록 주의해야 한다.
4. 작업자가 기둥에 매달린 자세로 설치하게 되는 브래킷이 없는 형태의 보의 경우도 위 3호의 브래킷이 있는 형태의 보에서만 적용되는 부분을 제외하고는 모두 같은 요령으로 조립하여야 한다.
5. 인양 와이어로프를 해체할 때에는 안전대를 사용하여 보 위를 이동하여야 하며 안전대를 설치할 구명줄은 보의 설치와 동시에 기둥간에 설치하도록 해야 한다.
6. 해체한 와이어로프는 훅에 걸어 내리며 밑으로 던져서는 안 된다.

제5장 철골공사용 가설설비

제13조(비계) 비계 및 작업발판을 설치할 때는 다음 각 호의 사항을 준수하여야 한다.
1. 달비계 등 전면에 걸쳐 설치하는 전면비계는 추락방지용 방망을 연결 설치하여 사용해야 한다.
2. 달기틀 및 달비계용 달기체인은 "가설기자재 성능검정규격"에 적합한 것이어야 한다.

제14조(재료 적치장소와 통로) 재료의 적치장소와 통로의 가설에 있어서 다음 각 호의 사항을 준수하여야 한다.
1. 철골건립의 진행에 따라 공사용 재료, 공구, 용접기 등의 적치장소와 통로를 가설하여야 하며 구체공사에도 이용될 수 있도록 계획하여야 한다.
2. 철골철근콘크리트조의 경우 작업장을 통상 연면적 1,000[m²]에 1개소를 설치하고 그 면적은 50[m²] 이상이어야 한다. 또한 2개소 이상 설치할 경우에는 작업장 간 상호 연락통로를 가설하여야 한다.
3. 작업장 설치위치는 기중기의 선회범위 내에서 수평운반거리가 가장 짧게 되도록 계획하여야 한다.
4. 계획상 최대적재하중과 작업내용, 공정 등을 검토하여 작업장에 적재되는 자재의 수량, 배치방법 등의 제한요령을 명확히 정하여 안전수칙을 부착하여야 한다.
5. 철골조의 바닥에 철판을 부설하여 통로로 사용할 수 있으나 재료를 쌓아둘 수는 없으므로 스팬이 큰 건물에서는 가설강재를 부설하여 사용토록 하여야 한다.
6. 건물 외부로 돌출된 작업장은 적재하중과 작업하중을 고려하여 충분한 안전성을 갖게 하여야 하며 작업자가 추락하지 않도록 난간과 낙하방지를 위한 안전난간대 등 안전설비를 갖추어야 한다.
7. 가설통로는 사용목적에 따라 안전성을 충분히 고려하여 설치하여야 하며 통로 양측에 높이 90[cm], 수평충격력 100[kg] 이상의 지지력이 있는 견고한 손잡이 난간을 설치하여야 한다.

제15조(동력 및 용접설비) 철골공사에 필요한 동력 및 용접설비를 계획할 때 다음 각 호의 사항을 고려하여야 한다.
1. 타워크레인을 사용하는 고층구조물의 경우에는 크레인이 위층으로 점차 이동하므로 크레인용 동력과 용접용 동력도 승강이 가능하도록 최상층 높이까지 이동할 수 있는 케이블 등을 준비하여야 한다.
2. 현장용접을 할 필요가 있을 경우에는 공정에 따른 용접량, 용접방법, 용접규격, 용접기의 대수 등을 정확히 계획하여야 한다.
3. 용접기, 용접봉, 건조기 등은 보관소를 따로 설치하여 작업장소의 이동에 따라 이동시키면서 작업하도록 계획하여야 한다.

제16조(재해방지설비) 철골공사중 재해방지를 위하여 다음 각 호의 사항을 준수하여야 한다.

1. 철골공사에 있어서는 용도, 사용장소 및 조건에 따라 [표 1]의 재해방지설비를 갖추어야 한다.

[표 1] 재해방지설비 24. 7. 28 ㉮

기능		용도, 사용장소, 조건	설 비
추락 방지	안전한 작업이 가능한 작업대	높이 2[m] 이상의 장소로서 추락의 우려가 있는 작업	비계, 달비계, 수평통로, 안전난간대
	추락자를 보호할 수 있는 것	작업대 설치가 어렵거나 개구부 주위로 난간설치가 어려운 곳	추락방지용 방망
	추락의 우려가 있는 위험장소에서 작업자의 행동을 제한하는 것	개구부 및 작업대의 끝	난간, 울타리
	작업자의 신체를 유지시키는 것	안전한 작업대나 난간설비를 할 수 없는 곳	안전대부착설비, 안전대, 구명줄
비래 낙하 및 비산 방지	위에서 낙하된 것을 막는 것	철골 건립, 볼트 체결 및 그 밖에 상하 작업	방호철망, 방호울타리, 가설앵커설비
	제3자의 위해방지	볼트, 콘크리트 덩어리, 형틀재, 일반자재, 먼지 등이 낙하비산할 우려가 있는 작업	방호철망, 방호시트, 방호울타리, 방호선반, 안전망
	불꽃의 비산방지	용접, 용단을 수반하는 작업	석면포

2. 고속작업에 따른 추락방지를 위하여 추락방지용 방망을 설치하도록 하고 작업자는 안전대를 사용하도록 하며 안전대 사용을 위해 미리 철골에 안전대 부착설비를 설치해 두어야 한다.
3. 구명줄을 설치할 경우에는 1가닥의 구명줄을 여러명이 동시에 사용하지 않도록 하여야 하며 구명줄을 마닐라로프 직경 16[mm]를 기준하여 설치하고 작업방법을 충분히 검토하여야 한다.
4. 낙하 비래 및 비산방지설비는 지상층의 철골건립개시 전에 설치하고 철골건물의 높이가 지상 20[m] 이하일 때는 방호선반을 1단 이상, 20[m] 이상인 경우에는 2단 이상 설치토록 하며 설치방법은 [그림 7]과 같이 건물 외부비계 방호시트에서 수평거리로 2[m] 이상 돌출하고 20[°] 이상의 각도를 유지시켜야 한다.
5. 외부비계를 필요로 하지 않는 공법을 채택한 경우에도 낙하비래 및 비산방지 설비를 하여야 하며 철골보 등을 이용하여 설치하여야 한다.
6. 화기를 사용할 경우에는 그곳에 불연재료로 울타리를 설치하거나 석면포로 주위를 덮는 등의 조치를 취해야 한다.
7. 철골건물 내부에 낙하비래방지시설을 설치할 경우에는 일반적으로 3층 간격마다 수평으로 철망을 설치하여 작업자의 추락방지시설을 겸하도록 하되 기둥주위에 공간이 생기지 않도록 하여야 한다.

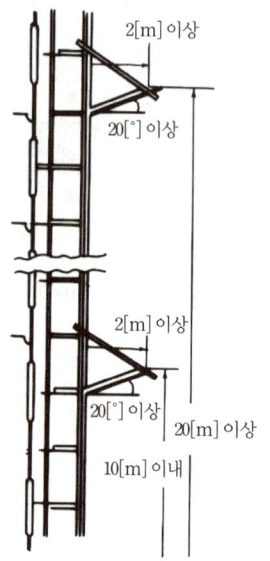 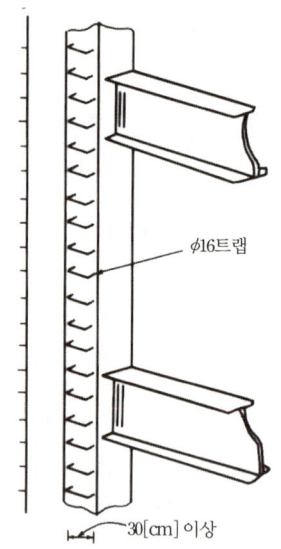

[그림 7] 낙하비래방지시설의 설치기준   [그림 8] 기둥승강용 트랩

8. 철골건립중 건립위치까지 작업자가 안전하게 승강할 수 있는 사다리, 계단, 외부 비계, 승강용 엘리베이터 등을 설치해야 하며 건립이 실시되는 층에서는 주로 기둥을 이용하여 올라가는 경우가 많으므로 기둥승강 설비로서 [그림 8]과 같이 기둥 제작시 16[mm] 철근 등을 이용하여 30[cm] 이내의 간격, 30[cm] 이상의 폭으로 트랩을 설치하여야 하며 안전대 부착설비구조를 겸용하여야 한다.

제 17 조(재검토기한) 이 고시에 대하여 2016년 1월 1일을 기준으로 매 3년이 되는 시점(매 3년째의 12월 31일까지를 말한다)마다 그 타당성을 검토하여 개선 등의 조치를 하여야 한다.

부 칙

이 고시는 2020년 1월 16일부터 시행한다.

7. 해체공사 표준안전작업지침

제정 1994. 1. 25. 고시 제1994-4호
개정 2020. 1. 7. 고용노동부 고시 제2020-11호

제1장 총 칙

제 1 조(목적) 이 고시는 「산업안전보건법」제13조에 따라 구조물의 해체 공사시 발생되는 산업재해 예방을 위한 기계기구 및 공법에 따른 작업상의 안전에 관하여 사업주에게 지도·권고할 기술상의 지침을 규정함을 목적으로 한다.

제 2 조(용어의 정의) 이 고시에서 사용하는 용어의 뜻은 이 고시에 특별한 규정이 없으면 「산업안전보건법」, 같은 법 시행령 및 시행규칙, 「산업안전보건기준에 관한 규칙」에서 정하는 바에 따른다.

제2장 해체작업용 기계기구 22. 7. 24 기 22. 11. 19 기

제 3 조(압쇄기) 압쇄기는 셔블에 설치하며 유압조작에 의해 콘크리트 등에 강력한 압축력을 가해 파쇄하는 것으로 다음 각 호의 사항을 준수하여야 한다.
1. 압쇄기의 중량, 작업충격을 사전에 고려하고, 차체 지지력을 초과하는 중량의 압쇄기 부착을 금지하여야 한다.
2. 압쇄기 부착과 해체에는 경험이 많은 사람으로서 선임된 자에 한하여 실시한다.
3. 압쇄기 연결구조부는 보수점검을 수시로 하여야 한다.
4. 배관 접속부의 핀, 볼트 등 연결구조의 안전 여부를 점검하여야 한다.
5. 절단날은 마모가 심하기 때문에 적절히 교환하여야 하며 교환대체품목을 항상 비치하여야 한다.

제 4 조(대형 브레이커) 대형 브레이커는 통상 셔블에 설치하여 사용하며, 다음 각 호의 사항을 준수하여야 한다.
1. 대형 브레이커는 중량, 작업 충격력을 고려, 차체 지지력을 초과하는 중량의 브레이커 부착을 금지하여야 한다.
2. 대형 브레이커의 부착과 해체에는 경험이 많은 사람으로서 선임된 자에 한하여 실시하여야 한다.
3. 유압작동구조, 연결구조 등의 주요구조는 보수점검을 수시로 하여야 한다.
4. 유압식일 경우에는 유압이 높기 때문에 수시로 유압호스가 새거나 막힌 곳이 없는가를 점검하여야 한다.
5. 해체대상물에 따라 적합한 형상의 브레이커를 사용하여야 한다.

합격예측

해체(철거)공법의 종류
① 기계력에 의한 해체공법
  : 철해머공법(Steel Ball 공법, 타격공법), 소형 브레이커(Hand Breaker) 공법, 대형 브레이커(Giant Breaker) 공법, 절단(절단톱) 공법
② 전도에 의한 해체공법
  : 전도공법
③ 유압력에 의한 해체공법
  : 유압잭(Jack) 공법, 압쇄공법
④ 정적 파쇄제(비폭성파쇄제)에 의한 공법
  : 팽창압공법
⑤ 화학, Gas의 폭발력에 의한 공법
  : 발파공법(화약에 의한 파쇄법), 폭파공법(발파식 해체공법)
⑤ 기타 공법
  : 워터제트(Water Jet) 공법, 레이저(Raser) 공법 등

합격예측

압쇄기
압쇄기는 셔블에 설치하며 유압조작에 의해 콘크리트 등에 강력한 압축력을 가해 파쇄하는 것으로 다음 각 호의 사항을 준수하여야 한다.
① 압쇄기의 중량, 작업충격을 사전에 고려하고, 차체 지지력을 초과하는 중량의 압쇄기 부착을 금지하여야 한다.
② 압쇄기 부착과 해체에는 경험이 많은 사람으로서 선임된 자에 한하여 실시한다.
③ 압쇄기 연결구조부는 보수점검을 수시로 하여야 한다.
④ 배관 접속부의 핀, 볼트 등 연결구조의 안전 여부를 점검하여야 한다.
⑤ 절단날은 마모가 심하기 때문에 적절히 교환하여야 하며 교환대체품목을 항상 비치하여야 한다.

합격예측

팽창제

광물의 수화반응에 의한 팽창압을 이용하여 파쇄하는 공법으로 다음 각 호의 사항을 준수하여야 한다.
① 팽창제와 물과의 시방 혼합비율을 확인하여야 한다.
② 천공직경이 너무 작거나 크면 팽창력이 작아 비효율적이므로, 천공직경은 30~50[mm] 정도를 유지하여야 한다.
③ 천공간격은 콘크리트 강도에 의하여 결정되나 30~70[cm] 정도를 유지하도록 한다.
④ 팽창제를 저장하는 경우에는 건조한 장소에 보관하고 직접 바닥에 두지 말고 습기를 피하여야 한다.
⑤ 개봉된 팽창제는 사용하지 말아야 하며 쓰다 남은 팽창제 처리에 유의하여야 한다.

제 5 조(철제해머) 해머를 크레인 등에 부착하여 구조물에 충격을 주어 파쇄하는 것으로 다음 각 호의 사항을 준수하여야 한다.
1. 해머는 해체대상물에 적합한 형상과 중량의 것을 선정하여야 한다.
2. 해머는 중량과 작업반경을 고려하여 차체의 붐, 프레임 및 차체 지지력을 초과하지 않도록 설치하여야 한다.
3. 해머를 매달은 와이어로프의 종류와 직경 등은 적절한 것을 사용하여야 한다.
4. 해머와 와이어로프의 결속은 경험이 많은 사람으로서 선임된 자에 한하여 실시하도록 하여야 한다.
5. 킹크, 소선절단, 단면이 감소된 와이어로프는 즉시 교체하여야 하며 결속부는 사용 전후 항상 점검하여야 한다.

제 6 조(화약류) 콘크리트 파쇄용 화약류 취급시에는 다음 각 호의 사항을 준수하여야 한다. 24. 4. 27 기
1. 화약류에 의한 발파파쇄 해체시에는 사전에 시험발파에 의한 폭력, 폭속, 진동치 속도 등에 파쇄능력과 진동, 소음의 영향력을 검토하여야 한다.
2. 소음, 분진, 진동으로 인한 공해대책, 파편에 대한 예방대책을 수립하여야 한다.
3. 화약류 취급에 대하여는 법, 총포도검화약류단속법 등 관계법에서 규정하는 바에 의하여 취급하여야 하며 화약저장소 설치기준을 준수하여야 한다.
4. 시공순서는 화약취급절차에 의한다.

제 7 조(핸드브레이커) 압축공기, 유압의 급속한 충격력에 의거 콘크리트 등을 해체할 때 사용하는 것으로 다음 각 호의 사항을 준수하여야 한다.
1. 끝의 부러짐을 방지하기 위하여 작업자세는 하향 수직방향으로 유지하도록 하여야 한다.
2. 기계는 항상 점검하고, 호스의 꼬임·교차 및 손상여부를 점검하여야 한다.

제 8 조(팽창제) 광물의 수화반응에 의한 팽창압을 이용하여 파쇄하는 공법으로 다음 각 호의 사항을 준수하여야 한다.
1. 팽창제와 물과의 시방 혼합비율을 확인하여야 한다.
2. 천공직경이 너무 작거나 크면 팽창력이 작아 비효율적이므로, 천공직경은 30~50 [mm] 정도를 유지하여야 한다.
3. 천공간격은 콘크리트 강도에 의하여 결정되나 30~70[cm] 정도를 유지하도록 한다.
4. 팽창제를 저장하는 경우에는 건조한 장소에 보관하고 직접 바닥에 두지 말고 습기를 피하여야 한다.
5. 개봉된 팽창제는 사용하지 말아야 하며 쓰다 남은 팽창제 처리에 유의하여야 한다.

제 9 조(절단톱) 회전날 끝에 다이아몬드 입자를 혼합 경화하여 제조된 절단톱으로 기둥, 보, 바닥, 벽체를 적당한 크기로 절단하여 해체하는 공법으로 다음 각 호의 사항을 준수하여야 한다. 16. 11. 12 기

1. 작업현장은 정리정돈이 잘 되어야 한다.
2. 절단기에 사용되는 전기시설과 급수, 배수설비를 수시로 정비점검하여야 한다.
3. 회전날에는 접촉방지 커버를 부착토록 하여야 한다.
4. 회전날의 조임상태는 안전한지 작업 전에 점검하여야 한다.
5. 절단중 회전날을 냉각시키는 냉각수는 충분한지 점검하고 불꽃이 많이 비산되거나 수증기 등이 발생되면 과열된 것이므로 일시중단한 후 작업을 실시하여야 한다.
6. 절단방향을 직선을 기준하여 절단하고 부재중에 철근 등이 있어 절단이 안 될 경우에는 최소단면으로 절단하여야 한다.
7. 절단기는 매일 점검하고 정비해 두어야 하며 회전 구조부에는 윤활유를 주유해 두어야 한다.

제 10 조(잭) 구조물의 부재 사이에 잭을 설치한 후 국소부에 압력을 가해 해체하는 공법으로 다음 각 호의 사항을 준수하여야 한다.

1. 잭을 설치하거나 해체할 때는 경험이 많은 사람으로서 선임된 자에 한하여 실시하도록 하여야 한다.
2. 유압호스 부분에서 기름이 새거나, 접속부에 이상이 없는지를 확인하여야 한다.
3. 장시간 작업의 경우에는 호스의 커플링과 고무가 연결된 곳에 균열이 발생될 우려가 있으므로 마모율과 균열에 따라 적정한 시기에 교환하여야 한다.
4. 정기, 특별, 수시점검을 실시하고 결함 사항은 즉시 개선, 보수, 교체하여야 한다.

제 11 조(쐐기타입기) 직경 30~40[mm] 정도의 구멍 속에 쐐기를 박아 넣어 구멍을 확대하여 해체하는 것으로, 다음 각 호의 사항을 준수하여야 한다.

1. 구멍에 굴곡이 있으면 타입기 자체에 큰 응력이 발생하여 쐐기가 휠 우려가 있으므로 굴곡이 없도록 천공하여야 한다.
2. 천공구멍은 타입기 삽입부분의 직경과 거의 같도록 하여야 한다.
3. 쐐기가 절단 및 변형된 경우는 즉시 교체하여야 한다.
4. 보수점검은 수시로 하여야 한다.

제 12 조(화염방사기) 구조체를 고온으로 용융시키면서 해체하는 것으로 다음 각 호의 사항을 준수하여야 한다.

1. 고온의 용융물이 비산하고 연기가 많이 발생되므로 화재발생에 주의하여야 한다.
2. 소화기를 준비하여 불꽃비산에 의한 인접부분의 발화에 대비하여야 한다.
3. 작업자는 방열복, 마스크, 장갑 등의 보호구를 착용하여야 한다.
4. 산소용기가 넘어지지 않도록 밑받침 등으로 고정시키고 빈 용기와 채워진 용기의 저장을 분리하여야 한다.
5. 용기 내 압력은 온도에 의해 상승하기 때문에 항상 섭씨 40도 이하로 보존하여야 한다.
6. 호스는 결속물로 확실하게 결속하고, 균열되었거나 노후된 것은 사용하지 말아야 한다.

합격예측

쐐기타입기
직경 30~40[mm] 정도의 구멍 속에 쐐기를 박아 넣어 구멍을 확대하여 해체하는 것으로, 다음 각 호의 사항을 준수하여야 한다.
① 구멍에 굴곡이 있으면 타입기 자체에 큰 응력이 발생하여 쐐기가 휠 우려가 있으므로 굴곡이 없도록 천공하여야 한다.
② 천공구멍은 타입기 삽입부분의 직경과 거의 같도록 하여야 한다.
③ 쐐기가 절단 및 변형된 경우는 즉시 교체하여야 한다.
④ 보수점검은 수시로 하여야 한다.

> **합격예측**
>
> **해체대상 구조물조사**
> 해체대상 구조물에 대해서는 다음 각 호의 사항을 조사하여야 한다.
> ① 구조(철근콘크리트조, 철골철근콘크리트조 등)의 특성 및 생수, 층수, 건물높이 기준층 면적
> ② 평면구성상태, 폭, 층고, 벽 등의 배치상태
> ③ 부재별 치수, 배근상태, 해체시 주의하여야 할 구조적으로 약한 부분
> ④ 해체시 전도의 우려가 있는 내외장재
> ⑤ 설비기구, 전기배선, 배관설비 계통의 상세 확인
> ⑥ 구조물의 설립년도 및 사용목적
> ⑦ 구조물의 노후정도, 재해(화재, 동해 등) 유무
> ⑧ 증설, 개축, 보강 등의 구조변경 현황
> ⑨ 해체공법의 특성에 의한 비산각도, 낙하반경 등의 사전 확인
> ⑩ 진동, 소음, 분진의 예상치 측정 및 대책방법
> ⑪ 해체물의 집적 운반방법
> ⑫ 재이용 또는 이설을 요하는 부재현황
> ⑬ 그 밖에 해당 구조물 특성에 따른 내용 및 조건

7. 게이지의 작동을 확인하고 고장 및 작동불량품은 교체하여야 한다.

제13조(절단줄톱) 와이어에 다이아몬드 절삭날을 부착하여, 고속회전시켜 절단 해체하는 공법으로 다음 각 호의 사항을 준수하여야 한다.

1. 절단작업중 줄톱이 끊어지거나, 수명이 다할 경우에는 줄톱의 교체가 어려우므로 작업 전에 충분히 와이어를 점검하여야 한다.
2. 절단대상물의 절단면적을 고려하여 줄톱의 크기와 규격을 결정하여야 한다.
3. 절단면에 고온이 발생하므로 냉각수 공급을 적절히 하여야 한다.
4. 구동축에는 접촉방지 커버를 부착하도록 하여야 한다.

제3장 해체공사 전 확인

제14조(해체대상 구조물조사) 해체대상 구조물에 대해서는 다음 각 호의 사항을 조사하여야 한다.

1. 구조(철근콘크리트조, 철골철근콘크리트조 등)의 특성 및 생수, 층수, 건물높이 기준층 면적
2. 평면구성상태, 폭, 층고, 벽 등의 배치상태
3. 부재별 치수, 배근상태, 해체시 주의하여야 할 구조적으로 약한 부분
4. 해체시 전도의 우려가 있는 내외장재
5. 설비기구, 전기배선, 배관설비 계통의 상세 확인
6. 구조물의 설립년도 및 사용목적
7. 구조물의 노후정도, 재해(화재, 동해 등) 유무
8. 증설, 개축, 보강 등의 구조변경 현황
9. 해체공법의 특성에 의한 비산각도, 낙하반경 등의 사전 확인
10. 진동, 소음, 분진의 예상치 측정 및 대책방법
11. 해체물의 집적 운반방법
12. 재이용 또는 이설을 요하는 부재현황
13. 그 밖에 해당 구조물 특성에 따른 내용 및 조건

제15조(부지상황 조사) 해체대상건물과 관련된 부지상황에 대해서는 다음 각 호의 사항을 조사하여야 한다.

1. 부지 내 공지유무, 해체용 기계설비위치, 발생재 처리장소
2. 해체공사 착수에 앞서 철거, 이설, 보호해야 할 필요가 있는 공사 장애물 현황
3. 접속도로의 폭, 출입구 개수 및 매설물의 종류 및 개폐 위치
4. 인근 건물동수 및 거주자 현황
5. 도로 상황조사, 가공 고압선 유무
6. 차량대기 장소 유무 및 교통량(통행인 포함)
7. 진동, 소음발생 영향권 조사

제4장 해체공사 안전시공

제 16 조(안전일반) 해체공사 공법은 해체대상물 조건에 따라 여러 가지 방법을 병용하게 되므로 작업계획 수립시 다음 각 호의 사항을 준수하여야 한다.
1. 작업구역 내에는 관계자 이외의 자에 대하여 출입을 통제하여야 한다.
2. 강풍, 폭우, 폭설 등 악천후시에는 작업을 중지하여야 한다.
3. 사용기계기구 등을 인양하거나 내릴 때에는 그물망이나 그물포대 등을 사용토록 하여야 한다.
4. 외벽과 기둥 등을 전도시키는 작업을 할 경우에는 전도낙하위치 검토 및 파편비산 거리 등을 예측하여 작업반경을 설정하여야 한다.
5. 전도작업을 수행할 때에는 작업자 이외의 다른 작업자는 대피시키도록 하고 완전 대피상태를 확인한 다음 전도시키도록 하여야 한다.
6. 해체건물 외곽에 방호용 비계를 설치하여야 하며 해체물의 전도, 낙하, 비산의 안전거리를 유지하여야 한다.
7. 파쇄공법의 특성에 따라 방진벽, 비산차단벽, 분진억제 살수시설을 설치하여야 한다.
8. 작업자 상호간의 적정한 신호규정을 준수하고 신호방식 및 신호기기 사용법은 사전교육에 의해 숙지되어야 한다.
9. 적정한 위치에 대피소를 설치하여야 한다.

제 17 조(압쇄기 사용공법) 대형 중기를 사용하게 되므로 중기의 안전성, 작업자의 안전을 위하여 다음 각 호의 사항을 준수하여야 한다.
1. 항시 중기의 안전성을 확인하고 중기침하로 인한 위험을 사전 제거토록 조치하여야 하며 중기작업구조의 지반다짐을 확인하고 편평도는 1/100 이내이어야 한다.
2. 중기의 작업가능 높이보다 높은 부분 해체시에는 해체물을 깔고 올라가 작업을 하고, 이때에는 중기전도로 인한 사고가 발생되지 않도록 조치하여야 한다.
3. 중기 운전자는 경험이 풍부한 자격 소유자이어야 한다.
4. 중기작업반경 내와 해체물의 낙하가 예상되는 지역에 대하여는 출입을 제한하여야 한다.
5. 해체작업중 발생되는 분진의 비산을 막기 위해 살수할 경우에는 살수 작업자와 중기운전자는 서로 상황을 확인하여야 한다.
6. 외벽을 해체할 때에는 비계철거 작업자와 서로 연락하여야 하고 벽과 연결된 비계는 외벽해체 직전에 철거하여야 한다.
7. 상층 부분의 보와 기둥, 벽체를 해체할 경우는 해체물이 비산, 낙하할 위험이 있으므로 해체구조 바로 아래층에 수평 낙하물 방호책을 설치해서 해체물이 비산, 낙하되지 않도록 하여야 한다.
8. 높은 곳에서 가스로 철근을 절단할 경우에는 항시 안전대 부착설비를 하고 안전대를 착용하여야 한다.
9. 압쇄기에 의한 파쇄작업순서는 슬래브, 보, 벽체, 기둥의 순서로 해체하여야 한다.

제 18 조(압쇄공법과 대형 브레이커공법 병용)

1. 압쇄기로 슬래브, 보, 내벽 등을 해체하고 대형 브레이커로 기둥을 해체할 때에는 장비간의 안전거리를 충분히 확보하여야 한다.
2. 대형 브레이커와 엔진으로 인한 소음을 최대한 줄일 수 있는 수단을 강구하여야 하며 소음진동기준은 관계법에서 정하는 바에 따라 처리하도록 하여야 한다.

제 19 조(대형 브레이커공법과 전도공법 병용)

1. 전도작업은 작업순서가 임의로 변경될 경우 대형 재해의 위험을 초래하므로 사전 작업계획에 따라 작업하여야 하며 순서에 의한 단계별 작업을 확인하여야 한다.
2. 전도작업시에는 미리 일정신호를 정하여 작업자에게 주지시켜야 하며 안전한 거리에 대피소를 설치하여야 한다.
3. 전도를 목적으로 절삭할 부분은 시공계획 수립시 결정하고 절삭되지 않는 단면으로 안전하게 유지되도록 하여 계획과 반대방향의 전도를 방지하여야 한다.
4. 기둥철근 절단순서는 전도방향의 전면 그리고 양측면, 마지막으로 뒷부분 철근을 절단하도록 하고, 반대방향 전도를 방지하기 위해 전도방향 전면 철근을 2본 이상 남겨 두어야 한다.
5. 벽체의 절삭부분 철근 절단시는 가로철근을 아래에서 위쪽으로, 세로철근을 중앙에서 양단방향으로 순차적으로 절단하여야 한다.
6. 인장 와이어로프는 2본 이상이어야 하며 대상구조물의 규격에 따라 적정한 위치를 선정하여야 한다.
7. 와이어로프를 끌어당길 때에는 서서히 하중을 가하도록 하고 구조체가 넘어지지 않을 때에도 반동을 주어 당겨서는 안 되며, 예정 하중으로 넘어지지 않을 때는 가력을 중지하고 절삭부분을 더 깎아내어 자중에 의하여 전도되게 유도하여야 한다.
8. 대상물의 전도시 분진발생을 억제하기 위해 전도물과 완충재에는 충분히 물을 뿌려야 한다. 또한 전도작업은 반드시 연속해서 실시하고, 그날 중으로 종료시키도록 하며 절삭한 상태로 방치해서는 안 된다.
9. 전도작업 전에 비계와 벽과의 연결재는 철거되었는지를 확인하고 방호시트 및 그 밖에 가설물은 작업진행에 따라 해체하도록 하여야 한다.

제 20 조(철해머공법과 전도공법 병용)

1. 크레인 설치위치의 적정 여부를 확인하여야 하며 붐회전반경 및 해머사양을 사전에 확인하여야 한다.
2. 철해머를 매단 와이어로프는 사용 전 반드시 점검하도록 하고 작업중에도 와이어로프가 손상하지 않도록 주의하여야 한다.
3. 철해머 작업반경 내와 해체물이 낙하·전도·비산하는 구간을 설정하고, 통행인의 출입을 통제하여야 한다.
4. 슬래브와 보 등과 같이 수평재는 수직으로 낙하시켜 해체하고, 벽, 기둥 등은 수평으로 선회시켜 타격에 의해 해체하도록 한다. 특히 벽과 기둥의 상단을 타격하지

않도록 하여야 한다.
5. 기둥과 벽은 철해머를 수평으로 선회시켜 원심력에 의한 타격력으로 해체하며, 이 때 선회거리와 속도 등의 조건을 사전에 검토하여야 한다.
6. 분진발생 방지조치를 하여야 하며 방진벽, 비산파편방지망 등을 설치하여야 한다.
7. 철근절단은 높은 곳에서 시행되므로 안전대 부착설비를 설치하여 안전대를 사용하고 무리한 작업을 피하여야 한다.
8. 철해머공법에 의한 해체작업은 작업방식이 복합적이어서 현장의 혼란과 위험을 초래하게 되므로 정리정돈에 노력하여야 하며 위험작업구간에는 관리감독자를 배치하여야 한다.

제 21 조(화약발파 공법)

1. 화약류 취급시에는 다음 각 목의 사항에 유의하여야 한다.
   가. 폭발물을 보관하는 용기를 취급할 때는 불꽃을 일으킬 우려가 있는 철제기구나 공구를 사용해서는 안 된다.
   나. 화약류는 해당 사항에 대해 양도양수허가증의 수량에 의해 반입하고 사용시 필요한 분량만을 용기로부터 반출하여 즉시 사용토록 한다.
   다. 화약류에 충격을 주거나, 던지거나, 떨어뜨리지 않도록 한다.
   라. 화약류는 화로나 모닥불 부근 또는 그라인더(grinder)를 사용하고 있는 부근에선 취급하지 않도록 한다.
   마. 전기뇌관은 전지, 전선, 전기모터, 그 밖의 전기설비 부근에 접촉되지 않도록 한다.
   바. 화약, 폭약, 화공약품은 각각 다른 용기에 수납하여야 한다.
   사. 사용하고 남은 화약류는 발파현장에 남겨놓지 않고 화약류 취급소에 반납하도록 한다.
   아. 화약고나 다량의 폭발물이 있는 곳에 뇌관장치를 하지 않도록 한다.
   자. 화약류 취급시에는 항상 도난에 유의하여 출입자 명부를 비치함과 동시에 과부족이 발생되지 않도록 한다.
   차. 화약류를 멀리 떨어진 현장에 운반할 때에는 정해진 포대나 상자 등을 사용하도록 한다.
   카. 화약, 폭약 및 도화선과 뇌관 등을 운반할 때에는 한 사람이 한꺼번에 운반하지 말고 여러 사람이 각기 종류별로 나누어 별개 용기에 넣어 운반토록 한다.
   타. 화약류 운반시에는 운반자의 능력에 알맞은 양을 운반케 하여야 한다.
   파. 발파기를 사전에 점검하고 작동불가 및 불능시 즉시 교체하여야 한다.
   하. 화약류의 운반시는 화기나 전선의 부근을 피하며, 넘어지지 않게 하고 떨어뜨리거나 부딪치지 않도록 유의하여야 한다.
2. 화약발파 공사시에는 다음 각 목의 사항에 유의하여야 한다.
   가. 장약 전에 구조물 부근에 누설전류와 지전류 및 발화성 가스의 유무를 확인하여야 한다.

합격예측

폭발여부가 확실하지 않을 때는 전기뇌관 발파시는 5분, 그 밖의 발파에서는 15분 이내에 현장에 접근해서는 안 된다.

나. 전기뇌관 결선시 결선부위는 방수 및 누전방지를 위해 절연테이프를 감아야 한다.
다. 발파방식은 순발 및 지발을 구분하여 계획하고 사전에 필히 도통시험에 의한 도화선 연결상태를 점검하여야 한다.
라. 발파작업시 출입금지 구역을 설정하여야 한다.
마. 점화신호(깃발 및 사이렌 등의 신호)의 확인을 하여야 한다.
바. 폭발여부가 확실하지 않을 때는 전기뇌관 발파시는 5분, 그밖의 발파에서는 15분 이내에 현장에 접근해서는 안 된다.
사. 발파시 발생하는 폭풍압과 비산석을 방지할 수 있는 방호막을 설치해야 한다.
아. 1단 발파 후 후속발파 전에 반드시 전회의 불발장약을 확인하고 발견시 제거 후 후속발파를 실시하여야 한다.

제5장 해체작업에 따른 공해방지

제 22 조(소음 및 진동) 해체공사의 공법에 따라 발생하는 소음과 진동의 특성을 파악하여 다음 각 호의 사항을 준수하여야 한다.
1. 공기압축기 등은 적당한 장소에 설치하여야 하며 장비의 소음 진동기준은 관계법에서 정하는 바에 따라서 처리하여야 한다.
2. 전도공법의 경우 전도물 규모를 작게 하여 중량을 최소화하며 전도대상물의 높이도 되도록 작게 하여야 한다.
3. 철해머공법의 경우 해머의 중량과 낙하높이를 가능한 한 낮게 하여야 한다.
4. 현장 내에서는 대형 부재로 해체하며 장외에서 잘게 파쇄하여야 한다.
5. 인접건물의 피해를 줄이기 위해 방음, 방진 목적의 가시설을 설치하여야 한다.

제 23 조(분진) 분진 발생을 억제하기 위하여 직접 발생 부분에 피라밋식, 수평살수식으로 물을 뿌리거나 간접적으로 방진시트, 분진차단막 등의 방진벽을 설치하여야 한다.

제 24 조(지반침하) 지하실 등을 해체할 경우에는 해체작업 전에 대상건물의 깊이, 토질, 주변상황 등과 사용하는 중기 운행시 수반되는 진동 등을 고려하여 지반침하에 대비하여야 한다.

제 25 조(폐기물) 해체작업 과정에서 발생하는 폐기물은 관계법에서 정하는 바에 따라 처리하여야 한다.

부 칙

이 고시는 2020년 1월 16일부터 시행한다.

8 벌목공사 표준안전작업지침

제정 2009. 9. 25. 고시 제2009-50호
개정 2020. 1. 16. 고용노동부 고시 제2020-25호

제1장 총 칙

제 1 조(목적) 이 지침은 산업안전보건법 제13조에 따라 벌목작업에 있어서의 산업재해예방을 위하여 벌목작업, 조재작업, 집재작업, 운재 작업 등에 있어서의 작업상의 안전에 관하여 사업주에게 지도·권고할 기술상의 지침을 규정함을 목적으로 한다.

제 2 조(용어의 정의) 이 지침에 사용하는 용어의 정의는 이 지침에서 정하는 것과 특별한 규정이 있는 경우를 제외하고는 법, 동법 시행령(이하 "영"이라 한다), 동법 시행규칙(이하 "시행규칙"이라 한다) 및 산업안전보건기준에 관한 규칙(이하 "안전규칙"이라 한다)이 정하는 바에 의한다.
  1. 벌목이란 산지에서 벌목용 기계와 기구를 이용하여 수목의 지상부를 잘라 지면으로 넘기는 것을 말한다.
  2. 조재란 벌목한 수목의 가지를 치고 필요에 따라 용도에 적합한 길이로 절단하는 것을 말한다.
  3. 집재란 벌목한 원목을 어느 한 장소에 적재하는 것을 말한다.
  4. 운재란 벌목된 원목의 현 위치에서 집재장까지의 운반과 집재장에서 다른 장소의 집재장까지의 운반, 중계되는 교통기관 또는 시장까지 운반하는 것을 말한다.

제2장 벌목 및 조재작업

제 3 조(안전 일반) 사업주는 벌목 및 조재작업을 할 경우에는 다음 각 호의 사항을 준수하여야 한다.
  1. 작업시작 전에 작업순서 및 작업원간의 연락방법을 충분히 숙지한 후 작업에 착수하여야 한다.
  2. 작업자는 안전모, 안전화 등의 보호구를 착용하여야 하며, 항상 신호용 호루라기를 휴대하여야 한다.
  3. 강풍, 폭우, 폭설 등 악천후로 인하여 작업상의 위험이 예상될 때에는 작업을 중지하여야 한다.
  4. 톱, 도끼 등의 작업 도구는 작업시작과 종료시 점검하여 완전한 상태로 사용하여야 한다.
  5. 벌목 및 조재작업을 할 때에는 작업면보다 아래 경사면 출입을 통제하여야 한다.

6. 벌목 및 조재작업을 할 때 위험이 예상되는 도로, 반출로 등에는 위험표지를 잘 보이는 곳에 설치하고 유지관리하여야 한다.
7. 체인을 사용시에는 다음 각 목의 사항을 준수하여야 한다.
   가. 체인톱에 대한 정확한 취급과 사용 방법을 숙지한 후 사용하여야 한다.
   나. 방진용 장갑과 방음용 귀마개를 사용하여야 한다.
   다. 체인톱을 시동할 때에는 톱날이 주위의 사람 또는 물건에 접촉되지 않도록 안전한 장소에서 시동하여야 한다.
   라. 체인톱을 이동할 때에는 반드시 엔진을 정지하여야 한다.
   마. 체인톱의 연속 운전은 10분을 넘지 아니하여야 한다.
8. 화재의 예방을 위하여 다음 각 목의 사항을 준수하여야 한다.
   가. 담뱃불, 성냥불 등은 확실히 소화하여야 한다.
   나. 체인톱과 체인톱 연료 부근에서의 화기는 취급하지 않아야 한다.
   다. 급유할 때에는 적당한 용기를 사용하여 엎질러지지 아니하도록 하여야 한다.
   라. 체인톱의 연료 급유시에는 엔진을 정지하고 평탄한 장소에서 실시하여야 한다.
   마. 과열된 체인톱의 배기통 부근에 낙엽 등의 가연 물질에 접촉되지 않도록 하여야 한다.

제 4 조(벌목작업) 사업주는 벌목작업을 할 때에는 제3조 및 다음 각 호의 사항을 준수하여야 한다.
1. 벌채 사면의 구획은 종방향으로 하고, 동일 벌채 사면의 상·하 동시 작업을 금하여야 한다.
2. 인접한 곳에서 벌목할 때에는 절단 대상 수목을 중심으로 수목 높이의 1.5배 이상 안전거리를 유지하여 작업하여야 한다.
3. 벌목작업시에는 절단 수목 주위의 관목, 고사목, 넝쿨 및 부석 등은 제거하여야 한다.
4. 벌목작업시는 미리 대피 장소를 정하고 대피 통로는 대피시 지장을 초래하는 나무 뿌리, 넝쿨 등의 장해물을 미리 제거하여 정비하여야 한다.
5. 다음 각 목 사항의 벌목작업은 작업책임자를 선임하고 그 지시에 따라 작업하여야 한다.
   가. 가슴 높이 직경이 70[cm] 이상인 입목의 벌목
   나. 가슴 높이 직경이 20[cm] 이상으로 중심이 현저하게 기울어진 입목의 벌목
   다. 비계 등의 받침대 위에서 특수한 방법에 의한 벌목
   라. 안전대를 착용하여야 하는 벌목
   마. 벌목시 위험을 초래할 수 있을 정도로 뒤틀렸거나 속이 빈 나무의 벌목
   바. 중심이 심하게 절단 방향의 반대로 되어 있는 절단수목의 벌목
6. 절단 방향은 수형, 인접목, 지형, 풍향, 풍속, 절단 후의 집재작업 등을 고려하여 가장 안전한 방향으로 선택하여야 한다.
7. 벌목시 수구(face cut)는 다음 각 목의 방법에 의하여 만들어야 한다.

가. 벌목할 수목의 가슴 높이 지름이 20[cm] 이상일 때는 벌목근 직경의 4분의 1 이상 3분의 1 이하 깊이의 수구를 만들어야 한다.

나. 벌목할 수목의 가슴 높이 지름이 10[cm] 이상, 40[cm] 미만일 때에는 충분한 깊이의 수구를 만들어야 한다.

다. 벌목할 수목의 가슴 높이 지름이 20[cm] 이상일 때는 수구의 상, 하면의 각은 30[°] 이상으로 하여야 한다.

8. 추구(追口)(back cut)는 수구 밑면보다 절단 수목 지름의 10분의 1 정도 높은 위치에 만들어야 한다.

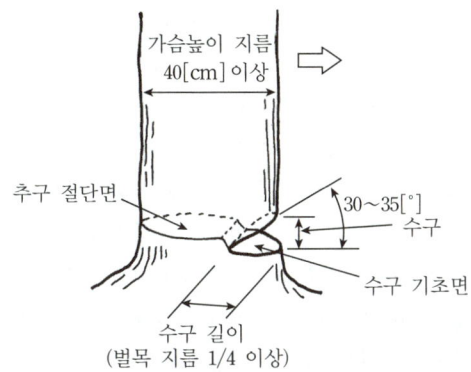

[그림] 벌목 수구

9. 벌목작업에 종사하는 근로자는 벌목으로 인한 위험이 생길 우려가 있을 때에는 미리 신호를 하고 다른 근로자가 대피한 것을 반드시 확인한 후 작업하여야 한다.

제 5 조(조재작업) 사업주는 조재작업을 할 때에는 제3조 및 다음 각 호의 사항을 준수하여야 한다.

1. 강풍, 강설 등에 의하여 전도된 목재와 부러진 목재의 조재는 작업책임자의 지시에 따라 작업하여야 한다.
2. 경사지에서 조재작업을 할 때에는 말뚝 등으로 목재의 굴러떨어짐을 방지하기 위한 조치를 하여야 한다.
3. 벌목 현장에서 조재작업을 행할 때에는 작업시작 전에 조재작업에 지장을 줄 수 있는 주위의 나뭇가지 등을 제거하여야 한다.
4. 경사지에서 조재작업을 할 때에는 작업자의 발이 나무 밑으로 향하지 않게 주의토록 하여야 한다.

제3장 집재 및 운재작업

제 6 조(안전 일반) 사업주는 집재 및 운재작업을 할 경우에는 다음 각 호의 사항을 준수하여야 한다.

1. 기계 집재장치와 운재 삭도의 조립, 해체, 변경, 수리 등의 작업 또는 이들 설비들

에 의한 집재작업 혹은 운재작업시에는 작업책임자를 선임하여야 한다.
2. 집재 및 운재 작업책임자는 동 작업에 경험이 풍부한 자로 선임하여야 하며, 작업책임자는 다음 각 목의 사항을 확인하여야 한다.
   가. 작업의 방법 및 근로자의 배치
   나. 재료의 결함 유무와 기구 및 공구의 기능을 점검하여 불량품을 제거하는 일
   다. 작업중 안전대 및 안전모 등의 사용 상황을 확인하는 일
3. 안전모는 규격에 맞는 것을 바르게 착용하도록 하고 안전화는 발에 잘 맞으며 미끄러질 염려가 없는 것을 착용하여야 한다.
4. 호루라기 등 경적 신호기를 휴대하고 작업의 내용에 따라 필요한 보호구를 착용하도록 하여야 한다.
5. 집재 및 운재 작업책임자, 집재기 운전자, 운재 삭도의 제동기 취급자는 매일 작업시작 전과 작업종료 후 장비를 점검하여야 한다.
6. 원목 집게 등의 작업 용구를 사용하는 자는 매일 작업시작 전에 점검하여야 한다.
7. 강풍, 폭우, 폭설 등 악천후시에는 작업을 중지하여야 한다.
8. 강풍, 폭우, 폭설 등으로 작업이 중지된 때에 장비를 점검하여 점검 결과 이상을 발견했을 때에는 즉시 수리하거나 교환하여야 한다.
9. 집재 및 운재작업을 할 경우 위험이 예상되는 통로, 반출로 등에는 위험표지판을 설치하고 이를 유지 관리하여야 한다.
10. 반송기의 제동장치 고장 등 통제 기능 상실에 의한 비상사태가 발생하였을 경우에는 미리 정해진 대피 장소로 신속하게 대피하여야 한다.
11. 전화, 무선 통신기 등의 장치에 의한 신호는 지명된 자가 하고, 필요한 연락 및 신호는 정확하게 하도록 하여야 한다.
12. 집재기 운전중에는 다음 각 목에 지정한 장소에는 출입을 금하며, 작업중 출입할 필요가 있을 때에는 작업책임자의 지시를 받아야 한다.
    가. 가공 본선의 아래로서 화물의 강하 또는 낙하에 의한 위험이 있는 곳
    나. 작업선의 내각으로서 띠쇠선의 절단 및 탈락, 가이드 블록의 탈락 등의 위험이 있는 곳
    다. 주상 작업중의 지주 주변
    라. 그 밖에 출입이 금지된 곳
13. 기계 집재장치 또는 운재 삭도의 운전중에는 그 운전자가 운전 위치로부터 이석하여서는 아니 된다.
14. 원목 승강대는 다음 각 목에 정하는 바에 따라 만들어야 한다.
    가. 예측되는 하중에 대하여 충분히 견딜 수 있는 구조로 하고 지주, 보 등은 볼트로 확실하게 고정하여야 한다.
    나. 높이가 2[m] 이상으로서 충분한 넓이를 갖는 원목 승강대로서 추락 위험이 있는 외부의 끝단으로부터 1[m] 안쪽 위치에 출입금지표시를 하여야 한다.
    다. 추락의 위험이 있는 곳으로 출입금지표시가 어려울 때에는 추락방지시설을 하여야 한다.

15. 와이어로프의 안전계수는 용도에 따라 [표]에 정한 값 이상이어야 한다. 이때 안전계수는 와이어로프의 절단하중을 그 와이어로프에 걸리는 최대장력으로 나눈 값이다.

[표] 와이어로프의 용도별 안전계수

와이어로프의 용도	안 전 계 수	와이어로프의 용도	안 전 계 수
가 공 본 선	2.7	호이스트선	6.0
예 인 선	4.0	버팀선	4.0
작 업 선	4.0	매달기선	6.0

16. 기계 집재장치 또는 운재 삭도의 와이어로프의 대하여는 다음 각 목의 사항에 해당되는 것은 사용하여서는 안 된다.
    가. 와이어로프 소선이 10분의 1 이상 절단된 것
    나. 마모에 의한 지름 감소가 공칭직경의 7[%]를 초과하는 것
    다. 킹크(꼬임 상태)된 것
    라. 현저하게 변형 또는 부식된 것
17. 기계 집재장치 또는 운재 삭도의 조립 또는 삭도의 장력에 변경이 있을 때에는 가공 본선의 안전계수를 점검한 후 최대하중으로 시운전을 한 후 사용하여야 한다.
18. 기계 집재장치 또는 운재 삭도의 운반기 등에 근로자가 탑승하여서는 아니 된다. 다만, 반송기, 선 등 기재의 점검, 보수 작업을 할 경우에는 추락 및 협착 등에 의한 위험을 일으킬 우려가 없도록 조치 후 탑승하도록 한다.
19. 집재 및 운재 작업시는 [표]에 게재한 사항을 점검하고, 이상이 발견되었을 때에는 즉시 보수하거나 또는 교체하여야 한다.

[표] 집재 및 운재작업시 점검사항

점검을 요하는 경우	점 검 사 항
조립 또는 변경을 하였을 경우 시운전을 하였을 경우	• 지주 및 앵커의 상태, 집재기, 운재기 및 제동기의 이상유무 및 그 설치상태 • 가공본선, 예인선, 작업선, 버팀선의 이상유무 및 그 장치 상태 • 반송기 또는 인양 활차와 와이어로프와의 긴결부 상태 • 전화, 무선통신기 등 장치의 이상유무
폭풍, 폭우, 폭설 등의 악천후시	• 지주 및 앵커의 상태 • 집재기, 운재기 및 제동기의 이상유무 및 그 설치상태, 가공본선, 예인선, 작업선, 버팀선의 장치상태
그날 작업을 개시하는 경우	• 제동장치의 기능 • 달림선의 이상유무 • 운재삭도 반송기의 이상유무 및 반송기와 예인선, 작업선, 매달기선 및 띠쇠선의 장치상태 • 전화, 무선통신기 등 장치의 상태

제 7 조(집재작업) 사업주는 집재작업을 할 때는 다음 각 호의 사항을 준수하여야 한다.
1. 사업주는 기계 집재장치 또는 운재 삭도를 설치하려 할 때에는 사전에 작업책임자에게 다음 각 목의 사항을 확인시켜야 한다.
    가. 집재기, 지주 및 원목 승강대 등의 배치 장소
    나. 사용하는 와이어로프의 종류 및 그 지름
    다. 지간거리의 합계, 최대지간의 거리 및 경사각
    라. 최대사용하중 및 운반기의 최대적재하중
    마. 기계 집재장치 집재기의 최대 견인력
2. 집재기의 설치는 다음 각 목의 조건에 맞는 곳에 설치하여야 한다.
    가. 집재기를 수평으로 유지시킬 수 있는 곳
    나. 가공본선의 바로 아래가 아닌 곳
    다. 띠쇠선이 절단 또는 가이드 블록에서의 탈락에 의해 작업선 또는 가이드 블록이 반발하거나 비래될 위험이 없는 곳
    라. 낙석, 용수 등의 우려가 없는 곳
    마. 근접 가이드 블록에서 드럼폭의 15~20배 정도의 거리가 떨어진 곳
3. 집재기를 설치할 때에는 다음 각 목의 사항에 유의하여야 한다.
    가. 집재기의 드럼을 가이드 포스트 혹은 메인 포스트의 가이드 블록에 확실히 고정시킬 것
    나. 진동에 의한 횡방향 흔들림, 하중에 의한 부상 등이 없도록 고정시킬 것
    다. 집재기에 부착물을 부착시킬 때에는 운전자의 시계가 방해되지 아니하도록 할 것
4. 수목 지주의 선정시는 다음 각 목의 사항을 고려하여야 한다.
    가. 버팀선의 인장력이 충분히 견딜 수 있는 수목을 선정하여야 한다.
    나. 수목의 강도가 충분하지 못하다고 판단될 때는 나무 등으로 보강하여 사용하여야 한다.
5. 기계 집재장치에 대하여는 근로자가 식별하기 쉬운 위치에 다음 각 목의 표지판을 설치하여야 한다.
    가. 최대지간의 경사 거리, 경사각 및 와이어로프 처짐
    나. 지간 경사 거리의 합계
    다. 최대허용하중
    라. 가공본선 및 작업선의 종류 및 지름
    마. 작업책임자 및 집재기 운전자 성명
    바. 예정 사용 기간
6. 목재 지주 조립시는 다음 각 목의 사항을 유의하여야 한다.
    가. 조립에 사용하는 목재는 공동 등 결점이 없고 강도가 확실한 것을 사용하여야 한다.
    나. 지주를 충분히 지중에 매립하고 연약지반일 때는 확실하게 보강하여야 한다.
7. 수목 지주 또는 보강 목재 지주에는 와이어로프 또는 가이드 블록이 위치하는 곳에 반드시 받침목을 설치하여야 한다.

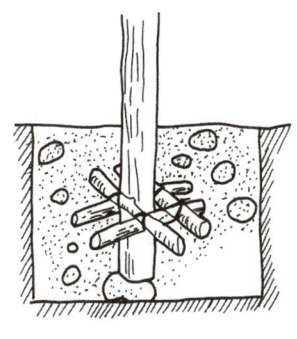 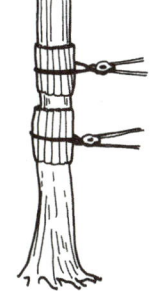

[그림] 지주의 보강 [그림] 받침목의 설치

8. 철재 지주 조립시는 조립 계획서에 의하여 조립하여야 하며 지주의 밑부분을 목재 등으로 보강하여 지주가 이동하거나 침하하는 일이 없도록 하여야 한다.
9. 기계 집재장치의 작업선에 대하여는 다음 각 목에 정하는 바에 따라야 한다.
   가. 작업선은 이를 최대로 사용할 경우 집재기의 드럼에 2회 이상 감고 남을 수 있는 길이로 하여야 한다.
   나. 작업선의 단부는 집재기의 드럼에 클램프, 클립 등의 긴결 철물을 사용하여 확실하게 고정하여야 한다.
10. 집재장치에 대하여는 감아올리는 선의 권과를 방지하기 위하여 감아올리는 선에 표지를 달고 신호장치를 설치하는 등의 조치를 하여야 한다.
11. 클립의 사용시에는 다음 각 목의 사항을 준수하여야 한다.
    가. 클립은 와이어로프의 지름에 따라 크기 및 수량을 확실하게 사용하여야 한다.
    나. 클립의 고정은 와이어로프의 인장력이 걸리는 방향으로 한다.
    다. 클립을 조일 때에는 조이는 힘이 균일하게 충분히 조여야 한다.
    라. 클립과 클립의 간격은 와이어로프 지름의 6배를 기준으로 한다.
    마. 와이어로프를 나무뿌리, 수목 등의 고정물에 고정시킬 때에는 첫 번째 클립은 고정물 지름의 1.5배 이상 떨어진 곳에 고정하여야 한다.

[표] 와이어로프 클립 수

와이어로프[mm]	클립의 크기[mm]	클립 수
9~10	12	4
11.2~14	14.5	4
16	16.5	4
18	16.5	5
20~22.4	21.5	5
25	23.5	6
28~31.5	25.5	6
33.5~37.5	31.5	8

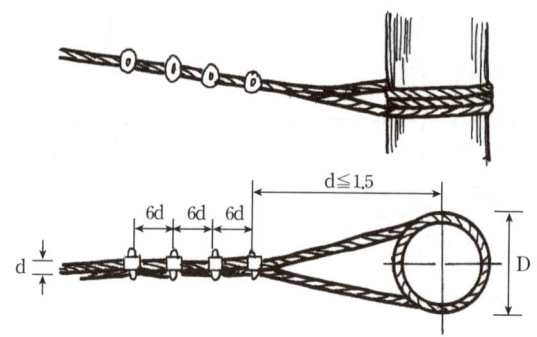

[그림] 클립과 와이어로프 간격

12. 집재기 운전시는 다음 각 목의 사항을 주의하도록 하여야 한다.
    가. 급격한 작동 개시 또는 정지를 하지 않아야 한다.
    나. 운전중 집재기에 정상이 아닌 큰 장력이 걸렸을 때에는 즉시 드럼 회전을 중지하고 작업책임자에 연락하고 점검하여야 한다.
    다. 와이어로프가 뒤엉켜 감기지 아니하도록 하여야 한다.
    라. 드럼 용량을 초과하여 감기지 아니하도록 하여야 한다.
13. 목재를 달아올리는 작업을 할 때에는 다음 각 목의 사항을 주의하여야 한다.
    가. 최대하중을 초과하여 적재하지 말아야 한다.
    나. 위에 놓여 있는 것부터 차례로 달아올려야 한다.
    다. 달아올리기 전에 좌우 하중의 균형을 확인하여야 한다.
    라. 달아올릴 때에는 안전한 곳에 대피한 후 달아올려야 한다.
14. 목재 내림 작업시는 다음 각 목의 사항을 주의하여야 한다.
    가. 목재를 내릴 때에는 안전한 곳에 대피한 후 내린다.
    나. 목재가 원목 승강대 또는 지면에 완전히 내려온 것을 확인하여야 한다.
    다. 원목 승강대에 추락위험표시가 있을 경우 그 위치에서 작업하지 말아야 한다.

제 8 조(운재작업) 사업주는 운재작업을 할 때에는 다음 각 호의 사항을 준수하여야 한다.
1. 적재 장소 설치시 다음 각 목의 사항에 유의하여야 한다.
    가. 적재에 적합한 넓이(최소 1일 운재량에 해당하는 양을 집재할 수 있는 넓이)를 확보할 수 있는 곳을 선정하여야 한다.
    나. 적재 또는 적재 장소에서 운반작업을 행할 경우 굴러떨어짐에 의한 위험이 없도록 방호장치를 하여야 한다.
    다. 기계 집재장치와 교차하는 경우 작업선의 접촉이 되지 않게 하고, 지형상 부득이한 경우 줄의 절단 및 절단에 의한 위험이 없도록 방호조치를 하여야 한다.
    라. 상부에서 운반 적재 등 중량물 작업시에는 추락의 위험이 없도록 하고 부득이한 경우에는 추락방지시설을 하여야 한다.
    마. 반송기를 작동 개시할 때에는 하중이 원목 승강대 및 지주 등에 접촉될 우려가 없도록 하여야 한다.

2. 지주 또는 사이드 케이블을 설치할 때는 다음 각 목의 사항에 유의하여야 한다.
    가. 구조는 설계대로 하여야 한다.
    나. 부재는 설계에 의한 충분한 강도를 가지는 것으로 선정하여야 한다.
    다. 각 지주의 중심은 곡선 삭도의 곡선 부분을 제외하고는 직선으로 하여야 한다.
    라. 지주는 침하 및 이동이 없도록 견고히 하여야 한다.
    마. 선을 고정시키는 기구는 탈락할 우려가 없도록 견고하게 설치하여야 한다.
3. 가공본선의 고정 및 지지는 다음 각 목의 사항에 주의하여 작업하여야 한다.
    가. 가공본선, 반송선 및 사이드 케이블을 고정하는 경우 이들에 걸리는 하중을 충분히 견딜 수 있는 수목, 뿌리 등을 선정하고 필요할 경우 보강하여야 한다.
    나. 가공본선, 반송선 및 사이드 케이블의 단부를 수목, 뿌리 등에 고정할 때에는 2회 이상 감고 클립 등의 긴결 철물을 이용하여 확실하게 고정시켜야 한다.
    다. 가공본선 및 반송선에 사용하는 기구들은 그 선의 지름에 적합한 것을 사용하여야 한다.
4. 예인선 설치시는 다음 각 목의 사항을 주의하여야 한다.
    가. 예인선이 제동기 또는 운재기의 구동 기구에서 이탈될 우려가 있을 때에는 제동기의 전방에 안내를 위한 도르래를 설치하여야 한다.
    나. 예인선이 다른 장애물에 접촉할 우려가 있을 때에는 예인선을 받는 롤러를 설치하여야 한다.
5. 제동기, 운재기 및 유도차를 고정시키는 작업시는 다음 각 목의 사항을 주의하여야 한다.
    가. 운재기는 떠오름, 어긋남 또는 접촉이 발생되지 아니하도록 하여야 한다.
    나. 제동기, 운재기 및 유도차는 예인선의 장력에 충분히 견딜 수 있도록 견고하게 고정하여야 한다.
    다. 제동기, 운재기 및 유도차는 그 구동면을 예인선이 바르게 통하도록 하여야 한다.
    라. 부대 시설을 설치할 경우에는 제동 조작에 지장을 초래하지 아니하도록 하여야 한다.
6. 제동기는 하중, 선의 경사 등에 적합하고, 충분한 제동 능력이 있는 것을 사용하여야 한다.
7. 제동기, 운재기에 대하여는 근로자가 식별하기 쉬운 위치에 다음 각 목의 표지판을 설치하여야 한다.
    가. 최대지간의 경사 거리, 경사각 및 와이어로프 처짐
    나. 지간 경사 거리의 합계
    다. 최대허용하중
    라. 운반기의 최대적재하중
    마. 가공본선, 반송선의 종류와 예인선의 지름
    바. 운반기 간격
    사. 작업책임자 및 제동기 또는 운재기의 운전자 성명

아. 예정 사용 기간
8. 반송기를 예인선에 설치할 때에는 견고하게 설치하여야 한다.
9. 하중을 적재할 때는 다음 각 목의 사항에 유의하여야 한다.
    가. 적재중량이 운반기의 최대적재하중을 초과하지 아니하도록 하여야 한다.
    나. 짧은 목재와 혼재할 때에는 도중에 탈락하지 아니하도록 쐐기 등의 조치를 강구하여야 한다.
    다. 출발 전에 적재 원목의 안전 상태 및 클립의 체결을 확인하여야 한다.
10. 목재의 내림작업시에는 다음 각 목의 사항에 유의하여야 한다.
    가. 목재 내림작업은 반송기가 완전히 정지한 후 작업을 하여야 한다.
    나. 목재를 내릴 때에는 목재 운전에 의한 위험이 없는 곳에서 작업하여야 한다.
    다. 줄이 길게 내려진 상태에서 빈 운반기를 반송하지 않아야 한다.
    라. 목재 적하 장소에 대한 정리는 예인선의 움직임에 유의하고, 목재를 하향으로 굴려내릴 때에는 그때마다 정하여진 신호에 의하여 신호를 하여야 한다.
11. 운재 삭도를 운전할 때 제동기 조작시에는 다음 각 목의 사항에 유의하여야 한다.
    가. 급제동을 금하며, 부득이 급제동을 했을 경우에는 가공선 전체에 걸쳐 점검을 하여야 한다.
    나. 제동기를 과열시키지 말아야 한다.
    다. 이상이 발견될 때에는 즉시 운전을 중지시키고 점검하여야 한다.

9 터널공사 표준안전작업지침-NATM 공법

제정 1994. 6. 18. 고용노동부 고시 제1994-25호
[시행 2023. 7. 1.] [고용노동부고시 제2023-36호, 2023. 7. 1., 일부개정]

제1장 총 칙

제 1 조(목적) 이 고시는 「산업안전보건법」제13조에 따라 터널공사중 무지보공 터널굴착 공사(NATM) 재해방지를 위한 작업상의 안전에 관하여 사업주에게 지도·권고할 기술상의 지침을 규정함을 목적으로 한다.

제 2 조(용어의 정의) 이 고시에서 사용하는 용어의 뜻은 이 고시에 특별한 규정이 없으면 「산업안전보건법」, 같은 법 시행령 및 시행규칙, 「산업안전보건기준에 관한 규칙」에서 정하는 바에 따른다.

제2장 지반의 조사

제 3 조(지반조사의 확인) 사업주는 지질 및 지층에 관한 조사를 실시하고 다음 각 호의 사항을 확인하여야 한다.
1. 시추(보링) 위치
2. 토층분포상태
3. 투수계수
4. 지하수위
5. 지반의 지지력

제 4 조(추가조사) 사업주는 설계도서의 시추결과표 및 주상도 등에 명시된 시추공 이외에 중요구조물의 축조, 인접구조물의 지반상태 및 위험지장물 등 상세한 지반·지층 상황을 사전에 조사하여야 하며 필요시 발주자와 협의한 다음 추가시추 조사를 실시하여야 한다.

제 5 조(지반보강) 사업주는 작업구, 환기구 등 수직갱 굴착계획구간의 연약지층·지반을 정밀 조사하여야 하며 필요시 발주자와 협의한 다음 지반보강말뚝공법, 지반고결공법, 그라우팅 등의 보강 조치를 취하여 굴착 중 발생되는 붕괴에 대비하여 안전한 공법을 계획하여야 한다.

합격예측

지반조사의 확인
사업주는 지질 및 지층에 관한 조사를 실시하고 다음 각 호의 사항을 확인하여야 한다.
① 시추(보링) 위치
② 토층분포상태
③ 투수계수
④ 지하수위
⑤ 지반의 지지력

제3장 발파 및 굴착

제 6 조(일반사항) ① 설계 및 시방에서 정한 발파기준을 준수하여야 하며 이때에는 발파방식, 천공길이, 천공직경, 천공간격, 천공각도, 화약의 종류, 장약량 등을 준수 하여 과다발파에 의한 모암손실, 과다여굴, 부석에 의한 붕괴·붕락을 예방하여야 한다.

② 발파대상 구간의 막장암반상태를 사전에 면밀히 확인하여 발파시방에 적합한 암질 여부를 판단하여야 한다.

③ 연약암질 및 토사층인 경우에는 발파를 중지하고 다음 각 호에 대한 검토를 하여야 한다.

1. 발파시방의 변경조치
2. 암반의 암질판별
3. 암반지층의 지지력 보강공법
4. 발파 및 굴착 공법변경
5. 시험발파실시

④ 암질판별 및 발파구간 인접구조물에 대한 피해 및 손상을 예방하기 위한 발파허용 진동치는 「건설기술 진흥법」 제44조에 따라 정한 건설공사 설계기준 및 표준시방서 등 관계 법령·규칙에서 정하는 기준을 준수하여야 한다.

⑤ 삭제〈2023.7.1〉

⑥ 암질의 변화구간 및 발파시방 변경시에는 발파전 폭력, 폭속, 발파 영향력 등의 조사 목적으로 시험발파를 실시하여야 하며 시험발파 후 암질판별을 기준으로 하여 발파방식, 표준시방 등의 계획을 재수립하여야 한다.

⑦ 철도, 기존 지하철, 고속도로, 건축구조물 등 기존 구조물의 하부지반 통과 구간의 굴착은 관계법령을 준수하여야 하며 다음 각 호를 사전에 확인하여야 한다.

1. 발파의 경우 시험발파에 의한 진동영향력에 대하여 정밀검토를 하여야 하며 상부 구조물의 진동의 영향이 없는 범위내에서 발파를 시행하여야 한다.
2. 발파의 경우에는 발파시방을 준수하여야 하며 풍화암 등 연약암반 및 토층 구간은 발파를 중지하고 수직·수평보링 등 정밀조사를 실시한 후 암질 판별에 의한 굴착시방을 변경하여야 하며 다음 각 목에 대한 보강공법을 검토한 후 발주처와 협의에 의한 시공계획을 수립하여야 한다.
   가. 무진동 파쇄공법
   나. 실드공법
   다. 언더피닝 및 파이프 루핑공법
   라. 포아폴링공법
   마. 프리그라우팅공법
   바. 국부미진동 소할발파
3. 언더피닝 및 파이프루핑 보강의 경우 다음 각 목에 대하여 계획을 수립하여야 하며 시공중 안전상태를 확인하여야 한다.
   가. 보강구간의 정밀토층, 지하매설물 등의 사전검토를 실시하여야 한다.

합격예측

연약암질 및 토사층인 경우에는 발파를 중지하고 다음 각 호에 대한 검토를 하여야 한다.
① 발파시방의 변경조치
② 암반의 암질판별
③ 암반지층의 지지력 보강공법
④ 발파 및 굴착 공법변경
⑤ 시험발파실시

나. 지반지지력구조 계산시 통과차량, 지진 등에 대한 충분한 안전율을 적용하여야 한다.
다. 강재 지보구간의 경우 취성파괴에 대한 사전예방대책 및 볼팅구조의 접합부에 대한 구조상세 계획을 수립하여야 한다.
라. 잭의 시험성과 합격품목 여부 및 마모, 작동 등의 이상유무를 확인하여야 한다.
마. 언더피닝구간 등의 가설구조는 응력계, 침하계, 수위계에 의한 주기적 분석의 변위 허용기준을 설정하여야 한다.
바. 언더피닝구간 등의 토사굴착은 사전에 단계별 순서와 토량을 정확하게 산정하여야 한다.
사. 기계·장비 굴착에 의한 진동을 최소화하여야 한다.
아. 굴착중 용출수 및 누수상태 발생시 급결제 등의 방수 및 배출수 유도시설을 강구한 후 굴착 및 그 밖에 작업을 실시하여야 한다.
⑧ 계측관리 시 다음 각 호의 사항을 측정하여 그 결과에 따른 보강대책을 마련하고, 이상이 발견되면 즉시 작업을 중지하고 장비 및 인력의 대피 조치를 하여야 한다.
1. 내공변위
2. 천단침하
3. 지중, 지표침하
4. 록볼트 축력측정
5. 숏크리트 응력

제 7 조(발파작업) 사업주는 터널공사에 필요한 발파작업에서의 재해예방을 위한 화약류의 취급, 운반, 사용 및 관리와 작업상의 안전에 관하여는 「발파 표준안전 작업지침」(고용노동부 고시)을 따른다.

제 8 조 삭제

제 9 조 삭제

제 10 조 삭제

제 11 조 삭제

제 12 조 삭제

제 13 조(버력처리) 사업주는 버력처리에 있어서 다음 각 호의 사항을 준수하여야 한다.
1. 버력처리 장비는 다음 각 목의 사항을 고려하여 선정하고 사토장거리, 운행속도 등의 작업계획을 수립한 후 작업하여야 한다.
    가. 굴착단면의 크기 및 단위발파 버력의 물량
    나. 터널의 경사도
    다. 굴착방식

합격예측

버력처리
사업주는 버력처리에 있어서 다음 각 호의 사항을 준수하여야 한다.
① 버력처리 장비는 다음 각 목의 사항을 고려하여 선정하고 사토장거리, 운행속도 등의 작업계획을 수립한 후 작업하여야 한다.
  가. 굴착단면의 크기 및 단위발파 버력의 물량
  나. 터널의 경사도
  다. 굴착방식
  라. 버력의 상상 및 함수비
  마. 운반 통로의 노면상태

> **합격예측**
>
> 기계굴착시 수립된 작업안전계획에는 최소한 다음 각 호의 사항이 포함되어야 한다.
> ① 굴착기계 및 운반장비 선정
> ② 굴착단면의 굴착순서 및 방법
> ③ 굴진작업 1주기의 공정순서 및 굴진단위길이
> ④ 버력적재 방법 및 운반경로
> ⑤ 배수 및 환기
> ⑥ 이상 지질 발견시 대처방안
> ⑦ 작업시작전 장비의 점검
> ⑧ 관리감독자 선임

　　라. 버력의 상상 및 함수비
　　마. 운반 통로의 노면상태
2. 버력의 적재 및 운반작업시에는 주변의 지보공 및 가시설물 등이 손상되지 않도록 하여야 하며 위험요소에는 운전자가 보기 쉽도록 운행속도, 회전주의, 후진금지 등 안전표지판을 부착하여야 한다.
3. 상기 1, 2호의 계획 및 안전조치를 취한 후 근로자에게 직업안전교육을 실시하여야 한다.
4. 작업장에는 관리감독자를 배치하고 작업자 이외에는 출입을 금지하도록 하여야 한다.
5. 버력의 적재 및 운반기계에는 경광등, 경음기 등 안전장치를 설치하여야 한다.
6. 버력처리에 있어 불발화약류가 혼입되어 있을 경우가 있으므로 확인하여야 한다.
7. 버력운반 중 버력이 떨어지는 일이 없도록 무리한 적재를 하지 않아야 한다.
8. 버력운반로는 항상 양호한 노면을 유지하도록 하여야 하며 배수로를 확보해 두어야 한다.
9. 갱내 운반을 궤도에 의하는 경우에는 탈선 등으로 인한 재해를 일으키지 않도록 궤도를 견고하게 부설하고 수시로 점검, 보수하여야 한다.
10. 버력반출용 수직구 아래에는 낙석에 의한 근로자의 재해를 방지하기 위하여 낙석주의, 접근금지 등 안전표지판을 설치하여야 한다.
11. 버력 적재장에서는 붕락, 붕괴의 위험이 있는 뜬돌 등의 유무를 확인하고 이를 제거한 후 작업하도록 하여야 한다.
12. 차량계 운반장비는 작업시작전 다음 각 목의 사항을 점검하고 이상이 발견된 때에는 즉시 보수 그 밖에 필요한 조치를 하여야 한다.
　　가. 제동장치 및 조종장치 기능의 이상유무
　　나. 하역장치 및 유압장치 기능의 이상유무
　　다. 바퀴의 이상유무
　　라. 전조등·후미등·방향지시기 및 경보장치 기능의 이상유무

제 14 조(기계굴착) ① 로드 헤더(Load Header), 실드 머신(Shield Machine), 터널 보링머신(T.B.M) 등 굴착기계는 다음 각 호의 사항을 고려하여 선정하고 작업순서 등 작업안전 계획을 수립한 후 작업하여야 한다.
1. 터널굴착단면의 크기 및 형상
2. 지질구성 및 암반의 강도
3. 작업공간
4. 용수상태 및 막장의 자립도
5. 굴진방향에 따른 지질단층의 변화정도
② 제1항의 수립된 작업안전계획에는 최소한 다음 각 호의 사항이 포함되어야 한다.
1. 굴착기계 및 운반장비 선정
2. 굴착단면의 굴착순서 및 방법

3. 굴진작업 1주기의 공정순서 및 굴진단위길이
4. 버력적재 방법 및 운반경로
5. 배수 및 환기
6. 이상 지질 발견시 대처방안
7. 작업시작전 장비의 점검
8. 안전담당자 선임
③ 사업주는 제1항 및 제2항에서 수립된 작업안전계획에 준하여 작업을 하여야 하며 이를 작업자에게 교육하고 확인하여야 한다.
④ 작업자는 사업주로부터 지시 또는 교육받은 작업내용을 준수하여야 한다.

제 15 조(연약지반의 굴착)
사업주는 연약지반 굴착시에는 다음 각 호의 사항을 준수하여야 한다.
1. 막장에 연약지반 발생시 포아폴링, 프리그라우팅 등 지반보강 조치를 한 후 굴착하여야 한다.
2. 굴착작업 시작전에 뿜어붙이기 콘크리트를 비상시에 타설할 수 있도록 준비하여야 한다.
3. 성능이 좋은 급결제를 항상 준비하여 두어야 한다.
4. 철망, 소철선, 마대, 강관 등을 갱내의 찾기 쉬운 곳에 준비하여 두어야 한다.
5. 막장에는 항상 작업자를 배치하여야 하며, 주·야간 교대시에도 막장에서 교대하도록 하여야 한다.
6. 이상용수 발생 또는 막장 자립도에 이상이 있을 때에는 즉시 작업을 중단하고 이에 대한 조치를 한 후 작업하여야 한다.
7. 작업장에는 관리감독자를 배치하여야 한다.
8. 필요시 수평보링, 수직보링을 추가 실시하고 지층단면도를 정확하게 작성하여 굴착계획을 수립하여야 한다.

제4장 뿜어붙이기 콘크리트

제 16 조(작업계획)
① 사업주는 뿜어붙이기 콘크리트 작업시에는 사전에 작업계획을 수립 후 실시하여야 한다.
② 제1항 작업계획에는 최소한 다음 각 호의 사항이 포함되어야 한다.
1. 사용목적 및 투입장비
2. 건식공법, 습식공법 등 공법의 선택
3. 노즐의 분사출력기준
4. 압송거리
5. 분진방지대책
6. 재료의 혼입기준

합격예측

뿜어붙이기 콘크리트 작업계획에는 최소한 다음 각 호의 사항이 포함되어야 한다.
① 사용목적 및 투입장비
② 건식공법, 습식공법 등 공법의 선택
③ 노즐의 분사출력기준
④ 압송거리
⑤ 분진방지대책
⑥ 재료의 혼입기준
⑦ 리바운드 방지대책
⑧ 작업의 안전수칙

7. 리바운드 방지대책
8. 작업의 안전수칙

③ 사업주는 제1항 및 제2항의 작업계획을 근로자에게 교육시켜야 한다.

제 17 조(일반사항) 사업주는 뿜어붙이기 콘크리트 작업시 다음 각 호의 사항을 준수하여야 한다.

1. 뿜어붙이기 작업전 필히 대상암반면의 절리상태, 부석, 탈락, 붕락 등의 사전조사를 실시하고 유동성 부석은 완전하게 정리하여야 한다.
2. 뿜어붙이기 작업대상구간에 용수가 있을 경우에는 작업전 누수공 설치, 배수관매입에 의한 누수유도 등 적절한 배수처리를 하거나 급결성모르타르 등으로 지수하여 접착면의 누수에 의한 수막분리현상을 방지하여야 한다.
3. 뿜어붙이기 콘크리트의 압축강도는 24시간 이내에 $100[kgf/cm^2]$ 이상, 28일 강도 $200[kgf/kg]$ 이상을 유지하여야 한다.
4. 철망 고정용 앵커는 $10[m^2]$당 2본을 표준으로 한다.
5. 철망은 철선굵기 $\phi 3[mm]$~$6[mm]$, 눈금간격 사방 $100[mm]$의 것을 사용하여야 하며, 이음부위는 $20[cm]$ 이상 겹치도록 하여야 한다.
6. 철망은 원지반으로부터 $1.0[cm]$ 이상 이격거리를 유지하여야 한다.
7. 지반의 이완변형을 최소한으로 하기 위하여 굴착 후 최단시간 내에 뿜어붙이기 콘크리트 작업을 신속하게 시행하여야 한다.
8. 기계의 고장 등으로 작업이 중단되지 않도록 기계의 점검 및 유지 보수를 실시하여야 한다.
9. 작업전 근로자에게 분진마스크, 귀마개, 보안경 등 개인 보호구를 지급하고 착용여부를 확인 후 작업하여야 한다.
10. 뿜어붙이기 콘크리트 노즐분사압력은 2~$3[kgf/cm^2]$를 표준으로 한다.
11. 물의 압력은 압축공기의 압력보다 $1[kgf/cm^2]$ 높게 유지하여야 한다.
12. 지반 및 암반의 상태에 따라 뿜어붙이기 콘크리트의 최소두께는 다음 각 목의 기준 이상이어야 한다.
    가. 약간 취약한 암반 : $2[cm]$
    나. 약간 파괴되기 쉬운 암반 : $3[cm]$
    다. 파괴되기 쉬운 암반 : $5[cm]$
    라. 매우 파괴되기 쉬운 암반 : $7[cm]$(철망병용)
    마. 팽창성 암반 : $15[cm]$(강재 지보공과 철망병용)
13. 뿜어붙이기 콘크리트 작업시에는 부근의 건조물 등의 오손을 방지하기 위하여 작업전 경계부위에 필요한 방호조치를 하여야 한다.
14. 접착불량, 혼합비율불량 등 불량한 뿜어붙이기 콘크리트가 발견되었을 시 신속히 양호한 뿜어붙이기 콘크리트로 대체하여 콘크리트 덩어리의 분리 낙하로 인한 재해를 예방하여야 한다.

제5장 강아치 지보공

제 18 조(일반사항) 강아치 지보공 설치시에는 다음 각 호의 사항을 준수하여야 한다.
1. 강아치 지보공을 조립할 때에는 설계, 시방에 부합하는 조립도를 작성하고 해당 조립도에 따라 조립하여야 하며 재질기준, 설치간격, 접합볼트 체결 등의 기준을 준수하여야 한다.
2. 강아치 지보공 조립시에는, 부재운반, 부재전도, 협착 등 안전조치를 취한 후 조립작업을 하여야 한다.
3. 설계조건의 암반보다 구조적으로 불리한 경우에는 강아치 지보공의 간격을 적절한 기준으로 축소하여야 한다.

제 19 조(시공) 강아치 지보공 시공시에는 다음 각 호의 사항을 준수하여야 한다.
1. 강아치 지보공은 발파굴착면의 절리발달, 편암붕락 등 원지반에 불리한 파괴응력이 발생하기 전 가능한 한 신속히 설치하여야 한다.
2. 강아치 지보공은 정해진 위치에 정확히 설치하여야 하며 건립 후 그의 위치중심, 고저차에 대하여 수시로 점검하여야 한다.
3. 강아치 지보공의 설치에 있어서는 지질 및 지층의 특성에 따라 침하발생이 우려될 경우 쐐기, 앵커 등의 고정조치를 강구하여야 한다.
4. 강아치 지보공의 상호연결볼트 및 연결재는 충분히 조여야 하며 용접을 금하고 덧댐판으로 볼트-너트 구조의 접합을 실시하여야 한다.
5. 강아치 지보공의 받침은 목재 받침을 금하고 철근류 및 양질의 콘크리트 블록 등으로 고정하여야 한다.
6. 강아치 지보공에 변형, 부재이완, 설치간격불량 등의 이상이 있다고 인정되는 경우에는 즉시 안전하고 확실한 방법으로 보강을 하여야 한다.
7. 프리그라우팅 및 포아폴링 등의 보강작업시 사용되는 봉, 파이프 등에 의하여 강아치 지보공이 이동하거나 뒤틀리는 것을 막아야 하며, 이 경우 설치오차는 수평거리 10[cm] 이내로 하여야 한다.
8. 예상치 못했던 막장의 구조적 불안정 등과 같은 비상의 상황에 대비하여 충분한 양의 비상용 통나무와 쐐기목, 급결제, 시멘트 등을 준비해 두어야 한다.

제6장 록 볼트

제 20 조(일반사항) 록 볼트 설치작업에 있어 작업 전, 작업 중 다음 각 호의 사항을 준수하여야 한다.
1. 록 볼트공 작업에 있어서는 작업 전 다음 각 목의 사항을 검토하여 실시하여야 한다.
   가. 지반의 강도
   나. 절리의 간격 및 방향

> **합격예측**
>
> 록 볼트공 작업에 있어서는 작업전 다음 각 목의 사항을 검토하여 실시하여야 한다.
> ① 지반의 강도
> ② 절리의 간격 및 방향
> ③ 균열의 상태
> ④ 용수상황
> ⑤ 천공직경의 확대유무 및 정도
> ⑥ 보아홀의 거리정도 및 자립여부
> ⑦ 뿜어붙이기 콘크리트 타설방향
> ⑧ 시공관리의 용이성
> ⑨ 정착의 확실성
> ⑩ 경제성

    다. 균열의 상태
    라. 용수상황
    마. 천공직경의 확대유무 및 정도
    바. 보아홀의 거리정도 및 자립여부
    사. 뿜어붙이기 콘크리트 타설방향
    아. 시공관리의 용이성
    자. 정착의 확실성
    차. 경제성

2. 록 볼트 설치작업의 분류기준은 선단정착형, 전면접착형, 병용형을 기준으로 하며 작업전 설계, 시방에 준하는 적정한 방식여부를 확인하여야 한다.
3. 록 볼트 선정에 있어서는 2, 3종류의 록 볼트를 선정하여 현장부근의 조건이 동일한 장소에서 시험시공, 인발시험 등을 시행하여 록 볼트 강도를 사전 확인함으로써 가장 적합한 종류의 록 볼트를 선정할 수 있도록 하여야 한다.
4. 록 볼트 재질선정에 있어서는 암반조건, 설계시방 등을 고려하여 선정하여야 하며, 록 볼트의 직경은 25[mm]를 원칙으로 하여야 한다.
5. 록 볼트 접착제 선정에 있어서는 조기 접착력이 크고, 취급이 간단하여야 하며 내구성이 양호한 조건의 것을 선정하여야 한다.
6. 록 볼트 삽입간격 및 길이의 기준은 다음 각 목의 사항을 고려하여 결정하여야 한다.
    가. 원지반의 강도와 암반특성
    나. 절리의 간격 및 방향
    다. 터널의 단면규격
    라. 사용목적

제 21 조(시공) 록 볼트 시공에 있어서는 다음 각 호의 사항을 준수하여야 한다.

1. 록 볼트 천공작업은 소정의 위치, 천공직경 및 천공깊이의 적정성을 확인하고 굴착면에 직각으로 천공하여야 하며, 볼트 삽입 전에 유해한 녹·석분 등 이물질이 남지 않도록 청소하여야 한다.
2. 록 볼트의 조이기는 삽입 후 즉시 록 볼트의 항복강도를 넘지 않는 범위에서 충분한 힘으로 조여야 한다.
3. 록 볼트의 다시조이기는 시공 후 1일 정도 경과한 후 실시하여야 하며, 그 후에도 정기적으로 점검하여, 소정의 긴장력이 도입되어 있는지를 확인하고, 이완되어 있는 경우에는 다시 조이기를 하여야 한다.
4. 모든 형태의 지지판은 지반의 변형을 구속하는 효과를 발휘하고, 지반의 붕락방지를 위하여 암석이나 뿜어붙이기 콘크리트 표면에 완전히 밀착되도록 하여야 한다.
5. 록 볼트는 뿜어붙이기 콘크리트의 경과 후 가능한 한 빠른 시기에 시공하여야 한다.
6. 록 볼트의 천공에 따라 용수가 발생한 경우에는 단위면적 기준 중앙 집수유도방식 및 각공별 차수방식 등에 의하여 용출수 유도 및 차수를 실시하여야 한다.
7. 경사방향 록 볼트의 시공에 있어서는 소정의 각도를 준수하여야 하며, 낙석으로 인

한 근로자의 안전조치를 선행한 후에 시행하여야 한다.
8. 록 볼트작업의 표준시공방식으로서 시스템 볼팅을 실시하여야 하며 인발시험, 내공 변위측정, 천단침하측정, 지중변위측정 등의 계측결과로부터 다음 각 목에 해당될 때에는 록 볼트의 추가시공을 하여야 한다.
   가. 터널벽면의 변형이 록 볼트 길이의 약 6[%] 이상으로 판단되는 경우
   나. 록 볼트의 인발시험 결과로부터 충분한 인발내력이 얻어지지 않는 경우
   다. 록 볼트 길이의 약 반 이상으로부터 지반 심부까지의 사이에 축력분포의 최대치가 존재하는 경우
   라. 소성영역의 확대가 록 볼트 길이를 초과한 것으로 판단되는 경우
9. 암반상태, 지질의 상황과 계측결과에 따라 필요한 경우에는 록 볼트의 증타 등 보완조치를 신속하게 실시하여야 한다.
10. 록 볼트 시공시 천공장의 규격에 따라 싱커, 크롤라드릴 등 천공기를 선별하여야 하며, 사용하기 전 드릴의 마모, 동력전달상태 등 장비의 점검 및 유지보수를 실시하여야 한다.
11. 록 볼트의 삽입장비는 시방규격의 회전속도(r.p.m)를 확인하고 에어오거 등 표준모델의 장비를 사용하여야 한다.
12. 록 볼트는 시공 후 정기적으로 인발시험을 실시하고 축력변화에 대한 기록을 명확히 하여 암반거동의 기록을 분석하여야 한다.
13. 록 볼트작업은 천공 및 볼트 삽입작업시 근로자의 안전을 위하여 개인 보호구를 착용하여야 하며 관리감독자는 이를 확인하여야 한다.

제7장 콘크리트 라이닝 및 거푸집

제 22 조(콘크리트 라이닝) 콘크리트 라이닝을 시공함에 있어서는 시공 전, 시공 중 다음 각 호의 사항을 사전 검토하여야 한다.
1. 콘크리트 라이닝공법 선정시 다음 각 목의 사항을 검토하여 시공방식을 선정하여야 한다.
   가. 지질, 암질상태
   나. 단면형상
   다. 라이닝의 작업능률
   라. 굴착공법
2. 굴착공법에 따른 라이닝공법의 선정은 다음 [표 1]을 준용한다.

[표 1] 굴착공법에 따른 라이닝공법

라이닝공법		굴착공법	
측벽선행공법	전단면공법	아치선행공법	상부반단면 선진공법
측변도갱선진 상부반단면공법		지설도갱선진 상부반단면공법	

> **합격예측**
> 콘크리트 라이닝공법 선정시 다음 각 목의 사항을 검토하여 시공방식을 선정하여야 한다.
> ① 지질, 암질상태
> ② 단면형상
> ③ 라이닝의 작업능률
> ④ 굴착공법

3. 라이닝 콘크리트 배면과 뿜어붙인 콘크리트면 사이의 공극이 생기지 않도록 하여야 한다.
4. 콘크리트 재료의 혼합 후 타설 완료 때까지의 소요시간은 다음 각 호를 기준으로 하여야 한다.
   가. 온난·건조시 1시간 이내
   나. 저온·습윤시 2시간 이내
5. 콘크리트 운반 중 재료의 분리, 손실, 이물의 혼입이 발생하지 않는 방법으로 운반하여야 한다.
6. 콘크리트 타설표면은 이물질이 없도록 사전에 제거하여야 한다.
7. 1구간의 콘크리트는 연속해서 타설하여야 하며, 좌우대칭으로 같은 높이로 하여 거푸집에 편압이 작용하지 않도록 하여야 한다.
8. 타설슈트, 벨트컨베이어 등을 사용하는 경우에는 충격, 휘말림 등에 대하여 충분한 주의를 하여야 한다.
9. 굳지 않은 콘크리트의 처짐 및 침하로 인하여 터널천장 부분에 공극이 생기는 위험을 방지하기 위해서 콘크리트가 경화된 후 시방에 의한 접착 그라우팅을 천장부에 시행하여야 한다.

제 23 조(거푸집구조의 확인) 거푸집은 콘크리트의 타설속도 등을 고려하여 타설된 콘크리트의 압력에 충분히 견디는 구조이어야 하며 다음 각 호의 사항을 준수하여야 한다.
1. 이동식 거푸집에 있어서는 다음 각 목의 사항을 준수하여야 한다.
   가. 이동식 거푸집 제작시에는 근로자의 작업에 지장을 초래하지 않도록 작업공간을 확보할 수 있는 구조이어야 한다.
   나. 이동식 거푸집에 있어서는 볼트, 너트 등으로 이완되지 않도록 견고하게 고정하여야 하며 휨, 비틀림, 전단 등의 응력 발생에 대하여 점검하여야 한다.
   다. 거푸집 이동용 궤도는 침하방지를 위하여 지반의 다짐, 편평도를 사전에 점검하고 침목 설치상태, 레일의 간격 등을 사전 점검하여야 한다.
   라. 이동식 거푸집의 경우 설치 후 장시간 방치시 사용된 잭류의 나선파손, 유압실린더, 플레이트 등의 파손 및 이완유무를 재확인하여야 하며 교체, 보완, 보강 등의 조치를 하여야 한다.
   마. 콘크리트 타설하중 및 타설충격에 의한 거푸집 변위 및 이동방지의 목적으로 가설앵커, 쐐기 등의 설치를 하여야 한다.
2. 조립식 거푸집에 있어서는 다음 각 목의 사항을 준수하여야 한다.
   가. 조립식 거푸집은 제작사양 조립도의 조립순서를 준수하여야 하며 해체시의 순서는 조립순서의 역순을 원칙으로 하여야 한다.
   나. 조립식 거푸집을 해체할 때에는 순서에 의해 부재를 정리정돈하고 부착 콘크리트, 유해물질 등을 제거하고 힌지, 잭 등의 활절작동 구간은 윤활유 등으로 주입하여야 한다.

다. 조립과 해체의 반복작업에 의한 볼트, 너트의 손상률을 사전에 검토하고 충분한 여분을 준비하여야 한다.
라. 라이닝플레이트 등의 절단, 변형, 부재탈락시 용접접합을 금하며 필요시 동일재질의 부재로 교체하여야 한다.
마. 벽체 및 천장부 작업시 작업대 설치를 요하며 사다리, 안전난간대, 안전대 부착설비, 이동용 바퀴 및 정지장치 등을 설치하여야 한다.

제 24 조(시공) 거푸집을 조립할 때 다음 각 호의 사항을 준수하여야 한다.
1. 거푸집 조립작업의 시행 전 다음 각 목의 사항을 고려하여 타설목적에 적당한 규격 여부를 확인하여야 한다.
   가. 콘크리트의 1회 타설량
   나. 타설길이
   다. 타설속도
2. 거푸집의 측면판은 콘크리트의 타설측압 및 압축력에 충분히 견디는 구조로 하여야 하며 모르타르가 새어나가지 않도록 원지반에 밀착, 고정시켜야 한다.
3. 거푸집은 타설된 콘크리트가 필요한 강도에 달할 때까지 거푸집을 제거하지 않아야 하며 시방의 양생기준을 준수하여야 한다.
4. 거푸집을 조립할 때에는 철근의 앵커구조, 피복규격 등을 확인하고 철근의 변위, 이동방지용 쐐기설치 상태를 확인하여야 한다.

제8장 계 측

제 25 조(계측의 목적) 터널 계측은 굴착지반의 거동, 지보공 부재의 변위, 응력의 변화 등에 대한 정밀 측정을 실시함으로써 시공의 안전성을 사전에 확보하고 설계시의 조사치와 비교분석하여 현장조건에 적정하도록 수정, 보완하는 데 그 목적이 있으며 다음 각 호를 기준으로 한다.
1. 터널내 육안조사
2. 내공변위 측정
3. 천단침하 측정
4. 록볼트 인발시험
5. 지표면 침하측정
6. 지중변위 측정
7. 지중침하 측정
8. 지중수평변위 측정
9. 지하수위 측정
10. 록 볼트축력 측정
11. 뿜어붙이기 콘크리트응력 측정

12. 터널내 탄성과 속도 측정
13. 주변 구조물의 변형상태 조사

제26조(계측관리) ① 사업주는 터널작업시 사전에 계측계획을 수립하고 그 계획에 따른 계측을 하여야 한다.
② 제1항의 계측계획에는 다음 각 호의 사항이 포함되어야 한다. 21. 11. 14 기
 1. 측정위치 개소 및 측정의 기능 분류
 2. 계측시 소요장비
 3. 계측빈도
 4. 계측결과 분석방법
 5. 변위 허용치 기준
 6. 이상 변위시 조치 및 보강대책
 7. 계측 전담반 운영계획
 8. 계측관리 기록분석 계통기준 수립
③ 사업주는 계측결과를 설계 및 시공에 반영하여 공사의 안전성을 도모할 수 있도록 측정기준을 명확히 하여야 한다.
④ 계측관리의 구분은 일상계측과 대표계측으로 하며 계측빈도 기준은 측정 특성별로 별도 수립하여야 한다.

제27조(계측결과 기록) 사업주는 계측결과를 시공관리 및 장래계획에 반영할 수 있도록 그 기록을 보존하여야 한다.

제28조(계측기의 관리) 사업주는 계측의 인적 및 기계적 오차를 최소화하기 위하여 다음 각 호의 사항을 준수하여야 한다.
 1. 계측사항에 있어 전문교육을 받은 계측 전담원을 지정하여 지정된 자만이 계측할 수 있도록 하여야 한다.
 2. 설치된 계측기 및 센서 등의 정밀기기는 관계자 이외에 취급을 금지하여야 한다.
 3. 계측기록의 결과를 분석 후 시공 중 조치사항에 대하여는 충분한 기술자료 및 표준지침에 의거하여야 한다.

제9장 배수 및 방수

제29조(배수 및 방수계획의 작성) ① 사업주는 터널 내의 누수로 인한 붕괴위험 및 근로자의 직업안전을 위하여 제3조 또는 제4조의 조사를 근거로 하여 배수 및 방수계획을 수립한 후 그 계획에 의하여 안전조치를 하여야 한다.
② 제1항의 시공계획에는 다음 각 호의 사항이 포함되어야 한다. 20. 11. 9 기
 1. 지하수위 및 투수계수에 의한 예상 누수량 산출

2. 배수펌프 소요대수 및 용량
3. 배수방식의 선정 및 집수구 설치방식
4. 터널내부 누수개소 조사 및 점검 담당자 선임
5. 누수량 집수유도 계획 또는 방수계획
6. 굴착상부지반의 채수대 조사

제 30 조(누수에 의한 위험방지) 사업주는 누수에 의한 주변구조물 침하 또는 터널붕괴로 인한 근로자의 피해를 방지하기 위하여 다음 각 호의 사항을 준수하여야 한다.
1. 터널 내의 누수개소, 누수량 측정 등의 목적으로 담당자를 선임하여야 한다.
2. 누수개소를 발견할 시에는 토사유출로 인한 상부지반의 공극발생 여부를 확인하여야 하며 규정된 용량의 용기에 의한 분당 누출 누수량을 측정하여야 한다.
3. 뿜어붙이기 콘크리트 부위에 토사유출의 용수 발생시 즉시 작업을 중단하고 지중침하, 지표면침하 등에 계측결과를 확인하고 정밀지반 조사 후 급결그라우팅 등의 조치를 취하여야 한다.
4. 누수 및 용출수 처리에 있어서는 다음 각 목의 사항을 확인 후 집수유도로 설치 또는 방수의 조치를 하여야 한다.
   가. 누수에 토사의 혼입정도 여부
   나. 제3조 및 제4조의 조사를 근거로 배면 또는 상부지층의 지하수위 및 지질 상태
   다. 누수를 위한 배수로 설치시 탈수 또는 토사유출로 인한 붕괴 위험성 검토
   라. 방수로 인한 지수처리시 배면 과다 수압에 의한 붕괴의 임계한도
   마. 용출수량의 단위시간 변화 및 증가량
5. 상기 각 호의 사항을 확인 후 이에 대한 적절한 조치를 하여야 한다.

제 31 조(아치 접합부 배수유도) 사업주는 터널구조상 2중 아치, 3중 아치의 구조에 있어서 시공 중 가설배수도 유도는 아치 접합부 상단에 임시 배수 관로 등을 설치하여 배수안전조치를 취하여야 한다.

제 32 조(배수로) 사업주는 제29조에 의한 계획에 따라 배수로를 설치하고 지반의 안정 조건, 근로자의 양호한 작업조건을 유지하여야 한다.

제 33 조(지반보강) 사업주는 누수에 의한 붕괴위험이 있는 개소에는 약액주입공법 등 지반보강 조치를 하여야 하며 정밀지층조사, 채수대 여부, 투수성판단 등의 조치를 사전에 실시하여야 한다.

제 34 조(감전위험방지) ① 사업주는 수중배수펌프 설치시에는 근로자의 감전재해를 방지하기 위하여 펌프 외함에 접지를 하여야 하며 수시로 누전상태 등의 확인을 하여야 한다.
② 사업주는 터널 내 각종 전선가설의 안전기준을 확인하여야 하며 근로자가 접촉되지 않도록 충분한 높이의 측면에 가설하여 수중 배선이 되지 않도록 하여야 한다.

③ 갱내 조명등, 수중펌프, 용접기 등에는 반드시 누전차단기 회로와 연결되어야 하며 표준방식의 접지를 실시하여야 한다.

제10장 조명 및 환기

제 35 조(조명) 사업주는 막장의 균열 및 지질상태 터널벽면의 요철정도, 부석의 유무, 누수상황 등을 확인할 수 있도록 조명시설을 하여야 한다.

제 36 조(조명시설의 기준) 사업주는 근로자의 안전을 위하여 터널 작업면에 대한 조명장치 및 설비를 확인하여야 하며 조도의 기준은 다음 [표 2]를 준용한다.

[표 2] 작업면에 대한 조도 기준

작 업 기 준	기 준
막장구간	70[lux] 이상
터널중간구간	50[lux] 이상
터널입구, 출구, 수직구구간	30[lux] 이상

제 37 조(채광 및 조명) 사업주는 채광 및 조명에 대해서는 명암의 대조가 심하지 않고 또는 눈부심을 발생시키지 않는 방법으로 설치하여야 하며 막장점검, 누수점검, 부석 및 변형 등의 점검을 확실하게 시행할 수 있도록 적절한 조도를 유지하여야 한다.

제 38 조(조명시설의 정기점검) 사업주는 조명설비에 대하여 정기 및 수시점검계획을 수립하고 단선, 단락, 파손, 누전 등에 대하여는 즉시 조치하여야 한다.

제 39 조(환기) 사업주는 근로자의 보건위생을 위하여 환기시설을 하고 다음 각 호의 사항을 준수하여야 한다.
1. 터널 전지역에 항상 신선한 공기를 공급할 수 있는 충분한 용량의 환기설비를 설치하여야 하며 환기용량의 산출은 다음 각 목을 기준으로 한다.
   가. 발파 후 가스 단위배출량을 산출하고 이의 소요환기량
   나. 근로자의 호흡에 필요한 소요환기량
   다. 디젤기관의 유해가스에 대한 소요환기량
   라. 뿜어붙이기 콘크리트의 분진에 대한 소요환기량
   마. 암반 및 지반자체의 유독가스 발생량
2. 발파 후 유해가스, 분진 및 내연기관의 배기가스 등을 신속히 환기시켜야 하며 발파 후 30분 이내 배기, 송기가 완료되도록 하여야 한다.
3. 환기가스처리장치가 없는 디젤기관은 터널 내의 투입을 금하여야 한다.
4. 터널 내의 기온은 37[℃] 이하가 되도록 신선한 공기로 환기시켜야 하며 근로자의

작업조건에 유해하지 아니한 상태를 유지하여야 한다.

5. 소요환기량에 충분한 용량의 설비를 하여야 하며 중앙집중환기방식, 단열식 송풍방식, 병렬식 송풍방식 등의 기준에 의하여 적정한 계획을 수립하여야 한다.

제 40 조(환기설비의 정기점검) 사업주는 환기설비에 대하여 정기점검을 실시하고 파손, 파괴 및 용량 부족시 보수 또는 교체하여야 한다.

부 칙 〈제2023-36호, 2023.07.01.〉

이 고시는 발령한 날부터 시행한다.

합격예측

터널 전지역에 항상 신선한 공기를 공급할 수 있는 충분한 용량의 환기설비를 설치하여야 하며 환기용량의 산출은 다음 각 목을 기준으로 한다.
① 발파 후 가스 단위배출량을 산출하고 이의 소요환기량
② 근로자의 호흡에 필요한 소요환기량
③ 디젤기관의 유해가스에 대한 소요환기량
④ 뿜어붙이기 콘크리트의 분진에 대한 소요환기량
⑤ 암반 및 지반자체의 유독가스 발생량

10 운반하역 표준안전작업지침

일부 제정 2001. 1. 9. 고용노동부 고시 제9호
일부 개정 2020. 1. 16. 고용노동부 고시 제2020-26호

제1장 총 칙

제 1 조(목적) 이 고시는 「산업안전보건법」 제13조에 따라 인력 및 기계 운반하역 작업상의 안전에 관하여 사업주에게 지도·권고할 기술상의 지침을 규정함을 목적으로 한다.

제 2 조(용어의 정의) 이 고시에서 사용하는 용어의 정의는 이 고시에 특별한 규정이 없으면 「산업안전보건법」(이하 "법"이라 한다), 같은 법 시행령(이하 "영"이라 한다) 및 시행규칙(이하 "규칙"이라 한다), 「산업안전보건기준에 관한 규칙」(이하 "안전보건규칙"이라 한다)이 정하는 바에 따른다.

제2장 인력운반하역

제 28 조(준비) 작업시작 전 다음 각 호의 사항을 준수하여야 한다.
 1. 작업시작 전에 허리를 중심으로 요통을 방지하기 위한 가벼운 운동을 하여야 한다.
 2. 운반통로를 확인하고 통로상의 장애물을 제거하여 안전운반통로를 확보하고, 부득이한 경우에는 우회 운반통로를 사용하여야 한다.
 3. 작업자의 체력을 고려하여 작업자를 배치하여야 한다.

제 4 조(복장 및 보호구) 운반하역 작업을 할 때에는 다음 각 호의 규정에 맞는 복장 및 보호구를 착용하여야 한다.
 1. 상의 작업복의 소매는 손목에 밀착시킬 수 있는 구조이어야 하며 상의 작업복 옷자락은 하의 속으로 집어 넣어야 한다.
 2. 하의 작업복 바지자락은 안전화 속에 집어 넣거나 발목에 밀착이 가능하도록 조일 수 있는 구조이어야 한다.
 3. 안전모, 안전화 및 안전장갑은 안전인증을 받은 제품으로서 근로자의 신체에 잘 맞는 제품을 바르게 착용하여야 한다.
 4. 분진이 발생하는 물건을 취급할 때 또는 분진작업장에서는 안전인증을 받은 제품으로서 작업조건에 적합한 방진마스크와 보안경을 착용하여야 한다.
 5. 유해·위험물을 취급할 때에는 유해·위험물로부터 방호할 수 있는 보호구를 선정하여 착용하여야 한다.

제 5 조(작업중량) 사업주는 작업조건, 작업환경, 작업대상의 형상, 근로자의 성별 및 연령 등 제반사항을 고려하여 작업중량이 근로자의 안전과 건강에 위험을 초래하지 않도록 하여야 한다.

제 6 조(교육) 작업시작 전 근로자의 요통방지 및 안전을 위하여 작업방법, 작업경로, 중량물 또는 위험물 취급 시 주의사항 등을 근로자에게 교육하여야 한다

제 7 조(인양) 하물을 인양할 때에는 다음 각 호의 사항을 준수하여야 한다.
1. 인양물체의 무게는 실측을 원칙으로 하며 인양물체의 무게가 일정하지 않은 때에는 평균무게와 최대무게를 실측하여야 한다.
2. 인양물체의 무게를 어림잡은 때에는 가볍게 들어 개인의 인양능력에 충분한가의 여부를 판단하여 인양하여야 한다.
3. 인양할 때의 몸의 자세는 다음 각 목의 규정을 준수하여야 한다.
    가. 한쪽 발은 들어올리는 물체를 향하여 안전하게 고정시키고 다른 발은 그 뒤에 안전하게 고정시킬 것
    나. 등은 항상 직립을 유지하여 가능한 한 지면과 수직이 되도록 할 것
    다. 무릎은 직각자세를 취하고 몸은 가능한 한 인양물에 근접하여 정면에서 인양할 것
    라. 턱은 안으로 당겨 척추와 일직선이 되도록 할 것
    마. 팔은 몸에 밀착시키고 끌어당기는 자세를 취하며 가능한 한 수평거리를 짧게 할 것
    바. 손가락으로만 인양물을 잡아서는 아니되며 손바닥으로 인양물 전체를 잡을 것
    사. 체중의 중심은 항상 양 다리 중심에 있게 하여 균형을 유지할 것
    아. 인양하는 최초의 힘은 뒷발쪽에 두고 인양할 것

제 8 조(운반) 운반할 때에는 다음 각 호의 사항을 준수하여야 한다. 21. 7. 10 기
1. 하물의 운반은 수평거리 운반을 원칙으로 하며, 여러번 들어 움직이거나 중계운반, 반복운반을 하여서는 아니 된다.
2. 운반시의 시선은 진행방향을 향하고 뒷걸음 운반을 하여서는 아니 된다.
3. 어깨높이보다 높은 위치에서 하물을 들고 운반하여서는 아니 된다.
4. 쌓여 있는 하물을 운반할 때에는 중간 또는 하부에서 뽑아내어서는 아니 된다.

제 9 조(장척물) 길이가 긴 장척물을 운반할 때에는 다음 각 호의 사항을 준수하여야 한다.
1. 단독으로 어깨에 메고 운반할 때에는 하물 앞부분 끝을 근로자 신장보다 약간 높게 하여 모서리, 곡선 등에 충돌하지 않도록 주의하여야 한다.
2. 공동으로 운반할 때에는 근로자 모두 동일한 어깨에 메고 지휘자의 지시에 따라 작업하여야 한다.
3. 하역할 때에는 튀어오름, 굴러내림 등의 돌발사태에 주의하여야 한다.

제 10 조(중량물) 중량물을 운반할 때에는 다음 각 호의 사항을 준수하여야 한다.
1. 숙련된 경험자를 작업지휘자로 선정하여 운반방법, 운반단계 등을 협의 결정하여야 한다.
2. 공동으로 중량물을 운반할 때에는 근로자의 체력, 신장 등을 고려하여 현저한 차이가 있는 작업자는 제외하고 작업지휘자의 지시에 따라 통일된 행동을 하여야 한다.
3. 무게중심이 높은 하물은 인력으로 운반하여서는 아니 된다.

제 11 조(위험물) 위험물을 취급할 때에는 특성 및 위험성 등에 대하여 위험물질에 대한 위험도를 근로자가 인지할 수 있도록 사전에 교육하여야 한다.

제 12 조(하역) 하역할 때에는 다음 각 호의 사항을 준수하여야 한다.
1. 등은 직립을 유지하고 발은 움직이지 않는 상태에서 다리를 구부려 가능한 낮은 자세로서 한쪽면을 바닥에 놓은 다음 다른 면을 내려 놓아야 한다.
2. 조급하게 던져서 하역하여서는 아니 된다.
3. 중량물을 어깨 또는 허리 높이에서 하역할 때에는 도움을 받아 안전하게 하역하여야 한다.

제 13 조(손수레) 손수레를 이용하여 운반하는 경우 다음 각 호의 사항을 준수하여야 한다.
1. 사용 전에 손수레의 각부를 점검하여 차체, 차륜의 회전 등의 이상유무를 점검하여 이상이 발견된 때에는 수리, 교체하여 사용하여야 한다.
2. 운반통로를 정비하여 돌조각, 나무조각, 벽돌조각 등의 장애물을 정리하여야 한다.
3. 적재물의 무게중심은 가능한 한 밑으로 오도록하고 손수레 운전시 적재물이 흔들리지 않도록 주의하여야 한다.
4. 적재물의 무게는 어느 한 방향에 편중되지 않도록 적재하고 시야를 가리지 않는 높이로 적재하여야 한다.
5. 하물을 적재할 때에는 하물이 손수레의 반동에 대하여 안전한 장소에서 적재하여야 한다.
6. 구르기 쉬운 하물은 운반 도중 굴러 떨어지지 않도록 고정하고, 병이나 항아리 등을 운반하거나 손수레를 운전할 때에는 질주하여서는 아니 된다.
7. 손수레는 가능한 한 외바퀴수레의 사용을 피하고 두바퀴수레를 사용하여야 한다.

제3장 고정식 기계운반하역

제1절 준 비

제 14조 (점검) 운전자는 작업시작 전에 다음 각 호에 규정된 사항을 점검하여 각 장치의 기능 상태를 항상 파악하고 있어야 한다.
1. 작업시작 전 점검에는 다음 각 목의 상황에 유의하여야 한다.

가. 점검에 필요한 점검내용을 숙지하여야 한다.
나. 운전하는 장비의 사양을 숙지하고 고장나기 쉬운 곳을 파악해 두어야 한다.
다. 장비의 이상유무를 작업개시 전 항상 점검하여야 한다.
라. 점검실시 때는 사전점검의 소요시간을 정하고, 점검시간을 보기 쉬운 장소에 표시함과 동시에 "점검 중"이란 표지를 부착하는 등의 조치를 하고 일반근로자에게 주지시켜야 한다.
마. 스위치에는 "점검 중 스위치를 넣지 말 것" 등의 표지를 부착하거나 시건장치를 해야 한다.
바. 주행로 상에 복수의 장비가 있을 때에는 주행로 양측에 가설 고임목을 설치하여 인접 장비와의 충돌을 방지하여야 한다.
사. 점검을 능률적으로 하기 위하여 2인 이상의 점검자가 점검할 때에는 사전에 점검범위 등을 협의하여야 한다.
2. 교대 운전자는 인수인계를 할 때 다음 각 목의 사항에 유의하여야 한다.
가. 운전 시의 이상유무 : 운전상황, 이상상태와 그 처치 등
나. 운전 중의 작업내용 : 통상작업인가, 임시 또는 수리작업인가 등
다. 작업장 내의 상태 : 공사 또는 수리 등에 의한 장애물의 유무 등

제2절 운전

제 15 조(감아올리기) 감아올리기 작업은 다음 각 호의 사항을 준수하여야 한다.
1. 감아올림은 수직으로 하여야 하며 비스듬히 끌어올리지 말아야 한다.
2. 저속으로 천천히 감아올리고 와이어로프가 인장력을 받기 시작할 때에는 일단 정지해야 한다.
3. 지면과 약 5[cm] 떨어진 지점에서 정지하여야 한다.
4. 지면과 약 5[cm] 떨어져 정지한 후 감아올릴 때 급격한 상승을 하여서는 아니 된다.
5. 매단 하물이 무너지거나 빠지는 등의 위험이 있을 때에는 경보 등의 신호에 따라 즉시 풀어내려야 한다.

제 16 조(이동) 장비의 이동 작업은 다음 각 호의 사항을 준수하여야 한다.
1. 근로자(특히 신호자, 걸이공)의 위치, 장애물의 유무, 인접 크레인의 움직임 등 주위의 상황을 확인하고 경보를 울린 후 이동하여야 한다.
2. 급격한 기동이나 정지를 해서는 안 된다.
3. 장척물이나 이형물을 운반할 때에는 특히 신중히 하여야 한다.
4. 감아올림(풀어내림)과 주행 또는 횡방향 운전의 이중조작 운전을 할 때에는 매단 물체의 바닥면과 작업면과의 최소이격거리를 2[m] 이상으로 하여야 한다.

제 17 조(풀어내리기) 풀어내리기 작업은 다음 각 호의 사항을 준수하여야 한다.
1. 착지전에 지면으로부터 20[cm] 정도의 높이에서 일단 정지하고 신호자의 신호에 따라 안전을 확인한 후 저속 조작으로 풀어내려야 한다.

2. 컨트롤러(Controller)를 영(0)의 눈금으로 되돌리고 급정지하여서는 아니 된다.

제 18 조(이상시 조치) 이상시에는 다음 각 호의 규정에 의하여 조치를 취하여야 한다.
 1. 주행 중에 갑자기 브레이크가 걸리지 않게 되고 컨트롤러(Controller)를 역행으로 했지만 컨텍터(Contactor)가 소손되고, 크레인(Crane)이 폭주했을 경우에는 조작회로 버튼을 오프(OFF)로 하고 주전원을 개방한 후 감속하여야 한다.
 2. 운전 중 매단 물체가 자연강하할 경우 컨트롤러(Controller)를 1눈금 또는 2눈금으로 내리면서 신호자와 연락을 취하면서 안전한 장소로 이동해서 내려야 한다.
 3. 감아올리는 전동기 2대를 사용하는 크레인(Crane)으로 그 하나가 고장일 때는 신호자에게 연락하고 물체를 안전한 장소에 내려야 한다.
 4. 운전 중 정전이 되었을 경우 컨트롤러(Controller)를 오프(OFF)로 되돌린 후 주전원을 개방하고 송전을 기다려야 한다.
 5. 리프팅 마그넷(Lifting magnet)을 사용 중에 정전이 되었을 경우 신호자 등의 지상 근로자에게 연락을 취하고 흡착물의 낙하에 의한 재해를 방지하기 위한 조치를 신속히 한 후 브레이크 해제장치 등을 사용 흡착물을 안전하게 지상에 내려놓아야 한다.
 6. 그 밖에 돌발적인 고장 등 원인불명의 경우에는 안전한 위치에서 크레인을 정지하는 등의 방법을 취하고나서 신속히 감독자에게 연락을 취하여야 한다.

제3절 걸이작업

제 19 조(중량) 물체의 중량 측정은 다음 각 호의 사항을 준수하여야 한다.
 1. 물체의 중량 측정은 실측을 원칙으로 하며 목측(目測)할 때에는 각 치수를 측정하여 환산한다.
 2. 크레인 등의 정격하중을 초과하여 인양하여서는 아니 된다.

제 20 조(용구의 선정) 걸이 용구의 선정은 다음 각 호의 사항을 준수하여야 한다.
 1. 와이어로프나 체인 등은 안정성이나 작업성 및 물체의 손상을 고려하여 적합한 걸이 용구를 선정하여야 한다.
 2. 걸이 용구는 반드시 사용 전 점검을 하여 이상유무를 확인하고 불량한 것을 사용치 말아야 한다.

제 21 조(중심) 인양 물체의 중심 측정은 다음 각 호의 사항을 준수하여야 한다.
 1. 형상이 복잡한 물체의 무게중심을 목측하여 임시로 중심을 정하고 서서히 감아올려 지상 약 10[cm] 지점에서 정지하고 확인한다. 이 경우에 매달린 물체에 접근하지 않아야 한다.
 2. 인양 물체의 중심이 높으면 물체가 기울거나 와이어로프나 매달기용 체인이 벗겨질 우려가 있으므로 중심은 될 수 있는 한 낮게 하여 매달도록 하여야 한다.

제 22 조(걸이) 걸이작업은 다음 각 호의 사항을 준수하여야 한다.

1. 와이어로프 등은 크레인의 후크중심에 걸어야 한다.
2. 인양 물체의 안정을 위하여 2줄 걸이 이상을 사용하여야 한다.
3. 밑에 있는 물체를 걸고자 할 때에는 위의 물체를 제거한 후에 행하여야 한다.
4. 매다는 각도는 60[°] 이내로 하여야 한다.
5. 근로자를 매달린 물체 위에 탑승시키지 않아야 한다.

제 23 조(받침설치) 받침설치작업은 다음 각 호의 사항을 준수하여야 한다.

1. 받침설치는 확실히 하여 매달린 물체가 무너지거나 낙하하지 않도록 하여야 하며 와이어로프를 거는 볼트, 아이볼트, 샤클 등은 확실히 설치하여야 한다.
2. 물체의 모서리 또는 날카로운 부분 등 손상하기 쉬운 곳이나 와이어로프가 미끄러질 위험이 있는 곳에는 반드시 보완 조치하여 와이어로프가 인장력을 받았을 때 보조물이 벗겨지지 않도록 하여야 한다.

제 24 조(물체의 끌어올리기 및 끌어내리기) 물체의 끌어올리기 및 끌어내리기 작업은 다음 각 호의 사항을 준수하여야 한다.

1. 물체의 끌어올리기, 끌어내리기의 경우 걸이자와 그 보조자는 안전한 장소에 위치하여야 한다.
2. 와이어로프가 인장력을 받고 있는 동안에 잡아당길 필요가 있을 경우에는 직접 손으로 하지 말고 보조구를 사용하여야 한다.
3. 물체에 근접하여 끌어올리고 내릴 때에는 즉시 대피할 수 있는 장소를 마련 하여야 한다.

제 25 조(물체의 보관과 적재) 물체의 보관과 적재작업은 다음 각 호의 사항을 준수하여야 한다.

1. 물체를 적치시킬 때에는 요동이나 진동으로 인하여 미끄러지거나 기울어짐이 없도록 고임목을 사용하여야 하며, 작은 물체 위에 큰 물체를 쌓아놓거나 너무 높게 쌓지 않도록 하여야 한다.(적재높이는 약 2[m] 정도로 한다.)
2. 적치시에 매달린 물체의 위치를 수정할 필요가 있을 때에는 물체를 당기지 말고 밀어서 고쳐야 한다.
3. 적치시에 매달린 물체 밑에 손, 발 등이 끼어 있지 않도록 하여야 한다.

제 26 조(특수한 물체) 특수한 물체의 매다는 작업은 다음 각 호의 사항을 준수하여야 한다.

1. 장척물, 이형물 또는 대형 물체를 매달 때에는 가이드로프를 사용하여야 한다.
2. 휘어지기 쉬운 긴 물체는 편심하중, 휘어짐, 빠짐 등이 없도록 매달아야 한다.

제 27 조(걸이신호) 신호자는 안전작업 수행을 위해서 작업내용, 환경조건을 정확히 파악하고 다음 각 호의 사항을 준수하여야 한다.

1. 걸이신호는 고용노동부고시 "크레인작업표준신호"에서 정한 바에 따른다.
2. 신호는 반드시 1명의 신호자만을 선임하여 신호하도록 하여야 한다.
3. 신호는 크레인 운전자가 잘 보이는 위치에서 행하여야 한다.
4. 걸이자 및 걸이보조자의 작업행동을 주시하여야 한다.
5. 선임된 신호자는 신호자 표시를 반드시 착용하여야 한다.
6. 신호자는 통행로 부근의 안전을 항상 확인하여야 한다.
7. 걸이작업 개시 전에 물체를 적재할 장소를 파악해 두어야 한다.
8. 물체의 반전 및 전도작업을 할 때에는 다음 각 목의 사항을 준수하여야 한다.
   가. 작업공간을 넓게 확보할 것
   나. 중심을 이동할 때 와이어로프 등의 느슨함이나 미끄럼의 유무를 주시하면서 서서히 할 것
   다. 반전할 때 물체가 미끄러지지 않도록 지점에 막대기를 끼울 것
   라. 물체의 되돌림을 방지하기 위해 중심이 지점의 반대측에 완전히 기울어진 후에 와이어로프 등을 늦출 것

제 28 조(주의) 다음 각 호의 작업을 할 경우 걸이자 및 보조자는 관계자와 작업내용 등에 대하여 협의하여야 한다.
1. 좁은 장소나 장애물이 있는 장소에서의 걸이
2. 트럭이나 대차상에서의 걸이
3. 물체를 반전, 전도시키기 위한 걸이
4. 긴 물체, 중량물, 이형물 등의 걸이

제4절 작업표준

제 29 조(작업준비) 준비작업은 다음과 같은 작업표준에 준하여 실시하여야 한다.

주요내용	중점사항	유의사항
(1) 복장을 점검한다.	1. 작업복의 소매, 바지자락, 안전화 2. 신호표지, 호루라기, 장갑	
(2) 적치장소의 정리	1. 넓이를 충분히 한다. 2. 바닥면을 점검한다. 3. 주변의 상태를 확인한다.	1. 지반이 고르지 않을 때는 깔판을 준비한다.
(3) 받침대를 준비한다.	1. 규격품	
(4) 중량을 목측한다.	1. 목측치에 20[%] 가산을 한다.	1. 중량표에 기재된 물체는 중량표를 이용한다. 2. 크레인의 정격하중을 초과하지 않는지 확인한다.
(5) 운반경로를 결정한다.	1. 유해물이 없는가 2. 운반경로상에 근로자가 있지 않은가를 확인한다.	

주요내용	중점사항	유의사항
(6) 와이어로프를 선정한다.	1. 적정한 규격선정이 되어 있는가	1. 안전하중표를 이용한다.
(7) 와이어로프를 점검한다.	1. 마모, 변형, 단선은 없는가 2. 후크의 상태를 어떠한가 3. 샤클핀은 조이고 있는가	1. 불량한 것은 사용하지 않는다. 2. 의심스러운 것은 상세히 조사한다.

제30조(감아올리기) 감아올리는 작업은 다음과 같은 작업표준에 준하여 실시하여야 한다.

주요내용	중점사항	유의사항
(1) 크레인을 부른다.	1. "부르는 신호"로 2. 운전자와 마주보고	1. 크레인 후크에 다른 걸이용구가 걸려 있을 때는 걸이용구 보관장소에 내린다. 2. 신호자는 항상 운전자가 보기 쉬운 곳에 위치한다.
(2) 물체를 표시한다.	1. 물체로부터 떨어져 확실히 2. "위치지시신호"로	1. 다른 걸이용구가 걸려 있을 때에는 걸이용구 보관장소에 내려놓고 적절한 걸이용구를 다시 건다.
(3) 후크를 내린다.	1. "풀어내리는 신호"로	1. 주위의 상황을 파악하여 장애물이 있을 때는 정지시켜서 유도한다.
(4) 정지한다.	1. 받침대에 놓기 쉬운 높이에서 2. "정지신호"로	1. 풀어내리는 속도를 고려하여 너무 내리지 않도록 한다. 2. 내림이 부족할 때는 내리는 폭을 표시하고 저속으로 풀어내리기를 한다.
(5) 중심을 잡는다.	1. 매다는 물체의 중심에 맞추어서 2. "수평미동신호"로 유도하고	1. 직각방향에서도 본다. 2. 매다는 고리상태를 조사한다.
(6) 와이어로프를 건다.	1. 신중하게, 확실히, 완전히	1. 후크에 와이어로프를 걸 때는 깊숙이 건다. 2. 매다는 각도는 60[°] 이하 3. 벗겨질 우려가 없을 때는 그대로 계속한다.
(7) 구두로 확인한다.	1. 신호자는 걸이자에게 "좋은가"라고 묻고 2. 걸이자는 확실히 갖춘 다음에 "좋다"라고 대답한다.	1. 물체에서 손을 뗀다. 2. 신호자는 걸이자의 조작동작 및 주위상황을 확인한다.
(8) 와이어로프를 긴장시킨다.	1. 매다는 고리의 당기는 상태, 거는 상태를 확인하고 "느리게 감아올리는 신호"를 되풀이하고 2. 긴장전에 손을 떼고 몸을 옆으로 비킨다.	1. 신호자는 올리는 폭이 클 때는 폭을 지시한다. 이 경우 물체를 끌어올리지 않는다.

주요내용	중점사항	유의사항
(9) 중심을 수정한다.(필요가 있으면)	1. 당긴 와이어로프가 좌우로 기울어져 있지 않는지 확인하면서 2. "수평미동 동작신호"로	1. 직각방향에서도 본다. 2. 수정할 때에는 일단 정지한다.
(10) 지면에서 물체를 올리면서 띄운다.	1. 횡진동을 주시하면서 2. "느린감아올리는 신호"로 서서히 3. 매달린 물체의 저면이 받침목에서 떠오를 때까지	1. 진동할 듯 할 때에는 중심을 수정한다. 2. 매다는 짐이 불안정할 때는 내려서 다시 수정한다. 이때 발은 충분히 뒤로 뺀다. 3. 물체의 끝이 늘어져 있는 경우에는 완전히 지면에서 떨어질 때까지 올린다.
(11) 대피시킨다.	1. 주위의 상황에 주의하고 2. 공동작업자의 안전을 확인하고 3. 안전한 장소에	
(12) 감아올린다.	1. 주위의 상황을 확인하고 2. "감아올리는 신호"로	1. 매달린 물체가 다른 물체에 닿을 위험이 있을 때는 "수평미동신호"로 피하고 나서 감아올린다. 2. 감아올리는 도중 매달린 물체의 회전을 정지할 때는 갈고리, 봉, 가이드로프 등을 이용한다.
(13) 정지한다.	1. 안전한 높이로 2. "정지신호"로	1. 2[m]를 표준으로 한다.
(14) 유도한다.	1. "수평이동신호"로 2. 매달린 물체에 선행하고 3. 근로자를 대피시킨다.(필요가 있으면)	1. 긴 물건은 흔들리지 않도록 로프를 매어 걸이자가 붙잡도록 한다. 2. 선행거리는 5[m]를 표준으로 한다.

제 31 조(풀어내리기) 풀어내리는 작업은 다음과 같은 작업표준에 준하여 실시하여야 한다.

주요내용	중점사항	유의사항
(1) 내리는 위치를 표시한다.	1. "위치지시신호"로	1. 지반 및 주위의 상황을 확인한다.
(2) 받침목을 깐다.	1. 수평으로	1. 깔판, 받침목은 대용품을 사용하지 않는다.
(3) 매달린 물체를 내린다.	1. 착지위치의 바로 위에서 2. "풀어내리는 신호"로	1. 다른 물체에 닿지 않도록 2. 걸이자의 안전위치를 확인한다.
(4) 일단 정지한다.	1. 깔판 바닥에서 약 10[cm] 지점에서 2. "정지신호"로 3. 매달린 물체의 상태를 확인하고	1. 한 번에 적치 장소까지 내리는 것은 위험하다.

주요내용	중점사항	유의사항
(5) 매달린 물체의 위치를 정한다.	1. 적치 장소의 중심에 2. "수평미동신호"로	1. 매달린 물체에 접근할 때는 피하기 쉬운 방향으로 한다.
(6) 일시 정지한다. (필요하면)	1. "일시정지신호"로	1. 받침대의 미비한 곳을 고친다. (필요하면)
(7) 내리는 장소를 다시 고친다.(필요하면)	1. 물체를 멈추고 나서 2. 받침목을 양측면에서 붙잡고	1. 매달린 물체의 아래를 다시 고칠 때는 보조구를 사용하든가, 손을 넣지 않으면 안 될 때라도 받침목의 위에 손을 넣는 것은 피한다.
(8) 매달린 물체를 내린다.	1. 물체에서 떨어진다. 2. 물체의 상태를 보면서 확실히 3. "느리게 풀어내리는 신호"로	1. 매달린 물체를 손으로 거들고 있어서는 안 된다.
(9) 물체의 안전을 확인한다.	1. 와이어로프의 조금 느슨한 곳	1. 너무 느슨하면 무너지는 경우가 있다.
(10) 후크를 내린다.	1. "느리게 풀어내리는 신호"로 2. 매다는 공구가 벗겨지기 쉬운 곳까지	1. 너무 내리지 않는다.
(11) 와이어로프를 벗긴다.	1. 신중하게	1. 필요할 때에는 와이어로프가 물체에 걸리지 않도록 떠받치기를 한다.
(12) 구두로 확인한다.	1. 신호자는 "좋은가"라고 2. 걸이자는 와이어로프를 물체로부터 충분히 떨어뜨린 후 "좋다"라고	1. 걸려서 찢기거나 그 밖에 위험이 없는가를 확인한다.
(13) 무하중 감아올림한다.	1. 와이어로프로 지탱하고 있는 동안은 "느리게 감아올리는 신호"로 2. 손을 놓으면서 "감아올리는 신호"로	1. 후크가 물체의 윗면을 넘으면 곧 손을 놓는다.
(14) 매다는 공구를 정돈한다.	1. 점검하고 정해진 장소에 정리 정돈한다.	

제5절 점검기준

제 32 조(와이어로프) 와이어로프의 점검은 작업개시 전에 실시하여야 하며 다음과 같은 기준에 따라야 한다.

검사항목	검사결과	처치
마모	1. 로프지름의 감소가 공칭지름의 7[%]를 초과하여 마모된 것은 사용하여서는 안 된다.	폐기
소선의 절단	1. 와이어로프의 한 가닥에서 소선의 수가 10[%] 이상 절단된 것은 사용하여서는 아니 된다.	폐기
비틀림	1. 비틀어진 로프를 사용하여서는 안 된다.	폐기

검사항목	검사결과	처치
로프끝의 고정상태	1. 로프끝의 고정이 불완전한 것은 바꾸고 2. 고정부위의 변형이 두드러진 것은 사용하여서는 아니 된다.	폐기
꼬임	1. 꼬임이 있는 것은 사용하여서는 안 된다.	폐기
변형	1. 변형이 현저한 것은 사용하여서는 안 된다.	폐기
녹, 부식	1. 녹, 부식이 현저히 많은 것은 사용하여서는 안 된다.	폐기
이음매	1. 이음매가 있는 것은 사용하여서는 안 된다.	폐기

제33조(체인) 체인의 점검은 작업개시 전에 실시하여야 하며 다음과 같은 기준에 따라야 한다.

검사항목	검사결과	처치
마모	1. 링(Ring)의 단면지름의 감소가 원래지름의 10[%]를 초과하여 마모된 것은 사용하여서는 안 된다.	폐기
균열, 흠	1. 균열, 흠이 있는 것은 사용하여서는 안 된다.	폐기
접합상태	1. 접합부가 이탈될 염려가 있는 것은 사용하여서는 안 된다.	폐기
늘어남	1. 전장이 원래 길이의 5[%]를 초과하여 늘어난 것은 사용하여서는 안 된다.	폐기
변형	1. 뒤틀림 등 변형이 현저한 것은 사용하여서는 안 된다.	폐기

제34조(섬유로프) 섬유로프의 점검은 작업개시 전에 실시하여야 하며 다음과 같은 기준에 따라야 한다.

검사항목	검사결과	처치
절단	1. 스트랜드(Strand, 가닥)가 절단된 것은 사용하여서는 아니 된다.	폐기
손상	1. 심하게 손상된 것은 사용하여서는 아니 된다.	폐기
부식	1. 부식이 있는 것은 사용하여서는 아니 된다.	폐기

제35조(링) 링(RING)의 점검은 작업개시 전에 실시하여야 하며 다음과 같은 기준에 따라야 한다.

검사항목	검사결과	처치
마모	1. 단면지름의 감소가 원래지름의 10[%]를 초과하여 마모된 것은 사용하여서는 아니 된다.	폐기
균열, 흠	1. 균열, 흠이 있는 것은 사용하여서는 아니 된다.	폐기
접합상태	1. 접합부가 이탈될 우려가 있는 것은 사용하여서는 아니 된다.	폐기
늘어남	1. 전장이 원래 길이의 5[%]를 초과하여 늘어날 것은 사용하여서는 아니 된다.	폐기

제 36 조(후크) 후크(Hook)의 점검은 작업개시 전에 실시하여야 하며 다음과 같은 기준에 따라야 한다.

검사항목	검사결과	처치
마모	1. 단면지름의 감소가 원래지름의 5[%]를 초과하여 마모된 것은 사용하여서는 아니 된다.	폐기
균열	1. 균열이 있는 것은 사용하여서는 아니 된다.	폐기
흠	1. 두부 및 만곡의 내측에 흠이 있는 것은 사용하여서는 아니 된다.	폐기
늘어남, 변형	1. 개구부가 원래간격의 5[%]를 초과하여 늘어난 것은 사용하여서는 아니 된다.	폐기
경화, 연화	1. 장기간 사용에 따른 경화의 의심이 있는 것과 고열에 의해 연화의 의심이 있는 것은 사용하여서는 아니 된다.	폐기

제 37 조(샤클) 샤클(Shackle)의 점검은 작업개시 전에 실시하여야 하며 다음과 같은 기준에 따라야 한다.

검사항목	검사결과	처치
마모	1. 원래직경의 10[%] 이상 마모된 것은 사용하여서는 아니 된다.	폐기
균열	1. 균열이 있는 것은 사용하여서는 안 된다.	폐기
핀(Pin)의 변형	1. 핀의 구부림이 지점간격의 10[%]를 넘는 것은 사용하여서는 아니 된다.	폐기
나사	1. 마모된 것은 사용하여서는 아니 된다.	폐기
핀	1. 불완전한 것은 교환하고 사용하여서는 아니 된다.	폐기

제 38 조(행거 또는 특수 리프터의 구조부 및 받침) 행거(Hanger), 특수 리프터(Lifter)의 구조부 및 매달기 받침의 점검은 작업개시 전에 실시하여야 하며 다음과 같은 기준에 따라야 한다.

검사항목	검사결과	처치
균열	1. 균열이 있는 부분은 교환할 것 2. 교환이 불가능할 때는 사용하여서는 안 된다.	폐기
흠	1. 흠은 손질을 하지만 현저한 흠이 있는 것은 사용하여서는 아니 된다.	폐기
접합상태	1. 리벳이 느슨할 때에는 다시 고치고 용접부의 이탈은 보수할 것	폐기
변형	1. 변형한 것은 보수할 것 2. 보수할 수 없는 것은 사용하여서는 안 된다.	폐기

늘어남, 휨	1. 특별한 기준이 없는 경우에는 다음에 의한다.
	  (1) 후크(Hook)는 개구부의 늘어남이 5[%]를 초과한 것은 사용해서는 안 된다.
	  (2) 빔(Beam) 및 암(Arm)의 휘거나 늘어난 상태가 적을 경우 보수하지만 보수할 수 없는 것은 사용해서는 안 된다.
		폐기

제 39 조(행거 또는 행거용 이형금구) 행거(Hanger) 또는 행거용 이형금구의 점검은 작업개시 전에 실시되어야 하며 다음과 같은 기준에 따라야 한다.

검사항목	검사결과	처치
마모	1. 정상작업에 영향이 있는 것과 현저한 마모가 있는 것은 사용하여서는 안 된다.	폐기
균열	1. 균열된 것은 사용하여서는 안 된다.	폐기
흠	1. 작은 흠은 보수하지만 현저한 흠이 있는 것은 사용하여서는 안 된다.	폐기
변형	1. 변형된 것은 보수하지만, 보수할 수 없는 것은 사용하여서는 안 된다.	폐기
접합상태	1. 접합의 느슨함은 다시 접합할 것	폐기

제 40 조(체인블록) 체인블록(Chain Block)의 점검은 작업개시 전에 실시되어야 하며 다음과 같은 기준에 따라야 한다.

검사항목	검사결과	처치
후크	1. 제36조, 행거(Hanger)용 후크의 점검요령에 준하여 교환한다.	교환
체인	1. 체인의 점검요령에 준하여 교환한다.	교환
브레이크라이닝	1. 마모된 것은 사용해서는 안 된다.	폐기
웜기어 및 스프링	1. 마모 변형된 것 및 기능불량의 것은 사용하여서는 아니 된다.	폐기
치차, 축수	1. 부품이 마모된 것은 교환하고 윤활유가 부족한 경우는 주유하여야 한다.	교환
기타	1. 정상작업에 지장을 초래할 경우나 강도에 영향이 있는 흠은 수리하든가 교환하여야 한다.	교환
이상	1. 이상이 있을 때에는 보수 또는 교체한다.	보수

제6절 벨트컨베이어

제 41 조(운전) 벨트컨베이어는 정해진 순서에 따라 원격조작에 의해 운전되므로 운전자는 다음 각 호의 사항을 준수하여야 한다.
1. 지시된 벨트컨베이어 주변에 다른 근로자가 있지 않은가, 벨트 주변에 이물질은 없는가를 점검하여야 한다.
2. 운전할 벨트번호를 방송하든가 경보를 울려야 한다.
3. 조작은 규정대로 행하여야 한다.
4. 운전 중에는 운전석을 이탈하지 말아야 한다.
5. 지시된 벨트컨베이어의 운전조작 순서에 따라 정지시켜야 한다.
6. 정지할 때에는 벨트에 하물이 없는 상태에서 정지하는 것을 원칙으로 한다.
7. 운전이 종료됨을 연락하여야 한다.

제 42 조(점검) 점검은 다음 각 호의 사항을 준수하여야 한다.
1. 지명된 자가 점검하도록 하고 관계자 이외에는 접근시키지 말 것
2. 벨트 파손의 유무
3. 과하중
4. 현저한 벨트의 처짐, 하물의 편중 유무
5. 모터, 감속기 및 기계부품의 파손, 이상음, 발열, 진동 유무
6. 벨트 상부에 철판, 나무토막 등의 이물질 유무
7. 통로, 계단, 난간의 손상여부
8. 운전 중의 점검은 반드시 육안으로 하고 접촉하지 말 것
9. 접근이 가장 용이한 장소에 비상정지버튼이 설치되어 있는지의 유무

제 43 조(낙하물 처리) ① 운전 중 컨베이어 자체의 낙하물 처리는 기계적인 방법으로 하여야 하며 구조상 그와 같은 방법을 설치할 수 없을 때에는 운전을 멈추고 처리하여야 한다. 부득이 운전 중에 낙하물을 처리할 필요가 있을 때에도 구동부, 테이크업, 작업장소의 안전반경 내에서의 작업은 절대 금지하여야 한다.
② 병렬인 2열의 벨트켄베이어에서 한 열이 정지하고 있는 경우의 낙하물 처리는 벨트컨베이어 사이의 간격이 1[m] 이내에서는 작업을 하여서는 아니 된다.

제 44 조(낙하물 적재) ① 분립체의 낙하물을 삽 등으로 운전 중의 벨트컨베이어에 적치할 때에는 삽이 벨트케리어, 롤러 사이에 말려들게 되는 위험이 있으므로 포터블컨베이어 등을 사용하여야 한다.
② 고가식 벨트컨베이어의 낙하물 처리는 컨베이어 밑을 통행하는 근로자나 차량 보호를 위하여 감시인의 배치 등 안전대책을 강구하여야 한다.

제4장 이동식 기계운반하역

제1절 준 비

제 45 조(운전자의 준수사항) 이동식기계의 운전자는 다음 각 호의 사항을 준수하여야 한다.
1. 항상 주변의 근로자나 장애물에 주의하여 안전여부를 확인하여야 한다.
2. 이동 중에는 항상 제한속도를 지켜야 한다.
3. 급선회는 피하여야 한다.
4. 물체를 높이 올린 채 주행이나 선회를 피하여야 한다.
5. 이동 중에 고장을 발견한 때에는 즉시 운전을 중단하고 관계자에게 보고하여야 한다.
6. 안전한 보조석이 있는 경우를 제외하고는 운전자 이외의 근로자를 탑승시키지 말아야 한다.

7. 자격이 있고 지명된 자 이외의 자가 운전하여서는 아니 된다.
8. 기기의 점검정비는 반드시 실시하고 또한 보전에 노력하여야 한다.
9. 반드시 정해진 점검항목에 따라서 점검하여야 한다.
10. 연료보급은 반드시 엔진을 중지한 후에 실시하여야 한다.
11. 연료나 작업유가 새어나와 묻었을 경우에는 잘 닦아 두어야 한다.
12. 작업계획에 따라 작업지시 순서대로 준수하여야 한다.

제2절 운 전

제 46 조(시동전후 확인) 이동식기계를 운전할 경우 시동전후에 다음 각 호의 사항을 확인하여야 한다.
  1. 기어변속 레버 및 각 작용레버가 정위치, 중립의 위치에 있는지 확인하여야 한다.
  2. 핸드브레이크가 확실히 당겨져 있는가 확인하여야 한다.
  3. 시동 후에는 저속회전인지 확인하여야 한다.
  4. 엔진의 회전음, 폭발음, 배기가스의 상황, 엔진의 이상유무를 확인하여야 한다.
  5. 기계의 작동상황을 확인하여야 한다.
  6. 각 작동레버의 작동상태를 확인하여야 한다.

제 47 조(주행) 이동식기계로 주행할 경우 다음 각 호의 사항을 준수하여야 한다.
  1. 급한 출발, 급제동을 하여서는 아니 된다.
  2. 한눈을 팔고 운전을 하여서는 아니 된다.
  3. 주행 중 뛰어오르거나 뛰어내려서는 아니 된다.
  4. 제한속도를 준수하여야 하며 추월하여서는 아니 된다.
  5. 방향을 바꿀 때에는 방향지시기로 신호를 하고 또한 주위의 안전을 확인하여야 한다.
  6. 보행자나 작업 중의 근로자 또는 선행차가 있는 경우에는 일단 정지하고 안전을 확인한 다음 출발하여야 한다.
  7. 건널목, 교차로 및 건물의 출입구에서는 일단 정지하여 안전을 확인한 다음 진입하여야 한다.

제 48 조(주차) 이동식기계를 주차할 때에는 다음 각 호의 사항을 준수하여야 한다.
  1. 주차할 때에는 다른 차량이나 일반인의 통행에 방해가 되지 않도록 하여야 한다.
  2. 반드시 핸드브레이크를 걸어두어야 한다.
  3. 차를 이탈할 때에는 반드시 엔진 키를 뽑아 두어야 한다.
  4. 경사면에 주차할 필요가 있는 경우에는 차륜에 괴임목 등으로 고여야 한다.

제 49 조(하역) 이동식기계를 이용하여 하역작업을 할 때에는 다음 각 호의 사항을 준수하여야 한다.
  1. 부피가 작더라도 중량물인 때에는 완전히 허리까지 들어올려서 취급한다.

2. 공동작업은 작업지휘자의 신호에 따라야 한다.
3. 허용적재하중을 초과하는 하물의 적재는 금하여야 한다.
4. 하물대에 사람이 탑승하여서는 아니 된다.
5. 물체가 무너질 위험이 있는 것은 즉시 물체를 묶어야 한다.
6. 굴러갈 위험이 있는 물체는 고임목으로 고여야 한다.
7. 가벼운 것은 위로, 무거운 것은 밑으로 적재하여야 한다.

제 50 조(작업종료) 작업종료 후 다음 각 호의 사항을 준수하여야 한다.
1. 청소를 하고 더러움이 심한 경우에는 물로 씻어야 한다.
2. 점검은 정해진 항목에 의해서 행하여야 한다.
3. 각 회전부를 손질한 다음 급유·주유하여야 한다.
4. 연료, 윤활유, 냉각수를 충만시켜 두어야 한다.(겨울에는 냉각수 전부를 빼둔다. 다만, 부동액이 첨가될 경우에는 그러하지 않는다)
5. 주행일지에 기록하여야 한다.

제3절 지게차

제 51 조(작업개시 전의 점검) 지게차의 운전자는 작업개시 전에 다음 각 호의 규정에 따라 점검하여야 한다.
1. 지게차의 구조와 개요, 기능을 숙지하여야 한다.
2. 점검표에 따라 점검하고, 각 점검항목에 대해서 충분히 이해하여야 한다.
3. 장비의 이상유무를 항상 점검하여야 한다.
4. 이상한 부분을 발견한 때에는 즉시 관리감독자에게 보고하고 필요한 조치를 취하여야 한다.

제 52 조(작업전 협의) 작업개시 전에 관리자, 관리감독자와 반드시 다음 각 호의 규정에 대하여 충분히 협의한 후 다음 후속작업을 하여야 한다.
1. 작업의 목적과 내용
2. 작업장소, 통로, 바닥면, 주변의 장애물 및 그 밖에 특수사정
3. 팔레트 또는 받침대를 사용하는 때에는 취급물체의 중량 및 중심 위치
4. 팔레트 또는 받침대를 사용하지 않은 때에는 물체의 중량, 형태, 크기 및 사용하는 부착물
5. 신호방법
6. 그 밖에 필요사항

제 53 조(준비작업) 준비작업에는 다음 각 호의 사항을 준수하여야 한다.
1. 백 레스트를 붙였는지 여부를 확인하여야 한다.
2. 헤드 가드가 붙어 있는지 여부를 확인하여야 한다.
3. 하물의 크기와 중심의 위치를 고려하고 포크의 간격을 결정하여야 한다.

4. 팔레트를 사용하지 않는 때에는 작업에 적격한 부착물을 선정하고 그것을 견고하게 설치하여야 한다.

제54조(하물취급) 하물취급작업을 할 때에는 다음 각 호의 사항을 준수하여야 한다.
1. 하물의 근처에 왔을 때에는 속도를 줄여야 한다.
2. 하물 앞에서 일단 정지하여야 한다.
3. 지게차를 하물쪽으로 반듯하게 향하고 포크를 끼워 넣는 위치를 확인하고 주의하여 끼워 넣어야 한다. 이때 포크가 팔레트를 문지르거나 마찰하지 않도록 주의하여야 한다.
4. 팔레트에 실려 있는 물체의 안전한 적재 여부를 확인하여야 한다.

제55조(들어올리기) 하물을 들어올리는 작업을 할 때에는 다음 각 호의 사항을 준수하여야 한다.
1. 지상에서 5[cm] 이상 10[cm] 이하 지점까지 들어올린 후 일단 정지하여야 한다.
2. 하물의 안전상태, 포크에 대한 편심하중 및 그 밖에 이상이 없는가를 확인하여야 한다.
3. 마스크는 뒷쪽으로 경사를 주어야 한다.
4. 지상에서 10[cm] 이상 30[cm] 이하의 높이까지 들어올려야 한다.
5. 들어올린 상태로 출발, 주행하여야 한다.

제56조(주행) 지게차를 주행할 때에는 다음 각 호의 사항을 준수하여야 한다.
1. 하물을 적재한 상태에서 주행할 때에는 안전속도로 주행하여야 한다.
2. 비포장도로, 좁은 통로, 언덕 등에서의 급출발이나 급브레이크는 피하여야 한다.
3. 항상 전후 좌우에 주의하여야 한다.
4. 선회를 할 때에는 속도를 줄이고 하물의 안정과 후부차체가 주변에 접촉되지 않도록 주의하고 천천히 운행하여야 한다.
5. 적재하물이 크고 현저하게 시계를 방해할 때에는 다음 각 목의 사항에 따라 운행하여야 한다.
    가. 유도자를 붙여 차를 유도시킬 것
    나. 후진으로 진행할 것
    다. 경적을 울리면서 서행할 것
6. 창고 등의 출입구 또는 높이가 낮은 장소를 운전할 때에는 노면의 요철, 경사, 연약 지반 등에 세심한 주의를 하여야 한다.
7. 경사면을 주행할 때에는 특히 다음 각 목의 사항을 준수하여야 한다.
    가. 경사면을 오를 때에는 포크의 선단 또는 팔레트의 아랫부분이 노면에 접촉되지 않는 범위에서 가능한 한 지면 가까이 놓고 주행하여야 한다.
    나. 경사면을 따라 횡방향으로 주행하거나 방향 전환을 하지 말아야 한다.
    다. 경사면을 내려갈 때에는 후진 운전을 하고 엔진브레이크를 사용하여야 한다. (변속레버를 중립으로 놓고 그 탄력으로 내려가서는 아니 된다.)

제 57 조(적치작업) 지게차를 이용하여 하물을 적치할 때에는 다음 각 호의 사항을 준수하여야 한다.

1. 적치 장소의 가까이에서는 안전한 속도로 줄여야 한다.
2. 적치하기 직전에 일단 정지하여야 한다.
3. 적치 장소에서 하물의 무너짐, 파손 등의 위험이 없는가를 확인하여야 한다.
4. 마스트를 수직의 위치까지 되돌리고(후방 경사에서) 위치보다 약간 높은 위치까지 올려야 한다.
5. 포크의 끼워넣은 위치를 확인하고 나서 주의하여 전진한 다음 예정위치에 내려야 한다.
6. 포크는 길이의 1/4 이상 1/3 이하 정도 잡아 뽑고 다시 올려 안전하고 바르게 쌓는 위치까지 밀어넣고 내려야 한다.
7. 팔레트를 사용하지 않고 쌓는 경우에는 사전에 공동작업자와 전도방지 등에 대해서 충분히 협의한 후 그 신호에 따라 신중히 하여야 한다.
8. 하물을 적재한 상태에서 하차하거나 운전석을 이탈하여서는 아니 된다.

제 58 조(야간작업) 지게차를 이용하여 야간작업을 할 경우 다음 각 호의 사항을 준수하여야 한다.

1. 작업장에는 충분한 조명시설을 하여야 한다.
2. 전조등 또는 그 밖에 조명장치를 이용하여야 한다.
3. 야간작업시에는 특히 원근감이나 지면의 고저가 불명확하고 심하게 착각을 일으키기 쉬우므로 주변의 근로자나 장애물에 주의하면서 안전속도로 운전하여야 한다.

제4절 포터블컨베이어

제 59 조(준비) 포터블컨베이어 운전자는 다음 각 호의 사항을 준수하여야 한다.

1. 컨베이어는 안정되게 설치하여야 하며, 특히 좌우로 경사되어 있으면 하물의 낙하 또는 컨베이어 자체가 전도하는 위험이 있으므로 주의하여야 한다.
2. 작업개시 전에 점검하여 이상이 없는가를 확인하여야 한다.
3. 전동 컨베이어에 대해서는 다음 각 목의 사항을 준수하여야 한다.
    가. 가까운 곳의 전원을 사용할 것
    나. 감전방지용 누전차단장치가 바르게 접속되어 있는가를 확인하여야 하며 사용하기 전에 시험용 버튼을 조작하여 차단장치의 작동여부를 확인할 것

제 60 조(운전) 포터블컨베이어를 운전할 때에는 다음 각 호의 사항을 준수하여야 한다.

1. 운전을 시작하기 전에 주위의 근로자에게 경고하여야 한다.
2. 처음 공회전시킨 후 컨베이어의 상태를 파악하여야 한다.
3. 일정한 속도가 된 시점에서 벨트의 처짐 등 상태를 확인한 후 하물을 적치하여야 한다.

4. 하물을 적치한 상태에서 시동, 정지를 반복하여서는 아니 된다.
5. 하물이 컨베이어를 파손할 위험이 없는가를 확인하여야 한다.
6. 운전 중 이상이 있을 때에는 즉시 운전을 정지한 후 점검하여 수리하여야 한다.
7. 컨베이어에 하물을 적치할 때에는 하물을 컨베이어의 중앙에 적치하여야 한다.
8. 컨베이어의 가동, 정지에는 정해진 조작 스위치를 사용하여야 하며 커넥터를 스위치 대신으로 사용하거나 누전차단장치의 개폐스위치를 사용하여서는 아니 된다.

제 61 조(작업) 컨베이어로 작업하는 때에는 다음 각 호의 사항을 준수하여야 한다.

1. 컨베이어를 운반구에 싣고 작업장소를 이동할 때에는 안전하게 싣고 로프로 묶는 등 전도방지 조치를 하여야 한다.
2. 컨베이어는 중량물이므로 인력운반 또는 운반구에 싣는 때에는 공동작업을 하거나 하역기계를 사용하여야 한다.
3. 차륜이 붙어있는 것은 이송에 편리하지만 받침용으로 된 것은 하중이 높은 부분에 걸려 전도될 위험이 있으므로 자세를 낮게 하고 이송경로는 평탄한 곳을 이용하여 운반하여야 한다.
4. 먼지가 많이나는 물체나 분체를 취급하는 때에는 다른 불순물이 흡입되지 않도록 하여야 하며 분진이 비산하지 않도록 실내의 높은 위치에서 취급하든가 컨베이어에 덮개를 씌워야 한다.
5. 컨베이어를 설치하는 때에는 바닥이 평탄한 곳을 선택하고, 요철이 있는 곳에서는 깔판 등을 깔고 설치하여야 한다.
6. 이동의 경우에는 캡타이어 케이블이 지면에 끌리지 않도록 하여야 한다.
7. 습기나 수분이 많은 장소에서는 습기나 수분 등을 막을 수 있는 조치를 취하여야 한다.
8. 하물에 따라서는 컨베이어의 벨트가 맞닿는 부분에 작업받침대를 설치하여야 한다. 선단에서는 슈트, 롤러컨베이어 등을 설치하고 하물의 취급을 용이하고 안전하게 하여야 한다.

제 62 조(하역) 컨베이어를 이용하여 하역작업을 할 때에는 다음 각 호의 사항을 준수하여야 한다.

1. 컨베이어에 충격을 주지 않도록 적재하여야 하며 무거운 하물은 일단 작업받침대에 내리고 컨베이어 위로 올라가도록 밀어 주어야 한다.
2. 하물은 안전한 방향에서 컨베이어의 중심에 맞추어 실어야 한다.
3. 적재간격은 컨베이어의 범위내에 한정되지만 받아내리는 측의 인력, 작업능력(작업원의 배치 등)을 고려하여야 한다.
4. 높은 곳에 하물을 올릴 때에는 하물의 종류에 따라 경사각도를 너무 크게하지 않아야 한다. 또 안정되어 있더라도 적재 방법이 나쁘면 미끄러지거나 굴러 낙하하는 것이 있으므로 주의하여야 한다.
5. 하물의 외부표면에 이상이 있는 것(파손이나 돌기 등이 나와 있는 것)은 반드시 손

으로 바르게 하거나 정리하여 실어야 한다.
6. 어깨로 하역작업이 가능한 경우에는 어깨로 받기 쉬운 높이로 컨베이어를 설치하여야 한다.
7. 적재 근로자와 항상 긴밀한 연락을 하여야 하며 하역작업과 보조를 맞추어 작업하여야 한다.
8. 컨베이어 말단은 내리기 쉬운 높이로 조절하고 하물의 적재 간격과 맞추어 하역하여야 한다.
9. 마지막 쌓는 작업에서 이송거리가 긴 때에는 롤러컨베이어를 이용하여야 한다.
10. 포터블 벨트컨베이어를 이용하고 하물을 그 양쪽 끝에서 인력작업에 의해서 취급할 때에는 하역작업은 컨베이어 양쪽에 2인을 배치하여 실시하여야 한다.
11. 포터블 벨트컨베이어를 2기 이상 연결하여 작업하는 경우에는 다음 각 목의 규정에 적합한 안전대책을 수립하여야 한다.
    가. 먼지나 분진이 많이 일어나는 분체류의 운반에서는 컨베이어 외부로 낙하하지 않도록 하여야 하며, 비산방지를 위한 호퍼를 이용한다.
    나. 일반하물의 경우에는 연결부에서 하물이 잘 이동할 수 있도록 롤러 등의 기구를 사용한다
    다. 목재 등의 길고 무거운 것을 운반할 때에는 이음매에 목재의 선단이 걸려 컨베이어 방향으로 뛰어오르는 수가 있으므로 컨베이어에 접근하지 말아야 한다. (물체가 구부러져 있는 경우 위험성은 더욱 크다) 또한 컨베이어에 목재 등을 적재한 상태가 불량하더라도 수정하려고 접근하지 말아야 하며 이 경우에는 긴막대 끝에 쇠갈고리를 단 용구(치구)를 사용하여 멀리서 수정작업을 하여야 한다.
12. 작업간에 컨베이어를 타고 이동하는 등의 행동은 절대 금지하여야 한다.

제 63 조(작업종료) 작업이 종료된 때에는 다음 각 호의 사항에 따라 점검하여야 한다.
1. 캡 타이어 케이블에 묻은 진흙 등을 닦고 잘 감아 두어야 한다.
2. 부식성이 있는 하물을 취급한 때에는 특히 더러운 부분을 닦아야 한다.
3. 작업장 내의 정해진 장소에 보관시켜야 한다.
4. 사용한 작업대나 롤러컨베이어를 소정의 장소에 보관하여야 한다.
5. 작업바닥을 청소하여야 한다.
6. 컨베이어를 작업장 밖에 보관할 때에는 직사광선, 눈, 비로부터 보호하기 위해 반드시 보호 덮개를 씌워야 한다.

제5절 셔블로더

제 64 조(운전준비) 운전자는 다음 각 호의 사항에 따라 운전을 준비하여야 한다.
1. 셔블로더가 정차된 장소 주위에 다른 근로자나 장애물이 없고 안전한가를 확인하여야 한다.
2. 작업개시 전 점검을 하여 이상유무를 확인하여야 한다.

3. 일반도로를 운전하는 경우에는 면허증, 차량검사증을 휴대하여야 한다.
4. 작업에 필요한 공구(소화기, 삽, 와이어로프 등)를 장착하고 있는가를 확인하여야 한다.

제 65 조(점검) 셔블로더를 점검할 때에는 다음 각 호의 사항을 준수하여야 한다.
1. 관계자 이외에는 접근시키지 말아야 한다.
2. 점검장소는 다른 기계의 조작이나 작업에 지장이 없는 평탄한 곳을 선택하여 실시하여야 한다.
3. 버킷은 반드시 작업지면에 내려놓고 점검하여야 하며 점검시에 버킷을 올릴 필요가 있을 때에는 레버 블록을 걸어 놓음과 동시에 받침대 위에 올려 놓아 버킷 낙하를 방지하여야 한다.
4. 셔블로더의 하부의 점검은 피트, 검차대를 이용하여야 한다.
5. 점검에 사용하는 수공구 등은 정해진 것을 사용하도록 하여야 한다.

제 66 조(시동) 셔블로더를 시동할 때에는 다음 각 호의 사항을 준수하여야 한다.
1. 기어변속 레버나 하역용 레버가 중립의 위치로 되어 있는가를 확인하여야 한다.
2. 사이드브레이크가 확실히 당겨져 있는가를 확인하여야 한다.
3. 엔진 시동 후에는 공회전운전을 약 5분 정도 함과 동시에 엔진의 회전음이나 폭발음 및 배기가스 등의 상황을 관찰하여 엔진 이상유무를 확인하고 각종 게이지의 작동상태를 점검하여야 하며 이상이 있으면 관리자에게 보고하여 적절한 조치를 받아야 한다.

제 67 조(주행) 셔블로더의 주행시 다음 각 호의 사항을 준수하여야 한다.
1. 운전자세를 바르게 하고 차의 주위에 타근로자나 장애물이 있는가를 확인 하고 경적을 울려 주위를 환기시켜야 한다.
2. 출발할 때에는 사이드브레이크를 개방하고 빈 차일 때에라도 반드시 낮은 기어에서 출발하도록 하여 기계에 무리를 주지 말아야 한다.
3. 장시간 고속운전하거나 고속으로 선회하면서 지그재그 운전을 하면 장애물에 닿거나 전도될 경우가 있으므로 이런 운전을 하여서는 아니 된다.
4. 제한속도를 지켜야 하며 또는 급선회는 옆으로 전도될 위험이 있으므로 주의하여야 한다.
5. 전진기어에서 후진기어로 바꿀 때에는 일단 정지한 후 바꾸어야 한다.
6. 경사면을 오를 때에는 전진으로 주행하고 내려올 때에는 후진으로 주행하며 엔진브레이크를 사용하여야 한다.
7. 경사가 급한 면을 주행하지 말아야 한다.
8. 셔블로더에는 운전자 이외의 근로자를 탑승시키지 않아야 한다.
9. 도로상을 주행하는 경우에는 교통법규를 지키면서 사고방지에 노력하여야 한다.

제 68 조(버킷의 조작) 버킷을 조작할 때에는 다음 각 호의 사항을 준수하여야 한다.
1. 버킷의 끝단이 사람이나 장애물에 닿을 위험이 있으므로 항시 버킷의 끝단은 위를 향하게 하여야 한다.
2. 진동으로 버킷이 지면에 접촉되지 않도록 버킷을 지상 30[cm] 이상 높이로 올린 상태를 유지하고 주행하여야 한다.
3. 버킷을 올린 상태로 운전석을 이탈하지 말아야 한다.
4. 버킷 조작 중에는 운전석 밖으로 얼굴이나 손을 내밀지 말아야 한다.
5. 장애물에 버킷이 닿지 않도록 하여야 하며 또한 주행하면서 버킷을 조작하여서는 아니 된다.
6. 버킷을 조작하는 장소는 평탄한 장소를 택하고 안정을 유지하여야 한다.
7. 버킷에 근로자를 탑승시켜서는 아니 되며 또한 버킷 밑에 사람이 들어가지 않게 하여야 한다.

제 69 조(정지) 셔블로더의 정지시 다음 각 호의 사항을 준수하여야 한다.
1. 급브레이크를 걸면 미끄러지거나 버킷 내의 하물이 넘치는 경우가 있으므로 천천히 브레이크를 걸어야 한다.
2. 정지후에는 변속레버를 중립에 놓고 반드시 사이드브레이크를 당겨 두어야 한다.
3. 경사면에서 주차할 때에는 차륜이탈방지조치를 하여야 하며 사이드브레이크가 느슨하여 잘 걸리지 않을 경우에라도 차가 움직이지 않도록 조치하여야 한다.
4. 정지후 운전석에서 이탈할 때에는 엔진을 완전히 정지시키고 엔진키는 반드시 빼서 보관하여야 한다.
5. 버킷 승강용 레버에 안전장치(레버 블록)가 있는 경우에는 안전장치를 걸어 두어야 한다.
6. 정지했을 때에는 적재여부에도 불구하고 버킷은 지면에 내려두어야 한다.

제 70 조(작업개시 전 조치) 셔블로더의 다음 각 호의 사항을 준수하여야 한다.
1. 합동작업의 경우에는 작업지휘자를 선임하여야 한다.
2. 운전자의 행동범위를 이동식 안전망으로 둘러싸고 또 작업바닥에 선을 그어서 셔블로더의 작업통로를 확보하여야 한다.
3. 작업장 내에서는 타근로자의 출입을 제한하여야 한다.
4. 작업장 내의 제한속도를 정하고 표시하여야 한다.
5. 작업장 내의 구조물 등 장애물에는 보기 쉬운 곳에 경계색으로 표시하고 운전자의 확인이 용이하도록 조치하여야 한다.
6. 연락, 신호에는 호루라기 등을 활용하게 하여야 한다.

제 71 조(작업시) 셔블로더를 이용하여 작업할 경우 다음 각 호의 사항을 준수하여야 한다.
1. 취급하는 하물을 확인하여야 하며 그 하물의 중량을 확인하고 1회의 작업량을 정하여야 한다.

2. 작업에 필요한 공구(삽, 멍석, 받침목 등)를 준비하여야 한다.
3. 작업장 내에 장애물은 제거하여야 한다.
4. 작업면에 파인 곳이나 단층이 있는 경우에는 깔판 등으로 보수하든가 방호물(공드럼 등)을 세워 두고 접근방지를 기하여야 한다.
5. 작업장 내에 가공전선이나 배관류 등이 통과하는 장소는 버킷조작 중에 감전되거나 그것들을 파손하게 할 위험이 있으므로 주의하여야 한다.
6. 협동작업의 경우에는 사전에 협의하고 또 다른 작업과 연결되는 경우에는 사전에 작업내용이나 안전대책에 대해서 연락, 통보하여 상호간 협의를 충분히 하여야 한다.

제 72 조(작업표준) ① 트럭에 적재하는 경우에는 다음 각 호의 작업표준에 따라야 한다.

1. 트럭 이동의 경우

순 서	요 령
1. 전진해서 떠 올린다(셔블로더)	하물에 천천히 직진한다.
2. 후진한다(셔블로더)	트럭이 댈 수 있는 간격을 충분히 두고 신호한다.
3. 후진한다(트럭)	천천히 쏟아 넣을 위치까지
4. 쏟아 넣는다(셔블로더)	버킷을 너무 올리지 않는다.
5. 후진한다(셔블로더)	천천히 트럭으로부터 충분히 떨어질 때까지
6. 전진한다(트럭)	천천히 원 위치로

2. 트럭 정지의 경우

순 서	요 령
1. 정지시킨다(트럭)	60도의 각도로
2. 전진해서 떠 올린다(셔블로더)	하물에 천천히 직진한다.
3. 후진한다(셔블로더)	천천히 충분한 간격을 취하고
4. 방향을 바꾸어 전진한다(셔블로더)	트럭에 직각이 되도록 쏟아 넣을 장소를 향해서
5. 쏟아 넣는다(셔블로더)	버킷을 너무 높게 올리지 않는다.
6. 후진한다(셔블로더)	천천히 원 위치로

제 73 조(떠올리는 방법) 버킷을 지면에서 떠올리는 경우 다음 각 호의 사항을 준수하여야 한다.

1. 고속으로 돌입하는 작업은 위험하고 기계에도 무리가 되므로 금하여야 한다.
2. 방향전환 중에는 버킷을 동작시키지 말아야 한다.
3. 하물을 한쪽으로 기울게 떠올리거나 경사방향으로 떠올려 담으면 편하중이 되므로 피하여야 한다.
4. 떠올려 담으면 버킷을 뒤로 당기어 안전을 도모하여야 한다.
5. 하물의 단위중량을 생각하고 버킷에 떠올려 담을 양을 정하고 과하중이 되지 않도록 하여야 하며 가벼운 것이라도 너무 많이 떠올리면 이송 중에 넘치므로 유의하

여야 한다.

제 74 조(이송) 셔블로더의 작업시에는 다음 각 호의 사항을 준수하여야 한다.
1. 이송 중에는 방향은 물론 좌우 및 후방의 안전을 확인하여야 한다.
2. 노면에 요철이 있는 경우에는 속도를 늦추어야 한다.
3. 버킷의 하물이 넘치지 않도록 신중히 운전하여야 한다.
4. 옥내작업의 경우에는 출입구의 상하좌우의 장해물이나 옥내의 기둥, 대들보 등에 주의해서 운행하여야 한다.
5. 지면이 젖어 있는 경우에는 미끄러지기 쉬우므로 속도를 늦추고 급선회하여서는 아니 된다.
6. 야간작업의 경우에는 원근이나 지면의 요철을 판별하기 어렵고 착각을 일으키기 쉬우므로 신중히 상황을 확인하면서 운전하여야 한다.

제 75 조(내리는 방법) 셔블로더로 하물을 내리는 경우 다음 각 호의 사항을 준수하여야 한다.
1. 하물을 내리기 위해 정지할 때에는 셔블로더에 급브레이크를 걸지 않아야 한다.
2. 버킷은 하물을 부리는 위치의 바로 위에서 일단 정지하고 난 후 기울여야 한다.
3. 분진이 비산하기 쉬운 하물일 경우에는 분진이 일지 않는 위치를 선택하여야 한다.
4. 트럭 위에 하물을 부리는 경우에는 하물이 하물대를 초과하거나 넘치지 않도록 하여야 한다.
5. 하물이 덩어리인 경우에는 부리는 장소에 타근로자를 접근시키지 않도록 하여야 한다.
6. 하역작업이 끝나면 버킷을 높게 올린 상태로 주행하지 말아야 한다.

제 76 조(작업종료시 점검) 셔블로더의 작업종료시 다음 각 호의 사항에 대하여 점검하여야 한다.
1. 작업 중에 이상상태를 발견한 곳은 재확인하여야 한다.
2. 물의 누설, 기름누설이 없는가 조사하여야 한다.
3. 브레이크 드럼, 휠 허브, 미션 등이 과열되고 있지 않은가 조사하여야 한다.
4. 셔블로더의 이상유무를 확인하고 사용한 기재를 정리하여야 한다.
5. 작업장 내에 비산된 하물은 긁어모아 처리하고 지면을 청소해 두어야 한다.
6. 남은 하물은 형태가 변하여 불안정한 상태가 되거나 무너질 위험성이 있으므로 하물의 안식각을 고려하여 정리하여 두어야 한다.
7. 더러움이 심할 때는 세차하여야 한다.

부 칙

이 고시는 2020년 1월 16일부터 시행한다.

11 크레인작업 표준신호지침

제정 1994. 6. 18 고용노동부 고시 제 94-27호
개정 2001. 1. 9 고용노동부 고시 제 2001-8호

제 1 조(목적) 이 지침은 산업안전보건법 제27조의 규정에 의하여 크레인을 사용하여 작업할 때에 신호자가 취해야 할 표준신호방법에 의하여 사업주에게 지도·권고할 기술상의 지침을 규정함을 목적으로 한다.

제 2 조(용어의 정의) ① 크레인이라 함은 산업안전보건기준에 관한 규칙에서 규정한 크레인을 말한다.
② 그 밖에 이 지침에서 사용하는 용어의 정의는 이 지침에서 정하는 것을 제외하고는 산업안전보건법령이 정하는 바에 의한다.

제 3 조(신호방법) ① 크레인 사용 작업시 호각신호와 수신호의 표준신호방법은 [별표]와 같다.
② 신호자와 운전자간의 거리가 멀어서 수신호의 식별이 어려울 때에는 깃발에 의한 신호 또는 무전기를 사용한다.

제 4 조(신호방법 게시) 사업주는 크레인을 사용하여 작업을 할 때에 신호방법을 상시 작업장과 운전석 옆에 게시 또는 비치하여 근로자로 하여금 알게 하여야 한다.

제 5 조(신호방법 교육) 사업주는 크레인의 운전자 및 신호자를 신규로 채용하거나 교체할 때는 신호방법에 대한 교육을 실시토록 하여야 한다.

제 6 조(신호자 지정) ① 신호자는 해당 작업에 대하여 충분한 경험이 있는 자로서 당해 작업기계 1대에 1인을 지정토록 하여야 한다.
② 여러 명이 동시에 운반물을 훅에 매다는 작업을 할 때에는 작업책임자가 신호자가 되어 지휘토록 하여야 한다.

제 7 조(신호자의 복장) 신호자는 운전자와 작업자가 잘 볼 수 있도록 붉은색 장갑 등 눈에 잘 띄는 색의 장갑을 착용토록 하여야 하며, 신호표지를 몸에 부착토록 하여야 한다.

부 칙

이 고시는 고시한 날부터 시행한다.

[별표] (1) 크레인의 공통적인 표준신호방법

운전 구분	1. 운전자 호출	2. 주권 사용	3. 보권 사용
수신호	호각 등을 사용하여 운전자와 신호자의 주의를 집중시킨다.	주먹을 머리에 대고 떼었다 붙였다 한다.	팔꿈치에 손바닥을 떼었다 붙였다 한다.
호각신호	아주 길게 아주 길게	짧게 길게	짧게 길게

운전 구분	4. 운전 방향 지시	5. 위로 올리기	6. 천천히 조금씩 위로 올리기
수신호	집게손가락으로 운전 방향을 가리킨다.	집게손가락을 위로 해서 수평원을 크게 그린다.	한손을 지면과 수평하게 들고 손바닥을 위쪽으로 하여 2, 3회 작게 흔든다.
호각신호	짧게 길게	길게 길게	짧게 짧게

운전 구분	7. 아래로 내리기	8. 천천히 조금씩 아래로 내리기	9. 수평 이동
수신호	팔을 아래로 뻗고 (손끝이 지면을 향함) 2, 3회 흔든다.	한 손을 지면과 수평하게 들고 손바닥을 지면쪽으로 하여 2, 3회 작게 흔든다.	손바닥을 움직이고자 하는 방향의 정면으로 하여 움직인다.
호각신호	길게 길게	짧게 짧게	강하고 짧게

합격예측

주권 사용

주먹을 머리에 대고 떼었다 붙였다 한다.

보권 사용

팔꿈치에 손바닥을 떼었다 붙였다 한다.

운전 구분	10. 물건 걸기	11. 정지	12. 비상정지
수신호	양쪽 손을 몸 앞에다 대고 두 손을 깍지 낀다.	한 손을 들어올려 주먹을 쥔다.	양손을 들어올려 크게 2, 3회 좌우로 흔든다.
호각신호	길게 짧게	아주 길게	아주 길게 아주 길게

운전 구분	13. 작업 완료	14. 뒤집기	15. 천천히 이동
수신호	거수경례 또는 양손을 머리 위에 교차시킨다.	양손을 마주보게 들어서 뒤집으려는 방향으로 2, 3회 절도있게 역전시킨다.	방향을 가리키는 손바닥 밑에 집게손가락을 위로 해서 원을 그린다.
호각신호	아주 길게	길게 짧게	짧게 길게

합격예측

기다려라

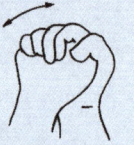

오른손으로 왼손을 감싸 2, 3회 작게 흔든다.

운전 구분	16. 기다려라	17. 신호 불명	18. 기중기의 이상 발생
수신호	오른손으로 왼손을 감싸 2, 3회 작게 흔든다.	운전자는 손바닥을 안으로 하여 얼굴 앞에서 2, 3회 흔든다.	운전자는 사이렌을 울리거나 한쪽 손의 주먹을 다른 손의 손바닥으로 2, 3회 두드린다.
호각신호	길게	짧게 짧게	강하고 짧게

(2) 붐이 있는 크레인 작업시의 신호방법

운전 구분	1. 붐 위로 올리기	2. 붐 아래로 내리기	3. 붐을 올려서 짐을 아래로 내리기
수신호	팔을 펴 엄지손가락을 위로 향하게 한다.	팔을 펴 엄지손가락을 아래로 향하게 한다.	엄지손가락을 위로 해서 손바닥을 오므렸다 폈다 한다.
호각신호	짧게 짧게	짧게 짧게	짧게 길게

운전 구분	4. 붐을 내리고 짐은 올리기	5. 붐을 늘리기	6. 붐을 줄이기
수신호	팔을 수평으로 뻗고 엄지손가락을 밑으로 해서 손바닥을 폈다 오므렸다 한다.	두 주먹을 몸허리에 놓고 두 엄지손가락을 밖으로 향한다.	두 주먹을 몸허리에 놓고 두 엄지손가락을 서로 안으로 마주 보게 한다.
호각신호	짧게 길게	강하게 짧게	길게 길게

(3) Magnetic 크레인 사용 작업시의 신호방법

운전 구분	1. 마그넷 붙이기	2. 마그넷 떼기
수신호	양쪽 손을 몸 앞에다 대고 꽉 낀다.	양손을 몸앞에서 측면으로 벌린다 (손바닥은 지면으로 향하도록 한다).
호각신호	길게 짧게	길게

12 발파 표준안전 작업지침

[시행 2023. 7. 1.] [고용노동부고시 제2023-34호, 2023. 7. 1., 전부개정]

제1장 총 칙

제 1 조(목적) 이 고시는 「산업안전보건법」 제13조에 따라 발파작업에서의 재해예방을 위한 화약류의 취급, 운반, 사용 및 관리와 작업상의 안전에 관하여 사업주에게 지도·권고할 기술상의 지침을 규정함을 목적으로 한다.

제 2 조(용어의 정의) 이 고시에서 사용하는 용어의 뜻은 이 고시에 특별한 규정이 없으면 「산업안전보건법」, 같은 법 시행령 및 시행규칙, 「산업안전보건기준에 관한 규칙」에서 정하는 바에 따른다.
1. "화약류"란 화약, 폭약 및 화공품으로, 「총포·도검·화약류 등의 안전관리에 관한 법률」(이하 「총포화약법」이라 한다) 제2조제3항에 따른 화약류를 말한다.
2. "폭발"이란 맹렬한 발열반응과 충격파를 동반하는 화학반응을 말한다.
3. "화약"이란 추진적 폭발의 용도로 사용하는 것으로 「총포화약법」제2조제3항제1호에 따른 화약을 말한다.
4. "폭약"이란 파괴적 폭발의 용도로 사용하는 것으로 「총포화약법」제2조제3항제2호에 따른 폭약을 말한다.
5. "화공품"이란 화약 및 폭약을 사용 목적에 맞도록 섬유나 플라스틱으로 피복하거나, 통이나 관에 채우는 방법 등으로 가공한 공작물로「총포화약법」제2조제3항제3호에 따른 화공품을 말한다.
6. "도폭선"이란 섬유, 플라스틱, 금속 등의 관 내부에 폭약을 삽입한 것을 말한다.
7. "최소저항선"이란 장약(발파를 위해 천공한 구멍에 장약한 폭약을 말한다)의 중심에서 자유면(암석 등 발파 대상물이 대기나 물에 접하는 면을 말한다)에 이르는 최단거리를 말한다.
8. "발파모선(lead wire)"이란 발파기(blaster)와 뇌관 또는 발파회로를 연결하는 전선을 말한다.
9. "보조모선(connecting wire 또는 harness wire)"이란 뇌관과 뇌관을 연결하여 발파회로를 구성하거나, 발파회로와 발파모선을 연결하는 데 사용하는 전선을 말한다.
10. "뇌관"이란 화약 또는 폭약을 기폭하는 데 쓰이는 발화·발열용 금속관을 말하며, 기폭방식에 따라 전기뇌관, 비전기뇌관, 전자뇌관 등으로 구분된다.
11. "전기뇌관"이란 전기적(electric)으로 기폭되는 뇌관으로 통상 금속제의 관체에

기폭약(priming charge)과 첨장약(base charge)을 채워 넣은 것을 말한다.
12. "비전기뇌관"이란 전기의 사용 없이(non-electric) 시그널튜브에 의한 불꽃 등을 이용하여 기폭되는 뇌관을 말한다.
13. "전자뇌관"이란 집적회로(IC칩)에서 발생하는 전자적(electronic) 신호로 기폭되는 뇌관을 말한다.
14. "시그널튜브(signal tube)"란 통상 직경 약 3[mm]의 플라스틱 튜브 내에 얇은 층의 폭약이 코팅되어, 비전기식발파기로부터 충격을 받아 폭발하여 연결된 뇌관을 기폭시키는 화공품을 말한다.
15. "표면연결뇌관(surface delay connector)"이란 비전기뇌관의 시그널튜브 다발(통상 5개 내외로 구성된다)로 연결하여 동시에 기폭시키기 위해 만들어진 화공품을 말한다.
16. "번치커넥터(bunch connector)"란 비전기뇌관의 시그널튜브 다발(통상 20개 내외로 구성된다)로 연결하여 동시에 기폭시키기 위해 만들어진 화공품을 말한다.
17. "발파작업책임자"란 「총포화약법」 제27조에 따른 화약류관리보안책임자로서 「산업안전보건법」 제16조제1항에 따라 발파작업에 관한 업무와 그 소속 근로자를 직접 지휘·감독하는 관리감독자의 업무를 수행하는 자를 말한다.

제2장 화약류의 취급 등

제1절 발파작업 일반

제 3 조(발파작업책임자) 사업주는 화약류를 취급·사용하여 발파작업을 하는 경우 발파작업책임자가 「산업안전보건법 시행령」 제15조제1항에 따른 관리감독자의 업무를 수행하도록 하여야 한다.

제 4 조(일반 안전기준) 발파작업을 할 때는 다음 각 호의 사항을 준수하여야 한다.
1. 발파작업을 할 때 발생할 수 있는 산업재해를 예방하기 위하여 다음 각 목의 사항을 포함한 작업계획서를 작성하여 해당 근로자에게 알리고, 작업계획서에 따라 발파작업책임자가 작업을 지휘하도록 할 것
   가. 발파 작업장소의 지형, 지질 및 지층의 상태
   나. 발파작업 방법 및 순서(발파패턴 및 규모 등 중요사항을 포함한다)
   다. 발파 작업장소에서 굴착기계등의 운행경로 및 작업방법
   라. 토사·구축물 등의 붕괴 및 물체가 떨어지거나 날아오는 것을 예방하기 위해 필요한 안전조치
   마. 뇌우나 모래폭풍이 접근하고 있는 경우 화약류 취급이나 사용 등 모든 작업을 중지하고 근로자들을 안전한 장소로 대피하는 방안

바. 발파공별로 시차를 두고 발파하는 지발식 발파를 할 때 비산, 진동 등의 제어대책
2. 발파작업으로 인해 토사·구축물 등이 붕괴하거나 물체가 떨어지거나 날아올 위험이 있는 장소에는 관계 근로자가 아닌 사람의 출입을 금지할 것
3. 화약류, 발파기재 등을 사용 및 관리, 취급, 폐기하거나, 사업장에 반입할 때에는 「총포화약법」 및 제조사의 사용지침에서 정하는 바에 따를 것
4. 화약류를 사용, 취급 및 관리하는 장소 인근에서는 화기사용, 흡연 등의 행위를 금지할 것
5. 발파기와 발파기의 스위치 또는 비밀번호는 발파작업책임자만 취급할 수 있도록 조치하고, 발파기에 발파모선을 연결할 때는 발파작업책임자의 지휘에 따를 것
6. 발파를 하기 전에는 발파에 사용하는 뇌관의 수량을 파악해야 하며, 발파 후에는 폭발한 뇌관의 수량을 확인할 것
7. 수중발파에 사용하는 뇌관의 각선(뇌관의 관체와 연결된 전기선 또는 시그널튜브를 말한다)은 수심을 고려하여 그 길이를 충분히 확보하고, 수중에서 결선(結線)하는 각선의 개소는 가능한 한 적게 할 것
8. 도심지 발파 등 발파에 주의를 요구하는 장소에서는 실제 발파하기 전에 공인기관 또는 이에 상응하는 자의 입회하에 시험발파를 실시하여 안전성을 검토할 것

제 5 조(진동 및 파손 등) ① 발파작업으로 인해 진동 및 파손 등의 우려가 있는 경우 다음 각 호의 사항을 준수하여야 한다.
1. 건물 등 구조물 및 동력선, 통신망 등 시설 인근에서 발파작업을 할 때는 주변 상태와 발파위력을 고려하여 소음과 진동을 최소화할 것
2. 제1호에 해당하는 경우에는 그 구조물 또는 시설의 소유자, 점유자, 사용자에게 발파계획의 내용과 시기 및 통제조치를 알리고, 필요한 조치를 할 때까지 발파작업을 금지할 것
3. 「건설기술진흥법」 제44조에 따라 정한 건설공사 설계기준 및 표준시방서 등 관계 법령에서 정하는 진동 허용기준을 준수할 것
4. 관계 전문가로부터 발파에 따른 진동을 측정하고 분석한 기록지를 받아 확인하고 보관할 것

② 제1항제1호에 따라 소음과 진동을 최소화할 때는 다음 각 호의 사항을 고려하여야 한다.
1. 관계 전문가에게 자문을 하여 소음과 진동의 영향을 최소화할 수 있는 화약류로 결정할 것
2. 자유면을 가능한 한 많이 활용하여 적정한 최소저항선과 장약량을 결정할 것
3. 폭발음을 경감시키기 위해 토제(earth dike) 등을 쌓거나, 풍향, 풍속을 고려하고 지발 뇌관을 사용할 것
4. 공발현상(고압가스 분출 등 이상 현상을 말한다)을 최소화하기 위해 충분한 전색 작업을 하고, 필요한 경우 보호매트 등을 사용할 것

5. 비전기발파의 경우 표면연결뇌관 및 번치커넥터의 기폭에 의한 소음을 최소화할 수 있는 조치를 할 것

제 6 조(발파방법의 선정) 작업의 내용, 작업장소의 특성, 진동, 붕괴 또는 낙하 및 파손의 영향 등과 다음 각 호의 사항을 고려하여 안전한 방법으로 발파방법을 선정해야 한다.
1. 발파방법을 변경하는 경우 또는 연약암질, 토사층 및 암질의 변화구간에서 발파하는 경우 사전에 발파에 의한 영향력 등을 조사하기 위한 시험발파를 실시하여 가장 안전한 발파방법을 고려할 것
2. 관계 전문가에게 자문을 하여 안전성을 확보할 수 있는 화약류 사용 및 발파방법을 적용할 것
3. 레이다, 무선 송수신 시설이 있거나, 측정 결과 누설전류의 위험이 있는 경우에는 전기뇌관의 사용을 지양할 것
4. 물이 고여 있거나 지하수 용출이 있는 장소 또는 수공에 장약해야 하는 경우에는 전기뇌관의 사용을 지양할 것
5. 온천지역 등의 고온공에서 장약해야 하는 경우 제조사에서 정한 기준에 따라 화약류를 선정할 것
6. 눈보라, 모래바람 등으로 인한 정전기 발생의 우려가 있는 장소 또는 우천, 낙뢰에 의한 누설전류로 인해 폭발의 위험성이 높은 장소에서 발파작업을 하는 경우에는 전기적 위험성이 낮은 비전기뇌관 또는 전자뇌관을 사용할 것

제2절 화약류의 관리

제 7 조(화약류의 저장 및 운반) ① 건설공사, 채석장 등 발파작업 현장에서 화약류를 사용할 때는 「총포화약법」 제25조에 따른 화약류저장소로부터 매일 발파에 필요한 최소량을 화약류취급소로 운반하도록 하여야 한다.
② 그 밖에 화약류의 저장 및 운반에 관한 구체적인 사항은 「총포화약법」에 따른다.

제 8 조(화약류취급소) ① 화약류를 사용할 때는 화약류의 사용장소 부근에 화약류의 관리 및 발파의 준비에 전용되는 건물(이하 "화약류취급소"라 한다)을 「총포화약법 시행령」 제17조에서 정하는 기준에 맞게 설치하여야 한다.
② 화약류취급소의 운용 및 화약류 보관 등에 관해서는 다음 각 호의 사항을 준수하여야 한다.
1. 화약류취급소 이외의 장소에는 화약류를 방치 또는 보관하지 않도록 할 것
2. 화약류취급소 및 인근에서는 약포에 뇌관류를 삽입하거나, 삽입된 약포를 취급하지 말 것
3. 화약류취급소에는 관계 근로자가 아닌 사람의 출입을 금지할 것
4. 화약류취급소에 보관한 화약류의 피탈, 도난 방지 등을 방지하기 위한 조치를 할 것
5. 화약류취급소 인근에서는 흡연, 화기사용 등 화재의 위험을 초래하는 행위를 금지

하고, 방화수, 방화사 및 소화기 등을 비치하여 둘 것
　6. 화약류취급소에는 화약류 취급 대장을 비치하여 발파작업책임자가 화약류의 보관, 사용 및 잔류수량 등을 기록하게 할 것
　7. 화약류취급소에는 화약류 취급상 필요한 안전수칙을 근로자가 보기 쉬운 곳에 게시할 것
③ 그 밖에 화약류취급소의 운영, 화약류 보관량 등에 관한 사항은 「총포화약법」에 따른다.

제 9 조(사업장 내 운반) 발파작업을 하는 사업장 내에서 화약류를 운반할 때는 다음 각 호의 사항을 준수하여야 한다.
1. 화약류를 갱내 또는 발파장소로 운반할 때에는 정해진 포장 및 상자 등을 사용할 것
2. 폭약과 뇌관은 1인이 동시에 운반하지 않도록 할 것. 다만, 부득이하게 1인이 운반하는 경우 별개의 용기에 넣어 운반할 것
3. 화약류는 운반하는 자의 체력에 적당하도록 소량을 운반하도록 할 것
4. 화약류를 운반할 때에는 화기나 전선의 부근을 피하고, 던지거나, 넘어지거나, 떨어뜨리거나, 부딪히는 등 충격을 주지 않도록 주의할 것
5. 빈 화약류 용기 및 포장재료는 제조사에서 정한 기준에 따라 처분할 것
6. 전기뇌관을 운반할 때에는 다음 각 목의 사항을 준수할 것
　가. 각선의 피복 등이 벗겨지거나 손상되지 않도록 용기에 넣을 것
　나. 건전지 또는 전선의 피복이 벗겨진 전기기구를 휴대하지 말 것
　다. 전등선, 동력선 기타 누전의 우려가 있는 것에 접근시키지 말 것

제3절 화약류의 취급 및 검사

제 10 조(화약류의 취급) 화약류의 사용장소에서 화약류를 취급할 때는 다음 각 호의 사항을 준수하여야 한다.
1. 「총포화약법」 제5조(같은 조 제4호 제외), 제13조제1항제2호부터 제7호까지, 제19조에 해당하는 자의 화약류의 취급을 금지할 것
2. 화약류는 두드리거나, 던지거나, 떨어뜨리는 등 충격을 주지 않도록 항상 주의할 것
3. 화기의 사용 또는 불꽃을 발생시키는 작업을 하는 장소의 부근이나 누전의 위험이 있는 장소에서는 화약류를 취급하지 말 것
4. 화약류가 들어있는 상자를 열 때는 철제기구 등으로 두드리거나 충격을 주어 억지로 열지 말 것
5. 화약류를 수납하는 용기는 나무 기타 전기의 부도체로 만든 견고한 구조로 하고 내부에는 철재류가 드러나지 않도록 할 것
6. 방수 처리를 하지 않은 화약류는 습기가 있는 곳에 두지 말 것
7. 폭약과 뇌관은 각각 다른 용기에 수납할 것
8. 굳어진 폭약은 부드럽게 하여 사용할 것

9. 발파작업 현장에는 여분의 화약류를 들고 들어가지 말 것
10. 사용하고 남은 화약류는 신속하게 화약류취급소로 운반하여 보관할 것
11. 화약류 취급 중에는 항시 도난 및 피탈에 주의하고 과부족이 발생하지 않도록 유의할 것
12. 전기뇌관은 전지, 전선, 기타 전기설비, 레일, 철재류, 전등선, 동력선 또는 휴대전화 등 누전의 우려가 있는 물체에 닿지 않도록 할 것
13. 비전기뇌관을 취급하는 경우 시그널튜브가 장기간 햇볕에 노출되어 변형이 일어나지 않도록 화약류취급소에 보관하거나 열을 차단할 수 있는 재료로 덮는 등의 조치를 할 것

제 11 조(화약류의 검사) 화약류를 사용하기 전에는 다음 각 호의 사항에 따라 불량품을 점검 또는 검사하여야 한다.

1. 굳어지기 쉽고, 굳어지면 불발과 잔류를 발생하거나 폭력이 약해질 우려가 있는 질산암모늄(NH4NO3)을 많이 포함한 폭약 중 딱딱해진 것은 부드럽게 풀어 관리할 것
2. 흡습 또는 이상 경화로 인해 성능의 변화가 우려되는 화약류(이하 "불량 화약류"라 한다)는 사용하지 말 것
3. 폭약의 양 끝이 유연하게 되어 있는지, 액체가 흘러내리지 않았는지 등을 확인하여 흡습으로 인한 불량 화약류 여부를 확인할 것
4. 불량 화약류는 쉽게 알아볼 수 있도록 표시하고, 제조사에서 정한 안전한 방법으로 처리할 것
5. 전기뇌관을 사용하는 경우에는 각선의 상처, 도통의 유무 또는 전기저항을 확인할 것
6. 전기뇌관을 사용하는 경우 0.01A 이하의 전류를 가진 도통시험기로 도통 유무를 측정하고 검사를 마친 전기뇌관의 양단은 반드시 단락(短絡)하여 둘 것
7. 비전기뇌관을 사용하는 경우에는 시그널 튜브의 상처, 뇌관 관체의 손상 등의 이상 여부를 육안으로 확인할 것
8. 도폭선을 사용하는 경우에는 흡습, 피복의 상처, 헐거움 등의 이상 여부를 확인할 것
9. 전자뇌관을 사용하는 경우에는 회로점검기(테스터기)로 뇌관 ID 및 통신 상태를 점검하여 이상 여부를 확인할 것

제3장 천공 및 장약

제 12 조(천공) 천공작업을 할 때는 다음 각 호의 사항을 준수하여야 한다.

1. 발파공의 크기는 사용할 화약류의 직경보다 클 것
2. 1차 발파된 지역에서 천공작업을 하는 경우 다음 각 목의 사항을 따를 것
    가. 전 지역에 폭파되지 않은 화약의 유무를 세밀히 조사하여 확인될 때까지 천공하지 말 것
    나. 가목에 따른 확인 결과 화약류를 발견하지 못하였다 하더라도 천공 구멍에 천

공기, 곡괭이 또는 금속재 봉 등을 삽입하지 말 것
다. 불발된 발파공에서부터 15m 이내에서는 동력 기계를 이용한 천공작업을 금지할 것
3. 천공작업과 장약작업은 같은 작업장소에서 병행하지 않아야 하고, 작업장소 간에 충분한 안전거리를 확보할 것
4. 천공작업으로 인해 발생하는 먼지는 가능한 한 물을 뿌리는 등 습식으로 제거할 것
5. 천공작업 중 근로자가 추락할 우려가 있는 때에는 작업발판을 설치하고 안전대를 착용토록 하는 등의 방법으로 추락 방지 조치를 할 것
6. 오거 및 천공기가 작동할 때는 관계 근로자가 아닌 사람의 출입을 금지할 것
7. 천공기를 이동할 때는 드릴 등 작업공구류는 안전한 위치에 두어야 하며, 송전선 아래나 그 주위로 이동할 때는 특히 주의할 것
8. 천공작업을 하는 때에는 회전체에 끼이지 않도록 주의할 것

제13조(장약) ① 장약을 할 때는 다음 각 호의 사항을 준수하여야 한다.
1. 장약작업 장소 인근에서는 화기사용 및 흡연을 하지 않도록 할 것
2. 장약작업 장소 인근에서는 전기용접 작업이나 동력을 사용하는 기계를 사용하지 않을 것
3. 장약작업을 하는 근로자가 안전모 등 적절한 보호구를 착용하도록 할 것
4. 기존의 발파에 사용된 발파공에는 장약하지 않도록 할 것
5. 약포는 1개씩 손을 사용하여 신중하게 장약봉으로 넣고, 약포 간에 간격이 없도록 그때마다 구멍길이의 차를 측정하면서 장약을 수행하도록 할 것
6. 장약봉은 곧바르고 견고하며, 마찰·충격·정전기 등에 대하여 안전한 부도체(플라스틱, 나무 등)를 사용하여 약포 지름보다 약간 굵고, 적당한 길이로 하고, 개수는 충분히 준비하게 할 것
7. 장약은 뇌관의 관체, 각선, 연결장치 등이 충격 또는 손상되지 않도록 주의하며, 각선의 길이는 결선작업을 고려하여 충분한 길이의 것을 사용하게 할 것
8. 초유폭약을 장약하는 경우 다음 각 목의 사항을 따를 것
가. 장약 중에 흡습 또는 이물의 혼입을 방지하기 위한 조치를 강구할 것
나. 갱내에서는 가스 등의 환기에 유의하고, 통기가 나쁜 장소에서는 사용하지 말 것
다. 폭약을 장약한 후에는 신속하게 기폭할 것
9. 낙석 또는 붕락의 위험이 있는 뜬돌(부석) 등의 유무를 확인하고, 이를 제거하는 등 안전조치 후 작업하도록 할 것
10. 장약작업 중에는 관계 근로자가 아닌 사람의 출입을 금지할 것
② 발파공을 청소하고 점검할 때는 다음 각 호의 사항을 준수하여야 한다.
1. 발파공의 위치, 상태 및 깊이를 확인할 것
2. 발파공에는 이물질이 들어가지 않게 하고, 이물질이 들어간 발파공은 공저(孔底)까지 청소하도록 할 것
3. 초유폭약을 사용할 때에는 흡습 또는 이물의 혼입을 방지하기 위한 조치를 할 것

③ 폭약을 발파공에 장약한 후 틈을 메우기 위한 전색작업을 할 때는 다음 각 호의 사항을 준수하여야 한다.
1. 전색물은 적정한 수분을 함유한 모래나 점토 등 불연성 재료를 사용할 것
2. 불완전한 발파 및 발파 후 가스 유출 등을 방지하기 위해 충분한 양의 전색물을 사용할 것
3. 공발(空發, blown out)이 발생하지 않도록 다짐 작업을 충분히 할 것

④ 전기발파를 하는 경우 장약작업을 할 때는 다음 각 호의 사항을 준수하여야 한다.
1. 궤도, 철재류 또는 상설 전기접지계통을 접지극에 뇌관의 각선을 연결하지 말 것
2. 수공에 장약할 때 부득이하게 비전기뇌관 또는 전자뇌관이 아닌 전기뇌관을 사용하는 경우에는 결선부에 방수제를 도포하거나 내수 테이프를 감는 등 방수 처리하여 누설전류로 인한 위험방지 조치를 할 것

⑤ 온천지역, 섭씨 65도 이상의 고온공에 장약하는 경우 다음 각 호의 사항을 준수하여야 한다.
1. 화약제조업자 또는 판매업자 등 전문가의 지도를 받아 고온공에 적합한 화공품을 선정할 것
2. 천공을 충분히 밀폐시키고 천공 내의 온도를 측정할 것
3. 암반에 물을 뿌리거나, 천공 또는 보조공에 물을 직접 주입하는 등의 방법으로 암반의 온도를 섭씨 40도 이하로 낮출 것
4. 장약부터 발파까지의 시간을 가능한 한 짧게 하여, 암반의 온도가 섭씨 60도 이상으로 오르기 전에 발파할 것

제14조(장전기의 사용) ① 장전기를 사용할 때는 다음 각 호의 사항을 준수하여야 한다.
1. 내부 청소가 용이한 구조의 장전기를 사용할 것
2. 뇌관을 삽입한 기폭약포는 장전기 호스로 장약하지 말 것
3. 초유폭약을 사용하는 경우에는 본체가 스테인리스강 또는 알루미늄으로 만들어진 장전기를 사용하고, 구리(Cu), 철(Fe) 등 부식되기 쉬운 물질이나 주석(Sn), 아연(Zn) 등과 같이 초유폭약의 분해를 조장하는 물질을 이용하지 않을 것

② 전기발파를 하는 경우 장전기를 사용할 때는 다음 각 호의 사항에 유의하여야 한다.
1. 장전기 호스는 정전기를 쉽게 제거할 수 있고, 또한 누설전류의 유입을 방지할 수 있는 것(강선입 고무, 비닐호스 또는 반도전성 호스)을 사용하고, 발파공의 길이보다 60[cm] 이상 긴 것을 사용할 것
2. 장약작업 중에 발생하는 정전기를 제거하기 위해 접지가 가능한 구조의 장전기를 사용할 것
3. 장전기를 사용하여 장약할 때에는 정전기가 소산(疏散)될 수 있도록 할 것
4. 장전기를 사용하여 화약 또는 폭약을 장약하는 때에는 정전기에 의해 전기뇌관이 기폭되는 것을 방지할 것

제4장 발 파

제1절 전기발파

제 15 조(작업 순서) 전기발파 작업은 천공, 장약, 결선, 도통시험·저항측정 등 회로점검, 근로자 대피, 발파기와 모선의 연결, 기폭, 발파결과 확인의 순서로 시행한다.

제 16 조(발파기재의 검사) ① 전기발파를 할 때는 전기뇌관, 발파기, 도통시험기, 저항측정기, 발파모선, 보조모선, 누설전류검지기 등 발파기재를 준비하여 건조한 곳에 보관하여야 한다.

② 전기발파 작업을 시작하기 전에는 주요 발파기재에 대하여 다음 각 호의 사항을 확인하여야 한다.

1. 사용하고자 하는 전기식 발파기의 능력을 측정하고 이상 유무를 확인할 것
2. 발파모선의 저항이 크면 뇌관에 전달되는 전류가 작아짐을 고려하여 발파모선의 규격을 신중히 선택하고, 절연저항과 피복의 파손 여부를 확인할 것
3. 모든 결선 부위는 전류의 누설이나 전선의 단선(斷線)을 방지하기 위하여 절연테이프로 감아주거나 나무상자 등 절연물에 고정하여 지면으로부터 이격시킬 것
4. 발파모선을 뇌관에 연결하기 전에 단선 또는 단락 여부를 확인할 것

제 17 조(뇌관의 삽입) ① 전기뇌관은 저항을 측정하고, 소정의 저항치(오차 ±0.1옴)를 확인한 후 약포에 삽입하여야 하며 발파모선에 연결하기 전까지 각선의 양단을 단락하여 두어야 한다.

② 뇌관의 삽입작업은 발파작업 현장에서 하고, 화약류취급소 등에서 미리 수행해서는 아니 된다.

제 18 조(발파모선의 배선) 발파모선을 배선하는 경우 기폭장소에서 발파장소까지의 주통로에는 철제기재 등 장해물을 두지 않도록 하고 갱내의 측벽에 달아매는 등 통행에 방해가 되지 않도록 배선하여야 한다.

제 19 조(저항의 측정) 저항측정 및 소요전압 산출은 별표 1에 따라 하며, 저항을 측정할 때는 다음 각 호의 사항을 준수하여야 한다.

1. 도통시험 및 저항측정은 화약류를 장약하는 장소에서 30m 이상 떨어진 장소에서 실시할 것
2. 저항측정기에 발파모선의 양단을 연결하여 저항을 측정하고 분리하였을 때 무한대 저항이 나타나지 않는 경우에는 발파모선의 손상, 절연 불량, 파손 등 불량원인을 조사하여 보수한 후 사용할 것
3. 소정의 저항값을 나타내지 않는 경우 다음 작업을 진행하지 않을 것
4. 불량개소가 발견되지 않으면 소정의 도통시험기로 각 전기뇌관에 대한 도통시험을 개별적으로 실시할 것

5. 발파모선의 저항은 기록하여 보관할 것

제20조(정전기 대책) 전기발파를 할 때는 별표 2를 고려하여 정전기 대책을 수립하여 시행하여야 한다.

제 21 조(전기발파 안전기준) 전기발파를 할 때는 다음 각 호의 사항을 준수하여야 한다.
1. 전원은 전용 발파기만을 사용하여야 하고, 발파작업책임자 외에는 개폐할 수 없도록 할 것
2. 다수의 전기뇌관을 일제히 발파하는 때에는 발파기의 용량, 발파모선, 전기뇌관의 모든 저항을 고려하여 필요한 수준의 전류가 흐르게 할 것
3. 발파기 및 건전지는 건조한 곳에 보관하고 사용 전에 전압, 전류 등을 확인할 것
4. 낙뢰경보기, 누설전류측정기 등을 사용하여 뇌전 가능성과 정전기 배출 가능성을 확인할 것
5. 발파기의 스위치는 기폭하는 때를 제외하고는 잠금장치를 하거나(고정식), 발파작업책임자가 휴대하게(이탈식) 할 것
6. 발파모선은 절연효력이 있고, 기계적으로 안전한 것으로서, 그 길이가 30m 이상의 것을 사용하여야 하며 사용 전에는 단선의 유무를 확인할 것
7. 발파모선은 기폭이 될 때까지 항상 단락하여 둘 것
8. 보조모선은 피복이 안전하고 절연성능이 높은 것을 사용하고, 여러 개의 선을 이었거나 길이가 지나치게 길어 저항이 크게 된 것은 사용하지 말 것

제2절 비전기발파

제 22 조(작업 순서) 비전기발파 작업은 천공, 장약, 결선(비전기뇌관에 표면연결뇌관 또는 번치커넥터 연결), 연결상태 등 회로점검, 근로자 대피, 발파기와 스타터뇌관의 연결, 기폭, 발파결과 확인의 순서로 시행한다.

제 23 조(발파기재의 검사) ① 비전기발파를 할 때는 비전기뇌관, 스타터뇌관, 발파기, 번치커넥터 등 발파기재를 준비하여 건조한 곳에 보관하여야 한다.

② 비전기발파 작업을 시작하기 전에는 주요 발파기재에 대하여 다음 각 호의 사항을 확인하여야 한다.
1. 사용하고자 하는 비전기식발파기의 능력을 측정하고 이상 유무를 확인할 것
2. 육안으로 시그널튜브 손상여부 및 비전기뇌관의 결합상태 등 발파회로의 이상 유무를 점검할 것

제 24 조(뇌관의 삽입) ① 비전기뇌관은 뇌관의 상태 및 시그널튜브의 손상 여부를 확인한 후 약포에 삽입하여야 한다.

② 뇌관 삽입작업 장소에 관해서는 제17조제2항에 따른다.

제 25 조(시그널튜브의 배선) ① 시그널튜브를 배선할 때는 심하게 잡아당기지 말아야 하고, 꼬임, 매듭 등이 없도록 주의하여야 한다.

② 시그널튜브를 밟거나 차량 등이 지나지 않도록 하여야 한다. 다만, 시그널튜브의 손상을 방지하기 위하여 적절한 방호조치를 한 경우에는 그러하지 아니하다.

제 26 조(비전기발파 안전기준) 비전기발파를 할 때는 다음 각 호의 사항을 준수하여야 한다.
1. 기폭하기 직전까지 스타터뇌관을 발파기로부터 분리하여 둘 것
2. 장약 또는 결선작업을 할 때는 시그널튜브에 손상이 가지 않도록 취급할 것
3. 흡습에 의한 불발을 방지하기 위해 스타터를 사용할 때를 제외하고는 시그널튜브의 밀봉된 끝 부위를 잘라내지 않도록 할 것
4. 습한 장소에서는 결선 후 장기간 방치하지 말고 신속하게 발파할 것
5. 결선 여부를 육안으로 철저히 확인할 것
6. 지발식 발파작업을 할 때는 표면연결뇌관 또는 번치커넥터의 비산 파편에 의해서 인접한 시그널튜브가 손상되지 않도록 헝겊이나 비닐 등으로 감싸는 등 필요한 조치를 할 것
7. 시그널튜브는 제조사에서 정하는 온도 이상의 환경에서는 사용하지 않을 것

제3절 전자발파

제 27 조(작업 순서) 전자발파 작업은 천공, 장약, 결선, 초시입력, 회로점검 테스트, 근로자 대피, 발파기와 발파모선 연결, 통신상태 점검, 기폭, 발파결과 확인의 순서로 시행한다.

제 28 조(발파기재의 검사) ① 전자발파를 할 때는 전자뇌관, 발파기, 초시입력장치, 발파모선, 보조모선, 회로점검기 등 발파기재를 준비하여 건조한 곳에 보관하여야 한다.

② 전자발파 작업을 시작하기 전에는 주요 발파기재에 대하여 다음 각 호의 사항을 확인하여야 한다.
1. 발파기와 전자뇌관, 초시입력장치, 회로점검기 등 발파기재 간의 통신상태 및 발파기의 충전상태를 확인할 것
2. 원활한 통신상태를 유지하기 위해 제조사에서 정한 보조모선을 사용할 것
3. 결선작업 중에는 회로점검기를 연결하여 뇌관의 이상 유무, 연결상태 등을 수시로 확인할 것

제 29 조(뇌관의 삽입) ① 전자뇌관은 각 뇌관의 상태와 통신 여부 등을 확인한 후 약포에 삽입하고, 작업계획에 따른 초시를 정확히 입력하고 확인하여야 한다.

② 뇌관 삽입작업 장소에 관해서는 제17조제2항에 따른다.

제 30 조(발파모선의 배선) 전자발파 시 발파모선의 배선에 관해서는 제18조에 따른다.

제 31 조(전자발파 안전기준) 전자발파를 할 때는 다음 각 호의 사항을 준수하여야 한다.
1. 제21조제5호부터 제8호까지의 사항을 준수할 것
2. 뇌관의 연결장치와 연결용 보조모선을 연결하는 결선작업을 할 때는 반드시 병렬 결선회로를 가지도록 정확히 연결할 것
3. 각 뇌관의 시차를 부여하여 발파 순서를 결정하는 초시입력 작업은 발파작업책임자의 지휘에 따라 수행하고, 초시입력을 완료한 후에는 초시 입력된 뇌관의 수량과 실제 사용된 뇌관의 총 수량의 일치 여부를 확인할 것
4. 회로점검기를 통해 결선회로의 단선, 단락, 누설 여부 및 불량뇌관, 통신이 되지 않는 뇌관, 초시 미입력 뇌관의 유무를 확인하여 필요한 조치를 할 것

제5장 기폭 및 발파 후 처리

제 32 조(기폭) ① 기폭장소는 다음 각 호의 사항을 준수하여 선정하여야 한다.
1. 발파장소에서 충분히 떨어져 있고, 발파에 의한 비석 또는 낙석 등의 위험이 없는 장소로 할 것
2. 발파장소가 잘 보이는 장소로 할 것
3. 물기나 철관, 궤도 등이 없는 장소로 할 것

② 기폭작업을 할 때는 다음 각 호의 사항을 준수하여야 한다.
1. 발파작업책임자의 지휘에 따라 기폭을 실시할 것
2. 발파예고, 기폭, 발파완료 등 주요 상황에 대한 신호를 정하고, 해당 근로자에게 주지시킬 것
3. 위험구역을 정하여 출입을 금지하고 감시자를 배치할 것
4. 비상상황에 대비하여 대피경로를 정하고 관계자에게 알릴 것
5. 기폭에 앞서 사업장 및 그 주변에 있는 사람이 들을 수 있도록 사이렌을 울려야 하며, 필요한 경우 주민 대피, 교통통제 등의 조치를 할 것
6. 위험구역 내 모든 근로자의 대피상태를 확인한 후 기폭을 실시할 것

③ 발파기에 뇌관 및 발파회로를 연결하는 등 발파 준비를 완료한 후 기폭하지 않게 된 경우에는 충분한 시간이 지난 후 안전이 확보된 상태에서 접근하도록 하고, 재기폭을 실시하기 전에 발파기재를 재점검하도록 한다.

제 33 조(발파 후 조치) ① 발파 후에는 다음 각 호의 사항을 준수하여야 한다.
1. 즉시 발파모선을 발파기에서 분리하여 단락시키는 등 재기폭되지 않도록 조치할 것
2. 발파기재는 발파작업책임자의 지휘에 따라 지정된 장소에 보관할 것
3. 폭발하지 않은 뇌관의 수량을 확인하여 불발한 화약을 확인할 것

② 발파 후 다음 각 호의 경우에는 사람의 접근을 금지하여야 한다.
1. 불발된 화약이 폭발하거나 추가적인 낙석 등의 우려가 있을 때
2. 불발된 화약의 확인이 곤란한 때에는 기폭 후 15분 이상

제 34 조(불발에 따른 조치) ① 발파 후 불발된 화약이 있는 경우에는 별표 3을 고려하여 객관적으로 그 원인을 조사하고 대책을 수립하여야 한다.

② 불발된 장약을 처리할 때에는 다음 각 호의 사항을 준수하여야 한다.

1. 불발된 천공 구멍으로부터 60[cm] 이상(손으로 뚫은 구멍인 경우에는 30[cm] 이상)의 간격을 두고 평행으로 천공하여 다시 발파하고 불발한 화약류를 회수할 것
2. 불발된 천공 구멍에 물을 주입하고 그 물의 힘으로 전색물과 화약류를 흘러나오게 하여 불발된 화약류를 회수할 것
3. 제1호 및 제2호의 방법으로 불발된 화약류를 회수할 수 없는 때에는 그 장소에 표시를 하고, 인근 장소에 출입을 금지할 것
4. 불발된 발파공에 압축공기를 넣어 전색물을 뽑아내거나 뇌관에 영향을 미치지 아니하게 하면서 조금씩 장약하고 다시 기폭할 것
5. 전기뇌관을 사용한 경우에는 저항측정기를 사용하여 불발공의 회로를 점검하고 이상이 없으면 발파회로에 다시 연결하여 재발파하고, 불발공이 단락되어 있으면 압축공기나 물로 장약된 화약류 및 전색물을 제거한 후 기폭약포를 재장약하여 발파할 것
6. 비전기뇌관을 사용한 경우에는 육안으로 불발공의 회로를 점검하고 이상이 없으면 발파회로에 다시 연결하여 재발파하고, 시그널튜브가 손상되어 있으면 압축공기나 물로 장약된 화약류 및 전색물을 제거한 다음 기폭약포를 재장약하여 발파할 것
7. 전자뇌관을 사용한 경우에는 회로점검기를 사용하여 불발공의 회로를 점검하고 이상이 없으면 발파회로에 다시 연결하여 재발파하고, 뇌관의 통신이 되지 않으면 압축공기나 물로 장약된 화약류 및 전색물을 제거한 다음 기폭약포를 재장약하여 발파할 것

③ 불발공으로부터 회수한 뇌관이나 폭약은 모두 제조사의 시방에 따라 처리하여야 하며, 임의로 매립하거나 폐기하여서는 아니 된다.

④ 불발의 원인 및 안전한 후속 조치계획을 수립하기 어려운 경우에는 관계 전문가의 도움을 받아서 처리하여야 한다.

⑤ 불발된 장약을 확인할 수 없거나, 적절하게 처리되지 않은 경우에는 해당 발파장소에 근로자의 출입을 금지하여야 한다.

제 35 조(재검토기한) 이 고시에 대하여 2023년 7월 1일 기준으로 매 3년이 되는 시점(매 3년째의 6월 30일까지를 말한다)마다 그 타당성을 검토하여 개선 등의 조치를 하여야 한다.

부 칙 〈제2023-34호, 2023.07.01.〉

이 고시는 발령한 날부터 시행한다.

MEMO

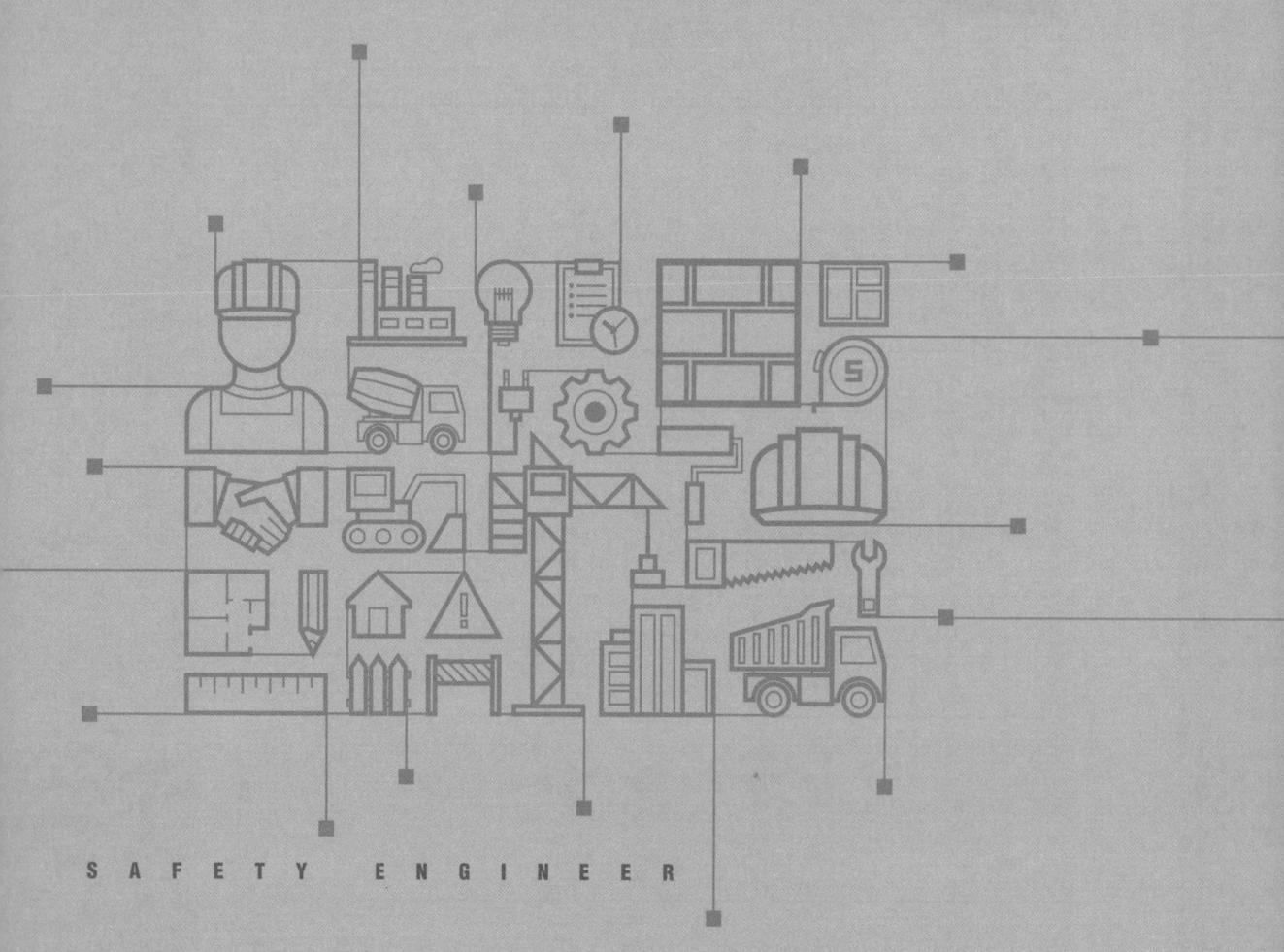

SAFETY ENGINEER

건설안전산업기사 실기 필답형

2018
산업기사 04월 15일 시행
산업기사 06월 30일 시행
산업기사 11월 10일 시행

2019
산업기사 04월 14일 시행
산업기사 06월 29일 시행
산업기사 11월 09일 시행

2020
산업기사 05월 24일 시행
산업기사 07월 26일 시행
산업기사 10월 18일 시행
산업기사 11월 29일 시행

2021
산업기사 04월 24일 시행
산업기사 07월 10일 시행
산업기사 11월 14일 시행

2022
산업기사 05월 07일 시행
산업기사 07월 24일 시행
산업기사 11월 19일 시행

2023
산업기사 04월 23일 시행
산업기사 07월 22일 시행
산업기사 11월 05일 시행

2024
산업기사 04월 27일 시행
산업기사 07월 28일 시행
산업기사 11월 02일 시행

과년도 출제문제

- **산업기사** 2018년 4월 15일 시행
- **산업기사** 2018년 6월 30일 시행
- **산업기사** 2018년 11월 10일 시행

2018년도 산업기사 정기검정 제1회(2018년 4월 15일 시행)

자격종목 및 등급(선택분야): 건설안전산업기사
시험시간: 1시간 | 수험번호: 20180415 | 성명: 도서출판세화
(배점: 60, 문제수: 13)

※ 본 문제는 복원문제로 실제문제와 동일하지 않을 수 있습니다.

01. 다음은 강관비계에 관한 내용이다. ( )에 알맞은 말이나 숫자를 쓰시오.(4점)

비계기둥의 제일 윗부분으로부터 (①)[m]되는 지점 밑부분의 비계기둥은 (②)개의 강관으로 묶어 세울 것

해답
① 31
② 2

KEY
① 2013년 7월 14일 기사(문제 13번) 출제
② 2016년 4월 17일(문제 6번) 출제
③ 2017년 11월 12일(문제 2번) 출제

정보제공
산업안전보건기준에 관한 규칙 제60조(강관비계의 구조)

02. 하역작업을 할 때 화물운반용 또는 고정용으로 사용할 수 없는 섬유로프를 쓰시오.(4점)

해답
① 꼬임이 끊어진 것
② 심하게 손상 또는 부식된 것

KEY
① 2014년 7월 6일(문제 7번) 출제
② 2017년 6월 25일(문제 5번) 출제

정보제공
산업안전보건기준에 관한 규칙 제387조(꼬임이 끊어진 섬유로프 등의 사용 금지)

03. 차량계 건설기계를 사용하여 작업을 할 때 기계가 넘어지거나 굴러 떨어짐으로써 근로자에게 위험을 미칠 우려가 있는 때에 취할 수 있는 조치사항을 3가지만 쓰시오.(6점)

해답
① 유도하는 사람 배치
② 지반의 부동침하 방지
③ 갓길의 붕괴 방지
④ 도로폭의 유지

KEY
① 2011년 5월 1일 기사(문제 10번) 출제
② 2015년 11월 17일(문제 8번) 출제
③ 2017년 6월 25일 기사(문제 3번) 출제

정보제공
산업안전보건기준에 관한 규칙 제199조(전도 등의 방지)

04. 목재가공용 둥근톱기계의 방호장치 2가지를 쓰시오.(4점)

해답
① 반발예방장치
② 톱날접촉예방장치

KEY
① 2011년 11월 13일(문제 9번) 출제
② 2012년 4월 22일(문제 1번) 출제
③ 2016년 4월 17일(문제 7번) 출제

정보제공
① 산업안전보건기준에 관한 규칙 제105조(둥근톱기계의 반발예방장치)
② 산업안전보건기준에 관한 규칙 제106조(둥근톱기계의 톱날접촉예방장치)

05. 토공사의 비탈면 보호방법(공법)의 종류를 4가지만 쓰시오.(4점)

해답
① 떼붙임공
② 파종공
③ 블록(돌) 붙임공
④ 뿜어붙이기공

참고 건설안전(산업)기사 실기 필답형 p.4-55(표. 비탈면보호공법)

KEY 2016년 4월 17일 기사 출제

06 종합재해지수를 구하시오.(5점)

- 연근로시간수 : 257,600일
- 연간재해발생건수 : 17건
- 근로손실일수 : 420일
- 휴업일수 : 34일

해답

① 도수율 = $\dfrac{\text{재해건수}}{\text{연근로시간수}} \times 1{,}000{,}000$

$= \dfrac{17}{257{,}600} \times 1{,}000{,}000$

$= 65.993 = 65.99$

② 강도율 = $\dfrac{\text{총요양근로손실일수}}{\text{연근로시간수}} \times 1{,}000$

$= \dfrac{420 + \left(34 \times \dfrac{300}{365}\right)}{257{,}600} \times 1{,}000$

$= 1.738 = 1.74$

③ 종합재해지수 = $\sqrt{\text{도수율} \times \text{강도율}}$

$= \sqrt{65.99 \times 1.74} = 10.715 = 10.72$

KEY
① 2013년 11월 9일(문제 2번) 출제
② 2014년 4월 20일(문제 3번) 출제
③ 2014년 4월 20일 기사(문제 12번) 출제
④ 2015년 11월 7일(문제 7번) 출제
⑤ 2016년 4월 17일(문제 9번) 출제

07 철골공사 작업을 중지해야 하는 조건이다. ( )를 채우시오.(3점)

① 풍 속 : 초당 ( )[m] 이상인 경우
② 강우량 : 시간당 ( )[mm] 이상인 경우
③ 강설량 : 시간당 ( )[cm] 이상인 경우

해답

① 10
② 1
③ 1

참고 산업안전보건기준에 관한 규칙 제383조(작업의 제한)

KEY
① 2009년 4월 19일 기사 출제
② 2009년 4월 19일 출제
③ 2013년 7월 14일 기사 출제
④ 2014년 11월 1일(문제 12번) 출제
⑤ 2015년 7월 12일 기사(문제 1번) 출제
⑥ 2015년 11월 7일 기사 출제

08 계단 설치기준이다. 다음 ( )를 채우시오.(4점)

사업주는 계단 및 계단참을 설치하는 경우 매제곱미터당 (①)[kg] 이상의 하중에 견딜 수 있는 강도를 가진 구조로 설치하여야 하며, 안전율은 (②)이상으로 하여야 한다.

해답

① 500
② 4

KEY
① 2012년 11월 3일 기사(문제 4번) 출제
② 2015년 11월 7일 기사 출제

정보제공
산업안전보건기준에 관한 규칙 제26조(계단의 강도)

09 작업자가 시야가 가려지도록 부피가 큰 짐을 운반하던 중 덮개 없는 개구부 바닥에 떨어지는 사고를 당하였다. 다음의 재해를 상세히 기술하시오.(5점)

① 재해형태   ② 가해물
③ 기인물   ④ 불안전한 행동
⑤ 불안전한 상태

해답

① 재해형태 : 추락(떨어짐)
② 가해물 : 바닥
③ 기인물 : 큰 짐
④ 불안전한 행동 : 작업자가 전방의 시야를 확인할 수 없는 큰 짐을 들고 이동
⑤ 불안전한 상태 : 개구부 덮개 미설치

KEY
① 1995년 6월 11일(문제 20번) 출제
② 2007년 7월 8일(문제 5번) 출제
③ 2014년 11월 1일(문제 7번) 출제

10
산업안전보건법상 크레인, 곤돌라, 리프트 또는 승강기에 설치할 방호장치의 종류 5가지를 쓰시오.(5점)(단, 과부하방지장치 제외)

해답
① 권과방지장치
② 비상정지장치
③ 제동장치
④ 파이널 리밋 스위치
⑤ 속도조절기
⑥ 출입문 인터 록

KEY ① 2011년 5월 1일 기사 출제
② 2014년 11월 1일 기사 출제

정보제공
산업안전보건기준에 관한 규칙 제134조(방호장치의 조정)

11
깊이 10.5[m] 이상 굴착의 경우 흙막이 구조의 안전을 예측하기 위해 설치하여야 하는 계측기기 4가지만 쓰시오.(4점)

해답
① 수위계
② 경사계
③ 하중 및 침하계
④ 응력계

참고 건설안전(산업)기사 실기 필답형 p.5-226(제5절 깊은 굴착작업)

KEY ① 2008년 7월 6일 기사 출제
② 2013년 7월 14일(문제 6번) 출제

정보제공
굴착공사 표준안전작업지침 제15조(착공전 조사)

12
오랫동안 사용하지 않은 우물통 등 밀폐공간에서 작업시 특별교육내용 3가지를 쓰시오.(6점)

해답
① 산소농도 측정 및 작업환경에 관한 사항
② 사고 시의 응급처치 및 비상 시 구출에 관한 사항
③ 보호구 착용 및 사용방법에 관한 사항
④ 밀폐공간작업의 안전작업방법에 관한 사항
⑤ 그 밖에 안전보건관리에 필요한 사항

KEY 2011년 7월 24일(문제 8번) 출제

정보제공
산업안전보건법 시행규칙 [별표 7] 안전보건교육 교육대상별 교육내용

13
공사금액이 1억원 이상 120억원 미만의 공사를 하는 자는 기술지도를 받아야 한다. 다만, 전문기술지도 또는 정기기술지도를 받지 않아도 되는 공사 3가지를 쓰시오.(6점)

해답
① 공사기간이 1개월 미만인 공사
② 육지와 연결되지 아니한 섬지역(제주특별자치도는 제외한다)에서 이루어지는 공사
③ 안전관리자의 자격을 가진 사람을 선임하여 안전관리자의 업무만을 전담하도록 하는 공사
④ 유해위험방지계획서를 제출하여야 하는 공사

KEY 2002년 10월 27일 기사 출제

정보제공
산업안전보건법 시행령 제59조(건설재해예방 지도대상 건설공사 도급인)
〈2022년 8월 18일 개정법 적용〉

※ 문제 및 답안(지), 점수, 채점기준은 일체 공개하지 않는다.
※ 다음 여백은 계산 연습란으로 사용하시오.

비번호	
총 점	

2018년도 산업기사 정기검정 제2회(2018년 6월 30일 시행)

자격종목 및 등급(선택분야): **건설안전산업기사**
시험시간: 1시간
수험번호: 20180630
성명: 도서출판세화
(배점: 60, 문제수: 13)

※ 본 문제는 복원문제로 실제문제와 동일하지 않을 수 있습니다.

01 안전모의 종류 AB, AE, ABE 사용구분에 따른 용도를 쓰시오.(6점)

해답
① AB : 물체의 낙하, 비래, 추락에 의한 위험을 방지·경감
② AE : 물체의 낙하, 비래에 의한 위험을 방지 또는 경감하고 머리부위 감전에 의한 위험을 방지
③ ABE : 물체의 낙하 또는 비래 및 추락에 의한 위험을 방지 또는 경감하고, 머리부위 감전에 의한 위험을 방지하기 위한 것

KEY 2015년 11월 7일 기사 출제

정보제공 고용노동부 - 보호구 안전인증 고시(고시 제2014-46호)

02 작업발판의 끝이나 개구부로서 근로자가 추락할 위험이 있는 장소에서 작업시 추락 방지 대책 3가지를 쓰시오.(3점)

해답
① 안전난간 설치
② 울타리 설치
③ 수직형 추락방호망 설치
④ 덮개설치

KEY 2015년 11월 7일(문제 13번) 출제

정보제공 산업안전보건기준에 관한 규칙 제43조(개구부 등의 방호조치)

03 작업으로 인하여 물체가 떨어지거나 날아올 위험이 있는 경우 위험방지를 위하여 취해야 할 조치사항 3가지를 쓰시오.(6점)

해답
① 낙하물 방지망 설치
② 수직보호망 또는 방호선반의 설치
③ 출입금지구역의 설정

KEY
① 2004년 10월 31일 기사(문제 3번) 출제
② 2014년 4월 20일(문제 11번) 출제
③ 2016년 4월 17일 기사 출제

정보제공 산업안전보건기준에 관한 규칙 제14조(낙하물에 의한 위험의 방지)

04 종합재해지수를 구하시오.(5점)

- 연근로시간수 : 257,600시간
- 연간재해발생건수 : 17건
- 근로손실일수 : 420일
- 휴업일수 : 34일

해답
① 도수율 $= \dfrac{\text{재해건수}}{\text{연근로시간수}} \times 1,000,000$
$= \dfrac{17}{257,600} \times 1,000,000 = 65.993 = 65.99$

② 강도율 $= \dfrac{\text{총요양근로손실일수}}{\text{연근로시간수}} \times 1,000$
$= \dfrac{420 + (34 \times \dfrac{300}{365})}{257,600} \times 1,000 = 1.738 = 1.74$

③ 종합재해지수 $= \sqrt{\text{도수율} \times \text{강도율}}$
$= \sqrt{65.99 \times 1.74} = 10.715 = 10.72$

KEY
① 2013년 11월 9일(문제 2번) 출제
② 2014년 4월 20일(문제 3번)
③ 2014년 4월 20일 기사(문제 12번)
④ 2015년 11월 7일(문제 7번) 출제
⑤ 2016년 4월 17일(문제 9번) 출제
⑥ 2018년 4월 15일(문제 6번) 출제

05 중력식 옹벽의 붕괴방지를 위하여 외력에 대한 안정조건 검토사항 3가지를 쓰시오.(3점)

해답
① 활동
② 전도
③ 기초지반 지지력

KEY
① 1994년 11월 20일 출제
② 2003년 4월 27일 산업기사 출제
③ 2003년 4월 27일(문제 12번) 출제
④ 2018년 4월 15일 기사 출제

06 다음은 강관비계에 관한 내용이다. 다음 빈칸을 채우시오. (3점)

> 비계기둥의 제일 윗부분으로부터 31[m]되는 지점 밑부분의 비계기둥은 2개의 강관으로 묶어 세울 것
> 비계기둥 간의 적재하중은 (   )[kg]을 초과하지 않도록 할 것

해답
400

KEY
① 2013년 7월 14일 기사(문제 13번) 출제
② 2017년 11월 12일(문제 2번) 출제

정보제공
산업안전보건기준에 관한 규칙 제60조(강관비계의 구조)

07 근로자 350명이 근무하던 중 산업재해가 15건 발생하였고, 재해자수가 18명 발생했다. 도수율과 연천인율을 구하시오. (단, 근로시간은 1일 9시간 250일 근무한다.) (4점)

해답

① 도수율 $= \dfrac{재해건수}{연근로시간수} \times 1{,}000{,}000$
$= \dfrac{15}{350 \times 9 \times 250} \times 1{,}000{,}000$
$= 19.047$
$= 19.05$

② 연천인율 $= \dfrac{재해자수}{평균근로자수} \times 1{,}000$
$= \dfrac{18}{350} \times 1{,}000$
$= 51.428$
$= 51.43$

KEY
① 2013년 4월 21일 기사 출제
② 2013년 7월 14일(문제 2번) 출제
③ 2017년 6월 25일(문제 6번) 출제

08 크레인(이동식 크레인 제외)을 사용하여 작업을 하는 때에 작업시작 전 점검사항을 3가지만 쓰시오. (6점)

해답
① 권과방지장치·브레이크·클러치 및 운전장치의 기능
② 주행로의 상측 및 트롤리가 횡행하는 레일의 상태
③ 와이어로프가 통하고 있는 곳의 상태

KEY
① 2014년 7월 6일(문제 6번) 산업기사 출제
② 2015년 4월 19일(문제 3번) 출제
③ 2017년 6월 25일 기사 출제

정보제공
산업안전보건기준에 관한 규칙 [별표 3] 작업시작 전 점검사항

09 산업안전보건법상 건설업 중 유해위험방지계획서의 제출사업 3가지를 쓰시오. (6점)

해답
(1) 건축물 또는 시설 등의 건설·개조 또는 해체공사
  가. 지상높이가 31미터 이상인 건축물 또는 인공구조물
  나. 연면적 3만제곱미터 이상인 건축물
  다. 연면적 5천제곱미터 이상인 시설
    ① 문화 및 집회시설(전시장 및 동물원·식물원은 제외한다)
    ② 판매시설, 운수시설(고속철도의 역사 및 집배송시설은 제외한다)
    ③ 종교시설
    ④ 의료시설 중 종합병원
    ⑤ 숙박시설 중 관광숙박시설
    ⑥ 지하도상가
    ⑦ 냉동·냉장 창고시설
(2) 연면적 5천제곱미터 이상인 냉동·냉장 창고시설의 설비공사 및 단열공사
(3) 최대지간길이가 50[m] 이상인 교량건설 등 공사
(4) 터널건설 등의 공사
(5) 다목적댐, 발전용댐 및 저수용량 2천만톤 이상의 용수전용댐, 지방상수도 전용댐 건설 등의 공사
(6) 깊이 10[m] 이상인 굴착공사

KEY
① 2016년 4월 17일(문제 8번) 출제
② 2016년 6월 26일(문제 6번) 출제
③ 2017년 4월 16일(문제 3번) 출제

정보제공
산업안전보건법 시행령 제42조(유해위험방지계획서 제출 대상)

10 클램쉘(clamshell)의 사용용도를 쓰시오. (2점)

해답
① 수직굴착
② 수중굴착

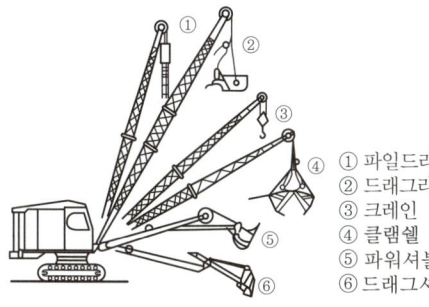

① 파일드라이버
② 드래그라인
③ 크레인
④ 클램쉘
⑤ 파워셔블
⑥ 드래그셔블

[그림] 굴착기의 앞부속장치

11
"적정공기"란 산소농도의 범위가 (①)[%] 이상 (②)[%] 미만, 이산화탄소의 농도가 (③)[%] 미만, 일산화탄소 농도가 30[ppm] 미만, 황화수소의 농도가 10[ppm] 미만인 수준의 공기를 말한다. ( )에 알맞은 수치를 쓰시오.(3점)

해답
① 18
② 23.5
③ 1.5

KEY 2012년 11월 3일(문제 12번) 출제

정보제공
산업안전보건기준에 관한 규칙 제618조(정의)

12
중량물 취급작업시 작업계획서에 포함사항 5가지를 쓰시오.(5점)

해답
① 추락위험을 예방할 수 있는 안전대책
② 낙하위험을 예방할 수 있는 안전대책
③ 전도위험을 예방할 수 있는 안전대책
④ 협착위험을 예방할 수 있는 안전대책
⑤ 붕괴위험을 예방할 수 있는 안전대책

KEY ① 1997년 10월 9일 산업기사(문제 15번)
② 2006년 11월 5일(문제 10번)
③ 2014년 4월 20일 기사 출제

정보제공
산업안전보건기준에 관한 규칙 [별표 4] 사전조사 및 작업계획서 내용

13
해체공사의 공법에 따른 소음과 진동 방지대책 3가지를 쓰시오.(6점)

해답
① 공기압축기 등은 적당한 장소에 설치하여야 하며 장비의 소음 진동기준은 관계법에서 정하는 바에 따라 처리하여야 한다.
② 전도공법의 경우 전도물 규모를 작게 하여 중량을 최소화하여 전도대상물의 높이도 되도록 작게 하여야 한다.
③ 철해머공법의 경우 해머의 중량과 낙하높이를 가능한 한 낮게 하여야 한다.
④ 현장 내에서는 대형 부재로 해체하며 장외에서 잘게 파쇄하여야 한다.
⑤ 인접건물의 피해를 줄이기 위해 방음, 방진 목적의 가시설을 설치하여야 한다.

참고 건설안전(산업)기사 실기 필답형 p.5-258(제22조 소음 및 진동)

정보제공
해체공사 표준안전작업지침(고시 2020-11호)

KEY 2016년 4월 17일(문제 12번) 출제

녹색직업 녹색자격증 코너

멀리 가려거든 함께 가라.

빨리 가려거든 혼자 가라. 멀리 가려거든 함께 가라.
빨리 가려거든 직선으로 가라.
멀리 가려거든 곡선으로 가라.
외나무가 되려거든 혼자 서라.
　　　　　　-인디언 속담(다이애나 홍 한국독서경영연구원장)

인생은 혼자, 빨리 가는 것이 아닙니다.
멀리보고, 더불어, 천천히 가는 것이 멋진 인생입니다.
가족과 함께하는 멋진 시간 되시기 바랍니다.

※ 문제 및 답안(지), 점수, 채점기준은 일체 공개하지 않습니다.
※ 다음 여백은 계산 연습란으로 사용하시오.

비번호	
총 점	

2018년도 산업기사 정기검정 제4회(2018년 11월 10일 시행)

자격종목 및 등급(선택분야): 건설안전산업기사
시험시간: 1시간 | 수험번호: 20181110 | 성명: 도서출판세화
(배점: 60, 문제수: 13)

※ 본 문제는 복원문제로 실제문제와 동일하지 않을 수 있습니다.

01 근로자 안전보건교육에서 ( )를 쓰시오(5점)

교육과정	교육대상		교육시간
정기 교육	사무직 종사 근로자		매반기 6시간 이상
	사무직 종사 근로자 외의 근로자	판매업무에 직접 종사하는 근로자	매반기 6시간 이상
		판매업무에 직접 종사하는 근로자 외의 근로자	매반기 12시간 이상
	관리감독자의 지위에 있는 사람		연간 16시간 이상
채용 시의 교육	일용근로자		(①)시간 이상
	일용근로자를 제외한 근로자		(②)시간 이상
작업내용 변경 시의 교육	일용근로자		(③)시간 이상
	일용근로자를 제외한 근로자		(④)시간 이상
특별 교육	별표 5 제1호 라목 각 호(제39호는 제외한다)의 어느 하나에 해당하는 작업에 종사하는 일용 근로자		2시간 이상
	별표 5 제1호 라목 제39호의 타워크레인 신호작업에 종사하는 일용근로자		8시간 이상
	별표 5 제1호라목 각 호의 어느 하나에 해당하는 작업에 종사하는 일용근로자를 제외한 근로자		• 16시간 이상(최초 작업에 종사하기 전 4시간 이상 실시하고 12시간은 3개월 이내에서 분할하여 실시가능) • 단기간 작업 또는 간헐적 작업인 경우에는 2시간 이상
건설업 기초 안전보건 교육	건설 일용근로자		(⑤)시간 이상

해답
① 1 ② 8 ③ 1
④ 2 ⑤ 4

KEY ① 2011년 11월 9일(문제 1번) 출제
② 2016년 11월 12일(문제 1번) 출제

정보제공
산업안전보건기준에 관한 규칙 [별표 4] 안전보건교육 교육과정별 교육시간

02 고소작업대를 사용시 작업시작전 점검사항을 3가지 쓰시오.(6점)

해답
① 비상정지장치 및 비상하강방지장치 기능의 이상유무
② 과부하방지장치의 작동유무(와이어로프 또는 체인구동방식의 경우)
③ 아우트리거 또는 바퀴의 이상유무
④ 작업면의 기울기 또는 요철유무

KEY 2007년 7월 8일(문제 11번) 출제

정보제공
산업안전보건기준에 관한 규칙 [별표 3] 작업시작전 점검사항

03 산업안전보건법의 승강기의 종류 4가지를 쓰시오.(4점)

해답
① 승객용 엘리베이터
② 승객화물용 엘리베이터
③ 화물용 엘리베이터
④ 소형화물용 엘리베이터
⑤ 에스컬레이터

KEY ① 2009년 10월 18일 산업기사 출제
② 2010년 10월 31일(문제 8번) 출제
③ 2018년 6월 30일 기사(문제 11번) 출제

정보제공
산업안전보건기준에 관한 규칙 제132조(양중기)

04 목재가공용 둥근톱기계의 방호장치 2가지를 쓰시오.(4점)

해답
① 반발예방장치
② 톱날접촉예방장치

KEY
① 2011년 11월 13일(문제 9번) 출제
② 2012년 4월 22일(문제 1번) 출제
③ 2016년 4월 17일(문제 7번) 출제
④ 2018년 4월 15일(문제 4번) 출제

정보제공
① 산업안전보건기준에 관한 규칙 제105조(둥근톱기계의 반발예방장치)
② 산업안전보건기준에 관한 규칙 제106조(둥근톱기계의 톱날접촉예방장치)

합격자의 조언
작업형에도 자주 출제

05 보일링방지대책 2가지를 쓰시오.(4점)

해답
① 굴착 저면 아래까지 지하수위를 낮춘다.
② 흙막이벽을 깊이 설치하여 지하수의 흐름을 막는다.

KEY
① 1996년 7월 14일(문제 7번) 출제
② 2009년 4월 19일(문제 3번) 출제
③ 2009년 7월 5일(문제 12번) 출제
④ 2009년 10월 8일(문제 7번) 출제
⑤ 2017년 4월 16일 기사(문제 1번) 출제

06 기계가 서 있는 지반보다 높은 곳을 굴착할 때 쓰는 기계는 무엇인지 쓰시오.(4점)

해답
파워셔블(power shovel)

참고 건설안전(산업)기사 실기 필답형 p.4-12(1. 파워셔블)

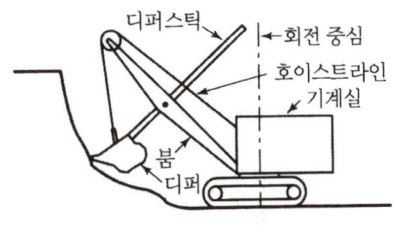

[그림] 파워셔블

KEY
① 2016년 6월 26일 산업기사 출제
② 2016년 11월 12일 기사(문제 2번) 출제

07 강관비계 조립시 벽이음 또는 버팀을 설치하는 간격을 답란의 빈칸에 쓰시오.(4점)

강관비계의 종류	조립간격(단위 : [m])	
	수직방향	수평방향
단관비계	(①)	(②)
틀비계(높이가 5[m] 미만의 것은 제외)	(③)	(④)

해답
① 5   ② 5
③ 6   ④ 8

KEY
① 2013년 4월 21일(문제 6번) 출제
② 2015년 7월 12일(문제 5번) 출제

정보제공
산업안전보건기준에 관한 규칙 [별표 5] 강관비계의 조립 간격

08 지반 굴착시 굴착면의 기울기 내용 중 ( )를 쓰시오.(5점)

지반의 종류	굴착면의 기울기
모래	(①)
연암 및 풍화암	(②)
경암	(③)
그 밖의 흙	(④)

해답
① 1 : 1.8
② 1 : 1.0
③ 1 : 0.5
④ 1 : 1.2

KEY 2015년 7월 12일(문제 9번) 출제

정보제공
산업안전보건기준에 관한 규칙 [별표 11] 굴착면의 기울기 기준
(2023. 11. 14. 개정)

09 연간근로시간 1,400,000시간, 재해건수가 5건 발생하여 6명 사망, 휴업일수 219일이다. 도수율과 강도율을 구하시오.(4점)

해답

① 도수율 = $\dfrac{\text{재해건수}}{\text{연근로시간수}} \times 1,000,000$

= $\dfrac{5}{1,400,000} \times 1,000,000$

= 3.571
= 3.57

② 강도율 = $\dfrac{\text{총요양근로손실일수}}{\text{연근로시간수}} \times 1,000$

= $\dfrac{(7,500 \times 6) + 219 \times \dfrac{300}{365}}{1,400,000} \times 1,000$

= 32.271
= 32.27

KEY 2009년 5월 5일(문제 8번) 출제

10 추락 시 로프의 지지점에서 최하단까지의 거리 h를 구하시오.(단, 로프 길이 150[cm], 로프 신장률 30[%], 근로자 신장 170[cm])(4점)

해답

h = 로프의 길이 + 로프의 늘어난 길이 + 신장/2
= 150 + (150 × 0.3) + 170/2 = 280[cm]

KEY 2016년 6월 26일(문제 12번) 출제

11 지반 붕괴 등에 의한 위험방지 조치사항을 쓰시오.(6점)

해답

① 흙막이 지보공 설치
② 방호망 설치
③ 근로자 출입금지

KEY ① 1992년 11월 1일 출제
② 2012년 4월 22일 기사(문제 14번) 출제

정보제공
산업안전보건기준에 관한 규칙 제340조(지반의 붕괴 등에 의한 위험방지)

12 응급구호 표지를 그리고 바탕색과 기본모형 및 관련 부호색을 쓰시오(6점)

해답

① 응급구호표지

② 바탕색 : 흰색, 기본모형 및 관련부호색 : 녹색

동일답안
바탕색 : 녹색, 기본모형 및 관련부호색 : 흰색

정보제공
산업안전보건법시행규칙 [별표 8] 안전보건표지의 종류별 용도, 사용장소, 형태 및 색채

합격자의 조언
안내표지는 2가지 색을 어느 것으로 표시해도 됩니다.

13 명예산업안전 감독관의 임기를 쓰시오.(4점)

해답

2년

정보제공
산업안전보건법 시행령 제31조(명예감독관의 위촉 등)

※ 문제 및 답안(지), 점수, 채점기준은 일체 공개하지 않는다.
※ 다음 여백은 계산 연습란으로 사용하시오.

비번호	
총 점	

과년도 출제문제

- **산업기사** 2019년 4월 14일 시행
- **산업기사** 2019년 6월 29일 시행
- **산업기사** 2019년 11월 09일 시행

2019년도 산업기사 정기검정 제1회(2019년 4월 14일 시행)

자격종목 및 등급(선택분야): 건설안전산업기사

시험시간: 1시간 | 수험번호: 20190414 | 성명: 도서출판세화

(배점: 60, 문제수: 13)

※ 본 문제는 복원문제로 실제문제와 동일하지 않을 수 있습니다.

01. 달비계의 적재하중을 정하고자 한다. 다음 빈칸에 안전계수를 쓰시오. (6점)

가. 달기 와이어로프 및 달기 강선의 안전계수 : (①) 이상
나. 달기체인 및 달기훅의 안전계수 : (②) 이상
다. 달기강대와 달비계의 하부 및 상부 지점의 안전계수는 강재의 경우 2.5 이상, 목재의 경우 (③) 이상

해답
① 10 ② 5 ③ 5

KEY
① 2007년 11월 4일 (문제 6번) 출제
② 2017년 4월 16일 (문제 11번) 출제
③ 2017년 11월 12일(문제 12번) 출제

정보제공
① 산업안전보건기준에 관한 규칙 제55조(작업발판의 최대적재하중)
② 2024년 7월 1일 법 개정으로 안전계수는 삭제 되었습니다.

02. 다음은 강관비계에 관한 내용이다. 다음 빈칸을 채우시오. (6점)

띠장간격은 2.0m 이하로 설치하되, 첫 번째 띠장은 지상으로부터 2[m] 이하의 위치에 설치할 것
비계기둥의 간격은 띠장 방향에서는 (①)[m] 이하, 장선 방향에서는 (②)[m] 이하로 할 것
비계기둥의 제일 윗부분으로부터 31[m]되는 지점 밑부분의 비계기둥은 2개의 강관으로 묶어 세울 것
비계기둥 간의 적재하중은 400[kg]을 초과하지 않도록 할 것

해답
① 1.85   ② 1.5

참고 산업안전보건기준에 관한 규칙 제60조(강관비계의 구조)

KEY
① 2013년 7월 14일 기사(문제 13번) 출제
② 2017년 11월 12일(문제 2번) 출제

03. 부적격한 와이어로프의 사용금지사항을 5가지 쓰시오. (5점)

해답
① 이음매가 있는 것
② 와이어로프 한 꼬임에서 끊어진 소선(필러선은 제외한다)의 수가 10[%] 이상인 것
③ 지름의 감소가 공칭지름의 7[%]를 초과하는 것
④ 꼬인 것
⑤ 심하게 변형되거나 부식된 것
⑥ 열과 전기충격에 의해 손상된 것

KEY
① 1993년 3월 14일 산업기사(문제 1번) 출제
② 2012년 4월 22일 산업기사(문제 3번) 출제
③ 2015년 7월 12일 기사(문제 11번) 출제
④ 2016년 6월 26일(문제 2번) 출제

정보제공
산업안전보건기준에 관한 규칙 제63조(달비계의 구조)

04. ( )안에 알맞은 내용을 쓰시오. (3점)

연약한 하부지반의 흙파기에서 흙막이(sheet pile) 외부의 흙의 중량과 지표면 재해중량에 의해 저면 흙이 붕괴되고 흙막이 외부 흙이 내부로 밀려 불룩하게 되는 현상( )

해답
히빙파괴(heaving failure)

KEY
① 2007년 4월 22일(문제 14번) 출제
② 2007년 11월 4일 출제
③ 2009년 10월 18일(문제 7번) 출제
④ 2013년 7월 14일 출제
⑤ 2015년 7월 12일 기사(문제 3번) 출제
⑥ 2017년 4월 26일(문제 4번) 출제

정보제공
고용노동부 고시(굴착공사 표준안전작업지침)

05
지반 굴착시 굴착면의 기울기 내용 중 ( )를 쓰시오.(3점)

지반의 종류	굴착면의 기울기
모래	(①)
연암 및 풍화암	(②)
경암	(③)
그 밖의 흙	1 : 1.2

해답

① 1 : 1.8
② 1 : 1.0
③ 1 : 0.5

KEY ① 2015년 7월 12일 기사 (문제 9번) 출제
② 2017년 4월 16일 기사 출제

정보제공
산업안전보건기준에 관한 규칙 [별표 11] 굴착면의 기울기 기준
(2023. 11. 14. 개정)

06
( )에 알맞은 안전 보건표지의 색도기준을 쓰시오.(6점)

색채	색도기준	용도	사용 예
(①)	7.5R 4/14	금지	정지신호, 소화설비 및 그 장소 유해행위의 금지
		경고	화학물질 취급장소에서의 유해·위험경고
(②)	5Y 8.5/12	경고	화학물질 취급장소에서의 유해·위험경고 이외의 위험 경고 주의표지 또는 기계 방호물
파란색	(③)	지시	특정행위의 지시 및 사실의 고지

해답

① 빨간색
② 노란색
③ 2.5PB 4/10

참고 건설안전(산업)기사 실기 필답형 p.3-23(표. 안전보건표지의 색도기준 및 용도)

KEY ① 2016년 11월 12일 출제
② 2018년 6월 30일 기사 출제

정보제공
산업안전보건법시행규칙 [별표 8] 안전보건표지의 색도기준 및 용도

07
근로자 500명이 근무하던 중 산업재해가 15건 발생하였고, 재해자 수가 18명 발생하여 120일의 근로손실, 휴업일수 43일이 발생하였다. ① 도수율 ② 강도율 ③ 연천인율을 구하시오.(단, 근로시간은 1일 8시간 280일 근무한다.)(6점)

해답

① 도수율 $= \dfrac{재해건수}{연근로시간수} \times 1{,}000{,}000$

$= \dfrac{15}{500 \times 8 \times 280} \times 1{,}000{,}000 = 13.392 = 13.39$

② 강도율 $= \dfrac{총요양근로손실일수}{연근로시간수} \times 1{,}000$

$= \dfrac{120 + \left(43 \times \dfrac{280}{365}\right)}{500 \times 8 \times 280} \times 1{,}000 = 0.136 = 0.14$

③ 연천인율 $= \dfrac{연간재해자수}{연평균근로자수} \times 1{,}000$

$= \dfrac{18}{500} \times 1{,}000 = 36$

KEY ① 2013년 11월 9일 기사 (문제 7번) 출제
② 2018년 11월 10일 기사 출제

08
건설기계 중 도저형 건설기계와 천공용 건설기계를 각각 2가지씩 쓰시오.(4점)

해답

(1) 도저형 건설기계
① 불도저
② 스트레이트도저
③ 틸트도저
④ 앵글도저
⑤ 버킷도저

(2) 천공용 건설기계
① 어스드릴
② 어스오거
③ 크롤러드릴
④ 점보드릴

참고 건설안전(산업)기사 실기 필답형 p.4-23(2. 종류)

KEY 2016년 11월 12일(문제 3번) 출제

정보제공
산업안전보건기준에 관한 규칙 [별표 6] 차량계 건설기계

09 발파작업시 발파공의 충진재료 2가지를 쓰시오.(4점)

해답
① 점토
② 모래

정보제공
산업안전보건기준에 관한 규칙 제348조(발파의 작업기준)

10 위험예지훈련 4라운드의 진행방식을 쓰시오.(4점)

해답
① 제1단계 : 현상파악
② 제2단계 : 본질추구
③ 제3단계 : 대책수립
④ 제4단계 : 목표설정

참고 건설안전(산업)기사 실기 필답형 p.2-20(합격날개 : 합격예측)

KEY 2014년 7월 6일(문제 3번) 출제

11 터널굴착 작업에 있어 근로자 위험방지를 위한 사전조사 후 작업계획서에 포함하여야 하는 사항 2가지를 쓰시오.(4점)

해답
① 굴착의 방법
② 터널지보공 및 복공(覆工)의 시공방법과 용수(湧水)의 처리 방법
③ 환기 또는 조명시설을 설치할 때에는 그 방법

KEY
① 2013년 4월 21일 기사(문제 6번)
② 2014년 4월 20일(문제 13번) 출제

정보제공
산업안전보건기준에 관한 규칙 [별표 4] 사전조사 및 작업계획서 내용

12 하인리히 및 버드의 재해구성 비율에 대해 설명하시오.(6점)

해답
(1) 하인리히의 1 : 29 : 300의 법칙은 330회의 사고 가운데
　① 중상 또는 사망 1회
　② 경상 29회
　③ 무상해 사고 300회
(2) 버드의 1 : 10 : 30 : 600의 법칙은 641회의 사고 가운데
　① 중상 또는 폐질 1회
　② 경상 10회
　③ 무상해 사고 30회
　④ 무상해 무사고 고장 600회

KEY
① 2011년 5월 1일 기사 출제
② 2013년 4월 21일(문제 10번) 출제

13 흙막이 공사시 계측항목 3가지를 쓰시오.(3점)

해답
① 토압측정
② 수압측정
③ 수위측정

KEY 2012년 11월 3일(문제 13번) 출제

※ 문제 및 답안(지), 점수, 채점기준은 일체 공개하지 않는다.
※ 다음 여백은 계산 연습란으로 사용하시오.

비번호	
총 점	

2019년도 산업기사 정기검정 제2회(2019년 6월 29일 시행)

자격종목 및 등급(선택분야): 건설안전산업기사
시험시간: 1시간 | 수험번호: 20190629 | 성명: 도서출판세화
(배점: 60, 문제수: 13)

※ 본 문제는 복원문제로 실제문제와 동일하지 않을 수 있습니다.

01 명예산업안전감독관을 해촉할 수 있는 경우 4가지를 쓰시오.(4점)

해답
① 근로자대표가 사업주의 의견을 들어 위촉된 명예산업안전감독관의 해촉을 요청한 경우
② 위촉된 명예산업안전감독관이 해당 단체 또는 그 산하조직으로부터 퇴직하거나 해임된 경우
③ 명예산업안전감독관의 업무와 관련하여 부정한 행위를 한 경우
④ 질병이나 부상 등의 사유로 명예산업안전감독관의 업무 수행이 곤란하게 된 경우

KEY
① 2010년 10월 31일 출제
② 2012년 11월 3일(문제 9번) 출제
③ 2019년 6월 29일 기사 출제

정보제공
산업안전보건법 시행령 제33조(명예산업안전감독관의 해촉)

02 작업발판의 끝이나 개구부로서 근로자가 추락할 위험이 있는 장소에서 작업시 추락 방지 대책 3가지를 쓰시오.(6점)

해답
① 안전난간 설치
② 울타리 설치
③ 수직형 추락방호망 설치
④ 덮개설치

KEY
① 2015년 11월 7일 (문제 13번) 출제
② 2018년 6월 30일(문제 2번) 출제

정보제공
산업안전보건기준에 관한 규칙 제43조(개구부 등의 방호조치)

03 채석작업시 작업계획에 포함사항 4가지를 쓰시오.(4점)

해답
① 노천굴착과 갱내굴착의 구별 및 채석방법
② 굴착면의 높이와 기울기
③ 굴착면의 소단(小段)의 위치와 넓이
④ 갱내에서의 낙반 및 붕괴방지의 방법
⑤ 발파방법
⑥ 암석의 분할방법
⑦ 암석의 가공장소
⑧ 사용하는 굴착기계·분할기계·적재기계 또는 운반기계(이하 "굴착기계 등"이라 한다)의 종류 및 성능
⑨ 토석 또는 암석의 적재 및 운반방법과 운반경로
⑩ 표토 또는 용수의 처리방법

KEY
① 2006년 11월 5일 (문제 8번) 출제
② 2009년 10월 18일 산업기사 출제
③ 2010년 7월 4일 (문제 5번) 출제
④ 2012년 7월 8일 (문제 6번) 출제
⑤ 2014년 7월 6일 (문제 2번) 출제
⑥ 2015년 7월 12일 (문제 2번) 출제
⑦ 2017년 6월 25일 산업기사 출제
⑧ 2018년 6월 30일 기사 출제

정보제공
산업안전보건기준에 관한 규칙 [별표 4] 사전조사 및 작업계획서 내용

04 히빙방지대책 2가지를 쓰시오.(4점)

해답
① 강성(剛性)이 큰 흙막이벽을 사용하고 밑둥깊이를 충분히 잡을 것
② 바닥파기를 할 때 널말뚝(sheet pile) 전면에 중량이 실리는 Island method를 채용할 것
③ 바닥파기를 전면굴착하지 말고 부분굴착에 의해 지하구조체를 시공할 것
④ 지반개량에 의해 하부지반의 강도를 증가시킬 것
⑤ 굴착 주변을 웰포인트공법으로 병행한다.

KEY
① 1996년 7월 14일(문제 7번) 출제
② 2009년 4월 19일(문제 3번) 출제
③ 2009년 7월 5일(문제 12번) 출제
④ 2009년 10월 8일(문제 7번) 출제
⑤ 2017년 4월 16일(문제 1번) 출제
⑥ 2018년 4월 15일 기사 출제

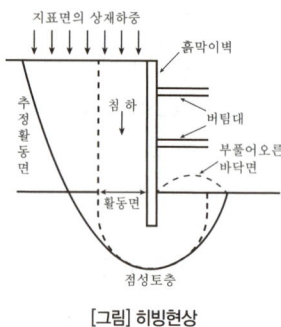

[그림] 히빙현상

05 산업안전보건법상 특별안전보건교육 중 거푸집동바리 조립 또는 해체작업 대상 작업에 대한 교육내용 3가지만 쓰시오.(단, 그 밖의 안전보건관리에 필요한 사항은 제외한다)(6점)

해답

① 동바리의 조립방법 및 작업 절차에 관한 사항
② 조립재료의 취급방법 및 설치기준에 관한 사항
③ 조립 해체시의 사고예방에 관한 사항
④ 보호구 착용 및 점검에 관한 사항

KEY
① 2007년 4월 22일 산업기사 (문제 3번) 출제
② 2010년 7월 4일 (문제 7번) 출제
③ 2011년 11월 13일 산업기사 (문제 5번) 출제
④ 2014년 4월 20일 (문제 5번) 출제
⑤ 2016년 4월 17일 (문제 10번) 출제
⑥ 2016년 11월 12일 (문제 5번) 출제
⑦ 2017년 11월 12일 기사 출제

정보제공
산업안전보건법 시행규칙 [별표 5] 안전보건교육 교육대상별 교육 내용

06 작업 개시 전, 종료 후 같은 작업원 5~6명이 리더를 중심으로 둘러앉아 3~5분에 걸쳐 작업 중 발생할 수 있는 위험을 예측하고 사전에 점검하여 대책을 수립하는 등 단시간 내에 의논하는 문제해결 기법을 쓰시오.(4점)

해답

T.B.M(Tool Box Meeting)

KEY
① 2007년 4월 22일(문제 5번) 출제
② 2015년 7월 12일(문제 8번) 출제
③ 2017년 6월 25일(문제 2번) 출제

07 연평균 200명이 근무하는 서울 S사업장에서 사망재해가 1건 발생하며 1명 사망, 50일의 휴업일수가 2명 발생되고 20일의 휴업일수가 1명이 발생되었다. 강도율은?(단, 종업원의 근무일수는 305일이다.(4점)

해답

$$강도율 = \frac{총요양근로손실일수}{연근로시간수} \times 1,000$$
$$= \frac{7,500 + (50 \times 2 + 20) \times \frac{305}{365}}{200 \times 8 \times 305} \times 1,000$$
$$= 15.574 = 15.57$$

KEY
① 2014년 7월 6일(문제 1번) 출제
② 2015년 4월 19일(문제 13번) 출제
③ 2017년 6월 25일 기사 출제

08 ( ) 알맞은 내용을 쓰시오.(4점)

(1) 파이프서포트를 (①)개 이상 이어서 사용하지 아니하도록 할 것
(2) 파이프서포트를 이어서 사용하는 경우에는 (②)개 이상의 볼트 또는 전용철물을 사용하여 이을 것. 높이가 3.5[m]를 초과할 때에는 높이 (③)[m] 이내마다 수평연결재를 (④)개 방향으로 만들고 수평연결재의 변위를 방지할 것

해답

① 3   ② 4
③ 2   ④ 2

KEY 2017년 4월 16일(문제 13번) 출제

정보제공
산업안전보건기준에 관한 규칙 제332조의2(동바리 유형에 따른 동바리 조립시의 안전조치)

09 다음은 사다리식 통로의 안전기준에 대한 사항이다. 빈칸을 채우시오.(4점)

① 사다리의 상단은 걸쳐놓은 지점으로부터 (①)[cm] 이상 올라가도록 할 것
② 사다리식 통로의 길이가 10[m] 이상인 경우에는 (②)[m] 이내마다 계단참을 설치할 것

해답

① 60
② 5

KEY
① 2014년 7월 6일(문제 13번) 출제
② 2015년 11월 7일(문제 5번) 출제
③ 2016년 6월 26일 기사 출제
④ 2016년 11월 12일(문제 6번) 출제

정보제공
산업안전보건기준에 관한 규칙 제24조(사다리식 통로 등의 구조)

10
산업안전보건법상 크레인, 곤돌라, 리프트 또는 승강기에 설치할 방호장치의 종류 5가지를 쓰시오.(5점)(단, 과부하방지장치 제외)

해답

① 권과방지장치
② 비상정지장치
③ 제동장치
④ 파이널 리미트 스위치
⑤ 속도조절기
⑥ 출입문 인터 록

KEY
① 2011년 5월 1일 기사 출제
② 2014년 11월 1일 기사 출제
③ 2018년 4월 15일(문제 10번) 출제

정보제공
산업안전보건기준에 관한 규칙 제134조(방호장치의 조정)

11
잠함, 우물통, 수직갱 그 밖에 이와 유사한 건설물 또는 설비의 내부에서 굴착작업을 하는 때에 사업주가 준수하여야 할 사항 3가지를 쓰시오.(6점)

해답

① 산소결핍 우려가 있는 경우에는 산소의 농도를 측정하는 사람을 지명하여 측정하도록 할 것
② 근로자가 안전하게 오르내리기 위한 설비를 설치할 것
③ 굴착 깊이가 20[m]를 초과하는 경우에는 해당 작업장소와 외부와의 연락을 위한 통신 설비 등을 설치할 것

KEY
① 2015년 4월 19일(문제 6번) 출제
② 2016년 11월 12일 기사 출제

정보제공
산업안전보건기준에 관한 규칙 제377조(잠함 등 내부에서의 작업)

12
달비계의 적재하중을 정하고자 한다. 다음 빈칸에 안전계수를 쓰시오.(6점)

가. 달기 와이어로프 및 달기 강선의 안전계수 : (①) 이상
나. 달기체인 및 달기훅의 안전계수 : (②)이상
다. 달기강대와 달비계의 하부 및 상부 지점의 안전계수는 강재의 경우 2.5이상, 목재의 경우 (③) 이상

해답

① 10
② 5
③ 5

KEY
① 2007년 11월 4일 (문제 6번) 출제
② 2017년 4월 16일 (문제 11번) 출제
③ 2017년 11월 12일(문제 12번) 출제

정보제공
① 산업안전보건기준에 관한 규칙 – 제55조(작업발판의 최대적재하중)
② 법 개정으로 출제되지 않습니다.

13
건설업 유해위험방지계획서의 제출시기와 판정, 심사기준 3가지를 쓰시오.(3점)

해답

(1) 제출시기 : 해당 공사의 착공 전날까지
(2) 판정·심사기준 : ① 적정 ② 조건부 적정 ③ 부적정

KEY
① 2013년 7월 14일 출제
② 2014년 11월 1일(문제 9번) 출제

정보제공
① 산업안전보건법 시행규칙 제42조(제출서류 등)
② 산업안전보건법 시행규칙 제45조(심사 결과의 구분)

※ 문제 및 답안(지), 점수, 채점기준은 일체 공개하지 않는다.
※ 다음 여백은 계산 연습란으로 사용하시오.

비번호	
총 점	

2019년도 산업기사 정기검정 제4회(2019년 11월 9일 시행)

건설안전산업기사

(배점 : 60, 문제수 : 13)
시험시간 1시간 | 수험번호 20191109 | 성명 도서출판세화

※ 본 문제는 복원문제로 실제문제와 동일하지 않을 수 있습니다.

---

01 안전보건표지판의 명칭을 쓰시오.(6점)

해답
① 산화성물질경고
② 인화성물질경고
③ 급성독성물질경고

참고 건설안전(산업)기사 실기 필답형 p.3-22(표. 안전보건표지)

KEY
① 2009년 7월 5일(문제 10번)
② 2010년 4월 18일(문제 6번)
③ 2014년 4월 20일(문제 1번) 출제
④ 2019년 6월 29일(문제 1번) 출제

정보제공 산업안전보건법시행규칙 [별표 6] 안전보건표지의 종류와 형태

---

02 양중기 종류 3가지를 쓰시오.(3점)

해답
① 크레인(호이스트 포함)
② 이동식크레인
③ 곤돌라
④ 승강기
⑤ 리프트

KEY
① 2004년 4월 25일(문제 8번)
② 2007년 4월 22일(문제 2번)
③ 2012년 4월 22일 기사(문제 10번)
④ 2014년 4월 20일(문제 7번) 출제
⑤ 2019년 6월 29일(문제 8번) 출제

정보제공 산업안전보건기준에 관한 규칙 제132조(양중기)

---

03 이동식 크레인을 사용하여 작업을 하는 때에 작업 시작 전 점검사항을 3가지만 쓰시오.(6점)

해답
① 권과방지장치, 그 밖의 경보장치의 기능
② 브레이크·클러치 및 조정장치의 기능
③ 와이어로프가 통하고 있는 곳 및 작업장소의 지반상태

KEY
① 2013년 7월 14일(문제 5번) 출제
② 2017년 4월 16일 산업기사 출제
③ 2019년 6월 29일(문제 13번) 출제

정보제공 산업안전보건기준에 관한 규칙 [별표 3] 작업시작 전 점검사항

합격자의 조언 최근 문제가 합격을 결정합니다

---

04 작업발판의 끝이나 개구부로서 근로자가 추락할 위험이 있는 장소에서 작업시 추락 방지 대책 3가지를 쓰시오.(6점)

해답
① 안전난간 설치
② 울타리 설치
③ 수직형 추락방호망 설치
④ 덮개설치

KEY
① 2015년 11월 7일 (문제 13번) 출제
② 2018년 6월 30일(문제 2번) 출제
③ 2019년 6월 29일(문제 2번) 출제

정보제공 산업안전보건기준에 관한 규칙 제43조(개구부 등의 방호조치)

---

05 다음은 사다리식 통로의 안전기준에 대한 사항이다. 빈칸을 채우시오.(4점)

(1) 사다리의 상단은 걸쳐놓은 지점으로부터 (①) [cm] 이상 올라가도록 할 것
(2) 사다리식 통로의 길이가 (②)[m] 이상인 경우에는 (③)[m] 이내마다 계단참을 설치할 것
(3) 발판과 벽 사이의 간격은 (④)[cm] 이상의 간격을 유지할 것

해답
① 60 ② 10
③ 5   ④ 15

KEY
① 2014년 7월 6일(문제 13번) 출제
② 2015년 11월 7일(문제 5번) 출제
③ 2016년 6월 26일 기사 출제
④ 2016년 11월 12일(문제 6번) 출제
⑤ 2019년 6월 29일(문제 9번) 출제

정보제공
산업안전보건기준에 관한 규칙 제24조(사다리식 통로 등의 구조)

06 잠함, 우물통, 수직갱 그 밖에 이와 유사한 건설물 또는 설비의 내부에서 굴착작업을 하는 때에 사업주가 준수하여야 할 사항 2가지를 쓰시오.(4점)

해답
① 산소결핍 우려가 있는 경우에는 산소의 농도를 측정하는 사람을 지명하여 측정하도록 할 것
② 근로자가 안전하게 오르내리기 위한 설비를 설치할 것
③ 굴착 깊이가 20[m]를 초과하는 경우에는 해당 작업장소와 외부와의 연락을 위한 통신 설비 등을 설치할 것

KEY
① 2015년 4월 19일(문제 6번) 출제
② 2016년 11월 12일 기사 출제
③ 2019년 6월 29일(문제 11번) 출제

정보제공
산업안전보건기준에 관한 규칙 제377조(잠함 등 내부에서의 작업)

07 근로자가 작업발판 위에서 전기용접 작업을 하다가 지면으로 떨어져 부상을 당했다. (   )의 재해분석을 하시오.(6점)

재해발생형태	(①)
기인물	(②)
가해물	(③)

해답
① 추락
② 작업발판
③ 지면

KEY
① 2014년 11월 1일(문제 5번) 출제
② 2015년 4월 19일(문제 5번) 출제
③ 2017년 6월 25일(문제 8번) 출제
④ 2019년 4월 14일(문제 3번) 출제

08 산업안전보건법상 건설업 중 유해위험방지계획서의 제출사업 중 (   )의 내용을 쓰시오.(4점)

① 지상높이가 (①)[m] 이상인 건축물 또는 인공구조물, 연면적 3만[m²] 이상인 건축물 또는 연면적 5천[m²] 이상의 문화 및 집회시설(전시장 및 동물원·식물원은 제외한다), 판매시설, 운수시설(고속철도의 역사 및 집배송시설은 제외한다), 종교시설, 의료시설 중 종합병원, 숙박시설 중 관광숙박시설, 지하도상가 또는 냉동·냉장창고시설의 건설·개조 또는 해체(이하 "건설 등"이라 한다.)
② 연면적 (②)[m²] 이상의 냉동·냉장창고시설의 설비공사 및 단열공사
③ 최대 지간길이가 (③)[m] 이상인 교량 건설 등 공사
④ 다목적댐, 발전용댐 및 저수용량 (④)[t] 이상의 용수 전용 댐, 지방상수도 전용 댐 건설 등의 공사

해답
① 31   ② 5천
③ 50   ④ 2천만

KEY
① 2016년 4월 17일(문제 8번) 출제
② 2016년 6월 26일(문제 6번) 출제
③ 2017년 4월 16일(문제 3번) 출제
④ 2018년 6월 30일(문제 9번) 출제
⑤ 2019년 4월 14일(문제 7번) 출제

정보제공
산업안전보건법 시행령 제42조(유해위험방지계획서 제출대상)

09 굴착작업시 지반 붕괴 또는 토석의 낙하 등에 의한 위험방지 조치사항을 3가지 쓰시오. (6점)

해답
① 흙막이 지보공 설치
② 방호망 설치
③ 근로자 출입금지

KEY
① 1992년 11월 1일 출제
② 2012년 4월 22일 기사(문제 14번) 출제
③ 2018년 11월 10일 산업기사(문제 11번) 출제

정보제공
산업안전보건기준에 관한 규칙 제340조(지반의 붕괴 등에 의한 위험방지)

10. 화물자동차를 사용하여 작업을 할 때 작업시작 전 점검사항 3가지를 쓰시오. (6점)

해답
① 제동장치 및 조종장치 기능
② 하역장치 및 유압장치 기능
③ 바퀴의 이상 유무

정보제공
산업안전보건기준에 관한 규칙 [별표 3] 작업시작전 점검사항

11. A공장의 도수율이 4.0이고 강도율이 1.5일 때 ① 환산강도율과 ② 평균강도율을 계산하시오. (4점)

해답
① 환산강도율 = 강도율 × 100
= 1.5 × 100 = 150

② 평균강도율 = $\dfrac{강도율}{도수율} \times 1,000$
= $\dfrac{1.5}{4.0} \times 1,000 = 375$

KEY ▶ 2017년 4월 16일 산업기사(문제 9번)

12. ( )안에 알맞은 내용을 쓰시오. (3점)

연약한 하부지반의 흙파기에서 흙막이(sheet pile) 외부의 흙의 중량과 지표면 재하중량에 의해 굴착 저면 흙이 붕괴되고 흙막이 외부 흙이 내부로 밀려 볼록하게 되는 현상( )

해답
히빙파괴(heaving failure)

KEY ▶ ① 2007년 4월 22일(문제 14번) 출제
② 2007년 11월 4일 출제
③ 2009년 10월 18일(문제 7번) 출제
④ 2013년 7월 14일 출제
⑤ 2015년 7월 12일 기사(문제 3번) 출제
⑥ 2017년 4월 26일(문제 4번) 출제
⑦ 2019년 4월 14일(문제 4번) 출제

정보제공
고용노동부 고시(굴착공사 표준안전작업지침)

13. OFF JT(OFF the Job Training)교육을 설명하시오. (2점)

해답
공통된 교육목적을 가진 근로자를 일정한 장소에 집합시켜 외부강사를 초청하여 실시하는 방법으로 집합교육에 적합

참고 ▶ 건설안전(산업)기사 실기 필답형 p.2-11(23. OJT와 OFF JT)

KEY ▶ 2017년 4월 16일(문제 9번)

녹색직업 녹색자격증 코너

희망 없이는 단 4초도 살수 없다.

사람은 음식 없이는 40일을, 물 없이는 4일을,
공기 없이는 4분밖에 생존할 수 없다고 한다.
그러나 희망이 없으면 단 4초도 살수 없다.
희망은 우리에게 힘든 세월을 견뎌낼 수 있는 힘을 주고,
우리를 흥분과 기대감으로 부풀게 한다.
– 존 맥스웰, '매일 읽는 맥스웰 리더십'에서

어느 기자가 윈스턴 처칠 수상에게
히틀러 나치 정권에 대항하여
영국이 소유하고 있던 최고의 무기가 무엇이냐고 물었습니다.
처칠은 단 1초도 망설이지 않고 대답했습니다.
'영국이 소유했던 가장 큰 무기는 언제나 '희망'이었습니다.'라고..

※ 문제 및 답안(지), 점수, 채점기준은 일체 공개하지 않는다.
※ 다음 여백은 계산 연습란으로 사용하시오.

비번호	
총 점	

과년도 출제문제

산업기사 2020년 5월 24일 시행
산업기사 2020년 7월 26일 시행
산업기사 2020년 10월 18일 시행
산업기사 2020년 11월 29일 시행

2020년도 산업기사 정기검정 제1회(2020년 5월 24일 시행)

자격종목 및 등급(선택분야): 건설안전산업기사
(배점 : 60, 문제수 : 13)
시험시간: 1시간 | 수험번호: 20200524 | 성명: 도서출판세화

※ 본 문제는 복원문제로 실제문제와 동일하지 않을 수 있습니다.

01
차량계 건설기계를 사용하여 작업을 할 때에는 작업계획을 작성하고 그 작업계획에 따라 작업을 실시하도록 하여야 한다. 이 작업계획에 포함되어야 할 사항을 3가지 쓰시오.(6점)

해답
① 사용하는 차량계 건설기계의 종류 및 성능
② 차량계 건설기계의 운행경로
③ 차량계 건설기계에 의한 작업방법

KEY
① 2010년 7월 4일(문제 7번)
② 2011년 7월 24일(문제 2번)
③ 2013년 11월 9일(문제 9번)
④ 2014년 4월 20일(문제 10번) 출제
⑤ 2017년 6월 25일(문제 1번) 출제
⑥ 2019년 6월 29일(문제 9번) 출제
⑦ 2019년 11월 9일 기사 출제

정보제공
산업안전보건기준에 관한 규칙 [별표 4] 사전조사 및 작업계획서 내용

합격자의 조언
최근 정보가 합격을 결정합니다

02
차량계 건설기계를 사용하여 작업을 할 때 기계가 넘어지거나 굴러 떨어짐으로써 근로자에게 위험을 미칠 우려가 있는 때에 취할 수 있는 조치사항을 3가지만 쓰시오.(6점)

해답
① 유도하는 사람 배치
② 지반의 부동침하 방지
③ 갓길의 붕괴 방지
④ 도로폭의 유지

KEY
① 2011년 5월 1일 기사(문제 10번) 출제
② 2015년 11월 17일(문제 8번) 출제
③ 2017년 6월 25일 기사(문제 3번) 출제
④ 2018년 4월 15일(문제 3번) 출제
⑤ 2018년 11월 10일(문제 7번) 출제
⑥ 2020년 5월 24일 기사·산업기사 동시 출제

정보제공
산업안전보건기준에 관한 규칙 제199조(전도 등의 방지)

03
"적정공기"란 산소농도의 범위가 (①)[%] 이상 (②)[%] 미만, 이산화탄소의 농도가 (③)[%] 미만, 일산화탄소 농도가 30[ppm] 미만, 황화수소의 농도가 10[ppm] 미만인 수준의 공기를 말한다. ( )에 알맞은 수치를 쓰시오.(3점)

해답
① 18
② 23.5
③ 1.5

KEY
① 2012년 11월 3일(문제 12번) 출제
② 2018년 6월 30일 산업기사 출제
③ 2020년 5월 24일 기사·산업기사 동시 출제

정보제공
산업안전보건기준에 관한 규칙 제618조(정의)

04
굴착작업시 지반 붕괴 또는 토석의 낙하 등에 의한 위험방지 조치사항을 3가지 쓰시오. (6점)

해답
① 흙막이 지보공 설치
② 방호망 설치
③ 근로자 출입금지

KEY
① 1992년 11월 1일 출제
② 2012년 4월 22일 기사(문제 14번) 출제
③ 2018년 11월 10일 산업기사(문제 11번) 출제
④ 2019년 11월 9일(문제 9번) 출제

정보제공
산업안전보건기준에 관한 규칙 제340조(지반의 붕괴 등에 의한 위험 방지)

05
건설업 유해·위험방지계획서의 제출시기와 판정, 심사기준 3가지를 쓰시오.(6점)

해답
(1) 제출시기 : 해당 공사의 착공 전날까지
(2) 판정·심사기준
① 적정   ② 조건부 적정   ③ 부적정

KEY
① 2013년 7월 14일 출제
② 2014년 11월 1일(문제 9번) 출제
③ 2019년 6월 29일(문제 13번) 출제

정보제공
① 산업안전보건법 시행규칙 제42조(제출서류 등)
② 산업안전보건법 시행규칙 제45조(심사 결과의 구분)

06 작업발판에 대한 다음 ( )안에 알맞은 수치를 쓰시오.(4점)

비계의 높이가 2[m] 이상인 작업장소에 설치하는 작업발판의 폭은 (①)[cm] 이상으로 하고, 발판재료간의 틈은 (②)[cm] 이하로 할 것

해답
① 40
② 3

KEY
① 2014년 4월 20일 기사(문제 10번) 출제
② 2019년 6월 29일 기사 출제

정보제공
산업안전보건기준에 관한 규칙 제56조(작업발판의 구조)

07 다음은 강관비계에 관한 내용이다. 다음 빈칸을 채우시오.(2점)

비계기둥의 제일 윗부분으로부터 ( )[m]되는 지점 밑부분의 비계기둥은 2개의 강관으로 묶어 세울 것

해답
31

KEY
① 2013년 7월 14일 기사(문제 13번) 출제
② 2017년 11월 12일(문제 2번) 출제
③ 2019년 4월 14일(문제 2번) 출제

정보제공
산업안전보건기준에 관한 규칙 제60조(강관비계의 구조)

08 작업으로 인하여 물체가 떨어지거나 날아올 위험이 있는 경우 위험방지를 위하여 취해야 할 조치사항 3가지를 쓰시오.(6점)

해답
① 낙하물 방지망 설치
② 수직보호망 또는 방호선반의 설치
③ 출입금지구역의 설정

KEY
① 2004년 10월 31일 기사 (문제 3번) 출제
② 2014년 4월 20일 (문제 11번) 출제
③ 2016년 4월 17일 기사 출제
④ 2018년 6월 30일(문제 3번) 출제
⑤ 2019년 4월 14일 기사 출제

정보제공
산업안전보건기준에 관한 규칙 제14조(낙하물에 의한 위험의 방지)

09 보일링(boiling) 현상의 뜻을 간략히 설명하시오.(3점)

해답
사질토 지반에서 굴착저면과 흙막이 배면과의 수위차이로 인해 굴착저면의 흙과 물이 함께 위로 솟구쳐 오르는 현상

KEY
① 2007년 11월 4일 출제
② 2009년 10월 18일 출제
③ 2013년 7월 14일 출제
④ 2015년 7월 12일 기사(문제 3번) 출제
⑤ 2016년 6월 26일 산업기사(문제 7번) 출제
⑥ 2018년 11월 10일 기사 출제

정보제공
고용노동부 고시(굴착공사 표준안전작업지침)

10 하인리히가 제시한 재해예방대책 4원칙을 쓰시오.(4점)

해답
① 예방가능의 원칙
② 손실우연의 원칙
③ 원인연계의 원칙
④ 대책선정의 원칙

KEY
① 1993년 11월 21일 기사(문제 2번) 출제
② 2001년 4월 22일 기사(문제 1번) 출제
③ 2012년 7월 8일(문제 4번) 출제
④ 2014년 4월 20일 산업기사 출제
⑤ 2018년 4월 15일 기사 출제

11 안전관리자를 정수 이상으로 증원하거나 교체할 수 있는 사유 3가지를 쓰시오.(6점)

해답
① 해당 사업장의 연간재해율이 같은 업종의 평균재해율의 2배 이상인 경우
② 중대재해가 연간 2건 이상 발생한 경우
③ 관리자가 질병이나 그 밖의 사유로 3개월 이상 직무를 수행할 수 없게 된 경우
④ 화학적 인자로 인한 직업성 질병자가 연간 3명이상 발생한 경우

KEY
① 2010년 4월 18일 기사(문제 13번) 출제
② 2017년 6월 25일 산업기사 출제
③ 2017년 11월 12일 기사 출제

정보제공
산업안전보건법 시행규칙 제12조(안전관리자 등의 증원·교체임명 명령)

12 상시근로자수 산출 식을 쓰시오. (4점)

해답

$$\text{상시근로자수} = \frac{\text{연간 국내공사 실적액} \times \text{노무비율}}{\text{건설업 월평균임금} \times 12}$$

참고 건설안전(산업)기사 실기 필답형 p.5-65([별표 1] : 건설업체 산업재해 발생률 및 발생 보고의무 위반건수 산정기준과 방법)

KEY
① 2011년 5월 1일(문제 7번)
② 2012년 7월 8일(문제 7번) 출제
③ 2016년 4월 17일 기사 출제
④ 2016년 11월 12일 (문제 5번) 출제

13 다음 (   )를 쓰시오.(4점)

색채	용도	사용예
(①)	금지	정지신호, 소화설비 및 장소, 유해 행위의 금지
(①)	경고	화학물질 취급장소에서의 유해·위험 경고
노란색	경고	화학물질 취급장소에서의 유해 위험경고 이외의 위험경고, 주의표지 또는 기계방호물
(②)	지시	특정 행위의 지시 및 사실의 고지
녹색	안내	비상구 및 피난소, 사람 또는 차량의 통행표지
(③)		파란색 또는 녹색에 대한 보조색
(④)		문자 및 빨간색 또는 노란색에 대한 보조색

해답
① 빨간색
② 파란색
③ 흰색
④ 검은색

정보제공
산업안전보건법 시행규칙 [별표 8] 안전보건표지의 색도기준 및 용도

2020년도 산업기사 정기검정 제2회(2020년 7월 26일 시행)

자격종목 및 등급(선택분야): 건설안전산업기사

시험시간: 1시간 수험번호: 20200726 성명: 도서출판세화

(배점: 60, 문제수: 13)

※ 본 문제는 복원문제로 실제문제와 동일하지 않을 수 있습니다.

---

01 다음은 타워크레인 작업시 작업 중지에 관한 내용이다. ( )에 알맞은 말이나 숫자를 쓰시오.(4점)

> 순간풍속이 (①)[m/s]를 초과하는 경우 타워크레인의 설치·수리·점검 또는 해체작업을 중지하여야 하며, 순간풍속이 (②)[m/s]를 초과하는 경우에는 타워크레인의 운전작업을 중지하여야 한다.

해답

① 10
② 15

KEY
① 2009년 4월 19일 출제
② 2013년 7월 14일 산업기사 (문제 1번) 출제
③ 2020년 7월 25일 기사 출제

정보제공
산업안전보건기준에 관한 규칙 제37조(악천후 및 강풍 시 작업 중지)

---

02 산업재해발생시 기록보존해야 하는 항목 3가지를 쓰시오.(재해재발 방지계획은 제외)(6점)

해답

① 사업장의 개요 및 근로자의 인적사항
② 재해발생일시 및 장소
③ 재해발생원인 및 과정

KEY
① 2005년 4월 30일 출제
② 2007년 4월 22일 출제
③ 2012년 11월 3일 산업기사 출제
④ 2018년 4월 15일 (문제 9번) 출제
⑤ 2020년 7월 25일 기사 출제

정보제공
산업안전보건법 시행규칙 제72조(산업재해 기록 등)

---

03 작업으로 인하여 물체가 떨어지거나 날아올 위험이 있는 경우 위험방지를 위하여 취해야 할 조치사항 4가지를 쓰시오.(4점)

해답

① 낙하물 방지망 설치
② 수직보호망 설치
③ 방호선반의 설치
④ 출입금지구역의 설정

KEY
① 2004년 10월 31일 기사 (문제 3번) 출제
② 2014년 4월 20일 (문제 11번) 출제
③ 2016년 4월 17일 기사 출제
④ 2018년 6월 30일(문제 3번) 출제
⑤ 2019년 4월 14일 기사 출제
⑥ 2020년 5월 24일 (문제 8번) 출제

정보제공
산업안전보건기준에 관한 규칙 제14조(낙하물에 의한 위험의 방지)

---

04 안전관리자를 정수 이상으로 증원하거나 교체할 수 있는 사유 3가지를 쓰시오.(6점)

해답

① 해당 사업장의 연간재해율이 같은 업종의 평균재해율의 2배 이상인 경우
② 중대재해가 연간 2건 이상 발생한 경우
③ 관리자가 질병이나 그 밖의 사유로 3개월 이상 직무를 수행할 수 없게 된 경우
④ 화학적 인자로 인한 직업성 질병자가 연간 3명이상 발생한 경우

KEY
① 2010년 4월 18일 기사(문제 13번) 출제
② 2017년 6월 25일 산업기사 출제
③ 2017년 11월 12일 기사 출제
④ 2020년 5월 24일 (문제 11번) 출제

정보제공
산업안전보건법 시행규칙 제12조(안전관리자 등의 증원·교체임명 명령)

05 ( )안에 알맞은 내용을 쓰시오.(4점)

연약한 하부지반의 흙파기에서 흙막이(sheet pile) 외부의 흙의 중량과 지표면 재하중량에 의해 굴착 저면 흙이 붕괴되고 흙막이 외부 흙이 내부로 밀려 불룩하게 되는 현상( )

해답

히빙파괴(heaving failure)

참고
① 2009년 10월 18일(문제 7번)
② 고용노동부 고시(굴착공사 표준안전작업지침)

KEY
① 2007년 4월 22일(문제 14번) 출제
② 2007년 11월 4일 출제
③ 2009년 10월 18일 출제
④ 2013년 7월 14일 출제
⑤ 2015년 7월 12일 기사(문제 3번) 출제
⑥ 2017년 4월 26일(문제 4번) 출제
⑦ 2019년 4월 14일(문제 4번) 출제
⑧ 2019년 11월 9일(문제 12번) 출제

06 ( )알맞은 내용을 쓰시오.(4점)

(1) 파이프서포트를 (①)개 이상 이어서 사용하지 아니하도록 할 것
(2) 파이프서포트를 이어서 사용하는 경우에는 (②)개 이상의 볼트 또는 전용철물을 사용하여 이을 것
(3) 높이가 3.5[m]를 초과할 때에는 높이 (③)[m] 이내마다 수평연결재를 (④)개 방향으로 만들고 수평연결재의 변위를 방지할 것

해답
① 3
② 4
③ 2
④ 2

참고 산업안전보건기준에 관한 규칙 제332조의2(동바리 유형에 따른 동바리 조립시의 안전조치)

KEY
① 2017년 4월 16일 (문제 13번) 출제
② 2019년 6월 29일 (문제 8번) 출제

07 라인형안전 조직 장·단점을 각각 1가지씩 쓰시오.(4점)

해답
① 장점
 ㉮ 안전에 대한 지시 및 전달이 신속·용이하다.
 ㉯ 명령계통이 간단·명료하다.
② 단점
 ㉮ 안전에 관한 전문지식이 부족하고 기술의 축적이 미흡하다.
 ㉯ 안전정보 및 신기술 개발이 어렵다.

KEY
① 2011년 5월 1일 출제
② 2013년 7월 14일 산업기사(문제 10번) 출제
③ 2019년 4월 14일 기사 출제

08 SS사업장에서 근로자 400명이 근무하던 중 산업재해가 30건 발생하였고, 재해자수가 32명 발생했다. 도수율과 연천인율을 구하시오.(단, 근로시간은 1일 8시간 년 280일 근무한다.)(4점)

해답

① 도수율 $= \dfrac{재해건수}{연근로시간수} \times 1{,}000{,}000$

$= \dfrac{30}{400 \times 8 \times 280} \times 1{,}000{,}000$

$= 33.482$

$= 33.48$

② 연천인율 $= \dfrac{재해자수}{평균근로자수} \times 1{,}000$

$= \dfrac{32}{400} \times 1{,}000$

$= 80$

KEY
① 2013년 4월 21일 기사 출제
② 2013년 7월 14일(문제 2번) 출제
③ 2017년 6월 25일(문제 6번) 출제
④ 2018년 6월 30일(문제 7번) 출제

09 안전관리자가 수행하여야 할 업무사항 5가지를 쓰시오.(5점)

해답
① 산업안전보건위원회 또는 안전보건에 관한 노사협의체에서 심의·의결 업무와 해당 사업장의 안전보건관리규정 및 취업규칙에서 정한 업무
② 안전인증대상 기계 등과 자율안전확인대상 기계 등 구입시 적격품의 선정에 관한 보좌 및 지도·조언
③ 위험성평가에 관한 보좌 및 지도·조언

④ 해당 사업장 안전교육계획의 수립 및 안전교육 실시에 관한 보좌 및 지도·조언
⑤ 사업장 순회점검·지도 및 조치의 건의
⑥ 산업재해 발생의 원인조사·분석 및 재발방지를 위한 기술적 보좌 및 지도·조언
⑦ 산업재해에 관한 통계의 유지·관리·분석을 위한 보좌 및 지도·조언
⑧ 법 또는 법에 따른 명령으로 정한 안전에 관한 사항의 이행에 관한 보좌 및 지도·조언
⑨ 업무수행 내용의 기록·유지
⑩ 그 밖에 안전에 관한 사항으로서 고용노동부장관이 정하는 사항

KEY
① 2009년 4월 19일 출제
② 2010년 4월 18일 기사 출제
③ 2013년 7월 14일 산업기사 출제
④ 2017년 11월 12일 기사 출제

정보제공
산업안전보건법 시행령 제18조(안전관리자의 업무 등)

10 흙막이 지보공을 설치할 때 사업주가 정기적으로 점검하여야 할 사항을 3가지 쓰시오.(6점)

해답
① 부재의 손상·변형·부식·변위 및 탈락의 유무와 상태
② 버팀대의 긴압(緊壓)의 정도
③ 부재의 접속부·부착부 및 교차부의 상태
④ 침하의 정도

KEY
① 2014년 7월 6일(문제 10번) 출제
② 2017년 6월 25일(문제 4번) 출제

정보제공
산업안전보건기준에 관한 규칙 제347조(붕괴 등의 위험 방지)

11 NATM 공법과 shield 공법을 설명하시오.(4점)

해답
① NATM 공법 : 무지보공 터널공사로서 암반이 스스로 지니고 있는 원지반의 지지력을 이용하여 록볼트로 고정한 후 숏크리트와 지보재로 보강하여 지반을 안정시킨 후 터널을 굴착하는 공법
② shield 공법 : 철제로 된 원통형의 실드를 수직구 안에 투입시켜 커터헤드를 회전시키면서 터널을 굴착하고, 실드 뒤쪽에서 세그먼트를 반복해 설치하면서 터널을 만들어 가는 공법

KEY 2012년 11월 3일(문제 1번) 출제

12 안전인증대상 안전보호구를 5가지 쓰시오.(5점)

해답
① 추락 및 감전 위험방지용 안전모
② 안전화
③ 안전장갑
④ 방진마스크
⑤ 방독마스크
⑥ 송기(送氣)마스크
⑦ 전동식 호흡보호구
⑧ 보호복
⑨ 안전대
⑩ 차광(遮光) 및 비산물(飛散物) 위험방지용 보안경
⑪ 용접용 보안면
⑫ 방음용 귀마개 또는 귀덮개

참고 산업안전(산업)기사 실기 필답형 3-18(10. 안전인증 및 자율안전확인 안전검사)

정보제공
산업안전보건법 시행령 제74조(안전인증대상기계 등)

13 도급인의 토사석 광업 작업장 순회점검 주기를 쓰시오.(4점)

해답
2일에 1회 이상

참고 산업안전(산업)기사 실기 필답형 5-53 제80조

정보제공
① 산업안전보건법 시행규칙 제80조(도급사업시의 안전보건조치 등)
② 2020년 6월 9일 개정법 적용

※ 문제 및 답안(지), 점수, 채점기준은 일체 공개하지 않는다.
※ 다음 여백은 계산 연습란으로 사용하시오.

비번호	
총 점	

2020년도 산업기사 정기검정 제3회(2020년 10월 18일 시행)

(배점: 60, 문제수: 13)

자격종목 및 등급(선택분야)
건설안전산업기사

시험시간	수험번호	성명
1시간	20201018	도서출판세화

※ 본 문제는 복원문제로 실제문제와 동일하지 않을 수 있습니다.

01 달기체인을 달비계에 사용시 사용금지 기준 3가지를 쓰시오.(6점)

해답
① 달기체인의 길이가 달기체인이 제조된 때의 길이의 5[%]를 초과한 것
② 링의 단면지름이 달기체인이 제조된 때의 해당 링 지름의 10[%]를 초과하여 감소한 것
③ 균열이 있거나 심하게 변형된 것

KEY
① 2012년 4월 22일 출제
② 2013년 7월 14일 산업기사 출제
③ 2020년 10월 17일 기사 출제

정보제공
산업안전보건기준에 관한 규칙 제63조(달비계의 구조)

02 작업발판의 끝이나 개구부로서 근로자가 추락할 위험이 있는 장소에서 작업시 추락 방지 대책 2가지를 쓰시오.(4점)

해답
① 안전난간 설치
② 울타리 설치
③ 수직형 추락방호망 설치
④ 덮개설치

KEY
① 2015년 11월 7일 (문제 13번) 출제
② 2018년 6월 30일 (문제 2번) 출제
③ 2019년 6월 29일 (문제 2번) 출제
④ 2019년 11월 9일 산업기사 출제
⑤ 2020년 7월 25일 (문제 7번) 출제

정보제공
산업안전보건기준에 관한 규칙 제43조(개구부 등의 방호조치)

03 산업안전보건법 시행규칙에 의하면 안전 관리자등에 선임된 후 3개월 이내에 직무를 수행하는 데 필요한 신규교육과 신규교육 이수 후 2년이 되는 날의 3개월 전부터 2년이 되는 날 사이에 보수교육을 받아야 한다. 이때 받아야 하는 교육시간을 각각 ( )에 쓰시오.(4점)

교육대상	교육시간	
	신규교육	보수교육
안전보건관리책임자	6시간 이상	(①)시간 이상
안전관리자	34시간 이상	(②)시간 이상
보건관리자	34시간 이상	(③)시간 이상
건설재해예방 전문지도기관 종사자	34시간 이상	(④)시간 이상
석면조사기관종사자	34시간 이상	24시간 이상
안전보건관리담당자	–	8시간 이상

해답
① 6
② 24
③ 24
④ 24

KEY
① 2012년 11월 3일(문제 7번) 출제
② 2015년 7월 12일 산업기사 출제
③ 2020년 7월 25일 (문제 8번) 출제

정보제공
산업안전보건법 시행규칙 [별표 4] 안전보건교육 교육과정별 교육시간

04 차량계 건설기계를 사용하여 작업을 할 때 기계가 넘어지거나 굴러 떨어짐으로써 근로자에게 위험을 미칠 우려가 있는 때에 취할 수 있는 조치사항을 3가지만 쓰시오.(6점)

해답
① 유도하는 사람 배치
② 지반의 부동침하 방지
③ 갓길의 붕괴 방지
④ 도로폭의 유지

KEY
① 2011년 5월 1일 기사(문제 10번) 출제
② 2015년 11월 17일(문제 8번) 출제
③ 2017년 6월 25일 기사(문제 3번) 출제
④ 2018년 4월 15일(문제 3번) 출제
⑤ 2018년 11월 10일(문제 7번) 출제
⑥ 2020년 5월 24일 기사·산업기사 동시 출제

정보제공
산업안전보건기준에 관한 규칙 제199조(전도 등의 방지)

05 다음 ( )를 쓰시오.(4점)

색채	용도	사용예
(①)	금지	정지신호, 소화설비 및 장소, 유해행위의 금지
	경고	화학물질 취급장소에서의 유해·위험 경고
노란색	경고	화학물질 취급장소에서의 유해 위험경고 이외의 위험경고, 주의표지 또는 기계방호물
(②)	지시	특정 행위의 지시 및 사실의 고지
녹색	안내	비상구 및 피난소, 사람 또는 차량의 통행표지
(③)		파란색 또는 녹색에 대한 보조색
(④)		문자 및 빨간색 또는 노란색에 대한 보조색

해답
① 빨간색 ② 파란색 ③ 흰색 ④ 검은색

KEY 2020년 5월 24일(문제 13번) 출제

정보제공
산업안전보건법 시행규칙 [별표 8] 안전보건표지의 색도기준 및 용도

06 근로자가 작업발판 위에서 전기용접 작업을 하다가 지면으로 떨어져 부상을 당했다. ( )의 재해분석을 하시오.(6점)

재해발생형태	(①)
기인물	(②)
가해물	(③)

해답
① 추락(떨어짐)
② 작업발판
③ 지면

KEY
① 2014년 11월 1일(문제 5번) 출제
② 2015년 4월 19일(문제 5번) 출제
③ 2017년 6월 25일(문제 8번) 출제
④ 2019년 4월 14일(문제 3번) 출제
⑤ 2019년 11월 9일 산업기사 출제
⑥ 2020년 5월 24일 기사 출제

07 다음은 강관비계에 관한 내용이다. 다음 빈칸을 채우시오.(5점)

(1) 비계기둥의 간격은 띠장 방향에서는 (①)[m] 이하, 장선 방향에서는 (②)[m] 이하로 할 것
(2) 비계기둥의 제일 윗부분으로부터 (③)[m]되는 지점 밑부분의 비계기둥은 (④)[개]의 강관으로 묶어 세울 것
(3) 비계기둥 간의 적재하중은 (⑤)[kg]을 초과하지 않도록 할 것

해답
① 1.85 ② 1.5 ③ 31
④ 2 ⑤ 400

KEY
① 2013년 7월 14일 기사(문제 13번) 출제
② 2017년 11월 12일(문제 2번) 출제
③ 2019년 4월 14일 산업기사(문제 2번) 출제
④ 2019년 11월 9일 기사 출제

정보제공
산업안전보건기준에 관한 규칙 제60조(강관비계의 구조)

08 와이어로프의 「안전계수」를 설명하시오.(4점)

해답
와이어로프 등 달기구의 안전계수 : 달기구 절단하중의 값을 그 달기구에 걸리는 하중의 최대값으로 나눈 값

KEY
① 2010년 7월 4일 (문제 14번) 출제
② 2016년 11월 12일 (문제 13번) 출제
③ 2019년 6월 29일 기사 (문제 12번) 출제

정보제공
산업안전보건기준에 관한 규칙 제163조(와이어로프 등 달기구의 안전계수)

09 굴착공사에서 토사붕괴의 발생을 예방하기 위한 안전점검사항 3가지를 쓰시오.(3점)

해답
① 전 지표면의 답사
② 경사면의 상황 변화의 확인
③ 부석의 상황 변화의 확인
④ 결빙과 해빙에 대한 상황의 확인
⑤ 용수의 발생유무 또는 용수량의 변화 확인
⑥ 각종 경사면 보호공의 변위, 탈락유무

KEY
① 1999년 11월 21일 출제
② 2000년 8월 13일 산업기사 출제
③ 2002년 7월 7일 출제
④ 2010년 4월 18일 산업기사 출제
⑤ 2014년 11월 1일 산업기사 출제
⑥ 2018년 4월 15일 기사 출제

정보제공
굴착공사 표준안전작업지침 제32조(점검)

보충학습
점검시기는 작업 전·중·후, 비온 후, 인접 작업구역에서 발파한 경우에 실시한다.

10 고용노동부장관에게 보고해야 하는 중대재해 3가지를 쓰시오.(6점)

해답
① 사망자가 1명 이상 발생한 재해
② 3개월 이상의 요양이 필요한 부상자가 동시에 2명 이상 발생한 재해
③ 부상자 또는 직업성질병자가 동시에 10명 이상 발생한 재해

KEY
① 2007년 7월 8일 (문제 12번) 출제
② 2017년 11월 12일 (문제 7번)출제

정보제공
산업안전보건법 시행규칙 제3조(중대재해의 범위)

11 다음 설명의 빈칸을 쓰시오.(4점)

(①)란 착용자의 머리부위를 덮는 주된 물체로서 단단하고 매끄럽게 마감된 재료를 말한다.
(②)란 머리받침끈, 머리고정대 및 머리받침고리로 구성되어 추락 및 감전 위험방지용 안전모(이하 "안전모"라 한다) 머리부위에 고정시켜주며, 안전모에 충격이 가해졌을 때 착용자의 머리부위에 전해지는 충격을 완화시켜주는 기능을 갖는 부품을 말한다.

해답
① 모체
② 착장체

참고 건설안전(산업)기사 실기 필답형 p.3-6(그림 : 안전모의 명칭)

KEY 2017년 11월 12일 (문제 11번)

정보제공
고용노동부 보호구 안전인증고시 제2017-64호(2017. 11. 14)

12 무거운 물건을 인력으로 운반하려고 한다. 발생할 수 있는 재해유형 4가지를 쓰시오.(4점)

해답
① 요통
② 전도
③ 충돌
④ 추락

KEY
① 2004년 4월 25일 (문제 11번) 출제
② 2017년 6월 25일 (문제 11번) 출제

13 동바리를 조립하고자 할때 동바리로 사용하는 파이프서포트에 대한 설치기준을 2가지 쓰시오.(4점)

해답
① 파이프서포트를 3개 이상 이어서 사용하지 아니하도록 할 것
② 파이프서포트를 이어서 사용할 때에는 4개 이상의 볼트 또는 전용철물을 사용하여 이을 것
③ 높이가 3.5[m]를 초과할 때에는 높이 2[m] 이내마다 수평연결재를 2개 방향으로 만들고 수평연결재의 변위를 방지할 것

KEY 2016년 11월 12일 (문제 9번) 출제

정보제공
산업안전보건기준에 관한 규칙 제332조의2(동바리 유형에 따른 동바리 조립시의 안전조치)

※ 문제 및 답안(지), 점수, 채점기준은 일체 공개하지 않는다.
※ 다음 여백은 계산 연습란으로 사용하시오.

비번호	
총 점	

2020년도 산업기사 정기검정 제4회(2020년 11월 29일 시행)

자격종목 및 등급(선택분야): 건설안전산업기사

시험시간: 1시간 | 수험번호: 20201129 | 성명: 도서출판세화

(배점: 60, 문제수: 13)

※ 본 문제는 복원문제로 실제문제와 동일하지 않을 수 있습니다.

---

01 작업발판의 끝이나 개구부로서 근로자가 추락할 위험이 있는 장소에서 작업시 추락 방지 대책 3가지를 쓰시오.(6점)

해답
① 안전난간 설치
② 울타리 설치
③ 수직형 추락방호망 설치
④ 덮개설치

KEY
① 2015년 11월 7일 (문제 13번) 출제
② 2018년 6월 30일 (문제 2번) 출제
③ 2019년 6월 29일 (문제 2번) 출제
④ 2019년 11월 9일 산업기사 출제
⑤ 2020년 7월 25일 (문제 7번) 출제
⑥ 2020년 10월 18일 (문제 2번) 출제

정보제공
산업안전보건기준에 관한 규칙 제43조(개구부 등의 방호조치)

---

02 산업안전보건법 시행규칙에 의하면 안전 관리자등에 선임된 후 3개월 이내에 직무를 수행하는 데 필요한 신규교육과 신규교육 이수 후 2년이 되는 날의 3개월 전부터 2년이 되는 날 사이에 보수교육을 받아야 한다. 이때 받아야 하는 교육시간을 각각 ( )에 쓰시오.(4점)

교육대상	교육시간	
	신규교육	보수교육
안전보건관리책임자	6시간 이상	(①)시간 이상
안전관리자	34시간 이상	(②)시간 이상
보건관리자	34시간 이상	(③)시간 이상
건설재해예방 전문지도기관 종사자	34시간 이상	(④)시간 이상
석면조사기관종사자	34시간 이상	24시간 이상
안전보건관리담당자	–	8시간 이상

해답
① 6 ② 24 ③ 24 ④ 24

KEY
① 2012년 11월 3일 (문제 7번) 출제
② 2015년 7월 12일 산업기사 출제
③ 2020년 7월 25일 (문제 8번) 출제
④ 2020년 10월 18일 (문제 3번) 출제

정보제공
산업안전보건법 시행규칙 [별표 4] 안전보건교육 교육과정별 교육시간

---

03 다음은 강관비계에 관한 내용이다. 다음 빈칸을 채우시오.(3점)

비계기둥의 간격은 띠장 방향에서는 (①)[m] 이하, 장선 방향에서는 (②)[m] 이하, 띠장간격은 (③)[m] 이하로 할 것

해답
① 1.85 ② 1.5 ③ 2

KEY
① 2013년 7월 14일 기사(문제 13번) 출제
② 2017년 11월 12일(문제 2번) 출제
③ 2019년 4월 14일 산업기사(문제 2번) 출제
④ 2019년 11월 9일 기사 출제
⑤ 2020년 10월 18일 (문제 7번) 출제

정보제공
산업안전보건기준에 관한 규칙 제60조(강관비계의 구조)

---

04 건설업 유해·위험방지계획서의 제출시기와 제출부수를 쓰시오.(4점)

해답
① 제출시기: 해당 공사의 착공 전날까지
② 제출부수: 2부

KEY
① 2013년 7월 14일 출제
② 2014년 11월 1일 (문제 9번) 출제
③ 2019년 6월 29일 (문제 13번) 출제
④ 2020년 5월 24일 (문제 5번) 출제

정보제공
산업안전보건법 시행규칙 제42조(제출서류 등)

05 중대재해 발생 후 관할 지방고용노동관서의 장에게 보고해야 할 사항 2가지와 보고시점을 쓰시오.(6점)

해답
(1) 보고사항
　① 발생 개요 및 피해 상황
　② 조치 및 전망
(2) 보고시점: 지체 없이 보고

KEY ① 2007년 4월 22일 (문제 8번) 출제
　　　② 2014년 4월 20일 (문제 8번) 출제
　　　③ 2019년 6월 29일 (문제 7번) 출제

정보제공
산업안전보건법 시행규칙 제67조(중대재해 발생 시 보고)

06 토공사의 비탈면 보호방법(공법)의 종류 3가지를 쓰시오.(6점)

해답
① 떼붙임공
② 파종공
③ 블록(돌) 붙임공
④ 뿜어붙이기공

참고 건설안전기사 실기 필답형 p.4-55(표. 비탈면보호공법)

KEY ① 2016년 4월 17일 (문제 2번) 출제
　　　② 2019년 6월 29일 (문제 10번) 출제

07 지반의 동결방지대책(조치사항) 3가지를 쓰시오.(6점)

해답
① 단열 재료의 삽입
② 지하수위 저하
③ 모관수 상승을 방지하는 층 설치
④ 지표의 흙을 화학약품으로 처리
⑤ 동결심도 아래에 배수층 설치

KEY ① 1993년 5월 16일 (문제 18번)
　　　② 2006년 4월 23일 (문제 1번)
　　　③ 2009년 10월 18일 (문제 8번)
　　　④ 2013년 7월 14일 (문제 1번)
　　　⑤ 2013년 11월 9일 (문제 5번)
　　　⑥ 2013년 11월 9일 산업기사(문제 6번)
　　　⑦ 2014년 4월 20일 (문제 8번)
　　　⑧ 2014년 7월 6일 (문제 5번) 출제
　　　⑨ 2017년 6월 25일 (문제 11번) 출제
　　　⑩ 2018년 4월 15일 (문제 2번) 출제

08 흙막이 지보공을 조립하는 경우 흙막이판·말뚝·버팀대·띠장 등 조립도에 기록 내용을 3가지 쓰시오.(6점)

해답
① 부재의 배치
② 부재의 치수
③ 부재의 재질
④ 설치방법
⑤ 설치순서

KEY 2015년 4월 19일 산업기사 (문제 6번) 출제

정보제공
산업안전보건기준에 관한 규칙 제346조(조립도)

보충학습
조립도
① 사업주는 흙막이 지보공을 조립하는 경우 미리 조립도를 작성하여 그 조립도에 따라 조립하도록 하여야 한다.
② 제1항의 조립도는 흙막이판·말뚝·버팀대 및 띠장 등 부재의 배치·치수·재질 및 설치방법과 순서가 명시되어야 한다.

09 차량하역 작업에서 100[kg] 이상 화물 하역시 작업지휘자 직무 3가지를 쓰시오.(6점)

해답
① 작업순서 및 그 순서마다의 작업방법을 정하고 작업을 지휘할 것
② 기구와 공구를 점검하고 불량품을 제거할 것
③ 해당 작업을 하는 장소에 관계 근로자가 아닌 사람이 출입하는 것을 금지할 것
④ 로프 풀기 작업 또는 덮개 벗기기 작업은 적재함의 화물이 떨어질 위험이 없음을 확인한 후에 하도록 할 것

정보제공
산업안전보건기준에 관한 규칙 제177조(싣거나 내리는 작업)

10 "산소결핍"이란 공기 중의 산소농도가 (　)[%] 미만인 상태를 말한다. (　)를 쓰시오. (3점)

해답
18

정보제공
산업안전보건기준에 관한 규칙 제618조(정의)

11 작업통로에는 바닥면으로부터 (　)[m] 이내에는 장애물이 없도록 해야한다. (　)를 쓰시오.(3점)

[해답]

2

[정보제공]

산업안전보건기준에 관한 규칙 제22조(통로의 설치)

12 자율안전확인대상 보호구중 안전모의 시험성능 기준에 따른 시험항목 3가지를 쓰시오.(3점)

[해답]

① 충격흡수성
② 난연성
③ 턱끈풀림

[보충학습]

안전모의 성능기준

구분	항목	시험 성능 기준
시험성능 기준	내관통성	AE, ABE종 안전모는 관통거리가 9.5[mm] 이하이고, AB종 안전모는 관통거리가 11.1[mm] 이하이어야 한다.(자율안전확인에서는 관통거리가 11.1[mm] 이하)
	충격 흡수성	최고전달충격력이 4,450[N]을 초과해서는 안되며, 모체와 착장체의 기능이 상실되지 않아야 한다.
	내전압성	AE, ABE종 안전모는 교류 20[kW]에서 1분간 절연파괴 없이 견뎌야 하고, 이때 누설되는 충전전류는 10[mA] 이하이어야 한다.(자율안전확인에서는 제외)
	내수성	AE, ABE종 안전모는 질량증가율이 1[%] 미만이어야 한다.(자율안전확인에서는 제외)
	난연성	모체가 불꽃을 내며 5초 이상 연소되지 않아야 한다.
	턱끈풀림	150[N] 이상 250[N] 이하에서 턱끈이 풀려야 한다.
부가성능 기준	측면 변형 방호	최대 측면변형은 40[mm], 잔여변형은 15[mm] 이내이어야 한다.
	금속 용융물 분사방호	– 용융물에 의해 10[mm] 이상의 변형이 없고 관통되지 않아야 한다. – 금속 용융물의 방출을 정지한 후 5초 이상 불꽃을 내며 연소되지 않을 것(자율안전확인에서는 제외)

13 그림과 같이 2개의 슬링 와이어로프로 무게 1,000[N]의 화물을 인양하고 있다. 이 로프 T_{AB}에 발생하는 장력의 크기는 약 몇 [N]인가?(4점)

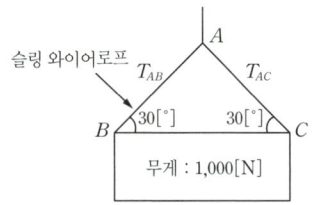

[그림] 슬링와이어로프

[해답]

$$\text{하중} = \frac{\text{화물의 무게}(W_1)}{2} \div \cos\frac{\theta}{2}$$
$$= \frac{1,000}{2} \div \cos\frac{120}{2} = 1,000[\text{N}]$$

[보충학습]

① 삼각형 : 180[°]
② 180 − 60 = 120[°]

※ 문제 및 답안(지), 점수, 채점기준은 일체 공개하지 않는다.
※ 다음 여백은 계산 연습란으로 사용하시오.

과년도 출제문제

- **산업기사** 2021년 4월 24일 시행
- **산업기사** 2021년 7월 10일 시행
- **산업기사** 2021년 11월 14일 시행

2021년도 산업기사 정기검정 제1회(2021년 4월 24일 시행)

자격종목 및 등급(선택분야): 건설안전산업기사

시험시간: 1시간 | 수험번호: 20210424 | 성명: 도서출판세화

배점: 60, 문제수: 13

※ 본 문제는 복원문제로 실제문제와 동일하지 않을 수 있습니다.

---

01 산업안전보건법상, 중대재해의 종류 3가지를 쓰시오.(6점)

해답
① 사망자가 1명 이상 발생한 재해
② 3개월 이상의 요양이 필요한 부상자가 동시에 2명 이상 발생한 재해
③ 부상자 또는 직업성 질병자가 동시에 10명 이상 발생한 재해

참고 건설안전(산업)기사 실기 필답형 p.5-45 제3조(중대재해의 범위)

KEY ① 2020년 1월 18일 출제
② 2020년 11월 29일 출제

정보제공 산업안전보건법 시행규칙 제3조(중대재해의 범위)

---

02 작업발판 일체형 거푸집 종류 4가지를 쓰시오.(4점)

해답
① 갱폼(gang form)
② 슬립 폼(slip form)
③ 클라이밍 폼(climbing form)
④ 터널 라이닝 폼(tunnel lining form)
⑤ 그 밖에 거푸집과 작업발판이 일체로 제작된 거푸집 등

참고 건설안전(산업)기사 실기 필답형 p.5-149 제337조(작업발판 일체형 거푸집의 안전조치)

정보제공 산업안전보건기준에 관한 규칙 제337조(작업발판 일체형 거푸집의 안전조치)

---

03 다음은 강관비계에 관한 내용이다. 다음 [보기]의 빈칸을 채우시오.(4점)

[보기]
비계기둥의 간격은 띠장 방향에서는 (①)[m] 이하, 장선 방향에서는 (②)[m] 이하로 할 것

해답
① 1.85   ② 1.5

 2020년 11월 29일 등 10번 이상 출제

정보제공 산업안전보건기준에 관한 규칙 제60조(강관비계의 구조)

---

04 콘크리트 타설작업을 위하여 콘크리트 펌프 또는 콘크리트 펌프카를 사용하는 경우 준수사항 2가지를 쓰시오.(4점)

해답
① 작업을 시작하기 전에 콘크리트 타설장비를 점검하고 이상을 발견하였으면 즉시 보수할 것
② 건축물의 난간 등에서 작업하는 근로자가 호스의 요동·선회로 인하여 추락하는 위험을 방지하기 위하여 안전난간 설치 등 필요한 조치를 할 것
③ 콘크리트 타설장비의 붐을 조정하는 경우에는 주변의 전선 등에 의한 위험을 예방하기 위한 적절한 조치를 할 것
④ 작업 중에 지반의 침하, 아웃트리거의 손상 등에 의하여 콘크리트 타설장비가 넘어질 우려가 있는 경우에는 이를 방지하기 위한 적절한 조치를 할 것

참고 건설안전(산업)기사 실기 필답형 p.5-148 제335조(콘크리트 펌프 등 사용 시 준수사항)

정보제공 산업안전보건기준에 관한 규칙 제335조(콘크리트 타설장비 사용 시 준수사항)

---

05 하인리히의 1:29:300 의 법칙은 아래 [보기]와 같다. 중상 6건 발생시, 경상 및 무상해사고는 각각 몇 건인지 식과 답을 쓰시오.(5점)

[보기]
무상해 사고 300건이 발생되면 29건의 경상, 1건의 중상이 발생할수 있다.

해답
① 경상=6×29=174[건]
② 무상해 사고=6×300=1,800[건]

참고 건설안전(산업)기사 실기 필답형 p.1-24(1. 1:29:300의 법칙)

⑥ 감전의 위험이 있는 작업 : 절연용 보호구
⑦ 고열에 의한 화상 등의 위험이 있는 작업 : 방열복
⑧ 선창 등에서 분진(粉塵)이 심하게 발생하는 하역작업 : 방진마스크
⑨ 섭씨 영하 18도 이하인 급냉동어창에서 하는 하역작업 : 방한모·방한복·방한화·방한장갑
⑩ 물건을 운반하거나 수거·배달하기 위하여 이륜자동차를 운행하는 작업 : 승차용 안전모

06
어떤 건설현장에서 500명의 근로자가 1년 동안 작업하는 가운데 요양재해가 15건 발생하였다. 도수율을 구하시오.(단, 연간 노동일수 300일, 1일 노동시간 8시간)(4점)

해답

$$도수(빈도)율 = \frac{재해건수}{연근로시간수} \times 10^6$$
$$= \frac{15}{500 \times 300 \times 8} \times 10^6 = 12.5$$

참고 건설안전(산업)기사 실기 필답형 p.1-40(15. 빈도율)

KEY 2020년 10월 17일 기사(문제 3번) 출제

정보제공 산업재해통계업무처리규정 제3조(산업재해통계의 산출방법 및 정의)

08
차량용 건설기계 중 도로포장용 건설기계와 천공형 건설기계를 각각 2가지씩 쓰시오.(4점)

해답

도로포장용	천공용
① 아스팔트 살포기	① 어스드릴(earth drill)
② 콘크리트 살포기	② 어스오거(earth auger)
③ 아스팔트 피니셔	③ 크롤러 드릴(crawler drill)
④ 콘크리트 피니셔	④ 점보드릴(jumbo drill)

정보제공 산업안전보건기준에 관한 규칙 [별표6] 차량계 건설기계

07
산업안전보건기준에 관한 규칙에 따라서, 보기에서 주어지는 작업조건에 따른 적합한 보호구를 쓰시오.(6점)

[보기]
① 물체가 떨어지거나 날아올 위험 또는 근로자가 추락할 위험이 있는 작업
② 물체의 낙하·충격, 물체에의 끼임, 감전 또는 정전기의 대전에 의한 위험이 있는 작업
③ 용접 시 불꽃이나 물체가 흩날릴 위험이 있는 작업

해답
① 안전모 ② 안전화 ③ 보안면

정보제공 산업안전보건기준에 관한 규칙 제32조(보호구의 지급 등)
① 물체가 떨어지거나 날아올 위험 또는 근로자가 추락할 위험이 있는 작업 : 안전모
② 높이 또는 깊이 2[m] 이상의 추락할 위험이 있는 장소에서 하는 작업 : 안전대
③ 물체의 낙하·충격, 물체에의 끼임, 감전 또는 정전기의 대전에 의한 위험이 있는 작업 : 안전화
④ 물체가 흩날릴 위험이 있는 작업 : 보안경
⑤ 용접 시 불꽃이나 물체가 흩날릴 위험이 있는 작업 : 보안면

09
채석작업을 하는 때에는 채석작업 계획을 작성하고 그 계획에 의하여 작업을 실시하도록 하여야 하는 데 이 때 채석작업 작업 계획서 내용을 4가지만 쓰시오.(4점)

해답
① 노천굴착과 갱내굴착의 구별 및 채석방법
② 굴착면의 높이와 기울기
③ 굴착면 소단(小段)의 위치와 넓이
④ 갱내에서의 낙반 및 붕괴방지 방법
⑤ 발파방법
⑥ 암석의 분할방법
⑦ 암석의 가공장소
⑧ 사용하는 굴착기계·분할기계·적재기계 또는 운반기계의 종류 및 성능
⑨ 토석 또는 암석의 적재 및 운반방법
⑩ 운반경로
⑪ 표토 또는 용수(湧水)의 처리방법

정보제공 산업안전보건기준에 관한 규칙 [별표 4] 사전조사 및 작업계획서 내용

용어정의
소단(小段) : 비탈면의 경사를 완화시키기 위해 중간에 좁은 폭으로 설치하는 평탄한 부분

10 산업안전보건기준에 관한 규칙에 따라, 사업주가 발파작업에 종사하는 근로자에게 준수하도록 해야하는 사항에 대한 설명이다. 보기의 ( )안에 알맞은 내용을 넣으시오. (6점)

> [보기]
> - 전기뇌관에 의한 경우에는 발파모선을 점화기에서 떼어 그 끝을 단락시켜 놓는 등 재점화되지 않도록 조치하고 그 때부터 (①)분 이상 경과한 후가 아니면 화약류의 장전장소에 접근시키지 않도록 할 것
> - 전기뇌관 외의 것에 의한 경우에는 점화한 때부터 (②)분 이상 경과한 후가 아니면 화약류의 장전장소에 접근시키지 않도록 할 것
> - 전기뇌관에 의한 발파의 경우 점화하기 전에 화약류를 장전한 장소로부터 (③)[m]이상 떨어진 안전한 장소에서 전선에 대하여 저항측정 및 도통시험을 할 것

해답

① 5
② 15
③ 30

정보제공
산업안전보건기준에 관한 규칙 제348조(발파의 작업기준)

11 산업안전보건기준에 관한 규칙에 따라, 사업주가 타워크레인을 와이어로프로 지지하는 경우 준수해야 할 사항을 3가지 쓰시오.(단, 설치작업설명서에 관한 사항, 전문가의 확인에 관한 사항, 지지장치고정에 관한 내용은 제외)(6점)

해답

① 와이어로프를 고정하기 위한 전용 지지프레임을 사용할 것
② 와이어로프 설치각도는 수평면에서 60도 이내로 하되, 지지점은 4개소 이상으로 하고, 같은 각도로 설치할 것
③ 와이어로프와 그 고정부위는 충분한 강도와 장력을 갖도록 설치하고, 와이어로프를 클립·샤클(shackle, 연결고리) 등의 고정기구를 사용하여 견고하게 고정시켜 풀리지 아니하도록 하며, 사용 중에는 충분한 강도와 장력을 유지하도록 할 것
④ 와이어로프가 가공전선(架空電線)에 근접하지 않도록 할 것

참고 건설안전(산업)기사 실기 필답형 p.5-82(제142조 타워크레인의 지지)

정보제공
산업안전보건기준에 관한 규칙 제142조(타워크레인의 지지)

12 알더퍼의 E.R.G이론 3가지를 쓰시오.(3점)

해답

① 생존 욕구(Existence)
② 관계 욕구(Relationship)
③ 성장 욕구(Growth)

참고 건설안전(산업)기사 실기 필답형 p.2-46(표 : 동기 부여에 의한 이론 비교)

KEY ① 2016년 4월 19일 출제
② 2016년 6월 26일 기사 출제

13 지반 굴착 시 굴착면의 기울기를 ( )에 쓰시오.(4점)

지반의 종류	굴착면의 기울기
모래	(①)
연암 및 풍화암	(②)
경암	(③)
그 밖의 흙	(④)

해답

① 1 : 1.8
② 1 : 1.0
③ 1 : 0.5
④ 1 : 1.2

정보제공
산업안전보건기준에 관한 규칙 [별표 11] 굴착면의 기울기 기준
(2023. 11. 14. 개정)

※ 문제 및 답안(지), 점수, 채점기준은 일체 공개하지 않습니다.
※ 다음 여백은 계산 연습란으로 사용하시오.

비번호	
총 점	

2021년도 산업기사 정기검정 제2회(2021년 7월 10일 시행)

자격종목 및 등급(선택분야)
건설안전산업기사

시험시간	수험번호	성명
1시간	20210710	도서출판세화

(배점 : 60, 문제수 : 13)

※ 본 문제는 복원문제로 실제문제와 동일하지 않을 수 있습니다.

---

01 거푸집 동바리 조립 작업시 침하방지를 위한 조치사항 3가지를 쓰시오.(6점)

[해답]
① 받침목의 사용   ② 깔판의 사용   ③ 콘크리트 타설   ④ 말뚝박기

[정보제공]
산업안전보건기준에 관한 규칙 제332조(동바리 조립시의 안전조치)

---

02 산업안전보건법상, 다음 설비에 해당하는 장치를 쓰시오.(6점)

1. 동력을 사용하여 중량물을 매달아 상하 및 좌우로 운반하는 것을 목적으로 하는 기계 : (①)
2. 동력을 사용하여 사람이나 화물을 운반하는 것을 목적으로 하는 기계 : (②)
3. 건축물이나 고정된 시설물에 설치되어 일정한 경로에 따라 사람이나 화물을 승강장으로 옮기는 데에 사용되는 설비 : (③)

[해답]
① 크레인   ② 리프트   ③ 승강기

[정보제공]
산업안전보건기준에 관한 규칙 제132조(양중기)

---

03 보일링 방지대책 3가지를 쓰시오.(6점)

[해답]
① 흙막이 벽(시트파일)을 깊게 설치
② 지하수의 흐름을 막는다.
③ 주변 수위를 저하

[KEY] ① 2007년 11월 4일 출제
② 2009년 10월 18일 출제
③ 2013년 7월 14일 출제
④ 2015년 7월 12일 기사(문제 3번) 출제
⑤ 2016년 6월 26일 산업기사(문제 7번) 출제
⑥ 2018년 11월 10일 기사 출제

[정보제공]
고용노동부 고시(굴착공사 표준안전작업지침)

[보충학습]
히빙 방지대책
① 흙막이 근입깊이를 깊게   ② 표토제거 하중감소
③ 지반개량   ④ 굴착면 하중증가
⑤ 어스앵커설치 등

---

04 곤돌라의 와이어로프가 초과하여 감기는 것을 방지하기 위한 방호 장치를 쓰시오.(4점)

[해답]
권과 방지장치

[참고] 건설안전(산업)기사 실기 필답형 p.4-31(7. 크레인 방호장치)

[KEY] 2020년 11월 29일 기사 출제

[정보제공]
산업안전보건기준에 관한 규칙 제134조(방호장치의 조정)

---

05 산업안전보건기준에 관한 규칙에 따라서, 사업주가 근로자의 위험을 방지하기 위하여, 차량계 건설기계를 사용하여 작업을 할 때에는 작업계획을 작성하고 그 작업계획에 따라 작업을 실시하도록 하여야 한다. 이 작업계획에 포함되어야 할 사항을 3가지 쓰시오.(6점)

[해답]
① 사용하는 차량계 건설기계의 종류 및 성능
② 차량계 건설기계의 운행경로
③ 차량계 건설기계에 의한 작업방법

[정보제공]
산업안전보건기준에 관한 규칙 [별표 4] 사전조사 및 작업계획서 내용

[보충학습]
차량계 하역운반기계 작업계획서 내용
① 해당 작업에 따른 추락·낙하·전도·협착 및 붕괴 등의 위험 예방 대책
② 차량계 하역운반기계등의 운행경로 및 작업방법

06
비계 작업시 비, 눈 그 밖의 기상상태의 악화로 날씨가 몹시 나빠서 작업을 중지시킨 후 그 비계에서 작업을 할 때 점검사항 3가지만 쓰시오.(4점)

해답
① 발판재료의 손상여부 및 부착 또는 걸림상태
② 해당 비계의 연결부 또는 접속부의 풀림상태
③ 연결재료 및 연결철물의 손상 또는 부식상태
④ 손잡이의 탈락여부
⑤ 기둥의 침하 변형 변위 또는 흔들림 상태
⑥ 로프의 부착상태 및 매단장치의 흔들림 상태

정보제공
산업안전보건기준에 관한 규칙 제58조(비계의 점검 및 보수)

07
틀비계 (높이가 5[m] 미만의 것을 제외) 조립 시 벽이음 또는 버팀을 설치하는 조립 간격을 쓰시오.(4점)

강관비계의 종류	조립간격(단위 : [m])	
	수직방향	수평방향
단관비계	5	5
틀비계(높이가 5[m] 미만의 것을 제외)	(①)	(②)

해답
① 6 ② 8

KEY 2021년 7월 10일 산업기사 출제

정보제공
산업안전보건기준에 관한 규칙 [별표 5] 강관비계의 조립간격

08
다음 [보기]에 건설업 안전관리자의 최소 인원을 쓰시오.(단, 전체 공사기간을 100으로 할 때 공사 시작에서 15에 해당하는 기간과 공사 종료 전의 15에 해당하는 기간)(3점)

[보기]
① 공사금액 800억원 이상 1,500억원 미만
② 공사금액 1,500억원 이상 2,200억원 미만
③ 공사금액 2,200억원 이상 3,000억원 미만

해답
① 1명 ② 2명 ③ 2명

KEY
① 2012년 7월 8일(문제 8번) 출제
② 2013년 7월 14일(문제 11번) 출제
③ 2014년 4월 20일(문제 9번) 출제
④ 2020년 10월 17일 기사 출제

정보제공
산업안전보건법 시행령 [별표 3] 안전관리자를 두어야 하는 사업의 종류, 사업장의 상시근로자 수, 안전관리자의 수 및 선임방법

09
산업안전보건법 시행규칙에 따라서, 상시근로자를 계산하는 공식에 맞게 (   )를 채우시오.(4점)

$$\text{상시근로자 수} = \frac{(①) \times (②)}{(③) \times (④)}$$

해답
① 연간 국내공사 실적액
② 노무비율
③ 건설업 월평균임금
④ 12

KEY
① 2020년 5월 24일 (문제12번) 출제
② 2021년 7월 10일 기사 출제

정보제공
산업안전보건법 시행규칙 [별표 1] 건설업체 산업재해발생률 및 산업재해 발생

10
산업안전보건법령에 관한 규칙에 따라서, 안전보건표지 관련 (   )에 알맞은 내용을 채우시오.(4점)

(1) 안전보건표지의 표시를 명확히 하기 위하여 필요한 경우에는 그 안전보건표지의 주위에 표시사항을 글자로 덧붙여 적을 수 있다. 이 경우 글자는 (①) 바탕에 (②) 한글 (③) 로 표기해야 한다.
(2) 안전보건표지 속의 그림 또는 부호의 크기는 안전보건표지의 크기와 비례해야 하며, 안전보건표지 전체 규격의 (④)[%] 이상이 되어야 한다.

[해답]
① 흰색
② 검은색
③ 고딕체
④ 30

[정보제공]
① 산업안전보건법시행규칙 제38조(안전보건표지의 종류·형태·색채 및 용도 등)
② 산업안전보건법시행규칙 제40조(안전보건표지의 제작)

11 부적격한 와이어로프의 사용금지사항을 5가지 쓰시오.(5점)

[해답]
① 이음매가 있는 것
② 와이어로프 한 꼬임에서 끊어진 소선(필러선을 제외한다)의 수가 10[%] 이상인 것
③ 지름의 감소가 공칭지름의 7[%]를 초과하는 것
④ 꼬인 것
⑤ 심하게 변형되거나 부식된 것
⑥ 열과 전기충격에 의해 손상된 것

[정보제공]
산업안전보건기준에 관한 규칙 제63조(달비계의 구조)

KEY
① 1993년 3월 14일 산업기사(문제 1번) 출제
② 2012년 4월 22일 산업기사(문제 3번) 출제
③ 2015년 7월 12일 기사(문제 11번) 출제
④ 2016년 6월 26일(문제 2번) 출제
⑤ 2019년 4월 14일 산업기사 출제
⑥ 2020년 5월 24일(문제 4번) 출제
⑦ 2020년 11월 29일 기사 출제

12 사업주는 잠함 또는 우물통의 내부에서 근로자가 굴착작업을 하는 경우에 잠함 또는 우물통의 급격한 침하에 의한 위험을 방지하기 위하여 준수하여야 할 사항 관련 ( )에 알맞은 숫자를 쓰시오.(4점)

① 침하관계도에 따라 굴착방법 및 재하량 등을 정할 것
② 바닥으로부터 천장 또는 보까지의 높이는 ( )[m] 이상으로 할 것

[해답]
1.8

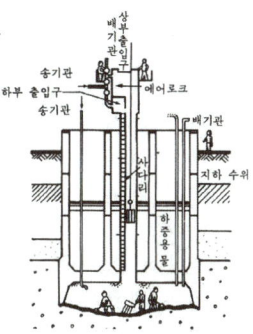

[그림] 잠함 (출처 : 인테리어 용어사전)

[정보제공]
산업안전보건기준에 관한 규칙 제376조(급격한 침하로 인한 위험 방지)

13 산업안전보건법상, 안전보건교육 시간을 ( ) 안에 쓰시오.(4점)

① 밀폐된 장소에서 하는 용접작업 – 일용근로자 : ( )시간 이상
② 정기교육 – 관리감독자의 지위에 있는 사람 : 연간 ( )시간 이상
③ 채용 시의 교육 – 일용근로자 : ( )시간 이상
④ 작업내용 변경 시의 교육 – 일용근로자 : ( )시간 이상

[해답]
① 2
② 16
③ 1
④ 1

[정보제공]
① 산업안전보건법 시행규칙 [별표 4] 안전보건교육 교육과정별 교육시간
② 산업안전보건법 시행규칙 [별표 5] 안전보건교육 교육대상별 교육내용

※ 문제 및 답안(지), 점수, 채점기준은 일체 공개하지 않는다.
※ 다음 여백은 계산 연습란으로 사용하시오.

비번호	
총 점	

2021년도 산업기사 정기검정 제4회(2021년 11월 14일 시행)

자격종목 및 등급(선택분야): 건설안전산업기사

(배점: 60, 문제수: 13)
시험시간: 1시간
수험번호: 20211114
성명: 도서출판세화

※ 본 문제는 복원문제로 실제문제와 동일하지 않을 수 있습니다.

01
산업안전보건법령상, 근로자가 소음작업, 강렬한 소음작업 또는 충격소음작업에 종사하는 경우에 근로자에게 알려야 하는 내용 3가지를 쓰시오.(6점)

해답
① 해당 작업장소의 소음 수준
② 인체에 미치는 영향과 증상
③ 보호구의 선정과 착용방법
④ 그 밖에 소음으로 인한 건강장해 방지에 필요한 사항

KEY 2012년 11월 3일(문제 11번) 출제

정보제공
산업안전보건기준에 관한 규칙 제514조(소음수준의 주지 등)

02
산업안전보건법령상, 사업주가 터널 지보공을 설치한 경우에 다음 각 호의 사항을 수시로 점검하여야 하며, 이상을 발견한 경우에는 즉시 보강하거나 보수하여야 할 사항을 3가지만 쓰시오.(6점)

해답
① 부재의 긴압 정도
② 부재의 접속부 및 교차부의 상태
③ 기둥침하의 유무 및 상태
④ 부재의 손상·변형·부식·변위 탈락의 유무 및 상태

KEY
① 2004년 7월 4일 기사, 산업기사 동시 출제
② 2008년 7월 6일 기사 출제
③ 2012년 7월 8일 (문제 10번) 출제

정보제공
산업안전보건기준에 관한 규칙 제366조(붕괴 등의 방지)

03
근로자가 50명이 있는 작업 현장에서 1일에 9시간, 1년에 250일 근로할 때, 재해가 5건 발생하여 1명 사망 재해가 발생되었다. 근로손실일수 40일 일 때 강도율을 계산하시오.(4점)

해답

$$강도율 = \frac{총요양근로손실일수}{연근로시간수} \times 1,000$$
$$= \frac{7,500+40}{50 \times 9 \times 250} \times 1,000 = 67.022 = 67.02$$

KEY 2010년 4월 18일(문제 9번) 출제

04
산업안전보건법령상, 차량계 하역운반기계(지게차 등)의 운전자가 운전위치를 이탈하고자 할 때 운전자가 준수하여야 할 사항을 3가지 쓰시오.(6점)

해답
① 포크, 버킷, 디퍼 등의 장치를 가장 낮은 위치 또는 지면에 내려 둘 것
② 원동기를 정지시키고 브레이크를 확실히 거는 등 갑작스러운 주행이나 이탈을 방지하기 위한 조치를 할 것
③ 운전석을 이탈하는 경우에는 시동키를 운전대에서 분리시킬 것

KEY
① 2009년 4월 19일 출제
② 2013년 7월 14일(문제 8번) 출제

정보제공
산업안전보건기준에 관한 규칙 제99조(운전위치 이탈 시의 조치)

합격자의 조언
차량계 하역운반기계, 차량계건설기계 모두 공통입니다.

05
보일링과 히빙의 정의를 쓰시오.(4점)

해답
① 보일링: 사질토 지반에서 굴착저면과 흙막이 배면과의 수위차이로 인해 굴착저면의 흙과 물이 함께 위로 솟구쳐 오르는 현상
② 히빙: 연질점토 지반에서 굴착에 의한 흙막이 내·외면의 흙의 중량차이로 인해 굴착저면이 부풀어 올라오는 현상

KEY
① 2007년 4월 22일(문제 14번) 출제
② 2007년 11월 4일 출제
③ 2009년 10월 18일(문제 7번) 출제
④ 2013년 7월 14일 출제
⑤ 2015년 7월 12일 기사(문제 3번) 출제
⑥ 2017년 4월 16일(문제 4번) 출제
⑦ 2017년 6월 25일(문제 1번) 출제

정보제공
고용노동부 고시(굴착공사 표준안전작업지침)

06 산업안전보건법령상, 해당 설명에 해당하는 안전모의 종류를 ( )에 쓰시오.(6점)

안전모의 종류	설명
(①)	물체의 낙하, 비래, 추락에 의한 위험을 방지·경감
(②)	물체의 낙하, 비래에 의한 위험을 방지 또는 경감하고 머리부위 감전에 의한 위험을 방지
(③)	물체의 낙하, 비래 및 추락에 의한 위험 및 감전을 방지

해답
① AB : 물체의 낙하, 비래, 추락에 의한 위험을 방지·경감
② AE : 물체의 낙하, 비래에 의한 위험을 방지 또는 경감하고 머리부위 감전에 의한 위험을 방지
③ ABE : 물체의 낙하 또는 비래 및 추락에 의한 위험을 방지 또는 경감하고, 머리부위 감전에 의한 위험을 방지하기 위한 것

KEY ① 2015년 11월 7일 기사 출제
② 2018년 6월 30일(문제 1번) 출제

정보제공
고용노동부 – 보호구 안전인증 고시(고시 제2020 – 35호)(2020.1.15)

07 산업안전보건법령상, 거푸집동바리의 이음 방법을 2가지 쓰시오(4점)

해답
① 맞댄이음
② 장부이음

KEY 2005년 10월 23일 (문제 1번) 출제

정보제공
산업안전보건기준에 관한 규칙 제332조(거푸집동바리등의 안전조치)

08 흙막이 벽에 작용하는 토압에 의한 휨모멘트와 전단력에 저항하도록 설치하는 부재로써 흙막이벽에 가해지는 토압을 버팀대 등에 전달하기 위하여 흙막이벽에 수평으로 설치하는 부재의 이름을 쓰시오.(3점)

해답
띠장 (Wale)

KEY 2015년 4월 19일 (문제 5번) 출제

정보제공
흙막이공사(엄지말뚝 공법) 안전보건작업 지침
KOSHA GUIDE C – 4 – 2012

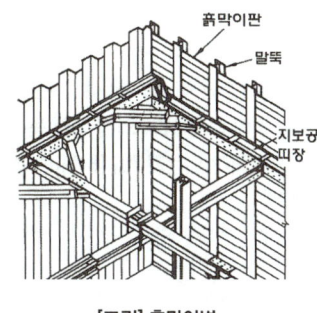

[그림] 흙막이벽

09 산업안전보건법령상, 항타기 또는 항발기의 권상용 와이어로프로 사용해서는 안되는 경우 4가지를 쓰시오.(4점)

해답
① 이음매가 있는 것
② 와이어로프의 한 꼬임[(스트랜드(strand)를 말한다. 이하 같다)]에서 끊어진 소선(素線)[필러(pillar)선은 제외한다)]의 수가 10퍼센트 이상(비자전로프의 경우에는 끊어진 소선의 수가 와이어로프 호칭지름의 6배 길이 이내에서 4개 이상이거나 호칭지름 30배 길이 이내에서 8개 이상)인 것
③ 지름의 감소가 공칭지름의 7퍼센트를 초과하는 것
④ 꼬인 것
⑤ 심하게 변형되거나 부식된 것
⑥ 열과 전기충격에 의해 손상된 것

KEY ① 1993년 3월 14일 산업기사(문제 1번) 출제
② 2012년 4월 22일 산업기사(문제 3번) 출제
③ 2015년 7월 12일(문제 11번) 출제
④ 2016년 6월 26일(문제 2번) 출제

정보제공
산업안전보건기준에 관한 규칙 제63조(달비계의 구조)
제210조(이음매가 있는 권상용 와이어로프의 사용 금지)

10 위험예지훈련 4라운드의 진행방식을 쓰시오.(4점)

해답
① 제1단계 : 현상파악
② 제2단계 : 본질추구
③ 제3단계 : 대책수립
④ 제4단계 : 목표설정

참고 건설안전(산업)기사 실기 필답형 p.2-20(합격날개 : 합격예측)

KEY 2014년 7월 6일(문제 3번) 출제

KEY ① 2014년 7월 6일(문제 3번) 출제
② 2019년 4월 14일 (문제 10번)출제

11 철골공사표준안전작업지침상, 구조안전의 위험이 큰 철골구조물 건립 중 강풍에 의한 풍압 등 외압에 대한 내력이 설계에 고려되어 있는지 확인하여야 할 구조물 4가지를 쓰시오.(4점)

해답
① 높이 20[m] 이상의 구조물
② 구조물의 폭과 높이의 비가 1:4 이상인 구조물
③ 단면 구조에 현저한 차이가 있는 구조물
④ 연면적당 철골량이 50[kg/m^2] 이하인 구조물
⑤ 기둥이 타이플레이트형인 구조물
⑥ 이음부가 현장용접인 구조물

KEY ① 2013년 4월 21일(문제 10번) 출제
② 2015년 11월 7일(문제 5번) 출제
③ 2016년 6월 26일(문제 5번) 출제
④ 2018년 11월 10일(문제 3번) 출제
⑤ 2019년 11월 9일 기사 출제

정보제공
고용노동부 – 철골공사 표준안전작업지침 제3조(설계도 및 공작도 확인)

12 산업안전보건법에서 차량계 하역운반기계에 화물적재시 준수사항 3가지를 쓰시오.(6점)

해답
① 하중이 한쪽으로 치우치지 않도록 적재할 것
② 구내운반차 또는 화물자동차의 경우 화물의 붕괴 또는 낙하에 의한 위험을 방지하기 위하여 화물에 로프를 거는 등 필요한 조치를 할 것
③ 운전자의 시야를 가리지 않도록 화물을 적재할 것

KEY ① 2010년 10월 31일 기사 출제
② 2011년 7월 24일(문제 12번) 출제

정보제공
산업안전보건기준에 관한 규칙 제173조(화물적재 시의 조치)

13 건설 현장 안전 미팅 훈련으로 작업장 내 적당한 장소를 선정하여 작업시간 전 5~6인의 소수의 인원이 적합하여, 미팅 시간은 5~15분 정도 실시하는 것을 무엇이라고 하는지 쓰시오.(3점)

해답
TBM (Tool Box Meeting, 툴 박스 미팅)

KEY ① 2007년 4월 22일(문제 5번) 출제
② 2015년 7월 12일(문제 8번) 출제
③ 2017년 6월 25일(문제 2번) 출제
④ 2019년 6월 29일(문제 12번) 출제

※ 문제 및 답안(지), 점수, 채점기준은 일체 공개하지 않는다.
※ 다음 여백은 계산 연습란으로 사용하시오.

비번호	
총 점	

과년도 출제문제

산업기사 2022년 5월 07일 시행

산업기사 2022년 7월 24일 시행

산업기사 2022년 11월 19일 시행

2022년도 산업기사 정기검정 제1회(2022년 5월 7일 시행)

건설안전산업기사

(배점 : 60, 문제수 : 13)

시험시간 1시간 / 수험번호 20220507 / 성명 도서출판세화

※ 본 문제는 복원문제로 실제문제와 동일하지 않을 수 있습니다.

---

01 산업안전보건법령상, 단관비계 조립 시 벽이음을 설치하는 조립 간격을 얼마로 해야 하는지 ( ) 안에 알맞은 말을 쓰시오.(4점)

① 수직 : ( )   ② 수평 : ( )

[해답]
① 5 [m]   ② 5 [m]

[KEY] 2021년 7월 10일 기사·산업기사 공통 출제

[보충학습]
산업안전보건기준에 관한 규칙 [별표 5] 강관비계의 조립간격

강관비계의 종류	조립간격(단위 : m)	
	수직방향	수평방향
단관비계	5	5
틀비계(높이가 5[m] 미만인 것은 제외한다)	6	8

---

02 작업발판의 끝이나 개구부로서 근로자가 추락할 위험이 있는 장소에서 작업시 추락 방지 대책 3가지를 쓰시오.(3점)

[해답]
① 안전난간 설치
② 울타리 설치
③ 수직형 추락방호망 설치
④ 덮개설치

① 2015년 11월 7일 (문제 13번) 출제
② 2018년 6월 30일 (문제 2번) 출제
③ 2019년 6월 29일 (문제 2번) 출제
④ 2019년 11월 9일 산업기사 출제
⑤ 2020년 7월 25일 (문제 7번) 출제
⑥ 2020년 10월 18일 (문제 2번) 출제
⑦ 2020년 11월 29일(문제 1번) 출제

[정보제공]
산업안전보건기준에 관한 규칙 제43조(개구부 등의 방호조치)

---

03 철골공사 작업을 중지해야 하는 조건이다. ( )를 채우시오.(4점)

① 풍 속 : 초당 ( )[m] 이상인 경우
② 강우량 : 시간당 ( )[mm] 이상인 경우

[해답]
① 10
② 1

[KEY]
① 2009년 4월 19일 기사 출제
② 2009년 4월 19일 출제
③ 2013년 7월 14일 기사 출제
④ 2014년 11월 1일(문제 12번) 출제
⑤ 2015년 7월 12일 기사(문제 1번) 출제
⑥ 2015년 11월 7일 기사 출제
⑦ 2018년 4월 15일 산업기사(문제 7번) 출제
⑧ 2020년 11월 29일 기사(문제 6번) 출제

[정보제공]
산업안전보건기준에 관한 규칙 제383조(작업의 제한)

---

04 공사용 가설도로를 설치하는 경우 준수사항 3가지를 쓰시오.(6점)

[해답]
① 도로는 장비와 차량이 안전하게 운행할 수 있도록 견고하게 설치할 것
② 도로와 작업장이 접하여 있을 경우에는 방책 등을 설치할 것
③ 도로는 배수를 위하여 경사지게 설치하거나 배수시설을 설치할 것
④ 차량의 속도제한 표지를 부착할 것

[KEY]
① 2012년 7월 8일 출제
② 2012년 11월 3일(문제 3번) 출제
③ 2017년 11월 12일(문제 8번) 출제
④ 2020년 11월 29일(문제 7번) 출제

[정보제공]
산업안전보건기준에 관한 규칙 제379조(가설도로)

05. 산업안전보건법상 특별안전보건교육 중 거푸집동바리 조립 또는 해체작업 대상 작업에 대한 교육내용 3가지만 쓰시오.(단, 그 밖의 안전보건관리에 필요한 사항은 제외한다)(6점)

해답
① 동바리의 조립방법 및 작업 절차에 관한 사항
② 조립재료의 취급방법 및 설치기준에 관한 사항
③ 조립 해체시의 사고예방에 관한 사항
④ 보호구 착용 및 점검에 관한 사항

KEY
① 2007년 4월 22일 산업기사 (문제 3번) 출제
② 2010년 7월 4일 (문제 7번) 출제
③ 2011년 11월 13일 산업기사 (문제 5번) 출제
④ 2014년 4월 20일 (문제 5번) 출제
⑤ 2016년 4월 17일 (문제 10번) 출제
⑥ 2016년 11월 12일 (문제 5번) 출제
⑦ 2017년 11월 12일 기사 출제
⑧ 2019년 6월 29일 산업기사 출제
⑨ 2020년 10월 17일 기사(문제 2번) 출제

정보제공
산업안전보건법 시행규칙 [별표 5] 안전보건교육 교육대상별 교육 내용

06. 흙막이 지보공을 설치할 때 사업주가 정기적으로 점검하여야 할 사항을 3가지 쓰시오.(6점)

해답
① 부재의 손상·변형·부식·변위 및 탈락의 유무와 상태
② 버팀대의 긴압(緊壓)의 정도
③ 부재의 접속부·부착부 및 교차부의 상태
④ 침하의 정도

KEY
① 2014년 7월 6일(문제 10번) 출제
② 2017년 6월 25일(문제 4번) 출제
③ 2020년 7월 26일(문제 10번) 출제

정보제공
산업안전보건기준에 관한 규칙 제347조(붕괴 등의 위험 방지)

07. 목재가공용 둥근톱기계의 방호장치 2가지를 쓰시오.(4점)

해답
① 반발예방장치
② 톱날접촉예방장치

KEY
① 2011년 11월 13일(문제 9번) 출제
② 2012년 4월 22일(문제 1번) 출제
③ 2016년 4월 17일(문제 7번) 출제

④ 2018년 4월 15일(문제 4번) 출제
⑤ 2018년 11월 10일 산업기사(문제 4번) 출제

정보제공
① 산업안전보건기준에 관한 규칙 제105조(둥근톱기계의 반발예방장치)
② 산업안전보건기준에 관한 규칙 제106조(둥근톱기계의 톱날접촉예방장치)

합격자의 조언
작업형에도 자주 출제

08. 산업안전보건법령상, 건축공사에서 재료비와 직접노무비의 합이 4,500,000,000원일 때 산업안전보건관리비를 계산하시오.(단, 건축공사의 계상율은 3.11%이고, 기초액은 4,325,000원이다.) (5점)

해답
안전관리비 산출
= 대상액(재료비 + 직접노무비) × 요율 + 기초액(C)
= $4,500,000,000 \times 0.0311 + 4,325,000 = 144,275,000$원

KEY 2016년 11월 12일 기사(문제 8번) 출제

정보제공
건설업 산업안전보건관리비 계상 및 사용기준 제4조(계상의무 및 기준)
대상액이 5억원 이상 50억원 미만일 때에는 대상액에 별표 1에서 정한 비율을 곱한 금액에 기초액을 합한 금액

09. 산업안전보건법령상, 산업재해 발생 보고 관련해서 ( )에 알맞은 것을 쓰시오.(3점)

(가) 사업주는 산업재해로 사망자가 발생하거나 (①)일 이상의 휴업이 필요한 부상을 입거나 질병에 걸린 사람이 발생한 경우에는 해당 산업재해가 발생한 날부터 (②)개월 이내에 별지 제30호서식의 산업재해조사표를 작성하여 관할 지방고용노동관서의 장에게 제출해야 한다.
(나) 사업주는 제1항에 따른 산업재해조사표에 (③)의 확인을 받아야 하며, 그 기재 내용에 대하여 (③)의 이견이 있는 경우에는 그 내용을 첨부해야 한다. 다만, (③)가 없는 경우에는 재해자 본인의 확인을 받아 산업재해조사표를 제출할 수 있다.

해답
① 3   ② 1   ③ 근로자대표

KEY
① 2006년 11월 5일 출제
② 2011년 7월 24일(문제 7번) 출제
③ 2016년 6월 26일 기사(문제 3번) 출제

정보제공
산업안전보건법 시행규칙 제73조(산업재해 발생 보고 등)

10
산업안전보건법령상, 갱내에서 채석작업을 하는 경우로서 암석·토사의 낙하 또는 측벽의 붕괴로 인하여 근로자에게 위험이 발생할 우려가 있는 경우에 그 위험을 방지하기 위한 사업주의 조치 사항 2가지를 쓰시오.(4점)

해답
① 동바리 설치
② 버팀대 설치

정보제공
산업안전보건기준에 관한 규칙 제373조(낙반 등에 의한 위험 방지)

11
산업안전보건법령상, 크레인을 사용하는 작업을 할 때에 유해·위험을 방지하기 위한 관리감독자의 업무내용을 3가지 쓰시오.(6점)

해답
① 작업방법과 근로자 배치를 결정하고 그 작업을 지휘하는 일
② 재료의 결함 유무 또는 기구 및 공구의 기능을 점검하고 불량품을 제거하는 일
③ 작업 중 안전대 또는 안전모의 착용상황을 감시하는 일

참고 건설안전(산업)기사 실기 필답형 p.5-164(3. 크레인을 사용하는 작업)

정보제공
산업안전보건기준에 관한 규칙 [별표 2] 관리감독자의 유해·위험 방지

12
하인리히의 재해 코스트 방식에 대해 다음 물음에 답하시오.(6점)

(1) 직접비 : 간접비=(①) : (②)
(2) 직접비에 해당하는 항목 4가지를 쓰시오.

해답
(1) ① 1   ② 4
(2) 직접비에 해당하는 항목
① 휴업급여   ② 장해특별급여
③ 유족특별급여   ④ 장의비
⑤ 요양급여   ⑥ 치료비

참고 건설안전(산업)기사 실기 필답형 p.1-38(1. 하인리히 방법)

KEY
① 2016년 5월 12일 산업기사 출제
② 2022년 4월 24일 필기 출제

정보제공
산업재해보상보험법 제36조(보험급여의 종류와 산정기준 등)

13
산업안전보건법령상 차량계 하역운반기계등을 사용하는 작업을 할 때에 그 기계가 넘어지거나 굴러떨어짐으로써 근로자에게 위험을 미칠 우려가 있는 경우, 조치사항을 쓰시오.(3점)

해답
① 유도자(유도하는 사람) 배치
② 지반의 부동침하 방지
③ 갓길의 붕괴 방지

참고 건설안전(산업)기사 실기 필답형 p.5-118(11. 차량계하역운반기계 안전보건규칙)

정보제공
산업안전보건기준에 관한 규칙 제171조(전도 등의 방지)

보충학습
차량계 건설기계 전도방지대책
① 유도하는 사람 배치(유도자 배치)
② 지반의 부동침하 방지
③ 갓길의 붕괴 방지 및 도로폭의 유지

※ 문제 및 답안(지), 점수, 채점기준은 일체 공개하지 않는다.
※ 다음 여백은 계산 연습란으로 사용하시오.

비번호	
총 점	

2022년도 산업기사 정기검정 제2회(2022년 7월 24일 시행)

자격종목 및 등급(선택분야): 건설안전산업기사

(배점: 60, 문제수: 13)
시험시간: 1시간
수험번호: 20220724
성명: 도서출판세화

※ 본 문제는 복원문제로 실제문제와 동일하지 않을 수 있습니다.

01 작업발판 일체형 거푸집 종류 4가지를 쓰시오. (4점)

해답
① 갱폼(gang form)
② 슬립 폼(slip form)
③ 클라이밍 폼(climbing form)
④ 터널 라이닝 폼(tunnel lining form)
⑤ 그 밖에 거푸집과 작업발판이 일체로 제작된 거푸집 등

참고 건설안전(산업)기사 실기 필답형 p.5-120 제337조(작업발판 일체형 거푸집의 안전조치)

KEY 2021년 4월 24일(문제 2번) 출제

정보제공 산업안전보건기준에 관한 규칙 제337조(작업발판 일체형 거푸집의 안전조치)

02 양중기 종류 3가지를 쓰시오. (6점)

해답
① 크레인(호이스트 포함)
② 이동식크레인
③ 곤돌라
④ 승강기
⑤ 리프트

KEY
① 2004년 4월 25일(문제 8번)
② 2007년 4월 22일(문제 2번)
③ 2012년 4월 22일 기사(문제 10번)
④ 2014년 4월 20일(문제 7번) 출제
⑤ 2019년 6월 29일(문제 8번) 출제
⑥ 2019년 11월 19일(문제 2번) 출제

정보제공 산업안전보건기준에 관한 규칙 제132조(양중기)

03 청각장치와 시각장치 사용 중 시각장치를 사용하는 경우가 유리한 점 4가지를 쓰시오. (4점)

해답
① 전언이 복잡할 경우
② 전언이 길 경우
③ 전언이 후에 재참조될 경우
④ 전언이 공간적인 위치를 다룰 경우
⑤ 전언이 즉각적인 행동을 요구하지 않는 경우
⑥ 수신자의 청각 계통이 과부하 상태일 경우
⑦ 수신 장소가 너무 시끄러울 경우
⑧ 직무상 수신자가 한곳에 머무르는 경우

KEY
① 2011년 5월 1일(문제 11번) 출제
② 2015년 4월 19일(문제 3번) 출제

04 조명은 근로자들이 작업환경의 측면에서 중요한 안전요소이다. 산업안전보건법령상 다음의 작업에서 근로자를 상시 취업시키는 장소의 조도기준을 몇 럭스[lux] 이상으로 해야 하는지 쓰시오. (단, 갱도 등의 작업장은 제외)(6점)

① 보통작업 (　) [Lux] 이상
② 정밀작업 (　) [Lux] 이상
③ 초정밀작업 (　) [Lux] 이상

해답
① 150
② 300
③ 750

KEY 2023년 7월 27일 작업형 출제

정보제공 산업안전보건기준에 관한 규칙 제8조(조도)

05 하인리히의 재해예방 대책 5단계를 (　)에 순서대로 쓰시오. (5점)

제1단계	(①)	제4단계	(④)
제2단계	(②)	제5단계	(⑤)
제3단계	(③)		

해답

제1단계	① 안전관리조직	제4단계	④ 시정책 선정
제2단계	② 사실의 발견	제5단계	⑤ 시정책 적용
제3단계	③ 분석평가		

참고 건설안전(산업)기사 실기 필답형 p.1-18(합격날개 : 합격예측)

KEY
① 2016년 11월 12일 산업기사 출제
② 2018년 6월 30일 (문제 5번) 출제
③ 2020년 11월 29일 기사 출제

---

06 기계가 서 있는 지반보다 높은 곳을 굴착할 때 쓰는 기계는 무엇인지 쓰시오.(4점)

해답
파워셔블(power shovel)

참고 건설안전(산업)기사 실기 필답형 p.4-12(1. 파워셔블)

보충학습

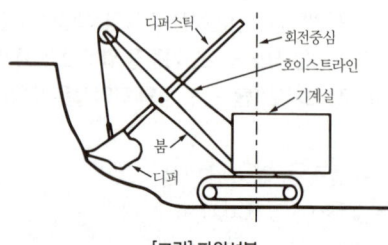

[그림] 파워셔블

KEY
① 2016년 6월 26일 산업기사 출제
② 2016년 11월 12일 기사(문제 2번) 출제
③ 2018년 11월 10일(문제 6번) 출제

---

07 산업안전보건법령상, 다음의 와이어로프 안전계수를 쓰시오.(3점)

① 근로자가 탑승하는 운반구를 지지하는 달기와이어로프 또는 달기체인의 경우 : ( ) 이상
② 화물의 하중을 직접 지지하는 달기와이어로프 또는 달기체인의 경우 : ( ) 이상
③ 훅, 샤클, 클램프, 리프팅 빔의 경우 : ( ) 이상
④ 그 밖의 경우 : 4 이상

해답
① 10 ② 5 ③ 3

KEY
① 2008년 4월 20일 출제
② 2010년 4월 18일 산업기사 출제
③ 2011년 5월 1일 출제
④ 1012년 7월 8일 (문제 2번) 출제
⑤ 2021년 11월 14일 기사 출제

정보제공
산업안전보건기준에 관한 규칙 제163조(와이어로프 등 달기구의 안전계수)

합격자의 조언
① 반드시 기사, 산업기사 구분없이 최근 문제부터 보셔야 안전하게 합격합니다.
② 실기는 반드시 통합된(기사+산업기사) 교재를 보셔야 합니다.

---

08 굴착 공사 중 히빙(heaving) 현상으로 인해 인접 지반 및 흙막이 지보공에 영향을 미치는 현상 2가지를 쓰시오.(4점)

해답
① 지보공 파괴(흙막이 지보공 파괴, 흙막이 지보공 붕괴)
② 배면 토사 붕괴(배면 토사 무너짐)
③ 굴착 저면이 솟아오름(굴착 저면이 부풀어 오름, 굴착 저면이 융기)

KEY 2019년 11월 9일 기사 출제

---

09 산업안전보건법상 건설업 중 유해위험방지계획서의 제출사업 3가지를 쓰시오.(6점)

해답
(1) 건축물 또는 시설 등의 건설·개조 또는 해체공사
  가. 지상높이가 31미터 이상인 건축물 또는 인공구조물
  나. 연면적 3만제곱미터 이상인 건축물
  다. 연면적 5천제곱미터 이상인 시설
    ① 문화 및 집회시설(전시장 및 동물원·식물원은 제외한다)
    ② 판매시설, 운수시설(고속철도의 역사 및 집배송시설은 제외한다)
    ③ 종교시설
    ④ 의료시설 중 종합병원
    ⑤ 숙박시설 중 관광숙박시설
    ⑥ 지하도상가
    ⑦ 냉동·냉장 창고시설
(2) 연면적 5천제곱미터 이상인 냉동·냉장 창고시설의 설비공사 및 단열공사
(3) 최대지간길이가 50[m] 이상인 교량건설 등 공사
(4) 터널건설 등의 공사
(5) 다목적댐, 발전용댐 및 저수용량 2천만톤 이상의 용수전용댐, 지방상수도 전용댐 건설 등의 공사
(6) 깊이 10[m] 이상인 굴착공사

참고: 산업안전보건법 시행령 제42조(유해위험방지계획서 제출 대상)

KEY:
① 2016년 4월 17일(문제 8번) 출제
② 2016년 6월 26일(문제 6번) 출제
③ 2017년 4월 16일(문제 3번) 출제
④ 2018년 6월 30일(문제 9번) 출제

10 지반 굴착 시 굴착면의 기울기를 ( )에 쓰시오.(6점)

지반의 종류	굴착면의 기울기
모래	(①)
연암 및 풍화암	(②)
경암	1 : 0.5
그 밖의 흙	(③)

해답
① 1 : 1.8
② 1 : 1.0
③ 1 : 1.2

참고: 건설안전(산업)기사 실기 필답형 p.5-176(별표 11. 굴착면의 기울기 기준)

KEY: 2021년 4월 24일(문제 13번) 출제

정보제공: 산업안전보건기준에 관한 규칙 [별표 11] 굴착면의 기울기 기준 (2023. 11. 14. 개정)

11 터널굴착 작업에 있어 근로자 위험방지를 위한 사전조사 후 작업계획서에 포함하여야 하는 사항 2가지를 쓰시오.(4점)

해답
① 굴착의 방법
② 터널지보공 및 복공(覆工)의 시공방법과 용수(湧水)의 처리 방법
③ 환기 또는 조명시설을 설치할 때에는 그 방법

KEY:
① 2013년 4월 21일 기사(문제 6번)
② 2014년 4월 20일(문제 13번) 출제
③ 2019년 4월 14일(문제 11번) 출제

정보제공: 산업안전보건기준에 관한 규칙 [별표 4] 사전조사 및 작업계획서 내용

12 A공장의 도수율이 4.0이고 강도율이 1.5일 때 ① 환산강도율과 ② 평균강도율을 계산하시오.(4점)

해답
① 환산강도율 = 강도율 × 100
            = 1.5 × 100 = 150

② 평균강도율 = $\frac{강도율}{도수율} \times 1,000$
            = $\frac{1.5}{4.0} \times 1,000 = 375$

KEY:
① 2017년 4월 16일(문제 9번) 출제
② 2019년 11월 9일(문제 11번) 출제

13 OFF JT(OFF the Job Training)교육을 설명하시오.(4점)

해답
공통된 교육목적을 가진 근로자를 일정한 장소에 집합시켜 외부강사를 초청하여 실시하는 방법으로 집합교육에 적합

참고: 건설안전(산업)기사 실기 필답형 p.2-11(23. OJT와 OFF JT)

KEY:
① 2017년 4월 16일(문제 9번) 출제
② 2019년 11월 9일(문제 13번) 출제

2022년도 산업기사 정기검정 제4회(2022년 11월 19일 시행)

건설안전산업기사

(배점 : 60, 문제수 : 13)
시험시간 1시간 | 수험번호 20221119 | 성명 도서출판세화

※ 본 문제는 복원문제로 실제문제와 동일하지 않을 수 있습니다.

01 산업안전보건법령상, 항타기 또는 항발기의 권상용 와이어로프로 사용해서는 안되는 경우 3가지를 쓰시오.(6점)

해답

① 이음매가 있는 것
② 와이어로프의 한 꼬임[(스트랜드(strand)를 말한다. 이하 같다)]에서 끊어진 소선(素線)[필러(pillar)선은 제외한다)]의 수가 10퍼센트 이상(비자전로프의 경우에는 끊어진 소선의 수가 와이어로프 호칭지름의 6배 길이 이내에서 4개 이상이거나 호칭지름 30배 길이 이내에서 8개 이상)인 것
③ 지름의 감소가 공칭지름의 7퍼센트를 초과하는 것
④ 꼬인 것
⑤ 심하게 변형되거나 부식된 것
⑥ 열과 전기충격에 의해 손상된 것

KEY
① 1993년 3월 14일 산업기사(문제 1번) 출제
② 2012년 4월 22일 산업기사(문제 3번) 출제
③ 2015년 7월 12일(문제 11번) 출제
④ 2016년 6월 26일(문제 2번) 출제
⑤ 2021년 11월 14일(문제 9번) 출제

정보제공
산업안전보건기준에 관한 규칙 제63조(달비계의 구조) 제210조(이음매가 있는 권상용 와이어로프의 사용 금지)

02 양중기 종류 4가지를 쓰시오.(4점)

해답

① 크레인(호이스트 포함)　② 이동식크레인
③ 곤돌라　　　　　　　　④ 승강기
⑤ 리프트

KEY
① 2004년 4월 25일(문제 8번)
② 2007년 4월 22일(문제 2번)
③ 2012년 4월 22일 기사(문제 10번)
④ 2014년 4월 20일(문제 7번) 출제
⑤ 2019년 6월 29일(문제 8번) 출제
⑥ 2019년 11월 19일(문제 2번) 출제
⑤ 2022년 7월 24일(문제 2번) 출제

정보제공
산업안전보건기준에 관한 규칙 제132조(양중기)

 합격자의 조언
최신 정보가 합격을 결정합니다.

03 잠함 또는 우물통의 내부에서 굴착작업시 침하에 의한 위험방지 조치사항을 2가지 쓰시오.(4점)

해답

① 침하관계도에 따라 굴착방법 및 재하량 등을 정할 것
② 바닥으로부터 천장 또는 보까지의 높이는 1.8[m] 이상으로 할 것

KEY 2021년 7월 10일(문제 12번) 출제

정보제공
산업안전보건기준에 관한 규칙 제376조(급격한 침하로 인한 위험 방지)

04 산업안전보건법상, 중대재해의 종류 3가지를 쓰시오.(6점)

해답

① 사망자가 1명 이상 발생한 재해
② 3개월 이상의 요양이 필요한 부상자가 동시에 2명 이상 발생한 재해
③ 부상자 또는 직업성 질병자가 동시에 10명 이상 발생한 재해

참고 건설안전(산업)기사 실기 필답형 p.5-45 제3조(중대재해의 범위)

KEY
① 2020년 1월 18일 출제
② 2020년 11월 29일 출제
③ 2021년 4월 24일(문제 1번) 출제

정보제공
산업안전보건법 시행규칙 제3조(중대재해의 범위)

05 같은 장소에서 행하여지는 사업의 일부를 도급을 주는 사업으로서 대통령령으로 정하는 사업의 사업주는 그가 사용하는 근로자와 그의 수급인이 사용하는 근로자가 같은 장소에서 작업을 할 때에 생기는 산업재해를 예방하기 위해 여러 가지 조치를 해야 한다. 그 조치사항 중 2가지를 쓰시오.(4점)

해답

① 도급인과 수급인을 구성원으로 하는 안전 및 보건에 관한 협의체의 구성 및 운영
② 작업장 순회점검

③ 관계수급인이 근로자에게 하는 안전보건교육을 위한 장소 및 자료의 제공 등 지원
④ 관계수급인이 근로자에게 하는 안전보건교육의 실시 확인
⑤ 다음 각 목의 어느 하나의 경우에 대비한 경보체계 운영과 대피방법 등 훈련
  ㉮ 작업 장소에서 발파작업을 하는 경우
  ㉯ 작업 장소에서 화재·폭발, 토사·구축물 등의 붕괴 또는 지진 등이 발생한 경우
⑥ 위생시설 등 고용노동부령으로 정하는 시설의 설치 등을 위하여 필요한 장소의 제공 또는 도급인이 설치한 위생시설 이용의 협조

KEY
① 2011년 11월 13일(문제 10번) 출제
② 2015년 7월 12일 기사(문제 9번) 출제
③ 2015년 11월 7일 산업기사 출제
④ 2020년 10월 17일 기사(문제 7번) 출제

정보제공
산업안전보건법 제64조(도급에 따른 산업재해예방)

06
다음은 사다리식 통로의 안전기준에 대한 사항이다. 빈칸을 채우시오.(4점)

> ① 사다리의 상단은 걸쳐놓은 지점으로부터 (①)[cm] 이상 올라가도록 할 것
> ② 사다리식 통로의 길이가 10[m] 이상인 경우에는 (②)[m] 이내마다 계단참을 설치할 것

해답
① 60
② 5

KEY
① 2014년 7월 6일(문제 13번) 출제
② 2015년 11월 7일(문제 5번) 출제
③ 2016년 6월 26일 기사 출제
④ 2016년 11월 12일(문제 6번) 출제
⑤ 2019년 6월 29일(문제 9번) 출제

정보제공
산업안전보건기준에 관한 규칙 제24조(사다리식 통로 등의 구조)

07
A사업장의 도수율이 2.2이고 강도율이 7.5라고 하면 이 사업장의 종합재해지수를 구하시오.(4점)

해답
종합재해지수(FSI) = $\sqrt{도수율 \times 강도율}$
= $\sqrt{2.2 \times 7.5} = 4.061 = 4.06$

KEY
① 2013년 11월 9일(문제 2번) 출제
② 2014년 4월 20일(문제 3번)
③ 2014년 4월 20일 기사(문제 12번)

④ 2015년 11월 7일(문제 7번) 출제
⑤ 2016년 4월 17일(문제 9번) 출제
⑥ 2018년 4월 15일(문제 6번) 출제
⑦ 2018년 6월 30일(문제 4번) 출제
⑧ 2019년 4월 14일 기사(문제 6번) 출제

08
작업자가 시야가 가려지도록 부피가 큰 짐을 운반하던 중 덮개 없는 개구부 바닥에 떨어지는 사고를 당하였다. 다음의 재해를 상세히 기술하시오.(5점)

> ① 재해형태   ② 가해물
> ③ 기인물   ④ 불안전한 행동
> ⑤ 불안전한 상태

해답
① 재해형태 : 추락(떨어짐)
② 가해물 : 바닥
③ 기인물 : 큰 짐
④ 불안전한 행동 : 작업자가 전방의 시야를 확인할 수 없는 큰 짐을 들고 이동
⑤ 불안전한 상태 : 개구부 덮개 미설치

KEY
① 1995년 6월 11일(문제 20번) 출제
② 2007년 7월 8일(문제 5번) 출제
③ 2014년 11월 1일(문제 7번) 출제
④ 2018년 4월 15일(문제 9번) 출제

09
가설구조물 계획시 고려해야 할 요건을 2가지 쓰시오.(4점)

해답
① 안전성   ② 경제성   ③ 작업성(시공성)

참고 건설안전(산업)기사 실기 필답형 p.4-67(합격날개 : 합격예측)

KEY
① 2005년 3월 6일 필기(문제 94번) 출제
② 2007년 5월 13일 필기(문제 97번) 출제
③ 2019년 4월 27일 필기(문제 98번) 출제

10 다음은 터널 내 환기에 관한 내용이다. ( )를 채우시오. (3점)

① 발파 후 유해가스, 분진 및 내연기관의 배기가스 등을 신속히 환기시켜야 하며 발파후 ( )분 이내 배기, 송기가 완료되도록 하여야 한다.
② 환기가스처리장치가 없는 ( )기관은 터널 내의 투입을 금하여야 한다.
③ 터널 내의 기온은 ( )[℃] 이하가 되도록 신선한 공기로 환기시켜야 하며 근로자의 작업조건에 유해하지 아니한 상태를 유지하여야 한다.

해답
① 30
② 디젤
③ 37

KEY 2015년 4월 19일(문제 8번) 출제

정보제공
고용노동부 : 터널공사 표준안전작업지침(NATM공법) 제39조(환기)

11 리프트의 설치, 조립, 수리, 점검 또는 해체 시 작업지휘자가 이행해야 할 사항을 쓰시오. (6점)

해답
① 작업방법과 근로자의 배치를 결정하고 해당 작업을 지휘하는 일
② 재료의 결함 유무 또는 기구 및 공구의 기능을 점검하고 불량품을 제거하는 일
③ 작업 중 안전대 등 보호구의 착용 상황을 감시하는 일

KEY 2014년 7월 6일(문제 5번) 출제

정보제공
산업안전보건기준에 관한 규칙 제156조(조립 등의 작업)

12 다음 [보기] ㉠와 같이 산업안전보건표지 4가지를 그리고 명칭을 쓰시오. (4점)

[보기] ㉠ 안내표지

해답
① 금지표지   ② 경고표지

③ 지시표지   ④ 관계자외 출입금지

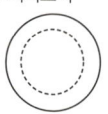   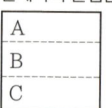

KEY 2011년 7월 24일(문제 5번) 출제

정보제공
산업안전보건법 시행규칙 [별표 9] 안전보건표지의 기본모형

합격자의 조언
무엇을 정한 것이 없기 때문에 무엇을 그려도 됩니다.

13 소음에 대한 일반적인 방음대책 4가지를 쓰시오. (단, 방음보호구 사용은 제외한다.) (4점)

해답
① 소음원 통제
② 소음의 격리
③ 차폐장치 및 흡음재 사용
④ 음향처리제 사용
⑤ 적절한 배치
⑥ 배경음악

KEY 2017년 11월 4일(문제 9번) 출제

보충학습
산업안전보건법 시행규칙 제513조(소음 감소 조치)
사업주는 강렬한 소음작업이나 충격소음작업 장소에 대하여 기계·기구 등의 대체, 시설의 밀폐·흡음(吸音) 또는 격리 등 소음 감소를 위한 조치를 하여야 한다. 다만, 작업의 성질상 기술적·경제적으로 소음 감소를 위한 조치가 현저히 곤란하다는 관계 전문가의 의견이 있는 경우에는 그러하지 아니하다.

※ 문제 및 답안(지), 점수, 채점기준은 일체 공개하지 않는다.
※ 다음 여백은 계산 연습란으로 사용하시오.

비번호	
총 점	

과년도 출제문제

산업기사 2023년 4월 23일 시행

산업기사 2023년 7월 22일 시행

산업기사 2023년 11월 5일 시행

2023년도 산업기사 정기검정 제1회(2023년 4월 23일 시행)

자격종목 및 등급(선택분야): 건설안전산업기사

시험시간: 1시간 | 수험번호: 20230423 | 성명: 도서출판세화

(배점: 60, 문제수: 13)

※ 본 문제는 복원문제로 실제문제와 동일하지 않을 수 있습니다.

---

01 산업안전보건법령상, 건설업에서 선임해야 할 안전관리자의 인원을 쓰시오.(6점)

① 공사금액 800억원 이상 1,500억원 미만 : (　)명
② 공사금액 3,000억원 이상 3,900억원 미만 : (　)명
③ 공사금액 8,500억원 이상 10,000억원 미만 : (　)명

해답
① 2
② 5
③ 10

KEY
① 2012년 7월 8일 기사 출제
② 2013년 7월 14일 기사 출제
③ 2018년 4월 15일 기사 출제
④ 2022년 7월 24일 기사 출제

정보제공
산업안전보건법 시행령 [별표 3] 안전관리자를 두어야 하는 사업의 종류, 사업장의 상시근로자수, 안전관리자의 수 및 선임방법

---

02 산업안전보건법령상, 사업주가 출입구 외에 안전한 장소로 대피할 수 있는 비상구를 설치할 경우 기준을 3가지 쓰시오.(5점)

해답
① 출입구와 같은 방향에 있지 아니하고, 출입구로부터 3[m] 이상 떨어져 있을 것
② 작업장의 각 부분으로부터 하나의 비상구 또는 출입구까지의 수평거리가 50[m] 이하가 되도록 할 것
③ 비상구의 너비는 0.75[m] 이상으로 하고, 높이는 1.5[m] 이상으로 할 것
④ 비상구의 문은 피난 방향으로 열리도록 하고, 실내에서 항상 열 수 있는 구조로 할 것

정보제공
산업안전보건기준에 관한 규칙 제17조(비상구의 설치)

---

03 다음 설명에 해당하는 터널굴착공법 이름을 쓰시오.(4점)

① 암반이 스스로 지니고 있는 원지반의 지지력을 이용하여 록볼트로 고정한 후 숏크리트와 지보재로 보강하여 지반을 안정시킨 후 터널을 굴착하는 공법
② 철제로 된 원통형의 실드를 수직구 안에 투입시켜 커터헤드를 회전시키면서 터널을 굴착하고, 실드 뒤쪽에서 세그먼트를 반복해 설치하면서 터널을 만들어 가는 공법

해답
① NATM 공법
② Shield 공법

참고 건설안전(산업)기사 실기 필답형 p.5-262(9. 터널공사 표준안전작업지침 – NATM 공법)

정보제공
터널공사 표준안전작업지침 – NATM 공법

---

04 산업안전보건법령상, 안전보건관리담당자의 업무를 4가지만 쓰시오.(4점)

해답
① 안전보건교육 실시에 관한 보좌 및 지도·조언
② 위험성평가에 관한 보좌 및 지도·조언
③ 작업환경측정 및 개선에 관한 보좌 및 지도·조언
④ 건강진단에 관한 보좌 및 지도·조언
⑤ 산업재해 발생의 원인 조사, 산업재해 통계의 기록 및 유지를 위한 보좌 및 지도·조언
⑥ 산업 안전·보건과 관련된 안전장치 및 보호구 구입 시 적격품 선정에 관한 보좌 및 지도·조언

정보제공
산업안전보건법 시행령 제25조(안전보건관리담당자의 업무)

05 굴착공사표준안전작업지침상, 토사붕괴의 발생을 예방하기 위한 조치사항을 3가지만 쓰시오.(6점)

해답
① 적절한 경사면의 기울기를 계획
② 경사면의 기울기가 당초 계획과 차이가 발생되면 즉시 재검토하여 계획을 변경
③ 활동할 가능성이 있는 토석은 제거
④ 경사면의 하단부에 압성토 등 보강공법으로 활동에 대한 저항대책을 강구
⑤ 말뚝(강관, H형강, 철근 콘크리트)을 타입하여 지반을 강화

정보제공
굴착공사표준안전작업지침 제31조(예방)

06 다음에 해당하는 재해발생형태를 쓰시오.(4점)

① 사람이 건축물 비계 사다리 경사면에 떨어지는 것
② 물건이 주체가 되어 맞은 경우
③ 재해자가 전도로 인하여 기계의 동력전달부위 등에 협착되어 신체부위가 절단된 경우
④ 재해 당시 바닥면과 신체가 접해 있는 상태에서 더 낮은 위치로 떨어진 경우

해답
① 떨어짐(추락)
② 맞음(비래)
③ 끼임
④ 넘어짐(전도)

정보제공
산업재해 기록·분류에 관한 지침

07 산업안전보건법령상, 밀폐공간에서 산소 및 유해가스 농도를 측정한 결과 적정공기가 유지되고 있지 아니하다고 평가된 경우, 사업주가 근로자에게 지급하여 착용하도록 하여야 하는 보호구를 2가지 쓰시오.(4점)

해답
① 공기호흡기
② 송기마스크

정보제공
산업안전보건기준에 관한 규칙 제619조의2(산소 및 유해가스 농도의 측정)

08 산업안전보건법령상, 안전보건개선계획에 대한 다음 내용의 ( )를 채우시오.(6점)

(가) 안전보건개선계획의 수립·시행명령을 받은 사업주는 고용노동부장관이 정하는 바에 따라 안전보건개선계획서를 작성하여 그 명령을 받은 날부터 (①)일 이내에 관할 지방고용노동관서의 장에게 제출하여야 한다.
(나) 안전보건개선계획서에는 시설, 안전·보건관리체제, 안전·보건교육, 산업재해 예방 및 작업환경의 개선을 위하여 필요한 사항이 포함되어야 한다.
(다) 지방고용노동관서의 장이 제61조에 따른 안전보건개선계획서를 접수한 경우에는 접수일부터 (②)일 이내에 심사하여 사업주에게 그 결과를 알려야 한다.
(라) 지방고용노동관서의 장은 안전보건개선계획서에 제61조제2항에서 정한 사항이 적정하게 포함되어 있는지 검토해야 한다. 이 경우 지방고용노동관서의 장은 안전보건개선계획서의 적정 여부 확인을 공단 또는 지도사에게 요청할 수 있다.

해답
① 60
② 15

KEY 2022년 7월 24일 기사 출제

정보제공
① 산업안전보건법 시행규칙 제61조(안전보건개선계획의 제출 등)
② 산업안전보건법 시행규칙 제62조(안전보건개선계획서의 검토 등)

09 다음 [보기]의 굴착기계 중에서, 셔블계 굴착기계를 4가지 고르시오.(4점)

[보기]
① 로더   ② 드래그라인   ③ 항타기
④ 크램쉘 ⑤ 불도저   ⑥ 굴착기
⑦ 어스오거 ⑧ 파워셔블

해답
②, ④, ⑥, ⑧

정보제공
산업안전보건기준에 관한 규칙 [별표 6] 차량계 건설기계

10 산업안전보건법령상, 터널 등의 건설작업을 하는 경우에 낙반 등에 의하여 근로자가 위험해질 우려가 있는 경우에 위험을 방지하기 위하여 필요한 사업주의 조치사항 2가지를 쓰시오.(4점)

해답

① 터널 지보공(支保工) 설치
② 록볼트(rock bolt)의 설치
③ 부석(浮石)의 제거

KEY
① 2003년 10월 26일 기사 출제
② 2005년 4월 30일 기사 출제
③ 2017년 6월 25일(문제 9번) 출제
④ 2020년 11월 29일 기사 출제

정보제공
산업안전보건기준에 관한 규칙 제351조(낙반 등에 의한 위험의 방지)

11 산업안전보건법령상, 낙하물 방지망 또는 방호선반을 설치하는 경우, 사업주의 준수사항과 관련하여 ( )에 알맞은 숫자를 쓰시오.(4점)

(1) 높이 (①)[m] 이내마다 설치하고, 내민 길이는 벽면으로부터 (②)[m] 이상으로 할 것
(2) 수평면과의 각도는 (③)° 이상 (④)° 이하를 유지할 것

해답

① 10
② 2
③ 20
④ 30

정보제공
산업안전보건기준에 관한 규칙 제14조 (낙하물에 의한 위험 방지)

12 산업안전보건법령상, 사업주가 철골공사 작업을 중지해야 하는 기상 조건을 쓰시오.(3점)

(1) 풍속 : 초당 (①)[m] 이상인 경우
(2) 강우량 : 시간당 (②)[mm] 이상인 경우
(3) 강설량 : 시간당 (③)[cm] 이상인 경우

해답

① 10
② 1
③ 1

정보제공
산업안전보건기준에 관한 규칙 제383조(작업의 제한)

13 산업안전보건법령상, 건설 현장에서 크레인을 사용하여 작업을 하는 때 작업 시작 전, 사업주가 관리감독자로 하여금 점검하도록 해야할 사항 3가지를 쓰시오.(6점)(단, 이동식 크레인은 제외)

해답

① 권과방지장치·브레이크·클러치 및 운전장치의 기능
② 주행로의 상측 및 트롤리가 횡행하는 레일의 상태
③ 와이어로프가 통하고 있는 곳의 상태

KEY 2021년 7월 24일 기사 출제

정보제공
산업안전보건기준에 관한 규칙 [별표 3] 작업시작 전 점검사항

※ 문제 및 답안(지), 점수, 채점기준은 일체 공개하지 않는다.
※ 다음 여백은 계산 연습란으로 사용하시오.

비번호	
총 점	

2023년도 산업기사 정기검정 제2회(2023년 7월 22일 시행)

(배점 : 60, 문제수 : 13)

자격종목 및 등급(선택분야)
건설안전산업기사

시험시간	수험번호	성명
1시간	20230722	도서출판세화

※ 본 문제는 복원문제로 실제문제와 동일하지 않을 수 있습니다.

---

01 산업안전보건법령상 사업주가 근로자의 위험을 방지하기 위하여, 차량계 건설기계를 사용하여 작업을 할 때에는 작업계획서를 작성하고 그 작업계획서에 따라 작업을 실시하도록 하여야 한다. 이 작업계획서에 포함되어야 할 내용 2가지를 쓰시오.(4점)

해답
① 사용하는 차량계 건설기계의 종류 및 성능
② 차량계 건설기계의 운행경로
③ 차량계 건설기계에 의한 작업방법

KEY ▶ 2021년 7월 10일(문제 5번) 출제

정보제공
산업안전보건기준에 관한 규칙 [별표 4] 사전조사 및 작업계획서 내용

---

02 다음 재해통계 관련 산출식을 쓰시오.(4점)

① 강도율
② 연천인율

해답

① 강도율 = $\dfrac{총요양근로손실일수}{연근로시간수} \times 1,000$

② 연천인율 = $\dfrac{연간재해자수}{연평균근로자수} \times 1,000$

참고 건설안전(산업)기사 실기 필답형 p.1-40(14. 연천인율, 16. 강도율)

KEY ▶ ① 2010년 4월 18일(문제 9번) 출제
② 2021년 11월 14일(문제 3번) 출제
③ 2023년 7월 22일 기사 출제

정보제공
산업재해통계업무처리규정 제3조(산업재해통계의 산출방법)

---

03 다음은 강관비계에 관한 내용이다. 산업안전보건법령상 다음 빈칸을 채우시오.(5점)

(가) 비계기둥의 간격은 띠장 방향에서는 (①)[m] 이하, 장선(長線) 방향에서는 (②)[m] 이하로 할 것. 다만, 선박 및 보트 건조작업의 경우 안전성에 대한 구조검토를 실시하고 조립도를 작성하면 띠장 방향 및 장선 방향으로 각각 (③)[m] 이하로 할 수 있다.
(나) 띠장 간격은 (④)[m] 이하로 할 것. 다만, 작업의 성질상 이를 준수하기가 곤란하여 쌍기둥틀 등에 의하여 해당 부분을 보강한 경우에는 그러하지 아니하다.
(다) 비계기둥의 제일 윗부분으로부터 31[m] 되는 지점 밑부분의 비계기둥은 2개의 강관으로 묶어 세울 것
(라) 비계기둥 간의 적재하중은 (⑤)[kg] 을 초과하지 않도록 할 것

해답
① 1.85   ② 1.5
③ 2.7   ④ 2.0
⑤ 400

KEY ▶ ① 2020년 11월 29일(문제 11번) 출제
② 2021년 4월 24일(문제 3번) 출제
③ 2023년 7월 22일 기사 출제

정보제공
산업안전보건기준에 관한 규칙 제60조(강관비계의 구조)

---

04 산업안전보건법령상 안전보건표지 중 경고표지 종류 중 4가지만 쓰시오.(4점)

해답
① 인화성 물질경고   ② 산화성 물질경고
③ 폭발성 물질 경고 ④ 급성독성 물질경고
⑤ 부식성 물질경고   ⑥ 방사성 물질경고

참고 건설안전(산업)기사 실기 필답형 p.3-22(표. 안전보건표지)

KEY
① 2009년 7월 5일(문제 10번)
② 2010년 4월 18일(문제 6번)
③ 2014년 4월 20일(문제 1번) 출제
④ 2019년 6월 29일(문제 1번) 출제
⑤ 2019년 11월 9일(문제 1번) 출제

정보제공
산업안전보건법시행규칙 [별표 6] 안전보건표지의 종류와 형태

해답
① 10   ② 5
③ 2.5   ④ 5

참고 건설안전(산업)기사 실기 필답형 p.4-43(2. 작업발판의 최대 적재하중)

KEY
① 2007년 11월 4일(문제 6번) 출제
② 2017년 4월 16일(문제 11번)출제
③ 2017년 11월 12일(문제 12번) 출제

정보제공
① 산업안전보건기준에 관한 규칙 제55조(작업발판의 최대적재하중)
② 2024년 7월 1일 법 개정으로 안전계수 삭제

05 다음 설명의 빈칸을 쓰시오.(4점)

(①)란 착용자의 머리부위를 덮는 주된 물체로서 단단하고 매끄럽게 마감된 재료를 말한다.
(②)란 머리받침끈, 머리고정대 및 머리받침고리로 구성되어 추락 및 감전 위험방지용 안전모(이하 "안전모"라 한다) 머리부위에 고정시켜주며, 안전모에 충격이 가해졌을 때 착용자의 머리부위에 전해지는 충격을 완화시켜주는 기능을 갖는 부품을 말한다.

해답
① 모체
② 착장체

참고 건설안전(산업)기사 실기 필답형 p.3-6(그림 : 안전모의 명칭)

KEY
① 2017년 11월 12일 (문제 11번) 출제
② 2020년 10월 18일 (문제 11번) 출제

정보제공
고용노동부 보호구 안전인증고시 제2017-64호(2017. 11. 14)

07 산업안전보건법령상 말비계를 조립하여 사용할 시 준수사항 관련하여 ( )을 채우시오.(3점)

① 지주부재와 수평면의 기울기를 (   )도 이하로 하고, 지주부재와 지주부재 사이를 고정시키는 보조부재를 설치할 것
② 말비계의 높이가 2[m]를 초과하는 경우에는 작업발판의 폭을 (   )[cm] 이상으로 할 것

해답
① 75
② 40

참고 건설안전(산업)기사 실기 필답형 p.4-73(7. 말비계)

KEY 2016년 6월 26일(문제 5번) 출제

정보제공
산업안전보건기준에 관한 규칙 제67조(말비계)

06 산업안전보건법령상 달비계(곤돌라의 달비계는 제외)의 안전계수 관련 다음 (   )에 알맞은 숫자를 쓰시오.(4점)

(가) 달기 와이어로프 및 달기 강선의 안전계수 : (①) 이상
(나) 달기 체인 및 달기 훅의 안전계수 : (②) 이상
(다) 달기 강대와 달비계의 하부 및 상부 지점의 안전계수 : 강재(鋼材)의 경우 (③) 이상, 목재의 경우 (④) 이상

08 산업안전보건법령상 근로자의 추락 등에 의한 위험방지를 위하여 안전난간 설치 기준이다. ( ) 안에 알맞은 것을 쓰시오.(4점)

(가) 상부 난간대는 바닥면·발판 또는 경사로의 표면으로부터 (①)[cm] 이상 지점에 설치하고, 상부 난간대를 120[cm] 이하에 설치하는 경우에는 중간 난간대는 상부 난간대와 바닥면등의 중간에 설치하여야 하며, 120[cm] 이상 지점에 설치하는 경우에는 중간 난간대를 2단 이상으로 균등하게 설치하고 난간의 상하 간격은 60[cm] 이

08

하가 되도록 할 것. 다만, 계단의 개방된 측면에 설치된 난간기둥 간의 간격이 25[cm] 이하인 경우에는 중간 난간대를 설치하지 아니할 수 있다.
(나) 발끝막이판은 바닥면등으로부터 (②)[cm] 이상의 높이를 유지할 것. 다만, 물체가 떨어지거나 날아올 위험이 없거나 그 위험을 방지할 수 있는 망을 설치하는 등 필요한 예방 조치를 한 장소는 제외한다.
(다) 난간대는 지름 (③)[cm] 이상의 금속제 파이프나 그 이상의 강도가 있는 재료일 것
(라) 안전난간은 구조적으로 가장 취약한 지점에서 가장 취약한 방향으로 작용하는 (④)[kg] 이상의 하중에 견딜 수 있는 튼튼한 구조일 것

해답
① 90　② 10
③ 2.7　④ 100

09
동기부여의 이론 중 매슬로우(Maslow)의 욕구단계론에 맞게 ( )에 들어갈 내용을 쓰시오.(6점)

(가) 제5단계 : (①)
(나) 제4단계 : 인정받으려는 욕구
(다) 제3단계 : 사회적 욕구
(라) 제2단계 : (②)
(마) 제1단계 : (③)

해답
① 자아실현의 욕구
② 안전 욕구
③ 생리적 욕구

10
산업안전보건법령상 동력을 사용하는 항타기 또는 항발기에 대하여 무너짐을 방지하기 위하여, 사업주의 준수사항 관련해서 ( ) 안에 알맞은 것을 쓰시오.(6점)

① 연약한 지반에 설치하는 경우에는 아웃트리거·받침 등 지지구조물의 침하를 방지하기 위하여 ( ) 등을 사용할 것
② 궤도 또는 차로 이동하는 항타기 또는 항발기에 대해서는 불시에 이동하는 것을 방지하기 위하여 ( ) 및 쐐기 등으로 고정시킬 것
③ 상단 부분은 버팀대·버팀줄로 고정하여 안정시키고, 그 하단 부분은 견고한 버팀·말뚝 또는 ( ) 등으로 고정시킬 것

해답
① 깔판·받침목
② 레일 클램프(rail clamp)
③ 철골

11
산업안전보건법령상 크레인을 사용하여 작업을 하는 관계 근로자가 준수하도록 사업주가 조치할 사항을 3가지 쓰시오.(6점)

해답
① 인양할 하물(荷物)을 바닥에서 끌어당기거나 밀어내는 작업을 하지 아니할 것
② 유류드럼이나 가스통 등 운반 도중에 떨어져 폭발하거나 누출될 가능성이 있는 위험물 용기는 보관함(또는 보관고)에 담아 안전하게 매달아 운반할 것
③ 고정된 물체를 직접 분리·제거하는 작업을 하지 아니할 것
④ 미리 근로자의 출입을 통제하여 인양 중인 하물이 작업자의 머리 위로 통과하지 않도록 할 것
⑤ 인양할 하물이 보이지 아니하는 경우에는 어떠한 동작도 하지 아니할 것(신호하는 사람에 의하여 작업을 하는 경우는 제외)

12 산업안전보건법령상 건설현장에서 화물을 적재하는 경우, 사업주의 준수사항을 3가지 쓰시오.(6점)

해답
① 침하 우려가 없는 튼튼한 기반 위에 적재할 것
② 건물의 칸막이나 벽 등이 화물의 압력에 견딜 만큼의 강도를 지니지 아니한 경우에는 칸막이나 벽에 기대어 적재하지 않도록 할 것
③ 불안정할 정도로 높이 쌓아 올리지 말 것
④ 하중이 한쪽으로 치우치지 않도록 쌓을 것

참고 건설안전(산업)기사 실기 필답형 p.5-119(합격날개 : 합격예측 및 관련법규)

KEY 2022년 11월 23일 작업형 출제

정보제공
산업안전보건기준에 관한 규칙 제393조(화물의 적재)

13 산업안전보건법령상 사업주가 근로자에게 실시해야 하는 안전보건교육 중, 굴착면의 높이가 2[m] 이상이 되는 지반 굴착(터널 및 수직갱 외의 갱 굴착은 제외한다) 작업 특별교육 내용을 2가지만 쓰시오.(단, 그 밖에 안전·보건관리에 필요한 사항은 제외)(4점)

해답
① 지반의 형태·구조 및 굴착 요령에 관한 사항
② 지반의 붕괴재해 예방에 관한 사항
③ 붕괴 방지용 구조물 설치 및 작업방법에 관한 사항
④ 보호구의 종류 및 사용에 관한 사항

참고 건설안전(산업)기사 실기 작업형 p.1-15(19. 굴착면의 높이가 2미터 이상이 되는 지반 굴착작업)

정보제공
산업안전보건법 시행규칙 [별표 5] 안전보건교육 교육대상별 교육내용

※ 문제 및 답안(지), 점수, 채점기준은 일체 공개하지 않는다.
※ 다음 여백은 계산 연습란으로 사용하시오.

비번호	
총 점	

2023년도 산업기사 정기검정 제4회(2023년 11월 5일 시행)

(배점 : 60, 문제수 : 13)

자격종목 및 등급(선택분야)
건설안전산업기사

시험시간	수험번호	성명
1시간	20231105	도서출판세화

※ 본 문제는 복원문제로 실제문제와 동일하지 않을 수 있습니다.

---

01 도수율과 강도율의 계산식을 보기의 용어를 이용해서 쓰시오.(4점)

[보기] (보기 8개)
재해건수, 연근로시간수, 총요양근로손실일수, 재해자수, 연근로자수, 100, 1000, 1000000

해답

① 도수율 = $\dfrac{재해건수}{연근로시간수} \times 1,000,000$

② 강도율 = $\dfrac{총요양근로손실일수}{연근로시간수} \times 1,000$

참고 건설안전(산업)기사 실기 필답형 p.1-40(3. 도수율, 16. 강도율)

KEY
① 2010년 4월 18일(문제 9번) 출제
② 2021년 11월 14일(문제 3번) 출제
③ 2023년 7월 22일 기사 출제
④ 2023년 7월 22일(문제 2번) 출제

정보제공
산업재해통계업무처리규정 제3조(산업재해통계의 산출방법)

---

02 다음은 사다리식 통로의 안전기준에 대한 사항이다. 빈칸을 채우시오.(4점)

① 발판과 벽과의 사이는 ( ) [cm] 이상의 간격을 유지할 것
② 폭은 ( ) [cm] 이상으로 할 것
③ 사다리의 상단은 걸쳐놓은 지점으로부터 ( )[cm] 이상 올라가도록 할 것
④ 사다리식 통로의 기울기는 ( )[°]

해답
① 15   ② 30
③ 60   ④ 75

KEY
① 2014년 7월 6일(문제 13번) 출제
② 2015년 11월 7일(문제 5번) 출제
③ 2016년 6월 26일 기사 출제
④ 2016년 11월 12일(문제 6번) 출제
⑤ 2019년 6월 29일(문제 9번) 출제
⑥ 2022년 11월 19일(문제 6번) 출제
⑦ 2023년 11월 10일 작업형 출제

정보제공
산업안전보건기준에 관한 규칙 제24조(사다리식 통로 등의 구조)

---

03 비계 작업시 비, 눈 그 밖의 기상상태의 불안전으로 날씨가 몹시 나빠서 작업을 중지시킨 후 그 비계에서 작업을 할 때 점검사항 3가지를 쓰시오.(6점)

해답
① 발판재료의 손상여부 및 부착 또는 걸림상태
② 해당 비계의 연결부 또는 접속부의 풀림상태
③ 연결재료 및 연결철물의 손상 또는 부식상태
④ 손잡이의 탈락여부
⑤ 기둥의 침하·변형·변위 또는 흔들림 상태
⑥ 로프의 부착상태 및 매단장치의 흔들림 상태

KEY
① 2009년 7월 5일(문제 7번) 산업기사 출제
② 2016년 6월 26일(문제 11번) 산업기사 출제
③ 2017년 11월 12일 산업기사 출제
④ 2018년 4월 15일(문제 1번) 출제
⑤ 2019년 4월 14일(문제 1번) 출제
⑥ 2022년 11월 19일 기사 출제

정보제공
산업안전보건기준에 관한 규칙 제58조(비계의 점검 및 보수)

---

04 산업안전보건법령상, 작업의자형 달비계를 설치하는 경우 사용할 수 없는 작업용 섬유로프 또는 안전대의 섬유벨트의 조건을 3가지만 쓰시오.(3점)

해답
① 꼬임이 끊어진 것
② 심하게 손상되거나 심하게 부식된 것
③ 2개 이상의 작업용 섬유로프 또는 섬유벨트를 연결한 것
④ 작업높이보다 길이가 짧은 것

참고 건설안전(산업)기사 실기 필답형 p.4-71 [표] 사용금지조건

KEY
① 2014년 7월 6일(문제 7번) 출제
② 2017년 6월 25일(문제 5번) 출제
③ 2018년 4월 15일 산업기사 출제
④ 2018년 6월 30일(문제 4번) 출제
⑤ 2018년 11월 10일(문제 1번) 출제
⑥ 2022년 11월 19일 기사 출제

정보제공
산업안전보건기준에 관한 규칙 제63조(달비계의 구조) 2항9호

05 산업안전보건법령상, 단관비계 조립 시 벽이음을 설치하는 조립 간격을 얼마로 해야 하는지 ( ) 안에 알맞은 말을 쓰시오.(4점)

강관비계의 종류	조립간격(단위 : m)	
	수직방향	수평방향
단관비계	(①)	(②)
틀비계(높이가 5[m] 미만인 것은 제외한다)	(③)	(④)

해답
① 5   ② 5   ③ 6   ④ 8

KEY
① 2021년 7월 10일 기사·산업기사 공통 출제
② 2022년 5월 7일(문제 1번) 출제

합격정보
산업안전보건기준에 관한 규칙 [별표 5] 강관비계의 조립간격

06 산업안전보건법상, 다음 설비에 해당하는 장치를 쓰시오.(6점)

(1) 동력을 사용하여 중량물을 매달아 상하 및 좌우로 운반하는 것을 목적으로 하는 기계 : (①)
(2) 동력을 사용하여 사람이나 화물을 운반하는 것을 목적으로 하는 기계 : (②)
(3) 건축물이나 고정된 시설물에 설치되어 일정한 경로에 따라 사람이나 화물을 승강장으로 옮기는 데에 사용되는 설비 : (③)

해답
① 크레인   ② 리프트   ③ 승강기

KEY 2021년 7월 10일(문제 2번) 출제

정보제공
산업안전보건기준에 관한 규칙 제132조(양중기)

07 산업안전보건법령에 관한 규칙에 따라서, 안전보건표지 관련 ( )에 알맞은 내용을 채우시오.(4점)

(1) 안전보건표지의 표시를 명확히 하기 위하여 필요한 경우에는 그 안전보건표지의 주위에 표시사항을 글자로 덧붙여 적을 수 있다. 이 경우 글자는 (①) 바탕에 (②) 한글 (③) 로 표기해야 한다.
(2) 안전보건표지 속의 그림 또는 부호의 크기는 안전보건표지의 크기와 비례해야 하며, 안전보건표지 전체 규격의 (④)[%] 이상이 되어야 한다.

해답
① 흰색
② 검은색
③ 고딕체
④ 30

KEY 2021년 7월 10일(문제 10번) 출제

정보제공
① 산업안전보건법시행규칙 제38조(안전보건표지의 종류·형태·색채 및 용도 등)
② 산업안전보건법시행규칙 제40조(안전보건표지의 제작)

08 차량하역 작업에서 100[kg] 이상 화물 하역시 작업지휘자 직무 3가지를 쓰시오.(6점)

해답
① 작업순서 및 그 순서마다의 작업방법을 정하고 작업을 지휘할 것
② 기구와 공구를 점검하고 불량품을 제거할 것
③ 해당 작업을 하는 장소에 관계 근로자가 아닌 사람이 출입하는 것을 금지할 것
④ 로프 풀기 작업 또는 덮개 벗기기 작업은 적재함의 화물이 떨어질 위험이 없음을 확인한 후에 하도록 할 것

KEY 2021년 11월 29일(문제 9번) 출제

정보제공
산업안전보건기준에 관한 규칙 제177조(싣거나 내리는 작업)

09 청각장치와 시각장치 사용 중 청각장치를 사용하는 경우가 유리한 점 3가지를 쓰시오. (3점)

해답
① 전언이 간단할 경우
② 전언이 짧을 경우
③ 전언이 후에 재참조되지 않는 경우
④ 전언이 시간적인 사상(event)을 다룰 경우
⑤ 전언이 즉각적인 행동을 요구할 경우
⑥ 수신자의 시각 계통이 과부하 상태일 경우
⑦ 수신 장소가 너무 밝거나 암조응(暗調應) 유지가 필요할 경우
⑧ 직무상 수신자가 자주 움직이는 경우

KEY
① 2011년 11월 13일(문제 3번) 출제
② 2017년 4월 16일(문제 7번) 출제

10 유해 위험 기계·기구의 방호장치를 쓰시오. (6점)

① 예초기   ② 원심기   ③ 공기압축기

해답
① 날접촉 예방장치
② 회전체 접촉 예방장치
③ 압력방출장치

KEY 2016년 11월 12일(문제 8번) 출제

정보제공
산업안전보건법 시행규칙 제98조(방호조치)

11 안전·보건교육의 3단계 교육과정을 쓰시오. (3점)

해답
① 지식 교육
② 기능 교육
③ 태도 교육

참고 건설안전(산업)기사 실기 필답형 p.2-3(4. 안전교육의 3단계)

12 산업안전보건법령상, 지게차의 운전자에 위험을 미칠 우려가 있는 작업장에서 사용된 지게차의 헤드가드가 갖추어야 하는 사항을 2가지 쓰시오. (4점)

해답
① 강도는 지게차의 최대하중의 2배 값(4톤을 넘는 값에 대해서는 4톤으로 한다)의 등분포정하중에 견딜 수 있을 것
② 상부틀의 각 개구의 폭 또는 길이가 16[cm] 미만일 것

정보제공
산업안전보건기준에 관한 규칙 제180조(헤드가드)

13 산업안전보건법령상, 건설공사도급인이 사업장에서 조립하는 등의 작업이 이루어지고 있는 경우에는 필요한 안전조치 및 보건조치를 해야 하는, 타워크레인 등 대통령령으로 정하는 기계·기구 또는 설비 등 2가지를 쓰시오. (단, 타워크레인 제외) (4점)

해답
① 건설용 리프트
② 항타기 및 항발기

정보제공
산업안전보건법 시행령 제66조(기계·기구)

※ 문제 및 답안(지), 점수, 채점기준은 일체 공개하지 않는다.
※ 다음 여백은 계산 연습란으로 사용하시오.

비번호	
총 점	

과년도 출제문제

산업기사 2024년 4월 27일 시행

산업기사 2024년 7월 28일 시행

산업기사 2024년 11월 2일 시행

2024년도 산업기사 정기검정 제1회(2024년 4월 27일 시행)

자격종목 및 등급(선택분야): 건설안전산업기사
시험시간: 1시간 | 수험번호: 20240427 | 성명: 도서출판세화
(배점: 60, 문제수: 13)

※ 본 문제는 복원문제로 실제문제와 동일하지 않을 수 있습니다.

---

01 흙막이 공법의 종류를 지지 방식에 의한 분류로 3가지만 쓰시오.(4점)

[해답]
① 자립 공법
② 버팀대 공법 : 경사 버팀대식 흙막이, 버팀대식 흙막이
③ 어스앵커 공법
④ 타이로드 공법

[참고] 건설안전(산업)기사 실기 필답형 p.4-59 (합격날개 : 은행문제)

[KEY] 2024년 4월 27일 기사 출제

[보충학습]
구조 방식에 의한 분류
① H-PILE 공법
② 널말뚝 공법
③ 지하연속벽 공법
④ 탑다운 공법

---

02 다음 재해통계 관련 산출식을 쓰시오.(6점)

① 연천인율
② 도수율(빈도율)
③ 강도율

[해답]

① 연천인율 $= \dfrac{\text{연간재해자수}}{\text{연평균근로자수}} \times 1,000$

② 도수율 $= \dfrac{\text{재해건수}}{\text{연근로시간수}} \times 1,000,000$

③ 강도율 $= \dfrac{\text{총요양근로손실일수}}{\text{연근로시간수}} \times 1,000$

[참고] 건설안전(산업)기사 실기 필답형 p.1-40(14. 연천인율, 15. 도수율, 16. 강도율)

[KEY]
① 2010년 4월 18일(문제 9번) 출제
② 2021년 11월 14일(문제 3번) 출제
③ 2023년 7월 22일 기사 출제
④ 2023년 7월 22일(문제 2번) 출제
⑤ 2023년 11월 5일(문제 1번) 출제

[합격정보] 산업재해통계업무처리규정 제3조(산업재해통계의 산출방법 및 정의)

---

03 산업안전보건법령에 관한 규칙에 따라서, 안전보건표지 관련 (   )에 알맞은 내용을 채우시오.(4점)

(1) 안전보건표지의 표시를 명확히 하기 위하여 필요한 경우에는 그 안전보건표지의 주위에 표시사항을 글자로 덧붙여 적을 수 있다. 이 경우 글자는 (①) 바탕에 (②) 한글 (③)로 표기해야 한다.
(2) 안전보건표지 속의 그림 또는 부호의 크기는 안전보건표지의 크기와 비례해야 하며, 안전보건표지 전체 규격의 (④)[%] 이상이 되어야 한다.

[해답]
① 흰색
② 검은색
③ 고딕체
④ 30

[KEY]
① 2021년 7월 10일(문제 10번) 출제
② 2023년 11월 5일(문제 7번) 출제

[합격정보]
① 산업안전보건법시행규칙 제38조(안전보건표지의 종류·형태·색채 및 용도 등)
② 산업안전보건법시행규칙 제40조(안전보건표지의 제작)

---

04 건설재해예방전문지도기관 법인 설립 시 인력 기준, 시설 기준, 장비 기준을 맞추어야 한다. 이 중 장비 기준, 갖추어야 할 장비를 4가지 쓰시오.(3점)

[해답]
① 가스농도측정기
② 산소농도측정기
③ 접지저항측정기
④ 3연저항측정기
⑤ 조도계

[합격정보] 산업안전보건법 시행령 [별표 19] 건설재해예방전문지도기관의 인력·시설 및 장비 기준

05 산업안전보건법상, 중대재해의 종류 3가지를 쓰시오.(6점)

해답
① 사망자가 1명 이상 발생한 재해
② 3개월 이상의 요양이 필요한 부상자가 동시에 2명 이상 발생한 재해
③ 부상자 또는 직업성 질병자가 동시에 10명 이상 발생한 재해

참고 건설안전(산업)기사 실기 필답형 p.5-45 제3조(중대재해의 범위)

KEY
① 2020년 1월 18일 출제
② 2020년 11월 29일 출제
③ 2021년 4월 24일(문제 1번) 출제
④ 2022년 11월 19일(문제 4번) 출제

합격정보 산업안전보건법 시행규칙 제3조(중대재해의 범위)

06 산업안전보건법령상, 사업주는 중대재해가 발생한 사실을 알게 된 경우에는 관할 지방고용노동관서의 장에게 전화·팩스, 또는 그 밖에 적절한 방법으로 보고해야 한다. 다만, 천재지변 등 부득이한 사유가 발생한 경우에는 그 사유가 소멸된 때부터 지체 없이 보고해야 한다. 이 때 보고내용 2가지를 쓰시오.(단, 그밖의 중요한 사항은 제외)(4점)

해답
① 발생 개요 및 피해 상황
② 조치 및 전망

KEY
① 2007년 4월 22일 (문제 8번) 출제
② 2014년 4월 20일 (문제 8번) 출제
③ 2019년 6월 29일 (문제 7번) 출제
④ 2020년 11월 29일 (문제 5번) 출제

합격정보 산업안전보건법 시행규칙 제67조(중대재해 발생 시 보고)

07 산업안전보건법령상, 작업발판 및 통로의 끝이나 개구부로서 근로자가 추락할 위험이 있는 장소에 사업주가 설치해야 하는 방호 조치 3가지를 쓰시오.(6점)

해답
① 안전난간 설치
② 울타리 설치
③ 수직형 추락방호망 설치
④ 덮개설치

KEY
① 2015년 11월 7일 (문제 13번) 출제
② 2018년 6월 30일 (문제 2번) 출제
③ 2019년 6월 29일 (문제 2번) 출제
④ 2019년 11월 9일 산업기사 출제
⑤ 2020년 7월 25일 (문제 7번) 출제
⑥ 2020년 10월 18일 (문제 2번) 출제
⑦ 2020년 11월 29일(문제 1번) 출제
⑧ 2022년 5월 7일(문제 2번) 출제

합격정보 산업안전보건기준에 관한 규칙 제43조(개구부 등의 방호조치)

08 재해로 인해 의도치 않게 발생된 손실된 총 비용을 무엇이라고 하는지 쓰시오.(4점)

해답
총 재해 손실 비용(코스트)

참고 건설안전(산업)기사 실기 필답형 p.1-38(13. 재해손실비)

KEY
① 2016년 5월 12일 산업기사 출제
② 2017년 11월 12일(문제 9번) 출제
③ 2022년 4월 24일 필기 출제

합격정보 산업재해보상보험법 제36조(보험급여의 종류와 산정기준)

09 굴착작업시 지반 붕괴 또는 토석의 낙하 등에 의한 위험방지 조치사항을 3가지 쓰시오. (6점)

해답
① 흙막이 지보공 설치
② 방호망 설치
③ 근로자 출입금지

KEY
① 1992년 11월 1일 출제
② 2012년 4월 22일 기사(문제 14번) 출제
③ 2018년 11월 10일 산업기사(문제 11번) 출제
④ 2019년 11월 9일(문제 9번) 출제
⑤ 2020년 5월 24일(문제 4번) 출제

합격정보 산업안전보건기준에 관한 규칙 제340조(지반의 붕괴 등에 의한 위험 방지)

10 산업안전보건법령상, 잠함, 우물통, 수직갱 또는 이와 비슷한 건설물이나 설비의 내부에서 굴착작업을 할 때 사업주가 준수해야 할 사항을 3가지 쓰시오.(6점)

해답
① 산소결핍 우려가 있는 경우에는 산소의 농도를 측정하는 사람을 지명하여 측정하도록 할 것
② 근로자가 안전하게 오르내리기 위한 설비를 설치할 것
③ 굴착 깊이가 20[m]를 초과하는 경우에는 해당 작업장소와 외부와의 연락을 위한 통신 설비 등을 설치할 것

KEY
① 2015년 4월 19일(문제 6번) 출제
② 2016년 11월 12일 기사 출제
③ 2019년 6월 29일(문제 11번) 출제
④ 2019년 11월 9일(문제 6번) 출제

합격정보
산업안전보건기준에 관한 규칙 제377조(잠함 등 내부에서의 작업)

11 안전관리조직을 효율적으로 운영하기 위한 형태 3가지를 쓰시오.(5점)

해답
① 직계식(Line) 조직
② 참모식(Staff) 조직
③ 직계·참모식(Line·Staff) 조직

참고 건설안전(산업)기사 실기 필답형 p.1-2(1. 안전보건관리조직의 기본유형 3가지 종류)

KEY 2016년 6월 26일(문제 4번) 출제

12 터널 공사 시 굴착지반의 거동, 지보공 부재의 변위, 응력의 변화 등에 대한 정밀 측정을 실시하므로서 시공의 안전성을 사전에 확보하기 위한 계측 사항을 3가지만 쓰시오. (6점)

해답
① 터널내 육안조사
② 내공변위
③ 천단침하
④ 록 볼트 인발시험
⑤ 지표면 침하
⑥ 지중변위
⑦ 지중침하
⑧ 지중수평변위
⑨ 지하수위
⑩ 록 볼트 축력
⑪ 뿜어붙이기 콘크리트 응력
⑫ 터널내 탄성파 속도
⑬ 주변 구조물의 변형상태

참고 건설안전(산업)기사 실기 필답형 p.5-279(제25조. 계측의 목적)

합격정보
터널공사표준안전작업지침-NATM공법 제25조(계측의 목적)

13 콘크리트 옹벽의 종류를 3가지만 쓰시오.(3점)

해답
① L형 옹벽
② 역T형 옹벽
③ 역L형 옹벽

① L형 옹벽　　② 역 T형 옹벽　　③ 역 L형 옹벽

[그림] 콘크리트 옹벽의 종류

합격정보
한국산업안전보건공단 KOSHA Guide C-78-2016 - 옹벽(콘크리트 옹벽)공사의 안전보건작업지침

보충학습
콘크리트 옹벽
① 철근을 엮어서(배근), 콘크리트를 부어 만든 옹벽이다.
② 콘크리트 옹벽 혹은 RC(Reinforced Concrete)옹벽이라고도 한다.
③ 지내력에 따라 콘크리트의 강도가 다르고, 재료비와 시공비에 차이가 생긴다.
④ 강도가 약하면 무너질 수 있어 주의해야 한다
⑤ 구조적 안전성이 뛰어나고, 플라스틱 무늬판을 사용하여 다양한 문양을 새길 수 있어 디자인 선택의 폭이 넓다.
⑥ 옹벽은 T형, L형, 역L형 등이 있는데, 상황에 맞는 공법을 선택해서 사용한다.

※ 문제 및 답안(지), 점수, 채점기준은 일체 공개하지 않는다.
※ 다음 여백은 계산 연습란으로 사용하시오.

비번호	
총 점	

2024년도 산업기사 정기검정 제2회(2024년 7월 28일 시행)

자격종목 및 등급(선택분야): 건설안전산업기사
(배점: 60, 문제수: 14)
시험시간: 1시간
수험번호: 20240728
성명: 도서출판세화

※ 본 문제는 복원문제로 실제문제와 동일하지 않을 수 있습니다.

---

01 산업안전보건법령상 사업주가 근로자의 위험을 방지하기 위하여, 차량계 건설기계를 사용하여 작업을 할 때에는 작업계획서를 작성하고 그 작업계획서에 따라 작업을 실시하도록 하여야 한다. 이 작업계획서에 포함되어야 할 내용 2가지를 쓰시오.(4점)

해답
① 사용하는 차량계 건설기계의 종류 및 성능
② 차량계 건설기계의 운행경로
③ 차량계 건설기계에 의한 작업방법

KEY
① 2021년 7월 10일(문제 5번) 출제
② 2023년 7월 22일(문제 1번) 출제

합격정보
산업안전보건기준에 관한 규칙 [별표 4] 사전조사 및 작업계획서 내용

---

02 산업안전보건법령상, 말비계를 조립하여 사용할 시 준수사항 관련하여 (   )을 채우시오.(6점)
① 지주부재의 하단에는 (①)를 하고, 근로자가 양측 끝부분에 올라서서 작업하지 않도록 할 것
② 지주부재와 수평면의 기울기를 (②)도 이하로 하고, 지주부재와 지주부재 사이를 고정시키는 보조부재를 설치할 것
③ 말비계의 높이가 2m를 초과하는 경우에는 작업발판의 폭을 (③)cm 이상으로 할 것

해답
① 미끄럼 방지장치
② 75
③ 40

참고 건설안전(산업)기사 실기 필답형 p.4-73(7. 말비계)

KEY
① 2016년 6월 26일(문제 5번) 출제
② 2023년 7월 22일(문제 7번) 출제

합격정보
산업안전보건기준에 관한 규칙 제67조(말비계)

---

03 산업안전보건법령상, 안전모의 사용구분에 따른 종류를 쓰시오.(2점)

해답
① AB종 : 물체의 낙하, 비래, 추락에 의한 위험을 방지·경감
② AE종 : 물체의 낙하, 비래에 의한 위험을 방지 또는 경감하고 머리부위 감전에 의한 위험을 방지
③ ABE종 : 물체의 낙하, 비래 및 추락에 의한 위험 및 감전을 방지하기 위한 것

참고 건설안전(산업)기사 실기 필답형 p.3-5(1. 안전모의 종류)

KEY
① 2015년 11월 7일 기사 출제
② 2018년 6월 30일 산업기사 출제
③ 2019년 6월 29일 기사(문제 14번) 출제
④ 2020년 11월 29일(문제 3번) 출제
⑤ 2023년 7월 22일 기사 출제

합격정보
고용노동부 - 보호구 안전인증 고시(고시 제2014-46호)

---

04 다음 보기의 안전대 중에서 안전그네식에만 적용 가능한 안전대를 2가지의 번호를 쓰시오.(4점)

[보기]
• 1개걸이용
• U자걸이용
• 추락방지대
• 안전블록

해답
안전블록
추락방지대

참고 건설안전(산업)기사 실기 필답형 p.3-14(3. 안전대의 종류)

KEY 2023년 4월 23일 기사 출제

합격정보
보호구 안전인증 고시 제2020-35호(20. 1. 15)

05
상시근로자 500명인 사업장에서 근무하던 중 산업재해가 15건의 사고가 발생하고, 18명이 요양재해를 입었다. 해당 사업장의 도수율을 구하시오.(4점)

해답

$$빈도(도수)율 = \frac{재해건수}{연근로시간수} \times 10^6$$
$$= \frac{15}{500 \times 8 \times 280} \times 10^6 = 13.39$$

참고 건설안전(산업)기사 실기 필답형 p.1-40(15. 빈도율)

KEY
① 2013년 11월 9일(문제 2번) 출제
② 2014년 4월 20일(문제 3번) 출제
③ 2014년 4월 20일 기사(문제 12번) 출제
④ 2015년 11월 7일(문제 7번) 출제
⑤ 2016년 4월 17일(문제 9번) 출제
⑥ 2018년 4월 15일(문제 6번) 출제
⑦ 2018년 6월 30일(문제 4번) 출제
⑧ 2019년 4월 14일 기사(문제 6번) 출제
⑨ 2022년 7월 24일 (문제 2번) 출제
⑩ 2022년 11월 19일 산업기사 출제
⑪ 2023년 4월 23일 기사 출제

합격정보 산업재해통계 업무처리규정 제3조(산업재해통계의 산출방법 및 정의)

06
하인리히의 재해 손실 비용 중 간접비용에 해당하는 것을 3가지만 쓰시오.(6점)

해답

인적손실, 물적손실, 시간손실, 생산손실

참고 건설안전(산업)기사 실기 필답형 p.1-38(1. 하인리히 방법)

KEY
① 2016년 5월 12일 산업기사 출제
② 2022년 4월 24일 필기 출제
③ 2022년 5월 7일 (문제 12번) 출제

합격정보 산업재해보상보험법 제36조(보험급여의 종류와 산정기준 등)

07
산업안전보건법령상, 작업발판에 대한 다음 ( ) 안에 알맞은 것을 쓰시오.(단, 달비계, 말비계는 제외)(6점)

(1) 비계의 높이가 2m 이상인 작업장소에 설치하는 작업발판의 폭은 (①) 이상으로 하고, 발판재료 간의 틈은 (②) 이하로 할 것
(2) 작업발판재료는 뒤집히거나 떨어지지 않도록 (③) 이상의 지지물에 연결하거나 고정시킬 것

해답

① 40 ② 3 ③ 둘

참고 건설안전(산업)기사 실기 필답형 p.5-150(제56조)

KEY
① 2014년 4월 20일(문제 10번) 출제
② 2019년 6월 28일 (문제 6번) 출제
③ 2021년 11월 14일 기사 출제

합격정보 산업안전보건법기준에 관한 규칙 제56조(작업발판의 구조)

08
산업안전보건법령상, 사업주가 근로자의 위험을 방지하기 위하여, 차량계 건설기계를 사용하여 작업을 할 때에는 작업계획서를 작성하고 그 작업계획서에 따라 작업을 실시하도록 해야 한다. 이 작업계획서에 포함되어야 할 내용을 2가지를 쓰시오.(4점)

해답

① 사용하는 차량계 건설기계의 종류 및 성능
② 차량계 건설기계의 운행경로
③ 차량계 건설기계에 의한 작업방법

KEY 2021년 7월 10일(문제 5번) 출제

합격정보 산업안전보건기준에 관한 규칙 [별표 4] 사전조사 및 작업계획서 내용

09
차량용 건설기계 중 도로포장용 건설기계와 천공형 건설기계를 각각 2가지씩 쓰시오.(4점)

해답

도로포장용	천공용	
① 아스팔트 살포기 ② 콘크리트 살포기 ③ 아스팔트 피니셔 ④ 콘크리트 피니셔	① 어스 오거 (earth auger) ② 어스 드릴 (earth drill) ③ 실드 굴진기 ④ 터널보링 머신 ⑤ 리버스서큘레이션 드릴 (RCD) ⑥ 베노토 굴삭기	회전식
	① 크롤러 드릴 ② 점보 드릴	충격식

KEY 2021년 4월 25일(문제 8번) 출제

합격정보 산업안전보건기준에 관한 규칙 [별표6] 차량계 건설기계

10 산업안전보건기준에 관한 규칙에 의거, 고소작업대 이동 시 준수사항 3가지만 쓰시오.(6점)

해답

① 작업대를 가장 낮게 내릴 것
② 작업대를 올린 상태에서 작업자를 태우고 이동하지 말 것
③ 이동통로의 요철상태 또는 장애물의 유무 등을 확인할 것

참고 건설안전(산업)기사 실기 필답형 p.5-120(합격날개 : 합격예측 및 관련법규)

KEY 2021년 4월 25일 기사 출제

합격정보 산업안전보건기준에 관한 규칙 제186조(고소작업대 설치 등의 조치)

11 다음은 타워크레인 작업시 작업 중지에 관한 내용이다. ( )에 알맞은 말이나 숫자를 쓰시오.(4점)

> 순간풍속이 (①)[m/s]를 초과하는 경우 타워크레인의 설치·수리·점검 또는 해체작업을 중지하여야 하며, 순간풍속이 (②)[m/s]를 초과하는 경우에는 타워크레인의 운전작업을 중지하여야 한다.

해답

① 10
② 15

KEY ① 2009년 4월 19일 출제
② 2013년 7월 14일 산업기사 (문제 1번) 출제
③ 2020년 7월 25일 기사 출제
④ 2020년 7월 26일 (문제 1번) 출제

합격정보 산업안전보건기준에 관한 규칙 제37조(악천후 및 강풍 시 작업 중지)

12 산업안전보건법령상, 유해위험방지계획서에 첨부되는 안전보건관리계획서의 첨부 서류를 2가지 쓰시오.(단, 공사개요서는 제외)(4점)

해답

① 공사현장의 주변 현황 및 주변과의 관계를 나타내는 도면(매설물 현황을 포함)
② 전체 공정표
③ 산업안전보건관리비 사용계획서
④ 안전관리 조직표
⑤ 재해 발생 위험 시 연락 및 대피방법

KEY ① 2014년 7월 6일 (문제 1번) 출제
② 2017년 11월 12일 (문제 1번) 출제

합격정보 산업안전보건법 시행규칙 [별표 10] 유해위험방지계획서 첨부서류 가. 공사 개요서(별지 제101호 서식)

13 산업재해발생시 기록보존해야 하는 항목 3가지를 쓰시오.(재해재발 방지계획은 제외)(6점)

해답

① 사업장의 개요 및 근로자의 인적사항
② 재해발생일시 및 장소
③ 재해발생원인 및 과정

KEY ① 2005년 4월 30일 출제
② 2007년 4월 22일 출제
③ 2012년 11월 3일 산업기사 출제
④ 2018년 4월 15일 (문제 9번) 출제
⑤ 2020년 7월 25일 기사 출제
⑥ 2020년 7월 26일 (문제 2번) 출제

합격정보 산업안전보건법 시행규칙 제72조(산업재해 기록 등)

2024년도 산업기사 정기검정 제3회(2024년 11월 2일 시행)

자격종목 및 등급(선택분야): 건설안전산업기사

(배점: 60, 문제수: 13)
시험시간: 1시간 / 수험번호: 20241102 / 성명: 도서출판세화

※ 본 문제는 복원문제로 실제문제와 동일하지 않을 수 있습니다.

01. 산업안전보건법령상, 안전모의 사용구분에 따른 종류를 쓰시오.(3점)

[해답]
① AB종 : 물체의 낙하, 비래, 추락에 의한 위험을 방지·경감
② AE종 : 물체의 낙하, 비래에 의한 위험을 방지 또는 경감하고 머리부위 감전에 의한 위험을 방지
③ ABE종 : 물체의 낙하, 비래 및 추락에 의한 위험 및 감전을 방지하기 위한 것

[참고] 건설안전(산업)기사 실기 필답형 p.3-5(1. 안전모의 종류)

[KEY]
① 2015년 11월 7일 기사 출제
② 2018년 6월 30일 산업기사 출제
③ 2019년 6월 29일 기사(문제 14번) 출제
④ 2020년 11월 29일(문제 3번) 출제
⑤ 2023년 7월 22일 기사 출제
⑥ 2024년 7월 28일(문제 3번) 출제

[합격정보] 고용노동부 – 보호구 안전인증 고시(고시 제2014-46호)

02. 비계 작업시 비, 눈 그 밖의 기상상태의 불안전으로 날씨가 몹시 나빠서 작업을 중지시킨 후 그 비계에서 작업을 할 때 점검사항 3가지를 쓰시오.(3점)

[해답]
① 발판재료의 손상여부 및 부착 또는 걸림상태
② 해당 비계의 연결부 또는 접속부의 풀림상태
③ 연결재료 및 연결철물의 손상 또는 부식상태
④ 손잡이의 탈락여부
⑤ 기둥의 침하·변형·변위 또는 흔들림 상태
⑥ 로프의 부착상태 및 매단장치의 흔들림 상태

[KEY]
① 2009년 7월 5일(문제 7번) 산업기사 출제
② 2016년 6월 26일(문제 11번) 산업기사 출제
③ 2017년 11월 12일 산업기사 출제
④ 2018년 4월 15일(문제 1번) 출제
⑤ 2019년 4월 14일(문제 1번) 출제
⑥ 2022년 11월 19일 기사 출제
⑦ 2023년 11월 5일(문제 3번) 출제

[정보제공] 산업안전보건기준에 관한 규칙 제58조(비계의 점검 및 보수)

03. 산업안전보건법령상, 흙막이 지보공을 설치하였을 때에 사업주가 정기적으로 점검하고 이상을 발견하면 즉시 보수할 사항 3가지를 쓰시오.(6점)

[해답]
① 부재의 손상·변형·부식·변위 및 탈락의 유무와 상태
② 버팀대의 긴압의 정도
③ 부재의 접속부·부착부 및 교차부의 상태
④ 침하의 정도

[정보제공] 산업안전보건기준에 관한 규칙 제347조(붕괴 등의 위험 방지)

[KEY]
① 2014년 7월 6일 산업기사(문제 10번) 출제
② 2017년 6월 25일 산업기사(문제 4번) 출제
③ 2020년 7월 26일 산업기사(문제 10번) 출제
④ 2023년 7월 27일 산업기사 작업형 출제
⑤ 2023년 7월 22일 기사(문제 12번) 출제

04. 산업안전보건법령상, 사업주가 근로자에게 실시해야 하는 안전보건교육 중 근로자의 교육 시간과 관련해서 다음 ( ) 안에 알맞은 숫자를 넣으시오.(4점)

구분	교육 시간
정기교육	관리감독자의 지위에 있는 사람 : 연간 (①)시간 이상
채용 시의 교육	일용근로자 : (②)시간 이상 일용근로자를 제외한 근로자 : 8시간 이상
작업 내용 변경 시 교육	일용근로자 : 1시간 이상 일용근로자를 제외한 근로자 : (③)시간 이상
건설업 기초안전보건교육	건설 일용근로자 : (④)시간 이상

[해답]
① 16
② 1
③ 2
④ 4

참고 건설안전(산업)기사 실기 필답형 p.2-6(표. 안전보건교육 교육과정별 교육내용)

KEY
① 2021년 4월 25일(문제 3번) 출제
② 2022년 7월 24일(문제 1번) 출제
③ 2023년 4월 23일 기사 출제
④ 2024년 11월 2일 기사 출제

정보제공
산업안전보건법 시행규칙 [별표 4] 안전보건교육 교육과정별 교육시간

05 흙의 동상 방지 대책 4가지를 쓰시오.(4점)

해답
① 단열 재료의 삽입
② 지표의 흙을 (동결이 잘 되지 않는) 화학약품으로 처리
③ 지하수위 저하
④ 동결심도 아래에 배수층 설치
⑤ 동결깊이 상부의 흙에 동결이 잘 되지 않는 재료를 삽입
⑥ 모관수 상승을 방지하는 층을 두어 동상 방지

KEY
① 2013년 11월 9일 산업기사 출제
② 2013년 11월 9일 (문제 5번) 출제
③ 2021년 11월 14일 (문제 3번) 출제
④ 2022년 7월 24일 기사 출제

보충학습
동상(frost heave) : 땅속의 물이 얼어서 부풀어 오르다.

06 다음 설명에 해당하는 설명을 쓰시오.(4점)

① 사질 지반을 굴착할 때, 흙막이벽 배면과 굴착 바닥면의 수위 차이로 인해, 굴착바닥면의 흙과 물이 함께 위로 솟구쳐 오르는 현상
② 연약한 점토 지반을 굴착할 때, 흙막이벽 배면 흙의 중량이 굴착 바닥면의 지지력보다 커지면, 중량 차이로 인해, 굴착바닥면이 부풀어 올라오르는 현상

해답
① 보일링 (boiling)
② 히빙 (heaving)

참고 건설안전(산업)기사 실기 필답형 p.4-5(1. 보일링)

KEY
① 2015년 7월 12일 출제
② 2015년 11월 17일 출제
③ 2023년 4월 23일(문제 3번) 출제
④ 2023년 7월 22일 기사 출제

07 채석작업을 하는 때에는 채석작업 계획을 작성하고 그 계획에 의하여 작업을 실시하도록 하여야 하는 데 이 때 채석작업 작업 계획서 내용을 4가지만 쓰시오.(4점)

해답
① 노천굴착과 갱내굴착의 구별 및 채석방법
② 굴착면의 높이와 기울기
③ 굴착면 소단(小段)의 위치와 넓이
④ 갱내에서의 낙반 및 붕괴방지 방법
⑤ 발파방법
⑥ 암석의 분할방법
⑦ 암석의 가공장소
⑧ 사용하는 굴착기계·분할기계·적재기계 또는 운반기계의 종류 및 성능
⑨ 토석 또는 암석의 적재 및 운반방법
⑩ 운반경로
⑪ 표토 또는 용수(湧水)의 처리방법

KEY 2021년 4월 24일(문제 9번) 출제

정보제공
산업안전보건기준에 관한 규칙 [별표 4] 사전조사 및 작업계획서 내용

용어정의
소단(小段) : 비탈면의 경사를 완화시키기 위해 중간에 좁은 폭으로 설치하는 평탄한 부분

08 거푸집 및 지보공(동바리)은 여러가지 시공조건을 고려하여 하중을 설계하여야 한다. 하중의 종류 3가지 쓰시오.(6점)

해답
① 연직방향하중
② 횡방향하중
③ 콘크리트의 측압
④ 특수하중

KEY
① 2008년 11월 2일 (문제 8번) 출제
② 2017년 11월 12일 산업기사 (문제10번) 출제
③ 2020년 7월 25일 (문제 2번) 출제
④ 2020년 10월 17일 기사 출제

정보제공
고용노동부 콘크리트공사 표준안전작업지침 제4조(하중)

09
산업안전보건법령상, 고소작업대 설치 관련 다음 ( )에 알맞은 것을 쓰시오.(4점)

① 작업대에 정격하중 안전율 ( ) 이상을 표시할 것
② 작업대에 끼임·충돌 등 재해를 예방하기 위한 가드 또는 ( )를 설치할 것

해답
① 5
② 과상승방지장치

정보제공
산업안전보건기준에 관한 규칙 제186조(고소작업대 설치 등의 조치)

10
"적정공기"란 산소농도의 범위가 (①)[%] 이상 (②)[%] 미만, 이산화탄소의 농도가 (③)[%] 미만, 일산화탄소 농도가 30[ppm] 미만, 황화수소의 농도가 10[ppm] 미만인 수준의 공기를 말한다. ( )에 알맞은 수치를 쓰시오.(6점)

해답
① 18
② 23.5
③ 1.5

KEY
① 2012년 11월 3일(문제 12번) 출제
② 2018년 6월 30일 산업기사 출제
③ 2020년 5월 24일 기사·산업기사 동시 출제

정보제공
산업안전보건기준에 관한 규칙 제618조(정의)

11
다음 와이어로프의 클립에 관한 내용이다. 빈칸을 채우시오.(6점)

와이어로프 직경(mm) 클립수(개)
① 9~16 : ( )
② 24 : ( )
③ 32 : ( )

해답
① 4
② 5
③ 6

합격정보
KOSHA GUIDE M-186-2015
로프직경과 클립수
(단위 : mm)

와이어로프 직경	클립수
9~10	4
11.2~14	4
16	4
18	5
20~22.4	5
25~28	5
31.5	6
35.5	7
37.5	8

작업형 출제일
① 2004년 7월 11일 기사 출제
② 2004년 11월 6일 기사 출제
③ 2007년 7월 17일 기사 출제
④ 2012년 4월 29일 기사 출제
⑤ 2013년 4월 28일 산업기사 출제
⑥ 2013년 7월 21일 기사 출제
⑦ 2014년 11월 1일 기사(문제 8번) 출제
⑧ 2016년 7월 2일 산업기사 출제
⑨ 2016년 7월 2일 기사(문제 3번) 출제
⑩ 2023년 11월 11일 기사(문제 5번) 출제

12
산업안전보건법령상, 누전차단기 관련하여 다음 ( )에 알맞은 것을 쓰시오.(4점)

(1) 인체의 감전재해 방지용 누전차단기는 정격감도전류 (①) mA 이하, 작동시간 (②) 초 이내인 고감도 고속형 누전차단기
(2) 다만, 정격전부하전류가 50A 이상인 전기기계기구에 접속되는 누전차단기는 정격감도전류는 (③) mA 이하로 작동시간은 (④) 초 이내

해답
① 30
② 0.03
③ 200
④ 0.1

합격정보
산업안전보건기준에 관한 규칙 제304조(누전차단기에 의한 감전방지)

13. 터널공사표준안전작업지침에 따른, 암질변화 구간 및 이상암질의 출현 시 암질판별법(암반분류법) 3가지를 쓰시오. (6점)

해답

① R.Q.D (Rock Quality Designation)
② R.M.R (Rock Mass Rating)
③ 탄성파 속도
④ 일축 압축 강도
⑤ 진동치 속도

합격정보

터널공사표준안전작업지침(NATM공법) 제6조4항(일반사항)
암질판별 및 발파구간 인접구조물에 대한 피해 및 손상을 예방하기 위한 발파허용진동치는 「건설기술 진흥법」 제44조에 따라 정한 건설공사 설계기준 및 표준시방서 등 관계 법령·규칙에서 정하는 기준을 준수하여야 한다.

건설기술진흥법
[시행 2023. 7. 1.] [고용노동부고시 제2023-36호, 2023. 7. 1., 일부개정]
제44조(설계 및 시공 기준) ① 국토교통부장관이나 그 밖에 대통령령으로 정하는 자는 건설공사의 기술성·환경성 향상 및 품질 확보와 적정한 공사 관리를 위하여 다음 각 호에 관한 기준(이하 "건설기준"이라 한다)을 정할 수 있다. 〈개정 2014. 5. 14.〉
　　1. 건설공사 설계기준
　　2. 건설공사 시공기준 및 표준시방서 등
　　3. 그 밖에 건설공사의 관리에 필요한 사항
② 제1항에 따라 대통령령으로 정하는 자가 건설기준을 정하려면 국토교통부장관의 승인을 받아야 한다. 〈개정 2014. 5. 14.〉
③ 건설기준 설정의 절차 등에 관하여 필요한 사항은 국토교통부령으로 정한다. 〈개정 2014. 5. 14.〉

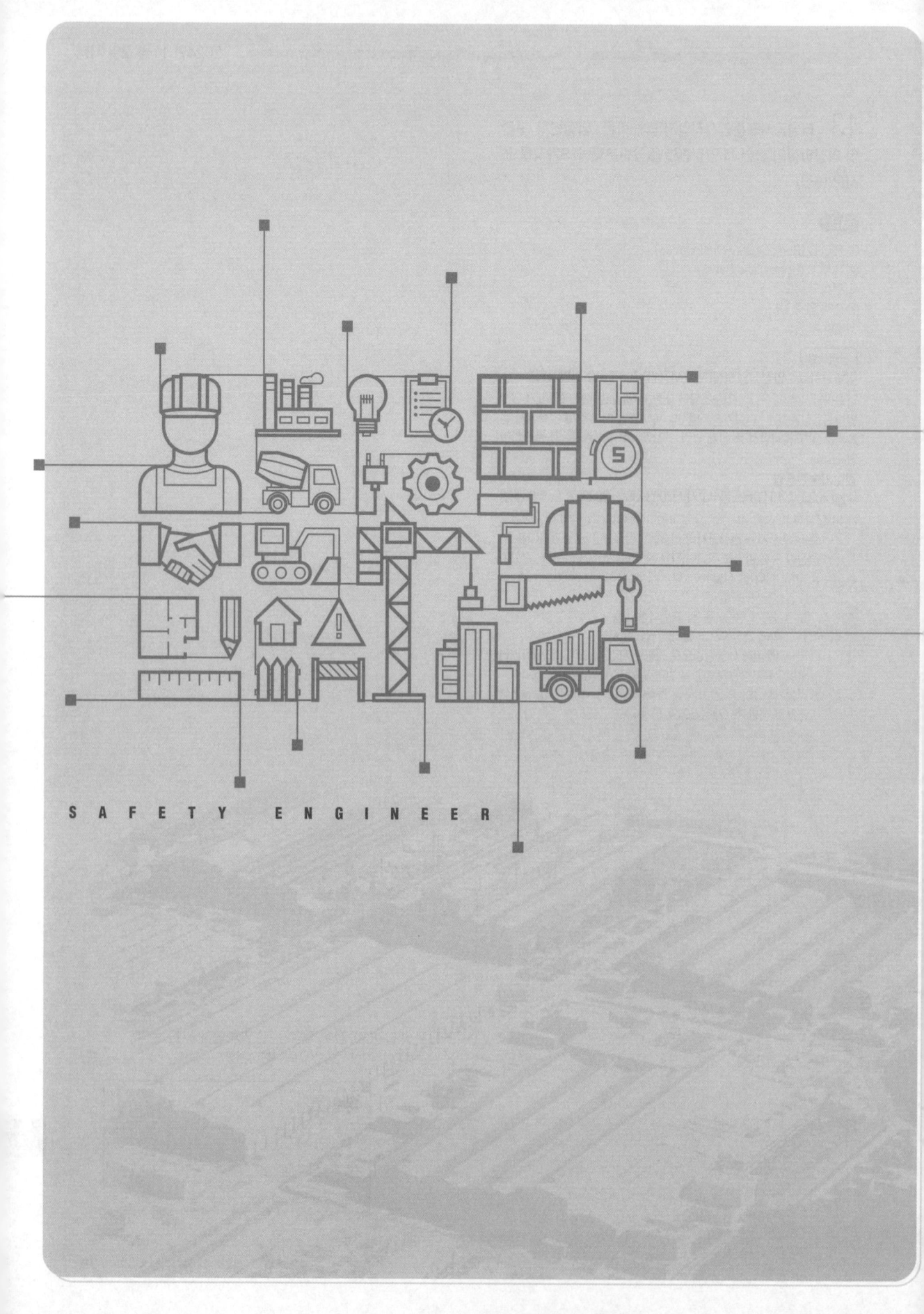

ONLY ONE 합격교재

건설안전산업기사

작업형 실기

7개년 건설안전산업기사 작업형 과년도 출제문제

 작업형 과년도 출제문제

- 건설안전산업기사(2018년 04월 22일 제1회 1부 A 시행)
- 건설안전산업기사(2019년 04월 21일 제1회 1부 A 시행)
- 건설안전산업기사(2020년 05월 30일 제1회 1부 A 시행)
- 건설안전산업기사(2021년 05월 02일 제1회 1부 시행)

2022년

- 건설안전산업기사(2022년 05월 10일 제1회 1부 시행)
- 건설안전산업기사(2022년 05월 10일 제1회 2부 시행)
- 건설안전산업기사(2022년 07월 26일 제2회 1부 시행)
- 건설안전산업기사(2022년 07월 26일 제2회 2부 시행)
- 건설안전산업기사(2022년 11월 23일 제4회 1부 시행)
- 건설안전산업기사(2022년 11월 23일 제4회 2부 시행)

2023년

- 건설안전산업기사(2023년 04월 25일 제1회 1부 시행)
- 건설안전산업기사(2023년 07월 26일 제2회 1부 시행)
- 건설안전산업기사(2023년 11월 10일 제4회 1부 시행)

2024년

- 건설안전산업기사(2024년 05월 03일 제1회 1부 시행)
- 건설안전산업기사(2024년 08월 04일 제2회 1부 시행)
- 건설안전산업기사(2024년 10월 19일 제3회 1부 시행)

시험 전 필독사항(합격만점 요령)

① 시험문제지를 받는 즉시 응시하고자 하는 종목의 문제지가 맞는지 여부를 확인한다.
② 시험문제지 총 면수·문제번호 순서·인쇄상태 등을 확인하고, 수험번호와 성명을 기재한다.
③ 부정행위 방지를 위하여 답안 작성(계산식 포함)은 흑색 필기구만 사용하되, 동일한 한 가지 색의 필기구만 사용하여야 하며, 흑색을 제외한 유색 필기구 또는 연필류를 사용하거나 2가지 이상의 색을 혼합하여 사용하였을 경우 그 문항은 0점으로 처리된다.
④ 답란에는 문제와 관련없는 낙서나 특이한 기록사항 등을 기재하여서는 아니 되며, 부정의 목적으로 특이한 표식을 하였다고 판단될 경우에는 모든 문항이 0점 처리된다.
⑤ 답안을 정정할 때에는 반드시 정정부분을 두 줄(=)로 그어 표시하여야 하며, 두 줄로 긋지 않은 답안은 정정하지 않은 것으로 간주한다.
⑥ 계산문제는 반드시 「계산과정」과 「답」란에 계산과정과 답을 정확하게 기재하여야 하며 계산과정이 틀리거나 없는 경우 0점 처리된다. (단, 계산연습이 필요한 경우에는 계산연습란을 이용하여야 하며, 계산연습란은 채점대상이 아니다.)
⑦ 계산문제는 최종 결과값(답)에서 소수 셋째자리에서 반올림하여 둘째 자리까지 구하여야 하나 개별문제에서 소수처리에 대한 요구사항이 있을 경우에는 그 요구사항을 따른다. (단, 문제의 특수한 성격에 따라 정수로 표기하는 문제도 있으며, 반올림한 값이 0이 되는 경우에는 첫 유효숫자까지 기재하되 반올림하여 기재하여야 한다.)
⑧ 답에 단위가 없으면 오답으로 처리된다. (단, 문제의 요구사항에 단위가 주어졌을 경우는 생략되어도 무방하다.
⑨ 문제에서 요구한 가지 수(항수) 이상을 답란에 표기한 경우에는 답란 기재순으로 요구한 가지 수(항수)만 채점하여 한 항에 여러 가지를 기재하더라도 한 가지로 보며 그 중 정답과 오답이 함께 기재되어 있을 경우에는 오답으로 처리된다.
⑩ 한 문제에서 소문제로 파생되는 문제나 가지수를 요구하는 문제는 대부분의 경우 부분배점을 적용한다.
⑪ 부정 또는 불공정한 방법(시험문제 내용과 관련된 메시지 사용 등)으로 시험을 치른 자는 부정행위자로 처리되어 해당 시험을 중지 또는 무효로 하고, 5년간 국가기술 자격검정의 응시자격이 정지된다.
⑫ 복합형 시험의 경우 시험의 전 과정(필답형, 작업형)을 응시하지 않은 경우 채점대상에서 제외한다.
⑬ 저장 용량이 큰 전자계산기 및 유사 전자제품 사용시에는 반드시 저장된 메모리를 초기화한 후 사용하여야 하며, 시험위원이 초기화 여부를 확인할 경우에는 협조하여야 한다. 초기화되지 않은 전자계산기 및 유사 전자제품을 사용하여 적발시에는 부정행위로 간주한다.
⑭ 시험위원이 시험 중 신분확인을 위하여 신분증과 수험표를 요구할 시에는 반드시 제시하여야 한다.
⑮ 시험 중에는 통신기기 및 전자기기 (휴대용 전화기 등)를 지참하거나 사용할 수 없다.
⑯ 문제 및 답안(지), 채점기준은 일체 공개하지 않는다.
⑰ 의문사항은 각 과목별 저자가 365일 상담하니 010-7209-6627로 전화주세요.
⑱ 합격만을 생각하며 혼을 바쳐 교재를 집필하였다.

강조사항

① 본 문제의 그림(동영상 및 사진)은 세화를 사랑하는 수많은 독자들이 E-mail, fax, 전화, 문자, 편지 등으로 보낸 문제를 편집부에서 재작성 후 저자가 확인 후 출판하였으나 학자의 견해에 따라서 조금의 차이가 있을 수 있습니다.
② 세화의 독자는 꼭 뒷부분(최근기출문제)부터 보시면 신출제경향과 최종합격의 비결이 될 것입니다.
③ 경고 : 타출판사, 학원, 대학, 까페 등에서 복제하지 않길 간곡히 부탁드리고 복제시 저작권 및 출판권을 침해하여 의법처단됩니다.

2018년도

과년도 출제문제

• 건설안전산업기사(2018년 04월 22일 제1회 1부 A 시행)

자격종목 및 등급(선택분야)	시험시간	형별	시행일
건설안전산업기사	50분	A	2018년 4월 22일 1회(1부)

참고사항
① 본 그림은 꼭 실제시험문제와 동일하지 않을 수도 있음
② 그림 및 동영상은 참고만 하세요.(문제의 질의 내용은 동일함)

01 사진에서와 같은 건설현장에서 철골작업시 작업을 중지하여야 하는 기후조건을 3가지만 쓰시오.(6점)

참고 산업안전보건기준에 관한 규칙 제383조(작업의 제한)

합격KEY
① 2005년 10월 29일 기사 출제　　② 2006년 4월 30일 기사 출제
③ 2008년 11월 9일 출제　　　　　④ 2010년 11월 7일 출제
⑤ 2013년 4월 28일 출제　　　　　⑥ 2013년 11월 17일 출제
⑦ 2014년 7월 12일 기사 출제　　　⑧ 2015년 4월 26일 제1회 출제
⑨ 2016년 11월 20일(문제 8번) 출제　⑩ 2017년 4월 23일 제1회 2부 출제
⑪ 2017년 7월 1일(문제 8번) 출제

정답
① 풍속이 초당 10[m] 이상인 경우
② 강우량이 시간당 1[mm] 이상인 경우
③ 강설량이 시간당 1[cm] 이상인 경우

💬 **합격자의 조언** ① 본 문제는 필기, 실기(필답형, 작업형) 공통출제되며 10번 이상 반복 출제되었습니다.(고로 이번에도 출제된다)
② 1개라도 쓰세요. 부분점수 있습니다.

자격종목 및 등급(선택분야)	시험시간	형별	시행일
건설안전산업기사	50분	A	2018년 4월 22일 1회(1부)

참고사항
① 본 그림은 꼭 실제시험문제와 동일하지 않을 수도 있음
② 그림 및 동영상은 참고만 하세요.(문제의 질의 내용은 동일함)

02 동영상에서는 굴삭기를 이용하여 굴착한 흙을 덤프트럭으로 운반하는 작업을 보여주고 있다. 동영상을 참고하여 문제점을 2가지만 쓰시오.(4점)

합격KEY
① 2002년 4월 28일 출제
③ 2008년 11월 9일 출제
⑤ 2011년 7월 31일 기사 출제
⑦ 2012년 11월 11일 출제
⑨ 2013년 7월 21일 기사 제2회 출제
⑪ 2016년 7월 2일(문제 3번) 출제
② 2007년 7월 17일 출제
④ 2011년 5월 8일 출제
⑥ 2012년 4월 29일 기사 출제
⑧ 2013년 4월 28일 출제
⑩ 2015년 4월 26일 기사 (문제 5번) 출제

정답
① 유도하는 사람 배치 및 장애물 제거 후 작업하지 않았다.
② 적재적량 상차 및 덮개를 덮고 운반하지 않았다.
③ 살수 실시 및 운행 속도 제한을 하지 않았다.

자격종목 및 등급(선택분야)	시험시간	형별	시행일
건설안전산업기사	50분	A	2018년 4월 22일 1회(1부)

참고사항
① 본 그림은 꼭 실제시험문제와 동일하지 않을 수도 있음
② 그림 및 동영상은 참고만 하세요.(문제의 질의 내용은 동일함)

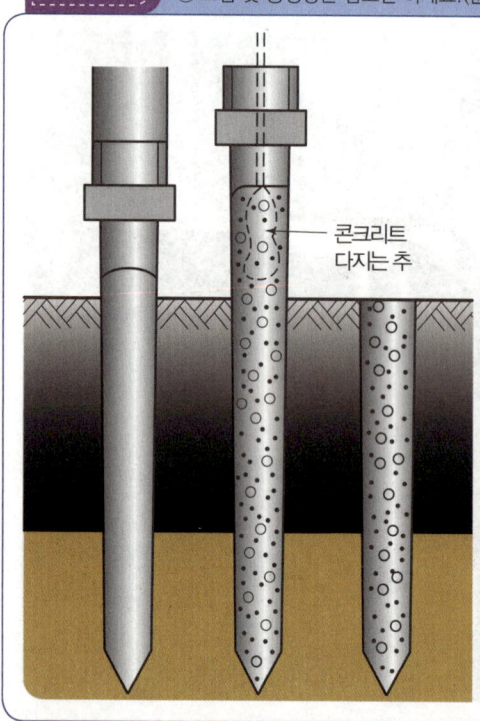 

03 동영상은 콘크리트 말뚝의 모습을 보여주고 있다. 이와 같은 말뚝의 (1) 항타공법 종류 2가지와 (2) 단점 2가지를 쓰시오.(6점)

합격KEY
① 2004년 7월 11일 기사 출제
② 2004년 11월 6일 출제
③ 2007년 4월 29일 기사 출제
④ 2012년 4월 29일 기사 출제
⑤ 2013년 7월 21일 기사 출제
⑥ 2013년 11월 17일 제4회 출제
⑦ 2015년 4월 26일 제1회 출제

정답
(1) 항타공법의 종류
① 타격관입공법　　　② 진동공법
③ 프리보링공법　　　④ 수사식 공법
⑤ 압입식 공법　　　⑥ 중굴공법(중공굴착공법)
(2) 단점
① 말뚝 시공시 항타로 인해 말뚝 본체에 균열이 생기기 쉽다.
② 말뚝 이음에 대한 신뢰성이 낮다.

자격종목 및 등급(선택분야)	시험시간	형별	시행일
건설안전산업기사	50분	A	2018년 4월 22일 1회(1부)

참고사항
① 본 그림은 꼭 실제시험문제와 동일하지 않을 수도 있음
② 그림 및 동영상은 참고만 하세요.(문제의 질의 내용은 동일함)

동영상 설명
작업자가 교류아크용접을 한다. 용접을 한 번 하고서 슬러지를 털어낸 뒤 육안으로 확인 후 다시 한 번 용접을 위해 아크불꽃을 내는 순간 감전되어 쓰러진다.(작업자는 일반 캡 모자와 목장갑 착용)

04 화면은 교류아크용접 작업중 재해가 발생한 사례이다. 교류아크 용접기의 방호장치를 쓰시오.(4점)

정답 자동전격 방지기

자격종목 및 등급(선택분야)	시험시간	형별	시행일
건설안전산업기사	50분	A	2018년 4월 22일 1회(1부)

참고사항
① 본 그림은 꼭 실제시험문제와 동일하지 않을 수도 있음
② 그림 및 동영상은 참고만 하세요.(문제의 질의 내용은 동일함)

05 사진은 차량계 건설장비를 보여주고 있다. 사진의 장비 (1) 명칭과 이와 같은 차량계 건설장비를 이용하는 (2) 작업의 계획서 작성에 포함되어야 할 사항을 2가지만 쓰시오.(6점)

참고 산업안전보건기준에 관한 규칙 [별표 4] 사전조사 및 작업계획서 내용

보충학습 도저의 특징
① 용도 : 전면에 부속장치인 블레이드(blade)를 설치하여 작업을 수행하는 장비로 주로 100[m] 이내의 단거리 작업에 적합
② 종류 : 불도저, 앵글도저, 틸트도저
③ 불도저 : 전면의 배토판을 전후 10[°]씩 경사시켜 절토, 성토작업
④ 무한궤도식 : 30[°] 이상 구배의 평탄하고 단단한 지면에서 정지상태를 유지하거나 등판할 수 있다.
⑤ 앵글도저 : 삽날이 길고 낮으며 삽의 좌우를 25~30[°] 각을 지을 수 있고 경사지에서 절토작업, 제설작업, 파이프 매설작업 등에 주로 사용
⑥ 틸트도저 : 삽을 좌우로 15[cm] 정도 경사를 지어 작업하며, 굳은 땅, 언 땅 등을 파는 작업, 배수로, 제방 경사작업을 하는 데 주로 사용

합격KEY 2014년 4월 27일(문제 5번) 출제

정답
(1) 명칭 : 로더(loader)
(2) 작업 계획서에 포함되어야 할 사항
① 사용하는 차량계 건설기계의 종류 및 성능
② 차량계 건설기계의 운행경로
③ 차량계 건설기계에 의한 작업방법

자격종목 및 등급(선택분야)	시험시간	형별	시행일
건설안전산업기사	50분	A	2018년 4월 22일 1회(1부)

참고사항
① 본 그림은 꼭 실제시험문제와 동일하지 않을 수도 있음
② 그림 및 동영상은 참고만 하세요.(문제의 질의 내용은 동일함)

06 동영상은 높이가 2[m] 이상인 작업장소에서 근로자가 작업발판 위에서 작업을 하고 있다. 작업발판 설치기준 3가지를 쓰시오.(6점)

참고 산업안전보건기준에 관한 규칙 제56조(작업발판의 구조)

정답
① 발판재료는 작업시의 하중을 견딜 수 있도록 견고한 구조로 할 것
② 작업발판의 폭은 40[cm] 이상으로 하고, 발판재료 간의 틈은 3[cm] 이하로 할 것
③ 추락의 위험이 있는 장소에는 안전난간을 설치할 것
④ 작업발판의 지지물은 하중에 의하여 파괴될 우려가 없는 것을 사용할 것
⑤ 작업발판 재료는 뒤집히거나 떨어지지 않도록 둘 이상의 지지물에 연결하거나 고정시킬 것
⑥ 작업발판을 작업에 따라 이동시킬 경우에는 위험 방지에 필요한 조치를 할 것

💬 **합격자의 조언** ( ) 안에 알맞은 내용 넣기로도 출제된 문제도 있습니다.

자격종목 및 등급(선택분야)	시험시간	형별	시행일
건설안전산업기사	50분	A	2018년 4월 22일 1회(1부)

참고사항
① 본 그림은 꼭 실제시험문제와 동일하지 않을 수도 있음
② 그림 및 동영상은 참고만 하세요.(문제의 질의 내용은 동일함)

07 사진은 일반적인 콘크리트 타설작업 방법이다. 콘크리트 타설시 안전기준 2가지를 쓰시오.(4점)

참고 산업안전보건기준에 관한 규칙 제334조(콘크리트의 타설작업)

합격KEY ① 2005년 10월 29일 기사 출제
② 2010년 4월 25일 제1회 기사 출제

정답
① 당일의 작업을 시작하기 전에 해당 작업에 관한 거푸집동바리 등의 변형·변위 및 지반의 침하 유무 등을 점검하고 이상이 있으면 보수할 것
② 작업 중에는 거푸집동바리 등의 변형·변위 및 침하 유무 등을 감시할 수 있는 감시자를 배치하여 이상이 있으면 작업을 중지하고 근로자를 대피시킬 것
③ 콘크리트 타설작업시 거푸집 붕괴의 위험이 발생할 우려가 있으면 충분한 보강조치를 할 것
④ 설계도서상의 콘크리트 양생기간을 준수하여 거푸집동바리 등을 해체할 것
⑤ 콘크리트를 타설하는 경우에는 편심이 발생하지 않도록 골고루 분산하여 타설할 것

자격종목 및 등급(선택분야)	시험시간	형별	시행일
건설안전산업기사	50분	A	2018년 4월 22일 1회(1부)

참고사항
① 본 그림은 꼭 실제시험문제와 동일하지 않을 수도 있음
② 그림 및 동영상은 참고만 하세요.(문제의 질의 내용은 동일함)

08 동영상은 낙하물 방지망을 보수하는 장면을 보여주고 있다. 방호선반 설치시 준수사항 2가지를 쓰시오.(4점)

참고 산업안전보건기준에 관한 규칙 제14조(낙하물에 의한 위험의 방지)

합격KEY
① 2002년 4월 28일 산업기사 출제   ② 2006년 11월 12일 기사 출제
③ 2007년 4월 29일 기사 출제   ④ 2009년 10월 24일 기사 출제
⑤ 2010년 4월 25일 기사 출제   ⑥ 2012년 7월 15일 기사 출제
⑦ 2013년 4월 28일 기사 출제   ⑧ 2013년 7월 21일 기사 출제
⑨ 2017년 4월 22일 산업기사·기사 동시 출제

정답
① 높이 10[m] 이내마다 설치하고, 내민 길이는 벽면으로부터 2[m] 이상으로 할 것
② 수평면과의 각도는 20[°] 이상 30[°] 이하를 유지할 것

문제 및 답안(지), 점수, 채점기준은 일체 공개하지 않는다.

비번호
총 점

과년도 출제문제

• 건설안전산업기사(2019년 04월 21일 제1회 1부 시행)

자격종목 및 등급(선택분야)	시험시간	형별	시행일
건설안전산업기사	50분	A	2019년 4월 21일 1회(1부)

참고사항
① 본 그림은 꼭 실제시험문제와 동일하지 않을 수도 있음
② 그림 및 동영상은 참고만 하세요.(문제의 질의 내용은 동일함)

동영상 설명
타이어 백호가 흄관(하수관)을 1줄걸이로 운반, 매설하고 있고 흄관 바로 밑에 작업 근로자 2[명]이 있으며, 이음시 협착의 위험이 있음.

01
동영상은 아파트단지 내에서 하수관로 매설작업을 수행하고 있는 전경을 보여주고 있다. 동영상을 참고하여 다음 각 물음에 답하시오.(6점)
① 재해의 발생형태를 쓰시오.
② 기인물을 쓰시오.
③ 재해의 발생원인을 1가지만 쓰시오.

합격KEY
① 2004년 4월 30일 기사 출제   ② 2004년 11월 6일 기사 출제
③ 2006년 7월 16일 기사 출제   ④ 2007년 7월 17일 기사 출제
⑤ 2009년 4월 25일 기사 출제   ⑥ 2010년 4월 25일 기사 출제
⑦ 2011년 11월 20일 출제   ⑧ 2012년 11월 11일 기사 출제
⑨ 2013년 4월 28일 출제   ⑩ 2013년 11월 17일 출제
⑪ 2014년 7월 12일 기사 출제   ⑫ 2014년 11월 1일(문제 1번) 출제
⑬ 2016년 4월 24일 제1회 1부(문제 1번) 출제

정답
① 재해발생형태 : 협착
② 기인물 : 백호
③ 재해발생 원인 : 신호하는 사람 미배치와 긴 자재 인양시 2줄걸이를 하지 않아 재해발생

자격종목 및 등급(선택분야)	시험시간	형별	시행일
건설안전산업기사	50분	A	2019년 4월 21일 1회(1부)

참고사항
① 본 그림은 꼭 실제시험문제와 동일하지 않을 수도 있음
② 그림 및 동영상은 참고만 하세요.(문제의 질의 내용은 동일함)

02 사진에서와 같은 강관비계의 설치기준에 대하여 다음 (   )안에 알맞은 내용을 써 넣으시오.(4점)
① 비계기둥의 간격 : 띠장 방향에서는 (   )[m] 이하
② 비계기둥의 간격 : 장선 방향에서는 (   )[m] 이하
③ 지상에서 첫 번째 띠장의 위치 : (   )[m] 이하
④ 띠장의 간격 : (   )[m] 이하

합격정보 산업안전보건기준에 관한 규칙 제60조(강관비계의 구조)

합격KEY
① 2004년 4월 30일 출제
② 2007년 7월 17일 출제
③ 2009년 4월 25일 출제
④ 2014년 11월 1일 산업기사 제4회(문제 8번) 출제
⑤ 2015년 11월 15일(문제 4번) 출제
⑥ 2017년 4월 23일 제1회(문제 4번) 출제
⑦ 2018년 4월 22일 기사 출제
⑧ 2018년 7월 7일 제2회 2부(문제 4번) 출제

정답
① 1.85
② 1.5
③ 2
④ 2

자격종목 및 등급(선택분야)	시험시간	형별	시행일
건설안전산업기사	50분	A	2019년 4월 21일 1회(1부)

참고사항
① 본 그림은 꼭 실제시험문제와 동일하지 않을 수도 있음
② 그림 및 동영상은 참고만 하세요.(문제의 질의 내용은 동일함)

[사진] 사고지점(7층 리프트 탑승구)

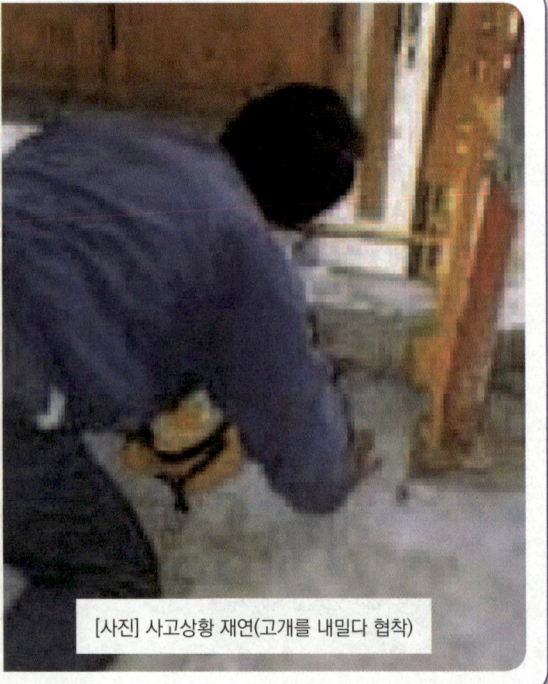

[사진] 사고상황 재연(고개를 내밀다 협착)

03 동영상의 근로자가 화물을 싣고 리프트 운행중 불안전한 행동이나 불안전한 상태로 인한 위험요인 2가지를 쓰시오.(4점)

합격KEY
① 2003년 11월 2일 출제
② 2004년 4월 30일 기사 출제
③ 2007년 11월 10일 출제
④ 2009년 10월 25일 출제
⑤ 2012년 4월 29일 출제
⑥ 2012년 7월 15일 기사 출제
⑦ 2013년 4월 28일 기사 제2부, 제3부 출제
⑧ 2013년 4월 28일 제1회 2부(문제 7번) 출제

정답
① 각층에서 탑승 대기중인 작업자가 안전난간이나 문짝 밖으로 머리를 내밀어 리프트 위치 확인
② 자재 인양 작업중 안전모 미착용
③ 고소작업의 자재 운반방법 불량(개구부가 개방된 채 운반)에 의한 화물의 낙하 위험
④ 탑승시 탑승자가 마스트 중심 쪽으로 탑승하여 추락 위험

04 동영상에서 보여주는 것과 같이 가설구조물이나 개구부 등에서 추락 위험을 방지하기 위해 설치하여야 하는 안전난간의 구조 및 설치요건에 맞도록 알맞은 용어나 숫자를 해당번호에 쓰시오.(6점)

㉮ 안전난간은 (①), (②), (③) 및 (④)으로 구성할 것
㉯ (④)은 바닥면 등에서부터 (⑤)[cm] 이상으로 높이를 유지할 것
㉰ (①)는 바닥면·발판 또는 경사로의 표면으로부터 90[cm] 이상 (⑥)[cm] 이하에 설치할 것

합격정보 산업안전보건기준에 관한 규칙 제13조(안전난간의 구조 및 설치요건)

합격KEY ① 2016년 7월 2일 (문제 4번) 출제
② 2017년 11월 19일 기사 제4회 2부 출제

정답
① 상부난간대
② 중간난간대
③ 난간기둥
④ 발끝막이판
⑤ 10
⑥ 120

자격종목 및 등급(선택분야)	시험시간	형별	시행일
건설안전산업기사	50분	A	2019년 4월 21일 1회(1부)

참고사항
① 본 그림은 꼭 실제시험문제와 동일하지 않을 수도 있음
② 그림 및 동영상은 참고만 하세요.(문제의 질의 내용은 동일함)

05 사진은 교량 상부에 콘크리트 펌프카를 사용하여 콘크리트를 타설하는 작업을 보여주고 있다. 콘크리트 펌프 또는 콘크리트 펌프카 사용시 준수사항 3가지를 쓰시오.(6점)

합격정보 산업안전보건기준에 관한 규칙 제335조(콘크리트 펌프 등 사용시 준수사항)

합격KEY
① 2005년 5월 1일 출제　　② 2005년 10월 29일 출제
③ 2010년 7월 10일 출제　　④ 2011년 11월 20일 출제
⑤ 2012년 4월 29일 산업기사 출제　　⑥ 2013년 7월 21일 출제
⑦ 2014년 4월 27일(문제 5번) 출제　　⑧ 2015년 7월 19일(문제 5번) 출제
⑨ 2016년 4월 24일 제1회 2부 출제　　⑩ 2017년 7월 1일 제2회 1부(문제 5번) 출제
⑪ 2018년 11월 18일 제4회 2부(문제 5번) 출제

정답
① 작업을 시작하기 전에 콘크리트 타설장비를 점검하고 이상을 발견하였으면 즉시 보수할 것
② 건축물의 난간 등에서 작업하는 근로자가 호스의 요동·선회로 인하여 추락하는 위험을 방지하기 위하여 안전난간의 설치 등 필요한 조치를 할 것
③ 콘크리트 펌프카의 붐을 조정하는 경우에는 주변전선 등에 의한 위험을 예방하기 위한 적절한 조치를 할 것
④ 작업중에 지반의 침하, 아우트리거의 손상 등에 의하여 콘크리트 타설장비가 넘어질 우려가 있는 경우에는 이를 방지하기 위한 적절한 조치를 할 것

지하수위계　　경사계

하중계　　침하계

06 사진에서와 같은 깊이 10.5[m] 이상의 굴착의 경우 흙막이 구조물의 안전을 예측하는 계측기기의 종류를 2가지만 쓰시오. (4점)

[합격정보] 건설공사 표준안전작업지침 제15조(착공전조사)

정답
① 수위계
② 경사계
③ 하중 및 침하계
④ 응력계

자격종목 및 등급(선택분야)	시험시간	형별	시행일
건설안전산업기사	50분	A	2019년 4월 21일 1회(1부)

참고사항
① 본 그림은 꼭 실제시험문제와 동일하지 않을 수도 있음
② 그림 및 동영상은 참고만 하세요.(문제의 질의 내용은 동일함)

동영상 설명
거푸집동바리 작업

07 사진의 작업에서 [보기]의 ( ) 안을 채우시오.(6점)

[보기]
(1) 파이프서포트를 (①)[개] 이상 이어서 사용하지 아니하도록 할 것
(2) 파이프서포트를 이어서 사용할 때에는 (②)[개] 이상의 볼트 또는 (③)을 사용할 것
(3) 높이가 (④)[m]를 초과할 경우에는 높이 (⑤)[m] 이내마다 수평연결재를 2[개] 방향으로 만들고 수평연결재의 (⑥)를 방지할 것

합격정보 산업안전보건기준에 관한 규칙 제332조(거푸집동바리 등의 안전조치)

합격KEY
① 2003년 11월 2일 출제
② 2010년 4월 25일 출제
③ 2013년 11월 17일 기사 출제
④ 2014년 4월 23일 제1회(문제 7번) 출제
⑤ 2018년 4월 22일 제1회 2부 (문제 7번) 출제

정답
① 3
② 4
③ 전용철물
④ 3.5
⑤ 2
⑥ 변위

자격종목 및 등급(선택분야)	시험시간	형별	시행일
건설안전산업기사	50분	A	2019년 4월 21일 1회(1부)

참고사항
① 본 그림은 꼭 실제시험문제와 동일하지 않을 수도 있음
② 그림 및 동영상은 참고만 하세요.(문제의 질의 내용은 동일함)

08 동영상에서 보여주고 있는 비계의 조립시 준수사항 2가지를 쓰시오.(4점)

[합격정보] 산업안전보건기준에 관한 규칙 제67조(말비계)

정답
① 지주부재(支柱部材)의 하단에는 미끄럼 방지장치를 하고, 근로자가 양측 끝부분에 올라서서 작업하지 않도록 할 것
② 지주부재와 수평면의 기울기를 75도 이하로 하고, 지부주재와 지주부재 사이를 고정시키는 보조부재를 설치할 것
③ 말비계의 높이가 2미터를 초과하는 경우에는 작업발판의 폭을 40센티미터 이상으로 할 것

2020년도 과년도 출제문제

• 건설안전산업기사(2020년 05월 30일 제1회 1부 시행)

자격종목	시험일	비번호	PC번호	남은시간
건설안전산업기사	2020년 5월 30일 1회(1부)	A001	1	50분

문제 1번 | 문제 2번 | 문제 3번 | 문제 4번 | 문제 5번 | 문제 6번 | 문제 7번 | 문제 8번

01 동영상은 고소작업대 작업을 하고 있다. 고소작업대 이동시 준수사항 3가지를 쓰시오.(6점)

[합격정보] 산업안전보건기준에 관한 규칙 제186조(고소작업대 설치 등의 조치)

정답
① 작업대를 낮게 내릴 것
② 작업대를 올린 상태에서 작업자를 태우고 이동하지 말 것. 다만, 이동 중 전도 등의 위험예방을 위하여 유도하는 사람을 배치하고 짧은 구간을 이동하는 경우에는 그러하지 아니하다.
③ 이동통로의 요철상태 또는 장애물의 유무 등을 확인할 것

자격종목	시험일	비번호	PC번호	남은시간
건설안전산업기사	2020년 5월 30일 1회(1부)	A001	1	50분

02 동영상은 지게차가 판넬을 싣고 신호수에 따라 운반하다가 화물이 신호수에게 낙하하는 장면이다. 이에 따른 위험원인을 2가지 쓰시오. (4점)

[합격정보] 산업안전보건기준에 관한 규칙 제173조(화물적재시의 조치)

[합격KEY] ① 2015년 11월 15일 제4회 1부 출제
② 2017년 7월 1일 산업기사 제2회 1부(문제 2번) 출제
③ 2018년 11월 18일 제4회 기사 출제

정답
① 하중이 한쪽으로 치우치도록 적재하였다.
② 구내운반차 또는 화물자동차의 경우 화물의 붕괴 또는 낙하에 의한 위험을 방지하기 위하여 화물에 로프를 거는 등 필요한 조치를 하지 않았다.
③ 운전자의 시야를 가리도록 적재하였다.

03 산업안전보건법에 따라 사업주는 근로자가 상시 작업에 종사하는 장소에 대하여 조도가 일정 이상이 되도록 하여야 한다. 작업에 대한 (　　　)의 조도 기준을 쓰시오.(4점)

초정밀 작업	정밀작업	보통작업	그 밖의 작업
(750)[Lux] 이상	(①)[Lux] 이상	(②)[Lux] 이상	(75)[Lux] 이상

보충학습 제8조(조도) 사업주는 근로자가 상시 작업하는 장소의 작업면 조도(照度)를 다음 각 호의 기준에 맞도록 하여야 한다. 다만, 갱내(坑內) 작업장과 감광재료(感光材料)를 취급하는 작업장은 그러하지 아니하다.
① 초정밀작업 : 750럭스(lux) 이상　　② 정밀작업 : 300럭스 이상
③ 보통작업 : 150럭스 이상　　　　　 ④ 그 밖의 작업 : 75럭스 이상

법령근거 산업안전보건기준에 관한 규칙 제8조(조도)

합격KEY ① 2018년 11월 18일 제4회 2부(문제 3번) 출제
② 2019년 7월 7일 산업기사 제2회 1부(문제 3번) 출제
③ 2019년 11월 17일 제4회 기사 출제

정답
① 300
② 150

04 살수차 운행 목적 2가지를 쓰시오. (4점)

정답
① 비산먼지 발생 방지 및 제거
② 여름철 도로 냉각 및 청소

자격종목	시험일	비번호	PC번호	남은시간
건설안전산업기사	2020년 5월 30일 1회(1부)	A001	1	50분

05 사진은 아파트공사현장을 보여 주고 있다. 낙하재해를 방지하기 위한 안전설비를 3가지만 쓰시오. (6점)

[합격정보] 산업안전보건기준에 관한 규칙 제14조(낙하물 등에 의한 방지)

[합격KEY]
① 2009년 4월 25일 제1회 산업기사 (문제 7번) 출제
② 2017년 11월 19일 제4회 산업기사 출제
③ 2018년 4월 22일 제1회 기사 3부(문제 5번) 출제
④ 2018년 11월 18일 제4회 1부(문제 6번) 출제
⑤ 2019년 11월 17일 제4회 2부(문제 6번) 출제

[정답]
① 낙하물 방지망 설치
② 수직보호망 설치
③ 방호선반 설치
④ 출입금지 구역 설정

자격종목	시험일	비번호	PC번호	남은시간
건설안전산업기사	2020년 5월 30일 1회(1부)	A001	1	50분

06 동영상은 토사굴착현장을 보여준다. 토사굴착현장에서의 지반의 붕괴 또는 토석의 낙하에 의해 근로자에게 위험을 미칠 우려가 있을 때 취할 조치를 3가지만 쓰시오. (6점)

합격정보 산업안전보건기준에 관한 규칙 제340조(지반의 붕괴 등에 의한 위험방지)

합격KEY
① 2004년 7월 11일(문제 3번) 산업기사
② 2004년 11월 6일 산업기사 출제
③ 2010년 11월 7일 산업기사 출제
④ 2013년 11월 17일 산업기사 출제
⑤ 2014년 4월 27일 산업기사 출제
⑥ 2014년 4월 27일 출제
⑦ 2014년 7월 12일 제2회 산업기사 출제
⑧ 2015년 4월 26일(문제 6번) 출제
⑨ 2016년 4월 24일 제1회 1부 출제
⑩ 2017년 7월 1일 2부, 3부 동시 출제
⑪ 2017년 7월 1일 제2회(문제 6번) 출제
⑫ 2018년 4월 22일 제1회 3부 출제
⑬ 2018년 7월 7일 기사 제2회 출제

정답
① 흙막이 지보공 설치
② 방호망 설치
③ 근로자 출입금지

자격종목	시험일	비번호	PC번호	남은시간
건설안전산업기사	2020년 5월 30일 1회(1부)	A001	1	50분

① 타워크레인이 화물을 1줄걸이로 인양해서 올리고 있다.
② 하부에 근로자가 턱끈을 매지 않은 채 양중 작업을 보지 못하고 지나가고 있는 중에, 화물이 떨어져 근로자에게 상해를 주는 장면이다.

07 영상자료는 타워크레인을 사용하여 인양작업 중 발생한 재해를 재현한 것이다. 재해의 발생원인 2가지를 기술하시오.(4점)

합격KEY
① 2003년 5월 3일 출제
② 2011년 7월 31일 출제
③ 2012년 7월 15일 출제
④ 2014년 4월 27일 출제
⑤ 2015년 4월 26일 제1회 1부 출제
⑥ 2018년 7월 7일 제2회 기사 출제

정답
① 화물 인양시 1줄걸이로 하여 화물이 무게중심을 잃고 낙하한다.
② 작업반경내 출입금지 구역을 설정하지 않아, 근로자가 접근한다.

자격종목	시험일	비번호	PC번호	남은시간
건설안전산업기사	2020년 5월 30일 1회(1부)	A001	1	50분

08 사진은 일반적인 콘크리트 타설작업 방법이다. 콘크리트 타설시 안전기준 3가지를 쓰시오. (6점)

합격정보 산업안전보건기준에 관한 규칙 제334조(콘크리트의 타설작업)

합격KEY
① 2005년 10월 29일 기사 출제
② 2010년 4월 25일 제1회 기사 출제
③ 2018년 4월 22일 제1회 1부(문제 7번) 출제
④ 2018년 11월 18일 제4회 1부 산업기사 출제
⑤ 2019년 4월 21일 기사 제1회 출제

정답
① 당일의 작업을 시작하기 전에 해당 작업에 관한 거푸집동바리 등의 변형·변위 및 지반의 침하 유무 등을 점검하고 이상이 있으면 보수할 것
② 작업 중에는 거푸집동바리 등의 변형·변위 및 침하 유무 등을 감시할 수 있는 감시자를 배치하여 이상이 있으면 작업을 중지하고 근로자를 대피시킬 것
③ 콘크리트 타설작업시 거푸집 붕괴의 위험이 발생할 우려가 있으면 충분한 보강조치를 할 것
④ 설계도서상의 콘크리트 양생기간을 준수하여 거푸집동바리 등을 해체할 것
⑤ 콘크리트를 타설하는 경우에는 편심이 발생하지 않도록 골고루 분산하여 타설할 것

문제 및 답안(지), 점수, 채점기준은 일체 공개하지 않는다.

2021년도 과년도 출제문제

• 건설안전산업기사(2021년 05월 02일 제1회 1부 시행)

자격종목	시험일	비번호	PC번호	남은시간
건설안전산업기사	2021년 5월 2일 1회(1부)	A001	1	50분

문제 1번 | 문제 2번 | 문제 3번 | 문제 4번 | 문제 5번 | 문제 6번 | 문제 7번 | 문제 8번

01 동영상은 고소작업대 작업을 하고 있다. 고소작업대 이동시 준수사항 3가지를 쓰시오.(6점)

[합격정보] 산업안전보건기준에 관한 규칙 제186조(고소작업대 설치 등의 조치)
[합격KEY] 2020년 5월 30일(문제 1번) 출제

정답
① 작업대를 낮게 내릴 것
② 작업대를 올린 상태에서 작업자를 태우고 이동하지 말 것. 다만, 이동 중 전도 등의 위험예방을 위하여 유도하는 사람을 배치하고 짧은 구간을 이동하는 경우에는 그러하지 아니하다.
③ 이동통로의 요철상태 또는 장애물의 유무 등을 확인할 것

자격종목	시험일	비번호	PC번호	남은시간
건설안전산업기사	2021년 5월 2일 1회(1부)	A001	1	50분

불도저가 작업하고 있음

| 문제 1번 | 문제 2번 | 문제 3번 | 문제 4번 | 문제 5번 | 문제 6번 | 문제 7번 | 문제 8번 |

02 사진에 나타난 건설기계의 사용용도 2가지를 쓰시오. (4점)

합격KEY ► ① 2003년 11월 2일 출제 ② 2006년 11월 11일 산업기사 출제
③ 2011년 11월 20일 출제 ④ 2012년 4월 29일 산업기사 출제
⑤ 2015년 4월 26일 출제 ⑥ 2016년 4월 24일 산업기사(문제 8번) 출제
⑦ 2016년 7월 2일 제2회 3부 출제 ⑧ 2018년 7월 7일 제2회 1부(문제 2번) 출제
⑨ 2019년 4월 21일 제1회 3부(문제 2번) 출제 ⑩ 2020년 8월 2일 기사 출제

정답
① 운반작업
② 지반고르기(지반정지)
③ 굴착작업

자격종목	시험일	비번호	PC번호	남은시간
건설안전산업기사	2021년 5월 2일 1회(1부)	A001	1	50분

건설현장에 눈이 쌓인 작업장

00:00/00:23

| 문제 1번 | 문제 2번 | **문제 3번** | 문제 4번 | 문제 5번 | 문제 6번 | 문제 7번 | 문제 8번 |

03 사진은 폭설과 한파의 건설현장이다. 조치사항 2가지를 쓰시오. (4점)

합격KEY ① 2019년 4월 21일 산업기사 출제
② 2020년 11월 23일 기사 출제

정답
① 동결구간의 얼음을 제거한다.
② 모래 또는 염화칼슘을 살포하여 미끄럼을 방지한다.

04 사진은 공사현장의 개구부이다. 이와 같은 현장의 개구부와 같이 추락의 위험이 존재하는 장소에서의 안전조치 방법을 3가지만 쓰시오. (6점)

참고: 산업안전보건기준에 관한 규칙 제43조(개구부 등의 방호조치)

합격KEY
① 2003년 5월 1일 출제
② 2006년 11월 11일 출제
③ 2014년 4월 27일 기사 출제
④ 2014년 7월 12일 1부 출제
⑤ 2014년 7월 12일 제2회(문제 5번) 출제
⑥ 2015년 11월 15일(문제 6번) 출제
⑦ 2017년 4월 23일 제1회 2부 출제
⑧ 2017년 7월 1일 산업기사 출제
⑨ 2018년 11월 18일(문제 1번) 출제
⑩ 2020년 11월 23일 기사 출제

정답
① 안전난간설치
② 울타리 설치
③ 수직형 추락방호망 설치
④ 추락방호망 설치
⑤ 근로자 안전대 착용

합격자의 조언: 사진을 볼 필요 없이 정답을 쓸 수 있습니다.

05 동영상은 낙하물 방지망을 보수하는 장면을 보여주고 있다. 방호선반 설치시 준수사항 2가지를 쓰시오. (4점)

참고 산업안전보건기준에 관한 규칙 제14조(낙하물에 의한 위험의 방지)

합격KEY
① 2002년 4월 28일 산업기사 출제
② 2006년 11월 12일 기사 출제
③ 2007년 4월 29일 기사 출제
④ 2009년 10월 24일 기사 출제
⑤ 2010년 4월 25일 기사 출제
⑥ 2012년 7월 15일 기사 출제
⑦ 2013년 4월 28일 기사 출제
⑧ 2013년 7월 21일 기사 출제
⑨ 2017년 4월 22일 산업기사·기사 동시 출제
⑩ 2018년 4월 22일 산업기사 출제
⑪ 2020년 10월 10일 기사 출제
⑫ 2020년 11월 22일(문제 5번) 출제
⑬ 2021년 5월 5일 기사 출제

정답
① 높이 10[m] 이내마다 설치하고, 내민 길이는 벽면으로부터 2[m] 이상으로 할 것
② 수평면과의 각도는 20[°] 이상 30[°] 이하를 유지할 것

자격종목	시험일	비번호	PC번호	남은시간
건설안전산업기사	2021년 5월 2일 1회(1부)	A001	1	50분

06 동영상은 항타작업 현장에 관한 내용이다. 이때 사용하는 권상용 와이어로프의 사용제한 조건을 3가지만 쓰시오. (6점)

참고 산업안전보건기준에 관한 규칙 제63조(달비계의 구조)

합격KEY
① 2004년 7월 11일 출제
② 2006년 11월 11일 출제
③ 2013년 4월 28일 출제
④ 2014년 11월 1일 (문제 6번) 출제
⑤ 2015년 7월 19일 기사 출제
⑥ 2016년 11월 20일 제4회 1부 출제
⑦ 2017년 7월 1일 제2회 2부 출제
⑧ 2018년 7월 7일 산업기사 제2회 1부(문제 6번) 출제
⑨ 2018년 11월 18일(문제 6번) 출제
⑩ 2020년 11월 23일 기사 출제
⑪ 2020년 11월 22일(문제 6번) 출제
⑫ 2021년 5월 2일 제2부 출제

정답
① 이음매가 있는 것
② 와이어로프의 한 꼬임에서 끊어진 소선(필러선을 제외한다)의 수가 10[%] 이상인 것
③ 지름의 감소가 공칭 지름의 7[%]를 초과하는 것
④ 심하게 변형 또는 부식된 것
⑤ 꼬인 것
⑥ 열과 전기충격에 의해 손상된 것

자격종목	시험일	비번호	PC번호	남은시간
건설안전산업기사	2021년 5월 2일 1회(1부)	A001	1	50분

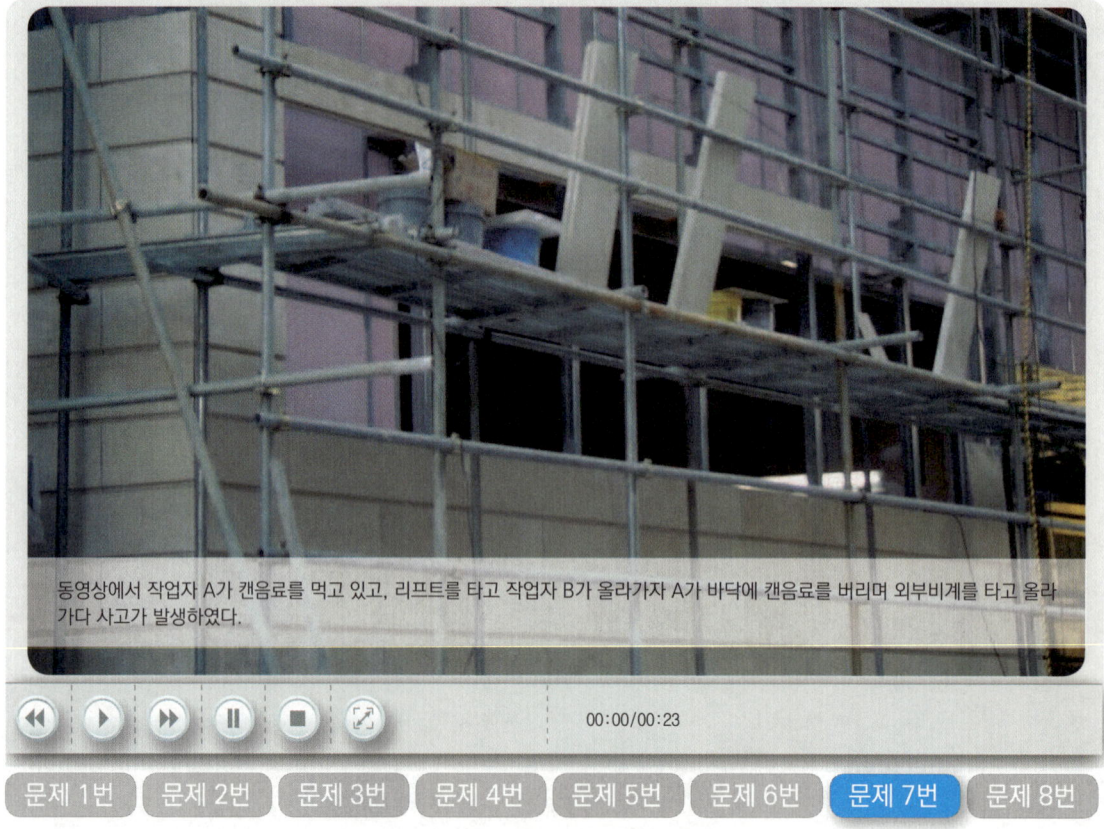

동영상에서 작업자 A가 캔음료를 먹고 있고, 리프트를 타고 작업자 B가 올라가자 A가 바닥에 캔음료를 버리며 외부비계를 타고 올라가다 사고가 발생하였다.

| 문제 1번 | 문제 2번 | 문제 3번 | 문제 4번 | 문제 5번 | 문제 6번 | **문제 7번** | 문제 8번 |

07 동영상에서 근로자가 리프트를 탑승하지 못하고 외부 비계를 타고 올라가다 사고가 발생하였다. 안전대책 2가지를 쓰시오.(안전대 미착용)(4점)

참고 산업안전보건기준에 관한 규칙 제42조(추락의 방지)
합격KEY
① 2004년 7월 11일 기사 출제
② 2007년 4월 29일 출제
③ 2008년 4월 27일 기사출제
④ 2015년 11월 15일(문제 7번) 출제
⑤ 2017년 4월 23일(문제 7번) 출제

정답
① 안전대를 착용한다.
② 비계상에 사다리 및 비계다리 등 승강시설을 설치한다.

08 동영상은 근로자가 손수레에 모래를 싣고 작업하는 중 사고가 발생하는 장면이다. 다음 물음에 답을 쓰시오. (6점)

(1) 리프트 안전장치를 쓰시오.
(2) 사고의 종류를 쓰시오.
(3) 재해 발생원인을 쓰시오.

합격KEY ① 2015년 4월 26일(문제 8번) 출제
③ 2019년 4월 21일 제1회 1부(문제 8번) 출제
⑤ 2020년 11월 22일(문제 8번) 출제
② 2016년 7월 2일 제2회 2부(문제 8번) 출제
④ 2020년 8월 2일 기사 출제

정답
(1) 안전장치
① 과부하방지장치
② 권과방지장치
③ 비상정지장치
④ 조작반에 잠금장치 설치
(2) 사고의 종류 : 추락(떨어짐)
(3) 발생원인
① 운전 한계를 초과할 때까지 적재하였다.
② 1인이 운반하여 주변 상황을 파악하지 못하였다.

2022년도

과년도 출제문제

- 건설안전산업기사(2022년 05일 10일 제1회 1부 시행)
- 건설안전산업기사(2022년 05일 10일 제1회 2부 시행)
- 건설안전산업기사(2022년 07월 26일 제2회 1부 시행)
- 건설안전산업기사(2022년 07월 26일 제2회 2부 시행)
- 건설안전산업기사(2022년 11월 23일 제4회 1부 시행)
- 건설안전산업기사(2022년 11월 23일 제4회 2부 시행)

자격종목	시험일	비번호	PC번호	남은시간
건설안전산업기사	2022년 5월 10일 1회(1부)	A001	1	50분

문제 1번 | 문제 2번 | 문제 3번 | 문제 4번 | 문제 5번 | 문제 6번 | 문제 7번 | 문제 8번

01 산업안전보건기준에 관한 규칙에 의거, 사업주가 시스템 비계를 사용하여 비계를 구성하는 경우 준수사항 관련 하여 (   )를 채우시오. (6점)
① 수직재·수평재·(   )를 견고하게 연결하는 구조가 되도록 할 것
② 비계 밑단의 수직재와 (   )은 밀착되도록 설치하고, 수직재와 받침철물의 연결부의 겹침길이는 받침철물 전체길이의 (   )이상이 되도록 할 것

합격정보 산업안전보건기준에 관한 규칙 제69조(시스템 비계의 구조)

합격KEY ① 2019년 7월 7일(문제 2번) 출제
② 2020년 7월 14일 기사 2부 출제
③ 2021년 11월 20일 기사 출제

정답
① 가새재
② 받침철물
③ $\frac{1}{3}$

02 산업안전보건법령상, 차량계 하역운반기계 등에 단위화물의 무게가 100[kg] 이상인 화물을 싣는 작업 또는 내리는 작업을 하는 경우에, 사업주가 해당 작업의 지휘자에게 준수하도록 해야 하는 사항 3가지를 쓰시오. (6점)

합격정보 산업안전보건기준에 관한 규칙 제177조(싣거나 내리는 작업)

정답
① 작업순서 및 그 순서마다의 작업방법을 정하고 작업을 지휘할 것
② 기구와 공구를 점검하고 불량품을 제거할 것
③ 해당 작업을 하는 장소에 관계 근로자가 아닌 사람이 출입하는 것을 금지할 것
④ 로프 풀기 작업 또는 덮개 벗기기 작업은 적재함의 화물이 떨어질 위험이 없음을 확인한 후에 하도록 할 것

자격종목	시험일	비번호	PC번호	남은시간
건설안전산업기사	2022년 5월 10일 1회(1부)	A001	1	50분

근로자 1[명]이 맨손으로 높은 곳에서 아크 용접중인데 그 옆에 있는 트럭 2[대]에 회색가스통 1[개], 녹색가스통 1[개]가 있다. 근로자가 회색가스통을 차에서 내리는데 땅에 세게 놓자 폭발함

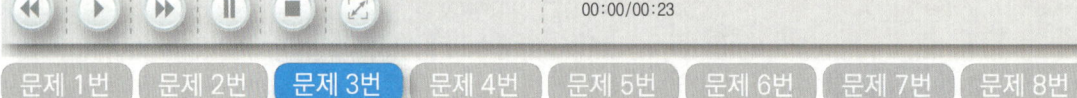

03 동영상은 가스용기의 운반 및 용접 작업을 보여주고 있다. 동영상을 참고하여 가스용기를 운반하는 경우 준수사항 3가지를 쓰시오. (6점)

> **참고** 산업안전보건기준에 관한 규칙 제234조(가스 등의 용기)
>
> **합격KEY**
> ① 2003년 11월 2일(문제 3번) 출제 ② 2007년 7월 17일(문제 8번) 출제
> ③ 2008년 11월 9일 출제 ④ 2012년 11월 11일(문제 7번) 출제
> ⑤ 2015년 7월 19일(문제 3번) 출제 ⑥ 2017년 4월 23일(문제 3번) 출제
> ⑦ 2017년 11월 19일(문제 3번) 출제 ⑧ 2021년 5월 5일 기사 출제

정답
① 용기의 온도를 섭씨 40도 이하로 유지할 것
② 전도의 위험이 없도록 할 것
③ 충격을 가하지 않도록 할 것
④ 운반하는 경우에는 캡을 씌울 것
⑤ 사용하는 경우에는 용기의 마개에 부착되어 있는 유류 및 먼지를 제거할 것
⑥ 밸브의 개폐는 서서히 할 것
⑦ 사용 전 또는 사용 중인 용기와 그 밖의 용기를 명확히 구별하여 보관할 것
⑧ 용해아세틸렌의 용기는 세워둘 것
⑨ 용기의 부식·마모 또는 변형상태를 점검한 후 사용할 것

자격종목	시험일	비번호	PC번호	남은시간
건설안전산업기사	2022년 5월 10일 1회(1부)	A001	1	50분

04 사진은 철근을 인력으로 운반하는 모습이다. 이와 같은 운반작업을 할 때 주의하여야 할 사항을 3가지만 쓰시오. (6점)

합격정보 콘크리트공사 표준안전작업지침 제12조(운반)

합격KEY
① 2006년 4월 30일 출제   ② 2007년 7월 17일 기사 출제
③ 2008년 11월 9일 기사 출제   ④ 2012년 7월 15일 기사 출제
⑤ 2013년 11월 17일 기사 출제   ⑥ 2014년 4월 27일 제1회 (문제 4번) 출제
⑦ 2015년 11월 15일 기사 제4회 출제   ⑧ 2016년 11월 20일 제4회 2부 출제
⑨ 2017년 7월 1일 제2회 2부 기사 출제   ⑩ 2020년 10월 17일(문제 4번) 출제

정답
① 철근 운반시 1[인]당 무게는 25[kg] 정도 이내로 하고, 무리한 운반을 해서는 안된다.
② 긴 철근의 경우 2[인] 이상이 1[조]가 되어 어깨메기로 하여 운반하고, 부득이 한 사람이 운반할 때에는 한쪽을 어깨에 메고 한쪽 끝을 끌면서 운반한다.
③ 2[개] 이상의 철근을 운반할 때에는 양끝을 묶어 운반한다.
④ 내려놓을 때는 튕기지 않도록 던지지 말고 천천히 내려놓는다.

자격종목	시험일	비번호	PC번호	남은시간
건설안전산업기사	2022년 5월 10일 1회(1부)	A001	1	50분

05 사진은 아파트공사현장을 보여 주고 있다. 낙하재해를 방지하기 위한 안전설비를 3가지만 쓰시오. (6점)

[합격정보] 산업안전보건기준에 관한 규칙 제14조(낙하물 등에 의한 방지)

[합격KEY]
① 2009년 4월 25일 제1회 산업기사 (문제 7번) 출제
② 2017년 11월 19일 제4회 산업기사 출제
③ 2018년 4월 22일 제1회 기사 3부(문제 5번) 출제
④ 2018년 11월 18일 제4회 1부(문제 6번) 출제
⑤ 2019년 11월 17일 제4회 2부(문제 6번) 출제
⑥ 2020년 5월 30일(문제 5번) 출제
⑦ 2022년 5월 9일 2부 출제

[정답]
① 낙하물 방지망 설치
② 수직보호망 설치
③ 방호선반 설치
④ 출입금지 구역 설정

06 산업안전보건법령상, 항타기 또는 항발기를 조립하는 경우 사업주의 점검사항 3가지를 쓰시오.(6점)

> 참고: 산업안전보건기준에 관한 규칙 제207조(조립시 점검)

정답
① 본체 연결부의 풀림 또는 손상의 유무
② 권상용 와이어로프·드럼 및 도르래의 부착상태의 이상 유무
③ 권상장치의 브레이크 및 쐐기장치 기능의 이상유무
④ 권상기의 설치상태의 이상 유무
⑤ 버팀의 방법 및 고정상태의 이상 유무

07 동영상은 낙하물 방지망을 보수하는 장면을 보여주고 있다. 산업안전보건기준에 관한 규칙에 의거, 낙하물방지망 관련 (   )를 채우시오.(6점)
설치 간격 : 높이 (   )[m] 이내마다 설치

> 참고 : 산업안전보건기준에 관한 규칙 제14조(낙하물에 의한 위험의 방지)

> 합격KEY ① 2002년 4월 28일 산업기사 출제　　② 2006년 11월 12일 기사 출제
> ③ 2007년 4월 29일 기사 출제　　　　　④ 2009년 10월 24일 기사 출제
> ⑤ 2010년 4월 25일 기사 출제　　　　　⑥ 2012년 7월 15일 기사 출제
> ⑦ 2013년 4월 28일 기사 출제　　　　　⑧ 2013년 7월 21일 기사 출제
> ⑨ 2017년 4월 22일 산업기사 · 기사 동시 출제　⑩ 2018년 4월 22일 산업기사 출제
> ⑪ 2020년 10월 10일 기사 출제　　　　⑫ 2020년 11월 22일 산업기사 출제
> ⑬ 2021년 7월 14일 기사, 산업기사 동시 출제　⑭ 2021년 11월 17일(문제 1번) 출제

정답 10

08 산업안전보건법령상, 크레인을 사용하여 작업을 하는 경우 사업주의 준수사항 3가지를 쓰시오. (6점)

합격정보 산업안전보건기준에 관한 규칙 제146조(크레인 작업 시의 조치)

정답
① 인양할 하물(荷物)을 바닥에서 끌어당기거나 밀어내는 작업을 하지 아니할 것
② 유류드럼이나 가스통 등 운반도중에 떨어져 폭발하거나 누출될 가능성이 있는 위험물 용기는 보관함(또는 보관고)에 담아 안전하게 매달아 운반할 것
③ 고정된 물체를 직접 분리·제거하는 작업을 하지 아니할 것
④ 미리 근로자의 출입을 통제하여 인양 중에 하물이 작업자의 머리 위로 통과하지 않도록 할 것
⑤ 인양할 하물이 보이지 아니하는 경우에는 어떠한 동작도 하지 아니할 것(신호하는 사람에 의하여 작업을 하는 경우는 제외한다.)

자격종목	시험일	비번호	PC번호	남은시간
건설안전산업기사	2022년 5월 10일 1회(2부)	A001	1	50분

작업자 2명이 흡연 후, 작업자 1명이 맨홀 뚜껑을 열고 들어가 밀폐공간에서 질식사고가 발생

문제 1번 | 문제 2번 | 문제 3번 | 문제 4번 | 문제 5번 | 문제 6번 | 문제 7번 | 문제 8번

01 작업에 필요한 ① 적정 산소 농도와 ② 호흡용 보호구 1종류를 쓰시오. (5점)

[합격정보] 산업안전보건기준에 관한 규칙 제618조(정의)

정답
(1) 적정 산소농도
  18[%] 이상 23.5[%] 미만
(2) 호흡용 보호구
  ① 공기호흡기
  ② 송기마스크

02 사진은 교량 상부에 콘크리트 타설장비를 사용하여 콘크리트를 타설하는 작업을 보여주고 있다. 콘크리트 타설장비 사용시 준수사항 3가지를 쓰시오.(6점)

합격정보 산업안전보건기준에 관한 규칙 제335조(콘크리트 타설장비 사용시 준수사항)

합격KEY
① 2005년 5월 1일 출제
③ 2010년 7월 10일 출제
⑤ 2012년 4월 29일 산업기사 출제
⑦ 2014년 4월 27일(문제 5번) 출제
⑨ 2016년 4월 24일 제1회 2부 출제
⑪ 2018년 11월 18일 제4회 2부(문제 5번) 출제
⑬ 2019년 7월 7일 제2회 1부(문제 5번) 출제
⑮ 2020년 5월 30일 제1회 2부(문제 3번) 출제
② 2005년 10월 29일 출제
④ 2011년 11월 20일 출제
⑥ 2013년 7월 21일 출제
⑧ 2015년 7월 19일(문제 5번) 출제
⑩ 2017년 7월 1일 제2회 1부(문제 5번) 출제
⑫ 2019년 4월 21일 제1회(문제 5번) 출제
⑭ 2019년 11월 17일 산업기사 제4회 출제
⑯ 2020년 10월 18일(문제 2번) 출제

정답
① 작업을 시작하기 전에 콘크리트 타설장비를 점검하고 이상을 발견하였으면 즉시 보수할 것
② 건축물의 난간 등에서 작업하는 근로자가 호스의 요동·선회로 인하여 추락하는 위험을 방지하기 위하여 안전난간의 설치 등 필요한 조치를 할 것
③ 콘크리트 타설장비의 붐을 조정하는 경우에는 주변전선 등에 의한 위험을 예방하기 위한 적절한 조치를 할 것
④ 작업중에 지반의 침하, 아우트리거(outrigger : 전도방지용 지지대)의 손상 등에 의하여 콘크리트 타설장비가 넘어질 우려가 있는 경우에는 이를 방지하기 위한 적절한 조치를 할 것

자격종목	시험일	비번호	PC번호	남은시간
건설안전산업기사	2022년 5월 10일 1회(2부)	A001	1	50분

00:00/00:23

문제 1번 | 문제 2번 | 문제 3번 | 문제 4번 | 문제 5번 | 문제 6번 | 문제 7번 | 문제 8번

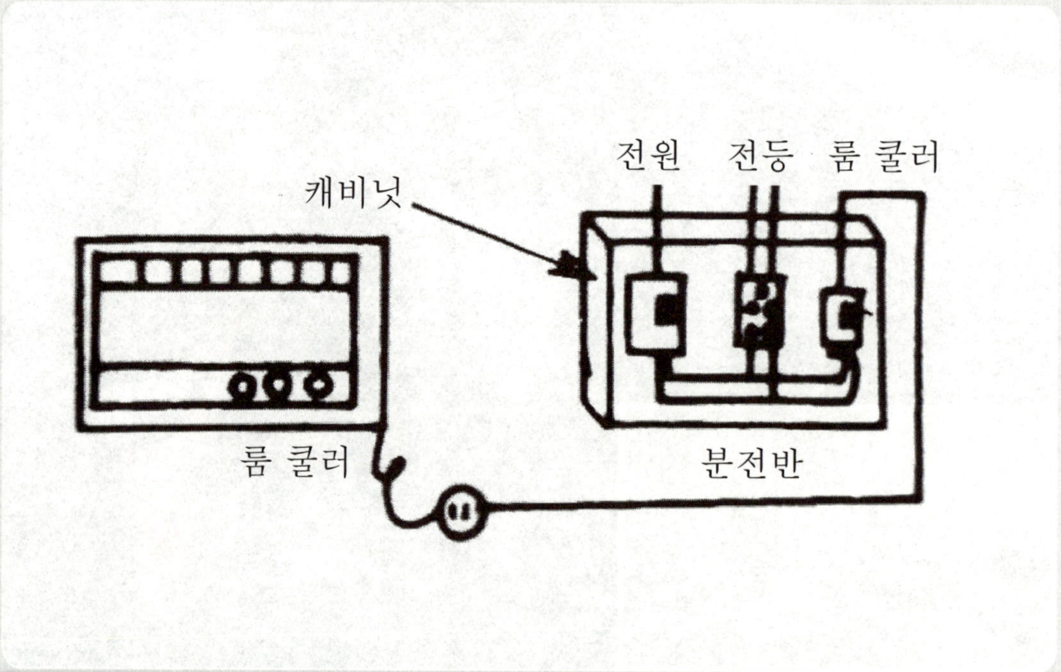

03 분전반 사용용도에 의한 설치방법 3가지를 쓰시오.(5점)

보충학습 **분전반[panel board, 分電盤]**

① 소형의 배전반
② 빌딩과 같이 많은 방을 가지는 곳에서 각 방의 가스나 전력에 대하여 배선할 때, 분기회로용의 개폐기나 보안장치를 소형 배전반에 만들어 놓고 각 주간 또는 1개소에서 취급할 수 있도록 해둔 것
③ 분전반은 설치방법에 의하여
㉮ 매입형 ㉯ 노출형 ㉰ 반매입형
④ 분전반의 재질에 의하여
㉮ 철판제 함에 넣기 ㉯ 목제 함에 넣기 ㉰ 배면판식
⑤ 배면판식 개폐기의 종류에 의하여
㉮ 안전기형 ㉯ 나이프 스위치형 ㉰ 배선용 차단기형 등으로 구분한다.

합격정보 건축전기설비설계기준 제8장 전력간선설비(6. 분전반)

정답 ① 매입형 ② 노출형 ③ 반매입형

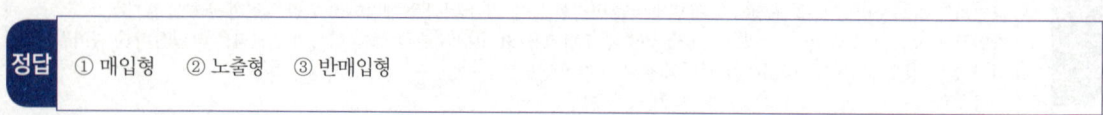

자격종목	시험일	비번호	PC번호	남은시간
건설안전산업기사	2022년 5월 10일 1회(2부)	A001	1	50분

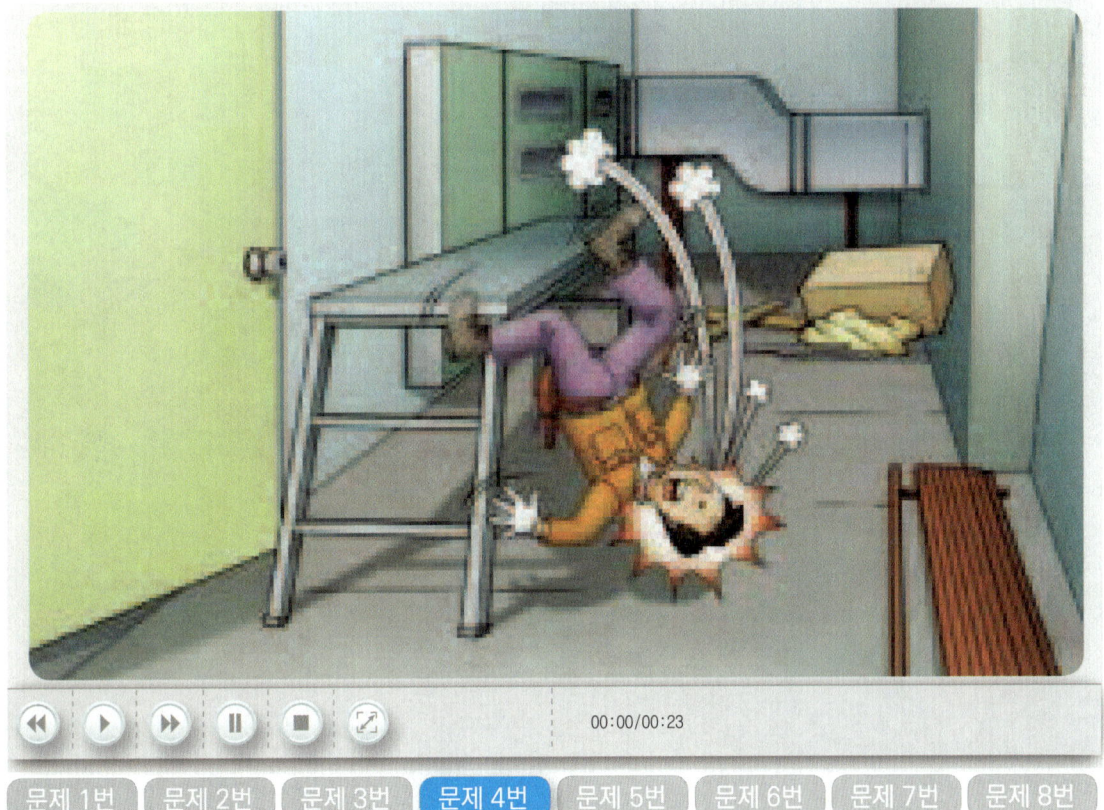

00:00/00:23

문제 1번 | 문제 2번 | 문제 3번 | **문제 4번** | 문제 5번 | 문제 6번 | 문제 7번 | 문제 8번

04 동영상에서 보여주고 있는 ① 비계의 명칭 ② 기울기 ③ 작업발판 폭을 쓰시오.(4점)

합격정보 산업안전보건기준에 관한 규칙 제67조(말비계)

합격KEY
① 2017년 11월 19일 제4회(문제 8번) 출제
② 2018년 4월 22일 제1회 3부 출제
③ 2018년 7월 7일 제2회 3부(문제 7번) 출제
④ 2018년 11월 18일 제4회(문제 4번) 출제
⑤ 2019년 7월 9일 제2회 1부(문제 4번) 출제
⑥ 2020년 10월 18일(문제 4번) 출제

정답
① 말비계
② 75[°] 이하
③ 40[cm] 이상

05 사진은 아파트공사현장을 보여 주고 있다. 낙하재해를 방지하기 위한 안전설비를 3가지만 쓰시오. (6점)

합격정보 산업안전보건기준에 관한 규칙 제14조(낙하물 등에 의한 방지)

합격KEY ① 2009년 4월 25일 제1회 산업기사 (문제 7번) 출제
② 2017년 11월 19일 제4회 산업기사 출제
③ 2018년 4월 22일 제1회 기사 3부(문제 5번) 출제
④ 2018년 11월 18일 제4회 1부(문제 6번) 출제
⑤ 2019년 11월 17일 제4회 2부(문제 6번) 출제
⑥ 2020년 5월 30일(문제 5번) 출제
⑦ 2022년 5월 9일 1부 출제

정답
① 낙하물 방지망 설치
② 수직보호망 설치
③ 방호선반 설치
④ 출입금지 구역 설정

06 동영상은 토사굴착현장을 보여준다. 토사굴착현장에서의 지반의 붕괴 또는 토석의 낙하에 의해 근로자에게 위험을 미칠 우려가 있을 때 취할 조치를 3가지만 쓰시오. (6점)

정답
① 흙막이 지보공 설치
② 방호망 설치
③ 근로자 출입금지

자격종목	시험일	비번호	PC번호	남은시간
건설안전산업기사	2022년 5월 10일 1회(2부)	A001	1	50분

00:00/00:23

| 문제 1번 | 문제 2번 | 문제 3번 | 문제 4번 | 문제 5번 | 문제 6번 | 문제 7번 | 문제 8번 |

07 강관틀 비계조립작업시 ( )에 알맞는 내용을 쓰시오. (6점)
(1) 높이가 20미터를 초과하거나 중량물의 적재를 수반하는 작업을 할 경우에는 주틀 간의 간격을 (①)미터 이하로 할 것
(2) 주틀 간에 교차 가새를 설치하고 최상층 및 5층 이내마다 수평재를 설치할 것
(3) 수직방향으로 (②)미터, 수평방향으로 (③)미터 이내마다 벽이음을 할 것

합격정보 산업안전보건기준에 관한 규칙 제62조(강관틀비계)

합격KEY ① 2020년 8월 2일 기사 출제
② 2020년 10월 17일(문제 7번) 출제

정답
① 1.8
② 6
③ 8

자격종목	시험일	비번호	PC번호	남은시간
건설안전산업기사	2022년 5월 10일 1회(2부)	A001	1	50분

08 사진은 동바리의 설치 잘못으로 붕괴사고가 발생한 장면이다. 동바리의 침하방지를 위한 조치사항 3가지를 쓰시오. (6점)

합격정보 산업안전보건기준에 관한 규칙 제332조(동바리 조립 시의 안전조치)

합격KEY
① 2002년 4월 28일 기사 출제
② 2007년 4월 29일 기사 출제
③ 2009년 4월 25일 기사 출제
④ 2011년 5월 8일 기사 출제
⑤ 2011년 11월 20일 기사 출제
⑥ 2012년 4월 29일 기사 출제
⑦ 2012년 7월 15일 출제
⑧ 2013년 4월 28일 제2부 출제
⑨ 2014년 7월 12일 산업기사(문제 2번) 출제
⑩ 2016년 7월 2일(문제 2번) 출제
⑪ 2017년 4월 23일 제1회(문제 2번) 출제
⑫ 2018년 4월 22일 제1회 3부(문제 1번) 출제
⑬ 2020년 11월 22일(문제 1번) 출제
⑭ 2021년 7월 14일(문제 1번) 출제

정답
① 받침목 사용
② 깔판의 사용
③ 콘크리트 타설
④ 말뚝박기

문제 및 답안(지), 점수, 채점기준은 일체 공개하지 않는다.

자격종목	시험일	비번호	PC번호	남은시간
건설안전산업기사	2022년 7월 26일 2회(1부)	A001	1	50분

문제 1번 | 문제 2번 | 문제 3번 | 문제 4번 | 문제 5번 | 문제 6번 | 문제 7번 | 문제 8번

01 산업안전보건법령상, 강관틀비계 조립 간격 관련해서 아래 표를 채우시오. (4점)

구분	수직방향	수평방향
단관비계	5	5
틀비계(높이가 5[m] 미만인 것은 제외한다.)	(①)	(②)

참고 산업안전보건기준에 관한 규칙 제59조(강관비계 조립 시의 준수사항[별표 5] 강관비계의 조립간격

정답
① 수직방향 : 6
② 수평방향 : 8

02 동영상은 둥근톱을 이용하여 작업을 하던 중 발생된 재해 사례이다. 방호장치 2가지를 쓰시오. (4점)

합격정보
① 산업안전보건기준에 관한 규칙 제105조(둥근톱 기계의 반발예방장치)
② 산업안전보건기준에 관한 규칙 제106조(둥근톱 기계의 톱날접촉예방장치)

합격KEY
① 2017년 11월 19일 기사 제4회(문제 5번) 출제
② 2018년 4월 22일 산업기사 제1회 2부 출제
③ 2019년 4월 21일 제1회 1부(문제 2번) 출제
④ 2020년 7월 31일(문제 2번) 출제
⑤ 2020년 11월 23일 기사 출제
⑥ 2021년 5월 2일(문제 2번) 출제

정답
① 반발예방장치
② 톱날접촉예방장치

자격종목	시험일	비번호	PC번호	남은시간
건설안전산업기사	2022년 7월 26일 2회(1부)	A001	1	50분

문제 1번 | 문제 2번 | **문제 3번** | 문제 4번 | 문제 5번 | 문제 6번 | 문제 7번 | 문제 8번

03 운반하역 표준안전 작업지침에 따라, 타워 크레인을 사용하여 걸이작업을 하는 경우 준수사항을 3가지 쓰시오. (6점)

합격정보 운반하역 표준안전 작업지침 제22조(걸이)

합격KEY ① 2021년 7월 13일 산업기사 출제
② 2021년 11월 20일 기사 출제

정답
① 와이어로프 등은 크레인의 후크 중심에 걸어야 한다.
② 인양 물체의 안정을 위하여 2줄 걸이 이상을 사용하여야 한다.
③ 밑에 있는 물체를 걸고자 할 때에는 위의 물체를 제거한 후에 행하여야 한다.
④ 매다는 각도는 60도 이내로 하여야 한다.
⑤ 근로자를 매달린 물체위에 탑승시키지 않아야 한다.

04 산업안전보건법령상, 채석작업을 하는 경우에 붕괴 또는 낙하에 의하여 근로자를 위험하게 할 우려가 있는 경우, 위험을 방지하기 위하여 필요한 사업주의 조치사항을 2가지만 쓰시오. (4점)

[합격정보] 산업안전보건기준에 관한 규칙 제372조(붕괴 등에 의한 위험 방지)

정답
① 토석·입목 등을 미리 제거
② 방호망을 설치

자격종목	시험일	비번호	PC번호	남은시간
건설안전산업기사	2022년 7월 26일 2회(1부)	A001	1	50분

문제 1번 | 문제 2번 | 문제 3번 | 문제 4번 | **문제 5번** | 문제 6번 | 문제 7번 | 문제 8번

05 동영상은 이동식 비계의 설치상태가 불량하여 발생된 재해 사례이다. 이동식 비계의 올바른 설치(조립)기준을 3가지만 쓰시오.(6점)

합격정보 산업안전보건기준에 관한 규칙 제68조(이동식 비계)

합격KEY
① 2001년 11월 10일 기사 출제
② 2006년 7월 16일 기사 출제
③ 2006년 11월 12일 기사 출제
④ 2008년 11월 9일 출제
⑤ 2013년 7월 21일 기사 출제
⑥ 2013년 11월 17일 기사 출제
⑦ 2014년 11월 1일 기사 출제
⑧ 2016년 4월 24일 (문제 6번) 출제
⑨ 2016년 7월 2일 기사 제2회 출제
⑩ 2016년 11월 20일(문제 7번) 출제
⑪ 2017년 4월 23일 제1회 1부 출제
⑫ 2017년 7월 1일 제2회 산업기사(문제 7번) 출제
⑬ 2018년 4월 22일 제1회 2부 출제
⑭ 2018년 7월 7일 기사 제2회(문제 7번) 출제
⑮ 2018년 11월 18일 제4회 2부 산업기사 출제
⑯ 2019년 4월 21일 제1회(문제 6번) 출제
⑰ 2019년 7월 7일 제2회 3부(문제 5번) 출제
⑱ 2019년 11월 17일(문제 4번) 출제
⑲ 2020년 11월 15일(문제 5번) 출제
⑳ 2021년 5월 5일 기사(문제 5번) 출제

정답
① 이동식 비계의 바퀴에는 뜻밖의 갑작스러운 이동 또는 전도를 방지하기 위하여 브레이크·쐐기 등으로 바퀴를 고정시킨 다음 비계의 일부를 견고한 시설물에 고정하거나 아웃트리거(outrigger : 전도방지용 지지대)를 설치하는 등 필요한 조치를 할 것
② 승강용사다리는 견고하게 설치할 것
③ 비계의 최상부에서 작업을 하는 경우에는 안전난간을 설치할 것
④ 작업발판은 항상 수평을 유지하고 작업발판 위에서 안전난간을 딛고 작업을 하거나 받침대 또는 사다리를 사용하여 작업하지 않도록 할 것
⑤ 작업발판의 최대적재하중은 250[kg]을 초과하지 않도록 할 것

06
동영상은 토사굴착현장을 보여준다. 토사굴착현장에서의 지반의 붕괴 또는 토석의 낙하에 의해 근로자에게 위험을 미칠 우려가 있을 때 취할 조치를 3가지만 쓰시오.(6점)

정답
① 흙막이 지보공 설치
② 방호망 설치
③ 근로자 출입금지

07 사진과 같이 가설통로 설치시 준수사항에서 ( )를 쓰시오.(4점)
① 경사는 (①)도 이하로 할 것. 다만, 계단을 설치하거나 높이 2미터 미만의 가설통로로서 튼튼한 손잡이를 설치한 경우에는 그러하지 아니하다.
② 경사가 (②)도를 초과하는 경우에는 미끄러지지 아니하는 구조로 할 것
③ 수직갱에 가설된 통로의 길이가 15미터 이상인 경우에는 (③)미터 이내마다 계단참을 설치할 것
④ 건설공사에 사용하는 높이 8미터 이상인 비계다리에는 (④)미터 이내마다 계단참을 설치할 것

합격정보 산업안전보건기준에 관한 규칙 제23조(가설통로의 구조)

합격KEY
① 2018년 4월 22일 제1회 2부 기사 출제   ② 2019년 4월 21일 제1회 2부 산업기사 출제
③ 2020년 5월 30일 제1회 기사 출제   ④ 2020년 7월 25일 2회 (문제 6번) 출제
⑤ 2020년 10월 17일 제3회 1부 출제   ⑥ 2020년 10월 17일 산업기사 출제
⑦ 2020년 11월 23일 기사(문제 6번) 출제   ⑧ 2022년 7월 25일 기사 제3부 출제

정답
① 30
② 15
③ 10
④ 7

자격종목	시험일	비번호	PC번호	남은시간
건설안전산업기사	2022년 7월 26일 2회(1부)	A001	1	50분

08 산업안전보건법령상, 크레인을 사용하여 작업을 하는 경우 사업주의 준수사항 3가지를 쓰시오. (6점)

[합격정보] 산업안전보건기준에 관한 규칙 제146조(크레인 작업 시의 조치)
[합격KEY] 2022년 5월 10일(문제 8번) 출제

정답

① 인양할 하물(荷物)을 바닥에서 끌어당기거나 밀어내는 작업을 하지 아니할 것
② 유류드럼이나 가스통 등 운반도중에 떨어져 폭발하거나 누출될 가능성이 있는 위험물 용기는 보관함(또는 보관고)에 담아 안전하게 매달아 운반할 것
③ 고정된 물체를 직접 분리·제거하는 작업을 하지 아니할 것
④ 미리 근로자의 출입을 통제하여 인양 중에 하물이 작업자의 머리 위로 통과하지 않도록 할 것
⑤ 인양할 하물이 보이지 아니하는 경우에는 어떠한 동작도 하지 아니할 것(신호하는 사람에 의하여 작업을 하는 경우는 제외한다.)

문제 및 답안(지), 점수, 채점기준은 일체 공개하지 않는다.

01 동영상에서 보여주는 것과 같이 가설구조물이나 개구부 등에서 추락 위험을 방지하기 위해 설치하여야 하는 안전난간의 구성요소 3가지를 쓰시오. (6점)

합격정보 산업안전보건기준에 관한 규칙 제13조(안전난간의 구조 및 설치요건)

합격KEY
① 2016년 7월 2일 (문제 4번) 출제
② 2017년 11월 19일 기사 제4회 2부 출제
③ 2019년 4월 21일 제1회 산업기사(문제 4번) 출제
④ 2019년 7월 7일 기사 제2회 3부(문제 4번) 출제
⑤ 2019년 11월 7일 제4회 1부(문제 4번) 출제
⑥ 2020년 5월 30일 제1회 2부(문제 1번) 출제
⑦ 2020년 8월 2일(문제 1번) 출제
⑧ 2020년 11월 23일 기사 출제
⑨ 2021년 7월 13일(문제 1번) 출제

정답
① 상부난간대
② 중간난간대
③ 발끝막이판
④ 난간기둥

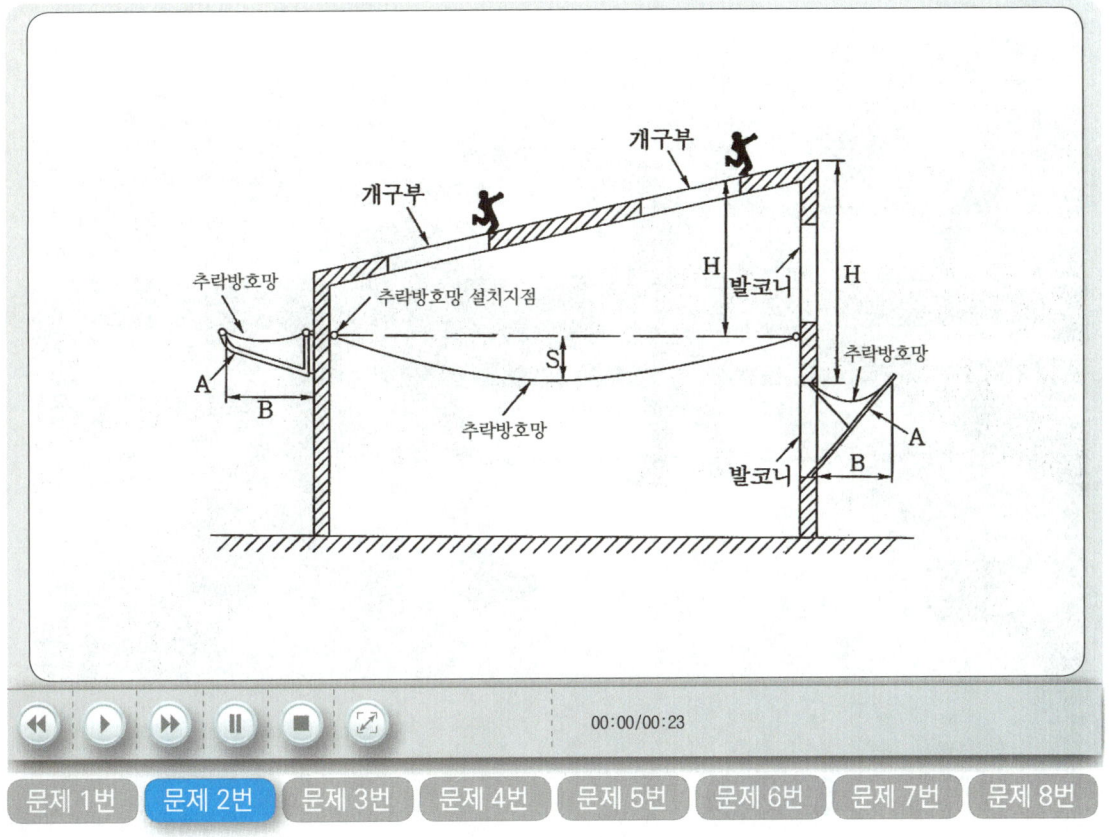

02 추락방호망의 처짐은 짧은변 길이의 몇 (　)[%] 이상인지 쓰시오. (4점)

합격정보 산업안전보건기준에 관한 규칙 제42조(추락의 방지)

보충학습 **추락방호망 설치기준**
① 추락방호망 설치기준의 설치위치는 가능하면 작업면으로부터 가까운 지점에 설치하여야 하며, 작업면으로부터 망의 설치지점까지의 수직거리는 10미터를 초과하지 아니할 것
② 추락방호망은 수평으로 설치하고, 망의 처짐은 짧은 변 길이의 12퍼센트 이상이 되도록 할 것
③ 건축물 등의 바깥쪽으로 설치하는 경우 추락방호망의 내민 길이는 벽면으로부터 3미터 이상 되도록 할 것. 다만, 그물코가 20밀리미터 이하인 추락방호망을 사용한 경우에는 낙하물에 의한 위험 방지에 따른 낙하물방지망을 설치한 것으로 본다.

합격KEY ① 2019년 4월 21일 제1회 1부(문제 7번) 출제
② 2019년 7월 7일 제2회 1부(문제 7번) 출제
③ 2020년 5월 30일(문제 1번) 출제
④ 2020년 10월 10일 기사 출제

정답 12

자격종목	시험일	비번호	PC번호	남은시간
건설안전산업기사	2022년 7월 26일 2회(2부)	B001	1	50분

| 문제 1번 | 문제 2번 | 문제 3번 | 문제 4번 | 문제 5번 | 문제 6번 | 문제 7번 | 문제 8번 |

03 사진은 철근을 인력으로 운반하는 모습이다. 이와 같은 운반작업을 할 때 주의하여야 할 사항 중 (   ) 채우시오. (4점)

① 1인당 무게는 (①)[kg] 정도가 적절하며, 무리한 운반을 삼가하여야 한다.
② 2인 이상이 1조가 되어 (②)로 하여 운반하는 등 안전을 도모하여야 한다.

 콘크리트공사 표준안전작업지침 제12조(운반)

합격KEY
① 2006년 4월 30일 출제
③ 2008년 11월 9일 기사 출제
⑤ 2013년 11월 17일 기사 출제
⑦ 2015년 11월 15일 기사 제4회 출제
⑨ 2017년 7월 1일 제2회 2부 기사 출제
⑪ 2022년 5월 10일(문제 4번) 출제

② 2007년 7월 17일 기사 출제
④ 2012년 7월 15일 기사 출제
⑥ 2014년 4월 27일 제1회 (문제 4번) 출제
⑧ 2016년 11월 20일 제4회 2부 출제
⑩ 2020년 10월 17일(문제 4번) 출제

정답
① 25
② 어깨매기

자격종목	시험일	비번호	PC번호	남은시간
건설안전산업기사	2022년 7월 26일 2회(2부)	B001	1	50분

04 동영상은 강교량 가설현장을 보여주고 있다. 산업안전보건법령상 교량의 설치·해체 또는 변경작업시 준수사항 3가지를 쓰시오.(6점)

참고 산업안전보건기준에 관한 규칙 제369조(작업 시 준수사항)
합격KEY 2022년 5월 9일 기사 출제

정답
① 작업을 하는 구역에는 관계 근로자가 아닌 사람의 출입을 금지할 것
② 재료, 기구 또는 공구 등을 올리거나 내릴 경우에는 근로자로 하여금 달줄, 달포대 등을 사용하도록 할 것
③ 중량물 부재를 크레인 등으로 인양하는 경우에는 부재에 인양용 고리를 견고하게 설치하고, 인양용 로프는 부재에 두 군데 이상 결속하여 인양하여야 하며, 중량물이 안전하게 거치되기 전까지는 걸이로프를 해제시키지 아니할 것
④ 자재나 부재의 낙하·전도 또는 붕괴 등에 의하여 근로자에게 위험을 미칠 우려가 있을 경우에는 출입금지 구역의 설정, 자재 또는 가설시설의 좌굴(挫屈) 또는 변형 방지를 위한 보강재 부착 등의 조치를 할 것

05 공사용 가설도로 설치시 준수사항 3가지를 쓰시오. (6점)

합격정보 산업안전보건기준에 관한 규칙 제379조(가설도로)
합격KEY 2020년 10월 17일(문제 5번) 출제

정답
① 도로는 장비와 차량이 안전하게 운행할 수 있도록 견고하게 설치할 것
② 도로와 작업장이 접하여 있을 경우에는 울타리 등을 설치할 것
③ 도로는 배수를 위하여 경사지게 설치하거나 배수시설을 설치할 것
④ 차량의 속도제한 표지를 부착할 것

06 동영상을 참고하여 경사진 계단에서 사용하는 동바리용 파이프 서포트에 대한 안전조치사항을 2가지만 쓰시오.(5점)

참고 산업안전보건기준에 관한 규칙 제332조(동바리 조립 시의 안전조치)

합격KEY
① 2009년 4월 25일 출제
② 2014년 7월 12일 제2회 출제
③ 2015년 4월 26일 제1회 출제
④ 2016년 11월 20일 제4회 1부 출제
⑤ 2021년 11월 20일(문제 6번) 출제
⑥ 2022년 5월 9일 기사 출제

정답
① 파이프서포트를 3개 이상 이어서 사용하지 않도록 할 것
② 파이프서포트를 이어서 사용하는 경우에는 4개 이상의 볼트 또는 전용철물을 사용하여 이을 것
③ 높이가 3.5[m]를 초과하는 경우에는 높이 2[m] 이내마다 수평연결재를 2개 방향으로 만들고 수평연결재의 변위를 방지할 것

자격종목	시험일	비번호	PC번호	남은시간
건설안전산업기사	2022년 7월 26일 2회(2부)	B001	1	50분

00:00/00:23

문제 1번 | 문제 2번 | 문제 3번 | 문제 4번 | 문제 5번 | 문제 6번 | **문제 7번** | 문제 8번

07 동영상은 크레인을 이용한 작업현장이다. 동영상에서와 같은 크레인(건설용 리프트)에 부착하여야 할 방호장치를 2가지만 쓰시오. (4점)

> **참고** 산업안전보건기준에 관한 규칙 제134조(방호장치의 조정)

> **합격KEY**
> ① 2003년 7월 17일 출제
> ② 2003년 11월 2일 출제
> ③ 2006년 11월 12일 기사 출제
> ④ 2008년 11월 9일 출제
> ⑤ 2013년 4월 28일 출제
> ⑥ 2014년 11월 1일(문제 2번) 출제
> ⑦ 2016년 4월 24일 산업기사 출제
> ⑧ 2018년 7월 7일 제2회 1부(문제 1번) 출제
> ⑨ 2018년 11월 18일 제4회 기사 1부(문제 1번) 출제
> ⑩ 2018년 11월 18일 제4회 2부 산업기사(문제 4번) 출제
> ⑪ 2019년 7월 7일 기사 출제
> ⑫ 2021년 11월 17일(문제 7번) 출제

정답
① 과부하방지장치
② 권과방지장치
③ 비상정지장치
④ 제동장치

자격종목	시험일	비번호	PC번호	남은시간
건설안전산업기사	2022년 7월 26일 2회(2부)	B001	1	50분

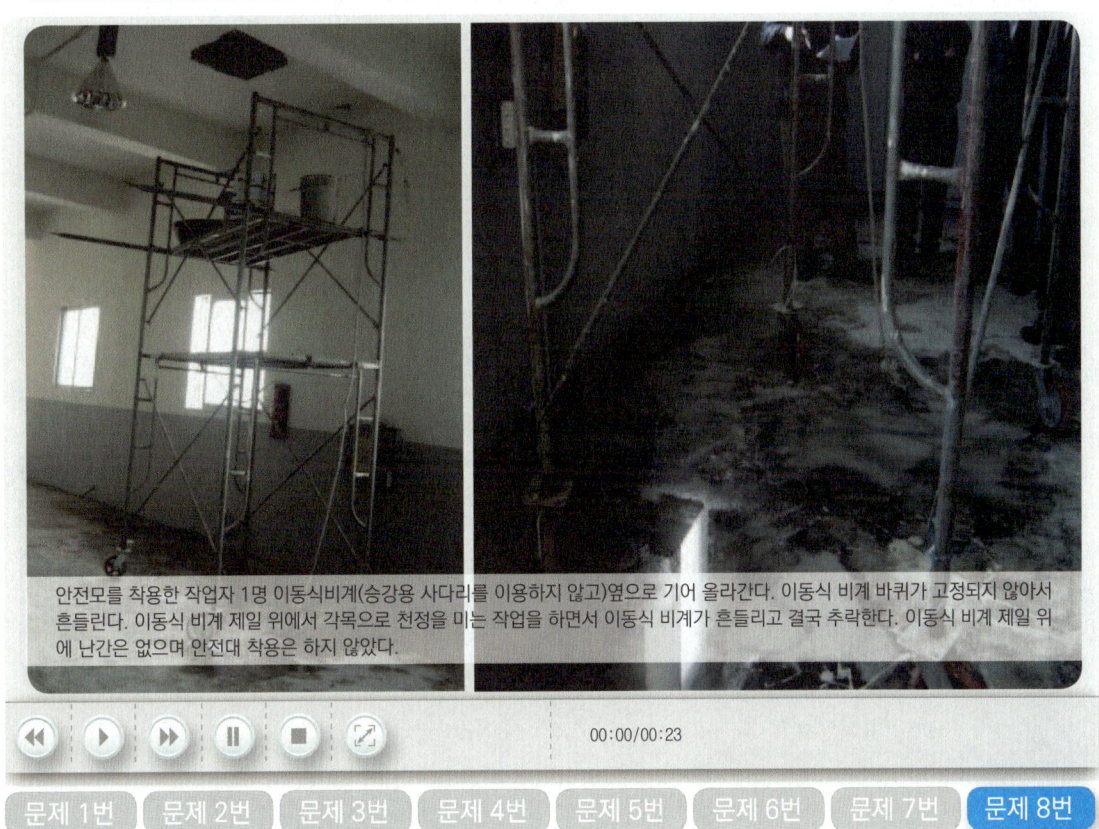

안전모를 착용한 작업자 1명 이동식비계(승강용 사다리를 이용하지 않고)옆으로 기어 올라간다. 이동식 비계 바퀴가 고정되지 않아서 흔들린다. 이동식 비계 제일 위에서 각목으로 천정을 미는 작업을 하면서 이동식 비계가 흔들리고 결국 추락한다. 이동식 비계 제일 위에 난간은 없으며 안전대 착용은 하지 않았다.

08 화면상의 위험요인 3가지를 쓰시오. (6점)

정답
① 근로자 안전대 미착용
② 비계의 최상부에서 작업시 안전난간 미설치로 추락발생
③ 작업 시작 전 이동식 비계의 바퀴 고정 유무 상태를 점검하지 않아 재해 발생

자격종목	시험일	비번호	PC번호	남은시간
건설안전산업기사	2022년 11월 23일 4회(1부)	A001	1	50분

문제 1번 | 문제 2번 | 문제 3번 | 문제 4번 | 문제 5번 | 문제 6번 | 문제 7번 | 문제 8번

01 동영상은 낙하물 방지망을 보수하는 장면을 보여주고 있다. 산업안전보건기준에 관한 규칙에 의거, 낙하물방지망 관련 (　)를 채우시오. (6점)
① 사업주는 작업장의 바닥, 도로 및 통로 등에서 낙하물이 근로자에게 위험을 미칠 우려가 있는 경우 (　)을 설치하는 등 필요한 조치를 하여야 한다.
② 설치 간격 : 높이 (　)[m] 이내마다 설치
③ 내민 길이 : 벽면으로부터 (　)[m] 이상

참고 산업안전보건기준에 관한 규칙 제14조(낙하물에 의한 위험의 방지)

합격KEY
① 2002년 4월 28일 산업기사 출제　　② 2006년 11월 12일 기사 출제
③ 2007년 4월 29일 기사 출제　　　　④ 2009년 10월 24일 기사 출제
⑤ 2010년 4월 25일 기사 출제　　　　⑥ 2012년 7월 15일 기사 출제
⑦ 2013년 4월 28일 기사 출제　　　　⑧ 2013년 7월 21일 기사 출제
⑨ 2017년 4월 22일 산업기사·기사 동시 출제　⑩ 2018년 4월 22일 산업기사 출제
⑪ 2020년 10월 10일 기사 출제　　　⑫ 2020년 11월 22일 산업기사 출제
⑬ 2021년 7월 14일 기사, 산업기사 동시 출제　⑭ 2021년 11월 17일 산업기사 출제
⑮ 2022년 5월 9일(문제 4번) 출제　　⑯ 2022년 7월 25일 기사 출제

정답 ① 보호망　② 10　③ 2

02 산업안전보건기준에 관한 규칙에 의거, 작업발판 및 통로의 끝이나 개구부에 사업주가 설치해야 하는 시설물을 3가지만 쓰시오. (6점)

합격정보 산업안전보건기준에 관한 규칙 제43조(개구부 등의 방호조치)

합격KEY
① 2003년 5월 1일 출제
② 2006년 11월 11일 출제
③ 2014년 4월 27일 기사 출제
④ 2014년 7월 12일 1부 출제
⑤ 2014년 7월 12일 제2회(문제 5번) 출제
⑥ 2015년 11월 15일(문제 6번) 출제
⑦ 2017년 4월 23일 제1회 2부 출제
⑧ 2017년 7월 1일 산업기사 출제
⑨ 2018년 11월 18일(문제 1번) 출제
⑩ 2020년 11월 23일(문제 2번) 출제
⑪ 2021년 7월 14일(문제 1번) 출제
⑫ 2021년 11월 20일(문제 1번) 출제
⑬ 2022년 7월 25일 기사 출제
⑭ 2022년 11월 27일 기사 출제

정답
① 안전난간설치
② 울타리 설치
③ 수직형 추락방망 설치
④ 덮개 설치

💬 **합격자의 조언** 사진을 볼 필요 없이 정답을 쓸 수 있습니다.

자격종목	시험일	비번호	PC번호	남은시간
건설안전산업기사	2022년 11월 23일 4회(1부)	A001	1	50분

03 사진은 흙막이 지보공 설치 작업을 보여주고 있다. 흙막이 지보공 정기점검 사항 3가지를 쓰시오. (6점)

합격정보 산업안전보건기준에 관한 규칙 제347조(붕괴 등의 위험방지)

채점기준 답안작성시 항상 자신 있는 것, 확실한 것 순으로 쓰세요.
(이유는 위에서부터 채점한다. 2가지 쓰라면 2개만 써야 한다. 3개 써도 3번째는 채점하지 않는다.)

합격KEY
① 2004년 4월 30일(문제 2번)
③ 2007년 7월 17일 기사 출제
⑤ 2012년 11월 11일 출제
⑦ 2013년 11월 17일 기사 출제
⑨ 2016년 4월 24일 산업기사 출제
⑪ 2019년 4월 21일 제1회(문제 8번) 출제
⑬ 2019년 11월 17일 제4회 2부 기사 출제
⑮ 2020년 10월 23일 기사 출제
⑰ 2021년 7월 13일(문제 3번) 출제
② 2005년 5월 1일(문제 1번)
④ 2011년 7월 31일 출제
⑥ 2012년 11월 11일 기사 출제
⑧ 2014년 4월 27일 출제
⑩ 2018년 7월 7일 제2회 1부(문제 5번) 출제
⑫ 2019년 7월 7일 제2회 2부(문제 6번) 출제
⑭ 2020년 10월 17일 산업기사 출제
⑯ 2020년 11월 22일(문제 3번) 출제

정답
① 부재의 손상·변형·부식·변위 및 탈락의 유무와 상태
② 버팀대의 긴압(緊壓)의 정도
③ 부재의 접속부·부착부 및 교차부의 상태
④ 침하의 정도

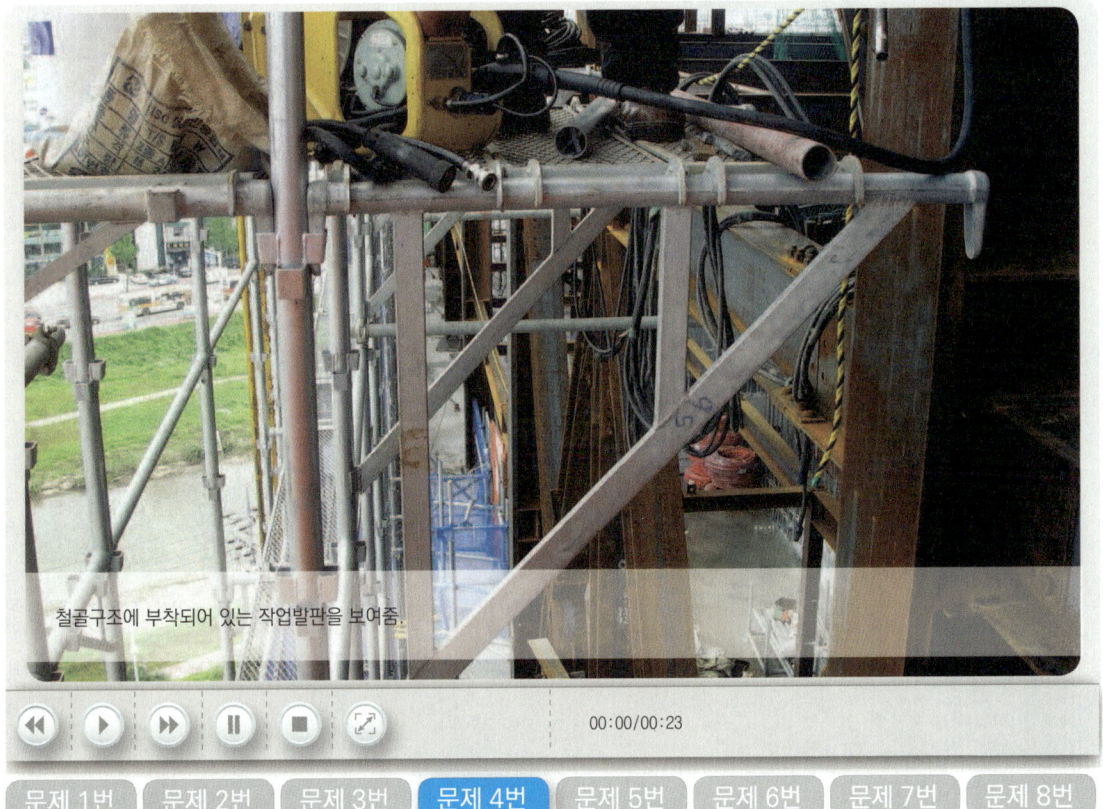

04 다음 빈칸에 알맞은 숫자를 넣으시오. (4점)

① 발끝막이판은 바닥면 등으로부터 (　　)[cm] 이상의 높이를 유지할 것.
② 작업발판의 폭은 (　　)[cm] 이상이어야 하며, 발판 재료 간의 틈은 3[cm] 이하로 할 것. 다만, 외줄비계의 경우에는 고용노동부장관이 별도로 정하는 기준에 따른다.

합격정보 ① 산업안전보건기준에 관한 규칙 제56조(작업발판 구조)
② 산업안전보건기준에 관한 규칙 제60조(강관비계의 구조)

합격KEY ① 2012년 7월 15일 제2회(문제 6번) 출제
② 2018년 11월 18일 제4회 1부 기사 출제
③ 2019년 4월 21일 제2부 산업기사 출제
④ 2020년 10월 10일(문제 1번) 출제
⑤ 2020년 11월 23일 기사 출제
⑥ 2020년 11월 22일 (문제 4번) 출제

정답
① 10
② 40

자격종목	시험일	비번호	PC번호	남은시간
건설안전산업기사	2022년 11월 23일 4회(1부)	A001	1	50분

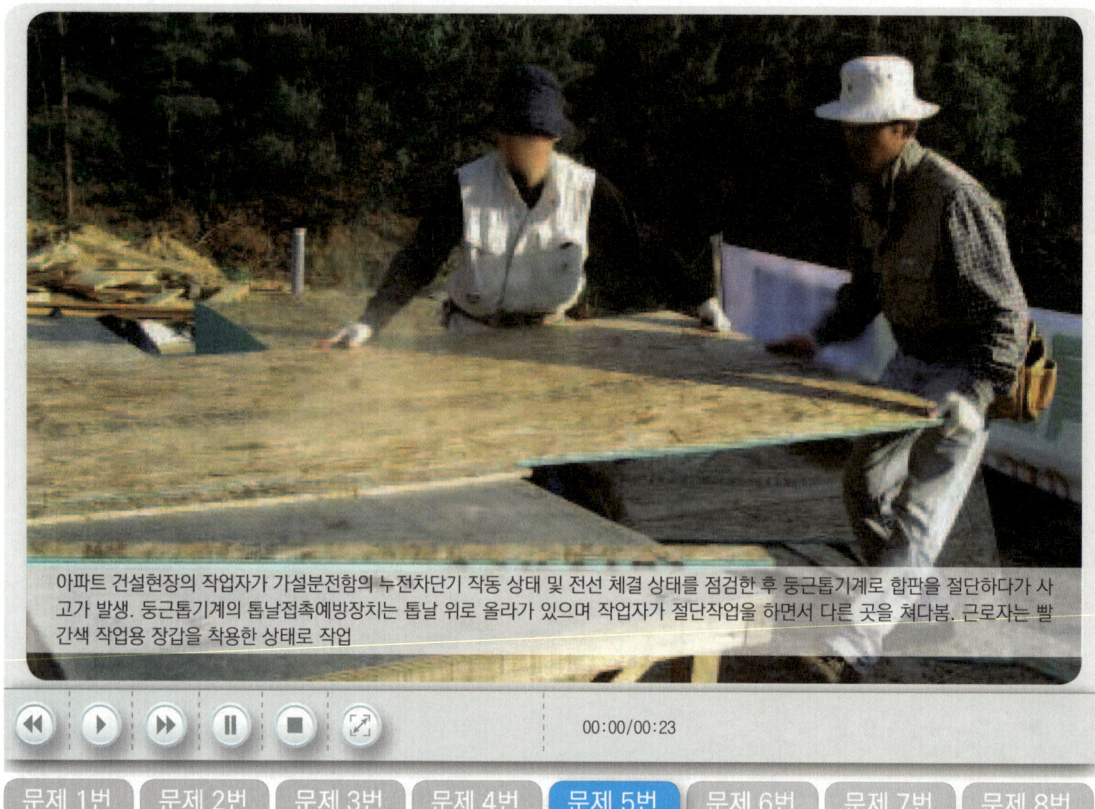

아파트 건설현장의 작업자가 가설분전함의 누전차단기 작동 상태 및 전선 체결 상태를 점검한 후 둥근톱기계로 합판을 절단하다가 사고가 발생. 둥근톱기계의 톱날접촉예방장치는 톱날 위로 올라가 있으며 작업자가 절단작업을 하면서 다른 곳을 쳐다봄. 근로자는 빨간색 작업용 장갑을 착용한 상태로 작업

| 문제 1번 | 문제 2번 | 문제 3번 | 문제 4번 | 문제 5번 | 문제 6번 | 문제 7번 | 문제 8번 |

05 동영상은 둥근톱을 이용하여 작업을 하던 중 발생된 재해 사례이다. 동영상을 참고하여 다음 각 물음에 답하시오.(6점)

(1) 동영상에 보여진 재해의 발생원인을 2가지만 쓰시오.
(2) 동영상에서와 같은 작업현장에서 둥근톱과 같은 전동기계기구를 사용하여 작업을 할 때 누전차단기를 반드시 설치해야 하는 작업장소를 1가지만 쓰시오.

참고
① 산업안전보건기준에 관한 규칙 제95조(장갑의 사용 금지)
② 산업안전보건기준에 관한 규칙 제105조(둥근톱 기계의 반발 예방 장치)
③ 산업안전보건기준에 관한 규칙 제106조(둥근톱 기계의 톱날 접촉 예방 장치)
④ 산업안전보건기준에 관한 규칙 제304조(누전차단기에 의한 감전방지)

합격KEY
① 2008년 11월 9일 출제　　　　　　　　② 2011년 11월 20일(문제 4번) 출제
③ 2016년 7월 2일 산업기사 출제　　　　④ 2018년 7월 7일 기사 제2회 1부(문제 4번) 출제
⑤ 2018년 11월 18일 산업기사 제4회 1부(문제 4번) 출제　⑥ 2019년 11월 17일(문제 4번) 출제
⑦ 2021년 5월 5일(문제 4번) 출제　　　　⑧ 2021년 11월 20일(문제 7번) 출제
⑨ 2022년 7월 25일 기사 출제

정답
(1) 재해발생원인
① 분할날 등 반발 예방 장치가 설치되지 않아 손가락 절단위험이 있다.
② 회전기계에 장갑을 착용하고 작업하므로 말릴 위험이 있다.
③ 분진작업시 보안경 및 방진마스크를 착용하지 않아 건강에 위험이 있다.

(2) 누전차단기 설치 작업장소
① 대지전압이 150볼트를 초과하는 이동형 또는 휴대형 전기기계・기구설치 작업장소
② 물 등 도전성이 높은 액체가 있는 습윤장소에서 사용하는 저압용 전기기계・기구설치 작업장소
③ 철판・철골 위 등 도전성이 높은 장소에서 사용하는 이동형 또는 휴대형 전기기계・기구설치 작업장소
④ 임시배선의 전로가 설치되는 장소에서 사용하는 이동형 또는 휴대형 전기기계・기구설치 작업장소

06 산업안전보건법령상, 동바리로 사용하는 파이프서포트 관련해서 (   )에 알맞은 숫자를 쓰시오. (4점)

(1) 파이프 서포트를 (①)개 이상 이어서 사용하지 않도록 할 것
(2) 파이프 서포트를 이어서 사용할 경우 (②)개 이상의 (③)또는 (④)을 사용해야 한다.

참고 산업안전보건기준에 관한 규칙 제332조(동바리 유형에 따른 동바리 조립 시의 안전조치)

합격KEY ① 2009년 4월 25일 출제
② 2014년 7월 12일 제2회 출제
③ 2015년 4월 26일 제1회 출제
④ 2016년 11월 20일 제4회 1부 출제
⑤ 2021년 11월 20일(문제 6번) 출제
⑥ 2022년 5월 9일 기사 출제
⑦ 2022년 7월 26일 (문제 6번) 출제
⑧ 2022년 11월 27일 기사 출제

정답
① 3
② 4
③ 볼트
④ 전용철물

자격종목	시험일	비번호	PC번호	남은시간
건설안전산업기사	2022년 11월 23일 4회(1부)	A001	1	50분

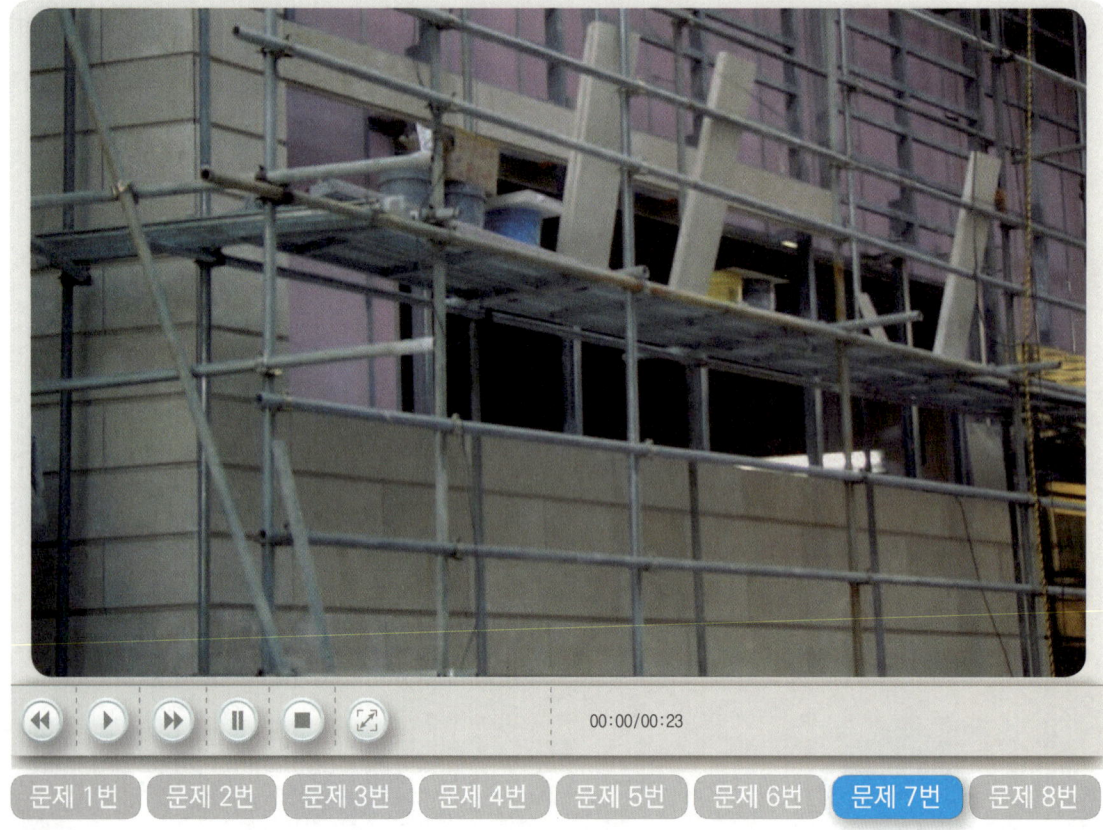

07 건설공사도급인은 동영상과 같은 건설공사 중에 가설구조물의 붕괴 등 산업재해가 발생할 위험이 있다고 판단되면 건축 토목분야의 의견을 들어 건설공사 발주자에게 건설공사의 설계변경을 요청할 수 있는데, 이러한 가설구조물이 기준을 2가지만 쓰시오.(4점)

합격정보
① 산업안전보건법 제71조(설계변경의 요청)
② 산업안전보건법 시행령 제58조(설계변경요청 대상 및 전문가의 범위)

정답
① 높이 31미터 이상인 비계
② 작업발판 일체형 거푸집 또는 높이 5미터 이상인 동바리 [타설(打設)된 콘크리트가 일정 강도에 이르기까지 하중 등을 지지하기 위하여 설치하는 부재(部材)]
③ 터널의 지보공(支保工 : 무너지지 않도록 지지하는 구조물) 또는 높이 2미터 이상인 흙막이 지보공
④ 동력을 이용하여 움직이는 가설구조물

08 동영상에서 보여지는 (1) 차량계 건설기계의 명칭과 (2) 기능을 1가지만 쓰시오. (4점)

보충학습 텐덤 롤러(tandem roller)
① 전륜, 후륜 각 1개의 철륜을 가진 롤러를 2축 탠덤 롤러 또는 단순히 탠덤 롤러라 한다.
② 3륜을 따라 나열한 것을 3축 탠덤롤러라 한다.
③ 기능은 점성토나 자갈, 쇄석의 다짐, 아스팔트 포장의 마무리 전압(轉壓)작업에 적합하다.
④ 3축 탠덤롤러는 후 2륜이 요동 빔 세트에 의해 자유, 반고정, 고정이 가능하며 그것에 의해 롤러의 선압(1륜당의 하중/롤러 폭)을 변화시킬 수 있어 양호한 평탄성을 확보할 수 있다.

정답
(1) 명칭 : 탠덤 롤러
(2) 기능
　① 점성토나 자갈, 쇄석의 다짐
　② 아스팔트 포장의 마무리 전압(轉壓) 작업

자격종목	시험일	비번호	PC번호	남은시간
건설안전산업기사	2022년 11월 23일 4회(2부)	B001	1	50분

문제 1번 | 문제 2번 | 문제 3번 | 문제 4번 | 문제 5번 | 문제 6번 | 문제 7번 | 문제 8번

01 동영상은 낙하물 방지망을 보수하는 장면을 보여주고 있다. 산업안전보건기준에 관한 규칙에 의거, 낙하물방지망 관련 사업주의 준수사항 2가지를 쓰시오. (4점)

참고 산업안전보건기준에 관한 규칙 제14조(낙하물에 의한 위험의 방지)

합격KEY
① 2002년 4월 28일 산업기사 출제
② 2006년 11월 12일 기사 출제
③ 2007년 4월 29일 기사 출제
④ 2009년 10월 24일 기사 출제
⑤ 2010년 4월 25일 기사 출제
⑥ 2012년 7월 15일 기사 출제
⑦ 2013년 4월 28일 기사 출제
⑧ 2013년 7월 21일 기사 출제
⑨ 2017년 4월 22일 산업기사 · 기사 동시 출제
⑩ 2018년 4월 22일 산업기사 출제
⑪ 2020년 10월 10일 기사 출제
⑫ 2020년 11월 22일 산업기사 출제
⑬ 2021년 7월 14일 기사, 산업기사 동시 출제
⑭ 2021년 11월 17일(문제 1번) 출제

정답
① 높이 10[m] 이내마다 설치하고, 내민 길이는 벽면으로 부터 2[m] 이상으로 할 것
② 수평면과의 각도는 20도 이상 30도 이하를 유지할 것

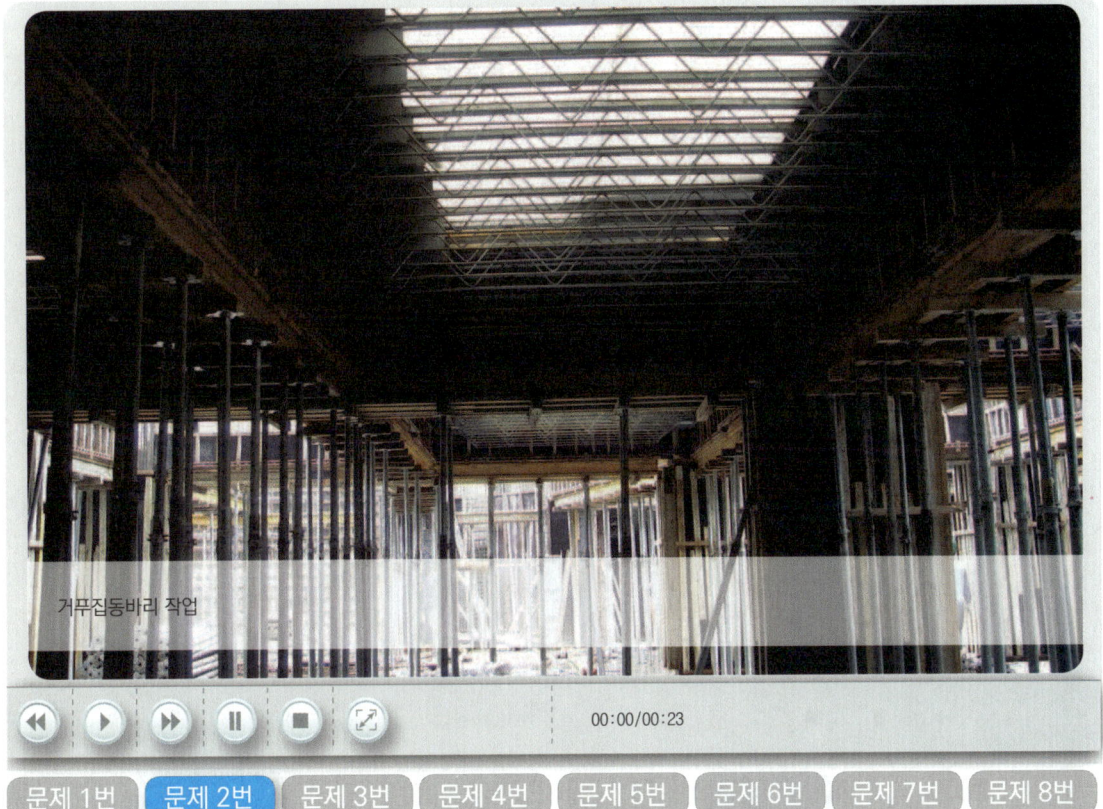

거푸집동바리 작업

02 산업안전보건법령상, 동바리 등을 조립하는 경우에는 사업주는 준수사항 관련해서 (   )안에 알맞은 것을 쓰시오.(6점)

(1) 받침목이나 깔판의 사용, 콘크리트 타설, 말뚝박기 등 동바리의 (①)를 방지하기 위한 조치를 할 것
(2) 동바리의 상하 고정 및 미끄러짐 방지 조치를 할 것
(3) 상부·하부의 동바리가 동일 수직선상에 위치하도록 하여 깔판·받침목에 고정시킬 것
(4) 개구부 상부에 동바리를 설치하는 경우에는 상부하중을 견딜 수 있는 견고한 받침대를 설치할 것
(5) U헤드 등의 단판이 없는 동바리의 상단에 멍에 등을 올릴 경우에는 해당 상단에 U헤드 등의 단판을 설치하고, 멍에 등이 전도되거나 이탈되지 않도록 고정시킬 것
(6) 동바리의 이음은 같은 품질의 재료를 사용할 것
(7) 강재의 접속부 및 교차부는 볼트·클램프 등 (②)을 사용하여 단단히 연결할 것
(8) 거푸집의 형상에 따른 부득이한 경우를 제외하고는 깔판이나 받침목은 (③) 이상 끼우지 않도록 할 것
(9) 깔판이나 받침목을 이어서 사용하는 경우에는 그 깔판·받침목을 단단히 연결할 것

합격정보 산업안전보건기준에 관한 규칙 제332조(동바리 조립 시의 안전조치)

합격KEY
① 2003년 11월 2일 출제
② 2010년 4월 25일 출제
③ 2013년 11월 17일 기사 출제
④ 2014년 4월 23일 제1회(문제 7번) 출제
⑤ 2018년 4월 22일 제1회 2부 (문제 7번) 출제
⑥ 2019년 4월 21일(문제 7번) 출제
⑦ 2021년 11월 17일(문제 2번) 출제

정답
① 침하
② 전용철물
③ 2단

자격종목	시험일	비번호	PC번호	남은시간
건설안전산업기사	2022년 11월 23일 4회(2부)	B001	1	50분

근로자 1[명]이 맨손으로 높은 곳에서 아크 용접중인데 그 옆에 있는 트럭 2[대]에 회색가스통 1[개], 녹색가스통 1[개]가 있다. 근로자가 회색가스통을 차에서 내리는데 땅에 세게 놓자 폭발함

03 동영상은 가스용기의 운반 및 용접 작업을 보여주고 있다. 동영상을 참고하여 가스용기를 운반하는 경우 준수사항 3가지를 쓰시오. (6점)

참고 산업안전보건기준에 관한 규칙 제234조(가스 등의 용기)

합격KEY
① 2003년 11월 2일(문제 3번) 출제
③ 2008년 11월 9일 출제
⑤ 2015년 7월 19일(문제 3번) 출제
⑦ 2017년 11월 19일(문제 3번) 출제
⑨ 2022년 5월 10일(문제 3번) 출제
② 2007년 7월 17일(문제 8번) 출제
④ 2012년 11월 11일(문제 7번) 출제
⑥ 2017년 4월 23일(문제 3번) 출제
⑧ 2021년 5월 5일 기사 출제

정답
① 용기의 온도를 섭씨 40도 이하로 유지할 것
② 전도의 위험이 없도록 할 것
③ 충격을 가하지 않도록 할 것
④ 운반하는 경우에는 캡을 씌울 것
⑤ 사용하는 경우에는 용기의 마개에 부착되어 있는 유류 및 먼지를 제거할 것
⑥ 밸브의 개폐는 서서히 할 것
⑦ 사용 전 또는 사용 중인 용기와 그 밖의 용기를 명확히 구별하여 보관할 것
⑧ 용해아세틸렌의 용기는 세워둘 것
⑨ 용기의 부식·마모 또는 변형상태를 점검한 후 사용할 것

04 산업안전보건법령상, 동영상에 나오는 휴대용 동력기구 사용 시 감전재해 예방 관련한 근로자의 이행사항을 3가지만 쓰시오.(단, 개인보호구 착용 관련 사항은 제외)(6점)

합격정보 산업안전보건기준에 관한 규칙 제317조(이동 및 휴대장비 등의 사용 전기 작업)

정답
① 근로자가 착용하거나 취급하고 있는 도전성 공구·장비 등이 노출 충전부에 닿지 않도록 할 것
② 근로자가 사다리를 노출 충전부가 있는 곳에서 사용하는 경우에는 도전성 재질의 사다리를 사용하지 않도록 할 것
③ 근로자가 젖은 손으로 전기기계·기구의 플러그를 꽂거나 제거하지 않도록 할 것
④ 근로자가 전기회로를 개방, 변환 또는 투입하는 경우에는 전기 차단용으로 특별히 설계된 스위치, 차단기 등을 사용하도록 할 것
⑤ 차단기 등의 과전류 차단장치에 의하여 자동 차단된 후에는 전기회로 또는 전기기계·기구가 안전하다는 것이 증명되기 전까지는 과전류 차단장치를 재투입하지 않도록 할 것

05 산업안전보건기준에 관한 규칙에 의거, 보통작업시 작업면의 조도를 쓰시오. (4점)

보충학습 제8조(조도) 사업주는 근로자가 상시 작업하는 장소의 작업면 조도(照度)를 다음 각 호의 기준에 맞도록 하여야 한다. 다만, 갱내(坑內) 작업장과 감광재료(感光材料)를 취급하는 작업장은 그러하지 아니하다.
① 초정밀작업 : 750럭스(lux) 이상
② 정밀작업 : 300럭스 이상
③ 보통작업 : 150럭스 이상
④ 그 밖의 작업 : 75럭스 이상

법령근거 산업안전보건기준에 관한 규칙 제8조(조도)

합격KEY ① 2018년 11월 18일 제4회 2부(문제 3번) 출제
② 2019년 7월 7일 산업기사 제2회 1부(문제 3번) 출제
③ 2019년 11월 17일 제4회 기사 출제
④ 2020년 10월 18일(문제 3번) 출제
⑤ 2021년 7월 14일(문제 3번) 출제
⑥ 2021년 11월 20일 기사 출제

정답 150[Lux] 이상

06 동영상을 참고하여 세척하는 설비의 ① 명칭과 ② 사용하는 용도를 쓰시오.(4점)

보충학습 (1) 설치장소
건설공사현장, 토목공사현장, 레미콘공장, 시멘트공장, 연탄공장, 사료공장, 매립간척지현장, 골재채취장 등
(2) 사용용도
세륜기는 트럭, 사용차량, 특수차량 등의 바퀴와 차체를 세척하는 장비

합격KEY 2020년 10월 17일(문제 3번) 출제

정답
① 설비(기계)명칭 : 세륜기
② 용도 : 차량바퀴 등의 분진이나 토사제거

07 산업안전보건법령상, 작업장 내 자재 적재 시에 사업주의 준수사항을 3가지만 쓰시오.(6점)

합격정보 산업안전보건기준에 관한 규칙 제393조(화물의 적재)
합격KEY 2023년 7월 22일 필답형 출제

정답
① 침하 우려가 없는 튼튼한 기반 위에 적재할 것
② 건물의 칸막이나 벽 등이 화물의 압력에 견딜 만큼의 강도를 지니지 아니한 경우에는 칸막이나 벽에 기대어 적재하지 않도록 할 것
③ 불안정할 정도로 높이 쌓아 올리지 말 것
④ 하중이 한쪽으로 치우치지 않도록 쌓을 것

자격종목	시험일	비번호	PC번호	남은시간
건설안전산업기사	2022년 11월 23일 4회(2부)	B001	1	50분

① 말뚝에 파란색 캡을 씌우고 주변지반을 청색 천막비닐로 덮는다.
② 흄관도 보인다.

문제 1번 | 문제 2번 | 문제 3번 | 문제 4번 | 문제 5번 | 문제 6번 | 문제 7번 | **문제 8번**

08 동영상은 굴착작업 현장을 보여주고 있다. 비가 올 경우 빗물 등의 침투에 의한 붕괴재해를 예방하기 위하여 사업주가 해야하는 필요한 조치사항 2가지를 쓰시오. (4점)

[합격정보] 산업안전보건기준에 관한 규칙 제340조(지반의 붕괴 등에 의한 위험방지)
[합격KEY] 2021년 7월 13일(문제 3번) 출제

정답
① 측구(側溝) 설치
② 굴착경사면에 비닐 덮기

문제 및 답안(지), 점수, 채점기준은 일체 공개하지 않는다.

2023년도 과년도 출제문제

- 건설안전산업기사(2023년 04월 25일 제1회 1부 시행)
- 건설안전산업기사(2023년 07월 26일 제2회 1부 시행)
- 건설안전산업기사(2023년 11월 10일 제4회 1부 시행)

01 동영상에서 보여주는 것과 같이 가설구조물이나 개구부 등에서 추락 위험을 방지하기 위해 설치하여야 하는 안전난간의 구성요소 3가지를 쓰시오.(6점)

합격정보 산업안전보건기준에 관한 규칙 제13조(안전난간의 구조 및 설치요건)

합격KEY
① 2016년 7월 2일 (문제 4번) 출제
② 2017년 11월 19일 기사 제4회 2부 출제
③ 2019년 4월 21일 제1회 산업기사(문제 4번) 출제
④ 2019년 7월 7일 기사 제2회 3부(문제 4번) 출제
⑤ 2019년 11월 7일 제4회 1부(문제 4번) 출제
⑥ 2020년 5월 30일 제1회 2부(문제 1번) 출제
⑦ 2020년 8월 2일(문제 1번) 출제
⑧ 2020년 11월 23일 기사 출제
⑨ 2021년 7월 13일(문제 1번) 출제
⑩ 2022년 7월 26일(문제 1번) 출제

정답
① 상부난간대
② 중간난간대
③ 발끝막이판
④ 난간기둥

자격종목	시험일	비번호	PC번호	남은시간
건설안전산업기사	2023년 4월 25일 1회(1부)	A001	1	50분

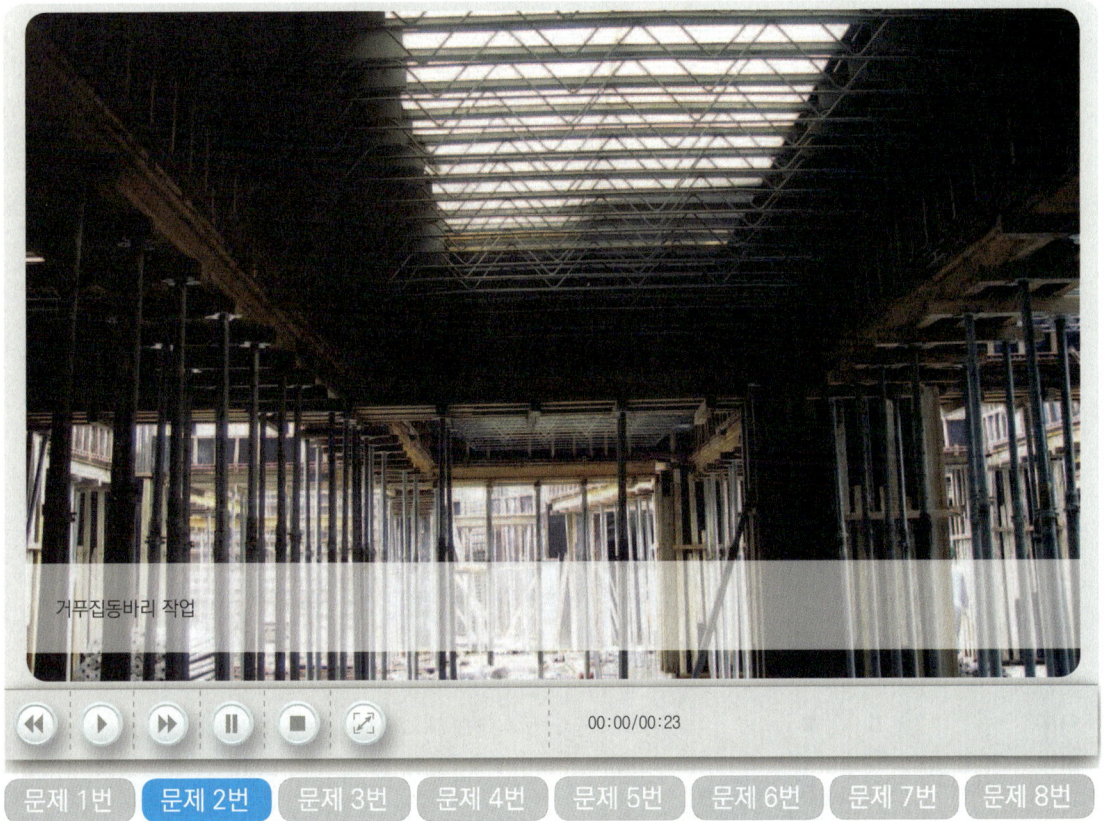

거푸집동바리 작업

문제 1번 | **문제 2번** | 문제 3번 | 문제 4번 | 문제 5번 | 문제 6번 | 문제 7번 | 문제 8번

02 산업안전보건법령상, 동바리를 조립하는 경우 사업주는 준수사항 관련해서 (　) 안에 알맞은 것을 쓰시오. (6점)

① 파이프 서포트를 (　)개 이상 이어서 사용하지 않도록 할 것
② 파이프 서포트를 이어서 사용하는 경우에는 (　)개 이상의 볼트 또는 전용철물을 사용하여 이을 것

합격정보 산업안전보건기준에 관한 규칙 제332조의2(동바리 유형에 따른 동바리 조립시의 안전조치)

합격KEY
① 2003년 11월 2일 출제
② 2010년 4월 25일 출제
③ 2013년 11월 17일 기사 출제
④ 2014년 4월 23일 제1회(문제 7번) 출제
⑤ 2018년 4월 22일 제1회 2부 (문제 7번) 출제
⑥ 2019년 4월 21일(문제 7번) 출제
⑦ 2021년 11월 17일(문제 2번) 출제

정답
① 3
② 4

자격종목	시험일	비번호	PC번호	남은시간
건설안전산업기사	2023년 4월 25일 1회(1부)	A001	1	50분

타이어 백호가 흄관(하수관)을 1줄걸이로 인양(운반)하여 매설하고 있다. 흄관 바로 밑에 작업 근로자 2[명]이 있으며, 이음시 끼임(협착)의 위험이 있음

03 동영상의 하수관로 매립작업에서 재해발생형태(①)와 가해물(②)을 쓰시오.(4점)

정답
① 재해발생형태 : 끼임(협착)
② 가해물 : 하수관(흄관)

자격종목	시험일	비번호	PC번호	남은시간
건설안전산업기사	2023년 4월 25일 1회(1부)	A001	1	50분

문제 1번 | 문제 2번 | 문제 3번 | **문제 4번** | 문제 5번 | 문제 6번 | 문제 7번 | 문제 8번

04 공사용 가설도로 설치시 준수사항 3가지를 쓰시오. (6점)

합격정보 산업안전보건기준에 관한 규칙 제379조(가설도로)

합격KEY ① 2020년 10월 17일(문제 5번) 출제
② 2022년 7월 26일(문제 5번) 출제

정답
① 도로는 장비와 차량이 안전하게 운행할 수 있도록 견고하게 설치할 것
② 도로와 작업장이 접하여 있을 경우에는 울타리 등을 설치할 것
③ 도로는 배수를 위하여 경사지게 설치하거나 배수시설을 설치할 것
④ 차량의 속도제한 표지를 부착할 것

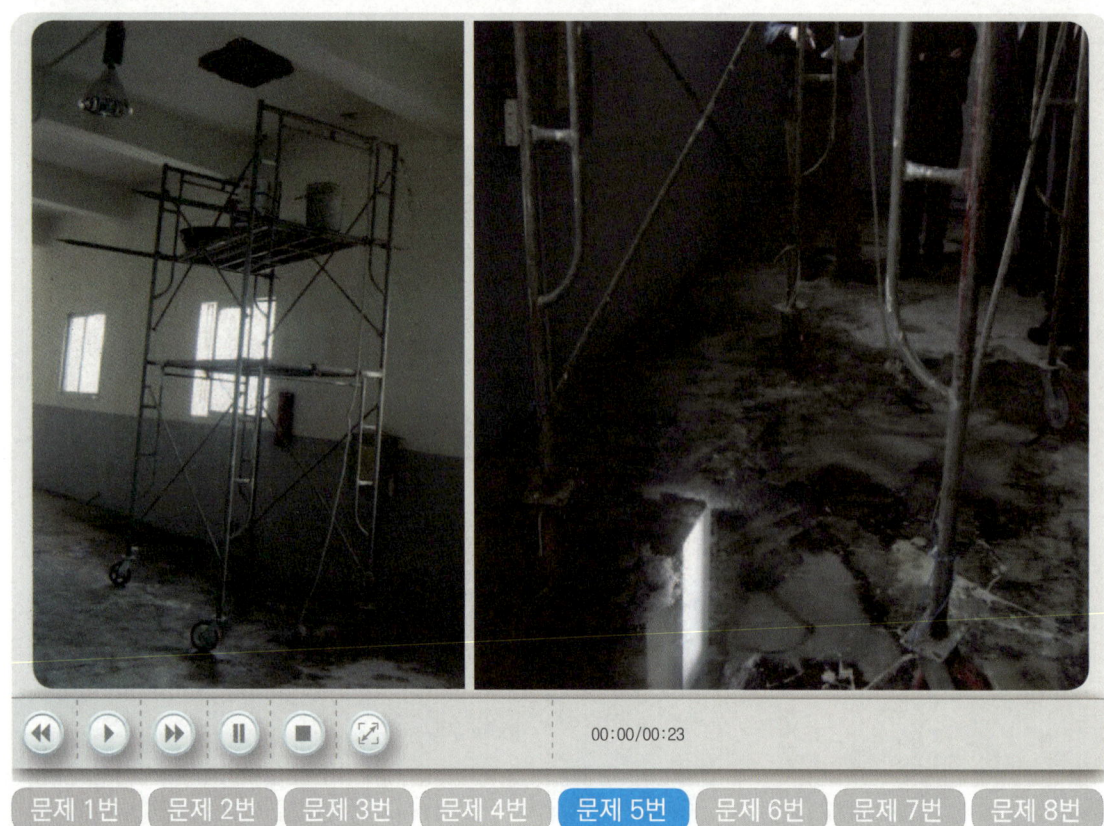

05 동영상은 이동식 비계의 설치상태가 불량하여 발생된 재해 사례이다. 이동식 비계의 올바른 설치(조립)기준을 2가지만 쓰시오. (4점)

합격정보 산업안전보건기준에 관한 규칙 제68조(이동식 비계)

합격KEY ① 2001년 11월 10일 기사 출제　② 2006년 7월 16일 기사 출제
③ 2006년 11월 12일 기사 출제　④ 2008년 11월 9일 출제
⑤ 2013년 7월 21일 기사 출제　⑥ 2013년 11월 17일 기사 출제
⑦ 2014년 11월 1일 기사 출제　⑧ 2016년 4월 24일 (문제 6번) 출제
⑨ 2016년 7월 2일 기사 제2회 출제　⑩ 2016년 11월 20일(문제 7번) 출제
⑪ 2017년 4월 23일 제1회 1부 출제　⑫ 2017년 7월 1일 제2회 산업기사(문제 7번) 출제
⑬ 2018년 4월 22일 제1회 2부 출제　⑭ 2018년 7월 7일 기사 제2회(문제 7번) 출제
⑮ 2018년 11월 18일 제4회 2부 산업기사 출제　⑯ 2019년 4월 21일 제1회(문제 6번) 출제
⑰ 2019년 7월 7일 제2회 3부(문제 5번) 출제　⑱ 2019년 11월 17일(문제 4번) 출제
⑲ 2020년 11월 15일(문제 5번) 출제　⑳ 2021년 5월 5일 기사(문제 5번) 출제

정답
① 이동식 비계의 바퀴에는 뜻밖의 갑작스러운 이동 또는 전도를 방지하기 위하여 브레이크·쐐기 등으로 바퀴를 고정시킨 다음 비계의 일부를 견고한 시설물에 고정하거나 아웃트리거(outrigger : 전도방지용 지지대)를 설치하는 등 필요한 조치를 할 것
② 승강용사다리는 견고하게 설치할 것
③ 비계의 최상부에서 작업을 하는 경우에는 안전난간을 설치할 것
④ 작업발판은 항상 수평을 유지하고 작업발판 위에서 안전난간을 딛고 작업을 하거나 받침대 또는 사다리를 사용하여 작업하지 않도록 할 것
⑤ 작업발판의 최대적재하중은 250[kg]을 초과하지 않도록 할 것

자격종목	시험일	비번호	PC번호	남은시간
건설안전산업기사	2023년 4월 25일 1회(1부)	A001	1	50분

06 산업안전보건법령상, 항타기 또는 항발기를 조립하는 경우 사업주의 점검사항 3가지를 쓰시오. (6점)

합격정보 산업안전보건기준에 관한 규칙 제207조(조립시·해체시 점검사항)
합격KEY 2022년 5월 10일(문제 6번) 출제

정답
① 본체 연결부의 풀림 또는 손상의 유무
② 권상용 와이어로프·드럼 및 도르래의 부착상태의 이상 유무
③ 권상장치의 브레이크 및 쐐기장치 기능의 이상유무
④ 권상기의 설치상태의 이상 유무
⑤ 리더(leader)의 버팀 방법 및 고정상태의 이상유무
⑥ 본체·부속장치 및 부속품의 강도가 적합한지 여부
⑦ 본체·부속장치 및 부속품에 심한 손상·마모·변형 또는 부식이 있는지 여부

자격종목	시험일	비번호	PC번호	남은시간
건설안전산업기사	2023년 4월 25일 1회(1부)	A001	1	50분

07 동영상을 참고하여 세척하는 설비의 ① 명칭과 ② 사용하는 용도를 쓰시오. (4점)

보충학습
(1) 설치장소
건설공사현장, 토목공사현장, 레미콘공장, 시멘트공장, 연탄공장, 사료공장, 매립간척지현장, 골재채취장 등
(2) 사용용도
세륜기는 트럭, 사용차량, 특수차량 등의 바퀴와 차체를 세척하는 장비

합격KEY
① 2020년 10월 17일(문제 3번) 출제
② 2022년 11월 23일(문제 6번) 출제

정답
① 설비(기계)명칭 : 세륜기(Auto tire washer)
② 용도 : 차량바퀴 등의 분진이나 토사제거

자격종목	시험일	비번호	PC번호	남은시간
건설안전산업기사	2023년 4월 25일 1회(1부)	A001	1	50분

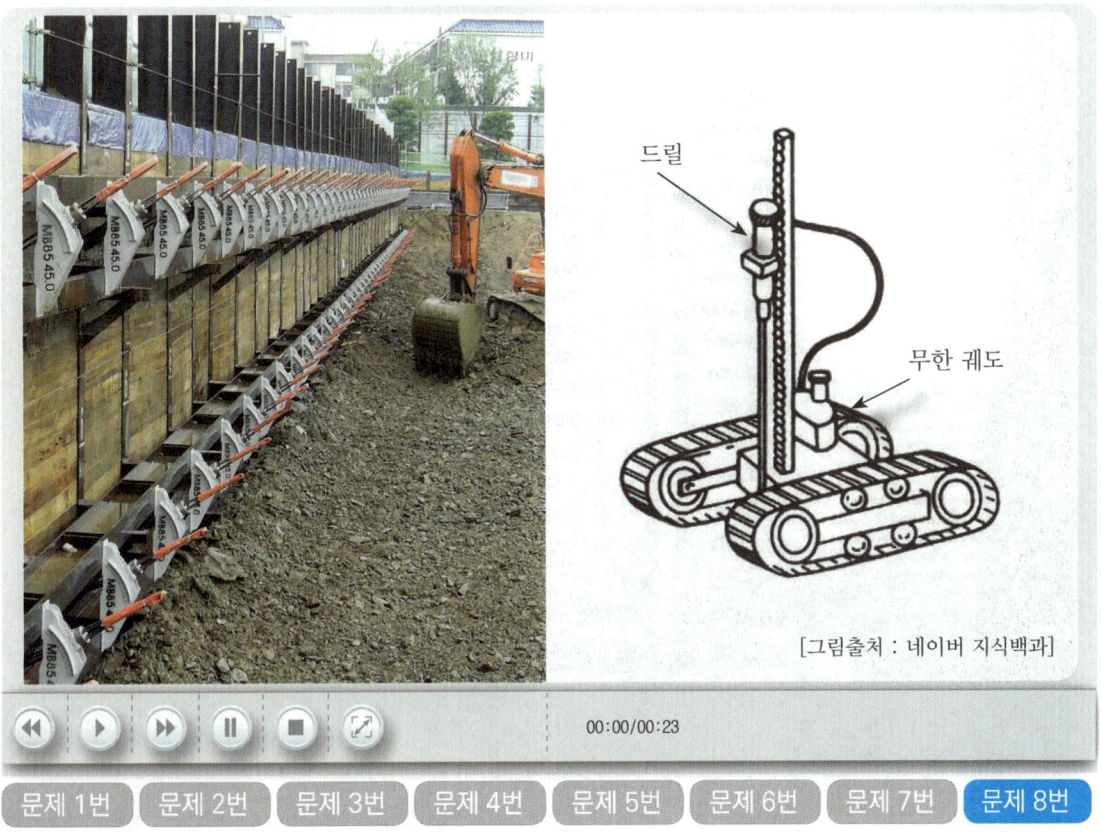

[그림출처 : 네이버 지식백과]

08 동영상의 ① 흙막이 공법의 명칭과 ② 굴착기계의 명칭을 쓰시오. (6점)

보충학습 크롤러 드릴(crawler drill)
자동으로 움직일 수 있는 무한 궤도식의 가대에 강력한 대형 드리프터를 부착하여 임의의 방향으로 구멍을 팔 수 있는 구멍 뚫는 기계

합격KEY
① 2004년 4월 30일 기사 출제
③ 2008년 11월 9일 출제
⑤ 2014년 11월 1일(문제 3번) 출제
⑦ 2017년 7월 1일 제2회 산업기사(문제 3번) 출제
⑨ 2020년 10월 10일(문제 3번) 출제
② 2007년 7월 17일 기사 출제
④ 2013년 11월 17일 기사 출제
⑥ 2016년 4월 24일 제1회 2부 출제
⑧ 2018년 4월 2일 제1회(문제 3번) 출제
⑩ 2021년 11월 20일 기사 출제

정답
① 흙막이 공법 명칭 : 어스앵커(Earch Anchor) 공법
② 굴착기계 : 크롤러 드릴(crawler drill)

자격종목	시험일	비번호	PC번호	남은시간
건설안전산업기사	2023년 7월 26일 2회(1부)	A001	1	50분

문제 1번 | 문제 2번 | 문제 3번 | 문제 4번 | 문제 5번 | 문제 6번 | 문제 7번 | 문제 8번

01 산업안전보건법령상, 작업으로 인하여 물체가 떨어지거나 날아올 위험이 있는 경우, 위험을 방지하기 위하여 필요한 사업주의 조치사항 2가지를 쓰시오.(4점)

합격정보 산업안전보건기준에 관한 규칙 제14조(낙하물 등에 의한 방지)

합격KEY ① 2009년 4월 25일 제1회 산업기사 (문제 7번) 출제
② 2017년 11월 19일 제4회 산업기사 출제
③ 2018년 4월 22일 제1회 기사 3부(문제 5번) 출제
④ 2018년 11월 18일 제4회 1부(문제 6번) 출제
⑤ 2019년 11월 17일 제4회 2부(문제 6번) 출제
⑥ 2020년 5월 30일(문제 5번) 출제
⑦ 2022년 5월 9일 1부 출제
⑧ 2022년 5월 10일(문제 5번) 출제

정답
① 낙하물 방지망 설치
② 수직보호망 설치
③ 방호선반 설치
④ 출입금지 구역 설정

02 사진은 일반적인 콘크리트 타설작업 방법이다. 콘크리트 타설시 안전기준 3가지를 쓰시오. (6점)

합격정보 산업안전보건기준에 관한 규칙 제334조(콘크리트의 타설작업)

합격KEY ① 2005년 10월 29일 기사 출제
② 2010년 4월 25일 제1회 기사 출제
③ 2018년 4월 22일 제1회 1부(문제 7번) 출제
④ 2018년 11월 18일 제4회 1부 산업기사 출제
⑤ 2019년 4월 21일 기사 제1회 출제
⑥ 2020년 5월 30일 제1회 1부(문제 7번) 출제
⑦ 2020년 7월 31일(문제 8번) 출제
⑧ 2020년 11월 23일(문제 4번) 출제
⑨ 2020년 5월 9일(문제 8번) 출제
⑩ 2022년 11월 27일 기사(문제 4번) 출제

정답
① 당일의 작업을 시작하기 전에 해당 작업에 관한 거푸집동바리 등의 변형·변위 및 지반의 침하 유무 등을 점검하고 이상이 있으면 보수할 것
② 작업 중에는 거푸집동바리 등의 변형·변위 및 침하 유무 등을 감시할 수 있는 감시자를 배치하여 이상이 있으면 작업을 중지하고 근로자를 대피시킬 것
③ 콘크리트 타설작업시 거푸집 붕괴의 위험이 발생할 우려가 있으면 충분한 보강조치를 할 것
④ 설계도서상의 콘크리트 양생기간을 준수하여 거푸집동바리 등을 해체할 것
⑤ 콘크리트를 타설하는 경우에는 편심이 발생하지 않도록 골고루 분산하여 타설할 것

자격종목	시험일	비번호	PC번호	남은시간
건설안전산업기사	2023년 7월 26일 2회(1부)	A001	1	50분

현장 주변은 정리가 되어 있지 않고, 와이어가 돼지꼬리마냥 엉켜있다.
백호가 흄관을 1줄걸이로 인양하는데, 유도로프가 없으며, 훅해지장치도 없다. 인양된 흄관 바로 밑에 작업자 2명이 있다.
신호수는 배치가 되어 있으나, 백호 운전자가 시야 확보가 되지 않는지 신호가 맞지 않는지 눈을 찡그린다.
신호수가 별다른 장비 없이 흄관을 손으로 당기다가 흄관이 작업자에게 떨어져 흄관과 흄관 사이에 다리가 끼인다.

03 동영상의 하수관로 매립작업에서 ① 재해발생형태와 ② 가해물과 ③ 기인물을 쓰시오.(6점)

합격KEY ① 2023년 4월 25일(문제 3번) 출제
② 2023년 7월 30일 기사 출제

정답
① 재해발생형태 : 끼임(협착)
② 가해물 : 하수관(흄관)
③ 기인물 : 백호

자격종목	시험일	비번호	PC번호	남은시간
건설안전산업기사	2023년 7월 26일 2회(1부)	A001	1	50분

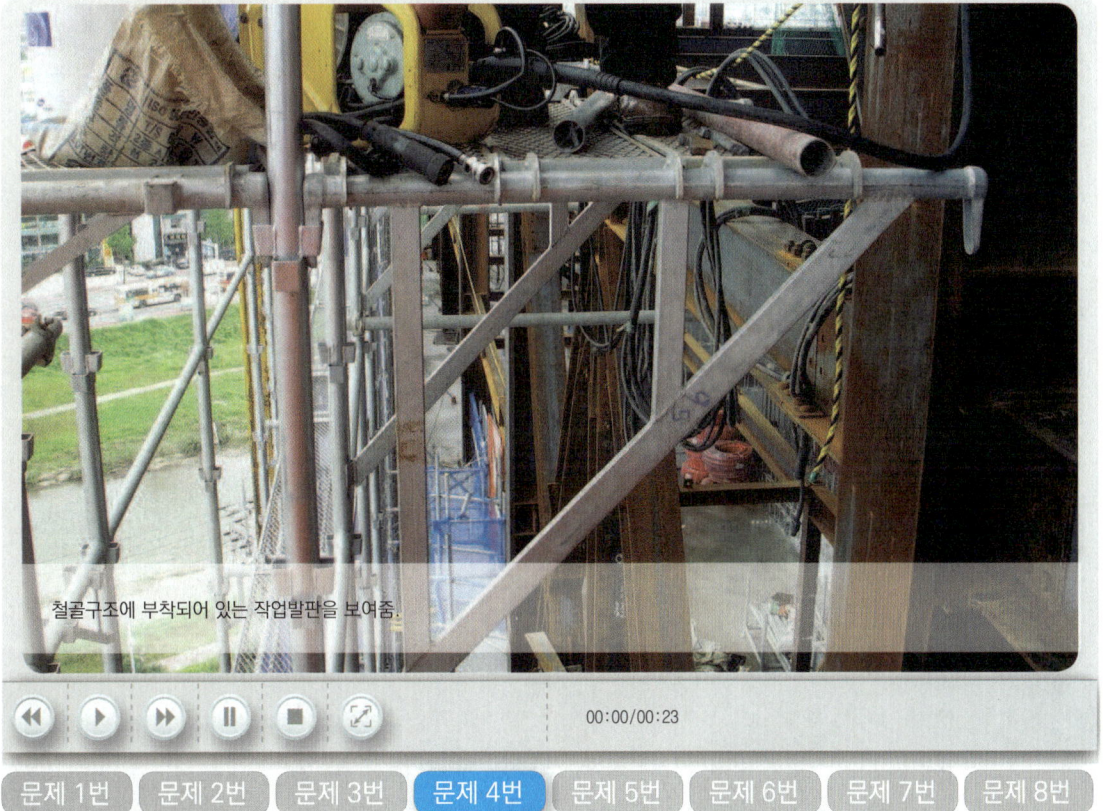

철골구조에 부착되어 있는 작업발판을 보여줌.

04 다음 빈칸에 알맞은 숫자를 넣으시오.(4점)

작업발판의 폭은 (①)[cm] 이상이어야 하며, 발판 재료 간의 틈은 (②)[cm] 이하로 할 것. 다만, 외줄비계의 경우에는 고용노동부장관이 별도로 정하는 기준에 따른다.

합격정보 산업안전보건기준에 관한 규칙 제56조(작업발판의 구조)

합격KEY
① 2012년 7월 15일 제2회(문제 6번) 출제
② 2018년 11월 18일 제4회 1부 기사 출제
③ 2019년 4월 21일 제2부 산업기사 출제
④ 2020년 10월 10일(문제 1번) 출제
⑤ 2020년 11월 23일 기사 출제
⑥ 2020년 11월 22일 (문제 4번) 출제
⑦ 2022년 11월 23일 산업기사 출제
⑧ 2023년 4월 24일 기사 출제

정답
① 40
② 3

자격종목	시험일	비번호	PC번호	남은시간
건설안전산업기사	2023년 7월 26일 2회(1부)	A001	1	50분

시험시 동영상은 1줄걸이로 철근을 운반하고 있으며 주변 작업자들은 안전모 미착용

05 고정식 기계운반하역 운전자가 작업시작 전에 점검 중 유의 사항 관련하여, ( )에 알맞은 것을 쓰시오. (6점)

① 스위치에는 「점검중 스위치 조작금지」의 표시 또는 (①)를 할 것
② 동일 주행상에 복수의 크레인이 있을 경우는 주행레일 양측면에서 (②)를 설치하고 근접 크레인의 충돌을 방지할 것
③ 점검을 능률적으로 하기 위해 점검자가 (③)명 이상일 경우에는 사전에 개인별 점검범위를 정할 것

[합격정보] 운반하역 표준안전 작업지침 제14조(점검)

정답
① 시건장치
② 가설고임목
③ 2

자격종목	시험일	비번호	PC번호	남은시간
건설안전산업기사	2023년 7월 26일 2회(1부)	A001	1	50분

문제 1번 | 문제 2번 | 문제 3번 | 문제 4번 | 문제 5번 | **문제 6번** | 문제 7번 | 문제 8번

06 사진은 흙막이 지보공 설치 작업을 보여주고 있다. 흙막이 지보공 정기점검 사항 3가지를 쓰시오. (6점)

합격정보 산업안전보건기준에 관한 규칙 제347조(붕괴 등의 위험 방지)

채점기준 답안작성시 항상 자신 있는 것, 확실한 것 순으로 쓰세요.
(이유는 위에서부터 채점한다. 2가지 쓰라면 2개만 써야 한다. 3개 써도 3번째는 채점하지 않는다.)

합격KEY
① 2004년 4월 30일(문제 2번)
② 2005년 5월 1일(문제 1번)
③ 2007년 7월 17일 기사 출제
④ 2011년 7월 31일 출제
⑤ 2012년 11월 11일 출제
⑥ 2012년 11월 11일 기사 출제
⑦ 2013년 11월 17일 기사 출제
⑧ 2014년 4월 27일 출제
⑨ 2016년 4월 24일 산업기사 출제
⑩ 2018년 7월 7일 제2회 1부(문제 5번) 출제
⑪ 2019년 4월 21일 제1회(문제 8번) 출제
⑫ 2019년 7월 7일 제2회 2부(문제 6번) 출제
⑬ 2019년 11월 17일 제4회 2부 기사 출제
⑭ 2020년 10월 17일 산업기사 출제
⑮ 2020년 10월 23일 기사 출제
⑯ 2020년 11월 22일(문제 3번) 출제
⑰ 2021년 7월 13일(문제 3번) 출제
⑱ 2022년 11월 23일(문제 3번) 출제

정답
① 부재의 손상·변형·부식·변위 및 탈락의 유무와 상태
② 버팀대의 긴압(緊壓)의 정도
③ 부재의 접속부·부착부 및 교차부의 상태
④ 침하의 정도

자격종목	시험일	비번호	PC번호	남은시간
건설안전산업기사	2023년 7월 26일 2회(1부)	A001	1	50분

07 사진과 같이 가설통로 설치시 준수사항 중 ( )를 쓰시오.(4점)
수직갱에 가설된 통로의 길이가 (①)미터 이상인 경우에는 (②)미터 이내마다 계단참을 설치할 것

합격정보 산업안전보건기준에 관한 규칙 제23조(가설통로의 구조)

합격KEY
① 2018년 4월 22일 제1회 2부 기사 출제
③ 2020년 5월 30일 제1회 기사 출제
⑤ 2020년 10월 17일 제3회 1부 출제
⑦ 2020년 11월 23일 기사(문제 6번) 출제
⑨ 2022년 7월 26일(문제 7번) 출제
② 2019년 4월 21일 제1회 2부 산업기사 출제
④ 2020년 7월 25일 2회 (문제 6번) 출제
⑥ 2020년 10월 17일 산업기사 출제
⑧ 2022년 7월 25일 기사 제3부 출제

정답
① 15
② 10

08 산업안전보건법령상, 작업장에 필요한 조도(照度) 관련 ① 정밀작업 ② 보통작업에 알맞은 숫자를 쓰시오. (단, 갱내(坑內) 작업장과 감광재료(感光材料)를 취급하는 작업장은 제외)(4점)

보충학습 산업안전보건기준에 관한 규칙 제8조(조도)
사업주는 근로자가 상시 작업하는 장소의 작업면 조도(照度)를 다음 각 호의 기준에 맞도록 하여야 한다. 다만, 갱내(坑內) 작업장과 감광재료(感光材料)를 취급하는 작업장은 그러하지 아니하다.
① 초정밀작업 : 750럭스(lux) 이상
② 정밀작업 : 300럭스 이상
③ 보통작업 : 150럭스 이상
④ 그 밖의 작업 : 75럭스 이상

법령근거 산업안전보건기준에 관한 규칙 제8조(조도)

합격KEY ① 2018년 11월 18일 제4회 2부(문제 3번) 출제　② 2019년 7월 7일 산업기사 제2회 1부(문제 3번) 출제
③ 2019년 11월 17일 제4회 기사 출제　　　　　④ 2020년 10월 18일(문제 3번) 출제
⑤ 2021년 7월 14일(문제 3번) 출제　　　　　　⑥ 2021년 11월 20일 기사 출제
⑦ 2022년 11월 23일(문제 5번) 출제

정답
① 300[Lux] 이상
② 150[Lux] 이상

자격종목	시험일	비번호	PC번호	남은시간
건설안전산업기사	2023년 11월 10일 4회(1부)	A001	1	50분

문제 1번 | 문제 2번 | 문제 3번 | 문제 4번 | 문제 5번 | 문제 6번 | 문제 7번 | 문제 8번

01 동영상은 고소작업대 작업을 하고 있다. 고소작업대 이동시 준수사항 2가지를 쓰시오.(4점)

합격정보 산업안전보건기준에 관한 규칙 제186조(고소작업대 설치 등의 조치)

합격KEY ① 2020년 5월 30일(문제 1번) 출제
② 2021년 5월 2일(문제 1번) 출제

정답
① 작업대를 낮게 내릴 것
② 작업대를 올린 상태에서 작업자를 태우고 이동하지 말 것. 다만, 이동 중 전도 등의 위험예방을 위하여 유도하는 사람을 배치하고 짧은 구간을 이동하는 경우에는 그러하지 아니하다.
③ 이동통로의 요철상태 또는 장애물의 유무 등을 확인할 것

02 사진은 교량 상부에 콘크리트 타설장비를 사용하여 콘크리트를 타설하는 작업을 보여주고 있다. 콘크리트 펌프 또는 콘크리트 타설장비 사용시 준수사항 3가지를 쓰시오.(6점)

정답

① 작업을 시작하기 전에 콘크리트 타설장비를 점검하고 이상을 발견하였으면 즉시 보수할 것
② 건축물의 난간 등에서 작업하는 근로자가 호스의 요동·선회로 인하여 추락하는 위험을 방지하기 위하여 안전난간의 설치 등 필요한 조치를 할 것
③ 콘크리트 타설장비의 붐을 조정하는 경우에는 주변전선 등에 의한 위험을 예방하기 위한 적절한 조치를 할 것
④ 작업중에 지반의 침하나 아웃트리거(outrigger : 전도방지용 지지대)의 손상 등에 의하여 콘크리트 타설장비가 넘어질 우려가 있는 경우에는 이를 방지하기 위한 적절한 조치를 할 것

03 운반하역 표준안전 작업지침에 따라, 타워 크레인을 사용하여 걸이작업을 하는 경우 준사사항을 3가지 쓰시오. (6점)

[합격정보] 운반하역 표준안전 작업지침 제22조(걸이)

[합격KEY] ① 2021년 7월 13일 산업기사 출제
② 2021년 11월 20일 기사 출제
③ 2022년 7월 26일(문제 3번) 출제
④ 2023년 11월 11일 기사 출제

[정답]
① 와이어로프 등은 크레인의 후크 중심에 걸어야 한다.
② 인양 물체의 안정을 위하여 2줄 걸이 이상을 사용하여야 한다.
③ 밑에 있는 물체를 걸고자 할 때에는 위의 물체를 제거한 후에 행하여야 한다.
④ 매다는 각도는 60도 이내로 하여야 한다.
⑤ 근로자를 매달린 물체위에 탑승시키지 않아야 한다.

자격종목	시험일	비번호	PC번호	남은시간
건설안전산업기사	2023년 11월 10일 4회(1부)	A001	1	50분

04 산업안전보건법령상, 사다리식 통로를 설치하는 경우 사업주의 준수사항 관련해서 ( )에 알맞은 것을 쓰시오. (4점)

① 발판의 간격은 ( )하게 할 것
② 폭은 ( )cm 이상으로 할 것

합격정보 산업안전보건기준에 관한 규칙 제24조(사다리식 통로 등의 구조)

보충학습 사다리식 통로의 기울기는 75도 이하로 할 것. 다만 고정식 사다리식 통로의 기울기는 90도 이하로 하고, 그 높이가 7미터 이상인 경우에는 바닥으로부터 높이가 2.5 미터 되는 지점부터 등받이울을 설치할 것

합격KEY ① 2021년 7월 14일 기사 출제
② 2023년 11월 11일 기사 출제

정답
① 일정
② 30

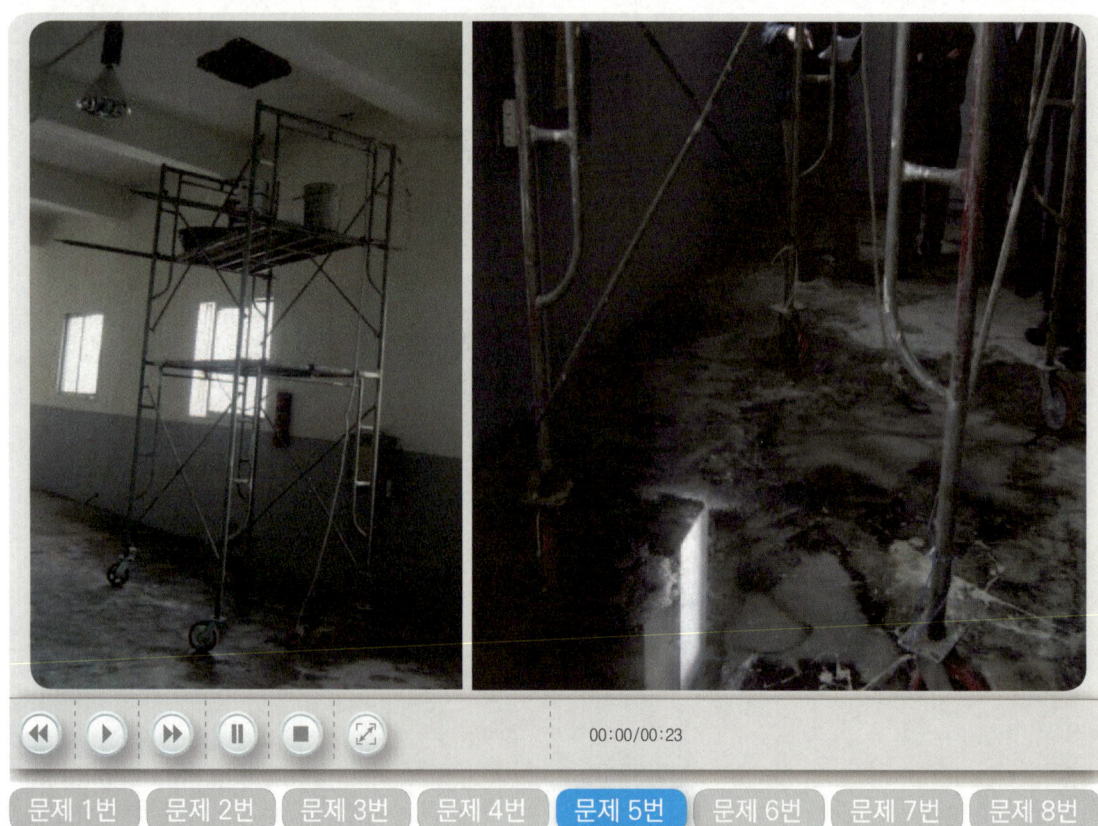

05 동영상은 이동식 비계의 설치상태가 불량하여 발생된 재해 사례이다. 이동식 비계의 올바른 설치(조립)기준을 3가지만 쓰시오.(6점)

[합격정보] 산업안전보건기준에 관한 규칙 제68조(이동식 비계)

[합격KEY]
① 2001년 11월 10일 기사 출제
② 2006년 7월 16일 기사 출제
③ 2006년 11월 12일 기사 출제
④ 2008년 11월 9일 출제
⑤ 2013년 7월 21일 기사 출제
⑥ 2013년 11월 17일 기사 출제
⑦ 2014년 11월 1일 기사 출제
⑧ 2016년 4월 24일 (문제 6번) 출제
⑨ 2016년 7월 2일 기사 제2회 출제
⑩ 2016년 11월 20일(문제 7번) 출제
⑪ 2017년 4월 23일 제1회 1부 출제
⑫ 2017년 7월 1일 제2회 산업기사(문제 7번) 출제
⑬ 2018년 4월 22일 제1회 2부 출제
⑭ 2018년 7월 7일 기사 제2회(문제 7번) 출제
⑮ 2018년 11월 18일 제4회 2부 산업기사 출제
⑯ 2019년 4월 21일 제1회(문제 6번) 출제
⑰ 2019년 7월 7일 제2회 3부(문제 5번) 출제
⑱ 2019년 11월 17일(문제 4번) 출제
⑲ 2020년 11월 15일(문제 5번) 출제
⑳ 2021년 5월 5일 기사(문제 5번) 출제
㉑ 2023년 4월 25일(문제 5번) 출제
㉒ 2023년 11월 11일 기사 출제

[정답]
① 이동식 비계의 바퀴에는 뜻밖의 갑작스러운 이동 또는 전도를 방지하기 위하여 브레이크·쐐기 등으로 바퀴를 고정시킨 다음 비계의 일부를 견고한 시설물에 고정하거나 아웃트리거(outrigger : 전도방지용 지지대)를 설치하는 등 필요한 조치를 할 것
② 승강용사다리는 견고하게 설치할 것
③ 비계의 최상부에서 작업을 하는 경우에는 안전난간을 설치할 것
④ 작업발판은 항상 수평을 유지하고 작업발판 위에서 안전난간을 딛고 작업을 하거나 받침대 또는 사다리를 사용하여 작업하지 않도록 할 것
⑤ 작업발판의 최대적재하중은 250[kg]을 초과하지 않도록 할 것

06 산업안전보건법령상, 가연성 물질이 있는 장소에서 화재위험작업을 하는 경우에는 화재예방에 필요한 사업주의 준수 사항 3가지를 쓰시오.(6점)

합격정보 산업안전보건기준에 관한 규칙 제241조(화재위험작업시 준수사항)

합격KEY ① 2021년 7월 3일(문제 1번) 출제
② 2021년 11월 17일(문제 1번) 출제

정답
① 작업준비 및 작업 절차 수립
② 작업장 내 위험물의 사용·보관 현황 파악
③ 화기작업에 따른 인근 가연(인화)성 물질에 대한 방호조치 및 소화기구 비치
④ 용접불티 비산방지덮개, 용접방화포 등 불꽃, 불티 등 비산방지조치
⑤ 인화성 액체의 증기 및 인화성 가스가 남아 있지 않도록 환기 등의 조치
⑥ 작업근로자에 대한 화재예방 및 피난교육 등 비상조치

자격종목	시험일	비번호	PC번호	남은시간
건설안전산업기사	2023년 11월 10일 4회(1부)	A001	1	50분

07 산업안전보건법령상, 철골작업으로 인하여 물체가 떨어지거나 날아올 위험이 있는 경우, 위험을 방지하기 위하여 필요한 사업주의가 설치해야 하는 사항 2가지를 쓰시오. (4점)

합격정보 산업안전보건기준에 관한 규칙 제14조(낙하물 등에 의한 방지)

합격KEY
① 2009년 4월 25일 제1회 산업기사 (문제 7번) 출제
② 2017년 11월 19일 제4회 산업기사 출제
③ 2018년 4월 22일 제1회 기사 3부(문제 5번) 출제
④ 2018년 11월 18일 제4회 1부(문제 6번) 출제
⑤ 2019년 11월 17일 제4회 2부(문제 6번) 출제
⑥ 2020년 5월 30일(문제 5번) 출제
⑦ 2022년 5월 9일 1부 출제
⑧ 2022년 5월 10일(문제 5번) 출제

정답
① 낙하물 방지망 설치
② 수직보호망 설치
③ 방호선반 설치
④ 출입금지 구역 설정

08 산업안전보건법령상, 가설통로 설치 시 설치 각도 관련해서 ( )안에 알맞은 숫자를 쓰시오.(4점)
① 경사는 ( )도 이하로 할 것. 다만, 계단을 설치하거나 높이 2m 미만의 가설통로로서 튼튼한 손잡이를 설치한 경우에는 그러하지 아니하다.
② 경사가 ( )도를 초과하는 경우에는 미끄러지지 아니하는 구조로 할 것

합격정보 산업안전보건기준에 관한 규칙 제23조(가설통로의 구조)

합격KEY
① 2018년 4월 22일 제1회 2부 기사 출제
③ 2020년 5월 30일 제1회 기사 출제
⑤ 2020년 10월 17일 제3회 1부 출제
⑦ 2020년 11월 23일 기사(문제 6번) 출제
⑨ 2022년 7월 26일(문제 7번) 출제
⑪ 2023년 11월 11일 기사 출제
② 2019년 4월 21일 제1회 2부 산업기사 출제
④ 2020년 7월 25일 2회 (문제 6번) 출제
⑥ 2020년 10월 17일 산업기사 출제
⑧ 2022년 7월 25일 기사 제3부 출제
⑩ 2023년 7월 26일(문제 7번) 출제

정답
① 30
② 15

2024년도 과년도 출제문제

- 건설안전산업기사(2024년 05월 03일 제1회 1부 시행)
- 건설안전산업기사(2024년 08월 04일 제2회 1부 시행)
- 건설안전산업기사(2024년 10월 19일 제3회 1부 시행)

자격종목	시험일	비번호	PC번호	남은시간
건설안전산업기사	2024년 5월 3일 1회(1부)	A001	1	50분

작업자가 안전모 턱끈을 안한 상태에서 어두운 지하실에서 바닥에 어지럽게 놓인 장애물(노끈, 판자) 사이에서 혼자 바닥을 쓸면서 뒷걸음질치다가 개구부에 발이 살짝 빠지고 놀란 상태로 끝난다.
청소를 하는데 먼지가 날리고 작업자는 방진마스크를 착용하지 않았다.

01 「산업안전보건법령」상, 작업발판 및 통로의 끝이나 개구부로서 근로자가 추락할 위험이 있는 장소에, 덮개를 설치하는 경우에는 사업주의 준수 사항을 2가지 쓰시오. (4점)

합격정보 산업안전보건기준에 관한 규칙 제43조(개구부 등의 방호조치)

합격KEY
① 2003년 5월 1일 출제
② 2006년 11월 11일 출제
③ 2014년 4월 27일 기사 출제
④ 2014년 7월 12일 1부 출제
⑤ 2014년 7월 12일 제2회(문제 5번) 출제
⑥ 2015년 11월 15일(문제 6번) 출제
⑦ 2017년 4월 23일 제1회 2부 출제
⑧ 2017년 7월 1일 산업기사 출제
⑨ 2018년 11월 18일(문제 1번) 출제
⑩ 2020년 11월 23일(문제 2번) 출제
⑪ 2021년 7월 14일(문제 1번) 출제
⑫ 2021년 11월 20일(문제 1번) 출제
⑬ 2022년 7월 25일 기사 출제
⑭ 2022년 11월 27일 기사 출제
⑮ 2022년 11월 23일 산업기사 출제
⑯ 2023년 4월 24일 기사 출제

정답
① 덮개가 뒤집히지 않도록 설치
② 덮개가 떨어지지 않도록 설치

💬 **합격자의 조언** 사진을 볼 필요 없이 정답을 쓸 수 있습니다.

02 「산업안전보건법령」상, 강관틀 비계를 조립하여 사용하는 경우 사업주의 준수사항 관련하여 ( )에 알맞은 것을 쓰시오. (4점)

(1) 비계기둥의 밑둥에는 밑받침 철물을 사용하여야 하며 밑받침 고저차(高低差)가 있는 경우에는 조절형 밑받침철물을 사용하여 각각의 강관틀비계가 항상 수평 및 수직을 유지하도록 할 것
(2) 높이가 20[m]를 초과하거나 중량물의 적재를 수반하는 작업을 할 경우에는 주틀 간의 간격을 (①)[m] 이하로 할 것
(3) 주틀 간에 교차 가새를 설치하고 최상층 및 5층 이내마다 (②)를 설치할 것
(4) 수직방향으로 6[m], 수평방향으로 (③)[m] 이내마다 벽이음을 할 것
(5) 길이가 띠장 방향으로 4[m] 이하이고 높이가 10[m]를 초과하는 경우에는 (④)[m] 이내마다 띠장 방향으로 버팀기둥을 설치할 것

합격정보 산업안전보건기준에 관한 규칙 제62조(강관틀비계)

합격KEY ① 2020년 8월 2일 기사 출제 ② 2020년 10월 17일(문제 7번) 출제
③ 2022년 5월 10일 산업기사 출제 ④ 2023년 4월 24일 기사 출제

정답
① 1.8
② 수평재
③ 8
④ 10

자격종목	시험일	비번호	PC번호	남은시간
건설안전산업기사	2024년 5월 3일 1회(1부)	A001	1	50분

| 문제 1번 | 문제 2번 | **문제 3번** | 문제 4번 | 문제 5번 | 문제 6번 | 문제 7번 | 문제 8번 |

03 동영상에서 보여지는 (1) 차량계 건설기계의 명칭과 (2) 기능을 1가지만 쓰시오.(4점)

보충학습 텐덤 롤러(tandem roller)
① 전륜, 후륜 각 1개의 철륜을 가진 롤러를 2축 텐덤 롤러 또는 단순히 텐덤 롤러라 한다.
② 3륜을 따라 나열한 것을 3축 텐덤롤러라 한다.
③ 기능은 점성토나 자갈, 쇄석의 다짐, 아스팔트 포장의 마무리 전압(轉壓)작업에 적합하다.
④ 3축 텐덤롤러는 후 2륜이 요동 빔 세트에 의해 자유, 반고정, 고정이 가능하며 그것에 의해 롤러의 선압(1륜당의 하중/롤러 폭)을 변화시킬 수 있어 양호한 평탄성을 확보할 수 있다.

합격KEY ① 2022년 11월 23일 산업기사 출제
② 2023년 4월 24일 기사 출제

정답
(1) 명칭 : 텐덤 롤러
(2) 기능
  ① 점성토나 자갈, 쇄석의 다짐
  ② 아스팔트 포장의 마무리 전압(轉壓) 작업

자격종목	시험일	비번호	PC번호	남은시간
건설안전산업기사	2024년 5월 3일 1회(1부)	A001	1	50분

04 동영상은 철조망 안쪽이 변압기(=임시배전반) 설치장소 충전부에 접촉하여 감전 사고가 발생하는 장면이다. 간접 접촉 예방대책 3가지를 쓰시오.(6점)

합격정보 산업안전보건기준에 관한 규칙 제301조(전기기계·기구 등의 충전부 방호)

합격KEY
① 2005년 10월 29일 출제
② 2007년 4월 29일 출제
③ 2009년 10월 25일 산업기사 출제
④ 2010년 11월 7일 산업기사 출제
⑤ 2012년 7월 15일 산업기사 출제
⑥ 2012년 11월 11일 출제
⑦ 2013년 4월 28일 출제
⑧ 2013년 4월 28일 산업기사 출제
⑨ 2013년 11월 17일 산업기사 출제
⑩ 2014년 4월 27일 출제
⑪ 2014년 4월 27일 출제
⑫ 2014년 11월 1일 출제
⑬ 2015년 4월 26일 산업기사(문제 3번) 출제
⑭ 2015년 7월 17일 기사 제2회(문제 3번) 출제
⑮ 2015년 11월 15일 산업기사 출제
⑯ 2016년 4월 24일 기사(문제 2번) 출제
⑰ 2016년 7월 2일 제2회(문제 2번) 출제
⑱ 2018년 4월 22일 제1회 3부(문제 2번) 출제
⑲ 2018년 11월 18일 제4회 1부(문제 2번) 출제
⑳ 2020년 5월 30일 제1회 2부(문제 2번) 출제
㉑ 2020년 7월 31일 기사 출제

정답
① 충전부가 노출되지 않도록 폐쇄형 외함(外函)이 있는 구조로 할 것
② 충전부에 충분한 절연효과가 있는 방호망이나 절연덮개를 설치할 것
③ 충전부는 내구성이 있는 절연물로 완전히 덮어 감쌀 것
④ 발전소·변전소 및 개폐소 등 구획되어 있는 장소로서 관계 근로자가 아닌 사람의 출입이 금지되는 장소에 충전부를 설치하고, 위험표시 등의 방법으로 방호를 강화할 것
⑤ 전주 위 및 철탑 위 등 격리되어 있는 장소로서 관계 근로자가 아닌 사람이 접근할 우려가 없는 장소에 충전부를 설치할 것

05 화면은 분진시험을 하고있다. 근로자가 상시 분진작업에 관련된 업무를 하는 경우 근로자에게 알려야 하는 사항 3가지를 쓰시오. (6점)

합격정보 산업안전보건기준에 관한 규칙 제614조(분진의 유해성 등의 주지)
합격KEY 2020년 7월 25일(문제 5번) 출제

정답
① 분진의 유해성과 노출경로
② 분진의 발산 방지와 작업장의 환기 방법
③ 작업장 및 개인위생 관리
④ 호흡용 보호구의 사용 방법
⑤ 분진에 관련된 질병 예방 방법

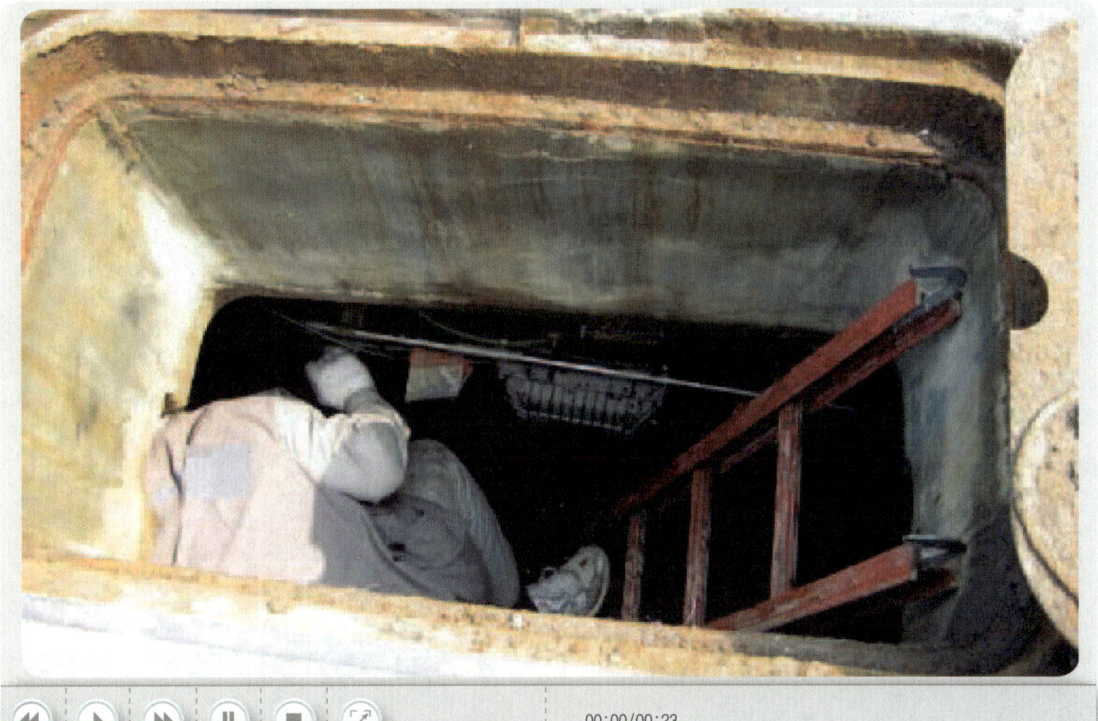

06 「산업안전보건법령」상, 작업 시 조명 조도 기준에 알맞은 숫자를 ( )에 쓰시오.(4점)
① 초정밀작업 : ( )럭스 이상
② 정밀작업 : ( )럭스 이상
③ 보통작업 : ( )럭스 이상
④ 그 밖의 작업 : ( )럭스 이상

법령근거 산업안전보건기준에 관한 규칙 제8조(조도)

합격KEY
① 2018년 11월 18일 제4회 2부(문제 3번) 출제　　② 2019년 7월 7일 산업기사 제2회 1부(문제 3번) 출제
③ 2019년 11월 17일 제4회 기사 출제　　　　　　④ 2020년 10월 18일(문제 3번) 출제
⑤ 2021년 7월 14일(문제 3번) 출제　　　　　　　⑥ 2021년 11월 20일 기사 출제
⑦ 2022년 11월 23일(문제 5번) 출제　　　　　　⑧ 2023년 7월 26일(문제 8번) 출제

정답
① 750
② 300
③ 150
④ 75

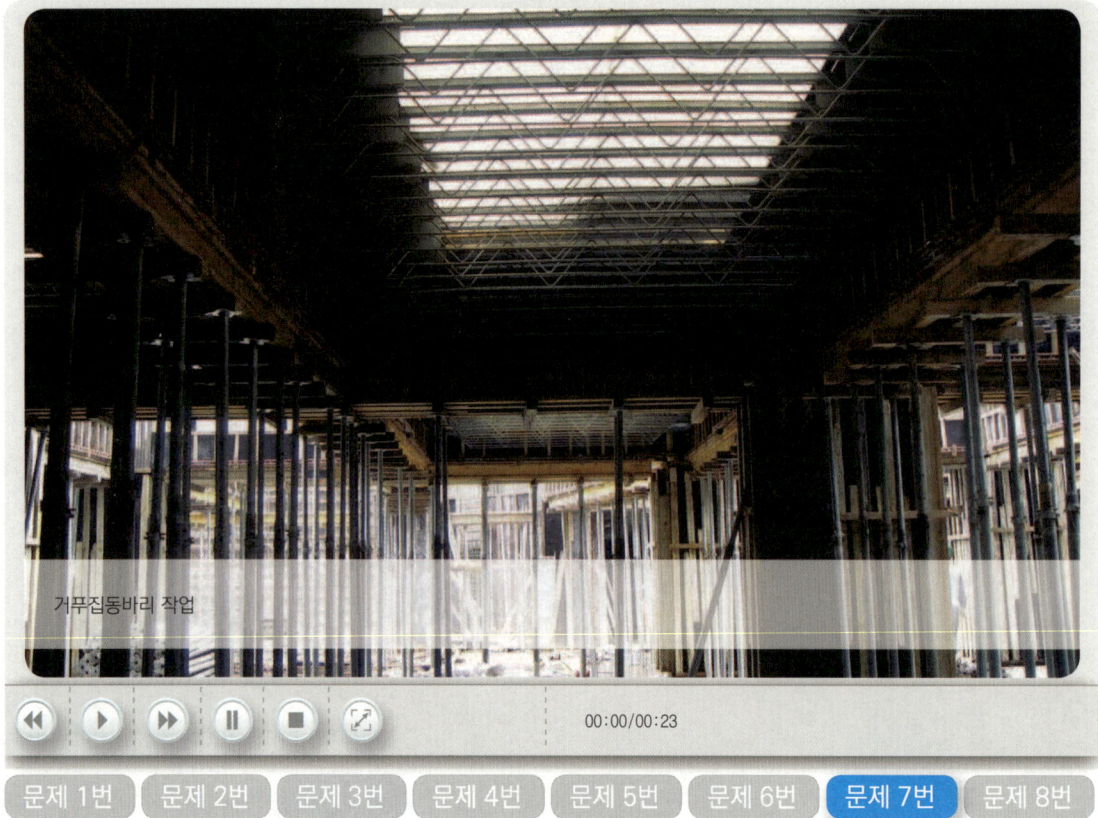

거푸집동바리 작업

07 「산업안전보건법령」상, 동바리를 조립하는 경우, 동바리로 사용하는 파이프 서포트에 대한 사업주의 준수 사항을 3가지 쓰시오. (6점)

(1) 파이프 서포트를 (　)개 이상 이어서 사용하지 않도록 할 것
(2) 파이프 서포트를 이어서 사용하는 경우에는 (　)개 이상의 볼트 또는 전용철물을 사용하여 이을 것
(3) 높이가 3.5[m]를 초과하는 경우에는 높이 (　)[m] 이내마다 수평연결재를 2개 방향으로 만들고 수평연결재의 변위를 방지할 것

합격정보 산업안전보건기준에 관한 규칙 제332조의2(동바리 유형에 따른 동바리 조립시의 안전조치)

합격KEY
① 2003년 11월 2일 출제　　② 2010년 4월 25일 출제
③ 2013년 11월 17일 기사 출제　　④ 2014년 4월 23일 제1회(문제 7번) 출제
⑤ 2018년 4월 22일 제1회 2부 (문제 7번) 출제　　⑥ 2019년 4월 21일(문제 7번) 출제
⑦ 2021년 11월 17일(문제 2번) 출제　　⑧ 2023년 4월 25일(문제 2번) 출제

정답
① 3
② 4
③ 2

자격종목	시험일	비번호	PC번호	남은시간
건설안전산업기사	2024년 5월 3일 1회(1부)	A001	1	50분

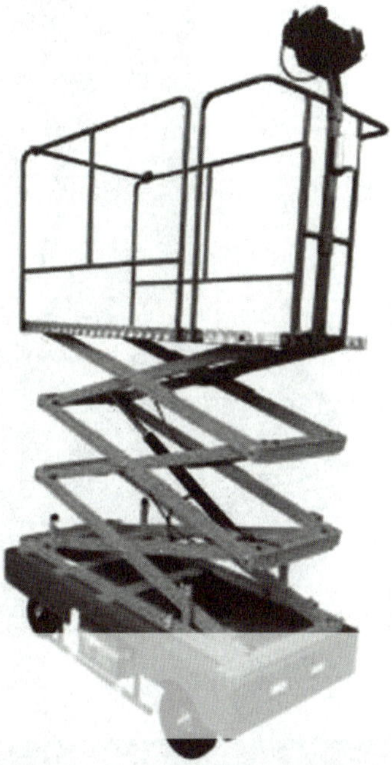

고소작업대에서 근로자가 외벽 도장 중

00:00/00:23

문제 1번 문제 2번 문제 3번 문제 4번 문제 5번 문제 6번 문제 7번 문제 8번

08 산업안전보건법령상, 고소작업대 사용 시 작업자의 안전을 위한 조치사항 3가지를 쓰시오.(단, 안전보호구 사용 제외)(6점)

합격정보 산업안전보건기준에 관한 규칙 제186조 제④항(고소작업대 설치 등의 조치)

합격KEY 2023년 11월 4일 기사 출제

정답

① 관계자가 아닌 사람이 작업구역에 들어오는 것을 방지하기 위하여 필요한 조치를 할 것
② 안전한 작업을 위하여 적정수준의 조도를 유지할 것
③ 전로(電路)에 근접하여 작업을 하는 경우에는 작업감시자를 배치하는 등 감전사고를 방지하기 위하여 필요한 조치를 할 것
④ 작업대를 정기적으로 점검하고 붐·작업대 등 각 부위의 이상 유무를 확인할 것
⑤ 전환스위치는 다른 물체를 이용하여 고정하지 말 것
⑥ 작업대는 정격하중을 초과하여 물건을 싣거나 탑승하지 말 것
⑦ 작업대의 붐대를 상승시킨 상태에서 탑승자는 작업대를 벗어나지 말 것. 다만, 작업대에 안전대 부착설비를 설치하고 안전대를 연결하였을 때에는 그러하지 아니하다.

문제 및 답안(지), 점수, 채점기준은 일체 공개하지 않는다.

비번호	
총 점	

자격종목	시험일	비번호	PC번호	남은시간
건설안전산업기사	2024년 8월 4일 2회(1부)	A001	1	50분

작업자 2명이 흡연 후, 작업자 1명이 맨홀 뚜껑을 열고 들어가 밀폐공간에서 질식사고가 발생

00:00/00:23

문제 1번 | 문제 2번 | 문제 3번 | 문제 4번 | 문제 5번 | 문제 6번 | 문제 7번 | 문제 8번

01 (1) 산업안전보건법령상, 밀폐공간 관련해서 ( )에 알맞은 숫자를 쓰시오.
"적정공기"란 산소농도의 범위가 18% 이상 23.5% 미만
① 이산화탄소의 농도가 ( )% 미만
② 일산화탄소의 농도가 ( )ppm 미만
③ 황화수소의 농도가 ( )ppm 미만인 수준의 공기를 말한다.
(2) 밀폐공간 작업에서 착용해야 하는 호흡용 보호구를 1가지만 쓰시오. (4점)

합격정보
① 산업안전보건기준에 관한 규칙 제618조(정의)
② 산업안전보건기준에 관한 규칙 제450조(호흡용 보호구의 지급 등)
③ 산업안전보건기준에 관한 규칙 제618조(보호복 등의 비치 등)

합격KEY 2022년 5월 10일 출제

정답
(1) 적정공기
① 1.5
② 30
③ 10
(2) 호흡용 보호구
① 공기 호흡기
② 송기마스크

자격종목	시험일	비번호	PC번호	남은시간
건설안전산업기사	2024년 8월 4일 2회(1부)	A001	1	50분

02 동영상은 낙하물 방지망을 보수하는 장면을 보여주고 있다. 산업안전보건기준에 관한 규칙에 의거, 낙하물방지망 관련 사업주의 준수사항 (　　)를 쓰시오. (6점)

높이 (①)[m] 이내마다 설치하고, 내민 길이는 벽면으로 부터 (②)[m] 이상으로 할 것.
수평면과의 각도는 (③)도 이상 (④)도 이하를 유지할 것
낙하물방지망은 산업표준화법에 따른 (⑤)에서 정하는 성능기준에 적합한 것을 사용하여야 한다.

합격정보 산업안전보건기준에 관한 규칙 제14조(낙하물에 의한 위험의 방지)

합격KEY
① 2002년 4월 28일 산업기사 출제　② 2006년 11월 12일 기사 출제
③ 2007년 4월 29일 기사 출제　④ 2009년 10월 24일 기사 출제
⑤ 2010년 4월 25일 기사 출제　⑥ 2012년 7월 15일 기사 출제
⑦ 2013년 4월 28일 기사 출제　⑧ 2013년 7월 21일 기사 출제
⑨ 2017년 4월 22일 산업기사 · 기사 동시 출제　⑩ 2018년 4월 22일 산업기사 출제
⑪ 2020년 10월 10일 기사 출제　⑫ 2020년 11월 22일 산업기사 출제
⑬ 2021년 7월 14일 기사, 산업기사 동시 출제　⑭ 2021년 11월 17일(문제 1번) 출제
⑮ 2022년 11월 23일 산업기사 출제　⑯ 2023년 4월 24일(문제 1번) 출제
⑰ 2023년 7월 30일 기사 출제

정답 ① 10　② 2　③ 20　④ 30　⑤ 한국산업표준

자격종목	시험일	비번호	PC번호	남은시간
건설안전산업기사	2024년 8월 4일 2회(1부)	A001	1	50분

[사진] 사고지점(7층 리프트 탑승구)   [사진] 사고상황 재연(고개를 내밀다 협착)

| 문제 1번 | 문제 2번 | **문제 3번** | 문제 4번 | 문제 5번 | 문제 6번 | 문제 7번 | 문제 8번 |

03 동영상의 근로자가 화물을 싣고 리프트 운행중 ① 동영상과 같은 리프트가 운행 중 붕괴되거나 넘어지는 원인을 1가지 ② 다음 (　)에 알맞은 숫자를 쓰시오.(4점)

> 사업주는 순간풍속이 초당 (　)m를 초과하는 바람이 불어올 우려가 있는 경우 건설용 리프트(지하에 설치되어 있는 것은 제외)에 대하여 받침의 수를 증가시키는 등 그 붕괴 등을 방지하기 위한 조치를 하여야 한다.

합격정보 산업안전보건기준에 관한 규칙 제154조(붕괴 등의 방지)

정답
① 넘어지는 원인
　㉮ 지반침하
　㉯ 불량한 자재사용
　㉰ 헐거운 결선(結線)
② 35

04 영상에서 콘크리트를 타설하고 있다. 산업안전보건법령상, 콘크리트 타설작업을 하기 위하여 콘크리트 플레이싱 붐(placing boom), 콘크리트 분배기, 콘크리트 펌프카 등 콘크리트타설장비를 사용하는 경우 사업주의 준수사항을 3가지만 쓰시오. (6점)

합격정보 산업안전보건기준에 관한 규칙 제335조(콘크리트 타설장비 사용시의 준수사항)

합격KEY
① 2005년 5월 1일 출제
② 2005년 10월 29일 출제
③ 2010년 7월 10일 출제
④ 2011년 11월 20일 출제
⑤ 2012년 4월 29일 산업기사 출제
⑥ 2013년 7월 21일 출제
⑦ 2014년 4월 27일(문제 5번) 출제
⑧ 2015년 7월 19일(문제 5번) 출제
⑨ 2016년 4월 24일 제1회 2부 출제
⑩ 2017년 7월 1일 제2회 1부(문제 5번) 출제
⑪ 2018년 11월 18일 제4회 2부(문제 5번) 출제
⑫ 2019년 4월 21일 제1회(문제 5번) 출제
⑬ 2019년 7월 7일 제2회 1부(문제 5번) 출제
⑭ 2019년 11월 17일 산업기사 제4회 출제
⑮ 2020년 5월 30일 제1회 2부(문제 3번) 출제
⑯ 2020년 10월 18일 기사 출제
⑰ 2021년 7월 13일 산업기사 출제
⑱ 2022년 5월 9일(문제 2번) 출제
⑲ 2022년 11월 27일 기사 출제
⑳ 2023년 11월 10일 산업기사 출제
㉑ 2024년 5월 11일 기사 출제

정답
① 작업을 시작하기 전에 콘크리트 타설장비를 점검하고 이상을 발견하였으면 즉시 보수할 것
② 건축물의 난간 등에서 작업하는 근로자가 호스의 요동·선회로 인하여 추락하는 위험을 방지하기 위하여 안전난간의 설치 등 필요한 조치를 할 것
③ 콘크리트 타설장비의 붐을 조정하는 경우에는 주변전선 등에 의한 위험을 예방하기 위한 적절한 조치를 할 것
④ 작업중에 지반의 침하나 아웃트리거(outrigger : 전도방지용 지지대)의 손상 등에 의하여 콘크리트 타설장비가 넘어질 우려가 있는 경우에는 이를 방지하기 위한 적절한 조치를 할 것

자격종목	시험일	비번호	PC번호	남은시간
건설안전산업기사	2024년 8월 4일 2회(1부)	A001	1	50분

3D 승강기 개구부

05
산업안전보건법령상, 작업발판 및 통로의 끝이나 개구부로서 근로자가 추락하거나 낙하물 위험이 있는 장소에 필요한 사업주의 방호조치 사항을 4가지만 쓰시오.(4점)

합격정보 산업안전보건기준에 관한 규칙 제43조(개구부 등의 방호조치)

합격KEY
① 2023년 7월 30일(문제 4번) 출제
② 2023년 11월 11일 기사 출제
③ 2024년 8월 24일 기사 출제

정답
① 안전난간 설치
② 울타리 설치
③ 수직형 추락방망 설치
④ 덮개 설치

06
(1) ( )안에 알맞은 내용을 쓰시오.
사업주는 가스용기가 발생기와 분리되어 있는 아세틸렌 용접장치에 대하여 발생기와 가스용기 사이에 ( )를 철치해야 한다.
(2) 아세틸렌 용접장치의 아세틸렌 발생기실을 설치하는 경우에 사업주의 준수 사항을 2가지만 쓰시오.(4점)

합격정보 ① 산업안전보건기준에 관한 규칙 제289조(안전기의 설치)
② 산업안전보건기준에 관한 규칙 제286조(발생기실의 설치장소 등)

합격KEY ① 2021년 7월 13일(문제 6번) 출제
② 2021년 11월 17일 출제

정답
(1) 안전기
(2) 준수사항
① 전용의 발생기실에 설치하여야 한다.
② 발생기실은 건물의 최상층에 위치하여야 하며, 화기를 사용하는 설비로부터 3m를 초과하는 장소에 설치하여야 한다.
③ 발생기실을 옥외에 설치한 경우에는 그 개구부를 다른 건축물로부터 1.5m 이상 떨어지도록 하여야 한다.

자격종목	시험일	비번호	PC번호	남은시간
건설안전산업기사	2024년 8월 4일 2회(1부)	A001	1	50분

| 문제 1번 | 문제 2번 | 문제 3번 | 문제 4번 | 문제 5번 | 문제 6번 | 문제 7번 | 문제 8번 |

07 동영상은 잔골재를 밀고 있는 작업을 보여준다. ① 건설기계의 명칭, ② 용도 2가지를 쓰시오.(6점)

합격KEY
① 2005년 5월 1일 산업기사 출제 ② 2007년 7월 17일 산업기사 출제
③ 2010년 4월 25일 출제   ④ 2011년 7월 31일 출제
⑤ 2012년 7월 15일 산업기사 출제 ⑥ 2012년 11월 11일 제4회 출제
⑦ 2015년 11월 15일 산업기사 (문제 1번) 출제 ⑧ 2016년 7월 2일 제2회(문제 5번) 출제
⑨ 2018년 4월 22일 기사 출제   ⑩ 2018년 7월 7일 산업기사 출제
⑪ 2020년 11월 23일 기사 출제   ⑫ 2020년 11월 22일(문제 7번) 출제

정답
① 명칭 : 모터그레이더(motor grader)
② 용도
  ㉮ 지반 고르기(정지, 整地, grading)
  ㉯ 측구 굴착(側溝, gutter)

08 터널공사표준안전작업지침상, 터널 공사 시 터널 작업면의 조도 관련 ( )에 알맞은 숫자를 쓰시오. (6점)

작업기준	기준
막장구간	(①)[lux] 이상
터널중간구간	(②)[lux] 이상
터널입구, 출구, 수직구 구간	(③)[lux] 이상

합격정보 터널공사 표준안전작업지침-NATM공법 제36조(조명시설의 기준)(2023년 7월 1일 지침개정)

합격KEY
① 2018년 4월 15일 필답형 출제
② 2020년 7월 25일 필답형 출제
③ 2023년 11월 11일 기사 출제

정답
① 70
② 50
③ 30

자격종목	시험일	비번호	PC번호	남은시간
건설안전산업기사	2024년 10월 19일 3회(1부)	A001	1	50분

문제 1번 | 문제 2번 | 문제 3번 | 문제 4번 | 문제 5번 | 문제 6번 | 문제 7번 | 문제 8번

01 산업안전보건법령상, 사다리식 통로를 설치하는 경우 사업주의 준수사항 관련해서 (   )에 알맞은 것을 쓰시오. (4점)
① 폭은 (   )cm 이상으로 할 것
② 사다리식 통로의 기울기는 (   )도 이하로 할 것

[합격정보] 산업안전보건기준에 관한 규칙 제24조(사다리식 통로 등의 구조)

[합격KEY] ① 2021년 7월 14일 기사 출제
② 2023년 11월 10일 산업기사 출제
③ 2023년 11월 11일 출제
④ 2024년 10월 19일 기사 출제

정답
① 30
② 75

자격종목	시험일	비번호	PC번호	남은시간
건설안전산업기사	2024년 10월 19일 3회(1부)	A001	1	50분

02 동영상은 상수도관을 매설하기 위하여 노천굴착작업을 하는 모습을 보여주고 있다. 이와 같은 굴착작업시 각 지반에 따라 굴착면의 기울기(구배)기준을 다르게 하는데 다음 표의 빈칸에 각 지반의 종류에 따른 ① 기울기(구배) 기준을 쓰시오.(6점)

구분	지반의 종류	기울기
암반	풍화암	(①)
	연암	(②)
	경암	(③)

합격정보 ① 산업안전보건기준에 관한 규칙 [별표 11] 굴착면의 기울기 기준
② 산업안전보건기준에 관한 규칙 제338조(굴착작업 사전조사 등)

합격KEY ① 2007년 4월 29일 출제 ② 2014년 4월 27일 제1회(문제 5번) 출제
③ 2015년 11월 15일(문제 5번) 출제 ④ 2017년 4월 23일 제1회 1부 출제
⑤ 2018년 7월 7일 기사·산업기사 동시 출제 ⑥ 2018년 7월 2일 제2회 1부(문제 7번) 출제
⑦ 2020년 7월 25일 산업기사 출제 ⑧ 2021년 5월 5일 제1부(문제 7번) 출제
⑨ 2021년 5월 5일(문제 7번) 출제 ⑩ 2021년 11월 20일(문제 2번) 출제
⑪ 2022년 5월 9일 출제 ⑪ 2024년 8월 24일 기사 출제

정답
① 1 : 1.0
② 1 : 1.0
③ 1 : 0.5

자격종목	시험일	비번호	PC번호	남은시간
건설안전산업기사	2024년 10월 19일 3회(1부)	A001	1	50분

03 산업안전보건법령상, (   )에 알맞는 것을 쓰시오.(6점)

사업주는 높이 (①)[m] 이상인 장소로부터 물체를 투하하는 경우 적당한 투하설비를 설치하거나 (②)을 배치하는 등 위험을 방지하기 위하여 필요한 조치를 하여야 한다.

합격정보 산업안전보건기준에 관한 규칙 제15조(투하설비 등)

합격KEY
① 2009년 4월 25일 제1회 산업기사 (문제 7번) 출제
② 2017년 11월 19일 제4회 산업기사 출제
③ 2018년 4월 22일 제1회 기사 3부(문제 5번) 출제
④ 2018년 11월 18일 제4회 1부(문제 6번) 출제
⑤ 2019년 11월 17일 제4회 2부(문제 6번) 출제
⑥ 2020년 5월 30일(문제 5번) 출제
⑦ 2022년 5월 9일 1부 출제
⑧ 2022년 5월 10일(문제 5번) 출제
⑨ 2023년 7월 26일 산업기사(문제1번) 출제
⑩ 2023년 7월 23일(문제 2번) 출제
⑪ 2023년 11월 11일 기사 출제

보충학습

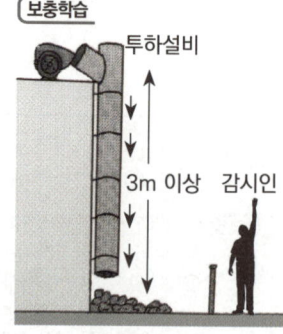

[그림] 투하설비

정답
① 3
② 감시인

자격종목	시험일	비번호	PC번호	남은시간
건설안전산업기사	2024년 10월 19일 3회(1부)	A001	1	50분

굴착 하기 전 TBM 모습 상부가 뚫린 열차로 굴착된 흙을 나른다.

00:00/00:23

| 문제 1번 | 문제 2번 | 문제 3번 | **문제 4번** | 문제 5번 | 문제 6번 | 문제 7번 | 문제 8번 |

04 동영상은 굴착 기계로 터널 굴착을 하고 작업한 흙을 버리는 장면을 보여준다. (1) 사전조사 사항 1가지 (2) 터널굴착작업시 작업계획 포함사항을 2가지 쓰시오.(6점)

합격정보 산업안전보건기준에 관한 규칙 [별표 4] 사전조사 및 작업계획서의 내용

합격KEY
① 2003년 11월 2일 산업기사 출제
② 2008년 11월 9일 출제
③ 2009년 7월 12일 출제
④ 2009년 10월 25일 산업기사 출제
⑤ 2012년 4월 29일 산업기사 출제
⑥ 2012년 7월 15일 산업기사 출제
⑦ 2013년 11월 17일 산업기사 출제
⑧ 2014년 4월 27일 산업기사 출제
⑨ 2014년 11월 1일 제4회 출제
⑩ 2015년 4월 26일 기사 출제
⑪ 2017년 4월 23일 제1회(문제 4번) 출제
⑫ 2018년 4월 22일 제1회 1부 출제
⑬ 2018년 7월 7일 제2회(문제 4번) 출제
⑭ 2019년 7월 7일 제2회(문제 4번) 출제
⑮ 2023년 7월 30일(2부) 출제
⑯ 2023년 7월 30일 기사 출제

정답
(1) 사전조사사항
 ① 지형 ② 지질 ③ 지층상태
(2) 작업계획 포함 사항
 ① 굴착의 방법
 ② 터널지보공 및 복공의 시공방법과 용수의 처리 방법
 ③ 환기 또는 조명시설을 설치할 때에는 그 방법

05. 산업안전보건법령상, 이동식 비계를 조립하여 작업할 때 사업주의 준수사항을 3가지 쓰시오. (6점)

정답
① 이동식 비계의 바퀴에는 뜻밖의 갑작스러운 이동 또는 전도를 방지하기 위하여 브레이크·쐐기 등으로 바퀴를 고정시킨 다음 비계의 일부를 견고한 시설물에 고정하거나 아웃트리거(outrigger : 전도방지용 지지대)를 설치하는 등 필요한 조치를 할 것
② 승강용사다리는 견고하게 설치할 것
③ 비계의 최상부에서 작업을 하는 경우에는 안전난간을 설치할 것
④ 작업발판은 항상 수평을 유지하고 작업발판 위에서 안전난간을 딛고 작업을 하거나 받침대 또는 사다리를 사용하여 작업하지 않도록 할 것
⑤ 작업발판의 최대적재하중은 250[kg]을 초과하지 않도록 할 것

06 운반하역 표준안전 작업지침에 따라, 타워 크레인을 사용하여 걸이작업을 하는 경우 준수사항을 3가지 쓰시오. (6점)

합격정보 운반하역 표준안전 작업지침 제22조(걸이)

합격KEY ① 2021년 7월 13일 산업기사 출제
② 2021년 11월 20일 기사 출제
③ 2022년 7월 26일(문제 3번) 출제
④ 2023년 11월 11일 기사 출제
⑤ 2023년 11월 10일 출제

정답
① 와이어로프 등은 크레인의 후크 중심에 걸어야 한다.
② 인양 물체의 안정을 위하여 2줄 걸이 이상을 사용하여야 한다.
③ 밑에 있는 물체를 걸고자 할 때에는 위의 물체를 제거한 후에 행하여야 한다.
④ 매다는 각도는 60도 이내로 하여야 한다.
⑤ 근로자를 매달린 물체위에 탑승시키지 않아야 한다.

07 절토 작업 시 부득이하게 상·하부 동시작업을 하는 조치사항을 3가지 쓰시오. (6점)

합격정보 굴착공사표준안전작업지침 제7조(절토)

정답
① 견고한 낙하물 방호시설 설치
② 부석제거
③ 작업장소에 불필요한 기계 등의 방치 금지
④ 신호수 및 담당자 배치

자격종목	시험일	비번호	PC번호	남은시간
건설안전산업기사	2024년 10월 19일 3회(1부)	A001	1	50분

08 산업안전보건법령상, 작업장에 필요한 조도(照度) 관련 4가지 기준을 쓰시오.(단, 갱내(坑內) 작업장과 감광재료(感光材料)를 취급하는 작업장은 제외)(4점)

보충학습 산업안전보건기준에 관한 규칙 제8조(조도)
사업주는 근로자가 상시 작업하는 장소의 작업면 조도(照度)를 다음 각 호의 기준에 맞도록 하여야 한다. 다만, 갱내(坑內) 작업장과 감광재료(感光材料)를 취급하는 작업장은 그러하지 아니하다.
① 초정밀작업 : 750럭스(lux) 이상
② 정밀작업 : 300럭스 이상
③ 보통작업 : 150럭스 이상
④ 그 밖의 작업 : 75럭스 이상

법령근거 산업안전보건기준에 관한 규칙 제8조(조도)

합격KEY
① 2018년 11월 18일 제4회 2부(문제 3번) 출제
② 2019년 7월 7일 산업기사 제2회 1부(문제 3번) 출제
③ 2019년 11월 17일 제4회 기사 출제
④ 2020년 10월 18일(문제 3번) 출제
⑤ 2021년 7월 14일(문제 3번) 출제
⑥ 2021년 11월 20일 기사 출제
⑦ 2022년 11월 23일(문제 5번) 출제
⑧ 2023년 7월 26일(문제 8번) 출제
⑨ 2024년 5월 11일 기사 출제

정답
① 초정밀 작업 : 750럭스 이상
② 정밀작업 : 300럭스 이상
③ 보통작업 : 150럭스 이상
④ 그 밖의 작업 : 75럭스 이상

저자(전현)약력

정재수(靑波 : 鄭再琇)

인하대학교 공학박사/GTCC대학교 명예교육학 박사/한양대학교 공학석사/공학사/문학사/각종국가고시 출제, 검토, 채점, 감독, 면접위원역임/매경TV/EBS/KBS라디오 출연 및 강사/중소기업진흥공단 강사/대한산업안전협회 강사/호원대학교/신성대학교/대림대학교/수원대학교 외래교수/울산대학교/군산대학교/한경대학교 등 특강/한국폴리텍Ⅱ대학 산학협력단장, 평생교육원장, 산학기술연구소장, 디자인센터장/한국폴리텍 대학 교수/한국폴리텍대학남인천캠퍼스 학장/대한민국산업현장 교수/GTCC대학교 겸임교수/(사)대한민국에너지상생포럼 집행위원장/(사)한국안전돌봄서비스협회 회장/(사)대한민국 청렴코리아 공동대표/협성대학교 IPP추진기획단 특별위원/인천광역시 새마을문고 및 직장 회장/생명살림운동강사/ISO국제선임 심사원/우수산업안전 숙련기술자/한국방송통신대학교 및 한국 폴리텍 대학 공동 선정 동영상 강의

저서

- 산업안전공학(도서출판 세화)
- 건설안전기술사(도서출판 세화)
- 건설안전기사(필기, 실기 필답형, 실기 작업형)(도서출판 세화)
- 산업보건지도사 시리즈(도서출판 세화)
- 공업고등학교안전교재(서울교과서)
- 한국방송통신대학과 한국폴리텍대학 선정 동영상 촬영
- 기계안전기술사(도서출판 세화)
- 산업안전기사(필기, 실기 필답형, 실기 작업형)(도서출판 세화)
- 산업안전지도사 시리즈(도서출판 세화)
- 산업안전보건(한국산업인력공단)
- 산업안전보건동영상(한국산업인력공단) 등 60여권 저술

상훈

대한민국 근정 포장(대통령)/국무총리표창/행정자치부 장관표창/300만 인천광역시민상 및 효행표창 등 8회 수상/2024년 남동구 봉사상 수상/Vision2010교육혁신대상수상/2017 청렴한국인대상수상/30년 새마을 봉사상 수상/몽골 옵스주지사 표창

출강기업(무순)

삼성(건설, 중공업, 조선)/현대(건설, 자동차, 중공업, 제철)/대우(건설, 자동차, 조선), SK(정유)/GS건설/에스원(S1)/두산(건설, 중공업), 동부(반도체), POSCO건설, 멀티캠퍼스, e-mart, 한국수자원공사 등 100여기업/이상 안전자격증특강

건설안전산업기사 실기(필답형+작업형)

5판	5쇄 발행	2025. 2. 25.	2판	2쇄 발행	2023. 3. 30.
	(인쇄일 2024. 11. 25.)		1판	1쇄 발행	2022. 3. 20.
4판	4쇄 발행	2024. 3. 1.			
3판	3쇄 발행	2023. 7. 20.			

지은이 정재수
펴낸이 박 용
펴낸곳 도서출판 세화
주소   경기도 파주시 회동길 325-22(서패동 469-2)
영업부 (031)955-9331~2
편집부 (031)955-9333
FAX   (031)955-9334
등록   1978. 12. 26 (제 1-338호)

정가 **43,000**원
ISBN 978-89-317-1317-6   13530

파손된 책은 교환하여 드립니다.
본 도서의 내용 문의 및 궁금한 점은 더 정확한 정보를 위하여 저자분에게 문의하시고, 저희 홈페이지 수험서 자료실이나 저자 이메일에 문의바랍니다.
저자 정재수(jjs90681@naver.com)

산업안전, 건설안전, 기술사, 지도사 등 안전자격증취득 준비는 이렇게 하세요

기초부터 차근차근 다져나가는 것이 중요합니다.
이론 습득을 정확히 한 후 과년도 기출문제 풀이와 출제예상문제로 반복훈련하십시오.

기사 · 산업기사

STEP 1 | 기초이론 | **기 사 산업기사 필 기** | 과목별 필수요점 및 이론 학습과 출제예상문제 풀이로 개념잡고 최근 과년도 기출문제 풀이로 유형잡는 필기 수험 완벽 대비서

STEP 2 | 기출문제풀이 | **기 사 산업기사 필기 과년도** | 과년도 기출문제를 상세한 백과사전식 문제풀이로 필기 수험 출제경향을 미리 알고 대비할 수 있는 최고 · 최상의 수험준비서

STEP 3 | 실기대비 | **실 기 필 답 형** | 요점 및 예상문제 합격작전과 과년도기출문제 풀이로 준비하는 실기 필답형시험 완벽 대비서

STEP 4 | 실전테스트 | **실 기 작 업 형** | 요점 및 예상문제 합격작전과 과년도기출문제 풀이로 준비하는 실기 작업형시험 완벽 대비서

지도사 · 기술사

STEP 1 | 공통필수 | **1 차 필 기** | 과목별 필수요점과 출제예상문제 풀이 및 과년도 기출문제 풀이로 준비하는 1차 필기시험 완벽 대비서

STEP 2 | 전공필수 | **2 차 필 기** | 전공별 필수요점과 출제예상문제 풀이 및 과년도 기출문제 풀이로 준비하는 2차 필기시험 완벽 대비서
(기술사 STEP 1, 2 동시)

STEP 3 | 실기 | **3 차 면 접** | 각 자격증별 면접의 시작부터 면접 사례까지, 심층면접 대비를 위한 면접합격 가이드

건설안전

「일품」 건설안전기사 필기, 건설안전산업기사 필기

2색 컬러 B5_합격요점 포함 [필기수험 대비 01]
- 본서의 요점정리는 간단하고 명료하게 구체적으로 표현을 했다.
- 본서는 최근 심도있게 거론이 되고 있는 출제예상문제를 빠짐없이 수록하여 타 교재와 차별화가 되도록 구성하였다.
- 건설안전기사(산업기사) 자격 취득의 결론은 본서의 요점과 예상문제 합격작전으로 합격을 보장할 수 있도록 엮었다.
- 최근까지 출제된 과년도 출제 문제를 수록하여 수험준비에 만전을 기하였다.

「일품」 건설안전기사 필기 과년도, 건설안전산업기사 필기 과년도

2색 컬러 B5_계산문제총정리, 미공개문제 포함 [필기수험 대비 02]
- 제1회의 해설에서 이해하지 못했다면 제2, 제3의 문제해설을 통하여 반드시 이해할 수 있도록 하였다.
- 한 문제(1항목)를 이해하여 열 문제(10항목)를 해결할 수 있게 구성하였다.
- 건설안전기사(산업기사) 자격취득의 결론은 본서의 문제와 해설의 합격작전으로 합격을 보장할 수 있도록 엮었다.
- 최근까지 출제된 과년도 출제 문제를 수록하여 수험준비에 만전을 기하였다.

「일품」 건설안전(산업)기사실기필답형, 건설안전(산업)기사실기작업형

2색 컬러 B5_최종정리 포함 [실기수험 대비 01] | _전면컬러 B5 [실기수험 대비 02]
- 본서의 요점정리는 간단하고 명료하게 구체적으로 표현을 했다.
- 본문의 요점에서 이해하지 못했다면 예상문제 합격작전에서 반드시 이해할 수 있도록 하였다.
- 한 문제(1항목)를 이해하면 열 문제(10항목)를 해결할 수 있도록 구성하였다.
- 참고 및 고시 등을 수록하여 단원마다 중요점을 재강조하였다.
- 본서는 최근 심도있게 거론이 되고 출제가 예상되는 모든 문제를 빠짐없이 수록하여 타 교재와 차별화가 되도록 구성하였다.
- 건설안전 자격취득의 결론은 본서의 요점과 예상문제 합격작전이 합격을 보장한다.

산업안전지도사
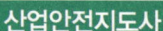

「일품」 산업안전지도사 1차필기

총 3단계로 구성 _1색 B5 [1차 필기수험 대비]
- [Ⅰ] 산업안전보건법령, [Ⅱ] 산업안전 일반, [Ⅲ] 기업진단·지도, 산업안전지도사(과년도)
- 본서의 요점정리는 간단하고 명료하게 구체적으로 표현을 했다.
- 본문의 요점에서 이해하지 못했다면 출제예상문제에서 반드시 이해할 수 있도록 하였다.
- 본서는 최근 심도있게 거론이 되고 있는 출제예상문제를 빠짐없이 수록하여 타 교재와 차별화가 되도록 구성하였다.
- 산업안전지도사 자격 취득의 결론은 본서의 요점과 예상문제 합격작전으로 합격을 보장할 수 있도록 엮었다.

「일품」 산업안전지도사 2차전공필수 및 3차 면접

총 4과목 중 택1 _1색 B5 [2차 전공필수수험 대비]
- 본서의 요점정리는 간단하고 명료하게 구체적으로 표현을 했다.
- 본문의 요점에서 이해하지 못했다면 출제예상문제에서 반드시 이해할 수 있도록 하였다.
- 산업안전지도사 자격 취득의 결론은 본서의 요점과 예상문제·실전모의시험 합격작전으로 합격을 보장할 수 있도록 엮었다.

산업안전

「일품」 산업안전기사 필기, 산업안전산업기사 필기

2색 컬러 B5_합격요점 포함 [필기수험 대비 01]

- 본서의 요점정리는 간단하고 명료하게 구체적으로 표현을 했다.
- 본서는 최근 심도있게 거론이 되고 있는 출제예상문제를 빠짐없이 수록하여 타 교재와 차별화가 되도록 구성하였다.
- 산업안전기사(산업기사) 자격 취득의 결론은 본서의 요점과 예상문제 합격작전으로 합격을 보장할 수 있도록 엮었다.
- 최근까지 출제된 과년도 출제 문제를 수록하여 수험준비에 만전을 기하였다.

「일품」 산업안전기사필기 과년도, 산업안전산업기사필기 과년도

2색 컬러 B5_계산문제총정리, 미공개문제 포함 [필기수험 대비 02]

- 제1회의 해설에서 이해하지 못했다면 제2, 제3의 문제해설을 통하여 반드시 이해할 수 있도록 하였다.
- 한 문제(1항목)를 이해하여 열 문제(10항목)를 해결할 수 있게 구성하였다.
- 산업안전기사(산업기사) 자격취득의 결론은 본서의 문제와 해설의 합격작전으로 합격을 보장할 수 있도록 엮었다.
- 최근까지 출제된 과년도 출제 문제를 수록하여 수험준비에 만전을 가하였다.

「일품」 산업안전(산업)기사실기필답형, 산업안전(산업)기사실기작업형

2색 컬러 B5_최종정리 포함 [실기수험 대비 01] | _전면컬러 B5 [실기수험 대비 02]

- 본서의 요점정리는 간단하고 명료하게 구체적으로 표현을 했다.
- 본문의 요점에서 이해하지 못했다면 예상문제 합격작전에서 반드시 이해할 수 있도록 하였다.
- 한 문제(1항목)를 이해하면 열 문제(10항목)를 해결할 수 있도록 구성하였다.
- 참고 및 고시 등을 수록하여 단원마다 중요점을 재강조하였다.
- 본서는 최근 심도있게 거론이 되고 출제가 예상되는 모든 문제를 빠짐없이 수록하여 타 교재와 차별화가 되도록 구성하였다.
- 산업안전 자격취득의 결론은 본서의 요점과 예상문제 합격작전이 합격을 보장한다.

기술사

「일품」 기계안전기술사, 건설안전기술사, 화공안전기술사, 전기안전기술사

1색 B5 [기술사 필기수험 대비]

- 본서의 요점정리는 간단하고 명료하게 구체적으로 표현을 했다.
- 본문의 요점에서 이해하지 못했다면 출제예상문제에서 반드시 이해할 수 있도록 하였다.
- 본서는 최근 심도있게 거론이 되고 있는 출제예상문제를 빠짐없이 수록하여 타 교재와 차별화가 되도록 구성하였다.
- 기술사 자격 취득의 결론은 본서의 요점과 예상문제 합격작전으로 합격을 보장할 수 있도록 엮었다.
- 최근까지 출제된 과년도 출제 문제를 수록하여 수험준비에 만전을 기하였다.

기술사 200점

「일품」 기계안전기술사, 건설안전기술사, 화공안전기술사, 전기안전기술사

1색 B5 [기술사 필기수험 대비]

- 본서의 요점정리는 간단하고 명료하게 구체적으로 표현을 했다.
- 본문의 요점에서 이해하지 못했다면 출제예상문제에서 반드시 이해할 수 있도록 하였다.
- 본서는 최근 심도있게 거론이 되고 있는 시사성문제 및 모범답안을 빠짐없이 수록하여 타 교재와 차별화가 되도록 구성하였다.
- 기술사 자격 취득의 결론은 본서의 요점과 예상문제 합격작전으로 합격을 보장할 수 있도록 엮었다.
- 최근까지 출제된 과년도 출제 문제를 수록하여 수험준비에 만전을 기하였다.

안전관리 수험서의 대표기업

도서출판 세화

기사·산업기사

> 우리나라 국내 각종 안전관리자격증 수험에 대비하려면 이러한 내용들을 학습해야 합니다. 대부분의 내용이 자격증 취득에 많은 도움을 주도록 알찬 내용들로 꾸며져 있습니다. 추천감수 : 대한산업안전협회 기술안전이사 공학박사 이백현

「일품」 건설안전분야 수험서

| 건설안전기사 필기 | 건설안전산업기사 필기 | 건설안전기사필기 과년도 | 건설안전산업기사필기 과년도 | 건설안전(산업)기사실기 필답형 | 건설안전(산업)기사실기 작업형 |

「일품」 산업안전분야 수험서

| 산업안전기사 필기 | 산업안전산업기사 필기 | 산업안전기사필기 과년도 | 산업안전산업기사필기 과년도 | 산업안전(산업)기사실기 필답형 | 산업안전(산업)기사실기 작업형 |

지도사·기술사

「일품」 산업안전지도사 수험서

1차 필기 **2차 전공필수** **3차 면접**

[Ⅰ] 산업안전보건법령 | [Ⅱ] 산업안전 일반 | [Ⅲ] 기업진단·지도 | 기계안전공학 | 건설안전공학

안전분야 베스트셀러
34년 독보적 판매
최신 기출문제 수록

「일품」 기술사 200(300)점 수험서   「일품」 기술사 수험서

| 기계안전기술사 300점 | 건설안전기술사 300점 | 화공안전기술사 200점 | 전기안전기술사 200점 | 기계안전기술사 | 건설안전기술사 |

www.sehwapub.co.kr
에서 주문하세요!!